Fritz Krafft (Hrsg.)

Lexikon großer Naturwissenschaftler

Fritz Krafft (Hrsg.)

Lexikon großer Naturwissenschaftler

Vorstoß ins Unbekannte

fourierverlag

Genehmigte Lizenzausgabe für Fourier Verlag GmbH, Wiesbaden 2004
2. Auflage

Covergestaltung: Thomas Jarzina, Köln
Bildnachweis: AKG, Berlin
Gesamtherstellung: GGP Media, Pößneck
Printed in Germany

ISBN 3-932412-30-3

Vorwort

Das biographische Handbuch ›Vorstoß ins Unerkannte‹ basiert auf dem Lexikon ›Große Naturwissenschaftler‹, das in zweiter, stark erweiterter Auflage 1986 im VDI-Verlag, Düsseldorf, erschienen war. Die erste, gemeinsam mit dem 1971 verstorbenen Altmeister der Biologiegeschichte *Adolf Meyer-Abich* herausgegebene Ausgabe war 1970 als Fischer Handbuch erschienen (Frankfurt am Main/Hamburg: Fischer Bücherei 1970) und rasch vergriffen – ebenso wie dann die zweite Auflage. Aber auch diese wird immer wieder nachgefragt, weil sie sich mit ihrer Auswahl der Mathematiker und Naturwissenschaftler sowie mit dem Artikelaufbau und Informationsgehalt zwischen anderen einbändigen Werken, die aus dem Bestreben heraus, viele Personen aufzuführen, nur allzu knappe, mehr einem Lexikon entsprechende Angaben enthalten, und einem mehrbändigen Handbuch mit ausführlichen Monographien zu einzelnen Naturwissenschaftlern ausgezeichnet bewährt hat; werden hierin doch auch die Entdeckungen und aufgestellten Theorien möglichst jeweils in den Zusammenhang sowohl der persönlichen Entwicklung als auch des institutionellen und naturwissenschaftlichen Kontextes gestellt. Das Konzept mußte deshalb für die hier vorgelegte Neubearbeitung auch nicht grundlegend geändert werden. Da der VDI-Verlag inzwischen seine Buchproduktion aufgegeben hat, hat sich ihrer der Verlag Wiley-VCH angenommen, dem dafür herzlich gedankt sei.

Von Anfang an bestand die Absicht, mit dem biographischen Lexikon der großen Naturwissenschaftler und Mathematiker ein kleines, biographisch orientiertes Handbuch der Naturwissenschafts- und Mathematikgeschichte zu schaffen. Die einzelnen alphabetisch angeordneten Artikel sind jedoch so aufgebaut, daß in erster Linie sowohl jener Benutzer, der lediglich eine biographische Auskunft sucht, als auch jener Leser, der sich für die Leistungen einer Forscherpersönlichkeit interessiert, für eine erste Information ausreichende Angaben erhält, die auch weiterführende Literatur und Werkausgaben umfassen. Die Andeutungen von Entwicklungsreihen und Abhängigkeiten, Querverweise und Angaben zu nicht in einem eigenen Artikel behandelten Personen – die über das alphabetische *Personenregister* zu erschließen sind – sollen darüber hinaus aber auch die Stellung des jeweiligen Wissenschaftlers in der Geschichte der Wissenschaften aufzeigen, so daß sich aus der Lektüre ein knapper Überblick über die wichtigsten Etappen im Fortgang von Mathematik und Naturwissenschaften von der Antike bis nahe an die Gegenwart heran ergeben kann. Die *Zeittabelle* sowie die graphische *Synoptische Übersicht* über die Lebenszeiten der für einen eigenen Artikel ausgewählten Naturwissenschaftler sollen dabei auch eine zusätzliche Hilfe sein, die aus mehr praktischen Überlegungen heraus gewählte alphabetische Anordnung beim Lesen nach unterschiedlichen Gesichtspunkten durchbrechen zu können.

Der Herausgeber ist sich bewußt, daß die Auswahlkriterien, die diesem im Umfang beschränkten Handbuch zugrunde liegen, subjektiv und jederzeit anfechtbar sind. Weder konnten alle Forscher aufgenommen werden, noch brauchten es nur die ‚Sterne erster Größe' zu sein. Herausgeber und Bearbeiter sind deshalb davon ausgegangen, daß alle Zeiträume, soweit deren Leistungen sich an faßbare Personen knüpfen lassen, ihrer Bedeutung gemäß vertreten sein sollten. Weder die gegenwärtige Zeit, noch die gegenwärtigen Kenntnisse und Theorien lieferten also die Kriterien, sondern die Geschichte selbst wurde befragt. Als untere Grenze für eine unter diesen Gesichtspunkten auswahlwürdige Leistung wurde etwa die Mitte unseres Jahrhunderts gewählt. Zum einen hat sich der Arbeitsstil in den Naturwissenschaften seitdem entscheidend geändert – nicht Einzelpersonen, sondern Arbeitsgruppen und große Institute sind zunehmend erforderlich, um Innovationen erbringen zu können (wenn auch die Verleihung der Nobelpreise dem immer noch nicht Rechnung getragen hat) –, andererseits sollten noch lebende Naturwissenschaftler und Mathematiker nicht aufgenommen werden.

Daß auch nach diesen Gesichtspunkten ein anderer Historiker eine etwas andere Wahl bei den ‚Sternen zweiter Größe' treffen würde, ist uns ebenfalls bewußt. So ist die abendländische Naturforschung und Mathematik wahrscheinlich ungebührlich in den Vordergrund gerückt – nicht dagegen die deutsche. Jedenfalls hat eine statistische Untersuchung aus dem Bereich der quantitativen Wissenschaftsforschung bestätigt, daß die Auswahl der mit eigenen Artikeln versehenen Naturwissenschaftler und Mathematiker bereits in der ersten Auflage repräsentativ und der jeweiligen Anzahl bedeutender Forscher entsprechend gewesen ist (Franz Stuhlhofer: Unser Wissen verdoppelt sich alle 100 Jahre. Grundlegung einer „Wissensmessung". In: *Berichte zur Wissenschaftsgeschichte* 6/1983, S. 169–193).

Das Ausscheiden einiger Bearbeiter hatte schon für die zweite Auflage eine völlige Neufassung und Erweiterung ihrer Artikel durch die anderen und neue Bearbeiter erforderlich gemacht. Auch jetzt war neben einer allgemeinen Aktualisierung und gelegentlichen Ergänzungen aufgrund neuer Forschungsergebnisse durch den Herausgeber wiederum eine völlige Neubearbeitung für etwa zehn Prozent der Artikel durch ihn angebracht, um das Handbuch insgesamt homogener zu gestalten.

Die systematische Bibliographie von nationalbiographischen Nachschlagewerken, Sammelbiographien und Darstellungen der allgemeinen und speziellen Wissenschaftsgeschichte (einschließlich der Hilfsdisziplinen), die noch in der zweiten Auflage aktualisiert und stark erweitert worden war, ist jetzt aufgrund von Umfangserwägungen fortgelassen worden; sie schien entbehrlich, da seitdem in Deutschland eine Spezialbibliographie zur Naturwissenschafts- und Technikgeschichte erschienen ist, in die ihre Daten weitgehend eingegangen sind (Burghard Weiss: Wie finde ich Informationen zur Geschichte der Naturwissenschaften und der Technik? Berlin: Berlin Verlag Arno Spitz, 1990). Die weiterführende Literatur zu den einzelnen Artikeln ist dagegen vom Herausgeber aktualisiert, ergänzt und erweitert worden; sie umfaßt biographische und personenbezogene wissenschaftshistorische Literatur (in der Regel in Form von Monographien) sowie Werkausgaben.

Marburg, Dezember 1998 *Fritz Krafft*

Hinweise zur Benutzung des Biographischen Handbuchs

Einige Hinweise zur Benutzung des Biographischen Handbuchs mögen dem Leser nützlich sein:

- Im Kopffeld eines biographischen Artikels ist derjenige der Vornamen kursiv gesetzt, der als Rufname verwendet wurde; für innerhalb biographischer Artikel genannte Personen, denen kein eigenes Stichwort gewidmet ist, erfolgt diese Kennzeichnung im Personenregister.
- Innerhalb eines biographischen Artikels wird der Name des Naturwissenschaftlers, unter dem der Artikel eingeordnet ist, jeweils abgekürzt genannt; das gilt auch für die bibliographischen Angaben, in denen darüber hinaus die in den Titeln verwendeten Vornamen mit ihren Initialen aufgenommen sind.
- Innerhalb der biographischen Daten zu den aufgenommenen Naturforschern wird gelegentlich durch ›a. St.‹ (alten Stils) beziehungsweise ›n. St.‹ (neuen Stils) auf ihre Zugehörigkeit zur Zählung gemäß dem alten, julianischen Kalender oder neuen, gregorianischen Kalender hingewiesen, da die Zählungen seit der Kalenderreform bis teilweise ins 19. und 20. Jahrhundert nicht einheitlich und eindeutig waren. Fehlen solche Hinweise, so erfolgte die Datumsangabe gemäß dem gregorianischen Kalender, der heute weitestgehend benutzt wird.
- Innerhalb der Artikel genannte Personen werden kursiv gesetzt; ist dabei ein ‚→' hinzugefügt, so wird auf einen Artikel unter dem unmittelbar folgenden Namen verwiesen, in dem sich in der Regel auch nähere Angaben zum Verständnis der Stelle finden, von der verwiesen wird.
- Auch zu nicht mit einem eigenen Artikel vertretenen Personen enthält das Handbuch an einer dazu geeigneten Stelle nähere biographische Angaben; auf diese Stelle wird im Personenregister durch Kursivschrift verwiesen.
- Jedem Artikel sind Angaben zu Werk- und Briefausgaben (*Werke*) – zu Einzelwerken nur im Falle einer kritischen und/oder kommentierten Ausgabe –, Bibliographien (*Bibl.*) sowie biographischer Literatur (*Lit.*) beigegeben, in der weitergehende Informationen zu den einzelnen Personen und ihren Werken zu finden sind. Zeitschriftenaufsätze sind nur dann mit aufgeführt, wenn die vorliegende monographische Literatur für diese Zwecke nicht ausreicht. Für nicht namentlich gekennzeichnete Literaturangaben ist allein der Herausgeber verantwortlich.
- Die Artikel sind am Ende mit den Namen der Bearbeiter gezeichnet:
  Prof. Dr. Dr. Änne **Bäumer-Schleinkofer**, Mainz,
  Prof. Dr. Armin **Geus**, Marburg,
  Prof. Dr. Walter **Kaiser**, Aachen,

Prof. Dr. Fritz **Krafft**, Marburg,
Prof. Dr. Dorothea **Kuhn**, Marbach,
Prof. Dr. Klaus Michael **Meyer-Abich,** Essen (Mitarbeiter Dr. Dietrich **Koch**),
Prof. Dr. Hans **Querner**, Laase (Heidelberg),
Prof. Dr. Christoph J. **Scriba**, Hamburg,
PD Dr. Karl Heinrich **Wiederkehr**, Hamburg.

Innerhalb der bibliographischen Angaben werden für folgende biographische Handbücher und Sammelbiographien, die grundsätzlich aufgenommen wurden, Abkürzungen benutzt (dabei wird mit römischen Ziffern auf den Band, mit arabischen auf die Seiten verwiesen):

ADB Allgemeine deutsche Biographie. Hrsg. von der Historischen Commission bei der Kgl. Academie der Wissenschaften. 56 Bde, Leipzig 1875–1912; Nachdruck: Berlin/München 1981.

BLM Laetita Boehm u.a. (Hrsgg.): Biographisches Lexikon der Ludwig-Maximilians-Universität München. Teil 1: Ingolstadt – Landshut 1472–1826. Berlin 1998.

DBE Walther Killy (Hrsg.): Deutsche biographische Enzyklopädie. 10 Bde, München usw. 1995–1999.

DBI Dizionario biografico degli Italiani. Bd 1 ff., Rom 1960 ff. (Bd 47: Ferrero-Filonardi. 1997) [nur gelegentlich].

DSB Charles Coulston Gillispie (Hrsg.): Dictionary of Scientific Biography. Edited under the Auspices of the American Council of Learned Societies. 18 Bde, New York 1970–1990 (Volume XV: Supplement 1. 1978; Volume XVI: Index. 1980; Volume XVII–XVIII: Supplement II. 1990).

GCh Günther Bugge (Hrsg.): Das Buch der großen Chemiker. 2 Bde, Berlin 1929; Nachdruck: Weinheim 1984 u.ö.

GMikro Hugo Freund/Alexander Berg (Hrsgg.): Geschichte der Mikroskopie. Leben und Werk großer Forscher. 3 Bde, Frankfurt am Main 1963–1966.

GPh Karl von Meÿenn (Hrsg.): Die großen Physiker. 2 Bde, München: C. H. Beck 1997.

GWG Kurt Faßmann u.a. (Hrsgg.): Die Großen der Weltgeschichte. 12 Bde, Zürich 1970 bis 1979 u.ö.; zum Teil wiederabgedruckt in den Bänden der Reihe „Exempla historica“ des Fischer Taschenbuchverlags (Frankfurt am Main/Hamburg 1983 bis 1984 [nicht zu Ende geführt]).

KMed Dietrich von Engelhardt/Fritz Hartmann (Hrsgg.): Klassiker der Medizin. 2 Bde, München: C. H. Beck 1991.

KNph Gernot Böhme (Hrsg.): Klassiker der Naturphilosophie. Von den Vorsokratikern bis zur Kopenhagener Schule. München: C. H. Beck 1989.

NDB Neue deutsche Biographie. Hrsg. von der Historischen Kommission bei der Bayerischen Akademie der Wissenschaften. Bd 1 ff., Berlin 1953 ff. (Bd XVIII: Moller – Nausea. 1997).

Pogg. Johann Christian Poggendorff: Biographisch-literarisches Handwörterbuch zur Geschichte der exacten Wissenschaften, enthaltend Nachweisungen über Lebensverhältnisse und Leistungen von Mathematikern, Astronomen, Physikern, Chemikern, Mineralogen, Geologen usw. aller Völker und Zeiten [bis 1858]. 2 Bde, Leipzig (1858–)1863; Nachdruck: Amsterdam 1965 und Leipzig 1967. – 3. Bd: J. C. Poggendorffs biographisch-literarisches Handwörterbuch ... (1858–1883), hrsg. von B. W. Feddersen und A. J. von Oettingen. 2 Abteilungen, Leipzig 1898; Nachdruck: Leipzig 1971. – 4. Bd: J. C. Poggendorffs biographisch-literarisches Handwörterbuch ... (Die Jahre 1883 bis zur Gegenwart umfassend). Hrsg. von A. J. von Oettingen. 2 Abteilungen, Leipzig 1904; Nachdruck: Leipzig 1971. – 5. Bd: J. C. Poggendorffs biographisch-literarisches Handwörterbuch für Mathematik, Astronomie, Physik, Chemie und verwandte Wissenschaftsgebiete. Bd V: 1904 bis 1922. Hrsg. von der Sächsischen Akademie der Wissenschaften zu Leipzig, redigiert von P. Weinmeister. Leipzig/Berlin 1926; Nachdruck: Weinheim und New York 1968. – 6. Bd: J. C. Poggendorffs biographisch-literarisches Handwörterbuch ... Band VI: 1923–1931 ..., redigiert von H. Stobbe. 4 Teile, Berlin 1936 bis 1940; Nachdruck: Weinheim und New York 1968. – Bd 7a: J. C. Poggendorff: Biographisch-literarisches Handwörterbuch der exakten Naturwissenschaften. Hrsg. von der Sächsischen Akademie der Wissenschaften, redigiert von Rudolf Zaunick und Hans Salié. Berichtsjahre 1932 bis 1953 [enthält deutschsprachige Forscher]. 4 Teile in 5 Bden, Berlin (Ost) 1956–1962; Nachdruck: Leipzig 1969. – Bd 7b: ... Berichtsjahre 1932 bis 1962. Leitung der Redaktion H. Salié [enthält nicht-deutschsprachige Forscher]. 9 Teile, Berlin (Ost)/Berlin 1967–1992). – Bd 7a Supplement. Bearbeitet von Rudolf Zaunick [enthält neuere Literatur über deutsche Forscher aus älterer Zeit]. Berlin 1971.

VS Hermann Diels: Die Fragmente der Vorsokratiker, griechisch-deutsch. [Ab der dritten Auflage:] Hrsg. von Walther Kranz. 3 Bde, 6. Auflage, Berlin 1951–1952; Nachdruck: zuletzt Hildesheim 1996–1998. – Die Zählung wird auch verwendet etwa in Geoffrey S. Kirk / John E. Raven / Malcolm Schofield: Die vorsokratischen Philosophen. Einführung, Text und Kommentare. Stuttgart/Weimar 1994 (ursprünglich englisch: The Presocratic Philosophers. London/New York 1957 u.ö.).

Inhalt

A

Abbe, *Ernst* Karl, deutscher Physiker, * 23.1.1840 Eisenach, † 14.1.1905 Jena.

A. kam als Sohn eines Eisenacher Spinnmeisters zur Welt. Bald erkannte der Grundschullehrer die besondere Begabung des Jungen und veranlaßte den Vater, das finanzielle Opfer auf sich zu nehmen, den lernbegierigen Sohn auf ein Realgymnasium zu schicken. Ein Stipendium ermöglichte ihm später das Studium an den Universitäten Göttingen und Jena, wo er sich hauptsächlich der Mathematik und Physik zuwandte, daneben aber auch Vorlesungen über Philosophie, Politik und Soziologie besuchte. In den Werkstätten der Universitätsmechaniker holte er sich daneben praktische Erfahrungen. Nachdem er sich in Jena habilitiert hatte, wurde er schon 1870 zum außerordentlichen Professor ernannt.

Seine Verbindung mit *Carl Zeiss* (* 11.9. 1816 Weimar, † 3.12.1888 Jena) in Jena sollte für beide schicksalsbestimmend werden. *Zeiss*, der eine mechanisch-optische Werkstatt besaß, hatte erkannt, daß im Mikroskopbau die Phase des ›Pröbelns‹ (Ausprobierens) durch die einer exakten wissenschaftlichen Methode abgelöst werden mußte, und bat A. um wissenschaftliche Unterstützung bei der Herstellung optischer Geräte. In den folgenden Jahren schuf A. eine neue theoretische Grundlage der Optik. Er formulierte die Sinusbedingung, die bei einer scharfen Abbildung dahingehend erfüllt sein muß, daß der Quotient aus dem Sinus des dingseitigen und bildseitigen Öffnungswinkels konstant bleibt, und entdeckte, daß für das Auflösungsvermögen eines Mikroskops nicht nur die Wellenlänge des Lichts, sondern auch die ›numerische Apertur‹ (Brechzahl mal Sinus des dingseitigen Öffnungswinkels der Lichtbündel) von Bedeutung ist. Die Brillengläser paßte er den Augenfehlern an und führte zu ihrer Kennzeichnung die Dioptrienzahl ein. 1879 bot der junge Chemiker *Otto Schott* (* 17.12.1851 Witten a. d. Ruhr, † 27.8.1935 Jena) seine Mitarbeit an. Er hatte sich zur Aufgabe gemacht, genaue, im voraus berechenbare optische Gläser zu erschmelzen. Fünf Jahre später wurden die Glaswerke ›Schott und Genossen‹ gegründet, mit A. und *Zeiss* als Teilhabern. Durch diese drei Männer gelangte die Jenaer optische Industrie zu Weltruf. Nach dem Tode von *Zeiss* war A. bald Alleininhaber des Werkes. Aber dem ehemaligen Arbeitersohn wollten »über Nacht keine Kapitalistenaugen wachsen«; und so rief er 1891 die Carl-Zeiss-Stiftung ins Leben, der er sein Millionenvermögen vermachte. In dem Werk führte A. den Acht-Stunden-Tag ein; die Betriebsangehörigen wurden durch eine gestufte Lohnnachzahlung am Gewinn beteiligt und erhielten Pension. Die Nutznießer des Unternehmens sollten in erster Linie die Jenaer Universität und andere volksbildende Einrichtungen sein. [Wiederkehr]

Werke: Gesammelte Abhandlungen (5 Bde, Jena 1904–1940; Nachdruck: Hildesheim 1989). – *Bibl.*: Pogg. VII a Suppl., 7–14. – *Lit.*: GMikro I, 45–63 (H. Boegehold); DSB I, 6–9 (N. Günther); N. Günther: E. A. (Stuttgart 1946, ²1951); H. Volkmann: Carl Zeiss und E. A. Ihr Leben und ihr Werk (München/Düsseldorf 1966); R. Stolz/J. Wittig (Hrsgg.): Carl Zeiss und E. A. Leben, Wirken und Bedeutung (Jena 1993).

Abel, *Niels* Henrik, norwegischer Mathematiker, * 5.8.1802 auf der Insel Findø [bei Stavanger], † 6.4.1829 Eisenwerk Froland [bei Arendal].

Geboren als zweites von sieben Kindern eines lutherischen Pfarrers, wurde A. 1815 auf die Kathedralschule in Kristiania [dem heutigen Oslo] gesandt. Zwei Jahre später fiel dem nur sieben Jahre älteren Mathematiklehrer *Bernt Michael Holmboe* (* 23.3.1795 Valders, Wangs-Socken [Norwegen], † 28.3.1850 Kristiana [heute Oslo]) A.s mathematische Begabung auf.

Zugleich Assistent des Astronomen *Christoffer Hansteen* (* 26.9.1784 Kristiania [Oslo], † 11.4.1873 ebenda) an der 1813 gegründeten Universität, begann *Holmboe* gemeinsam mit seinem Schüler die klassischen Werke von *L. → Euler*, *J. L. → Lagrange* und *P. S. → Laplace* zu studieren. Nachdem er 1821 die Universität bezogen hatte, sah sich A. bald auf sich allein gestellt – wissenschaftlich, da es keine fortgeschrittenen Lehrveranstaltungen gab, aber auch finanziell; denn sein im Jahr zuvor als Alkoholiker verstorbener Vater hatte die Familie in großer Armut zurückgelassen. Von den Professoren unterstützt, konnte er 1823 eine Reise zu den dänischen Mathematikern in Kopenhagen unternehmen und 1825 mit einem Regierungsstipendium zu einem mehrmonatigen Aufenthalt nach Berlin und Paris aufbrechen.

Inzwischen war dem jungen Genie 1824 der Nachweis gelungen, daß sich Gleichungen vom 5. und höheren Grad im allgemeinen Fall nicht wie diejenigen 1. bis 4. Grades durch Wurzelausdrücke lösen lassen – während seines letzten Schuljahres hatte er irrtümlicherweise geglaubt, die seit dem 16. Jahrhundert gesuchte Lösungsformel für die Gleichung 5. Grades gefunden zu haben, dann aber seinen Fehler eingesehen. Daß der italienische Mathematiker *Paolo Ruffini* (* 22.9.1765 Valentano, † 10.5. 1822 Modena) schon 1799 einen Unmöglichkeitsbeweis versucht und 1813 in verbesserter Form publiziert hatte, war A. unbekannt geblieben. Im Rahmen der auf den französischen Mathematiker *Évarist Galois* (* 25.10. 1811 Bourg-La-Reine, † 31.5.1832 Paris) zurückgehenden allgemeinen Theorie über die Auflösung algebraischer Gleichungen, deren Basis das Studium der Permutationsgruppen bildet, nimmt der Satz von Ruffini-Abel einen festen Platz ein.

In Berlin fand A. in *A. L. Crelle* einen fördernden Freund. Er konnte in dessen neuer Zeitschrift ›Journal für die reine und angewandte Mathematik‹ allein im ersten Band sieben Abhandlungen veröffentlichen. Enttäuschend verlief dagegen der Aufenthalt in Paris, wo sich nur unzulängliche Kontakte zu den Mathematikern ergaben. Eine große Abhandlung über die Summe der Integrale algebraischer Funktionen, eine großartige Verallgemeinerung von Untersuchungen *Euler*s, blieb ohne Resonanz. Auf dem Rückweg über Berlin schrieb A. an einer bahnbrechenden Untersuchung über elliptische Funktionen, deren erster Teil 1827 in *Crelle*s ›Journal‹ erschien.

Nach Norwegen zurückgekehrt, wurde A. vorübergehend mit der Vertretung *Hansteen*s beauftragt, welcher zur Durchführung geomagnetischer Forschungen beurlaubt war. Durch diesen erfuhr er von *C. G. J. → Jacobi*s erster Publikation zur Transformationstheorie elliptischer Integrale, worauf er sofort im zweiten Teil der erwähnten Abhandlung ergänzend zeigte, wie die von *Jacobi* ohne Beweis mitgeteilten Ergebnisse aus seinen eigenen Entwicklungen hergeleitet werden können. In fieberhafter Eile veröffentlichte er nun in mehreren Abhandlungen seine Ideen über elliptische und höhere transzendente Funktionen in einem beispiellosen, von den europäischen Mathematikern mit Spannung verfolgten Wettlauf mit *Jacobi*. Zur gleichen Zeit setzte *Crelle* seinen ganzen Einfluß ein, um für A. eine Anstellung in Berlin zu finden. Als er im April 1829 endlich den Erfolg seiner Bemühungen melden konnte, erreichte die frohe Mitteilung den Empfänger nicht mehr. Norwegens größter Mathematiker war, nur 26 Jahre alt, einer Tuberkuloseerkrankung erlegen.

Werke: Œuvres complètes. Nouvelle édition, hrsg. von M. M. L. Sylow/S. Lie (2 Bde, Oslo 1881; Nachdruck: New York 1965). – *Lit.*: DSB I, 12–17 (O. Ore); V. Brun: N. H. A. Neue biographische Funde. In: *Journal für die reine und angewandte Mathematik* 193 (1954), 239–249; O. Ore: N. H. A., Mathematician Extraordinary (Minneapolis 1957; Nachdruck: New York 1974).

[Scriba]

Agassiz, Jean *Louis* Rodolphe, schweizerischer Naturforscher, * 28.5.1807 Motier [Kanton Fribourg], † 14.12.1873 Cambridge, Mass. [USA].

A. studierte nach dem Besuch des Collège in Lausanne zunächst 1824–1826 am Medizinisch-chirurgischen Institut in Zürich, dann bis 1827 in Heidelberg Naturgeschichte. Zusammen mit seinen Heidelberger Freunden *Alexander Braun* (* 10.5.1805 Regensburg, † 29.5. 1877 Berlin; Professor für Botanik in Freiburg 1845, Gießen 1850 und Berlin 1852) und *Karl Friedrich Schimper* (* 15.2.1803 Mannheim, † 21.12.1867 Schwetzingen), der durch seine Theorie der Gesetzmäßigkeit der Blattstellung (1830) bekannt wurde, verbrachte A. die folgenden Studienjahre bis 1830 in München, wo sie in engen persönlichen Kontakt mit den bedeutenden Vertretern der Naturgeschichte und der Naturphilosophie kamen: mit *L.* → *Oken*, *Ignaz Döllinger* (* 27.5.1770 Bamberg, † 14.1.1841 München), *Karl Friedrich Philipp von Martius* (* 17.4.1794 Erlangen, † 13.12. 1868 München), *Gotthilf Heinrich Schubert* (* 26.4.1780 Hohenstein/Saale, † 1.7.1860 Laufzorn [Oberbayern]) und *F. W. J. Schelling*. Sie wohnten im Hause *Döllinger*s und hielten selbst Vorträge, an denen die Professoren als Zuhörer teilnahmen – sie nannten diese Einrichtung die ›Kleine Akademie‹.

A. hatte sich von Jugend an besonders für Fische interessiert. So übertrug ihm *Martius* nach dem Tode des Zoologen *Johann Baptist von Spix* (* 9.2.1781 Höchstadt a. d. Aisch, † 13.3.1826 München) das Fisch-Material der Forschungsreise durch Brasilien zur Bearbeitung. Bereits 1829 erschienen unter seinem Namen die ›Selecta genera et species piscium quas in itinere per Brasiliam collegit et pingendos curavit J. B. de Spix …‹. Im gleichen Jahr wurde er in Erlangen zum Dr. phil. promoviert. 1830 schloß er in München auch das Studium der Medizin mit der Promotion ab und verbrachte einige Monate zur Fortbildung in Wien. Ende 1832 übernahm er die neu geschaffene Professur für Naturgeschichte am Collège de Neuchâtel.

Seine eigenen Sammlungen wurden zum Grundstock des dortigen von ihm geleiteten Naturhistorischen Museums. 1846/47 unternahm er auf Einladung eine Vortragsreise in die USA, als deren Folge er 1848 auf den Lehrstuhl für Naturgeschichte (Zoologie und Geologie) an der im Rahmen der Harvard University in Cambridge (Mass.) neugegründeten Lawrence Scientific School berufen wurde. Aus kleinsten Anfängen gelang es ihm, das heute noch nach ihm benannte ›Museum of Comparative Anatomy‹ aufzubauen. Sein Nachfolger als Direktor wurde A.s Sohn *Alexander A.* (* 17.12.1835 Neuchâtel, † 27.3.1910 auf der Überfahrt von London).

Neben dem Unterricht waren die Jahre in Neuchâtel ausgefüllt mit der Erarbeitung mehrerer großer Werke zur Paläontologie, von denen die ›Recherches sur les poissons fossiles‹ (1833–1844) noch heute als Standardwerk gelten können; andere behandeln Mollusken und Echinodermen. Bei diesen Arbeiten beschäftigte A. eine Anzahl von Mitarbeitern, zu denen auch *C.* → *Vogt* gehörte. Als Paläoichthyologe hatte A. allgemeine Anerkennung vor allem in England gefunden. Seit 1837 befaßte er sich auch mit glacialgeologischen Phänomenen, auf die ihn *Jean de Charpentier* (* 7.12.1786 Freiberg, † 12.9.1855 Bex [Schweiz]) aufmerksam gemacht hatte. 1837 stellte er seine Eiszeitlehre zur Erklärung der Vereisungserscheinungen in der Schweiz erstmals in einem Vortrag dar; eine Erweiterung auf Erscheinungen außerhalb der Schweiz erfolgte 1840 in den ›Études sur les glaciers‹, woran die Freundschaft mit *Schimper* zerbrach, der die Priorität für diese Lehre beanspruchte, in dem Werk jedoch nicht erwähnt wurde. Zahlreiche Reisen, die zoologischen, paläontologischen und nicht zuletzt auch glacialgeologischen Untersuchungen gewidmet waren, führten ihn dann von Cambridge aus zunächst in verschiedene Gegenden Nordamerikas und 1865/66 auch nach Brasilien (›A

Journey in Brazil‹, Boston 1868); schließlich nahm A. 1871/72 an einer großen Reise um Mittel- und Südamerika teil, untersuchte dabei die Tierwelt der Tiefsee und der Küstenregion und unternahm geologische Expeditionen in die Gebirge.

A. ist neben *K. E. von → Baer* der bedeutendste Gegner der Theorie des Transformismus, nach der eine kontinuierliche Umwandlung einer Art in eine andere erfolgt. Sie wurde schon vor *C. → Darwin* diskutiert. A. ging in seiner Argumentation dabei weit über die Thesen seines Lehrers *G. → Cuvier* hinaus, indem er eine große Anzahl von alles Leben zerstörenden Katastrophen annahm, nach denen die Erde stets durch einen Schöpfungsakt Gottes völlig neu besiedelt worden sei. Die systematischen Kategorien unterschieden sich nicht nur nach der Quantität, sondern auch nach der Qualität ihrer Charaktere: Im Laufe der Erdgeschichte erschienen ›embryonische‹, ›prophetische‹ und ›progressive‹ Typen; das Ziel des großen Schöpfungsplanes sei der Mensch. A. postuliert eine Parallelität zwischen geologischer Reihenfolge und embryonaler Entwicklung der höheren Tiere und schließt Wanderungen in Lebensräume, für die eine Art ursprünglich nicht geschaffen wurde, aus. Die Menschheit sieht er zwar als eine Einheit, ihre Rassen aber als getrennt geschaffen an. Mit seiner auf *Cuviers* Lehre beruhenden Anschauung von der Konstanz der Arten ist ein konsequenter teleologischer Standpunkt verbunden; auch Einflüsse der Naturphilosophie des frühen 19. Jahrhunderts, die er in München kennen gelernt hatte, sind deutlich. In Vorträgen hatte A. seine Schöpfungslehre schon in den 1830er und 1840er Jahren vertreten, dann 1857 im 1. Band der ›Contributions to the Natural History of the United States of America‹ (4 Bde, Boston 1857–1882) als ›An Essay on classification‹ auch gedruckt veröffentlicht. Nach dem Erscheinen von *Darwins* Werk über den Ursprung der Arten (1859) wandte sich A. in Vorträgen und Aufsätzen immer wieder heftig gegen die »materialistische« Deszendenztheorie, die er als eine »mere mine of assertions« erklärte (»I shall outlive this mania«.). Sein enger Kontakt mit französischen Naturforschern mag zu der Verzögerung der Rezeption der Lehre *Darwins* in Frankreich beigetragen haben. Sonst hatten seine Bemühungen innerhalb der Biologie keinen Erfolg; allerdings hat diese letzte in sich geschlossene Schöpfungstheorie auf das große Publikum in den USA einen bis heute nachwirkenden großen Einfluß ausgeübt. [Querner]

Werke: The Intelligence of L. A. A Specimen Book of Scientific Writings, Selected by G. Davenport (Westport, Conn. 1983). – *Lit.*: Pogg. VII a Suppl., 20–24 (Bibliographie); DSB I, 72–74 (E. Lurie); J. Marcou: Life, Letters, and Works of L. A. (2 Bde, New York 1896; mit Bibl.); M. L. Robinson: L. A. (1807–1873) (Zürich/Leipzig 1941); E. Lurie: L. A. A Life in Science (Chicago 1960; Pb Baltimore 1988); E. Kuhn-Schnyder: L. A. als Paläontologe. In: *Denkschriften der Schweizerischen Naturforschenden Gesellschaft* 84 (1975), 27–113; C. G. Fry: Congregationalists and Evolution. Asa Gray and L. A. (Lanham usw. 1989).

Agricola, Georgius (latinisiert aus *Georg Pawer* [*Bauer*]), deutscher Arzt, Naturforscher, und Montanwissenschaftler, * 24.3.1494 Glauchau, † 21.11.1555 Chemnitz.

Als Sohn eines wohlhabenden Tuchmachers und Färbers war es A. möglich, die Lateinschule in Zwickau zu besuchen und von 1514 bis 1518 in Leipzig Theologie, Philosophie und die klassischen Sprachen zu studieren. In den Jahren 1518–1522 wirkte er als Griechischlehrer, Konrektor und Rektor in Zwickau. Nach Übertragung eines Lehens mit jährlichem Ertrag von 30 Gulden setzte er sein Studium der klassischen Sprachen in Jena fort, wurde hier allerdings bereits für die Medizin interessiert, zu deren Studium er schließlich ab 1523 an die damaligen, italienischen Hochburgen der Medizin in Bologna und Padua ging. In Italien schließt er auch sein Studium mit der Promotion zum Doktor der Medizin ab (vermutlich 1524 in Bologna). Nachdem ihm die Pfründe in Zwickau entzogen worden war, stellte er seine griechischen und medizinischen Kenntnisse in die Dienste der Druckerfamilie Manutius in Venedig, für die er sich an der jeweils ersten, aus den Handschriften erarbeiteten Ausgabe in der Originalsprache der griechischen Mediziner → *Galenos* (1525), *Hippokrates* (1526) und *Paulos von Aigina* (7. Jh. Alexandria) (1526 abgeschlossen) beteiligte. Ende 1526 kehrte er nach Zwickau zurück und ließ sich 1527 als Stadtarzt und Apotheker in Joachimsthal, dem damaligen Mittelpunkt des erzgebirgischen Silberbergbaus, nieder. Hatte er doch erkannt, daß die Mediziner seiner Zeit den technischen Angaben der antiken Autoren über mineralogische Heilmittel als Laien gegenüberstanden. Es sei beschämend, sagt er in der Einleitung zu seinem Dialog ›Bermannus oder über den Bergbau‹ (1530), daß die Ärzte sich im Anschluß an die griechischen Mediziner lang und breit über den Gebrauch und die Wirkung von Arzneimitteln ausließen, ohne diese überhaupt zu kennen. Dem abzuhelfen, sei der Hauptgrund gewesen, weshalb er sich in einem Bergwerksort niedergelassen habe. Hier wollte er nach fachmännischer Anleitung und Führung aus eigener praktischer Anschauung in Bergbau und Hüttenwesen die Grundlagen zum Verständnis der bei den antiken Autoren (→ *Theophrastos*, → *Dioskurides*, → *Plinius*, *Galenos* usw.) in den Rezepten erwähnten Minerale gewinnen und durch ihre Identifizierung gleichzeitig die antiken Anschauungen über ihr Entstehen und ihre ›Wirkkräfte‹ für seine Zeit wieder fruchtbar werden lassen. Er entspricht mit diesen Absichten genau den Vorstellungen des Renaissance-Humanismus seiner Zeit, und in diesem Sinne begründete schon der genannte Dialog A.s Ruf als Mineraloge und Bergbaufachmann. Um auch andere Lagerstätten und Bergbaugebiete kennenlernen zu können, gab A. das Amt des Stadtarztes noch im Erscheinungsjahr des ›Bermannus‹ auf. Seine Studienreisen führten ihn – teilweise wohl schon als bergbaulicher Berater – nach Thüringen, Schlesien, Mähren und in den Harz. Die Jahre seit 1533 verbrachte er dann bis zu seinem Tode hauptsächlich in Chemnitz, wo er wieder die Stelle eines Stadtarztes einnahm, gleichzeitig aber Landeshistoriograph des sächsischen Fürstenhauses war. 1546 wurde er dort Bürger und Ratsmitglied, im selben Jahr und drei weitere Male auch Bürgermeister.

In diese Chemnitzer Jahre fallen A.s umfangreiche mineralogische, bergbau- und hüttentechnische sowie metrologische Veröffentlichungen. In ihnen wurden durch die Synthese der praktisch-empirischen Kenntnisse aus Bergbau und Hüttenwesen mit den daran kritisch geprüften und differenzierten theoretischen Anschauungen der Antike die Grundlagen für eine wissenschaftliche Mineralogie gelegt, aus der sich dann später weitere Einzeldisziplinen wie Petrographie, Geologie und Kristallographie entwickelten. Sein bergbautechnisches Hauptwerk ›Über den Bergbau‹ (›De re metallica‹, postum Basel 1556) blieb darüber hinaus bis ins 18. Jahrhundert das maßgebliche Handbuch der Bergbau- und Hüttentechnik. Das umfangreiche und nach systematischen Gesichtspunkten gesammelte und zusammengestellte mineralogische und technologische Wissen hatte A. sich durch eigene Anschauung, durch ein fast lückenloses kritisches Literaturstudium der griechischen, lateinischen und arabischen, aber auch der volkssprachlichen italienischen und deutschen Autoren – wie etwa des ›Bergbüchlein‹ von *Ulrich Rülein von Calw* (* 1465/69 Calw [Württemberg], † Ende 1523 Freiberg oder Leipzig), der in Freiberg eine ähnliche Stellung einnahm wie A. in Chemnitz – sowie durch einen lebhaften persönlichen und brieflichen Verkehr mit Berg- und Kaufleuten einerseits und mit Gelehrten der verschiedensten Fachrichtungen andererseits erworben. So wurde er weniger durch grundlegend neue Ideen als aufgrund der systematischen Aufarbeitung des bis zu seiner Zeit vorliegenden empirischen und wissenschaftlichen Materials sowie aufgrund der Umsetzung der volkssprachlich fixierten Kenntnisse in die Wissenschaftssprache seiner Zeit zum Begründer der mineralogischen und montanistischen Wissenschaften. Seine kritische Einstellung kennzeichnet sowohl die Ablehnung alchimistischer Anschauungen als auch die Vertretung der vom christlichen Mittelalter verdrängten antiken Auffassung (*Xenophanes*, → *Anaximandros*, *Herodotos*), daß bestimmte ›Fossilien‹ Versteinerungen einst lebender Organismen und keine ›Spiele der Natur‹ seien, wie man im Mittelalter annahm. Bis eine richtige Deutung solcher Fossilien als Petrefakte heute ausgestorbener Arten möglich wurde, mußten jedoch noch mehr als zwei Jahrhunderte vergehen. [Krafft]

Werke: Ausgewählte Werke, [in deutscher Übersetzung] hrsg. von H. Prescher (10 Bde, Berlin 1955–1992; Bd 10: Bibliographie 1520–1963). – *Lit.*: GCh I, 99–106 (E. Darmstaedter); DSB I, 77–79 (H. M. Wilsdorf); DBE I, 52–54 (F. Krafft); H. Hartmann: G. A. 1494–1555, Begründer dreier Wissenschaften: Mineralogie – Geologie – Bergbaukunde (Stuttgart 1953); H. Wilsdorf: G. A. und seine Zeit (Berlin 1956; Bd 1 der Ausgewählten Werke); G.-R. Engewald: G. A. (Leipzig 1982); H. Prescher/O. Wagenbreth: G. A. – seine Zeit und ihre Spuren (Leipzig/Stuttgart 1994); F. Naumann (Hrsg.): G. A. – 500 Jahre (Basel 1994).

Airy, Sir (seit 1872) *George* Biddell, englischer Astronom, * 27.7.1801 Alnwick [Northumberland], † 2.1.1892 Greenwich.

A., der von seinem begüterten Onkel gefördert und für die Physik interessiert wurde, begann nach dem Schulbesuch in Colchester 1819 in Cambridge Mathematik und Physik zu studieren, absolvierte 1823 das Trinity College, wie zehn Jahre zuvor *J. Herschel* als ›Senior Wrangler‹, errang ebenfalls den Smith-Preis und wurde im folgenden Jahr Fellow an seinem College und Mathematikdozent. Ende 1826 erhielt er die Lucasian-Professur für Mathematik, Anfang 1828, nachdem seine Bewerbung um die vakante Stelle des königlichen Astronomen in Dublin abschlägig beschieden war, die Plumian-Professur für Astronomie und wurde Direktor des neuen Observatoriums in Cambridge. Die Verhältnisse waren hier jedoch recht beschränkt; die Errichtung eines großen ortsfesten Meridiankreises zog sich lange Zeit hin, regelmäßige Beobachtungen damit waren erst ab 1833 möglich. Im selben Jahr gewährte dann zwar der Graf von Northumberland die Mittel zur Anschaffung eines zwölfzölligen Linsenfernrohres, dessen Montierung nach A.s Plänen vorgenommen wurde, aber sie war noch nicht fertiggestellt, als er Mitte 1835 als königlicher Astronom nach Greenwich berufen wurde. A. war langjähriger Präsident der Royal Astronomical Society, ab 1836 Mitglied der Royal Society und im Jahre 1872/73 deren Präsident.

A. hatte in Cambridge eine bis dahin übersehene Störung in der Bewegung von Venus und Erde entdeckt und mit großem Arbeitsaufwand ihre Periode berechnet. Das dabei gezeigte Geschick und seine Beobachtungsgabe schienen ihn geeignet für die Aufgaben des königlichen Observatoriums von Greenwich zu machen; und unter seiner langjährigen Leitung (bis 1881) errang die Sternwarte auch ihre Weltgeltung – durch A.s exakte Beobachtungen und Berechnungen, nicht zuletzt aber aufgrund seiner Reorganisation des wissenschaftlichen Betriebes und der laufenden zweckmäßigen Modernisierung und Anpassung des Instrumentariums. Er sorgte für die Anschaffung und Aufstellung der besten Geräte herkömmlicher Art – hierzu befand er sich häufig auf Informationsreisen durch den Kontinent –, gründete 1838 in Greenwich ein magnetisches und ein meteorologisches Observatorium und führte 1848 die photographische Registrierung ein, ließ seit 1854 die Zeit für die Meridiandurchgänge elektrisch bestimmen und seit 1874 nach der Methode von *J. N.* → *Lockyer* die Sonnenprotuberanzen aufzeichnen, während er die tägliche Aufnahme der Sonnenflecken bereits ein Jahr zuvor eingeführt hatte. A. selbst widmete sich allerdings vorwiegend der damals so genannten physikalischen Astronomie, der Himmelsmechanik des Planetensystems. Bahnstörungen, ihre Ursachen und deren Bestimmung blieben weiterhin seine Arbeitsgebiete. In erster Linie sind zu nennen: genaue Planetenbeobachtungen, wichtige Beiträge zu den Mondtafeln und der Mondtheorie – wegen ihrer Wichtigkeit für die geographische Längenbestimmung, für die geeignete Chronometer noch fehlten, und die Gezeitentheorie Hauptaufgaben des königlichen Astronomen der Seemacht England –, Bestimmung der mittleren Dichte der Erde mit Hilfe von Pendelversuchen, die er 1826–1828 und 1854 in tiefen Bergwerksschächten durchführte, welche aber einen etwas zu großen Wert ergaben. Zu nennen sind weiterhin seine Gradmessung Valencia-Greenwich, die er unter sorgfältiger Berücksichtigung der Lotabweichungen vornahm (1862), ferner die Vorbereitungen und Auswertungen der englischen Expeditionen zur Beobachtung der totalen Sonnenfinsternisse der Jahre 1842 (Italien), 1851 (Schweden) und 1860 (Spanien) sowie jener zur Beobachtung der Venusdurchgänge von 1874 und 1882, welche zwar Grundlagen für bessere physikalische Konstanten des Sonnensystems erbrachten, aber wegen der Atmosphäre der Venus nicht zur dem Aufwand angemessenen Genauigkeit in der Bestimmung der Sonnenparallaxe führten. *J. G. Galle* hatte deshalb 1872 vorgeschlagen, Planetoiden für Parallaxenmessungen zu benutzen, was aber erst ein halbes Jahrhundert später möglich wurde. A. entdeckte den Astigmatismus des menschlichen Auges – unter dem er selber litt – und entwickelte Linsen zu seiner Korrektur. [Krafft]

Lit.: Autobiography, hrsg. von W. Airy (Cambridge 1896; mit Bibl.); DSB I, 84–87 (O. J. Eggen); J. R. Levene: Sir G. B. A., F.R.S. (1801–1892), and the Discovery and Correction of Astigmatism. In: *Notes and Records of the Royal Society* 21 (1966), 180–199.

Albert der Große (*Albertus Magnus*), deutscher Theologe und Naturforscher, * wahrscheinlich 1193 Lauingen [a. d. Donau], † 15.11.1280 Köln; 1622 selig-, 1931 heiliggesprochen.

Von den Scholastikern treffend auch ›doctor expertus‹ und ›doctor universalis‹ genannt, ist A. als der bedeutendste Naturforscher des lateinischen Mittelalters anzusprechen. Nach dem Studium der ›artes liberales‹ und der Medizin in Padua wurde er in den Dominikanerorden aufgenommen und lehrte an Ordensschulen in Köln, Hildesheim, Freiburg, Regensburg und Straßburg, ab 1245 an der Universität Paris, wo er auch den theologischen Doktor erwarb, und ab 1248 und 1258 an dem von ihm errichteten ›Studium generale‹ seines Ordens in Köln, wo in den Jahren 1248–1252 *Thomas von Aquino* (* um 1225 Roccasecca bei Aquino, † 7.3.1274 Kloster Fossanuova) sein Schüler war. In der Zwischenzeit von 1254 bis 1257 bekleidete er das Amt des Provinzials der deutschen Ordensprovinz, die er auf seinen ausgedehnten Visitationsreisen dem Ordensgelübde gemäß zu Fuß durchwanderte. 1260 bis 1262 war er Bischof von Regensburg, 1265 bis 1269 dozierte er an den Dominikanerklöstern in Würzburg und Straßburg, danach wieder in Köln.

Lehrtätigkeit und wissenschaftliche Arbeit A.s wurden immer wieder durch beschwerliche Reisen und langwierige Tätigkeiten im Auftrage der Kirche und seines Ordens, die sich seiner Autorität und seines weltweiten Ansehens gern und oft bedienten, unterbrochen. Um so erstaunlicher ist der Umfang seiner wissenschaftlichen Schriften theologischer, philosophischer und naturwissenschaftlicher Art. Seine größte Leistung ist jedoch wohl die Begründung des christlichen Aristotelismus im Mittelalter, die er selbst gegen den Widerspruch seiner Ordensgenossen durchführte, indem er die aristotelische Philosophie den eigentümlichen Forderungen des christlichen Glaubens unterwarf, sie damit assimilierte und der christlichen Gedankenwelt mit einem Schlage eine ungeheure Bereicherung durch die gewaltige Wissensmasse der Philosophie des → *Aristoteles* und seiner griechisch-römischen, arabischen und jüdischen Kommentatoren bis hin zu → *Averroës,* → *Avicenna* und *Moses Maimonides* (* 30.3.1135 Córdoba, † 13.12.1204 Fostat/Kairo) bescherte. Das geschah durch eine kommentierte und teilweise ergänzte Wiedergabe von lateinischen Übersetzungen und Paraphrasen aller metaphysischen, naturphilosophischen und naturwissenschaftlichen Schriften des *Aristoteles*, zu der er sich ab 1251 nach und nach von Ordensbrüdern überreden ließ. Dabei wurden die aristotelischen Gedanken über die Natur und natürliche Prozesse trotz aller Hochachtung, die *Aristoteles* als neuer Autorität gegenüber → *Platon* und dem (Neu-)Platonismus eingeräumt wurde, keineswegs kritiklos übernommen. Vielmehr wurden auf der einen Seite Ansichten, die gegen solche der Bibel sprachen, wie etwa die von der Ewigkeit der Welt, aus der Überzeugung von der Richtigkeit der in der Bibel geoffenbarten Wahrheit heraus widerlegt – *Aristoteles* sei kein Gott, sondern ein Mensch gewesen, und als solcher könnte er durchaus irren, heißt es in seiner ›Physik‹ –, während andererseits durch Erfahrung und Empirie gewonnene Kenntnisse zur Ergänzung oder Korrektur herangezogen wurden. So füllen eigene und selbständige Arbeiten und Einschübe Lükken in den aristotelischen Werken, in deren Paraphrase selbst auch wertvolle Mitteilungen über eigene Beobachtungen naturwissenschaftlicher Art eingearbeitet sind, und werden mit diesen zu einer *Aristoteles*-Enzyklopädie zusammengefaßt, welche auch die Grundlage für den Aristotelismus seines großen Schülers und sprachlich sehr viel eleganteren *Thomas von Aquino* bildete. Dieser hat dann das naturwissenschaftliche Denken des lateinischen Mittelalters im wesentlichen beherrscht und wurde erst von den Begründern neuzeitlicher Naturwissenschaft Schritt um Schritt überwunden. Die eigenen Werke A.s. innerhalb dieser Enzyklopädie betreffen besonders die Chemie im Gewande der Alchimie als der Lehre von der Veredelung der Metalle (›De mineralibus‹) – als Ergänzung zur aristotelischen ›Meteorologie‹ – und die Zoologie (und Botanik), wo er die eigenen umfangreichen Beobachtungen über Fauna (und Flora) Mitteleuropas, die er auf seinen ausgedehnten Visitationsreisen gesammelt hatte, in den entsprechenden aristotelischen (pseudo-aristotelischen) Schriften ergänzte. Hand in Hand mit dieser Schöpfung des christlichen Aristotelismus geht eine Verselbständigung der Philosophie und der anderen profanen Wissenschaften, die zuvor von der Scholastik als bloße Hilfsdisziplinen der Theologie angesehen worden waren. Nach A. haben sie trotz ihrer Verwertbarkeit für die Theologie in ihrem speziellen Bereich selbständige Arbeitsgebiete und -methoden: »Wir haben in der Naturwissenschaft nicht zu erforschen, wie Gott nach seinem freien Willen durch unmittelbares Eingreifen die Geschöpfe zu Wundern gebraucht, durch die er seine Allmacht zeigt; wir haben vielmehr zu untersuchen, was im Bereich der Natur durch die den Naturdingen innewohnende Ursächlichkeit auf natürliche Weise geschehen kann«, und dazu bedürfe es im Sinne des *Aristoteles* empirischer Erfahrung und Beobachtung, die auch einmal gegen *Aristoteles* sprechen könnten. – Daß diese Grundsätze besonders im Zuge der Dogmatisierung des christlichen Aristotelismus thomistischer Prägung dem Mittelalter bald wieder fast gänzlich verlorengingen, ist seinem Begründer nicht anzurechnen. [Krafft]

Werke: Opera omnia, hrsg. von A. Borgnet (38 Bde [unvollständig], Paris 1890–1899); Opera omnia, hrsg. vom Albertus-Magnus-Institut Köln (Bd 1[–40], Münster 1951 ff.); De animalibus, hrsg. von H. Stadler (2 Bde, Münster 1916); De vegetabilibus VI,2, lat.-deutsch hrsg. von K.

Biewer (Stuttgart 1992). – *Bibl.*: W. Fauser: Die Werke des A. M. in ihrer handschriftlichen Überlieferung (Teil 1, Münster 1982). – *Lit.*: GCh I, 32–41 (F. Strunz); DSB I, 99–103 (W. A. Wallace); GWG III, 636–649 (J. Pieper); KNph 74–85 (P. Hoßfeld); H. Balss: A. M. als Biologe (Stuttgart 1947); H. C. Scheeben: A. M. Ordensmann, Bischof, Gelehrter, Mann des Volkes (Köln 1980); G. Meyer / A. Zimmermann (Hrsgg.): A. M. doctor universalis (Mainz 1980); J. A. Weisheipl (Hrsg.): A. M. and the Sciences (Toronto 1980); P. Hoßfeld: A. M. als Naturphilosoph und Naturwissenschaftler (Bonn 1983); P. Zambelli: The *Speculum astronomiae* and Its Enigma. Astronomy, Theology and Science in A. M. and His Contemporaries (Dordrecht usw. 1992); P. Theiss: Die Wahrnehmungspsychologie und Sinnesphysiologie des A. M. (Frankfurt am Main 1997).

Aldrovandi, Ulisse, italienischer Gelehrter, * 11.9.1522 Bologna, † Mai 1605 ebenda.

A. studierte zunächst Mathematik und Rechtswissenschaft in Bologna, ab 1545 in Padua Philosophie, Mathematik und Medizin. Ab 1553 las er an der Universität zu Bologna über Medizin und Logik und wurde 1561 zum ersten Professor für Naturgeschichte berufen. Seit seiner Studienzeit hat er immer wieder weite Reisen unternommen, um durch eigene Anschauung Kenntnisse über die Natur zu gewinnen.

A. setzte *C.* → *Gesner*s Werk der enzyklopädischen Katalogisierung der Tiere, Pflanzen und Fossilien fort und bezog viele neue und besonders die erst durch die Entdeckungsreisen bekannt gewordenen Arten Amerikas in die Darstellung mit ein. Sein Werk umfaßt dementsprechend die bis dahin größte Artenfülle, ist jedoch bei weitem nicht so kritisch angelegt wie das *Gesner*s; es enthält noch Beschreibungen fiktiver Fabelwesen und viele ungeprüfte Mitteilungen. A.s Fischbuch behandelt allerdings erstmals keine anderen Meerestiere, und in seiner Ornithologie sind die Arten erstmals nicht alphabetisch, sondern nach einem System angeordnet. Insgesamt versuchte A. sich von den tradierten Textbüchern zu lösen und die direkte Naturbeobachtung in den Vordergrund zu stellen. Eine besondere Leistung stellt die Wiederaufnahme der Anregung der hippokratischen Schule und des → *Aristoteles* dar, an unterschiedlich lange bebrüteten Hühnereiern die Entwicklungsstadien in sukzessiver Folge zu betrachten. Diese erste systematische Untersuchung eines Entwicklungsvorganges hat die Embryologie entscheidend gefördert und *G.* → *Fabrici*, *M.* → *Malpighi* und *W.* → *Harvey* den Weg bereitet. – Durch viele Vorschläge zur Stadtsanierung und zum Gesundheitswesen Bolognas wurde er zu einem Pionier der Hygiene. [Bäumer-Schleinkofer]

Werke: Opera omnia (11 Bde, Bologna 1668). – *Lit.*: DSB I, 108–110 (C. Castellani); L. Sammoggia: U. A. medico e igienista (Bologna 1962); L. R. Lind: A. on Chickens (Oklahoma 1963); U. A. e la Toscana. Carteggio e testimonianze documentarie (Florenz 1989); Ä. Bäumer-Schleinkofer: U. A. – Vollendung des Aristoteles in plinianischer Manier. In: *Berichte zur Wissenschaftsgeschichte* 17 (1994), 183–199.

Alembert, *Jean-Baptist* Lerond d', französischer Philosoph und Mathematiker, * 17.11.1717 Paris, † 29.10.1783 ebenda.

»Herrn d'Alemberts Gesicht zeigt in keiner Hinsicht auffallende Züge; man behauptet, daß sein Gesichtsausdruck meist spöttisch und boshaft sei. [...] Die wesentlichen Züge seiner geistigen Veranlagung sind Klarheit und Scharfsinn im Denken. Für das Studium der höheren Mathematik hat er einige Begabung und eine sehr rasche Auffassungsgabe aufzuweisen, und er hat daher auf diesem Gebiet schon sehr früh einen ziemlich bedeutenden Ruf erworben. [...] Es ist sein Grundsatz, daß ein Wissenschaftler, der seinem Namen zu dauerndem Ansehen verhelfen will, sehr auf seine Schriften, in hohem

Maße auf seine Taten und weniger sorgfältig auf seine Äußerungen achten muß. Herr d'Alembert richtet sein Verhalten nach diesem Grundsatz aus: er sagt viele Dummheiten, schreibt aber nur wenige und begeht überhaupt keine.« – So schrieb der bedeutende Führer der Aufklärung, gleich geachtet als Philosoph wie als Mathematiker, von bescheidener Natur, aber ängstlich auf seine Unabhängigkeit bedacht, in einem literarischen Selbstporträt.

Von seiner Mutter, der durch ihren Salon bekannten Marquise de Tencin, wurde das uneheliche Kind vor der Kirche St. Jean Lerond zu Paris ausgesetzt, doch trug der Vater, der Artillerieoffizier L. C. Destouches, für eine gründliche Erziehung des begabten Knaben Sorge. Nach der Ausbildung am Collège des Quatre Nations bei jansenistisch und cartesisch gesinnten Lehrern trieb A. vorübergehend theologische, juristische und medizinische Studien, wandte sich aber bald der Mathematik zu. Rasch wurde er durch seine Arbeiten bekannt und schon mit 23 Jahren in die Pariser Akademie der Wissenschaften aufgenommen. Tiefgreifende theoretische Untersuchungen, vor allem auf dem Gebiet der angewandten Mathematik, der mathematischen Physik und der Astronomie, sicherten ihm Preise und Mitgliedschaften mehrerer ausländischer Akademien. Glänzende Angebote Friedrichs des Großen und der Zarin Katharina von Rußland schlug er aus, um in völliger Unabhängigkeit seinen Studien nachgehen zu können.

Im 1743 veröffentlichten wissenschaftlichen Hauptwerk, dem ›Traité de dynamique‹, trieb er die Mathematisierung der Mechanik voran und stellte das d'A.sche Prinzip auf. Die von ihm angegebene Lösung der Differentialgleichung der schwingenden Saite war von überraschend allgemeiner Natur. A. untersuchte zahlreiche weitere physikalische Probleme, u.a. die Bewegung von Flüssigkeiten, die Bewegung der Winde und die Mondbewegung.

Als Mitarbeiter *Denis Diderot*s trug A. entscheidend zum Erfolg der großen ›Encyclopédie‹ bei, vor allem durch seine berühmte, 1751 erschienene Einleitung. Darin machte er den Versuch, alle Gebiete des Wissens in einen logischen und genetischen Zusammenhang zu bringen. Ging doch das Ziel der ›Encyclopédie‹ weit über eine bloße systematische Darstellung des zeitgenössischen Wissens hinaus – als Schrittmacher der Aufklärung wollte sie einer kritisch-rational bestimmten, von der Möglichkeit wissenschaftlichen, praktischen und allgemein menschlichen Fortschritts überzeugten Weltanschauung zum Durchbruch verhelfen. Die in meisterhaftem Stil geschriebene Einleitung brachte ihrem Verfasser begeisterte Zustimmungen, unter anderem von Friedrich dem Großen und *Voltaire*. Aber auch Anfeindungen blieben nicht aus. Hatte A. doch in seinem großartigen, von *F.* → *Bacon*s Wissenschaftstheorie und *John Locke*s Sensualismus beeinflußten Entwurf einer Synthese des gesamten Wissens, das er – den drei Grundvermögen des menschlichen Geistes (Gedächtnis, Vernunft und Vorstellungskraft) entsprechend – in die Bereiche Geschichte, Philosophie und Künste unterteilte, die Einzelwissenschaften der Zwangsjacke deduktiv errichteter philosophischer Systeme und der Einordnung in theologische Lehrgebäude entzogen. Als Prozeß der Befreiung der Vernunft von überkommenen Vorurteilen glaubten die Enzyklopädisten den Fortschritt in der Geschichte erkennen zu können, als den endlosen Weg der Entfaltung des menschlichen Geistes und seiner Einwirkung auf die bestehenden unzulänglichen Zustände, die zu bessern und dem Ideal anzunähern höchstes Ziel menschlichen Strebens sein müsse. – Den Ruf der französischen Revolution nach Freiheit, Gleichheit und Brüderlichkeit hat A.s Ohr nicht mehr vernommen, aber durch seinen Einsatz für die Bestrebungen der ›Grande Encyclopédie‹ leistete er einen Beitrag zu den großen Umwälzungen, die das bürgerliche Zeitalter einleiteten. [Scriba]

Werke: Opuscules mathématiques (8 Bde, Paris 1761–1780); Œuvres philosophiques, historiques et littéraires, hrsg. von J. F. Bastien (18 Bde, Paris 1805–1808); Œuvres, hrsg. von Bélin/ Bossange (10 Bde in 5, Paris 1821–1822: literar. Schriften). – *Lit.*: DSB I, 110–117 (J. M. Briggs); R. Grimsley: J. d'A. (1717–1783) (Oxford 1963); T. L. Hankins: J. d'A. Science and the Enlightenment (Oxford 1970); C. G. Fraser: The Approach of J. d'A. and Lazare Carnot to the Theory of Constrained Dynamical System (PhD Thesis Toronto 1981); M. Muller: Essai sur la philosophie de J. d'A. (Paris 1989).

Ampère, *André* Marie, französischer Physiker und Mathematiker, * 20.1.1775 Lyon, † 10.6.1836 Marseille.

A. war der Sohn eines gebildeten Geschäftsmannes in Lyon. Der wißbegierige Knabe arbeitete von sich aus die große ›Enzyklopädie‹ von *Denis Diderot* und *J. L. d' → Alembert* durch und fiel schon früh durch seine geistigen Fähigkeiten und sein gutes Gedächtnis auf. Als sein Vater ein Opfer der Revolution wurde, versank er in völlige Apathie. Seine leidenschaftliche Liebe zur Wissenschaft brach aber bald wieder durch. Zuerst wandte er sich der Botanik zu, dann der Metaphysik, Psychologie und anderen Gebieten. Seine Laufbahn als Naturwissenschaftler begann A. 1802 als Lehrer der Physik an der Zentralschule des Départements Ain in Bourg; danach war er als Mathematikprofessor am Gymnasium seiner Heimatstadt Lyon tätig. Da seine mathematischen Veröffentlichungen Aufmerksamkeit erregten, berief man ihn 1804 als ›Répétiteur‹ für Mathematik an die École Polytechnique in Paris. Von 1808 an hatte er das Amt des Generalinspektors der Pariser Universität inne; 1814 wurde er Mitglied des ›Institut de France‹, das nach der Revolution an die Stelle der Akademie getreten war. 1824 machte man ihn zum Professor für Experimentalphysik am Collège de France. Er starb auf einer Schulinspektionsreise in den Süden.

Obwohl A. sich nur zeitweise intensiv mit Chemie beschäftigte, stellte er in einem Brief an *C.-L. → Berthollet* 1814 eine ähnliche Hypothese wie *→ Avogadro* auf: gleiche Räume verschiedener Gase enthalten bei gleicher Temperatur und gleichem Druck gleich viele kleinste Teilchen. Bei A. haben diese kleinsten Teilchen (Partikel), die wir Moleküle nennen, eine bestimmte Polyederform (Repräsentativgestalt). – Unvergängliche Verdienste erwarb sich A. mit seinen Arbeiten zur Elektrizitätslehre. *D. J. F. → Arago* brachte die Kunde von *H. C. → Ørsted*s Entdeckung der Ablenkung einer Magnetnadel durch den elektrischen Strom im Frühherbst 1820 nach Paris. Vom 18. September bis 2. November 1820 konnte A. in jeder Sitzung der Pariser Akademie neue Resultate über die Wirkungen eines elektrischen Stromes auf einen Magneten und die Wechselwirkung elektrischer Ströme vorlegen. Zunächst erklärte er den Begriff der elektrischen Spannung und des elektrischen Stroms und setzte die Stromrichtung fest. A.s sogenannte Schwimmerregel drückte den Drehsinn der Magnetnadel und die damit zusammenhängende Stromrichtung in einfacher Weise aus. Einen Stabmagnet ersetzte er durch eine stromdurchflossene Spule (Solenoid) und bestimmte die Pole. Die Ursache der magnetischen Erscheinungen sah er in den elektrischen Strömen. Auch die Eisenmoleküle sollen von Strömen umgürtet sein (Molekularströme), und die Ausrichtung der von den Molekularströmen erzeugten Elementarmagnete sollen dem Eisenstück magnetische Eigenschaften verleihen. A. glaubte, daß das Magnetfeld der Erde von riesigen elektrischen Strömen, die in der Erdrinde von Osten nach Westen fließen, hervorgebracht wird. Seine Ideen erwiesen sich in der Geophysik und der Atomphysik (kreisende und kreiselnde Elektronen) als äußerst fruchtbar. – Der geniale Physiker entdeckte 1820 auch die magnetische Wechselwirkung von stromdurchflossenen Drähten. Zwei parallel verlaufende Drahtstücke, in denen der elektrische Strom die gleiche Richtung hat, ziehen sich an. Dreht sich in einem Drahtstück die Stromrichtung um, so stoßen sich die Drähte ab. A. erfaßte diese Kraftwirkungen mathematisch mit seinem elektrodynamischen Grundgesetz. Er nahm bei seiner Formel das Gravitationsgesetz *I.* → *Newtons* zum Vorbild und arbeitete mit Stromelementen (Stromstärke mal Leiterelement). Die Stromelemente sind aber gerichtete Größen und passen eigentlich nicht zu einem Punkt-Kraft-Gesetz. In der Stromstärke ist auch die Zeit als neue Größe enthalten. Dies sind hauptsächlich die Gründe für die beschränkte Gültigkeit des A.schen elektrodynamischen Gesetzes. Daß es für geschlossene Ströme zu einem richtigen Ergebnis führt, hat *W.* → *Weber* 1846 gezeigt. Auch andere Grundauffassungen A.s, wie die der materiellen Existenz elektrischer Fluida, wurden von diesem deutschen Forscher aufgenommen und weiterentwickelt.

Zu Ehren des Begründers der Elektrodynamik wurde auf dem Internationalen Kongreß in Paris 1881 die Stromstärkeeinheit ›*Ampère*‹ genannt. [Wiederkehr]

Lit.: DSB I, 139–147 (L. P. Williams); GWG VII, 326–341 (W. Kaiser); GPh I, 336–356 (L. Pearce Williams); C. A. Valson: La vie et les travaux d'A.-M. A. (Paris 1886, [4]1936); J. Merleau-Ponty: Leçons sur la genèse des théories physiques: Galilée, A., Einstein (Paris 1974); J. R. Hofmann: A.-M. Ampère (Oxford 1995, Cambridge 1996).

Amundsen, *Roald* Engelbregt Gravning, norwegischer Polarforscher, * 16.7.1872 Borge [bei Sarpsborg], verschollen am 18.6.1928 Nordpolargebiet.

Trotz des angestrebten Berufszieles ›Polarforscher‹ studierte A. auf Wunsch seiner Mutter in Kristiania (dem heutigen Oslo) ab 1890 Medizin. Nach ihrem Tode verließ er jedoch 1893 die Universität und wurde Seemann, um sich die Voraussetzungen für den erstrebten Beruf zu erwerben; hatte er doch der Lektüre von Reiseberichten entnehmen können, daß es durch die Uneinigkeit zwischen Kapitän und Expeditionsleiter bei Expeditionen oft zu Parteibildungen in der Mannschaft gekommen war. 1897–1899 nahm er als Erster Offizier an der ›Belgica‹-Expedition ins Südpolargebiet teil; 1900 erhielt er das Kapitänspatent. Danach studierte er Erdmagnetismus in Kristiania, an der Deutschen Seewarte in Hamburg und am geomagnetischen Observatorium Potsdam.

A.s erstes Ziel war es, die schon von dem englischen Seefahrer und Naturforscher *James Cook* (* 27.10.1728 Marton [Yorkshire], † 14.2. 1779 Hawaii [ermordet]) gesuchte Nordwestpassage um den amerikanischen Kontinent zu finden, was ihm auf seiner ersten eigenen Expedition mit der ›Gjöa‹ (1903–1906) auch gelang. Als nächstes bereitete er eine Expedition vor, um als erster Mensch den Nordpol zu erreichen. Als der amerikanische Polarforscher *Edwin Peary* (* 6.5.1856 Cresson Springs, Pa., † 20.2.1920 Washington) ihm im April 1909 darin zuvorkam, wählte er als Ersatzziel den Südpol und trat den Wettlauf mit dem englischen Polarforscher *Robert Falcon Scott* (* 6.6. 1868 Devonport, † Ende März 1912 Südpol) an. Dieser hatte 1902 von der Royal Navy den Auftrag erhalten, das von Großbritannien beanspruchte Gebiet ›Rosa-Dependency‹ zu erforschen, und war am 1.11.1911 mit zwölf Mann von dort zum Südpol aufgebrochen. Während A. bereits selbst erprobte Hundeschlitten benutzte, hatte *Scott* Ponys als Transportmittel gewählt, die jedoch den Strapazen nicht gewachsen waren und eingingen. *Scott* hatte daraufhin einen Teil seiner Begleiter umkehren und ein Depot für den Rückweg errichten lassen. Mit den vier verbliebenen Begleitern hatte er den Südpol schließlich am 17.1.1912 erreicht und enttäuscht feststellen müssen, daß A. ihm um einen Monat (15.12.1911) zuvorgekommen war. *Scott* kam auf dem Rückmarsch mit seinen Begleitern um, während die von A. mitgebrachten Gesteinsproben vom antarktischen Festland, die genauen Messungen und Ortsbestimmungen und besonders die Lösung des geodätischen Problems der Bestimmung des Poles neue wissenschaftliche Erkenntnisse ermöglichten. Auf seiner dritten großen Forschungsreise mit der ›Maud‹ entlang der Nordküste Rußlands (1918–1922) untersuchte A. die geophysikalischen Verhältnisse des nordsibirischen Küstengebietes.

Im Sommer 1925 wollte A., der 1914 der erste Zivilflieger Norwegens geworden war, den Nordpol erstmals mit einem Flugzeug überfliegen, mußte diesen Versuch aber bei 88° nördlicher Breite abbrechen. Von Erfolg gekrönt war dann der am 11.5.1926 von Spitzbergen aus gemeinsam mit dem Erbauer, dem italienischen Konstrukteur *Umberto Nobile* (* 21.1.1885 Lauro, † 30.7.1978 Rom), gestartete Versuch mit dem halbstarren Luftschiff ›N 1‹. Trotz des Streites, der um die Benennung dieser Pioniertat der Luftfahrt entstand, zögerte A. nicht, seinem Kontrahenten zu Hilfe zu eilen, als dieser mit der ›Italia‹ im Polargebiet abgestürzt war. Am 18.6.1928 stieg A. mit einem Suchflugzeug auf und ist seitdem verschollen.

Lit.: GWG XI, 446–459 (J. Büdel); R. A.: Mein Leben als Entdecker (Leipzig/Wien 1929); O. Baschin: R. A. (Lübeck 1942); E. Peisson: R. A. (Weimar 1953 u.ö.; zuerst französ., Paris ²1952). – K. W. L. Bezemer: Der Kampf um den Südpol (Zürich 1952). [Bäumer-Schleinkofer]

Anaxagoras, griechischer Naturphilosoph, * um 500/499 v. Chr. Klazomenai [Kleinasien], † um 428/27 Lampsakos.

A. wurde in Milet, wo allem Anschein nach eine Philosophenschule, die älteste ihrer Art, bestand, stark von den Lehren → *Anaximandros*' und → *Anaximenes*' beeinflußt und kam um das Jahr 480 in das noch altgläubige Athen, wo er sich mit seinen aufklärerischen Lehren rasch bedeutende Männer wie Perikles und Euripides zu Freunden und Anhängern erwarb. Etwa 430 wurde er jedoch wegen seiner Lehren der Gottlosigkeit angeklagt und allein durch das Eingreifen des Perikles vor der Todesstrafe bewahrt. Er mußte Athen verlassen und begab sich nach Lampsakos am Hellespont, wo er hoch geachtet starb.

Anders als → *Empedokles* und die Atomisten *Leukippos* und → *Demokritos* gibt A. der von den Ioniern ins Bewußtsein erhobenen Veränderlichkeit der Natur auf der Grundlage der Ontotogie des → *Parmenides*, nach der allein Unveränderliches als seiend gelten kann, eine Erklärung, indem er annimmt, alle Dinge und Stoffe seien bereits in allem vorhanden: Wächst ein Lebewesen nach Aufnahme von Nahrung, bilden sich also aus dieser organische Stoffe wie Fleisch und Knochen, so müssen solche Knochen- und Fleischteilchen bereits in der Nahrung vorhanden gewesen sein. Diese Idee wird konsequent zu Ende gedacht: Alle Stoffe seien in unendlich kleinen gleichartigen Teilchen von unendlicher Anzahl, die → *Aristoteles* später ›Homoiomerien‹ nannte, in jedem noch so kleinen Stück Materie enthalten. Welche Teilchenart überwiege, als das erscheine uns ein Ding oder Stoff. Entstehen und Vergehen werden als Zusammen- und Auseinandertreten vorwiegend gleichartiger Teilchen gedeutet. Ursprünglich seien sämtliche Teilchen, zu einer notwendig qualitätslosen Masse gemischt, gleichmäßig verteilt gewesen. Von dem neben dem Stoff bestehenden Geist in Bewegung gesetzt, sei es allmählich zu einer Scheidung gekommen. Verwandtes strebte zueinander und vergrößerte, selbst bewegt, den allgemeinen Wirbel, in dessen Mitte sich schließlich die flache Erdscheibe aussonderte, von der Luft wie ein Deckel getragen. Der Wirbel der feurig-ätherischen Luft habe der festen Erde dann Felsmassen entrissen, sie mit sich führend emporgetragen und teilweise zum Glühen gebracht. Dies seien die leuchtenden Gestirne, während wie bei *Anaximenes* andere, dunkle Massen in den unteren Himmelsregionen herumwirbelten, uns mit Ausnahme des Mondes, der das Sonnenlicht reflektiere, unsichtbar – A. erkannte erstmals die Bedeutung seiner Stellung zur Sonne für die Phasenbildung und deutete die Helligkeitsunterschiede als Berge und Täler auf dem bewohnten Mond. Auch Sonnen- und Mondfinsternisse erklärte er richtig, den Glanz der Milchstraße ließ er dagegen aus fehlender Sonnenbestrahlung resultieren: In den anderen Himmelsgegenden, welche die Erde bei Nacht nicht beschatte, werde das Licht der meisten Sterne von dem Sonnenlicht überstrahlt. Eine Leere lehnte er ab, Winde seien wärme- und volumenausgleichende Luftströmungen, und überhaupt halte die Sonnenwärme die Luft ständig in Bewegung, wie die Sonnenstäubchen zeigten. Sie habe auch die Feuchtigkeit der Erde auf die jetzigen Meere reduziert, und die Intensität ihrer Rückstrahlung von der Erde bewirke die verschiedenen Wolkenhöhen: Der Niederschlag besonders hoher Wolken, die aufgrund starker Rückstrahlung in kalte Regionen gehoben würden, gefriere dort zu Hagel. Den Regenbogen erklärte er als Reflex des Sonnenlichtes an einer Wolke, und die Nilschwelle führte er auf sommerliche Schneeschmelzen im Quellgebiet zurück. Das erste Leben auf der Erde sei aus den in der Luft enthaltenen Keimen entstanden, und nachdem die Erde belebt gewesen sei, habe der ganze Kosmos sich nach Süden geneigt, so daß der Himmelsäquator jetzt schräg zum Horizont stehe. – Schon dieses uns heute als eigenartige Mischung von richtigen Ahnungen und falschen Vorstellungen erscheinende physikalische Weltbild übte starken Einfluß auf die großen attischen Philosophen → *Platon* und *Aristoteles* aus, doch ist er nicht zu vergleichen mit jenem, den sein erstmals streng durchgeführter Dualismus von Geist und Stoff auf die Folgezeit ausübte. Die Materie sei selbst unbewegt, der unabhängig neben ihr bestehende Geist der Welt (und der Lebewesen) verursache erst die Bewegung und das daraus resultierende Entstehen und Vergehen. Hiermit war die spätere Antinomie Kraft-Stoff vorbereitet, und *Platon* und *Aristoteles* warfen A. allein vor, nicht *ihre* Konsequenzen aus diesem weltbewegenden Geist gezogen zu haben, sondern ihn nur den ersten Anstoß zur Bewegung ausführen und das natürliche Geschehen dann mechanisch ablaufen zu lassen. Große Bedeutung für die Naturforschung sollten auch seine erkenntnistheoretischen Überlegungen erlangen, nach denen die menschlichen Sinne zu schwach sind, das Wahre zu erkennen – so wie sie z.B. keinen Farbunterschied wahrnähmen, wenn man einer Farbe nur Tropfen einer anderen zugesetzt hätte –, und man aus dem Wahrgenommenen auf den wahren Sachverhalt schließen müsse: »Das Wahrnehmbare ermöglicht das Sehen des Unsichtbaren« (ὄψις ἀδήλων τὰ φαινόμενα).

[Krafft]

Fragmente: VS Nr. 59; D. Sider: The Fragments of A. (Meisenheim am Glan 1981). – *Lit.*: GWG I, 466–483 (F. Krafft); GPh I, 49–76 (F. Krafft); D. E. Gershenson/D. A. Greenberg: A. and the Birth of Physics (New York 1964); F. Krafft: Die Begründung einer Wissenschaft von der Natur durch die Griechen (Freiburg i. Br. 1971); M. Schofield: An Essay on A. (New York/Cambridge 1980); S.-T. Teodorssen: A.' Theory of Matter (Göteborg 1982).

Anaximandros, griechischer Naturphilosoph, * um 610 v. Chr. Milet, † 546 ebenda (?).

A., von dessen Leben nichts Näheres bekannt ist, ist der älteste sog. vorsokratische Naturphilosoph. Seine Schrift blieb bis ins 2. vorchristliche Jahrhundert erhalten, so daß wir uns aus den antiken Berichten ein gutes Bild von diesem frühesten Prosawerk der abendländischen Geistesgeschichte mit dem vermutlichen Titel ›Über die Natur‹ zu machen vermögen. A. verfaßte es in hohem Alter. Auf vorwiegend rationaler Grundlage, wie sie vor ihm schon von → *Thales* erarbeitet wurde, stellt es eine alle Bereiche der Natur umfassende Synthese griechischen Ordnungsdenkens, wie es auf kosmogonischer Ebene die ›Theogonie‹ des *Hesiodos* (7. Jh. v. Chr.) repräsentiert, und orientalisch-babylonischer Kosmogonie und Wissenschaft dar und sollte damit Wesen und Zielsetzungen wissenschaftlicher Naturbetrachtung der Klassischen Antike bestimmen. Die theogonische Kosmogonie *Hesiodos'* wird weitgehend entmythologisiert und entgöttert, wenn auch die Göttlichkeit des Kosmos erhalten bleibt.

Als Urstoff und Urprinzip alles Seienden nimmt A. im Anschluß an das göttliche ›Chaos‹, das bei *Hesiodos* als erstes da war und in dem die folgenden, in schrittweiser Vervollkommnung die Fülle der materiellen und immateriellen Erscheinungen dieser Welt verkörpernden Göttergenerationen entstehen, ein quantitativ und qualitativ noch nicht Bestimmtes, das ›Apeiron‹ an, dem auch dieselben göttlichen Attribute der Unsterblichkeit und Alterslosigkeit wie den Göttern *Hesiodos*' zuerkannt werden. Es ist kein eigentlich physikalisches Prinzip, sondern wie bei *Hesiodos* ein biologisches: Es gebäre aufgrund eines ewig bewegenden Zeugungsprinzips aus sich die Gegensätze des Warmen und Kalten, des Trockenen und Feuchten. Diese qualitativ bestimmten gegensätzlichen Ausscheidungen legten sich als Wasser und Feuer in Schichten um die wohl wie bei *Hesiodos* spontan nach und in dem Apeiron entstandene, jetzt jedoch frei schwebende feste Erdscheibe – Wasser innen, Feuer außen. Die Gegensätze begannen aufeinander einzuwirken: Das Feuer verdunste das die ganze Erde bedeckende Wasser allmählich – die Erde erhalte trockene Stellen, die Meere würden immer kleiner und salziger –, und dieses lege sich als feuchter, undurchdringlicher Nebel unter das Feuer und »wie die Rinde um einen Baum« um dieses herum, so daß sich große mit Feuer gefüllte nebelige Schläuche ergeben, die sich wie Räder um die Erde als Achse drehen. Die Erdscheibe, deren Höhe einem Drittel ihres Durchmessers entspreche, schwebe frei in der Mitte, weil ein hinreichender Grund fehle, warum sie sich eher zur einen als zu einer anderen Seite bewegen solle. Sonne und Mond bestünden aus je einem solchen radförmigen Schlauch von der Dicke eines Erddurchmessers, und was uns als Sonne und Mond erscheine, sei das aus einem kreisförmigen Loch in den Schläuchen »wie von einem Blasebalg« zur Erde hin geblasene innere Feuer. Der innere Durchmesser der Schläuche betrage für die Sonne 3×9, also 27, und für den Mond 2×9, also 18 Erddurchmesser. Innerhalb von ihnen befinde sich die vermutlich wie bei → *Anaximenes* ›eisartig‹ (kristallen) gedachte Himmelshohlkugel mit einem Durchmesser von 9 Erddurchmessern, durch die das äußere Feuer als Fixsterne durchschimmere – die Planeten werden noch nicht berücksichtigt.

Dieses sei jedoch nur der gegenwärtige Zustand des Kosmos; denn ähnlich wie das vom Feuer besiegte Wasser seinerseits das Feuer besiege, entstünden alle Dinge dadurch, daß sie sich durch ein Überschreiten ihrer Grenzen an die Stelle eines anderen setzten und aus diesem entstünden, sich also schuldig machten. Die ihre Schuld wieder ausgleichende Sühne bestehe darin, daß ihnen dasselbe Schicksal zuteil werde. So entstehen in ständigem Wechsel die Dinge wie Sommer/Winter, Tag/Nacht, Geburt/Tod usw. Auch das Austrocknen und Überschwemmen der Erde erfolge abwechselnd nach solchen Perioden, so daß es viele Welten nacheinander gebe und die gegenwärtige zu bestehen aufhöre, wenn alle Feuchtigkeit der Erde entzogen sei.

In den Prozeß des Verdunstens des Wassers und des Trockenwerdens der Erde werden konsequent alle atmosphärischen Erscheinungen und Lebensprozesse mit einbezogen: Vormals könne es nur aus dem Urschlamm entstandene Wassertiere gegeben haben, so daß auch der Mensch ursprünglich in einem solchen aufgewachsen sei – noch heute bedürfe er deshalb langer mütterlicher Fürsorge, um nicht zugrundezugehen. Auch die maritimen Fossilien und Muschelschalen in gegenwärtig vom Meer abgeschlossenen Höhen finden eine Erklärung. Jenes Schuld-und-Sühne-Prinzip, das der menschlichen Sphäre entnommen ist und sich im Ansatz auch bei *Hesiodos* schon als Grund für die Machtfolge der einzelnen Göttergenerationen findet, kann durch die Übertragung auf alles Geschehen in der Natur als erstes Erkennen einer Art von Naturgesetzlichkeit aufgefaßt werden. Auch die geometrische Formung des Kosmos und der Erde, deren angenommene Verhältnismaße es A. ermöglichten, einen ersten Himmelsglobus und eine erste Erdkarte zu konstruieren, ist eine der Voraussetzungen für die spätere griechische Wissenschaft von der Natur. Mit Hilfe von Schattenmessungen mit dem von den Babyloniern übernommenen Gnomon gelang ihm zudem erstmals eine Bestimmung der Mittagshöhe der Sonne zur Zeit der Sonnenwenden, deren Zustandekommen er meteorologisch erklärte, und damit der Schiefe der Ekliptik, die für die Lage seiner Gestirnsräder wichtig war. – Wir finden also bei A. ein umfassendes kosmologisch-kosmogonisches Gedankengebäude, das Beobachtungen noch stark verallgemeinert und noch keine Trennung zwischen physischem, biologischem, menschlichem und mathematischem Bereich kennt. Aber ein erster Anfang war getan. Die Nachfolger konnten dieses Bild an den Phänomenen messen, fehlende Aspekte ergänzen und unsachgemäß erscheinende verwerfen und damit allmählich die Grundlagen für eine Wissenschaft von der Natur legen.

Die Grundzüge der kreisförmigen Erdkarte A.' lassen sich rekonstruieren, da sein Landsmann *Hekataios* (* um 560/550 Milet, † um 485) sie verbesserte und Teile von dessen Karte sich aus der Kritik erschließen lassen, die *Herodotos* (Mitte 5. Jh. v. Chr. aus Halikarnassos) daran aus besserer Anschauung üben konnte. Die durch Mittelmeer, Schwarzes Meer und Phasis in Europa und Asien halbierte, vom Okeanos umflossene Erdscheibe (deren Südhälfte später durch den Nil nochmals in Afrika und Asien unterteilt wird) setzt sich danach aus geometrischen Figuren zusammen, die durch Flüsse, Küsten, Gebirge und anderes als natürliche Grenzen gebildet werden. Dieses ›ionische‹ Erdbild blieb bis → *Eratosthenes* maßgeblich. [Krafft]

Fragmente: VS Nr. 12. – *Lit.*: GWG I, 284–305 (F. Krafft); GPh I, 33–40 (F. Krafft); C. H. Kahn: A. and the Origins of Greek Cosmology (New York 1960); N. Seligman: The Apeiron of A. A Study in the Origin and Function of Metaphysical Ideas (London 1962); F. Krafft: Die Begründung einer Wissenschaft von der Natur durch die Griechen (Freiburg i. Br. 1971).

Anaximenes, griechischer Naturphilosoph, * um 580 v. Chr. Milet, † um 520 ebenda (?).

A. war ein jüngerer Landsmann von → *Anaximandros*, mit dessen Kosmogonie er sich kritisch auseinandersetzte. Er gab dessen ›Apeiron‹ stoffliche Qualifikation und faßte als das Urprinzip die Luft, aus der aufgrund des physikalischen Prozesses der Verdichtung und Verdünnung alle Dinge entstehen und bestehen sollen. In verdichtetem Zustand werde Luft feucht, kalt und träge und erscheine als Wolken, Wasser, Eis und schließlich feste Stoffe – entsprechend den Aggregatzuständen des Wassers als Dampf und Eis –, verdünnt werde sie trocken, warm und beweglich und erscheine als feurig-glühend. Die Welt und alle Dinge bestehen danach aus ›Luft‹ in jeweils anderem Zustand; sie entstehen und verändern sich in qualitativen Prozessen. Alle Unterschiede sind nur relativ, und die Kenntnis einer Eigenschaft vermittle jene der mit ihr jeweils in analoger Relation zusammen auftretenden, zum Teil den Sinnen verborgenen von selbst – eine Schlußweise, die später → *Anaxagoras* zu einem Erkenntnisprinzip erheben sollte. A. gelang durch die physikalische Umbildung des ›Apeiron‹ eine für seine Zeit recht plausible Erklärung verschiedenartiger Erscheinungen und ihres Entstehens, von solchen meteorologischer und astronomischer bis zu solchen seismischer Art. Für die Erde meinte er jedoch wieder einen Halt annehmen zu müssen: Er läßt ihre flache Scheibe »wie ein dünnes Blatt« auf der Luft schwimmen, was allerdings zur Folge hat, daß der ›eisartige‹ (kristallene) Himmel, an den die Fixsterne »wie Nägel geheftet sind«, nicht mehr als Hohlkugel angesehen werden kann: Er bestünde nur aus einer Glocke, die sich »wie ein Hut um den Kopf« schräg zur Erdebene um die Erde drehe. Hohe Randgebirge ließen die Fixsterne für uns unsichtbar werden und scheinbar untergehen. Ähnliches soll für Sonne, Mond und eine unbestimmte Anzahl anderer ›Gestirne‹ gelten, die als flache Scheiben verdünnter (selbstleuchtender) Luft sich schnell durch die ›Lüfte‹ bewegten oder als solche verdichteter (dunkler) ›Luft‹ von Winden unter dem Himmel umhergetrieben würden, ohne unter der Erde hindurch zu ziehen; vielmehr würden sie um die Erde herumziehen und bei ihrem scheinbaren Untergang sich so weit entfernen, daß die Randgebirge sie der Sicht der Erdbewohner entzögen. Der Mond, dessen Fremdlicht A. erstmals erkannte, sei eine solche dunkle erdige Scheibe, andere verursachten die Finsternisse von Sonne und Mond. [Krafft]

Fragmente: VS Nr. 13; Die Fragmente zu seiner Lehre, griech.-deutsch hrsg. von G. Wöhrle (Stuttgart 1993). – *Lit.*: GPh I, 41–48 (F. Krafft); U. Hölscher: Anfängliches Fragen (Göttingen 1968); F. Krafft: Die Begründung einer Wissenschaft von der Natur durch die Griechen (Freiburg i. Br. 1971).

Apian (eigentlich: *Bienewitz* oder *Bennewitz*), Peter, deutscher Kartograph und Astronom, * 16.4.1495 Leisnig, † 21.4.1552 Ingolstadt.

A. studierte ab 1516 in Leipzig und ab 1519 in Wien, das er Mitte 1521 wegen einer grassierenden Pestepidemie verließ. Er war dann als Kartograph und Kosmograph tätig und wurde wohl insbesondere wegen seines ›Cosmographicus liber‹ (1524) auf Betreiben des bayrischen Kanzlers Leonhard von Eck in den Lehrkörper der Universität Ingolstadt aufgenommen, wo er ab 1527 bis zu seinem Tode als ›Lektor‹ (Professor) der mathematischen Wissenschaften wirkte. 1541 erhob ihn Kaiser Karl V., der selbst bei ihm Unterricht genommen haben soll, aus Anlaß des ihm gewidmeten ›Astronomicum Caesareum‹ in den Reichsadel, ernannte ihn zum Hofpfalzgrafen von und zu Ittlkofen und machte ihn zu seinem Hofmathematiker. Die 1526 von seinem Bruder *Georgius Apian* in Ingolstadt errichtete Universitätsdruckerei wurde ab 1531 von A. und später von seinem Sohn weitergeführt und brachte dann mit Unterstützung des Kaisers und der Universität hauptsächlich seine eigenen Werke heraus.

Die ›Kosmographie‹, welche seinen wissenschaftlichen Ruf begründete, hatte allerdings 1524 noch in Landshut erscheinen müssen. Sie erfuhr bis gegen Ende des 16. Jahrhunderts eine große Anzahl von Auflagen, verbesserten Ausgaben und Übersetzungen in die Landessprachen der großen Seefahrernationen, worin sich ihre große Bedeutung für die damalige Navigationskunde ausdrückt. Zur Lösung deren größten Problems, der Bestimmung geographischer Längen, das noch so lange bestand, wie genau gehende transportable mechanische Uhren fehlten (*J. Harrison* ab 1735), übernahm er darin den bereits 1514 von dem Nürnberger Geistlichen und Mathematiker *Johannes Werner* (* 14.2.1468 Nürnberg, † zwischen 12.3. und 11.6.1522 ebenda) in dessen Anmerkungen zur Ausgabe der ›Geographie‹ des → *Ptolemaios* gemachten Vorschlag, Messungen von Monddistanzen zu benutzen. Doch fehlten dazu die instrumentellen Voraussetzungen, die auch A. mit eigenen neuen Konstruktionen astronomischer und geodätischer Instrumente nicht schaffen konnte. Ein anderer, älterer und gleichfalls von *Werner* übernommener Vorschlag bedeutete allerdings in der Ausführung durch A. einen entscheidenden Schritt über die damals noch gebräuchliche ptolemaiische Kartenprojektion hinaus. Es ist der Versuch, die gesamte Erdoberfläche durch einen herzförmigen Entwurf auf ein einziges Kartenblatt zu projizieren. Sein 1540 erschienenes ›Astronomicum Caesareum‹ dagegen bildete nur die letzte große Leistung auf der Grundlage des ptolemaiischen Weltsystems. Mit Hilfe von drehbaren Scheiben, die aufgrund stereographischer Projektion die einzelnen Anomalien und Bewegungskomponenten der Planetenbahnen im ptolemaiischen Sinne vertreten, sollte damit eine mechanische Lösung astronomischer Orts- und Zeitbestimmungen ermöglicht werden, die Berechnungen und eine Benutzung astronomischer Tafeln erübrige. Doch waren bald nach dem Erscheinen durch das neue System des *N.* → *Copernicus* zumindest neue Grundlagen zur Berechnung der Tafeln gegeben, welche die mühevolle Arbeit A.s überflüssig machten. In diesem Werk enthaltene genaue Beobachtungen des Kometen von 1531 sollten allerdings bleibenden Wert erhalten; denn sie führten ihn selbst erstmals zu der Erkenntnis, daß die Kometenschweife stets von der Sonne abgewandt sind – und später *E.* → *Halley* zur Entdeckung der Periodizität dieses dann nach ihm benannten Kometen.

Nach A.s Tode übernahm 1552 sein Sohn, der Geograph und Mathematiker *Philipp Apian* (* 14.9.1531 Ingolstadt, † 14.11.1589 Tübingen) Druckerei und Professur in Ingolstadt, welche er jedoch 1568/69 nach seinem Übertritt zum Protestantismus wieder verlor. Auch die im darauffolgenden Jahr in Tübingen erhaltene Professur für Mathematik, deren Ausübung bis 1579 immer wieder längere Zeit durch Aufträge Herzog Albrechts V. am Münchner Hof unterbrochen wurde, verlor er 1582 aufgrund abweichender Auffassungen in Bekenntnisfragen. Philipp, der sich auch dem Bau von Erd- und Himmelsgloben widmete, hat als erster Topograph der neueren Zeit zu gelten. Seine in den Jahren 1554–1561 erarbeitete Aufnahme von Bayern diente als Grundlage für eine 484 Quadratfuß große Karte, die er im Auftrage Herzog Albrechts schuf, und für die von 24 Holzschnitten 1568 in zwei Auflagen in der Apianschen Druckerei in Ingolstadt gedruckte Karte. Diese Karten Bayerns wurden zum Vorbild graphischer Geländegestaltung und bildeten noch bis ins 18. Jahrhundert die Grundlage der bayrischen Landesvermessung. [Krafft]

Werke: Astronomicum Caesareum [1540]. Nachdruck mit Beiheft von D. Wattenberg: Peter A. und sein Astronomicum Caesareum (Leipzig 1967); Jnstrument Buch [1533]. Nachdruck mit Nachwort von J. Hamel (Leipzig 1990). – *Bibl.*: F. van Ortroy: Bibliographie de l'œuvre de Pierre A. In: *Le bibliographe moderne* 5 (1901) (Nachdruck: Amsterdam 1963); Pogg. VII a Suppl., 32–37 (Sekundärliteratur). – *Lit.*: DSB I, 178 f. (G. Kish); BLM 15–18 (C. Schöner); S. Günther: Peter und Philipp A., zwei deutsche Mathematiker und Kartographen (Prag 1882); O. Hupp: Philipp A.'s Bayerische Landtafeln (Frankfurt am Main 1910); C. Schöner: Mathematik und Astronomie an der Universität Ingolstadt im 15. und 16. Jahrhundert (Berlin 1994, S. 358–429 und 500–505); K. Röttel (Hrsg.): Peter A. Astronomie, Kosmographie und Mathematik am Beginn der Neuzeit (Buxheim ²1997).

Apollonios von Perge, griechischer Mathematiker und Astronom, * 240 v. Chr. Perge [Pamphylien, Kleinasien], † um 170.

Unter Ptolemaios Euergetes (246–221) geboren, kam A. bereits als Jüngling nach Alexandria, der Hochburg der Wissenschaften des Hellenismus, studierte dort unter den Schülern des → *Euklid* mathematische Wissenschaften und wirkte im letzten Viertel des dritten vorchristlichen Jahrhunderts an diesem Ort, bevor es ihn nach Pergamon an den Hof der Attaliden zog, an dem ein weiteres, jüngeres und kurzlebigeres Zentrum der Wissenschaften und Künste der hellenistischen Welt bestand. Nähere Einzelheiten aus dem Leben des schon in der Antike mit dem Beinamen des großen Mathematikers Gewürdigten sind nicht bekannt.

A.' größte wissenschaftliche Leistung bilden die acht Bücher ›Konika‹ (Kegelschnitte), von denen sieben griechisch (Buch 1–4) bzw. in arabischer Übersetzung des → *Thabit Ibn Kurra* erhalten sind. – Eine Rekonstruktion des schon in der Spätantike verlorengegangenen 8. Buches stammt bereits von *Ibn al-* → *Haitham*. – Fußend auf Vorarbeiten des *Aristaios von Kroton* (2. Hälfte des 4. Jahrhunderts v. Chr.), *Euklid* und → *Archimedes*, sind sie Abschluß und Höhepunkt der Kegelschnittlehre der Antike; sie bildeten bis weit in die Neuzeit hinein das maßgebende und unübertroffene Handbuch für dieses Gebiet der Geometrie. A. stellt in ihnen Parabel, Ellipse und Hyperbel – Begriffe, die er prägte und die nur innerhalb seines Systems sinnvoll sind – erstmals als Schnitte an einem einzigen Kegel dar, der schief oder gerade stehen kann, während seine Vorgänger dies nur von der Ellipse wußten, die anderen Kurven aber an ausschließlich geraden Kegeln durch Schnitte senkrecht zur Kegelseite erzeugten und nach dem Winkel an der Spitze in spitz-, recht- und stumpfwinklige unterteilten. Die spätantiken Kommentare von *Eutokios von Askalon* enthalten auch Nachrichten über die Vorgeschichte der Kegelschnittlehre. – Eine Schrift ›Über den Verhältnisschnitt‹ ist nur in arabischer Übersetzung erhalten, andere lassen sich aus Fragmenten bei *Pappos* teilweise inhaltlich rekonstruieren: ›Raumschnitt‹, ›Einschiebungen‹, ›Ebene Örter‹ und andere. In der Abhandlung ›Okytokion‹ schloß A. den Wert für π in engere Grenzen ein als *Archimedes*; eine Schrift über reguläre Polyeder ist inhaltlich im von *Hypsikles* stammenden, sogenannten 14. Buch der ›Elemente‹ *Euklid*s wiedergegeben; und in der Abhandlung über ›Berührungen‹ behandelt A. das ›Apollonische Berührungsproblem‹, die Konstruktion von Kreisen, die drei gegebene Kreise von innen oder außen berühren.

Auf dem Gebiet der Astronomie entwickelte A. unter anderem eine Theorie, mit Hilfe von kleinen Kreisen, sogenannten Epizykeln, die von einem Gestirn durchlaufen werden, während der Epizykelmittelpunkt selbst wieder eine (konzentrische) Kreisbahn um die Erde als Zentrum des Universums beschreibt, die ungleichförmig erscheinenden Bewegungen innerhalb der synodischen Anomalie der Planetenbewegungen in gleichförmige und damit für die Antike berechenbare Kreisbewegungen aufzulösen. Er bestimmte dazu die Punkte der Umkehr von recht- zu rückläufiger Bewegung der Planeten aus dem Verhältnis der Anomalieperioden. Diese ›Epizykeltheorie‹ konnte erst später von → *Ptolemaios* mit der Exzentertheorie des → *Hipparchos* für die exakte Beschreibung der einzelnen Planetenbewegungen kombiniert werden. [Krafft]

Werke: Quae Graece exstant cum commentariis Eutocii, hrsg. von J. L. Heiberg (2 Bde, Leipzig 1891–1893; Nachdruck: Stuttgart 1974); L. Nix: Das fünfte Buch der Conica in der arabischen Übersetzung des Thabit ibn Corrah (Leipzig 1889); P. ver Eecke: Les coniques d'A. de P. (Bruges 1923; Nachdruck: Paris 1963); Die Kegelschnitte, übersetzt von A. Czwalina [Buch 1–4] (München/Berlin 1926; Nachdruck: München/Darmstadt 1967). – *Lit.*: DSB I, 179–193 (G. J. Toomer); H. G. Zeuthen: Die Lehre von den Kegelschnitten im Altertum (Kopenhagen 1886; Nachdruck: Hildesheim 1966); F. Kliem: A. (Berlin 1927); J. P. Hogendijk: Ibn Al-Haytham's »Completion of the Conics« (Berlin usw. 1984).

Arago, Dominique *François* Jean, französischer Astronom und Physiker, * 26.2.1786 Estagel [bei Perpignan], † 2.10.1853 Paris.

A. führte zusammen mit *J.-B.* → *Biot* unter Überwindung großer Schwierigkeiten *Pierre François André Méchain*s (* 16.8.1744 Laon, † 20.9.1804 Castellon de la Plana [bei Valencia]) Meridianmessung zu Ende. Während der kriegerischen Auseinandersetzung zwischen Frankreich und Spanien hielt man ihn auf einer spanischen Festung gefangen. 1809 kehrte er von seiner abenteuerlichen Reise zurück. Mit 23 Jahren wurde A. zum Mitglied der Pariser Akademie der Wissenschaften gewählt und wurde Professor für analytische Geometrie und Geodäsie an der École Polytechnique. Später machte man ihn zum ständigen Sekretär der Akademie; er verfaßte in dieser Eigenschaft viele Nachrufe und Biographien berühmter zeitgenössischer Wissenschaftler. Als Direktor der Pariser Sternwarte verstand er es, die neuesten physikalisch-optischen Forschungen der Astronomie nutzbar zu machen.

A. war ein eifriger Verfechter der Undulationstheorie des Lichts. 1811 zeigte er, daß auch polarisiertes Licht interferieren kann. Weil er mit dem weißen Licht farbige Interferenzfiguren erhielt, sprach A. von ›Polarisation colorée‹ (chromatischer Polarisation). *T.* → *Young* hatte zuvor gewagt, sich gegen die Emissionstheorie *I.* → *Newton*s zu wenden. Denn nur mit der Wellennatur lasse sich erklären, daß »Licht + Licht = Dunkelheit« ergeben kann. *Etienne Louis Malus* (* 23.7.1775 Paris, † 23.2.1812 ebenda) nannte noch in Anlehnung an *Newton* eine von ihm entdeckte Erscheinung ›Polarisation‹. Die Lichtkörperchen sollten ›polarisiert‹ sein, d.h. an diametral gelegenen Punkten auf der Oberfläche der Lichtteilchen sollten konträre Eigenschaften sitzen. Die Newtonsche Emissionstheorie erwies sich hier bald als unbrauchbar. Aber auch Verfechter der Undulationstheorie, die zunächst in beinahe selbstverständlicher Weise mit Longitudinalwellen des Äthers arbeiteten, standen der Polarisation hilflos gegenüber, bis *Young* in einem Brief an A. 1817 den Weg zeigte, wie unter Annahme von transversalen Wellen (die Ätherteilchen bewegen sich dabei senkrecht zur Fortpflanzungsrichtung der Welle oder des Lichtstrahls) eine Deutung dieses Phänomens möglich sei. Mit *A. J.* → *Fresnel* fand A. 1819 das Gesetz, daß zwei in einer Ebene polarisierte Strahlen miteinander interferieren können, zwei zueinander senkrecht polarisierte Lichtstrahlen dagegen nicht. – A. gab auch die Methoden zur Messung der Lichtgeschwindigkeit auf der Erde an. Weil die Sehkraft seiner Augen zu schwach geworden war, mußte er die Ausführung der Experimente *Hippolyte Fizeau* (* 23.9.1819 Paris, † 18.9.1896 Venteuil [Seine-et-Marne]) (mit Spiegel und Zahnrad) 1849 und *Léon Foucault* (* 18.9.1819 Paris, † 11.2.1868 ebenda) (mit rotierendem Spiegel) 1850 überlassen. Als A. 1820 von der Genfer Naturforscherversammlung zurückkehrte, berichtete er von der Entdeckung des Elektromagnetismus durch *H. C.* → *Ørsted* und regte *A.* → *Ampère, J.-B. Biot* und *F. Savart* zu ihren bahnbrechenden Arbeiten auf diesem Gebiet an. A. selbst magnetisierte 1820 als erster Stahlnadeln, indem er sie in stromdurchflossene Spulen legte. An einer schwingenden Magnetnadel beobachtete er 1824, daß sie schneller zur Ruhe kommt, wenn elektrisch gut leitende Metallteile in der Nähe sind. Eine Kupferscheibe, die unter einer Magnetnadel liegt, ist sogar imstande, bei einer Drehung die Nadel mitzunehmen. A. gab dieser auf der Induktion elektrischer Ströme beruhenden Erscheinung den Namen ›Rotationsmagnetismus‹. Damit wurde ein Weg beschritten, der direkt zu *M.* → *Faraday*s Entdeckung der Induktion 1831 hinführte. *A. von* → *Humboldt* machte 1818 mit dem befreundeten A. die ersten korrespondierenden Beobachtungen der erdmagnetischen Variationen. – 1825 verlieh die Royal Society of London A. die Copley-Medaille. [Wiederkehr]

Werke: Les Œuvres (17 Bde, Paris 1854–1862); Franz Arago's sämmtliche Werke, hrsg. von W. G. Hankel (16 Bde, Leipzig 1854–1860). – *Lit.*: DSB I, 200–203 (R. Hahn); M. Daumas: A. (Paris ³1943); M. Daumas / E. Grison: A. 1786–1853. La jeunesse de la science (Paris ²1987).

Archimedes, griechischer Mathematiker und Ingenieur, * um 285 v. Chr. Syrakus, † 212 ebenda [bei der Einnahme seiner Heimatstadt durch römische Truppen während des Zweiten Punischen Krieges].

Neben einer Reihe bloßer Legenden, die sich schnell um seinen Namen rankten, ist aus A.' Leben nichts weiter bekannt, als daß er in Alexandria, der wissenschaftlichen Hochburg des Hellenismus, mathematische Wissenschaften studierte und zu den dortigen Mathematikern auch nach der Rückkehr in seine Vaterstadt Syrakus engen Kontakt behielt. Sie konnten seine mathematischen Arbeiten am ehesten verstehen und würdigen, und ihnen schickte er sie nach einer damals üblichen Art, wissenschaftliche Abhandlungen zu veröffentlichen, auch von Syrakus aus jeweils als offenen Brief zu. Daß sie fehlerhafte Ergebnisse, die A. ihnen zur Prüfung ihrer Fähigkeiten auch einmal zukommen ließ, nicht von sich aus bemerkten, spricht allerdings weniger gegen sie als für das alles überragende mathematische Genie des Absenders, das er sich auf diese Weise von den Kollegen bestätigen ließ. Der große Ruhm, den A. zu Lebzeiten genoß, beruhte dagegen auf seinen technischen Erfindungen, zu denen neben Kriegsmaschinen, die er zur Verteidigung seiner Vaterstadt erfunden hatte und die ihre römischen Belagerer immer wieder in Angst und Schrecken versetzt hatten, die Schraube(nlinie), die sogenannte Archimedische (Ägyptische) Wasserschnecke, der Flaschenzug und ein mit Wasser betriebenes Planetarium zählen, welches noch *Cicero* in Rom bewundern konnte, wohin Marcellus es als Kriegsbeute mitgebracht hatte. (Daß A. bei der Seeblockade von Syrakus die römischen Schiffe mittels riesiger Brennspiegel in Brand gesetzt habe, beruht dagegen auf einer erst später entstandenen Legende.) A. hatte sich dieser Erfindungen auch keineswegs geschämt, wie erst später *Plutarchos* ihm in Zeiten einer durch neuplatonisches Denken beeinflußten Geringschätzung praktischer Tätigkeit unterstellte.

Die Konstruktion dieser Erfindungen beruht auf einer genialen theoretischen Erfassung der Wirkweise der sogenannten Einfachen Maschinen, deren Statik er durch axiomatisch-deduktive Ableitung aus einfachen Sätzen begründete, so daß er auch die mit ihnen zu erreichende Unter- oder Übersetzung erstmals berechnen – und aus der Wirkweise hintereinandergeschalteter Rollen auf die Erfindung des Flaschenzuges geführt werden konnte. In diesen Zusammenhang gehört sein Ausspruch: »Gib mir einen Punkt, wo ich stehen kann, und ich werde die Erde in Bewegung setzen« (nach dem damaligen Weltbild befand sich die Erde unbewegt im Mittelpunkt des Universums). – Jener andere Ausspruch, den er unter wohl legendären Umständen beim Baden getan haben soll, das »εὕρηκα« (»Ich habe es gefunden!«), hängt mit der Entdeckung der genau seinem Volumen entsprechenden Wasserverdrängung eines eingetauchten Körpers und seiner Gewichtsverminderung um den Betrag, den dieses Volumen Wasser ausmacht, zusammen (sogenanntes Archimedisches Prinzip), also mit der Entdeckung der Methode, das spezifische Gewicht eines Körpers exakt mittels hydrostatischer Wägung zu bestimmen. Hieron II. von Syrakus soll ihn gebeten haben nachzuprüfen, ob bei der Anfertigung eines goldenen Kranzes das gelieferte Gold auch vollständig verarbeitet worden war (ohne natürlich das Kunstwerk selbst zu zerstören). A.' eigentliche Arbeiten zur Statik der Einfachen Maschinen und zur Hydrostatik sind allerdings schon in der Spätantike verlorengegangen, lassen sich jedoch in großen Zügen aus den Schriften der alexandrinischen Gelehrten → *Heron* und *Pappos* (1. Hälfte des 4. Jh.s n. Chr.) rekonstruieren.

Erhalten haben sich allein, wenn auch in verkürzter und dem neuen Zweck angepaßter Form, eine Ableitung des Hebelgesetzes und die Behandlung der Gewichtsverluste verschieden tief ins Wasser getauchter ›Schwimmender Körper‹, weil A. diese mechanischen Erkenntnisse in verblüffender Weise neben in der Praxis verwendeten Indivisibeln (als Ansatz zu einer Integration) zur Lösung rein mathematischer Probleme benutzte, wie es die Bestimmung des Flächen- und Volumenverhältnisses verschiedener geometrischer Körper und des Schwerpunktes krummlinig begrenzter Flächen und deren Rotationskörper oder die Quadratur der Parabel darstellen. Die diesbezügliche methodische Schrift (›Ephodos‹) wurde erst 1899 wieder entdeckt. Gemäß der strenge(re)n Auffassung der Antike von der Mathematik bedurfte dann die aufgefundene Lösung allerdings noch eines rein geometrischen Beweises. Besonders widmete A. sich auch der Berechnung von Oberfläche und Volumen solcher geometrischer Größen, wozu er sich geschickt der von dem Platonschüler → *Eudoxos von Knidos* entwickelten indirekten Methode, Exhaustionsmethode genannt, unter Wahrung des Eudoxischen, später nach A. selbst benannten Stetigkeitsaxioms bediente. Von dem Axiom, das Umfassende sei größer als das Umfaßte, ausgehend gelingt ihm entgegen der Annahme des → *Aristoteles* eine näherungsweise Quadratur des Kreises: Er bestimmte die Größe π sehr exakt als zwischen $3^{10}/_{70}$ und $3^{10}/_{71}$ liegend. Eine andere Schrift widmet sich der Tangenten- und Flächenbestimmung an der ›Archimedischen Spirale‹. A. entwickelte außerdem eine Exponentialschreibweise zur Darstellung beliebig großer Zahlen mit Oktaden (10^8) als Stufeneinheiten (das Griechische kennt noch keine dezimale Schreibweise). Er bewies damit, daß nicht nur die Zahl der Sandkörner an einem Strand nicht unzählbar ist, sondern daß selbst die Anzahl jener, die das ganze Weltall füllen würden, ohne weiteres darstellbar ist – selbst wenn man der Hypothese des → *Aristarchos von Samos* folge und die Erde um die Sonne kreisen lasse, was einen sehr viel größeren Kosmos ergäbe, da sich dann die Erd*bahn* statt der Erdkugel im Verhältnis zur Fixsternsphäre wie ein Punkt verhalten müsse.

Aus Fragmenten verlorener Schriften weiß man weiterhin unter anderem von der Konstruktion des regelmäßigen Siebenecks, von der rationalen Näherung für Quadratwurzeln, von der Dreiteilung des Winkels (Neusis) und von der Behandlung halbregulärer, deshalb später Archimedisch genannter Polyeder. Von den Schriften des A. haben sich vor allem diejenigen erhalten, die von dem alexandrinischen Mathematiker *Eutokios von Askalon* (2. Hälfte des 5. Jh.s n. Chr.) herausgegeben und kommentiert worden waren. Sie konnten bereits im Mittelalter aufgrund der direkten lateinischen Übersetzung durch *Wilhelm von Moerbeke* (* um 1215 Moerbeke [Brabant], † um 1286) Wirkung ausüben. [Krafft]

Werke: Opera omnia cum commentariis Eutocii, hrsg. von J. L. Heiberg (3 Bde, Leipzig ²1910–1915; durchgesehen von E. S. Stamatis, ³Stuttgart 1972; Bd 4: Über einander berührende Kreise, hrsg. von Y. Dold-Samplonius u.a. und Bd 5: Index bibliographicus von E. S. Stamatis, Stuttgart 1975); griech.-französ. hrsg. von C. Mugler (4 Bde, Paris 1970–1972); Werke, übersetzt von A. Czwalina ([Leipzig 1922–1925] ²Darmstadt 1963). – *Lit.*: GWG I, 726–743 (F. Krafft); DSB I, 213–231 (M. Clagett); GPh I, 102–116 (I. Schneider); F. Kliem/G. Wolff: A. (Berlin 1927); E. J. Dijksterhuis: A. [englisch] (Kopenhagen 1956; Nachdruck: Princeton N.J. 1987); A. G. Drachmann: Fragments from A. in Heron's Mechanics. In: *Centaurus* 8 (1963), 91–146; M. Clagett: A. in the Middle Ages (4 Bde in 8, Madison 1964 und Philadelphia 1976–1980); F. Krafft: Dynamische und statische Betrachtungsweise in der antiken Mechanik (Wiesbaden 1970); I. Schneider: A. (Darmstadt 1979; mit Bibl. [Forschungsbericht]); W. R. Knorr: Textual Studies in Anient and Medieval Geometry (Boston usw. 1989).

Archytas, griechischer Mathematiker und Philosoph, * um 430 v. Chr. Tarent, † um 345 ebenda (?).

A., der wohl bedeutendste Wissenschaftler unter den älteren Pythagoreern (→ *Pythagoras*), wirkte im unteritalienischen Tarent, wo ihm selbst entgegen dem Gesetz der Stadt immer wieder, im Ganzen sechs- oder siebenmal, das Amt des Strategen (obersten Feldherren) durch Wahl übertragen wurde; und es wird berichtet, er sei in den Kriegen stets siegreich geblieben. Eine enge Freundschaft verband ihn mit dem etwas jüngeren → *Platon*, auf den er mit seinen pythagoreischen Ideen bei insgesamt drei längeren Aufenthalten in Syrakus starken Einfluß ausübte und dessen Freilassung aus der Gefangenschaft des Tyrannen Dionysios II. von Syrakus er im Jahre 360 nach dem kläglichen Scheitern der 3. Sizilien-Reise bewirken konnte.

Aus den Werken des A. sind nur wenige kurze wörtliche Fragmente erhalten, deren Echtheit teils noch umstritten ist, weil in der Antike viele Schriften auf seinen Namen gefälscht wurden. – Es wird berichtet, daß er den ersten Automaten, eine fliegende Taube, konstruiert, sich hauptsächlich mit mathematischer Musiktheorie und Arithmetik beschäftigt und erstmals Probleme der Mechanik mit Hilfe mathematischer Prinzipien theoretisch behandelt habe, worin ihm → *Aristoteles* in den ›Mechanischen Problemen‹ folgte. Umgekehrt gelang ihm mit Hilfe ›mechanischer‹ Bewegungen von geometrischen Körpern auch die Konstruktion einer Kurve zur Lösung des rein mathematischen Problems der Würfelverdoppelung (Auffinden zweier mittlerer Proportionale), neben der Kreisquadratur und Winkeldrittelung eines der drei der Antike bekannten Probleme, die nicht mit Lineal und Zirkel gelöst werden können. Von großer Bedeutung war seine Entdeckung, daß der Schall eine durch einen (geschlagenen) Körper erzeugte schwingende Luftbewegung darstellt und die Höhe eines Tones von der Schwingungsfrequenz, die er allerdings noch in direkte Proportion zur Fortpflanzungsgeschwindigkeit setzte, abhängt. Er berechnete die Verhältnisse der Tonintervalle in den drei antiken Klanggeschlechtern ›enharmonisch‹, ›chromatisch‹ und ›diatonisch‹ und beschäftigte sich ganz allgemein mit Zahlenverhältnissen, wobei er die Beweiskraft der Arithmetik höher einschätzte als die der Geometrie. So bewies er, daß es bei zwei im Verhältnis $(n + 1) : n$ stehenden Zahlen $(n > 1)$ keine rationale mittlere Proportionale gibt, so daß der Ganzton $(9 : 8)$ nicht in zwei gleiche Intervalle zerlegt werden kann, und unterschied das harmonische vom arithmetischen und geometrischen Verhältnis (Mittel). Das achte Buch der ›Elemente‹ des → *Euklid* scheint inhaltlich auf A. zurückzugehen. Aus einer Verknüpfung der akustischen und arithmetisch-musiktheoretischen Erkenntnisse schien sich ihm die Möglichkeit zu ergeben, aufgrund einer angenommenen Analogie zwischen den Intervallen der acht Töne einer Oktave an einem Monochord und den Zwischenräumen zwischen den von der Erde aus gerechnet sich immer langsamer bewegenden acht Himmelskörpern (sieben ›Planeten‹, Fixsternsphäre) deren Entfernungen wenigstens relativ zu bestimmen. Die Analogie wurde dann teilweise so weit geführt, daß man die einzelnen Gestirnssphären den entsprechenden Ton erzeugen ließ, so daß eine Sphärenmusik entstünde, die man nur nicht höre, weil man seit der Geburt daran gewöhnt sei. Dieser voreilige Analogieschluß aufgrund der Annahme eines harmonischen Aufbaus der Welt findet sich zum Beispiel im Schlußmythos von *Platon*s Schrift ›Staat‹; er spielte bei den Neuplatonikern und Neupythagoreern eine große Rolle und sollte später auf anderer Stufe einen *J.* → *Kepler* ein ganzes Leben lang beschäftigen. [Krafft]

Fragmente: VS Nr. 47; Pitagorici – testimonianze e frammenti, a cura di M. Timpanaro Cardini (Bd 2, Florenz 1962, S. 226–384). – *Lit.*: DSB I, 231–233 (K. von Fritz); E. Frank: Plato und die sogenannten Pythagoreer (Halle 1923; Nachdruck: Darmstadt 1962); W. Burkert: Weisheit und Wissenschaft. Studien zu Pythagoras, Philolaos und Platon (Nürnberg 1962).

Argelander, *Friedrich* Wilhelm August, deutscher Astronom, * 22.3.1799 Memel, † 17.2.1875 Bonn.

1817 begann A. in Königsberg mit dem Studium der Kameralwissenschaften, wurde jedoch schon bald durch die Vorlesungen *F. W.* → *Bessel*s für die Astronomie begeistert und 1820 von ihm als Gehilfe in der Sternwarte aufgenommen, wo er an der Aufstellung neuer Sternkataloge mitwirkte. 1822 promovierte er mit einer kritischen Bearbeitung der Greenwicher Beobachtungen *J.* → *Flamsteeds* und habilitierte sich noch im selben Jahr mit einer Berechnung der Bahn des Kometen von 1811. 1823 vermittelte *Bessel* ihm die frei gewordene Stelle eines Observators an der finnischen Universitätssternwarte Åbo (Turku), deren Leitung er übernahm. 1828 zum Professor für Astronomie ernannt, siedelte er 1832 nach Helsingfors (Helsinki) über, wohin nach dem Brand von 1826, der viele Universitätsgebäude mit Ausnahme der Sternwarte zerstört hatte, die gesamte Universität verlegt worden war. Der Bau der neuen Sternwarte, der sich bis 1832 hinzog, stand unter seiner Leitung. 1837 wurde ihm noch einmal die Planung und Einrichtung einer Sternwarte übertragen: Er hatte einen Ruf nach Bonn angenommen, wo ihm ein größeres Institut zugesichert wurde. Der Baubeginn verzögerte sich allerdings bis 1839, und erst Mitte 1844 konnte A. die ersten Beobachtungen an der neuen Sternwarte anstellen.

In der Zwischenzeit hatte A. jedoch ohne jedes optische Hilfsmittel den noch für lange Zeit maßgeblichen Atlas »der mit bloßem Auge sichtbaren Sterne nach ihren wahren, unmittelbar vom Himmel entnommenen Größen«, die ›Neue Uranometrie‹ (1843), geschaffen. Damit erfüllte er die an sich lange fällige Aufgabe, die Helligkeitsverhältnisse der Fixsterne für einen bestimmten Zeitraum mit einer genial erdachten und gehandhabten Vergleichsmethode nach möglichst einheitlichem Maßstab exakt zu bestimmen, und legte so die Grundlage für die Untersuchungen des Lichtwechsels der veränderlichen Sterne. Erst in der Folgezeit wurden dann dazu brauchbare photometrische Instrumente, u.a. von *J. K. F.* → *Zöllner*, entwickelt. A. hatte bei diesen Untersuchungen 1842 festgestellt, daß die allgemein gebräuchliche Bezeichnung mit griechischen und lateinischen Buchstaben innerhalb eines Sternbildes, die der deutsche Liebhaberastronomen *Johann Bayer* (* 1572 Rain [Bayern], † 7.3.1625 Augsburg) in dem ersten auf streng wissenschaftlicher Basis erstellten, positionsgetreuen Sternatlas mit den 1709 damals bekannten Fixsternen des nördlichen und südlichen Himmels eingeführt hatte (›Uranometria‹, zuerst Augsburg 1603), keine alphabetische Reihung nach relativen Stern-Größe darstellt, vielmehr ohne Zwischenklassen nur innerhalb ganzer Helligkeitsklassen von Norden nach Süden willkürlich ordnet; das durch *W.* → *Herschel* und andere neu erschlossene Gebiet der veränderlichen Sterne konnte also nicht durch 200 Jahre zurückliegende, abweichende Beobachtungen bereichert werden – Castor (α) und Pollux (β) etwa gehören derselben Größenklasse an, Pollux ist aber der hellere Stern.

Schon in Åbo hatte A. sich neben dem Studium der veränderlichen auch dem der mit starker Eigenbewegung versehenen Sterne gewidmet, woraus bereits auf von *Bessel* geschaffenen Grundlagen eine seiner schönsten Arbeiten, ›Über die eigene Bewegung des Sonnensystems‹ (1837), entstand, die eine scharfsinnige Analyse der beobachteten Sternbewegungen darstellt und mit der Anwendung äußerst kritischer Auswertungsmethoden im Anschluß an eine ähnliche Arbeit von *W. Herschel*, deren Ergebnisse *Bessel* bis dahin angezweifelt hatte, das Tor in eine neue Welt aufstieß. A. suchte zwar nach einem Zentralkörper des gesamten Sternsystems, ohne jedoch wie andere auch zu meinen, ihn bereits gefunden zu haben, und konnte nicht ahnen, daß die in der Richtung schon recht genau getroffene Sonnenbewegung nur eine lokale Strömung im Zuge der Bewegung der Sterne innerhalb des Milchstraßensystems ist; doch war der richtige Weg gewiesen. Er erkannte wie kein zweiter, daß für genauere Untersuchungen über eine Dynamik des Sternsystems noch die zugrundezulegenden Fakten fehlten; und diese für die folgenden Generationen zu erarbeiten, hat er in bewußter Bescheidung seine ganze Schaffenskraft gewidmet. Sein größtes und bedeutendstes Unternehmen hierzu war das als ›Bonner Durchmusterung‹ (1857–1863) bekannte und noch heute unentbehrliche Verzeichnis und Kartenwerk aller Sterne bis zur 9. Größe und vieler schwächerer, insgesamt 324 198, zwischen dem nördlichen Himmelspol und 2° südlicher Deklination, deren Örter und Helligkeit er zusammen mit seinen beiden Schülern *Eduard Schönfeld* (* 22.12.1828 Hildburghausen, † 1.5.1891 Bonn) und *Adalbert Krüger* (* 3.12.1832 Marienburg, † 21.4.1896 Kiel) von 1852 bis 1859 nach jeweils mindestens zweimaliger Beobachtung bestimmt hatte. Auf seine Anregung geht auch das unter der Leitung *A.* → *Auwers*' stehende Zonenunternehmen der 1863 gegründeten Astronomischen Gesellschaft, deren Vorsitz er zeitweilig innehatte, zurück, ebenso wie deren internationales Gemeinschaftsunternehmen, die Örter aller Sterne der ›Bonner Durchmusterung‹ exakt zu bestimmen, das kurz vor seinem Tode noch anlief. [Krafft]

Bibl.: Pogg. VII a Suppl., 37 f. – *Lit.*: DSB I, 240–243 (B. Sticker); B. Sticker: F. W. A. und die Astronomie vor hundert Jahren (Bonn 1944); J. Ashbrook: Astronomical Scrapbook: How the BD Was Made. In: *Sky and Telescope* 59 (1980), 300–302; H. Schmidt: Astronomen der Rheinischen Friedrich-Wilhelms-Universität Bonn. Ihr Leben und Werk 1819–1966 (Bonn 1990).

Aristarchos von Samos, griechischer Mathematiker und Astronom, * um 320 v. Chr. Samos, † um 250.

Aus dem Leben des A. ist nichts Näheres bekannt. Erhalten ist seine Schrift ›Über die Größen und Abstände von Sonne und Mond‹, in der eine erste Methode entwickelt wurde, kosmische Distanzen zu bestimmen: Zu dem Zeitpunkt, in dem der Mond von der Erde aus gesehen genau halbiert erscheint, der Winkel Erde-Mond-Sonne also ein rechter ist, wird der Winkelabstand Mond-Sonne (β) gemessen. Der parallaktische Winkel bei der Sonne beträgt dann über der Basislinie Mond-Erde $90° - \beta = \alpha$. Diese genial erdachte Methode scheiterte jedoch bei der Anwendung bis weit in die Neuzeit hinein an den mangelhaften Winkelmeßgeräten und der Schwierigkeit, den Zeitpunkt der Halbierung exakt zu bestimmen. A. erhielt $\alpha = 3°$ (richtig 9') und damit für das Verhältnis der Distanzen Sonne-Mond zu Mond-Erde 19 : 1 (richtig 380 : 1). Eine weitere von A. entwickelte Methode, die wir aus dem ›Almagest‹ des → *Ptolemaios* kennen, benutzt die Erdschattengröße bei einer Mondfinsternis und bezieht den parallaktischen Winkel bei Mond und Sonne auf den damals schon recht gut bestimmten Erdhalbmesser als Basis. Aus der Parallaxe von Mond und Sonne und ihren fast gleichen scheinbaren Durchmessern ergeben sich so ihre wahren Durchmesser. *Ptolemaios* – A.' Werte sind nicht bekannt – erhält für Sonne : Erde : Mond das Verhältnis 5,6 : 1 : 0,29. Mondgröße und -distanz zur Erde sind fast getroffen (richtig 1 : 0,27), doch ist der Wert für die Sonne wieder viel zu klein (richtig 109 : 1). Trotzdem wurde der Sonnenabstand und als Folge davon jener der Fixsternsphäre, unter der ja noch die fünf damals bekannten Planeten Platz finden mußten, unvorstellbar groß, so groß, daß auch die daraus resultierende Lineargeschwindigkeit der im geozentrischen Weltsystem täglich einmal rotierenden Fixsternsphäre alle Vorstellungen überstieg. Diese Folge war es wohl, die A. veranlaßte, einmal hypothetisch die unvergleichlich kleinere Erde rotieren und die Fixsternsphäre ruhen zu lassen und die Anomalien der äußeren Planetenbahnen aus dem jährlichen Kreisen der rotierenden Erde um das allen Planetenbahnen gemeinsame Zentrum Sonne zu erklären. Wir wissen von diesem antiken Vorläufer des heliozentrischen Planetensystems (*N.* → *Copernicus*) nur aus zwei kurzen Notizen bei → *Archimedes* und *Plutarchos*; denn die Idee wurde zwar nach antiken Berichten später durch den chaldäischen Astronomen *Seleukos von Seleukia* (1. Hälfte des 2. Jh.s v. Chr.), der auch erstmals die Gezeiten in ursächlichen Zusammenhang mit dem Mond brachte, wieder aufgenommen, und zwar jetzt als Realität, hatte aber bis *Copernicus* aus physikalischen und religiösen Gründen nicht anerkannt werden können – aus den gleichen Gründen, die später auch lange gegen eine Anerkennung des Copernicanischen Systems sprechen sollten. [Krafft]

Lit.: DSB I, 246–250 (W. H. Stahl); T. L. Heath: A. of S., the Ancient Copernicus (Oxford 1913 [1959]; mit griechisch-englischer Textausgabe).

Aristoteles, griechischer Philosoph und Naturforscher, * 384 v. Chr. Stageira [Halbinsel Chalkidike], † 322 Chalkis [Insel Euböa].

Der wohl bedeutendste, zumindest einflußreichste Philosoph und Naturforscher des Abendlandes entstammte einer alten Arztfamilie; der Vater Nikomachos war Leibarzt des makedonischen Königs Amyntas. Für denselben Beruf bestimmt, ging A. nach Athen und trat mit 17 Jahren in die platonische Akademie ein, der er 20 Jahre als Schüler und Lehrer angehörte. Er hatte sich in dieser Zeit offensichtlich auch schon so weit von den Grundlehren → *Platon*s entfernt, daß dieser, um den Bestand seiner Schule und Lehre bedacht, nicht ihm, dem begabtesten seiner Schüler, die erhoffte Nachfolge in der Leitung der Akademie übertrug. A. folgte deshalb 347 dem Angebot des ehemaligen Mitschülers Hermeias, Tyrannen von Atarneus und Assos im Nordwesten Kleinasiens, nach Assos, verlegte aber bereits 345 seinen Wohnsitz nach Mytilene auf Lesbos, der Heimat des → *Theophrastos*, mit dem er hier hauptsächlich Material zu den biologischen Schriften sammelte. Im Jahre 342 folgte er einem Ruf Philipps II. von Makedonien an den Hof in Pella und wirkte hier als Erzieher des Prinzen Alexander (* 356), der nach der Ermordung Philipps 336 König von Makedonien wurde. A. war sicherlich ein Gegner der nun verstärkt einsetzenden Großmachtpolitik Makedoniens, besonders aber des orientalischen Gepränges, mit dem Alexander der Große sich umgab und das ihm viele Feinde in Griechenland schuf; und auch dem Plan einer Hellenisierung des gesamten Ostens stand A. ablehnend gegenüber. Jedenfalls folgte er 334 nicht dem Zuge Alexanders, sondern begab sich nach Athen, um hier mit Unterstützung des makedonischen Statthalters Antipater eine eigene Schule, das Lykeion, später auch ›Peripatos‹ genannt, neben der Akademie zu gründen, eine straff organisierte Unterrichts-, besonders aber Forschungsstätte. Wegen seiner engen Beziehungen zum makedonischen Königshof wurde A. nach Bekanntwerden des Todes von Alexander (323) besonders von national und altgläubig eingestellten Kreisen Athens unter der Führung des brillanten Redners Demosthenes angefeindet. Einem gegen ihn angestrengten Prozeß wegen angeblicher Gotteslästerung entzog er sich rechtzeitig durch die Übersiedlung auf das Landgut seiner Mutter in Chalkis, »um den Athenern nicht Gelegenheit zu geben, sich ein zweites Mal an der Philosophie zu versündigen«, wie er in Anspielung auf den *Sokrates*-Prozeß und dessen Ausgang meinte. Hier erkrankte er jedoch bald an einem Magenleiden und starb nach wenigen Monaten Aufenthalt. Die Nachfolge in der Leitung des Peripatos hatte er zuvor seinem Freund und Schüler *Theophrastos* übertragen.

A. hat eine Fülle von Schriften zu fast allen Bereichen damaliger Wissenschaft hinterlassen. Während jedoch die zur Veröffentlichung bestimmten kleineren Werke allgemein philosophischen Inhaltes, meist aus der Frühzeit seines Wirkens noch an der Akademie stammend, verlorengingen und nur aus Fragmenten bekannt sind, ist ein großer Teil seiner mehr oder weniger abschließend redigierten Vorlesungsmanuskripte (und -nachschriften) erhalten – genau umgekehrt wie bei *Platon*. Wenn auch die antiken A.-Bibliographien sehr viel mehr Schriften aufführen, so reichte doch die im ersten vorchristlichen Jahrhundert von dem damals führenden Peripatetiker *Andronikos von*

Rhodos in der auch überlieferten Form zusammengestellte Ausgabe der Hauptwerke aus, eine die stoische Philosophie und Naturwissenschaft (→ *Poseidonios*) zurückdrängende A.-Renaissance einzuleiten, welche die Naturwissenschaften und, neben dem Neuplatonismus, auch die abendländische und arabische Philosophie der Folgezeit bis tief in die Neuzeit und teilweise bis in die Gegenwart beherrschte. Die bedeutendsten Kommentatoren aristotelischer Werke der Antike waren *Alexandros von Aphrodisias* (Karien, Kleinasien), der im 2./3. Jahrhundert n. Chr. in Athen wirkte, der neuplatonische Christ *Ioannes Philoponos*, der im 6. Jahrhundert in Alexandria wirkte und durch eine christliche Umformung der Bewegungstheorie des A. zum Schöpfer der scholastischen Impetustheorie wurde, der letzte griechische Aristoteliker *Simplikios* (6. Jahrhundert) sowie *Anicius Manlius Torquatus Severinus Boethius* (* um 480 Rom, † 524 ebenda, hingerichtet), der gleichzeitig, wie für die ›Elemente‹ → *Euklid*s, lateinische Übersetzungen im wesentlichen der logischen Schriften anfertigte, so daß diese direkt auf das lateinische Mittelalter, die Scholastik, wirken konnten, während andere, besonders die naturwissenschaftlichen Schriften außerhalb des griechisch sprechenden Ostreiches (Byzanz) hier erst wieder seit der Übersetzertätigkeit des 12. Jahrhunderts über die arabische Traditionskette (→ *Averroës*, → *Avicenna*, *al-Bitrudschi*, → *Thabit Ibn Kurra* und andere) bekannt wurden (→ *Albert der Große*), in der griechischen Originalfassung meist sogar erst seit der Untergangszeit des Byzantinischen Reiches. Trotz neuplatonischer, averroistischer, thomistischer und allgemein scholastischer Entfremdungen blieben die aristotelischen Lehren, die man seit dem 16. Jahrhundert wieder in ihrer Ursprünglichkeit erfassen wollte, Richtschnur und Leitbild naturwissenschaftlichen und naturphilosophischen Denkens, bis sie Stück für Stück und dann schrittweise durch andere Ideen ersetzt wurden, in der Kosmologie relativ früh (→ *Nikolaus von Kues*, *N.* → *Copernicus*, *J.* → *Kepler*), etwas später in der Physik (*G.* → *Galilei*, *D.* → *Sennert*, *J.* → *Jungius*, *R.* → *Boyle*) und verwandten Gebieten, die seit dem 16. und 17. Jahrhundert erst allmählich als Einzeldisziplinen entstanden – häufig wieder im Anschluß an A., weil in dessen universalem Lehrgebäude von den neuen, nicht mehr so umfassenden Wissenschaften Reste gelassen wurden, die daneben von anderen antiken Autoren behandelt worden waren –, und im Laufe des 18. und 19. Jahrhunderts in der Biologie. Die auf der zweiwertigen aristotelischen Logik basierende Sprech- und Denkweise sowie die von ihm geprägten naturphilosophischen Begriffe wie Raum, Zeit, Kontinuum wurden sogar erst teilweise in unserem Jahrhundert durch neue physikalische Vorstellungen überwunden. – Diese Schwierigkeiten geben gleichzeitig Zeugnis für die Geschlossenheit und Einheitlichkeit der Lehren des A., die alle Bereiche der materiellen und immateriellen Welt und des menschlichen Handelns und Schaffens (Sprache, Rhetorik, Ethik, Poetik u.a.) mit den gleichen Prinzipien erfaßte, so daß ein Teileinbruch schnell überwunden werden konnte oder später doch keine das übrige Lehrgebäude betreffenden Folgen nach sich zog, zumal die erst von A. als solche geschaffenen Einzeldisziplinen der Naturwissenschaft und allgemeinen Wissenschaftslehre (Theologie, Physik, Kosmologie, Meteorologie, Psychologie, Zoologie, Botanik, Mechanik; Kategorien-, Satz- und Beweislehre) in seinen Schriften selbst ineinander äußerst verzahnt sind.

Im Gegensatz zu *Platon* entnimmt A. seine Prinzipien dem unmittelbaren Erfahrungsbereich, dem für ihn aber neben der sinnlich wahrnehmbaren Welt gleichberechtigt auch der Bereich der Sprache (Logik) angehört. Sinnliche Erfahrung, Sprache, Denkinhalte und Sein bilden dieselbe Erkenntnisstufe und sind aufeinander abbildbar. Das Sein ist somit auf das sinnlich Erfahrbare und daraus Ableitbare beschränkt; es ist dieses oder ist in ihm. Die getrennt existierenden ›Ideen‹ *Platons* werden deshalb ebenso abgelehnt wie eine mathematische Struktur des Seins. Mathematik ist allein denkbar und trägt als andere Seinsform zur Erkenntnis der Zustände und Vorgänge der Natur und insbesondere der materiellen Natur nichts bei. Sie dient allein der Beschreibung bestimmter nebensächlicher (akzidenteller) und nicht das Wesen der Dinge betreffender Phänomene, nicht der Begründung und Erfassung der Dinge und Vorgänge selbst, ihres ›Wesens‹, was auch für *Platon* schon die alleinige Aufgabe einer Wissenschaft ausgemacht hatte. Naturwissenschaft geht deshalb für A. nicht nur empirisch vor – sie kann ihre teilweise auch deduktiv oder in einem anderen Bereich (Sprache) induktiv gewonnenen Ergebnisse an der sinnlichen Erfahrung prüfen und muß dieses auch –, sondern ist daneben notwendig rein qualitativ. – Der Gegensatz von ›natürlich‹ und ›künstlich‹, in der Sophistik entstanden, erfährt durch *Platon* und A. eine naturphilosophische Begründung. Greift der Mensch danach gewaltsam (›künstlich‹) in den Ablauf der Natur ein, so stört er das natürliche Verhalten der Dinge und betrachtet darin nicht die Natur, sondern ›Kunst‹ (nur hier ist deshalb so etwas wie ein Experiment angebracht). Auch die mathematischen Wissenschaften sind solche ›Künste‹ (›Freie Künste‹: Arithmetik, Geometrie, Harmonielehre, Astronomie, von *Boethius* als Quadrivium zusammengefaßt; ›mechanische Künste‹), so daß auch die Betrachtung ›gewaltsamer‹ Bewegungen mathematisch erfolgen kann: Des A. ›dynamisches Grundgesetz‹ bringt so Weg, Zeit und ›Kraft‹ bei gewaltsamen Bewegungen, für die ein ständiger äußerer Antrieb nötig sei, in Beziehung; seine Übertragung auf widernatürliche Bewegungen mittels ›mechanischer‹ Geräte, die jeweils aus geradlinigen resultierende Kreisbewegungen bewirken, macht A. zum Begründer der Mechanik auf dynamischer Grundlage – was *G. Galilei* später neben der Statik des → *Archimedes* wieder aufnahm, nur daß dieser dann solche Bewegungen auch als ›natürliche‹ deutete. Den ständigen Antrieb erklärt A. beim Wurf mit einer sukzessiven Übertragung der bewegenden Kraft auf das Medium (Luft); aus der Kritik hieran entstand bei *Philoponos* später die Impetustheorie, die schon bei A. in den ›Quaestiones mechanicae‹ anklingt. In dieser Schrift, die A. später zu unrecht abgesprochen wurde, behandelt A. die Wirkweise von einfachen Maschinen mittels eines ›Prinzips der ungleichen konzentrischen Kreise‹, auf die sie alle reduziert werden (Flaschenzug und Schraube sind ihm noch unbekannt; → *Archimedes*).

Aus der Beschränkung auf diese Sehweise und die Beschreibung der A. als akzidentell geltenden Eigenschaften sollte in der Neuzeit unsere Naturwissenschaft entstehen; die Naturwissenschaft des A. dagegen betrachtete allein ›natürliche‹ Vorgänge und Zustände, die ›Natur‹ der Dinge: Jede Art von Bewegung oder Veränderung (qualitative, quantitative, örtliche) erfolgt durch den natürlichen oder gewaltsamen Wechsel einer akzidentellen Eigenschaft an einem Bleibenden (›substratum‹, ›subjectum‹) innerhalb eines Gegensatzpaares (schwarz/weiß, warm/kalt, oben/unten usw.). Ortsbewegung z.B. ist so der Wechsel eines Ortes A in den Ort B ohne sonstige Veränderung des Bewegten; auch hier werden nur die Endzustände betrachtet, nicht der Bewegungsvorgang als solcher (Kinematik), was auf den Einfluß der Ontotogie des → *Parmenides* zurückzuführen ist. Die neue Eigenschaft muß in dem Gegensatzpaar potentiell bereits angelegt sein, sie wird nur aktualisiert (wirklich). Erfolgt eine Veränderung von Natur aus – für ›natürliche‹ Bewegungen ist der Antrieb in dem Ding selbst –, so besteht sie in der Verwirklichung der naturgemäßen Anlagen, des eigentlichen Zweckes (griech. ›telos‹), von A. ›Entelechie‹ genannt. Dagegen gerichtete gewaltsame Veränderungen bedürfen deshalb eines ständigen Einwirkens von außen, nach dessen Aufhören das Ding seiner ›Entelechie‹ wieder zustrebt. – Für alle Dinge, Zustände und Vorgänge sind jeweils vier Prinzipien, Ursachen, verantwortlich, die ›causa materialis‹ (Stoff), ›causa formalis‹ (Form, Gestalt, Seele, bestehend aus den wesensgemäßen, essentiellen Eigenschaften), ›causa movens‹ (Antrieb) und ›causa finalis‹ (Zweck, Sinn) – die moderne ›kausale‹ Betrachtungsweise beschränkt sich im Anschluß an *I. → Kant* auf die ›causa movens‹ –, wobei die vorletzte gewaltsam beeinflußt werden kann, ohne das Ding selbst zu verändern. Eine gewaltsame Veränderung einer der anderen hat jedoch einen Wechsel des Dinges selbst zur Folge, es vergeht und entsteht als ein neues anderes. So erklären sich die Umwandlung und der Kreislauf der vier irdischen ›Elemente‹ aufgrund des Umschlags einer essentiellen Eigenschaft, warm in kalt, trocken in feucht und umgekehrt: Erde (trocken und kalt), Wasser (feucht und kalt), Luft (feucht und warm), Feuer (trocken und warm), und aus der empirisch gewonnenen Zweizahl der Gegensatzpaare die Vierzahl der ›Elemente‹. – Das dem Wechsel dieser Elemente zugrundeliegende, für A. aber nie aktualisierte Bleibende, die ›prima materia‹ (eigenschaftslose Urmaterie), wurde zur naturphilosophischen Voraussetzung der späteren Alchemie. – Alle Stoffe bestehen aus einer homogenen Mischung dieser vier Elemente, die kontinuierlich teilbar ist und deren Eigenschaften sich aus dem Mischungsverhältnis ergeben (Ansätze zu einer chemischen Analyse in Buch 4 der ›Meteorologia‹). Nur für organische Stoffe gibt es eine untere Teilungsgrenze (›minima naturalia‹, *D. → Sennert*). Die essentiellen Eigenschaften der Elemente werden ergänzt durch ein schnellstmögliches, d.h. geradliniges Streben zu dem ihnen gemäßen, ihrem ›natürlichen Ort‹ im Kosmos: Erde zum Mittelpunkt (unten), Feuer zur Peripherie (oben), Wasser relativ nach unten, Luft relativ nach oben. Hieraus ergibt sich die Schichtenanordnung der Elemente im Kosmos, notwendig mit der ruhenden kugelförmigen Erde in der Mitte. Da auch die Ortsbewegung eines Zieles bedarf, weil sie in einem Wechsel des Ortes besteht – unendliche geradlinige Bewegungen sind aufgrund dieser Definition unmöglich –, muß auch die Aufwärtsbewegung begrenzt sein und überall gleichweit vom Zentrum zum Stillstand kommen. Da von den beiden bekannten ›einfachen‹ Bewegungen die geradlinige ›einfachen‹ Körpern, den vier Elementen, zukommt, muß es auch die Kreisbewegung, zu der es allerdings keinen Gegensatz gibt, so daß sie selbst gewaltsam in keiner Weise verändert werden kann. Hieraus folgert A. die Existenz eines fünften Elementes, des ›Äthers‹, der, in jeder Beziehung unveränderlich, in konzentrischen Schalen, die gleichförmig rotieren, den Kosmos begrenzt. Die astronomischen Phänomene mußten damit als aus solchen konzentrischen Kreisbewegungen resultierend aufgefaßt werden. Die wohl in seinem Auftrag durch *Kallippos* verbesserte Theorie der konzentrischen Sphären des → *Eudoxos von Knidos*, der die ungleichförmig erscheinende Bewegung eines jeden Planeten für sich als Resultante der Bewegungen mehrerer gleichförmig rotierender mathematischer Kugeln darstellte, die so ineinander geschachtelt wurden, daß deren Achsen jeweils unter einem bestimmten Winkel in der nach außen anschließenden gelagert waren, gab dazu die willkommene Grundlage. A. hatte nur die mathematischen Sphären mittels des allein zu solchen Bewegungen befähigten ›Äthers‹ zu materialisieren und den Bewegungsapparat eines jeden Planeten kompensierende Sphären zwischen ihnen zu ergänzen, um daraus ein geschlossenes ›physikalisches‹ System von der Fixsternsphäre bis zum Mond zu erhalten. Die Phänomene zwangen zwar später, von der strengen Konzentrizität abzugehen (→ *Hipparchos*, → *Apollonios von Perge*, → *Ptolemaios*, aber auch *al-Bitrudschi*), doch blieben fortan die Geozentrizität des Kosmos und die Gleich- und Kreisförmigkeit sämtlicher (Teil-)Bewegungen der Himmelskörper als unantastbare Grundsätze bestehen, bis *Tycho → Brahe* durch den Nachweis der Veränderlichkeit auch der Äthersphären *J. → Kepler* den Weg bereitete, auch von ihnen Abstand nehmen zu können.

Die Schwierigkeit der Denkbarkeit eines anisotropen begrenzten Raumes – *Platon* hatte Raum und Materie gleichgesetzt – bewog A., dessen Eigenschaften gleichsam in die Stoffe (Elemente) selbst zu verlegen und den Begriff Raum durch den des ›Ortes‹ zu ersetzen. Der ›Ort‹ eines Dinges ist die innere Begrenzungsfläche des ihn umgebenden Dinges. Außerhalb des kugelförmig begrenzten Kosmos ist also weder Ort noch Zeit, somit auch keine Materie oder Leere, nur Gott als reines Formprinzip (Geist), auch als unbewegter Erster Beweger angesehen, der wie eine erstrebte Geliebte, also teleologisch, die äußerste Sphäre bewegt, damit auch die übrigen und folglich erste Ursache für alles Geschehen im Kosmos wird. Derartige Auffassungen haben natürlich die Ablehnung jeglichen Vakuums und irgendwelcher Fernwirkungen der Kräfte zur Folge.

Von besonderer Bedeutung und am längsten währendem Einfluß war dieses teleologische Denken, das nach stoischem und neuplatonischem Vorbild im christlichen Mittelalter von der aristotelischen Vorstellung einer dem Einzelding und -vorgang immanenten Finalität (Entelechie) zu einem Aufeinander-Bezogensein aller Dinge und natürlichen Vorgänge ausgeformt wurde, im biologischen Bereich: Die Seele ist Prinzip des Lebens in allem Belebten, den Pflanzen (vegetative), den Tieren (vegetative und sensitive) und den Menschen (vegetative, sensitive und noëtische Seele). Seele und Körper verhalten sich wie Bewegendes und Bewegtes (Form und Materie, Zweck und Mittel usw.), sie sind wechselseitig aneinander gebunden und entstehen und vergehen gemeinsam; denn die Seele ist »primäre, aktuelle Wirklichkeit (Entelechie) eines natürlichen, organischen Körpers«. Die potentiellen Eigenschaften kommen in und mit dem Körper zur allmählichen aktuellen Entfaltung (Embryologie, beobachtet z.B. an der Entwicklung des Hühnereies) bis zur ›Entelechie‹. A. gelingen so klare Erkenntnisse über die Funktionen des Lebens bezüglich Ernährung, Wachstum, Fortpflanzung und Anpassung. Aus den analogen Bedürfnissen Ernährung, Bewegung, Atmung folgt die Existenz entsprechender, dem Lebensraum angepaßter homologer Organe (z.B. Lungen, Kiemen). – Die Grenze zwischen Pflanzen- und Tierreich ist fließend wie die Übergänge innerhalb beider (die spätere ›scala naturae‹), je nach dem, welche Unterscheidungsmerkmale man zugrundelegt. Überhaupt ist es weder Absicht des A. noch des *Theophrastos* gewesen, eine Klassifikation des Tier-(Pflanzen-)reiches zu geben, wie es *Platon* mit seinen strengen Dichotomien wollte. Die Eigenschaften und Merkmale seien vielmehr durch ein graduelles Mehr oder Weniger bestimmt. Je nach Wahl des Gesichtspunktes (Ernährung, Fortpflanzung, Lebensraum) ergeben sich andere Gruppierungen, die nur geschaffen werden, um Ähnliches zusammenhängend darzustellen. Eine Systematik entsteht aus einzelnen dieser Ansätze erst in der Neuzeit, für die Botanik seit *A.* → *Cesalpino* und *C. von* → *Linné*, für die Zoologie in ersten Ansätzen bei *Edward Wotton* (* 1492 Oxford, † 5.10.1555 London) und *C.* → *Gesner*. – Ein größeres botanisches Werk scheint A. nicht verfaßt zu haben, wenn auch in seinem Auftrag und nach von ihm erarbeiteten Methoden auf dem Alexanderzug botanisches Beobachtungsmaterial gesammelt wurde, das *Theophrastos* später auswertete. Die erhaltene Schrift ›De plantis‹ ist unecht. *Theophrastos* hat demnach mit seinen Schriften eine echte Lücke ausgefüllt. [Krafft]

Werke: Opera, hrsg. von I. Bekker (5 Bde, Berlin 1831–1870; mit Index und antiken Scholien); Die Lehrschriften, übertragen von P. Gohlke (16 Bde, Paderborn 1947–1961); Werke in deutscher Übersetzung, hrsg. von E. Grumach (Bd 1 ff., Berlin/ Darmstadt 1956 ff.). – *Kommentare* [*zur Zeit des Aristotelismus*]: Commentaria in Aristotelem Graeca (23 Bde, Berlin 1882–1903); Commentaria in Aristotelem Graeca – Versiones Latinae [CAGL] (Stuttgart 1990 ff.). – *Bibl.*: R. Sorabji (Hrsg.): A. – A Bibliography (Oxford 1981); C.

H. Lohr: Medieval Latin A. Commentaries [Authors]. In: *Traditio* 23 (1967) – 30 (1974); Addenda et corrigenda. In: *Bulletin de Philosophie médiévale* 14 (1972), 116–126; C. H. Lohr: Latin A. Commentaries, II: Renaissance Authors (Florenz 1988). – *Lit.*: DSB I, 250–281 (G. E. L. Owen u.a.); GWG I, 624–647 (O. Gigon); KNph 45–60 (I. Craemer-Ruegenberg); GPh I, 77–101 (F. Krafft); W. D. Ross: A. (London 1923, 51949 u.ö.); W. Bröcker: A.' Philosophie als Frage nach der Bewegung (Frankfurt am Main 1935, 31964); F. Solmsen: A.'s System of the Physical World (New York 1960); W. Wieland: Die aristotelische Physik (Wiesbaden 1962, 21970); P. Moreau: A. et son école (Paris 1962, 21985); I. Düring: A. Darstellung und Interpretation seines Denkens (Heidelberg 1966; mit Bibl.); F. Krafft: Dynamische und statische Betrachtungsweise in der antiken Mechanik (Wiesbaden 1970); W. Kullmann: Wissenschaft und Methode. Interpretationen zur aristotelischen Theorie der Naturwissenschaft (Berlin/New York 1974); J. Barnes/M. Schofield/R. Sorabji (Hrsgg.): Key Articles on A., Vol. 1: Science (London 1975); A. Preus: Science and Philosophy in A.'s Biological Works (Frankfurt am Main 1975); H. Flashar (Hrsg.): Ältere Akademie, A., Peripatos (Grundriß der Geschichte der Philosophie, Bd 3) (Basel/Stuttgart 1983; mit Bibl.); O. Höffe: A. (München 1996); W. Kullmann: A. und die moderne Wissenschaft (Stuttgart 1997); W. Kullmann/S. Föllinger (Hrsgg.): Aristotelische Biologie (Stuttgart 1997).

Arrhenius, Svante, schwedischer Physiker und Chemiker, * 19.2.1859 Vik [bei Uppsala], † 2.10.1927 Stockholm.

A., Sohn eines schwedischen Feldmessers und Akademievogts, fiel als Knabe schon früh durch seine Begabung und sein Interesse für Mathematik und Naturwissenschaften auf. Er studierte zunächst an der Universität Uppsala, wechselte aber bald zur Hochschule in Stockholm über. Hier fand er bei *Erik Edlund* (* 14.3. 1819 Nerike, † 19.8.1888 Stockholm) Verständnis und Unterstützung für seine neuen Ideen. Er promovierte 1884. Man gewährte ihm ein Stipendium, das ihm erlaubte, seine Studien bei *W.* → *Ostwald* (in Riga und später in Leipzig), bei *F.* → *Kohlrausch* (Würzburg), *L.* → *Boltzmann* (Graz) und *J. H. van't* → *Hoff* (Amsterdam) fortzusetzen. 1887 war die Theorie der elektrolytischen Dissoziation endgültig herangereift. Sie ist ein wesentlicher Bestandteil der physikalischen Chemie geworden, die sich in jenen Jahren dank *Ostwald*s Aktivität entfaltete. A. erhielt 1903 als erster Schwede den Nobelpreis für Chemie. – Neben seiner Lehrtätigkeit als Professor für Physik in Stockholm hatte A. das Amt des Direktors am Nobel-Institut für physikalische Chemie inne.

Seine Doktorarbeit nahm man in Uppsala nicht gerade mit Begeisterung auf. Sie bestand aus zwei Teilen: Der erste Teil enthielt experimentelle Untersuchungen zur Leitfähigkeit der Elektrolyte. Die Lösungen, die A. benutzte, waren sehr stark verdünnt. Schon nach wenigen Versuchen stellte er Thesen auf, die sich später an Hand zahlreicher experimenteller Ergebnisse zum überwiegenden Teil als richtig erwiesen. Im zweiten Teil gelang es ihm, die recht verschiedenartigen Untersuchungen und Resultate theoretisch gemeinsam zu deuten, indem er von aktiven und inaktiven Molekülen in der Lösung sprach. Zur Charakterisierung des aktiven Anteils, der zur elektrischen Leitfähigkeit beitragen sollte, führte er den ›Aktivitätskoeffizienten‹ ein. Dieser ist identisch mit dem späteren Dissoziationsgrad. A. nahm Gedanken der alten Theorie von *J. J.* → *Berzelius* wieder auf, nach der jede chemische Bindung eine elektrische Aktion ist (Vorarbeiten hatten auch *J. W.* → *Hittorf*, *R.* → *Clausius* und *F. Kohlrausch* geliefert). Das Widerstreben der damaligen älteren Chemiker wird verständlicher, wenn man bedenkt, daß die A.sche Theorie den Zerfall von Molekülen (z.B. des Kochsalzmoleküls) in dem Lösungsmittel Wasser forderte. Die Bruchstükke sollten Natrium- und Chlorionen sein. Daß neutrale und elektrisch geladene Atome (Ionen) sich so wesentlich unterscheiden, wollte den meisten Chemikern nicht einleuchten. Erst als *Ostwald* von Riga nach Uppsala kam, um den Schöpfer der neuen Theorie kennenzulernen, wurde A. die volle Anerkennung zuteil. *Ostwald* hatte selbst Versuche über die elektrische Leitfähigkeit, die Stärke der Säuren und die Reaktionsgeschwindigkeit angestellt und die neue Theorie bestätigt gefunden. Zuletzt beschäftigte A. sich mit Problemen der kosmischen Physik. [Wiederkehr]

Werke: H.-G. Körber (Hrsg.): Aus dem wissenschaftlichen Briefwechsel Wilhelm Ostwalds. 2. Teil: Briefwechsel mit S. A. und Jacobus Hendricus van't Hoff (Berlin 1969). – *Lit.*: GCh II, 443–462 (W. Palmaer); DSB I, 296–302 (H. A. M. Snelders); E. H. Riesenfeld: S. A. (Leipzig 1931; mit Bibl.); A. Kernbauer (Hrsg.): S. A.' Beziehungen zu österreichischen Gelehrten. Briefe aus Österreich an S. A. (1891–1926) (Graz 1988).

Auwers, Georg Friedrich Julius *Arthur* von (seit 1912), deutscher Astronom, * 12.9.1838 Göttingen, † 24.1.1915 Berlin.

Von 1857 bis 1859 studierte A. in Göttingen, dann in Königsberg, wo er als Assistent *F. W.* → *Bessels* 1862 mit Untersuchungen über die Eigenbewegungen des von *Bessel* erschlossenen Doppelsterns Prokyon promovierte. Danach finden wir ihn als Observator an der Sternwarte Gotha und seit 1866 als Astronom der Königlich Preußischen Akademie der Wissenschaften in Berlin, deren Physikalisch-Mathematischer Klasse er seit 1878 als ständiger Sekretär vorstand. 1912 wurde ihm in Anerkennung seiner wissenschaftlichen und organisatorischen Leistungen der erbliche Adel verliehen.

Aus der Besselschen Schule stammend, widmete A. sich besonders dem Studium der Eigenbewegungen von Fixsternen und dem Aufstellen von allgemeinen Sternkatalogen und neuen Fundamentalkatalogen, deren Exaktheit die Grundlagen für ein genaueres Studium des Sternsystems bildete. Auch ihm lieferten neben den Besselschen und anderen hauptsächlich die vorzüglichen Beobachtungen von *J.* → *Bradley*, die er neu bearbeitet und reduziert herausgab, das historische Vergleichsmaterial für die Eigenbewegungen. Unter seiner Leitung stand nach dem Tode *F. W. A.* → *Argelanders* das Zonenunternehmen der Astronomischen Gesellschaft, zu dem er ständig verbesserte und ergänzte Fundamentalkataloge schuf und selbst zwischen 1896 und 1904 Ortsbestimmungen von Sternen in der Zone zwischen 14°50' und 20°10' nördlicher Deklination, bezogen auf das Jahr 1855, beitrug. 1910 rief er das als ›Geschichte des Fixsternhimmels‹ bekannte Unternehmen der Preußischen Akademie ins Leben, das möglichst vollständig die Beobachtungen von 1753 (*Bradley*) bis 1900 umfassen sollte. Einen großen Teil seiner Arbeitskraft widmete er allerdings der Vorbereitung, Durchführung und Auswertung der von ihm geleiteten deutschen Expeditionen zur Beobachtung der beiden Venusdurchgänge des 19. Jahrhunderts: 1874 in Luxor und 1882 in Punta-Arenas (von englischer Seite von *G. B.* → *Airy* durchgeführt). Sie dienten vornehmlich der genauen Bestimmung von Sonnenparallaxe (-entfernung) und -durchmesser, wie auch die Heliometerbeobachtungen kleiner Planeten, die A. 1889 am Kap der Guten Hoffnung durchführte. Ergänzende Beobachtungsreihen ermöglichten ihm den Nachweis, daß die Sonne trotz ihrer Rotation keine Abplattung aufweist. [Krafft]

Bibl.: Pogg VII a Suppl., 43 f. – *Lit.*: NDB I, 462 f. (E. Zinner); DSB I, 339 f. (B. Sticker).

Averroës (Abu-l Walid Muhammad Ibn Ahmad Ibn Muhammad *Ibn Roschd*), spanisch-maurischer Philosoph, * 1126 Córdoba, † 10.12.1198 Marrakesch [Marokko].

A. studierte in seiner Vaterstadt, wo sein Vater wie vor ihm sein Großvater Kadi war,

Rechtswissenschaft und Medizin. 1153 hatte er sich in Marrakesch, der Residenz des Kalifen Abu Jakub Jusuf, aufgehalten – wahrscheinlich, um dessen Leibarzt *Abu Bakr Ibn Tufail* (im lateinischen Mittelalter: *Abubacer*, * um 1115 Guadix [bei Granada], † 1185/86 Marrakesch) aufzusuchen, der ihn dem Almohaden vorstellte, welcher fortan sein Gönner war. 1169 wurde er dann selbst Kadi in Sevilla und zwei Jahre später in Córdoba. 1182 beruft Jusuf A. für den sehr gealterten *Ibn Tufail* als Leibarzt nach Marrakesch, doch entläßt er ihn – vermutlich bereits auf Drängen orthodoxer Theologen hin – bald darauf wieder, versehen mit dem Titel eines Großkadi. Auch bei dem Nachfolger Jusufs, dem Kalifen Jakub al-Mansur, stand A. anfangs in hoher Gunst; beide Almohadenherrscher waren Förderer von Philosophie und Wissenschaft. Um so mehr verwundert es, daß der Philosoph schon bald in Ungnade fiel und um 1195 nach Lucena, einen kleinen Ort bei Córdoba, verbannt wurde; dies war jedoch offensichtlich ein Zugeständnis al-Mansurs gegenüber den spanischen Theologen, die orthodoxer als die afrikanischen Muslime und in hohem Maße intolerant waren und A. wegen angeblicher Koranfeindlichkeit seiner Philosophie mehrfach angeklagt und verhört hatten. Der Kalif hatte nämlich gleichzeitig die Verbrennung der Bücher des Philosophen mit Ausnahme seiner Schriften über Heilkunde, Arithmetik und elementare Astronomie befohlen und einen Glaubenskrieg gegen die Christen in Spanien geführt. Nach Marrakesch zurückgekehrt, hob der Kalif den Verbannungsbefehl denn auch auf und rief A. an seinen Hof zurück. Die wiedererlangte Gunst konnte er jedoch nur kurze Zeit genießen.

Trotz der Arbeitsbelastung verfaßte A. während seiner Richtertätigkeit seine bedeutendsten Werke, unter anderen ausführliche Kommentare zu sämtlichen Schriften des → *Aristoteles*, die er zum Teil in drei verschieden ausführlichen Fassungen vorlegte (im Mittelalter, dem diese Schriften um 1250 bereits alle in lateinischen Übersetzungen vorlagen, hieß er deshalb schlechthin ›der Kommentator‹) und die von einer fast religiösen Verehrung für *Aristoteles* getragen sind. Angeregt worden zu diesem Kommentarwerk war er von *Ibn Tufail*, auf dessen Einfluß wesentlich die Erneuerung der ›echten‹, unverfälschten aristotelischen Lehren im 12. Jahrhundert zurückgeht – kurz bevor durch die Tätigkeit der spanischen Übersetzer arabische Philosophie und Wissenschaft Eingang ins lateinische Mittelalter finden sollten. Zu der Gruppe um *Ibn Tufail* zählte auch der Astronom *Nur ad-Din al-Bitrudschi* (2. Hälfte des 12. Jh.s aus der Pedroche [bei Córdoba], im mittelalterlichen Europa latinisiert zu: *Alpetragius*), der im Zuge dieser Rückbesinnung die aristotelische Himmelsphysik erneuerte und gegen → *Ptolemaios* und seine Anhänger die zur Erde konzentrischen Planetenbewegungen verteidigte, die er sich wie *Aristoteles* aus jeweils mehreren Bewegungen physischer konzentrischer Äthersphären zusammengesetzt dachte. Seine Schrift ›Über die Bewegungen der Himmel‹, die um das Jahr 1185 entstand, wurde bereits 1217 von *Michael Scotus* (* um 1175 Schottland, † um 1235), dem Hofastronomen Friedrichs II. und wohl erfolgreichsten Übersetzer naturwissenschaftlicher, mathematischer und philosophischer Werke aus dem Arabischen, ins Lateinische übertragen und konnte dadurch trotz ihrer Mängel gegenüber der Astronomie des *Ptolemaios* – die allerdings in der Frühzeit fast allein in der Kurzfassung von *Johannes de Sacrobosco* bekannt war – starken Einfluß auf die Himmelsphysik der Scholastik in Westeuropa ausüben. 1259 wurde das Werk auch ins Hebräische übersetzt; auf dieser Version beruht die lateinische Übersetzung von 1528, die auch erstmals 1531 in Venedig gedruckt erschien. *N.* → *Copernicus* kannte die Schrift und ihr Ziel, versuchte die Re-Physikalisierung der Astronomie aufgrund der Einwände des A. gegen *Ptolemaios* aber auf anderem Wege zu erreichen.

Neben seinem ›Corpus Aristotelicum‹ verfaßte A. eine Reihe von philosophischen, mathematisch-naturwissenschaftlichen und medizinischen Werken – insgesamt über 100 – und verteidigte Wissenschaft und Philosophie gegen die Angriffe, die ihnen von den Theologen unter Anführung von *Abu Hamid Muhammad al-Ghassali* (* 1059 Tus [Chorasan], † 1111 ebenda) entgegengebracht worden waren, gegen dessen ›Destructio philosophorum‹ seine ›Destructio destructionis philosophorum‹ (arabisch hrsg. von M. Bouyges, Beirut 1938; deutsch von M. Horten, 1913) gerichtet war. – Mit A. starb der letzte Repräsentant der Philosophie und Wissenschaft des Maurenreiches. Es waren dann besonders seine Lehren von dem anfanglosen Bestehen der Welt und dem Weltgeist oder der Weltvernunft, die sich nicht in der Seele des einzelnen Menschen vervielfältige, vielmehr allen Menschen gemeinsam sei und sich nur vorübergehend mit der Einzelseele verbinde, welche seine Anhänger, die sogenannten Averroisten – besonders stark seit 1250 an der Artistenfakultät der Universität Paris vertreten –, und seine Gegner, unter denen vor allem → *Albert der Große* und *Thomas von Aquino* zu nennen sind, die sich mehr → *Avicenna* anschlossen, ihre nicht immer auf geistige Mittel beschränkten heißen Kämpfe austragen ließen. Eine Folge dieser Lehren war nämlich z.B. das Leugnen der Unsterblichkeit der menschlichen Seele. A. suchte diese und andere Lehren dadurch mit dem Koran zu harmonisieren, daß er dessen Aussagen einen mehrfachen Sinn unterlegte, während einzelne christliche Averroisten dem Konflikt mit Bibel und herrschender Theologie dadurch zu entgehen suchten, daß sie davon ausgingen, etwas könne philosophisch wahr, aber theologisch falsch sein – womit ihnen einerseits die Möglichkeit gegeben war, zur Aussage der Bibel Widersprüchliches oder widersprüchlich Erscheinendes wenigstens spekulativ zu durchdenken, und andererseits langsam der Boden vorbereitet wurde für die spätere strenge Scheidung von Theologie und Philosophie bzw. Naturwissenschaft. Wegen dieser ›doppelten Wahrheit‹ wurden die averroistischen Lehren und die Averroisten 1270 an der Universität Paris und in der Folgezeit überall nördlich der Alpen verboten; in Italien wurde dann insbesondere Padua zu einer Hochburg des Averroismus. [Krafft]

Werke: Corpus commentariorum Averrois in Aristotelem [lat./hebr./engl.] (Cambridge, Mass. 1949 ff.). – *Bibl.*: J. de Menasce: Arabische Philosophie (Bern 1948, S. 39–43). – *Lit.*: DSB XII, 1–9 (R. Arnaldez/A. Z. Iskandar); GWG III, 440–449 (G. G. Hana); B. S. Kogan: A. and the Metaphysics of Causation (Albany 1985); D. Urvoy: Ibn Rushd (A.) (London 1991).

Avicenna (Abu Ali al-Husalin Ibn Abd Allah *Ibn Sina*), iranischer Arzt und Philosoph, * 980 Efschene [nahe Buchara], † 1037 Hamadan.

A. war der eigentliche Vermittler griechischer Wissenschaft und Philosophie an die arabische Welt – indirekt also auch an das lateinische Mittelalter. Wie sein Zeitgenosse *al-* → *Biruni*, mit dem er bereits früh in Briefwechsel trat, war er Iranier. Er erhielt durch auserlesene Lehrer Unterricht in Logik, Geometrie und Astronomie, hatte jedoch bald seine Lehrer an Kenntnissen übertroffen und studierte weiter als Autodidakt Physik, Metaphysik und Medizin, die er auch praktisch ausübte. Für seine philosophische Ausbildung entscheidend war die Begegnung mit den logisch-metaphysischen Spekulationen in den Schriften von *Abu Nasr Muhammad al-Farabi* (* 873 Wasidsch [Turkestan], † um 950 bei Damaskus), die sich eng an neuplatonische Kommentare und Paraphrasen anschlossen. Mit etwa 16 oder 17 Jahren hatte A. das Glück, den Sultan von Buchara zu kurieren, was ihm den Zutritt zu dessen umfangreicher Bibliothek eröffnete. Mit schneller Auffassungsgabe und einem guten Gedächtnis eignete sich der geistig und körperlich frühreife Jüngling innerhalb kurzer Zeit hier all die Kenntnisse an, die ihn befähigten, das damals bekannte Wissen der einzelnen Disziplinen zu systematisieren. Mit 21 Jahren begann er seine reiche schriftstellerische Tätigkeit, welche Medizin und sämtliche von → *Aristoteles* je behandelten Fragen umfaßte. Seit seinem 22. Lebensjahr, nach dem Tode seines Vaters, der Gouverneur einer Burg nahe Buchara gewesen war, führte er ein unstetes Leben, reich an Arbeit und Genuß, aber auch an Enttäuschungen, die besonders seine gelegentlichen politischen Tätigkeiten betrafen. In ruhigen Zeiten finden wir ihn u.a. als Leibarzt an den Höfen von Dschurdschan, Hamadan und Isfahan. Hier verbrachte er seine letzten Lebensjahre unter dem Schutze des Sultans, den er 1037 auf einem Eroberungszug nach Hamadan zu begleiten hatte, wo er tödlich erkrankte.

Bedeutend ist A. besonders als der universelle Polyhistor und Zusammenfasser, der das System der Wissenschaften für die folgenden Jahrhunderte formulierte. Sein zweites Hauptwerk neben dem ›Buch der Genesung (der Seele)‹, einer Logik, Physik, Mathematik und Metaphysik umfassenden philosophischen Enzyklopädie, ist der ›Canon medicinae‹, der bis in unser Jahrhundert die arabische und bis ins 17. Jahrhundert als maßgebliches Lehr- und Handbuch auch die europäische Medizin beherrschte, bis dank der Bestrebungen solcher Gelehrten wie *L.* → *Fuchs* hier der echte → *Galenos* an die Stelle des ›arabischen Galen‹ gesetzt wurde. Als Philosoph war A. neben *al-Farabi*, dem er sich im wesentlichen anschloß, der bedeutendste Vermittler griechischen Denkens an den Orient, indem er versuchte, neuplatonisch aristotelische Metaphysik mit muslimischer Theologie in Einklang zu bringen. Wichtig auch für das europäische Mittelalter war seine neuplatonisch beeinflußte Einstellung zur Universalienfrage und Erkenntnistheorie, die später auf → *Albert den Großen* und *Thomas von Aquino*, die Begründer des christlichen Aristotelismus, großen Einfluß ausübte, während seine Physik im ganzen viel stärker vom Bestand der Schriften des *Aristoteles* und seiner antiken Kommentatoren geprägt ist. Daneben behandelt er z.B. auch in einem gesonderten Traktat die Mechanik der einfachen und zusammengesetzten Maschinen. Für ›gewaltsame‹ Bewegungen griff er auf die Impetustheorie des *Philoponos* zurück. [Krafft]

Werke: Liber canonis, in der Übersetzung von Gerhard von Cremona (Venedig 1507; Nachdruck: Hildesheim 1964, 1998); A. Latinus, lat.-französ. hrsg. von S. VanRiet (Löwen 1977 ff. [Bd 9: Codices. 1994]). – *Bibl.*: G. C. Anawati: Essai de bibliographie avicennienne (Kairo 1950); J. L. Janssens: An Annotated Bibliography on Ibn Sînâ (1970–1989) (Leuven 1991). – *Lit.*: DSB XV, 494–501 (G. C. Anawati / A. Z. Iskander); GWG III, 222–233 (G. G. Hana); S. M. Afnan: A.: His Life and Works (Hemel Hemstead 1958); M.-T. d'Alverny: A. Latinus. In: *Archive d'histoire doctrinale et littéraire du Moyen Age* 28 (1961), 281–316; W. E. Gohlman: The Life of Ibn Sina (New York 1974); B. / S. Brentjes: Ibn Sina (A.), der fürstliche Meister aus Buchara (Leipzig 1979); B. Brentjes (Hrsg.): A. – Ibn Sina, 980–1036 (Halle 1980); D. Gutas: A. and the Aristotelian Tradition (Leiden 1988); R. M. Frank: Creation and the Cosmic System: al-Ghazâlî and A. (Heidelberg 1992).

Avogadro [Conte] di Quaregna, Lorenzo Romano *Amedeo* Carlo, italienischer Physiker und Chemiker, * 9.8.1776 Turin, † 9.7.1856 ebenda.

A. entstammte einer angesehenen Juristen und Politikerfamilie. Auf Wunsch seines Vaters studierte er Jura und promovierte 1796 als Kirchenrechtler. Um 1800 begann er jedoch außerdem autodidaktisch Mathematik und Physik zu studieren. Schließlich gab er seine Laufbahn als Verwaltungsbeamter auf und wurde 1809 Professor der Naturphilosophie am Gymnasium von Vercelli. 1820 wurde er auf den ersten italienischen Lehrstuhl für mathematische Physik (›fisica sublime‹) in Turin berufen, eine Stellung, die er mit einer 12jährigen Unterbrechung bis 1850 innehatte – der Lehrstuhl A.s war aus politischen Gründen 1822 aufgehoben und nach seiner erneuten Einrichtung zunächst 1832 bis Ende 1834 mit *A. L.* → *Cauchy* besetzt worden.

Ein großer Teil des umfangreichen Werks A.s ist dem Zusammenhang physikalischer Daten, wie denen der elektrochemischen Spannungsreihe, der spezifischen Wärme, der Brechungsindizes, der Dichten bzw. Atomvolumina, mit chemischen Eigenschaften, insbesondere mit der chemischen Affinität, gewidmet. Diese Idee, chemische Vorgänge mit Hilfe von physikalischen Daten quantitativ zu erfassen, machte ihn auch zu einem der Begründer der physikalischen Chemie. Von größtem historischen Interesse ist allerdings die heute klassische Abhandlung ›Essai d'une manière de déterminer les masses relatives des molécules élémentaires des corps, et les proportions selon lesquelles elles entrent dans les combinaisons‹ von 1811. Ausgangspunkt der Überlegungen war das 1809 von *J. L.* → *Gay-Lussac* veröffentlichte Volumengesetz, nach dem die Volumina gasförmiger Reaktionspartner und Reaktionsprodukte einfache, rationale Verhältnisse bilden. Um diese meßbaren Verhältnisse auf die Vereinigung der kleinsten Teilchen übertragen zu können, nahm A. an, daß unter gleichen Bedingungen gleiche Volumina eine gleiche Anzahl von Teilchen enthalten. Um auch den konkreten Volumenverhältnissen, etwa bei der Bildung von Wasserdampf aus Wasserstoff und Sauerstoff, gerecht zu werden, nahm A. weiter an, daß Wasserstoff und Sauerstoff als zweiatomige Moleküle vorliegen. Ähnliche mehratomige Moleküle postulierte er für andere Elemente. A. erkannte, daß mit Hilfe dieser beiden Annahmen aus dem Verhältnis der Dichten die relativen Molekulargewichte und aus dem Verhältnis der Volumina die Summenformeln von Verbindungen erschlossen werden können; doch wurde vor allem die zweite seiner Hypothesen kaum zur Kenntnis genommen, obgleich er seine Überlegungen mehrfach veröffentlichte und – teilweise als Kritik an *J.* → *Dalton* – eine ganze Reihe gültiger Summenformeln anorganischer wie organischer Substanzen angeben konnte. (Die Ideen waren auch lange Zeit eher auf einen heute weniger bedeutend erscheinenden Brief *A. M.* → *Ampère*s an *C. L.* → *Berthollet* von 1814 zurückgeführt worden.)

Die Durchsetzung der Ideen A.s litt einerseits unter seinem isolierten Arbeiten und dem schlechten Ruf als Experimentator, andererseits stand ihr ganz allgemein die einflußreiche elektrochemische Theorie der Affinität von *J. J.* → *Berzelius* entgegen, nach der nur Teilchen unterschiedlicher Elektronegativität einander anziehen und damit eine Bindung eingehen können. Erst seinem Landsmann *S.* → *Cannizzaro* gelang es auf der Karlsruher Chemikertagung von 1860, der Theorie A.s Anerkennung zu verschaffen, wobei nun endgültig die Begriffe Atom und Molekül geklärt werden und insbesondere der neuen Strukturchemie der organischen Chemie gesicherte Summenformeln zugrundegelegt werden konnten. [Kaiser]

Werke: Opere scelte (Turin 1911); Die Grundlagen der Molekulartheorie. Abhandlungen von A. A. und Ampère (1811 und 1814) (Leipzig 1921). – *Lit.*: DBI IV, 689–707 (V. Cappelletti/M. Alippi); DSB I, 343–350 (M. P. Crosland); I. Guareschi: A. A. und die Molekulartheorie (Leipzig 1903; mit Bibl.); J. K. Bonner: A. A. A Reassessment of His Research and Its Place in Early 19th-Century Science (PhD Thesis Johns Hopkins University 1974); M. Ciardi: L'atomo fantasma. Genesi storica dell'ipotesi di A. (Florenz 1995).

B

Bacon, Sir Francis, ab 1618 Baron Verulam of Verulam, englischer Politiker, Gelehrter und Wissenschaftsphilosoph, * 22.1.1561 London, † 9.4.1626 Highgate [heute zu London gehörig].

Nach einer juristischen Ausbildung an der Universität Cambridge erhielt B. unter Elisabeth I. das Amt eines Kronanwaltes und stieg unter Jakob I. 1607 zum obersten beratenden Anwalt der Krone auf, 1613 zum Generalstaatsanwalt und 1617 zum Großsiegelbewahrer; 1618 wurde er Lordkanzler und Baron von Verulam, 1621 Viscount of St. Albans. Im selben Jahr wurde er wegen Korruption und anderer Verbrechen verurteilt und mußte sich unter Erlaß der Strafe von allen politischen Aktivitäten zurückziehen, so daß er sich nun ausschließlich philosophischen und literarischen Arbeiten widmen konnte.

B.s Leistungen liegen nicht auf wissenschaftlichem Gebiet, sondern in der Begründung einer Methodologie der Erfahrungswissenschaften innerhalb einer ersten neuzeitlichen Wissenschaftslehre. Er propagiert ein induktives Vorgehen, um von Eindrücken und Begriffen, die durch die Erscheinungen nahegelegt werden, zu prinzipielleren und abstrakten Erkenntnissen, zu den ›Formen‹ der Natur aufzusteigen und Einblick in die Ursachen der Naturprozesse zu gewinnen. Von der Rechtsprechung herkommend, fordert er dazu auf, möglichst alle ›Indizien‹ zur Durchleuchtung eines Phänomens systematisch in Tafeln zu sammeln, um durch eine rational geplante Empirie den sonst beim Zusammentragen empirischer Kenntnisse vorherrschenden Zufall auszuschalten. Die im ›*Novum* Organum‹ (1620) als Gegenstück zur aristotelisch-scholastischen Erkenntnislehre entwickelte Methode der Induktion soll eine unabsehbare Vermehrung und bessere Fundierung menschlichen Wissens nicht als Selbstzweck, sondern als Mittel zur Herrschaft des Menschen über die Natur ermöglichen: »Wissen ist Macht« (Novum Organum I, 5). Von dem durch die neue Methode bedingten Anwachsen des Wissens und der technischen Möglichkeiten verspricht B. sich eine kollisionsfreie Befriedigung der menschlichen Bedürfnisse, so daß sich die wissenschaftlich-technisch orientierte Gesellschaft auf der Basis eines politischen Friedens weiter entwickeln könne. In seiner Utopie ›Nova Atlantis‹ (1627) hat er seine Vorstellungen zu einem solchen Staat mit einer entsprechenden zentralen Forschungsstätte exemplarisch vorgeführt; und die neuen wissenschaftlichen Gesellschaften und Akademien des 17. und 18. Jahrhunderts orientierten sich für ihre Aufgaben und Ziele weitgehend daran.

[Bäumer-Schleinkofer]

Werke: The Works, hrsg. von J. Spedding u.a. (7 Bde, London 1857–1874; Nachdruck: Stuttgart 1962–1963 und: [Collected Works] London 1996). – *Bibl.*: R. Gibson: F. B.: A Bibliography of His Works and Baconiana to the Year 1750 (Oxford 1950). – *Lit.*: DSB I, 372–377 (M. Hesse); GWG V, 438–447 (J. Kuczynski); W. Frost: B. und die Naturphilosophie (München 1927); S. James: F. B. and the Style of Science (Chicago usw. 1975); P. Urbach: F. B.'s Philosophy of Science (La Salle, Ill. 1987); J. Martin: F. B., the State, and the Reform of Natural Philosophy (Cambridge 1991); L. Jardin / A. Stewart: Hostage to Fortune. The Troubled Life of F. B. (London 1998); P. Zagorin: F. B. (Princeton, N.J. 1998).

Bacon, Roger, englischer Franziskanermönch und Naturforscher, * um 1219 Ilchester, † 1292 (?) Oxford.

Die biographischen Kenntnisse beruhen fast ausschließlich auf Angaben in seinen Werken. B. gewann Interesse an Naturwissenschaft und Mathematik durch Vorlesungen in Oxford (dort oder in Paris um 1240 wurde er auch ›magister artium‹), lehrte ca. 1241 bis 1246 und ab 1251 in Paris – gleichzeitig mit → *Albert dem Großen*, dem Franziskaner *Alexander von Hales* (* um 1175 Hales [Gloucester], † 1245 Paris) und *Wilhelm von Auvergne* (* um 1180 Aurillac, † 1249 Paris, ab 1228 Bischof in Paris) – insbesondere über → *Aristoteles* und dazwischen in Oxford (dort stark von *R.* → *Grosseteste* beeinflußt). Meinungsverschiedenheiten mit dem Franziskanerorden, dem er 1257 beigetreten war, brachten ihm große Schwierigkeiten. Auf die Aufforderung des ihm wohlgesonnenen Papstes Klemens IV. (Wahl 1265, † 1268) von 1266, seine Auffassungen ohne Bindung an Vorschriften und Regeln seines Ordens niederzulegen, entstanden seine Hauptwerke ›Opus maius‹, ›Opus minus‹ und ›Opus tertium‹. Etwa 1278 wurde B. in Paris von seinem Orden wegen abweichlerischer Auffassungen verurteilt und bis 1292 (?) gefangengesetzt. Wahrscheinlich starb er bald darauf.

Zentraler Begriff seiner Naturphilosophie ist im Anschluß an *Grosseteste* die ›Scientia experimentalis‹, wonach Erfahrung nötig ist, um die Deduktionen der spekulativen Wissenschaften zu bestätigen, neues Wissen (z.B. über Magnete, über menschliche Lebensverlängerung durch Beobachtung lebensverlängernd wirkender Pflanzen bei Tieren) außerhalb der Schranken existierender Wissenschaften zu erreichen und bedeutende Erfindungen (z.B. immer brennende Lampen, explodierende Pulver) zu machen. Freilich bleibt B.s Bestimmung des ›experimentum‹ unklar, es ist weitestgehend lediglich das ›Erfahrbare‹. Sein Denken ist einer natürlichen Magie, um uns die verborgenen Kräfte der Natur nutzbar zu machen, verhaftet (wunderbare Maschinen zum Antrieb, Unterseeboote; B.'s Erwartung, man werde einmal Feinde durch eine gewaltsame Änderung ihres Sinnes in die Flucht schlagen können). Im Anschluß an *Grosseteste* gilt ihm das Licht als Analogon der göttlichen Gnade und der Erleuchtung des menschlichen Geistes durch die göttliche Wahrheit; von dieser Lichtmetaphysik ausgehend wird die Optik die zentrale Naturwissenschaft, und B. will alle Ereignisse auf Grundstrukturen zurückführen, für die die (mathematische) Optik die fundamentale physikalische Wissenschaft sei, zu der er auch Wesentliches beitrug (stark auf Quellen gestützt, so *Grosseteste*, → *Euklid*, → *Ptolemaios*, *Ibn al-* → *Haitham*). Er klassifizierte optisch brechende Flächen und führte bei der Beschreibung des Auges als optisches Instrument den Begriff des universellen Naturgesetzes (für Reflexion und Brechung) ein. Sein daraus resultierender Lobpreis der Mathematik bleibt allerdings ohne eigene Leistungen dazu. Mit seinen Vorschlägen zur Kalenderreform reichte der Einfluß des ›Doctor mirabilis‹ dagegen bis ins 16. Jahrhundert, während seine Beiträge zur Alchemie und natürlichen Magie eher zu einem dubiosen Ruf beitrugen. [Koch/Krafft/Meyer-Abich]

Werke: Opera hactenus inedita, hrsg. von R. Steele/F. M. Delorme (16 Bde, Oxford 1905–1940); D. C. Lindberg: R. B.'s Philosophy of Nature: De multiplicatione specierum and De speculis comburentibus lat.-engl. (Oxford 1983). – *Lit.*: DSB I, 377–385 (A. C. Crombie/J. D. North; mit Bibl.); GWG III, 668–677 (J. Vennebusch); A. G. Little (Hrsg.): R. B.: Essays Contributed by Various Writers (Oxford 1914); T. Crowley: R. B.: The Problem of the Soul in His Philosophical Commentaries (Löwen/Dublin 1950); E. Westacott: R. B. (London 1953); J. E. Sandys: R. B. (St. Peter Port 1985). – A. Quentin: Naturerkenntnis und Naturanschauung bei Wilhelm von Auvergne (Hildesheim 1976).

Baer, Karl Ernst Ritter von, Edler von Huthorn, deutsch-baltischer Naturforscher und Embryologe, * 28.2.1792 Gut Piep [Estland], † 28.11.1876 Dorpat.

B. studierte 1810 bis 1814 Medizin in Dorpat und setzte nach seiner Promotion seine Studien in Berlin, Wien und Würzburg fort. Ab 1817 las er in Königsberg über Zoologie und wurde dort 1819 außerordentlicher und 1822 ordentlicher Professor für Naturgeschichte und Zoologie; 1834 wurde er Bibliothekar der Akademie der Wissenschaften in Petersburg und war dort 1846–1852 als ordentlicher Professor für vergleichende Anatomie und Physiologie an der Mediko-chirurgischen Akademie tätig. Seit 1829 war B. ordentliches Mitglied der Akademie der Wissenschaften und hat in deren Auftrag bis ins hohe Alter zahlreiche Forschungsreisen durchgeführt.

B. war ein überzeugter Teleologe und nahm an, daß allen Vorgängen in der Natur ein Streben zur Verwirklichung eines Zieles zugrundeliege. Die anthropozentrische christliche Teleologie seiner Vorgänger lehnte er ausdrücklich ab, da er dem Menschen keine Ausnahmestellung in der Natur zuerkannte. Dies zeigt sich auch in seinen Schriften zur Anthropologie, die zur Gründung dieser Disziplin in Rußland beitrugen. Seine größten Leistungen liegen aber zweifellos auf dem Gebiet der Embryologie. Durch seine Beobachtungen konnte er die Richtigkeit der epigenetischen Entwicklungstheorie erweisen und zusätzlich zeigen, daß die einzelnen Organe nicht nur sukzessive nacheinander entstehen, sondern daß allen Entwicklungsprozessen das sogenannte ›Baersche Prinzip‹ zugrundeliegt, das besagt, daß die morphologischen Merkmale der Organismen in der Embryogenese um so früher auftreten je höher und allgemeiner sie sind.

Bahnbrechend war B.s Entdeckung des Säugetiereies, das er 1826 erstmals im Eierstock einer Hündin nachweisen konnte; durch weitere Untersuchungen der Eierstöcke bei Menschen, Schweinen, Schafen, Rindern, Kaninchen, Braunfischen, Vögeln, Fröschen, Eidechsen und Schlangen bestätigte er die erstmals von *W. → Harvey* aufgestellte Hypothese, daß alle Lebewesen aus Eiern entstehen. Diese Erkenntnis, die Entdeckung der allen Wirbeltieren gemeinsamen ›Chorda dorsalis‹ (Rückensaite) und der Nachweis, daß auch bei allen auf dem Land lebenden Wirbeltieren zunächst fünf Paar Kiemenbögen entstehen, die dann rückgebildet werden, führten B. zu einer Theorie der Veränderlichkeit der Arten. Er wurde damit zu einem Vorläufer *C. → Darwins*, dessen Theorie er aber in vielen Punkten ablehnte und bekämpfte. Insgesamt hat B. eine Reihe von Entdeckungen zur Morphogenese der Wirbeltiere gemacht und mit seinem Werk ›Entwickelungsgeschichte der Thiere‹ (1828–1837) die moderne Embryologie als systematische Wissenschaft begründet.

[Bäumer-Schleinkofer]

Lit.: GMikro I, 77–91 (A. Berg); DSB I, 385–389 (J. Oppenheimer); L. Stieda: K. E. von B. (Brunswick 1878, ²1886); W. Haacke: K. E. von B. (Leipzig 1905); G. Sarton: The Discovery of the Mammalian Egg and the Foundation of Modern Embryology. In: *Isis* 16 (1931), 315–378; B. E. Raikov: K. E. von B. 1792–1876 (Leipzig 1968; zuerst russ., Moskau/Leningrad 1961; mit Bibl.); B. and Modern Biology (Folia Baeriana 6, Tartu 1992).

Baeyer, Johann Friedrich Wilhelm *Adolf* von (geadelt 1885), deutscher Chemiker, * 31.10.1835 Berlin, † 20.8.1917 Starnberg [Oberbayern].

Als B. geboren wurde, hatte der Vater noch den Rang eines Hauptmanns im preußischen Generalstab und half *F. W. → Bessel* bei der Triangulation Ostpreußens. Der tüchtige Offizier, der es bis zum General brachte, bekleidete später das Präsidentenamt des Geodätischen Instituts in Berlin. Die Familie, aus der B. stammte, war ein gesellschaftlicher Mittelpunkt für Literaten und Künstler gewesen. Aber die Neigung des Knaben gehörte schon früh dem chemischen Experiment. Er begann mit dem Studium der Physik und Mathematik in Berlin. Nach der Unterbrechung durch den Militärdienst ging er nach Heidelberg, um sich durch *R. → Bunsen* in die Chemie einführen zu lassen. Mit einer Arbeit, die noch aus dem *Bunsen*schen Gedankenkreis stammte, erwarb er in Berlin 1858 den Doktorgrad. In Heidelberg hatte B. den sechs Jahre älteren *A.* → *Kekulé* kennengelernt, der sich dort habilitierte. Beide arbeiteten gemeinsam in einem primitiv eingerichteten Privatlaboratorium, und *Kekulé* wurde so zu seinem eigentlichen Lehrer. Während es *Kekulé*, dem Begründer der Strukturchemie, hauptsächlich um theoretische Probleme ging und um ein einheitliches System in der organischen Chemie, war B. ganz experimenteller Chemiker und dem Aufbau einzelner Stoffe zugewandt. Als *Kekulé* einen Ruf nach Gent erhielt, zog sein Freund mit an die flämische Universität, habilitierte sich jedoch 1860 in seiner Vaterstadt mit einer Arbeit über die Harnsäure. Nur mühsam konnte er eine bescheidene Stelle am Berliner Gewerbe-Institut (aus dem später die Technische Hochschule Charlottenburg hervorging) erhalten. Doch das Laboratorium war geräumig, und bald hatte sich um den Meister des organisch-chemischen Experiments ein ansehnlicher Schülerkreis geschart. Als nach der Angliederung Elsaß-Lothringens nach dem Deutsch-Französischen Krieg die deutsche Universität in Straßburg gegründet wurde, betraute man B. 1872 mit der Errichtung des Laboratoriums. Aber bald erhielt er eine noch größere und schönere Aufgabe. Nach dem Tode *J. von* → *Liebig*s holte man ihn 1875 nach München. Die Regierung gewährte reichliche Mittel zum Ausbau eines vorbildlichen Instituts. B.s Wirken konzentrierte sich mehr auf die stille Forschungsarbeit im Laboratorium als auf Vorträge in der Öffentlichkeit. Die Münchener Jahre verliefen für ihn und seine Familie glücklich und harmonisch.

Bereits am Gewerbeinstitut begann B. über den Indigofarbstoff zu arbeiten. Er fand die wichtige Methode der Zinkstaubdestillation, in der das Indigoblau zu Indol (Benzopyrrol) reduziert wurde. Mit dieser neuen Methode gelang auch die erste brauchbare Synthese des Alizarins, des Farbstoffs der Krappwurzel, durch *Karl Graebe* (* 24.2.1841 Frankfurt am Main, † 19.1.1927 ebenda) und *Carl Theodor Liebermann* (* 23.2.1842 Berlin, † 28.12.1914 ebenda) 1868 am Baeyerschen Institut. Das Programm zur Indigosynthese, das er schon 1869 aufgestellt hatte, konnte B. in München verwirklichen. Indigo, der König der Farbstoffe, ließ sich nun aus Steinkohlenteerprodukten künstlich herstellen, und die Erzeugnisse einer aufblühenden chemischen Industrie eroberten bald den Weltmarkt. Die Zusammenarbeit mit der chemischen Industrie hatte bei B. schon während seiner Straßburger Zeit mit dem Direktor der 1865 gegründeten Badischen Anilin- und Sodafabrik, *Heinrich Caro* (* 13.2.1834 Posen, † 11.9.1910 Dresden), begonnen.

Aus der Vielzahl der B.schen Arbeiten mögen nur die über die Triphenylmethan- und Anthrachinon-Farbstoffe genannt werden. Wichtig sind auch seine Untersuchungen über Kondensationsreaktionen und die Photosynthese (Assimilation) in der Pflanze. Bei seinen Arbeiten über die Acetylene entwickelte B. seine Spannungstheorie in Anlehnung an die Bindungsrichtungen im Tetraedermodell. – 1905 erhielt B. den Nobelpreis für Chemie. Auf die Frage, was einen großen Naturforscher ausmache, antwortete er: »Er soll nicht herrschen, sondern horchen, er soll sich dem Gehorchten anpassen und sich nach ihm ummodeln.«

Werke: Gesammelte Werke (2 Bde, Braunschweig 1905; mit Autobiographie: Erinnerungen aus meinem Leben). – *Bibl.*: Pogg VII a Suppl., 45–48. – *Lit.*: NDB I, 534–536 (F. Klemm); DSB I, 389–391 (R. A. Gienapp); GCh II, 321–335 (R. Willstätter); K. Schmorl: A. von B. (Stuttgart 1952); R. Willstätter: Aus meinem Leben (Weinheim [2]1958, S. 103–146); G. Schuster: Wissenschaft und Technik, A. von B. und die BASF. In: *Die BASF* 14 (1976), 46–74. [Wiederkehr]

Battani, Abu Abd Allah Muhammad Ibn Dschabir Ibn Sinan al- (im lateinischen Mittelalter *Albate*[*g*]*nius*), syrischer Astronom, * vor 858 Harran [Mesopotamien], † 929 Samara.

Wie → *Thabit Ibn Kurra* ursprünglich Sabier, trat al-B. später dem Islam bei. Er lebte fast ohne Unterbrechung in al-Rakka am linken Euphrat-Ufer, wo sich eine Reihe von sabischen Familien aus Harran niedergelassen hatte, und begann hier im Jahre 877 auf einer Privatsternwarte mit ausgezeichneten Instrumenten astronomische Beobachtungen zu machen. – Er starb im Jahre 929 in einem Dorf nahe Samarra auf der Rückkehr von einer Geschäftsreise.

Von al-B.s astrologischen und astronomischen Arbeiten, die sich größtenteils an → *Ptolemaios* orientierten, ist nur das allerdings mehr praktisch ausgerichtete ›Astronomische Handbuch nebst Tafeln‹ (*Opus astronomicum*) erhalten. Es wurde in der ersten Hälfte des 12. Jahrhunderts zweimal ins Lateinische (in der allein erhaltenen Fassung von *Plato von Tivoli* [1. Hälfte des 12. Jahrhunderts, in Barcelona tätig] wurde es – allerdings ohne die Tafeln – auch 1537 und 1645 in Nürnberg bzw. Bologna gedruckt) und im 13. Jahrhundert auf Veranlassung von *Alfons X. von Kastilien* noch einmal direkt ins Spanische übertragen und vermochte so auch auf die abendländische Astronomie starken Einfluß auszuüben. – Al-B. bestimmte mit bis dahin teilweise unerreichter Genauigkeit die Schiefe der Ekliptik, die Präzession und die Elemente der ›Sonnenbahn‹ (Länge des tropischen Jahres: 365 Tage, 5:46:24 Stunden) und verwarf die Trepidationstheorie seines Landsmannes *Thabit Ibn Kurra*, doch setzte sich seine Auffassung erst im ausgehenden 16. Jahrhundert durch. Er führte exakte Beobachtungen von Mond- und Sonnenfinsternissen durch, die noch im 18. Jahrhundert zur Messung langer Perioden benutzt werden konnten. Bedeutsam sind auch seine Beiträge zur Entwicklung der sphärischen Trigonometrie, die erst von → *Regiomontanus* weitergeführt wurden. – Die Entdeckung der Drehung der Apsidenlinie der Sonne (vielmehr: der Erde) wird ihm allerdings fälschlich zugewiesen (*N.* → *Copernicus*). [Krafft]

Werke: Opus astronomicum Arabice editum, Latine versum a C. A. Nallino (3 Bde, Mailand 1899–1907; Nachdruck: Hildesheim 1969). – *Lit.*: DSB I, 507–516 (W. Hartner; mit Bibl.).

Becquerel, Antoine *Henri*, französischer Physiker, * 15.12.1852 Paris, † 25.8.1908 Le Croisic.

Aus drei aufeinanderfolgenden Generationen der Becquerels ging je ein bedeutender Physiker hervor; *Henri B.*, letzter in der Generationenfolge, wurde der berühmteste. Jeder der drei war Professor am ›Musée d'histoire naturelle‹ und zeitweilig Präsident der Pariser Akademie.

Antoine César B. (* 8.3.1788 Châtillon-sur-Loing [heute Châtillon-Coligny (Loiret)], † 18.1.1878 Paris), der ursprünglich Ingenieuroffizier, später ab 1837 Professor am Musée war (1839 Präsident der Académie), hatte sich die Elektrochemie und den Magnetismus zu seinen Spezialgebieten ausgewählt. Er war Anhänger der Theorie, die den chemischen Vorgängen die Elektrizitätserzeugung in den galvanischen Elementen zuschrieb. 1829 konstruierte er das erste konstante Element. Schon vor *M.* → *Faraday* machte er auf die (diamagnetische) Abstoßung von Wismut und Antimon durch einen Magneten aufmerksam. Er erfand das Differentialgalvanometer. Zusammen mit seinem Sohn *Alexandre Edmond B.* (* 24.3.1820 Paris, † 13.5.1891 ebenda) verfaßte er ein Werk über Geophysik und Meteorologie (1847). A. E. B. war nach seiner Professur am Musée 1853–1878 Professor am Conservatoire des arts et métiers in Paris (1880 Präsident der Académie); er befaßte sich insbesondere mit der Einwirkung des Lichts auf elektrochemische Vorgänge und mit der Phosphoreszenz und Fluoreszenz. Er entdeckte, daß die Ionenspannung bei einem Elektrolyt durch einfallendes Licht geändert werden kann (B.-Effekt). Gemeinsam mit *J.-B.* → *Biot* untersuchte er die Absorptionsfähigkeit von Substanzen für verschiedene Teile des Lichtspektrums. Der Teil des Spektrums, der vom Prisma am stärksten gebrochen wird (violett und ultraviolett), ist chemisch am wirksamsten. Diese ›chemischen‹ Strahlen erzeugen auch am stärksten Phosphoreszenz, ein Nachleuchten der bestrahlten Substanzen. A. E. B. fand, daß Bergkristall (Quarz) die violetten und ultravioletten Strahlen am wenigsten verschluckt. Die durch das Prisma am schwächsten abgelenkten Teile des Spektrums – diese Strahlen rufen das Gefühl der Wärme hervor – heben die Phosphoreszenz auf. Die nachleuchtenden Stoffe, auch Phosphore genannt, können so zum Nachweis infraroter Strahlen dienen. A. E. B. konstruierte 1859 das Phosphoroskop und entdeckte damit eine Menge neuer Phosphore. Phosphoreszenz und Fluoreszenz (die Nachleuchtdauer ist bei Fluoreszenz erheblich kürzer) sind nach seiner Meinung eng miteinander verwandt. (Das heutige Fluorometer, das mit einer viel höheren Frequenz der beiden Verschlüsse arbeitet, ist dem Phosphoroskop nachgebildet.) Von ihm stammen auch die durchbohrten Polschuhe, durch die die polarisierten Strahlen des Lichts gehen; 1883–1884 wies er die Drehung der Polarisationseben in Gasen nach.

Seine Arbeiten über die Phosphore hat A. E. B. teilweise schon gemeinsam mit seinem Sohn *Antoine Henri B.* durchgeführt, der nach seiner Ausbildung zum Straßen- und Brückenbauingenieur zunächst Professor am Musée und ab 1895 Professor für Physik an der École polytechnique war (1889 Mitglied, 1908 Präsident der Académie). B. setzte auch die Untersuchungen seines Vaters über die Drehung der Polarisationsebene des Lichts durch stark magnetisierte Substanzen fort und fand dabei 1879, daß Ozon gegenüber Sauerstoff ein größeres magnetisches Moment besitzt. Ab 1891 untersuchte er die Phosphoreszenzspektren von erhitzten Metall(salz)en und gelangte dabei 1896 auch zu Uransalzen. Er setzte sie wie die anderen Substanzen zunächst dem Sonnenlicht aus und legte dann auf den uranhaltigen Stoff eine eingewickelte photoempfindliche Platte. Als er die Platte entwickelte, sah er zu seiner Überraschung den Mineralbrocken darauf abgebildet. Er stellte fest, daß es zum Aussenden dieser neuen Strahlen sogar kam, wenn die uranhaltige Substanz zuvor nicht einer Insolation von Licht ausgesetzt war, erkannte vielmehr, daß diese Strahlen ähnliche Eigenschaften wie die kurz zuvor entdeckten Röntgenstrahlen und die Kathodenstrahlen besitzen, insofern sie Gase elektrisch leitend machen. Er hatte damit die radioaktive Strahlung entdeckt. Auch zur Aufklärung des Charakters dieser neuartigen Strahlung lieferte er 1899 noch einen wichtigen Beitrag: Er wies photographisch nach, daß die β-Strahlen (später als aus dem Atomkern kommende schnelle Elektronen erkannt) magnetisch ablenkbar sind. – B. erhielt zusammen mit dem Ehepaar *Marie* und *Pierre* → *Curie* 1903 für die Entdeckung der spontanen Radioaktivität den Nobelpreis für Physik.

Lit.: DSB I, 558–561 (A. Romer; mit Bibl.); A. Romer: The Discovery of Radioactivity and Transmutation (New York 1964). [Wiederkehr]

Bennewitz, Peter → **Apian**, Peter

Bernard, Claude, französischer Physiologe, * 12.7.1813 Saint-Julien, † 10.2.1878 Paris.

B. war der Sohn eines wirtschaftlich wenig erfolgreichen Winzers, besuchte das Gymnasium in Villefranche, danach in Thoissey, wurde 1832 Apothekengehilfe in Vaise bei Lyon, versuchte sich als Dramatiker, kam durch den Literaturhistoriker Saint-Marc Girardin relativ spät zur Medizin, wurde aber schließlich Schüler, Mitarbeiter und Nachfolger des Anatomen und Pioniers der Experimentalphysiologie in Frankreich *François Magendie* (* 17.10.1783 Bordeaux, † 7.10.1855 Sannois [bei Paris]) als Professor der Pathologie am Collège de France. Daneben hatte B. den ersten selbständigen Lehrstuhl für Physiologie inne, der zur selben Zeit für ihn an der Sorbonne eingerichtet worden war; 1864 wurde dazu auch ein besonderes Laboratorium am Museum für Naturgeschichte des Jardin des Plantes, dem damaligen Zentrum für experimentelle Forschungen in Frankreich, eingerichtet.

Er untersuchte die Wirkung des Magensaftes und die Wärmeregulation des Blutes, erkannte die Beteiligung von Leber und Bauchspeicheldrüse an der Verdauung, entdeckte die innersekretorische Tätigkeit der Leber und den ›Zuckerstich‹ in den Boden des vierten Gehirnventrikels zur experimentellen Erhöhung des Blutzuckerspiegels und klärte die vasomotorischen Funktionen des Halssympathikus sowie die sekretorischen Eigenschaften der Chorda tympani auf. Sein wissenschaftstheoretisches Konzept zur experimentellen Physiologie erläuterte B. in der ›Introduction à l'étude de la médecine expérimentale‹ von 1865. Er betonte dabei, daß die Theorie dem Versuch zwar vorgeordnet sei, mehrfach überprüfte Ergebnisse aber zu veränderten theoretischen Positionen führen müßten. B. war ein glänzender Universitätslehrer, dessen Vorlesungsniederschriften, wie die ›Leçons sur la physiologie expérimentale appliquée à la médecine‹ von 1856, die zweibändigen ›Leçons sur la physiologie et la pathologie du système nerveux‹ von 1858 und die ›Leçons sur la diabéte‹ von 1877 (dt. 1878), als Klassiker des medizinischen Unterrichts gelten. Die vergleichenden ›Leçons sur les phénomènes de la vie commune aux animaux et aux végétaux‹ sind 1878 postum in zwei Bänden erschienen. [Geus]

Werke: L'œuvre, hrsg. von G. Malloizel (Paris 1881). – *Bibl.*: M. D. Grmek: Catalogue des manuscrits de C. B., avec la bibliographie de ses travaux imprimés et des études sur son œuvre (Paris 1967). – *Lit.*: DSB II, 24–34 (M. D. Grmek); KMed II, 135–159 (G. Rudolph); A. D. Sertillanges: La philosophie de C. B. (Paris 1943); J. M. D. Olmsted/E. H. Olmsted: C. B. and the Experimental Method in Medicine (New York 1952); R. Virtanen: C. B. and His Place in the History of Ideas (Lincoln, Neb. 1960); E. D. Robin (Hrsg.): C. B. and the Internal Environment (New York 1979); M. di Giandomenico/M. D. Grmek (Hrsgg.): C. B. Scienta, filosofia, letteratura (Verona 1982).

Bernoulli, Basler Mathematikerfamilie niederländischer Herkunft (Antwerpen); die beiden bedeutendsten Vertreter sind *Jakob I*, * 27.12.1654 Basel, † 16.8.1705 ebenda, und sein Bruder *Johann I*, * 27.7.1667 Basel, † 1.1.1748 ebenda; daneben gehört ihr eine Reihe weiterer begabter Mathematiker an, nämlich deren Neffe *Nikolaus I* (1687–1759); drei Söhne des Johann I: *Nikolaus II* (1695–1727), *Daniel I* (1700–1782) und *Johann II* (1710 bis 1790); schließlich drei Söhne des Johann II: *Johann III* (1744–1807), *Daniel II* (1757–1834) und *Jakob II* (1759–1789).

Jakob I B. hatte Theologie studiert, doch führte ihn sein Interesse an Mathematik, Physik und Astronomie 1687 zur Basler Professur für Mathematik, nachdem er nach längerem Auslandsaufenthalt zunächst private Kurse über Experimentalphysik in Basel gehalten hatte. Er arbeitete sich selbständig in den Leibnizschen Infinitesimalkalkül ein und unterrichtete darin auch seinen jüngeren Bruder *Johann I B.*, der gleichzeitig Medizin studierte. Dieser ging, während Jakob in Basel blieb, über Genf nach Paris (1692), erwarb 1694 den medizinischen Doktorgrad in seiner Vaterstadt und übernahm im folgenden Jahr eine Professur in Groningen. Erst 1705 kehrte er als Nachfolger seines Bruders nach Basel zurück.

In den beiden Brüdern hatte *G. W.* → *Leibniz* zwei eifrige Mitstreiter für die Verbreitung seines Kalküls gewonnen. Auch hatte *Johann I B.* in Paris *Guillaume François Marquis de l'Hôpital* (* 1661 Paris, † 2.2.1704 ebenda) in die neue Kunst eingeweiht und mit ihm unter dem Siegel der Verschwiegenheit ein wohl einmaliges Abkommen geschlossen: Gegen ein stattliches Honorar hatte er sich verpflichtet, ausschließlich dem Marquis seine neuesten Entdeckungen in der Infinitesimalmathematik mitzuteilen, wodurch dieser – selbst ein begabter Mathematiker – in die Lage versetzt wurde, seinen Ruhm mit fremden Federn noch besonders zu zieren. Was *Johann I B.* freilich nicht voraussah, war, daß *l'Hôpital* schon nach kurzer Zeit den Einführungskursus, den ihm der Schweizer erteilt hatte, unter eigenem Namen als erstes Lehrbuch der Differentialrechnung herausgeben würde; doch er mußte aufgrund seiner Abmachung zu Lebzeiten des Marquis dazu schweigen. Und später schenkten die Zeitgenossen *Johann I B.*s Anspruch auf die sogenannte l'hôpitalsche Regel keinen Glauben, da er verständlicherweise die Hintergründe jenes Übereinkommens der Öffentlichkeit nicht preisgeben wollte. – Inzwischen hatte sich die wetteifernde Beschäftigung mit mathematischen Problemen, auf die sich der neue ›Calculus‹ anwenden ließ, zu einem bitteren Zwist zwischen den beiden Brüdern verschärft, der schließlich in wüste Beschimpfungen ausartete. Beide Brüder hatten sich mit bestem Erfolg einer großen Zahl spezieller Aufgaben zugewandt (darunter der Ermittlung der Gestalt einer durchhängenden Kette und der Kurve kürzester Fallzeit, Untersuchungen über die Lemniskate, die logarithmische Spirale, geodätische Linien usw.). Darüber hinaus hatte sich *Jakob I B.* besonders um die Reihenlehre, um die Begründung der Variationsrechnung und die Behandlung von Wahrscheinlichkeitsproblemen verdient gemacht, während *Johann I B.* wichtige Beiträge zur Integralrechnung, zur Theorie der Differentialgleichungen und zur angewandten Mathematik, speziell zur Mechanik, lieferte. *Johann B.*s Arbeiten zeichnen sich durch große Leichtigkeit, formale Gewandtheit und Eleganz aus; dagegen stieß sein Bruder trotz größerer Schwerfälligkeit infolge seiner Gründlichkeit und kritischen Tiefe in Bereiche vor, die *Johann* übersehen mußte. Nach *Jakob I B.*s frühem Tod wurde *Johann* als Mathematiker wohl nur noch von *I.* → *Newton* übertroffen. In steigendem Maße wurde er allgemein als der führende Kopf anerkannt, und dank seiner großen Schülerzahl, zu der neben seinen Söhnen vor allem der ihn bald überragende *L.* → *Euler* gehörte, wuchs er schließlich in die Rolle eines Papstes der Mathematiker hinein.

Nikolaus I B. war von Jakob und Johann in die Mathematik eingeführt worden, hatte mit *Leibniz* korrespondiert, *Newton* in London kennengelernt, sich mit *Pierre Varignon* (* 1654 Caen, † 22.12.1722 Paris) in Paris befreundet und 1716 die mathematische Professur in Padua übernommen. Er kehrte nach wenigen Jahren in seine Vaterstadt zurück, um seine juristischen Studien fortzusetzen; er übernahm hier 1722 die Professur für Logik und 1731 einen juristischen Lehrstuhl. Er arbeitete über die Anwendung der Wahrscheinlichkeitsrechnung auf Rechtsfragen und gab 1713 die nachgelassene Schrift seines Onkels *Jakob I B.* über Wahrscheinlichkeitsrechnung, die ›Ars conjectandi‹, heraus.

Nikolaus II B. mußte, obgleich mathematisch und sprachlich sehr begabt, auf Wunsch des Vaters Rechtswissenschaft studieren; er nahm mit 27 Jahren eine juristische Professur in Bern an. Als Mathematiker war er Parteigänger seines Vaters, ging 1725 zusammen mit seinem Bruder *Daniel I B.* an die neugegründete Petersburger Akademie, starb aber dort schon nach einem Jahr. *Daniel I*, der als Brotstudium die Medizin gewählt hatte, arbeitete in Petersburg über theoretische Mechanik und wurde zu einem der Begründer der Hydrodynamik und der Hydraulik. Im Jahr 1733 übernahm er in Basel die Professur für Anatomie und Botanik, 1750 diejenige für Physik, die seinen Neigungen und seiner ausgesprochenen Begabung am meisten entsprach. Seine mathematischen wie seine medizinischen Untersuchungen waren eng mit physikalischen Problemstellungen verbunden; so errechnete er zum Beispiel als erster die Herzarbeit. Der dritte der Brüder, *Johann II B.*, erwarb als frühreifes Kind von 14 Jahren den Magistergrad und später mehrfach Preise der französischen Akademie. Schließlich wurde er 1748 Nachfolger seines Vaters, widmete sich dabei aber vier Jahrzehnte lang ganz der Lehrtätigkeit. Er vererbte die Liebe zur Mathematik einer dritten Generation von Bernoullis: *Johann III B.* wurde mit 22 Jahren Direktor der Sternwarte in Berlin; *Daniel II B.* assistierte seinem gleichnamigen Onkel und war vorübergehend Professor in Basel; *Jakob II B.*, bei dem die Neigungen zur angewandten Mathematik überwogen, folgte einem Ruf an die Akademie in Petersburg, heiratete dort eine Enkelin *Euler*s, erlag aber schon bald beim Baden in der Newa einem Herzschlag.

Vergleicht man mit O. Spiess die Basler Mathematiker mit einem Sternbild, so sind *Jakob I*, *Johann I* und *Daniel B.* und dazu *Euler* ohne Zweifel die strahlenden Sterne erster Ordnung; aber die schwächeren Gestirne tragen doch so viel zum Glanz der ganzen Erscheinung bei, daß es ungerecht wäre, ihren Beitrag zu übergehen. Erst die Darstellung der ganzen in sich geschlossenen Gruppe, deren Individuen sich gegenseitig bedingen, kann die Leistung der Basler Mathematikerschule zur vollen Geltung bringen. [Scriba]

Werke: Jakob I B.: Opera omnia, hrsg. von G. Cramer (2 Bde, Genf 1744; Nachdruck: Brüssel 1967); Die Werke von J. B., hrsg. von J. O. Fleckenstein u.a. (6 Bde, Basel 1969 ff.); Der Briefwechsel von J. B., hrsg. von A. Weil (Basel 1993). – Johann I B.: Opera omnia, hrsg. von G. Cramer (4 Bde, Genf 1742; Nachdruck: Hildesheim 1968); Der Briefwechsel von J. I B., hrsg. von O. Spiess u.a. (Bd 1 ff., Basel 1955 ff.); Dissertations *On the Mechanics of Effervescence and Fermentation* and *On the Mechanics of the Movement of the Muscles* by J. B., lat.-engl. hrsg. von P. Maquet (Philadelphia 1997). – Die Streitschriften von Jacob und Johann I B., hrsg. von H. Goldstine (Basel 1991). – Die Werke von Daniel I B., hrsg. von M. Howard-Haller u.a. (Bd 1 ff., Basel 1982 ff.). – *Bibl.*: Pogg VII a Suppl., 72–82 (Sekundärliteratur). – *Lit.*: DSB II, 36–58 (H. Straub u.a., jeweils mit Bibl.); GWG VI, 314–333 (J. O. Fleckenstein); J. O. Fleckenstein: Johann und Jakob B. (Basel 1949, ²1977).

Berthelot, Pierre Eugène *Marcellin*, französischer Chemiker, * 25.10.1827 Paris, † 18.3.1907 ebenda.

B., Sohn eines Pariser Arztes, machte schon bei seinem Schulabschlußexamen auf sich aufmerksam; er errang den Ehrenpreis der französischen höheren Schulen in Philosophie. Auf der Schule begann auch seine Freundschaft mit *Ernest Renan* (* 27.2.1823 Treguier, † 2.10. 1892 Paris), dem späteren Philosophen und Religionswissenschaftler, der mit seinen Werken viel Aufsehen erregte. 1859 wurde B. Professor für organische Chemie an der École Supérieur de Pharmacie, 1864 richtete man ihm am Collège de France einen Lehrstuhl für Chemie ein. Während der Belagerung von Paris (1870/71) wurde er Präsident des wissenschaftlichen Verteidigungskomitees und hatte die Munitionsherstellung zu überwachen.

In seinen ersten Arbeiten 1853 und 1854 knüpfte B. an Untersuchungen *Michel Eugène Chevreul*s (* 31.8.1786 Angers, † 8.4.1889 Paris) über die Fette an, und es gelang ihm, Naturfette aus Glycerin und organischen Säuren herzustellen. In der Abhandlung ›Über dem Rohrzucker analoge Körper‹ (1858) betrat er ebenfalls chemisches Neuland. Dem Rohrzucker gab er den Namen Saccharose und unterschied zwischen Mono- und Polysacchariden; er wies nach, daß bei einigen Zuckern neben den Alkoholeigenschaften auch die des Aldehyds vorhanden sind. Die organische Chemie stellte er 1860 unter dem neuen Gesichtspunkt der Synthese dar und zeigte neue Wege zur Synthese der Essigsäure, des Bariumformiats, des Äthylalkohols aus Äthylen, des Methylalkohols aus Methan und vieles mehr. Das Acethylen wurde von ihm wiederentdeckt, und er konnte es im elektrischen Kohlelichtbogen aus Wasserstoff gewinnen. Diesem wichtigen ungesättigten Kohlenwasserstoff gab er den Namen. Zusammen mit *Péan de Saint-Gilles* (* 4.1. 1832 Paris, † 22.3.1863 ebenda) arbeitete er über chemische Affinität und schloß hier an das Werk seines Landsmannes *C.-L. → Berthollet* an. In seiner ›Mécanique Chimique‹ (1879) vertrat er die Ansicht, daß die chemischen Erscheinungen durch innere mechanische Gesetze beherrscht werden. Die norwegischen (verschwägerten) Chemiker *Cato Maximilian Guldberg* (* 1.8.1836 Oslo, † 14.1.1902 ebenda) und *Peter Waage* (* 29.6.1833 Flekkefjord, † 13.1. 1900 Oslo) verwerteten B.s Vorstellungen über chemische Gleichgewichte und Reaktionsmechanismen, als sie 1864 ihr Massenwirkungsgesetz aufstellten. – Grundlegend sind B.s Arbeiten zur Thermochemie. Er unterschied zwischen exothermen und endothermen Reaktionen. In seinem Kalorimeter bestimmte er Verbrennungs- und Bildungswärmen und brachte sie miteinander in Zusammenhang. Die Thermochemie führte ihn zur Chemie der Explosivstoffe. Er publizierte hervorragende Werke über Sprengstoffe und führte 1878 das rauchlose Pulver ein. Ein anderer Weg führte ihn von der Thermochemie zu physiologischen Untersuchungen über die Erzeugung der tierischen Wärme.

Dank seiner einflußreichen Stellung konnte B. ausgezeichnete Philologen für seine chemiehistorischen Arbeiten (z.B. über die Alchemie) gewinnen und erstaunlich viel veröffentlichen. Frankreich hat ihn mit Ehren überhäuft. 1881 ernannte man ihn zum Senator auf Lebenszeit, zweimal war er, wenn auch nur für kurze Zeit, Minister. Besonders auf das Unterrichtswesen übte B. einen starken Einfluß aus; den Naturwissenschaften konnte er hier mehr Geltung verschaffen. [Wiederkehr]

Lit.: GCh II, 190–199 (E. Färber); DSB II, 63–72 (M. P. Crosland; mit Bibl.); L. Velluz: Vie de B. (Paris 1964); J. Dhombres (Hrsg.): Actes du Colloque M. B. Une vie, une époque, un mythe (Paris 1992).

Berthollet, Claude-Louis, französischer Chemiker, * 9.12.1748 Talloire [bei Annecy, Savoie], † 6.11.1822 Arcueil [bei Paris].

B. erhielt seine Ausbildung zunächst in Annecy und Chambéry. Später studierte er Medizin in Turin sowie Medizin und Chemie in Paris, wo er 1780 in die Akademie aufgenommen wurde. 1787 veröffentlichte er u.a. mit *A. L. → Lavoisier* ein dessen neue Oxidationstheorie berücksichtigendes Werk über chemische Nomenklatur. Während der französischen Revolution war B. mit der Reform des Währungssystems, mit der Herstellung von Munition und mit Fragen der Landwirtschaft befaßt. 1794 wurde er Professor an der École Normale, gleichzeitig beteiligte er sich mit *G. Monge* und *Louis Bernard Guyton de Morveau* (* 4.1.1737 Dijon, † 1.1.1816 Paris) am Aufbau der École Polytechnique. 1795 wurde er als eines der ersten Mitglieder in das Institut de France, das 1793 die Rolle der ehemaligen Akademie übernommen hatte, gewählt. 1796 wurde er von Napoleon I. in eine Kommission berufen, die aus den in Italien erbeuteten Kunstwerken eine Auswahl zu treffen hatte. 1798 begleitete er Napoleon nach Ägypten und arbeitete in Kairo an der Gründung des Institut d'Égypte mit. Trotz der engen Verbindung zu Napoleon, der ihn abgesehen von anderen Ehrungen 1804 zum Grafen und zum Senator von Montpellier machte, blieb B. auch unter Ludwig XVIII. als Mitglied der Kammer der Pairs ein geachteter Mann. Nun teilweise zurückgezogen lebend, gründete er zusammen mit *P. S. de → Laplace* 1807 die Société d'Arcueil, die sich regelmäßig zu Diskussionen über chemische und physikalische Themen traf und deren Ergebnisse in ihren ›Mémoires‹ veröffentlichte.

Obwohl B. früh mit *Lavoisier* und dessen neuer Oxidationstheorie in Berührung kam, suchte er lange nach einer Synthese von Phlogistontheorie und Oxidationstheorie, erst ab 1785 war er voll von den Überlegungen *Lavoisier*s überzeugt. In den Jahren 1785 bis 1787 arbeitete er unter anderem über die Zusammensetzung von Ammoniak, von Chloriden, Hypochloriten und Chloraten. 1798 wandte er sich dann in einem Vortrag vor dem ›Institut‹ in Kairo den Beziehungen zwischen der chemischen Affinität und den Massenverhältnissen bei der Verbindungsbildung zu (›Recherches sur les lois de l'affinité‹, veröffentlicht 1801). Indem er die Bedeutung der tatsächlich wirksamen Konzentrationsverhältnisse betonte und z.B. den Einfluß leichtlöslicher oder schwerlöslicher Reaktionsprodukte auf das Reaktionsgleichgewicht beschrieb, gelangte er in die Nähe des heute sogenannten Massenwirkungsgesetzes (*M. → Berthelot*). Eine erweiterte Darstellung der Probleme im Umkreis der chemischen Affinität gab B. 1803 in seinem berühmten, zweibändigen ›Essai de statique chimique‹. Längerfristig beeinflußte dieses Werk die Entwicklung der Thermochemie und der Reaktionskinetik, insbesondere der Vorstellung der Massenwirkung und des chemischen Gleichgewichts. Die unmittelbare Wirkung rührt daher, daß der ›Essai‹ Teil der von 1801 bis 1807 andauernden Auseinandersetzung B.s mit *L. J. → Proust* um dessen 1797 formuliertes Gesetz der konstanten Proportionen war. Während *Proust* behauptet hatte, die Gewichtsverhältnisse der in einer Verbindung enthaltenen Stoffe seien unabhängig vom Herstellungsverfahren konstant, nahm B. an, daß die chemische Affinität zweier Bindungspartner nicht unbedingt in stets gleicher Weise, sondern in Abhängigkeit von den Mengenverhältnissen und von den wechselnden Reaktionsbedingungen wirkt. Die experimentellen Argumente B.s bezogen sich auf die verschiedenen Oxidationsstufen bzw. Wertigkeiten einzelner Elemente (was später in *J. → Dalton*s Gesetz der multiplen Proportionen Eingang fand), auf stöchiometrisch tatsächlich zum Teil variable Stoffe wie Phosphate und Gläser, vor allem spiegeln sie aber die noch mangelnde Unterscheidung von Gemischen und Verbindungen wider. [Kaiser]

Werke: Revue de l'essai de statique chimique, kritisch hrsg. von M. Sadoun-Goupil (Paris 1980). – *Lit.*: GCh I, 342–349 (E. Färber); DSB II, 73–82 (S. C. Kapoor); S. C. Kapoor: B., Proust, and proportions. In: *Chymia* 10 (1965), 53–110; H. E. Le Grand, Jr.: B. and the Oxygen Theory of Acidity (PhD Thesis University of Wisconsin 1971; mit Bibl.); M. Sadoun-Goupil: La correspondance B.-Blagden. In: Actes XIIIe Congrès International d'Histoire des Sciences, 1968 (Paris 1971, Bd 6, S. 91–97); M. Sadoun-Goupil: La correspondance de C.-L. B. et Martinus Van Marum. In: *Revue d'Histoire des Sciences et leurs Applications* 25 (1972), 220–252; M. Sadoun-Goupil: Le chimiste C.-L. B., 1748–1822. Sa vie, son œuvre (Paris 1977); M. Contis (Hrsg.): Le chimiste C.-L. B., 1748–1822 [Ausstellung] (Villeurbanne 1989).

Berzelius, Jöns *Jakob* Freiherr von (seit 1835, 1818 geadelt), schwedischer Chemiker, * 20.8.1779 Väversunda [Östergötland], † 7.8.1848 Stockholm.

B.s Vater war Magister in Linköping und starb, als der Knabe erst vier Jahre alt war. Die Mutter verheiratete sich wieder mit Anders Ekmark, einem Pfarrer der deutschen Gemeinde in Norrköping. Einige Jahre später (1788) raffte der Tod auch sie hinweg. Als Hauslehrer verdiente sich B. schon im jugendlichen Alter z. T. seinen Unterhalt. In Uppsala studierte er ab 1797 Medizin. 1802 wurde er Adjunkt am Collegium medicum in Stockholm, 1804 promovierte er an der Universität Uppsala, und 1805 wurde er als Armenarzt in Stockholm angestellt. 1807 wurde er Professor der Chemie und Pharmazie an der Chirurgischen Schule (dem späteren Karolinska Institutet) mit einem festen jährlichen Gehalt. 1808 wählte man ihn zum Mitglied der Schwedischen Akademie der Wissenschaften und 1810 zu deren Präsident. Reisen in das Ausland und der Kontakt mit Gelehrten anderer Nationen übten auf seine wissenschaftliche Entwicklung einen günstigen Einfluß aus.

B. lernte als Student die neue antiphlogistische Chemie kennen. Er betrachtete es als seine Lebensaufgabe, dem unvollendeten Werk *A. L.* → *Lavoisier*s eine feste Grundlage zu geben. *L. J.* → *Proust* hatte im Kampf gegen *C. L.* → *Berthollet* dem Gesetz der unveränderlichen Gewichtsverhältnisse Geltung verschafft, und *J.* → *Dalton* hatte seine Atomtheorie entworfen; B. war es vorbehalten, die chemischen Verbindungsgesetze in unzähligen quantitativen Analysen empirisch zu sichern. Er bestimmte vorwiegend bei einigen Elementen die Atomgewichte nach einer Zeit immer wieder, um zu größerer Genauigkeit zu kommen. Andere Atomgewichte errechnete er mit Hilfe dieser ›Normal-Resultate‹. Im Gegensatz zu *Dalton* nahm B. nicht das Atomgewicht des Wasserstoffs, sondern das des Sauerstoffs zur Bezugszahl und setzte es gleich 100; denn der Sauerstoff gehe häufiger chemische Verbindungen ein und sein Atomgewicht sei größer. *Dalton*, *Jean Henri Hassenfratz* (* 27.12.1755 Paris, † 24.2. 1827 ebenda) und *Pierre-Auguste Adet* (* 17.5. 1763 Nevers, † 19.3.1834 Paris) hatten schon versucht, chemische Reaktionen und Verbindungen symbolhaft darzustellen. Im Anschluß an sie entwickelte B. die chemische Zeichensprache, die im wesentlichen heute noch üblich und jedem Chemiker unentbehrlich geworden ist. Zusammen mit dem Bergwerksbesitzer *Wilhelm Hisinger* (* 22.12.1766 Elfstorps Bruk, † 28.6. 1852 Skinskatteberg) machte B. elektrochemische Versuche mit der von *A.* → *Volta* um 1800 geschaffenen galvanischen Batterie. Diese Versuche sollten für seine theoretischen Ansichten entscheidend werden. *Hisinger* und er fanden in einem schon bekannten Mineral 1803 ein neues Metall, das Cer. *G.* → *Piazzi* hatte 1801 den kleinen Planeten Ceres entdeckt und so die beiden Forscher veranlaßt, dem neuen Element diesen Namen zu geben. Aus dem rotbraunen Schlamm der Schwefelsäurefabrik in Gripsholm isolierte B. 1817 einen neuen elementaren Stoff, das Selen, und zwölf Jahre später aus einem schwarzen glasigen Mineral die Thorerde und daraus das Thorium. Als erster stellte B. Silicium und Tantal dar, ebenso eine große Anzahl von Verbindungen des Vanadins und Zirkons. Wichtig für die Mineralogie war, daß er die Kieselsäure einführte und die Eigenschaften der Fluoride und Doppelfluoride erforschte. Von dem greisen Bergmeister *Johann Gottlieb Gahn* (* 19.8.1745 Voxna, † 8.12.1818 Stockholm) erlernte B. den Gebrauch des Lötrohrs und führte es dann generell bei der chemischen Analyse ein. Für die organische Elementaranalyse konstruierte er eine Vorrichtung, die als Vorstufe zu *J. von* → *Liebig*s vielgebrauchtem Apparat anzusehen ist. Auf die katalytische Wirkung bestimmter Stoffe hat B. hingewiesen.

Nicht nur durch seine staunenswert umfangreiche experimentelle Tätigkeit, sondern auch als Theoretiker und Systematiker prägte B. fast für ein halbes Jahrhundert die Chemie. In seiner Jugend hatten der Galvanismus und die Elektrochemie die wissenschaftlich interessierte Welt stark beeindruckt. *H.* → *Davy* entdeckte mit Hilfe der Elektrizität die Alkali- und Erdalkalimetalle. B. und *Magnus Martin Pontin* (* 20.1.1781 Askeryds Prestgård, † 30.1.1858 Stockholm) standen nicht so große und kräftige galvanische Batterien zur Verfügung. Dennoch gelang es ihnen, mit Quecksilber als Kathode Kalium, Kalzium, Barium und Ammonium abzuscheiden und in der Form eines Amalgams zu binden. Anfangs neigte B. dazu, die Erzeugung von Elektrizität in den galvanischen Zellen chemischen Vorgängen zuzuschreiben. Später entschied er sich für die Kontakttheorie *Volta*s. Wir wissen heute, daß beide Theorien einen wahren Kern enthalten. B.' Lehre der chemischen Affinität hat einige Ähnlichkeit mit der heutigen Theorie der Ionenbindung. Bei der chemischen Bindung sollten entgegengesetzte Elektrizitäten sich neutralisieren. Elektrizität ist bei B. ein unwägbares Fluidum. Die Stoffe können, so meinte er, in zwei Klassen eingeteilt werden: in elektropositive und elektronegative. Kommen Stoffe der ersten Klasse mit solchen der zweiten in Berührung, so laden sich die ersten elektrisch positiv auf, die zweiten negativ. Die elektrischen Pole der kleinsten Teilchen der Stoffe können verschieden stark sein, und die Art und Intensität der Pole bedingt die Stellung in einer Reihe. Der elektronegativste Stoff ist der Sauerstoff. Die elektrischen Pole in den kleinsten Stoffteilchen sind im allgemeinen von ungleicher Stärke, also keine Dipole im heutigen Sinn. Überwiegt in einer Gruppe miteinander verbundener Atome der Pol eines Vorzeichens, wirkt die Gruppe insgesamt unipolar mit diesem Vorzeichen.

Anders als die zeitgenössischen Mineralogen, denen die Kristallgestalt als ordnendes Prinzip diente, versuchte B. ein Mineralsystem nach rein chemischen Gesichtspunkten unter Anwendung seiner elektrochemischen Theorie aufzustellen; zwischen Kalkspat und Aragonit, die chemisch die gleiche Zusammensetzung haben, wurde prinzipiell nicht unterschieden. B. übertrug in den letzten drei Jahrzehnten seines Wirkens die elektrochemisch-dualistische Theorie auch auf organische Verbindungen, für die sie sich aber sehr bald als unzureichend erwies. An ihre Stelle setzten *J.-B. A. → Dumas*, *Liebig* und andere die Radikal- und Substitutionstheorie, der Typenlehre von *A. → Laurent* und *C. → Gerhardt* folgend. Der Altmeister der Chemie hatte es sich zum Prinzip gemacht, stets an das schon Vorhandene und Gesicherte anzuknüpfen. Die Theorie von *Laurent* und *Gerhardt* erschien ihm deshalb zu spekulativ; aber die Zügel waren ihm aus der Hand geglitten.

B. hatte sich aus eigener Kraft für Jahrzehnte zum Führer seiner Wissenschaft gemacht. Sein berühmtes Lehrbuch wurde ins Deutsche und in andere Sprachen übersetzt, ebenfalls seine ›Jahresberichte über die Fortschritte der physischen Wissenschaften‹, von denen 27 Bände erschienen, und seine anderen wichtigen Arbeiten. Viele der neuen Generation von Chemikern waren seine Schüler, unter ihnen *F. → Wöhler*, *E. → Mitscherlich*, *Heinrich Rose* (* 6.8.1795 Berlin, † 27.1.1864 ebenda) und *Christian Gottlob Gmelin* (* 12.10.1792 Tübingen, † 13.5. 1860 ebenda), sowie der Mineraloge *Gustav Rose*. [Wiederkehr]

Werke: Bref [Briefe], hrsg. von H. G. Söderbaum (6 Bde in mehreren Teilbänden, Uppsala 1912–1932, Suppl. 1–3, 1935/1941/1961); B. und Liebig. Ihre Briefe von 1831–1845, hrsg. von T. Reschke (München ²1889; Nachdruck: Göttingen 1978, ³1991); Aus J. B.' und Gustav Magnus' Briefwechsel, hrsg. von E. Hjelt (Braunschweig 1900); Briefwechsel zwischen J. B. und F. Wöhler, hrsg. von O. Wallach (2 Bde, Leipzig 1901; Nachdruck: Wallau 1966); Brevväxlingen mellan J. J. B. och Carl Palmstedt, hrsg. von J. Frofast (3 Teile, Lund 1979–1983); Selbstbiographische Aufzeichnungen (Leipzig 1903; Nachdruck: Leipzig 1970). – *Bibl.*: A. Holmberg: Bibliographie de J. J. B. (2 Hefte und 3 Supplemente, Uppsala/Stockholm 1933–1953). – *Lit.*: GCh I, 428–449 (H. G. Söderbaum); DSB II, 90–97 (H. M. Leicester); GWG VII, 386–401 (G. Kerstein; mit Bibl.); W. Prandtl: Humphry Davy, J. J. B. (Stuttgart 1948); J. E. Jorpes: J. B. His Life and Work (Stockholm 1966 und Berkeley 1970); E. M. Melhado: J. B. The Emergence of His Chemical System (Stockholm/Madison 1981); L. Dunsch: J. J. B. (Leipzig 1986); E. M. Melhado: Enlightenment Science in the Romantic Era. The Chemistry of B. and Its Cultural Setting (Cambridge 1992).

Bessel, Friedrich Wilhelm, deutscher Astronom, * 21.6.1784 [laut Kirchenbuch; B. selbst gibt den 22.7.1784 an] Minden, † 17.3.1846 Königsberg.

Vorzeitig hatte B. das Mindener Gymnasium verlassen und war zum Jahresbeginn 1799 als Lehrling in ein großes Bremer Übersee-Handelshaus eingetreten – Abneigung gegen den elementaren Lateinunterricht und rechnerische Begabung hatten den Ausschlag für diesen Wechsel gegeben. Um später auch einmal als Kargadeur Frachtreisen begleiten zu können, begann er sich in nächtlichem Selbststudium Kenntnisse in Fremdsprachen, Waren- und Länderkunde und schließlich in Navigationskunde anzueignen und wurde so ungewollt zur Astronomie geführt, die ihn fortan in ihren Bann zog. Er bemühte sich mit selbstgebauten Instrumenten um exakte Zeit- und Ortsbestimmungen und versuchte Planeten- und Kometenbahnen zu berechnen. Schließlich machte er sich 1804 an die Neuberechnung der Bahn des Halleyschen Kometen und wagte, die Resultate seinem großen Vorbild, dem anerkannten Bremer Amateurastronomen *H. W. M.* → *Olbers*, zu unterbreiten. Dieser erkannte sofort das rechnerische Genie des »jungen Astronomen von ganz ausgezeichneten Anlagen«, wie er in einem Empfehlungsschreiben an den Herausgeber der astronomischen Zeitschrift ›Monatliche Correspondenz‹, *Franz Xaver Freiherr von Zach* (* 4.6.1754 Preßburg, † 2.9.1832 Paris), schrieb, der die Arbeit noch im selben Jahr erscheinen ließ; und aus der anfänglichen gegenseitigen Hochschätzung wurde bald enge Freundschaft. *Olbers* regte ihn zu Berechnungen weiterer Kometenbahnen an und verschaffte ihm im Frühjahr 1806 die Stelle des ›Inspekteurs‹ (Observators) an der Privatsternwarte des Braunschweig-Lüneburgschen Oberamtmannes *Johann Hieronymus Schröter* (* 30.8.1745 Erfurt, † 29.8.1816 ebenda) in Lilienthal bei Bremen. B., der jetzt seine ganze Arbeitskraft der Astronomie widmen konnte, wurde dann bereits 1810 als Direktor der neugegründeten Sternwarte und Professor der Astronomie nach Königsberg berufen.

Hier entfaltete B. eine reichhaltige astronomische und geodätische Tätigkeit, die vor allem der exakten Bestimmung von Gestirnsörtern diente, wozu er die von ihm selbst neu bestimmten konstanten Einflüsse von Präzession, Nutation, Aberration und atmosphärischer Refraktion sowie instrumentelle Fehlerquellen berücksichtigte: Seine ›Fundamenta astronomiae‹ (1818) bildeten die Grundlage für alle zukünftigen Fundamentalkataloge. Aus einem Vergleich mit den älteren Beobachtungsdaten von *J.* → *Bradley* erhielt er so die ersten zuverlässigen Kenntnisse von Eigenbewegungen einzelner Fixsterne. 1844 schloß B. aus periodischen Störungen solcher Eigenbewegungen beim Sirius erstmals auf Umlaufbewegungen der unsichtbaren Komponente eines Doppelsterns; 1862 konnte der amerikanische Instrumentenbauer und Astronom *Alvan Clark* (* 8.3.1804 Ashfield, Mass., † 19.8.1887 Cambridgeport, Vt.) den um $10^{m}.14$ Größenklassen schwächeren ›Sirius B‹ identifizieren. Seine bekannteste Leistung auf dem Gebiet der Positionsastronomie ist der erste tatsächliche Nachweis der jährlichen Parallaxe eines Fixsternes, der nach 1837 mit einem Heliometer aus der Werkstatt *J. von* → *Fraunhofer*s aufgenommenen, häufig wiederholten Beobachtungen und umfangreichen Berechnungen 1838 zu einem ersten Wert von gut 0"31 für den Stern 61 Cygni führte, von dem er *Olbers* zum 80. Geburtstag berichtete und der nach neuerlichen Beobachtungen noch verbessert werden konnte. Damit war endlich die Richtigkeit des heliozentrischen Planetensystems des *N.* → *Copernicus* empirisch bestätigt. Aus Störungen in der Bahn des Uranus schloß er weiterhin auf die Existenz eines noch unbekannten Planeten – des später entdeckten Neptun. Die exakten Gradmessungen, die er 1831 bis 1838 zusammen mit dem Geodäten *Johann Jacob Baeyer* (* 5.11.1794 Müggelsheim, † 11.9.1885 Berlin) in Ostpreußen durchführte, erlaubten ihm schließlich die auf lange Zeit genauesten Bestimmungen von Größe und Figur der Erde, ihrer Schwerkraft, sowie der Länge des Sekundenpendels. Daneben stellte er eine erste Theorie der Lotabweichungen auf. Alle diese Bestrebungen dienten dem Ideal astronomischer Genauigkeit, für das er die Wege wies und die Grundlagen legte. Bei Untersuchungen zur astronomischen Störungstheorie führte er die nach ihm benannten Bessel-Funktionen ein.

Für B. bestand die Astronomie nur in dem Bestreben, exakte Berechnungen von Gestirnsbewegungen mittels der auf den Gesetzen *J.* → *Kepler*s und *I.* → *Newton*s basierenden Himmelsmechanik zu erhalten, die er auch auf stellare Objekte (Doppelsterne) ausdehnte; exakte Positionsbestimmungen dienten als empirische Grundlage. Als eine Art ›Papst der Astronomie‹ wachte er über die Einhaltung dieser strengen Methodik und Inhaltsbestimmung, so daß sich stellarstatistische und kosmogonische Methoden und Vorstellungen, wie sie *I.* → *Kant*, *P. S. de* → *Laplace* und *F. W.* → *Herschel* eingeführt hatten, erst nach B.s Tod allmählich durchsetzen konnten. Dem Nachweis einer Bewegung der Sonne durch *Herschel* vermochte er erst zuzustimmen, nachdem sein Schüler *F. W. A.* → *Argelander* ihn mit einer sehr großen Anzahl von entsprechenden ›Eigenbewegungen‹ naher Fixsterne hatte bestätigen können. [Krafft]

Werke: Abhandlungen, hrsg. von R. Engelmann (3 Bde, Leipzig 1875–1876; mit Bibl.); Recensionen, hrsg. von R. Engelmann (Leipzig 1878); Briefwechsel mit W. Olbers, hrsg. von A. Erman (2 Bde, Leipzig 1852); Briefwechsel mit C. F. Gauß, hrsg. von der Berliner Akademie (Leipzig 1880); Briefwechsel mit K. A. Steinheil 1824–1844, hrsg. von der Berliner und der Münchener Akademie (Leipzig 1913); Briefwechsel mit A. von Humboldt, hrsg. von H.-J. Felber (Berlin 1994). – *Bibl.*: Pogg VII a Suppl., 83–86. – *Lit.*: DSB II, 97–102 (W. Fricke); DBE I, 492–493 (F. Krafft); J. A. Repsold: F. W. B. In: *Astronomische Nachrichten* 210 (1919), 161–214; D. Wattenberg: F. W. B. (1784–1846). Vom Kaufmannslehrling zum Astronomen (Berlin-Treptow 1959); J. Hamel: F. W. B. (Leipzig 1984); K. Lawrinovič: F. W. B. 1704–1846 (Basel 1994). – E. Buschmann (Hrsg.): Das Leben und Werk von Johann Jacob Baeyer (Frankfurt am Main 1994).

Biot, Jean-Baptiste, französischer Physiker und Astronom, * 21.4.1774 Paris, † 3.2.1862 ebenda.

B.s Vorfahren waren Landwirte in Lothringen, sein Vater arbeitete im Finanzministerium in Paris. Als junger Mann war B. Angestellter eines Kaufmanns; aber diese Beschäftigung stellte ihn nicht zufrieden, und er ging als Freiwilliger zum Militär. Da er jedoch nicht Berufssoldat werden wollte, beantragte er seine Entlassung. Weil B. sich vor Erhalt der Papiere nach Paris absetzte, kam er als Deserteur vor Gericht; ein geschickter Verteidiger bewahrte ihn vor der Todesstrafe. Danach besuchte B. die École des Ponts et Chaussées und die École Polytechnique. *G. Monge* und *P. S. de* → *Laplace* förderten ihn. 1797 wurde B. Professor für Mathematik an der Zentralschule in Beauvais, 1800 Professor der Physik am Collège de France und 1808 Professor der Astronomie an der Faculté des Sciences in Paris. Wie *C.-L.* → *Berthollet* und *Laplace* gehörte B. der berühmten Société d'Arcueil an. Zusammen mit *D. F. J.* → *Arago* beteiligte er sich an den französischen Meridianvermessungen und unternahm Expeditionen nach Spanien und zu den Shetland-Inseln.

Experimentell beschäftigte sich B. mit den meisten Gebieten der Physik; so maß er die Schallgeschwindigkeit in der Luft in Abhängigkeit von Temperatur und Druck ebenso wie die Schallgeschwindigkeit in festen Körpern. Mit *J. L.* → *Gay-Lussac* machte er einen der ersten Ballon-Aufstiege, um Dichte und Feuchtigkeit der Atmosphäre und das erdmagnetische Feld zu beobachten. Sein ›Traité de physique expérimentale et mathématique‹ (1816) und sein ›Traité élémentaire d'astronomie physique‹ (1805) dienten einer Generation von Naturwissenschaftlern zum Studium und als Nachschlagewerk. Der ›Précis élémentaire de physique experimentale‹ (1817) wurde zuerst von F. Wolff und dann von *G. T.* → *Fechner* ins Deutsche übersetzt, der das Werk mit eigenen Zusätzen versah und wissenschaftlich aktualisierte (Lehrbuch der Experimentalphysik. 5 Bde, ²Leipzig 1828–1829).

Nach Bekanntwerden der Entdeckung des Elektromagnetismus durch *H. C.* → *Ørsted* stürzte sich nicht nur *A. M.* → *Ampère*, sondern auch B. zusammen mit *Felix Savart*

(* 30.6.1791 Mézières, † 16.3.1841 Paris) auf dieses neue Gebiet. Die beiden Forscher untersuchten die ablenkende Kraft des elektrischen Stromes auf die Magnetnadel und stellten fest, daß die Kraft senkrecht auf der Ebene steht, in der der Magnetpol und der lange geradlinige Leiter liegen. Der Betrag der Kraft ist umgekehrt proportional zum Abstand Pol-Leitungsdraht (1820). *Laplace* zeigte, daß für sehr kleine stromdurchflossene Leiterstückchen (Stromelemente) die Kraft mit $1/r^2$ analog dem Gravitationsgesetz abnimmt. Das *Biot-Savart*sche Gesetz nahm eine unmittelbare Wirkung in die Ferne an. Obwohl sein Prinzip (Stromelemente) anfechtbar ist, wird es heute noch zur Magnetfeldberechnung benutzt.

B.s bedeutendsten Forschungen waren die zur Polarisation des Lichts. *É. L. Malus* hatte 1808 durch Zufall die Polarisation von reflektiertem Licht entdeckt (auch die Bezeichnung ›Polarisation‹ stammt von ihm), und danach auch die Polarisation bei der Doppelbrechung. Gleichzeitig fanden *Malus* und B. 1811 die Polarisation bei der einfachen Brechung. Im gleichen Jahr fand *Arago*, als er zwischen die gekreuzten Spiegel zur Erzeugung linear polarisierten Lichtes ein Glimmerblättchen brachte, daß das vom 2. Spiegel reflektierte Licht nicht mehr weiß, sondern farbig war. Die hierbei (als chromatische Polarisation) auftretende Farbe richtet sich nach der Dicke des Glimmerblättchens. B. konnte für diese rätselhafte Erscheinung eine plausible Erklärung mit seiner ›Theorie der mobilen Polarisation‹ (1812–1814) geben. 1812 beobachtete er die Rotationspolarisation an einer Quarzplatte, und 1818 gab er das Gesetz der Rotationsdispersion, d.h. die Abhängigkeit des Drehwinkels von der Wellenlänge des Lichtes an. In den letzten Jahrzehnten wurde dieses von B. entdeckte Phänomen mit Erfolg bei der Bearbeitung von Strukturproblemen in der organischen Chemie und in der Biochemie eingesetzt.

1816 fand B., daß dünne Blättchen des Kristalls Turmalin zwar das Licht doppelt brechen, daß aber bei dickeren Platten nur der außerordentliche Strahl durchkommt, der ordentliche Strahl dagegen absorbiert wird (Dichroismus bzw. Pleochroismus), was in den heutigen Polarisationsfiltern ausgenutzt wird. (Eine pleochroitische Glimmerart ist nach B. Biotit benannt.) Bei der Untersuchung der chromatischen Polarisation stellte B. fest, daß einige Bergkristalle die Polarisationsebene konstant nach links, andere konstant nach rechts drehen, er machte dafür bereits die Anordnung der Moleküle im Kristall verantwortlich; als er sogar optisch aktive Flüssigkeiten fand, schrieb er die Ursache dem Bau des Moleküls zu. Er baute ein Polariskop für optisch aktive Lösungen (z.B. Zuckerlösungen), um die Konzentration zu messen. 1832 bemerkte er das anomale Verhalten von Weinsäure-Lösungen, aber es war *L.* → *Pasteur* vorbehalten, (mit B.s Unterstützung) hier Klarheit zu schaffen.

Zeitlebens war B. Anhänger der Newtonschen Emissionstheorie des Lichts (*I.* → *Newton*) und focht mit den Anhängern der Undulationstheorie *T.* → *Young* und *A.-J.* → *Fresnel* einen langen harten Kampf aus. Den verwikkelten Polarisationserscheinungen in Kristallen stand die Wellentheorie zunächst hilflos gegenüber, und es gelang B., wenn auch mit vielen Hilfshypothesen, der alten Auffassung von einer korpuskularen Beschaffenheit des Lichtes noch einmal das Übergewicht zu verschaffen. Die Lichtteilchen sollten Kräftepole und eine Kraftachse besitzen. Das anwachsende Tatsachenmaterial bereitete jedoch immer größere Schwierigkeiten; und als die Wellentheoretiker sich zur Annahme einer Transversalität der Lichtwellen durchgerungen hatten, war ihr Sieg nicht mehr aufzuhalten.

Aufgrund seiner eigenen experimentellen Forschungen und des Bestrebens, alle physikalischen Gebiete einer mathematischen Behandlung zu unterwerfen, gehört B. zu jenen Persönlichkeiten, die Paris Anfang des 19. Jahrhunderts zum Zentrum wissenschaftlicher Forschung machten. Für seine Untersuchungen zur

Polarisation des Lichtes verlieh ihm die Royal Society in London 1840 die Rumford-Medaille. Um die Naturwissenschaftsgeschichte machte B. sich besonders verdient mit seinen Untersuchungen über ägyptische, indische und chinesische Astronomie.

Lit.: DSB II, 133–140 (M. P. Crosland; mit Bibl.); E. Frankel: J.-B. B. and the Mathematization of Experimental Physics in Napoleonic France. In: *Historical Studies in the Physical Sciences* 8 (1977), 33–72. [Wiederkehr]

Biringuccio, *Vannoccio* Vincenzio Austino Luca, italienischer Ingenieur und Hüttenfachmann, getauft 20.10.1480 Siena, † August 1537 Rom.

Der Lebenslauf B.s war eng mit dem Schicksal der ihn fördernden reichen Adelsfamilie Petrucci verknüpft, aus der Pandolfo (1452 bis 1512) und Borghese Petrucci als Tyrannen über die Stadt Siena herrschten. Er begann seine Karriere in einer Eisenmine der Petrucci, übernahm dann die Leitung einer Gesellschaft zur Ausbeutung von Silberminen, machte zwei ausgedehnte Studienreisen nach Deutschland, auf denen er sich gründliche Kenntnisse in der damals führenden deutschen Bergbau- und Hüttenkunde erwarb, und bereiste auch Bergwerke in Italien, bevor er wieder in Siena die Leitung von Minen übernahm. 1513 wurde er städtischer Werkmeister des Zeughauses. Nach dem Sturz der Diktatur der Petrucci mußte B. mit ihnen 1515 Siena verlassen; man warf ihm außerdem Münzfälschungen vor. Er führte nun ein unstetes Wanderleben, das ihn unter anderem nach Rom, Neapel und Sizilien führte, bevor er 1523 mit den Petrucci nach Siena zurückkehren konnte. Er bekam sein Vermögen und sein Zeughausamt zurück und erhielt 1524 das Monopol der Salpeterherstellung für die Republik Siena. Nach einem Volksaufstand wurden die Petrucci – und B. – 1526 erneut vertrieben. Bei einem vergeblichen Versuch, die Stadt zurückzuerobern, befehligte B. die Artillerie. 1529 stand er als Artilleriefachmann in florentinischen Diensten. Nach der Versöhnung der verfeindeten Parteien konnte B. aber im selben Jahr nach Siena zurückkehren, wo er dann im Magistrat wirkte und 1535 Dombaumeister wurde. 1536 siedelte er nach Rom über, um die ihm von Paul III. 1534 übertragenen Ämter eines päpstlichen Artilleriehauptmanns und Leiters der Gießerei wahrzunehmen, starb dort aber bereits im folgenden Jahr.

In die Geschichte der Naturwissenschaften ist B. durch sein in den Jahren ab 1534 entstandenes Werk ›De la pirotechnia‹ eingegangen, das 1540 postum in Venedig erschien und rasch mehrere Auflagen und Übersetzungen erfuhr. Neben den Früchten eines breit angelegten Literaturstudiums der Klassiker und der volkssprachigen Fachliteratur (auch etwa des ›Bermannus‹ *G.* → *Agricola*s, der später seinerseits B. häufiger zitiert) werden die auf den Reisen und in der eigenen Praxis erworbenen Kenntnisse insbesondere in der Erzsuche, -gewinnung und -verhüttung, Gewinnung und Verarbeitung von bergmännisch zu gewinnenden Mineralien, in verschiedenen Bereichen der Metallverarbeitung (Schmelzen, Gießen, Schmieden, Ziehen und Legieren; Kupfer, Blei, Zinn, Eisen, Stahl, Messing, Gold und Silber) und in der Feuerwerkerei dargelegt. Obwohl B. die Theorie dabei nicht ganz vernachlässigt (er steht auf dem Boden der Naturphilosophie des → *Aristoteles*), erfüllte das Werk vor allem praktische Bedürfnisse, wobei die zahlreichen, vielfach erstmals mitgeteilten chemisch-technischen und metallurgischen Verfahren stets einschließlich der Öfen, Gerätschaften und benötigten Maschinen (und -antriebe) und ihrer Herstellung ausführlich und erstmals zusammenfassend beschrieben werden – wie etwa das neue, wohl von B. entwickelte Verfahren, Geschützrohre statt mit Kern im Stück zu gießen und dann auszubohren, wozu auch neben (der Herstellung der) Gußformen und der dazu erforderlichen Materialien eine horizontale Bohrmaschine für

Hand- oder Wasserantrieb dargestellt wird. Das Werk bildet so eine enzyklopädische Darstellung des damaligen Standes der angewandten Naturwissenschaften und der Technik, soweit sie irgendwie mit Verfahren in Verbindung stand, bei denen ›Feuer‹ Verwendung fand, insbesondere der Metallurgie. Man erfährt z.B. auch, daß B. – als einer der ersten – die Erfahrung gemacht hatte, daß Blei beim Kalzinieren zu Mennige in Flammöfen eine 8–10%ige Gewichtszunahme erfährt, was später im Rahmen der Phlogistontheorie (*G. E. → Stahl*) unberücksichtigt blieb. [Krafft]

Werk: Pirotechnia. Ein Lehrbuch der chemisch-metallurgischen Technologie und des Artilleriewesens aus dem 16. Jahrhundert. Übersetzt und erläutert von O. Johannsen (Braunschweig 1925). – *Lit.*: GCh I, 70–84 (O. Johannsen); DSB II, 142 f. (C. S. Smith); DBI X, 625–631 (U. Tucci).

Biruni, Abu-l Raihan Muhammad Ibn Ahmad al-, iranischer Universalgelehrter, * 4.9.973 Chiwa, † nach 1050 Ghazni.

Der wohl bedeutendste Gelehrte des mittelalterlichen Islam hatte in seiner iranischen Heimat südlich des Aralsees eine ausgezeichnete Erziehung und Ausbildung genossen, war mit → *Avicenna* in Briefwechsel getreten und hatte bereits einige kleinere Werke veröffentlicht, bevor er mit 25 Jahren an den Hof von Dschurdschan südöstlich des Kaspischen Meeres ging, von wo aus er ausgedehnte Studienreisen unternehmen konnte. Als Frucht dieser Reisen erschien um das Jahr 1000 sein erstes großes Werk, die ›Chronologie der alten Völker‹, in der die Kalender der verschiedenen Völker des Orients, aber auch mathematische, astronomische und meteorologische Probleme behandelt werden. Bald danach, jedenfalls vor 1008, kehrte er in seine Heimat zurück und erfüllte hier sieben Jahre lang in den Diensten des Bruders des Choresmierprinzen delikate politische Missionen. Als glühenden Nationalisten (und Schiiten) traf al-B. dann nach der Niederschlagung des Aufstandes gegen die Oberherrschaft des mächtigen Sultan Mahmud 1016/17 wie viele andere iranische Gelehrte das Los der Gefangenschaft. Er wurde mit ihnen an den Hof Mahmuds nach Ghazni, der Hauptstadt Afghanistans, verschleppt, wo er seit 1018 lebte, bald allerdings in Gnaden aufgenommen und zum Hofastronom ernannt wurde.

Sultan Mahmud hatte seine Residenz Ghazni mit einer Hochschule versehen und zu einem kulturellen Zentrum Asiens ausgebaut, welche Stellung es auch unter seinen Nachfolgern behielt – nicht zuletzt durch das Wirken solcher Gelehrten wie al-B. Seine äußere Macht hatte Mahmud wesentlich durch die Eroberung Indiens gefestigt, und al-B. mußte ihn auf den militärischen Expeditionen nach Nordwestindien begleiten; er hielt sich danach längere Zeit dort auf, lernte Sanskrit sowie verschiedene indische Dialekte, lehrte griechische Wissenschaft und eignete sich Kenntnisse aus indischer Philosophie und Wissenschaft an, die in großer Fülle Aufnahme in sein zweites Hauptwerk fanden, die ›Beschreibung Indiens‹ die er kurz nach dem Tode Mahmuds 1030 in Ghazni vollendete. Im selben Jahr erschienen noch eine dem Sohn und Nachfolger Mahmuds gewidmete Darstellung der gesamten Astronomie (›Kanon‹) sowie ein Abriß der Geometrie, Arithmetik, Astronomie und Astrologie. Später folgte eine Schrift über Edelsteine und, als letztes Werk, eine Drogenkunde, in deren Vorwort al-B. schreibt, er sei bereits über achtzig (Mond-)Jahre alt, so daß der 13.12.1048, den eine arabische Quelle als Todesdatum nennt, falsch sein muß.

Al-B. vermittelte durch seine Lehrtätigkeit und als Verfasser von Lehrbüchern und wissenschaftlichen Abhandlungen sowohl griechisch-arabische Wissenschaft an die Inder als auch indische Wissenschaft an den arabischen Kulturkreis, wodurch letztere, besonders die indische Mathematik, später an das mittelalterliche Europa weitergegeben werden konnte. Er hat allerdings im Gegensatz etwa zu *Avicenna* nicht direkt auf das lateinische Mittelalter eingewirkt. Doch lieferte er zu fast allen naturwissenschaftlichen Disziplinen bedeutende Beiträge, besonders zur Geographie, Geologie und Geodäsie, Astronomie, Chronologie, Mineralogie und Mathematik sowie zur Religions- und Geschichtswissenschaft. Für die Geschichte der Physik wichtig war seine Konstruktion eines ersten Pyknometers, mit dem er das spezifische Gewicht von mehreren chemischen Stoffen erstmals exakt bestimmte, worin ihm → *Nikolaus von Kues* folgte. Da al-B. zu der Fülle von behandelten Problemen jeweils auch präzise und ausführliche historische Angaben machte, sind seine Werke überdies eine unschätzbare, aber noch kaum ausgeschöpfte Quelle für die Geschichte der Wissenschaften. [Krafft]

Werke: Chronologie orientalischer Völker, hrsg. von E. Sachau (2 Bde, Leipzig 1876–1878); The Book of Instruction in the Elements of the Art of Astrology, arab.-engl. hrsg. von R. R. Wright (London 1934); Al-B.'s Book on Pharmacy and materia medica, arab.-engl. hrsg. von H. M. Said (2 Bde, Karachi 1973); The Exhaustive Treatise on Shadows, engl. hrsg. von E. S. Kennedy (2 Bde, Aleppo 1976). – *Bibl.*: D. J. Boilot: L'œuvre d'al-B. Essai bibliographique. In: *Mélanges de l'Institut Dominicain d'études orientales* 2 (1955), 161–256 und 3 (1956), 391–396. – *Lit.*: DSB II, 147–158 (E. S. Kennedy; mit Bibl.); GWG III, 210–221 (G. G. Hana); E. Wiedemann: Über al-B. und seine Schriften. In: *Sitzungsberichte der physikalisch-medizinischen Societät Erlangen* 52 (1920), 55–96; Al-B. Commemoration Volume (Calcutta 1951); H. M. Said (Hrsg.): Al B. Commemoration Volume. Proceedings of the International Congress Held in Pakistan 1973 (Karachi 1979).

Black, Joseph, schottischer Chemiker und Physiker, * 16.4.1728 Bordeaux, † 26.11./6.12.1799 [a./n. St.] Edinburgh.

Im französischen Bordeaux geboren, wo sein Vater im Weinhandel tätig war, ist B. doch rein schottischer Abstammung. Er war das vierte von zwölf Kindern und wurde zuerst von der Mutter erzogen. Mit zwölf Jahren schickten seine Eltern ihn auf eine Privatschule in Belfast. Dann ging er auf die Universität Glasgow und entschied sich für ein Studium der Medizin. Die chemischen Vorlesungen von *William Cullen* (* 15.4.1710 Hamilton [Schottland], † 5.2.1790 Kirknewton [bei Edinburgh]; später Professor der Anatomie) führten B. zur Chemie. Drei Jahre war er Assistent bei *Cullen*, und beide wurden enge Freunde. 1752 ging B. an die angesehenere Universität in Edinburgh. Hier holte er sich mit seiner Dissertation ›De humore acido a cibis orto et magnesia alba‹ den Doktorgrad. Diese Abhandlung und die zwei Jahre später erschienenen ›Experiments upon Magnesia alba, Quicklime und Some Other Alcaline Substances‹ begründeten B.s wissenschaftlichen Ruhm. Als *Cullen* nach Edinburgh berufen wurde, übernahm B. in Glasgow dessen Lehrstuhl für Anatomie und die Dozentur für Chemie. 1766 kehrte er nach Edinburgh zurück und übernahm den Lehrstuhl für Chemie. Daneben unterhielt er eine Arzt-Praxis und hielt für gebildete Laien Experimentalvorträge. Der kontemplative, ordnungsliebende und ausgeglichene B. pflegte freundschaftlichen Umgang mit berühmten Leuten wie dem Wirtschaftstheoretiker *Adam Smith* (getauft 5.6.1723 Kirkcaldy [Schottland], † 17.7.1790 Edinburgh), dem Geologen *J.* → *Hutton* und dem Philosophen *David Hume* (* 7.5.1711 Edinburgh, † 25.8.1776 ebenda).

B. gehörte zu den Schöpfern der pneumatischen Chemie. Er entdeckte die ›fixe Luft‹ (Kohlendioxid, 1755), die keine gewöhnliche Luft sei, aber durch Alkalien und alkalische Erden gebunden, ›fixiert‹ werden könne. Die Kaustizität der Alkalien (Hydroxide) wird dadurch gemildert. B. wies auch den Weg für quantitative Untersuchungen in der Chemie, indem er Gewichtszunahme und Menge der aufgenommenen fixen Luft in Beziehung zueinander brachte. *A. L.* → *Lavoisier* kannte seine Arbeiten und wurde von ihm mehr beeinflußt, als er eingestehen wollte. B. hielt jedoch noch Jahre an der Phlogistontheorie fest, obwohl seine Untersuchungen den Weg zu einer antiphlogistischen Chemie mit geebnet hatten. In seinen letzten Jahren erkannte er dann die Verdienste *Lavoisier*s neidlos an. – B. machte mit der ›fixen Luft‹ auch biologische und physiologische Experimente, beschrieb die erstikkende Wirkung und erkannte, daß dieses Gas auch bei Gärung frei wird.

In der Physik, genauer in der Wärmelehre, klärte B. zusammen mit dem Schweizer Physiker *Jean André Deluc* (* 8.2.1727 Genf, † 7.11. 1817 Windsor) und dem deutsch-schwedischen Naturforscher *J. C. Wilcke* in den Jahren 1755 bis 1760 die Begriffe der spezifischen und der latenten Wärmemengen: Nach B. muß die ›fühlbare‹ thermometrisch meßbare Wärme von der ›latenten‹ (verborgenen) unterschieden werden. Schmelz- und Verdampfungswärme wurden eingeführt und von B. und *Wilcke* bei Eis und Wasser schon grob bestimmt. Diese Phänomene schienen für eine stoffliche Natur der Wärme zu sprechen.

B.s Untersuchungen und Ergebnisse waren auch *James Watt* (* 19.1.1736 Greenock [Schottland], † 25.8.1819 Heathfield [bei Birmingham]), Universitätsmechaniker in Glasgow, vertraut. Bei seiner Konstruktion vermied *Watt* die Nachteile der atmosphärischen Dampfmaschine, bei der durch unnötige Kondensation des Dampfes große Wärmemengen verlorengingen. *Watt* trennte Arbeitszylinder und Kondensator, umgab den Zylinder mit einem Dampfmantel und erzeugte im Kondensator Unterdruck. Mit dieser leistungsstärkeren, rationell arbeitenden Dampfmaschine hat die industrielle Revolution beginnen können.

[Wiederkehr]

Werke: E. Robinson/D. McKie: Partners in Science. Letters of James Watt and J. B. (London 1970). – *Lit.*: GCh I, 239–252 (M. Speter); DSB II, 173–183 (H. Guerlac; mit Bibl.); W. Ramsay: The Life and Letters of J. B. (London 1918); J. G. Crowther: Scientists of the Industrial Revolution (London 1962, S. 9–92); A. L. Donovan: Philosophical Chemistry in the Scottish Enlightenment (Edinburgh 1976); A. D. C. Simpson (Hrsg.): J. B. A Commemorative Symposium (Edinburgh 1982).

Blumenbach, Johann *Friedrich*, deutscher Naturhistoriker und Anthropologe, * 11.5.1752 Gotha, † 22.1.1840 Göttingen.

B. studierte zunächst 1769 bis 1772 in Jena Medizin und Naturwissenschaften. Der bekannteste seiner dortigen Lehrer war der Paläontologe *Johann Ernst Immanuel Walch* (* 29.8. 1725 Jena, † 1.12.1778 Jena). B. ging dann nach Göttingen, wo er sich unter dem Einfluß des Universalgelehrten *Christian Wilhelm Büttner* (* 1716 Wolfenbüttel, † 1801 Jena) der Naturgeschichte und der Anthropologie zuwandte. Bereits 1776 wurde er mit der Leitung der naturhistorischen Sammlung der Universität Göttingen betraut und zum außerordentlichen, 1778 zum ordentlichen Professor ernannt. Bis an sein Lebensende war er hier als Lehrer für Naturgeschichte tätig.

B. wurde durch eine Reihe von Werken bekannt. Am verbreitetsten war sein ›Handbuch der Naturgeschichte‹, das 1779–1830 in 12 Auflagen erschien. Sein ›Handbuch der vergleichenden Anatomie‹ von 1805, eines der ersten Lehrbücher über das Gebiet, begründete in Deutschland die vergleichende Anatomie, die sich zunächst in Frankreich unter *Félix Vicq d'Azyr* (* 28.4.1748 Valognes, † 20.6.1794 Paris) und vor allem durch den jungen *G.* → *Cuvier* entfaltet hatte. B.s Lehrbuch betont noch stark den physiologischen Aspekt und entspricht somit nicht der rein morphologisch orientierten Vergleichenden Anatomie des 19. Jahrhunderts. – Für die Theorie der Naturgeschichte hatte B.s Schrift ›Über den Bildungstrieb und das Zeugungsgeschäfte‹ (1781) eine große Bedeutung. Wirkungsvoller als *C. F.* → *Wolff* wendet sich B. darin gegen die seit mehr als 100 Jahren herrschende Präformationslehre, die die Kenntnisse über Entwicklung und Fortpflanzung der Tiere hemmend beeinflußt hatte. Der von ihm eingeführte Begriff ›Bildungstrieb‹ (nisus formativus) begründete eine epigenetische Vorstellung über die Entwicklungsvorgänge, hat aber im 19. Jahrhundert keinen besonderen Einfluß ausgeübt. *H.* → *Driesch* und andere haben sich bemüht, B.s Schrift als Ausgangspunkt eines modernen Vitalismus zu interpretieren; er stand jedoch naturphilosophischen Spekulationen fern und sah im Bildungstrieb kein metaphysisches Prinzip. Er hielt sich auch fern von der Romantischen Naturphilosophie, so daß sein Verhältnis zu *L.* → *Oken*, der 1804/05 in Göttingen arbeitete, kühl war. Andererseits hat seine These vom Bildungstrieb auf die naturphilosophischen Schriften von *F. W. J. von Schelling* wesentlichen Einfluß gehabt; und auch *I.* → *Kant* und *J. W. von* → *Goethe* haben den Begriff und die epigenetische Deutung der Entwicklung aufgenommen.

Die größte Bedeutung errang B. als Begründer der Physischen Anthropologie. Als medizinische Dissertation reichte er 1775 die Schrift ›De generis humani varietate nativa liber‹ ein. Ausführlicher als bei *C. von* → *Linné* und wesentlich präziser als bei *G.-L. de* → *Buffon* wird hierin und in den späteren Schriften zur Anthropologie der Mensch als Objekt der Naturgeschichte behandelt. Dabei standen B. vor allem zwei Quellen zur Verfügung: Berichte von Forschungsreisenden, die in Göttingen in großer Anzahl vorhanden waren, und die Materialien völkerkundlicher und anthropologischer Art, die *Georg Thomas von Asch* (* 12.4.1729 St. Petersburg, † 23.6.1807 ebenda) in den Jahren ab 1771 nach Göttingen schickte. Göttingen wurde so zu einem Zentrum anthropologisch-ethnologischer Sammlungen und übte, vor allem durch B. selbst, einen starken Einfluß auf die Forschungsreisenden der Zeit aus, die diese Sammlungen auch vermehrten, wie etwa Sir *Joseph Banks* (* 13.2.1743 London, † 19.6. 1820 Isleworth/England), der *J. Cook* auf seiner ersten Expedition begleitet hatte. Aus dem anthropologischen Material wurden von B. erstmals Schädel in größerer Anzahl zu wissenschaftlichen Zwecken gesammelt, untersucht und beschrieben: Die Craniologie war so als eine wesentliche Methode der Anthropologie begründet. Dabei hat sich B. auch hier von spekulativen Übertreibungen fern gehalten, wie sie etwa die Schädellehre des deutschen Arztes *Franz Joseph Gall* (* 9.3.1758 Tiefenbrunn [bei Pforzheim], † 22.8.1828 Montrouge [bei Paris]) enthielt.

Lit.: NDB II, 329 f. (A. Kleinschmidt); DSB II, 203–205 (W. Baron); H. Plischke: J. F. B.s Einfluß auf die Entdeckungsreisenden seiner Zeit (Göttingen 1937); L. von Károlyi: Der Naturforscher J. F. B. (1752–1840) und sein Wirken in Göttingen. In: *Göttinger Jahrbuch* 1971, S. 113–130; F. W. P. Dougherty (Hrsg.): Commercium epistolicum J. F. B.ii. Aus einem Briefwechsel des klassischen Zeitalters der Naturgeschichte. Katalog (Göttingen 1984). [Querner]

Bock (latinisiert: *Tragus*), Hieronymus, * 1498 Heidesbach [bei Zweibrücken], † 21.2.1554 Hornbach [Pfalz], und Otto **Brunfels**, * um 1488 Mainz, † 25.11.1534 Bern; deutsche Prediger und Ärzte, Verfasser von Kräuterbüchern.

Bock wurde Prediger und Leibarzt des Grafen von Nassau in Hornburg, nachdem er vorher als Schullehrer und Aufseher des herzöglichen Gartens in Zweibrücken tätig gewesen war; ursprünglich zum Mönch bestimmt, hatte er sich der neuen lutherischen Glaubenslehre angeschlossen. Auch *Brunfels* war ursprünglich Mönch (Kartäuser) in Mainz und Straßburg gewesen, wo er 1514 die Priesterweihe empfangen hatte. Er war jedoch dem Kloster entflohen und hatte sich 1521 Hutten angeschlossen, der ihm die Pfarrverweserstelle in Steinau bei Steckelberg verschaffen konnte. Schon im folgenden Jahr befand sich *Brunfels* jedoch wieder auf der Flucht; die kirchliche Oberbehörde in Mainz ließ ihn verfolgen. Er begab sich nach Neuenburg in die Nähe von Basel und wirkte hier bis 1524 als Stadtprediger, begann aber auch, sich mit naturwissenschaftlichen und medizinischen Fragen zu beschäftigen, anscheinend auch in Basel studierend, wo er jedenfalls 1530 den medizinischen Doktortitel erwarb. Zuvor hatte *Brunfels* jedoch auch Neuenburg verlassen müssen und nahm, inzwischen Lutheraner mit wiedertäuferischem Einschlag geworden, ein Lehramt an der Karmeliterschule in Straßburg an, wo er trotz eines zunehmenden Stimmleidens tätig war, bis er 1532 aufgrund seiner medizinischen Arbeiten und des Kräuterbuches einen Ruf als Stadtarzt nach Bern erhielt.

Neben *L.* → *Fuchs* zählen beide zu den Vätern der Botanik in Deutschland. Sie stehen noch wie ihre italienischen Vorgänger und Zeitgenossen zwischen der empirischen Forschung der Neuzeit und dem an die antike Tradition gebundenen Bücherstudium des Hochmittelalters, was darin zum Ausdruck kommt, daß beide zwar bemüht waren, die heimische Flora aus eigener Anschauung kennenzulernen – dies gilt besonders für *Bock*, der dazu ausgedehnte Wanderungen durch Südwest- und Westdeutschland unternahm –, andererseits aber erst nur bestrebt waren, die Pflanzen der Heimat mit den bei → *Dioskurides* genannten zu identifizieren, was natürlich zu mancherlei Irrtümern führte, die wiederum die Nachfolger dann auf die geographischen Unterschiede der Floren aufmerksam machten. Ihre Kräuterbücher, die schnell jeweils mehrere Auflagen der lateinischen und deutschen Ausgabe erfuhren, sind die ersten ihrer Art in Deutschland gewesen, und man könnte sie als Handbücher der Arzneikunde, bezogen auf die heimische Flora, bezeichnen. Während jenes des Humanisten *Brunfels* (›Herbarium vivae eicones‹, 3 Bde, 1530–1536, deutsch als ›Contrafayt Kreüterbuch‹, 2 Teile, 1532–1537) dabei durch die Güte der Holzschnitte nach naturgetreuen Aquarellen des Dürerschülers *Hans Weiditz* und die große Fülle der sich teils wiederholenden Pflanzenbeschreibungen aus der lateinischen, griechischen und arabischen Literatur, welche die wenigen eigenen Bemerkungen fast erdrücken, hervorsticht, sind es bei *Bock* ein gewisses Gefühl für natürliche Verwandtschaften, welches die Anordnung innerhalb seines ›New Kreutterbuch von unterscheid würckung und namen der Kreutter, so in Teutschen landen wachsen‹ (1539, [2]1546 mit Holzschnitten von *David Kandel*; erweiterte Ausgabe 1551 u.ö.; latein. 1552) bestimmt, und die genauen Beschreibungen der selbst gesehenen Pflanzen, die er in Kräuter, Sträucher und Bäume einteilt. In beiden Fällen sind die Beschreibungen jedoch noch weniger nach botanischen, etwa morphologischen Gesichtspunkten vorgenommen. Sie sollen vielmehr hauptsächlich der Identifizierung dienen; denn das größte Gewicht wird jeweils auf die Aufzählung der Heil- und anderen ›Kräfte‹ der einzelnen Pflanzen gelegt, welche die antiken und mittelalterlichen Quellen nannten. (Demselben Zweck der Diagnose galten auch die – bei *Bock* allerdings erst in der zweiten Ausgabe – beigegebenen Holzschnitte.) Die Beschreibung der Heilpflanzen in diesem ›Handbuch‹ war es bezeichnenderweise aber erst, durch welche *Bock* den Übergang in den Arztberuf fand. [Krafft]

Lit.: NDB II, 343 [Bock] (H. Ziegenspeck) und II, 677 f. [Brunfels] (H. Grimm); DSB II, 218–220 [Bock] und 535–538 [Brunfels] (J. Stannard; mit Bibl.); F. W. E. Roth: Otto Brunfels 1489–1534, ein deutscher Botaniker. In: *Botanische Zeitung* 58 (1900), 191–232; E. Sanwald: Otto Brunsfels (Diss. München 1932); C. Nissen: Die botanische Buchillustration (Bd 1, Stuttgart 1951); B. Hoppe: Das Kräuterbuch des Hieronymus Bock (Stuttgart 1969).

Boerhaave, Hermann, niederländischer Mediziner, * 31.12.1668 Voorhout, † 23.9.1738 Leiden.

Nach einem vom Vater, einem Pfarrer, erwünschten Studium der Theologie und Philosophie, das er 1690 mit dem Dr. phil. abschloß, eignete B. sich weitgehend autodidaktisch medizinische Kenntnisse an, promovierte 1693 an der Universität von Harderwijk und ließ sich in Leiden als praktischer Arzt nieder. 1701 wurde er an der dortigen Universität Lektor für Medizin, 1709 Professor für Medizin und Botanik; 1718 erhielt er zusätzlich den Lehrstuhl für Chemie, 1720 den für praktische Medizin. Daneben war B. bis zu seinem Tode als praktischer Arzt tätig gewesen, sah sich jedoch 1729 aus gesundheitlichen Gründen gezwungen, die Professuren für Chemie und Botanik niederzulegen.

B. war kein origineller Forscher und Neuerer; seine Leistung liegt vielmehr in der Systematisierung und Zusammenführung der Ergebnisse der anatomischen, physiologischen und pathologischen Forschungen des 16. und 17. Jahrhunderts, wobei er im Anschluß an *R. → Descartes* den Körper als Maschine betrachtete, deren Teile nach den Gesetzen der Physik in sinnvoller Wechselwirkung zusammenarbeiten. Gesundheit und Krankheit seien nur unterschiedliche somatische Funktionszustände. B. wurde damit zum eigentlichen Begründer des mechanistischen Denkens in Medizin und Biologie und ist der bedeutendste Vertreter der ›Iatromechanik‹.

Seine größte Leistung liegt zweifellos in seiner Tätigkeit als Lehrer. Der große Kreis seiner Schüler stammte aus zahlreichen Nationen, und *A. von → Haller* nannte ihn »communis Europae praeceptor«. Seine ›Aphorismi de cognoscendis et curandis morbis‹ (1708) waren weit bis ins 19. Jahrhundert eines der bedeutendsten und umfangreichsten medizinischen Lehrbücher und wurden in mehrere Sprachen übersetzt; seine Vorschläge für den Studiengang des Mediziners (mit Unterricht am Krankenbett) wurden normativ und sind im Prinzip heute noch gültig. [Bäumer-Schleinkofer]

Werke: Opera omnia medica complectentia (Venedig/Basel 1734, [4]1751 u.ö.); Orations, engl. hrsg. von E. Kegel-Brinkgreve / A. M. Luyendijk-Elshout (Leiden 1983); Correspondence, hrsg. von G. A. Lindeboom (3 Bde, Leiden 1962–1979). – *Bibl.*: G. A. Lindeboom: Bibliographia Boerhaaviana (Leiden 1959). – *Lit.*: GCh I, 204–220 (M. Speter); DSB II, 224–228 (G. A. Lindeboom); GWG VI, 348–363 (C. Probst); KMed I, 214–230 (R. Toellner); G. A. Lindeboom: H. B. The Man and His Works (London 1968); G. A. Lindeboom (Hrsg.): B. and His Time (Leiden 1970).

Bohr, Niels, dänischer Physiker, * 7.10.1885 Kopenhagen, † 18.11.1962 ebenda.

B., Sohn eines Physiologieprofessors, promovierte 1911 in Kopenhagen, arbeitete 1911/12 bei *J. J. Thomson* am Cavendish-Laboratorium in Cambridge und 1912/13 bei *E. → Rutherford* in Manchester und wurde 1916 Professor für theoretische Physik in Kopenhagen. Als einer der ersten half er nach 1933 aus Deutschland emigrierenden Wissenschaftlern. 1943 mußte er selbst nach Schweden fliehen. Über England emigrierte er in die USA und kehrte 1945 nach Kopenhagen zurück.

B. ist der wohl tiefste Physiker des ersten Viertels dieses Jahrhunderts. Er hat die ältere Quantentheorie der Atome begründet, durch seine grundlegenden Beiträge, Fragen und Ideen der Entwicklung der Quantentheorie die Richtung vorgezeichnet und ihr mit der ›Kopenhagener Deutung‹ die erste konsistente Interpretation gegeben. In den 1920er Jahren wurde sein Kopenhagener Institut zu einem internationalen Zentrum der theoretischen Physik, das von Physikern aus aller Welt besucht wurde. Mit seinem Denken und seiner Persönlichkeit hat B. mehrere Generationen von Physikern entscheidend beeinflußt und ihnen geholfen, einen tieferen Zugang zu ihrer Wissenschaft zu gewinnen. Nach der Entdeckung und erkenntnistheoretischen Interpretation der Quantenmechanik wandte B. sich kernphysikalischen Problemen zu. Er führte den Begriff des Compound-Kerns ein, entwickelte das Tröpfchenmodell des Atomkerns und trug zum Verständnis der Kernreaktionen und insbesondere der Kernspaltung, die 1938 von *O.* → *Hahn* und *F. Straßmann* entdeckt wurde, bei. Zeitweise war B. Koordinator der britischen und amerikanischen Atomenergieprojekte und arbeitete in Los Alamos am Manhattan-Projekt zum Bau der amerikanischen Atombombe mit. Frühzeitig machte er jedoch auch auf die politischen und menschlichen Gefahren und Chancen der Atomenergie aufmerksam. 1950 trat er in einem Memorandum an die UN für eine internationale Regelung dazu ein und für eine ›offene Welt‹ mit dem freien Austausch von Menschen und Ideen als Bedingung des Friedens.

Das 1911 von *Rutherford* aufgestellte Planetenmodell des Atoms konnte weder die Linienspektren der Atome noch deren Stabilität erklären, da nach der klassischen Elektrodynamik ständig Energie durch Abstrahlung verloren gehen müßte. In einer radikalen Abkehr von der klassischen Physik gelang B. 1913 der entscheidende Durchbruch zu einer ersten Erklärung des Rutherfordschen Atommodells durch eine geniale Verbindung mit der Quantenhypothese von *M.* → *Planck* und *A.* → *Einstein*. Im B.schen Atommodell sind von den klassisch möglichen Elektronenbahnen nur noch die den B.schen Quantenbedingungen genügenden Quantenbahnen erlaubt. Diese diskreten stabilen Bahnen sind durch ganzzahlige Vielfache des Planckschen Wirkungsquantums charakterisiert. Emission und Absorption von Strahlung finden in diesen stationären Zuständen nicht statt, sondern nur beim Übergang (Quantensprung) eines Elektrons zwischen zwei Bahnen, wobei die Frequenz der Strahlung von deren Energiedifferenz bestimmt wird (B.sche Frequenzbedingung). B. gelang damit eine quantitative Erklärung des Linienspektrums des Wasserstoffs (bis auf die Feinstruktur). Als glänzende Bestätigung des B.schen Modells erwies sich die diskontinuierliche Anregung von Atomen des Quecksilberdampfes durch Elektronenbeschuß im Versuch von *James Franck* (* 26.8.1882 Hamburg, † 21.5.1964 Göttingen) und *Gustav Hertz* (* 22.7.1887 Hamburg, † 30.10.1975 Berlin), die dafür 1926 den Nobelpreis für Physik erhielten. Auf der Grundlage des von *A.* → *Sommerfeld* erweiterten Atommodells gelang B. 1922 eine Erklärung des chemischen Periodensystems, wobei er einen Schalenaufbau der Atome annahm.

B. bemühte sich besonders um die Erkenntnis der Prinzipien, die seinen Forschungen zugrundeliegen. Sein heuristisches Korrespondenzprinzip ermöglichte ihm die Behandlung der Auswahlregeln und der Linienspektren und war von großem Wert bei der Ausarbeitung der Quantentheorie durch *M.* → *Born*, *L.-V. de* → *Broglie*, *P. A. M.* → *Dirac*, *W.* → *Heisenberg*, *W.* → *Pauli* und *E.* → *Schrödinger*. Die 1926/27 von B. und *Heisenberg* gegebene Kopenhagener Deutung ermöglichte erstmals ein konsistentes Verständnis der Quantentheorie. Wesentlich ist dabei der 1927 von B. eingeführte Begriff der ›Komplementarität‹. Trotz dem Gegensatz zwischen klassisch-deterministischer Physik und wahrscheinlichkeitlicher Quantentheorie müssen bei der Beschreibung der Ergebnisse mikrophysikalischer Experimente notwendig klassische Begriffe verwendet werden. Wie die Heisenbergschen Unbestimmtheitsrelationen zeigen, ist aber eine Objektivierung zu einer raumzeitlichen Beschreibung nicht länger widerspruchsfrei möglich. Die unter verschiedenen experimentellen Bedingungen gewonnenen Aussagen können nicht in einem einzigen Bild verstanden werden – sie sind komplementär zueinander. Einerseits schließen sie sich aus, und die Bedingungen des jeweiligen Experiments sind auch die Bedingungen der jeweiligen Anwendbarkeit der Begriffe; andererseits ergänzen sie einander aber auch, denn erst die Gesamtheit der Phänomene beschreibt ein Objekt in seiner Gesamtheit. Die Struktur des so als komplementär beschriebenen Objekts wird von B. als Individualität oder Ganzheit bezeichnet. Komplementarität ist die Zusammengehörigkeit einander ausschließender Möglichkeiten, Erfahrungen von ein und demselben Objekt zu machen. Die Kopenhagener Deutung wurde fast allgemein akzeptiert. Zu ihren schärfsten Kritikern gehörte jedoch *Einstein*. Er mochte sich mit einer bloß probabilistischen Naturbeschreibung, der Aufgabe der klassischen Vorstellung von physikalischer Realität und der neuen Auffassung von physikalischer Erklärung, die er als positivistisches Kleben am Beobachtbaren bezeichnete, nicht abfinden. B.s jahrelange Diskussion mit *Einstein*s herausfordernden Einwänden (wie dem Gedankenexperiment von *Einstein, Boris Podolsky* [* 1896, † 1966] und *Nathan Rosen* [* 1909, † 1995]), die auch heute noch fundamentale Probleme enthalten, spielten eine interessante Rolle bei der Entwicklung der Auffassungen Bohrs.

B. hat den Komplementaritätsbegriff später auch verwendet, um Licht auf Sachverhalte des Lebens und Denkens außerhalb der Physik zu werfen. Dabei wird nicht einfach ein physikalischer Begriff über die Physik hinaus verallgemeinert, vielmehr liegt die Pointe der Kopenhagener Deutung gerade darin, daß die Schwierigkeiten, die Quantentheorie nicht nur handhaben, sondern auch denken zu können, »als eine lehrreiche Erinnerung an die allgemeinen Bedingungen der menschlichen Begriffsbildungen betrachtet werden dürfen« (1929) – ein Problem, mit dem B. an philosophische Überlegungen vor 1913 anknüpfte. Die Wurzeln des Komplementaritätsbegriffs liegen bei B. einerseits im Problem der Willensfreiheit, andererseits in der Besinnung auf unsere Ausdrucksmittel und die Bedingungen der Anwendbarkeit der Sprache. Komplementär sind nach B. z.B. Denken und Wollen, Liebe und Gerechtigkeit, die strenge Anwendung der an die Beschreibung der leblosen Natur angepaßten Begriffsbildungen zu der Berücksichtigung der Gesetzmäßigkeiten der Lebenserscheinungen oder die physiologische Verfolgung der Gehirnvorgänge und das Gefühl des freien Willens. Mit der Idee der Komplementarität soll eine Antwort auf die Frage nach dem Verhältnis von Selbsterkenntnis und Erkenntnis von Objekten gegeben werden. B. geht dabei von unserer menschlichen Grunderfahrung aus – wie er es ausdrückt –, sowohl Zuschauer als auch Mitspieler im Drama des Lebens zu sein. [Koch/Meyer-Abich]

Werke: Collected Works, hrsg. von L. Rosenfeld [ab Bd 5: E. Rüdinger] (Bd 1 ff., Amsterdam 1972 ff.). – *Bibl.*: *Nuclear Physics* 41 (1963), 7–12. – *Lit.*: DSB II, 239–254 (L. Rosenfeld); GWG XI, 34–49 (A. Hermann); KNph 374–392 (E. Scheibe); GPh II, 276–284 (U. Röseberg): K. M. Meyer-Abich: Korrespondenz, Individualität und Komplementarität (Wiesbaden 1965); S. Rozental (Hrsg.): Schicksalsjahre mit N. B. Erinnerungen an den Begründer der modernen Atomtheorie (Stuttgart 1991; zuerst engl., Amsterdam ²1968); K. von Meÿenn u.a. (Hrsgg.): N. B. 1885–1962. Der Kopenhagener Geist in der Physik (Braunschweig 1985); U. Röseberg: N. B. – Leben und Werk eines Atomphysikers 1885–1962 (Heidelberg ³1992; mit Bibl.); S. Petruccioli: Atoms, Metaphores and Paradoxes. N. B. and the Construction of a New Physics (Cambridge 1993); J. Faye/H. J. Folse (Hrsgg.): N. B. and Contemporary Philosophy (Dordrecht usw. 1994).

Boltzmann, Ludwig, österreichischer Physiker, * 20.2.1844 Wien, † 5.9.1906 Duino [bei Triest].

B. studierte in Wien und wurde 1867 dort Assistent bei *Josef Stefan* (* 24.3.1835 St. Peter [bei Klagenfurt], † 7.1.1893 Wien). Seine erste Wirkungsstätte als Professor der theoretischen Physik war Graz (1869). München, Wien und Leipzig waren Zwischenstationen, bis er 1902 nach Wien auf den Lehrstuhl *Stefan*s zurückkehrte. Auf äußere Formen und Kleidung legte B. wenig Wert, und manch erheiternde

Anekdote wurde über ihn erzählt. Trotz der beißenden Ironie, die gelegentlich hervortrat, hatte B. ein gütiges Wesen. Er liebte die Musik. In seinen letzten Lebensjahren bedrückten ihn körperliche Leiden. Mit 62 Jahren setzte er seinem Leben gewaltsam ein Ende.

Eine seiner ersten großen Leistungen war die Bestätigung der Maxwellschen Relation über den Brechungsquotienten eines Diëlektrikums ($a = \sqrt{\varepsilon}$), allerdings nur für Gase (1874): Der Brechungsquotient ist bei den Gasen nur wenig von der Wellenlänge abhängig. Die Physiker des europäischen Festlandes begannen daraufhin, sich mehr mit der Maxwellschen Theorie der elektromagnetischen Wellen zu beschäftigen. – B.s Lebenswerk war es, der Thermodynamik eine neue Form gegeben zu haben und zusammen mit *J. C.* → *Maxwell* die statistische Mechanik zu begründen. *R.* → *Clausius* und *W.* → *Thomson* hatten eine neue Zustandsgröße, die Entropie, eingeführt. Nicht umkehrbare Vorgänge (irreversible Vorgänge) werden mit Hilfe der Entropie quantitativ erfaßt. Man denke z.B. an den Vorgang der Wärmeleitung, bei dem von einem heißen Körper Wärme auf einen weniger heißen Körper übergeht. Die Entropie nimmt dabei zu; die große kinetische Energie der kleinsten Teilchen des heißen Körpers verteilt sich auf die Vielzahl der weniger energiereichen kleinsten Teilchen des anderen Körpers. Das Verdienst B.s besteht darin, die Entropie im molekularen Bild gedeutet zu haben: Die Zunahme der Entropie ist ein Übergang in einen Zustand von größerer Wahrscheinlichkeit. Auf B.s Ehrengrab in Wien steht die fundamentale Beziehung: $S = k \cdot \log W$, d.h. die Entropie S ist dem natürlichen Logarithmus der Wahrscheinlichkeit proportional. Die Konstante k heißt B.-Konstante, sie hat eine universale Bedeutung. B. untersuchte mit Hilfe der Maxwellschen Verteilungsformel die Dichteschwankung eines Gases in einem Kraftfeld und gelangte dabei zu einem Theorem, durch das ein thermisches Gleichgewicht ganz allgemein bestimmt ist. Die barometrische Höhenformel ist darin als Spezialfall enthalten. Auch die Zustandsgleichung idealer Gase läßt sich mit der B.-Konstanten übersichtlicher formulieren.

B. war ein überzeugter Anhänger der atomistischen Hypothese und hatte daraufhin viele seiner Zeitgenossen zum Gegner – man denke nur an *W.* → *Ostwald*. Auch *M.* → *Planck* stand der atomistischen Gastheorie B.s zunächst ablehnend gegenüber. In seiner berühmten Strahlungsformel mit dem Wirkungsquantum h griff *Planck* jedoch auf B.s Vorstellungen über die Entropie zurück. Und das Stefan-B.sche Strahlungsgesetz, nach dem die ausgestrahlte Leistung der 4. Potenz der absoluten Temperatur proportional ist, präsentierte sich als ein Sonderfall des Planckschen Ausdrucks.

[Wiederkehr]

Werke: Populäre Schriften (Leipzig 1905); Wissenschaftliche Abhandlungen, hrsg. von F. Hasenöhrl (3 Bde, Leipzig 1909); Gesamtausgabe, hrsg. von R. U. Sexl (Bd 1 ff., Braunschweig/Wiesbaden 1981 ff.). – *Bibl.*: Pogg VII a Suppl., 102–104 (Sekundärliteratur). – *Lit.*: DSB II, 260–268 (S. G. Brush; mit Bibl.); GPh II, 51–65 (D. Flamm); E. Broda: L. B., Mensch – Physiker – Philosoph (Wien 1955); W. Höflechner: L. B., 1844–1906. Vollender der klassischen Thermodynamik. Eine [Ausstellungs-]Dokumentation (München 1985); C. Cercignani: L. B., the Man Who Trusted Atoms (Oxford 1998).

Bolzano, Bernard, böhmischer Mathematiker, Philosoph und Theologe, * 5.10.1781 Prag, † 18.12.1848 ebenda.

Ein Leben im Zwiespalt – so könnte man das Schicksal des böhmischen Gelehrten charakterisieren, dessen wahre Bedeutung erst von der Nachwelt allmählich erkannt wurde. Die Religiosität der Mutter, das soziale Verantwortungsgefühl des belesenen, die Ideen der Aufklärung verfechtenden Vaters sowie die prägende Kraft des Gymnasiums und (ab 1796) der philosophischen Fakultät der Prager Universität formen den vielseitig interessierten Jungen. Nach einem vom Vater zugestandenen Bedenkjahr entscheidet er sich für das Studium – der Theologie, aber auch der Mathematik. Trotz tiefgehender Zweifel an der katholischen Lehre glaubt er, als Priester dem Gemeinwohl am besten dienen zu können. Sicherheit im Denken aber findet er in der begrifflichen Strenge und präzisen Beweisführung der Mathematik. Als 1804 an der Universität der Lehrstuhl für Elementarmathematik und ein auf Geheiß von Kaiser Franz I. neu eingerichteter Lehrstuhl der Religionswissenschaft zu besetzen sind, bewirbt sich der 23jährige Priester um beide – und wird auf den letzteren berufen! Zweck der Errichtung sollte die Stärkung der katholischen Kräfte gegen die von der französischen Revolution ausgehenden aufklärerischen und freidenkerischen Tendenzen sein. Die Berufung B.s, dessen soziales Gewissen und kritische Selbständigkeit ihn gewiß nicht für diese Aufgabe prädestinierten, mußte zum Konflikt führen. Die anfangs mißtrauischen Studenten besuchten bald die Vorlesungen und die obligatorischen Sonntagspredigten mit Begeisterung, trug doch B. in den ›Erbauungsreden‹ seine eigenen politischen und sozialen Ansichten vor und wagte z.B. zu prophezeien, daß einmal alle Unterschiede in der Stellung der Menschen aufgehoben würden. Eine 1816 von der Regierung eingeleitete Untersuchung führte Ende 1819 zur Entlassung, da sich B. weigerte, ihm als Irrlehre angekreidete Ansichten zu widerrufen.

Die folgenden Jahre lebte B., ganz der wissenschaftlichen Arbeit hingegeben, bei Freunden in Südböhmen; erst 1842 kehrte er wieder in seine Vaterstadt zurück. Er schrieb viel über theologische, politische und soziale Fragen und faßte u.a. seine Vision einer gerechten Gesellschaft in der Arbeit ›Von dem besten Staate‹ zusammen, die unter den damaligen Verhältnissen allerdings nicht gedruckt wurde, sondern nur in Abschriften zirkulierte. Vor allem griff er die logischen und mathematischen Studien wieder auf, aus denen schon 1810 ›Beyträge zu einer begründeteren Darstellung der Mathematik‹ hervorgegangen waren. Jetzt verfaßte er eine vierbändige ›Wissenschaftslehre‹ (erschienen 1837). Das Werk blieb damals jedoch fast unbeachtet und stieß erst in den letzten Jahrzehnten auf verstärktes Interesse. B. hatte sich darin zu den modernen Begriffen der Aussage und der Aussagefunktion vorgearbeitet und, noch ohne speziellen logischen Algorithmus, zahlreiche Begriffe und Lehrsätze formuliert, so daß er zu den Begründern der mathematischen Logik gerechnet wird.

Ein ähnliches Schicksal war den tiefgreifenden Untersuchungen B.s auf mathematischem Gebiet beschieden. Ähnlich wie *C. F. → Gauß*, *N. H. → Abel* und *A.-L. → Cauchy* erkannte er wesentliche Mängel in den Grundlagen und Beweisverfahren der damaligen Mathematik und nahm sich vor, in einer ›Größenlehre‹ wichtige Teile in einwandfreier, logisch konsistenter Weise darzustellen. Das Vorhaben blieb Fragment, einzelne Stücke daraus wurden erst seit der Mitte des 20. Jahrhunderts publiziert – als sie die Entwicklung der Mathematik nicht mehr beeinflussen konnten. So hatte B. die Notwendigkeit der Begründung der reellen Zahlen erkannt und – wie später *K. → Weierstraß* und andere Mathematiker – eine Theorie derselben entwickelt. Darauf aufbauend entwarf er eine ›Functionenlehre‹, eine Theorie der reellen Funktionen, die eine Anzahl bemerkenswerter Ergebnisse aus der zweiten Hälfte des 19. Jahrhunderts vorwegnimmt, allerdings auch durch eine Reihe von Irrtümern beweist, wie mühsam sich B. den Weg ins Neuland erkämpfen mußte. Erstaunlichstes Ergebnis ist die Konstruktion einer stetigen, aber nirgends differenzierbaren Funktion als Limes einer Folge stetiger Funktionen auf dem abgeschlossenen Intervall [0, 1], der sog. Bolzano-Funktion. Das erste bekanntgewordene Beispiel einer solchen Funktion wurde erst 1872 von *Weierstraß* angegeben (publiziert 1875) und damals mit großer Verwunderung zur Kenntnis genommen. Auch in der Mengenlehre ist B. als Pionier anzusehen. In den ›Paradoxien des Unendlichen‹ bemerkte er die besondere Eigenschaft unendlicher Mengen, daß sie auf eine echte Teilmenge umkehrbar eindeutig abgebildet werden können – Jahrzehnte, bevor *G.* → *Cantor* und *R. Dedekind* diese Eigenschaft als charakteristisch erkennen und ihre Konsequenzen verfolgen. So war B. als Mathematiker seiner Zeit in vielen Erkenntnissen weit voraus, ohne daß die Wissenschaft damals von seinen Leistungen wußte.

Wie hätte sich die Mathematik im 19. Jahrhundert entwickelt – ist man versucht zu fragen –, wäre B. 1804 die mathematische statt der religionswissenschaftlichen Professur übertragen worden? Wäre lange vor *Weierstraß* und *Cantor* die Erneuerung der Grundlagen, der Ausbau der Theorie der reellen Funktionen und die Schöpfung der Mengenlehre in Gang gekommen? Oder wäre B. mit seinen Ideen auf Unverständnis und Ablehnung der Fachkollegen gestoßen, so wie es den Begründern der nichteuklidischen Geometrie, *J. Bolyai* und *N. I. Lobatschewski*, oder dem Stettiner Mathematiker *Hermann Graßmann* (* 15.4.1809 Stettin, † 26.9.1877 ebenda) mit seiner Ausdehnungslehre erging? Eine gewisse Parallele im Schaffen aller dieser Mathematiker ist ja nicht zu verkennen: in ihren Werken berühren sich mathematisches und philosophisches Denken, Auffassungen vom Raum und vom Wesen mathematischer Erkenntnis, so daß die Beschäftigung mit ihren mathematischen Theorien stets auch eine Auseinandersetzung mit der damit verbundenen philosophischen Einstellung bedingte. [Scriba]

Werke: Gesamtausgabe (Bd 1[–100] in 4 Reihen, Stuttgart-Bad Cannstatt 1969 ff.). – *Lit.*: DSB II, 273–279 (B. van Rootselaar); E. Winter: B. B. Ein Denker und Erzieher im österreichischen Vormärz (Wien 1967); E. Winter: B. B. Ein Lebensbild (Stuttgart-Bad Cannstatt 1969); W. Künne (Hrsg.): B. and Analytic Philosophy (Amsterdam usw. 1997); H. Ganthaler/O. Neumaier (Hrsgg.): B. und die österreichische Geistesgeschichte (Sankt Augustin 1997).

Bonnet, Charles, schweizerischer Naturforscher und Philosoph, * 13.3.1720 Genf, † 20.5.1793 Landgut Genthod [bei Genf].

B. litt zeit seines Lebens unter einer zunehmenden Taubheit, war deshalb auch nur ein mittelmäßiger Schüler, so daß der Vater ihn von einem privaten Tutor unterrichten ließ, der allerdings sein Interesse an der Naturgeschichte weckte. 1738 schickte B. einen ersten entomologischen Traktat an die Pariser Akademie der Wissenschaften. Auf Wunsch des Vaters studierte er dann aber Rechtswissenschaften, in denen er auch 1744 promovierte. Er war von 1752 bis 1768 Mitglied des Großen Rates von Genf, setzte aber seine als Jüngling begonnenen naturkundlichen Studien fort. Nach seiner Heirat mit Jeanne-Marie de La Rive im Jahre 1756 zog er sich wegen zunehmender Gesundheitsprobleme – zu der Taubheit kam neben Asthma sehr früh ein zur fast völligen Blindheit führendes Augenleiden hinzu, das ihn zwang, mikroskopische Untersuchungen ganz aufzugeben – auf ihr Gut in der Nähe von Genf zurück.

B. hatte 1740 entdeckt, daß weibliche Blattläuse sich auch ohne Männchen parthenogenetisch fortzupflanzen vermögen, was allgemein als Bestätigung der Präformationstheorie angesehen wurde, und hatte dann gezeigt, daß die Parthenogenese ein allgemeines Phänomen der Fortpflanzung bei Arthropoden darstellt; zwei Jahre später (1742) hatte er entdeckt, daß die Stigmen der Raupen und Schmetterlinge Außenöffnungen eines weitverzweigten Tracheensystems sind. Nachdem er die berühmten Versuche von *Abraham Trembley* (* 3.9.1710 Genf, † 12.5.1784 ebenda), der das Generationsvermögen der von ihm Zoophyten genannten Süßwasserpolypen entdeckt und mit seinen Untersuchungen wichtige Grundlagen einer experimentellen Biologie geschaffen hatte, am grünen Süßwasserpolypen überprüfen und bestätigen konnte, gelang es ihm, auf experimentellem Wege nachzuweisen, daß auch andere niedere Tiere, insbesondere Würmer und Gliederfüßler, regenerationsfähig sind.

Auf Gut Genthod widmete er sich dann notgedrungen vermehrt den theoretischen Problemen der Biologie. Er baute die auf → *Aristoteles* zurückgehende und von *G. W.* → *Leibniz* bestärkte Vorstellung von der hierarchisch aufgebauten ununterbrochenen Stufenleiter aller seit der Schöpfung in den Arten unveränderten lebenden und toten Körper (›scala naturae‹) am konsequentesten aus. Auch entwickelte er den mit eigenen Beobachtungen an Blattläusen begründeten ovulistischen Standpunkt der Präformationstheorie weiter und nahm an, daß jeder weibliche Organismus bereits die Keime sämtlicher nachfolgenden Generationen in sich trage. In Anlehnung an *Étienne Bonnot de Condillac* (* 30.9.1715 Grenoble, † 3.8.1780 Beaugency) vertrat er in seinen naturphilosophischen Werken, den ›Considérations sur les corps organisés‹ (Paris/Amsterdam 1762; dt. von J. A. E. Goeze, Lemgo 1775) und der ›Contemplation de la nature‹ (Amsterdam 1764; dt. von J. D. Titius, Leipzig 1766) einen sensualistischen Vitalismus.

Werke: Œuvres d'histoire naturelle et de philosophie (18 Bde/8 Bde, Neuchâtel 1779–1783); Mémoires autobiographiques de C. B. de Genève (Paris 1948); The Correspondence between Albrecht von Haller and C. B., hrsg. von O. Sonntag (Bern 1983). – *Lit.*: DSB II, 286 f. (P. E. Pilet); G. Bonnet: C. B. (Paris 1929); L. Anderson: C. B. and the Order of the Known (Dordrecht usw. 1982); V. P. Dawson: Nature's Enigma. The Problem of the Polyp in the Letters of B., Trembley and Réaumur (Philadelphia 1987); M. C. Grober: C. B. of Geneva. From Natural History to Metaphysical Romance (PhD Thesis Berkeley 1990). [Krafft]

Borelli, Giovanni Alfonso, italienischer Naturforscher, getauft am 28.1.1608 Castelnuovo [bei Neapel], † 31.12.1679 Rom.

B., der bedeutendste Vertreter der iatrophysikalischen Forschung des 17. Jahrhunderts, der Vorstufe der Biophysik, und Wegbereiter der Newtonschen Himmelsmechanik, war der Sohn eines spanischen Soldaten in Neapel. Er studierte durch den Einfluß von *Tommaso Campanella* (* 5.9.1568 Stilo [Calabrien], † 21.5. 1639 St. Honoré [Paris]) in Rom Astronomie und Physik, besonders Mechanik, und hatte den bedeutenden Galileischüler *B. Castelli* zum Lehrer, der ein vorzüglicher Kenner der Hydrostatik und Hydraulik war, was nicht ohne Einfluß auf seine späteren Vorstellungen von der Gravitation blieb. Nach intensivem Studium erhielt B. 1635 eine Professur für Philosophie und Mathematik in Messina, wo seine Forschungen allerdings unter den unzureichenden Verhältnissen zu leiden hatten. Die Bemühungen seiner Gönner erbrachten jedoch erst 1656 eine Professur in Pisa. Sein jüngerer Kollege *M.* → *Malpighi* hatte hier gerade den Lehrstuhl für Medizin erhalten; gleiche Interessen führten schnell zu einer engen Freundschaft und gegenseitiger Einflußnahme. Schon im folgenden Jahr wurde B. auch in die von Galileischülern unter dem Protektorat und mit Unterstützung der Medici in Florenz neugegründete ›Experimentiergesellschaft‹, die Accademia del cimento, aufgenommen. Zehn Jahre unbeschwerten Experimentierens und Beobachtens waren ihm vergönnt, bis ihn 1667 die Auflösung der Accademia zwang, sich wieder nach einem Lehrstuhl umzusehen. Trotz seiner Mittellosigkeit konnte ihn aber nur ein erhöhtes Gehalt wieder nach Messina locken. Schon 1674 mußte er jedoch wegen des Ausbruchs einer Verschwörung gegen die spanische Oberherrschaft die Stadt verlassen und floh nach Rom, wo die hier im Exil lebende Königin Christina von Schweden, eine geistreiche Förderin der Wissenschaften, ihn als Experimentatoren in ihren Kreis aufnahm, bis auch sie sich nach einer Intrige gezwungen sah, ihn zu entlassen. Er fand schließlich Aufnahme im Kloster St. Pantaleon in Rom und wirkte bis an sein Lebensende an der Klosterschule als Mathematiklehrer.

1666 erschien B.s astronomisches Hauptwerk, die ›Theoricae Mediceorum planetarum ex causis physicis deductae‹, das ihn schnell allgemein bekannt machte. Er versuchte hierin erstmals nach *J. → Kepler*, die Bewegungen aller Planeten, nicht nur jene ›Mediceischen‹, wie *G. → Galilei* die von ihm entdeckten vier Jupitermonde genannt hatte, worin B. ihm aus Dankbarkeit gegenüber seinen Gönnern folgte, in Anlehnung an die neue geometrische Theorie der Ellipsenbahnen des französischen Mathematikers und Astronomen *Ismaël Boulliau* (* 28.9.1605 Loudun, † 25.11.1694 Paris) physikalisch zu erklären: Die Planeten sollen im Gleichgewicht zur Sonne im Weltenäther schwimmen und von deren Strahlen unter Anwendung eines Trägheitsprinzips im Kreise herumgeführt werden; die dabei auftretenden Zentrifugalkräfte würden durch ein seelisches Streben der Planeten zur Sonne hin in der Art kompensiert, daß eine elliptische Bahn enstehe. Eine Zentralkraft lehnt B. als treuer Galileianhänger ab, und auch über die Größe der ›Kräfte‹ macht er sich noch keine Gedanken. Er deutete die Gravitation vielmehr so, daß sich auf sie alle Bewegungen der irdischen Körperwelt zurückführen ließen, welche er wiederum als hydrostatische Probleme auffaßte: ›Über die natürlichen Bewegungen, welche von der Schwerewirkung abhängen‹ lautet der Titel der diesbezüglichen, 1670 erschienenen Schrift, in der auch die wichtigsten Erscheinungen der von ihm entdeckten Kapillarität beschrieben und zu erklären versucht werden.

B. erlebte nicht mehr das Erscheinen seines Christina gewidmeten wichtigsten Werkes ›De motu animalium‹ (›Über die Bewegung der Lebewesen‹, 2 Teile, Rom 1680–1681), das grundlegend wurde für die Weiterentwicklung der Medizin (Iatrophysik), besonders der Anatomie. (Nach seinem Tode wurde in Montpellier ein eigener Lehrstuhl für die Forschungsmethode B.s errichtet.) Die neuen Erkenntnisse der Mechanik waren von B. in diesem Werk erstmals umfassend und systematisch zur Erklärung der äußeren und inneren Bewegungsvorgänge der Lebewesen angewendet worden; und experimentell wurde nachgewiesen, daß in lebenden Körpern dieselben Naturgesetze herrschen wie in der unbelebten Natur. Die umgekehrte Anwendung von Formen und Vorgängen im Bereich der Lebewesen zur Lösung technischer Probleme fand in vergleichbarem Umfang erst in der zweiten Hälfte unseres Jahrhunderts in der Bionik genannten Wissenschaft eine Nachfolge. [Krafft]

Lit.: DSB II, 306–314 (T B. Settle; mit Bibl.); G. Barbensi: G. A. B. (Triest 1947); T. DeRenzini: G. A. B. fisico. In: Celebrazione della Accademia del Cimento nel tricentenario della fondazione (Pisa 1957); A. Koyré: La révolution astronomique: Copernic, Kepler, B. (Paris 1961; englisch Paris/London 1973); E. Balaguer Perigüel: La introducción del modelo fisico-matemático en la medicina moderna (Valencia 1974); A. Scorsone: G. A. B. Ricerche e considerazione sulla vita e sulle opere (Palermo 1993).

Born, Max, deutscher Physiker, * 11.12.1882 Breslau, † 5.1.1970 Göttingen.

B., Sohn eines Anatomieprofessors, studierte in Breslau, Heidelberg und Zürich, promovierte und habilitierte sich in Göttingen, arbeitete 1909 vorübergehend bei *J. J. Thomson* in Cambridge und hielt 1912 auf Einladung von *A. A. Michelson* Vorlesungen über Relativitätstheorie in Chicago. 1919 wurde er außerordentlicher Professor in Berlin, um *M. → Planck* von seinen Vorlesungsverpflichtungen zu entlasten, 1919 Ordinarius für theoretische Physik in Frankfurt und 1921 in Göttingen als Nachfolger von *P. → Debye*. Nach seiner Amtsenthebung durch die nationalsozialistischen Machthaber emigrierte er 1933: Er war drei Jahre Stokes Lecturer für angewandte Mathematik in Cambridge, 1936 Gastprofessor in Bangalore (Indien) auf Einladung von *C. V.* → *Raman* und 1935 bis 1953 Professor für theoretische Physik in Edinburgh. 1939 wurde er britischer Staatsbürger. Ab 1953 lebte er in Bad Pyrmont. 1954 erhielt er den Nobelpreis für Physik (zusammen mit *Walther Bothe* [* 8.1.1891 Oranienburg, † 8.2.1957 Heidelberg]).

B. war nicht nur einer der bedeutendsten Wegbereiter der modernen Physik, sondern auch einer der fruchtbarsten Lehrer; zu seinen Schülern in Göttingen zählen: *E.* → *Fermi*, *W.* → *Heisenberg*, *Pascual Jordan* (* 18.10.1902 Hannover, † 31.7.1980 Hamburg), *Johann von Neumann* (* 28.12.1903 Budapest, † 8.2.1957 Washington), *W.* → *Pauli* und *Edward Teller* (* 15.1.1908 Budapest), der ›Vater der Wasserstoffbombe‹, in Edinburgh: *Klaus Fuchs* (* 29.12.1911 Rüsselsheim, † 28.1.1988 Ost-Berlin).

B. hinterließ ein riesiges, sehr vielseitiges Werk (20 wissenschaftliche Bücher, darunter weitverbreitete Lehrbücher, 300 wissenschaftliche Artikel). Die Wellenmechanik *E.* → *Schrödingers* (1926) und die Matrizenmechanik *Heisenbergs* (1925), von B., *Jordan* und *Pauli* weiterentwickelt, gingen von physikalisch unterschiedlichen Ansätzen aus. B. verband beide durch die ›statistische Interpretation‹ der Quantentheorie, wonach die Schrödingersche Wellenfunktion einer Wahrscheinlichkeitsamplitude ist: »Die Bewegung der Partikeln folgt Wahrscheinlichkeitsgesetzen, die Wahrscheinlichkeit selbst aber breitet sich im Einklang mit dem Kausalgesetz aus« (1926), nämlich nach der deterministischen Schrödingergleichung. – Hinzu kommen viele wichtige Arbeiten aus anderen Bereichen: zur Elastizität (1907), zur Festkörperphysik (1923), insbesondere zur Quantentheorie der spezifischen Wärme (1912) und zur Gittertheorie der Kristalle (1953), zur Relativitätstheorie (1909 in der Habilitationsschrift über die relativistische Selbstenergie des Elektrons; 1920) und zur Optik (1933). Nach dem Zweiten Weltkrieg beschäftigte sich B. mit philosophischen Problemen der Physik und mit der Verantwortung des Naturwissenschaftlers (1965): »Mein optimistischer Glaube an ein Forschen nach Wahrheit um ihrer selbst willen ist schwer erschüttert worden« (1957). 1957 unterzeichnete er die ›Göttinger Erklärung‹ gegen eine westdeutsche Atombewaffnung. [Koch/Meyer-Abich]

Werke: Ausgewählte Abhandlungen (2 Bde, Göttingen 1963; mit Bibl.); Zur statistischen Deutung der Quantentheorie (Stuttgart 1962; mit Biographie und Bibliographie von A. Hermann); Albert Einstein / Hedwig und M. B., Briefwechsel 1916–1955, kommentiert von M. B. (München 1969, 1991); Mein Leben. Die Erinnerungen des Nobelpreisträgers (München 1975). – *Lit.*: DSB XV, 39–44 (A. Hermann); GWG XI, 34–49 (A. Hermann); GPh II, 249–262 (H. Rechenberg); H. Vogel: Physik und Philosophie bei M. B. (Berlin 1968); J. Lemmerich (Hrsg.): Der Luxus des Gewissens: M. B., James Franck, Physiker in ihrer Zeit. Ausstellung (Berlin 1982).

Bourbaki, Nicolas, Pseudonym einer Gruppe französischer Mathematiker (seit 1934).

Als vor Jahren in einem Artikel der ›Encyclopaedia Britannica‹ behauptet worden war, daß es B. eigentlich gar nicht gebe, empfingen die Herausgeber bald darauf einen geharnischten Brief, unterzeichnet von *Nicolas Bourbaki*. Darin beschwerte sich der Schreiber darüber, daß man ihm das Recht der Existenz streitig gemacht habe. Inzwischen ist das Geheimnis, das dieses Pseudonym anfangs umgab, längst gelüftet: Dahinter verbarg sich eine Gruppe junger französischer Mathematiker, die sich im Wintersemester 1934/35 erstmals getroffen hatte mit dem Ziel, eine Gesamtdarstellung der wesentlichen Teile der modernen Mathematik zu entwerfen. Das revolutionär Neue daran sollte das einheitliche Konzept sein. Man plante einen streng axiomatischen und völlig abstrakten Aufbau des Gesamtgebäudes der mathematischen Theorien. Ältestes Vorbild dafür waren die berühmten, über 2000 Jahre alten ›Elemente‹ des → *Euklid* – der Gesamttitel lautet denn auch ›Éléments de mathématique‹ –, als gegenwartsnähere sind die ›Grundlagen der Geometrie‹ (zuerst 1899) von *D.* → *Hilbert* sowie Arbeiten von *Ernst Steinitz* (* 13.6.1871 Lausahütte [Oberschlesien], † 29.9.1928 Kiel), *Emmi Noether* (* 23.3.1882 Erlangen, † 14.4.1935 Bryn Mawr, Pa./USA) und andere zu nennen, die für begrenzte Bereiche ein solches Konzept verwirklicht hatten. Zu den Initiatoren und Mitbegründern der Gruppe gehörten *Henri Cartan* (* 8.7.1904 Nancy) und *André Weil* (* 6.5.1906 Paris, † 6.8.1998 Princeton, N.J./USA). Auf letzteren geht wohl die Wahl des Decknamens B. (nach einem General B., der am Deutsch-Französischen Krieg 1870/71 beteiligt war) zurück. *Weil* siedelte B. in einem imaginären Land ›Poldavia‹ an und gab in seiner eigenen Biographie als einzige Ehrung »Mitglied der Poldavischen Akademie der Wissenschaften« an. Auf drei- bis viermal im Jahr stattfindenden Kongressen wurden in langen Diskussionen nach mehrfacher Überarbeitung durch verschiedene Mitglieder die einzelnen Kapitel der ›Éléments‹ in ihre endgültige Form gebracht; seit 1948 fanden ergänzend in Paris regelmäßig sog. B.-Seminare statt.

In der Reihe der seit 1939 herausgegebenen Hefte der ›Éléments‹ wurde zunächst die Mengenlehre dargestellt, auf deren Grundlage alle weiteren mathematischen Zweige errichtet werden sollten. Ihren Höhepunkt erreichte die Publikationstätigkeit B.s in den 1950er Jahren; doch bis heute erscheinen neue Ausgaben (teilweise in überarbeiteter Fassung – so nähert sich z.B. gegenwärtig ein neues Kapitel der Algebra dem Abschluß). Je nach Umfang enthalten die einzelnen Hefte ein oder mehrere Kapitel, die auf zehn, nur zum Teil numerierte ›Bücher‹ verteilt sind. Einen Gesamtplan seiner Serie hat der anonyme Verfasser nie vorgelegt. Neben Mengenlehre und Algebra gehören die allgemeine Topologie, Funktionen einer reellen Veränderlichen, topologische Vektorräume und die Integrationstheorie zu den bisher behandelten Teilgebieten der reinen Mathematik. Die ersten sechs Bände tragen den Untertitel ›Die fundamentalen Strukturen der Analysis‹, die weiteren haben eher den Charakter von mathematischen Monographien. Der Aufbau der jeweiligen Theorie erfolgt stets auf der Basis von Axiomen, die die Relationen zwischen den mathematischen Objekten festlegen; durch streng logische Schlüsse werden die bestehenden Beziehungen aufgehellt und die vorliegenden Strukturen untersucht. Ursprüngliches Ziel des gesamten Unternehmens war eine sichere Grundlage für die gesamte moderne Mathematik.

B.s abstrakter, auf alle Anschaulichkeit verzichtender Zugang zur Mathematik beeinflußte nach dem Zweiten Weltkrieg die mathematische Forschung und Lehre außerordentlich stark – nicht nur in Frankreich, sondern weltweit (Übersetzungen erschienen seit 1958 in russischer, seit 1966 in englischer und seit Ende der 1960er Jahre auch in japanischer Sprache). In den 1980er Jahren verlor B.s Darstellung der Mathematik in der Öffentlichkeit an Faszination – vor allem, weil der absichtlich unanschauliche Aufbau sich in Form einer Übergewichtung der Mengenlehre negativ auf den Schulunterricht ausgewirkt hatte.

B.s mathematikhistorische Noten, bewußt einseitig die frühen Vorstufen des eigenen Mathematikverständnisses betonend, erschienen erstmals 1960 gesammelt als ›Éléments d'histoire des mathématiques‹ und wurden in mindestens sechs Sprachen übersetzt. Der teleologische Aspekt, die modernisierte Wiedergabe der historischen Mathematik, die fragmentarische Darstellung sowie die rein internalistische Art von Geschichtsschreibung der Mathematik (selbst Anregungen aus oder Anwendungen in den mathematischen Naturwissenschaften wurden kaum je erwähnt) spiegelten B.s Intentionen und provozierten zum Teil heftige Kritik.

Lit.: DSB II, 351–353 (R. P. Boas, Jr.); H. Cartan: N. B. und die heutige Mathematik (Köln und Opladen 1959); A. Weil: Lehr- und Wanderjahre eines Mathematikers (Basel 1993; zuerst französ., Basel 1991); M. Chouchan: N. B. Faits et légendes (Paris 1993); A. Borel: Twenty Years with N. B., 1949–1973. In: *Mitteilungen der Deutschen Mathematiker-Vereinigung*, Heft 1/1998, 8–15; L. Beaulieu: History and Legend (Berlin usw., in Vorbereitung; basierend auf der PhD Thesis Montreal 1990: Une histoire du groupe de mathématiciens français et de ces travaux [1934–1944]).

[Scriba]

Boveri, Theodor, deutscher Zoologe und Zytologe, * 12.10.1862 Bamberg, † 15.10.1915 Würzburg.

B. studierte von 1881 bis 1885 in München zunächst Geschichte und Philosophie, dann Naturwissenschaften und war vorübergehend Assistent des Anatomen *Carl von Kupffer* (* 14.11.1829 Lesten [Kurland], † 16.12.1902 München), bei dem er 1885 auch mit einer Dissertation über ›Beiträge zur Kenntnis der Nervenfasern‹ promoviert wurde. B. arbeitete danach bei *R.* → *Hertwig* am Zoologischen Institut, anfangs als Stipendiat, später als freier Forscher und ab 1891 für zwei Jahre als Assistent; 1887 hatte er sich für Zoologie und Vergleichende Anatomie habilitiert. 1893 wurde B. auf den Lehrstuhl für Zoologie und Vergleichende Anatomie der Universtität Würzburg berufen. 1913 erhielt er eine Berufung als Direktor des zu gründenden Kaiser-Wilhelm-Instituts für Biologie in Berlin, den er aber ablehnte. – B. war befreundet mit *August Pauly* (* 13.3.1850 München, † 9.2.1914 München) und durch diesen im Sinne eines Psycholamarckismus beeinflußt. – B. führte einen großen Teil seiner Arbeiten an der Zoologischen Station in Neapel durch, die als wichtigstes Forschungsinstitut für die Biologie in Europa Anfang der 1870er Jahre von *Anton Dohrn* (* 29.12.1840 Stettin, † 26.9.1909 München) gegründet worden war. Von *R. Hertwig* auf die Bedeutung der Erforschung der Chromosomen hingewiesen und angeregt durch die Arbeiten des belgischen Embryologen *Edouard van Beneden* (* 5.3. 1846 Louvain, † 28.4.1910 Lüttich), widmete sich B. zunächst den Chromosomen von Ascaris. Später führte er zytologische und entwicklungsphysiologische Untersuchungen an verschiedenen Meerestieren, vor allem an Seeigeln, durch. Weniger bekannt ist B.s Entdeckung des Exkretionsorgans des Lanzettfischchens und seine theoretische Arbeit über die Bedeutung von dessen Sehzellen für die phylogenetische Entstehung des Wirbeltierauges. – Bemerkenswert ist ferner, daß B. bereits 1914 die Entstehung maligner Tumoren auf eine Störung im Chromosomenapparat zurückführte. – Die Bedeutung von B.s zytologischen Arbeiten liegt in der Verknüpfung bestimmter Zellelemente mit dem Phänomen der Vererbung. Dazu entwarf er zunächst eine Theorie der Chromosomenindividualität, die er durch Beobachtungen an Ascaris bestätigen konnte. Eine erste Theorie der Befruchtung, die auf der Kenntnis von Vorgängen in der Zelle beruhte, schloß sich an. Aus beiden zusammen ergab sich, daß der Kern als Vererbungsträger zu gelten hat. Experimente an doppelt befruchteten Seeigeleiern führten schließlich zur Chromosomentheorie der Vererbung. Auch der jungen Entwicklungsphysiologie brachten die Untersuchungen am Seeigelei grundlegende Erkenntnisse über das Zusammenwirken von Kern und Plasma in der Embryonalentwicklung.

[Querner]

Lit.: NDB II, 493 f. (W. Rühm); GMikro I, 121–132 (L. von Ubisch); DSB II, 361–365 (J. Oppenheimer; mit Bibl.); W. C. Roentgen (Hrsg.): Erinnerungen an T. B. (Tübingen 1918); F. Baltzer: T. B. Leben und Werk eines großen Biologen, 1862–1915 (Stuttgart 1962; mit Bibl.); K. B. Moritz: T. B. (1862–1915), Pionier der modernen Zell- und Entwicklungsbiologie (Stuttgart 1993); H. N. Neumann: Vom Ascaris zum Tumor. Leben und

Werk des Biologen T. B. (1862–1915) (Berlin usw. 1998).

Boyle, Robert, englischer Naturforscher und Schriftsteller, * 25.1.1627 Lismore Castle [Irland], † 30.12.1691 London.

Als siebter Sohn des Großgrundbesitzers Richard Boyle, Earl of Cork, trug B. lediglich den Titel ›Honourable‹. Er verbrachte vier Jahre auf dem Eton College, reiste dann durch den Kontinent und blieb einige Jahre in Genf, wo er Studien in Latein und Biblischer Geschichte betrieb und die Sprachen des Alten und Neuen Testaments (Hebräisch, Aramäisch, Griechisch, Syrisch) erlernte. 1644 kehrte er nach England zurück und hielt sich einige Zeit im Hause seiner geistvollen Schwester Catherine (Lady Ranelagh) auf. In Oxford erwarb B. den Grad eines Doktors der Medizin. Er gehörte mit zu den Gründern der Royal Society of London (1662); das ihm angetragene Präsidentenamt lehnte er jedoch ab. Die letzten Jahrzehnte verbrachte B. zurückgezogen, aber doch in der Nähe von London, auf seinem Landgut Stalbridge in Dorset und führte das Leben eines Privatgelehrten und scientific ›virtuoso‹. Viele Schriften Boyles, die oft auch anonym erschienen, haben religiösen und theologischen Inhalt. In seinen Augen dienten auch die Naturwissenschaften nicht einem Selbstzweck, sondern der Erkenntnis Gottes in der erschaffenen Natur. Dabei legte er das Hauptgewicht auf das Experiment und eine genaue Beobachtung; vor theoretischen Deutungen und Hypothesen zeigte er dagegen eine gewisse Scheu – sieht man einmal von seinen korpuskularen Deutungen der Materie ab. Der in manchen Zügen spleenig wirkende und hinsichtlich seiner anfälligen Gesundheit hypochondrische B. war in einigen seiner Schriften durchaus nicht der trockene Gelehrte. Zu seiner Zeit war er ein gern gelesener Autor der belletristischen Literatur mit romantisch-schwärmerischer Ader und feinem Humor (z.B. ›Occasional Reflections upon Several Subjects‹, 1665). Er wurde in St. Martin in the Fields in Westminster beigesetzt.

B. bearbeitete fast alle zu seiner Zeit bekannten Gebiete der Naturwissenschaft und versuchte vor allem, ihnen eine experimentelle Grundlage zu schaffen. Finanziell konnte er es sich leisten, Fachleute in seine Dienste zu nehmen. So baute er zusammen mit *R.* → *Hooke* als Angestelltem, angeregt durch *K. Schott*s Beschreibung der Luftpumpe des *O. von* → *Guericke*, die erste Luftpumpe in England (1660) und wiederholte und ergänzte damit dessen pneumatische Versuche (›New Experiments Physico-Mechanical, Touching the Spring of the Air, and Its Effects‹, 1660). Mit einem U-förmig gebogenen, auf der einen Seite zugeschmolzenen Glasrohr, das, mit Quecksilber gefüllt, ein bestimmtes Luftvolumen abschloß, fand B. 1662 das nach ihm und fälschlicherweise auch nach *E.*→ *Mariotte* benannte Gesetz ($P \cdot V = \text{const.}$). Die Bezeichnung ›Barometer‹ stammt von B.; er stellte auch fest, daß Flüssigkeiten unter vermindertem Druck bei Temperaturen unter dem Siedepunkt kochen, und entwickelte eine Apparatur zur Vakuum-Destillation.

In der Optik leistete B. wichtige Vorarbeit für *I.* → *Newton* (›Experiments and Considerations Touching Colours‹, 1663). Er meinte, daß die Körper ihre Farben durch Modifikation des Lichts an ihrer Oberfläche erhalten. Weiße Körper werfen am meisten das Licht zurück, schwarze Körper verschlucken es am meisten. B. erwähnte auch als erster die Farben dünner Blättchen oder Schichten. – Sein berühmtestes Werk ist jedoch ›The Sceptical Chymist‹ (1661). Hier wird mit einer skeptisch-kritischen Methode eine neue Denkweise eingeführt, die zur modernen Chemie führte. B. verwarf sowohl die Vierelemententheorie der Naturphilosophen (Feuer, Wasser, Luft und Erde) als auch die Dreielementenlehre der Alchemisten (Schwefel, Salz und Quecksilber). Einzig und allein das Experiment, die Analyse, entscheide darüber, ob ein Stoff nicht weiter zerlegbar sei und daraufhin ›Element‹ oder

›Prinzip‹ genannt werden dürfe. B. hat allerdings nur bedingt den heutigen Begriff des chemischen Elements geprägt; denn er ist sich z.B. nicht ganz sicher, ob Wasser sich nicht doch in Erde verwandeln lasse. Entgegen seiner sonstigen Einstellung gab sich B. in seinen Ansichten über die Materie auch hypothetisch-fiktiv; er stand weitgehend auf der Seite *P. Gassendis*, der die antike Atomistik wiederbelebt hatte, war aber auch beeinflußt von der auf *→ Aristoteles* zurückgehenden Lehre der ›minima naturalia‹ (*D. → Sennert*): Alle Materie baut sich aus kleinsten Teilchen, Korpuskeln, auf, die verschiedene Gestalt, Größe und Bewegung haben, einfache Teilchen können zusammengesetzte Teilchen bilden, und die Art der Zusammensetzung und Struktur bestimmt die Eigenschaften eines Stoffes. In der Gas-Chemie blieb B. der Durchbruch versagt, weil er im Gegensatz zu *J. B. van → Helmont* die Individualität von Gasen nicht erkannte, sie aber auch nicht als chemisches Prinzip oder Element zuließ. Er wußte zwar von der Gewichtszunahme bei der Verkalkung der Metalle (Kalzination), doch glaubte er, daß diese von der aufgenommenen Wärme herrühre. Eingehend untersuchte er Säuren und Basen und führte dabei das Indikatorpapier ein. Die Untersuchung und Zerlegung von Substanzen kann nach B. nicht nur durch das Feuer, sondern auch in wäßriger Lösung vorgenommen werden. Daneben benutzte er das Lötrohr.

B. beschäftigte sich auch mit physiologischen und biochemischen Problemen. So versuchte er z.B., die Wirkung spezifischer Arzneimittel mit Hilfe feiner Effluvien und seiner Korpuskulartheorie zu erklären. Er experimentierte auch mit Blut (›Memoirs for the Natural History of Humane Blood‹, 1684) und führte die Farbänderung beim Übergang von venösem zu arteriellem Blut auf die Aufnahme von Luftteilchen zurück. [Wiederkehr]

Werke: The Works, hrsg. von T Birch (5 Bde, London 1744; 6 Bände, London ²1772, Nachdruck: Hildesheim 1965–1966); Selected Philosophical Papers, hrsg. von M. A. Stewart (Manchester 1980). – *Bibl.*: J. F. Fulton: A Bibliography of the Honourable R. B. (Oxford 1932, ²1961). – *Lit.*: GCh I, 173–191 (E. Färber); DSB II, 377–382 (M. Boas Hall); GWG V, 968–981 (O. Krätz); M. Boas [Hall]: R. B. and Seventeenth Century Chemistry (Cambridge 1958); M. Boas Hall: R. B. on Natural Philosophy: An Essay with Selections from His Writings (Bloomington 1965); R. E. W. Maddison: The Life of the Honourable R. B., F.R.S. (London/New York 1969); L. I. Kuslan / A. H. Stone: R. B., the Great Experimentator (Englewood Cliffs 1970); J. R. Jacob: R. B. and the English Revolution: A Study in Social and Intellectual Change (New York 1978); M. Hunter (Hrsg.): R. B. Reconsidered (Cambridge 1994; mit Bibl. ab 1940).

Bradley, James, englischer Astronom, * Ende März 1692 a.St./1693 n.St. Sherbourne [Gloucestershire], † 13.7.1762 Chalford [Gloucestershire].

B. studierte in Oxford Theologie und war ab 1719 Diakon in Wanstead (Essex), wo sein Onkel, ein mit *I. → Newton* befreundeter bekannter Amateurastronom, Pfarrer war. Etwa ab 1715 von diesem in die Astronomie eingeführt, hatte B. mit seinen astronomischen Beobachtungen bald die Aufmerksamkeit von *Newton*, *E. → Halley* und anderen erweckt, so daß er 1721 zum Professor für Astronomie in Oxford ernannt wurde. Von hier aus besuchte er häufig die Privatsternwarte des reichen irischen Edelmannes *Samuel Molyneux* (1689–1728) in Kew nahe bei London, um astronomische Beobachtungen anzustellen. Nach dem Tode *Halleys* wurde ihm 1742 dessen Stelle als königlicher Astronom und Professor der Astronomie an der Sternwarte Greenwich übertragen.

Molyneux hatte sich ein Spezialinstrument aufstellen lassen, mit dem er 1725 zusammen mit B. die Deklination des Sternes γ im Drachen zu messen begann, um an ihm endlich eine Fixsternparallaxe zu bestimmen. B. entdeckte bald eine merkwürdige, nach langjährigen Beobachtungen als periodisch erkannte Änderung des Sternortes, die er zunächst als Nutation der Erdachse deuten wollte, weil die Bewegungsrichtung jener der zu erwartenden Parallaxe widersprach, die sich jedoch schließlich als Ergebnis einer Aberration des Lichtes durch die Erdbewegung erwies. Von dieser Entdeckung machte er 1728 in einem offenen Brief an *Halley* Mitteilung, dem er schon vorher darüber berichtet hatte. Der erhaltene Wert erlaubte ihm dann eine Bestimmung der Lichtgeschwindigkeit, für die er einen größeren Wert als vor ihm *O. → Rømer* erhielt, der sich später auch als der richtigere erwies. Einige Abweichungen von den für die Aberration erschlossenen Werten in den Beobachtungsreihen ließen in B. den Gedanken an die von *Newton* bereits theoretisch erschlossene Nutation wieder aufkommen, um deren Nachweis sich auch *Rømer* und *J. → Flamsteed*, allerdings vergeblich, bemühten. Seine Vermutung fand er zwar schon 1737 bestätigt, und er hatte auch sofort *P. L. de → Maupertuis* darüber berichtet, doch veröffentlichte er sie erst nach eingehender Prüfung wiederholt angestellter Beobachtungen in einem Bericht an die Royal Society vom 31.12.1747. In Greenwich widmete er sich ab 1750 besonders genauen Meridianbeobachtungen von Fixsternen unter sorgfältiger Berücksichtigung der Refraktion und instrumenteller Eigenarten. Diese Beobachtungen, die vor allem der Längenbestimmung zu See mittels Monddistanzen dienen sollten, konnten jedoch erst in den Jahren 1798–1805 von dem Oxforder Astronom *Thomas Hornsby* (1733 bis 1810) herausgegeben werden. Ihr großer Wert wurde sehr bald erkannt, und ihre Genauigkeit ermöglichte *F. W. → Bessel* und *A. → Auwers* die exakte Bestimmung von Eigenbewegungen von Fixsternen und der Konstanten von Präzession, Aberration und Mutation und dadurch das Aufstellen von Fundamentalkatalogen.

[Krafft]

Werke: Miscellaneous Works and Correspondence, hrsg. von S. P. Rigaud (Oxford 1832, Suppl. Oxford 1833). – *Lit.*: DSB II, 387–389 (A. F. O'D. Alexander).

Bragg, Sir (seit 1920) William Henry, englischer Physiker, * 2.7.1862 Westward bei Wigton [Cumberland], † 12.3.1942 London.

B. gehört zu den hervorragenden Naturwissenschaftlern zu Anfang dieses Jahrhunderts. Der Professor für Mathematik und Physik an der Universität Adelaide in Australien begann seine ruhmreiche Laufbahn als Experimentator eigentlich erst im Alter von etwa vierzig Jahren. Ein Jahrzehnt später erhielt er zusammen mit seinem Sohn Sir (seit 1941) *William Lawrence Bragg* (* 31.3.1890 Adelaide, † 2.7.1971 London) den Physik-Nobelpreis (1915) für röntgenspektrographische Arbeiten. Während des Ersten Weltkrieges war B. mit der Entwicklung der Unterwasserschallortung betraut. 1935–1940 war er Präsident der Royal Society. Sein Sohn folgte 1938 *E. → Rutherford* als Cavendish-Professor der Physik in Cambridge nach. Er wurde, wie sein Vater, Direktor des Davy-Faradayschen Forschungslaboratoriums.

W. H. B. wurde durch seine Untersuchungen der α-, β- und γ-Strahlung radioaktiver Stoffe und ihrer Absorption durch Materie bekannt. Er nahm die Ionisierungskurve der α-Strahlen auf und bestimmte die Reichweite. Den γ- und Röntgenstrahlen schrieb er bis 1912 Teilchencharakter zu und sprach von einer »auswechselbaren Korpuskularform« zwischen Elektron und »korpuskularen Einheiten oder Quanten« der Röntgenstrahlen (*W. C. → Röntgen*). Nach dem Auffinden der Röntgenstrahlenbeugung an einem Kristallgitter durch *M. von → Laue, W. Friedrich* und *P. Knipping* 1912 zeigte W. L. B., daß die Beugungsmuster auf dem Laue-Photogramm sich auch ergeben, wenn man annimmt, daß das Röntgenstrahlbündel an parallelen Netzebenen des Kristalls reflektiert wird und die Strahlenbündel dann miteinander interferieren. Bei Gangunterschieden von ganzzahligen Vielfachen einer Wellenlänge treten dann Helligkeitsmaxima auf (B.sches Glanzwinkelverfahren). Die Intensität der Röntgenstrahlung kann bei dieser Methode mit der Ionisationskammer gemessen werden. W. H. B. konstruierte 1913 das Röntgenstrahlenspektrometer. Bei der von den beiden *Bragg*s entwickelten Reflexionsmethode zeigten sich auch die Röntgenspektrallinien des betreffenden Schwermetalls der Antikathode; man kann so mit einer monochromatischen Röntgenstrahlung arbeiten. *C. G. Barkla* hatte schon sieben Jahre vorher diese Röntgenstrahlenart gefunden und sie erst als homogene, dann als charakteristische und zuletzt als fluoreszierende Röntgenstrahlung bezeichnet. Die *Bragg*s konnten aufgrund unterschiedlicher Intensitäten bei den Maxima höherer Ordnung, die bei Netzebenen mit verschiedener Lage zu den Kristallachsen auftraten, die Lage der Natrium- und Chlor-Atome (genauer der Ionen) zueinander im Steinsalz genau angeben. Damit waren die Elementarzelle des Steinsalzes und auch die absoluten Abstände gefunden, gleichzeitig aber auch die Wellenlängen der Röntgenspektrallinien. Unmittelbar darauf folgte die Strukturanalyse anderer Alkalihalogenide, der Zinkblende, des Diamants, des Quarzes und anderer Mineralien.

Die Arbeiten der beiden *Bragg*s in den Jahren 1913 und 1914 wurden für diesen neuen Wissenschaftszweig richtungweisend. Sie erhielten 1915 dafür den Nobelpreis. W. H. B. erkannte (1915), daß sich durch eine röntgenographische Fourier Analyse auch die Elektronenverteilung im Atom bestimmen läßt. W. L. B. bestätigte in den zwanziger Jahren die Theorie *P. → Debye*s über den Einfluß der Wärmebewegung der Gitterzentren auf die reflektierte Strahlungsintensität. [Wiederkehr]

Lit.: DSB II, 397–400 (P. Forman) und II, 61–64 (J. Law); GPh II, 160–177 (G. Oittner-Torkar/J. Teichmann); E. N. da C. Andrade: W. B. 1869–1942. In: *Orbituary Notices of Fellows of the Royal Society of London* 4 (1943), 277–300 (mit Bibl.); L. B.: Geschichte der Röntgen-Spektralanalyse (Berlin 1945; zuerst engl., London usw. 1945); P. P. Ewald (Hrsg.): Fifty Years of X-Ray Diffraction (Utrecht 1962); D. C. Phillips/H. Lipson (Hrsgg.): The Development of X-Ray Analysis by Sir L. B. (London 1975); G. M. Caroe: W. H. B., 1862–1942. Man and Scientist (New York/London 1978).

Brahe, Tyge (latinisiert: *Tycho Brahe*, nicht: *Tycho de Brahe*), dänischer Astronom, * 14.12.1546 Knudstrup [Schonen], † 24.10.1601 Prag.

Der Reformator der Astronomie, wie *J. → Kepler* ihn später treffend nannte, stammte aus altadeliger dänischer Familie und verbrachte seine Kindheit auf Torstrup, dem Landsitz seines Onkels Jörgen Brahe, der Tycho an Kindes Statt angenommen hatte. Nach gründlicher Vorbereitung durch Hauslehrer bezog er 1559 die Universität in Kopenhagen, um Rhetorik und Philosophie zu studieren. Doch zog ihn besonders nach der Sonnenfinsternis von 1560, deren genaue Vorhersage ihn faszinierte, die Astronomie in ihren Bann – und sie sollte fortan seinen Lebensinhalt bilden. Um Tycho wieder einer für seinen Stand nützlicheren Beschäftigung zuzuführen, schickte ihn sein Onkel Anfang 1562 zum Studium der Rechte nach Leipzig, zusammen mit einem Mentoren, der ihn jedoch nicht von den verbotenen astronomischen Studien und nächtlichen Beobachtungen abzuhalten vermochte. Nach dem Ausbruch des dänisch-schwedischen Krieges wurde Tycho Anfang 1565 nach Dänemark zurückgerufen. Als sein Onkel bald darauf starb und ihm ein größeres Vermögen hinterließ, trieb es ihn wieder in die Fremde. Man findet ihn in der Folgezeit – studierend oder in Gedankenaustausch mit gleichgesinnten Gelehrten, die er aufsuchte, stets aber auch astronomische Beobachtungen durchführend – in Wittenberg, Rostock (wo er sich die Grundkenntnisse für seine spätere Beschäftigung mit Heilkunde und Alchemie erworben zu haben scheint), Basel und Augsburg. Ende 1570 wird er an das Krankenbett seines Vaters gerufen. Er bleibt einige Jahre in der Heimat und widmet sich hier vorwiegend alchemistischen Versuchen, bis ihn am Abend des 11.11.1572 das helle Aufleuchten eines neuen Sternes endgültig der Astronomie zuführt.

1576 wurde ihm die kleine Sundinsel Hveen zwischen Kopenhagen und Helsingör von König Friedrich II. zur Lehn übertragen, nachdem dieser erfahren hatte, daß B. sich in Basel niederzulassen gedenke, und vom Landgrafen → *Wilhelm IV. von Hessen-Kassel*, den Tycho auf seiner Reise nach Basel 1575 besucht hatte, auf ihn aufmerksam gemacht worden war. Durch großzügige Unterstützung des Königs konnte B. hier ein Observatorium, die Uraniborg (›Himmelsburg‹), bauen, dem später die ›Sternenburg‹ als zweites folgte, unter Nutzung der Erfahrungen *Wilhelms IV. von Hessen-Kassel*, mit dem er in regem Briefwechsel stand, mit den besten und größten Instrumenten ausrüsten (beschrieben in ›Astronomiae instauratae mechanica‹, Wandsbek 1598) und eine große Schar von Helfern und Schülern anstellen. Hveen wurde zum geistigen Zentrum und Treffpunkt der Astronomen dieser Zeit. Doch währte das Glück nicht sehr lange. Nach dem Tode des Königs wurde das Land seit 1588 von einer Regentschaft verwaltet, welche ihm allmählich die Zuschüsse entzog – teilweise wohl aus Verärgerung über B.s herrisches Auftreten. B. entschloß sich daraufhin 1597, die Heimat endgültig zu verlassen; er zog mit seinen kleineren Instrumenten nach Rostock und wurde dann von Heinrich Rantzau in dessen Schloß Wandsbek bei Hamburg aufgenommen, wo er zwei Jahre ungestört arbeiten konnte. Die Bemühungen Rantzaus, für B. eine geeignete Anstellung zu finden, hatten schließlich Erfolg und führten 1599 zur Übersiedlung B.s nach Prag, in dessen Nähe Kaiser Rudolf II. seinem Hofastronomen ein Schloß als Wohn- und Arbeitsstätte anwies.

Die Konjunktion von Saturn und Jupiter im August 1563, deren Zeitpunkt die auf dem Ptolemaiischen System (→ *Ptolemaios*) beruhenden älteren Alfonsischen Tafeln um mehr als einen Monat, die nach dem Copernicanischen von *Erasmus Reinhold* (* 22.10.1511 Saalfeld, † 19.2.1553 Wittenberg) neu berechneten ›Prutenischen Tafeln‹ immer noch um einige Tage verfehlten, war es gewesen, welche B. die Notwendigkeit genauerer und systematischer Beobachtungen erkennen ließ – nicht zuletzt, um bessere Horoskope stellen zu können; denn Astronomie und Astrologie gehörten damals und auch für Tycho noch eng zusammen. Da ihm für die Anschaffung astronomischer Meßgeräte keine Mittel bewilligt wurden, mußte er sich auf primitive Behelfe stützen. Meist benutzte er einen einfachen Zirkel als Winkelmeßgerät, bemühte sich dann aber, Korrektionstabellen aufzustellen, um die erlangten Daten verbessern zu können. Vermutlich war es gerade diese anfängliche Zwangslage, die in ihm die Erkenntnis reifen ließ, daß auch in den größten und besten Geräten der Zeit, die er sich später anfertigen lassen konnte, nach ihren eigentümlichen Fehlerquellen zu suchen und die Beobachtungen immer wieder systematisch zu überprüfen seien, wodurch er jene nie zuvor und lange danach nicht erreichte Meßgenauigkeit erhielt, welche u.a. *J.* → *Kepler* die Entdeckung der ungleichförmig von den Planeten durchlaufenen Ellipsenbahnen ermöglichte. B. selbst blieb allerdings zeit seines Lebens Gegner des Planetensystems von *N.* → *Copernicus* und entwickelte in den achtziger Jahren ein eigenes, nach dem alle Planeten um die Sonne als Bahnzentrum kreisen, während die Sonne ihrerseits um die in der Mitte der um die Himmelspole rotierenden Fixsternsphäre in Ruhe befindliche und vom Mond umkreiste Erde ihre Kreisbahn ziehe. Dieses System fand, teilweise leicht modifiziert, besonders nach dem päpstlichen Dekret von 1616, das die Copernicanische Lehre verbot, im 17. Jahrhundert viele Anhänger, vor allem unter den Jesuiten, denen an den meisten katholischen Universitäten der Unterricht in der Artistenfakultät überlassen worden war.

Nächtelange Beobachtungen der erwähnten Nova von 1572 in der Cassiopeia ließen B. zu der Überzeugung kommen, daß dieser Stern nicht der bis dahin im Anschluß an → *Aristoteles* allein als veränderungsfähig angesehenen Region unterhalb des Mondes angehören könne, sondern in den Bereich der Fixsterne gehöre. Aus den Beobachtungen des fünf Jahre später erschienenen Kometen konnte er weiterhin folgern, daß die Äthersphären der Fixsterne und Planeten außerdem nicht, wie bis dahin angenommen wurde, fest und undurchdringlich sein könnten, weil der Komet ungehindert durch die Planetensphären hindurchwanderte. Der Äther mußte also ein sehr feiner, weder den Bewegungen der Himmelskörper noch jenen des Lichtes hinderlicher Stoff sein, der deshalb auch nicht die Gestirne mit sich fortführen könnte. Damit war eine der Grundannahmen scholastischer ›Astrophysik‹ (*G.* → *Peurbach*) widerlegt, und man hatte sich nach anderen Erklärungen für die Bewegungen der Gestirne umzusehen. Auch hier sollte später *Kepler* den richtigen Weg weisen.

Tycho ließ nach der Übersiedlung nach Prag zwar auch die großen Instrumente aus Hveen holen, doch war die vordringliche Aufgabe hier, das aufgespeicherte Beobachtungsmaterial zu verarbeiten. Als Gehilfen konnte er dafür neben anderen seinen Landsmann *Longomontanus* (*Christen Ljongberg*, * 4.10.1562 Ljongberg [Jütland], † 8.10.1645 Kopenhagen) und *Kepler* gewinnen, von denen der erstere auf die Ausarbeitung der Mondtheorie, für die B. neue Anomalien entdeckt hatte, letzterer auf jene der Planetenbahnen angesetzt wurde. Die Ergebnisse dieser Bemühungen konnte Tycho jedoch nicht mehr erleben. Es sollte dann noch einen langen Kampf mit seinen Erben kosten, bis *Kepler* schließlich wenigstens das Beobachtungsmaterial für die Wissenschaft nutzbar machen und damit das Lebenswerk B.s dem beabsichtigten Zweck zuführen konnte.

[Krafft]

Werke: Opera omnia, hrsg. von J. L. E. Dreyer (15 Bde, Kopenhagen 1913–1929). – *Lit.*: DSB II, 401–416 (C. D. Hellman); GWG V, 296–345 (F. Krafft); J. L. E. Dreyer: T. B. Ein Bild wissenschaftlichen Lebens und Arbeitens im 16. Jahrhundert (Karlsruhe 1894; Nachdruck: Wiesbaden 1972, Vaduz 1992); J. A. Gade: The Life and Times of T. B. (Princeton 1947; Nachdruck: Westport, Conn. 1972); W. Norlind: T. B. [schwedisch] (Lund 1970); V. E. Thoren: The Lord of Uraniborg. A Biography of T. B. (Cambridge 1991).

Braun, Karl *Ferdinand*, deutscher Physiker, * 6.6.1850 Fulda, † 20.4.1918 New York.

B. war der Sohn eines Gerichtsobersekretärs in Fulda. Er studierte die Naturwissenschaften in Marburg und Berlin, wurde 1870 in Berlin Assistent von *Georg Quincke* (* 19.11.1834 Frankfurt a. d. Oder, † 13.1.1924 Heidelberg) und promovierte zwei Jahre später. Mit *Quincke* blieb er auch fernerhin freundschaftlich verbunden. 1876 ernannte man ihn schon zum außerordentlichen Professor für theoretische Physik in Marburg, aber seine eigentliche Begabung lag auf experimentellem Gebiet. 1880 ging er an die Universität Straßburg und drei Jahre später als ordentlicher Professor an die TH Karlsruhe. Dann wechselte er 1886 nach Tübingen. Doch im selben Jahr kehrte er als Direktor des Physikalischen Instituts an die Universität Straßburg zurück – und nun begann seine fruchtbarste Schaffensperiode. Im Alter von 64 Jahren geriet der verdiente Wissenschaftler noch in die Fänge des Ersten Weltkrieges: Die amerikanische Marconi-Gesellschaft hatte in einem Patentprozeß auf Stillegung der Sende- und Empfangsstation Sayville geklagt, der Gegenstation von Nauen. Es mögen dabei wohl politische Absichten mitgespielt haben, Deutschland nach dem Verlust seiner Überseekabel noch den letzten Nachrichtenweg abzuschneiden. Um als Zeuge in New York auftreten zu können, nahm B. die Strapazen und Gefahren einer Winterfahrt durch die englische Blockade auf sich. Nach dem Kriegseintritt der Vereinigten Staaten wurde er in Brooklyn (New York) interniert, blieb aber verhältnismäßig unbehelligt. Seine Heimat sah B. nicht wieder; er verstarb in Brooklyn an einer Verletzung, die er sich bei einem unglücklichen Sturz zugezogen hatte.

Nachdem *Guglielmo Marconis* (* 25.4.1874 Griffone [bei Bologna], † 20.7.1937 Rom) Erfolge bei der drahtlosen Übermittlung von Morsezeichen bekannt geworden waren, wandte sich B. ebenfalls diesem Gebiet zu, aber mit mehr theoretisch-wissenschaftlicher Systematik als der Ingenieur *Marconi*. Damals konnte man noch keine ungedämpften schnellen elektromagnetischen Schwingungen erzeugen, die Elektronenröhre war noch nicht erfunden. Zur Erregung elektromagnetischer Wellen benutzte man elektrische Funken, die zwischen zwei Kugeln übersprangen. Bei der Marconischen Anlage befand sich die Funkenstrecke in der Antenne. Die Wellen waren deshalb sehr stark gedämpft, und die verfügbare Energie war recht gering. B. trennte den Schwingkreis, der aus Spule, Kondensator und Funkenstrecke bestand, von der Antenne. Die Zeit der Erregung (Nutzschwingzeit) und die Reichweite der drahtlosen Wellen konnte so vergrößert werden (1900). Auch die Empfängerseite verbesserte B. erheblich, indem er den Kristalldetektor einführte. Er brauchte dazu nur auf Versuche, die er bereits 1874 angestellt hatte, zurückzugreifen. Mit der gerichteten Ausstrahlung elektromagnetischer Wellen beschäftigte sich B. recht eingehend, die Rahmenantenne entwarf er bereits 1899. Zusammen mit *Marconi* erhielt B. 1909 den Nobelpreis für Physik. – Industrielle Kreise interessierten sich für die B.schen Erfindungen, zu denen auch das allgemein bekannte Elektrometer zählt. Die Firma Telefunken ist ein Nachkömmling einer damals gegründeten Gesellschaft. In Straßburg schuf B. noch ein weiteres Gerät, das aus der heutigen Elektronik nicht mehr wegzudenken ist: die Kathodenstrahlröhre (1896). B.s Röhre war noch eine Ionenröhre (keine Vakuumröhre) mit kalter Kathode und einem in die Röhre eingebauten ebenen Leuchtschirm. Das Elektronenbündel wurde von Magnetfeldspulen abgelenkt, die außerhalb der Röhre lagen. Die Bewegung des Lichtflecks zog ein Drehspiegel seitlich auseinander. B. konstruierte damals das Instrument, um schnelle elektrische Schwingungen zu untersuchen; es wurde schnell verbessert. Schon 1898 zeigte *Hermann Ebert* (* 20.6.1861 Leipzig, † 12.2.1913 München), daß die Ablenkung des Elektronenstrahls auch durch elektrische Felder erfolgen kann. Heute ist der Elektronenstrahloszillograph das Universalhandwerkszeug des Hochfrequenztechnikers, und die B.sche Röhre ist mit dem Fernsehen sogar in den Alltag eingedrungen.

Von B.s wenigen theoretischen Arbeiten erlangten diejenigen, die den Zusammenhang von chemischer Reaktionswärme und elektrischer Energie in einem galvanischen Element behandeln, die größte Bedeutung (1882).

Lit.: DSB II, 427 f. (H. I. Sharlin); GWG IX, 136–142 (M. von Ardenne); Friedrich Kurylo: F. B., Leben und Wirken des Erfinders der B.schen Röhre (München 1965; mit Bibl.).

[Wiederkehr]

Broglie, *Louis-Victor* Pierre Raymond, Prince de (ab 1960 7. Herzog de B.), französischer Physiker, * 15.8.1892 Dieppe, † 19.3.1987 Louveciennes [bei Paris].

De B. studierte an der Sorbonne zunächst Geschichte und Philosophie, dann ab 1911 Physik; 1919 bis 1927 arbeitete er als Experimentalphysiker im Pariser Privatlabor seines Bruders, des Physikers *Maurice de Broglie* (* 27.4.1875 Paris, † 14.7.1960 Neuilly-sur-Seine), der sich speziell der Physik hochenergetischer Strahlen widmete und 1921 die Gammastrahlen-induzierte Kernreaktion (Kernphotoeffekt) entdeckte. 1928 erhielt de B. einen Lehrauftrag am ›Institut Henri Poincaré‹ der Sorbonne in Paris und wurde 1932 Professor für theoretische Physik an der Sorbonne, welche Position er bis 1962 wahrnahm. 1929 erhielt er den Nobelpreis für Physik und später viele weitere Ehrungen; 1933 wurde er Mitglied der Académie des sciences, 1944 der Académie française.

Nach Arbeiten über Röntgenstrahlen und Spektren in Anlehnung an das Forschungsgebiet seines Bruders gelang de B. 1923/24 in seiner Dissertation mit der fundamentalen Annahme, daß jedem Materie-Teilchen (nicht nur dem Licht, sondern auch etwa den Elektronen und anderen Elementarteilchen) auch ein Wellencharakter zuzuordnen sei, für sie also ein Welle-Teilchen-Dualismus besteht, die Erklärung der Bohrschen Quantenbedingungen, die *N.* → *Bohr* 1913 hatte annehmen müssen, um die Stabilität der Elektronenbahnen im Atom zu verstehen. Danach wird jedem Teilchen eine von de B. sogenannte ›Materiewelle‹ zugeordnet, die eine spezifische, vom Teilchenimpuls abhängige de-B.-Wellenlänge hat und interferieren kann. Nachdem *Clinton Joseph Davisson* (* 22.10.1881 Bloomington, Ill., † 1.2.1958 Charlottesville, Va.) und *Lester Halbert Germer* (* 10.10.1896 Chicago, † 3.10.1971 Gardiner, N.Y.) durch den Nachweis der Elektronenbeugung an Kristallgittern de B.s Annahme experimentell bestätigt hatten, erhielt er hierfür den Nobelpreis. Der Welle-Teilchen-Dualismus bildet unter anderem die Basis für *E.* → *Schrödinger*s Wellenmechanik. Später arbeitete de B. über Probleme der Quantenelektrodynamik und der Elementarteilchentheorie, wobei er aber wie *A.* → *Einstein* ein Gegner der Kopenhagener Deutung der Quantentheorie von *N. Bohr* und *W.* → *Heisenberg* blieb. Seine Versuche zur »kausalen und konkreten Interpretation der Wellenmechanik«, unter anderem durch sogenannte ›Führungswellen‹, nahm er nach anfänglichen Schwierigkeiten 1954 wieder auf. [Koch/Krafft/Meyer-Abich]

Schriften: Licht und Materie (Hamburg 1939); Die Elementarteilchen (Hamburg 1943); Physik und Mikrophysik (Hamburg 1950); Recherches d'un demi-siècle (Paris 1976). – *Lit.*: GPh II, 285–300 (H. Rechenberg); L. de B. und die Physiker (Hamburg 1955; mit Autobiographie und Bibliographie; zuerst französ., Paris 1953); S. Colombo: L. de B. In: *Revue des Questions Scientifiques* 162 (1991), 349–359; G. Lochak: L. de B., un prince de la science (Paris 1992).

Brouwer, Luitzen Egbertus Jan, niederländischer Mathematiker, * 27.2.1881 Overschie, † 12.2.1966 Blaricum.

B., der seit 1912 an der Universität in Amsterdam wirkte, machte sich durch grundlegende Arbeiten in der von *G.* → *Cantor* entwikkelten Mengenlehre und der Topologie verdient, doch wird er in erster Linie als Schöpfer des mathematischen ›Intuitionismus‹ in Erinnerung bleiben. – Beim Studium der Grundlagen der Mathematik hatte *D.* → *Hilbert* in konsequenter Weise die ›Axiomatische Methode‹ ausgebaut – so genannt, weil sie aus einer Anzahl an den Anfang gestellter, unbeweisbarer Axiome allein unter Verwendung der formalen Regeln der klassischen Logik und ohne jeden Rückgriff auf die Anschauung die Mathematik aufzubauen suchte. Hat sich, besonders in der Geometrie, die Befreiung von der Anschauung als fruchtbar erwiesen, so wurden gegen diese ›formalistische Mathematik‹ ernst zu nehmende Einwände besonders von B. vorgebracht. Er wandte sich gegen den unreflektierten Gebrauch der klassischen Logik durch die ›Formalisten‹, da Logik »kein zuverlässiges Instrument [sei], Wahrheiten zu entdecken«. Letzten Endes verschiebe damit die ›formalistische Mathematik‹ das Grundlagenproblem von der Mathematik in die Logik und somit in die Philosophie.

Schon 1908 forderte B., das logische Prinzip des ausgeschlossenen Dritten in der Mathematik bei unendlichen Mengen nicht zu verwenden; ebenso wollte er den Begriff des aktual Unendlichen daraus verbannen, der schon *Leopold Kronecker* (* 7.12.1823 Liegnitz [heute Legnica, Polen], † 29.12.1891 Berlin) und *J. H.* → *Poincaré* als suspekt galt. Denn nach B.s Ansicht ist Mathematik nicht ein bloßes Spiel mit Zeichen, die zunächst bedeutungsleer sind und nur von Fall zu Fall in konkretem Sinn interpretiert werden können; sie sei vielmehr ein vom menschlichen Geist errichteter Bau, so daß die Existenz mathematischer Objekte außerhalb unseres Geistes nicht vorausgesetzt werden dürfe. Mathematik existiere also nur insoweit, als sie vom menschlichen Verstand konstruiert werden könne. Dieser rein konstruktivistischen Auffassung von der Mathematik gab B. den wohl nicht sehr glücklich gewählten Namen ›Intuitionismus‹. Zu der kleinen Gruppe von Mathematikern, die mit B. am ›intuitionistischen‹ Aufbau der Mathematik mitwirkten, gehörte *H.* → *Weyl*. Wegen des erwähnten Verzichts auf logische Prinzipien, die in der ›klassischen‹ Mathematik ständig verwendet werden, erwies sich die Durchführung der intuitionistischen Konstruktion als recht schwierig und umständlich. Die meisten Mathematiker waren nicht willens, die sehr einschneidenden Konsequenzen zu akzeptieren, zumal bislang in der Mathematik (entsprechende Vorsicht bei der Behandlung unendlicher Mengen vorausgesetzt) Widersprüche nicht festgestellt worden waren. Einen Ansatz zur Überwindung der Kontroverse zwischen Intuitionismus und Formalismus machte *Paul Lorenzen* (* 24.3.1915 Kiel) mit der Begründung der Mathematik auf das schematische Operieren in Kalkülen.

Werke: Collected Works, hrsg. von A. Heyting/H. Freudenthal (2 Bde, Amsterdam usw. 1975–1976); Cambridge Lectures on Intuition, hrsg. von D. Van Dalen (Cambridge 1981). – *Lit.*: DSB II, 512–514 (B. van Rootselaar); H. Meschkowski: Wandlungen des mathematischen Denkens (Braunschweig 1956, [3]1963). [Scriba]

Brunfels, Otto → **Bock**, Hieronymus und **Brunfels**, Otto

Buch, Christian Leopold, Freiherr von, deutscher Geologe, * 26.4.1774 Schloß Stolpe [bei Angermünde, Uckermark], † 4.3.1853 Berlin.

B. stammte aus einer begüterten Adelsfamilie und interessierte sich schon als Knabe für die Naturwissenschaften; 1793–1796 studierte er an der Bergbauakademie zu Freiberg, in Halle und Göttingen und wurde 1796 Bergreferendar in Schlesien; 1797 schied er aber bereits aus dem Staatsdienst aus, um sich wie sein Studienkollege und Freund *A. von* → *Humboldt* ganz der Wissenschaft zu widmen. 1808 wurde er ordentliches Mitglied der Preußischen Akademie der Wissenschaften in Berlin. Bis ins hohe Alter hat B. immer wieder Reisen unternommen, um geologische Fragen zu klären. 1798 machte er eine erste Reise durch die Alpen nach Italien; 1799 erhielt er den Auftrag, den damals noch unter preußischer Regierung stehenden Kanton Neuchâtel auf das Vorkommen nutzbarer Mineralien hin zu untersuchen. 1802 besuchte er von dort die Auvergne, 1805 bereiste er nochmals Italien, 1806–1808 Schweden, Norwegen und Lappland, 1815 die Kanarischen Inseln und 1826 Schottland. Die Ergebnisse einiger dieser Reisen hat er in den Werken ›Reise durch Norwegen und Lappland‹ (1810) und ›Physikalische Beschreibung der Canarischen Inseln‹ (1825) niedergelegt.

Stark beeinflußt wurde B.s gesamte Entwicklung durch seinen Lehrer *A. G.* → *Werner* in Freiberg, der Begründer des ›Neptunismus‹ war und annahm, daß alle Gesteine der Erdrinde durch Sedimentation oder Kristallisation aus dem Urmeer entstanden. B.s Beobachtungen auf seinen Reisen, besonders der Besuch der Auvergne und der Kanarischen Inseln, erschütterten zwar seine neptunistischen Anschauungen über die Entstehung der Basalte; doch führten ihn erst seine intensiven Bemühungen, Bau und Entstehung der Alpen zu klären, schließlich zur Ablehnung dieser Theorie und zur Annäherung an den ›Vulkanismus‹: Er erklärte die Entstehung der Alpen sowie die Entstehung von Gebirgen überhaupt als Erhebungen magmatischer Massen entlang großer Spalten, wobei auch die Schrägstellung, Faltung und Brucherscheinung in den Schichten erfolgt sei – eine Theorie, die bis ins 20. Jahrhundert anerkannt blieb. Einzelne Berge interpretierte er als Lavablasen, die sich durch eine innere Kraft senkrecht in die Höhe gehoben hätten und gelegentlich platzten, so daß ›Krater‹ entstanden seien.

1826 schloß B. mit der Herausgabe einer ersten geognostischen Karte von Deutschland in 24 Bänden seine vielfältigen geologischen Tätigkeiten ab und widmete sein Interesse nun vorzugsweise den Versteinerungen und der Gliederung der fossilen Ablagerungen. Eine Reihe bahnbrechender Arbeiten über Cephalopoden, Brachiopoden, Cystoideen haben tiefe Spuren in der Geschichte der Paläontologie hinterlassen, und eine kurze inhaltsreiche Abhandlung über den Jura in Deutschland (1838) bildet noch heute die Basis für die Gliederung dieser lange bekannten Formation. B. wurde von *A. von Humboldt* zu Recht als der größte Geologe seiner Zeit bezeichnet.

Werke: Gesammelte Schriften, hrsg. von J. Ewald u.a. (4 Bde, Berlin 1867–1885). – *Bibl.*: Pogg. VII a Suppl., 111–115. – *Lit.*: DSB II, 552–557 (W. Nieuwenkamp); S. Günther: Alexander von Humboldt – L. von B. (Berlin 1900); A. Geikie. The Founders of Geology (New York ²1905; Nachdruck: New York 1962); R. Hooykaas: The Principle of Uniformity in Geology, Biology and Theology (Leiden ²1963).

[Bäumer-Schleinkofer]

Buffon, Georges-Louis Leclerc, Comte de, französischer Naturhistoriker, * 7.9.1707 Montbard, † 16.4.1788 Paris.

1717 bis 1723 besuchte B. die Jesuiten-Schule in Dijon und studierte dann dort bis 1726 Rechtswissenschaften. 1728 ging er nach Angers, um Medizin, Botanik und Mathematik zu studieren. 1730 bis 1732 begleitete er einen jungen englischen Adligen auf einer Bildungsreise durch Südfrankreich und Italien. Danach lebte er zunächst ganz in Paris. Durch eine Untersuchung über die Wahrscheinlichkeitstheorie kam er 1734 als Adjunkt in die Académie Royale des Sciences (Sektion für Mechanik). Aufgrund mehrerer Veröffentlichungen zur Botanik und zum Forstwesen sowie zweier Übersetzungen aus dem Englischen, der ›Vegetable Statiks‹ von *Stephen Hales* (* 17.9.1677 Bekesbourne, † 4.1.1761 Teddington) und *I. → Newtons* ›The Method of Fluxions and Infinite Series‹, wurde B. 1739 Mitglied der Akademie in der Sektion Botanik. Im gleichen Jahre erhielt er den Posten des Intendanten am Jardin du Roi. Damit hatte er die Hilfsmittel zur Verfügung, um enzyklopädisch alle Gebiete der Naturgeschichte zu bearbeiten. Er lebte von nun an im Sommer auf seinem Landgut Montbard und im Winter in Paris. Er galt bald als Autorität auf dem Gebiet der Naturgeschichte nicht nur in Frankreich, sondern in ganz Europa.

1749 begann B.s große ›Histoire naturelle générale et particulière‹ zu erscheinen. Der erste Band enthält den wichtigen ›Discours sur la manière d'étudier et de traiter l'histoire naturelle‹ sowie seine bereits 1744 fertiggestellte ›Théorie de la terre‹. Mit der darin vertretenen naturwissenschaftlichen Theorie hatte sich B. in Widerspruch zur Schöpfungsgeschichte der Bibel gesetzt, was eine schriftliche Auseinandersetzung mit der Theologischen Fakultät der Sorbonne nach sich zog (abgedruckt im 4. Band der ›Histoire naturelle‹). B. erklärte, daß er nicht beabsichtigt habe, die Autorität der Bibel in Frage zu stellen. Auch später hat er Kritik von seiten der Kirche vermieden. Noch 1749 erschienen der 2. und 3. Band mit einer ersten Anthropologie, welche die ›Histoire naturelle des animaux‹ einleitet, die im 4. Band 1753 mit der Behandlung der Haustiere fortgeführt wird. Diese stehen für B. an erster Stelle, weil sie dem Menschen am nächsten sind; Anordnungen der Tiere, wie sie von den Systematikern, vor allem von *C. von → Linné,* benutzt wurden, lehnt er in diesem Zusammenhang ab. Die Haustiere veranlassen ihn jedoch auch, sich über eine mögliche Verwandtschaft der Tiere im genetischen Sinne zu äußern. Dieser Gedanke wird 1766 in Band 14 nochmals unter dem Abschnitt ›De la dégénération des animaux‹ unter Heranziehung tiergeographischer Phänomene behandelt, wobei B. einer deszendenztheoretischen Vorstellung sehr nahe kam; später tritt sie jedoch zurück. – In den Bänden 5 (1755) bis 15 (1767) werden die wildlebenden Säugetiere, ihr Verhalten und ihre Lebensweise beschrieben. Zu allen behandelten Arten steuert der Demonstrator des königlichen Naturalienkabinetts, *Louis-Jean-Marie Daubenton* (* 29.5.1716 Montbard, † 1.1.1800 Paris), eine ausführliche anatomische Beschreibung bei. Die Bände 12 und 13 werden durch die zweigeteilte Abhandlung ›De la nature‹ eingeleitet, in der sich ein Wandel B.s in der Auffassung von der Möglichkeit des Menschen, grundlegende Gesetze der Natur zu erkennen, zeigt. Er hält dies nun für möglich, während er vorher mehr zur Skepsis neigte. In den Jahren 1774 bis 1789 erschienen sieben Supplementbände zur ›Histoire naturelle‹, die unter anderem wichtige Ergänzungen zur Kosmologie und Anthropologie enthalten.

Die größte Bedeutung hat der in deren Rahmen erschienene 5. Band: ›Les époques de la nature‹ (1778, deutsch 1781) mit einer geschichtlichen Darstellung des Kosmos und besonders der Erdoberfläche sowie ihrer Bewohner, in Weiterführung der ›Théorie de la terre‹. Für die Erde wird hierin ein Mindestalter von 75 000 Jahren angenommen, die Tage im damals von den Naturwissenschaften noch nicht angezweifelten biblischen Schöpfungsbericht also zu ›Epochen‹ gedehnt. Zu diesem Zeitraum war B. aufgrund von Experimenten über die Dauer der Abkühlung von Eisenkugeln gelangt, die er auf die Erde übertrug, die wie alle anderen Planeten aus einem durch Kometen losgerissenen Teil der feurig-glühenden Sonne entstanden sei. Geologische Erscheinungen ließen ihn sogar einen Zeitraum von 3 Millionen Jahren vermuten; dies wagte er jedoch nicht zu veröffentlichen. Die Veränderungen der Erdoberfläche sah B. als ein kontinuierliches Geschehen an, das im wesentlichen durch die Abkühlung bedingt sei. Vorstellungen über den Einfluß von Katastrophen wies er zurück. Auch die im 18. Jahrhundert weitgehend anerkannte Theorie der Präformation der Lebewesen akzeptierte er nicht. Seine eigene Zeugungstheorie postulierte eine epigenetische Entwicklung und schloß das Vorhandensein von allgegenwärtigen Lebenskeimen ein. – Die Bedeutung der ›Histoire naturelle‹ von B. war sehr groß. Das Werk wurde vielfach nachgedruckt und vollständig oder in Teilen in vielen Ausgaben ins Deutsche, Englische und Spanische übersetzt. B. übte durch seine Theorien auf die Biologie und Geologie in der ersten Hälfte des 19. Jahrhunderts großen Einfluß aus. [Querner]

Werke: Œuvres complètes, hrsg. von J. L. Lanessan (14 Bde, Paris 1884–1885); Œuvres philosophiques, hrsg. von J. Piveteau (Paris 1954; mit Bibl.); Les époques de la nature, hrsg. von J. Roger (Paris 1962, Paris 1988). – *Lit.*: DSB II, 576–582 (J. Roger); L. Hanks: B. avant l'histoire naturelle (Paris 1906; mit Bibl.); J. Gagon u.a. (Hrsgg.): Buffon 88. Actes du colloque international pour le bicentenaire de la mort de B. (Paris 1992); J. Roger: B. A Life in Natural History (Ithaca 1997; zuerst französ., Paris 1989).

Bunsen, *Robert* Wilhelm, deutscher Chemiker, * 31.3.1811 Göttingen, † 16.8.1899 Heidelberg.

B., dessen Vater Universitätsprofessor und Oberbibliothekar in Göttingen war, begann siebzehnjährig mit dem Studium der Naturwissenschaften an der Georgia Augusta. 1830 machte er sein Doktorexamen und reiste danach drei Jahre durch Europa, um Fabriken zu besuchen und in Laboratorien berühmter Forscher kurzzeitig zu hospitieren. 1833 begann er mit seiner akademischen Laufbahn in Göttingen als Privatdozent und wurde 1836 Nachfolger *F. → Wöhler*s an der Gewerbeschule in Kassel. Zwei Jahre später (1838) berief der Kurfürst ihn als Professor der Chemie an die Universität Marburg; 1851 ging er nach Breslau, ein Jahr später holte ihn die badische Regierung an die Universität Heidelberg. – B. war eine eindrucksvolle Persönlichkeit, seine Schüler verehrten ihn. Mit 78 Jahren legte er seine Lehrtätigkeit in Heidelberg nieder.

B. lenkte bereits in den ersten Jahren seiner Forschertätigkeit durch Untersuchungen über die Kakodylverbindungen die Blicke der Chemiker auf sich. Die Arbeit mit den arsenhaltigen, explosiven Stoffen war recht gefährlich gewesen. B.s Untersuchungen trugen wesentlich zum Sieg der Radikaltheorie bei. Während einer Forschungsreise 1846 nach Island konnte B. die Geysirbildung und die regelmäßigen Ausbrüche erklären. Zu dem Ertrag dieser Reise gehörte auch die Verbesserung der Silikatchemie. Die chemische Geologie entwickelte sich danach zu einer selbständigen Disziplin. Die Arbeiten über Giftgase und Roheisenbereitung hatten neben ihrer wissenschaftlichen auch eine wirtschaftliche Bedeutung. B. unterschied als erster drei Zonen im Hochofen, nämlich Vorwärm-, Reduktions- und Schmelzzone. Seine ›gasometrischen Methoden‹ bilden die Grundlage der neuzeitlichen Gasanalyse. Erstmals schied B. mit seinem Zink-Kohle-Element (1841) größere Mengen von Aluminium und Magnesium elektrolytisch aus. Später hat er noch ein zweites galvanisches Element, das Chromsäure- oder Flaschen-Element, angegeben. Eine wissenschaftliche Tat ersten Ranges verdanken wir einer Gemeinschaftsarbeit mit *G. R. → Kirchhoff*. 1859 erfanden die beiden Forscher in Heidelberg die Spektralanalyse. *Kirchhoff* hatte B. geraten, statt der Filtergläser (wie z.B. das Kobaltglas) ein Prisma zur Beobachtung gefärbter Flammen zu benutzen. *Kirchhoff* konstruierte als Physiker den Spektralapparat, während B. die Reindarstellung der Salze übernahm. Mit Hilfe der Spektrallinien fand B. noch zwei Alkalimetalle: im Dürkheimer Mineralwasser das Caesium (1860) und im Mineral Lepidolith das Rubidium (1861). Zwischen den Jahren 1852 und 1862 untersuchte B. zusammen mit *Henry Roscoe* (* 7.1.1833 London, † 18.12.1915 Leatherhead [Surry, England]) die photochemischen Wirkungen des Lichts (z.B. an Chlorknallgas) und stellte eine Abhängigkeit von der Wellenlänge fest. Als Heidelberg Stadtgas erhielt, konstruierte B. 1855 den Bunsenbrenner. 1868 erdachte er die Wasserstrahlpumpe, 1870 erfand er ein Eiskalorimeter und 1878 ein Dampfkalorimeter.

B. war Mitglied der Royal Society in London und der Académie des Sciences in Paris; 1860 verlieh ihm die Royal Society die Copley-Medaille, und zusammen mit *Kirchhoff* erhielt er (1877) die erste Davy-Medaille.

[Wiederkehr]

Werke: Gesammelte Abhandlungen, hrsg. von W. Ostwald/E. Bodenstein (3 Bde, Leipzig 1904); „... der Himmel bewahre Sie vor einer socialistischen Herrschaft!" Briefe von R. W. B. an Théophile Jules Pelouze und Henri Victor Regnault in der Universitätsbibliothek Marburg, hrsg. von F. Krafft (Marburg 1996). – *Bibl.*: Pogg. VII a Suppl., 121–126 (Sekundärliteratur) – *Lit.*: GCh II, 78–91 (O. Fuchs); DSB II, 586–590 (S. G. Schacher; mit Bibl.); GPh I, 416–430 (K. Hentschel); H. Debus: Erinnerungen an R. W. B. und seine wissenschaftlichen Leistungen (Kassel 1901); G. Lockemann: R. W. B. Lebensbild eines deutschen Naturforschers (Stuttgart 1949); K. Danzer: R. W. B. und Gustav R. Kirchhoff, die Begründer der Spektralanalyse (Leipzig 1972).

C

Caesalpinus, Andreas → **Cesalpino**, Andrea

Camerarius, *Rudolph* Jakob, deutscher Botaniker, * 12.2.1665 Tübingen, † 11.9.1721 ebenda.

C. war der älteste Sohn des Tübinger Medizinprofessors *Elias Rudolf Camerarius* (1641 bis 1695) aus der von dem bereits an Botanik interessierten und mit *L.* → *Fuchs* befreundeten Humanisten *Joachim Camerarius* (1500 bis 1574) begründeten Tübinger Gelehrten-Dynastie. Er erwarb in Tübingen 1679 den Grad eines Baccalaureus und 1682 den eines Magister artium, bereiste dann aber zur Vorbereitung der Dissertation, mit der er 1687 von seinem Vater promoviert wurde, in den Jahren 1686 und 1687 Deutschland, Holland, England, Frankreich und Italien. Nach der Promotion wurde er 1688 zum außerordentlichen Professor der Botanik innerhalb der Medizinischen Fakultät und Direktor des Botanischen Gartens in Tübingen ernannt. Nach dem Tode seines Vaters wurde er 1695 als dessen Nachfolge ordentlicher Professor der Medizin. Schon zuvor war er Mitglied der Deutschen Akademie der Naturforscher Leopoldina (Akademie-Name: Hector II.) geworden.

C. begründete die experimentelle Befruchtungslehre. Seine Bemühungen um die Aufnahme experimenteller Methoden in die Botanik sind wesentlich geprägt worden durch Begegnungen mit *R.* → *Boyle* und dem französischen Physiker *Denis Papin* (* 22.8.1647 Chitenay [bei Blois], zwischen 1712 und 1714 verschollen) während seiner Reisen. Mit ihnen gelang ihm die Entdeckung der Sexualität der Pflanzen, über die er dem Gießener Medizinprofessor *Michael Bernhard Valentini* (1657–1729) in einem langen offenen ›Brief‹ berichtete, den er 1694 in Tübingen drucken ließ. Hierin wird die Entdeckung in den Rahmen sämtlicher damals bekannter natürlicher und künstlicher Fortpflanzungsarten der Pflanzen mitgeteilt und durch zahlreiche Experimente insbesondere mit Blütenpflanzen, bei denen er weibliche, männliche und Zwitterblüten unterschied, bestätigt. War ›männlich‹ und ›weiblich‹ bis dahin im Anschluß an → *Aristoteles* und → *Theophrastos von Eresos* auf bloße Erscheinungen des Habitus unterschiedlicher Arten (auch Wild- und Zuchtarten) einer Gattung bezogen worden, so konnte C. den Nachweis führen, daß auch im Pflanzenreich eine sich in den Blüten ausdrückende Zweigeschlechtlichkeit im Sinne der Sexualität auftritt (wie sie in der Praxis letztlich mit der künstlichen 'Bestäubung' der Dattelpalmen seit langem gehandhabt wurde). Damit waren die Blüten nicht mehr bloße Schutzorgane für die Fruchtkeime wie bei *A.* → *Cesalpino*, sondern als für die Fortpflanzung wesentlichstes Organ erwiesen; und mit dem Hinweis auf die Bedeutung des Aufbaus der Blüten und ihrer Teile für eine natürliche Systematik wurde C. gleichzeitig zum Wegbereiter des künstlichen Systems *C. von* → *Linné*s.

Eine weitere Ausgabe der ›Epistola‹ ließ der Adressat *Valentini* zusammen mit seiner eigenen, lobenden Antwort in den ›Ephemeriden‹ der Leopoldina für das Jahr 1696 abdrucken – beides nahm er auch in seine Schrift ›Polychresta exotica‹ (1700 und 1701) als Anhang auf. Später druckte der Tübinger Botaniker *Johann Georg Gmelin* (* 10.8.1709 Tübingen, † 20.5.1753 ebenda) die ›Epistola‹ nochmals gemeinsam mit seiner ›Akademischen Rede über das Entstehen neuer Pflanzen nach der Schöpfung Gottes‹ ab, in der er häufiger auf C.s ›Epistola‹ verweist und die er nach der Rückkehr von seiner St. Petersburger Professur 1749 gehalten hatte. Dennoch blieben die Ergebnisse der ›Epistola de sexu plantarum‹ in Botanikerkreisen weitgehend unbekannt, bis die Schrift ein Jahrhundert später durch die 1797 von dem Prager Botanikprofessor *Johann Christian Mikan* (* 3.9.1743 Leipa, † 7.8.1814 Prag) herausgegebene Sammlung der ›Opuscula botanici argumenti collecta‹ des C. wieder zugänglich gemacht wurde. Inzwischen hatte auch *J. G.* → *Koelreuter* sich in seinen Untersuchungen über die Bestäubung der Pflanzen auf das Werk von C. bezogen – das Thema war aktuell geworden, und das ›grausige‹ Latein der ›Epistola‹ hinderte nicht mehr daran, sich mit ihrem Inhalt zu beschäftigen. [Krafft]

Werke: Ueber das Geschlecht der Pflanzen, übersetzt und hrsg. von M. Möbius (Leipzig 1899, mit Bibl.). – *Lit.*: DSB XV, 67 f. (K. Mägdefrau).

Candolle, Augustin Pyrame de, schweizerischer Botaniker, * 4.2.1778 Genf, † 9.9.1841 ebenda.

Auf väterlichen Wunsch studierte C. zunächst Medizin in Genf, wo seine botanischen Interessen vor allem durch den Algenforscher *Jean Pierre Étienne Vaucher* (* 27.4.1763 Genf, † 5.1.1841 ebenda) und den Pflanzenphysiologen *Jean Senebier* (* 6.5.1742 Genf, † 22.7.1809 ebenda) gefördert wurden. Mit dem Entschluß, sich ganz der Botanik zu widmen, ging er 1796 nach Paris. Dort pflegte er freundschaftlichen Umgang mit *G.* → *Cuvier* und *J. B.* → *Lamarck*. Ab 1799 veröffentlichte er die siebenteilige ›Plantarum succulentarum Historia‹ als die erste seiner zahlreichen Familienmonographien. Im Jahre 1816 folgte er einem Ruf nach Montpellier an den dortigen Botanischen Garten, kehrte aber 1816 auf den eigens für ihn geschaffenen Lehrstuhl der Naturgeschichte nach Genf zurück. Gleichzeitig leitete er hier den Botanischen Garten, organisierte die Einrichtung der öffentlichen Bibliothek, setzte sich für die Gründung eines Kunstmuseums ein und war bis 1841 auch als Kantonalpolitiker tätig.

C.s wissenschaftliche Bedeutung beruht auf dem zweibändigen ›Regni vegetabilis systema naturale‹ (Paris 1818–1821) und dem ›Prodromus systematis naturalis regni vegetabilis‹, der, 1824 begonnen und bis Band 7 (1841) fortgeführt, durch seinen um die Entwicklung der Pflanzengeographie verdienten Sohn *Alphonse Louis Pierre Pyrame de Candolle* (* 27.10.1806 Paris, † 4.4.1893 Genf) und einige andere Mitarbeiter bis zum Jahre 1870 auf 16 Bände erweitert wurde. In beiden Werken bemühte C. sich darum, statt des künstlichen von *C. von* → *Linné* ein natürliches System der Pflanzen zu erstellen, ausgehend von der Forderung, daß eine Klassifikation der Arten nur nach den morphologischen Merkmalen einzelner Organe und ihrer Symmetrieverhältnisse zueinander erfolgen dürfe, die analog den Bauplänen der Tiere nach *G. Cuvier* aufzufassen seien. Überzeugt von der Konstanz der Arten gruppierte er seine insgesamt 194 Ordnungen nach dem Vorbild von *Joseph Gaertner* (* 12.3.1732 Calw, † 14.7.1971 Tübingen) wie die Territorien einer Landkarte. [Geus]

Lit.: DSB III, 42 f./43–45 (P. E. Pilet); G. Hochreutiner: Les Candolles. In: *Suisse universitaire* 3 (1898), 1–43; J. Briquet: Biographies des botanistes à Genève 1500–1931 (Genf 1940, S. 120–130); J. Miège: A.-P. de C. Sa vie, son œuvre, son action à travers la Société de Physique et d'Histoire naturelle de Genève (Genf 1979). – R. Mikulinskij u.a.: A. de C. (1808–1893) (Jena 1980).

Cannizzaro, Stanislao, italienischer Chemiker, * 13.7.1826 Palermo, † 10.5.1910 Rom.

C. entstammte einer kinderreichen Familie aus Palermo. Als Fünfzehnjähriger wurde er auf der höheren Schule für seine mathematischen Arbeiten ausgezeichnet, und schon mit 19 Jahren konnte er über wissenschaftliche Themen auf der Versammlung italienischer Naturforscher vortragen. C.s eigentlicher Lehrer in Chemie war *Raffaele Piria* (* 2.8.1813 Sevilla, Calabrien, † 18.7.1865 Turin). Der glühende Patriot C. nahm an den Kämpfen des italienischen Volkes gegen die Fremdherrschaft als Artillerie-Offizier 1848 teil. Er mußte flüchten;

in Paris wandte er sich als Assistent von *M. E. Chevreul* wieder der wissenschaftlichen Arbeit zu und blieb für kurze Zeit in dieser Metropole. Rund ein Jahrzehnt später schloß der Chemieprofessor zu Genua sich wieder Garibaldi an und durfte nach dessen Sieg Mutter und Schwester in Palermo wiedersehen.

Mit *François Stanislas Cloëz* (* 24.6.1817 Ors Nord, † 12.10.1883 Paris) zusammen arbeitete C. über Cyanamid (1851). Unter *Piria*s Einfluß entdeckte er 1853 die berühmte, nach ihm benannte Reaktion, in der sich aus Benzaldehyd durch Disproportionierung Benzoesäure und Benzylalkohol bilden. Nach der Berufung nach Genua begann für C. ein neuer, wichtiger Arbeitsabschnitt. Er hatte die vielen Widersprüche in den damaligen chemischen Lehrmeinungen bemerkt. Hier Klarheit zu schaffen und nach kritischer Prüfung das Brauchbare zusammenzufassen, war sein Ziel. Die unterschiedlichen Äquivalent- und Atomgewichtstabellen stifteten damals unter den Chemikern erhebliche Verwirrung. *J. J.* → *Berzelius* legte den Tabellen das Atomgewicht des Sauerstoffs (als 100 angenommen) zugrunde, andere setzten das leichteste Element, den Wasserstoff, gleich 1. Das Gay-Lussacsche Volumengesetz (*J. L.* → *Gay-Lussac*), das den chemisch miteinander reagierenden Gasvolumina einfache Verhältnisse zuerkennt, war damals kaum in der Theorie unterzubringen, weil die Begriffe Atom und Molekül völlig durcheinander geraten waren. *Berzelius* lehnte es ab, Gasmoleküle als zweiatomig anzunehmen, weil in seiner elektrochemischen Bindungstheorie dafür keine Möglichkeit bestand. Andere wollten wieder grundsätzlich alle elementaren Teilchen als biatomig annehmen. Nicht einmal über die Formel des Wassers war man sich einig. *Leopold Gmelin* (* 2.8.1788 Göttingen, † 13.4. 1853 Heidelberg) hatte deswegen vorgeschlagen, alle theoretischen Anschauungen beiseite zu lassen und zu den experimentell gesicherten Tatsachen, den Äquivalentgewichten, zurückzukehren. Letzten Endes konnte diese Methode aber auch nicht aus dem Chaos herausführen, da der Begriff der Wertigkeit noch nicht geklärt war. C. vertrat die Ansicht, daß man zu einer sicheren Bestimmung der Atomgewichte nur dadurch gelangen könne, daß man alle brauchbaren Gesetzmäßigkeiten heranziehe: das stöchiometrische Gesetz, die Regel über die spezifischen Wärmen von *P. L. Dulong* und *A. T. Petit* (Atomwärme), das Isomorphiegesetz von *E.* → *Mitscherlich* und das Volumengesetz von *Gay-Lussac*. Unter Zuhilfenahme der Hypothese seines Landsmannes *A.* → *Avogadro*, der streng zwischen Atom und Molekül unterschied (1811) – auch *A.* → *Ampère* hatte 1814 ähnliche Ansichten vertreten –, lösten sich die meisten Widersprüche. Zur Erklärung der Anomalien bei den Gasdichten nahm C. eine Zersetzung (thermische Dissoziation) an. In Anlehnung an *Henri Victor Regnault* (* 21.7.1810 Aachen, † 19.1.1878 Paris) schuf er den Begriff der ›Sättigungsfähigkeit‹, der mit dem Valenzbegriff verwandt ist. Seine Ideen legte C. in Form eines Briefes an seinen Kollegen *Sebastiano de Luca* (* 4.11.1820 Cardinale [Calabrien], † April 1880 Neapel) 1858 nieder; denn er rechnete mit der Skepsis und dem Widerstand vieler Chemiker. Die Avogadrosche Hypothese wurde durch die aufkommende kinetische Gastheorie gestützt. *Adolphe Wurtz* (* 26.11.1817 Straßburg, † 12.5.1884 Paris), einer der Initiatoren des Karlsruher Chemikerkongresses von 1860, hatte *Piria* und seine Schule zu der Tagung eingeladen. In den Diskussionen gelang es C., sich zu behaupten. Den Chemikern wurde eine kleine, aber revolutionierende Schrift in die Hand gedrückt. Ergebnisse der chemischen Theorien von *Berzelius, C.* → *Gerhardt*, *A.* → *Laurent* und anderen waren darin zu einer Einheit geworden. Das Atomgewicht hatte damit den Rang einer physikalisch-chemischen Konstanten erhalten. – Trotz des anfänglichen Widerstrebens besonders französischer Forscher durfte C. den Sieg seiner atomistischen Theorie noch erleben.

[Wiederkehr]

Werke: Scritti intorno alla teoria moleculare ed atomica ed alla notazione chimica (Palermo 1896; mit Bibl., die in der deutschen Ausgabe fehlt: Historische Notizen und Betrachtungen über die Anwendung der Atomtheorie in der Chemie und über die Systeme der Konstitutionsformeln von Verbindungen, mit einer biographischen Einleitung von L. Vanzetti / M. Speter. Stuttgart 1913). – *Bibl.*: In: *Bulletin Société chimique de France*, 4e série 7 (1970), VII–XIII. – *Lit.*: GCh II, 173–189 (B. L. Vanzetti / M. Speter); DSB III, 45–49 (H. M. Leicester); H. Hartley: S. C. and the First International Chemical Conference at Karlsruhe in 1860. In: *Notes and Records of the Royal Society* 21 (1966), 53–63; J. Bradley: Before and After C. A Philosophical Commentary on the Development of the Atomic and Molecular Theories (Caithness, Scotland 1992).

Cantor, *Georg* Ferdinand Ludwig Philipp, deutscher Mathematiker. * 3.3.1845 St. Petersburg, † 6.1.1918 Halle an der Saale.

Zu seinem 70. Geburtstag schickte die Göttinger Mathematische Gesellschaft C., damals Professor für Mathematik in Halle, das folgende Glückwunschschreiben: »Wir, die Mitglieder der Mathematischen Gesellschaft in Göttingen, die wir bei unserer Arbeit so oft die von Ihnen gefertigten Werkzeuge erprobt haben, wollen Ihnen den so lang geschuldeten Dank nun am heutigen Tage aussprechen. Und auch für die kommenden Geschlechter sprechen wir; denn durch Ihre Arbeit ist uns ein Grund bereitet worden, auf dem jeder bauen muß, der Sicheres und Dauerndes schaffen will. – Dennoch würden wir Ihren Werken nicht gerecht werden, wollten wir sie nur an der Größe ihrer Wirkung oder als Mittel zur Mehrung der Wissenschaft beurteilen. Nein! Wer in Ihre Lehre einzudringen getrachtet hat, der hat etwas an sich Erhabenes geschaut, das seinen unermeßlichen Wert in sich selbst trägt. – Empfangen Sie unser aller Huldigung.«

Diese von dem griechisch-deutschen Mathematiker *Constantin Carathéodory* (* 13.9.1873 Berlin, † 2.2.1950 München) verfaßte Huldigung galt dem Mathematiker, der mit seiner Theorie der transfiniten Zahlen zum Begründer der Mengenlehre wurde – jenes Paradieses der Mathematiker, aus dem sie nach *D.→ Hilberts* Worten niemand vertreiben dürfe. Denn C.s kühne Untersuchungen unendlicher Mengen, seine Beschäftigung mit dem Aktual-Unendlichen, hatte gleich von Anbeginn die erbitterte Kritik des einflußreichen Berliner Mathematikers *L. Kronecker* herausgefordert. Für ihn und seine Anhänger galt der Umgang mit unendlichen, in ihrer Gesamtheit als gegeben angesehenen Mengen als unzulässig. Die Entdeckung der Antinomien der Mengenlehre durch *B. Russell* um die Jahrhundertwende schien die Ansicht dieser ›Intuitionisten‹ zu bestärken, wenngleich *Russell* selbst den Weg dazu wies, die auftretenden Widersprüche zu vermeiden. Den ›Intuitionisten‹ (*J. → Brouwer*) trat unter *Hilberts* Führung die Schule der ›Formalisten‹ entgegen, der eine axiomatische Grundlegung der Mengenlehre gelang.

Die harte Kritik *Kroneckers* führte zu schweren Krisen in C.s Leben, der seit 1869 an der Universität Halle lehrte, konnte aber auf die Dauer die Anerkennung der Fachkollegen nicht verhindern. Davon zeugt nicht nur das Glückwunschschreiben der Göttinger Mathematischen Gesellschaft. C. war es auch, der die Anregung gab zur Gründung der Deutschen Mathematiker-Vereinigung (1890) und der Internationalen Mathematiker-Kongresse (1. Kongreß: Zürich 1897); damit leitete er eine neue Periode nationaler und internationaler Zusammenarbeit in der mathematischen Forschung ein, ohne die das rasche Wachstum der modernen Mathematik nicht denkbar wäre. [Scriba]

Werke: Gesammelte Abhandlungen mathematischen und philosophischen Inhalts (Berlin 1932; Nachdruck: Hildesheim 1962; mit Biographie von A. Fraenkel); Briefe, hrsg. von H. Meschkowski / W. Nilson (Berlin usw. 1991). – *Bibl.*: Pogg. VII a Suppl., 128 f. (Sekundärliteratur). – *Lit.*: DSB

III, 52–58 (H. Meschkowski); GWG IX, 66–75 (T. von Randow); J. W. Dauben: G. C., His Mathematics and Philosophy of the Infinite (Cambridge, Mass./London 1979, Princeton 1990); A. Kertész: G. C. 1845–1918, Schöpfer der Mengenlehre (Halle 1983); H. Meschkowski: G. C. Leben, Werk und Wirkung (Mannheim 1983); W. Purkert/H. J. Ilgauds: G. C. (Leipzig 1985; Neudruck: Basel 1987).

Carnot, Nicolas Léonard *Sadi*, französischer Physiker und Ingenieur, * 1.6.1796 Paris, † 24.8.1832 ebenda.

C., ältester Sohn des berühmten Politikers, Mathematikers und Ingenieurs *Lazare-Nicolas-Marguerite Carnot* (* 13.5.1753 Nolay, † 2.8. 1823 Magdeburg), studierte an der École Polytechnique in Paris. 1812 bis 1814 und 1828 ein weiteres Pflichtjahr war er Militäringenieur. Seine privaten Studien ergänzte er durch Kurse an der Sorbonne und dem Collège de France. Introvertiert und völlig unabhängig arbeitend, beschäftigte er sich außer mit Physik und Ingenieurproblemen unter anderem mit Mathematik, Industrie- und Steuerproblemen sowie den schönen Künsten. 1832 starb er während einer Choleraepidemie.

Zur Lösung des im Zuge der Industrialisierung entstandenen Problems, Wattsche Dampfmaschinen mit möglichst hohem Wirkungsgrad zu bauen, entwickelte C. eine allgemeine abstrakte thermodynamische Theorie, die sich im Unterschied zu vielen zeitgenössischen Arbeiten durch eine klare Analyse der verwendeten Größen und Begriffe auszeichnete. Im erst 1966 entdeckten Manuskript ›Recherche d'une formule propre à représenter la puissance motrice de la vapeur d'eau‹ leitet C. die in einer Dampfmaschine geleistete Arbeit (C.s ›bewegende Kraft‹) durch eine Reduktion auf isotherme und adiabatische Ausdehnungen und eine isotherme Kompression als Funktion der Anfangs- und Endtemperatur und des Drucks des Dampfes ab. Im Hauptwerk ›Réflexions sur la puissance motrice du feu et sur les machines propres à développer cette puissance‹ von 1824 entwickelt C. eine Theorie für alle möglichen Wärmekraft-Maschinen aus den drei Prinzipien der Unmöglichkeit eines Perpetuum mobile, der Wärmestofftheorie von *J.* → *Black*, wonach Wärme stets erhalten bleibt, und der Arbeitsleistung von Wärme durch deren Transport (ohne deren Umwandlung als Begründung anzugeben). Die von C. eingeführte ideale sogenannte C.-Maschine ergänzt die drei Prozesse aus der Schrift ›Recherche …‹ durch eine adiabatische Kompression zur Erwärmung des Arbeitsgases so zu einem vollständigen, reversiblen Kreisprozeß, daß durch Wärmetransport von einem Reservoir zu einer niedrigeren Temperatur eine gewisse Arbeit geleistet wird und sich die Maschine selbst am Zyklusende wieder vollständig im Ausgangszustand befindet. Eine Maschine mit höherem Wirkungsgrad als die C.-Maschine kann es nicht geben, da sie zusammen mit einer umgekehrt arbeitenden C.-Maschine ein Perpetuum mobile darstellte. C.s Haupttheorem ist, daß die geleistete Arbeit allein von der Temperaturdifferenz abhängt. Nach dem 1878 durch seinen Bruder Hippolyte C. veröffentlichten Nachlaß hat C. die Wärmestofftheorie (u.a. wegen der Fresnelschen Schwingungstheorie des Lichts im Zusammenhang mit Wärmestrahlung [*A.-J.* → *Fresnel*]) zugunsten einer Umwandelbarkeit von Wärme und Arbeit aufgegeben und für das mechanische Wärmeäquivalent fast den Wert von *J. R.* → *Mayer* und *J. P.* → *Joule* berechnet und die Grundlage für den ersten Hauptsatz der Thermodynamik gelegt. Diese Aufzeichnungen haben die Wärmelehre aber nicht beeinflußt. Die ›Réflexions‹ wurden erst durch die analytische Darstellung *Benoît Pierre Emile Clapeyron*s (* 26.1.1799 Paris, † 28.1. 1864 ebenda) bekannt. C.s Hauptsatz wurde 1856 durch den Beweis von *R.* → *Clausius* ohne Verwendung der Wärmestofftheorie zum zweiten Hauptsatz der Thermodynamik.

[Koch/Meyer-Abich]

Werke: Réflexions sur la puissance motrice du feu, hrsg. von R. Fox (Paris 1978). – *Lit.*: DSB III, 79–84 (J. F. Challey); GPh I, 289–302 (S. L. Wolff); M. Reinhard: Le grand C. (2 Bde, Paris 1950–1952); P. Redondi: L'accueil des idées de S. C. et la technologie française de 1820 à 1860 (Paris 1980); J. Dayantis: C., Clapeyron, et la théorie du calorique au dixneuvième siècle. In: *Revue des Questions Scientifiques* 164 (1993), 105–130.

Cartesius → Descartes, René

Carus, Carl Gustav, deutscher Arzt, Naturforscher und Philosoph, * 3.1.1789 Leipzig, † 28.7.1869 Dresden.

C. studierte ab 1804 in Leipzig Medizin und Naturwissenschaften und wurde dort 1811 Privatdozent. 1813 übernahm er die Leitung eines französischen Militärhospitals und folgte 1814 einem Ruf nach Dresden als Leiter der geburtshilflichen Klinik und als Professor an der dortigen Akademie für Medizin und Chirurgie. 1827 wurde C. zum königlichen Leibarzt ernannt, welche Stellung ihm die nötige Freiheit für die Beschäftigung mit den ihn interessierenden Gebieten der Naturgeschichte, Philosophie und Kunst gab. 1863 wurde er zum XIII. Präsidenten der Leopoldinisch-Carolinischen Deutschen Akademie der Naturforscher gewählt. Er war befreundet u.a. mit dem Maler *Caspar David Friedrich* und mit *A. von → Humboldt* und korrespondierte mit *J. W. von → Goethe*.

C.' naturhistorische Schriften sind bestimmt durch die Ideen der Romantischen Naturphilosophie und somit stark beeinflußt von der Naturphilosophie des jungen *F. W. J. Schelling*. Stets ist sein Bemühen darauf gerichtet, die Einheit von Geist und Natur in den Phänomenen zu erkennen und darzustellen. Am deutlichsten wird das in dem großen Werk ›Von den Ur-Theilen des Knochen- und Schalengerüstes‹. Mit einer programmatischen Rede trat C. bei der ersten Versammlung der deutschen Naturforscher und Ärzte 1822 in Leipzig hervor: ›Von den Anforderungen an eine künftige Bearbeitung der Naturwissenschaften‹. Im höheren Alter wandte er sich der Anthropologie im weiteren Sinne und der Psychologie zu. Herrschend blieb stets der naturphilosophische Aspekt, deutlich ist aber auch der Einfluß der Klassik, insbesondere von *Goethe*. Sein Werk ›Psyche: Zur Entwicklungsgeschichte der Seele‹ übte einen starken Einfluß auf *Eduard von Hartmanns* (* 23.2.1842 Berlin, † 5.6.1906 Groß-lichterfelde) ›Philosophie des Unbewußten‹ aus. Sonst hatte diese wie auch die anderen Schriften C.s um die Mitte des Jahrhunderts keine Wirkung auf die Zeitgenossen, sie wurden aber im 20. Jahrhundert durch *Ludwig Klages* (* 10.12.1872 Hannover, † 29.7.1956 Kilchberg [bei Zürich]) und seinen Kreis wieder entdeckt. Das gilt außer für ›Psyche‹ vor allem für ›Symbolik der menschlichen Gestalt. Ein Handbuch zur Menschenkenntnis‹. Als ›letzter großer Romantiker‹ hat C. auf den Fortgang der Naturwissenschaften allerdings keine nachhaltige Wirkung ausgeübt. [Querner]

Bibl.: R. Zaunick: C. G. C., eine historisch-kritische Literaturschau und zwei Bibliographien (Dresden 1930); S. Grosche: C. G. C. (1789–1869). Katalog der Zeichnungen im Kupferstich-Kabinett der Staatlichen Kunstsammlungen Dresden (Dresden 1998). – *Lit.*: NDB III, 161–163 (B. Knauß); C. G. C.: Lebenserinnerungen und Denkwürdigkeiten (4 Bde, Leipzig 1865–1866; Nachdruck: Weimar 1965–1966); Denkwürdigkeiten aus Europa, mitgeteilt von C. G. C., zu einem Lebensbild zusammengestellt von M. Schlösser (Darmstadt 1963); W. Genschorek: C. G. C. Arzt – Künstler – Naturforscher (Leipzig/Stuttgart 1978, [4]1986; Neudruck: Frankfurt am Main 1989); E. Meffert: C. G. C. Sein Leben, seine Anschauung von der Erde (Stuttgart 1986); F. Kroschinsky/M. Schreiber: Der Briefwechsel zwischen C. G. C. und Johann Wolfgang von

Goethe in den Jahren von 1818 bis 1831 (Diss. med. Dresden 1992); W. Licht: Leibarzt am sächsischen Königshaus (Taucha 1998).

Cassini, Giovanni Domenico (Jean-Dominique), italienischer Astronom, * 8.6.1625 Perinaldo [bei Nizza], † 14.9.1712 Paris.

C. studierte an den Jesuitenkollegien zu Genua und Bologna, wandte sich bald der Astronomie zu und wurde bereits 1650 auf den neuen Lehrstuhl für Mathematik und Astronomie in Bologna berufen. Hier ließ er sich im Turm der Kirche St. Petronio eine Sternwarte einrichten. Er wurde zwar gleichzeitig zum Oberintendanten der Befestigungsanlagen der Zitadelle St. Urbino bestellt und erhielt später den Auftrag, den Fluß Chiana zu begradigen, doch entfremdeten diese Ingenieurtätigkeiten ihm nicht die Astronomie. Ludwig XIV. berief ihn 1668 als Beobachter in die zwei Jahre zuvor gegründete Académie des sciences zu Paris, wo er im folgenden Jahr zum Direktor der seit 1667 im Bau befindlichen Sternwarte ernannt wurde, deren unzweckmäßiger Prunkbau 1672 vollendet war.

Besonders widmete sich C. den Kometen und Planeten. 1662 gab er neue Sonnentafeln und -ephemeriden heraus, bestimmte erstmals die Rotationszeiten von Mars, Venus und Jupiter, dessen Abplattung er 1665 entdeckte, berechnete die Umläufe der Jupitermonde – vermutlich schon teilweise mit *G. A.* → *Borelli*, der wie er bis zur Auflösung Mitglied der Accademia del cimento in Florenz gewesen war, dann in Paris (die Tafeln erschienen 1693) – und beobachtete später erstmals die durch die größere Entfernung des Jupiter bedingte Verspätung der Verfinsterungen seiner Monde, ohne diese Erscheinung jedoch bereits erklären zu können oder die Deutung *O.* → *Rømer*s anzuerkennen. C. war immer recht traditionell eingestellt; seine Stärken lagen mehr auf dem Gebiete der praktischen Astronomie. – Es waren wohl die exakten Beobachtungen des Jupiter, welche ihm den ehrenhaften Ruf nach Paris eingetragen hatten; denn die an allen Orten der Erde gleichgehende ›Himmelsuhr‹, welche das System des Jupiter mit seinen Monden darstellt, schien, wie schon *G.* → *Galilei* bemerkt hatte, vorzüglich geeignet, das alte Problem der geographischen Längenbestimmung zu lösen. Ludwig XIV. bestellte für das Observatorium aus England Objektive mit langen Brennweiten (86, 100 und 130 Fuß), die vor der Erfindung des Spiegelteleskops als die besten galten und die auch *J.* → *Hevelius* in Danzig benutzte. Ähnlich wie ihm gelang es auch in Paris nicht, für diese Objektive haltbare Rohre (Tuben) zu bauen. Der Strahlengang blieb unverkleidet. Lange Stangen und Masten sorgten für die Fixierung von Objektiv und Okular und bewirkten natürlich eine große Unbeweglichkeit dieser riesigen ›Luftfernrohre‹, mit denen bestimmte Objekte auch nur kurze Zeit beobachtet werden konnten. Die großen Gestänge auf dem Dach der Sternwarte erregten unter der Pariser Bevölkerung jedenfalls größeres Aufsehen als die Entdeckungen, welche C. mit ihnen gelangen: 1671, 1672, 1684 die ersten vier Saturnmonde, 1675 die Teilung des Saturnringes durch den dunklen ›C.schen Streifen‹, 1683 das Zodiakallicht (unabhängig von *J.* → *Kepler*) – die weitgehend richtige Erklärung gelang 1684 dem schweizer Mathematiker und Naturforscher *Nicolas Fatio de Duillier* (* 26.2.1664 Basel, † 12.5.1753 Maddersfield [Worcester]) – und das ›C.sche Gesetz‹ der Achsendrehung des Mondes. Die Bewegung der Planeten glaubte er durch eine Kurve 4. Grades, die sog. Cassinoide (›C.sche Linie‹), darstellen zu können.

Aus 1672 gleichzeitig von *Jean Richer* (* 1630, † 1696 Paris) in Cayenne (Französisch-Guayana, 5° nördl. Breite) durchgeführten Marsbeobachtungen bestimmte er die Sonnenparallaxe ziemlich richtig zu 9,5". *Richer* war in seinem Auftrag 1671 bis 1673 zu astronomischen und geodätischen Messungen in Cayenne und konnte, wie 1676 *E.* → *Halley* auf St. Helena, feststellen, daß ein Sekundenpendel hier in der Nähe des Äquators kürzer ist als in Paris. *C. → Huygens* hatte 1669 der Pariser Akademie eine Arbeit vorgelegt, in der aus der Wirkung der ›Zentrifugalkraft‹ eine Verkürzung des Sekundenpendels mit abnehmender Breite gefolgert wurde, was durch die genannte Beobachtung bestätigt wurde. Er schloß ebenso wie *I. → Newton* daraus auf eine Abplattung der Erde an den Polen, während C. umgekehrt die Beobachtungen als Folge der aus der Wirbeltheorie *R. → Descartes*' sich ergebenden Eiform der Erde deutete und diese Auffassung ebenso hartnäckig verteidigte wie sein Sohn *Jacques Cassini* (* 18.2.1677 Paris, † 16.4.1756 Gut Thury [bei Clermont]), der nach seinem Tode Direktor der Sternwarte wurde, und wie *Huygens* und *Newton* die abgeplattete Form. Es kam zu einem jahrzehntelangen Streit zwischen den englischen und französischen Astronomen, zumal die von den beiden C. durchgeführte Gradmessung im Norden und Süden Frankreichs für die Eiform zu zeugen schien und *Johann I → Bernoulli* in einer 1735 von der Pariser Akademie preisgekrönten Abhandlung die Möglichkeit der Eiform mathematisch nachgewiesen hatte. Um den Streit endlich entscheiden zu können, wurden von der Akademie im Jahre 1736 zwei Expeditionen entsandt, um unter der Leitung des Professors für Schiffahrtskunde in Le Havre und Begründers der Photometrie, *Pierre Bouguer* (* 10.2.1698 Croisic [Bretagne], † 15.8.1758 Paris), und von *Charles Marie de la Condamine* (* 27.1.1701 Paris, † 1774 ebenda) in Peru und auf Anregung von *A. → Celsius* unter der Leitung von *P. L. de → Maupertuis* in Lappland Gradmessungen durchzuführen, deren Ergebnisse dann die Polabplattung und damit die Theorie des Engländers bestätigten.

Es sollten noch zwei weitere C.s Nachfolger ihrer Väter werden: *César François Cassini de Thury* (* 17.6.1714 Paris, † 4.9.1784 ebenda) und *Jean Dominique, Comte de Cassini* (* 30.6.1748 Paris, † 18.10.1845 Thury). Der erstgenannte veranlaßte 1733 die große topographische Aufnahme Frankreichs, die erst sein Sohn vollenden konnte. Die Direktorendynastie der C. an der Pariser Sternwarte endete mit der Französischen Revolution. [Krafft]

Werke: Œuvres diverses (Paris 1730). – *Lit.*: DSB III, 100–109 (R. Taton); M. Pelletier: La carte de C. L'extraordinaire aventure de la carte de France (Paris 1990); A. Cassini: G. D. C. Uno scienziato del Seicento (Perinaldo 1995). – H. Zehe: Die Gravitationstheorie des Nicolas Fatio de Duillier (Hildesheim 1980).

Cauchy, Augustin-Louis, französischer Mathematiker, * 21.8.1789 Paris, † 23.5.1857 Sceaux [bei Paris].

C. zeigte schon als Kind hervorragende mathematische Begabung und bezog mit 16 Jahren die École Polytechnique, jene hochangesehene mathematisch-technische Lehranstalt im Universitätsrang, aus der so viele berühmte Mathematiker und Naturwissenschaftler hervorgingen. Kaum 21jährig wurde er als Ingenieur nach Cherbourg geschickt, das Napoleon I. zu einem großen Kriegshafen ausbauen ließ. 1813 kehrte C. nach Paris zurück, um sich ganz der mathematischen Forschung zu widmen, die er auch zuvor schon in den Mußestunden betrieben hatte. Bereits 1815 wurde eine Arbeit von ihm über die Fortpflanzung von Wellen an der Oberfläche einer schweren Flüssigkeit von der Akademie preisgekrönt; 1816 wurde er Professor an der École Polytechnique, später auch an der Sorbonne und am Collège de France. Als treuer Anhänger der Bourbonen verweigerte C. 1830 den Eid auf die neue Regierung und ging ins Exil. Nach vorübergehender Lehrtätigkeit in Turin übernahm er 1833 in Prag die Erziehung des ältesten Sohnes Karls X., wurde zum Baron erhoben und kehrte 1838 nach Paris zurück. Doch erst zehn Jahre später, nach Abschaffung des Eides, erhielt er wieder eine Professur an der Sorbonne.

Aus C.s früher Lehrtätigkeit gingen seine klassischen Lehrbücher hervor: ›Cours d'analyse‹ (1821), ›Le calcul infinitésimal‹ (1823), ›Applications du calcul infinitésimal à la géométrie‹ (2 Bde, 1826–1828), ›Le calcul différentiel‹ (1829) sowie mehrere Bände ›Exercices‹ (1826–1847). C. gab darin nicht nur eine Einführung in die mathematische Analysis in wohlgegliedertem Aufbau, sondern er machte, wahrscheinlich im Anschluß an *B. → Bolzano*, den für seine Zeit ungewöhnlichen und erfolgreichen Versuch einer einwandfreien logischen Grundlegung. Diese Frage hatte das 18. Jahrhundert im Überschwang der Entdeckerfreude und ganz damit beschäftigt, immer neue Anwendungsgebiete der Analysis aufzuspüren, in den Hintergrund treten lassen. So verwendete C. z.B. saubere Grenzübergänge, gab Konvergenzkriterien für unendliche Reihen und Abschätzungen für die Restglieder an. Damit ging er wesentlich über *J. L. → Lagrange* hinaus, der dem beschriebenen Mangel durch eine formale Betrachtungsweise abhelfen wollte. Insgesamt veröffentlichte C. fast 800 Arbeiten, die – im Gegensatz zu seinen Lehrbüchern – oft in großer Eile hingeworfen und in späteren Aufsätzen ergänzt, erweitert oder umgestaltet wurden. Er begründete darin die Theorie der Funktionen einer komplexen Veränderlichen, bearbeitete das Gebiet der Differentialgleichungen in vielfacher Weise, lieferte wichtige Beiträge zur Theorie der unendlichen Reihen (wurde jedoch auch, da er den Begriff der gleichmäßigen Konvergenz noch nicht kannte, zum ›Beweis‹ eines unrichtigen Satzes geführt, den *N. H. → Abel* dann 1826 berichtigte), beschäftigte sich mit zahlentheoretischen Problemen, war Mitbegründer der Theorie der Permutationsgruppen, führte den Begriff des Spannungszustandes in die Elastizitätslehre ein, versuchte die Ausbreitung der Lichtwellen durch die Einführung neuer Äthertheorien zu erklären, vereinfachte die Berechnungsmethoden der Astronomie – kurz, er war ein äußerst vielseitiger Mathematiker von unglaublicher Produktivität. [Scriba]

Werke: Œuvres complètes (1. Série: 12 Bde; 2. Série: 15 Bde, Paris 1882–1974). – *Lit.*: DSB III, 131–148 (H. Freudenthal); C. A. Valson: La vie et les travaux du baron C. (2 Bde, Paris 1868; Nachdruck: Paris 1970); J. V. Grabiner: The Origins of C.'s Rigorous Calculus (Cambridge, Mass. 1981); B. Belhoste: C., 1789–1857. Un mathématicien légitimiste au XIXe siècle (Paris 1985; englisch, New York usw. 1991); A. Dahan-Dalmedico: Mathématisations. A. C. et l'école française (Paris 1993).

Cavendish, Henry, englischer Naturforscher, * 10.10.1731 Nizza, † 24.2.1810 London.

Vom Vater, einem ausgezeichneten Experimentator, in die Naturforschung und in die wissenschaftlichen Londoner Zirkel eingeführt, brach der menschenscheue Einzelgänger C. nach vier Jahren sein Studium an der Universität Cambridge ohne Abschluß ab, ging 1753 nach London, richtete sich hier ein Laboratorium ein und widmete sich fortan als Privatgelehrter fast ausschließlich naturwissenschaftlichen Forschungen. Er galt seiner Zeit als reichster Gelehrter und gelehrtester Reicher, hatte kein Interesse am nichtwissenschaftlichen öffentlichen Leben, nahm aber aktiv am Leben wissenschaftlicher Vereinigungen wie der Royal Society teil.

C. führte zwar auf fast allen physikalischen Gebieten experimentelle Untersuchungen durch – sein umfangreiches wissenschaftliches Werk ist noch unveröffentlicht –, am bedeutendsten sind aber seine Arbeiten zur Chemie und Physik der Gase und zur Elektrizitätslehre, aus welchen Gebieten auch die meisten seiner weniger als 20 Veröffentlichungen stammen. Seine unveröffentlichten experimentellen und theoretischen Arbeiten zur Elektrizität nahmen Ergebnisse *C. A. de → Coulomb*s und *M. → Faraday*s vorweg. Aber seine Bestimmung der Dichte der Erde zu 5,48 mit Hilfe einer Torsions-Gravitations-Waage nach *John Michell* (* 1724 Nottinghamshire, † 21.4.1793 Thornhill [Yorkshire]) war auch ein bedeutender Beitrag zur Gravitationstheorie. Mit C. erreichte das Newtonsche Forschungsprogramm, die Erscheinungen der Natur auf anziehende und abstoßende Kräfte zurückzuführen (*I.* → *Newton*), Höhepunkt und Ende.

C. stand zwar noch auf dem Standpunkt der Phlogistontheorie (*G. E.* → *Stahl*), doch hat er mit seinen Untersuchungen der Physik und Chemie der Gase wesentliche Beiträge zu ihrer Überwindung durch *A. L.* → *Lavoisier*s neue Sauerstofftheorie geliefert; hierzu zählen vor allem die Entdeckung des Wasserstoffs (1766) und des Entstehens von Wasser bei dessen Verbrennung (veröffentlicht 1784). Bereits in seiner ersten Veröffentlichung (›Experiments on Factitious Air‹) berichtete er über die Existenz einer »künstlichen Luft«, die nicht mit der natürlichen Luft identisch sei. Er gewann die gasförmigen Reaktionsprodukte mit Quecksilber statt Wasser als Absperrflüssigkeit und konnte daraufhin Absorptionen der wasserlöslichen Gase vermeiden. Durch Einwirken von verdünnten Säuren auf Eisen, Zink und Zinn gewann er so die »brennbare Luft« (»inflammable air«) oder »dephlogistisierte Luft«, den Sauerstoff, und durch Einwirken auf Kalkstein die »fixe Luft«, auch »gas sylvester« genannt, das Kohlendioxid; durch Dichtebestimmungen konnte er beide Gase auch unabhängig von dem Herstellungsverfahren eindeutig identifizieren. Über seine unabhängig von *Daniel Rutherford* (* 3.11.1749 Edinburgh, † 15.11.1819 ebendort) erfolgte Entdeckung des Stickstoffgases berichtete er 1772 *J.* → *Priestley*: ähnlich wie *Rutherford* in seiner im selben Jahr bei *J.* → *Black* angefertigten Dissertation hatte er das von ihm »mephitische Luft« genannte Gas durch Überleiten von Luft über glühende Holzkohle und anschließende Absorption der ›fixen Luft‹ in Ätzkali gewonnen; das spezifische Gewicht war kleiner als das der Luft. In über 400 Analysen, für die er ein spezielles Eudiometer entwickelte, wies er dann nach, daß das Verhältnis von Sauerstoff und Stickstoff in der Luft an allen Orten gleich ist. Seine 1784/85 veröffentlichten ›Experiments on Air‹ enthalten zahlreiche weitere Versuche zum Verhalten der Luft und ihrer Bestandteile bei verschiedenen Reaktionen, von denen am interessantesten und folgeträchtigsten sein Versuch von 1783 war, mit Hilfe eines elektrischen Funken ein Gasgemisch aus Wasserstoff und Luft zur Reaktion zu bringen; denn er erhielt Wasser und konnte so nachweisen, daß Wasser aus Wasserstoff und Sauerstoff entsteht und besteht, somit kein elementarer Stoff ist. *John Waltire* (1738–1810), ein Verwandter *J. Priestley*s, der schon 1777 festgestellt hatte, daß beim Verbrennen von Wasserstoff (»brennbarer Luft«) in einem durch Wasser abgesperrten Luftraum nach dem Erlöschen Nebel entstehe, hatte 1781 bei gemeinsam mit *Priestley* durchgeführten Explosionsversuchen von Sauerstoff-Luft-Gemischen in geschlossenen Glasgefäßen stets Feuchtigkeit erhalten; und diese Versuche waren es gewesen, die C. mit seinen sorgfältigeren Versuchsanordnungen wiederholte – von den erfolgreichen Versuchen C.s und ihrer Deutung erfuhr *Lavoisier* bei einem Paris-Besuch von *Charles Bladgen* (* 17.4.1748 Wooten-under-Edge [Gloucestershire], † 26.3.1820 Arcueil [Frankreich]), der damals als Assistent bei C. arbeitete. Er erkannte die Wichtigkeit für seine Verbrennungsversuche und wiederholte sie nach Aufforderung durch die Pariser Akademie der Wissenschaften im Beisein von *P. S.* → *Laplace* in seiner Wohnung. Die Ergebnisse teilte er am 12.11.1783 in einer öffentlichen Vorlesung mit – die Nennung des Namens des Entdeckers unterließ er allerdings später. Auf ähnliche Weise hat C. auch die Zusammensetzung der Salpetersäure aus Sauerstoff, Wasserstoff und Stickstoff nachgewiesen. Trotz mehrfach wiederholtem Einwirken elektrischer Funken und Entfernen des überschüssigen Sauerstoffs behielt er allerdings immer noch den 120sten Teil der Luft als Restmenge – erst Ende des 19. Jahrhunderts boten die neu entdeckten Edelgase hierfür eine Erklärung. [Krafft]

Werke: Scientific Papers (2 Bde, Cambridge ²1921); The Electrical Researches (Cambridge 1879; Nachdruck: London 1967). – *Lit.*: GCh I, 253–262 (G. Lockemann); DSB III, 155–159 (R. McCrommach); A. J. Berry: H. C. His Life and Scientific Work (London 1960); C. Jungnickel/ R. McCrommach: C. (Philadelphia 1996).

Cayley, Arthur, englischer Mathematiker, * 16.8.1821 Richmond [Surrey], † 26.1.1895 Cambridge.

Wegen seiner Arbeitsweise ist C. einmal als »der Naturforscher unter den Mathematikern« bezeichnet worden. Nach glänzendem Abschlußexamen am Trinity College in Cambridge wirkte er zunächst dort als Dozent, nachdem er schon zuvor einige mathematische Arbeiten publiziert hatte. Mit 25 Jahren gezwungen, sich eine gesicherte Lebensstellung zu suchen, wandte sich C. der Rechtswissenschaft zu und betätigte sich in London erfolgreich als Rechtsanwalt, ohne jedoch seine mathematischen Untersuchungen aufzugeben. Im Gegenteil, ein ununterbrochener Strom von Arbeiten floß aus seiner Feder, so daß ihm 1863 die Sadlerian-Professur für Mathematik in Cambridge übertragen wurde, die er bis zu seinem Tode innehatte.

Im Jahre 1881/82 hielt er eine gefeierte Vorlesungsreihe an der Johns Hopkins University in Baltimore. Sie kam zustande auf Anregung des Mathematikers *James Joseph Sylvester* (* 3.9.1814 London, † 15.3.1897 ebenda), mit dem C. seit der Studienzeit in Cambridge befreundet war. Die beiden hatten eine große Zahl von mathematischen Untersuchungen gemeinsam durchgeführt, ehe *Sylvester* für längere Zeit nach Amerika gegangen war. Beide standen auch mit dem Mathematiker *George Salmon* (* 25.9.1819 Dublin, † 22.1.1904 ebenda) in freundschaftlicher Beziehung, der vor allem durch seine Lehrbücher sehr bekannt geworden ist. Diese lehnten sich vorzugsweise an die Arbeiten des Forscherpaares an und haben auch in Deutschland eine große Wirkung ausgeübt. – Hauptarbeitsgebiete C.s waren die Algebra und die Geometrie, wobei viele seiner Aufsätze der algebraischen Geometrie und der daraus entsprossenen Invariantentheorie gewidmet waren. Gerade die letztere ist in England mit dem genannten Dreigestirn *Cayley, Sylvester* und *Salmon* untrennbar verbunden. C. ging dabei aus vom Studium der Determinanten, deren er sich 1841 – gleichzeitig mit *C. G. J.* → *Jacobi* – bemächtigte, doch die allgemeine Fragestellung nach Invarianten bei Formen (Quantics) bezüglich bestimmter Gruppen von Transformationen wurde von ihm schon bald in voller Klarheit ausgesprochen und hat über ein halbes Jahrhundert lang die Entwicklung der Algebra maßgeblich mitbestimmt. Erst mit *D.* → *Hilbert*s grundlegenden Arbeiten kam die Invariantentheorie zu einem gewissen Abschluß. C. selbst faßte seine Forschungen auf diesem Gebiet in den berühmten zehn ›Memoirs on Quantics‹ (1854–1878) zusammen. Darin wird die Formentheorie auch auf die Geometrie angewendet; projektive Verallgemeinerung von metrischen Beziehungen führte C. dabei auf seine ›projektive Maßbestimmung‹, deren große Bedeutung später durch *F.* → *Klein* ins rechte Licht gesetzt wurde. In C.s algebraischen Untersuchungen findet sich auch die erste abstrakte Definition des Begriffs der Gruppe (1854). C. beschäftigte sich auch mit Fragen der Analysis und der theoretischen Astronomie. Sein einziges Buch behandelt die Theorie der elliptischen Funktionen; es ist durch die Arbeiten von *N. H.* → *Abel* und *Jacobi* angeregt.

Die eingangs erwähnte Charakterisierung der Arbeitsweise C.s fand ihren Niederschlag in über 800 Publikationen. Er war ein Meister der empirischen Verwendung mathematischen Materials; von speziellen Fällen ausgehend gelangte er zu allgemeinen Schlüssen. Immer wieder enthalten seine Arbeiten tabellarische Zusammenstellungen, denen er allgemeine Gesetze zu entnehmen versuchte. Er fürchtete lange Rechnungen nicht, wenn es galt, dadurch eine umfassende Idee zu verifizieren, und wie *L. → Euler* oder *A. L. → Cauchy* – deren Produktivität er zwar nicht ganz erreichte – beherrschte er alle Hilfsmittel seiner Wissenschaft mit Leichtigkeit. Dabei beweisen die geometrischen Abhandlungen, daß ihm auch ein starkes räumliches Vorstellungsvermögen neben der formellen Begabung keineswegs mangelte.

Werke: The Collected Mathematical Papers (14 Bde, Cambridge 1889–1898; Nachdruck: New York 1963). – *Lit.*: DSB III, 162–170 (J. D. North); M. Noether: A. C. In: *Mathematische Annalen* 46 (1895), 462–480; A. J. Crilly: The Mathematics of A. C., with Special Reference to Linear Algebra (PhD Thesis Middlesex 1981). [Scriba]

Celsius, Anders, schwedischer Astronom, * 27.11.1701 Uppsala, † 25.4.1744 ebenda.

C. wurde 1730 Professor der Astronomie an der Universität Uppsala. Da hier und in Schweden überhaupt jedoch eine Sternwarte fehlte, begann er 1732 eine Informationsreise, die ihn über längere Aufenthalte mit Beobachtungstätigkeit in Nürnberg und Rom, wo er sich unter anderem mit Lichtmessungen beschäftigte, 1734 nach Paris führte. Zu dieser Zeit war dort *P. Bouguer* mitten in den Vorbereitungen für die von der Pariser Akademie geplante Expedition zur Gradmessung nach Peru. Eine derartige Messung nahe dem Äquator hatte sich als erforderlich erwiesen, um zwischen den verschiedenen Vorstellungen von der Form der Erde entscheiden zu können (*G. D. → Cassini*). C. sah den Zweck einer solchen Expedition erst dann voll erfüllt, wenn eine Vergleichsmessung nicht in Frankreich, sondern möglichst hoch im Norden ausgeführt würde, und schlug Lappland als geeignetes Gelände vor. Mit der daraufhin beschlossenen Messung in Lappland wurde *P. L. de → Maupertuis* beauftragt. C. schloß sich der Expedition an, die gleichzeitig mit der anderen 1736 aufbrach. Nach der Rückkehr im folgenden Jahr widmete er sich verstärkt der Errichtung einer ersten schwedischen Sternwarte in Uppsala, in der er 1740 die Arbeit aufnehmen konnte.

Die fehlende Muße in seinem kurzen Leben verhinderte größere Leistungen auf seinem eigentlichen Arbeitsfeld, der Astronomie. Naheliegend war seine Beschäftigung mit der Erscheinung des Nordlichtes, dessen störenden Einfluß auf den Erdmagnetismus er untersuchte, während er eine Herleitung aus dem Zodiakallicht ablehnte. Neben der Untersuchung des Jupitersystems und der Auswertung der Lappland-Expedition ist noch zu erwähnen, daß er sich erfolgreich für die Einführung des Gregorianischen Kalenders in Schweden einsetzte und als einer der ersten die Strandverschiebungen an der skandinavischen Küste beobachtete, die er auf eine Senkung des Meeresspiegels zurückführte. – Von größerer Bedeutung ist eine kleine Arbeit, die C. 1742 in den Abhandlungen der Schwedischen Akademie unter dem Titel ›Beobachtungen von zwei beständigen Graden auf einem Thermometer‹ erscheinen ließ; enthält sie doch den Vorschlag, auf einem Quecksilberthermometer Siede- und Gefrierpunkt des Wassers bei einem bestimmten Barometerstand (Meereshöhe) als Eichpunkte zu wählen und den Abstand in 100 Teile (Grade) zu teilen, wie es heute in Wissenschaft und Technik und mit Ausnahme vor allem Nordamerikas auch allgemein üblich geworden ist. Allerdings ließ C. die Skala umgekehrt beim Siedepunkt mit 0° beginnen und führte sie über den Gefrierpunkt (100°) hinaus fort. Eine derartig exakte Definition war von seinen diesbezüglichen Vorgängern *Gabriel Daniel Fahrenheit* (* 14.5.1686 Danzig, † 16.9.1736 Amsterdam), der sich in Amsterdam als Glasbläser und Instrumentenbauer niedergelassen hatte und die ersten eichbaren Thermometer herzustellen vermochte, und *René-Antoine Ferchault de Réaumur* (* 1683 La Rochelle, † 17.10.1757 Schloß Bermondière [Maine]) nicht vorgelegt worden. Daß sich deren Skalen – natürlich auf der Grundlage der exakten Definition des C. – trotzdem teilweise bis heute erhalten haben, zeugt nicht nur für die allgemein anzutreffende reservierte Haltung gegenüber Neuerungen auf dem Gebiete der Meßkunde, sondern im Falle *Fahrenheits* auch für die Güte seiner Thermometer. [Krafft]

Lit.: DSB III, 173 f. (S. Lindroth); N. V. E. Nordenmark: A. C., professor i Uppsala 1701–1744 (Uppsala 1936); S. Lindroth (Hrsg.): Swedish Men of Science (Stockholm 1952, S. 66–73 [N. V. E. Nordenmark]); H. Kant: Gabriel Daniel Fahrenheit – René-Antoine Ferchault de Réaumur – A. C. (Leipzig 1984); F. G. Rheingans: O. v. Guericke, D. G. Fahrenheit, A. C. Zur Geschichte der Physik und Technik in Berlin (Berlin 1987).

Cesalpino (latinisiert: *Caesalpinus*), Andrea, italienischer Philosoph, Naturforscher und Arzt, * 6.6.1519 Arezzo, † 23.2.1603 Rom.

C. studierte in Pisa Philosophie und Medizin, promovierte mit 30 Jahren zum Doktor der Medizin und wurde 1555 Professor der Medizin (Pharmakologie) und Direktor des Botanischen Gartens in Pisa. Im Alter wurde er von Papst Klemens VIII. (1592–1605) als Leibarzt nach Rom berufen und wirkte hier als Professor der Medizin an der Sapienza. – C. tat sich zwar als Philosoph, Anatom und Mediziner hervor und beschäftigte sich als Pharmakologe ähnlich wie *G.* → *Agricola* auch mit den Mineralen und Metallen (›De metallibus‹, Rom 1596), doch liegen seine Hauptverdienste auf dem Gebiet der Pflanzenkunde (›De plantis‹, Florenz 1583; ›Appendix ad libros de plantis‹, Rom 1603).

Seinen Zeitgenossen galt C. in erster Linie als Verfechter aristotelischer Lehren, die er in den umfassenden ›Quaestiones peripateticae‹ (Venedig 1571) niederlegte. Er blieb hierin im wesentlichen auf der Grundlage der Naturphilosophie, Physik und Biologie des → *Aristoteles*, ging allerdings mit seiner Ableitung der beiden Prinzipien ›forma‹ und ›materia‹ aus einem einzigen höchsten Prinzip weit über ihn hinaus. Hierauf beruht auch seine Auffassung, daß den Menschen ein einziges Prinzip regiere, die ›Seele‹ (anima): Ist das Leben eines Wesens eine unteilbare Einheit, so auch der Körper und dessen Mitte, von der das Leben ausströme. Da Pflanzen und niedere Tiere auch stückweise weiterleben, brauchten sie keine Mitte; aber bei den Bluttieren sei dies nötig. Mit scharfer Polemik gegen → *Galenos* wird dann mit Hilfe aristotelischer Äußerungen das Herz als diese Mitte und Lebensquelle nachgewiesen: Die Venen gehen vom Herzen, nicht von der Leber aus. Das Blut werde über die Lungen von der rechten zur linken Herzhälfte geleitet, und er spricht in diesem Zusammenhang bereits von einer ›Zirkulation‹. Doch nimmt er weiterhin einen Blutaustausch zwischen den Herzhälften durch Poren an und dringt trotz weiterer, allerdings erst von *W.* → *Harvey* richtig gedeuteter Beobachtungen nicht zur Vorstellung von einem ständigen Blutkreislauf vor. Bedeutend näher war ihr jedenfalls zuvor bereits der spanische Theologe und Arzt *Miguel Serveto* (* 29.9.1511 Tudela [Navarra], † 27.10. 1553 Genf, als Ketzer verbrannt), der sich auch *Michel de Villeneuve* nannte, in der 1553 anonym erschienenen Schrift ›Christianismi restitutio‹ gekommen, ohne allerdings seine hierin zur Untermauerung unorthodoxer theologischer Ideen angeführten Beobachtungen zum Blutkreislauf des Foetus und Menschen auch schon mit quantitativen Untersuchungen gestützt zu haben. Erst dies konnte der Idee aber durch *Harvey* die allgemeine Anerkennung verschaffen.

Auch in seiner Auffassung von der Pflanzennatur (Physiologie) bleibt C. wesentlich Anhänger des *Aristoteles*, hier fast systemgetreuer als → *Theophrastos*. Über diesen hinaus gibt er ausgezeichnete Detailbeobachtungen der Blütenteile. Dies hängt mit seiner wegweisenden Erkenntnis zusammen, daß eine Systematik der Pflanzen nach natürlichen Merkmalen vorzunehmen sei, und zwar nicht nach zufälligen oder nebensächlichen (akzidentellen) Eigenschaften, wie es die Verfasser der Kräuterbücher mit welcher Absicht auch immer getan hatten (*H.* → *Bock*, *L.* → *Fuchs*, *C.* → *Gesner*), sondern nach dem ›Wesen‹ (substantia) und den ihm gemäßen Funktionen: Die wichtigste Tätigkeit, die Vegetation, ergibt zwar wie bei *Theophrastos* eine erste Unterteilung in Holzpflanzen (Bäume, Sträucher) und Kräuter, doch erfolgt die weitere nach der nächstwichtigen Funktion, der Fortpflanzung. Wie später bei *C. von* → *Linné* bestimmen so erstmals die Blüten die Arten. – Er verwendet die Termini ›genus‹ und ›species‹ allerdings wie *Aristoteles* und *Theophrastos* noch als relative, logische Begriffe. – Jedoch werden die Blüten nur neben den Früchten herangezogen, da er jene als bloße Schutzorgane dieser ansieht und von der Vorstellung einer Sexualität der Pflanzen noch weit entfernt ist (*R. J.* → *Camerarius*, *J. G.* → *Koelreuter*).

Durch seine philosophische Durchdringung der Botanik hat C. nicht nur *Aristoteles* auch für diesen Zweig der Naturwissenschaft in die Neuzeit übertragen, sondern gleichzeitig den von anderen, empirisch und von der Praxis geleitet, mehr unbewußt gesuchten Weg nach einer Klassifizierung der Pflanzen in natürliche Gruppen durch seine a priori geforderte Systematik nach erstmals einheitlichen Gesichtspunkten gewiesen; und selbst in der detaillierten Ausführung war er *C. von Linné*, dem eigentlichen Vollender seiner Ideen, bereits ein großes Stück entgegengekommen. [Krafft]

Bibl.: P. Capparoni: Profili biobibliografici dei medici e naturalisti celebri italiani (Bd 1, 1925, S. 25–29). – *Lit.*: DSB XV, 80 f. (K. Mägdefrau); U. Viviani: Vita ed opere di A. C. (Arezzo 1922); G. P. Arcier: The Circulation of the Blood and A. C. (New York 1945); L. Condorelli: Nuova lettura delle opere di A. C. In: *Atti e memorie della Reale Accademia Petrarca di lettere, arti e scienza* 42 (1976–1978 [1981]), 148–222; G. Moggi: A. C., botanico. *Ebenda* S. 235–249.

Chandler, Seth Carlo, nordamerikanischer Mathematiker und Astronom, * 17.9.1846 Boston, † 31.12.1913 Wellesley, Mass.

C. studierte an der Harvard University in Cambridge (Mass.) und wurde nach dem Studienabschluß 1861 Privatassistent an der dortigen Sternwarte. Von 1864 bis 1870 ging er an das United States Coast Survey, danach an eine New Yorker, 1877 an eine Bostoner Versicherungsgesellschaft als Mathematiker, bevor er 1881 nach Cambridge zurückkehrte und seine astronomische Tätigkeit am Harvard Observatory von neuem aufnahm. 1885 gibt er diese Stellung jedoch wieder auf und beschäftigt sich fortan auf privater Basis mit theoretischer Astronomie, wird Herausgeber des ›Astronomical Journal‹ und zieht sich als kranker Mann 1904 nach Wellesley zurück.

C., der sich anfangs vorwiegend mit Kometenbahnen beschäftigt hatte, wurde bald einer der führenden Astronomen auf dem neu erschlossenen Gebiet der Veränderlichen Sterne; seine 1888 aufgestellte Formel für ihren Lichtwechsel wurde erst nach einigen Jahrzehnten als nicht mehr mit den (inzwischen neu entdeckten) Erscheinungen übereinstimmend verworfen. Zweifellos seine größte Leistung ist allerdings die Bestimmung der nach ihm benannten Periode der Polhöhenschwankungen, d.h. der Verlagerung des Poles der Rotationsachse der Erde um etwa 10 m von seiner mittleren Lage. Diese Erscheinung hatte *F. W.* → *Bessel* bereits 1844 und *Karl Friedrich Küstner* (* 22.8.1856 Görlitz, † 16.10.1938 Mehlem [bei Bonn]) 1888 aufgrund jahrelanger Beobachtungen wieder entdeckt, die er in Hamburg und Berlin, wo er seit 1882 bzw. 1884 Observator gewesen war, gemacht hatte; *Küstner* wurde daraufhin 1891 auf den Lehrstuhl für Astronomie in Bonn berufen. Die ›Chandlersche Periode‹ (14 und 12 Monate, sich überlagernd) war die Frucht langjähriger Berechnungen, die ihren Urheber als ausgezeichneten Mathematiker ausweisen – wie auch seine neuen Bestimmungen der Aberrationskonstante und die Berechnungen von

Eigenbewegungen, denen er sich daneben hauptsächlich widmete. Seine erste Arbeit über die Polhöhenschwankungen war 1891 erschienen und hatte ihm sogleich die Würde eines Ehrendoktors der Universität Paris eingetragen. [Krafft]

Lit.: DSB III, 194 (B. G. Marsden); H. H. Turner: S. C. C. In: *Monthly Notices of the Royal Astronomical Society* 75 (1915), 251–256. – J. Hopmann: Karl Friedrich Küstner. In: *Vierteljahrsschrift der Astronomischen Gesellschaft* 72 (1957), 24–34; H. Schmidt: Astronomen der Rheinischen Friedrich-Wilhelms-Universität Bonn. Ihr Leben und Werk 1819–1966 (Bonn 1990).

Chladni, *Ernst* Florens Friedrich, deutscher Physiker, * 30.11.1756 Wittenberg, † 3.4.1827 Breslau.

Eine der originellsten Persönlichkeiten im damaligen Deutschland war C., der Sohn eines Wittenberger Universitätsprofessors. Auf Wunsch seines Vaters erwarb er sich den Titel eines Doktors der Rechte und der Philosophie. Die aufblühenden Naturwissenschaften zogen ihn jedoch so stark an, daß er auf die gesicherte Juristenlaufbahn verzichtete. Durch unglückliche Umstände blieb ihm eine Professur versagt. Seinen Lebensunterhalt verdiente er sich mit Lehrvorträgen und Konzertreisen.

Durch bedeutende experimentelle und theoretische Arbeiten machte C. die Akustik zu einem selbständigen Teilgebiet der Physik, das man nach seinem Vorschlag später nicht mehr in Zusammenhang mit der Luft, sondern mit der Schwingungs- und Wellenlehre abhandelte – so wie *Friedrich Albrecht Carl Gren* in seinem ›Grundriß der Naturlehre‹ seit der 4. Auflage (Halle 1801). C. verfaßte auch die erste Monographie über ›Die Akustik‹ (Leipzig 1802, ²1830; ›Traité d'Acoustique‹, Paris 1809, ²1812). Er untersuchte die transversalen Schwingungen von Stäben und Saiten (die Bewegung der Körperteilchen erfolgt hierbei quer zur Länge der Stabes oder der Saite), er entdeckte die Longitudinalschwingungen (die Bewegung geschieht in der Längsrichtung der Saite oder des Stabes) und die Drehschwingungen (*J.-B.* → *Biot* nannte diese auch spiralförmige Schwingungen). Mit Hilfe der Longitudinalschwingungen bestimmte C. die Schallgeschwindigkeit in festen Körpern und Gasen. Allgemein bekannt sind die C.schen Klangfiguren. Sie entstehen durch Ansammeln aufgestreuten feinen Sandes in den Knotenlinien schwingender Platten. C. benutzte meist Bronze- oder Glasplatten, die er mit einem Violinbogen anstrich. – C. erfand zwei neue Instrumente, das Euphon und den Klavizylinder; er konnte virtuos auf ihnen spielen.

Auf einem ganz anderen Gebiet erwarb C. sich ebenfalls große Verdienste: Er begründete die Meteoritenkunde. C. vertrat die später als richtig erwiesene Ansicht, daß die Meteore nicht irdischen, sondern kosmischen Ursprungs seien, die ›eisenhaltigen Feuerkugeln‹ also aus dem Weltenraum auf die Erde fallen (1794). [Wiederkehr]

C. hatte auch die Sternschnuppen in die Theorie spekulativ einbezogen und zu simultanen Beobachtungen aufgerufen. *Heinrich Wilhelm Brandes* (* 27.7.1777 Groden [bei Cuxhaven], † 17.5.1834 Leipzig) und *Johann Friedrich Benzenberg* (* 5.5.1777 Schöller [bei Düsseldorf], † 8.6.1846 Düsseldorf-Bilk) konnten mit solchen Höhen- und Geschwindigkeitsmessungen den kosmischen Ursprung der Sternschnuppen auch nachweisen (1798). *Benzenberg* gelangen auch erste ausreichende Messungen der Abweichung der Fallbewegung von der Senkrechten (in der Hamburger St. Michaelis-Kirche, später in einem Grubenschacht) und damit, eine Annahme *I.* → *Newtons* bestätigend, ein erster empirischer Nachweis der Erdrotation. [Krafft]

Bibl.: Pogg. VII a Suppl., 135–137 (Sekundärliteratur). – *Lit.*: NDB III, 205 f. (H. Schimank);

DSB III, 258 f. (S. C. Dostrovsky); F. Melde: C.'s Leben und Wirken (Marburg ²1888); K. Loewenfeld: E. F. F. C. Skizze von Leben und Werk. In: *Abhandlungen des Naturwissenschaftlichen Vereins zu Hamburg* 22 (1929), 117–144; D. Ullmann: E. F. C. (Leipzig 1983); D. Ullmann: C. und die Entwicklung der Akustik, 1750–1860 (Basel 1996).

Clairau(l)t, Alexis-Claude, französischer Mathematiker und Physiker, * 7.5.1713 Paris, † 17.5.1765 ebenda.

C., in seiner Frühreife etwa mit *B.* → *Pascal* vergleichbar, war das zweite von 21 Kindern eines Pariser Mathematiklehrers und machte unter der Anleitung seines Vaters so rasche Fortschritte, daß die Gutachter einer 1726 der Pariser Akademie eingereichten Arbeit über Kurven zur graphischen Verdoppelung des Würfels voll des Lobes waren und große Erwartungen in den jugendlichen Verfasser setzten. Ihre Hoffnungen wurden nicht getäuscht: Gerade 16 Jahre alt, vollendete C. eine Abhandlung über neuartige Raumkurven, von der die neuen Gutachter so begeistert waren, daß sie sich beim König dafür einsetzten, für den Verfasser eine Sonderregelung zuzulassen, nach der er trotz seiner 18 Jahre schon zum Mitglied der Akademie gewählt werden könnte. Die Wahl erfolgte am 14.7.1731.

Es entstand dann eine ganze Reihe von Arbeiten hauptsächlich mathematischen Inhalts, die C. eine hervorragende Beherrschung der jungen infinitesimalen Methoden bezeugen. Auch seine Lehrbücher ›Elemente der Geometrie‹ (1741) und ›Elemente der Algebra‹ (1749) wurden für ihre Zeit bahnbrechend, da sie heuristisch und nicht, wie üblich, axiomatisch aufgebaut waren. 1736 schloß er sich der Lapplandexpedition unter der Leitung des ihm befreundeten *P. L. de* → *Maupertuis* an, die zur Klärung der Frage nach der Erdgestalt von der Pariser Akademie ausgerüstet worden war. 1743 ließ er als theoretische Auswertung deren Ergebnisse seine berühmte ›Theorie der Erdgestalt nach Gesetzen der Hydrostatik‹ erscheinen, das klassische Werk der Geodäsie. In ihm werden auf der Grundlage der Newtonschen Physik bis dahin unbekannte Differentialgleichungen des Gleichgewichts von Flüssigkeiten auf die Erde angewendet, was zur Aufstellung des sog. C.schen Theorems führte, welches die Berechnung der Abplattung der Erde aus der Fliehkraft am Äquator und der Schwerebeschleunigung am Äquator und am Pol gestattet. Diese Arbeit führte ihn mehr und mehr der Himmelsphysik und Astronomie zu: Er unternahm eine Untersuchung des Dreikörperproblems und unterbreitete seine Lösung, auf den Mond angewendet, 1747 der Pariser Akademie; sie trug ihm 1750 einen von der Petersburger Akademie ausgeschriebenen Preis ein. Neue Mondtafeln auf dieser Grundlage folgten 1754. C. berechnete dann die Wiederkehr des Halleyschen Kometen, die *E.* → *Halley* selbst für 1758 vorausgesagt hatte, für das Jahr 1759 und schloß später aus Störungen, die eine Differenz von einem Monat zwischen dem berechneten und dem beobachteten Zeitpunkt der größten Sonnennähe ergeben hatten, auf einen unbekannten Weltkörper jenseits des Saturns. *W.* → *Herschel* gelang es später, diesen seit den Babyloniern ersten neuen, Uranus genannten Planeten 1781 zu entdecken. [Krafft]

Werke: Theorie der Erdgestalt nach Gesetzen der Hydrostatik, hrsg. von P. E. B. Jourdain / A. von Oettingen (Leipzig 1913). – *Bibl.*: R. Taton: Esquisse d'une bibliographie de l'œuvre de C. In: *Revue d'Histoire des Sciences* 6 (1953), 161–168.

Lit.: DSB III, 281–286 (J. Itard); P. Brunet: La vie et l'œuvre de C. (Paris 1952); H.-J. Sander: Die Lehrbücher ›Éléments de géometrie‹ und ›Éléments d'algébre‹ von A.-C. C. (Diss. Dortmund 1982); J. L. Greenberg: The Problem of the Earth's Shape from Newton to C. (Cambridge 1994).

Clausius, *Rudolf* Julius Emmanuel, deutscher Physiker, * 2.1.1822 Köslin [Pommern], † 24.8.1888 Bonn.

C. war der sechste Sohn von insgesamt 18 Kindern eines Oberlehrers und Schulrats in Köslin und besuchte das Gymnasium in Stettin. Er studierte in Berlin und Halle, gab daneben auch Privatunterricht, um seine jüngeren Geschwister zu unterstützen. 1850 wurde er Professor für Physik an der Kgl. Artillerie- und Ingenieurschule in Berlin, ging 1855 als ordentlicher Professor an das Polytechnikum in Zürich, 1867 nach Würzburg und schließlich 1869 nach Bonn.

C. ist einer der Schöpfer der mechanischen Wärmetheorie sowohl durch seine Beiträge zur Thermodynamik als auch durch den Ausbau der kinetischen Gastheorie, der er sich ab 1857 widmete. Bereits 1850 hatte er in seiner Arbeit ›Über die bewegende Kraft der Wärme‹ die ältere Wärmestofftheorie (mit dem ›Wärmeerhaltungssatz‹), die nach *J. R.* → *Mayer*s und *J. P.* → *Joule*s Entdeckung des mechanischen Wärmeäquivalents unhaltbar geworden war, ersetzt durch das Prinzip der Äquivalenz von Arbeit und Wärme, deren Summe erhalten bleibt (1. Hauptsatz). Damit zeigte er, daß *S.* → *Carnot*s Grundgedanke, daß zur Gewinnung mechanischer Arbeit ein Wärmeübergang von einer höheren zur niedrigeren Temperatur nötig ist und die geleistete Arbeit nur von der Temperatur abhängt, mit dem Energieerhaltungsprinzip vereinbar ist, und modifizierte ihn so zum 2. Hauptsatz, dem Carnot-C.schen Prinzip (1854): Wärme kann nicht von selbst (ohne sonstige Veränderungen) von einem kälteren auf einen wärmeren Körper übergehen (ein Perpetuum mobile 2. Art ist unmöglich). Dessen Anwendung auf umkehrbare Kreisprozesse faßte er in der C.schen Gleichung zusammen. C.s wichtige Beiträge zur kinetischen Gastheorie bilden eine Weiterführung von Ansätzen bei *August Karl Krönig* (* 20.9.1822 Schildesche [Westfalen], † 5.6.1879 Berlin): Er berücksichtigte neben der Translation der Moleküle auch deren Rotation und Schwingungen (1857) – ein Argument für *A.* → *Avogadro*s Hypothese – und führte 1858 die Größen ›mittlere freie Weglänge‹ sowie ›mittlere kinetische Energie‹ ein. Seltsamerweise interessierte er sich nicht für die Vollendung der Gastheorie durch seine Zeitgenossen *J. C.* → *Maxwell* und *L.* → *Boltzmann* und zog auch nicht die kinetische Gastheorie zum Verständnis der irreversiblen Entropiezunahme heran. 1865 gelang ihm aber die präzisierte mathematische Formulierung des zweiten Hauptsatzes der Thermodynamik durch die Einführung der Zustandsgröße ›Entropie‹, die bei keinem Prozeß insgesamt abnehmen kann: »Die Energie der Welt ist constant; die Entropie strebt einem Maximum zu«, ist seine berühmte, die beiden Hauptsätze der Thermodynamik zusammenfassende Formulierung. C. hat wie der schottische Ingenieur und Physiker *William John Macquorne Rankine* (* 5.7.1820 Edinburgh, † 24.12.1872 Glasgow; ab 1855 Professor in Glasgow), der 1854 die thermodynamische Funktion eingeführt hatte, die C. später in die Definition der ›Entropie‹ aufnahm, auch wärmetechnische Untersuchungen an mit Wasserdampf betriebenen Kraftmaschinen (Dampfmaschinen) durchgeführt (C.-Rankine-Kreisprozeß). Hinzu kommen Arbeiten zur Elektrodynamik. So hat C. die mathematische Beziehung zwischen der molekularen elektrischen Polarisierbarkeit eines Stoffes und seiner relativen Dielektrizitätskonstante aufgestellt; und seine Theorie der elektrolytischen Leitung bildete eine Vorstufe der Theorie der elektrolytischen Dissoziation von *S.* → *Arrhenius*. [Krafft]

Bibl.: Pogg. VII a Suppl., 137–139. – *Lit.*: DSB III, 303–311 (E. E. Daub); GPh I, 289–302 (S. L. Wolff); W. Nernst: R. C. (Bonn 1922).

Columbus, Christopher (eigentlich *Cristoforo Colombo*; spanisch: Don [ab 1492] *Cristobal Colon*, im Deutschen auch fälschlich *Kolumbus*), italienischer Seefahrer, Entdecker

Amerikas, * Spätherbst 1451 Genua, † 20.5.1506 Valladolid.

C. heuerte nach einer Tuchmacherlehre mit 14 Jahren als Schiffsjunge an, wurde 1473 Handelsagent einer großen Reederei Genuas und ließ sich 1476 in Lissabon nieder, wo er eine Anstellung bei der portugiesischen Flotte und durch die Heirat mit Donna Felip-Moniz-Perestrello (1479) Zugang zu den höchsten Kreisen erhielt. 1480 bis 1483 betrieb er intensive Studien über die Möglichkeit, durch eine Westfahrt über den Atlantik nach Indien den Zwischenhandel der arabischen Länder auszuschalten und den Weg zu verkürzen. Zugrunde lag dabei die Überzeugung von der Kugelgestalt der Erde, die C. mit dieser Fahrt bestätigen wollte. Im Anschluß an die Vorstellungen von → *Aristoteles* und *Seneca* unterschätzte er allerdings die Entfernung von Europa nach ›Indien‹ bei weitem, worin ihn die Weltkarte des italienischen Kosmographen *Paolo Toscanelli* (* 1397 Florenz, † 1482 ebenda) bestärkte.

Als seine Pläne für eine solche Indienfahrt bei König João II. von Portugal keine Zustimmung fanden, verließ C. 1484 heimlich Portugal und ging nach Spanien. Unter dem Namen Cristobal Colon wandte er sich ab 1484 immer wieder an den spanischen Königshof, jedoch wurde ihm eine solche Fahrt wegen der damit verbundenen Forderungen erst genehmigt, als er Spanien verlassen wollte, um nun sein Glück in England oder Frankreich zu versuchen. Am 3.8.1492 stach er von Palos aus in See, erreichte am 12.10. Kuba, am 6.12. Haiti und gelangte am 15.3.1493 wieder nach Spanien, wo ihm ein triumphaler Empfang geboten wurde. Noch im selben Jahr unternahm er eine zweite Reise (1493–1496), auf der Jamaika, Puerto Rico und die Kleinen Antillen entdeckt wurden. Erst auf einer dritten Reise (1498–1500) erreichte er in der Höhe von Trinidad das amerikanische Festland. Wegen angeblicher Grausamkeiten gegenüber den Eingeborenen wurde er 1500 von einem vom Königshof entsandten Oberrichter gefangengesetzt und in Ketten in die Heimat gebracht. Nach seiner Rehabilitierung brach er 1502 zu einer vierten Reise auf, die ihn an die Küste von Mittelamerika führte; 1504 kehrte er krank nach Spanien zurück. Seine Gönnerin Königin Isabella war inzwischen verstorben, so daß seine Kämpfe um die Bestätigung zugesagter Privilegien, die vorher stets langwierig gewesen waren, dann ohne Erfolg blieben.

Nur eiserner Wille, große Härte gegen sich selbst, Mut und Zähigkeit, gepaart mit Ehrgeiz, Habgier, Ruhmsucht und religiösem Sendungsbewußtsein brachten C. immer wieder dazu, trotz aller sich ihm in den Weg stellenden Schwierigkeiten sein Vorhaben nicht aufzugeben. Seine Aufzeichnungen und Berichte bezeugen ein sehr gutes Beobachtungsvermögen, doch war seine wissenschaftliche Leistungsfähigkeit begrenzt, und er war nicht fähig, den Irrtum zu korrigieren, er habe den Westweg nach Indien (mit den ›Indianern‹ als Bewohnern) gefunden. Allerdings haben auch seine Zeitgenossen die wahre Bedeutung seiner Entdeckung nicht gleich erkannt. Trotzdem bleibt C. der Ruhm der Tat: Er hat durch seine unvergleichliche Leistung die Grenzen der Alten Welt gesprengt und eine neue Welt gefunden.

[Bäumer-Schleinkofer]

Erst der italienische Geograph und Entdeckungsreisende *Amerigo Vespucci* (* 9.3. 1451 Florenz, † 22.2.1512 Sevilla), der auf mehreren Reisen in spanischen und portugiesischen Diensten (1497/1498 und 1499/1500 bzw. 1501/1502 und 1503/1504) große Teile der Nord- und Ostküste Südamerikas entdeckt und erkundet hat, gelang die Erkenntnis, daß die von C. entdeckten Gebiete nicht Teile Indiens sind, sondern wegen der unterschiedlichen Klimaverhältnisse und der anderen Vegetation ein ganz anderes, bis dahin unbekanntes Land zwischen Asien und Europa, eine ›neue Welt‹, darstellen müssen, wie die Anwendung einer neuen astronomischen Methode zur Längenbestimmung schon nahelegte. Aufgrund dieser richtigen Deutung wurde der neue Kontinent nach ihm benannt – nach einer Anregung des deutschen Kartographen *Martin Waldseemüller* (auch *Hylacomylus* oder *Ilacomilus*, * um 1470 Radolfszell, † 1518/1521 St.-Dié in Lothringen), der in seiner Schrift ›Cosmographiae introductio‹ (1507) vorschlug, den damals vierten Kontinent nach seinem Entdecker (sic!) Americus Vespucci ›America‹ zu nennen, und diesen Namen auch in die dem Werk beigefügte Weltkarte eintrug. 1507 umfaßte diese Bezeichnung entsprechend dem Kenntnisstand allerdings nur die brasilianische Nordküste und den Süden Argentiniens; der Name America wurde dann 1538 von *G. → Mercator* auf den gesamten Kontinent übertragen. Den von den Europäern so heiß ersehnten Seeweg nach Indien fand tatsächlich fast zur gleichen Zeit der Portugiesische Seefahrer *Vasco da Gama, Comte de Vidigueira* (* 1469 Sines, † 24.12. 1524 Cochin [Indien]), der sich schon früh den Ruf eines sorgfältigen und umsichtigen Navigators erworben hatte und von König Manuel I. ausgeschickt wurde, den (wahrscheinlicheren) Seeweg nach Ostindien zu finden, nachdem auf Initiative des dritten Sohnes des portugiesischen Königs João (Johann) I., *Don Henrique*, genannt ›el Navigator‹ (Prinz *Heinrich der Seefahrer*, * 4.3.1394 Porta, † 13.11.1460 Sagres), in einer Navigatorenschule ausgebildete Kapitäne mit diesem Ziel bereits ab 1415 sukzessive Afrika umfahren hatten. Von Lissabon aus umsegelte *V. da Gama* das Kap der Guten Hoffnung und erreichte am 20.5.1498 die indische Küste bei Calicut; er wiederholte seine Reise 1502/1503 und wurde 1524 als Vizekönig ein drittes Mal nach Ostindien entsandt. Da durch diese Ostpassage die türkische Sperre im Orient gebrochen und der arabische Zwischenhandel ausgeschaltet war, konnte Portugal nun direkt mit Indien Handel treiben, wodurch die Blütezeit Portugals als Kolonialreich eingeleitet wurde. Zur Abrundung der Seewege nach Indien gelang schließlich dem in spanischen Diensten stehenden portugiesischen Seefahrer *Ferdinand Magellan* (*Fernão de Magellães*, * um 1480 Sabrosa, † 16.3.1521 Philippineninsel Matan) die westliche Durchfahrt, zu der er am 20.9.1519 von Sanlucar aufbrach. Im Oktober umschiffte er durch die nach ihm benannte Straße den amerikanischen Kontinent, segelte in den Stillen Ozean und erreichte am 6.3.1521 die Marianten sowie am 16.3. die Philippinen, wo er im Kampf mit Eingeborenen umkam. Immerhin war durch diese erste Weltumseglung der endgültige Beweis für die Kugelform der Erde erbracht worden. [Krafft]

Bibl.: M. M. Nagy: C. C. in World Literature. An Annotated Bibliography (New York usw. 1994). – *Lit.*: DSB XV, 87–91 (C. C. Gillespie u.a.); GWG IV 208–227 [Heinrich der Seefahrer] (H. Loetscher), 514–527 [C.] (J. Büdel) und 784–795 [Magellan] (J. Büdel); H. Plischke: C. K. (Leipzig 1923, [3]1930); S. E. Morison: Admiral of the Ocean Sea (2 Bde, Boston 1942); J. B. Thaker: C. C. (3 Bde, New York 1967); K. H. Peter: Wie C. navigierte (Herford 1972); K. Bürger: C. K. (Leipzig 1979, [3]1983); H.-G. Gierloff-Emden: Die erste Entdeckungsreise des C. Nautische und ozeanische Bedingungen (München 1994); M. H. Davidson: C. then and now. A Life Reexamined (Norman/London 1997). – H. Plischke: Vasco da Gama (Leipzig 1924, [2]1926); H. H. Hart: Vasco da Gama und der Seeweg nach Indien (Bremen 1965); G. Hamann: Der Eintritt der südlichen Hemisphäre in die europäische Geschichte (Wien 1968).

Copernicus (*Koppernigk*; im Deutschen auch fälschlich *Kopernikus*), Nicolaus, deutsch-polnischer Astronom, * 19.2.1473 Thorn, † 24.5.1543 Frauenburg [Ermland].

C. entstammte einer deutschstämmigen Kaufmannsfamilie aus Thorn, das im Vertrag von Thorn 1466 vom deutschen Ritterorden wieder an Polen abgetreten worden war. Nach dem Tode des Vaters übernahm 1483 der Onkel Lukas Watzenrode, ab 1479 Domherr in Frauenburg und seit 1489 Bischof von Ermland, Nicolaus und dessen Bruder Andreas in seine Obhut und sorgte für ihre Ausbildung, die sie an der Universität von Krakau begannen, wo C. einige Jahre an der Artistenfakultät studierte – Mathematik und Astronomie wurden hier nach den Werken und mit den Instrumenten von *G.* → *Peurbach* und → *Regiomontanus* unterrichtet. Danach nahm Watzenrode C. in seine persönlichen Dienste und sandte ihn zur weiteren Ausbildung und Vorbereitung auf die ihm zugedachte Domherrenstelle in Frauenburg nach Italien. Hier studierte er von 1496 bis 1500 in Bologna, wurde vor 1499 ›magister artium‹, widmete sich aber auch astronomischen Studien, zu denen er schon in Krakau angeregt worden war, und war Mitarbeiter des angesehenen *Regiomontanus*-Schülers und neuplatonischen Astronomen *Dominico Maria di Novara* (* um 1464 Ferrara, † 1514 Bologna). Nachdem er zum Domherren ernannt worden war, setzte C. 1501 sein Studium der Medizin und des Kirchenrechts in Padua fort und promovierte 1503 in Ferrara zum Doktor des kanonischen Rechtes. Nach Polen zurückgekehrt, war er zunächst persönlicher Sekretär und Leibarzt seines Onkels, bevor er 1510 die Domherrenstelle in Frauenburg antrat, die kein geistliches Amt darstellte, sondern eine Verwaltungsstelle mit juristischen, politischen und medizinischen Tätigkeitsmerkmalen. Abgeschlossen von der Welt, übte er hier sein Amt aus, unterbrochen nur durch eine Kommandantur der Burg und Stadt Allenstein während des sog. Reiterkrieges gegen den Ritterorden. 1517–1526 verfaßte er im Zusammenhang mit der angestrebten Reform der preußischen Münze insgesamt drei Denkschriften.

Zu dieser Zeit galt C. aber auch bereits als angesehener Astronom; denn vermutlich kurz nach seiner endgültigen Rückkehr aus Italien hatte er eine kurze Abhandlung, den ›Commentariolus‹, verfaßt, in der er seine neuen astronomischen Ideen niedergelegt hatte. Sie kursierte in mehreren Abschriften und fand besonders wegen der in Angriff genommenen Kalenderreform auch in Italien große Beachtung, weil C. in ihr die Möglichkeit einer Vereinfachung und Verbesserung der mathematischen Grundlagen der Theorien des → *Ptolemaios* andeutete: 1533 ließ Papst Klemens VII. sich von seinem Sekretär die Grundzüge des neuen Systems vortragen, 1536 forderte der Kardinal und Erzbischof von Capua eine Abschrift des Hauptwerkes, das später Papst Paul III. mit dessen Einwilligung gewidmet wurde. Die mit diesem System verbundene Aufgabe der Geozentrik und Einführung der Heliozentrik wurde vorerst als ein in Kauf zu nehmendes geringeres Übel gar nicht beachtet; vordringlicher war die versprochene Einfachheit mit der vermuteten Folge einer exakteren Vorhersage der Planetenstellungen. Daß diese nach den ptolemaiischen und Alfonsischen Tafeln (benannt nach *Alfons X. von Kastilien*) durch die Beobachtung nicht mehr bestätigt wurde, hatte C. bereits während seines Aufenthaltes in Bologna an eigenen Beobachtungen erfahren können, ohne daß allerdings Zeitpunkt und direkter Anlaß für die Erarbeitung seiner neuen Theorien bekannt wären. In Italien hatte er in humanistischen und neuplatonisch beeinflußten Kreisen verkehrt, ihre Anregungen empfangen und als echter Humanist in griechischen und lateinischen Autoren nach Vertretern möglicher anderer astronomischer Systeme geforscht, von deren Existenz er aus der allgemeinen Kritik des *Ptolemaios* gewußt haben mußte; seit *Nicole* → *Oresme* war auch im lateinischen Mittelalter, jüngst z.B. von *Regiomontanus*, zumindest eine Erdrotation als theoretische Möglichkeit erörtert worden, während → *Nikolaus von Kues* aus anderen Gründen die Zentralisierung der Erde generell geleugnet hatte. All diese Anregungen zu einem detaillierten und numerisch brauchbaren neuen System der Planetenbewegungen verarbeitet zu haben, ist dann des C. alleiniges Verdienst.

Seine Absicht war es allerdings nicht gewesen, eine neue Astronomie zu schaffen, sondern die alte wiederherzustellen, die von *Ptolemaios* mißachteten Grundlagen der vorptolemaiischen Astronomie mit den Kenntnissen des *Ptolemaios* und seiner Nachfolger unter den Arabern und seit *G.* → *Peurbach* in Mitteleuropa wieder einzuführen – also nicht Revolution, sondern Restauration. – Die metaphysischen Grundlagen der Astronomie, die auch dieser mathematischen Wissenschaft gemäß der Physik des → *Aristoteles* zugrundeliegenden ›physikalischen‹ Grundsätze, die C. selbst fälschlich als pythagoreische ansah, nämlich die Forderung nach Kreis- und Gleichförmigkeit sämtlicher Bewegungen am Himmel, war von *Ptolemaios* in einem Punkt verletzt worden. Er hatte zur Bestimmung der ersten Anomalie die sog. Ausgleichsbewegung einführen müssen, d.h. er hatte zur Wiedergabe dieser Anomalie gemäß dem späteren Flächensatz *J.* → *Kepler*s auf dem Exzenter eine gleichförmige Winkelbewegung bezüglich eines imaginären Punktes auf der Apsidenlinie spiegelsymmetrisch zur Erde annehmen müssen. Die Folge war, daß weder die Bewegung auf dem Exzenter noch die Winkelbewegung in Bezug auf das Erdzentrum gleichförmig war. Dies galt C. als ein harter Verstoß gegen die Forderungen der Astronomie, der zudem die numerische Handhabung recht kompliziert machte. Er bediente sich dabei der aristotelischen Argumente, die schon von → *Averroës* und seinen Anhängern gegen die herrschende Astronomie des *Ptolemaios* vorgebracht worden waren: Wäre eine Kreisbewegung ungleichförmig, so könnte das nur aufgrund einer Unbeständigkeit in der Natur des Bewegenden (letztlich Gottes) oder wegen einer Unregelmäßigkeit und Veränderlichkeit des bewegten Körpers (der Himmelssphären) geschehen; beides sei undenkbar. Hatte für *Ptolemaios* ein Exzenter für die kinematische Wiedergabe der ersten Anomalie nicht ausgereicht, so mußte C. Ersatz schaffen. Er ließ die ptolemaiische Ausgleichsbewegung aus einer Doppel-Epizykelbewegung resultieren: Der Planet durchläuft mit einer bestimmten gleichförmigen Geschwindigkeit eine kleine Kreisbahn (Epizykel), deren Mittelpunkt seinerseits gleichförmig auf einem weiteren Epizykel, dessen Mittelpunkt wiederum auf einem konzentrischen Kreis (vorläufig um die Erde) läuft. Da der Epizykel aber mit anderer Geschwindigkeit bei *Ptolemaios* der Wiedergabe der scheinbaren Schleifenbewegungen der Planeten, der sog. zweiten Anomalie, diente, mußte C., nachdem er die Gleichförmigkeit der anderen Bewegung gerettet hatte, diese Erscheinung auf andere Weise erklären.

Hier setzt das Genie des C. ein, das die vielfältigen Anregungen im rechten Moment an der richtigen Stelle zur Idee reifen ließ: Die Schleifenbewegungen brauchen ja nicht tatsächlich ausgeführt zu werden, sondern nur als solche dem Beobachter zu erscheinen, weil die Erde eine Bewegung ausführt, die diesen Eindruck erweckt. Führt die Erde eine entsprechende Bewegung um die Sonne aus, so resultieren die Schleifenbewegungen sämtlicher Planeten aus dieser einen Bewegung der Erde, wenn gleichzeitig diese statt des Fixsternhimmels um ihre Achse rotiert. Die Sonne steht somit (fast) im Zentrum aller Planetenbahnen: Der größte Gestirnskörper, das Herz der Welt nach stoisch-neuplatonischer Auffassung (→ *Poseidonios*), ihre Leuchtquelle, hat die ihm gemäße Stelle eingenommen. Im Gegensatz zur antiken Astronomie ergaben sich aus der Größe der Erdbahn jetzt auch die wahren, nicht nur die relativen Abstände der Planeten, während die Fixsternsphäre gleichzeitig in weite Ferne rückte, da sich an ihr keine parallaktischen Erscheinungen wie die Schleifenbewegungen der Planeten zeigten. Dieses daraufhin zwischen äußerstem Planeten und Fixsternsphäre entstehende Loch sollte später *T.* → *Brahe* veranlassen, das heliozentrische System abzulehnen. Andererseits brauchte aber wegen der Ruhe der Fixsterne deren Sphäre nicht mehr von endlicher Dicke zu sein, eine Folgerung, die zuerst von dem englischen Mathematiker *Thomas Digges* (* um 1550, † 1595) gezogen und dann von *Giordano Bruno* (eigentlich *Filippo*, * 1548 Nola, † 17.2.1600 hingerichtet in Rom) zu einem grandiosen Weltbild mit unendlich vielen Welten (Planetensystemen mit einem Fixstern als Sonne) im unendlichen Raum ausgebaut worden ist. Die einzige physikalische Konsequenz außerhalb der Physik des *Aristoteles*, in deren Rahmen C. selbst sonst durchaus noch verbleibt, ist ein Rückgriff auf Vorstellungen → *Platons*, daß nicht das Weltzentrum Schwerezentrum der irdischen Elemente ist, sondern verwandte Stoffe zueinander streben. Schon *Nikolaus von Kues* hatte nach antiken Ansätzen diese Idee zu einer Kohäsionstheorie ausgebaut, wonach es so viele spezifische Schwerezentren gibt wie Gestirnskörper: Für die Erdmaterie ist es das Erdzentrum, für die Mondmaterie das Mondzentrum und entsprechend für die Sonne und die fünf damals bekannten Planeten. Alles andere blieb für C. noch beim Alten. Dies zeigt besonders die Notwendigkeit der Einführung einer dritten Erdbewegung für C., damit die Erdachse ihre Richtung im Weltraum nicht verändert, da sie wegen der Rotation der unveränderlichen Himmelssphären, in welche die Erde wie die anderen Planeten eingebettet sei, anderenfalls stets jeweils denselben Pol der Sonne zugekehrt oder von ihr abgekehrt hätte. *J.* → *Kepler* sollte deshalb später meinen, C. hätte wie *Peurbach* feste Sphären angenommen; doch hat C. sich über die Mechanik seiner mathematisch-kinematischen Astronomie weiter keine Gedanken gemacht. Seine Astronomie unterscheidet sich deshalb auch nicht wesentlich von der des ›Almagestum‹ von *Ptolemaios*, dessen Aufbau denn auch Vorbild seines Hauptwerkes ›De revolutionibus orbium coelestium‹ gewesen ist (›Über die Umwälzungen der Himmelssphären‹, nicht: der Himmelskörper, gemeint sind vielmehr die Exzenter und Epizykel, in die die Planeten eingefügt sind) – hier faßte C. auch den Konzenter und ersten, größeren Epizykel wieder zu einem Exzenter zusammen. Trotzdem ist die Anzahl der schließlich zur Berechnung nötigen Sphären nicht sehr viel geringer als bei *Ptolemaios*; und C. sagt ausdrücklich, daß seine Theorie nicht zu einer genaueren Vorhersage führe als die ptolemaiische, sondern dasselbe nur anders wiedergebe. Seinen Überlegungen und Berechnungen lagen auch keine neuen Beobachtungsdaten zugrunde; sie stellen vielmehr eine neue Deutung des Vorhandenen dar – was seine Leistung um so größer erscheinen läßt, wenn er auch kaum die Fülle der physikalischen, theologischen und weltanschaulichen Konsequenzen seiner Idee geahnt hat, die seit dem ausgehenden 16. Jahrhundert einen harten Kampf um die Anerkennung dieses Copernicanischen Systems entbrennen ließen. Ein gewisses Unbehagen vor dem Wagnis des Neuen scheint man jedoch auch seitens C. zu spüren, wenn man bedenkt, daß er die Ausarbeitung der im ›Commentariolus‹ skizzierten Ideen erst auf Drängen anderer vollendete und sein Hauptwerk dann so lange zurückhielt, daß er dessen endgültiges Erscheinen nicht mehr erlebte. – Die Überwachung des Druckes in Nürnberg hatte er seinem großen Verehrer, dem jungen Wittenberger Mathematikprofessor *Georg Joachim Rh(a)eticus* (* 15.2.1514 Feldkirch [Vorarlberg], † 4.12.1576 Kaschau), übertragen, der bereits 1540 in seiner ›Narratio prima de libris revolutionum Copernici‹ einen ausführlichen Vorbericht über das Werk des C. gegeben hatte. – Die eigentliche Erneuerung der Astronomie, die aber auch dann vorerst reine Planetentheorie blieb (*J.* → *Bradley, W.* → *Herschel*), war das Werk *Brahe*s auf der praktischen sowie *Kepler*s und *I.* → *Newton*s auf der theoretischen Seite. [Krafft]

Werke: Gesamtausgabe (2 Bde [Faksimile des Autographs; De revolutionibus], München 1944–1949; mehr nicht erschienen); Opera omnia, hrsg. von der Polnischen Akademie der Wissenschaften (Bd 1–3 [I: Faksimile; II: De revolutionibus, lateinisch und englisch; III: Minor Works, englisch], Warschau/Krakau und New York 1972–1978); Gesamtausgabe, hrsg. von H. M. Nobis und M. Folkerts (Bd 1 ff., Hildesheim, jetzt Berlin [I: Faksimile. 1974; II: De revolutionibus (1:

Kritische Textausgabe. 1984; 2: Kommentar. 1998); IV,1–2: Documenta Copernicana. 1994/1996]); E. Rosen: Three Copernican Treatises (New York 1939, ³1971; englisch mit jeweils aktualisierter Bibliographie und Biographie); E. Sommerfeld (Hrsg.): Die Geldlehre des N. C. (Berlin 1978); H. G. Zekl (Hrsg.): N. C., Das neue Weltbild. Drei Texte (Hamburg 1990). – *Bibl.*: H. Baranowski: Bibliografia Kopernikowska 1905–1955, II: 1956–1971 (2 Bde, Warschau 1958–1973); M. Biskup: Regesta Copernicana / Calendar of Copernicus' Papers (Wrocław usw. 1973). – *Lit.*: DSB III, 401–411 (E. Rosen); DBE II, 368–370 (F. Krafft); GPh I, 131–145 (J. Hamel); L. Prowe: N. Coppernicus (2 Bde in 3, Berlin 1883–1884; Nachdruck: Osnabrück 1967); E. Zinner: Entstehung und Ausbreitung der coppernicanischen Lehre (Erlangen 1943, ²München 1988); F. Schmeidler: N. K. (Stuttgart 1970); Colloquia Copernicana, I–IV (Studia Copernicana V/VI/XIII/XIV; Wrocław usw. 1972–1975); H. Blumenberg: Die Genesis der kopernikanischen Welt (Frankfurt am Main 1975); N. M. Swerdlow / O. Neugebauer: Mathematical Astronomy in C.' ›De revolutionibus‹ (2 Bde, Berlin usw. 1984); J. Hamel: N. C. Leben, Werk und Wirkung (Heidelberg 1994); G. Wolfschmidt (Hrsg.): N. C. (1473–1543), Revolutionär wider Willen (Stuttgart 1994).

Correns, *Carl* Franz Joseph *Erich*, deutscher Botaniker, * 19.9.1864 München, † 14.2.1933 Berlin.

1871 verwaist, wuchs C. in St. Gallen auf. Er studierte Botanik, Chemie und Physik in München und Graz, schloß sein Studium 1889 in München mit der Promotion bei *C. W. von* → *Nägeli* ab, war dann Assistent an den Botanischen Instituten in Graz, Berlin und Leipzig, bevor er sich 1891 in Tübingen habilitierte und dort 1892 Privatdozent wurde. Ab 1902 war er außerordentlicher Professor in Leipzig, ab 1909 ordentlicher Professor in Münster; 1914 wurde er zum ersten Direktor des neu gegründeten Kaiser-Wilhelm-Instituts für Biologie in Berlin-Dahlem und Leiter der Abteilung für Vererbungslehre und Biologie der Pflanzen bestellt, welche Ämter er bis zu seinem Tode ausübte; sein Nachfolger wurde der Pflanzengenetiker *Friedrich Wettstein, Ritter von Westersheim* (* 24.6.1895 Prag, † 12.2.1945 Trins [Tirol]), der unter anderem die plasmatische Vererbung bei Laubmoosen untersuchte.

C.s Forschungen galten unter dem Einfluß von *Nägeli*, dessen Micellartheorie er auch vertrat, zunächst Fragen der Zellstruktur der Pflanzen. Er widmete sich dann der Untersuchung der Fortpflanzung der Moose und dem Einfluß des Sauerstoffs auf Reizerscheinungen der Pflanzen (1892), experimentierte jedoch nach seiner Habilitation im Botanischen Garten der Universität Tübingen im Zusammenhang mit Fragen der Vererbung im Pflanzenreich hauptsächlich mit Pflanzenkreuzungen. Ein erstes Ergebnis war die Erklärung der Xenienbildung, der Veränderung an Teilen der Mutterpflanze nach hybriden Befruchtungen, bei Mais. Den Ausgangspunkt dieser Untersuchungen hatte die Nachprüfung einer Erwähnung der Erscheinung bei *C.* → *Darwin* gebildet; im Verlauf der Versuche, die er dazu mit Erbsen, Bohnen, Mais und anderen Kulturpflanzen durchführte, gelang ihm dann auch 1899 als Nebenprodukt (»gewissermaßen als Allotria«, wie er 1922 resumierte) die Wiederentdeckung der Vererbungsregeln *G.* → *Mendel*s – unabhängig und zugleich mit *H. de* → *Vries* und *Erich Tschermak, Edlem von Seysenegg* (* 15.11.1871 Wien, † 11.10.1962 Wien); und erst bei den Vorbereitungen zur Publikation der Ergebnisse war er auf *Mendel*s Arbeit über Pisum-Bastarde gestoßen. Er hat sich dann sehr dafür eingesetzt, daß *Mendel*s Arbeiten und Forschungsergebnisse wieder bekannt und gewürdigt wurden (1905 gab er zum Beispiel den Briefwechsel *Mendel*s mit *Nägeli* aus den Jahren 1866–1873 heraus). Seine erste Arbeit aus diesem Themengebiet, die 1900 in den ›Berichten der Deutschen Botanischen Gesellschaft‹ erschien, trägt denn auch den Titel: ›G. Mendels Regeln über das Verhalten der Nachkommenschaft der Rassenbastarde‹. Er prägte hierin den Begriff ›Mendelsche Regeln‹ für die statistisch gesetzmäßige Aufspaltung und Neukombination der Merkmale (oder der ›Anlagen‹) in den Bastardgenerationen; *Tschermak* sprach dagegen von ›Mendelschen Gesetzen‹. Während *de Vries* sich in der Folgezeit auf die Mutationsforschung spezialisierte und *Tschermak* vor allem an der praktischen Bedeutung der Vererbungsgesetze für die Pflanzenzucht interessiert war, hat C. durch seine vielfältigen Spezialuntersuchungen am meisten zur Vertiefung des allgemeinen Verständnisses der Vererbungsvorgänge vor allem im Pflanzenreich beigetragen. Er wurde der Hauptvertreter der modernen, experimentellen Vererbungsforschung bei Pflanzen und hat durch sein tiefes theoretisches Verständnis wesentlich die Entwicklung der Vererbungslehre mitbestimmt und mit zahlreichen Erkenntnissen gefördert. Dazu zählen unter anderem: die ›Kopplung‹ von Merkmalen bei der Vererbung (1900) – später in der Chromosomen-Forschung benutzt –; die Zurückführung der Mendelspaltung von Farbcharakteren in Blüten, Früchten, Samen und Blättern auf chemische Prozesse (1904), womit C. eine Schule der physiologischen Genetik und biochemischen Forschung begründete, die er ab 1914 am Kaiser-Wilhelm-Institut fortführte; die Mendelsche Erblichkeit (das ›Mendeln‹) auch von physiologischen Eigenschaften und der Geschlechtsbestimmung und -vererbung bei zweihäusigen Pflanzen (1905) – diese Erkenntnis wurde für viele Gebiete der Biologie von fundamentaler Bedeutung und war auch bald an Tierversuchen bestätigt worden – sowie die Erklärung der von den idealen Zahlenverhältnissen der Mendelschen Regeln abweichenden Ergebnisse aus entwicklungsgeschichtlichen Vorgängen und durch ›nicht-mendelnde‹ Erbträger im Plasma (1909) – letzteres wies er erstmals an buntblättrigen Pflanzen nach, denen dann auch später schwerpunktmäßig seine experimentellen Untersuchungen am Kaiser-Wilhelm-Institut gewidmet waren (›Vererbungsversuche mit buntblättrigen Sippen, I–XII‹, 1919–1936). Schon 1904 hatte er, ähnlich wie *H. de Vries*, darauf hingewiesen, daß das diskontinuierliche, sprunghafte Auftreten einer sofort vererbbaren Eigenschaft im Gegensatz zu neolamarckistischen Vorstellungen (*J. B.* → *Lamarck*) auf einer Veränderung des Keimplasmas als »materiellen Trägers der Vererbungskraft« im atomaren oder molekularen Bereich beruhen müsse. – Für das Handbuch der Vererbungslehre verfaßte er die Teile ›Bestimmung, Vererbung und Verteilung des Geschlechts bei den höheren Pflanzen‹ (1928) und ›Nicht mendelnde Vererbung‹ (postum 1937). [Krafft]

Werke: Gesammelte Abhandlungen zur Vererbungswissenschaft aus periodischen Schriften 1899–1924, hrsg. von F. von Wettstein (Berlin 1924). – *Bibl.*: M. S. Saha: The C. C. Papers. In: *Mendel Newsletter* 21 (1981), 1–16. – *Lit.*: DSB III, 421–423 (R. Olby); E. Stein: Dem Gedächtnis von C. E. C. nach einem halben Jahrhundert der Vererbungswissenschaft. In: *Die Naturwissenschaften* 37 (1950), 457–463; M. S. Saha: C. C. and an Alternative Approach to Genetics (PhD Thesis Michigan State University, East Lansing 1984).

Coulomb, Charles Augustin de, französischer Physiker, * 14.6.1736 Angoulême, † 23.8.1806 Paris.

C. entstammte einer vornehmen Familie, die im Rechts- und Verwaltungswesen der Languedoc eine bedeutende Rolle spielte. Er studierte in Paris Mathematik und Naturwissenschaften und besuchte die École de génie militaire de Mézières. Als Ingenieuroffizier ging er in den Staatsdienst und wurde nach Martinique geschickt, um das Fort Bourbon zu konstruieren und zu erbauen; C. brachte es bis zum Leutnant-Colonel. Er besaß einen untadeligen Charakter und weigerte sich z.B., ein Projekt auszuführen, das ihm zu kostspielig im Verhältnis zum Nutzen erschien. Vorübergehend wurde er deswegen in Haft genommen. Als die Revolution ausbrach, legte er alle Ämter nieder und zog sich auf ein kleines Landgut zurück. Napoleon holte ihn wieder nach Paris und machte ihn zum Inspecteur général de l'université.

C.s erste Arbeiten befaßten sich mit Gewölbestatik; in der Mechanik stellte er die Gesetze der Haftreibung auf. Später untersuchte er auch die innere Reibung in Flüssigkeiten. Durch eine Preisaufgabe über Schiffskompasse der Pariser Akademie (1777) wurde er veranlaßt, die Drillkraft (Torsion) an Fäden und dünnen Drähten quantitativ zu ergründen. 1785 gab er die Drehwaage und ihre Gesetze an. C. gab damit einer Idee von *J. Michell* die Form, die sie für feinste magnetostatische Messungen brauchbar machte. In der heutigen Meßtechnik ist die Torsionswaage zur Bestimmung kleinster Kräfte unentbehrlich geworden. C. kannte auch die Methode, mit Hilfe von Drehschwingungen die elastische Kraft des Drahtes zu bestimmen. Mit diesen Arbeiten begann die Elektrizitätslehre, eine exakte Wissenschaft zu werden. Im gleichen Jahre beschrieb er auch seine ›elektrische Balance‹, eine Drehwaage, mit der die Abstoßungs- und Anziehungskräfte elektrischer Ladungen gefunden werden. Das C.sche Gesetz sagt aus, daß diese Kraft dem Produkt der beiden Elektrizitätsmengen proportional und dem Abstandsquadrat der beiden kleinen Kugeln, auf denen die Elektrizitäten sitzen, umgekehrt proportional ist. Für Magnetpole – C. sprach auch von magnetischen Mengen – gilt ein entsprechendes Gesetz. Bei den C.schen Gesetzen der Magneto- und Elektrostatik ist der Einfluß des umgebenden Mediums (Permeabilitäts- und Diëlektrizitätskonstante) noch nicht miteinbezogen. Als Fernwirkungsgesetze sind sie dem Gravitationsgesetz *I.* → *Newton*s nachgebildet und enthalten noch nicht den Feldbegriff. Sie haben mit dazu beigetragen, daß auch das elektrodynamische Grundgesetz von *A.* → *Ampère* und das Biot-Savartsche Gesetz (*J.-B.* → *Biot*), das die Kraft eines stromdurchflossenen Leiters auf einen Magnetpol beschreibt, in ähnlicher Weise formuliert wurden. Mit dem C.schen Gesetz wurde die absolute elektrostatische Einheit der Elektrizitätsmenge definiert. Die praktische Einheit der Elektrizitätsmenge wird ›Coulomb‹ genannt. – Der geniale Franzose stellte auch Untersuchungen über die Verteilung der Elektrizität auf Leitern an. [Wiederkehr]

Werke: Collection des mémoires relatifs à la physique, hrsg. von A. Potier (5 Bde, Paris 1884–1891). – *Lit.*: DSB III, 439–446 (C. St. Gillmor; mit Bibl.); GPh I, 243–262 (H. O. Sibum); C. S. Gillmor: C. and the Evolution of Physics and Engineering in Eighteenth-Century France (Princeton, N.J. 1971); J. Heyman: C.'s Memoir on Statics. An Essay in the History of Civil Engineering (Cambridge 1972); C. Blondel/M. Dörries (Hrsgg.): Restaging C.: Usages, controverses et réplications autour de la balance de torsion (Florenz 1994); P. Heering: Das Grundgesetz der Elektrostatik. Experimentelle Replikation und wissenschaftshistorische Analyse (Wiesbaden 1998).

Crookes, Sir (seit 1897) William, englischer Chemiker und Physiker, * 17.6.1832 London, † 4.4.1919 ebenda.

Als Sechzehnjähriger trat C. in das Royal College of Chemistry in London ein. Von seinem dortigen Lehrer *A. W. von* → *Hofmann* erhielt er 1850 den Auftrag, aus dem Bleikammerniederschlag einer Schwefelsäurefabrik in Tilkerode (Harz) das Selen auszuscheiden. Daraus entstand C.s erste Arbeit; sie handelte über Selencyanide (1851). C. war es recht bald klar, daß die Bleikammerrückstände noch manches Geheimnis bargen. 1854 übernahm er die meteorologische Abteilung des Radcliffe-Observatoriums in Oxford und hielt ein Jahr später auch Chemievorlesungen am Chester Training College. 1856 kehrte er nach London zurück; sein ererbtes Vermögen erlaubte ihm, als Privatforscher seinen Neigungen nachgehen zu können.

C. gründete die Zeitschrift ›Chemical News‹ (1859), deren Herausgeber er bis zu seinem Tode blieb. Die inzwischen von *R.* → *Kirchhoff* und *R.* → *Bunsen* in Heidelberg entwickelte Spektralanalyse (diese hatten mit ihr zwei neue chemische Elemente entdeckt) wandte C. auf die alten Rückstände aus Tilkerode an; dabei fand er eine hell leuchtende, unbekannte grüne Linie (1860). Er schloß daraus auf das Vorhandensein eines unbekannten Elements und nannte dies Thallium. *Claude Auguste Lamy* (* 15.7. 1820 Néry [Dép. Jura], † 20.3.1878 Paris) in Paris war unabhängig von ihm ebenfalls auf diese neue Substanz gestoßen und hatte deren Schwermetallnatur erkannt. Aber auch C. legte bald eine mustergültige Abhandlung über die Eigenschaften des Thalliums vor. Bei der Atomgewichtsbestimmung dieses Elementes waren ihm einige merkwürdige Störungen der Waage aufgefallen, obwohl diese sich in einem evakuierten Kasten befand. Waren sie durch Druckwirkungen des Lichts verursacht? C. führte die Störungen auf die ungleiche Erwärmung verdünnter Gase zurück und auf eine Art Rückstoßwirkung der Gasmoleküle. (Der Lichtdruck wurde erst 1901 gefunden, seine Wirkung ist nur bei stärkerer Evakuierung feststellbar und erheblich kleiner.) C. nutzte den Effekt in seiner ›Lichtmühle‹ aus, deren Flügelrädchen auf der einen Seite berußt und auf der anderen blank sind. 1874 konstruierte er das hierauf fußende Radiometer.

Auf der Naturforscherversammlung in Sheffield führte C. 1879 eine Reihe von Experimenten vor, die großes Aufsehen erregten und den Blick der Forscher auf die Kathodenstrahlen, elektrische Entladungserscheinungen in ausgepumpten Glaskolben (Röhren), hinlenkten. Die in ihrer charakteristischen Form z.T. bis heute erhalten gebliebenen Röhren hatte C. mit viel Phantasie ersonnen. Die Kathodenstrahlen sollten darin ihre Natur verraten. Mit der Schattenkreuzröhre z.B. zeigte er die geradlinige Ausbreitung dieser von der negativen Elektrode (Kathode) ausgehenden Strahlen, in einer anderen Röhre wurde der sichtbar gemachte Kathodenstrahl durch einen Magneten abgelenkt, und in einer weiteren Röhre leuchteten Kristalle auf, wenn sie von den Kathodenstrahlen getroffen wurden. Anschließend trug C. seine Spekulationen über den »vierten Aggregatzustand der strahlenden Materie« vor. Wenn auch mancher C.sche Gedanke sich später nicht mehr aufrechterhalten ließ, so erwies sich doch die von ihm vertretene Ansicht der korpuskularen Natur der Kathodenstrahlen als richtig. – Mit Kathodenstrahlen beschoß C. auch die Seltenen Erden und wollte mit Hilfe der Phosphoreszenzspektren die sonst schwer zu trennenden einzelnen Erden identifizieren. Aber dieses Gebiet war voller Fallgruben; denn hier wirken sich geringste Verunreinigungen sofort aus. Die Beziehung der chemischen Elemente zu einander und ihre Genese beschäftigten C. weiterhin. Er führte das Spiralenmodell des Periodensystems ein. Für die Zerfallstheorie radioaktiver Elemente wurde seine Entdeckung des Uran X_1 (^{234}Th) wichtig. 1903 fand er (gleichzeitig mit zwei anderen Forschern) die Szintillationserregung durch α-Strahlen. Das Aufblitzen einzelner von einem α-Teilchen getroffener Punkte im Spinthariskop ist einer der schönsten Beweise für die atomistische Hypothese.

Neben diesen wissenschaftlichen Aufgaben hat C. auch praktische Probleme der Industrie, z.B. die Herstellung von Brillengläsern, die für ultraviolettes Licht undurchlässig sind, erfolgreich bearbeitet. Er beschäftigte sich auch intensiv mit Parapsychologie und veranstaltete spiritistische Sitzungen mit Medien.

[Wiederkehr]

Lit.: GCh II, 288–297 (K. Przibram); DSB III, 474–482 (W. H. Brock); E. E. Fournier d'Albe: The Life of Sir W. C. (London 1923); R. K. Dekosky: W. C. and the Fourth State of Matter. In: *Isis* 67 (1976), 36–60; T. H. Hall: The Medium and the Scientist. The Story of Florence Cook and W. C. (Buffalo, N.Y. 1984); G. Stein: The Sorcerer of Kings. The Case of Daniel Dunglas Home and W. C. (Buffalo, N.Y. 1993).

Curie (geb. Skłodowska), Marie, polnische Chemikerin und Physikerin, * 7.11.1867 Warschau, † 4.7.1934 Sancellemoz [Schweiz]; verheiratet mit *Pierre* **Curie**, französischem Physiker, * 15.5.1859 Paris, † 19.4.1906 ebenda.

Marie C., letztes von fünf Kindern einer auf polnische Traditionen bedachten, hochgebildeten Familie (der Vater war Lehrer der Mathematik und Physik, die Mutter Leiterin einer Mädchenschule), studierte nach dem Besuch des Gymnasiums, das sie 1883 als Jahrgangsbeste verließ, und einer Tätigkeit als Hauslehrerin in Warschau, wo sie Vorlesungen der illegalen polnischen, sog. 'fliegenden Universität' besuchte, ab 1891 in Paris an der Sorbonne Physik, Chemie und Mathematik (ab 1893 mit einem polnischen Stipendium für Auslandstudierende). Bei ihren ersten wissenschaftlichen Arbeiten lernte sie 1894 *Pierre C.* kennen, der bereits 5 Jahre Assistent an der Sorbonne gewesen war; ein Jahr später heirateten sie – 1897 wurde ihnen die erste Tochter, Irene, geboren. *Pierre C.* hatte gemeinsam mit seinem Bruder *Jacques Curie* (* 29.10.1856 Paris, † 19.2.1941 Montpellier) die Piëzoelektrizität entdeckt und die Temperaturabhängigkeit der magnetischen Eigenschaften von Stoffen untersucht (C.-Weißsches Gesetz 1895, C.-Punkt 1894), die auch Thema seiner Dissertation waren, die er im selben Jahr abschloß; noch im Jahre 1895 hatte er daraufhin eine Professur an der École municipale de physique et de chimie industrielle erhalten (wo er bereits seit 1882 Laborleiter gewesen war). 1904 wurde ihm eine neu errichtete Professur für Physik an der Sorbonne übertragen, wo er bereits seit 1900 gelehrt hatte. *Marie C.*, die seit 1900 an einer Mädchenschule in Sèvres Physik unterrichtete (1896 hatte sie die Lehrerprüfung abgelegt), promovierte 1903 mit ihren Forschungsergebnissen über radioaktive Substanzen; gemeinsam mit *A. H.* → *Becquerel* erhielten *Marie* und *Pierre C.* im selben Jahr für »das außerordentliche Verdienst, das sie sich durch ihre gemeinsamen Arbeiten über die von Henri Becquerel entdeckten Strahlungsphänomene erworben haben«, den Nobelpreis für Physik. So konnte *Marie C.* nach dem Unfall-Tod *Pierre C.*s, in dessen Labor sie 1905 Adjunkt geworden war, nicht nur 1906 dessen Vorlesungen übernehmen, sondern 1908 auch dessen Lehrstuhl an der Sorbonne erhalten, eine für die damalige Zeit für eine Frau wohl noch außergewöhnlichere Ehrung.

Nach der Entdeckung des radioaktiven Urans durch *Becquerel* (1896) wandten sich neben mehreren anderen Forschern (*E.* → *Rutherford*, *Hans Geiger* u.a.) auch die Curies der Analyse der neuen Uranstrahlen zu; *Marie C.* machte die Untersuchung des Uransalzes zum Zentralthema ihrer Dissertation. In der städtischen École de physique et de chimie konnte ihr Mann ihr bescheidene Möglichkeiten für die experimentellen Arbeiten einräumen lassen. Hier konnte sie in Anlehnung an *Becquerel* durch elektroskopischen Nachweis der neuen Strahlung feststellen, daß neben Uransalzen auch Thorium die gleiche Strahlung aussendet. Sie bezeichnete diese Erscheinung daraufhin mit dem Begriff der ›Radioaktivität‹. Als sie dann aber bei der Prüfung sämtlicher Mineralien der Schule feststellte, daß manche eine wesentlich stärkere Strahlenemission aufwiesen als proportionale Mengen von Thorium und Uran, schloß sie auf die Existenz einer Substanz mit verhältnismäßig stärkerer radioaktiver Strahlung. Um seine Frau bei der Suche nach dieser Substanz in der Uranpechblende, die sie von den Abraumhalden der Bergwerke des böhmischen Joachimsthal bezogen (sie hatten sich zur Finanzierung die gemeinsame Lebensversicherung auszahlen lassen), unterstützen zu können, stellte *Pierre C.* 1908 seine eigenen Forschungen ganz zurück. Unter primitivsten Bedingungen in einem baufälligen Schuppen war ihnen auch bereits im Juli 1898 die Absonderung eines besonders stark strahlenden Stoffes gelungen, der sich als neues Element erwies, dem *Marie C.* zu Ehren ihres Vaterlandes den Namen Polonium gab. Noch im Dezember desselben Jahres entdeckten sie ein weiteres neues Element mit noch stärkerer Strahlung, das sie Radium nannten. Für die sich anschließende, für die chemische Identifikation und Bestimmung der chemischen Eigenschaften erforderliche Reindarstellung der beiden Elemente benötigten sie wegen des immensen Arbeitsaufwandes für die Isolierung der nur in Spuren in der Uranpechblende vorhandenen Substanzen allerdings weitere vier Jahre, die *Marie C.* trotz der damit verbundenen Strapazen stets als die glücklichsten ihres Lebens bezeichnete. Sie hat sich auch in der Folgezeit der Untersuchung der physikalischen und chemischen Wirkungen sowie der biologischen Wirkungen radioaktiver Strahlung gewidmet. Sie konnte dabei auch die von *E. Rutherford* ermittelte Differenzierung der Strahlung in drei Arten (α-, β- und γ-Strahlung) bestätigen. Für ihre Arbeiten zur Isolierung der radioaktiven Substanzen erhielt sie 1911 erstmalig überhaupt einen zweiten Nobelpreis, nämlich den für Chemie. Es folgten viele Ehrungen; und 1912/13 wurde ihr für ihre Forschungen in Paris das ›Institut du Radium‹ eingerichtet, an dem in der Folgezeit junge ›Radiologen‹ aus vielen Ländern in den von ihr und ihrem Mann entwickelten radiochemischen Methoden ausgebildet wurden. Während des Ersten Weltkrieges beteiligte sie sich am Aufbau eines radiologischen Dienstes an der Front und richtete mehrere mobile und stationäre Röntgenanlagen ein. – Sie starb schließlich an den Folgen der Einwirkung radioaktiver Strahlung, der sie sich während ihres gesamten Forscherlebens ausgesetzt hatte.

An ihrem ›Institut du Radium‹ arbeiteten auch ab 1918 ihre Tochter *Irène* [*Joliot-*]*Curie* (* 12.9.1897 Paris, † 17.3.1956 ebenda) und ab 1925 der Radiophysiker *Jean Frédéric Joliot*[-*Curie*] (* 19.3.1900 Paris, † 14.8.1958 ebenda) als Assistenten. Beide heirateten 1926 und bearbeiteten – bis *Frédéric Joliot-C.* 1937 eine Professur am Collège de France und *Irène C.* eine solche an der Sorbonne erhielt – gemeinsam radiochemische und besonders kernphysikalische Probleme. Sie bereiteten mit ihren Untersuchungen die Entdeckung des Neutrons (1932) durch Sir (seit 1945) *James Chadwick* (* 20.10.1891 Manchester, † 23.7.1974 Cambridge) vor und entdeckten 1934 nach Beschuß von Atomkernen mit Alphastrahlung die künstliche Radioaktivität, wofür sie 1935 auch gemeinsam den Nobelpreis für Chemie erhielten (während *Chadwick* gleichzeitig den für Physik erhielt). *Irène C.*s Arbeiten zu den ›Transuranen‹, die *E.* → *Fermi* durch Beschuß schwerer Atomkerne mit Neutronen erhalten zu haben glaubte, regten 1938 *L.* → *Meitner*, *O.* → *Hahn* und *F. Straßmann* zu ihren Untersuchungen an, die schließlich zur Entdeckung der Urankernspaltung führten. – Wie ihre Mutter starb *Irène C.* an einer beim Umgang mit radioaktiven Substanzen entstandenen Leukämie. *Frédéric Joliot-C.* wurde ihr Nachfolger an der Sorbonne; er hat seit 1939 (1946–1950 als Hochkommissar für Atomenergie) entscheidend zur (instrumentellen) Erforschung und Nutzung der Kernenergie in Frankreich beigetragen, wenn ihm auch die Mitgliedschaft in der Kommunistischen Partei Frankreichs (seit 1942) zunehmend Schwierigkeiten bereitet hatte.

[Krafft]

Werke: Œuvres de Marie Skłodowska-Curie, hrsg. von I. J.-C. (Warschau 1954); M. C.: Die Radioaktivität (2 Bde, Leipzig 1911–1912); M. C./I. C.: Correspondance. Choix de lettres (1905–1934), hrsg. von G. Ziegler (Paris 1974); Œuvres de P. C. (Paris 1908): F./I. Curie: Œuvres scientifiques complètes (Paris 1961); F. J.-C.: Textes choisis (Paris 1959; mit Autobiographie [1954]; deutsch: Wissenschaft und Verantwortung. Ausgewählte Schriften. Berlin [DDR] 1962). – *Bibl.*: Pogg. VII b, 2294–2302 (F./I. J.-C.). – *Lit.*: DSB III, 497–

508 (A. R. Weill/J. Wyart); VII, 151–159 (F. Perrin); GWG IX, 406–419 (M. von Ardenne); E. Curie: Madame C. (Frankfurt am Main 1950; zuerst französ., Paris 1937); E. Cotton: Les C. et la radioactivité (Paris 1963); M. Goldsmith: F. J.-C. A biography (London 1976); O. Wolczak: Maria Skłodowska-C. und ihre Familie (Leipzig 1977, ²1978); R. Reid: M. C. (London 1978); S. Quinn: M. C. A Life (New York/London 1995).

Cuvier, *Georges* Léopold Chrétien Frédéric Dagobert, Baron de, französischer Naturforscher, * 23.8.1769 Montbéliard, † 13.5.1832 Paris.

C. entstammt einer armen französischen Hugenottenfamilie aus der Nähe Basels. Er begann mit 12 Jahren, sich naturkundliche Sammlungen anzulegen, studierte an der Stuttgarter Hohen Karlsschule bei dem Zoologen *C. F. Kielmeyer* und wurde 1788 Hauslehrer in der Normandie, wo er sich vor allem mit Anatomie und der Klassifikation von Meerestieren befaßte. 1795 wurde er von *É.* → *Geoffroy Saint-Hilaire* nach Paris berufen, wo er schnell aufstieg und unter anderem Professor an Écoles centrales, am Institut de France, Collège de France, Musée d'histoire naturelle und an der Sorbonne war. Unter Napoleon wurde er Generalinspekteur des Unterrichtswesens, war – obgleich Protestant – auch den Bourbonen unentbehrlich, wurde geadelt, Minister und nach der Julirevolution 1831 Pair von Frankreich. Er war politisch sehr anpassungsfähig, servil gegenüber der Macht, autoritär, für Schmeicheleien und Ehrungen sehr empfänglich, von großem Fleiß bei einem immensen Gedächtnis, arbeitete sehr rationell und hatte außerordentliche äußere Erfolge.

C. hinterließ ein gewaltiges Werk (teils mit Mitarbeitern) zur Vergleichenden Anatomie der Tiere und zoologischen Klassifikation sowie zur paläontologischen Rekonstruktion und bereicherte zoologische Sammlungen. Durch die methodische Verknüpfung von Naturgeschichte (Klassifikation) und Vergleichender Anatomie gelang es ihm erstmals, eine dem künstlichen System *C. von* → *Linné*s vergleichbar umfassende Systematik des Tierreichs zu erstellen und damit die Zoologie zu einem der Botanik vergleichbaren Wissenszweig zu machen. Seine Klassifikationen erhielten insbesondere für die Fische bleibenden Wert. Vor allem in seiner Systematik kam aber auch C.s theoriefeindliche Beschränkung auf Tatsachen zum Tragen, die sich gegen unkontrollierte Spekulationen richtete, sich jedoch auch als nachwirkendes Hindernis für die Naturforschung erweisen konnte. In seinem Denken überwog das statische Moment gegenüber der Dynamik der Zeitdimension; und während *J. B. de M.* → *Lamarck* die Hypothese eines im wesentlichen linear fortschreitenden Systems der Lebewesen aufstellte und diese Folge als phylogenetische Entwicklungsreihe interpretierte und *É. Geoffroy Saint-Hilaire* darin die fortschreitende Verwirklichung des tierischen Bauplans eines ›Urtiers‹ sah, hielt C. nach anfänglichem Schwanken aus wissenschaftlichen, religiösen und politischen Gründen an dem seit *C. von Linné* klassischen Prinzip der Konstanz der Arten fest. Bereits vor ihm war der Professor der Botanik und Direktor des Jardin des plantes in Paris, *Antoine Laurent de Jussieu* (* 12.4. 1748 Lyon, † 17.9.1836 Paris), bei seinen Versuchen zu einem natürlichen System des Pflanzenreiches zu der Erkenntnis gekommen, daß aufgrund ihrer Hierarchie manchen Merkmalen eine allgemeinere und umfassendere Bedeutung zukommt als anderen und daß zwischen den Organen Korrelationen bestehen – so daß das Vorhandensein oder Fehlen des einen auf das Vorhandensein bzw. Fehlen des korrelierenden schließen läßt. Bei C. führten diese Grundsätze zur Aufstellung einer Typentheorie für das Tierreich. Danach wird dieses in Wirbel-, Weich-, Glieder- und Strahlentiere als Typen unterteilt, wobei eine vergleichende Anatomie zwischen Tieren verschiedenen Typs nicht möglich sei. C. ging noch einen Schritt weiter: In einem geschlossenen System der Lebewesen herrscht ein ›Gleichgewicht der Natur‹, so daß nicht nur eine wechselseitige Entsprechung zwischen einem jeden Teil eines Lebewesens und dem ganzen Lebewesen besteht, sondern notwendigerweise auch eine Harmonie zwischen der Struktur eines Lebewesens und seiner Lebenswelt. Dieses Prinzip war besonders erfolgreich bei C.s Rekonstruktion des Körperbaus fossiler Säugetiere (›Recherches sur les ossements fossiles de quadrupèdes‹, 1812). In seinem Kampf gegen die Idee der Veränderlichkeit der Arten, die er als der Bibel widersprechend ablehnte, gab er aufgrund paläontologischer Entdeckungen nur eine stufenweise Schöpfung gemäß der biblischen Chronologie zu und entwickelte vor dem Hintergrund des geologischen Befundes im Pariser Becken, in dem Schichten mit unterschiedlicher Fossilienführung rasch aufeinander folgen, seine berühmte ›Katastrophentheorie‹. Danach vernichteten der Sintflut gleiche gewaltige Katastrophen von Zeit zu Zeit die Organismen von Teilgebieten. Da die Besiedlung aus den unberührten Nachbargebieten nach der Katastrophe durch andere als die zerstörten Arten erfolge, erklärten sich die Unterschiede der Lebenswelt in der gleichen Region in verschiedenen geologischen Epochen. C. gewann 1830 eine berühmte, damit zusammenhängende Kontroverse, von ihm auch mit politischen Mitteln geführt, gegen *É. Geoffroy Saint-Hilaire* (zwei seiner Schüler behaupteten eine strukturelle Ähnlichkeit zwischen Tintenfisch und Fisch, welche einen Übergang von Wirbellosen und Wirbeltieren denken ließe). Damit hemmte C. in Frankreich bis *C.* → *Darwin* alle Ansätze zu einer evolutionären Betrachtung der Lebewesen. Als später eine Harmonisierung von Biologie und Bibel nicht mehr direkt versucht wurde, schwand sein Ruhm.

[Koch/Krafft/Meyer-Abich]

Bibl.: J. C. Smith: G. C. An Annotated Bibliography of His Published Works (Washington, D.C. 1993); D. Outram (Hrsg.): The Letters of G. C.: A Summary Calendar of Manuscripts and Printed Materials (Chalfont St. Giles 1980). – *Lit.*: DSB III, 521–528 (F. Bourdier); W. R. Coleman: G. C., Zoologist. A Study in the History of Evolution Theory (Cambridge, Mass. 1964); P. Ardouin: G. C., promoteur de l'idée évolutionniste et créateur de la biologie moderne (Paris 1970); D. Outram: G. C. Vocation, Science, and Authority in Postrevolutionary France (Manchester 1984).

D

Dalton, John, englischer Physiker, Chemiker und Lehrer, * 6.9.1766 Eaglesfield [Cumberland], † 27.7.1844 Manchester.

Als Sohn eines Wollwebers und Quäkers besuchte D. früh die Dorfschule und unterrichtete bereits selbst im Alter von zwölf Jahren. 1781 ging er zusammen mit seinem älteren Bruder Jonathan als Lehrer nach Kendal. Durch Vorträge machte er auf sich aufmerksam, und man holte ihn als Mathematiker und Physiker an das New College in Manchester. 1794 wurde er zum Mitglied der Manchester Literary and Philosophical Society gewählt, später in die Royal Society und Pariser Akademie.

D. war farbenblind und entwickelte einen Test zum Nachweis der Rot-Grün-Blindheit (1798) in einer kleineren, aber dennoch einiges Aufsehen erregenden Arbeit. Mit zwanzig Jahren wandte er sich der Meteorologie zu, beeinflußt von seinem Förderer Elihu Robinson, einem reichen Quäker und Instrumentenmacher. D. führte bis zu seinem Tode Buch über seine Wetterbeobachtungen im Lake Distrikt. Seine ersten wissenschaftlichen Arbeiten befaßten sich mit der Ausdehnung und dem Druck von Gasen, insbesondere von Wasserdampf. Damals beschäftigte die Naturwissenschaftler die Frage, ob das Wasser der Atmosphäre chemisch gebunden oder der Luft nur beigemischt ist. Etwa gleichzeitig mit *J. L.* → *Gay-Lussac* stellte D. die gleichmäßige Ausdehnung von Gasen bei steigender Temperatur fest. Auch die Zahlenwerte stimmten in etwa überein. Doch interpretierte D. den Vorgang in anderer Weise und kam so nicht zu der linearen Beziehung. Im Torricellischen Vakuum eines Barometers und im Rezipienten einer Luftpumpe bestimmte er den Dampfdruck von Wasser (1803) und sprach danach sein bekanntes, nach ihm benanntes Gesetz aus, daß der Druck eines Gasgemisches gleich der Summe der Partialdrucke ist. Damit war die oben erwähnte Frage beantwortet. D. war Autodidakt, gebrauchte recht einfache und wenig kostspielige Versuchsapparaturen und gab sich oftmals mit recht groben Meßergebnissen zufrieden. Das trug ihm manche harte Kritik ein; aber *J.-B.* → *Biot* übernahm die Ergebnisse in sein bekanntes Lehrbuch der Experimentalphysik.

D.s schönste Frucht war die Atomtheorie, mit der in der Naturwissenschaft, insbesondere der Chemie, bekannte und neue Gesetze in einfacher Weise gedeutet werden konnten. Unklar ist, wie D. auf diese Theorie geführt wurde. Die einen glauben, daß er durch physikalische Überlegungen zum Verhalten der Gase darauf gekommen sei. Wenn die Teilchen eines bestimmten Gases verschieden groß wären, müßte nach D. eine Entmischung und Schichtenbildung erfolgen, was keinesfalls beobachtet wird. Andere sehen in seinem frühen großen Interesse am Wasserdampf und in der zentralen Rolle, die das Wasser bei der Ablösung der Phlogiston-Theorie in der Chemie spielte, den Anstoß zur Berechnung der Atomgewichte. Eine dritte Gruppe hält D.s Luftuntersuchungen mit Stickoxiden für den entscheidenden Antrieb (Reaktion von Stickstoffmonoxid mit Sauerstoff und Absorption der wasserlöslichen Produkte). D. konnte später die dabei erzielten Ergebnisse mit seinem Gesetz der multiplen Proportionen in Einklang bringen. Den ersten Hinweis auf die relativen Gewichte der kleinsten Teilchen elementarer Stoffe und die Zusammenstellung in einer Tabelle gab D. jedenfalls bereits am Schluß einer Arbeit über Gaslöslichkeit, die er im Oktober 1803 der Manchester Society vorlegte. Im Dezember desselben Jahres trug er darüber in der Royal Institution in London vor, und in des schottischen Chemikers *Thomas Thomson* (* 12.4.1773 Crieff, † 2.7.1852 Kilmun) ›System of Chemistry‹ (1807) wurden D.s Ideen erstmals gedruckt. D.s eigenes Werk ›A New System of Chemical Philosophy‹ erschien in drei Teilen in den Jahren 1808, 1810 und 1827.

Das erste chemische Verbindungsgesetz, das der festen Proportionen, hatten schon der Franzose *L. J.* → *Proust* und der Deutsche *J. B.* → *Richter* gefunden. Das zweite Verbindungsgesetz (multiple Proportionen) sprach zuerst D. aus, obwohl *Proust* schon wußte, daß zwischen manchen Elementen mehrere Verbindungen möglich sind. Aber weil er die Anteile eines Elements immer ins Verhältnis zum Ganzen, zur Verbindung, setzte, war ihm die einfache Deutung entgangen, die D. sofort mit seiner Atomtheorie fand. Seine bahnbrechende Idee war, die kleinsten Teilchen eines Stoffes als unter sich gleich anzusehen und mit einer bestimmten spezifischen Eigenschaft, dem Atomgewicht, auszustatten. Die Theorie wurde so für qualitative und quantitative chemische Untersuchungen brauchbar, d.h.: die Atomistik erhielt einen naturwissenschaftlichen Charakter. – Das quantitative Element hatte insbesondere in der früheren, in manchem aber ähnlichen Atomtheorie des irischen Chemikers *William Higgins* (* 1762/63 Collooney, † Ende Juni 1825 Dublin) gefehlt. Von den früheren Atomtheorien der Philosophen übernahm D. mehr oder weniger bewußt, daß die Analyse und Synthese nur ein Trennen oder Verbinden der Teilchen ist. Beim Aneinanderlegen soll eine newtonsche Anziehungskraft wirken. Die Atome selbst stellte D. sich als Kugeln vor, umgeben von einer elastischen Atmosphäre aus Wärmestoff. – Nicht zuletzt aufgrund der begeisterten Zustimmung und Aufnahme der D.schen Atomtheorie durch *J. J.* → *Berzelius* hat sie sich innerhalb der Chemie rasch durchgesetzt. [Wiederkehr]

Bibl.: A. L. Smyth: J. D., 1766–1844: A Bibliography of Works by and about Him (Manchester 1966, ²1998). – *Lit.*: GCh I, 378–385 (W. Ostwald); DSB III, 537–547 (A. W. Thackray); H. E. Roscoe / A. Harden: Die Entstehung der D.schen Atomtheorie in neuer Beleuchtung (Leipzig 1898; Nachdruck: Leipzig 1970; zuerst engl. 1896); F. Greenaway: J. D. and the Atom (Ithaca, N.Y. und London 1966); E. C. Patterson: J. D. and the Atomic Theory. The Biography of a Natural Philosopher (Garden City, N.Y. 1970); A. W. Thackray: J. D. Critical Assessments of His Life and Science (Cambridge, Mass. 1972); R. S. Fleming: J. D.'s Development of a Quantified Chemistry (PhD Thesis Cambridge 1981).

Darwin, *Charles* Robert, englischer Naturforscher, * 12.2.1809 Shrewsbury, † 19.4.1882 Down [Kent].

D., Sohn eines Arztes, studierte ohne Begeisterung zunächst in Edinburgh Medizin, 1828 bis 1831 in Cambridge Theologie, interessierte sich aber nebenbei mehr für Botanik und Geologie, Malerei und Musik. 1831 bis 1836 nahm er als naturwissenschaftlicher Beobachter an der Vermessungsfahrt der ›Beagle‹ teil, die ihn um Kap Hoorn an der Küste Südamerikas entlang zu den Galápagos-Inseln, nach Tahiti, Neuseeland, Australien, Mauritius und um Südafrika herum führte. Danach lebte er zunächst als Wissenschaftler in Cambridge, ab 1839 in London und ab 1847 aus gesundheitlichen Gründen zurückgezogen auf seinem Landsitz in Down. Neben vielen Anfeindungen wurde er hochgeehrt (er war z.B. Mitglied von 57 führenden ausländischen Gelehrtengesellschaften). Er ist im Westminster Abbey beigesetzt.

D.s Bedeutung beruht auf seiner Evolutionstheorie. Hinzu kommen geologische und botanische Arbeiten. Entscheidend für seine wissenschaftliche Entwicklung waren die biologischen Forschungen auf der Weltumsegelung. Seine tiergeographischen Beobachtungen (mehrere sehr ähnliche Arten in verschiedenen Gebieten; Varietäten derselben Art – wie des D.-Finken – auf den einzelnen sehr ähnlichen Galápagos-Inseln; Bewohner verschiedener ozeanischer Inseln mit ähnlichen Lebensbedingungen ähneln denen der jeweils benachbarten Kontinente; ähnliche, aber nicht identische Formen bei fossilen und lebenden Arten) ließen D. am Prinzip der Konstanz der Arten zweifeln, wie es insbesondere auf *C. von* → *Linné* und *G.* → *Cuvier* zurückgeht. D. entwickelte nach seiner Rückkehr die Hypothese der allmählichen Veränderung der Arten, aber nicht als Umwandlung einer zur anderen (gegen dieses verbreitete Mißverständnis hat sich schon D. gewehrt), sondern als Abstammung der Arten von gemeinsamen Vorfahren. Die Erklärung einer solchen Evolution erkannte D. nach systematischem Sammeln von Daten zur Haustier- und Pflanzenzucht zunächst in der Auslese (Selektion) durch den Menschen. Zu seiner Theorie der natürlichen Auslese infolge des ständigen Existenzkampfes, einem Selektionsdruck zugunsten der besser Angepaßten, kam D. durch *Thomas Robert Malthus*' (* 17.2.1766 Rookery [Surrey], † 29.12.1834 Bath) ›Essay on the Principles of Population‹ von 1798. D. teilte seine Vorstellungen erst 1856 seinem Freund *C.* → *Lyell* und 1857 dem amerikanischen Botaniker *Asa Gray* (* 18.11.1810 Sanquoit, N.Y., † 30.1.1888 Cambridge, Mass.) mit und veröffentlichte sie 1858 zusammen mit einem ihm übersandten Manuskript von *A. R.* → *Wallace*. Dieser war unabhängig, aber ebenfalls unter dem Einfluß von *Malthus*, durch ähnliche Beobachtungen im Malaiischen Archipel zu der gleichen Theorie einer natürlichen Zuchtwahl gekommen. 1859 erschien D.s berühmtes Werk ›On the Origin of Species by Means of Natural Selection, or the Preservation of Favoured Races in the Struggle for Life‹, dessen Erstausgabe in 24 Stunden vergriffen war. Bei einer konstanten

Zahl der Individuen einer Art und einer enormen Überproduktion von Nachkommen müsse die Sterblichkeit hoch sein. Es gebe Unterschiede zwischen den Individuen, und die ihrer ökologischen Nische (wie wir heute sagen) besser angepaßten würden häufiger überleben und die meisten Nachkommen haben. Wegen der Erbähnlichkeit von Eltern und Nachkommen würden die folgenden Generationen ihrer Umwelt immer besser angepaßt sein, und wegen unterschiedlicher Lebensbedingungen in verschiedenen Gebieten werde es zur Aufspaltung einer Art kommen. Die Lücke seiner Theorie, eine Erklärung des Zustandekommens und der Vererbung von Varietäten, die D. teils durch Anschauungen *J. B. de M.* → *Lamarcks* über die Vererbung erworbener Eigenschaften (Einfluß von Klima, Nahrung, Gebrauch oder Nichtgebrauch von Organen), teils durch seine Hypothese einer ›Pangenesis‹ zu füllen suchte, wurde erst durch die Anwendung der auf *G.* → *Mendel* zurückgehenden Vererbungslehre geschlossen. Die Arbeiten von *John Burdon Sanderson Haldane* (* 5.11.1892 Oxford, † 1.12.1964 Bhubaneswar [Orissa, Indien]) und Sir *Ronald Fisher* (* 17.2.1890 East Finchley, † 29.7.1962 Adelaide) um 1930 dazu haben zu einer allgemeinen Anerkennung der Evolution durch natürliche Selektion in der Biologie geführt. D. arbeitete seine Theorie weiter aus mit ›The Variation of Animals and Plants under Domestication‹ von 1868, ›The Descent of Man, and Selection in Relation to Sex‹ von 1871 (Einbeziehung geistiger, psychischer und ethischer Eigenschaften; sekundäre Geschlechtsmerkmale; geschlechtliche Auslese) und ›The Expression of the Emotions in Man and Animals‹ von 1872.

D. wurde vor allem von theologischer Seite stark angegriffen (der Mensch könne als Ebenbild Gottes nicht mit den Affen gemeinsame Vorfahren haben; der Gottesbeweis aus der Notwendigkeit einer genauen Planung der Schöpfung werde durch die natürliche Auslese zerstört). Die Lehren D.s, des wohl am meisten angegriffenen und verlachten Wissenschaftlers des 19. Jahrhunderts, haben nicht nur die Biologie revolutioniert, sondern einen ungeheuren Einfluß auf das geistige Leben seiner Zeit gehabt und bedeuten einen Wendepunkt in der allgemeinen Ideengeschichte.

[Koch/Meyer-Abich]

Werke: Works (18 Bde, London 1873–1887); Gesammelte Werke, deutsche Übersetzung von J. V. Carus (20 Bde, Stuttgart 1874–1887); Gesammelte kleinere Schriften, hrsg. von E. Krause (2 Bde, Stuttgart 1885–1886); The Collected Papers, hrsg. von P. H. Barrett (2 Bde, Chicago 1977–1980); The Beagle Record, hrsg. von R. D. Kelly (London 1978); The Correspondence, hrsg. von F. Burckhardt u.a. (Bd 1 ff., Cambridge 1985 ff.; vgl. F. Burckhardt / P. S. Smith: A Calendar of the Correspondence of C. D., 1821–1882. Cambridge ²1994); P. H. Barrett: C. D.'s Notebooks, 1836–1844 (Cambridge 1988). – *Bibl.*: R. B. Freeman: The Works of C. D.: An Annotated Bibliographical Handlist (London 1965; Nachdruck: Folkestone und Hamden, Conn. 1977); T. Junker / M. Richmond: C. D.s Briefwechsel mit deutschen Naturforschern. Ein Kalendarium mit Inhaltsangaben, biographischem Register und Bibliographie (Marburg 1996). – *Lit.*: DSB III, 565–577 (G. de Beer); GWG VIII, 32–49 (R. Zitek); F. Darwin: The Life and Letters of C. D. (3 Bde, London 1887; Nachdruck: New York 1969; deutsch, Stuttgart 1887); P. J. Vorzimmer: C. D. – The Years of Controversy (Philadelphia 1970); A. Kelly: The Descent of D. The Popularization of D. in Germany, 1860–1914 (Chapel Hill 1981); G. Zirnstein: C. D. (Leipzig ⁴1982); P. J. Bowler: C. D., The Man and His Influence (Oxford 1990, Cambridge 1996); A. Desmond / J. Moore: D. (London 1991); E. Mayr: ... und D. hat doch recht. C. D., seine Lehre und die moderne Evolutionsbiologie (München/Zürich 1994; zuerst engl., Cambridge, Mass. 1991); D. Ospovat: The Development of D.'s Theory: Natural History, Natural Theology, and Natural Selection, 1838–1859 (Cambridge 1995); D. Amigoni / J. Wallace (Hrsgg.): C. D.'s *The Origin of Species*. New interdisciplinary Essays (Manchester 1995).

Davy, Sir (seit 1812; 1818 Baronet) Humphry, englischer Chemiker, * 17.12.1778 Penzance [Cornwall], † 29.5.1829 Genf.

D. war der Sohn eines Holzschnitzers in Penzance. Mit 16 Jahren kam er zu einem Chirurgen, der eine Apotheke besaß. Hier studierte er eifrig Chemie und war bald ein anerkannter Fachmann. Seine Laufbahn als Wissenschaftler begann 1798 an Thomas Beddoes' Pneumatic Institution zu Clifton. Um 1800 wurde er an die von Sir *Benjamin Thompson*, *Earl of Rumford* (seit 1791) (* 26.3.1753 North Woburn [Mass.], † 21.8.1814 Auteuil [bei Paris]) gerade gegründete ›Royal Institution‹ in London berufen; ein Jahr später machte man ihn schon zum Professor und wählte ihn zum Mitglied der Royal Society. 1820 bis 1827 war er deren Präsident. – D. beherrschte mehrere europäische Sprachen, war der schöngeistigen Literatur zugetan und dichtete selbst. Die naturwissenschaftlichen Arbeiten zeigen sowohl einen spekulativen Geist als auch hohe Experimentierkunst; die Abhandlungen sind aber auch sprachliche Meisterwerke.

Wie *Rumford*, so war auch D. ein Gegner der Theorie, die der Wärme Substanzcharakter zuschrieb. Statt ihrer vertrat er eine ›Vibrationstheorie‹, nach der die Wärme durch Bewegung und Schwingung der kleinsten Körperteilchen hervorgerufen wird. Dem Licht sprach er jedoch, ganz in der Tradition *I.* → *Newton*s stehend, Teilchennatur zu. Mit der von *A.* → *Volta* angegebenen galvanischen Säule (Batterie) gelang es D. 1807, Ätzkali und Ätznatron zu zersetzen. Er brachte in einem Platinlöffel, der mit dem Pluspol verbunden war, Alkalihydroxid zum Schmelzen, und als er einen mit dem Minuspol verbundenen Draht eintauchte, sah er kleine glühende Kugeln, die zu diesem Pol hinwanderten und an der Luft verbrannten. Schützte er diese Kugeln vor Oxidation, so zeigte sich, daß sie aus silbrig glänzendem Metall bestanden. Auch die Erdalkalimetalle konnte D. durch Schmelzflußelektrolyse gewinnen. Als erster sprach er von der elektrischen Natur der chemischen Bindungskräfte (elektrostatische Kräfte), worauf die Theorie der chemischen Affinität von *J. J.* → *Berzelius* beruhte. Die Spannungserzeugung in einem galvanischen Element ist nach D. mit chemischen Vorgängen gekoppelt. Weiter untersuchte er die elektrische Leitfähigkeit von Drähten und fand, daß sie mit steigender Temperatur abnimmt. Dabei bemerkte er, daß bessere Leiter nicht so schnell glühend werden wie schlechtere. D. machte das Kohlebogenlicht allgemein bekannt und lenkte den Lichtbogen mit einem Magneten ab. Der geniale Chemiker erkannte das Chlor als chemisches Element und wies nach, daß die Salzsäure entgegen den Vorstellungen von *A. L. de* → *Lavoisier* eine sauerstofffreie Säure ist. 1815 konstruierte er die Gruben-Sicherheitslampe.

[Wiederkehr]

Werke: The Collected Works, hrsg. von J. Davy (9 Bde, London 1839–1840); Brevväxling mellan Berzelius och Sir H. D., hrsg. von H. G. Söderbaum (Uppsala 1912). – *Bibl.*: J. Z. Fullmer: Sir H. D.'s Published Works (Cambridge, Mass. 1969). – *Lit.*: GCh I, 405–416 (W. Ostwald); DSB III, 598–605 (D. M. Knight; mit Bibl.); W. Prandtl: H. D. – Jöns Jacob Berzelius (Stuttgart 1948); J. G. Crowther: Große englische Forscher (Berlin 1948, S. 15–74; zuerst: British Scientists of the Nineteenth Century [1935]. London 1962, S. 1–66); A. Treneer: The Mercurial Chemist – A Life of Sir H. D. (London 1963); S. Forgan (Hrsg.): Science and the Sons of Genius: Studies on H. D. (London 1981); L. Dunsch: H. D. (Leipzig 1982); D. Knight: H. D. Science and Power (Oxford 1992, Cambridge 1996).

Debye, *Peter* Joseph William [Petrus Josephus Wilhelmus], deutsch-amerikanischer Physiker und Physikochemiker niederländischer

Herkunft, * 24.3.1884 Maastricht [Niederlande], † 2.11.1966 Ithaca, N.Y.

D. studierte in Aachen Elektrotechnik. 1908 promovierte er als Schüler des von Aachen nach München berufenen *A.* → *Sommerfeld* in Physik. 1910 habilitierte er sich für Physik an der Universität München. 1911 wurde er zum Nachfolger *A.* → *Einstein*s als außerordentlicher Professor für theoretische Physik an die ETH Zürich berufen, 1912 als ordentlicher Professor der theoretischen Physik an die Universität Utrecht. 1913 ging er nach Göttingen, wo er später Leiter des Instituts für Physik wurde, nun als ordentlicher Professor für Experimentalphysik. Vergleichbare Positionen hatte er ab 1920 wieder an der ETH Zürich und ab 1927 an der Universität Leipzig inne, bevor er 1934 als Direktor des Kaiser-Wilhelm-Instituts für Physik und Professor für theoretische Physik nach Berlin ging. Als er sich nach Kriegsausbruch unter Druck gesetzt sah, die deutsche Staatsangehörigkeit anzunehmen, emigrierte er in die USA. 1940 bis 1952 war er dann Professor für Chemie an der Cornell University in Ithaca.

Anfangs befaßte sich D. vor allem mit mathematischen Problemen der Elektrodynamik und der Lichtausbreitung. Physikalisch bedeutend waren seine 1910 gegebene einfachere Ableitung des Planckschen Strahlungsgesetzes und die 1912 formulierte Theorie der spezifischen Wärme fester Körper mit dem die Messungen gut wiedergebenden T^3-Gesetz für den Abfall der spezifischen Wärmen bei tiefen Temperaturen. Bereits 1912 begann D. auch die elektrische Struktur der Moleküle, eines seiner zentralen Themen, zu bearbeiten. Aufgrund der Annahme, daß Diëlektrika nicht nur elastisch gebundene Elektronen enthalten, die sich im elektrischen Feld verschieben, sondern permanente Dipole mit konstantem elektrischen Moment, konnte er die starke Temperaturabhängigkeit großer Diëlektrizitätskonstanten klären: Moleküle mit einem permanenten Dipolmoment erfahren im elektrischen Feld eine Ausrichtung, wobei die Wärmebewegung der Moleküle dieser Ausrichtung gerade entgegenwirkt. Die von D. abgeleitete Beziehung zwischen molekularem Dipolmoment und Diëlektrizitätskonstante eröffnete letztlich auch die Möglichkeit, Aussagen über die Molekülstruktur zu machen. Auf Anordnung und Struktur von Atomen und Molekülen zielten auch die Arbeiten über Röntgenstrahlinterferenzen in Festkörpern, Flüssigkeiten und Gasen. Während D. 1913 zunächst die Temperaturabhängigkeit der kurz zuvor von *M. von* → *Laue*, *W. Friedrich* und *P. Knipping* entdeckten Röntgenstrahlinterferenzen theoretisch behandelte, begann er 1916 zusammen mit *Paul Scherrer* (* 3.2.1890 Sankt Gallen, † 25.9.1969 Zürich) die berühmten Untersuchungen über die Interferenzerscheinungen monochromatischer Röntgenstrahlen bei beliebig verteilten kristallinen Teilchen (Debye-Scherrer-Verfahren). Die Erfahrung mit der Streuung von Röntgenstrahlen konnte D. später in den USA auf die Streuung von Licht übertragen. Dabei ermöglichte die Methode der Lichtstreuung, zum Beispiel Daten über Größe und Gestalt der Makromoleküle von Polymeren zu gewinnen.

1923 formulierte D. zusammen mit *Erich Hückel* (* 9.8.1896 Charlottenburg [heute zu Berlin], † 16.2.1980 Marburg/Lahn) die ›Theorie der Elektrolyte‹. Es gelang hier vor allem, durch die Einbeziehung der langreichweitigen Coulomb-Wechselwirkung der Ionen und der hydrodynamischen Folgeerscheinungen die dem Massenwirkungsgesetz nicht entsprechende Konzentrationsabhängigkeit der Leitfähigkeit starker Elektrolyte quantitativ zu beschreiben. – Der Breite seiner Forschung entsprach der ihm 1936 verliehene Nobelpreis für Chemie, der seine Beiträge zur Röntgenstrukturanalyse und zur Ermittlung von molekularen Dipolmomenten auszeichnete. [Kaiser]

Werke: The Collected Papers (New York/London 1954). – *Lit.*: DSB III, 617–621 (C. P. Smyth); GPh II, 263–275 (H. Kant); M. Davies: P. J. W. D. (1884–1966). In: *Biographical Memoirs of*

Fellows of the Royal Society 16 (1970), 175–232 (mit Bibl.); J. W. Williams: P. J. W. D. In: *Biographical Memoirs of the National Academy of Sciences* 46 (1975), 23–68; G. Busch: P. D. (1884–1966), Werden und Wirken eines großen Naturforschers. In: *Vierteljahresschrift der Naturforschenden Gesellschaft in Zürich* 130 (1985), 19–33.

Demokritos, * um 460 v. Chr. Abdera, † um 370 ebenda (?), und **Leukippos**, * um 480 v. Chr. Milet, † um 420, griechische Naturphilosophen, Begründer der Atomistik.

Wie einst *Xenophanes* und → *Pythagoras* hatte auch L. aus politischen Gründen seine kleinasiatische Heimat verlassen und war in den Westen gezogen. In Elea war er dann Schüler des *Zenon* gewesen (→ *Parmenides*) und hatte hier neben den heimischen Eindrücken milesischer Naturauffassung (→ *Anaximandros*, → *Anaximenes*) Einblicke in die ihr widersprechende eleatische Ontologie erhalten. Den Widerspruch versuchte er durch seine Atomistik zu überbrücken. Nach 450 begab er sich in das thrakische Abdera und gründete eine eigene Schule. Sein bedeutendster Schüler wurde hier D., der in einer Fülle nicht mehr erhaltener Schriften die Atomistik auf alle damaligen Gebiete der Wissenschaft ausdehnte und damit trotz der Ablehnung durch die von → *Platon* und → *Aristoteles* geprägte spätere Philosophie und Naturwissenschaft starken Einfluß auf deren Denken ausübte.

Die Naturphilosophie des 5. Jahrhunderts bedurfte, um die in sich schlüssige eleatische Ontologie mit der sinnlichen Erfahrung in Einklang bringen zu können, eines einheitlichen und alles umfassenden, raumerfüllenden (also materiellen), nur denkbaren, gleichzeitig aber auch gegenwärtigen, also sinnlich wahrnehmbaren, unentstandenen und unvergänglichen, unveränderlichen Seienden, mit dem die sinnlich wahrgenommene Vergänglichkeit und Veränderlichkeit der dinglichen Welt sich als scheinbar erweisen ließ. Es gab im wesentlichen drei Lösungsversuche, denen auf höherer Reflexionsstufe jene des *Platon* und *Aristoteles* folgten, nämlich die Korpuskulartheorie des → *Empedokles*, des → *Anaxagoras* Lehre von den ›Homoiomerien‹ und die Atomistik. L. scheint dabei direkt durch die scharfsinnigen Paradoxien *Zenon*s gegen die Vielheit und Bewegung der Dinge und den Raum zu der Annahme von nicht weiter unterteilbaren kleinsten Teilchen geführt worden zu sein: Ohne ein Leeres ist eine Zerlegung nicht möglich. Eine Zweiteilung von Körpern bis ins Unendliche setzte voraus, daß die Körper auch bis ins Unendliche kleinste Hohlräume enthielten, ja schließlich nur aus Hohlräumen bestünden – also ist die Teilbarkeit, d.h. die Vielheit und als Voraussetzung dafür die Leere, nichtseiend, schließt *Zenon*; also muß die Teilbarkeit eine untere Grenze haben, schließt *Leukippos*. Die Teilchen der Materie, durch die ein Körper stofflich und raumerfüllend ist, müßten folglich vollkommen frei von irgendwelchen Hohlräumen, also ganz ›voll‹ sein. Was aber überhaupt keine Leere enthält, ist unteilbar, griechisch ›atomos‹, und damit in jeder Hinsicht unverletzlich, also unveränderlich. Diese ›Atome‹ müssen aber als Seiende im Sinne des *Parmenides* auch unentstanden, einheitlich und – jetzt wegen ihrer Kleinheit – nur denkbar sein. Da Veränderung auf örtlicher Bewegung beruht, kommt ihnen als einzige Eigenschaft diese Bewegung zu; um sich als unveränderlich Raumerfüllendes bewegen zu können, bedarf es des Platzes, des Nicht-Erfüllten, der Leere, des unbegrenzten leeren Raumes, in dem die deshalb unendlich vielen Atome jeweils unendlich vieler verschiedener Formen sich ungeregelt bewegen, sich anstoßen und dann wirbelnd zusammenballen, um sich durch stärkere äußere Einflüsse wieder zu entwirren. Nicht nur einzelne Dinge, sondern ganze Welten, unendlich an Zahl und Unterschieden, entstehen und vergehen so überall. Die Kohäsion wird neben der Wirbelbewegung durch mechanisches Ineinandergreifen dazu geeigneter Atomformen (Haken, Ösen und dergleichen) gedeutet. Aber nicht nur in der Form unterscheiden sich die Atome, wie die Buchstaben A und N, sondern auch die Lage (wie N und Z) und die Gruppierung (AN/NA) führt zu anderen Gesamtformen und Wirkungen – erst D. scheint als vierten Unterschied die Größe hinzugefügt zu haben; denn er läßt auch Atome weit über der Sichtbarkeitsgrenze zu.

Aus solchen verschieden gestalteten, verschieden zueinander gelagerten und verschieden gruppierten, unteilbaren und qualitativ nicht unterschiedenen, von sich aus immer bewegten, unvergänglichen und unveränderlichen kleinsten vollen Teilchen bestünden alle sichtbaren und nicht sichtbaren Körper, auf ihnen beruhten all ihre scheinbaren Eigenschaften und deren Wahrnehmbarkeit (als Folge von atomaren Ausflüssen der Dinge, beim Sehen von kleinen ›Bildchen‹: ›eidola‹) – wie aus denselben Buchstaben die verschiedensten Texte mit unterschiedlichster Wirkung entstehen. Ihre qualitativen und quantitativen Veränderungen beruhen auf solchen der Gruppierung und Lage der Atome oder auf einem Eindringen neuer Atome, die den alten Atomverband aber auch sprengen können. Die Formen müssen also so beschaffen sein, daß sie bei der Zusammenballung mehr oder weniger große Hohlräume lassen, die auch zwischen den diskreten Dingen bestehen.

Die antike Atomistik konnte so zwar alle Dinge und Erscheinungen irgendwie deuten, konnte aber nicht erklären, wie es zu diesen Dingen und Vorgängen kommt, da die Bewegungen ausdrücklich auf Zufall beruhen sollen; es fehlte ihr ein formendes Prinzip. Ein zweiter Grund für ihre Nichtanerkennung in Antike und Mittelalter war der Widerspruch, daß sowohl das Seiende, die Atome, als auch das Nicht-Seiende im Sinne des *Parmenides*, die Leere, als gleichermaßen seiend, existent gedacht werden mußten. → *Epikuros* vermochte zwar später einzelne Einwände auszuräumen, konnte aber diese beiden fundamentalen auch nicht entkräften, so daß die Atomistik erkenntnismäßige Bedeutung erst wieder als Modifizierung der ›minima naturalia‹-Lehre in der Neuzeit erhalten konnte (*D.* → *Sennert*, *P. Gassendi*, *I.* → *Newton*, *J.* → *Dalton*). [Krafft]

Fragmente: VS Nr. 67/68; F. Enriques/M. Mazziotti (Hrsgg.): Le dottrine di D. di Abdera. Testi e commenti (1948); Democritea, griech.-russ. hrsg. von S. Luria (Leningrad 1970); Griechische Atomisten. Texte und Kommentare zum materialistischen Denken der Antike (Leipzig 1973, ²1977). – *Lit.*: DSB IV, 30–35 (G. B. Kerferd); GPh I, 49–76 (F. Krafft); C. Bailey: The Greek Atomists and Epicurus (Oxford 1928, ²New York 1964); V. E. Alfieri: Atomos idea. L'origine del concetto dell' atomo nel pensiero Greco (Florenz 1953, ²Galatina 1979); W. K. C. Guthrie: History of Greek Philosophy, Bd 2 (Cambridge 1965); D. O'Brien: Theories of Weight in the Ancient World. Vol. 1: D., Weight and Size (Leiden 1981); R. Löbl: D.s Atomistik (Darmstadt 1987); F. Krafft: Geschichte der (spekulativen) Atomistik bis John Dalton (Marburg 1991/92).

Descartes, René (latinisiert *Cartesius*), französischer Philosoph, Mathematiker und Naturforscher, * 31.3.1596 La Haye [Touraine], † 11.2.1650 Stockholm.

Mit seinen Schriften setzte D. Marksteine in der Geschichte der Philosophie, der Mathematik und der Naturwissenschaften. Seine große Bedeutung für die Philosophie, insbesondere die Erkenntnistheorie, kann hier, wo es um den Naturforscher D. geht, nur gestreift werden. Vom Prinzip des Zweifels ausgehend, wollte D. nur klare und distinkte Begriffe zulassen. Vom Denken selbst erschloß er die Existenz: »Cogito ergo sum« (Ich denke, also bin ich). Einige seiner mathematischen Ideen haben bahnbrechende Wirkung gehabt, während andere einen Standpunkt kennzeichneten, der nach wenigen Jahrzehnten verlassen werden mußte. Am heftigsten tobte wohl der Kampf um seine naturwissenschaftlichen Anschauungen, wurde doch in Frankreich erst unter dem Einfluß von *Voltaire* um die Mitte des 18. Jahrhunderts der Cartesianismus von der Naturwissenschaft *I.* → *Newton*s abgelöst.

D. war der Sohn eines Rechtsanwaltes und wurde in der Jesuitenschule in La Flèche erzogen. Unbefriedigt vom Erfolg der Ausbildung, verließ der äußerst kritisch eingestellte Zögling mit 16 Jahren das Kolleg. Damit begann eine rund fünfzehnjährige Wanderzeit, die D. teils im Kriegsdienst, teils auf Reisen verbrachte. Im Jahr 1629 begab er sich nach Holland, das er für 20 Jahre als Bleibe wählte. Neben Besuchen von Freunden stellten vor allem die Briefe des Minoriten-Paters *Marin Mersenne* (* 8.9.1588 Soultière, † 1.9.1648 Paris) aus Paris die Verbindung mit anderen Gelehrten her, war doch *Mersenne*s Zelle eine Art Umschlagplatz für wissenschaftliche Neuigkeiten aus vielen Ländern.

Trotz des Ansehens, das D. bereits genoß, hatte er noch nichts publiziert, als 1633 die Nachricht von der Verurteilung *G.* → *Galilei*s durch die Inquisition zu ihm gelangte. Daraufhin hielt er ein umfangreiches Manuskript mit dem Titel ›Le Monde, ou Traité de la Lumière‹, das die Welt mit seinem physikalischen System bekannt machen sollte, zurück. Die Grundzüge daraus erschienen später (anonym) im ›Discours de la Méthode‹ (›Ausführungen über die Methode, den Verstand recht zu gebrauchen und die Wahrheit in den Wissenschaften zu finden‹, 1637) und wurden in den ›Principia Philosophiae‹ (1644) weiterentwickelt. Dem ›Discours‹ waren drei Anhänge beigegeben: die Dioptrik, die Meteore (Himmelserscheinungen) und die Geometrie. D. wollte sie als Essays in dieser Methode verstanden wissen. Als das Fundament seiner Physik allerdings sah er, ohne es öffentlich zu betonen, die 1641 publizierten ›Meditationes de Prima Philosophia‹ an. In den beiden letzten Meditationen sann er über die materiellen Dinge und die Möglichkeit ihrer Existenz nach. Sie können nach ihm nur wahrgenommen werden, insofern sie räumliche Ausdehnung und damit geometrische Gestalt besitzen, wozu noch die Möglichkeit der Bewegung tritt. Alle übrigen Qualitäten, so wollen es seine metaphysischen Prinzipien, muß der Physiker auf diese zurückführen. Deshalb kommt in der Cartesischen Physik den Stoßgesetzen eine besondere Rolle zu. Weiterhin postulierte D. in den ›Principia‹, alle Materie sei beliebig weit teilbar, d.h. er leugnete die Existenz von Atomen wie auch diejenige eines Vakuums, so Raum und Materie identifizierend. Da bei Bewegungen kein leerer Raum entstehen kann, muß alle Bewegung im Universum letztlich kreisförmig, in geschlossenen Kurven vor sich gehen. Diese Vorstellung führte zur Wirbeltheorie, die die Bildung des Weltalls und die Bewegung der Planeten erklären sollte. Den ersten Anstoß erhielt das Universum, das als mechanisches System (wie ein Uhrwerk) verstanden wurde, von Gott, der es wie ein Uhrmacher geschaffen und in Gang gesetzt hätte. Alle Abläufe, auch die Bewegungen belebter Körper, seien dann mechanischen Gesetzen unterworfen.

D. betrieb nicht nur spekulative Philosophie, sondern war zugleich ein geschickter Experimentator, was sich besonders bei seinen optischen Untersuchungen zeigte. Er entdeckte unabhängig von *W.* → *Snellius* das Brechungsgesetz (um 1627) und gab eine Erklärung der Entstehung des Regenbogens, gestützt auf eine neue, mechanistische Theorie von der Natur des Lichtes. Sein Prinzip von der Erhaltung der Bewegung blieb zwar ungenügend definiert, war jedoch ein frühes Beispiel für ein Erhaltungsgesetz in der Physik.

Als Mathematiker führte er in ›La géométrie‹ (1637; auf weitere Kreise wirkte erst die große lateinische Ausgabe ›Geometria‹, die *F. van Schooten* 1649 herausbrachte, ^{2}1659/61, ^{3}1683, ^{4}1695) die heute noch gebräuchliche algebraische Schreibweise ein. Er ist neben *P. de* → *Fermat* ein Mitbegründer der Analytischen Geometrie. In der Gleichungslehre (Buch III der

›Geometrie‹) stellte er grundlegende Erkenntnisse zusammen. Der Versuch, transzendente Probleme aus der Mathematik auszuschließen, war allerdings zum Scheitern verurteilt, weil in der sich bereits ankündigenden Infinitesimalrechnung gerade die nicht algebraisch zu bewältigenden Probleme in den Vordergrund traten. Doch das Ziel, um dessentwillen D. diese Beschränkung auf sich nahm, wurde auf einer höheren Ebene von *G. W.* → *Leibniz* erreicht: Dieser stellte dem algebraischen Formalismus den analytischen des Calculus zur Seite und schuf damit ein geschlossenes, methodisch durchgeformtes mathematisches System, wie es von D. angestrebt worden war. [Scriba]

Werke: Œuvres complètes, hrsg. von C. Adam/P. Tannery (13 Bde, Paris 1897–1913; Nouvelle présentation, hrsg. von B. Rochot/P. Costabel/J. Beaude. 11 Bde, Paris 1964–1974). – *Bibl.*: G. Sebba: Bibliographia Cartesiana. A Critical Guide to the D. Literature 1800–1960 (Den Haag 1964). – *Lit.*: DSB IV, 51–65 (T M. Brown); GWG V, 708–721 (W. Röd); GPh I, 170–184 (V. Schüller); J. F. Scott: The Scientific Work of R. D. (1596–1650) (London 1952; Nachdruck: London 1976); E. J. Aiton: The Vortex Theory of Planetary Motions (Amsterdam 1972); G. A. Lindeboom: D. and Medicine (Amsterdam 1979); S. Gaukroger (Hrsg.): D. Philosophy, Mathematics, and Physics (Brighton/New York 1980); W. Röd: D. Die Genese des Cartesianischen Rationalismus (München ³1995); M. J. Osler: Divine Will and the Mechanical Philosophy: Gassendi and D. on Contingency and Necessity in the Created World (Cambridge 1994); S. Meier-Oeser: R. D. (München 1997); D. Perler: R. D. (München 1998).

Diophantos von Alexandria, griechischer Mathematiker, 3. Jahrhundert n. Chr.

Über D. selbst weiß man kaum etwas mit Sicherheit, abgesehen davon, daß er in Alexandria in Unterägypten lebte – jener Stadt, die in hellenistischer Zeit ein Zentrum der Gelehrsamkeit gewesen war. Inzwischen hatte jedoch die selbständige Forschung weithin der Sammeltätigkeit der Kompilatoren das Feld überlassen. Ein Epigramm aus späterer Zeit berichtet über das Leben D.s: seine Kindheit umfaßte ein Sechstel seiner Lebenszeit, sein Bart sproß nach einem weiteren Zwölftel, nach einem weiteren Siebentel seines Lebens heiratete er, fünf Jahre später wurde sein Sohn geboren, der das halbe Alter des Vaters erreichte, welcher den Sohn um vier Jahre überlebte. Danach wäre D. 84 Jahre alt geworden.

Als einziger griechischer Mathematiker hinterließ D. ein Werk, das ausschließlich der Zahlentheorie gewidmet ist. Unter dem Titel ›Arithmetika‹ umfaßte es 13 Bücher, von denen aber nur sechs griechisch, einige weitere in arabischer Bearbeitung erhalten sind. Auch eine Schrift ›Porismata‹, eine Sammlung von Lehrsätzen, ist verloren, während ein drittes, weniger bedeutendes Werk über Polygonalzahlen noch bruchstückhaft bekannt ist. In den ›Arithmetika‹ behandelte D. sowohl bestimmte wie unbestimmte Aufgaben rein arithmetisch, führte bereits feststehende Abkürzungen für die Unbekannte und ihre Potenzen ein und benutzte sie bei algebraischen Umformungen. Seine sinnreich erdachten Verfahren und Kunstgriffe waren oft auf die besonderen Bedingungen der zu lösenden Gleichungen zugeschnitten, da die mangelnde Symbolik eine völlig allgemeine Behandlung noch nicht ermöglichte. Als Lösungen unbestimmter Gleichungen oder Gleichungssysteme ließ er nur positive Zahlen zu, die jedoch in Bruchform auftreten durften. (Heute fordert man für sogenannte Diophantische Gleichungen im allgemeinen ganzzahlige Lösungen.) D.s Untersuchungen stehen außerhalb der eigentlichen griechischen Tradition; sie greifen offenbar zurück auf ältere, ägyptische und babylonische Vorbilder. Die Aufgaben, aus reinem Interesse an Zahlenbeziehungen und nicht etwa aus praktischen Bedürfnissen heraus gestellt, tauchen im Abendland um 1200 bei → *Leonardo von Pisa* wieder auf, während die ›Arithmetika‹ selbst erst 1575 und, in verbesserter Form, erneut 1621 gedruckt wurden. Sie standen Pate bei *F. Viète*s Schöpfung der Buchstabenalgebra und fanden ihre Fortsetzung in *P. de → Fermat*s tiefgehenden zahlentheoretischen Untersuchungen. [Scriba]

Werke: Opera omnia cum Graecis commentariis, griech.-lat. hrsg. von P. Tannery (2 Bde, Leipzig 1893–1895; Nachdruck: Stuttgart 1974); Les arithmétiques. Tome 3 und 4: Bücher 4, 5, 6, 7 arab.-französ. hrsg. von R. Rashed (2 Bde, Paris 1984); J. Sesiano: Books IV to VII of D.' Arithmetica in the Arabic Translation Attributed to Qusta ibn Luqa (Berlin usw. 1982). – *Lit.*: DSB IV, 110–119 (K. Vogel); G. Wertheim: Die Arithmetik und die Schrift über Polygonalzahlen des D. von Alexandria (Leipzig 1890); J. Klein: Greek Mathematical Thought and the Origin of Algebra (Cambridge, Mass./London 1968); I. G. Bašmakova: D. und diophantische Gleichungen (Basel/Stuttgart 1974).

Dioskurides, Pedanios, griechischer Arzt und Pharmazeut des 1. Jahrhunderts n. Chr. aus Anazarba [Kilikien].

Aus dem Leben des D. ist nichts weiter bekannt, als daß er zur Zeit der Kaiser Claudius und Nero in Rom wirkte und als Militärarzt vermutlich auch mit dem römischen Heer verschiedene Gegenden des Nahen Ostens bereiste. Sein Werk ›De materia medica‹ erschien zunächst in griechischer Sprache um das Jahr 78 n. Chr.

D. ist als einer der ersten Pharmazeuten und als der bedeutendste des Altertums anzusprechen, dessen Wirkung bis tief in die Neuzeit nicht übertroffen wurde. Zahlreiche lateinische, syrische, arabische, hebräische und türkische Übersetzungen, Paraphrasen und Auszüge seiner pharmazeutischen Schrift aus der Spätantike, als die Monographien der Pharmaka auch schon statt der nach pharmakologischen Gesichtspunkten sytematisch erfolgten Anordnung bei D. alphabetisch neugeordnet wurden, und dem Mittelalter sowie eine Reihe von Druckausgaben des griechischen Textes und lateinischer (Gebrauchs-)Übersetzungen aus dem 15. bis 17. Jahrhundert zeugen für die große Bedeutung, die es auf dem Gebiet der Arzneikunde und darüber hinaus der Botanik besaß. Die ältesten erhaltenen griechischen Handschriften sind zwei prachtvoll illustrierte byzantinische Codices aus dem 6. und 7. Jahrhundert (heute in der Wiener Hofbibliothek). Die 5 Bücher ›De materia medica‹ behandeln Pflanzen und Bäume, Wurzeln und Kräuter, Getreide und Gemüsearten, animalische Stoffe, Öle und Salben, Weine und Mineralien, deren Auswahl unter dem Gesichtspunkt der Verwendbarkeit als Pharmaka erfolgt, und berücksichtigen dabei, wie von einem spätantiken Autoren nicht anders zu erwarten, auch jeweils magische Mittel, wie Amulette und dergleichen, worin sich deutlich orientalischer Einfluß zeigt, der später von → *Galenos* wieder aus der Arzneikunde verdrängt wurde. Besonders die Beschreibung der Pflanzen und pflanzlichen Drogen und die darin vermittelten Kenntnisse blieben lange maßgeblich und wurden größtenteils noch von den Verfassern der ersten Kräuterbücher der Renaissance, von *H. → Bock*, *O. Brunfels*, *L. → Fuchs*, *C. → Gesner* und anderen, mehr oder weniger kritiklos übernommen, bis man allmählich die Andersartigkeit der mitteleuropäischen Flora gegenüber der mittelmeerischen erkannte. In dem Erkennen mancher natürlicher Gruppen von Pflanzen, das er allerdings noch nicht systematisch verfolgte, wurde D. erst wieder von *A. → Cesalpino* und *C. von → Linné* erreicht und übertroffen. Aufgrund der großen Bedeutung für die Medizin war jedenfalls die Wirkung dieses Hauptwerkes des D. auf die Botanik von Antike, Mittelalter und Neuzeit sehr viel größer als die der botanischen Schriften des → *Theophrastos*. Seine übrigen Werke sind mit Ausnahme der Schrift ›Über einfache Heilmittel‹ (›Euporista‹) verlorengegangen.

[Krafft]

Werke: De materia medica libri V, hrsg. von M. Wellmann (3 Bde, Berlin 1906–1914; Nachdruck: Berlin 1958); Arzneimittellehre in fünf Büchern, übersetzt von J. Berendes (Stuttgart 1902; Nachdruck: Wiesbaden 1970); Dioscuridis Codex Aniciae Julianae picturis illustratus. Faksimile hrsg. von A. von Premerstein u.a. (2 Bde, Leiden 1906); Der Wiener Dioskurides. Vollständige Faksimile-Ausgabe, hrsg. von F. Unterkircher (5 Lieferungen mit Kommentarband, Graz 1966–1970; verkleinerter Nachdruck: Graz 1998–1999). – *Bibl.*: J. M. Riddle: D. In: E. Cranz/P. O. Kristeller (Hrsgg.): Catalogus translationum et commentariorum (Bd 4, Washington, D.C. 1980, S. 1–143). – *Lit.*: DSB IV, 119–123 (J. M. Riddle; mit Bibl.); R. T. Gunther: The Greek Herbal of D. (New York 1934; Nachdruck: New York 1959); C. E. Dubler: La ›materia medica‹ de D., Transmisión medieval y renacentista (5 Bde, Barcelona 1953–1959); M. M. Sadek: The Arabic materia medica of D. (Québec 1983); J. M. Riddle: D. on Pharmacy and Medicine (Austin 1985); A. Dietrich: Die D.-Erklärung des Ibn al-Baitar. Ein Beitrag zur arabischen Pflanzensynonymik des Mittelalters [arab.-deutsch] (Göttingen 1991); A. Dietrich: Die Ergänzungen Ibn-Gulgul's zur Materia medica des D. [arab.-deutsch] (Göttingen 1993).

Dirac, *Paul* Adrian Maurice, englischer Physiker, * 8.8.1902 Bristol, † 20.10.1984 Tallahassee, Fla. (USA).

D.s Vater stammte aus der Schweiz, die Mutter war Engländerin. D. studierte am St. John's College in Cambridge Mathematik und die Naturwissenschaften und wurde dort 1932 Professor. Er machte viele Reisen ins Ausland.

1925 lernte er *W. → Heisenberg* kennen und entwickelte unabhängig aus dessen Ideen – wie *M. → Born* und *P. Jordan* – eine systematische Quantenmechanik. Es gelang ihm, die wellenmechanische Gleichung *E. → Schrödinger*s in relativistisch invarianter Form zu schreiben und damit das Verhalten der Elektronen mit der speziellen Relativitätstheorie in Einklang zu bringen. Um die Bewegung eines Korpuskels zu beschreiben, benötigte er statt einer vier Wellenfunktionen. Die Eigenrotation des Elektrons (Spin), die ein magnetisches Moment verursacht, ergibt sich zwangsläufig aus D.s Theorie. Zuvor war der Elektronenspin nur eine aufgrund experimenteller Befunde eingeführte Hypothese. Die D.sche Wellengleichung erklärte den anomalen Zeemaneffekt (mehrfache magnetische Aufspaltung von Spektrallinien; *P. → Zeeman*) und Feinheiten im Linienspektrum des Wasserstoffs (Sommerfeldsche Feinstruktur; *A. → Sommerfeld*). Merkwürdigerweise besaß die Wellengleichung auch Lösungen, die positive Elektronen, also elektrische Elementarquanten mit positiver Ladung, zuließen. D.s Voraussage der Existenz positiver Elektronen bestätigte der amerikanische Physiker *Carl David Anderson* (* 3.9.1905 New York, † 11.1. 1991 San Marino [Calif.]) durch die experimentelle Entdeckung dieser Teilchen in einer Nebelkammeraufnahme. Das Teilchen erhielt den Namen ›Positron‹. In D.s Theorie ist das positive Elektron gleichsam ein Loch in einer Umgebung von Teilchen mit Zuständen negativer Energie und negativer Ladung. Zusammen mit *Schrödinger* erhielt D. für die quantenmechanischen Arbeiten 1933 den Nobelpreis für Physik.

D.s Hypothese über die allmähliche Abnahme der Gravitationskonstanten fand gelegentlich einige Beachtung. Die Anziehungskraft der Massen aufeinander würde sich danach verringern. Eine Folge davon wäre z.B. die Ausdehnung des Erdkörpers im Laufe von Jahrmillionen (*P. Jordan*). [Wiederkehr]

Werke: The Collected Works, hrsg. von R. H. Dalitz (2 Bde [Bd 1: 1924–1948], Cambridge 1995 ff.). – *Lit.*: GPh II, 352–366 (H. Kragh); B. N. Kursunoglu/E. P. Wigner (Hrsgg.): Reminiscenses about a Great Physicist (Cambridge 1987); H. Kragh: D. – A Scientific Biography (Cambridge 1990); P. Goddard (Hrsg.): P. D., the Man and His Work (Cambridge 1998).

Dirichlet, *Gustav* Peter (eigentlich *Lejeune D.*), deutscher Mathematiker, * 13.2.1805 Düren, † 5.5.1859 Göttigen.

D.s Großvater, ein aus Verviers in Belgien gebürtiger Tuchfabrikant, erwarb 1753 das Bürgerrecht in Düren, wo dann D.s Vater die Stelle des Postmeisters bekleidete. Bereits im Alter von 17 Jahren ging D. zum Studium der Mathematik nach Paris, weil damals an den deutschen Universitäten noch fast ausschließlich elementarmathematische Vorlesungen gehalten wurden. Durch ausgezeichnete Arbeiten wurde er rasch bekannt und erhielt durch *A. von → Humboldt*s Vermittlung zunächst eine Stellung in Breslau, dann in Berlin. Hier lehrte er ab 1831 als Professor an der Universität. Eine enge Freundschaft verband den stillen, bescheidenen, in sich gekehrten Mann mit seinem ganz anders gearteten, lebhaften und energischen Kollegen *C. G. J. → Jacobi*, der von 1843 bis zu seinem Tode im Frühjahr 1851 als Mitglied der Akademie der Wissenschaften in Berlin wirkte. Nach D.s Heirat mit einer Schwester des Musikers Felix Mendelssohn-Bartholdy wurde sein Haus ein Mittelpunkt des gesellschaftlichen Lebens in Berlin, ohne daß er persönlich daran besonders Anteil nahm. – Im Frühjahr 1855 verstarb *C. F. → Gauß* hochbetagt in Göttingen. Es bestand kein Zweifel, daß nur D., der sich durch seine zahlentheoretischen Untersuchungen im Anschluß an das große Werk von *Gauß* höchstes Ansehen errungen hatte, als Nachfolger in Betracht käme. Auch auf anderen Gebieten wie der Potentialtheorie, der Theorie der unendlichen Reihen und der mathematischen Physik, wo er an Ideen von *J. B. J. → Fourier* anknüpfte, hatte er bedeutende Beiträge geliefert (›D.sches Problem‹). Allerdings war D., der in den Vorlesungen wie *Jacobi* vorwiegend eigene Forschungsgebiete behandelte und über neue Methoden und Ergebnisse berichtete, keine lange Wirksamkeit in Göttingen vergönnt; er erkrankte 1858 schwer und folgte bald seiner plötzlich verstorbenen Frau ins Grab. Da auch seinem Nachfolger *B. → Riemann* nur eine kurze Wirkungszeit in Göttingen verblieb, trat die Bedeutung der Göttinger Universität, die ihr Ansehen in der mathematischen Welt ein halbes Jahrhundert lang der Anwesenheit von *Gauß* zu verdanken hatte, für einige Jahrzehnte zurück gegenüber den aufstrebenden mathematischen Zentren in Königsberg und Berlin. Erst durch *F. → Klein*, *D. → Hilbert* und *H. → Minkowski* wurde die Göttinger Mathematik gegen Ende des 19. Jahrhunderts wieder auf jene Höhe geführt, die ihr Weltgeltung verschaffte. [Scriba]

Werke: Werke, hrsg. von L. Fuchs / L. Kronecker (2 Bde, Berlin 1889–1897); Briefwechsel zwischen Alexander von Humboldt und P. G. L. D., hrsg. von K.-R. Biermann (Berlin 1982). – *Bibl.*: Pogg. VII a Suppl., 155–157 (Sekundärliteratur). – *Lit.*: DSB IV, 123–127 (O. Ore); K.-R. Biermann: J. P. G. L. D. Dokumente für sein Leben und Wirken (Berlin 1959); H. Koch: G. P. L. D. In: H. G. W. Begehr u.a. (Hrsgg.): Mathematics in Berlin (Basel 1998, S. 33–39).

Domagk, Gerhard, deutscher Pathologe und Bakteriologe, * 30.10.1895 Lagow [Mark Brandenburg], † 24.4.1964 Burgberg-Königsfeld [Schwarzwald].

Der Lehrerssohn D. studierte ab 1914 – unterbrochen durch den Einsatz als Kriegsfreiwilliger während des gesamten Ersten Weltkrieges, den er nach einer Verwundung in einer Sanitätseinheit beendete – Medizin in Kiel, wo er auch promovierte und als Assistent am Städtischen Krankenhaus tätig war, bevor er 1923 als Assistent an das Pathologische Institut der Universität Greifswald ging, wo er sich 1924 für das Fach 'Allgemeine Pathologie und pathologische Anatomie' habilitierte. Danach folgte er 1925 seinem Lehrer nach Münster, wo er Erster Assistent und Oberarzt am Pathologischen Institut der Universität wurde. Bereits 1927 wurde er von dem Leiter der pharmazeutischen Forschung in den Bayer-Werken der I.G.

Farbenindustrie nach (Wuppertal-)Elberfeld berufen und mit der Gründung und Leitung eines Instituts für experimentelle Pathologie und Bakteriologie betraut, an dem er fortan eine rege und erfolgreiche Forschungstätigkeit ausübte, bis er im Herbst 1960 in den Ruhestand trat. Aber auch der Universität Münster blieb er zeit seines Lebens verbunden: 1928 zum außerplanmäßigen Professor ernannt, wurde er 1945 ihr Ehrendoktor, 1948 Ehrensenator und 1958 persönlicher Ordinarius der Medizinischen Fakultät; seine Unterrichtstätigkeit nahm er nach seiner Pensionierung sogar verstärkt wahr. Unter die zahlreichen weiteren Ehrungen fallen die Mitgliedschaft in der Deutschen Akademie der Naturforscher Leopoldina (1938) und die Zuerkennung des Nobelpreises für Physiologie und Medizin des Jahres 1939 „für die Entdeckung der antibakteriellen Wirkung des Prontosil". An dessen Annahme war er allerdings von der Gestapo gehindert worden – die Zuerkennung des Friedensnobelpreises für das Jahr 1935 an den pazifistischen deutschen Publizisten und scharfen Regimekritiker *Carl von Ossietzky*, den die Gestapo seit dem Reichstagsbrand 1933 in Haft gehalten hatte, war von den nationalsozialistischen Machthabern als Einmischung in innere Angelegenheiten angesehen worden, woraufhin nicht nur ihm, sondern auch zukünftig allen Reichsdeutschen die Annahme eines Nobelpreises verboten wurde. Erst nach Zerschlagung des Dritten Reiches konnte D. 1947 (gemeinsam mit *O. → Hahn*) seinen Preis entgegennehmen.

Durch den Ruf an die Bayer-Werke waren D. von Universitäten nicht zu bietende Möglichkeiten eröffnet worden, bereits in Greifswald begonnene Arbeiten zur Chemotherapie in ungeahntem Ausmaß und mit Unterstützung hervorragender Chemiker fortzusetzen. Wesentlich für die neue, chemotherapeutische Ära der Medizin, der er in Deutschland zum Durchbruch verhalf, wurde denn auch die hier traditionell enge Verbindung von chemischer Industrie und medizinischer Forschung. Nachdem er anfänglich bakterielle Infektionen vornehmlich durch die Stärkung der Abwehrkräfte des Körpers hatte bekämpfen wollen, konnte er jetzt nach dessen Einrichtung am Bayer-Institut verstärkt zu ihrer Chemotherapie übergehen, also nach Mitteln suchen, um Bakterien als die Verursacher direkt schädigen und damit einer schnelleren Phagozytose ausliefern zu können. Er wurde dabei auf chemisch-präparativer Seite tatkräftig unterstützt vor allem von *Fritz Mietzsch* (1896–1958) und *Josef Klarer* (1898–1953), die mit Geduld und Ausdauer auch die ersten Jahre mit wegen ihrer schädlichen Nebenwirkung ungeeigneten Stoffen überbrücken halfen, bis ihnen durch das Anhängen einer Sulfonamidgruppe an Azofarbstoffe (1931) rasch der Durchbruch gelang; denn sie erwiesen sich im Experiment als ungiftig. Nach der Entdeckung der antibakteriellen Wirkung eines solchen Sulfonamides (Sulfachrysoidin) im Jahre 1932, das bei künstlich mit außerordentlich virulenten Streptokokken infizierten Mäusen und Kaninchen eine fast hundertprozentige Heilwirkung erzielte, konnte die Arbeit endlich systematisch verfolgt werden, so daß schon 1935 als erstes optimiertes Medikament aus der Gruppe der Sulfonamide nach gründlicher klinischer Prüfung das Prontosil veröffentlicht und eingeführt werden konnte. D. gebührt damit neben dem britischen Bakteriologen *A. → Fleming* das entscheidende Verdienst, die von *P. → Ehrlich* begründete Chemotherapie auch für bakterielle Infektionen zum Erfolg geführt zu haben. Ganz neue Wege konnten auch nach seiner Entdeckung des antituberkulotischen Effekts des Thioacetazons (TBI) eingeschlagen werden, das 1950 als ›Conteben‹ zur Tuberkulosetherapie eingeführt wurde und dem weitere auf seinen Forschungen basierende Medikamente folgten. Die auf seinen Entdeckungen aufbauenden Arbeiten verbesserten die Therapie und Prognose vieler vordem oft tödlich verlaufender Krankheiten wie Tuberkulose, Lungenentzündung, Kindbettfieber und Wundrose entscheidend. Später bemühte D. sich auch um die zytostatische Krebstherapie. [Krafft]

Lit.: GMikro II, 45–58 (E. Grundmann); DSB IV, 153–156 (E. Posner); GWG XI, 260–275 (T. Ewe); G. Domagk, 1895–1964. Lebenserinnerungen in Bildern und Texten (Leverkusen 1995); E. Grundmann: G. D. Der erste Sieger über die Infektionskrankheiten (Münster 1998).

Doppler, Andreas *Christian*, österreichischer Mathematiker und Physiker, * 29.11.1803 Salzburg, † 17.3.1853 Venedig.

D. studierte von 1822 bis 1825 am Polytechnischen Institut in Wien, dann am Lyzeum in Salzburg Mathematik und Physik und wurde 1829 Assistent und ›Öffentlicher Repetitor‹ der Höheren Mathematik wieder am Wiener Institut. 1835 zum Professor der Mathematik an der ständischen Realschule in Prag ernannt, hielt er dort seit 1837 daneben Vorlesungen an der Technischen Lehranstalt, seit 1841 dann auch als Professor für Elementarmathematik und praktische Geometrie. 1847 wurde er zum k. k. Bergrat und Professor für Physik und Mechanik an der Berg- und Forstakademie in Schemnitz ernannt. 1849 ging er nach Wien zurück und übernahm die Professur für praktische Geometrie am Wiener Polytechnischen Institut, bevor er 1850 zum Professor der Experimentalphysik und Direktor des neu errichteten Physikalischen Instituts der Universität Wien ernannt wurde. Am Ziel seiner Wünsche angelangt, versagte ihm allerdings der frühe Tod eine längere produktive Nutzung der ihm hier endlich gebotenen umfassenden Möglichkeiten für die experimentelle Arbeit.

Aus seinen geometrischen, optischen, elektrischen, akustischen und astronomischen Arbeiten ragen jene zum nach ihm benannten D.schen Prinzip heraus, das er in einer seiner ersten Arbeiten 1842 aufstellte: ›Über das farbige Licht der Doppelsterne‹. Es besagt, daß bei Annäherung oder Entfernung einer Schall- oder Lichtquelle die vom Empfänger wahrgenommene Frequenz sich erhöht bzw. erniedrigt. Für die Akustik wurde die Richtigkeit bereits 1845 experimentell mittels ›schnell‹ fahrender Dampflokomotiven bestätigt – bei den heutigen Geschwindigkeiten der Verkehrsmittel kann jedermann den Effekt häufig wahrnehmen. Die Analogie vom Schall zum Licht machten aber, von Ausnahmen wie dem Prager Religionsphilosophen und Logiker *B.* → *Bolzano* abgesehen, die Kollegen nicht mit, obgleich die Wellennatur des Lichtes als solche seit den Arbeiten von *A.-J.* → *Fresnel* allgemein anerkannt war. D. war allerdings von einer im Verhältnis zur Lichtgeschwindigkeit viel zu geringen Geschwindigkeit der Annäherung beziehungsweise Entfernung ausgegangen und wollte die rote und blaue Färbung des generell weiß-gelben Lichtes bestimmter Sterne damit erklären. Erst die Astronomen *W.* → *Huggins* (1868) und *J. K. F.* → *Zöllner*, der sich besonders um die Photometrie und Spektroskopie verdient gemacht hat, zeigten dann, daß das Prinzip sich in einer Verschiebung der Spektrallinien zum violetten (Annäherung) oder roten Spektrum (Entfernung) gegenüber dem Normalspektrum auswirkt, wie *E.* → *Mach* bereits 1861 vorgeschlagen hatte, weil sich das Gesamtspektrum einschließlich der (im Normalspektrum) unsichtbaren Strahlung verschiebt. [Krafft]

Werke: Abhandlungen, hrsg. von H. A. Lorentz (Leipzig 1907). – *Bibl.*: Pogg. I, 594 f.; VII a Suppl., 161 f. – *Lit.*: DSB IV, 167 f. (A. E. Woodruff); B. Karlik/E. Schmid: Franz Serafin Exner und sein Kreis (Wien 1982).

Driesch, *Hans* Adolf Eduard, deutscher Biologe und Philosoph, * 28.10.1867 Bad Kreuznach, † 16.4.1941 Leipzig.

D. besuchte die Gelehrtenschule des Johanneums in Hamburg, studierte in Freiburg i.Br., München und Jena Naturwissenschaften und promovierte 1889 bei *E.* → *Haeckel*. Er reiste danach viel, arbeitete an den zoologischen Stationen in Triest und Neapel vor allem als experimenteller Embryologe, ging 1907/08 als

Gifford Lecturer nach Aberdeen und wurde 1919 in Köln und 1921 in Leipzig Professor der Philosophie. Auf Vorlesungsreisen nach China, Japan, den USA und Brasilien erwarb er auch im Ausland hohes Ansehen. Die Nationalsozialisten emeritierten ihn 1933 wegen seiner demonstrierten Antipathie gegen sie vorzeitig und zogen 1935 seinen Paß ein.

D. führte bis 1899 zahlreiche wichtige und einflußreiche embryologische Experimente aus. Er ist der Hauptvertreter des Neo-Vitalismus. Bei seinen berühmten Versuchen an Seeigeleiern stellte er fest, daß sich nicht nur die ganze befruchtete Eizelle, sondern auch jede ihrer isolierten Blastomeren zu einer vollständigen Larve entwickeln kann. Hatte D. bis 1892 die herkömmliche mechanistische Erklärung der Lebenserscheinungen nach den Gesetzen der Physik und Chemie vertreten, so sah er für dieses Experiment eine solche als unmöglich an, da er sich keine Maschine vorstellen konnte, die sich selbst in zwei Maschinen teilt, die sich jeweils zu einer ganzen rekonstruieren können, und nahm einen nichtmechanistischen Kausalfaktor ›Entelechie‹ (der Ausdruck nach → *Aristoteles*) an, der den unentwickelten Organismus zu seiner Endgestalt und bei Verstümmelung die Restitution der ganzen Form leite (›Ganzheitskausalität‹). Die Erklärungskraft des Neo-Vitalismus ist umstritten. Der später vielversprechendste Versuch, über das mechanistische Erkenntnisideal hinauszugehen, ohne auch seine Erfolge in Frage zu stellen, ist der in Deutschland durch *Adolf Meyer-Abich* (* 11.11.1893 Emden, † 3.3.1971 Hamburg) vertretene ›Holismus‹. D. verfaßte hervorragende Werke über die Grundgebiete der Philosophie. Er versuchte eine aprioristische Begründung des Vitalismus im Rahmen seines Systems der Philosophie aus ›Ordnungslehre‹ (einer als Bedeutungslehre verstandenen ›Logik‹) und ›Wirklichkeitslehre‹ (einer ›induktiven Metaphysik‹). D. propagierte auch die Parapsychologie.

[Koch/Meyer-Abich]

Werke: Lebenserinnerungen. Aufzeichnungen eines Forschers und Denkers in entscheidender Zeit (München/Basel 1951). – *Lit.*: DSB IV, 186–189 (J. Oppenheimer); A. Wenzel (Hrsg.): H. D., Persönlichkeit und Bedeutung für Biologie und Philosophie von heute (Basel 1951); R. Mocek: Wilhelm Roux – H. D. Zur Geschichte der Entwicklungsphysiologie der Tiere (Jena 1974); H. H. Freyhofer: The Vitalism of H. D. The Success and Decline of a Scientific Theory (Frankfurt am Main/Bern 1982); T. Miller: Konstruktion und Begründung. Zur Strktur und Relevanz der Philosophie H. D.s (Hildesheim 1991).

Du Bois-Reymond, *Emil* Heinrich, deutscher Physiologe, * 7.11.1818 Berlin, † 26.12.1896 ebenda.

D. entstammte einer in Berlin ansässigen Hugenotten-Familie aus dem Kanton Neuchâtel (Neuenburg), das damals zu Preußen gehörte, und ging in Berlin auch auf das französische Gymnasium, wo er 1837 sein Abitur ablegte. Wegen seiner vielseitigen Veranlagungen studierte er ziemlich unentschlossen ab 1837 in Berlin, später in Bonn Theologie, Philosophie, Mathematik und Geologie, bis sich seine Interessen mehr den Naturwissenschaften zuneigten und er, 1839 nach einem Zusammentreffen mit *M.* → *Schleiden* in Jena (*T.* → *Schwann* lernte er erst 1849 persönlich kennen) nach Berlin zurückgekehrt, zur Medizin überwechselte und nach dem Studium bei *J. P.* → *Müller* dessen Assistent wurde und 1843 zum Doktor der Medizin promovierte. 1846 habilitierte er sich für das Fach Physiologie. 1848 ging er als außerordentlicher Professor für Physiologie und allgemeine Pathologie nach Königsberg; sein Nachfolger als Gehilfe bei *J. P. Müller* wurde *H. von* → *Helmholtz*, mit dem ihn seit 1847 eine lebenslange freundschaftliche ›Kampfgemeinschaft‹ für die physikalisch-chemische Fundierung der Physiologie und gegen jeglichen Vitalismus verbinden sollte. Die Pensionierung des Vaters zwang D. jedoch, bereits im folgenden Jahr auf die Gehilfenstelle bei *J. P. Müller*, die er dann bis 1855 inne hatte, zurückzukehren – *Helmholtz* ging dafür nach Königsberg; D. übernahm von ihm auch die Stelle eines Anatomielehrers an der Berliner Akademie der Künste (bis 1853). 1855 wurde er außerordentlicher und 1858 als Nachfolger *J. P. Müllers* nach der Teilung dessen Lehrstuhls für Physiologie und Anatomie ordentlicher Professor für Physiologie und gleichzeitig Direktor des Physiologischen Institutes, dessen Neubau von 1877 nach seinen Plänen errichtet wurde. Seit 1851 war er Mitglied der Preußischen Akademie der Wissenschaften und ab 1867 ständiger Sekretär ihrer mathematisch-physikalischen Klasse.

Entscheidend für den Lebensweg D.s war die Empfehlung seines Lehrers *J. P. Müller* von 1841, die elektrophysiologischen Forschungsergebnisse des italienischen Physikers *Carlo Matteucci* (* 2.6.1811 Forli, † 24.6.1868 Ardenza [bei Livorno]) gründlich zu überprüfen; denn diese Untersuchungen bildeten fortan den Inhalt seines wissenschaftlichen Lebens (seit 1858 ließen die Unterrichtsverpflichtungen allerdings keine systematischen experimentellen Untersuchungen mehr zu). Die ersten, kritisch an *Matteucci* orientierten Ergebnisse erschienen 1843 in ›Poggendorffs Annalen der Physik und Chemie‹, wodurch *A. von → Humboldt* auf ihn und den Kreis junger Physiker und Physiologen, den er um sich geschart hatte, aufmerksam wurde. Mit der historischen Einarbeitung in das Untersuchungsgebiet als Dissertation promovierte er im selben Jahr (›Quae apud veteres de piscibus electricis exstant argumenta‹). Auf *A. von Humboldts* Vermittlung sollte dann nicht nur D.s mehrfache Demonstration elektrophysiologischer Versuche im Jahre 1850 vor einer Kommission der Akademie der Wissenschaften in Paris, der damaligen Hochburg der Naturwissenschaften, zurückgehen, sondern auch seine ungewöhnlich frühe Wahl zum Mitglied der Preußischen Akademie der Wissenschaften im folgenden Jahre. Die Versuche und das ihnen zugrundeliegende antivitalistische Grundkonzept führten auch zu einer lebenslangen freundschaftlichen Beziehung mit seinem Berliner Studienfreund *Ernst Wilhelm von Brücke* (* 6.6.1819 Berlin, † 7.1.1892 Wien), *H. von Helmholtz* und *C. F. W. → Ludwig*, die gemeinsam zu den Wegbereitern einer streng physikalisch orientierten Physiologie wurden. D. hatte sich für seine Zwecke eine ganze Reihe verbesserter Meßinstrumente konstruiert, die Elektrobiologie als selbständiges Arbeitsgebiet definiert und bereits 1848 den ersten Band seiner berühmten ›Untersuchungen über thierische Elektricität‹ (Bd 2, Teil 1 1849; Teil 2,1 1860, Teil 2,2 1884) veröffentlicht. Schon in der ersten Publikation von 1843 hatte er vom Nachweis des Muskel- und Nervenstroms an Froschschenkelpräparaten berichten können, später kamen die Ströme des (nicht aktivierten) Herzmuskels, des Auges, der Lunge und Leber, der Nieren und Drüsen sowie der glatten Muskulatur und des Knochens hinzu. Er entdeckte unter anderem den Ruhe- oder Verletzungsstrom des Muskels, die negative Schwankung bzw. Stromminderung bei Muskelerregung und den elektrotonischen Effekt als Begleitphänomen stromdurchflossener Nerven. D. machte als Ursache für die beständigen Organströme in Anlehnung an *A. → Ampères* Theorie der Molekularmagnete Moleküle verantwortlich, die sich, mit entsprechender bipolarer Ladung versehen, im Inneren der Organe ausrichten sollten. Diese Molekulartheorie, die er gegen alle Angriffe heftig verteidigte, konnte allerdings als Erklärung der wegen der groben Elektroden, die gleichzeitig mit Zellinnerem und -äußerem in Berührung kamen, nicht korrekt gemessenen Bioströme (heute erklärt als Biopotentiale) nicht aufrecht erhalten werden.

Obwohl D. vitalistische Erklärungen organischer Prozesse und eine Teleologie entschieden ablehnte, sich vielmehr um eine ausschließlich physikalisch-chemische Erklärung physiologischer Vorgänge bemühte, sprach er sich in öffentlichen Reden bestimmt dagegen aus, Geist und Bewußtsein aus materiellen Bedingungen erklären zu wollen. So etwa auf der 45. Versammlung Deutscher Naturforscher und Ärzte 1872 in der berühmten Rede über die grundsätzlichen ›Grenzen des Naturerkennens‹ hinsichtlich der Fragen nach dem ›Wesen von Materie und Kraft‹ und dem Entstehen einfacher Sinnesempfindung – mit der vielzitierten Schlußfolgerung: »Ignoramus et ignorabimus« (»Wir wissen es nicht und werden es nie wissen«) – und in der Leibniz-Rede der Berliner Akademie des Jahres 1880 über ›Die sieben Welträtsel‹, in der er die »Grenzen« erweiterte um den ›Ursprung der Bewegung‹, während die Fragen nach dem Entstehen des Lebens, die Zweckmäßigkeit der lebenden Natur, Denken und Sprache sowie die Willensfreiheit, welche die ›Welträtsel‹ auf sieben erhöhen könnten, in seinen Augen keine prinzipiellen Erkenntnisgrenzen erreichen sollten; in dieser Rede wird die Mißverständlichkeit des »ignorabimus« ersetzt durch ein »dubitemus« (»Wir sollten zweifeln«). Besonders mit diesen beiden Reden hat D. eine ganze Generation von Naturwissenschaftlern angeregt, über ihr eigenes Tun erkenntnistheoretisch nachzudenken. [Krafft]

Werke: Gesammelte Abhandlungen zur allgemeinen Muskel- und Nervenphysik (2 Bde, Leipzig 1875–1877); Reden (2 Bde, Leipzig 1886–1887, ²1912); Vorträge über Philosophie und Gesellschaft, hrsg. von S. Wollgast (Berlin 1974; mit ausführlicher Einleitung); Zwei große Naturforscher des 19. Jahrhunderts. Ein Briefwechsel zwischen E. du B. und Karl Ludwig, hrsg. von E. du Bois-Reymond (Leipzig 1927); E. du B. (1818–1896) – Anton Dohrn (1840–1909): Briefwechsel, hrsg. von C. Groeben (Berlin usw. 1985); Dokumente einer Freundschaft: Briefwechsel zwischen Hermann von Helmholtz und E. Du B., hrsg. von C. Kirsten (Berlin 1986); Rudolf Virchow und Emil du Bois-Reymond. Briefe 1864–1894, hrsg. von K. Wenig (Marburg 1995). – Ernst Wilhelm von Brücke: Briefe an E. Du B., hrsg. von H. Brücke u.a. (2 Bde, Graz 1978–1981). – *Bibl.*: Pogg. VII a Suppl., 98–102; K. E. Rothschuh / E. Tutte: E. du B. (1818–1896), Bibliographie. In: *Acta Historica Leopoldina* 9 (1975), 113–136. – *Lit.*: DSB IV, 200–205 (K. E. Rothschuh); H. Borutta: E. du B. (Wien/Leipzig/München 1922); P. W. Ruff: E. du B. (Leipzig 1981); G. Mann (Hrsg.): Naturwissen und Erkenntnis. E. Du B. (Hildesheim 1981; mit Nachlaß-Verzeichnis).

Dumas, *Jean-Baptiste* André, französischer Chemiker. * 14.7.1800 Alais [Dép. Gard], † 11.4.1884 Cannes.

D. war einer der glänzendsten und einflußreichsten Chemiker des 19. Jahrhunderts. Als Knabe besuchte er die Lateinschule von Alais. Sein geschliffener Stil als Schriftsteller und Redner hat hier wohl seinen Ursprung. Durch Selbststudium erwarb sich der junge D. die fehlenden Kenntnisse in Mathematik und in den Naturwissenschaften. Als Apothekergehilfe beschäftigte er sich zunächst mit der Pharmazie. 1816 zog er nach Genf in die Apotheke seines Landsmannes Le Royer. D.s erste Arbeitsgebiete waren dort die Physiologie und die physiologische Chemie. *A. von → Humboldt* suchte auf einer Durchreise den jungen begabten Wissenschaftler auf und bestärkte ihn, nach Paris zu gehen. Bald hatte D. nach seiner Übersiedlung (1823) in die Hauptstadt Kontakt mit den großen Männern der französischen Akademie wie *C.-L. → Berthollet*, *F. → Arago*, *J. L. → Gay-Lussac* und *A. → Ampère* gefunden. Man gab ihm zunächst eine Stelle als Repetitor für Chemie an der École Polytechnique, darauf wurde er Nachfolger *Gay-Lussac*s an der Sorbonne. Im Jahre 1826 heiratete er die Tochter des bekannten Geologen und Mineralogen *Alexandre Brongniart* (* 5.2.1770 Paris, † 7.10.1847 ebenda), Direktors der Königlichen Porzellanmanufaktur in Sèvres und Professors in Paris. D. hatte großes Interesse an der technischen und angewandten Chemie. 1828 erschien der erste Band seines ›Traité de chimie appliquée aux arts‹ und einige Jahre später begründete er mit anderen die ›École Centrale des Arts et Manufactures‹. Zusammen mit zwei anderen Wissenschaftlern hatte er 1824 die ›Annales des sciences naturelles‹ ins Leben gerufen. Später übernahm D. den Lehrstuhl für Chemie an der École de Médecine. Der anerkannte und vom Glück begünstigte Gelehrte bekleidete mehrmals wichtige Stellungen in der Regierung und in der Öffentlichkeit.

D. entwickelte eine heute noch gebräuchliche Methode zur Dampfdichtebestimmung. Wie *A.* → *Avogadro* und *Ampère* forderte er, daß die Moleküle der einfachen Gase spaltbar seien. Mittels Dampfdichtebestimmungen konnte er nachweisen, daß dieser Zerfall bei hohen Temperaturen tatsächlich stattfindet (thermische Dissoziation). Für mehrere Verbindungen, z.B. für die Chloride des Phosphors und Arsens, fand er so die richtigen Formeln. Zusammen mit *Eugène Melchior Péligot* (* 24.2.1811 Paris, † 15.4.1890 ebenda) entdeckte D. den Holzgeist (Methanol); er isolierte das Fuselöl und wies es wie das Walrat als einen Alkohol aus. Von hier führte der Weg zu dem Begriff einer ›homologen Reihe‹. D. berichtigte das von *J. J.* → *Berzelius* falsch angegebene Atomgewicht des Kohlenstoffs (1840), indem er Graphit und Diamant in Sauerstoff verbrannte. Er prüfte 30 Elemente auf die Ganzzahligkeit ihres Atomgewichtes hin und fand die von *William Prout* (* 15.1.1785 Horton [Gloucestershire], † 9.4. 1850 London) 1815 aufgestellte Hypothese, daß Wasserstoff der Baustein der Materie sei, durch seine Zahlen nicht bestätigt. – Hier konnte erst das Konzept der ›Isotope‹ von *F. Soddy* und seine massenspektrographische Bestätigung durch *Francis William Aston* (* 1.9.1877 Harborne [bei Birmingham], † 20.11.1945 Cambridge [England]) etwa hundert Jahre später Klarheit schaffen: Die natürlichen Elemente sind Mischungen verschiedener ›Isotope‹ desselben Elementes mit denselben chemischen Eigenschaften, aber unterschiedlichem Atomgewicht. – Als erster gab D. die Formeln für Chloroform, Bromoform, Jodoform und Chloral an. Die dualistische elektrochemische Theorie des großen Schweden *Berzelius* geriet durch D.s Arbeiten ins Wanken. Gemeinsam mit *A.* → *Laurent* zeigte er, daß in der Essigsäure Wasserstoffatome durch Chloratome leicht ersetzt werden können (z.B. Trichloressigsäure). Nach der elektrochemischen Theorie hatte man dies für unmöglich gehalten. Die Typentheorie, die von *Laurent* und *C.* → *Gerhardt* weiter ausgebildet wurde, wandten die Chemiker um die Mitte des 19. Jahrhunderts mit Erfolg auch bei anorganischen Verbindungen an. Von D.s vielen Spezialarbeiten mögen nur die über die Nitrile und Alkaloide genannt werden.

[Wiederkehr]

Lit.: GCh II, 53–68 (F. Henrich); DSB IV, 242–248 (S. C. Kapoor; mit Bibl.); E. Maindron: L'œuvre de J.-B. D. (Paris 1886); J.-B. Dumas [Sohn]: La vie de J.-B. D. (Paris 1924); J. Petrel: La négation de l'atome dans la chimie du XIXe siècle: Cas de J.-B. D. (Paris 1979); M. Chaigneau: J.-B. D. Sa vie, son œuvre, 1800–1884 (Paris 1984); L. J. Klosterman: A Research School of Chemistry in the 19th Century: J. B. D. and His Research Students. In: *Annals of Science* 42 (1985), 1–80.

E

Eddington, Sir *Arthur* Stanley, englischer Astrophysiker, * 28.12.1882 Kendal [Westmorland], † 22.11.1944 Cambridge.

E. entstammt einer angesehenen Quäkerfamilie, die nach dem Tode des Vaters 1884 nach Somerset übersiedelte, von wo aus er die Brymelyn-Schule in Weston-super-Mare besuchte. Er bekam dann ein Grafschaftsstipendium am Owens College in Manchester, wo er Mathematik und Physik studierte, und ging 1902 als Stipendiat ans Trinity College in Cambridge, wo er sein Mathematikstudium 1904 mit dem Grad eines ›Senior Wrangler‹ abschloß. Zwei Jahre später wurde er Hauptassistent des ›Royal Astronomer‹ in Greenwich, wo er von 1906 bis 1913 wirkte, bevor er 1913 Plumian-Professor für Astronomie und Experimentalphysik und 1914 zusätzlich Direktor der Universitätssternwarte in Cambridge wurde, was er bis zu seinem Tode blieb – sowie Mitglied der Royal Society.

E. war einer der großen Pioniere der zweiten, theoretischen Phase der Astrophysik. Er hatte mit statistischen Untersuchungen zur Systematik der Sternbewegungen begonnen und dabei im Anschluß an *J. C.* → *Kapteyn*s Entdeckung seine inzwischen überholte Theorie der zwei Sternströme entwickelt, untersucht, wie die Sterne über den Himmel nach Spektralklassen verteilt sind, sowie die planetarischen Nebel, Sternhaufen, Gasnebel und Kugelhaufen erforscht. Für *diese* Arbeiten war er zum Plumian-Professor ernannt worden. Ein zweiter Abschnitt seiner astrophysikalischen Forschungen begann 1916: Er dehnte *K.* → *Schwarzschild*s Theorie über das Strahlungsgleichgewicht in den äußeren Schichten der Sonnen- und Sternatmosphäre auf das Sterninnere aus und fand, daß beim Gleichgewicht der Sterne neben der Gravitation und dem entgegengesetzten Gasdruck als dritte Größe der Strahlungsdruck eingehen müsse, der das Gewicht der Sternatmosphäre tragen helfe. Damit hatte er die neue Frage nach den Zustandsgrößen (Masse, Dichte und Temperatur) im Innern der Sterne aufgeworfen, zu deren Beantwortung er selber weitere maßgebende Beiträge lieferte, vor allem die Regel über die Masse-Leuchtkraft-Beziehung (1924), welche besagt, daß einer bestimmten (ionisierten) Sternmasse eine innere Energiequelle von ganz bestimmter Größe entspricht, die ihrerseits die meßbare Leuchtkraft festlegt. Die Regel gilt nicht für die Weißen Zwergsterne, da deren ionisierte Materie vom Zustand eines idealen Gases in den sog. entarteten Zustand großer Materiedichte übergegangen ist – wie E. bereits erkannt hatte. Er untersuchte den Energietransport aus dem Innern der Sterne, den Zustand ihrer eindeutig als gasförmig erkannten Materie, die Umwandlung von Sternmaterie in Strahlung sowie Entwicklung und Alter der verschiedenen Sterntypen. Dadurch wurde E. ständig an Probleme der Allgemeinen Relativitätstheorie und der Atom- und Quantentheorie herangeführt, zu denen er von astrophysikalischer und astronomischer Seite her Wesentliches beitragen konnte. Durch die Vermittlung des niederländischen Astronomen und Kosmologen *Willem de Sitter* (* 6.5.1872 Sneek, † 20.11.1934 Leiden) 1916 mit der Relativitätstheorie *A.* → *Einstein*s bekannt geworden, wurde er in England zum Wegbereiter dieser Theorie, die er 1918 der ›Physical Society‹ in einem Bericht vorstellte und in dem Werk ›Mathematical Theory of Relativity‹ (Cambridge 1923) zusammen mit einer Generalisierung der elektromagnetischen Feldtheorie *H.* → *Weyl*s meisterlich darstellte. Er leitete auch eine der beiden britischen Sonnenfinsternisexpeditionen (29.5.1919) – in Principe –, die von der Royal Society ausgeschickt wurden, um die von *Einstein* geforderte Lichtablenkung im Schwerefeld der Sonne zu prüfen, und konnte dabei die Theorie bestätigen und ihr zum Durchbruch verhelfen. 1924 bestätigte er mit seiner Theorie des Siriusbegleiters auch die Rotverschiebung der Spektrallinien im Gravitationsfeld. – Seine ersten Arbeiten über die mathematische Theorie der pulsierenden Cepheiden-Sterne stammen aus den Jahren 1918 und 1919, während ihre Physik erst durch eine seiner letzten größeren Arbeiten von 1941 entscheidend erhellt werden konnte. [Krafft]

Lit.: DSB IV, 277–282 (A. V. Douglas); A. V. Douglas: The Life of A. S. E. (Edinburgh/New York 1956; mit Bibl.); C. W. Kilmister: Sir A. E. (Oxford 1966); S. Chandrasekhar: E., the most Distinguished Astrophysicist of His Time (Cambridge 1983); C. M. Kilmister: E.'s Search for a

Fundamental Theory: A Key to the Universe (Cambridge 1994).

Edison, Thomas Alva, nordamerikanischer Techniker und Erfinder, * 11.2.1847 Milan [Ohio], † 18.10.1931 West-Orange [N.J.].

Als Sohn eines aus Kanada geflohenen Gastwirts und späteren Getreidehändlers kam E. schon früh mit praktischem Geschäftssinn und Unternehmergeist in Berührung. Die Mutter war Tochter eines Baptistengeistlichen und ausgebildete Lehrerin. Sie brachte E. nicht nur das Grundschulpensum bei, sondern weckte auch seine Lernbegierde und seinen Leseeifer und machte ihn mit den Klassikern der Literatur vertraut. Nach einem Experimentierbuch stellte E. schon mit 9 Jahren systematisch chemische Versuche an. Das Geld für die Geräte und Chemikalien verdiente er sich als Verkäufer von Zeitungen und Fahrplänen bei der Eisenbahn. Schnellnachrichten druckte er selbst mit einer Handpresse. Als Fünfzehnjähriger erlernte E. bei einem Bahnhofsvorsteher das Telegrafieren. Als dem ›Vielleser‹ E. die ›Experimental Researches in Electricity‹ *M.* → *Faraday*s in einem Antiquariat in die Hände fielen, tat sich für den Zwanzigjährigen eine neue Welt auf. Als bei der Western Union Telegraph Company tätiger Elektroingenieur konnte er sich mit Routinearbeit nicht zufrieden geben; er konstruierte neue Geräte. Dem Erfinder winkte nach mancherlei Fehlschlägen das Glück, als die Firma Gold & Stock Telegraph seinen Universal-Typendrucktelegraphen für 40 000 Dollar aufkaufte. E. richtete sich damit eine Fabrik in der Nähe von New York ein und wurde Unternehmer. Mit den Geschäften ging es auf und ab; einmal verdiente er gut, das andere Mal wurde er übers Ohr gehauen. Um sich mehr seinen Forschungen und Erfindungen widmen zu können, richtete E. in Menlo Park in New Jersey ein Entwicklungslaboratorium ein, das erste seiner Art in der Welt. Zu dem eigentlichen Labor gehörte noch eine große Werkstatt, eine Kraftstation, Glasbläserei, Bibliothek und ein Büro. Hier verwirklichte der ›Zauberer von Menlo Park‹ manchen utopischen Traum der Menschheit.

Als die Western Union ihn beauftragte, *Alexander Graham Bell*s (* 3.3.1847 Edinburgh, † 2.8.1922 Baddeck [Neuschottland]) Telefon für größere Entfernung brauchbar zu machen, entwickelte er das Kohlekörnermikrophon (1878). Die Welt horchte auf bei seiner wohl originellsten Erfindung, dem Phonographen. Diese Sprechmaschine, die sogar die menschliche Stimme konservierte, bestand aus einer Trommel und einem darauf gewickelten Stanniolstreifen, auf dem eine Schreibspitze Vertiefungen eindrückte. Beim Abspielen wurde die Trommel von Hand gedreht, und die Schreibspitze bewegte nun ihrerseits eine Membrane, die die Töne, die Musik und die Sprache wiedergab. E. erfand auch die Glühlampe, deren Faden eine verkohlte Bambusfaser war. Hier hatte E. allerdings einen Vorläufer, den Optiker *Heinrich Goebel* (* 20.4.1818 Springe, † 16.12. 1893 New York), der schon 1857 sein Schaufenster mit glühenden Bambusfasern beleuchtet hatte. E. gab der Glühlampe die heute noch gebräuchliche Form und errichtete die erste Glühlampenfabrik der Welt. In tausenden von Versuchen wurden Glühfaden, Form der Lampe, das ganze Beleuchtungssystem entwickelt; die genau geführten Protokolle des Labortagebuches geben heute noch darüber Auskunft. Dank E.s genialer Planung eines ganzen Lichtnetzes, konnte sich die Glühlampe gegen das Gaslicht und den Kohlelichtbogen durchsetzen. Der entscheidende Gedanke war dabei, die Lichtquellen parallel zu schalten. Ein Generator mit höherem Wirkungsgrad wurde geschaffen, ein Leitungs- und Verteilernetz konstruiert, die Schmelzsicherung erfunden und Meßvorrichtungen eingebaut. In der Silvesternacht 1879 führte E. zum ersten Mal seine neue Beleuchtung vor. Der Dampfer ›Columbia‹ wurde mit 115 Glühlampen ausgerüstet und am 4. September 1882 in New York (Pearl Street) das erste öffentliche Elektrizitätswerk in Betrieb genommen. Auf der ersten internationalen Elektrizitätsausstellung in Paris 1881 nahm Europa staunend Kenntnis von E.s Pionierarbeit. Der deutsche Industrielle *Emil Rathenau* (* 11.12.1838 Berlin, † 20.6.1905 ebenda) kaufte die Edison-Patente und gründete die Deutsche Edison-Gesellschaft, aus der 1887 die Allgemeine Elektricitäts-Gesellschaft (AEG) hervorging. – Als Vierzigjähriger zog E. in ein neues, sehr viel größeres Laboratorium in West Orange um.

Von seinen vielen Erfindungen und Weiterentwicklungen seien nur noch einige erwähnt: Gemeinsam mit dem Erfinder der Filmkamera *George Eastman* (* 12.7.1854 Waterville [New York], † 14.3.1932 New York) verbesserte E. dieses Gerät und konstruierte 1889 das ›Kinetoskop‹, ein Filmvorführgerät für einen einzelnen Betrachter. Nach 1900 entwickelte er den verhältnismäßig leichten Eisen-Nickel-Akkumulator mit einem alkalischen Elektrolyten. Er entdeckte auch die Emission von Elektronen aus dem Glühfaden einer Lampe (Edison-Effekt); der Effekt hat grundlegende Bedeutung für die späteren Elektronenröhren. In der Zementproduktion und im Hausbau aus Fertigteilen wies E. neue Wege. Erst spät, im Jahre 1928, wurde ihm die Anerkennung der amerikanischen Regierung zuteil: Er erhielt die höchste Auszeichnung, die Ehrenmedaille des Kongresses. [Wiederkehr]

Werke: The Diary and Sundry Observations (New York 1948); The Papers, hrsg. von R. V. Jenkins u.a. (Bd 1 ff., Baltimore 1989 ff.). – *Lit.*: DSB IV, 283 f. (B. S. Finn); GWG IX, 88–111 (F. Katscher); M. Josephson: E.-Biographie (München 1969; zuerst engl., New York 1959); W. Schreier/H. Schreier: T. A. E. (Leipzig 1976, 41987); W. Wachhorst: T. A. E. An American Myth (Cambridge, Mass. 1981); F. Vögtle: T. A. E. in Selbstzeugnissen und Bilddokumenten (Reinbek bei Hamburg 1982, 31997).

Ehrlich, Paul, deutscher Bakteriologe, * 14.3.1854 Strehlen [Schlesien], † 20.8.1915 Bad Homburg v. d. Höhe.

E., Sohn eines Gastwirts und Branntweinbrenners, studierte ab 1872 in Breslau, Straßburg, Freiburg im Breisgau und abschließend in Leipzig Medizin, wo er 1878 auch mit einer Arbeit über ›Beiträge zur Theorie und Praxis der histologischen Färbungen‹ (vor allem des Blutes) promoviert wurde. In Anlehnung an Ideen des elsässischen, in Paris wirkenden Chemikers *Paul Schützenberger* (* 23.12.1829 Straßburg, † 26.6.1897 Mézy [bei Paris]), der von der Färbetechnik zur Medizin und Chemie gekommen war, sah er die selektive Anfärbung mit synthetischen Farbstoffen als chemische Bindung an und zog auch bereits Parallelen zur Wirkung von Giften. Er schuf damit eine feste histologische Basis für die Hämatologie – und wurde daraufhin 1878 Assistenzarzt, später Oberarzt in der Abteilung für innere Medizin der Berliner Charité, 1884 auch Titular-Professor. 1887 habilitierte er sich und wurde Privatdozent für innere Medizin, ging danach aber mit einer offenen Tuberkulose zur Kur nach Ägypten und konnte nach seiner Rückkehr mit *R.* → *Koch*s Tuberkulin völlig geheilt werden. Er richtete sich ein Privatlaboratorium ein und übernahm 1891 zusätzlich eine außerordentliche Professur für experimentelle Therapie an der Universität. 1892 konnte er sich ein kleines Labor in *Koch*s Institut für Infektionskrankheiten einrichten, nachdem *Emil Adolf von* (seit 1901) *Behring* (* 15.3.1854 Hansdorf bei Deutsch-Eylau [Ostpreußen], † 31.3.1917 Marburg), der als Mitarbeiter des Instituts 1890 die antibakterielle Wirkung von Blutseren, insbesondere das Diphtherie- und Tetanusserum entdeckt hatte, die bereits 1892 eine erste klinische Erprobung erfuhren (für die Arbeiten zur Serumtherapie wurde ihm 1901 der Nobelpreis für Medizin verliehen), eine Professur in Marburg angenommen und das Institut verlassen hatte. E. erhielt dann 1896 ein eigenes Königliches Institut für Serumforschung und -prüfung in (Berlin-)Steglitz, das 1898 als Königliches Institut für Experimentelle Therapie nach Frankfurt verlegt wurde, wo ihm auch 1906 das Georg-Speyer-Haus für Chemotherapie angegliedert wurde; in Frankfurt wurde er sogleich außerordentlicher Professor (was er zuvor auch in Göttingen gewesen war) und 1912 ordentlicher Professor. 1908 wurde E. zusammen mit dem Direktor am Pariser Pasteur-Institut, dem Russen *Ilja Metschnikow* (* 16.5.1845 Iwanowa [bei Charkow], † 15.7.1916 Paris), der Nobelpreis für Medizin »für ihre Arbeiten über Immunität« zuerkannt.

E. ist einer der Begründer der Chemotherapie von Infektionskrankheiten. Ausgehend von Untersuchungen über die ungleichmäßige Absorption von organischen Farbstoffen in verschiedenen lebenden Geweben (sog. Vitalfärbung) und der toxischen Wirkung bestimmter Farbstoffe auf Krankheitserreger, suchte er nach synthetischen Substanzen, die spezifisch auf pathogene Mikroorganismen wirken. 1881 hatte er Methylenblau zur Vitalfärbung von Nerven benutzt und auf dessen Eignung als Heilmittel für Nervenkrankheiten geschlossen; Erfolge stellten sich auch durchaus bei neuralgischen und Ischiasschmerzen ein. Im folgenden Jahr konnte er die Diazoreaktion auf Bilirubin im Harn zur Diagnose von Infektionskrankheiten nutzen. 1885 erschien seine Arbeit über ›Das Sauerstoffbedürfnis des Organismus – eine farbenanalytische Studie‹; er hatte eine Minderung der Reduktionskraft des Organismus festgestellt, wenn nur Indophenolblau reduziert wird, während anderenfalls auch Alizarinblau reduziert wurde. Über diese Thematik erfolgte auch seine Habilitation.

E.s Methoden der Vitalfärbung hatten zwar ein neues Anwendungsgebiet gefunden, als es ihm nur einen Tag nach der Bekanntgabe der Entdeckung des Tuberkelbazillus durch *R. Koch* (1882) gelungen war, diesen durch Färbung kenntlich zu machen, was der Entdeckung zum sofortigen Durchbruch verhalf; doch ging es ihm weniger um die diagnostischen als die therapeutischen Möglichkeiten der Vitalfärbungen, wozu ihn insbesondere die Entdeckung des Diphtherie-Antitoxins anregte, dessen Wirkweise er klären wollte. Er entwickelte hierzu 1899 sein heuristisch äußerst erfolgreiches, später allerdings aufgegebenes Modell der Seitenkettentheorie, mit dem erstmals der passive Vorgang der Immunisierung (dieser Begriff wurde von ihm geprägt) in der Serumtherapie eine Erklärung fand. Das Modell geht davon aus, daß am Toxinmolekül eine besondere Haftgruppe (Haptophoren) besteht, die sich analog dem Schlüssel-Schloß-Prinzip an einer entsprechenden Rezeptorgruppe (Seitenkette) an eine Körperzelle anlagert und erst dort seine toxische Wirkung entfaltet, indem sich Toxine und Antitoxine durch die Haptophoren verbinden, ohne die Körperzelle überhaupt zu erreichen und dadurch zu schädigen. Dieses Modell erklärte auch seine Entdeckung der Möglichkeit einer Immunisierung gegen Pflanzengifte (Ricin, Abrin); er konnte nachweisen, daß sie auf der Bildung spezifischer Gegengifte beruht, so daß auf dieser Basis eine Reihe von spezifischen hochwertigen Seren entwickelt werden konnte. E. übertrug das Modell der Immunisierung im Organismus vor allem aber auch auf die Bekämpfung von Parasiten, die ebenso Rezeptorengruppen enthalten sollten, zu denen die Haptophoren bestimmter chemischer Mittel eine vergleichsweise höhere Affinität besitzen könnten als zu denen von Körperorganen. Er suchte daraufhin aktiv nach präparativ gewonnenen Substanzen, die auf diese Weise Krankheitskeime selektiv vernichten. Wenig erfolgreich waren zunächst Versuche mit den ihm geläufigen Farbstoffen; erfolgversprechender erschienen arsenhaltige Präparate, die es allerdings mit viel Geduld Schritt für Schritt in ihrer allgemein toxischen Wirkung zu ›entschärfen‹ galt – erst das berühmte Präparat mit der Nummer 606 (!) erbrachte einen ersten Erfolg. Mit ihm gelang es erstmals, grobspezifisch gegen den Erreger der Syphilis vorzugehen; das Medikament kam 1910 als Salvarsan auf den

Markt. Weitere Forschungen zur Reduzierung der toxischen Nebenwirkungen des Arsens erbrachten das Neosalvarsan, das 1912 zugelassen wurde. Die neuen Präparate aus E.s Forschungen waren allerdings mit noch zu vielen gefährlichen Begleiterscheinungen behaftet, als daß man sie bei weniger schrecklichen Erkrankungen als der Syphilis hätte einsetzen können; aber die ersten Schritte auf dem Weg zu einer gezielten antibakteriellen Chemotherapie waren mit ihnen getan, und E. hatte bei seinen Untersuchungen zahlreiche nach ihm benannte serologische Verfahren entwickelt und Reagenzien entdeckt. [Krafft]

Werke: Gesammelte Arbeiten zur Immunitätsforschung (Berlin 1904); The Collected Papers, hrsg. von F. Himmelweit (4 Bde, London/New York 1956–1960). – *Bibl.*: Pogg. VII a Suppl., 178–183 (Sekundärliteratur). – *Lit.*: GCh II, 421–442 (R. Koch); GMikro II, 79–89 (E. Glees); DSB IV, 295–305 (C. E. Dolman); GWG IX, 224–235 (E. Seidler); W. Greulich: P. E. Leben und Werk (Düsseldorf 1954); H. Loewe: P. E. Schöpfer der Chemotherapie (Stuttgart 1950; mit Bibl.); E. Bäumler: P. E., Forscher für das Leben (Frankfurt am Main 1979, ³1997).

Einstein, Albert, deutsch-schweizerischer Physiker, * 14.3.1879 Ulm, † 18.4.1955 Princeton [N.J.].

Nach dem Gymnasium in München und Aarau (Schweiz) studierte E. 1896 bis 1900 an der Eidgenössischen Technischen Hochschule in Zürich Physik und Mathematik und arbeitete 1902 bis 1909 am Patentamt in Bern. E. war Professor für Physik 1909 und 1912 bis 1914 in Zürich und 1911 in Prag; 1914 wurde er Direktor des (als Gebäude erst nach seiner Emigration errichteten) Kaiser-Wilhelm-Instituts für Physik in Berlin und hauptamtliches Mitglied der Preußischen Akademie der Wissenschaften ohne Lehrverpflichtung. Während eines längeren Amerika-Aufenthaltes legte E. nach Hitlers Machtergreifung 1933 im Verlauf eines Ausschlußverfahrens alle Ämter nieder und emigrierte in die USA (1940 eingebürgert), wo er von 1932 bis zu seinem Tode am Institute for Advanced Study in Princeton (N.J.) arbeitete. E. wurde weltberühmt, erhielt viele Ehrungen (1921 Nobelpreis für Physik für seine quantentheoretische Deutung des Photoeffekts; 1952 Angebot, Präsident Israels zu werden), aber auch antisemitische Anfeindungen.

E. – der bedeutendste Physiker des 20. Jahrhunderts – hat die Grundlagen der Physik revolutioniert; ihm ist mit seiner schöpferischen Phantasie, analytischen Kraft und seiner einzigartigen Einsicht in die Raum-Zeit-Struktur wohl nur *I. → Newton*, dessen klassische Mechanik er modifizierte, an die Seite zu stellen. – Ausgehend von einer fundamentalen Kritik der klassisch-mechanischen Vorstellungen von einem ›absoluten Raum‹ und ›absoluter Gleichzeitigkeit‹ und von der Konstanz der Lichtgeschwindigkeit entwickelte E. 1905 in seiner epochemachenden Arbeit ›Zur Elektrodynamik bewegter Körper‹ die spezielle Relativitätstheorie für gleichförmig gegeneinander bewegte Bezugssysteme, leitete in ihr die Längenkontraktion und Zeitdilatation ab und folgerte 1907 die Äquivalenz von Masse und Energie. Die spezielle Relativitätstheorie war damit abgeschlossen und experimentell gesichert; seit 1907 arbeitete E. an der 1914–1916 publizierten allgemeinen Relativitätstheorie. Diese geht von fundamentalen Invarianzforderungen und der Gleichheit von schwerer und träger Masse aus, liefert neue Feldgleichungen der Gravitation und bedeutet eine radikale Änderung jahrhundertealter Vorstellungen von der Struktur des physikalischen Raumes. Die Metrik und Krümmung der vierdimensionalen Raum-Zeit-Welt werden lokal durch die Materieverteilung im Weltall bestimmt. Weltberühmt wurde E., als die vorhergesagte Lichtablenkung im Gravitationsfeld bei der Sonnenfinsternis von 1919 bestätigt wurde (*A. S. → Eddington*). Weitere experimentelle Bestätigungen sind die Rotverschiebung im Gravitationsfeld und die Periheldrehung beim Merkur. Die allgemeine Relativitätstheorie ist heute noch nicht vollständig abgeschlossen und führt zu schwierigen Problemen der Kosmologie, für die es auch immer wieder ›klassische‹ Lösungsversuche gab – so von Sir (ab 1928) *James Hopwood Jeans* (* 11.9.1877 Ormskirk [Lancashire], † 16.9.1946 Dorking), der daraufhin eine Inkonstanz der Gravitation annehmen mußte, und von *Edward Arthur Milne* (* 14.2.1896 Hull, † 21.9.1950 Dublin) mit seinem homogenen und isotropen, rein kinematischen Weltmodell, der später mit seiner ›kinematic relativity‹ dazu sogar eine neue Art von Relativität in die Debatte warf (1948). In logischer Konsequenz seiner Überlegungen, aber letztlich vergeblich, suchte E. seit 1920 nach einer einheitlichen Feldtheorie, die neben der Gravitation auch die Elektrodynamik umfassen sollte.

E. veröffentlichte 1905 eine Theorie der Brownschen Bewegung (abschließende Bestätigung der Atomhypothese der Materie) und die Erklärung des äußeren Photoeffekts (dafür Nobelpreis), womit eine Quantentheorie der Strahlung begann, 1907 eine Theorie der spezifischen Wärme aufgrund von Atomschwingungen in Festkörpern, 1909 die Vermutung eines Welle-Teilchen-Dualismus der Strahlung, 1912 das photochemische Quantenäquivalentgesetz, 1917 eine einfache statistische Erklärung des Planckschen Strahlungsgesetzes (*M. → Planck*) und 1924/25 die Bose-Einstein-Statistik für ein ideales Gas materieller Teilchen. Trotz E.s bedeutendem Beitrag zur Entstehung der Quantentheorie akzeptierte er diese (mit der statistischen Interpretation von *M. → Born*) nicht als vollständige Beschreibung der physikalischen Realität (seit dem Solvay-Kongreß 1927 Diskussion um die ›Kopenhagener Deutung‹ von *N. → Bohr* und *W. → Heisenberg*; 1935 Versuch, eine Inkonsistenz mit dem Paradoxon von E.-Podolsky-Rosen nachzuweisen), da seine philosophische Grundhaltung eine deterministische und nicht-positivistische Physik als Beschreibung einer objektiven Realität forderte. »Der liebe Gott würfelt nicht«, lautet ein diesbezüglicher Ausspruch von ihm. E. geriet so in eine tragische wissenschaftliche und auch menschliche Einsamkeit.

Ab 1920 nahm E. als Pazifist und Zionist mutig zu politischen Fragen Stellung. Allerdings wies er aus Sorge wegen des nationalsozialistischen Deutschlands 1939 in einem Brief an F. D. Roosevelt (nach Aufforderung durch *Leo Szilard* [* 11.2.1898 Budapest, † 30.5.1964 La Jolla, Calif.], *E. Teller* und *Eugene Paul Wigner* [* 17.11.1902 Budapest, † 1.1.1995 Princeton, N.J.]) auf die Gefahr einer aufgrund der von *O. → Hahn* und *F. Straßmann* Ende 1938 entdeckten Uranspaltung möglichen deutschen Atombombe hin und trug so zum Bau der amerikanischen Atombombe (1945 Abwurf auf Hiroshima und Nagasaki) bei, an dem er selbst allerdings nicht beteiligt war. Nach dem Zweiten Weltkrieg setzte er sich für eine Ächtung der Kernwaffen, eine Weltregierung und die Bewahrung geistiger Freiheit ein.

[Koch/Krafft/Meyer-Abich]

Werke: The Collected Papers, hrsg. von M. J. Klein u.a. (Bd 1 ff., Princeton 1987 ff.); A. E./Arnold Sommerfeld, Briefwechsel, hrsg. von A. Hermann (Basel/Struttgart 1968); A. E./Hedwig und Max Born, Briefwechsel 1916–1955, kommentiert von M. Born (München 1969, 1991); A. E./M. Besso, Correspondance 1903–1955 (Paris 1972); A. E./Mileva Marić: Am Sonntag küss' ich Dich mündlich. Die Liebesbriefe 1897–1903, hrsg. von J. Renn/R. Schulmann (München/Zürich 1994; zuerst engl., Princeton 1992). – *Bibl.*: N. Boni u.a.: A Bibliographical Checklist and Index to the Published Writings of A. E. (New York 1960). – *Lit.*: DSB IV, 312–333 (M. J. Klein/N. L. Balazs); GWG XI, 14–33 (A. Hermann); KNph 357–373 (B. Kanitscheider); GPh II, 178–248 (A. Hermann); J. Wickert: A. E., dargestellt in Selbstzeugnissen und Bilddokumenten (Reinbek bei Hamburg 1972); F. Herneck: A. E. (Leipzig 1974, [5]1980); J. Ehlers u.a. (Hrsgg.): E. Symposion

Berlin (Berlin usw. 1979); C. Kirsten/H.-J. Treder: A. E. in Berlin 1913–1933 (2 Bde, Berlin 1979); A. Fölsing: A. E. – eine Biographie (Frankfurt am Main 1993); A. Hermann: E. Der Weltweise und sein Jahrhundert (München 1994); H. Goenner u.a.: The Expanding Worlds of General Relativity (Basel usw. 1998). – E. Digital (CD-ROM, Heidelberg usw. 1996); S. S. Kantha: An E. Dictionary (Westport, C.T. 1996).

Empedokles von Akragas, griechischer Naturphilosoph, * um 485 v. Chr. Akragas [heute Agrigento], † um 425.

E., dessen Wanderleben als Redner, Arzt, Sühnepriester und ›Magier‹ ihn durch Sizilien und die Peloponnes führte, war wie → *Pythagoras* eine jener frühen, offenbar vom Orient her beeinflußten Gestalten, die heilend, ordnend und schlichtend durch die Lande zogen, von ihren Anhängern abgöttisch verehrt und deshalb schnell von vielen Legenden umrankt. Eine dieser Legenden besagt, daß E. in den Ätnakrater gesprungen sei, um eine Himmelfahrt vorzutäuschen; der Berg habe jedoch die Sandalen unverbrannt wieder ausgespien und ihn so als Schwindler entlarvt. Hier wird aus späterer, rationalistischer und antiphilosophischer Sicht jener Herr über die Elemente und Geister, der mit übernatürlichen Kräften ausgerüstete Mystiker persifliert, als den E. sich durchaus noch sah. Nur diese als Übergangsepoche gekennzeichnete Zeit vermochte solche Gestalten hervorzubringen, die mystisch-pythagoreisches, ontologisch-eleatisches und aufklärerisch-ionisches Gedankengut in sich vereinen konnten und dadurch zu aus späterer Sicht unverständlich widersprüchlichen Persönlichkeiten wurden, deren profilierteste ohne Zweifel E. war.

Aus umfangreichen Fragmenten sind noch zwei seiner großartigen Dichtungen, sog. Lehrgedichte, in groben Umrissen bekannt, von denen die später ›Über die Natur‹ benannte seine Naturlehre enthält. Sie bildet einen der drei älteren Versuche, das allein erkennbare Sein des → *Parmenides* und die von den älteren Naturphilosophen betonte Veränderlichkeit der natürlichen Dinge miteinander zu verknüpfen: Es gibt keine Veränderung, kein Entstehen oder Vergehen, sondern nur Mischung und Trennung von Partikeln der vier unveränderlichen ›Wurzelkräfte‹, der Elemente Erde, Wasser, Luft und Feuer, die ergänzt werden durch die verbindende ›Liebe‹ und den trennenden ›Streit‹ als bewegende Kräfte, die aus der ursprünglich gleichmäßigen Verteilung der Elemente innerhalb des ›Sphairos‹ den Kosmos entstehen ließen und an den Grenzen zwischen Erdscheibe und Luft/Feuer-Reich ein ständiges vermeintliches ›Entstehen‹ und ›Vergehen‹ bewirken. Die einzelnen Partikel mischen sich mechanisch, wenn sie zueinander passen, doch weitgehend zufällig und ohne Plan. Eine Teleologie fehlt noch gänzlich: In der stufenweisen Entwicklung der Lebewesen sind die anfänglichen, zufällig zusammengekommenen Miß- und Mischgestalten im Kampf ums Dasein den tauglicheren Formen der Lebewesen mit zueinander passenden Organen unterlegen gewesen.

Diese erste Elementenlehre, die auf die Folgezeit besonders mit ihrer Vierzahl starken Einfluß ausübte, ist verbunden mit einer umfassenden wissenschaftlichen Theorie, der Porenlehre, mit deren Hilfe es E. gelingt, zahlreiche Erscheinungen und Wirkungen zu erklären: Alle Partikel haben Poren, die ineinander passen oder nicht, die Gänge offen lassen (Durchsichtigkeit) usw. Auch die fünf Wahrnehmungsarten vermochte E. so erstmals auf einen Nenner zu bringen: Wie beim Tasten und Schmecken müßte auch für die anderen Sinne ein Kontakt zwischen Wahrgenommenem und den Sinnen stattfinden. Er denkt dabei an feine Ausflüsse der wahrgenommenen Dinge, die genau in die Poren der entsprechenden Sinnesorgane passen. Trifft Gleiches auf Gleiches, so wird wahrgenommen. Das Blut als die harmonischste Mischung reflektiert die Wahrnehmungen als Denkorgan. (Die Wahrnehmungstheorie wurde teilweise von den Atomisten und Stoikern übernommen.) – Im Rahmen der Erklärung ›meteorologischer‹ Phänomene deutete E. die Sonne als Schein des von der Erdscheibe am Himmelsgewölbe reflektierten Feuers in der oberen Halbkugel der Welt. [Krafft]

Fragmente: VS Nr. 31; The Extant Fragments, hrsg. von M. R. Wright (New Haven/London 1981). – C. Gallavotti: E. nei papiri Ercolanesi. In: J. Bingen u.a. (Hrsgg.): Le monde Grec (Brüssel 1975, S. 153–161). – *Lit.*: DSB IV, 367–369 (A. P. D. Mourelatos); GWG I, 466–483 (F. Krafft); GPh I, 49–76 (F. Krafft); J. Bollack: E. (3 Bde, Paris 1965–1969; mit griech.-französ. Fragmentausgabe); D. O'Brien: E.' Cosmic Cycle. A Reconstruction from the Fragments and Secondary Sources (Cambridge 1969; mit Bibl.); J. C. Lüth: Über die Natur. Die Struktur des Wirklichen im empedokleischen System (Meisenheim am Glan 1970); N. van der Ben: The Poem of E.' Peri physeos. Towards a new Edition of all the Fragments (Amsterdam 1975); H. W. Johnstone: E.' ›Peri physeos‹ and ›Katharmoi‹ (Bryn Mawr, Pa. 1985); O. Primavesi: Kosmos und Dämon bei E. Der Papyrus PStrasb. Inv. 1665–1666 und die indirekte Überlieferung (Göttingen 1997).

Encke, Johann *Franz*, deutscher Astronom, * 23.9.1791 Hamburg, † 26.8.1865 Spandau.

E. studierte nach dem Besuch des Johanneums und des Akademischen Gymnasiums in Hamburg ab 1811 bei *C. F.* → *Gauß* in Göttingen Mathematik und Astronomie, unterbrochen 1812 durch die Ausübung eines Lehramtes in Kassel und 1813 durch die Teilnahme an dem Befreiungskrieg. Er trug schon früh Berechnungen zu *Gauß*' Veröffentlichungen bei und übernahm 1814 die ihm zwei Jahre zuvor angebotene Stelle als Observator an der Sternwarte auf dem Seeberg bei Gotha, deren Direktor er 1822 wurde. 1825 folgte er einem Ruf als Astronom der Preußischen Akademie der Wissenschaften und Direktor der Sternwarte nach Berlin, wo 1832 bis 1835 unter seiner Leitung die neue Sternwarte errichtet wurde. 1844 wurde er auch Professor an der Universität Berlin, 1863 entpflichtet.

Berühmt wurde E., als ihm im Januar 1819 die Berechnung der Bahn des am 26.11.1818 von *Jean-Louis Pons* (* 24.12.1761 Peyre, † 14.10.1831 Florenz) in Marseille entdeckten, später nach E. benannten Kometen gelang, die anfangs eine elliptische Umlaufbahn von nur etwa 3,5 Jahren ergab, womit damals niemand gerechnet hatte. Seit *E.* → *Halley* waren zwar einige elliptische Bahnen von Kometen erkannt worden, doch hatten alle eine Umlaufzeit von 70 und mehr Jahren. *Gauß* ließ sofort die kurze Notiz, mit der E. ihm, *H. W. M.* → *Olbers* und *F. W.* → *Bessel* seine Vermutung über die Identität mehrerer Kometen mitgeteilt hatte, drukken. *Olbers* und andere machten ihn auf weitere Kometen aufmerksam, die eine ähnliche Bahn aufwiesen. Bald ergab sich ihm eine Umlaufzeit von 3,3 Jahren mit jeweiliger Verzögerung um 3 Stunden, die er anfangs auf ein widerstehendes Medium im Weltraum, den Äther, zurückführen wollte. Plötzlich eröffneten sich ihm so auch Erklärungsmöglichkeiten für die Störungen in den Bahnen von Planeten, denen dieser von *Gauß* sogenannte Planet-Komet sich auf seiner Bahn jeweils stark genähert hatte. Die Kometenkunde war damit auf eine ganz neue Basis gestellt, und es ist verständlich, daß der Entdecker ihrer kurzperiodischen Bahnen sich fortan besonders mit ihnen und den – nach 1845 in unverhoffter Vielzahl entdeckten – Planetoiden beschäftigte. Daneben berechnete er aus den Venusdurchgängen von 1761 und 1769 die Sonnenparallaxe und gab die unter seiner Leitung erstellten Sternkarten der Akademie heraus, die 1846 nach einer Anregung *Urbain Jean Joseph Leverrier*s (* 11.3. 1811 Saint-Lô [Normandie], † 23.9.1877 Paris) seinem Gehilfen und Observator *Johann Gottfried Galle* (* 9.6.1812 Pabsthaus [bei Gräfenhainichen], † 10.7.1910 Potsdam), dem späteren Direktor der Sternwarte (1851) und ordentlichen Professor für Astronomie (1856) in Breslau, die Entdeckung des Planeten Neptun ermöglichten. [Krafft]

Werke: Gesammelte mathematische und astronomische Abhandlungen (3 Bde, Berlin 1888–1889). – *Bibl.*: Pogg. VII a Suppl., 185 f. – *Lit.*: DSB IV, 369 f. (H. C. Freiesleben); K. C. Bruhns: J. F. E. (Leipzig 1869); D. Wattenberg: J. F. E. und Wilhelm Olbers in ihrem gegenseitigen Briefwechsel. In: Sternzeichen (Berlin 1977, Heft 1, S. 69–95). – D. Wattenberg: Johann Gottfried Galle 1812–1910 (Leipzig 1963).

Epikuros, griechischer Philosoph, * 10. Gamelion 341 Samos, † 270 Athen.

E. studierte 327 bis 324 in Teos demokritische Philosophie und Physik, leistete dann seinen zweijährigen Militärdienst als Ephebe in Athen – sein Vater war als attischer Bürger Kolonist auf Samos – und scheint hier auch aristotelische (und platonische) Philosophie studiert zu haben. Samos war inzwischen im Lamischen Krieg der attischen Herrschaft verlorengegangen, und E. folgte 321 seinen Eltern ins Exil nach Kolophon, wo er sein eigenes philosophisches System ausbildete. Im Jahre 311/10 beginnt er mit seiner Lehrtätigkeit in Mytilene und setzt sie im folgenden Jahr in Lampsakos fort, bevor er im Jahre 307/06 ein großes Gartengrundstück in Athen erwirbt und hier eine eigene Schule, der um 300 v. Chr. als vierte und letzte längere Zeit bestehende Gründung neben der Akademie (→ *Platon*) und dem Peripatos (→ *Aristoteles*) die Stoa folgte, gründete – deshalb werden die Epikureer auch ›Philosophen des Gartens‹ genannt. E. lehrte hier im Kreise gleichgesinnter Schüler bis zu seinem nach langer und qualvoller Krankheit erfolgten Tode.

Auf dem Gebiete der Naturlehre knüpfte E. vorwiegend an vorplatonische, besonders atomistische Vorstellungen an; er war aber auch der aristotelischen Philosophie verpflichtet. Aufgrund seiner materialistischen Grundauffassung unterscheidet er sich allerdings radikal von *Platon* und *Aristoteles*. Das Sein sei nicht transzendent hinter oder über den Dingen, sondern in ihnen, es bestehe in und aus den Atomen und stehe nicht im Gegensatz, sondern in Relation zum Werden. Folgerichtig kann E. dem Sein oder einem Seienden, das in die Ursache-Wirkung-Relation einbezogen sein soll, keine absolute Geltung zuschreiben: Es gibt keine außermenschlichen Normen und Rechte; selbst die Götter bestehen aus Atomballungen. Sie sind zwar – als Konzession an die Tradition – menschengestaltig und unvergänglich, können aber gerade wegen ihrer Unveränderlichkeit nicht Ursache für irgendein Geschehen sein. Sie stehen außerhalb dieser Welt und können von dieser auch nicht erreicht werden. Es gebe aber auch keine absolut gültige Aufgabe für den Menschen; die Erkenntnis von Naturvorgängen habe vielmehr ihren zudem relativen Wert allein darin, daß sie den Menschen frei von Schmerz, äußerer Unruhe und Götterfurcht mache, ihm zu innerer Ruhe verhelfe. Diese Forderung nach Befreiung und Abschirmung gibt der Philosophie E.'s den Charakter einer Heilsbotschaft, die einerseits stärker als der naturkundliche Unterbau in Hellenismus und Spätantike wirkte und zur Entstehung kleiner sich nach außen abschließender Epikureerzirkel führte, die – wie das Beispiel des *Lukrez* zeigt – auch die Physik pflegten, andererseits aber Außenstehenden die unverstandene ganze Philosophie suspekt erscheinen ließ. Besonders die frühen Kirchenväter machten die Epikureer zum Inbegriff eines unmoralischen und gottlosen Lebens, und so lebte der epikureische Atomismus wenigstens in ihrer Polemik im Mittelalter fort, bis *P. Gassendi* ihm im 17. Jahrhundert eine christliche Einkleidung zu geben vermochte (*D.* → *Sennert*).

Der Atomismus E.'s unterscheidet sich von dem älteren des *Leukippos* und → *Demokritos* in einigen Punkten: Die Zahl der Atom*formen* ist nicht mehr unbegrenzt; für Größe und Gestalt gelten Ausschlußprinzipien. Die ursprüngliche Atombewegung verläuft nicht vollkommen ungeordnet nach allen Seiten, sondern einheitlich von oben nach unten: Zufällige Abweichungen von dieser Richtung führten zu zusätzlichen Stoßbewegungen, woraus Wirbel entstünden, die eine Weltbildung einleiteten. Die Erkenntnistheorie ist im Anschluß an → *Empedokles* und die älteren Atomisten und im bewußten Gegensatz zu *Platon* und *Aristoteles* rein materialistisch: Jede Erkenntnis beruht auf Wahrnehmung. Alle Wahrnehmungen sind wahr – Irrtümer entstehen erst durch falsche Schlüsse und Urteile –; denn sie entstehen durch atomistisch-materielle Bilder (›eidola‹), welche von allen Dingen ausgestoßen werden und durch die passenden Poren in den Sinnesorganen zur menschlichen Seele dringen.

Von den vielen Werken E.' sind nur Bruchstücke der Naturlehre auf Papyrus und drei Briefe in dem Epikurbuch des antiken Philosophiehistorikers *Diogenes Laërtios* (3. Jahrhundert n. Chr.) erhalten. Daneben vermittelt ein vermutlich weitgehend authentisches Bild der Atomistik und Naturlehre das umfangreiche lateinische Lehrgedicht ›De rerum natura‹ des Epikureers *Lukrez* (*Titus Lucretius Carus*; * 97 v. Chr., † 10.10.55), das 54 v. Chr. postum auf Veranlassung von *Cicero* veröffentlicht wurde, im Mittelalter verschollen war und erst 1408 wiederaufgefunden wurde, dann aber wie in der Antike vorwiegend als Zeugnis hoher Dichtkunst geschätzt wurde, während der naturwissenschaftliche Gehalt lange verkannt blieb. Die einzelnen Bücher behandeln: Atome und ihre Bewegung (1,2); Seele (3); Eidola-Theorie, Denken und Begehren (4); Kosmogonie einschließlich Entstehung des Menschen und der Kultur (5); Naturerscheinungen und ihre Erklärung zur Unterdrückung der Götterfurcht (6).

[Krafft]

Werke/Fragmente: Von der Überwindung der Furcht, eingeleitet und übertragen von O. Gigon (Zürich 1949 u.ö.); Opere, griechisch-italienisch hrsg. von G. Arrighetti (Turin 1960, ²1973) [weiteres → Demokritos]. – *Lit.*: DSB IV, 381 f. (D. J. Furley); GWG I, 690–709 [E.], und II, 98–115 [Lukrez] (O. Gigon); W. Schmidt: E. In: Reallexikon für Antike und Christentum, Bd 5/1961, 681–819; J. M. Rist: E. An Introduction (London/Cambridge 1972); G. Rodis-Lewis: É. et son école (Paris 1975); J. Bollack/A. Laks (Hrsgg.): Études sur l'epicureisme antique (Lille 1976); H. Ludwig: Materialismus und Metaphysik. Studien zur epikureischen Philosophie bei T. Lucretius Carus (Köln 1976); R. M. Strozier: E. and Hellenistic Philosophy (Lanham 1985); F. Jürß: Die epikureische Erkenntnistheorie (Berlin 1991); M. Hossenfelder: E. (München 1991, ²1998); D. N. Sedley: Lucretius and the Transformation of Greek Wisdom (Cambridge 1998).

Eratosthenes von Kyrene, letzter (griechischer) Universalgelehrter der Antike, Dichter, Philologe, (stoisch beeinflußter) Philosoph, Historiker und Naturforscher, * um 290 v. Chr. Kyrene, † um 205 Alexandria.

E., der in seiner Geburtsstadt Schüler des Dichters Kallimachos war, studierte in Athen an der Stoa und der Platonischen Akademie. 246 wurde er von Ptolemaios III. als Vorsteher der Bibliothek und Erzieher des Kronprinzen nach Alexandria berufen, wo er das ganze Spektrum seiner Gelehrsamkeit entfalten konnte und im Alter von 82 Jahren starb.

Für die Geschichte der exakten Wissenschaften von größter Bedeutung war sein Werk ›Geographika‹, mit dem er die Kartographie zur eigentlichen Aufgabe der von ihm deshalb ›Geographia‹ (Zeichnung der Erde) genannten, bis dahin mehr beschreibenden Wissenschaft machte. Die zwar schon von *Herodotos* kritisierte, aber noch übliche kreisrunde Erdkarte von → *Anaximandros* und *Hekataios* wurde unter Berücksichtigung der systematischen Erforschung des Ostens auf dem Alexanderzug und der Berichte des Seefahrers *Pytheas von Massilia* (1. Hälfte des 4. Jh.s v. Chr.) über den Westen und Norden neu konzipiert, umfaßte jetzt mit denselben Gebieten nur die bewohnten Gegenden der Nordhalbkugel und erhielt eine rechteckige Form mit Europa als westlicher und Indien als östlicher Begrenzung. Da noch keine astronomischen Breitenbestimmungen vorlagen, teilte er die Ökumene in sieben Breitenzonen, ›Klimata‹ genannt, die er mehr spekulativ nach klimatischen, ethnographischen, zoologischen und botanischen Eigenheiten gegeneinander abgrenzte. Ein gründliches Studium der älteren Literatur (meist Reiseberichte) lieferte ihm dann anhand dieser Eigenheiten die Möglichkeit, Orte und Länder einer bestimmten Breite zuweisen zu können. Distanzabschätzungen nach Tagesfahrten und -märschen konnten nur gelegentlich herangezogen werden, und doch war er für die Längenangaben allein auf sie angewiesen. Die später einsetzende Kritik des → *Hipparchos*, der ausschließlich astronomische Ortsbestimmungen forderte, war zwar berechtigt, doch mußte einmal auch ohne die fehlenden Beobachtungen der Anfang gemacht werden, woran dann schrittweise die Verbesserungen durch *Hipparchos*, *Marinos von Tyros* (1./2. Jh. n. Chr.) und → *Ptolemaios* vorgenommen werden konnten. Den Weg dorthin hatte E. selbst gewiesen durch seine exakte Breitenbestimmung von Alexandria, die ihm gleichzeitig nach einer genial erdachten Methode die Länge des Erdumfanges lieferte: Da in Syene die Sonne mittags zur Sommersonnenwende genau im Zenit steht und keinen Schatten wirft, liege es genau unter dem nördlichen Wendekreis, die Breite entspräche der Schiefe der Ekliptik. Zur selben Zeit ergab eine Höhenmessung mittels Gnomons für Alexandria, von dem er annahm, daß es genau im Norden von Syene liege, einen Zenitabstand der Sonne von $^1/_{50}$ Kreisbogen. Die aus älteren Vermessungen übernommene Länge von 5000 Stadien für die Strecke Alexandria-Syene ergab somit, spekulativ der Unterteilung eines Meridians in 60 (noch nicht 360) Teile angepaßt, 252 000 Stadien als Erdumfang. Weil das zugrundegelegte Stadion-Maß unbekannt ist, ist dieser Wert trotz der sehr guten Winkelmessung nicht nachprüfbar. (Ein ›sehr genauer‹ Wert ist natürlich erreichbar, wenn man von dem modernen Wert des Erdumfanges ausgeht, diesen durch 50x5000 teilt und das diesem Wert am nächsten kommende aus den zahlreichen recht stark divergierenden Stadien-Maßen zu dem von E. zugrundegelegten Stadion erklärt!)

Bekannt ist E. außerdem als Erfinder des Mesolabs, einer Art Spezialrechenschieber zum Auffinden zweier und mehrerer mittlerer Proportionalen (Würfelverdoppelung), und der als ›Sieb des Eratosthenes‹ bezeichneten Methode zum Ermitteln der Primzahlen. Typisch für die ›Fixsternastronomie‹ vor *Hipparchos* ist sein Werk ›Verstirnungen‹, das die Sagen von Versetzungen mythischer Gestalten als Sternbilder an den Himmel enthält. – Alle Schriften sind nur in Fragmenten erhalten. [Krafft]

Fragmente: Eratosthenica, hrsg. von G. Bernhardy (Berlin 1822); Carminum reliquiae, hrsg. von E. Hiller (Leipzig 1872); Catasterismorum reliquiae, hrsg. von C. Robert (Leipzig 1878; Nachdruck: Hildesheim 1963); Die geographischen Fragmente, hrsg. von H. Berger (Leipzig 1880; Nachdruck: Amsterdam 1964); A. Muwafi/A. N. Philippou: An Arabic Version of E. on Mean Proportionals. In: *Journal for the History of Arabic Science* 5 (1981), 147–174. – *Lit.*: DSB IV, 388–393 (D. R. Dicks); A. Thalamas: La géographie d'É. (Versailles 1921); E. P. Wolfer: E. von K. als Mathematiker und Philosoph (Groningen 1954); P. M. Fraser: E. of C. (London 1971); G. Dragoni: E. e l'apogeo della scienza greca (Bologna 1979).

Eudoxos von Knidos, griechischer Mathematiker und Naturforscher, * um 408 v. Chr. Knidos [Kleinasien], † um 355 ebenda.

Über das Leben des E. ist wenig bekannt; einigermaßen sicher ist nur, daß er 53 Jahre alt wurde, als 23jähriger Vorlesungen an der Platonischen Akademie in Athen hörte, dann mit Unterstützung knidischer Freunde eine fast zweijährige Reise durch Ägypten machte, wo er astronomisches Beobachtungsmaterial sammelte, anschließend in Kyzikos (am Marmara-Meer) eine eigene Schule gründete sowie dort und am Hofe des Satrapen von Karien, Mausollos, Vorlesungen über Theologie, Kosmologie, Astronomie und Wetterkunde hielt, bevor er mit einem Teil seiner Schüler nach Athen übersiedelte und eine eigene Schule neben der Platonischen Akademie unterhielt. Die letzten Lebensjahre verbrachte er wieder in Knidos.

Seine Lehrtätigkeit und sein Schrifttum umfaßten alle Gebiete der noch nicht in Einzeldisziplinen zerfallenen Wissenschaft dieser Zeit von der Theologie und Philosophie (besonders Ethik) über die Naturwissenschaft (Geographie/Physik, besonders Farbenlehre/Astronomie) bis hin zur reinen und angewandten Mathematik. Vollständige Werke sind von ihm zwar nicht mehr erhalten, doch lassen sich seine wissenschaftlichen Leistungen aus den Fragmenten und Berichten bei späteren Autoren rekonstruieren. So sind die Schrift ›Über Analogien‹ mit der von ihm geschaffenen mathematischen Proportionenlehre und seine Ähnlichkeitslehre relativ unverändert in die ›Elemente‹ des → *Euklid* eingegangen, und auch die exakte Exhaustionsmethode zur Bestimmung des Inhalts nicht geradlinig begrenzter Flächen und Körper bei *Euklid* und → *Archimedes* geht auf E. zurück. Daneben stammt eine erste Theorie der Kegelschnitte von ihm. Astronomie und Geographie hat er sowohl deskriptiv als auch mathematisch behandelt, und die Kugelgestalt der Erde erwies er ebenso wie die Tatsache, daß der Mond kein eigenes Licht ausstrahlt, sondern nur das der Sonne reflektiert. Seine größte Leistung auf dem Gebiet der heute sogenannten exakten Naturwissenschaften besteht jedoch in der mathematischen Theorie der Planetenbewegungen in seiner Schrift ›Über die Geschwindigkeiten‹: Die ersten Versuche, die von der Erde aus gegenüber der täglichen gleichförmigen Rotation des als Kugelschale aufgefaßten Fixsternhimmels ungleichförmig und rückläufig erscheinenden Relativbewegungen (Anomalien) der Planeten zu erklären, stammen aus der zweiten Hälfte des 5. vorchristlichen Jahrhunderts (*Philolaos*). Beobachtete Daten solcher periodisch wiederkehrender Anomalien der Planetenbewegungen wurden jedoch nach Ansätzen bei → *Platon* erstmals von E. in seinem kinematischen Modell der homozentrischen Sphären berücksichtigt, das die verwikkelten Bewegungen jedes einzelnen Planeten (einschließlich Sonne und Mond) aus der gleichförmig, aber um verschiedene Achsen und mit unterschiedlicher Geschwindigkeit und Richtung erfolgenden Rotation mehrerer ineinandergeschachtelter konzentrischer Kugelschalen (Sphären) resultieren läßt. Die scheinbare Schleifenbewegung eines (äußeren) Planeten ergibt sich danach für den Beobachter im Zentrum (auf der Erde) als eine achtförmige Kurve, die sogenannte Hippopede, indem der Planet an einer um das Zentrum rotierenden Kugel haftet, deren Achse in einer zweiten Kugel gelagert ist, die ihrerseits um eine andersgerichtete Achse und dazu gegenläufig rotiert. Dieses System wird von einer dritten Sphäre so mitgenommen, daß die achtförmige Kurve, die vom Planeten durchlaufen wird, in der Richtung ihrer Längsachse entlang dem Tierkreis und rückläufig zur Bewegung des Fixsternhimmels die Erde umkreist, während eine vierte Sphäre dem ganzen System die tägliche Bewegung des Fixsternhimmels mitteilt, da die Erde als im Zentrum ruhend angenommen wurde. Bei entsprechenden Geschwindigkeiten und Achsenwinkeln werden so die verwickelten Planetenbewegungen mit ihren Anomalien ziemlich genau auf gleichförmige Kreisbewegungen zurückgeführt und als scheinbar erwiesen. Diese Methode der Zerlegung nur als scheinbar ungleichförmig angenommener Planetenbewegungen in ihre gleich- und kreisförmigen Komponenten wurde bis zur Entdeckung der Ellipsenbahnen durch *J.* → *Kepler* beibehalten, wenn auch statt der homozentrischen schon bald exzentrische und epizyklische Sphären (→ *Apollonios,* → *Hipparchos*) zur genauen Wiedergabe der erkannten Anomalien erforderlich wurden. Das homozentrische Sphärensystem des E. ging jedoch nach Verbesserungen durch *Kallippos*, einen Zeitgenossen des → *Aristoteles*, in erweiterter Form in die aristotelische Physik ein und fand deshalb, solange diese in Geltung blieb, bis ins 16. Jahrhundert immer wieder ernsthafte Vertreter (nach der Kritik an der Theorie des → *Ptolemaios* durch den Peripatetiker des 2. Jahrhunderts *Sosigenes* sowie durch *Proklos*, *Ibn al-* → *Haitham* und → *Averroës* etwa *al-Bitrudschi*) – obgleich es die wechselnde Entfernung eines Planeten von der Erde (Apogäum, Perigäum) nicht erklären konnte. – Auf E. geht auch das ›Analemma‹ genannte Verfahren zur Konstruktion des Liniennetzes von ebenen Sonnenuhren zurück, sowie ein ›Phainomena‹ genanntes Werk über Fixsternphasen. [Krafft]

Fragmente: Die Fragmente, hrsg. von F. Lasserre (Berlin 1967). – *Lit.*: DSB IV, 465–467 (G. L. Huxley); G. V. Schiaparelli: Die homozentrischen Sphären des E., des Kallippus und des Aristoteles (Leipzig 1877; zuerst italien. 1874); F. Gisinger: Die Erdbeschreibung des E. von K. (Leipzig/Berlin 1921); E. Maula: Studies in E.' Homocentric Spheres (Helsinki/Helsingfors 1974); H. J. Waschkies: Von E. zu Aristoteles. Das Fortwirken der Eudoxischen Proportionenlehre in der aristotelischen Lehre vom Kontinuum (Amsterdam 1977); H. Flashar (Hrsg.): Ältere Akademie, Aristoteles, Peripatos (Grundriß der Geschichte der Philosophie, Bd 3, Basel/Stuttgart 1983, S. 73–97; mit Bibl.).

Euklid (*Eukleides*), durch mittelalterliche Verwechslungen mit einem gleichnamigen Sokratesschüler gelegentlich auch fälschlich ›*Eukleides von Megara*‹ genannt (→ *Platon*), griechischer Mathematiker, um 300 v. Chr.

Aus dem Leben E.s ist so gut wie nichts bekannt. Seine Ausbildung hat er wohl an der Platonischen Akademie in Athen erhalten – jedoch nicht mehr unter den unmittelbaren Schülern *Platons*: → *Archimedes* weist bereits auf bestimmte Sätze der ›Elemente‹ hin, und → *Apollonios* legt den ersten Büchern seiner Kegelschnittlehre die ›Konika‹ des E. zugrunde. Seine Wirkugsstätte war Alexandria.

Durch sein Werk ›Elemente‹ wurde E. der Mathematiklehrer aller direkt oder indirekt von der griechischen Wissenschaft beeinflußten Völker, und zwar teilweise bis in die Gegenwart. Lateinische Übersetzungen und Bearbeitungen dieses Werkes sind schon aus der Spätantike bekannt (*Boethius*), die frühesten davon unabhängigen des Mittelalters sind solche des 12. Jahrhunderts aus dem Arabischen. Seitdem sind die ›Elemente‹ (bis zum Aufkommen nichteuklidischer Geometrien im Laufe des 19. Jahrhunderts) wie in der Antike und bei den Muslimen das mathematische Lehr- und Handbuch schlechthin gewesen. E. hat nicht die ersten ›Elemente‹ verfaßt – darin gingen ihm vielmehr der Pythagoreer *Hippokrates von Chios* (2. Hälfte des 5. Jhs. v. Chr.) und die Platoniker *Leon* und *Theudios* (1. Hälfte des 4. Jhs. v. Chr.) voran, und die Aufstellung von Definitionen und Axiomen, auf denen dann schrittweise die mathematischen Sätze aufbauen, wird etwa seit der Mitte des 5. Jahrhunderts erstmals erfolgt sein, um den Aussagenwert aus der Anschauung gewonnener mathematischer Sätze gegen die Skepsis der *Zenon*ischen Paradoxien und der Eleatischen Philosophie retten zu können –, doch hat er mit seinem Werk alle seine Vorgänger weit übertroffen. Natürlich hat er nicht alle Einzelheiten seines Werkes selbst erdacht, jedes Axiom neu formuliert oder eingeführt, jeden Beweis erstmals erstellt – das würde auch heute niemand vom Autoren eines Handbuches erwarten, und gerade die neuere historische Forschung hat nachweisen können, welchen älteren Autoren der Inhalt einzelner Bücher zuzuschreiben ist (die beiden letzten der in den Handschriften erhaltenen 15 Bücher sind unecht): ältere Pythagoreer (→ *Pythagoras*),

Theaitetos, → *Eudoxos von Knidos*. Doch werden über diese Erkenntnisse häufig die Leistungen E.s vergessen. Die systematische Erfassung des vorliegenden Materials, die Auswahl und Anpassung der Axiome, Sätze und Beweise, die Modernisierung unterschiedlicher älterer Verfahren scheinen zu einem Umbau im System der Mathematik geführt zu haben, für den allein E. verantwortlich war und der erst bewirkte, daß alle älteren mathematischen Werke der Griechen in Vergessenheit gerieten und verlorengingen, weil sie damit überholt waren. Die einzelnen Bücher enthalten: Buch I: Dreieckslehre, Parallelenlehre; Buch II: geometrische Algebra; Buch III: Kreislehre; Buch IV: regelmäßige Vielecke; Buch V–VI: Verhältnislehre; Buch VII–IX: Arithmetik (pythagoreischen Ursprungs); Buch X: Lehre vom Irrationalen (*Theaitetos*), Buch XI–XIII: Stereometrie (XIII: Reguläre Polyëder [*Theaitetos*]). Große Bedeutung erlangte insbesondere in der frühen Neuzeit der Kommentar des Neuplatonikers *Proklos Diadochos* (* 410 Byzanz, † 17.4.485 Athen) zum ersten Buch der ›Elemente‹ hinsichtlich der Frage der ontologischen Einordnung mathematischer Sachverhalte.

Eine ähnlich kanonische Geltung bis zur Erfindung des Fernrohres zu Beginn des 17. Jahrhunderts besaßen E.s Handbücher der geometrischen Optik (›Optica‹, ›Katoptrik‹). Hier scheint sein Verdienst jedoch wie bei dem astronomischen Werk ›Phainomena‹ und der mathematischen Musiktheorie ›Kanonteilung‹ auch darin gelegen zu haben, diese in der Neuzeit zur Naturwissenschaft gehörigen Gebiete der angewandten Mathematik erstmals nach dem Muster der Geometrie und Arithmetik systematisch deduktiv-axiomatisch behandelt, also auf das Niveau der Beweisbarkeit ihrer Sätze gestellt zu haben, worin ihm für die Mechanik *Archimedes* folgte. [Krafft]

Werke: Opera omnia, hrsg. von J. L. Heiberg/H. Menge (8 Bde und 1 Supplbd, Leipzig 1883–1916; Bd 1–5 [›Elemente‹], neu hrsg. von E. S. Stamatis, Leipzig 1969–1977); T. L. Heath: The Thirteen Books of E.'s Elements (3 Bde, Cambridge ²1925; Nachdruck: New York 1956); Die Elemente, Buch I–XIII, deutsch hrsg. von C. Thaer ([Leipzig 1933–1937], ²Darmstadt 1962 u.ö.); Ken'ichi Takahashi: The Medieval Latin Traditions of E.'s *Catoptrica*. A Critical Edition with an Introduction, English Translation and Commentary (Fakuoka 1992). – *Bibl.*: M. Steck: Bibliographia Euclideana [Elemente] (Hildesheim 1981). – *Lit.*: DSB IV, 414–459 (I. Bulmer-Thomas/J. Murdoch); GWG I, 710–725 (H. Freudenthal); A. Lejeune: E. et Ptolémée. Deux stades de l'optique géométrique Grecque (Louvain 1948); J. Itard: Les livres arithmétiques d'E. (Paris 1962); W. R. Knorr: The Evolution of the Euclidean Elements: A study of the Theory of Incommensurable Magnitudes and Its Significance for Early Greek Geometry (Dordrecht usw. 1975); I. Mueller: Philosophy of Mathematics and Deductive Structure in E.'s Elements (Cambridge, Mass. 1981); P. Schreiber/S. Brentjes: E. (Leipzig 1987).

Euler, Leonhard, schweizerischer Mathematiker, * 15.4.1707 Basel, † 18.9.1783 (n. St.) St. Petersburg.

Als Sohn eines selbst mathematisch sehr interessierten Pfarrers war E. ursprünglich zum Theologen bestimmt. Doch dann gab die Gelegenheit, bei dem großen *Johann* → *Bernoulli* in Privatunterweisung in die höhere Mathematik eingeführt zu werden, E.s Studienrichtung den entscheidenden Ausschlag. Sein Lehrer und dessen Bruder *Jakob Bernoulli* waren die ersten gewesen, die sich des von *G. W.* → *Leibniz* geschaffenen Infinitesimalkalküls bemächtigt hatten und die Grundlagen einer allgemeinen Theorie legten. Für einen Mann von der spezifischen Begabung E.s konnte darum die Stunde kaum günstiger sein: Mit dem Calculus war in der Mathematik ein neuer Kontinent entdeckt worden, der nun in allen Richtungen erschlossen werden mußte. In kühnen Vorstößen durchstreifte E. ein Gebiet nach dem anderen, nachdem er, da in seiner Heimat keine Aussicht auf eine geeignete Stellung bestand, mit 20 Jahren nach St. Petersburg gereist war. Hier wurde ihm 1730 eine Professur für Physik, 1733 eine solche für Mathematik an der Akademie der Wissenschaften übertragen. Im Jahr 1741 folgte er einem Ruf Friedrichs des Großen an die neugegründete Berliner Akademie, kehrte aber 1766 endgültig wieder nach St. Petersburg zurück.

In E. tritt uns ein Mathematiker entgegen, dessen Produktivität ohne Beispiel ist und der in der Eigenart seiner Schaffensweise wohl der landläufigen Vorstellung von einem Mathematiker am nächsten kommt; denn er war ein Meister im Umgang mit Formeln und Rechnungen, wie es zu seiner Zeit keinen zweiten gab. Auch die schwierigsten mathematischen Ableitungen, die verwickeltsten Umformungen standen ihm im Geist klar vor Augen. So vermochte selbst die vollständige Erblindung, die 1771 eintrat, nachdem er bereits 1738 ein Auge verloren hatte, ihn nicht von neuen mathematischen Untersuchungen abzuhalten; ja seine Produktivität steigerte sich womöglich noch, indem er nun die Resultate seiner Überlegungen seinen treuen Schülern, zu denen auch sein Sohn *Johann Albrecht E.* zählte, in die Feder diktierte. Obgleich er neben vielen Lehrbüchern Jahr für Jahr zahlreiche mathematische Abhandlungen in den Zeitschriften der Berliner und der Petersburger Akademie publizierte, hinterließ er bei seinem Tod eine so große Zahl unveröffentlichter Untersuchungen, daß noch bis tief ins 19. Jahrhundert regelmäßig Aufsätze von ihm zum Druck befördert wurden. Die 1911 begonnene Neuausgabe seiner Arbeiten wird nach Fertigstellung 74 Bände umfassen; dabei sind ca. 15 Bände Tagebücher, unveröffentlichte Entwürfe und Briefe, noch nicht eingerechnet, die ergänzend veröffentlicht werden sollen.

Die Spannweite von E.s mathematischer Tätigkeit spiegelt sich in der Reihe seiner großen Lehrbücher wider. Oft ohne jedes Vorbild verfaßt, waren sie Pionierwerke mit vielen eigenen Beiträgen und führten mehrere Generationen von Mathematikern in ihre Wissenschaft ein. Der reinen Mathematik gehören an: ›Einführung in die Analysis des Unendlichen‹ (gedruckt 1748), ›Lehrbuch der Differentialrechnung‹ (1755), das dreiteilige ›Lehrbuch der Integralrechnung‹ (1768–1770), in dem auch die Theorie der gewöhnlichen und partiellen Differentialgleichungen und der Variationsrechnung mitbehandelt wird, und ›Vollständige Anleitung zur Algebra‹ (1770). Dazu treten die Werke über angewandte Zweige der Mathematik: die zweibändige ›Mechanik‹ (1736), die ›Musiktheorie‹ (1739), die ›Theorie der Planetenbewegung‹ (1744), ›Schiffstheorie‹ (1749), ›Neue Grundsätze der Artillerie‹ (1745) und die aus drei Teilen bestehende ›Dioptrik‹ (1769 bis 1771). Anderen Teilgebieten der Mathematik, so vor allem der Zahlentheorie, zu der sich E. besonders hingezogen fühlte, und der Geometrie, widmete er sich in seinen Abhandlungen. Besonders großen Erfolg hatten die 1768–1772 veröffentlichten ›Briefe an eine deutsche Prinzessin‹, bestimmt für die etwa 16jährige Friederike von Brandenburg-Schwedt, welche E. in Mathematik unterrichtet hatte. In diesen Briefen gab er nicht nur eine populäre Darstellung der Physik, sondern setzte sich außerdem mit philosophisch-theologischen Problemen auseinander. Dabei wurde freilich das Fassungsvermögen der jungen Markgräfin arg strapaziert, wenn E. etwa Einwände gegen die Monadenlehre der Leibnizianer bzw. Wolffianer vorbrachte.

E.s Schaffen ist gekennzeichnet durch ein fast unbegrenztes Vertrauen in den mathematischen Kalkül, von dem er sich von Entdeckung zu Entdeckung leiten ließ. Seinen Nachfolgern blieb es vorbehalten, in kritischer Rückbesinnung auf die Grenzen der Gültigkeit der formalen Operationen manche Ableitung in neuer Weise zu geben, um den um 1800 aufkommenden höheren Anforderungen an formalmathematische Strenge, wie sie ansatzweise schon die Antike gekannt hatte, Genüge zu tun. [Scriba]

Werke: Opera omnia (Serie I: 29 Bde, Serie II [31 Bde] und Serie III [12 Bde], noch unvollständig: Berlin usw. 1911 ff.; Serie IV, Basel 1970 ff); Opera posthuma mathematica et physica (2 Bde, St. Petersburg 1862); Die Berliner und Petersburger Akademie der Wissenschaften im Briefwechsel L. E.s, hrsg. von A. P. Juskevic (2 Bde, Berlin 1959–1961); The E.-Mayer Correspondence (1751–1755), hrsg. von E. G. Forbes (London 1971). – *Bibl.*: Pogg. VII a Suppl., 193–200. – *Lit.*: DSB IV, 467–484 (A. P. Juskevic); GWG VI, 496–531 (E. A. Fellmann); GPh I, 229–242 (H.-H. von Borzeszkowski / R. Wahsner); R. Thiele: L. E. (Leipzig 1982); E. A. Fellmann u.a. (Hrsgg.): L. E. 1707–1783. Beiträge zu Leben und Werk. Gedenkband des Kantons Basel (Basel usw. 1983); W. Knobloch: L. E.s Wirken an der Berliner Akademie der Wissenschaften 1741–1766. Spezialinventar (Berlin 1984); E. A. Fellmann: L. E. (Reinbek bei Hamburg 1995).

F

Fabrici, Girolamo (oder *Hieronymus Fabricius ab Aquapendente*, *Geronimo Fabrizio*), italienischer Anatom, Embryologe und Physiologe, * um 1533 Aquapendente [bei Ovieto], † 21.5.1619 Padua.

F. wurde 1550 von seiner Familie nach Padua geschickt, erhielt dort eine Ausbildung in Griechisch, Latein, Logik und Philosophie, studierte Medizin und war ab 1562 als Lehrer für Anatomie tätig. Ab 1565 las er an der Universität über Anatomie und Chirurgie, wurde 1600 zum Professor Supraordinarius für beide Fächer ernannt und war ab 1609, als beide Fächer getrennt wurden, nur noch als Professor für Anatomie tätig; 1613 zog er sich vom aktiven Lehrberuf zurück.

F. sah sich in der Nachfolge des → *Aristoteles* und → *Galenos* und geriet ständig in Konflikt zwischen Beobachtung und Tradition. Es ging ihm mehr darum, die zugrundeliegenden philosophischen Prinzipien aufzuhellen als morphologische Details zu finden. Dennoch hat er durch viele exzellente Beobachtungen die Entwicklung der Anatomie, Embryologie und Chirurgie entscheidend gefördert. Besonders seine Beschreibung der Venusklappen (›De venarum ostiolis‹, 1603), deren Funktion er allerdings noch nicht erkannte, hat seinem Schüler *W.* → *Harvey* den entscheidenden Anstoß zur Entwicklung der Lehre vom Blutkreislauf gegeben. F. hat Sinnesorgane (Auge, Ohr) bei Säugetieren und Vögeln und die Anatomie des Verdauungsapparates, der Muskulatur und des Skelettes bei verschiedenen Gruppen von Wirbeltieren verglichen. Nicht nur in der Anatomie, sondern auch in der Embryologie hat er die vergleichende Methode angewendet; sein Werk über das intrauterine Leben des Embryos (›De formato foetu‹, 1604) enthält vergleichende Studien über morphologische Details bei Hunden, Katzen, Kaninchen, Mäusen, Meerschweinchen, Schafen, Gänsen, Schweinen, Pferden, Vögeln und Menschen. Er stellte als erster eine Klassifikation der Placentas auf und versuchte, sie mit den verschiedenen Formen der Tiere in Beziehung zu setzen. Von exzellentem Beobachtungsvermögen zeugt auch seine Beschreibung der Vogelentwicklung (›De formatione ovi et pulli‹, postum 1621 – mit ersten Darstellungen der Hühnchenentwicklung), die erstmals die Erkenntnis enthält, daß sowohl Dotter als auch Albumen als Nahrung verwertet werden. Die Bedeutung der Keimscheibe erkannte F. allerdings nicht, sondern glaubte, das Bildungsprinzip befinde sich in den Chalazen. Auch für die von ihm entdeckte ›Bursa Fabricii‹ (Kloakenblase) nahm er eine falsche Funktion an und identifizierte sie als Samenbehälter. Richtig erkannte er erstmals die unterschiedlichen Funktionen von Eierstock und Eileiter. Durch seine Annahme, daß nur Säugetiere und wenige Insekten nicht zu den oviparen Tieren gehören, bereitete er *Harveys* Erkenntnis »omne vivum ex ovo« den Weg.

Durch F.s grundlegende Arbeiten wurde die vergleichende Embryologie begründet und die Embryologie als selbständige Wissenschaft anerkannt. Doch nicht nur für die Entwicklung der Anatomie und Embryologie hat F. entscheidende Impulse geliefert, auch seine chirurgischen Werke (›Pentateuchos cheirurgicum‹, 1592; ›Operationes chirurgicae‹, 1619) hatten großen Erfolg, wurden oft wiederaufgelegt und in viele Sprachen übersetzt.

Werke: Opera omnia anatomica et physiologica (Leiden 1738); The Embryological Treatises. Facsimile Edition with Introduction, Translation and Commentary by H. B. Adelman (Ithaka, N.Y. 1942, Nachdruck 1967); Die Augenanatomie des F. ab A. (1537–1619). Übersetzung von *Oculi dissecti historia*, mit Kommentar von W. Birchler (Zürich 1979). – *Lit.*: DSB IV, 507–511 (B. Zanobio); K. F. Franklin: De venarum ostiolis of H. F. of A. (Baltimore 1933); F. Haecki: Die Stomatologie des F. ab A. (Zürich 1975).

[Bäumer-Schleinkofer]

Faraday, Michael, englischer Chemiker und Physiker, * 22.9.1791 Newington Butts [bei London], † 25.8.1867 Hampton Court [bei London].

F., einer der größten Experimentatoren in der Physik, war der Sohn eines Hufschmieds. Nach dem Besuch der Volksschule ging er zu einem Schreibwarenhändler und Buchbinder in die Lehre. In seiner Freizeit las der Jüngling eifrig in den Büchern, die man ihm zum Einbinden gegeben hatte. F. erschloß sich darin eine Welt, wobei sein besonderes Interesse der Chemie und Elektrizität galt. Das Gesuch um eine bescheidene Stelle bei der Royal Society, das er in jenen Jahren an deren Präsidenten richtete, wurde nicht einmal beantwortet. Mit ein wenig Glück gelang es ihm 1813 jedoch, bei dem berühmten Elektrochemiker *H. → Davy* Laborant zu werden. Von 1813 bis 1815 begleitete er *Davy* und dessen Frau auf einer Vortragsreise durch Frankreich, die Schweiz und Italien. Weil Lady Davy in dem Laborgehilfen auch den Kammerdiener sah, wäre F. der Wissenschaft fast verlorengegangen. 1824 wählte man ihn in die Royal Society. 1825 erhielt er die Direktorstelle des Laboratoriums der Royal Institution. Bis zu seinem Tode blieb er der bescheidene, liebenswürdige Mensch, der sein ganzes Leben in den Dienst der Wissenschaft gestellt hatte.

In der Chemie, seinem ersten Arbeitsgebiet, war F. sehr erfolgreich. 1824 entdeckte er bei der Destillation fetter Öle das Benzol und das Butylen. Schon vorher hatte er die Chlorderivate der wichtigen Stammsubstanz Benzol isoliert. Das Chlor konnte F. verflüssigen und so mit dazu beitragen, die irrige Vorstellung über permanente Gase zu beseitigen. Aus Naphthalin stellte er die α- und β-Naphthalinsulfonsäure her. Von technischer Seite aus trug er zur Entwicklung neuer Legierungen und Glassorten bei. In dem letzten Jahrzehnt seines Lebens befaßte F. sich mit kolloidalen Goldlösungen.

Unvergänglichen Ruhm erwarb sich F. in der Erforschung der Elektrizität und des Magnetismus. Als *H. C. → Ørsted*s Entdeckung des Elektromagnetismus (1820) bekannt geworden war, wiederholte auch F. sogleich die Versuche. Seine geringe mathematische Vorbildung hatte neben vielen Nachteilen einen Vorteil: Er war frei von dem psychologischen Zwang, unter dem die damalige theoretische Physik litt. Jedes Elementargesetz sollte die Form des Newtonschen Gravitationsgesetzes besitzen. Schon 1821 erkannte F., daß für die elektrodynamischen Vorgänge das Aufeinandersenkrechtstehen dreier Richtungsgrößen (Vektoren) wesentlich ist, nämlich modern gesprochen der Stromrichtung, der magnetischen Feldgröße und der mechanischen Kraft. Berühmt wurden die beiden von ihm entworfenen Vorrichtungen, in denen ein Magnetpol bzw. ein stromdurchflossener Leiter eine Kreisbewegung ausführt. Lange suchte F. nach dem Gegenstück zu

*Ørsted*s elektromagnetischem Versuch, in dem ein stromdurchflossener Leiter die Magnetnadel ablenkt. »Verwandle Magnetismus in Elektrizität«, hatte sich F. in sein Tagebuch geschrieben. 1831 gelang nach vielen vergeblichen Versuchen der Durchbruch mit folgender Anordnung (Ringversuch): Auf einem Eisenring waren zwei Spulen aufgewickelt, und die Induktion war nun stark genug, auf den Meßinstrumenten erkennbare Ausschläge zu erzeugen. Der Eisenring mit den beiden Wicklungen war der erste Transformator. Neben der gegenseitigen elektromagnetischen Induktion fand F. auch die Selbstinduktion. Die Induktionserscheinungen spielten in der ganzen späteren Elektrotechnik eine entscheidende Rolle, man denke nur an die Dynamomaschine. Als Leitfaden bei der Fülle seiner Entdeckungen benutzte F. die magnetischen und elektrischen Feldlinien. Er ist der Schöpfer einer Nahewirkungstheorie, die eine Fortpflanzung besonderer elektrischer und magnetischer Zustände von Raumelement zu Raumelement annimmt. Die letzte große Entdeckung, die solchen Gedankengängen entsprang, war die magnetische Drehung der Polarisationsebene des Lichts (1845). Ein linear polarisiertes Lichtbündel schickte F. durch ein Stück Bleiglas, das zwischen die Pole eines starken Elektromagneten eingespannt war. Beim Einschalten des Stroms wurde die Polarisationsebene gedreht.

F. war überzeugt, daß alle ›Naturkräfte‹ (Energieformen) sich ineinander umwandeln lassen, und war somit Vorahner des Energieprinzips. Im Gegensatz zu *A. → Volta* sah er die Ursache der elektrischen Stromerzeugung durch ein galvanisches Element nicht in der Berührung zweier verschiedener Metalle; als Äquivalent betrachtete er dafür die chemischen Umwandlungen in der elektrischen Batterie. Seit 1849 versuchte er, auch einer ›Metamorphose‹ der Gravitationskraft auf die Spur zu kommen. – Nicht nur Eisen, sondern jeder Substanz schrieb F. bestimmte magnetische Eigenschaften zu. 1845 fand er, daß sich Wismut, Glas und andere Stoffe nicht in Richtung der magnetischen Feldlinien, sondern quer dazu einstellten und daß sie von Gebieten größerer Feldstärke nicht angezogen, sondern abgestoßen werden. Er bezeichnete derartige Substanzen als diamagnetisch und Stoffe, die sich ähnlich wie Eisen verhalten, nur in ihren Wirkungen viel schwächer sind, paramagnetisch.

Bewundernswert sind auch F.s elektrochemische Untersuchungen; ihr Ergebnis waren die beiden Grundgesetze der Elektrolyse. Überraschend war, daß Stoffmengen, die in chemischen Verbindungen ausgetauscht werden können (also äquivalent sind), die gleiche Elektrizitätsmenge zu ihrer Abscheidung benötigen. Die chemischen Bindungstheorien bauten später darauf auf. F. glaubte, daß den Atomen, mit denen die Chemiker so vorteilhaft die chemischen Gesetze erklärten, keine wirkliche Existenz zukomme. Seine philosophische Grundhaltung war von *R. J. Boscovich*s und *I. → Kant*s ›dynamischer Anschauung‹ von der Materie geprägt, in der Idee von der ›Einheit der Naturkräfte‹ vielleicht auch von der deutschen Romantischen Naturphilosophie. [Wiederkehr]

Werke: Experimental-Untersuchungen über Elektrizität (3 Bde, Berlin 1889–1891; zuerst engl.: 3 Bde, London 1839–1855; Nachdruck: New York 1965); Experimental Researches in Chemistry and Physics (London 1859); Chemical Notes, Hints, Suggestions and Objects of Pursuit of 1822, hrsg. von R. D. Twenny/D. Gooding (London 1991); The Selected Correspondence, hrsg. von L. Pearce Williams (2 Bde, Cambridge 1971); The Correspondence, hrsg. von F. A. J. L. James (Bd 1 ff., Stevenage 1991 ff.); Diary (7 Bde und Index, London 1932–1936). – *Bibl.*: L. Pearce Williams: M. F., a Bibliography (London 1965). – *Lit.*: GCh I, 417–427 (W. Ostwald); DSB IV, 527–540 (L. Pearce Williams); GWG VII, 516–529 (A. Hermann); GPh I, 371–383 (L. Pearce-Williams); L. Pearce Williams: M. F., a Biography (London 1965); B. Bowers: M. F. and Electricity (London 1974); W. Schütz: M. F. (Leipzig [4]1982); D.

Gooding/F. J. L. James (Hrsgg.): F. Rediscovered. Essays on the Life and Work of M. F., 1791–1867 (Basingstoke und New York 1985); J. Lemmerich: M. F. 1791–1867. Erforscher der Elektrizität (München 1991); G. N. Cantor/N. Geoffry: M. F. (Basingstoke 1991, Atlantic Highlands, N.J. 1996); G. N. Cantor: M. F., Sandemanian and Scientist. A Study of Science and Religion in the Nineteenth Century (New York 1991; Nachdruck: Basingstoke 1993); J. Agassi: F. as a Natural Philosopher (Ann Arbor 1992).

Fechner, Gustav Theodor, deutscher Physiker, Philosoph und Psychologe, * 19.4.1801 Groß-Särchen [bei Muskau], † 18.11.1887 Leipzig.

Ursprünglich wollte F. Arzt werden und promovierte in Medizin. Er fühlte sich jedoch von den naturphilosophischen Spekulationen, die damals auch die Medizin beherrschten, abgestoßen und wandte sich der exakten Physik zu. Dennoch hat die Art *L. → Okens*, Naturphilosophie zu betreiben, F. für späterhin geprägt. Er war ab 1834 in Leipzig Ordinarius für Physik, seit 1843 für Naturphilosophie und Anthropologie.

Um sein Studium zu finanzieren, übersetzte F. die in jener Epoche führenden französischen Lehrbücher der Physik und Chemie von *J.-B. → Biot* und *Louis Jacques Thénard* (* 4.5.1777 Louptière [bei Nogent-sur-Seine], † 20.6.1857 Paris) ins Deutsche. Späteren Ausgaben fügte er eigene Kapitel hinzu. Auf dem Gebiet des Galvanismus leistete F. selbst wertvolle Forschungsarbeit. Als erster erkannte er das Ohmsche Gesetz (*G. S. → Ohm*) an und arbeitete dem Weberschen Gesetz der Elektrodynamik (*W. → Weber*) vor. Auch die physiologische Optik, die damals unter dem Einfluß *J. W. von → Goethes* aufkam, beschäftigte ihn. Rücksichtslos gegen die eigene Gesundheit durchgeführte subjektive Versuche ließen ihn Ende der dreißiger Jahre fast erblinden, und er mußte sein Lehramt niederlegen. Als F. 1843 wieder genas, war aus dem Physiker in der Leidenszeit ein Philosoph geworden. Mit seiner ›Atomenlehre‹ (1855) verhalf er der Atomistik auch in der Physik zum Durchbruch. In Anlehnung an die ›physikalische Atomenlehre‹ entwarf F. seine ›philosophische Atomenlehre‹. Er betrat damit das Gebiet der Psychologie mit ihren Bewußtseins- und Seeleneinheiten. In zahlreichen Abhandlungen vertrat F. einen psychophysischen Parallelismus. Die Naturwissenschaften sehen mit der »Subjektivität der Sinnesqualitäten die Welt nur als ein dunkles, stummes System von Atomschwingungen (Nachtansicht)«. Die ›Tagesansicht‹ erkennt dagegen die Innenseite der Wirklichkeit. Stein, Pflanze und Tier erscheinen ihm als Träger seelischer Eigenschaften. 1860 begründete F. die Psychophysik, die die Beziehungen zwischen physikalischem Reiz und Sinnesempfindung aufsucht. Mit F. und *Wilhelm Wundt* (* 16.8. 1832 Neckarau [Baden], † 31.8.1920 Großbothen [bei Leipzig]) nahm die experimentelle Psychologie in Leipzig ihren Anfang.

[Wiederkehr]

Bibl.: Pogg. VII a Suppl., 202–204; I. Altmann: Bibliographie G. T. F. (Leipzig 1995). – *Lit.*: NDB VI, 37 f. (G. Hennemann); DSB IV, 556–559 (J. Jaynes); K. Lasswitz: G. T. F. (Stuttgart 1896, ^{3}1910); J. Brozek (Hrsg.): G. T. F. and Psychology. International G. T. F. Symposium (Passau 1988); M. Heidelberger: Die innere Seite der Natur. G. T. F.s wissenschaftlich-philosophische Weltauffassung (Frankfurt am Main 1993); P. Lennig: Von der Metaphysik zur Psychophysik: G. T. F. (1801–1887), eine ergobiographische Studie (Frankfurt am Main usw. 1994).

Fermat, Pierre de, französischer Mathematiker, * 17.[?] (getauft 20.) 8.1601 Beaumont de Lomagne, † 12.1.1665 Castres [bei Toulouse].

Obwohl F. Rechtswissenschaft studiert hatte und seit 1634 als Rat am Gericht in Toulouse wirkte, war er einer der besten Mathematiker des 17. Jahrhunderts. Über seine Lehrer ist nichts, über seine Ausbildung nur wenig bekannt, doch muß sie ihm sehr gute Kenntnisse in den alten Sprachen vermittelt haben; denn später studierte er griechische mathematische Handschriften und war in der Lage, darin enthaltene Fehler zu verbessern. Schon früh erwarb er sich einen umfassenden Überblick über die antike mathematische Literatur. Daneben übte *François Viète* (* 1540 Fontenay-le-Comte, † 13.12.1603 Paris) großen Einfluß auf ihn aus. Zeit seines Lebens hielt er an der Vièteschen Form der Buchstabenalgebra (Großbuchstaben, noch kaum Operationssymbole) fest, obgleich seit 1646 die handlichere, noch heute übliche Schreibweise von *R.* → *Descartes* stark im Vordringen war.

Durch berufliche Pflichten stark in Anspruch genommen, fand F. nie Zeit, ein zusammenfassendes Werk zu schreiben. Seine mathematischen Entdeckungen teilte er – oft nur in Andeutungen und ohne Beweise – Freunden in Briefen mit, die dann nicht selten in Abschriften weitere Verbreitung fanden. Was F.s Sohn *Clément-Samuel de Fermat* 1679 in den ›Varia opera mathematica‹ seines Vaters herausgab, war weit davon entfernt, alles von Bedeutung zu enthalten, was der größte aller Amateure in der Mathematik geleistet hat.

F. ist neben *Descartes* Mitbegründer der Achsengeometrie, aus der sich die Analytische Geometrie entwickelte. Er legte sich infinitesimale Methoden zurecht, die – im Gegensatz zu denen mancher Zeitgenossen – mit einem strengen Beweis im Sinne der klassischen griechischen Mathematik verbunden waren, und konnte damit eine Reihe wichtiger Tangenten- und Integrationsprobleme bewältigen. Wie *B.* → *Pascal* beschäftigte er sich auch mit Problemen aus dem Bereich der im Entstehen begriffenen Wahrscheinlichkeitstheorie. Seine besondere Vorliebe aber galt der Zahlentheorie, bei der er direkt an den spätgriechischen Mathematiker → *Diophantos* anknüpfte. In einem zahlentheoretischen Wettstreit in den Jahren 1657/58 zwischen den Engländern *J.* → *Wallis* und Lord *William Brouncker* (* um 1620 Castle Lyons [Irland], † 5.4.1684 London) einerseits und F., *Bernard Frénicle de Bessy* (* um 1605 Paris, † 1675) und einigen weiteren Teilnehmern andererseits legte F. Probleme vor, deren Bedeutung für diesen Zweig der Mathematik die übrigen Teilnehmer gar nicht erfassen konnten. Heute erinnern noch die nach ihm benannten Sätze in der Zahlentheorie an ihn: der ›kleine F.sche Satz‹, wonach die Zahl $a^{p-1} - 1$ immer durch die Primzahl p teilbar ist, wenn a eine natürliche, nicht durch p teilbare Zahl ist, und die ›F.sche Vermutung‹ (etwas ungenau auch als ›großer F.scher Satz‹ bezeichnet), welche besagt, daß die Gleichung $a^n + b^n = c^n$ in natürlichen Zahlen a, b, c für ganzzahlige Exponenten $n > 2$ nicht lösbar ist. Obgleich F. glaubte, einen Beweis dieser Vermutung zu besitzen, ist bis heute ein allgemeiner, d.h. für alle n gültiger Beweis nicht bekannt. Eine andere zahlentheoretische Vermutung F.s wurde allerdings später von *L.* → *Euler* widerlegt: die Zahlen $F_k = 2^m + 1$ mit $m = 2^k$, die F. alle für Primzahlen hielt, enthalten auch zusammengesetzte Zahlen (denn zum Beispiel zeigte *Euler*: für $k = 5$ ist $F_5 = 2^{32} + 1 = 641 \cdot 6700417$).

Auch in der Optik formulierte F. ein wichtiges Prinzip. Es besagt, daß das Licht bei Spiegelung und Brechung immer den Weg geht, der am schnellsten zum Ziel führt. Da die Lichtgeschwindigkeit in verschiedenen Medien verschieden ist, braucht dieser Weg nicht mit dem räumlich kürzesten identisch zu sein. Derartige Minimalprinzipien sind später mittels der Variationsrechnung von der Optik auf die verschiedensten Zweige der Physik übertragen worden (*W. R.* → *Hamilton*). Am nachhaltigsten aber war F.s Wirkung ohne Zweifel in der Zahlentheorie, wo sein ›großer Satz‹ im 19. Jahrhundert *E. E.* → *Kummer* den Anstoß zur Entwicklung der Idealtheorie gab. Der Faszination der F.schen Probleme und Methoden kann sich der Liebhaber zahlentheoretischer Studien bis heute nicht entziehen. [Scriba]

Werke: Œuvres, hrsg. von C. Henry/P. Tannery (4 Bde, Paris 1891–1912; Suppl. hrsg. von C. de Waard, Paris 1922). – *Lit.*: DSB IV, 566–576 (M. S. Mahoney); GWG V, 780–797 (I. Schneider); J. Itard: P. F. (Basel 1950); M. S. Mahoney: The Mathematical Career of P. de F. (1601–1665) (Princeton, N. J. 1973, ²1994); P.-J. About/M. Boy: La correspondance de Blaise Pascal et de P. de F. La géométrie du hasard ou le début du calcul des probabilités (Fontenay aux Roses 1983); K. Weinrich: Die Lichtbrechung in den Theorien von Descartes und F. (Stuttgart 1998).

Fermi, Enrico, italienischer Physiker, * 29.9.1901 Rom, † 28.11.1954 Chicago.

F., dessen kernphysikalische Arbeiten der Menschheit eine neue Energiequelle erschlossen haben, gehörte zu den wenigen, die in der neueren Zeit der Spezialisierung sowohl theoretisch als auch experimentell noch in der vordersten Linie der physikalischen Forschung arbeiten konnten. Sein Vater war Abteilungsvorsteher bei der italienischen Eisenbahn gewesen. F. fiel schon als Schüler durch seine außergewöhnlichen Kenntnisse und Fähigkeiten auf. Als Autodidakt eignete er sich ein beachtliches Wissen in Mathematik und Physik an. Während seines Studiums durfte er bereits einen Kurs über *A.* → *Einstein*s Relativitätstheorie abhalten. 1922 promovierte er in Pisa mit ›magna cum laude‹. Einige Monate war er bei *M.* → *Born* in Göttingen, später in Leiden bei *Paul Ehrenfest* (* 18.1.1880 Wien, † 25.9.1933 Leiden). Dem Einfluß des römischen Naturwissenschaftlers und Senators *Orso Mario Corbino* (* 30.4.1876 Augusta [Sizilien], † 23.1.1937 Rom) ist es zu verdanken, daß F. 1927 eine Professur für Physik in Rom erhielt und als einer der ersten in die neu gegründete Akademie Italiens aufgenommen wurde. F. heiratete 1928 Laura Capon, Tochter eines italienischen Admirals mit jüdischen Vorfahren. Nachdem er mehrmals als Gastprofessor in Amerika gewesen war, verließ er nach der Verleihung des Nobelpreises für 1938 endgültig das faschistische Italien, um an der Columbia University in New York zu wirken. Ab 1946 gehörte er der Universität in Chicago an.

Die Arbeiten F.s haben der modernen Physik wesentliche Züge verliehen. Die F.statistik spielt zur Kennzeichnung der Elektronenzustände in der Atomhülle eine fundamentale Rolle. Viele Eigenschaften der Metalle und Festkörper ließen sich mit dieser neuen Quantenstatistik erklären. 1932 faßte F. die Arbeiten anderer zur Quantenelektrodynamik zusammen und formulierte vieles neu und grundlegend. Er lieferte eine Theorie des β-Zerfalls der Atomkerne. Seine Beiträge zur Hyperfeinstruktur der Spektrallinien erwiesen sich bei der Untersuchung der elektromagnetischen Eigenschaften der Kerne als außerordentlich brauchbar. Kaum hatte *J. Chadwick* 1932 das Neutron entdeckt, war F. klar, daß dieses elektrisch ungeladene Teilchen für Kernreaktionen schwerer Atomkerne besonders geeignet sein müsse. Mit ›thermischen‹ Neutronen (Resonanzprozeß mit Kernaufbau) erzeugte er neue radioaktive Elemente. Die Untersuchung der vermeintlich dabei erzeugten ›Transurane‹ führte *O.* → *Hahn*, *L.* → *Meitner* und *F. Straßmann* 1938 zur Entdeckung der Kernspaltung, die F. in Amerika weiter untersuchte: Am 2. Dezember 1942 setzte eine Gruppe amerikanischer Physiker unter seiner Leitung den ersten Uranmeiler in Stagg Field an der Universität von Chicago in Betrieb; es war der erste Energie liefernde Kernreaktor und die erste gelungene, sich selbst erhaltende und kontrollierte Kettenreaktion. Das Ziel dieser gewaltigen Anstrengungen war jedoch die Gewinnung von Plutonium für die Plutoniumbombe. Nach dem Kriege wandte F. sich wieder der Grundlagenforschung zu; in seinen letzten Lebensjahren studierte er das Rätsel der Kernkräfte und entdeckte die Anregung von

Protonen durch Beschuß mit schnellen Mesonen. [Wiederkehr]

Werke: The Collected Papers – Note e memorie, hrsg. von E. Amaldi u.a. (2 Bde, Chicago/Rom 1962–1965). – *Lit.*: DSB IV, 576–583 (E. Segre); GWG XI, 72–85 (U. Hoyer); GPh II, 352–366 (H. Kragh); L. Fermi: Mein Mann und das Atom (Düsseldorf/Köln 1956; zuerst engl., Chicago 1954; Nachdruck: Los Angeles 1987); P. de Latil: E. F. The Man and His Theories (London 1965); E. Segrè: E. F., Physicist (Chicago/London 1970; mit Bibl.).

Fischer, *Emil* Hermann, deutscher Chemiker, * 9.10.1852 Euskirchen, † 15.7.1919 Berlin.

Aus einer Kaufmanns- und Industriellenfamilie stammend, begann auch F. 1869 eine kaufmännische Lehre in Rheydt, die er jedoch aus gesundheitlichen Gründen abbrechen mußte. Er studierte daraufhin ab 1871 Chemie in Bonn bei *A. → Kekulé* und wechselte dann zusammen mit seinem gleichaltrigen Vetter *Otto Fischer* (* 28.11.1852 Euskirchen, † 4.4.1932 Erlangen) nach Straßburg zu *A. von → Baeyer*, bei dem er auch 1874 mit einer Arbeit über Fluorescein und verwandte Farbstoffe promovierte und Assistent wurde und dem er 1875 als Privatassistent nach München folgte, wo er in Straßburg begonnene Untersuchungen über Hydrazine fortsetzte, die zur F.schen Phenylhydrazin-Synthese führten, und im folgenden Jahr gemeinsam mit *O. Fischer* über Rosaniline arbeitete, die sie ebenso wie Fuchsin und Pararosanilin als Derivate des Triphenylmethans erweisen konnten. Zwischenzeitlich nochmals in Straßburg, ging F. 1877 wieder nach München und habilitierte sich hier 1878. Im folgenden Jahr wurde er außerordentlicher Professor und Abteilungsvorstand der analytischen Abteilung des Chemischen Instituts in München, 1882 ordentlicher Professor in Erlangen, wo er mit der Bearbeitung der Pyrine begann, die 1884 zugunsten von Arbeiten zur Chemie der Kohlehydrate einen vorläufigen Abschluß fand und erst 1894 wieder aufgenommen wurde, und 1883 ›F.s Indol-Synthese‹ entwickelte. 1885 wurde er als Nachfolger von *J. Wislicenus* ordentlicher Professor in Würzburg – hier klärte er 1887 die Struktur der Osazone, die sich als Schlüsselverbindungen bei der Identifizierung von Zuckern erwiesen, so daß ihm noch im selben Jahr mit einem Mitarbeiter die Totalsynthese von zwei Zuckern gelang; 1891 führte er den Glycerinaldehyd als Bezugssubstanz zur Festlegung der Konfiguration bei Kohlenhydraten ein. Schließlich wurde er 1892 als Nachfolger von *A. W. von → Hofmann* nach Berlin berufen und im folgenden Jahr zum Mitglied der Preußischen Akademie der Wissenschaften gewählt. 1893/94 entdeckte er die Methylglykoside der Glukose. Das versprochene neue große Chemische Institut wurde in den Jahren 1897–1900 gebaut; jetzt konnte er mit den Arbeiten zur Chemie der Aminosäuren, Proteine und Polypeptide beginnen (1907 gelang ihm die Synthese eines Octadecapeptides). – Im neuen Institut konnte er 1906 seinem jungen, von *W. Ramsay* empfohlenen Laborassistenten *O. → Hahn*, der sich bald bei ihm habilitieren sollte, die ehemalige ›Holzwerkstatt‹ im Souterrain für die dann gemeinsam mit *L. → Meitner* durchgeführten radiochemischen Untersuchungen zur Verfügung stellen und somit einer neuen, relativ aufwendigen Disziplin eine erste Heimstatt gewähren. In der Folgezeit erwarb er sich große Verdienste um die Gründung des Kaiser-Wilhelm-Instituts für Chemie in Berlin-Dahlem (einer der beiden ersten Direktoren war *R. → Willstätter*), das aus Mitteln des Vereins Chemische Reichsanstalt, der weitgehend von der Industrie getragen wurde und dem F. vorstand, errichtet und unterhalten wurde; er hatte auch dafür gesorgt, daß in dem neuen Institutsgebäude eine eigenständige radiochemische Abteilung für *O. Hahn* und *L. Meitner* eingerichtet wurde.

F. war einer der bedeutendsten Naturstoffchemiker, der 1912 auch für seine Synthesen von Kohlenwasserstoffen und Purinen den Nobelpreis für Chemie erhielt. Ziel all seiner Untersuchungen war die Anwendung von Methoden der organischen Chemie auf die Stoffe in lebender Materie, und so schuf er mit der Strukturaufklärung und Synthese neuer Zucker, Purine (1898 Synthese des Purin-Grundkörpers), Aminosäuren und Eiweiße (Synthese neuer Polypeptide) und der Untersuchung von Gerbstoffen (ab 1908) und Enzymen (Schlüssel-Schloß-Analogie bei der Zuckerfermentation) die chemischen Grundlagen der modernen Biochemie. 1912 gelang ihm die Synthese eines ersten Glukosids (Phloridcin), und 1914 konnte er noch von der erfolgreichen Synthese eines ersten Nukleotides (des Phosphorsäureesters des Theophyllinglykosids) berichten, einem ersten Schritt zum polymeren Nukleotid der Desoxyribonucleinsäure (DNS), dem Träger des genetischen Codes, dessen Aufbau nach langen, auf biologischer Seite unter anderen von *O. → Hertwig* eingeleiteten Untersuchungen allerdings erst 1953 von dem amerikanischen Molekularbiologen *James Dewey Watson* (* 6.4.1928 Chicago) und dem britischen Biochemiker *Francis Harry Compton Crick* (* 8.7.1916 Northampton) in Cambridge grundsätzlich aufgeklärt werden konnte, wofür sie 1962 den Medizin-Nobelpreis erhielten. Auf F.s Labormethoden beruht aber z.B. auch die industrielle Produktion von Theophyllin und Theobromin. Er entdeckte zusammen mit dem Hallenser Mediziner *Joseph von Mering* (1849 bis 1908) die narkotisierende und hypnotisierende Wirkung der Barbiturate und synthetisierte auf dessen Anregung die Diethylbarbitursäure, die noch im selben Jahr von den Farbenfabriken Bayer Leverkusen und der Firma E. Merck in Darmstadt unter dem Namen ›Veronal‹ als Schlafmittel in den Handel gebracht wurde; durch den Ersatz der beiden Ethylgruppen durch Propylgruppen erhielt F. 1905 die doppelt so stark hypnotisch wirkende Verbindung Dipropylbarbitursäure, die von denselben Firmen als ›Proponal‹ in den Arzneischatz eingeführt wurde; schließlich gelang ihm 1912 die Synthese der asymmetrischen Phenylethylbarbitursäure, die sich als Hypnotikum ›Phenobarbital‹ wegen der wenig vom Veronal unterschiedenen Wirkung zwar nicht durchzusetzen vermochte, jedoch aufgrund ihrer antikonvulsiven Eigenschaften unter dem Namen ›Luminal‹ von den genannten Firmen als Antiepileptikum in den Handel gebracht wurde.

[Krafft]

Werke: Gesammelte Werke, hrsg. von M. Bergmann (8 Bde, Berlin 1922–1925); E. F. (1852–1919) – William Ramsay (1852–1916): Their Correspondence from 1892 to 1914, hrsg. von G. B. Kauffman/P. M. Priebe. In: *Archives Internationales d'Histoire des Sciences* 30 (1980), 137–161. – *Bibl.*: Pogg. VII a Suppl., 204–207. – *Lit.*: GCh II, 408–420 (M. Bergmann); DSB V, 1–5 (E. Faber); E. F.: Aus meinem Leben (Berlin 1922 [Bd 1 der Gesammelten Werke]; Nachdruck: Berlin usw. 1987); K. Hoesch: E. F., sein Leben und sein Werk (Berlin 1921); H. Remane: E. F. (Leipzig 1984).

Flamsteed, John, englischer Astronom, * 19.8.1646 Denby [Derbyshire], † 31.12.1719 Greenwich.

Bis 1662 besuchte F. die Lateinschule im benachbarten Derby, konnte aber wegen der schwachen Konstitution seines Körpers keine Universität besuchen. Vom Vater unterstützt, trieb er deshalb, von Kurreisen unterbrochen, häusliche Studien, besonders in Mathematik und, nach der Anregung durch die Lektüre von *Johannes' de Sacrobosco* ›Sphaera‹, Astronomie, die ihm bald ermöglichten, Ephemeriden zu berechnen und die Sonnenfinsternisse von 1666 und 1668 vorherzubestimmen. 1669 stellte er einen Almanach für das folgende Jahr mit astronomischen Angaben und der in den Ephemeriden ausgelassenen Sonnenfinsternis zusammen. Da er keinen Verleger fand, sandte er die astronomischen Teile zur Begutachtung an die Royal Society, die sie sofort in ihren ›Philosophical Transactions‹ publizierte. Ein reger Briefwechsel mit dem Sekretär *Heinrich* (*Henry*) *Oldenburg* (* um 1615 Bremen, † September 1677 Charlton [Kent]) und *John Collins* (* 5.3.1625 Wood-Eaton [bei Oxford], † 10.11. 1683 Malmsbury [Wiltshire]) setzte ein, und 1670 erhielt der kränkliche F. die Erlaubnis, nach London zu fahren, um seine Korrespondenten persönlich kennenzulernen. *Collins* machte ihn mit dem königlichen Feldzeugmeister *Jonas Moore* bekannt, der ihn fortan förderte und unterstützte. Noch im selben Jahr begann er mit dem Studium der Theologie in Cambridge – auch sein Vater war Pfarrer – und bemühte sich nach dessen Abschluß 1674 erfolgreich um die Pfarrstelle in Burstow (Surrey). Allerdings hatte er seine astronomischen Studien in der Zwischenzeit nicht vernachlässigt, und *Moore* bemühte sich, ihn für diese Wissenschaft zurückzugewinnen. Eine bei ihm im Tower gebotene Beobachtungsmöglichkeit sagte F. nach einiger Zeit allerdings nicht mehr zu. Als König Karl II. jedoch im selben Jahr eine Kommission einsetzte, jene von *Peter* → *Apian* aufgegriffene Anregung *J. Werner*s, die geographischen Längen auf See durch Monddistanzmessungen zu bestimmen, zu prüfen, und neben anderen *Moore* damit beauftragte, dieser sich mit F. besprach und von ihm erfuhr, daß diese Methode ohne die Basis genauer Sternkataloge und Mondtafeln nicht anwendbar sei, schlug die Kommission den Bau eines königlichen Observatoriums vor, das unter der Leitung von F. die dazu erforderlichen Beobachtungen ausführen sollte. Der Plan wurde genehmigt, und 1676 konnte F. als königlicher Astronom die rasch errichtete Sternwarte von Greenwich beziehen.

Mit teils selbst gebauten, teils von Gönnern gestifteten Instrumenten machte er sich mit wenigen Gehilfen an die exakte Bestimmung von Örtern der wichtigsten Fixsterne. Für die Sorgfalt, mit der er dabei vorging, zeugt, daß er trotz wiederholten Drängens der Royal Society und besonders *I.* → *Newton*s, die dringend benötigten Beobachtungsdaten zu veröffentlichen, erst auf einen Befehl der Königin hin mit den Vorbereitungen für eine erste Publikation begann. Im Jahre 1712 erschien dann, nicht durchkorrigiert und auf keine einheitliche Epoche reduziert, eine erste ›Historia coelestis Britannica‹ mit Beobachtungen aus den Jahren 1676 bis 1705, die *Newton* und *E.* → *Halley* ohne Wissen F.s zum Druck gegeben hatten – F. verbrannte daraufhin die Exemplare, derer er habhaft werden konnte. Die exakte Durcharbeitung aller seiner Beobachtungen konnte F. nicht mehr selbst abschließen. Doch waren die Sternverzeichnisse so weit gediehen, daß schon 1725 eine neue Ausgabe und vier Jahre später der dazu gehörige ›Atlas coelestis‹ mit 28 Karten über beide Hemisphären erscheinen konnte. Mit diesem ersten exakten Verzeichnis von 2848 Fixsternen (Genauigkeit bis auf 10") schuf F. die Grundlage für die spätere Stellarastronomie, die noch heute seine Sternnumerierung neben den Buchstaben *J. Bayer*s benutzt.

Werke: Account of the Rev. J. F., hrsg. von F. Baily (London 1835, Suppl. 1837; Nachdruck: London 1966); The Preface to J. F.'s Historia Coelestis Britannica or British Catalogue of the Heavens, hrsg. von A. Chapman (London 1982); The Gresham Lectures, hrsg. von E. G. Forbes (London 1975); The Corrrespondence, hrsg. von E. G. Forbes u.a. (Bd 1 ff., Bristol 1995 ff.). – *Lit.*: DSB V, 22–26 (V. E. Thoren); E. F. McPike: Hevelius, F. and Halley (London 1937); C. A. Ronan: Edmund Halley, Genius in Eclipse (London 1969, S. 118–132); E. G. Forbes: The Library of the Rev. J. F., F.R.S., First Astronomer Royal. In: *Notes and Records of the Royal Society of London* 28 (1973), 119–143; W. H. McCrea: Royal Greenwich Observatory (London 1975).

[Krafft]

Fleming, Sir (seit 1944) Alexander, schottischer Bakteriologe, * 6.8.1881 Lochfield [Ireshire, Schottland], † 11.3.1955 London.

F., Sohn eines Bauern, war zunächst Büroangestellter und konnte mit einer kleinen Erbschaft und einem Stipendium ab 1901 in der Londoner ›St. Mary's Hospital Medical School‹ Medizin studieren; 1906 wurde er am St. Mary's Hospital Assistent für bakteriologische Untersuchungen von Sir *Almroth Edward Wright* (* 10.8.1861 Middleton Tyas [Yorkshire], † 30.4.1947 London). 1909 legte er am Royal College of Surgeons sein Examen ab und wurde hier 1921 Leiter der ›Inokulationsabteilung‹, nachdem er zwischenzeitlich als Militärarzt tätig gewesen war. 1928 wurde er Professor für Bakteriologie an der Universität London, welches Amt er bis 1948 ausübte. F. erhielt 1945 für die Entdeckung des Penicillins den Nobelpreis für Medizin zusammen mit den Oxforder Pathologen Sir (ab 1944) *Howard Walter Florey* (* 24.9.1898 Adelaide, † 21.2. 1968 Oxford) und *Ernst Boris Chain* (* 19.6. 1906 Berlin, † 12.8.1979 Castlebar [Mayo, Irland]), der 1933 Deutschland hatte verlassen müssen; sie hatten das Penicillin in die Therapie eingeführt.

F. untersuchte vor allem die Abwehr des menschlichen Körpers gegen bakterielle Infektionen und entdeckte dabei 1928 ohne systematische Suche, daß bei einer seiner Bakterienkulturen, die von Schimmelpilzen befallen war, in der Schimmelzone keine Bakterien mehr lebten. Das gewonnene Filtrat zeigte antibakterielle Wirkungen auf viele pathogene Bakterienarten, ohne gleichzeitig die Labortiere zu schädigen. In einer zunächst kaum beachteten Veröffentlichung von 1929 vermutete er, daß der – Penicillin genannte – Wirkstoff ein wirksames medizinisches Mittel gegen Infektionen durch penicillinempfindliche Bakterien sein könnte. Da er den Stoff nicht genügend rein zu isolieren vermochte, konnten systematische klinische Versuche nicht eingeleitet werden. Erst nachdem 1940 *E. B. Chain* und *H. W. Florey* in Oxford, wo sie sich seit 1938 mit von Mikroorganismen produzierten antibakteriellen Substanzen beschäftigten (*Chain* hatte dabei erst eigentlich die chemotherapeutische Wirksamkeit des Penicillins entdeckt), mit biochemischen Methoden die Isolierung des Penicillins gelungen war, erwies sich in kurzer Zeit die überragende medizinische Bedeutung der Entdeckung, die die Bekämpfung von Infektionskrankheiten völlig revolutionierte und eine äußerst fruchtbare Entwicklung weiterer Antibiotika nach sich zog. *E. B. Chain* entdeckte 1959 auch das Grundmolekül des Penicillins. [Krafft]

Lit.: GMikro II, 91–96 (E. Glees); DSB V, 30 f. (C. E. Dolman); GWG XI, 260–275 (T. Ewe); G. Macfarlane: A. F., the Man and the Myth (Cambridge 1984); I. Pieroth: Penicillinherstellung von den Anfängen bis zur Großproduktion (Stuttgart 1992); B. Birch: A. F. (aus dem Englischen, Recklinghausen 1993); T. Gottfried: A. F., Discoverer of Penicillin (New York 1997).

Fourier, Jean Baptiste *Joseph*, französischer Mathematiker und Physiker, * 21.3.1768 Auxerre, † 16.5.1830 Paris.

Als F., der Sohn eines armen Schneiders, mit acht Jahren Waise geworden war, wurde der begabte Knabe in die Kriegsschule in Auxerre und zwei Jahre später in die von Benediktinern geleitete Schule in St. Benoît-sur-Loire aufgenommen. Seiner Herkunft wegen von der Offizierslaufbahn ausgeschlossen, übernahm er im Jahr der Französischen Revolution eine Professur für Mathematik an der Kriegsschule seiner Vaterstadt, die er 1795 mit einer solchen an der neugegründeten École Polytechnique vertauschte. Im Jahre 1798 begleitete F. – ebenso wie der Mathematiker *Gaspard Monge* (* 10.5.1746 Beaune, † 28.7.1818 Paris) und der Chemiker *C.-L.* → *Berthollet* – Napoleon auf seinem Zug nach Ägypten. Bonapartes hochfliegende Pläne führten zur Gründung eines wissenschaftlichen Instituts in Kairo, als dessen Sekretär und eifriger Mitarbeiter sich F. hervortat; neben zahlreichen mathematischen Abhandlungen schrieb er eine meisterhafte historische Einleitung zur dort verfaßten ›Beschreibung Ägyptens‹. Nach seiner Rückkehr nach Frankreich wurde er 1802 zum Präfekten des Departments Isère ernannt, was er bis 1815 blieb. In dieser Stellung bewährte sich der Mathematiker ausgezeichnet; so vollendete er die lange vergeblich versuchte Trockenlegung der Sümpfe bei Lyon und rottete dadurch dort die Malaria aus. Als Anerkennung seiner Verdienste wurde er zum Baron und zum Ritter der Ehrenlegion erhoben. Als der nach Elba verbannte Napoleon 1815 wieder in Frankreich landete, hatte sich F. inzwischen mit den Bourbonen arrangiert. Daß er sich nun wieder seinem ehemaligen Herrn gegenüber loyal verhielt, mußte er unter der zweiten Restauration bitter bezahlen: Er war gezwungen, seine letzten Habseligkeiten zu versetzen, um sein Leben zu fristen. Alte Freunde vermittelten ihm dann die Stelle eines Leiters des statistischen Amtes des Departements Seine. Ein Versuch der Académie des Sciences, ihn zum Mitglied zu wählen, wurde zunächst von den Bourbonen unterbunden und gelang erst im zweiten Anlauf. Von 1822 an war F. zusammen mit *G. → Cuvier* ständiger Sekretär der Pariser Akademie, 1827 folgte er *P. S. de → Laplace* als Präsident des Rates der École Polytechnique.

F.s wissenschaftliche Leistungen liegen vorwiegend auf zwei Gebieten. In der Mathematik betreffen sie die Auflösung numerischer Gleichungen. Darüber trug er schon 1789 zum erstenmal in der Akademie vor, doch das Problem beschäftigte ihn sein Leben lang. Eine zusammenfassende Darstellung erschien erst 1831 postum als Torso und fand – wohl aus diesem Grunde – keine Aufnahme in die 1888–1890 herausgegebenen Werke. Dabei enthält sie eine Reihe wichtiger neuer Resultate, darunter eine verbesserte Form der Newtonschen Näherungsmethode (*I. → Newton*). – Durch seine Arbeiten über die analytische Theorie der Wärmeausbreitung wurde F. zu einem der Begründer der theoretischen Physik. Das Hauptwerk darüber, die ›Theorie analytique de la chaleur‹, erschien 1822, nachdem Teile davon schon früher der Akademie vorgelegt und von ihr preisgekrönt worden waren. Als wichtigstes Hilfsmittel zog der Verfasser darin die heute nach ihm benannten, aber schon vor ihm auftretenden trigonometrischen Reihen und Integrale heran; sie gestatten es, die Differentialgleichung der Wärmeleitung unter besonderen Randbedingungen zu integrieren. In verallgemeinerter Form führte *P. G. → Dirichlet* seine Ansätze weiter. Weit über die Theorie der Wärmeleitung hinausgreifend, ist diese Art von Aufgaben typisch für große Teile der theoretischen Physik, so daß es nicht verwunderlich ist, daß F.s Abhandlung zu einem Meilenstein in der Geschichte dieser Wissenschaft geworden ist. Trotz mancher Mängel hinsichtlich strenger Beweisführung wurde sie von dem bedeutenden Physiker Lord *Kelvin* (*W. → Thomson*) einmal als »ein großartiges mathematisches Gedicht« bezeichnet. [Scriba]

Werke: Œuvres, hrsg. von G. Darboux (2 Bde, Paris 1888–1890); J. F. face aux objections contre sa théorie de la chaleur. Lettres inédits, 1808–1818, hrsg. von J. Herivel (Paris 1980). – *Bibl.*: L. Charbonneau: Catalogue des manuscrits de J. F. conservés au Cabinet des Manuscrits de la Bibliothèque Nationale (Paris 1994). – *Lit.*: DSB V, 93–99 (J. R. Ravetz/I. Grattan-Guiness); I. Grattan-Guiness/J. R. Ravetz: J. F., 1768–1830. A Survey of His Life and Work Based on a Critical Edition of His Monograph on the Propagation of Heat, Presented to the Institut de France in 1807 (Cambridge, Mass. 1972); J. Herivel: J. F., the Man and the Physicist (Oxford 1975).

Franklin, Benjamin, nordamerikanischer Staatsmann, Schriftsteller, Verleger und Naturforscher, * 17.1.1706 Boston, † 17.4.1790 Philadelphia.

F. war das 15. Kind eines Seifensieders und Talglichtziehers in Massachusetts. Der Knabe erlernte bei seinem älteren Stiefbruder das Buchdruckerhandwerk. Während eines Aufenthaltes in England (1724) weckten die Naturwissenschaften sein besonderes Interesse. Nach Philadelphia zurückgekehrt, erwarb F. eine Druckerei und gab die Zeitung ›Pennsylvania Gazette‹ heraus. Sein ›Kalender des armen Richard‹ (›Poor Richard's Almanac‹) konnte in beträchtlicher Auflage viele Jahre hindurch erscheinen. Über drei Jahrzehnte lang beherrschte F. die Verlagswelt in den damaligen englischen Kolonien Nordamerikas. Der gemäßigte Puritaner erwarb mit der Gründung der ›Philosophical Society‹ und der Einrichtung der ersten amerikanischen Leihbibliothek bei seinen Mitbürgern großes Ansehen. 1754 delegierte Pennsylvanien F. zur Generalversammlung der Kolonien. Zunächst glaubte F. an einen tragbaren politischen Kompromiß mit dem englischen Mutterland. Zwischen 1757 und 1776 vertrat er die Angelegenheiten der nordamerikanischen Kolonien in London. In dem Vermittler vollzog sich jedoch eine Wandlung: Er wurde zum Vorkämpfer der Unabhängigkeitsbewegung. Nach dem Londonaufenthalt lebte F. neun Jahre lang in Paris als Gesandter der neuen Republik der Vereinigten Staaten. Zu seinen diplomatischen Erfolgen zählen das französisch-amerikanische Bündnis und der Friede von 1783. An der Ausarbeitung der Verfassung war F. maßgebend beteiligt, und er gehört zu ihren Unterzeichnern. – Seine Autobiographie übte einen bis in die heutigen Tage reichenden nachhaltigen Einfluß auf das Selbstverständnis seiner Landsleute aus. Sie sahen darin einen Leitfaden, wie man als Selfmademan zu Aufstieg und Wohlstand kommen kann.

Durch seine ›Briefe über die Elektrizität‹ wurde F. noch zu Lebzeiten in der ganzen wissenschaftlichen Welt berühmt. Von P. Collinson, einem Fellow der Royal Society, hatte die Bibliotheksgesellschaft zu Philadelphia eine Glasröhre zum Geschenk erhalten. Mit ihr wiederholte F. früher gesehene reibungselektrische Experimente. Sie waren der Beginn einer originellen Versuchsreihe, in deren Verlauf sich in F. bestimmte Vorstellungen über das Wesen des elektrischen Fluidums, der Elektrizität, bildeten. In den genannten Briefen berichtete er darüber Collinson: Nach F. existiert eine elektrische Materie, während man damals üblicherweise zwei (eine der ›Harz-‹ und eine der ›Glas-Elektrizität‹ entsprechende) elektrische ›Fluida‹ annahm. Die feinen Teilchen dieser unitarischen elektrischen Materie durchdringen die normalen körperlichen Stoffe. F. verglich die gewöhnliche Materie mit einem Schwamm, der sich voll Wasser saugt; dem Wasser entspricht dabei die elektrische Materie. Diese Materie, auch elektrische Ladung genannt, sammelt sich im elektrisierten Zustand des Körpers auf der Oberfläche an und tritt sogar aus ihm heraus, um eine elektrische Atmosphäre um den Körper herum zu bilden. Ein Körper, der mehr elektrische Materie enthält, als ihm bei normalem Zustand zukommt, ist elektrisch positiv geladen, ein Körper, der zu wenig elektrische Materie enthält, elektrisch negativ. Mit seiner Theorie konnte F. fast alle damals bekannten Versuche aus der Reibungselektrizität erklären, auch das Aufladen einer Leidener Flasche und die entladende Wirkung einer Metallspitze. Ihm kam der kühne Gedanke, mit einer langen, in einer feinen Spitze endigenden Metallstange Gewitterwolken Elektrizität abzuzapfen. Er wurde damit zum Erfinder des Blitzableiters. In Frankreich führte man 1752 zuerst ein derartiges gewagtes Experiment nach F.s Vorschrift durch. Wenige Wochen darauf ließ F. einen Drachen zu Gewitterwolken hochsteigen. Aus dem Schlüssel, der am Ende der feuchten Schnur hing, konnte er lange elektrische Funken ziehen.

[Wiederkehr]

Werke: The Writings, hrsg. von A. H. Smyth (10 Bde, New York 1905–1907): The Papers, hrsg. von L. W. Labaree u.a. (33 Bde, New Haven, Conn. 1959 ff.); Selected Writings (3 Bde, London 1996); Sämtliche Werke, deutsch von G. T. Wenzel (3 Bde, Dresden 1780). – *Bibl.*: P. L. Ford: F. Bibliography. A List of Books Written by, or Relating to B. F. (Brooklyn, N.Y. 1889). – *Lit.*: DSB V, 129–139 (I. B. Cohen); GWG VI, 465–482 (H. Dippel; mit Bibl.); Autobiographie. Nachwort von K. Happrecht (München 1983, ²1997); R. J. Seeger: B. F., New World Physicist (New York/Oxford 1973); W. Boeck: B. F. als Staatsmann, Schriftsteller und Physiker (München/Düsseldorf 1980); R. W. Clark: B. F. A Biography (New York 1983); E. C. Demisch: B. F. Buchdrucker, Erfinder, Staatsmann (Stuttgart 1995).

Fraunhofer, Joseph von (geadelt 1824), deutscher Optiker und Physiker, * 6.3.1787 Straubing [Bayern], † 7.6.1826 München.

F. war das elfte Kind eines Glasers zu Straubing. Der Knabe verlor früh Vater und Mutter und wurde von seinem Vormund zu einem Münchener Spiegelmacher und Glasschleifer in die Lehre gegeben. In den wenigen ihm verbliebenen Stunden beschäftigte er sich heimlich mit der theoretischen Optik. Als das Haus des Spiegelmachers einstürzte, wurde F. wie durch ein Wunder gerettet. Der damalige Kurfürst von Bayern schenkte F. eine größere Geldsumme und machte *Joseph von Utzschneider* (* 2.3.1763 Rieden [Oberbayern], † 31.1. 1840 München), gemeinsam mit *Georg von Reichenbach* (* 24.8.1772 Durlach, † 21.5.1826 München) Inhaber eines mechanisch-optischen Instituts, auf den intelligenten Jungen aufmerksam. Einige Jahre später nahm *Utzschneider* den jungen Glasschleifer in die optische Abteilung des Instituts, dessen Leitung bald in die Hände F.s überging. Zum Dank für dessen aufopfernde Arbeit machte *Utzschneider* seinen ehemaligen Schützling nach dem Ausscheiden *von Reichenbachs* 1814 zum Teilhaber der Firma. Der König von Bayern verlieh F. 1824 den persönlichen Adel, die Universität Erlangen ernannte ihn zum Ehrendoktor. In der Münchener Akademie hielt F. Vorträge vor internationalem Publikum. Auf der Höhe seines Lebens starb der bescheidene und liebenswürdige Forscher schon mit 39 Jahren an einem Lungenleiden.

Zusammen mit dem Schweizer Glastechniker *Pierre Louis Guinand* (* 24.4.1748 Corbatière, † 13.2.1824 Brenets) verbesserte F. das Glasschmelzverfahren; größere, schlierenfreie Linsen aus reinem optischen Glas konnten so von der Firma hergestellt werden. Auch ein neues Schleifverfahren hatte F. entwickelt, und er war imstande, auch bei den neuen, großen Refraktoren mittels unterschiedlicher Gläser im Anschluß an den englischen Optiker *John Dollond* (* 10.6.1706 London, † 30.11.1761 ebenda) den Farbfehler zu korrigieren (Achromatisierung). Die optischen Hilfsmittel, die das tiefere Eindringen in die Geheimnisse der Natur unterstützten, verbesserte er ganz erheblich. Eine Glanzleistung ist die Konstruktion und Herstellung des großen Refraktors für die Universitätssternwarte zu Dorpat. Schon 1827, drei Jahre nach der Aufstellung, erschien das große Doppelsternverzeichnis *W.* → *Struves*, ein Ergebnis der Beobachtungen mit diesem F.schen Instrument. Und *F. W.* → *Bessel* gelang 1837 in Königsberg mit einem großen F.schen, von *Georg Merz* (1793–1867) vollendeten Heliometer, einer Art Doppelbildmikrometer mit durchschnittenen Objektivlinsen, deren Hälften gegeneinander verschiebbar sind, die erste Vertrauen verdienende Fixsternparallaxenbestimmung an dem Doppelstern 61 Cygni.

Eine genaue Bestimmung der Brechzahl und der Farbzerstreuung bei den verschiedenen Glassorten hatte dem vorausgehen müssen: F. entdeckte 1814 die nach ihm benannten dunklen Linien im Sonnenspektrum. Es waren feste Marken mit bestimmten Wellenlängen, die bei jenen quantitativen Untersuchungen vorzügliche Dienste leisteten. (Die ›F.schen Linien‹ sind Absorptionslinien gasförmiger Stoffe in der Sonnenatmosphäre.) F. untersuchte eingehend die Beugungserscheinungen und wurde ein Anhänger der Hypothese von der Wellennatur

des Lichts. Im Jahre 1821 stellte er schon recht leistungsfähige Beugungsgitter her, indem er mit einem Diamanten Striche auf blankes Glas ritzte. Als erster bestimmte er ziemlich genau die Wellenlänge einiger Spektrallinien.
[Krafft/Wiederkehr]

Werke: Gesammelte Schriften, hrsg. von E. Lommel (München 1888). – *Bibl.*: Pogg. VII a Suppl., 216–221. – *Lit.*: NDB V, 382–384 (A. Wißner); DSB V, 142–144 (R. V. Jenkins); GPh I, 303–318 (K. H. Wiederkehr); A. Seitz: J. F. und sein optisches Institut (Berlin 1926); M. von Rohr: J. F.s Leben, Leistungen und Wirksamkeit (Leipzig 1929); G. D. Roth: J. von F. Handwerker – Forscher – Akademiemitglied, 1787–1826 (Stuttgart 1976); H. P. Sang: J. von F. (München 1987); C. R. Preyß: J. von F. Optiker, Erfinder, Pionier (Weilheim 1989).

Fresnel, *Augustin*-Jean, französischer Ingenieur und Physiker, * 10.5.1788 Broglie [Dép. Eure], † 14.7.1827 Ville d'Avray [bei Paris].

Der Architektensohn F. war nach einem Ingenieurstudium in Paris für die Regierung als Ingenieur im Straßenbau tätig. Von schlechter Gesundheit, aber puritanischem Arbeitsethos, war er mit seinen nur in der Freizeit angestellten Forschungen zur Optik sehr erfolgreich. 1823 wurde er Mitglied der Académie des Sciences.

Geleitet vom Gedanken an Einheit und Einfachheit der Natur (›Natura simplex et fecunda‹), wies er die vorherrschende Newtonsche Korpuskulartheorie des Lichts (*I.* → *Newton*) als zu kompliziert zurück und verhalf – experimentell und mathematisch gleichermaßen brillant – der Wellentheorie zum Durchbruch (F.scher Spiegelversuch), wobei er wohl nur sehr allgemein an die Wellenvorstellungen von *C.* → *Huygens* und *L.* → *Euler* anknüpfte. F. verschärfte das Huygenssche Prinzip zum Huygens-F.schen, bestimmte als erster die Wellenlänge des Lichts und gab eine wellentheoretische Beschreibung der Beugung an Gittern, Öffnungen und Schirmen (F.sche Zonenkonstruktion, F.sche Integrale). Aus der Polarisation des Lichts (1808 von *E. L. Malus* für Reflexion entdeckt), Versuchen dazu mit *D. F. J.* → *Arago* und einer Hypothese *T.* → *Young*s folgerte er die Transversalität der Lichtwellen. Dazu entdeckte er die zirkuläre und elliptische Polarisation des Lichts und gab eine theoretische Erklärung der Drehung der Polarisationsebene bei Doppelbrechung. Bald nach F.s Tod setzte sich die Wellentheorie des Lichts durch und öffnete den Weg zu *J. C.* → *Maxwell*s tieferen Einsichten. [Koch/Meyer-Abich]

Werke: Œuvres complètes, hrsg. von H. de Senarmont u.a. (3 Bde, Paris 1866–1870; Nachdruck: New York 1965); Abhandlungen über die Beugung des Lichtes (Leipzig 1926). – *Lit.*: DSB V, 165–171 (R. H. Silliman); GPh I, 303–318 (K. H. Wiederkehr); G. A. Boutiy: A. F., His Time, Life and Work, 1788–1827. In: *Science Progress* 36 (1948), 587–604; A. Chappert: Lettres nouvelles de la correspondance de F. [mit Biot und Arago]. In: *Archives Internationales d'Histoire des Sciences* 28 (1978), 49–65; J. Z. Buchwald: F. and Diffraction Theory. In: *Ebendort* 33 (1983), 36–111; N. Kipnis: History of the Principle of Interference of Light (Basel 1991).

Fuchs, Leonhart, deutscher Mediziner und Botaniker, * 17.1.1501 Wemding [Schwaben], † 10.5.1566 Tübingen.

F., einer der sogenannten deutschen Väter der Botanik, kam nach dem Schulbesuch in Heilbronn und Erfurt mit 12 Jahren an die dortige Universität und eröffnete nach dem erfolgreichen Abschluß der niederen Artistenfakultät in seiner Heimatstadt eine Privatschule. 1519 nahm er erneut das Studium auf und studierte, dieses Mal in Ingolstadt, klassische Sprachen, erwarb 1521 den Grad eines magister artium, wechselte danach zur Medizin und promovierte 1524 zum Doktor der Medizin. Er übte dann zwei Jahre eine ärztliche Praxis in München aus, bevor er 1526 auf den Lehrstuhl für Medizin nach Ingolstadt zurückgerufen wurde. Als überzeugter Lutheraner hatte er es in der Hochburg des Katholizismus allerdings nicht leicht; und so nahm er zwei Jahre später mit Freuden eine Leibarztstelle beim Markgrafen Georg von Brandenburg in Ansbach an, wo eine protestantische Universität errichtet werden sollte. Als diese Pläne dann scheiterten, kehrte er 1533 enttäuscht nach Ingolstadt zurück, sah sich aus Glaubensgründen aber bald gezwungen, erneut in Ansbach Zuflucht zu suchen. Hier erreichte ihn der Ruf nach Tübingen, dem er 1535 folgte. Als Professor der Medizin trug er entscheidend zur Neuordnung und zum Ruhm dieser Universität bei, der er bis zu seinem Tode treu geblieben war, obwohl er etwa 1548 auf Veranlassung von *A. → Vesalius* den ehrenvollen Ruf des Herzogs Cosimo de Medici erhielt, die Leitung des neu errichteten Botanischen Gartens in Pisa zu übernehmen.

F.s Hauptleistung liegt nämlich nicht auf dem Gebiete der Medizin – hier war es sein Verdienst, die Anatomie des *Vesalius* in Deutschland bekannt gemacht und maßgeblich dazu beigetragen zu haben, daß man nicht mehr auf die arabischen Schriften, sondern in zunehmendem Maße auf deren antike Vorlagen direkt zurückgriff –, vielmehr ist er als Botaniker bekannt und berühmt geworden durch sein 1542 in lateinischer Fassung und ein Jahr später in deutscher Übersetzung erschienenes ›New Kreüterbuch, in welchem nit allein die gantz histori, das ist, namen gestalt, statt und zeit der wachsung, naturkraft und würckung, des meysten theyls der kreüter so in Teütschen unnd andern Landen wachsen, mit dem besten vleiß beschrieben, sonder auch aller derselben wurtzel, Stengel, bletter, blumen, samen, frücht, und in summa die gantze gestalt, allso artlich und künstlich abgebildet und contrafayt ist, das deßgleichen vormals nie gesehen, noch an tag kommen‹ (Basel 1543) – womit F. keineswegs zuviel versprach; denn die künstlerische Vollkommenheit und botanische Genauigkeit der über 500 großformatigen ganzseitigen Holzschnitte ist nach der Meinung von Fachleuten noch heute unübertroffen. Die Holzschnitte bildeten bis ins 19. Jahrhundert darüber hinaus oft sklavisch nachgebildete Muster (auch die Bilder im Kräuterbuch *H. → Bock*s sind zumindest nach ihnen ausgerichtet). F. hatte nicht nur auf naturgetreue Abbildung gedrängt – wie es in den Holzschnitten zum Kräuterbuch von *O. Brunfels* der Fall ist, in dem der neuartige Naturalismus der Renaissancemalerei erstmals in ein wissenschaftliches Werk übernommen wurde –, sondern verlangte von seinen Künstlern *Albrecht Meyer* und *Heinrich Füllmaurer* gleichzeitig, in den Abbildungen bereits eine möglichst vollständige Lebensgeschichte der betreffenden Pflanze zu bieten. So sehen wir etwa die Blüten in mehreren Stadien von der Knospe bis zur reifen Frucht, die Blätter in mehreren Stufen ihrer Entfaltung an derselben Pflanze, die als ganze samt ihren Wurzeln dargestellt ist. Gelegentlich fällt die botanische Richtigkeit sogar diesem Prinzip zum Opfer, indem nicht nur nicht gleichzeitig auftretende Stadien nebeneinander stehen, sondern auch Blüten und Blätter der besseren Anschaulichkeit wegen anders gestellt sind als an der lebenden Pflanze. – In erster Linie dieser Abbildungen wegen erfuhr das Kräuterbuch bereits zu Lebzeiten des Autors 31 Ausgaben – zum Teil in verkleinertem Format – der lateinischen und deutschen Fassung sowie von Übersetzungen, die ins Französische, Holländische, Englische und Spanische vorgenommen worden waren. Ein bereits fertiggestellter zweiter und dritter Teil mit nochmals 1500 Abbildungen, die teilweise schon auf Holzstöcke übertragen oder gar geschnitten waren, fand allerdings keinen Verleger mehr; das Risiko war, wie die vielen unerlaubten Nachdrucke und Kopien der Holzschnitte zeigten, zu groß. – Über den Abbildungen ist jedoch nicht der begleitende Text von F. selbst zu vergessen, der durch seine Systematik und Einheitlichkeit den ähnlicher Werke seiner Zeit weit übertrifft. Er ist ebenso wie die bis dahin unerreichte systematische Vollständigkeit das Ergebnis einer sorgfältigen zehnjährigen Arbeit und beruht im beschreibenden Teil auf eigenen Beobachtungen, wenn er nicht ausdrücklich sagt, daß er eine bestimmte von → *Dioskurides* genannte ›Form‹ (›Art‹) noch nicht gesehen habe – es fehlt dann natürlich auch eine Abbildung. In der Botanik lebt der Name F. in der Gattung der Fuchsien fort. [Krafft]

Werke: Opera omnia (3 Bde, Frankfurt am Main 1566–1567; [1 Bd] ²1604). – *Lit.*: NDB V, 681 f. (G. Rath); DSB XV, 160–162 (F. N. Egerton III); BLM I, 135–142 (F. Krafft; mit Bibl.); E. Stübler: L. F., Leben und Werk (München 1928); H. Marzell: L. F. und sein New Kreüterbüch (1543) (Leipzig 1938; zuerst als Einleitung zur Faksimileausgabe); A. Arber: Herbals, Their Origin and Evolution (Cambridge 1938); S. Seybold: Die Orchideen des L. F. (Tübingen 1986).

G

Galenos, * 129 (oder 130) Pergamon, † ca. 216 Rom (?), römischer Arzt griechischer Herkunft (der Gentilname *Claudius* ist G. erst in der Renaissance fälschlich zugelegt worden).

G. war Sohn eines Mathematikers und Architekten, der ihn in frühester Jugend in Philosophie und Mathematik unterrichtete. 145 begann er ein Studium der Medizin in Alexandria, das er später in Smyrna und Korinth fortsetzte. Mit etwa 25 Jahren begann er als Gladiatorenarzt zunächst in Pergamon und ab etwa 162 in Rom zu praktizieren, das er 166 wegen des Ausbruches der Pest fluchtartig verließ. Er bereiste Syrien und Phönizien, kehrte nach Pergamon zurück, wurde aber 168 von Kaiser Mark Aurel als Leibarzt wieder nach Rom berufen. 192 kehrte er endgültig nach Pergamon zurück. G. war neben *Hippokrates von Kos* (* 460 v. Chr. Kos, † um 370 Larissa) der bedeutendste Arzt und Mediziner der Antike.

G. betonte die Bindung zwischen Medizin und Naturphilosophie; neben den Schriften des *Hippokrates* und der spätantiken medizinischen Schulen studierte er → *Platon*, → *Aristoteles* und die Stoiker und vereinigte als eklektischer Dogmatiker die Ansätze der verschiedenen Schulen und das gesamte Wissen der antiken Heilkunde zu einem einheitlichen System, das in der Medizin das gesamte Mittelalter hindurch und bis tief in die Neuzeit fast absolute Autorität genoß. Als Arzt war er in erster Linie Hippokratiker, in der Anatomie und Physiologie Aristoteliker. Seine zahlreichen durch eigene Beobachtungen und Experimente gewonnenen Erkenntnisse ordnete er rigoros dem aristotelisch-stoischen Prinzip der Teleologie unter, so daß seine Abhandlungen trotz empirischer Basis oft spekulativen Charakter erhalten. Dennoch hat er auf vielen Gebieten der Medizin große Fortschritte erzielt.

G. kombinierte die Humoralpathologie in der Ausprägung der hippokratischen Viersäfte- und Qualitätenlehre mit einer besonderen Pneumalehre. Er kennt drei Arten von Pneumata, die in den wichtigsten Organen sitzen: 1. in der Leber das natürliche Pneuma (*pneuma physikon*), das die Funktion der Ernährung, des Wachstums und der Fortpflanzung steuert; 2. im Herzen das Lebenspneuma (*pneuma zōtikon*), das die Lebensfunktion reguliert, indem es Hitze und Leben durch die Arterien verteilt; 3. im Gehirn das psychische Pneuma (*pneuma psychikon*), das Herz, Nerven, Gefühle usw. steuert. Diese drei Pneumata bildeten die Basis des physiologischen Systems bis zu *W.* → *Harvey*. Nach G.' Ansicht müssen die drei Kardinalorgane auch zuerst gebildet werden (Drei-Blasen-Theorie), und zwar in der Reihenfolge ihrer Wichtigkeit: zuerst die Leber mit den Venen, dann das Herz mit den Arterien und endlich das Gehirn. G. konnte zeigen, daß auch die linke Herzkammer und die Arterien Blut enthalten, und nahm an, daß das Blut durch die Herztrennwand, das Septum, tropfenweise hindurchsickert. Das Blut werde in der Leber ständig neu gebildet und im Körper verbraucht. Nicht nur im Bereich der Physiologie sind G.' Erkenntnisse bemerkenswert gewesen; am originellsten ist seine Myologie, in der erstmals die einzelnen Muskeln genauestens beschrieben werden. Auch in der Anatomie verfügte G. über ein großes Wissen. Seine Kenntnisse über den Menschen beschränkten sich allerdings auf das Skelett; Beobachtungen über Organe und Körper gewann er durch Tiersektionen, besonders von Affen. G. erhob die Pathologie zu einer eigenständigen Wissenschaft, die die Ursachen der Krankheiten und die Fülle der Symptome sowie die Zustände der Leiden sorgfältig untersucht. Außerdem begründete er die Nervenphysiologie, verfaßte Schriften über Diagnostik, Therapeutik und Hygiene, Abhandlungen über medizinisch-pharmakologische und diätische Spezialprobleme, einige *Hippokrates*-Kommentare und auch Bücher über philosophische und grammatische Fragen. Auch auf die Zeugungslehre hat G. durch seine Erkenntnis der Funktion der Hoden als Bildungsstätte des Samens entscheidend eingewirkt; er unterschied bei der Eunuchiebestimmung erstmals zwischen primären und sekundären Geschlechtsmerkmalen und wurde durch die Deutung des Kausalzusammenhanges zwischen Samen und Geschlechtsentwicklung zum Vorläufer der modernen Hormonforschung. [Bäumer-Schleinkofer]

Am nachhaltigsten wirkte G. allerdings durch seine systematisch humoralpathologisch ausgerichtete Krankheits- und Arzneimittellehre, in der die latent erhalten bleibenden Primärqualitäten der Elemente in den aus ihnen zusammengesetzten Pharmaka zu wahrnehmbaren Sekundärqualitäten vereint werden, aus denen auf jene rückgeschlossen werden kann, die aber erst wieder im gesamten Körper oder in einem bestimmten Organ, zu dem das Arzneimittel als Vehikel sie trägt, wirksam werden – etwa als hochgradig ›warmer‹ und damit wärmender Pfeffer. Da jegliche Krankheit auf einer für das entsprechende Individuum oder eines seiner Organe ›nicht naturgemäßen‹ Mischung der Säfte und ihren Qualitäten (›Dyskrasis‹) beruhen soll, werden die Mittel mit ihren erwärmenden oder erkaltenden, erweichenden und verflüssigenden oder trocknend-festigenden Wirkungen vom Arzt ausgleichend eingesetzt (in der Regel als ›reinigende‹, zum Ausscheiden anregende Mittel, sog. ›Purgantien‹), bis im Organ oder Körper wieder der ›naturgemäße‹ (wir würden heute sagen: normale) Mischungszustand (›Eukrasis‹), das richtige ›temperamentum‹ erreicht wird. Dazu werden die Wirkeigenschaften der einfachen Mittel (Simplicia) und der aus ihnen zusammengesetzten Mittel (Composita) für jede der vier Primäreigenschaften in vier Grade mit (später) bis zu drei Zwischengraden unterteilt, um sie bei den ebenso untergradeten Eigenschaften der krankhaften Dyskrasien entsprechend einsetzen zu können. Aufgabe des Arztes oder seines Arzneibereiters (der erst im Mittelalter ein vom Arzt unabhängiger ›Apotheker‹ wurde) war es, durch entsprechende Verfahren (die spätere ›Apothekerkunst‹) die höchstgradigen oder falschgradigen Simplicia im Compositum entsprechend dem Bedarf zu ›korrigieren‹, »lege artis« zu bearbeiten. Hierbei galt sowohl das Prinzip des »contraria contrariis curare« als auch (weniger häufig) das Prinzip des »similia similibus curare«, das sich später die ›Homöopathie‹ einseitig zu eigen machte. [Krafft]

Werke: Opera omnia, griech-lat. hrsg. von K. G. Kühn (20 Bde in 23, Leipzig 1821–1833; Nachdruck: Hildesheim 1966 und 1998, Bd XX [Indices] ergänzt durch eine Bibliographie von K. Schubring [S. XVII–LXII], Nachdruck: Hildesheim 1986); J. Gippert: Index Galenicus. Wortformindex zu den Schriften G.s (Dettelbach 1997). – *Lit.*: DSB V, 227–237 (F. Kudlien/L. G. Wilson); GWG II, 504–517 (H. Schipperges); G. Sarton: G. of Pergamon (Lawrence, Kans. 1954); R. E.

Siegel: G.'s System of Physiology and Medicine (Basel/New York 1968); O. Temkin: Galenism – Rise and Decline of a Medical Philosophy (Ithaca/London 1973); R. J. Hankinson: G. on the Therapeutic Method (Oxford 1991); J. Kollesch/D. Nikkel (Hrsgg.): G. und das hellenistische Erbe (Stuttgart 1993); M. Reinecke: Vergleich der anatomisch-physiologischen Schriften Galens mit der Fabrica Vesals (Münster 1996).

Galilei, Galileo, italienischer Mathematiker, Naturforscher und Philosoph, Mitbegründer neuzeitlicher Naturwissenschaft, * 15.2.1564 Pisa, † 8.1.1642 Arcetri [bei Florenz].

G. war von seinem Vater, dem mathematisch gebildeten Komponisten und Musiktheoretiker *Vincenzo di Michelangelo Galilei* (* um 1533 Florenz, beigesetzt 2.7.1591 ebenda), im Hause unterrichtet worden, bevor er 1581 bis 1585 an der Universität seiner Heimatstadt Medizin, Mathematik und (aristotelische) Physik studierte. Bereits 1586 baute er sich eine hydrostatische Waage, nachdem er an der Florentiner Accademia del Dissegno mit den Schriften des → *Archimedes* bekannt geworden war. 1589 erhielt er auf Empfehlung seines Gönners, des Mathematikers und ›Ingenieurs‹ *Guido Ubaldo (Guidobaldo), Marchese del Monte* (* 11.1. 1545 Pesaro, † 6.1.1607 Montebaroccio), die Mathematikprofessur in Pisa. Hier befaßte er sich mit Studien zur traditionellen Bewegungslehre und im Anschluß an entsprechende Vorarbeiten *G. del Monte*s mit Problemen der Mechanik der Einfachen Maschinen auf der Grundlage der ›Quaestiones mechanicae‹ des → *Aristoteles* sowie der Statik des *Archimedes*. G. wandte dabei erstmals ein Prinzip der virtuellen Verrückungen allgemein an, wie es *Johann (I)* → *Bernoulli* 1715 endgültig formulierte. Die ›Fallversuche‹ am schiefen Turm zu Pisa beruhen allerdings auf einer Legende; sie hätten damals auch höchstens dem Versuch dienen können, ein falsches, auf der scholastischen Impertustheorie von *N.* → *Oresme* und *Johannes Buridanus* beruhendes ›Fallgesetz‹ zu bestätigen, das er seinerzeit noch vertrat. 1592 siedelte G. der besseren Bezahlung wegen nach Padua über, wo er als Professor der Mathematik die Isochronie der Pendelschwingungen entdeckte und die Pendelgesetze ableitete, einen Proportionalzirkel erfand, sich eine feinmechanische Werkstatt einrichtete – und erst ab 1604 und in reinen Gedankenexperimenten das Gesetz des Freien Falls ableitete, zuerst vergebens von einem falschen Ansatz, 1609 endlich von dem richtigen ausgehend, daß die Vermehrung der Geschwindigkeit proportional zur Zeit erfolge, wobei er zur Berechnung der mittleren Geschwindigkeit pro Zeit das Verfahren *N. Oresme*s benutzte. Überlegungen zum Fall desselben Körpers in verschieden dichten Medien (Luft, Wasser, Quecksilber) hatten die Überzeugung erbracht, daß im Vakuum alle Körper gleich schnell fallen. Zur Bestätigung des Gesetzes entwickelte G. eine Fallrinne, um den ›Fall‹ so weit zu verzögern, daß auch damalige Zeitmeßverfahren (Pulsschlag, Sanduhren) zur Bestimmung der Fallzeiten ausreichen konnten. Freie Fallversuche wurden erstmals 1642 von *G. B.* → *Riccioli* und *F. M. Grimaldi* in Bologna durchgeflihrt – ursprünglich, um G.s Fallgesetz zu widerlegen; es ergab sich jedoch, daß verschieden schwere Körper gleicher Größe und Gestalt in Luft tatsächlich verschieden schnell fallen, wie *Aristoteles* angenommen hatte.

Um 1608 wurde in Holland, vermutlich von dem Brillenmacher *Jan Lipper*[*s*]*hey* (* Wesel, † 1619 Middelburg), das Fernrohr erfunden. G. hatte hiervon durch eine Zeitungsnotiz erfahren und 1609 das (sogenannte holländische oder galileische) Fernrohr nachgebaut. Er führte es den Senatoren von Venedig als eigene Erfindung vor, woraufhin sein Professorengehalt in Padua angehoben wurde; entsprechend groß war die Verärgerung, als man wenig später dieses Gerät, mit dem »die Feinde früher erkannt werden können«, in allen größeren Städten käuflich erwerben konnte. G. hat allerdings als erster das Fernrohr auf Himmelskörper gerichtet und entdeckte dabei die Oberflächenstruktur des Mondes, die vier ersten, von ihm Mediceische Gestirne genannten Monde des Jupiter (7.1.1610), löste Sternhaufen und (Teile der) Milchstraße in Einzelsterne auf (diese Entdeckungen veröffentlichte er – mit einer ersten groben Mondkarte – im ›Nuncius sidereus‹, der ›Sternenbotschaft‹, 1610), entdeckte die Phasen der Venus und 1611 die Sonnenflecken, unabhängig von *C. Scheiner* und *J. Fabricius*, der ihm damit zuvorgekommen war.

Im September 1610 folgte G. einem Ruf als Hofmathematiker und Hofphilosoph (d.h.: -physiker) nach Florenz. Er trat seitdem auch öffentlich für das heliozentrische Planetensystem des *N. → Copernicus* ein – da die Jupitermonde die Sonderstellung des einen *bewegten* Körper umkreisenden Mondes in diesem aufhöben. 1611 reiste G. in seiner neuen Eigenschaft nach Rom und erfuhr hier vielfältige Ehrungen, die ihn veranlaßten, in noch stärkerem Maße für die copernicanische Lehre einzutreten: 1613 erschienen seine ›Istoria e dimostrazioni intorno alle macchie solari e loro accidenti‹, in denen er gegenüber *C. Scheiner* die Priorität der Entdeckung verteidigte und aus den Wanderungszeiten der Flecken auf die Rotation der Sonne und deren Dauer schloß. Im Dezember desselben Jahres entwickelte G. in einem Brief an einen seiner Schüler, den Benediktiner *Benedetto Castelli* (* 1578 Brescia, † 19[?]. 4. 1643 Rom), seine Vorstellungen über das Verhältnis der Bibel zur (neuen) Naturerkenntnis und insbesondere zum heliozentrischen Planetensystem, die eine Neuinterpretation der Heiligen Schrift erforderten. Er bekräftigte diese Forderung 1615 in einem weiteren Brief an die Großherzoginmutter Christina. Diese Kompetenzanmaßung gegenüber der ›zünftigen‹ Exegese führte aufgrund einer Denunziation zweier Patres des für die Inquisition zuständigen Dominikanerordens zu einer ersten Auseinandersetzung mit der römischen Curie, an deren Ende am 26.2.1616 die Ermahnung Kardinal *Robert Bellarmins* in Rom stand, das Irrtümliche seiner Auffassungen aufzugeben. (Zu diesem Zeitpunkt hatte G. aber weder abschwören müssen, noch war ihm Buße auferlegt worden.) G. widmete sich daraufhin intensiv der Widerlegung der aristotelisch-scholastischen Physik, die dem kirchlichen Weltbild zugrundelag. In den aus Anlaß der Kometen von 1618 entbrannten Streit über die Natur der Kometen griff er nach der polemischen Schrift des Jesuitenpaters *Horatio Grassi* (* 1582 Savona, † 23.7.1654 Rom) 1622 mit dem Buch ›Il Saggiatore‹ (›Der Prüfer mit der Goldwaage‹) ein, einer geistreichen und nicht minder polemischen Schrift, die auch einen Markstein der italienischen Sprache bildet. Als Kardinal *Maffeo Barberini*, ein alter Verehrer G.s, 1623 als *Urban VIII.* den päpstlichen Stuhl bestieg, hoffte G. in diesem aufgeklärten Kirchenfürsten einen Fürsprecher für die copernicanische Lehre gefunden zu haben. Im April 1624 begab er sich deshalb nach Rom; 1625 veröffentlichte er Argumente für diese Lehre, ohne sie jedoch ausdrücklich schon für wahr zu erklären; 1630 war er wieder in Rom, um die Druckerlaubnis zu erhalten für sein Werk ›Dialogo sopra i due massimi sistemi del mondo‹, den ›Dialog über die beiden hauptsächlichen Weltsysteme, das ptolemaiische und das copernicanische‹. Wegen Verzögerungen der Zensurbehörde erschien das Werk erst 1632 – um im August auf kirchlichen Befehl wieder eingezogen zu werden. G. hatte nicht der Auflage Urbans und der Zensurbehörde genügt, alle Versuche eines ›Beweises‹ der nur als Hypothese zu vertretenden Bewegung der Erde zu unterlassen, und Papst Urban konnte in seiner damaligen innen- und außenpolitischen Bedrängnis nicht einen diesbezüglichen Ungehorsam dulden. G. wurde am 1.10.1632 vor die Inquisition zitiert und aufgrund der Übertretung eines (angeblich?) bereits 1616 (geheim) ausgesprochenen Verbotes, die Lehre weiter zu verbreiten, verurteilt. Am 22.6.1633 schwor er nach wenigen Tagen Haft »seinen Irrtum« als treuer Katholik ab, ohne jedoch den legendären Ausspruch »Und sie [d.h.: die Erde] bewegt sich doch!« getan zu haben oder zuvor Folterungen unterworfen gewesen zu sein. Ende des Jahres wurde er zu unbefristeter Haft in seiner eigenen Villa nach Arcetri verbannt. Dort verfaßte er in einem Kreis von begeisterten Schülern die 1638 in Holland erschienenen ›Discorsi e dimostrazioni matematiche intorno a due nuove scienze‹, die ›Unterredungen und mathematischen Beweisführungen über zwei neue Wissenschaften, die Mechanik [Festigkeitslehre] und die Lehre von den örtlichen Bewegungen [Fall und Wurf] betreffend‹, sein für den Fortgang der neuen Physik wichtigstes Werk. (Zum Titel ist interessant, daß Urban VIII. eben darauf hingewiesen hatte, daß nur innerhalb der Mathematik ›Beweise‹ möglich seien.) 1637 erblindete er.

G.s Hauptleistung besteht in der neuen Auffassung von der Möglichkeit physikalischer Erkenntnisse. An die Stelle der aristotelisch-scholastischen Ontologie mit ihren Erklärungen von natürlichen Prozessen aus dem ›Wesen‹ eines Dinges setzte er die Frage nach dem ›Wie‹ eines Prozesses, nach dem Verlauf, soweit er kinematisch erfaßbar ist; denn nur darin könne die menschliche Vernunft Einblick in den göttlichen Schöpfungsplan gewinnen. Hilfsmittel (nicht Ontologie, wie bei den Neuplatonikern) sei dafür die Mathematik als die der Schöpfung zugrundeliegende ›Sprache‹ (in der die ›Natur‹ geschrieben sei, im Gegensatz zu den Buchstaben, in denen die Offenbarung in der Heiligen Schrift geschrieben sei). Diese Sprache gelte es von den Dingen und Vorgängen zu abstrahieren. Folglich konzentrierte G. sich auf die Kinematik und analysierte hier die als unabhängig aufgefaßten Komponenten zusammengesetzter Bewegungen und ihre daraus resultierende Form – wie im Falle der daraufhin abgeleiteten und empirisch nachträglich bestätigten Parabellinie der Wurfbahn. Zu einer Dynamik vermochte er allerdings über Ansätze für die Wirkweise der Einfachen Maschinen im Anschluß an *Aristoteles* nicht hinauszukommen, da er jede Art von Massenanziehung leugnete und weiterhin zwischen künstlichen und natürlichen, d.h. von dem einem Körper innewohnenden Streben zur Weltmitte (oder vielmehr jetzt: zur Erdmitte) hin selbst ausgelösten geradlinigen Bewegungen unterschied, wenn erstere ihm auch nicht mehr als *gegen* die Natur gerichtet galten, wie es die traditionelle Mechanik seit *Aristoteles* gelehrt hatte. Beschleunigung und Verzögerung natürlicher Bewegungen träten aufgrund von Annäherung bzw. Entfernung zum Schwerezentrum (hier: Erde, für die Planeten: Sonne) auf, so daß bei gleichbleibender Entfernung, wenn beide nicht stattfinden, die (konzentrische Kreis-)Bewegung gleichförmig bleibe – zum Beispiel längs des Horizonts der Erde, welche Bewegung senkrecht zur Fallrichtung auf kurze Strecken angenähert geradlinig erfolge (etwa auf einer geschliffenen Marmorplatte). Dieses Prinzip einer kräftefreien kreisförmigen Bewegung als Vorform des Trägheitsprinzips (für geradlinige Bewegungen), das erst von Schülern G.s in die von *I. → Newton* verwendete Form umformuliert wurde, erklärt ihm die Planetenbewegungen (bezogen auf die Sonne als Zentrum) als gleich- und kreisförmig. G. setzte sich damit über die Erkenntnisse der Astronomie seit *→ Ptolemaios* hinweg und fand insbesondere für die Entdeckung der Gesetze der Planetenbewegungen durch *J. → Kepler* keinerlei Verständnis. Die astronomischen Entdeckungen G.s selbst galten den Zeitgenossen auch nicht als Beweise für die Richtigkeit des heliozentrischen Planetensystems, da sie ebensogut im geozentrischen System *T. → Brahe*s eine Erklärung fanden, während die aus seiner falschen Theorie der Gezeiten (Hin- und Herschwappen des Wassers in engen Meeresbecken) gezogene Beweiskraft für die Rotation der Erde keine Anhänger finden konnte.

Insbesondere durch seine brillante Sprache und die in Anlehnung an italienische Humanisten nach dem Beispiel seines Vaters in Dialogform und für die mathematischen Wissenschaften erstmals in der Volkssprache abgefaßten

Werke gewann G. Freunde und Gönner für die neue Naturwissenschaft und ihre Methoden, deren Schlagkraft in den Dialogen gegenüber den konfrontierten Methoden der Scholastik herausgestrichen wurde. Allerdings wird in älteren Darstellungen aus der Sichtweise des 19. Jahrhunderts die Rolle des Experimentes für G. stark überbetont: G. ging nie induktiv von experimentellen Erfahrungen aus (er betonte, daß diese nicht einmal zur Bestätigung erforderlich seien), und er war auch weder der Schöpfer der experimentellen Methode, noch hatte diese im Rahmen seiner neuen Erkenntnistheorie neben dem wichtigen Gedankenexperiment und der Mathematik (Geometrie) einen wesentlichen Platz. Er war auch kein eigentlicher Astronom. Er war aber ein vorzüglicher Beobachter von rascher Auffassungsgabe und ungewöhnlich hohem Abstraktionsvermögen. Seine Beobachtungen und Erkenntnisse bildeten Anregungen und Grundlage für die neue Entwicklung der exakten Naturwissenschaften bis hin zu *I. Newton*. [Krafft]

Werke: Le opere. Edizione Nazionale (20 Bde, Florenz 1890–1909; Neudrucke: Florenz 1929–1939, 1964–1966, 1968). – *Übersetzungen*: Dialog über die beiden hauptsächlichen Weltsysteme, von E. Strauß (Leipzig 1891; Nachdruck: Stuttgart 1982); Unterredungen und mathematische Demonstrationen, von A. von Oettingen (3 Teile, Leipzig 1890–1891; Nachdruck: Darmstadt 1964); Sidereus nuncius, von H. Blumenberg (Frankfurt am Main 1965 u.ö.); The Controversy on the Comets of 1618, by S. Drake/C. D. O'Malley (Philadelphia 1960): G. on Motion and on Mechanics, by I. E. Drabkin/S. Drake (Madison 1960); Schriften, Briefe, Dokumente, hrsg. von A. Mudry (2 Bde, Berlin 1987). – *Bibl.*: A. Favaro: Bibliografia Galileiana 1568–1895 (Rom 1896); G. Boffito: Bibliografia Galileiana 1896–1940 (Rom 1943); E. McMullin (Hrsg.): G., Man of Science (New York/London 1967, S. 237–249: Bibliografia Galileiana 1940–1964). – *Lit.*: DSB V, 237–249 (S. Drake); GWG V, 468–491 (P. Jordan); GPh I, 147–156 (M. Segre); E. Wohlwill: G. und sein Kampf für die copernicanische Lehre (2 Bde, Leipzig 1909–1926; Nachdruck: Wiesbaden 1969); H. C. Freiesleben: G. G. (Stuttgart 1956, ²1969); E. Schmutzer/W. Schütz: G. G. (Leipzig 1974, ⁵1983); W. A. Wallace: G.'s Early Notebooks. The Physical Questions (Notre Dame/London 1977); S. Drake: G. at Work. His Scientific Biography (Chicago/London 1978); K. Fischer: G. G. (München 1983); O. Pedersen: G. and the Council of Trent. The G. Affair Revisited. In: *Journal for the History of Astronomy* 14 (1983), 1–29; P. Redondi: G. – der Ketzer (München 1989, 1991; zuerst italien., Turin 1983); A. Fölsing: G. G., Prozeß ohne Ende (München 1989); M. Biagioli: G., der Höfling. Entdeckungen und Etikette – Vom Aufstieg der neuen Wissenschaft (Frankfurt am Main 1999; zuerst engl., Chicago/London 1993); A. Fantoli: G. per il copernicanismo e per la chiesa (Vatikanstadt 1993, englisch 1994); R. Feldhay: G. and the Church (Cambridge 1995).

Galvani, Aloisio *Luigi*, italienischer Mediziner und Naturforscher, * 9.9.1737 Bologna, † 4.12.1798 ebenda.

G., in seiner Vaterstadt Bologna ab 1762 Professor der Anatomie und Gynäkologie, begründete einen neuen Wissenschaftszweig in der Elektrizitätslehre: den nach ihm benannten Galvanismus (galvanische Elektrizität). Vor seiner folgenreichen Entdeckung konnte man mit Hilfe der Elektrisiermaschine wohl hohe Spannungen, aber nur sehr schwache Ströme erzeugen; und bei der Entladung der in Leidener Flaschen gespeicherten Elektrizität wirkte ein kräftiger elektrischer Strom doch nur kurze Zeit. G. gab den ersten Fingerzeig zu einer neuartigen Elektrizitätsquelle, den galvanischen Elementen. Sie liefern trotz niederer Spannung starke, kontinuierliche Ströme.

Ein Mitarbeiter machte G., als er einen Frosch präparierte, darauf aufmerksam, daß jedesmal die Froschschenkel zuckten, wenn das Seziermesser das Rückenmark des Frosches berührte, und dabei gleichzeitig die Funken einer in der Nähe stehenden Elektrisiermaschine überschlugen. G. stellte fest, daß auch der Blitz in gleicher Weise wirkte. Zufällig bemerkte er, als er mit dem Metallhaken, an dem das Präparat hing, ein eisernes Geländer berührte, ebenfalls ein Zucken der Froschschenkel. War es die atmosphärische Elektrizität oder etwas ganz anderes, auf das die präparierten Schenkel wie ein empfindliches Elektroskop reagierten? Hier erwies sich G. als ein Naturforscher, der instinktiv den richtigen Weg beschreitet. Bald erkannte er, daß die Berührung der Muskeln oder Nerven mit einem Bogen aus zwei verschiedenen Metallen entscheidend ist. Aber der Mediziner erlag der Versuchung, die Quelle der Elektrizität in den Organismus zu verlegen. Er glaubte, auf die ›tierische Elektrizität‹ gestoßen zu sein. Vielleicht wurde er auch dadurch beeinflußt, daß kurz zuvor die elektrische Natur des Schlages der Krampffische (elektrischen Fische) nachgewiesen worden war: G. verglich den Muskel mit einer Leidener Flasche. Die erste Nachricht von seiner Entdeckung gab er 1791 in der Schrift ›De viribus electricitatis in motu musculari commentarius‹. Wenige Jahre später zeigte jedoch *A.* → *Volta*, daß die Elektrizitätsquelle die beiden verschiedenen Metalle sind, eingetaucht in eine leitende Flüssigkeit. Um seine alte Theorie zu rechtfertigen, erdachte G. einen Versuch, bei dem ohne Metall und mechanischen Reiz ein Nerven-Muskel-Präparat zum Zucken gebracht wurde. Eine Art tierischer Elektrizität war so einwandfrei nachgewiesen. Von hier geht, historisch gesehen, die heutige Elektrophysiologie aus, die elektrische Ströme in Muskeln und Nerven beobachtet.

[Wiederkehr]

Werke: Opere edite e inedite, hrsg. von Fuller (Bologna 1841); Memorie ed esperimenti inediti (Bologna 1937); Abhandlung über die Kräfte der Elektrizität bei der Muskelbewegung (Leipzig 1894); Commentary on the Effects of Electricity on Muscular Motion, engl. von M. C. Foley (Norwalk 1953; mit Einleitung und Bibliographie). – *Lit.*: DSB V, 267–269 (T M. Brown); GPh I, 263–274 (J. Teichmann); S. Züllig: L. G., der Entdecker der Bioelektrizität (St. Gallen 1971); N. Kipnis: L. G. and the Debate on Animal Electricity. In: *Annals of Science* 44 (1987), 107–142; M. Pera: The Ambiguous Frog. The G.-Volta Controversy on Animal Electricity (Princeton 1992; zuerst italien., Turin 1986).

Gauß, Carl Friedrich, deutscher Mathematiker, * 30.4.1777 Braunschweig, † 23.2.1855 Göttingen.

Mit der Konstruktion des regelmäßigen Siebzehnecks allein mit Zirkel und Lineal lieferte G., ›Fürst der Mathematike‹ und mit → *Archimedes* und *I.* → *Newton* ohne Zweifel einer der bedeutendsten Mathematiker in der Geschichte, bereits in seinem 19. Lebensjahr die erste namhafte Ergänzung im Bereich euklidischer Konstruktionen nach rund 2000 Jahren. Geboren als Sohn einfacher Leute, studierte G. damals mit einem Stipendium des Herzogs Carl Wilhelm von Braunschweig in Göttingen Mathematik. Drei Jahre später erwarb er an der damaligen Braunschweiger Landesuniversität Helmstedt, wo er einen Beweis für den Fundamentalsatz der Algebra als Dissertation eingereicht hatte, den Doktorgrad – auf eine mündliche Prüfung und die übliche Disputation verzichtete die Fakultät. Nach dem Tod seines fürstlichen Gönners folgte G. im Jahre 1807 einem Ruf als Professor der Astronomie und Direktor der Sternwarte nach Göttingen. Hier wirkte er fortan bis an sein Lebensende.

Obgleich G. in seinem ersten Beweis, daß jede algebraische Gleichung n-ten Grades genau n reelle oder komplexe Wurzeln besitzt, den Begriff der komplexen Zahlenebene noch nicht verwendete, ist doch klar, daß er ihn damals schon besaß. Aber auch andere Ergebnisse, wie die Methode der kleinsten Quadrate zum Ausgleich von Meßungenauigkeiten und Untersuchungen über elliptische Funktionen, veröffentlichte G. zunächst nicht. Sein erstes bedeutendes Werk, die in lateinischer Sprache publizierten ›Arithmetischen Untersuchungen‹, erschien 1801; es wurde grundlegend für die weitere Entwicklung der Zahlentheorie (*P. G. → Dirichlet*). Zu seinen Höhepunkten gehört der erste Beweis des schon von *L. → Euler* empirisch gefundenen quadratischen Reziprozitätsgesetzes. Weltbekannt wurde der junge Mathematiker durch die äußerst schwierigen, nur mit ganz neuartigen Methoden zu bewältigenden Bahnberechnungen für den Planetoiden Ceres, der Anfang 1801 von *G. → Piazzi* entdeckt worden, aber bald wieder verlorengegangen war. Die Wiederentdeckung nach genau einem Jahr durch *H. W. M. → Olbers* aufgrund der von G. angestellten Rechnungen brachte ihm einen triumphalen Erfolg. In einem für lange Zeit maßgeblichen Lehrbuch über die ›Theorie der Bewegungen der Himmelskörper‹ (1809) legte G. seine Verfahren nieder.

Im Jahr 1816 wurde ihm die Vermessung des Königreiches Hannover übertragen, die ihn viele Jahre in Anspruch nahm. Sie führte zur Erfindung des Heliotrops, eines mit Sonnenspiegeln ausgestatteten Meßinstruments, gab zugleich aber auch Anregungen zu theoretischen Arbeiten über Abbildungstheorie und allgemeine Flächentheorie. Auch die nicht-euklidische Geometrie, die G. schon früher – noch vor *Johann Bolyai* (* 15.12.1802 Klausenburg, † 17.1. 1860 Vásárhely) und *Nikolai Iwanowitsch Lobatschewski* (* 20.11.1792 a.St. Nischnji-Nowgorod, † 12.2.1856 a.St. Kasan) – zu entwickeln begonnen hatte, beschäftigte ihn in dieser Zeit. Dennoch hatte er nie etwas darüber veröffentlicht aus Furcht, bei den Zeitgenossen auf Unverständnis zu stoßen.

Mit der Berufung *W. → Weber*s nach Göttingen im Jahr 1831 setzte ein intensives gemeinsames Studium der magnetischen Erscheinungen ein, in dessen Verlauf der erste elektromagnetische Telegraph zwischen der Göttinger Sternwarte und dem physikalischen Kabinett zur schnelleren Übermittlung von Nachrichten eingerichtet wurde. Zusammen mit *Weber* erfand G. das Bifilarmagnetometer und arbeitete das absolute physikalische Maßsystem aus, das alle Maßeinheiten auf die Grundgrößen Länge, Zeit und Masse zurückführt. Auch die Entwicklung der mathematischen Potentialtheorie durch G. wurde durch die magnetischen Untersuchungen gefördert. Der 1834 gegründete ›Magnetische Verein‹, in dessen von G. und *Weber* herausgegebenen Zeitschrift die beiden Forscher ihre Resultate veröffentlichten, bildete ein Glied in der Kette von Beobachtungsstationen, die damals auf Anregung *A. von → Humboldt*s zur Erforschung des Erdmagnetfeldes in aller Welt errichtet wurden.

Die einzigartige Geisteskraft des Mathematikers G. hat *F. → Klein* mit folgenden Worten beschrieben: »Es ist die Verbindung der größten Einzelleistung in jedem ergriffenen Gebiet mit größter Vielseitigkeit; es ist das vollkommene Gleichgewicht zwischen mathematischer Erfindungskraft, Strenge der Durchführung und praktischem Sinn für die Anwendung bis zur sorgfältig ausgeführten Beobachtung und Messung einschließlich; und endlich, es ist die Darbietung des großen selbstgeschaffenen Reichtums in der vollendetsten Form.« Nicht durch die Bildung einer Schule hat G. die weitere Entwicklung der Mathematik so nachhaltig gefördert – seine Vorlesungstätigkeit hielt sich in engbegrenztem Rahmen –, sondern durch diesen Reichtum der Gedanken, von dem seine Abhandlungen und sein erst später veröffentlichter Nachlaß zeugen. Er hat die Mathematik bis in die Gegenwart hinein auf das stärkste geprägt. [Scriba]

Werke: Werke (14 Bde in 12 Bden, Leipzig/Berlin 1863–1933; Nachdruck: Hildesheim/New York 1973 und 1981); Mathematisches Tagebuch 1796–1814 (Leipzig 1976); C. F. G. – Friedrich Wilhelm Bessel, Briefwechsel (Leipzig 1880; Nachdruck: Hildesheim 1975); C. F. G. – Wolfgang Bolyai, Briefwechsel, hrsg. von F. Schmidt/P. Stäckel (Leipzig 1899; Nachdruck: Hildesheim

1987); C. F. G. – Christian Ludwig Gerling, Briefwechsel, hrsg. von C. Schäfer (Berlin 1927; Nachdruck: Hildesheim 1975); C. F. G. – Heinrich Wilhelm Matthias Olbers, Briefwechsel, hrsg. von C. Schilling (2 Bde, Hildesheim 1976; Nachdruck von: Wilhelm Olbers. Sein Leben und seine Werke. Bd II, 1-2, Berlin 1900–1909); C. F. G. – Heinrich Christian Schumacher, Briefwechsel, hrsg. von C. A. F. Peters (6 Bde, Altona 1860–1865; Nachdruck: 3 Bde, Hildesheim 1975); Nachträge zum Briefwechsel zwischen C. F. G. und Heinrich Christian Schumacher, hrsg. von T. Gerardy (Göttingen 1969); Alexander von Humboldt – C. F. G. Briefwechsel, neu hrsg. von K.-R. Biermann (Berlin 1977). – *Bibl.*: Pogg. VII a Suppl., 229–238; U. C. Merzbach: C. F. G.: A Bibliography (Wilmington, Del. 1984). – *Lit.*: DSB V, 298–315 (K. O. May); GWG VII, 372–385 (T von Randow); GPh I, 357–370 (K. H. Wiederkehr); H. Reichardt (Hrsg.): C. F. G. – Leben und Werk (Berlin 1960); H. Wußing: C. F. G. (Leipzig 1974, [5]1989); K. Reich: C. F. G. 1777/1977 (München 1977); I. Schneider (Hrsg.): C. F. G. (1777–1855). Sammelband von Beiträgen zum 200. Geburtstag (München 1981); W. K. Bühler: G. Eine biographische Skizze (Berlin usw. 1987; zuerst engl., New York usw. 1981); K.-R. Biermann: C. F. G. Der »Fürst der Mathematiker« in Briefen und Gesprächen (Leipzig 1990).

Gay-Lussac, Joseph-*Louis*, französischer Chemiker und Physiker, * 6.12.1778 St. Léonard [Limousin], † 9.5.1850 Paris.

G. war das älteste Kind eines Richters, der nach dem Sturz von Robespierre wieder freigekommen war. Nach dem Grundstudium an der École Polytechnique besuchte er die École des Ponts et Chaussées und arbeitete als Assistent seines Lehrers *C.-L.* → *Berthollet* in dem berühmten Labor von Arcueil. 1802 wurde G. Repetitor für Chemie an der École Polytechnique, und 1809 ernannte man ihn dort zum Professor. Daneben war er 1808 bis 1832 Professor für Physik an der Sorbonne, dann Professor für allgemeine Chemie am Jardin des Plantes. G. war Mitglied der berühmten, von *Berthollet* gegründeten Société d'Arcueil und anderer wissenschaftlicher Gesellschaften. In mehreren staatlichen Kommissionen wurden seine Dienste in Anspruch genommen, 1832 wurde ihm die Würde eines Pair de France zuteil.

G. gehört zu den Naturwissenschaftlern, die im ersten Drittel des 19. Jahrhunderts Paris zum Weltzentrum für Forschung und Lehre machten. *Berthollet* erkannte schon früh seine Fähigkeiten und förderte ihn. Seine ersten Untersuchungen befaßten sich mit der Wärmeausdehnung der Gase und Dämpfe, für die er nachwies, daß Luft, Wasserstoff, Sauerstoff, Stickstoff und andere Gase sich bei Erwärmung um 1°C um den 267. Teil (statt des 273. Teils [1837]) ihres Volumens bei 0° ausdehnen (1802). Seine Messungen erstreckten sich allerdings nur innerhalb des Temperaturbereichs von 0° bis 100°C (Schmelz- und Siedepunkt des Wassers). – Ein zweites für die Wärmelehre wichtiges Ergebnis lieferte sein Drosselversuch (1807). Er füllte eine Flasche mit trockener komprimierter Luft, ließ diese in eine zweite evakuierte Flasche überströmen und stellte fest, daß die Temperaturerniedrigung im ersten Gefäß genau so groß war wie die Temperaturerhöhung im zweiten Gefäß. In der späteren Wärmetheorie wird daraus gefolgert, daß die innere Energie eines Gases vom Volumen unabhängig ist. Für G. zeigte dieser Versuch, daß die damals gängigen Vorstellungen über das ›Kalorikum‹ (Wärmestoff) vermutlich nicht stimmten, doch konnte er sich nicht ganz von der Substanzauffassung der Wärme befreien.

G.s bedeutendste wissenschaftliche Leistung ist die Auffindung des Volumengesetzes bei Gasen, die chemisch miteinander reagieren (1805–1808). *A. von* → *Humboldt* hatte sich, von seiner Amerika-Reise zurückgekehrt, 1799 mit eudiometrischen Messungen beschäftigt, die von G. dann heftig kritisiert wurden. *Humboldt* gelang es, den jungen G. für eine gemeinsame Arbeit zu gewinnen. Mit dem Voltaschen Knallgaseudiometer zeigten sie, daß die Volumina von Wasserstoff und Sauerstoff sich bei der Bildung von Wasser wie 2:1 verhalten. G. blieb mit *Humboldt* noch ein Jahr zusammen; sie bereisten gemeinsam die Schweiz, Italien und Deutschland und stellten dabei erdmagnetische Messungen sowie Luft- und Wasseruntersuchungen an. Im Jahre 1804 hatte G. bereits zwei Ballonfahrten zwecks ähnlicher Untersuchungen unternommen, die erste gemeinsam mit *J.-B.* → *Biot.* Die mit *Humboldt* begonnene Arbeit fand 1808 ihre Fortsetzung mit der Untersuchung ›Sur la combinaison des substances gazeuses, les unes avec les autres‹. Im gasförmigen Zustand befolgen die Substanzen bei chemischer Verbindung wieder höchst einfache Gesetze: die miteinander reagierenden Gasvolumina verhalten sich wie kleine ganze Zahlen. G. zog bei der Betrachtung von Beispielen für diese Gesetzmäßigkeit auch Vorarbeiten von *Berthollet* über das Ammoniak und von *H.* → *Davy* über die Stickoxide heran. Das Volumengesetz trug entscheidend zur Entwicklung der Atomtheorie in der Chemie bei. *A.* → *Avogadro* (1811) und *A.* → *Ampère* (1814) konnten es atomtheoretisch deuten, indem sie zwischen kleinsten Teilchen der Verbindungen (Moleküle) und kleinsten Teilchen der Elemente (Atome) unterschieden. Aber erst mit *S.* → *Cannizzaro* (1858) wurden diese Anschauungen zum Allgemeingut.

G.s Arbeitsgebiete waren sehr vielfältig; sie erstreckten sich von der reinen Physik über das Grenzgebiet der physikalischen Chemie bis hin zur präparativen, analytischen und technischen Chemie. Mit dem befreundeten Chemiker *L. J.* → *Thénard* untersuchte er die Borsäure und gewann als erster das Element Bor. Seine Monographie über das Jod (1811) war eine der ersten und besten und galt als Vorbild. Die Arbeiten über die Cyanwasserstoffsäure trugen zur Klärung des Säurebegriffes bei, und mit dem Chlorcyan und Dicyan, das er aus dem Berlinerblau erhielt, klärte er die Eigenschaften eines Radikals. *J. von* → *Liebig* arbeitete einige Zeit (1824) in G.s Labor; sie analysierten gemeinsam die Knallsäure und stießen dabei auf eine Erscheinung, die *J. J.* → *Berzelius* später Isomerie nannte (Knallsäure und Cyansäure sind isomer). In der angewandten Chemie führte G. das Alkoholometer ein, verbesserte maßanalytische Verfahren und konstruierte den nach ihm benannten G.-Turm, der bei der Schwefelsäureherstellung im Bleikammerverfahren die wertvollen Stickoxide zurückgibt.

[Wiederkehr]

Lit.: GCh I, 386–404 (M. Bloch); DSB V, 317–327 (M. P. Crosland); E. Blanc/L. Delhoume: La vie émouvante et noble de G. (Paris 1950); H. Schimank: J.-L. G. und seine Leistungen auf dem Gebiete der allgemeinen und physikalischen Chemie. In: *Die Naturwissenschaften* 38 (1951), 265–274; M. Crosland: G., Scientist and Bourgeois (Cambridge 1978); G. – La carrière et l'œuvre d'un chimiste français durant la première moitié du XIXe siècle. Actes du Colloque (Palaiseau 1980).

Geoffroy Saint-Hilaire, Étienne, französischer Zoologe, * 15.4.1772 Etampes, † 19.6.1844 Paris.

G. sollte Priester werden und erhielt einen entsprechenden Unterricht am Collège de Navarre in Paris. Dabei lernte er auch die Naturgeschichte kennen. Die Ereignisse der Revolution veranlaßten ihn, zunächst auf Wunsch des Vaters Jura, dann, den eigenen Intentionen folgend, Medizin zu studieren. Er lernte *R.-J.* → *Haüy* kennen und ließ sich durch ihn für die Mineralogie begeistern. Er war aber auch Schüler von *L.-J.-M. Daubenton* am Collège de France, der ihn 1793 als Nachfolger von *Bernard Germain Étienne de Lacépède* (* 26.12.1756 Agen, † 6.10.1825 Épinay-sur-Seine) zum Demonstrator für Zoologie am Jardin des Plantes ernannte. Als im gleichen Jahr das ›Musée d'Histoire Naturelle‹ gegründet wurde, erhielt der 21jährige die Professur für Säugetiere, Vögel, Reptilien und Fische, *J. B. de → Lamarck* die Professur für die niederen Tiere, und 1795 kam als dritter bedeutender Naturhistoriker *G. → Cuvier* an das Museum.

In den folgenden Jahren arbeitete G. u.a. über Beuteltiere und begann, einen großen Katalog über die Säugetiere des Museums zu schreiben. Diese Arbeiten wurden jedoch durch seine Teilnahme als Wissenschaftler an der Ägyptischen Expedition Napoleons in den Jahren 1798 bis 1801 unterbrochen. Viele Jahre verwendete G. für die Beschreibung des wissenschaftlichen Materials, das er aus Ägypten nach Paris gebracht hatte. – Ausgehend von der Idee eines gemeinsamen Bauplanes aller Tierformen, die in Frankreich direkt auf *G.-L. L. de → Buffon* zurückgeführt werden kann, von *Cuvier* jedoch abgelehnt wurde, formulierte G. eine Reihe von vergleichend-anatomischen Gesetzmäßigkeiten, wie das Gesetz der Abhängigkeit der Teile von einander, mit dem er dem Prinzip der Analogie eine klarere Fassung geben wollte. Seine Thesen bezogen sich zunächst nur auf die Wirbeltiere, dann ging G. jedoch zu der Frage über, wie sich die Formen der Wirbeltiere mit denen der Wirbellosen in einem gemeinsamen Bauplan vereinigen lassen. Hieraus entstand vor dem Forum der Pariser Akademie ein Streit mit *Cuvier*, mit dem er bis dahin eng befreundet gewesen war. *J. W. von → Goethe* nahm wegen seiner eigenen, Jahrzehnte früher konzipierten Ideen zur Morphologie der Tiere regen Anteil an den Berichten darüber und stand in seiner Auffassung G. näher als *Cuvier*. Bei dem Pariser Akademiestreit ging es nur um die Frage, ob die Gestalten aller Tiere auf einen einzigen Bauplan zurückgeführt werden können, nicht dagegen um die These einer Deszendenz der rezenten Arten von früheren, wie *E. → Haeckel* und viele andere den Streit interpretierten. G. hat allerdings selbst an die Entwicklung rezenter Formen aus vergangenen geglaubt und war mehr und mehr von der Entwicklungslehre *Lamarck*s überzeugt. Er nahm jedoch eine direkte verändernde Einwirkung der Umweltfaktoren auf die Embryonen an, nicht eine nur mittelbare über die Eltern. Als wesentlichen Beweis dafür sah er seine Befunde an fossilen Reptilien (Sauriern) an. Darüber hinaus kam auch er zu der Vorstellung, daß die Entwicklung der Formen des Tierreichs an den Entwicklungsstufen der Embryonen der höheren Tiere abgelesen werden könne, eine Parallelität, die als erster *J. F. → Meckel* 1811 ausführlich dargestellt hatte und die als ›Biogenetisches Grundgesetz‹ für *Haeckel* zum wichtigsten Beleg für die Deszendenztheorie *C. → Darwin*s wurde. – Durch zahlreiche Veröffentlichungen über Mißbildungen, die ihn ebenfalls im Zusammenhang mit der Frage nach der Entstehung neuer Formen interessierten, gilt G. als Begründer der Teratologie, die dann besonders von seinem Sohn *Isidore Geoffroy Saint-Hilaire* (* 16.12. 1805 Paris, † 10.11.1861 ebenda) ausgebaut wurde. [Querner]

Lit.: DSB V, 355–358 (F. Bourdier); I. Geoffroy Saint-Hilaire: Vie, travaux et doctrine scientifique d'É. G. (Paris 1847); T. Cahn: La vie et l'œuvre d'É. G. (Paris 1962; mit Bibl.); D. Kühn: Empirische und ideelle Wirklichkeit. Studien über Goethes Kritik des französischen Akademiestreites (Graz/Wien/Köln 1967); T. A. Appel: The Cuvier-Geoffrey Debate (PhD Thesis Princeton 1975).

Gerhardt, *Charles* Frédéric, elsässischer Chemiker, * 21.8.1816 Straßburg, † 19.8.1856 Paris.

G. besuchte die Polytechnische Schule in Karlsruhe, studierte in Leipzig Chemie und arbeitete in den Jahren 1836 und 1837 in *J. von → Liebig*s Gießener Laboratorium. Dennoch fühlte er sich immer als Franzose. 1838 zog er nach Paris und wurde Vorlesungs-Assistent bei *J.-B. A. → Dumas*. Hier führte er seine Arbeiten über das Hellenin zu Ende und untersuchte die Bernsteinsäure. Nachdem er 1841 den Doktorgrad erworben hatte, erhielt er alsbald eine

Professur für Chemie in Montpellier. G. übersetzte *Liebigs* Lehrbuch über die Agrikulturchemie (1840) ins Französische und gab zusammen mit dem befreundeten *A.* → *Laurent* die Akademie-Zeitschrift ›Comptes rendus‹ heraus, die als Gegenstück zu *J. J.* → *Berzelius*' Jahresberichten gedacht war. 1855 ging G. nach Straßburg. Er hatte nun endlich die Arbeitsbedingungen gefunden, von denen er immer geträumt hatte. Aber schon ein Jahr später starb er, noch nicht einmal vierzig Jahre alt.

G. hatte sich schon früh vorgenommen, an die Stelle der Auffassung von *Berzelius* über Bindung und Zusammensetzung chemischer Stoffe eine neue, bessere Theorie zu setzen. Autoritäten beugte er sich nie, und leider lernte er es in seinem kurzen Leben nicht, Verdienste älterer Forscher anzuerkennen. Er stand auf der Seite der Substitutionstheorie und Typenlehre von *Dumas* und entwickelte diese selbst weiter. Nach seiner ›Resttheorie‹ bilden die Stoffe, die bei Reaktionen organischer Verbindungen austreten, einfache, stabile anorganische Verbindungen wie Wasser und Ammoniak. Ein Rest der Moleküle der ursprünglichen Substanz soll zunächst infolge einer stärkeren Verwandtschaft der Atome zueinander zusammenbleiben, dann mit ›Resten‹ anderer Substanzen eine neue Verbindung eingehen. (Das Nitrobenzol soll sich z.B. auf diese Weise aus Benzol und Salpetersäure bilden, Wasser tritt dabei aus.) Um den Gegensatz zu der *Berzelius*schen dualistischen Theorie herauszustellen, bezeichneten G. und *Laurent* ihre Theorie als eine unitäre. Der geniale Systematiker G. faßte ähnliche organische Stoffe, die sich nur um $n \cdot CH_2$ unterscheiden, zu Homologen zusammen. 1852 entdeckte er die sogenannten wasserfreien Säuren, zu denen z.B. das Essigsäureanhydrid gehört. Gemeinsam mit *Laurent* stellte er 1849 aus Phenol und Phosphorpentachlorid das Chlorphenyl her. Auch unsere Kenntnisse über die Amide wurden durch G. erweitert. Seine Arbeiten brachten Ordnung in die damaligen uneinheitlichen, geradezu verwirrenden Begriffe Atom-, Molekular- und Äquivalentgewicht. Alle Formeln bezog G. auf ein gemeinsames Maß. Dem Atomgewicht des Sauerstoffs schrieb er die Zahl 16 (statt 8) zu und gab dem Wasser die Formel H_2O statt des damals üblichen HO. G.s Hauptwerk ›Traité de chimie organique‹ wurde durch *Liebigs* Vermittlung sofort ins Deutsche übertragen. [Wiederkehr]

Werke: Correspondance, hrsg. von M. Tiffeneau (Paris 1918). – *Lit.*: GCh II, 92–114 (M. Bloch); DSB V, 369–375 (M. Crosland/J. H. Brooke; mit Bibl.); E. Grimaux/C. Gerhardt: C. G., sa vie, son œuvre, sa correspondance (Paris 1900); J. R. Partington: A History of Chemistry (Bd 4, London 1964, S. 405–424 und 456–460); J. H. Brooke: Laurent, G., and the Philosophy of Chemistry. In: *Historical Studies in the Physical Sciences* 6 (1975), 405–430.

Gesner (*Gessner*), Conrad, schweizerischer Naturforscher und Polyhistor, * 26.3.1516 Zürich, † 13.12.1565 ebenda.

Als Sohn eines armen und kinderreichen Zürcher Kürschnermeisters, der auch bereits im Oktober 1531 als Anhänger des Reformatoren H. Zwingli im Kampf gegen die Altgläubigen bei Kappel zusammen mit Zwingli gefallen war, blieb G. zur Durchführung irgendwelcher Studien auf die Hilfe von Gönnern aus den reformatorischen Kreisen, die seine große wissenschaftliche Begabung früh erkannt hatten, angewiesen. Dank eines Stipendiums von Zwingli begann er 1531 in Zürich mit dem Studium der Theologie, das er in Straßburg und 1533 in Bourges fortsetzte, wo ihn jedoch die Medizin und die ihr damals noch angeschlossenen naturgeschichtlichen Fächer zu fesseln begannen. Nach einem kurzen, aber arbeitsreichen Aufenthalt in Paris kehrte er 1534 nach Zürich zurück und war gezwungen, sich als Elementarlehrer seinen Lebensunterhalt zu verdienen, bis ihm ein neues Stipendium das Studium der griechischen Medizin ermöglichte. 1537 vermittelten seine Gönner ihm dann eine Stelle als Professor für griechische Sprache in Lausanne. Doch zwang ihn die schlechte Dotierung, das Medizinstudium wieder aufzunehmen: 1540 sehen wir ihn in Montpellier, 1541 in Basel, wo er promovierte, um sich anschließend in Zürich als Arzt niederzulassen. 1544 wurde er hier auch ›Lector‹ für Naturgeschichte am Collegium Carolineum. Jetzt beginnen seine umfangreichen wissenschaftlichen Veröffentlichungen zu erscheinen – zuerst philologischer, dann medizinischer und hauptsächlich naturwissenschaftlicher Art –, doch erst die Ernennung zum Zürcher Oberstadtarzt (1554) und zum Kanonikus (1558) brachten ihm gewisse finanzielle Erleichterungen, denen 1564 nach der Adelung durch Kaiser Ferdinand I. auch die gesellschaftliche Anerkennung folgte. Schon ein Jahr später erlag G. jedoch, durch jahrelange Entbehrungen und seine unermüdliche wissenschaftliche Tätigkeit körperlich geschwächt, im Alter von nur 49 Jahren der seit dem Herbst 1565 in Zürich grassierenden Pest. – Oft hat man G. den ›deutschen Plinius‹ genannt, doch charakterisiert der Beiname die wissenschaftlichen Leistungen nur oberflächlich. Der enzyklopädische Aufbau seiner naturgeschichtlichen Werke ist zwar ein ähnlicher, und auch ihre Wirkung ist bis ins 18. Jahrhundert jener vergleichbar, welche die ›Naturalis historia‹ des → *Plinius* vorher besessen hatte, doch künden sein kritisches Urteil, seine Skepsis gegenüber fremden Beobachtungen und der Versuch einer systematischeren Anordnung des naturkundlichen Materials, das erstmals vollständig vorgelegt werden soll, schon vom Beginn der Neuzeit.

G. hinterließ ein umfangreiches wissenschaftliches Werk, das nur zu einem Teil von ihm selbst abgeschlossen und veröffentlicht worden war. Seine bedeutenden bibliographischen, lexikographischen und enzyklopädischen Werke sowie seine Übersetzungen und Ausgaben antiker naturwissenschaftlicher Schriften bzw. die Vorarbeiten dazu können hier nur erwähnt werden. Jedoch stehen letztere in engem Zusammenhang mit seinen Bemühungen, ausgehend von den zoologischen, botanischen und mineralogischen Forschungen des → *Aristoteles* und → *Theophrastos* und deren in Spätantike und Mittelalter teils erweiterten, teils verfälschten Kenntnissen von den drei Naturreichen der Tiere, Pflanzen und Minerale, eine möglichst umfassende und wirklichkeitstreue Beschreibung aller ihm durch eigene oder fremde Beobachtung bekannt gewordenen Tiere, Pflanzen und Minerale zu geben. Ein fast lückenloses Literaturstudium, umfangreiche eigene Beobachtungen und eine ausgedehnte Korrespondenz vermittelten ihm das beschreibende und abbildende Material; ein eigens angelegter botanischer Garten sowie Naturaliensammlungen dienten demselben Zweck. Ebenso wie das mineralogische Werk über die ›Fossilien‹, das bedeutet: über alles, was ›ausgegraben‹ wird, einschließlich der Petrefakten, die als solche ihm noch unerkannt blieben (1565), konnte er vier Bände seiner Tierkunde (›Historia animalium‹ 1551–1558) noch selbst herausgeben. Zwei weitere erschienen postum aus dem nachgelassenen Material zusammengestellt (1587, 1634), während die bei seinem Tode fast abgeschlossene Sammlung der Beschreibungen und Abbildungen von Pflanzen, deren Blüten von ihm erstmals besondere Beachtung geschenkt wurde, erst 1753 von *C. C. Schmiedel* herausgegeben wurde. – Das von G. ausgebreitete biologische Material diente für lange Zeit als Ausgangspunkt für weitere Forschungen. Das gilt besonders für die Tierbücher, die bereits zu seinen Lebzeiten ins Deutsche übersetzt und teilweise mehrfach aufgelegt wurden. Sie hatten bis ins 18. Jahrhundert hinein eine ähnliche Bedeutung wie später ›Brehms Tierleben‹ (*Alfred Edmund Brehm* [* 2.2.1829 Renthendorf (Thüringen), † 11.11.1884 ebenda]). [Krafft]

Werke: C. G., Vingt lettres à Jean Bauhin fils (1563–1565), hrsg. von C. Longeon (Saint-Etienne 1976). – *Bibl.*: H. Wellisch: C. G. A Bio-

Bibliography. In: *Journal of the Society for the Bibliography of Natural History* 7 (1975), 151–247. – *Lit.*: DSB V, 378 f. (P. E. Pilet); GWG V, 124–135 (H. Hediger); H. Fischer: C. G. Leben und Werk (Zürich 1966); C. G., 1516–1565. Universalgelehrter, Naturforscher, Arzt (Zürich 1967); C. A. Gmelig-Nijboer: C. G.'s »Historia animalium«. An Inventory of Renaissance Zoology (Utrecht 1977); U. Friedrich: Naturgeschichte zwischen artes liberales und frühneuzeitlicher Wissenschaft. C. G.s »Historia animalium« und ihre volkssprachliche Rezeption (Tübingen 1995).

Gibbs, Josiah *Willard*, nordamerikanischer Physiker, * 11.2.1839 New Haven [Connecticut], † 28.4.1903 ebenda.

G.' Vater war ein bedeutender Philologe und Theologe an der Yale University in New Haven. G. selbst absolvierte das Yale College, wobei er sich sowohl in Latein als auch in Mathematik auszeichnete, studierte an der Yale University Ingenieurwissenschaften und erhielt 1863 einen der ersten in den USA verliehenen Doktorgrade (Ph.D.). Nachdem G. drei Jahre am Yale College einführenden Unterricht in Latein und ›Naturphilosophie‹ erteilt hatte, unternahm er von 1866 bis 1869 eine Studienreise durch Europa und hielt sich je ein Jahr in Paris, Berlin und Heidelberg auf. Vorlesungen hörte er unter anderem bei *Heinrich Gustav Magnus* (* 2.5. 1802 Berlin, † 4.4.1870 ebenda) in Berlin und bei *G. → Kirchhoff* und *H. von → Helmholtz* in Heidelberg. 1871 wurde G. in Yale zum Professor der mathematischen Physik ernannt, eine Stelle, die er trotz eines verlockenden Angebots der Johns Hopkins University in Baltimore (in Yale hatte G. zunächst kein Gehalt bekommen) bis zu seinem Tode innehatte. Obwohl G. in persönlicher und wissenschaftlicher Hinsicht Einzelgänger war und auch New Haven ab 1869 nur noch selten verließ, hatte er doch durch seine umfangreiche Korrespondenz Kontakt zu vielen bedeutenden amerikanischen und europäischen Physikern.

Nach den frühen ingenieurwissenschaftlichen Arbeiten, die G.' ausgeprägtes geometrisches Denken zeigen, erschienen 1873 – also relativ spät – die ersten thermodynamischen Schriften. Ausgehend von der für ihn fundamentalen, 1. und 2. Hauptsatz zusammenfassenden Gleichung $dU = TdS - pdV$ und von der Darstellung thermodynamischer Beziehungen als Flächen in einem dreidimensionalen Raum (mit den Koordinaten Entropie, innere Energie und Volumen) konnte G. das Nebeneinander verschiedener Phasen homogener Stoffe und die Stabilität dieser Zustände bei gegebenem Druck und bei gegebener Temperatur diskutieren. Diese Vorarbeiten mündeten in eine großangelegte, von 1875 bis 1878 veröffentlichte Abhandlung ›On the Equilibrium of Heterogeneous Substances‹. Zentraler theoretischer Gesichtspunkt war hier der Zusammenhang von maximaler Entropie und Gleichgewicht eines abgeschlossenen Systems, d.h. die notwendige und hinreichende Bedingung für das Gleichgewicht eines abgeschlossenen Systems ist (in G.' Formulierung), daß bei allen Änderungen, die seine (innere) Energie ungeändert lassen, die Entropie gleichbleibt oder abnimmt. Die wichtigste Anwendung betraf das chemische Gleichgewicht und hier insbesondere die theoretische Begründung der heute sogenannten G.schen Phasenregel. Demnach ist die Zahl δ der Freiheitsgrade (zum Beispiel $\delta = 2$ für unabhängige Änderung von Druck und Temperatur) in einem System von r nebeneinander bestehenden Phasen mit n unabhängigen (nicht durch Reaktionsgleichungen verknüpften) chemischen Komponenten $\delta = n + 2 - r$. – Die bereits die ersten thermodynamischen Arbeiten kennzeichnende Unabhängigkeit von konkreten mikrophysikalischen Annahmen prägt auch die 1884 und insbesondere die 1902 veröffentlichten Untersuchungen über statistische Mechanik und Thermodynamik. Im Sinn eines neuen Zugangs zu dem vor allem von *J. C. → Maxwell* und *L. → Boltzmann* eröffneten Gebiet betrachtete G. nun nicht mehr einzelne Systeme von Massepunkten oder Teilchen, sondern Gesamtheiten von Systemen (zum Beispiel solcher Massepunkte), wobei die der Gesamtheit angehörigen Systeme sich nicht strukturell, sondern durch unterschiedliche Lage- und Impulskoordinaten (etwa der Massepunkte) unterschieden. Aufgrund des Verhaltens bestimmter, zeitlich stationärer oder ›kanonischer‹ Gesamtheiten konnte G. Beziehungen zwischen diesen Gesamtheiten und den Gleichungen der phänomenologischen Thermodynamik herstellen.

Während der 1880er Jahre befaßte sich G. allerdings vorwiegend mit der Maxwellschen elektromagnetischen Lichttheorie, unter anderem mit Doppelbrechung und Dispersion. G. ging zwar bereits von einer durch den atomistischen Aufbau der Materie bedingten lokalen Abweichung der Polarisation als Ursache für die Dispersion aus, gelangte jedoch noch nicht zu der dann im Rahmen der (von *H. A.* → *Lorentz* ab 1892 veröffentlichten) Elektronentheorie verständlich gewordenen Frequenzabhängigkeit der Diëlektrizitätskonstanten. Zur eleganten Darstellung der Elektrodynamik ersetzte er die auf *W. R.* → *Hamilton* zurückgehende, von *Peter Guthrie Tait* (* 28.4.1831 Dalkeith [bei Edinburgh], † 4.7.1901 Edinburgh) propagierte und zum Teil auch von *Maxwell* verwendete Quaternionenschreibweise durch die besser angepaßte Vektoranalysis, konnte sich damit aber nur langsam durchsetzen. Wie überhaupt die vielzitierte Schwierigkeit der Texte G.' und die meist nicht an zentraler Stelle erfolgende Publikation die Annahme seiner Ideen, vor allem auf dem europäischen Kontinent, außerordentlich hemmten. Hinzu kam, daß im Fall der Thermodynamik *Helmholtz* und *M.* → *Planck* unabhängig von G. ähnliche Wege zur Berechnung chemischer Gleichgewichte beschritten hatten. Erst als 1892 die von *W.* → *Ostwald* übersetzten ›Thermodynamische[n] Studien‹ erschienen waren, hatten auch die deutschsprachigen Physiker und Chemiker einen unmittelbaren Zugang zu den entsprechenden Ideen von Gibbs.

Werke: The Scientific Papers, hrsg. von H. A. Bumstead / R. G. Van Name (2 Bde, New York 1906; Nachdruck: New York 1961); The Early Work of W. G. in Applied Mechanics, hrsg. von L. P. Wheeler u.a. (New York 1947). – *Lit.*: DSB V, 386–393 (M. J. Klein); GPh II, 37–50 (L. N. Veguillas); F. G. Donnan / A. E. Haas (Hrsgg.): A Commentary on the Scientific Writings of J. W. G. (2 Bde, New Haven 1936); L. P. Wheeler: J. W. G. The History of a Great Mind (New Haven 1951, ²1952; mit Bibl.); R. J. Seeger: J. W. G., American Mathematical Physicist par excellence (Oxford 1974); D. G. Caldi / G. D. Mostow (Hrsgg.): Proceedings of the G. Symposium, Yale University, 1989 (New York 1990). [Kaiser]

Gilbert, William, englischer Naturforscher und Arzt, * 24.5.1544 Colchester, † 30.11. (10.12. n.St.) 1603 London.

G. bezog 1561 das St. Johns College in Cambridge zum Studium der Medizin und unternahm nach der Promotion 1569 ausgedehnte Reisen nach Italien, Frankreich und in die Niederlande. 1573 ließ er sich als praktischer Arzt in London nieder.

Schon während seiner Reisen scheint G. intensive Naturbeobachtungen angestellt zu haben; und in London werden dann bald die Experimente mit natürlichen Magneten begonnen haben, die er später durch Armierungen der Pole mit Eisenkappen in ihrer Wirkung wesentlich verstärken konnte. Nachdem die Kompaßnadel seit etwa 1200 in Europa aus China bekannt geworden war, hatte schon *Petrus Perigrinus* (*Pierre de Maricourt* in der Picardie), französischer Naturforscher und Ingenieur im Heer Karls von Anjou, erste experimentelle Untersuchungen mit Magneten angestellt und 1269 in einem in vielen Abschriften kursierenden Brief an einen Freund mitgeteilt (Erstdruck: Augsburg 1558) – er hatte unter anderem die anziehende Wirkung der ungleichnamigen und die abstoßende der gleichnamigen Pole erkannt und diesen Begriff ›Pol‹ geprägt. Dieser Brief war auch dem Nürnberger Instrumentenbauer und Kompaßmacher *Georg Hartmann* (* 1489 Eckoltsheim [bei Bamberg], † 9.4.1564 Nürnberg) bekannt, der 1544 erstmals die Inklination der Magnetnadel beobachtete, die der britische Seefahrer und Navigator *Robert Norman* (* Bristol um 1550) in seiner Schrift ›The newe attractive‹ von 1581 näher untersuchte. Entscheidende Anregungen theoretischer Art erhielt G. darüber hinaus aus der erweiterten Ausgabe der ›Natürlichen Magie‹ des italienischen Arztes und Naturkundigen *Giambattista (della) Porta* (* 1534/35 Neapel, † 4.2.1615 ebenda), so daß er seine Theorie des Magnetismus erst nach 1587 aufgestellt haben kann.

G. verfaßte insgesamt drei Werke, die hauptsächlich gegen die herrschende aristotelische Naturphilosophie gerichtet sind und der Empirie größeren Stellenwert einräumen – nämlich eine Meteorologie, die im damaligen Sinne des Wortes alle Erscheinungen der Luft- und Wasserhülle unterhalb des Mondes und einschließlich der Kometen umfaßt, seine ›Neue Naturlehre vom Magneten, von magnetischen Körpern und dem großen Magneten Erde‹ und eine allgemeine Naturlehre (›Physiologia‹) der Stoffe und Kräfte, die wahrscheinlich in dieser Reihenfolge entstanden (das erste in den frühen achtziger Jahren), bis auf die Magnetlehre aber unvollendet blieben. Diese erschien 1600 in London und brachte ihm sogleich einen hervorragenden Ruf unter den Naturforschern ein – Elisabeth I. ernannte ihn daraufhin 1601 zu ihrem Leibarzt mit jährlichem Festgehalt, und auch ihr Nachfolger Jacob I. beließ ihn in dieser Stellung. Die beiden anderen Schriften wurden, von seinem Halbbruder unter dem Titel ›De mundo nostro sublunari physiologia nova‹ zusammengefaßt, erst 1651 postum in Amsterdam gedruckt. Die Magnetlehre, die inzwischen mehrere Auflagen erfahren hatte, enthielt jedoch in großen Zügen bereits G.s Anwendungen seiner neuen, empirisch-induktiv gewonnenen Kenntnisse vom Magnetismus auf die kosmische Physik: Indem er die Erde als großen Magneten deutete, konnte er nicht nur erstmals die Nordweisung der Kompaßnadel und ihre Inklination (damals ›Deklination‹ genannt) erklären, sondern auch eine angenommene allgemeine Wechselwirkung zwischen den Weltkörpern (besonders zwischen Mond und Erde, woraus sich die Gezeiten erklärten) und deren über den leeren Raum wirkenden kosmischen Kräfte – als magnetisch oder magnetähnlich angesehen – an einem kleinen Kugelmagneten als Modell der Erde (›terrella‹) demonstrieren. Diese magnetischen (kosmischen) Wirkungen sollen zwar nach allen Richtungen gleichmäßig erfolgen, jedoch nur innerhalb eines begrenzten Bereiches, dessen Form von der Gestalt des Magneten abhänge, für die Weltkugeln also sphärisch sei. Hatte *Porta* noch jedem Pol eines Magneten einen eigenen anziehenden ›orbis virtutis‹ (›Kraftkugel‹) zugewiesen, so hat dieser ›orbis virtutis‹ bei G. den Schwerpunkt des Magneten zum Zentrum. Abweichungen der Erdoberfläche von der Kugelgestalt konnte er so als Ursache für die von *C.* → *Columbus* erstmals beobachtete Mißweisung der Kompaßnadel heranziehen. Allerdings unterschied G. zwischen zwei ›Kraftkugeln‹ eines jeden Magneten (und Himmelskörpers), einer kleineren, innerhalb der (gegenseitige) Anziehung erfolgt, und einer größeren, innerhalb der noch eine Magnetnadel ausgerichtet wird. – Die kosmische Ausrichtung des Magnetismus als Fernkraft übte im 17. Jahrhundert großen Einfluß auf die Naturforscher aus, und besonders *J.* → *Kepler* und *O. von* → *Guericke* sahen die Möglichkeit, auf den Ansätzen G.s die für das heliozentrische Weltsystem des *N.* → *Copernicus* notwendig gewordene neue, nicht-aristotelische Himmelsphysik aufzubauen, die dann die Himmelsmechanik *I.* → *Newton*s vorbereiten half.

G. verdanken wir daneben die ersten Untersuchungen über die Anziehung von ihm sogenannter ›corpora electrica‹, d.h. von Körpern, die wie der Bernstein (*electrum*) durch Reiben in die Lage versetzt werden, kleine leichte Teilchen anzuziehen. Er hat die Zahl solcher Körper beträchtlich vermehrt und nahm feine ›elektrische Ausflüsse‹ (*effluvia*) an, die durch das Reiben verursacht werden und beim Rückfluß die leichten Teilchen mitreißen. Das Wort ›Elektrizität‹ kannte er allerdings noch nicht.

[Krafft]

Bibl.: D. H. D. Roller: The De magnete of W. G. A Bio-Bibliography (Amsterdam 1959). – *Lit.*: DSB V, 396–401 (S. Kelly); B. Dibner: Doctor W. G. (New York 1947); S. Kelly: The De mundo of W. G. (2 Bde, Amsterdam 1965); L. I. Abromitis: W. G. as Scientist. The Portrait of a Renaissance Amateur (PhD Thesis Brown University 1977).

Goethe, Johann Wolfgang von, deutscher Dichter und Naturforscher, * 28.8.1749 Frankfurt am Main, † 22.3.1832 Weimar.

G. ist vor allem bekannt als Dichter, Kunsttheoretiker und Theaterfachmann. Seine naturwissenschaftlichen Forschungen und Anschauungen beruhen auf eingehenden Fachstudien und sind eng mit seinem Lebenslauf verbunden. G., Sohn eines Frankfurter Juristen, beteiligte sich, während er in Leipzig und Straßburg Jura studierte, an physikalischen und medizinischen Vorlesungen. Als schöpferischer Schriftsteller interessierte er sich für Bau und Funktion in der natürlichen Schöpfung. 1775 kam er als Berater des Herzogs nach Weimar, wo ihm Aufgaben im Berg-, Forst- und Wegebauwesen übertragen wurden, die ihn zu systematischem Studium der Naturdinge und deren wissenschaftlicher Erforschung führten. Als Minister hatte er sich bei der Verwaltung der Universität Jena um Unterricht und Sammlungen im Bereich der Naturgeschichte zu kümmern. Durch Fragen der Malerei und Beobachtung von Farbphänomenen stieß er auf Probleme der Farbenlehre und setzte sich kritisch mit der Optik *I.* → *Newton*s auseinander. Auf Reisen studierte er Geologie und Mineralogie und beschäftigte sich mit Meteorologie. Bis zu seinem Lebensende hat er sich um die Probleme der Geschichte der Naturwissenschaft und um ihre aktuellen Fragen durch Lektüre und im Gespräch mit Fachleuten bemüht. Die intensive Beschäftigung mit der Natur und der Naturforschung führte ihn jedoch auch zu eigenen Veröffentlichungen.

Im Bereich der Botanik interessierte ihn Gestalt und Entwicklung der Pflanze. Er erkannte, daß die offene Gestalt der Pflanze auf der Variabilität ihrer Organe innerhalb eines Typus beruht. In seiner Monographie über ›Die Metamorphose der Pflanzen‹ (1790) versuchte er eine Erklärung dieser naturgesetzlichen Vorgänge aufgrund physiologischer Erwägungen (Säftelehre). Typus und Entwicklung im Bereich der Zoologie untersuchte er am Knochenbau höherer Tiere mit Arbeiten über den Zwischenkieferknochen des Menschen und zur Methode der vergleichenden Anatomie (veröffentlicht in ›Zur Morphologie‹, 1817–1824). Den Begriff der ›Morphologie‹ prägte er 1796 für seine Betrachtungen über Gestalt und Gestaltung in der Natur. In einem zweibändigen, mit Tafeln begleiteten Werk ›Zur Farbenlehre‹ (1810), der umfangreichsten seiner Schriften, beschreibt er Versuche zur Optik mit Prisma und Linse, die Reaktionen des menschlichen Auges und die physiologischen und psychologischen Wirkungen der Farben, polemisiert gegen *Newton* und stellt die Geschichte der Farbenlehre dar. Geologische und meteorologische Aufsätze (veröffentlicht in ›Zur Naturwissenschaft‹, 1817–1824) schließen seine naturwissenschaftlichen Arbeiten zu einem Bild von der Natur und ihrer Entwicklung zusammen, das er durch naturphilosophisch-weltanschauliche Erwägungen abrundet, ohne sich auf metaphysische Systeme einzulassen. Noch 1830/31 hat G. einen Beitrag über Fragen morphologischer Typologie geleistet, die im Streit zwischen *G.* → *Cuvier* und *É.* → *Geoffroy Saint-Hilaire* vor der Pariser Akademie erörtert wurden.

Nicht nur seiner bekannten Persönlichkeit, sondern besonders dem Inhalt seiner naturwissenschaftlichen Schriften ist es zu verdanken, daß seine Zeitgenossen und die spätere Naturwissenschaft sich damit auseinandersetzten. An der Farbenlehre nahm der Physiker *T. J. → Seebeck* teil. Sie erfuhr sonst von der Seite der Physik wegen der Stellungnahme gegen *Newton* bis hin zu *H. von → Helmholtz* Negation oder Ablehnung. Schon *J. P. → Müller* hatte sie als Phänomenologie der Farben in die Physiologie eingeordnet und ihr dort einen unbestrittenen Platz gegeben. Die Morphologie und Entwicklungslehre G.s fand, vor allem auch als Methode, schon früh bei Forschern mit naturphilosophischen Interessen, bei *F. W. J. von Schelling*, *C. F. von Kielmeyer*, *L. → Oken*, Anerkennung und Echo. *C. G. → Carus* führte als junger Zeitgenosse die Morphologie als Gestaltlehre fort, und *E. → Haeckel* versuchte, eine Renaissance der Morphologie als Entwicklungslehre dadurch herbeizuführen, daß er G. Anfänge einer darwinistischen Lehre von realer Abstammung unterstellte. In G.s Naturforschung als Beitrag zur Erkenntnis der Erd- und Menschenbildung folgte ihm *A. von → Humboldt* nach. In der Biologie, besonders der Botanik und Anatomie, hat die Morphologie G.s einen Platz behalten; als Gestalt- und Erkenntnislehre bietet seine Naturforschung Anlaß, das Verhältnis des Menschen zur Natur zu überdenken. [Kuhn]

Werke: Die Schriften zur Naturwissenschaft, mit Erläuterungen versehene Ausgabe, hrsg. im Auftrag der Deutschen Akademie der Naturforscher von K. L. Wolf u.a. (Weimar 1947 ff.). *Bibl.*: G. Schmid: G. und die Naturwissenschaften (Halle 1940); Pogg. VII a Suppl., 241–244. – *Lit.*: KNph 220–240 (W. von Engelhardt/D. Kuhn); M. Gebhardt: G. als Physiker. Ein Weg zum unbekannten G. (Berlin 1932); D. Kuhn: Empirische und ideelle Wirklichkeit (Graz usw. 1967); M. Kleinschnieder: G.s Naturstudien (Bonn 1971); A. Schöne: G.s Farbentheologie (München 1987); H. Hamm: Der Theoretiker G. (Berlin ²1980); W. Voigt/U. Sucker: J. W. von G. als Naturwissenschaftler (Leipzig ²1982); O. Krätz: G. und die Naturwissenschaften (München 1992); G. Böhme: Die naturwissenschaftlichen Schriften. In: Goethe-Handbuch, Bd 3: Prosaschriften, hrsg. von B. Witte/P. Schmidt (Stuttgart/Weimar 1997); G. Schwedt: Die Chemie: G.s „heimliche Geliebte“ (Berlin usw. 1998).

Greathead, Robert → **Grosseteste**, Robert

Gregory, James, schottischer Mathematiker, * November 1638 Drumoak [bei Aberdeen], † Oktober 1675 Edinburgh.

G. entstammte einer schottischen Familie, die in den nächsten beiden Jahrhunderten in fast ununterbrochener Folge Lehrstühle für Mathematik, Medizin, Chemie, Geschichte und Philosophie an schottischen Universitäten und in Oxford innehatte, so daß man sie mit Recht mit der Mathematikerfamilie → *Bernoulli* oder mit der Musikerfamilie Bach verglichen hat.

G. zeigte schon früh mathematische Begabung und schrieb mit 24 Jahren sein erstes Buch, die ›Optica promota‹. Die darin aufgeführten Lehrsätze über das Verhalten von Lichtstrahlen bei Reflexion und Brechung gipfelten in der Beschreibung eines Spiegelteleskops. Es hatte gegenüber den damals bekannten, nur aus Linsen zusammengesetzten Fernrohren den Vorteil wesentlich kleinerer Länge und fehlender chromatischer Aberration und brachte G. frühen Ruhm ein. Die Konstruktion des erforderlichen großen parabolischen Metallspiegels überschritt allerdings die Möglichkeiten des bekannten Londoner Optikers Reive. *R. → Hooke* gelang ein Jahrzehnt später eine brauchbare Ausführung, nachdem inzwischen *I. → Newton* ein andersartig konstruiertes Spiegelteleskop gebaut hatte.

G. ging 1664 für einige Jahre nach Italien, wo er in Padua die Arbeiten der italienischen

Geometerschule studierte. Sein 1668 dort verlegtes Buch ›Geometriae pars universalis‹ wies ihn als Meister der Cavalierischen Indivisibelnmethode aus; er faßte darin in einheitlicher Weise zusammen, was im Kreis der italienischen Mathematiker an infinitesimalen Einzelergebnissen bekannt war. Ein zweites, bereits einige Monate zuvor publiziertes mathematisches Werk, die ›Vera quadratura circuli et hyperbolae‹, verwickelte G. in eine heftige Auseinandersetzung mit *C. → Huygens*. Er hatte erstmals zur Bestimmung der Kreis-, Hyperbel- und Ellipsenfläche konvergente Doppelfolgen herangezogen und nachzuweisen versucht, daß ihr Grenzwert transzendent sei. Daß er sein kühn gestecktes Ziel nicht erreichte, kann niemand verwundern, der weiß, daß die Transzendenz von π und e erst mehr als 200 Jahre später einwandfrei nachgewiesen werden konnte; dennoch zeugt das Werk vom großen Einfallsreichtum des Verfassers.

Nach der Rückkehr aus Italien wurde G. ein wohl für ihn neu eingerichteter mathematischer Lehrstuhl an der kleinen schottischen Universität St. Andrews übertragen. In fast völliger Abgeschiedenheit vertiefte er sich hier in astronomische und mathematische Probleme; nur hin und wieder brachte ein Brief oder ein Heft der kurz zuvor gegründeten ›Philosophical Transactions‹ einige Nachrichten aus der wissenschaftlichen Welt. So konnte es geschehen, daß niemand bemerkte, welch außerordentlich wichtige Entdeckungen G. in seinen letzten Lebensjahren auf mathematischem Gebiet gelungen waren – er starb überraschend siebenunddreißigjährig, ein Jahr, nachdem sich durch eine Berufung nach Edinburgh seine äußeren Arbeitsbedingungen wesentlich verbessert hatten.

Erst vor sechs Jahrzehnten ergab eine gründliche Durchsicht seines bis dahin unbeachtet gebliebenen Nachlasses, daß der hochbegabte Schotte auf wichtige Teile der Infinitesimalrechnung, besonders der Reihenlehre, gestoßen war – so besaß er unter anderem die allgemeine Interpolationsformel, den binomischen Lehrsatz und sogar die Taylorsche Reihenentwicklung. So muß G. fortan neben *Newton* und *G. W. → Leibniz* als dritter unabhängiger Erfinder der Infinitesimalrechnung betrachtet werden.

Lit.: DSB V, 524–530 (D. T. Whiteside); H. W. Turnbull (Hrsg.): J. G. Tercentenary Memorial Volume (London 1939); C. J. Scriba: J. G.s frühe Schriften zur Infinitesimalrechnung (Diss. Gießen 1957). [Scriba]

Grosseteste (*Greathead*), Robert, englischer Philosoph, Staatsmann, Theologe und Naturforscher, * ca. 1168 Stradbrook [Suffolk], † 9.10. 1253 Buckden [Buckinghamshire].

G. wurde wahrscheinlich in Lincoln unterrichtet, studierte dann Philosophie, Mathematik und Medizin in Oxford, wo er 1198 im Hause des Bischofs von Hereford wohnte. Länger als seit 1209 lehrte er auch an der Universität in Oxford, deren Kanzler (›magister scholarum‹) er schließlich von 1215 bis 1221 war, nachdem er die theologische Magisterprüfung (wahrscheinlich in Paris) abgelegt hatte. Ihm wurden zwar in der Folgezeit mehrere kirchliche Ämter übertragen, doch blieb er seiner Universität als Lehrer treu und wurde 1229/30 zusätzlich ›lector‹ der Theologie für die Franziskaner, die 1224 in Oxford eine der Universität angeschlossene Schule gegründet hatten. Der Einfluß G.s auf die Ausbildung der englischen Franziskaner, die er auf gründliche Studien der Mathematik und Naturwissenschaften ausdehnte, war bedeutend und hielt auch an, als er 1235 Bischof von Lincoln wurde und deshalb Oxford verließ, weil dieses und die Universität seinem Bischofsstuhl unterstanden. Zu einem großen Teil verdankte die Universität ihr Emporkommen und den guten Ruf im Mittelalter der umsichtigen Tätigkeit G.s als Kanzler und Bischof.

Die Erneuerung naturwissenschaftlicher Studien im lateinischen Mittelalter ging im wesentlichen von England aus. Ihr erster großer Vertreter war G., der Lehrer von *Roger → Bacon*. Er wirkte nicht nur als Übersetzer von Schriften des → *Aristoteles* und anderer griechischer Autoren unter Umgehung, wenn auch nicht in Unkenntnis der arabischen Tradition – 1230 hatte er eigens dazu mit dem Studium der griechischen Sprache begonnen – und als Kommentator theologischer und naturwissenschaftlicher Werke der Antike, sondern auch durch eine Reihe selbständiger naturwissenschaftlich-philosophischer Schriften. In ihnen erprobte er seine wissenschaftliche Methode hauptsächlich an optischen und astronomischen Problemen und stellte seine kosmologisch-physikalischen Theorien auf. Die Methode selbst entwickelte er im Anschluß an *Aristoteles* innerhalb eines Kommentares zu dessen Wissenschaftstheorie, den ›Analytica posteriora‹; sie stellt unter anderem die erste systematische Theorie einer Experimentalwissenschaft dar und wurde von *Roger Bacon* weiter ausgebaut. Zugrunde liegt ihr die aristotelische Unterscheidung zwischen der Erkenntnis einer Sache (›demonstratio quia‹, ›d. a posteriori‹) und der Erkenntnis der Gründe für eine Sache (›demonstratio propter quid‹, ›d. a priori‹). Drei wesentliche Aspekte kommen dabei zum Tragen, der induktive (nach *Aristoteles*), der experimentelle (ohne daß diesem bereits das Vertrauen des 17. Jahrhunderts entgegengebracht wurde, häufig dagegen ›experimentum‹ noch bloße Erfahrung meinte) und der mathematische (Einfluß des → *Platon*). Aufgabe der Induktion ist es, aus der bestimmten, sinnlich wahrnehmbaren Wirkung durch einen aufsteigenden Abstraktionsprozeß die Ursachen, die Prinzipien, zu entdecken, um dann deduktiv aus diesen Ursachen wieder die Wirkungen abzuleiten. Er nennt die beiden Abschnitte ›resolutio‹ (griechisch ›analysis‹) und ›compositio‹ (›synthesis‹) – ausgehend von *Aristoteles*, aber über ihn hinausgehend, indem er methodische Richtlinien gab und beispielsweise anwendete: In der resolutio werden die aufbauenden Prinzipien oder Elemente, die ein Phänomen zu bestimmen scheinen, nach Ähnlichkeit und Verschiedenheit aussortiert und klassifiziert. Daraus ergibt sich eine erste, ›nominelle‹ Definition. Aus einer Sammlung von Beispielen für das untersuchte Phänomen werden allen gemeinsame Eigenschaften ausgesondert; was die Beobachtung empirisch als Beziehung erfaßt hatte, wird so als ›gemeinsame Formel‹ bestätigt, und zwischen häufig zusammen auftretenden Eigenschaften werden Kausalbeziehungen vermutet. Die compositio ordnet dann so um, daß die Beziehung vom Allgemeinen zum Besonderen die der Ursache zur Wirkung wird. – Es handelt sich also um eine Methode, die ausgehend von *Aristoteles* als Theorie gerade wieder das 17. Jahrhundert (*F. → Bacon*, *G. → Galilei*, *A. → Kircher*) beherrschen sollte. Alle Diskussionen über die Methode setzen jedoch eine Naturphilosophie, eine Vorstellung von den Ursachen und Prinzipien und ihren Wirkungen, voraus; und diese war bei G. noch die des *Aristoteles*, also unterscheiden sich auch die ›experimentellen‹ Ergebnisse der Theoretiker des 13. Jahrhunderts und der des 17. Jahrhunderts. Wie für *Aristoteles* bleibt auch für G. die Möglichkeit bestehen, durch Intuition ein Grundprinzip wiederholt beobachteter Erfahrungen zu erkennen. Zwischen falschen und richtigen Theorien entscheiden dann speziell angeordnete Experimente oder – wo dies nicht möglich ist – eine ›reductio ad absurdum‹ bzw. analoge Beobachtungen (Experimente) und eine Ableitung der Phänomene aus den intuitiv gewonnenen Prinzipien. Als Voraussetzung für die Erkennbarkeit des auszusondernden Falschen gilt für G. die Uniformität der Natur und ein Ökonomieprinzip. – Trotz aller Methode sei aber die Strenge eines mathematischen Beweises in der Naturwissenschaft nicht erreichbar, diese sei von minderer Sicherheit – selbst wenn sie sich mathematischer Begriffe bediene. Aus deren Anwendbarkeit – allerdings nur auf die Beschreibung der Wirkungen – ergebe sich somit zwar der Grad der Sicherheit, doch seien mathematische und physikalische

Voraussetzungen für die Theorie gleich wichtig, und letztere betreffen für G. noch die Sachen und Gründe selbst, ganz im Sinne des *Aristoteles*. Aber die Physik des G. wird so notwendig zum Versuch einer Synthese jener des *Aristoteles* und jener des *Platon* (Neuplatonismus), und es ist verständlich, daß in diesem Rahmen die geometrische Optik eine große Rolle spielt und G. versucht, im Anschluß an neuplatonische Ideen, in dem Objekt dieser mathematischen Wissenschaft, im korpuskular aufgefaßten Licht, das materielle und dynamische Grundprinzip der sinnlichen und übersinnlichen Welt zu sehen.

Das Licht, ›lux‹ als ›prima materia‹ und ›prima forma‹ im aristotelischen Sinne, selbsterzeugend und selbstvermehrend mit instantaner kugelförmiger Ausbreitung, ist die erste körperliche Form (›corporeitas‹), und auch der Raum ist erst eine Funktion des Lichtes und seiner Wirkungsgesetze. So entstehen aus dem Urlicht nicht nur die wahrnehmbaren Arten des Lichtes (›lumen‹, Farben und anderes), sondern auch die Trägerkörper, der ganze Kosmos. Auch mit dieser, bis ins Detail ausgeführten, grandiosen lichtmetaphysischen Deutung der Welt und des physikalischen Geschehens hat G. besonders in theologisch-neuplatonischen Kreisen bis ins 17. Jahrhundert gewirkt – wenn auch die Bedeutung seiner Methode der Physik jene seiner Metaphysik für die Entwicklung der Naturwissenschaft weit überragt. [Krafft]

Werke: Die philosophischen Werke, hrsg. von L. Baur (Münster 1912); On Light, englisch von C. Riedle (Milwaukee 1942); Epistolae, hrsg. von H. Luard (1861). – *Lit.*: DSB V, 548–554 (A. C. Crombie); L. Baur: Die Philosophie des R. G., Bischofs von Lincoln (Münster 1917); A. C. Crombie: R. G. and the Origins of Experimental Science, 1100–1700 (Oxford 1953, [3]1971); J. McEvoy: The Philosophy of R. G. (Oxford 1982); S. P. Marrone: William of Auvergne and R. G. New Ideas of Truth in the Early 13th Century (Princeton 1983); R. W. Southern: R. G. The Growth of an English Mind in Medieval Europe (Oxford 1986, 1992); J. McEvoy: R. G., Exegete and Philosopher (Aldershot 1994).

Guericke, Otto von (ab 1666, zuvor: *Otto Gericke*), deutscher Ingenieur und Physiker, Ratsherr und Bürgermeister von Magdeburg, * 20./30.11.1602 [a./n. St.] Magdeburg, † 11./21.5.1686 [a./n. St.] Hamburg.

Als Mitglied einer reichen und angesehenen Patrizierfamilie für die politische Laufbahn in seiner Vaterstadt bestimmt, hatte G. nach der Vorbereitung durch Hauslehrer 1617 mit dem Studium in Leipzig begonnen, das er in Helmstedt und nach einer durch den Tod seines Vaters bedingten Unterbrechung ab 1621 an der juristischen Fakultät in Jena fortsetzte, ohne es jedoch mit dem Erwerb eines akademischen Grades abzuschließen, um sich nicht den Weg zum Ratsherrn und Bürgermeister zu verschließen. Seit 1623 ergänzte er seine Ausbildung durch ein Studium der mathematischen Wissenschaften im damaligen umfassenden Sinne in Leiden, wo allein auch speziell der Festungsbau berücksichtigt wurde, und machte, bevor er in den Rat seiner Vaterstadt eintrat und 1630 das Amt des ›Bauherrn‹ übernahm, eine ausgedehnte Bildungsreise nach Frankreich und England. – Wie nicht wenige seiner politisch tätigen Zeitgenossen war G. Fragen der aufblühenden Naturwissenschaften gegenüber sehr aufgeschlossen; nur wenige haben allerdings – selbst im 17. Jahrhundert – mit ihm gemein, auch an der Lösung solcher aktiv und erfolgreich mitgewirkt zu haben. Erstaunlich ist, daß ihm dies gelang, obwohl die Wirren des Dreißigjährigen Krieges und dessen Folgen dem Magdeburger Politiker von der Eroberung und Zerstörung Magdeburgs im Mai 1631 bis zum erzwungenen Vergleich zu Kloster Berge 1666 kaum die Muße dazu gelassen haben können, da er durch seine Doppelstellung als Ingenieur mit Offiziersrang in schwedischen (ab 1632) und kursächsischen Diensten (ab 1636) und als

Ratsherr (ab 1626/27) und Bürgermeister (ab 1646) wie kein zweiter geeignet war, die Interessen seiner Vaterstadt gegenüber den Besatzungsmächten und auf den verschiedenen Friedens- und Nachfolgeverhandlungen in Münster und Osnabrück, Nürnberg, Wien, Prag und auf dem Reichstag zu Regensburg zu vertreten. Ursprünglich der alten Hansestadt dank seiner Interventionen zugestandene Privilegien gingen jedoch bei dem erzwungenen Vergleich von 1666 endgültig verloren. Seine Politik hatte sich damit überlebt, und G. zog sich allmählich von der politischen Bühne zurück, ließ sich 1678 gänzlich von seinen Amtspflichten entbinden und ging im Jahre 1679, als Magdeburg die Pest drohte, zu seinem Sohn nach Hamburg, wo er seinen Lebensabend verbrachte. Kurz vor der großen politischen Enttäuschung war ihm im Januar des Jahres 1666 von Kaiser Leopold I. der Reichsadel verliehen worden. Ausschlaggebend für die Bewilligung des Adelsgesuches wird jedoch weniger seine politische Tätigkeit für Magdeburg gewesen sein denn sein weltweiter Ruf als Erfinder und Konstrukteur der Luftpumpe – G. hatte auch deshalb in dem Gesuch um die Erlaubnis gebeten, sich künftig *von Guericke* schreiben zu dürfen, damit sein Name auch im Ausland richtig ausgesprochen werde.

Die 1631 einsetzenden Wirren gaben G. frühestens nach der Rückkehr aus Osnabrück, also nach 1646, die Muße, jenes Problem auch experimentell zu untersuchen, das ihn nach eigener Auskunft seit langem beschäftigt hatte, nämlich die Frage nach dem Wesen des interplanetarischen Raumes: Kann dieser seit Anerkennung der Lehre des *N. → Copernicus*, der sich auch G. anschloß, in seiner vorgestellten Ausdehnung ungeheuer gewachsene Raum wirklich von einem Stoff wie dem Äther erfüllt sein? Ist Raum nur als erfüllter Raum zu denken, oder ist er als bloßer Raum leerer Raum? Im zweiten Falle müßte sich auch auf der Erde ein leerer Raum, ein Vakuum, künstlich wenigstens angenähert herstellen lassen, obwohl *R. → Descartes* dieses gerade geleugnet hatte, da sich aus der Identität von Raum und Materie ergäbe, daß bei Entleerung eines Gefäßes dessen Wände aneinander stoßen müßten. G. gelang es jedoch, diese Behauptung zu widerlegen, indem er anfänglich wassergefüllte Behälter (Bierfässer) mit einer umgebauten Feuerspritze auspumpte, ohne daß etwas anderes an die Stelle des Wassers hätte eindringen sollen, was ihm mit schrittweise verbesserter Technik auch glückte. Danach versuchte er auf dieselbe Weise, nämlich von unten, auch Luft, die er als Ausdünstungen der gesamten Erdwasserkugel ansah, die als ihr zugehörige von dieser angezogen werden, aus einem Behälter zu pumpen und dadurch ein Vakuum zu erzeugen. Diese Versuche lehrten ihn allmählich die Elastizität der Luft und das Wesen des für damalige Vorstellungen ungeheuer großen, jedoch schwankenden Luftdrucks und seinen Zusammenhang mit der Wetterlage erkennen. 1654 führte G. dann seine Luftpumpe und Versuche mit und in dem Vakuum auf dem Regensburger Reichstag erstmals einem größeren Publikum vor – hier erst erfuhr er auch von ähnlichen Untersuchungen über das Vakuum in Italien (*E. → Torricelli*) – und erregte damit so großes Aufsehen, daß der Erzbischof von Mainz, Johann Philipp von Schönborn, die Geräte G.s aufkaufte, auf sein Schloß nach Würzburg brachte und die Versuche von dem Mathematikprofessor am dortigen Gymnasium, dem Jesuitenpater *Kaspar Schott* (* 1608 Königshofen, † 22.5.1666 Würzburg), wiederholen ließ. Dieser berichtete darüber erstmals 1657 ausführlich in einem Anhang zu seinem Werk ›Mechanica hydraulico-pneumatica‹, in dem er wie in seinen anderen Büchern kritisch über den Stand von Technik und Naturwissenschaften seiner Zeit berichtete. Hierdurch wurden die Geräte und die Vorstellungen G.s schnell allgemein bekannt und regten besonders *C. → Huygens* in Holland und *R. → Boyle* in England zum Nachbau und zur Verbesserung der Luftpumpe und zum Experimentieren mit dem Vakuum an. Auch G. selbst verbesserte seine Luftpumpe und erdachte neue Versuche, darunter besonders jenen zur Demonstration der ungeheuren Größe des Luftdrucks mit den sogenannten Magdeburger Halbkugeln, die evakuiert nur von einer großen Anzahl zusammengespannter Pferde getrennt werden können, während sie von selbst auseinanderfallen, wenn nach dem Öffnen eines kleinen Hahnes Luft eingeströmt ist. Mit diesem Versuch, erstmals 1657 in Magdeburg ausgeführt, erregte G. im Dezember 1663 am Hofe des Großen Kurfürsten bei Berlin großes Aufsehen.

Aber nicht mehr darum ging es ihm zu dieser Zeit, sondern um ein neues, auf den Erkenntnissen vom Luftdruck und Vakuum beruhendes Weltbild, das er in seinem damals bereits abgeschlossenen, aber erst 1672 im Druck erschienenen Werk ›Neue, sog. Magdeburger Versuche über den leeren Raum‹ darlegte. Zwischen den Weltkörpern, die auf Kreisen um ihr Bahnzentrum ziehen, sollen danach spezifische, bewegende und qualifizierende, unkörperhafte Kräfte über das Vakuum hinweg wirken. Zur Demonstration solcher Wirkkräfte konstruierte er eine erste, allerdings von ihm selbst noch nicht als solche verwendete Elektrisiermaschine in Form einer drehbar gelagerten und zu reibenden Schwefelkugel (anfangs einer der ›terrella‹ *W.* → *Gilberts* entsprechenden Mineralkugel mit hohem Schwefelanteil) und machte dabei wichtige Beobachtungen elektrostatischer Erscheinungen (Anziehung und Abstoßung, Leitung, Spitzenwirkung, Leuchten usw.; *G. W.* → *Leibniz* entzog einer ihm von G. überlassenen Schwefelkugel erstmals Funken). Die Beschreibung der Schwefelkugel in G.' Werk, das er auch an die Royal Society in London schickte, hat deren Experimentatoren *R.* → *Hooke* und *Francis Hawksbee* († nach 1713) zu ähnlichen Versuchen über Reibungselektrizität und letzteren zur Konstruktion der Glaskugel-Elektrisiermaschine angeregt. – G. gelang 1660 auch die erste Vorhersage eines Unwetters mittels barometrischer Beobachtungen der extremen Luftdruckänderung. Seine Anregung, ein verzweigtes Netz barometrischer Beobachtungsstationen einzurichten, hatte jedoch noch kein Verständnis finden können. [Krafft]

Werke: Neue (sogenannte) Magdeburger Versuche über den Leeren Raum, nebst Briefen, Urkunden und anderen Zeugnissen seiner Lebens- und Schaffensgeschichte hrsg., kommentiert und übersetzt von H. Schimank/F. Krafft u.a. (Düsseldorf 1968), Zweite, durchgesehene Auflage [des Textes], mit einer einleitenden Abhandlung ›O. von G. in seiner Zeit‹ hrsg. von F. Krafft (Berlin usw. 1996). – *Lit.*: DSB V, 574–576 (F. Krafft); GWG V, 798–827 (F. Krafft); DBE IV, 245–246 (F. Krafft); H. Schimank: O. von G., Bürgermeister von Magdeburg. Ein deutscher Staatsmann, Denker und Forscher (Magdeburg 1936); A. Kauffeldt: O. von G. – Philosophisches über den leeren Raum (Berlin [Ost] 1968); A. Kauffeldt: O. von G. (Leipzig 1973, ³1977); F. Krafft: O. von G. (Darmstadt 1978; mit Bibl.); D. Schneider: O. von G. Ein Leben für die Alte Stadt Magdeburg (Stuttgart/Leipzig 1995, ²1997).

H

Haber, Fritz, deutscher Chemiker, * 9.12.1868 Breslau, † 29.1.1934 Basel.

H. entstammte einer großbürgerlichen jüdischen Familie, die ihr Einkommen aus dem Handel mit Farben bezog, trat jedoch bereits 1893 zum Protestantismus über. Er studierte in Berlin und Heidelberg Chemie. 1891 promovierte er über ein organisch-chemisches Thema an der Technischen Hochschule in Berlin-Charlottenburg, danach arbeitete er teilweise praktisch in der Industrie und in der väterlichen Firma, teilweise wissenschaftlich an der ETH in Zürich und an der Universität Jena. 1894 wurde er Assistent am Chemisch-Technischen Institut der Technischen Hochschule in Karlsruhe, wo er sich 1896 habilitierte sowie 1898 zum außerordentlichen und 1906 zum ordentlichen Professor ernannt wurde. 1912 ging er als Direktor des neugegründeten Kaiser-Wilhelm-Instituts für Physikalische Chemie und Elektrochemie nach Berlin, wo er 1914 gleichzeitig Honorarprofessor an der Universität wurde. Während des Ersten Weltkrieges war H. zudem in militärischen Rängen im Kriegsministerium in Berlin tätig. Nach seiner Emigration aus dem nationalsozialistischen Deutschland erhielt er 1933 eine Professur in Cambridge.

Anfangs arbeitete H. vorwiegend auf dem Gebiet der organischen Chemie, dort galt sein Interesse weniger der präparativen Seite als dem Reaktionsverlauf. Durchaus folgerichtig war deshalb der allmähliche Übergang zur Physikalischen Chemie, seinem späteren Hauptarbeitsgebiet. Hier befaßte er sich unter anderem mit der elektrochemischen Seite von Redox-Reaktionen organischer Substanzen, mit der Thermodynamik von Gasreaktionen, mit Katalyse und Autoxidation, sowie mit allgemeinen Fragen der Reaktionskinetik. Charakteristisch für H.s Vorgehen ist auch die rasche Einbeziehung der Ergebnisse der Atomphysik und der Quantentheorie. Sein Gesamtwerk weist schließlich Beiträge zu fast allen Teilen der Physikalischen Chemie aus, wobei er wie kaum ein anderer in der Lage war, reine und angewandte Forschung zu verbinden.

In diesen Zusammenhang gehört auch seine bedeutendste, mit dem Chemie-Nobelpreis für 1918 ausgezeichnete Leistung, nämlich die direkte Darstellung von Ammoniak aus elementarem Stickstoff und Wasserstoff mit technisch verwertbarer Ausbeute. Wesentlich war dabei die eingehende Untersuchung des Reaktionsgleichgewichts bei hohen Drucken und Temperaturen, die Erprobung geeigneter Katalysatoren sowie eine ununterbrochene Entfernung des erzeugten Ammoniaks. Die um 1909 erhaltenen Ergebnisse waren so vielversprechend, daß unter Leitung von *Carl Bosch* (* 27.8.1874 Köln, † 26.4.1940 Heidelberg) in Ludwigshafen die Ammoniak-Synthese vom Labormaßstab in das industrielle Verfahren übertragen werden konnte. Die Ammoniaksynthese, ergänzt durch die auf *W.* → *Ostwald* zurückgehende katalytische Oxidation des Ammoniaks, ermöglichte bald nach Ausbruch des Ersten Weltkriegs die großtechnische Herstellung von Salpetersäure sowie von Kalium- und Ammoniumnitrat. Die Entwicklung dieser Synthesemethoden erlaubte es dem vom Chilesalpeter abgeschnittenen Deutschen Reich, weiterhin Schieß- und Sprengstoffe zu produzieren und gleichzeitig die Landwirtschaft mit Düngemitteln zu versorgen. – In anderer Hinsicht ist der Name H.s noch enger mit dem Verlauf des Ersten Weltkriegs verbunden: Seit Herbst 1914 mit Vorversuchen zur Entwicklung von Gaskampfwaffen befaßt, war H. und sein Berliner Institut seit 1915 teilweise, seit 1916 voll verantwortlich für die Entwicklungsarbeit auf diesem Sektor der Kriegsführung. Auch für die Anwendung der Gaskampfstoffe trug H. einen erheblichen Teil der Verantwortung. Obwohl er in seinen wissenschaftlichen und kulturellen Interessen bemerkenswerte Offenheit zeigte, war sein Verhalten im Krieg von unbeirrbarem Patriotismus geprägt.

Zusammen mit *M.* → *Planck*, *Hermann Diels* (* 18.5.1848 Wiesbaden-Biebrich, † 4.6. 1922 Berlin) und anderen bemühte sich H., die durch den Krieg schwer beeinträchtigte Leistungsfähigkeit der deutschen Wissenschaft wiederherzustellen und trotz der wirtschaftlichen Schwierigkeiten der Weimarer Republik aufrechtzuerhalten. Die aus diesen Bemühungen heraus gegründete ›Notgemeinschaft der deutschen Wissenschaft‹ (die Vorgängerin der ›Deutschen Forschungsgemeinschaft‹) wurde dann tatsächlich zu einem wichtigen Faktor für die Blüte der deutschen Wissenschaft von 1920 bis 1930. – Die beiden letzten Lebensjahre H.s spiegeln dann insofern den ganzen Widersinn der nationalsozialistischen Rassenpolitik. Aufgrund der Forderung des Kultusministeriums, gemäß dem ›Gesetz zur Wiederherstellung des

Berufsbeamtentums‹ von 1933 jüdische Mitarbeiter zu entlassen (er selbst war wegen seines Einsatzes im Ersten Weltkrieg ausgenommen), und wegen antisemitischer Umtriebe innerhalb seines Berliner Institutes legte H. 1933 sein Amt nieder und emigrierte nach Großbritannien. Während einer Reise nach Israel, wo ihm ebenfalls eine Arbeitsmöglichkeit angeboten worden war, erlag er in Basel einem Herzleiden. [Kaiser]

Werke: F. H. an Richard Willstätter, 1910–1934, hrsg. von P. Werner/A. Irmscher (Berlin 1995); F. H. in seiner Korrespondenz mit Wilhelm Ostwald sowie in Briefen an Svante Arrhenius, hrsg. von R. Zott (Berlin 1997). – *Bibl.*: K.-F. Bonhoeffer: F. H.s wissenschaftliches Werk. In: *Zeitschrift für Elektrochemie* 57 (1953), 2–6; Pogg. VII a Suppl., 250 f. – *Lit.*: NDB VII, 386–389 (E./J. Jaenicke); DSB V, 620–623 (M. Goran); M. Goran: The Story of F. H. (Norman 1967); C. Haber: Mein Leben mit F. H. (Düsseldorf/Wien 1970); G. von Leitner: Der Fall Clara Immerwahr [verh. H.]. Leben für eine humane Wissenschaft (München 1993); D. Stoltenberg: F. H. Chemiker, Nobelpreisträger, Deutscher, Jude (Weinheim 1994); M. Szöllösi-Janze: F. H. 1868–1934. Eine Biographie (München 1998).

Haeckel, Ernst, deutscher Zoologe, * 16.2.1834 Potsdam, † 9.8.1919 Jena.

H. studierte Medizin in Berlin und Würzburg. Er brachte bereits gute Kenntnisse auf dem Gebiet der Botanik aus der Schulzeit mit und wandte sich während des Studiums mehr und mehr der Zoologie zu. Unter seinen akademischen Lehrern waren hervorragende Gelehrte, so der Botaniker *A. Braun*, *R.* → *Virchow*, *A.* → *Kölliker*, *J. P.* → *Müller* und *C. Gegenbaur*. *Gegenbaur* veranlaßte ihn, sich 1861 in der medizinischen Fakultät in Jena zu habilitieren. 1862 wurde H. zum außerordentlichen, 1865 zum ordentlichen Professor für Zoologie in der dortigen Philosophischen Fakultät ernannt. Berufungen nach Wien, Straßburg und Bonn folgte er nicht. H. unternahm viele Reisen, die ihn nach Südeuropa, vor allem ans Mittelmeer, auf die Kanarischen Inseln, nach England, Norwegen, Finnland, Rußland, in den nahen und fernen Osten (Ceylon, Insulinde) und nach Nordafrika führten.

H.s zoologische Arbeiten nahmen ihren Anfang mit einer großen systematisch-morphologischen Monographie über die bis dahin nur wenig bekannte Gruppe der Radiolarien. Es schlossen sich Untersuchungen über Entwicklungsgeschichte und Morphologie der Siphonophoren (Staatsquallen) und der Kalkschwämme sowie über die Morphologie und Systematik der Hydrozoen und Scyphozoen an. H. übernahm frühzeitig die Deszendenztheorie *C.* → *Darwin*s und vertrat sie als erster in Deutschland auf der Naturforscher-Versammlung 1863 in Stettin. 1866 erschien sein Hauptwerk ›Generelle Morphologie der Organismen‹, mit dem er die auf der Deszendenztheorie beruhende Phylogenetik begründete. Auch die anderen wichtigen Aspekte seiner späteren Veröffentlichungen werden hier bereits behandelt. So übernahm er 1866 die von *F.* → *Müller* aufgestellte These, daß in der Ontogenie eines Tieres die Phylogenie rekapituliert wird, 1872 von H. als ›Biogenetisches Grundgesetz‹ bezeichnet. Die Anwendung dieses Gesetzes führte zur Annahme einer zweischichtigen Primitiv-Form, Gastraea, die sich als Gastrula in der Frühentwicklung vieler Tiere nachweisen läßt. – Es war ein besonderes Anliegen H.s, den Menschen in die deszendenztheoretische Interpretation der Lebewesen einzubeziehen, dargestellt vor allem in der ›Anthropogenie oder Entwicklungsgeschichte des Menschen‹ von 1874; er konstruierte einen hypothetischen Stammbaum des Menschen und gab der unmittelbaren tierischen Vorform den Namen ›Pithecanthropus alalus‹ (sprachloser Affenmensch).

H. überschritt bereits 1866 die Grenzen der Naturwissenschaften und sah alle wahre Wissenschaft als eine Philosophie der Natur an.

1899 faßte er seine Naturphilosophie in dem berühmten und in viele Sprachen übersetzten Buch ›Die Welträtsel‹ zusammen. Seine Bedeutung ist vor allem in der durch ihn eingeleiteten Auseinandersetzung um die Deszendenztheorie und ihre weltanschaulichen Folgen zu sehen, die er im ›Monismus‹ als einer naturwissenschaftlichen Ersatzreligion verankert sah, für dessen Propagierung der von ihm gegründete und geleitete ›Monisten-Bund‹ eintrat. Auf dieser Basis wirkte er als großer Popularisator der Naturwissenschaften in bewußter Gegnerschaft zur christlichen Kirche. Innerhalb der Biologie haben ›Biogenetisches Grundgesetz‹ und ›Gastraea-Theorie‹ für das Verständnis der Formenmannigfaltigkeit eine wichtige Rolle gespielt; eine Reihe neuer Begriffe wurde von H. in die Biologie eingeführt. [Querner]

Werke: Gemeinverständliche Werke, hrsg. von H. Schmidt (6 Bde, Leipzig/Berlin 1924; in Bd 1: Eine autobiographische Skizze). – *Bibl.*: T. Krumbach: Werkverzeichnis. In: *Die Naturwissenschaften* 7 (1919), 961–966. – *Lit.*: NDB VII, 423–425 (G. Uschmann); DSB VI, 6–11 (G. Uschmann); GWG VIII, 606–625 (H. Wendt); H. Schmidt: E. H., Leben und Werke (Berlin 1926); G. Uschmann: Geschichte der Zoologie und der zoologischen Anstalten in Jena 1779–1919 (Jena 1959); J. Hemleben: E. H. in Selbstzeugnissen und Bilddokumenten (Reinbek bei Hamburg 1964); G. Uschmann: E. H. – Biographie in Briefen (Leipzig usw. 1983, Gütersloh 1984); E. Krauße: E. H (Leipzig 1984); K. Keitel-Holz: E. H., Forscher – Künstler – Mensch. Eine Biographie (Frankfurt am Main 1984); Welträtsel und Lebenswunder. E. H. – Werk, Wirkung und Folgen [Ausstellungs-Katalog] (Linz 1998).

Hahn, Otto, deutscher Chemiker, * 8.3.1879 Frankfurt am Main, † 28.7.1968 Göttingen.

H. studierte in Marburg bei *Ernst Carl Theodor Zincke* (* 19.5.1843 Uelzen, † 17.3.1928 Marburg) Chemie und wollte anschließend in die chemische Industrie gehen; um die dazu erforderlichen Englischkenntnisse zu intensivieren, ging er auf dessen Empfehlung 1904/05 nach London zu Sir (ab 1902) *William Ramsay* (* 2.10.1852 Glasgow, † 23.7.1916 Haslemere [Sussex]), bei dem ihm mittels der von *M.* → *Curie* entwickelten radiochemischen Verfahren der Nachweis einer bis dahin unbekannten Substanz, die er Radiothor nannte, gelang. *Ramsay* bewegte ihn daraufhin, in der Wissenschaft zu bleiben, und vermittelte ihn an seinen Freund *E.* → *Fischer*. Da er bei diesem jedoch keine Anleitung auf dem neuartigen Gebiet hätte erfahren können, verabredeten beide, daß H. zunächst (auf eigene Kosten) zu *E.* → *Rutherford* nach Montreal gehe, der gegenüber den Ergebnissen aus *Ramsay*s Institut stets sehr skeptisch war. Hier konnte H. *Rutherford* nicht nur von der Existenz des ›Radiothors‹ überzeugen, sondern mit dem ›Radioactinium‹ eine weitere neue Substanz nachweisen; und hier empfing er 1905/06 die entscheidenden Impulse als Radiochemiker und erlernte die Methoden zum Nachweis der Alphastrahlung – denen später in Zusammenarbeit mit ihm *L.* → *Meitner* die zum Nachweis der Betastrahlung hinzufügte, welche dann an seinem Institut favorisiert wurden. Nach seiner Rückkehr als Laborassistent *Fischer*s wies ihm dieser für seine radiochemischen Arbeiten einen ehemals als ›Holzwerkstatt‹ gedachten Raum im neuen Chemischen Institut der Universität Berlin zu und habilitierte ihn 1907 trotz starker Vorbehalte der Falkultät gegen das neue Fach. Noch im selben Jahr gelang H. der Nachweis von Mesothor I und Mesothor II sowie – unabhängig von *Betram Borden Boltwood* (* 1870, † 1927) – des Ionium. Die Erfahrungen in Montreal hatten ihm aber auch gezeigt, daß ein Radiochemiker, zu dem er dort vom organischen Chemiker »transmutiert« war, wie er sich ausdrückte, die Unterstützung eines ›Radiophysikers‹ bedarf, welchen es in Berlin nicht gab. Da war eine junge Physikerin bei *H. Rubens* vorstellig geworden, die in Wien mit radioaktiver Strahlung gearbeitet hatte und in

Berlin einen Laborplatz suchte, den ihr dieser nicht bieten konnte; so vermittelte er *L. Meitner* an H., woraus eine langjährige enge Zusammenarbeit, die durch ihre erzwungene Emigration Mitte 1938 jäh abgebrochen wurde, und lebenslange Freundschaft resultierten. Sie ging auch 1912 mit an das neuerrichtete Kaiser-Wilhelm-Institut für Chemie in Berlin-Dahlem, an dem auf Betreiben *E. Fischer*s eine kleine Abteilung für Radioaktivität eingerichtet worden war; nach H. (1912) wurde auch *L. Meitner* (1913) Mitglied der Kaiser-Wilhelm-Gesellschaft, und beide wurden damit erstmals für ihre wissenschaftlichen Arbeiten bezahlt. Die H.-Meitnersche Abteilung dehnte sich nach und nach über das Institut aus; und nach dem Ausscheiden des Leiters der Abteilung für Organische Chemie wurden H. 1926 die Geschäfte und 1929 die Direktorschaft übertragen, die er bis zu der auch ihn nach dem Zusammenbruch des Dritten Reiches betreffenden Internierung deutscher Atomwissenschaftler in England ausübte. Am Institut waren seitdem nur Untersuchungen radioaktiv strahlender Substanzen durchgeführt worden – in H.s chemischer Abteilung und in *L. Meitner*s physikalischer Abteilung (ab 1917). Als Trägerin des Instituts fungierte ab 1921 die neugegründete ›Emil-Fischer-Gesellschaft‹. Nach der Internierung siedelte H. nach Göttingen über – das 1944 nach Tailfingen ausgelagerte Institut war 1948 unter der Leitung seines Mitarbeiters *Fritz Straßmann* (* 22.2.1902 Boppard, † 22.4.1980 Mainz), der 1946 als ordentlicher Professor der Chemie an die neugegründete Universität in Mainz berufen worden war, dorthin überführt und neu errichtet worden – und führte von der hierher verlagerten Geschäftsstelle der Kaiser-Wilhelm-Gesellschaft aus ihre über ganz Deutschland zerstreuten Institute zu der später Max-Planck-Gesellschaft genannten Nachfolgerin zusammen, deren Präsident er 1946–1960 war. H. war wesentlich am Wiederaufbau der Wissenschaft im Deutschland der Nachkriegszeit beteiligt, wozu ihm nicht nur die während der nationalsozialistischen Herrschaft erwiesene integre und humane Haltung gegenüber Verfolgten, sondern auch die Verleihung des Nobelpreises für Chemie des Jahres 1944 (den er erst 1946 entgegennehmen konnte) für die Entdeckung der Spaltung schwerer Atomkerne die nötige Autorität und allgemeine Anerkennung verschafft hatte. Er hat sich allerdings seit dem ersten Abwurf einer Atombombe auf Hiroshima entschieden gegen jegliche kriegerische Anwendung der durch die Atomspaltung freigesetzten Energie gewendet und war einer der Initiatoren der Erklärung der Göttinger Achtzehn gegen eine bundesdeutsche Atombewaffnung (1957), was zu heftigen Anfeindungen durch den damaligen Bundeskanzler Konrad Adenauer und seinen Minister Franz-Josef Strauß führte.

H. kam von der organischen Chemie zur Radiochemie und erforschte und entdeckte – ab 1907 bis in die frühen 1920er Jahre gemeinsam mit *L. Meitner* – zahlreiche radioaktive Substanzen, für die *F. Soddy* 1912 den Begriff ›Isotop‹ prägte, weil er sie als die radioaktiven Formen bekannter chemischer Elemente, die im Periodensystem ›denselben Platz‹ einnehmen, erkannt hatte – wozu nach H.s späterer Einschätzung ihm selbst damals der Mut gefehlt hätte. 1917, als H. (in der unter der Leitung von *F.* → *Haber* stehenden Heeresgruppe, die den Einsatz von Kampfgas entwickelte und sich mit den Möglichkeiten des Schutzes dagegen beschäftigte) im Felde war, gelang ihnen der Nachweis der lange gesuchten Muttersubstanz der Actiniumreihe, die sie ›Protactinium‹ nannten. 1921 entdeckte H. am Uran Z die erste Kernisomerie, die allerdings noch wenig beachtet wurde. H. widmete sich in seiner Abteilung in der Folgezeit vornehmlich der Entwicklung und Anwendung radiochemischer Methoden (unter anderem zu geologischen Altersbestimmungen unter Anwendung der bekannten Zerfallsreihen) – sein einziges wissenschaftliches Buch behandelt dieses Arbeitsgebiet: ›Applied Radiochemistry‹ (Ithaca usw. 1936, bisher nur englisch). Nach dem Auftrieb der Radiochemie mit der Entdeckung des Neutrons durch *J. Chadwick* (1932) und der künstlich erregten Radioaktivität durch *I.* und *F. Joliot-Curie* sowie *E.* → *Fermi*s Erzeugung neuer radioaktiver Elemente durch Neutronenbeschuß untersuchte H. auf Anregung *L. Meitner*s gemeinsam mit ihr und seinem Mitarbeiter *F. Straßmann* ab 1934 die Folgeprodukte einer Bestrahlung von Uran und Thorium mit Neutronen, die sie wie *Fermi* und sämtliche Physiker und Chemiker dieser Zeit für Transurane halten mußten, die unter Hinzuziehung der entdeckten Kernisomerie von ihnen zu mehreren isomeren Zerfallsreihen geordnet wurden. Bei der Überprüfung einer von *I. Curie* und einem Mitarbeiter nach Neutronenbestrahlung von Uran angeblich gefundenen Substanz mit 3,5 Stunden Halbwertzeit gelang H. und *Straßmann*, nachdem die Jüdin *L. Meitner* Mitte Juli Deutschland hatte verlassen müssen, Mitte Dezember 1938 mit dem chemischen Nachweis von Barium als Folgeprodukt die Entdeckung der Kernspaltung des Urans, von der H. *L. Meitner* briefliche Mitteilung machte. Diese konnte so gemeinsam mit ihrem Neffen *O. R. Frisch* als erste eine theoretische Deutung mittels des Tröpfchenmodells des Kerns vornehmen und schloß aufgrund energetischer Berechnungen auf das Edelgas Krypton als zweites Spaltprodukt, das *Straßmann* daraufhin unter den Folgeprodukten nachweisen konnte. Mit dieser Entdeckung begann das Zeitalter der friedlichen und militärischen Verwendung der Atomenergie. Am H.schen Institut wurden allerdings weiterhin chemische Untersuchungen zur Aufklärung der Folgeprodukte des Neutronenbeschusses schwerer Kerne (hauptsächlich Uran und Thorium) unternommen, wozu neben den Spaltprodukten auch das erste echte Transuran, das Neptunium (Element 93), das hier *Kurt Starke* (* 20.11.1911 Berlin) unabhängig von *Edwin Mattison McMillan* (* 18.9.1907 Redondo Beach [California], † 7.9.1991 El Cerrito [California]) und *Philip Hauge Abelson* (* 27.4.1913 Tacoma [Washington, USA]) 1941 nachweisen konnte und dessen chemische Eigenschaften *F. Straßmann* untersuchte.

[Krafft]

Werke: Vom Radiothor zur Uranspaltung. Eine wissenschaftliche Selbstbiographie (Braunschweig 1962; Nachdruck 1989); O. Hahn: Mein Leben (München 1968, ab [6]1986 erweitert); Erlebnisse und Erkenntnisse, hrsg. von D. Hahn (Düsseldorf/Wien 1975). – *Lit.*: DSB VI, 14–17 [O. H.] (L. Badash) und XVIII, 880–887 [Fritz Straßmann] (F. Krafft); GWG XI, 50–71 (W. Gerlach); DBE IV, 332–333 (F. Krafft); GPh II, 210–226 (H. Rechenberg); W. Gerlach: Ein Forscherleben in unserer Zeit (München/Düsseldorf 1969; Neudruck: Stuttgart 1984); E. H. Berninger: O. H. in Selbstzeugnissen und Bilddokumenten (Reinbek bei Hamburg 1974); D. Hahn: O. H., Begründer des Atomzeitalters. Eine Biographie in Bildern und Dokumenten (München 1979); F. Krafft: Im Schatten der Sensation. Leben und Wirken von Fritz Straßmann (Weinheim 1981); W. Stolz: O. H. – Lise Meitner (Leipzig 1983, [2]1989); F. Krafft: O. H. und die Kernchemie. Der Sprung ins Atomzeitalter (Mannheim 1991); K. Hoffmann: O. H. – Schuld und Verantwortung (Berlin usw. 1993).

Haitham, Abu ʿAli al-Hasan Ibn al-Hasan Ibn al- (im lateinischen Mittelalter *Alhazen*), islamischer Mathematiker und wohl bedeutendster Physiker des Mittelalters, * um 965 Basra, † 1039 oder später Kairo.

In reiferem Alter siedelte al-H. nach Ägypten über, wo er einige Jahre im Dienste des Fatimiden-Kalifen al-Hakim stand, dem er angeboten hatte, den Lauf des Nils zu korrigieren – zwischen den Jahren 1000 und 1010 war der Nilstand meist sehr niedrig gewesen, was mehrere Mißernten nacheinander verursacht hatte. Er war allerdings einsichtig genug, bald von diesem Vorhaben Abstand zu nehmen, das erst in jüngster Zeit mit den modernsten technischen Mitteln in Angriff genommen werden konnte (ohne daß die Folgen nur positiver Art wären). Nach dem Tode oder vielmehr dem Verschwinden al-Hakims im Jahre 1021 sah al-H. sich dann gezwungen, seinen Lebensunterhalt in Kairo als Abschreiber mathematischer und anderer Bücher zu erwerben. Er selbst verfaßte im ganzen fast 200 Werke mathematischen, physikalischen, naturphilosophischen und medizinischen Inhalts.

Ibn al-H. führte in starkem Maße das (qualitative) Experiment in seine Physik ein und bewies mittels genial erdachter und durchgeführter Experimente, daß die Erklärungen der Physik des → *Aristoteles* nicht immer mit den Naturerscheinungen selbst übereinstimmen, traf jedoch auch nicht immer das Richtige und stieß vor allem noch nicht zu einer vorwiegend quantitativen Naturbetrachtung vor, obgleich er bemüht war, ›Physik‹ und ›Mathematik‹ in antikem Sinne gleichermaßen zur Lösung eines Problems heranzuziehen. Sein Hauptinteresse galt der Optik: Er hatte eine bessere Kenntnis vom Bau des Auges und vom Sehvorgang als seine Vorgänger, kannte die vergrößernde Wirkung von Linsen, untersuchte die sphärische Aberration und versuchte erstmals, aus der Dauer der Dämmerung, also aus dem Stand der Sonne unter dem Horizont während der letzten Dämmerungserscheinung, die Höhe der lichtbrechenden Lufthülle, später von *W.* → *Snellius* ›Atmosphäre‹ genannt, zu berechnen. Seine ›Große Optik‹ wurde zusammen mit dem Werk über die Dämmerungsdauer, dem ›Liber de crepusculis et nubium ascensionibus‹, gegen Ende des 12. Jahrhunderts in Spanien, wahrscheinlich von *Gerhard von Cremona* (* um 1114 Cremona, † 1187 Toledo), ins Lateinische übersetzt und 1572 unter dem Titel ›Opticae thesaurus Alhazeni‹ von *Friedrich Risner* († 15.9.1580 Hersfeld) auch gedruckt herausgegeben. Sie übte, besonders in der Bearbeitung von *R.* → *Bacon* und dem schlesischen Optiker *Witelo* (2. Hälfte des 13. Jh.s), starken Einfluß auf die abendländische Optik bis hin zu *J.* → *Kepler* aus. Ähnliches gilt für die kosmologischen Ansichten Ibn al-H.s, denen zufolge die Planetenbewegungen durch das Zusammenwirken mehrerer fester, undurchdringlicher Äthersphären entstehen, wozu er Vorstellungen, die → *Ptolemaios* für ein mechanisches ›Planetarium‹ entwickelt hatte, zu physikalischen umformte. (Seine Äthersphären finden sich als physikalische Erklärung unverändert noch bei *G.* → *Peurbach*.) Verständlich wird daraufhin, daß Ibn al-H. die ptolemaiische ›Ausgleichsbewegung‹ als unphysikalisch ablehnte. – Von ihm stammt auch eine erste Rekonstruktion des verlorenen 8. Buches der ›Konika‹ des → *Apollonios von Perge*. [Krafft]

Werke: The Optics, Book I–III: On Direct Vision. Translated with Introduction and Commentary by A. I. Sabra (2 Bde, London 1989). – *Lit.*: DSB VI, 189–210 (A. I. Sabra; mit Bibl.); GWG III, 158–173 (H. Hermelink); M. Schramm: Ibn al-H.s Weg zur Physik (Wiesbaden 1963); H. M. Said (Hrsg.): Ibn Al-H. Proceedings of the Celebrations of His 1000th Anniversary (Karachi 1970); J. P. Hogendijk: Ibn Al-H.'s »Completion of the Conics« (Berlin usw. 1984); Y. T. Langerman: Ibn al-H.'s *On the Configuration of the World* (New York 1990).

Hale, *George* Ellery, nordamerikanischer Astronom, * 29.6.1868 Chicago, † 21.2.1938 Pasadena [Cal.].

H. war unter ähnlich günstigen Umständen aufgewachsen wie sein deutscher Kollege *M.* → *Wolf*, hatte aber später das Glück, seine Ideen mit weitaus größeren Geldmitteln in die Tat umsetzen zu können – wie überhaupt die amerikanische Astronomie dank umfangreicher Stiftungen seit der 2. Hälfte des 19. Jahrhunderts mit ihren instrumentellen und personellen Möglichkeiten die europäische weit übertroffen hatte. H.s Interesse am Bau von wissenschaftlichen Instrumenten und ihrem Gebrauch fand in seinem Elternhaus wohlwollende Förderung: Ihm wurde eine eigene Werkstatt eingerichtet, und er erhielt ein gutes Mikroskop und später ein kleineres Fernrohr, welches ihn von den mikroskopischen Studien weg hin zur Untersuchung von Lichterscheinungen besonders der Sonne zog. Seine astronomischen Interessen lagen nämlich schon während der Schulzeit in Chicago mehr auf dem neuen Gebiet der Astrophysik als auf dem der klassischen, messenden Astronomie, und so studierte er seit 1886 am Massachusetts Institute of Technology in Cambridge bei Boston Mathematik, Chemie und Physik. Wir finden ihn in dieser Zeit allerdings auch am nahen Harvard College Observatory, während er in den Ferien zu Hause beobachtet, wo ihm vom Vater bald in der Nähe des Elternhauses eine kleine Privatsternwarte für ein neues Teleskop mit 12 Zoll Öffnung errichtet wird. Nach Erringung des Grades eines Bachelor of Science 1890 nennt er sich stolz Direktor dieses ›Kenwood Observatory‹.

Nach der Gründung der neuen Universität von Chicago 1892 wurde er als Associated Professor der Astrophysik in den Lehrkörper aufgenommen – 1893 lehrte er gleichzeitig am Beloit College Astrophysik – und erhielt den Auftrag, Pläne für den Bau eines Observatoriums auszuarbeiten. 1893 machte er dazu eine Europareise und hielt sich im Winter längere Zeit zu Studien in Berlin auf. Er hatte dann das Glück, in dem Chicagoer Industriellen C. T. Yerkes einen großzügigen Geldgeber zu finden, der seine Pläne finanzierte. H. war von 1895 bis 1905 Direktor dieses Yerkes-Observatoriums in Williams Bay (Wisconsin) und wurde nach seiner Fertigstellung 1897 auch ordentlicher Professor der Astrophysik in Chicago. Doch schon 1902 trug er sich mit neuen gigantischen Plänen: Die Carnegie-Stiftung stellte ihm die Mittel zur Verfügung, für das Carnegie Institute of Technology in Pasadena ein Sonnenobservatorium ohne jede Bindung an den Lehrbetrieb und den Ort einer Universität zu errichten. Aus dieser Idee entstand das Mt. Wilson-Observatorium in der klimatisch günstigen Gegend nahe Pasadena, und für den Bau und die Einrichtung hatte es sich als sehr vorteilhaft erwiesen, daß H. nicht nur Astrophysiker, sondern auch Instrumentenbauer und Techniker war und wußte, wie die Anforderungen der Wissenschaft an das Instrumentarium technisch zu befriedigen waren, wenn – wie es hier der Fall war – genügend Geldmittel zur Verfügung stehen. (Der Sachetat der bereits errichteten Sternwarte etwa war 1913 bedeutend höher als der sämtlicher deutschen und österreichischen Sternwarten zusammen.) H. baute hier ein Turmfernrohr mit großem Spiegel für photographische Aufnahmen speziell der Sonne, dessen Ausmaße wie die des 1917 fertiggestellten 2,5-m-Spiegelteleskops (*E. → Hubble*) für europäische Verhältnisse unvorstellbar waren und technische Probleme ganz neuer Art aufgeworfen hatten. Von 1904 bis 1923 war H. Direktor dieser Sternwarte, danach Ehrendirektor, und die ersten Jahre hier waren zweifellos die erfolgreichsten und glücklichsten seiner Forschungstätigkeit; denn seit 1910 behinderte ihn eine Nervenkrankheit sehr stark.

H. war bereits 1891 durch die Erfindung eines von ihm Spectroheliograph genannten Gerätes bekannt geworden, mit dem er die Sonne monochromatisch, d.h. im Lichte ausgewählter Spektrallinien, photographieren konnte, wodurch die Verteilung der Gaswolken einzelner Elemente auf der Sonnenoberfläche sichtbar wurde. (Die Entwicklung eines Spektrohelioskopen ergänzte später dieses Verfahren.) Seine größte Leistung auf dem Gebiete der astronomischen Wissenschaft ist die Entdekkung der Magnetfelder der Sonnenflecken, die ihm 1908 bei der systematischen Suche nach Auswirkungen des Zeemaneffektes (*P. → Zeeman*) gelang und die von größter Bedeutung für die Astrophysik war, da hiermit zum ersten Mal Magnetismus außerhalb der Erde nachgewiesen wurde. Die beiden Hälften einer bipolaren Fleckengruppe besitzen danach je einen magnetischen Nord- und Südpol, und lange Beobachtungsreihen zeigten H. später, daß der im Sinne der Sonnenrotation vorangehende

Fleck auf der Nord- und Südhalbkugel der Sonne stets das entgegengesetzte Vorzeichen hat, welches von Zyklus zu Zyklus wechselt, so daß die wahre Dauer eines Fleckenzyklus knapp 23 Jahre beträgt.

Sein großes Geschick als Organisator der Wissenschaft und ihrer Einrichtungen auf nationaler und internationaler Ebene war schon zu Beginn seiner wissenschaftlichen Laufbahn 1892 durch die Gründung der Zeitschrift ›Astronomy and Astrophysics‹ bezeugt worden, der 1895 jene des auf diesem Gebiet seitdem führenden ›Astrophysical Journal‹ folgte, dessen Herausgeber er bis zu seinem Tode war. Es trug ihm 1928 noch die ehrenvolle Berufung der Rockefeller-Stiftung ein, für das California Institute of Technology auf dem Mt. Palomar ein weiteres großes Observatorium zu errichten, dessen dann schnell berühmt gewordener 5-m-Spiegel allerdings erst zehn Jahre nach seinem Tode eingeweiht werden konnte.

[Krafft]

Bibl. D. J. Kevles: Guide to the Microfilm Edition of the G. E. H. Papers 1882–1937 at the Mount Wilson and Palomar Observatories Library (Pasadena, Cal. 1968). – *Lit.*: DSB VI, 26–34 (H. Wright; mit Bibl.); H. Wright: Explorer of the Universe: A Biography of G. E. H. (New York 1966, Woodbury, N.Y. 1994); H. Wright u.a. (Hrsgg.): The Legacy of G. E. H. Evolution of Astronomy and Scientific Institutions, in Pictures and Documents (Cambridge, Mass. 1972); D. E. Osterbrock: Pauper & Prince. Ritchey, H. and Big American Telescopes (Tucson 1993).

Haller, Victor *Albrecht* von (Reichsadel 1749), schweizerischer Mediziner, Naturforscher und Dichter, * 16.10.1708 Bern, † 17.12.1777 ebenda.

H. erhielt zunächst privaten Unterricht, besuchte nach dem Tode des Vaters ab 1721 das Gymnasium in Bern, verfaßte schon während der Schulzeit ein erstes episches Gedicht über den Ursprung des Schweizerlandes, ging 1723 zum Studium der Medizin nach Tübingen, setzte es zwei Jahre später in Leiden fort, wo er insbesondere von dem Anatomen *Bernhard Siegfried Albinus* (* 24.2.1697 Frankfurt an der Oder, † 9.9.1770 Leiden) und von *H.* → *Boerhaave* beeinflußt wurde, und promovierte dort im Mai 1727 zum Doktor der Medizin. Bevor er sich 1729 in seiner Vaterstadt als praktizierender Arzt niederließ, reiste H. nach London, Paris und Basel. Im Jahre 1736 wurde er als Professor für Anatomie, Botanik und Chirurgie an die damals noch im Aufbau befindliche Universität Göttingen berufen.

Hier begründete er eine anatomische Schule nach Leidener Vorbild, begann 1743 mit der Veröffentlichung seiner achtbändigen ›Icones anatomicae‹ (bis 1754), die unter besonderer Berücksichtigung der Gefäßanatomie als inhaltliche Ergänzung der Tafelwerke seines Lehrers *Albinus* gedacht waren, und definierte in dem erstmals 1752 erschienenen Werk ›De partibus corporis humani sensilibus et irritabilibus‹ den Reiz als zentralen Begriff des physiologischen Denkens. Danach sind Sensibilität und Irritabilität wesentliche Kennzeichen lebender Körper. In der Botanik setzte er sich gegen die künstliche Systematik *C. von* → *Linné*s für eine ›natürliche‹ und nach morphologischen Merkmalen entwickelte Klassifikationsmethode ein. H. übernahm 1745 die Redaktion und 1747 die Direktion der ›Göttingischen Gelehrten Anzeigen‹, die wenig später als bedeutendes Rezensionsorgan internationales Ansehen genossen. Außerdem betrieb er die Gründung der ›Gesellschaft der Wissenschaften zu Göttingen‹ im Jahre 1751, deren Präsident er zeit seines Lebens blieb.

Schwierigkeiten mit Fachkollegen und eine Reihe persönlicher Gründe führten dazu, daß H. 1753 das Göttinger Lehramt niederlegte und in die Schweiz zurückkehrte. Hier wurde er Berner Rathausammann, beteiligte sich 1757 an der Reorganisation der Akademie von Lausanne, wurde 1758 Salzdirektor in Roche, 1762 stellvertretender Landvogt in Aigle und 1766 Mitglied des Berner Ehegerichts, der Oberappellationskammer und Assessor perpetuus des Sanitätsrates. Trotz mehrerer Berufungen nach Halle und St. Petersburg sowie fortgesetzter Verhandlungen über eine mögliche Rückkehr nach Göttingen blieb H. in der Schweiz. Von 1757 bis 1765 veröffentlichte er sein Hauptwerk, die ›Elementa physiologiae corporis humani‹ (Lausanne, 8 Bde), dem 1768 die in drei Foliobänden erschienene ›Historia stirpium indigenarum Helvetiae inchoata‹ (Bern) folgte. In den letzten Lebensjahren entstanden schließlich noch bedeutende bibliographische Werke, wie die ›Bibliotheca botanica‹ (Zürich 1771–1772, 2 Bde), die ›Bibliotheca anatomica‹ (Zürich 1774–1777, 2 Bde), die ›Bibliotheca chirurgica‹ (Basel 1774–1775, 2 Bde) und die postum abgeschlossene ›Bibliotheca medicinae practicae‹ (Basel 1776–1788, 4 Bde).

Im Vergleich zur Fülle wissenschaftlicher Schriften ist das dichterische Werk H.s weniger umfangreich. Hervorzuheben sind der in erster Auflage anonym veröffentlichte ›Versuch schweizerischer Gedichten‹ (Bern 1732), dessen malende Poesie zum Vorbild der Idyllen- und Elegienlyrik des deutschen Idealismus wurde, und die drei von 1771 bis 1774 verfaßten Staatsromane. [Geus]

Werke: A. von H. – Giambattista Morgagni, Briefwechsel 1745–1768, hrsg. von E. Hintzsche (Bern/Stuttgart 1964); A. von H. – Ignazio Somis, Briefwechsel 1754–1777, hrsg. von E. Hintzsche (Bern/Stuttgart 1965); A. von H. – Marcantonio Caldani, Briefwechsel 1756–1776, hrsg. von E. Hintzsche (Bern/Stuttgart 1966); Tagebuch seiner Studienreise nach London, Paris, Straßburg und Basel 1727–1728, hrsg. von E. Hintzsche (Bern 1968); Tagebücher seiner Reisen nach Deutschland, Holland und England, hrsg. von E. Hintzsche (Bern ²1971); Zwanzig Briefe A. von H.s an Johann Gessner, hrsg. von U. Boschung (Bern usw. 1972); The Correspondence between A. von H. and Charles Bonnet, hrsg. von O. Sonntag (Stuttgart-Vaihingen 1983); John Pringl's Correspondence with A. von H., hrsg. von O. Sonntag (Basel 1999); Der nützliche Brief: Die Korrespondenz zwischen A. von H. und Christoph Jakob Trew 1733–1763, hrsg. von H. Steinke (Basel 1999). – *Bibl.*: S. Lundsgaard-Hansen-von Fischer: Verzeichnis der gedruckten Schriften A. von H.s (Bern 1959). – *Lit.*: DSB VI, 61–67 (E. Hintzsche; mit Bibl.); KMed I, 245–261 (R. Toellner); R. Toellner: A. von H. – Über die Einheit im Denken des letzten Universalgelehrten (Wiesbaden 1971); H. Balmer: A. von H. (Bern 1977); S. A. Roe: Matter, Life, and Generation. Eighteenth-Century Embryology and the H.-Wolff Debate (Cambridge 1981); M. T. Monti: Congettura ed esperienza nella fisiologia di H. (Florenz 1990); U. Boschung (Hrsg.): A. von H. in Göttingen 1736–1753. Briefe und Selbstzeugnisse (Bern 1994).

Halley, Edmond, englischer Mathematiker und Astronom, * 29.10.[a.St.]/8.11.[n.St.] 1656 Haggerston [bei London], † 14.1.1742/25.1.1743 Greenwich.

H., der Sohn eines reichen Londoner Seifensieders, besuchte die St. Paul's School in London und begann 1673 am Queen's College in Oxford mit dem Studium. Bereits zu dieser Zeit hatte er eigene astronomische Beobachtungen angestellt und die magnetische Deklination für London bestimmt; es heißt, er habe nach Oxford neben guten Kenntnissen des Lateinischen, Griechischen und Hebräischen eine Reihe astronomischer Instrumente mitgebracht. In den ›Philosophical Transactions‹ veröffentlichte er dann schon 1676 seine Methode zur Bestimmung des Aphels und der Exzentrizitäten der Planetenbahnen. Die Beobachtungen dazu hatte er bei *J. → Flamsteed* in Greenwich gemacht, mit dem ihn anfangs eine enge Freundschaft verband. Als königlicher Astronom war dieser hauptsächlich damit beschäftigt, der Seefahrt ein brauchbares Instrument zur Längenbestimmung auf See zu schaffen; eine exakte Mondtheorie und gute Mondtafeln waren das dazu gesteckte Ziel, eine Ausdehnung der Kenntnis genauer Fixsternpositionen am Himmel der Südhalbkugel die Voraussetzung für eine universelle Anwendung. H. erklärte sich bereit, diese Ergänzung zu den Messungen *Tycho → Brahes* zu erbringen. Als Standort wählte er die englische Besitzung St. Helena; im November 1676 verließ er zu diesem Zweck Oxford ohne Studienabschluß. Trotz widriger Witterungsverhältnisse gelang ihm während der 18 Monate auf St. Helena mit der Messung von 341 Sternpositionen die erste umfangreiche Erfassung des Südhimmels – der Katalog erschien bereits 1679, ein Jahr nach seiner Rückkehr. Im Auftrage der Royal Society hatte er auch eine Reihe von Pendeluntersuchungen zur Bestimmung der Erdgestalt durchgeführt, die besonders *I. → Newton* interessierten, und am 7.11.1677 gelang ihm auf St. Helena die erste Beobachtung eines Merkurdurchganges während seiner gesamten Dauer. Er entwickelte später daraus eine auf die Venusdurchgänge ausgedehnte Methode zur exakten Bestimmung der Sonnenparallaxe (1679/1716).

Ende 1678 nach England zurückgekehrt, wurde er von der Universität Oxford zum ›magister artium‹ ernannt und in die Royal Society gewählt. In deren Auftrag reiste er im folgenden Jahr nach Danzig zu *J. → Hevelius*, um dessen Streit mit *R. → Hooke* um die Genauigkeit der Messungen mit und ohne Fernrohr prüfend zu schlichten. Ende 1680 startete er eine große Kontinentreise zur Koordinierung der Arbeiten an den verschiedenen Sternwarten. Sie führte ihn nach Paris zu *G. D. → Cassini* und 1681 durch Italien. Auf der Rückreise beobachtete er zwischen Paris und Calais den großen Kometen, der später nach ihm benannt wurde. 1682 schlug er seinen Wohnsitz in Islington auf, wo er sich mit der Mondtheorie und dem Problem der Gravitation beschäftigte, dessen Erklärungen durch *R. Hooke* und *C. Wren* ihn nicht befriedigten. Ein Besuch bei *Newton*, den er daraufhin in Cambridge befragte, führte zu einer lebenslangen Freundschaft. Von 1685 bis 1692 war H. Assistent des Sekretärs der Royal Society und Herausgeber von deren ›Philosophical Transactions‹. In dieser Eigenschaft überredete er *Newton*, seine Ergebnisse zu veröffentlichen, und regte ihn damit zur Abfassung und Veröffentlichung der ›Principia‹ (1687) an, die er auf vielfache Weise förderte. 1691 scheiterte die Übernahme der Savile-Professur für Astronomie in Oxford an dem Einspruch *J. → Flamsteeds*. *Newtons* Einfluß verdankte er dann 1696 die Stelle als Deputy Comptroller an der Münze von Chester. Von 1698 bis 1700 unternahm er im Auftrag der Britischen Admiralität auf dem Kriegsschiff ›Paramour Pink‹ zwei Forschungsreisen nach Afrika und Amerika bis an die südliche Eisberggrenze, um die magnetische Deklination an möglichst vielen Orten zu messen. Auch dieses Unternehmen diente dem Problem der Längenbestimmung auf See; denn H. ging von der Annahme einer konstanten Abweichung aus, deren Unrichtigkeit er später einsah. Als Ergebnis dieser Reisen erschien 1701 eine erste Generalkarte der magnetischen Deklination; 1688 war ihr bereits eine ähnliche meteorologische vorangegangen. Beide waren von hohem praktischen Wert für die Seefahrt gewesen; die Linien gleicher magnetischer Deklination wurden noch lange als H.sche Linien bezeichnet. Eine weitere Reise diente 1702 Gezeitenmessungen im englischen Kanal und seiner ersten exakten Kartierung. 1703 endlich nahm die Rastlosigkeit in seinem Leben ein Ende, er wurde Nachfolger von *J. → Wallis* als Savile-Professor für Geometrie in Oxford; und als *Flamsteed* starb, erschien H. als der geeignetste, dessen Nachfolge als königlicher Astronom anzutreten. Seit 1720 widmete er sich in Greenwich dann hauptsächlich der Mondtheorie, ohne jedoch noch Wesentliches veröffentlichen zu können.

H. war ein äußerst vielseitiger und fruchtbarer Astronom. Aber auch zu anderen Gebieten hat er bedeutende Beiträge geleistet, von denen neben den bereits erwähnten eine Verbesserung der Taucherglocke, die Erfindung des Spiegeloktanten für die Vereinfachung von nautischen Messungen, die Anwendung des Barometers zu Höhenmessungen, die Erklärung des Nordlichtes als magnetische Erscheinung, Beobachtungen über die Passatwinde und die Wiederherstellung und Herausgabe der Kegelschnittlehre des → *Apollonios von Perge* besonders genannt werden sollen. Zwei Beobachtungen waren es jedoch, die eigentlich seinen Nachruhm begründeten: Ein Vergleich der Fixsternörter des → *Hipparchos* und → *Ptolemaios*, dessen Katalog im ›Almagestum‹ er herausgab, mit den neuen Messungen *J. Flamsteed*s ergaben für die besonders hellen Sterne Arctur, Sirius und Aldabaran Ortsunterschiede von ½ bis 1 Grad. Diese Abweichungen an so auffälligen Sternen ließen sich für H. nur mit einer Ortsveränderung an der Sphäre erklären. Während jedoch diese erste Entdeckung einer Eigenbewegung von sogenannten Fixsternen bis zu den Beobachtungen von *J. T.* → *Mayer* angezweifelt wurde, fand die Entdeckung der Wiederkehr von Kometen, die damit eindeutig als Himmelskörper unseres Sonnensystems erwiesen waren, schnell Anerkennung. Sie diente gleichzeitig als Stütze der Gravitationstheorie *Newton*s, mit deren Hilfe er 1705 die Bahnelemente von 24 Kometen aus den Jahren 1337 bis 1698 bestimmte, von denen genauere Beobachtungen vorlagen. Die Elemente der Kometen von 1531, 1607 und 1682 erwiesen sich dabei als so übereinstimmend, daß H. die Vermutung aussprach, alle drei Phänomene seien durch ein und denselben Himmelskörper hervorgerufen, der eine große geschlossene Ellipsenbahn um die Sonne beschreibe, und keine Parabel, wie *Georg Samuel Dörffel* (* 20.10.1643 Plauen, † 6.8.1688 Weide) 1681 an dem Kometen von 1680/81 vermeintlich nachgewiesen hatte, worauf *Newton*s vergebliche Berechnungen gefußt hatten. Die Vorhersage der Wiederkehr für 1758 durch H. wurde nach einer Korrektur der Berechnung durch *A.-C.* → *Clairault* 1759 glänzend bestätigt; der Komet wird seitdem der H.sche genannt. [Krafft]

Werke: Correspondence and Papers, hrsg. von E. F. MacPike (Oxford 1932; mit Bibl.). – *Lit.*: DSB VI, 67–72 (C. A. Ronan); A. Armitage: E. H. (London/Edinburgh 1966); C. A. Ronan: E. H. – Genius in Eclipse (New York 1969/London 1970); N. J. W. Turner (Hrsg.): The Three Voyages of E. H. in the Paramore, 1698–1701 (2 Bde, London 1981).

Hamilton, Sir (ab 1835) *William* Rowan, irischer Mathematiker, Physiker und Astronom, * 4.8.1805 Dublin, † 2.9.1865 Dunsink [bei Dublin].

Der frühreife H. war das vierte von neun Kindern eines irischen Rechtsanwaltes. Da er seine Mutter früh verlor, wurde er von seinem Onkel, einem Landpfarrer und Schulleiter in der Nähe Dublins, erzogen. Mit drei Jahren konnte er lesen und rechnen, mit fünf Jahren übersetzte er lateinische, griechische und hebräische Texte, mit zehn Jahren studierte er Arabisch, Sanskrit und andere orientalische Sprachen. Auch intensive mathematische Studien trieb er sehr früh. Als Student der Universität Dublin setzte sich H. das Ziel, im Abschlußexamen die beiden Goldmedaillen zu erobern, die für die besten Leistungen in den klassischen Studien und in Mathematik vergeben wurden. Doch noch bevor das Examen nahte, wurde dem noch nicht 22jährigen die Astronomieprofessur der Universität übertragen. Er bezog eine Wohnung im Dunsink-Observatorium. Selbst ein begnadeter Poet, verband ihn eine enge Freundschaft mit den Dichtern Wordsworth und Coleridge.

Doch nicht als Astronom sollte sein Name in die Geschichte der Wissenschaft eingehen. In der Optik entwickelte er in jungen Jahren das wichtige Prinzip der charakteristischen Funktion, das die Behandlung einer Vielfalt von Erscheinungen auf die Anwendung eines einfachen Minimalprinzips zurückführt, wie es schon in einem Spezialfall von *P. de → Fermat* herangezogen worden war. Die theoretische Voraussage der konischen Refraktion, die sofort experimentell bestätigt werden konnte, erregte großes Aufsehen. Die grundsätzliche Bedeutung von H.s Beiträgen zur theoretischen Physik (Optik und Dynamik) wurde in Deutschland zuerst von *C. G. J. → Jacobi* unterstrichen, der eine elegantere Darstellung des sog. H.schen Prinzips angab. Zwar hatte sie für praktische Zwecke gegenüber der Lagrangeschen Form wenig Bedeutung, doch zeigten sich ihre Vorteile bei der Übertragung auf die moderne Quantenmechanik. – In der reinen Mathematik konzentrierte H. seine Gedanken jahrelang auf die Algebra. Den Schlüssel zu seinen Bestrebungen, die bestehende Algebra zu verallgemeinern, fand er schließlich in der fundamentalen Beziehung $i^2 = j^2 = k^2 = ijk = -1$. Sie erzwang die Aufgabe des kommutativen Gesetzes, da $ij = -ji$ gilt. Der Ausarbeitung der hierauf beruhenden Quaternionenalgebra widmete sich H. bis an sein Lebensende. Dabei wurde er im Alter mehr und mehr zum Sonderling und Einsiedler.

Anerkennungen und Ehrungen waren ihm früh zuteil geworden. Schon mit 30 Jahren war er für seine überragenden wissenschaftlichen Leistungen zum Ritter geschlagen worden. Zwei Jahre später wurde er Präsident der Königlich-Irischen Akademie der Wissenschaften, dem Achtunddreißigjährigen gewährte die Regierung einen Ehrensold von 200 £ jährlich auf Lebenszeit. Schließlich wurde er zum ersten auswärtigen Mitglied der Nationalen Akademie der Wissenschaften der USA gewählt.

Werke: The Mathematical Papers, hrsg. von A. W. Conway / J. L. Synge (3 Bde, Cambridge 1931–1967). – *Lit.*: DSB VI, 85–93 (T. L. Hankins); R. P. Graves: Life of Sir W. R. H. (3 Bde, Dublin 1882–1891); T. L. Hankins: Sir W. R. H. (Baltimore 1980). [Scriba]

Harvey, William, englischer Arzt, Anatom und Physiologe, * 1.4.1578 Folkestone [Kent], † 3.6.1657 London.

H. studierte in Cambridge und in Padua, wo er bei *G. → Fabrici* promovierte, praktizierte ab 1604 in London (1609–1643 Arzt am St. Bartholomew's Hospital) und war dort ab 1607 Mitglied des Royal College of Physicians (ab 1615 auch als Professor). 1618 wurde er Leibarzt Jacob I. und 1621 seines Nachfolgers Charles I. Er war hochangesehen und hatte breite Interessen in Literatur, Kunst und Philosophie – zu seinen Freunden gehörten *F. → Bacon*, der Philosoph *Thomas Hobbes* (1588 bis 1679) und der Schriftsteller John Aubrey (1626 bis 1697).

H. entdeckte den großen Blutkreislauf (›Exercitatio anatomica de motu cordis et sanguinis in animalibus‹, 1628). Er knüpfte dabei an die Entdeckungen des Lungenkreislaufs von *Realdo Colombo* (* 1516 Cremona, † 1559 Rom) 1559, der Venenklappen von *G. Fabrici* (1603) und von Bau und Funktion des Septums durch *A. → Vesalius* an und widerlegte *Galenos*' Blutentstehungs- und -bewegungslehre, wonach das Blut, nachdem es in der Leber stets neu entstanden sei, von den Organen als Nahrung verbraucht werde und auf dem Weg dorthin durch die Herzscheidewand sickere (was bereits *A. Vesalius* bestritten hatte), quantitativ, indem er die nach diesem Ansatz für den Durchfluß durch das Herz erforderliche Blutmenge zu 10 Pfund/min. berechnete. Jahrelange Sektionen, Vivisektionen an verschiedenen Säugetierarten und (unblutige) Stauversuche am Menschen führten H. dagegen zu einer Funktionsaufklärung von Herz, Venen und Arterien als einem quantitativ bestimmbaren mechanischen System zum Transport des Blutes – ganz im Sinne der neuen Physik eines *G. → Galilei*. Er sah deshalb auch das Blut selbst – statt des Herzen, wie seine Vorgänger – als Sitz der lebensspendenden ›Hitze‹ an. Allerdings vermochte er die Kapillaren als Verbindungsglied im großen Kreislauf vorerst nur theoretisch zu postulieren, was seine zahlreichen Gegner stärkte. Deren Nachweis gelang erst 1661 *M.* → *Malpighi* unter Einsatz des Mikroskops. H. stand medizinisch durchaus in der Tradition der Renaissance mit dem Streben, *Galenos*' und → *Aristoteles*' Lehren zu aktualisieren und zu verbessern, dachte aber besonders stark funktional, philosophisch deshalb näher bei *Aristoteles* mit der Bevorzugung von Kreisbewegungen stehend, für die er sich auf dessen ›Meteorologie‹ berufen konnte. Wegen der Bedeutung, die das Herz in den medizinischen Lehren seit der Antike hatte, muß H.s Entdeckung als ein Meilenstein der Entwicklung der Medizin angesehen werden. Die zuvor stärker morphologische Anatomie wurde zu einer funktionell ausgerichteten ›anatomia animata‹ und bereitete damit den Weg zur Physiologie. – In seinem zweiten Hauptwerk ›Exercitationes de generatione animalium‹ (1651) vertrat H. zur Embryologie die Theorie der Epigenese und die These, daß sich alles tierische Leben aus einem Ei entwickle (die Maxime »omne vivum ex ovo« ist erstmals auf dem Titelblatt formuliert). [Krafft/Meyer-Abich]

Werke: The Works, hrsg. von R. Willis (London 1847); Die Bewegung des Herzens und des Blutes, hrsg. von R. Titter von Töply (Leipzig 1910; Nachdruck: Leipzig 1968); The Anatomical Lectures: Prelectiones anatomiae universalis, De musculis, lat.-engl. hrsg. von G. Whitteridge (Edinburgh 1964); Disputations Concerning the Generation of Animals, engl. hrsg. von G. Whitteridge (Oxford 1978). – *Bibl.*: G. Keynes: A Bibliography of the Writings of Dr. W. H. 1578–1657 (Cambridge [3]1953). – *Lit.*: DSB VI, 150–162 (J. J. Bylebyl); GWG V, 624–643 (C. Probst); KMed I, 131–144 (R. Winau); G. Keynes: The Life of W. H. (Oxford 1966); G. Whitteridge: W. H. and the Circulation of the Blood (London/New York 1971); W. Pagel: New Light on W. H. (Basel/New York 1976); G. Zirnstein: W. H. (Leipzig 1977); J. Hamburger: Il diario di H., 1647–1654 (Rom 1984); T. Fuchs: Die Mechanisierung des Herzens: H. und Descartes (Frankfurt am Main 1992); R. French: W. H.'s Natural Philosophy (Cambridge 1994).

Haüy, René-Just, französischer Kristallograph und Mineraloge, * 28.2.1743 Saint-Just-en-Chaussée [Oise], † 11.6.1822 Paris.

H., Sohn eines Leinenwebers, erhielt seine Erziehung am Collège de Navarra. Mit 21 Jahren bekam er seine priesterliche Ordination und wurde selbst Lehrer. Danach war er am Collège Cardinal Lemoine tätig. Als ihm eines Tages eine prachtvolle Calcitstufe aus den Händen fiel und zerbrach und er an dem Calcitkristall die glatten, regelmäßig angeordneten Bruchflächen sah, war für ihn »alles gefunden«. Bald darauf erschien seine erste Schrift über die Kristallstruktur des Granats (1782). Er war 1794 bis 1802 Professor an der École des Mines und danach Professor der Mineralogie am Musée d'Histoire Naturelle. Die politischen Umstürze jener Jahrzehnte entzogen dem Abbé mehrmals die gesicherte Existenz. In der Französischen Revolution wurde er eingekerkert, und nur einflußreiche Freunde konnten verhindern, daß er das Blutgerüst besteigen mußte.

H. begründete die Lehre von der Kristallstruktur, zugleich war er ein hervorragender Mineraloge. Sein Hauptwerk ist der ›Traité de minéralogie‹ (4 Bde und ein Atlas, 1801/02). Die zweite überarbeitete Auflage konnte er vor seinem Tod noch fast beenden. Der preußische Bergrat *Dietrich Ludwig Gustav Karsten* (* 5.4.1768 Bützow, † 20.5.1810 Berlin) und der später berühmt gewordene Mineraloge *Christian Samuel Weiß* (* 26.2.1780 Leipzig, † 1.10.1856 Berlin) übertrugen das Werk ins Deutsche (1804–1810) und versahen es mit Zusätzen. Auch H.s physikalisches Lehrbuch, der ›Traité élémentaire de physique‹ (1803), fand weite Verbreitung und wurde in andere Sprachen übersetzt.

H. war der erste, der die äußere Gestalt der Kristalle konsequent in wissenschaftlich fundierter Weise mit der inneren Struktur, d.h. mit der gesetzmäßigen Anordnung gleichartiger Bausteine, in Zusammenhang brachte. Die Tatsache, daß sich aus einem Kristall, meist mit dem Messer, ein bestimmtes Polyeder herauslösen läßt, machte H. zur Grundlage seiner Strukturtheorie. Er glaubte, mit sechs Kerngestalten (›formes primitives‹) auszukommen, dem regelmäßigen Tetraeder, dem Parallelepiped, dem Oktaeder, der regelmäßigen sechsseitigen Säule, dem Dodekaeder mit rhomboidalischen Flächen und dem aus zwei sechsseitigen Pyramiden zusammengesetzten Dodekaeder. Die kleinsten Teilchen, aus denen sich ein Kristall aufbaut, sollen nach H. eine spezifische Form besitzen. Er nannte diese Teilchen ›molécules constituantes‹ später ›molécules intégrantes‹. Zerteile man die ›molécules intégrantes‹ selbst, so würde man auf die Teilchen der chemischen Grundstoffe stoßen, aus denen sich die Kristallsubstanz zusammensetzt. Auch den Teilchen jener elementaren Stoffe schrieb H. eine bestimmte geometrische Form und Größe zu. Er erhebt also die äußere, mehr oder weniger regelmäßige Polyedergestalt eines kleinsten Materieteilchens zu einem wichtigen, ja fast eindeutigen Kennzeichen einer Substanz. Die ›molécules intégrantes‹ sollen sich nach H. zu größeren Bausteinen mit parallelen Kanten vereinigen. Indem diese ›molécules soustractives‹ Schichten bilden, die sich nach bestimmten Gesetzen verjüngen – H. sprach hier von ›Dekreszenz‹ –, sollen die vielfältigen Kristallgestalten einer einzigen Substanz zustande kommen. Man denke nur an die Vielzahl der Formen (›formes secondaires‹) beim Calcit (Kalziumkarbonat). In seiner Theorie reduzierte H. die Gestalt der Integralteilchen auf drei: das Parallelepiped, das Tetraeder und das Dreikantprisma. Die geometrischen Formen und Größen eines jeden dieser drei können mannigfaltig variieren und graduelle Unterschiede in der Regelmäßigkeit aufweisen. Seine Hypothese verlangt dann für eine einheitliche chemische Substanz die Gültigkeit des Gesetzes der multiplen Proportionen. H.s Forderung, daß die Zuordnung von chemischer Substanz und Gestalt der Moleküle eindeutig sei – die regulären Polyeder sind dabei allerdings ausgenommen –, konnte nach der Entdeckung der Isomorphie durch *E.* → *Mitscherlich* nicht aufrechterhalten werden. Auch der Nachweis, daß Aragonit und Calcit aus der gleichen chemischen Substanz bestehen, brachte H.s Postulat zu Fall. Dennoch haben sich später viele seiner Grundgedanken als richtig erwiesen. Man denke nur an das von *F.* → *Neumann* exakt formulierte Dekreszenzgesetz und an den Nachweis gleichartiger Bausteine im Kristall durch *M. von* → *Laue* (1912). – H. untersuchte auch besonders die elektrischen Eigenschaften von Mineralien. Pyro- und Piëzoelektrizität der Kristalle wurden von ihm zur Kennzeichnung herangezogen. Ob er allerdings den piëzoelektrischen Effekt tatsächlich schon beobachtete, ist fraglich.

[Wiederkehr]

Lit.: DSB VI, 178–183 (R. Hooykaas); A. Lacroix: La vie et l'œuvre de l'abbé R.-J. H. In: *Bulletin de la Société Française de Minéralogie* 67 (1944), 15–226 (mit Bibl.); K. H. Wiederkehr: [Verschiedene Arbeiten über R. J. H. in:] *Centaurus* 21 (1977), 27–43, 278–299 und 22 (1978), 131–156, 177–186; H.-W. Schütt: Die Entdeckung des Isomorphismus (Hildesheim 1984).

Heisenberg, Werner, deutscher Physiker, * 5.12.1901 Würzburg, † 1.2.1976 München.

H., Sohn des Byzantinistik-Professors August H. (1869–1930), promovierte 1923 bei *A.* → *Sommerfeld* in München, habilitierte sich 1924 bei *M.* → *Born* in Göttingen, arbeitete im Winter 1924/25 bei *N.* → *Bohr* in Kopenhagen und wurde 1927 Ordinarius für theoretische Physik in Leipzig. Die Nationalsozialisten verunglimpften H. als ›weißen Juden‹, da er Relativitäts- und Quantentheorie gegenüber einer ›Deutschen Physik‹ (*P.* → *Lenard*) verteidigte, und lehnten seine von *Sommerfeld* gewünschte Nachfolge in München ab. 1941 bis 1970 war H. Direktor (anfangs: »am«, dann) des Kaiser-Wilhelm-Instituts für Physik und Astrophysik in Berlin, bzw. ab 1946 des nachfolgenden Max-Planck-Instituts in Göttingen und ab 1958 in München sowie jeweils gleichzeitig Professor in Berlin, Göttingen bzw. München. 1939 wurde H. zum (vom Heereswaffenamt mit Beschlag belegten) Kaiser-Wilhelm-Institut einberufen und führender Kopf des ›Uranprojekts‹ zur militärischen und zivilen Verwendung der Kernenergie. Zu H.s Motiven gehörte, das Institut wieder in die Hand der Wissenschaftler zu bringen, die Physik in Deutschland gegenüber der ›Deutschen Physik‹ zu stärken, aber auch die wissenschaftliche Faszination durch das Projekt. Da eine gründliche Prüfung zeigte, daß eine Atombombe nicht schnell genug zu bauen wäre, blieb H. ein Auftrag dazu erspart. 1945 wurde er wegen dieses Projekts mit neun Kollegen in England interniert. Ab 1946 wieder in Göttingen, widmete er sich dem Wiederaufbau der Wissenschaft in Deutschland (1949 Präsident des Deutschen Forschungsrates, 1953 der Alexander-von-Humboldt-Stiftung). H. war einer der Initiatoren des ›Göttinger Manifests‹ gegen die Atombewaffnung der Bundesrepublik.

Mit seinen grundlegenden Arbeiten zur Atom- und Kernphysik gehört H. zu den bedeutendsten Physikern dieses Jahrhunderts. 1925 verwendete er in seiner Arbeit ›Über quantentheoretische Umdeutung kinematischer und mechanischer Prinzipien‹ erstmals die positivistische Konzeption, nur beobachtbare Größen in der Physik zu benutzen. Mit *N. Bohr* und *P. Jordan* entwickelte er die Matrizenmechanik. 1927 stellte H. die Unbestimmtheitsrelationen auf, wonach eine klassisch-physikalisch vollständige Beschreibung im atomaren Bereich unmöglich ist, und entwickelte bei *Bohr* die ›Kopenhagener Deutung‹ der Quantentheorie. Dafür erhielt H. 1933 den Nobelpreis für Physik des Jahres 1932. Weitere wichtige Arbeiten waren eine Theorie des Atomkernbaus, des Ferromagnetismus und der kosmischen Höhenstrahlung, des Kernreaktors und ab 1953 eine nichtabgeschlossene nichtlineare Spinortheorie, nach der alle Elementarteilchen aus einer einzigen Feldgleichung folgen sollten, die 1958 als ›H.sche Weltformel‹ beträchtliches öffentliches Interesse fand. [Koch/Meyer-Abich]

Werke: Gesammelte Werke – Collected Works, hrsg. von W. Blum u.a. (10 Bde in 3 Abteilungen, Berlin [Abt. B] bzw. München [Abt. A und C] 1984–1993; in Bd A III, S. 645–700 Bibliographie). – *Lit.*: GWG XI, 34–49 (A. Hermann); DSB XVII, 394–403 (D. C. Cassidy); GPh II, 337–351 (H. Rechenberg); A. Hermann: W. H. in Selbstzeugnissen und Bilddokumenten (Reinbek bei Hamburg 1976); A. Hermann: Die Jahrhundertwissenschaft. W. H. und die Physik seiner Zeit (Stuttgart 1977); E. Heisenberg: Das politische Leben eines Unpolitischen. Erinnerungen an W. H. (München 1980); D. C. Cassidy: W. H. – Leben und Werk (Heidelberg 1996; zuerst engl., New York/Oxford 1991); B. Geyer u.a.: W. H., Physiker und Philosoph (Heidelberg 1993); P. L. Rose: H. and the Nazi Atomic Bomb Project (Berkeley 1998).

Helmholtz, *Hermann* Ludwig Ferdinand von (ab 1882), deutscher Physiologe, Physiker, Mathematiker und Philosoph, * 31.8.1821 Potsdam, † 8.9.1894 Berlin.

H. gehört zu den Forschern, die wesentlich die Wissenschaft des 19. Jahrhunderts geprägt haben. Mit bestaunenswerter Universalität beherrschte er die gesamte Naturwissenschaft seiner Zeit. – Sein Vater war Gymnasiallehrer. Weil ein Physikstudium keine gesicherte Existenzgrundlage zu versprechen schien, schickten die Eltern H. auf das militärärztliche Institut in Berlin. 1843 bis 1848 war er als Militärarzt in Potsdam tätig; 1849 wurde er Professor für Physiologie an der Universität Königsberg. Danach wirkte H. drei Jahre an der Bonner Universität (1855–1858) als Anatom und Physiologe und folgte dann einem Ruf nach Heidelberg, wo er die vielleicht glücklichsten und schaffensreichsten Jahre verbrachte. Sein wissenschaftliches Interesse verlagerte sich immer mehr auf das mathematische und theoretisch-physikalische Gebiet, 1871 übernahm er die Professur für Physik an der Universität Berlin. 1888 machte man ihn zum Präsidenten der neugegründeten Physikalisch-Technischen Reichsanstalt in Berlin-Charlottenburg. Bis zu seinem Tode leitete er diese Forschungsanstalt, die durch ihre Vorarbeiten zur Quantentheorie einige Jahre später berühmt werden sollte. – Die stärkste Seite seines Wirkens lag in der persönlichen Anleitung beim Praktikum für Fortgeschrittene und bei der Betreuung theoretischer Arbeiten.

1847 gelang H. ein erster großer Wurf mit seiner kurzen Schrift ›Über die Erhaltung der Kraft‹. Er wurde so neben *J. R. → Mayer* und *J. P. → Joule* einer der Begründer des Prinzips von der Erhaltung der Energie. Seinen theoretisch-physikalischen Darlegungen konnten sich die Physiker nicht verschließen; und dieser Erhaltungssatz ist noch heute eine der Säulen der gesamten Naturwissenschaft. Der begnadete Mathematiker und Physiker H. konnte der Physiologie exakte Züge verleihen; die geheimnisvolle ›Lebenskraft‹ der Vitalisten, der sein berühmter Lehrer in der Physiologie, *J. P. → Müller*, teils noch anhing, konnte er endgültig verbannen. Er erfand den Augenspiegel (1850), mit dem er die Netzhaut beobachten konnte. Sein ›Handbuch der physiologischen Optik‹ (1856–1867) gehört zu den klassischen Werken. In ihm ist auch die Dreifarbenlehre enthalten (Dreikomponenten-Farbtheorie), die im Zeitalter des Farbfernsehens an Bedeutung wieder zugenommen hat. H. greift darin auf Ideen von *T. → Young* zurück, wenn er nur die drei ursprünglichen Farbempfindungen Rot, Grün, Blauviolett zuläßt, aus denen dann jede beliebige Farbempfindung als Gemisch entsteht. Die ›Lehre von den Tonempfindungen‹ (1862) ist nicht minder bedeutungsvoll. Er gibt darin eine Theorie der Kombinationstöne, analysiert die Klangfarbe mit Hilfe der Resonatoren (Glasgefäße) und wagt sich sogar in das Reich der Musik und Harmonielehre.

Aber auch in rein physikalischen Fachgebieten übte H. nachhaltigen Einfluß aus. Bei der Einführung des Energieprinzips hatte er schon Kritik an der damals herrschenden Elektrodynamik geübt. *W. → Weber*s Grundgesetz der Elektrizität – damals allgemein anerkannt – war ein Fernwirkungsgesetz, das eine unendlich große Ausbreitungsgeschwindigkeit magnetischer und elektrischer Wirkungen annahm. *M. → Faraday* und *J. C. → Maxwell* dagegen vertraten eine Nahewirkungstheorie. Sie arbeiteten mit elektrischen und magnetischen Feldern, denen sie eine bestimmte endliche Fortpflanzungsgeschwindigkeit zuschrieben. *Maxwell* griff auf Sätze der H.schen Hydrodynamik über die Wirbelbewegung zurück, als er seine vier Grundgleichungen der Elektrodynamik aufstellte. Das magnetische Feld eines stromdurchflossenen Leiters entspricht dabei dem Fluß einer inkompressiblen Flüssigkeit um einen Wirbelfaden. H. machte in Deutschland die damals heranwachsende Physikergeneration mit der Faraday-Maxwellschen Theorie vertraut. Sein Schüler *H. → Hertz* verhalf dann dieser Theorie zum endgültigen Sieg. Im Gegensatz zu *Hertz* behielt H. die Vorstellungen von der Existenz elektrischer Ladungen bei. In seiner bekannten Faraday-Vorlesung in London 1881 sprach H. bedingt von einem elektrischen Elementarquantum, und seine Abhandlungen über die Dispersion des Lichts regten *H. A. → Lorentz* zur Schaffung der Elektronentheorie an. Von H. stammt der Begriff der Doppelschicht in der Elektrochemie. Ähnlich wie *J. W. → Gibbs* untersuchte er elektrochemische Vorgänge thermodynamisch. [Wiederkehr]

Werke: Wissenschaftliche Abhandlungen (3 Bde, Leipzig 1882–1895); Vorträge und Reden (2 Bde, Braunschweig 1884, [5]1903); Philosophische Vorträge und Aufsätze, hrsg. von H. Hörz / S. Wollgast

(Berlin 1971); Schriften zur Erkenntnistheorie, kommentiert von M. Schlick/P. Hertz (Wien 1997); Dokumente einer Freundschaft: Briefwechsel zwischen H. von H. und Emil Du Bois-Reymond, hrsg. von C. Kirsten (Berlin 1986); Letters to His Wife 1847–1859, hrsg. von R. L. Kremers (Stuttgart 1990); Letters to His Parents 1837–1846, hrsg. von D. Cahan (Stuttgart 1993). – *Bibl.*: Pogg VII a Suppl., 267–277. – *Lit.*: NDB VIII, 498–501 (W. Gerlach); DSB VI, 241–253 (R. S. Turner); GWG VIII, 344–367 (H. Ramser); GPh I, 396–415 (M. Heidelberger); L. Koenigsberger: H. von H. (3 Bde, Braunschweig 1902–1903); H. Ebert: H. von H., 1821–1894 (Stuttgart 1949); D. Cahan (Hrsg.): H. von H. and the Foundations of Nineteenth-Century Science (Berkeley 1993); L. Krüger (Hrsg.): Universalgenie H. Rückblick nach 100 Jahren (Berlin 1994); H. Rechenberg: Der intellektuelle Riese H. von H. Bilder seines Lebens und Wirkens (Weinheim 1994); W. U. Eckart/K. Volkert (Hrsgg.): H. von H. (Pfaffenweiler 1996).

Helmont, Jan Baptista van, niederländisch-belgischer Naturforscher, Philosoph und Mediziner, * 12.1.1579 Brüssel, † 30.12.1644 Vilvorde [bei Brüssel].

H. entstammte einer adligen flämischen Familie; durch die Heirat mit Marie de Stassart wurde er auch Lehnsherr von Merode, Royenborch, Oorschot und Pellines. Ab 1594 hat er in Löwen Vorlesungen in den verschiedensten Fächern »von Geographie bis Jura« und Medizin gehört, bevor er ab 1599 – um in der Medizin mehr als aus Büchern zu lernen – mehrere ausgedehnte Studienreisen unternahm, die ihn in die Schweiz, nach Italien, durch Frankreich und England führten. 1609 ließ er sich als Arzt in Vilvorde nahe Brüssel nieder, wo er sich intensiv chemischen Studien widmete. Als gegen seinen Willen 1621 seine Abhandlung ›De magnetica vulnerum [...] curatione‹ in Paris erschien, in der er in einem seit 1608 andauernden Streit um die ›sympathische‹ Heilwirkung des Magneten die Seite des (›teuflischen‹) → *Paracelsus* vertrat und sich gegen den Jesuiten Johannes Roberti stellte, geriet er, obwohl gläubiger Katholik, durch eine Denunziation von Mitgliedern der Medizinischen Fakultät in Löwen in die Fänge der spanischen Inquisition, war 1634 kurzzeitig in Brüssel inhaftiert und stand bis 1636 unter Hausarrest. Erst 1646 gelang es seiner Witwe, eine Rehabilitierung zu erwirken.

Als Philosoph war H. vom Neuplatonismus, von den Stoikern und besonders der Mystik (Pantheismus), als Naturforscher und Arzt besonders von *Paracelsus* beeinflußt. Er ist einer der bedeutendsten Vertreter der Chemie seiner Zeit, die damals den Durchbruch zu einer rationalen Wissenschaft Schritt für Schritt vollzog. *R.* → *Boyle* studierte seine Schriften – die erstmals 1648 von einem seiner Söhne als ›Ortus medicinae‹ in Amsterdam postum herausgegeben worden waren – sorgfältig und entnahm ihnen manche Ideen. Bemerkenswert sind vor allem H.s Vorstellungen von der Materie und den Urstoffen. Er verwarf sowohl die Lehre des → *Aristoteles* von den vier ineinander wandelbaren Elementen Erde, Wasser, Luft und Feuer als auch die des *Paracelsus* von den drei Prinzipien Sal, Sulphur und Mercurius, die für ihn als Partikel niederer Art nur eine untergeordnete Rolle in der Natur spielten. Elementare Stoffe (›elementa primogenia‹), ›Urfermente‹, seien allein die nicht ineinander umwandelbaren Elemente Wasser und Luft als Substanzen des Stofflichen, neben die er ein ›sämliches‹ Lebensprinzip setzte. Feuer sei überhaupt keine Materieform, und Erde werde aus Wasser gebildet, wobei die verschiedenen Erscheinungsformen der Stoffe auf einer unterschiedlichen räumlichen Anordnung (Konfiguration) der drei Partikelformen beruhen sollen. In diesen Rahmen stellte H. sein berühmtes, schon von → *Nikolaus von Kues* vorgeschlagenes Experiment an, bei dem er einen Weidenschößling in einem vor Staub geschützten Gefäß mit abgewogener Menge Erde über Jahre hin lediglich mit Regenwasser begoß. Die erhebliche Gewichtszunahme des Weidenbaums nach Jahren, bei nur geringfügiger Abnahme des Gewichts der Erde, schien zu zeigen, daß feste pflanzliche Materie (also ›Erde‹) aus Wasser gebildet worden sein mußte. Auch ›Luft‹ sei nicht, wie traditionell angenommen, insgesamt elementar; vielmehr seien von der eigentlichen Luft (feuchter) Wasserdampf und (trockenes) ›Gas‹ zu unterscheiden, die spezielle ›geistige‹ Erscheinungsformen von Stoffen aus dem Urelement Wasser seien, deren ›Wesen‹ in dieser Form deutlicher offenbar werde. H. wußte nämlich, daß es Gase, die er als in Kälte entstehende trockene ›Dünste‹ ansah, mit unterschiedlichen Eigenschaften gibt, und beschrieb etwa die des Kohlendioxids, ›gas sylveter‹ genannt. Den von ihm erstmals verwendeten Begriff ›Gas‹ leitete er von dem Wort ›Chaos‹ ab, mit dem *Paracelsus* die unsichtbare luftförmige Urmaterie benannt hatte.

Bemerkenswert ist auch der quantitative Charakter der Chemie H.s, in der er ausgiebig von der Waage Gebrauch machte und die Annahme von der Erhaltung der Materie bei chemischen Umsetzungen durch zahlreiche Experimente erhärtete. In der Medizin war er als Iatrochemiker vielfach richtungweisend. Er forderte auch hier die experimentelle Absicherung, versuchte den Gärungsprozeß mittels seiner Vorstellungen von ›Fermenten‹ zu erklären und arbeitete vor allem auf dem Gebiet der physiologischen Chemie. [Krafft]

Lit.: GCh I, 142–150 (F. Strunz); DSB VI, 253–259 (W. Pagel); KMed I, 145–153 (H. Schipperges); F. Strunz: J. B. van H. Ein Beitrag zur Geschichte der Naturwissenschaften (Leipzig/Wien 1907); W. Pagel: J. B. van H. Einführung in die philosophische Medizin des Barock (Berlin 1930); P. Nève de Mévergnies: J.-B. van H., philosophe par le feu (Paris 1935; mit Bibl.); J. R. Partington: A History of Chemistry (Bd 2, London 1961, S. 209–243); W. Pagel: J. B. van H., Reformer of Science and Medicine (Cambridge 1982); B. Heinecke: Wissenschaft und Mystik bei J. B. van H. (1579–1644) (Bern usw. 1996).

Henle, Friedrich Gustav *Jacob*, deutscher Anatom und Pathologe, * 19.7.1809 Fürth, † 13.5.1885 Göttingen.

H. studierte von 1827 bis 1831 in Bonn und Heidelberg Medizin. Anschließend unternahm er als Begleiter seines Lehrers *J. P.* → *Müller* eine Reise nach Paris, wo er *G.* → *Cuvier* kennenlernte. Nach Promotion und Staatsexamen wurde H. Assistent bei *Müller* in Berlin, ein Jahr später Prosektor. Die Vorbereitung auf die Habilitation fand eine Unterbrechung durch die Verhaftung und das Gerichtsverfahren, das wegen seiner Zugehörigkeit zur Burschenschaft in Bonn gegen H. angestrengt wurde. Für eine vorzeitige Haftentlassung setzte sich unter anderem *A.* → *von Humboldt* ein. 1837 habilitierte H. sich in Berlin. 1840 wurde er als Professor für Anatomie – später übernahm er auch die Physiologie – nach Zürich berufen, 1844 in der gleichen Position nach Heidelberg und 1852 als Professor für Anatomie nach Göttingen. Einen Ruf nach Berlin als Nachfolger seines Lehrers *Müller* lehnte er 1858 ab.

Als Anatom beschäftigte sich H. vor allem mit den verschiedenen Geweben und galt schon früh als einer der bedeutendsten Experten auf dem Gebiet der Histologie. Die Begründung der Zellentheorie durch *M. J.* → *Schleiden* und *T.* → *Schwann*, mit denen H. persönlich bekannt war, gab seinen histologischen und allgemeinanatomischen Arbeiten die Grundlage. Das wird bereits 1841 in dem Werk ›Allgemeine Anatomie‹ deutlich, das daher auch als Parallele zu *R.* → *Virchow*s Zellularpathologie angesehen wird. H. geht hierin von der Gewebelehre des Franzosen *Marie François Xavier Bichat* (* 14.11.1771 Thoirette, † 22.7.1802 Paris) aus, der als der eigentliche Begründer der Gewebelehre gilt, aber nicht das Mikroskop benutzte; ihm stand auch die Zellentheorie nicht zur Verfügung. So konnte H. weit über *Bichat*s Lehre hinausgehen. Bedeutungsvoll in seiner ›Allgemeinen Anatomie‹ ist ferner das einleitende Kapitel über Mikroskopie mit einer ausführlichen Beschreibung der damaligen Apparate und einer eingehenden Behandlung der mikroskopischen Methodik einschließlich der Herstellung der Präparate, der Schneidetechnik und der Beleuchtungsmethoden. Das Werk muß in theoretischer wie in methodischer Hinsicht als Grundlage der modernen Histologie gewertet werden. In den Jahren 1855 bis 1871 erschien sein ›Handbuch der systematischen Anatomie‹ mit der Abbildung einer mitotischen Zellteilung, die damals allerdings noch nicht richtig gedeutet werden konnte.

Zahlreiche Einzelentdeckungen wurden von H. mitgeteilt, so das Zylinderepithel des Darmkanals, die innere Wurzelscheide des Haares und die ›H.sche Schleife‹ der Nierenkanälchen. Auch als Pathologe trat er hervor. Von theoretischer Bedeutung auf diesem Gebiet ist seine Schrift ›Von den Miasmen und Contagien und von den miasmatisch-contagiösen Krankheiten‹ (1840), ein wichtiger Ansatz zum Verständnis der Infektionskrankheiten. Während der Züricher Zeit begründete H. zusammen mit dem Kliniker *Karl Pfeufer* (* 22.12.1806 Bamberg, † 13.9.1869 Pertisau [Tirol]) die ›Zeitschrift für rationelle Medicin‹. Das in seinem ›Handbuch der rationellen Pathologie‹ (1846–1853) vertretene Ziel, eine Medizin bzw. Pathologie rein kausalanalytisch im Sinne der exakten Naturwissenschaften der 1840er Jahre zu begründen und zu praktizieren, konnte nicht erreicht werden und blieb im theoretischen Ansatz stecken.

[Querner]

Werke: Der Briefwechsel zwischen J. H. und Karl Pfeufer 1843–1870, in Auszügen hrsg. von H. Hoepke (Wiesbaden 1970); Der Briefwechsel zwischen Rudolph Wagner und J. H., 1838–1862, hrsg. von H.-H. Eulner/H. Hoepke (Göttingen 1979); Geprüfte Liebe. Vom Nähmädchen zur Professorenfrau. J. H. und Elise Egloff in Familienbriefen (Zürich 1987). – *Lit.*: NDB VIII, 531 f. (G. B. Grober); GMikro II, 147–159 (W. Artelt); DSB VI, 268–270 (E. Hintzsche); F. Merkel: J. H. (Braunschweig 1891; mit Bibl.); V. Robinson: Pathfinders in Medicine (New York ^{2}1926, S. 413–510; zuerst 1921); G. Gozzi: J. H.s Zürcher Jahre, 1840–1844 (Zürich 1974).

Heron von Alexandria, griechischer ›Mechaniker‹, der im 1. Jahrhundert n. Chr. in Alexandria wirkte.

Über H.s Leben sind keine Einzelheiten bekannt, und selbst seine Lebenszeit ist unsicher; als möglich ist der Zeitraum vom 2. vor- bis zum 3. nachchristlichen Jahrhundert vertreten worden, doch macht eine von ihm erwähnte datierbare Mondfinsternis (62 n. Chr.) das erste Jahrhundert n. Chr. am wahrscheinlichsten. H. verfaßte Schriften über Mechanik, mechanische Technik, Pneumatik (Hydraulik), Vermessungskunde, praktische Mathematik und technische Disziplinen wie den Bau von Geschützen und Automatentheatern. Die ›Pneumatika‹ geben eine Erklärung der Elastizität der Luft, wonach diese nur gewaltsam (›künstlich‹) zusammengepreßt und ausgedehnt werden kann, weil in ihr wie mehr oder weniger in allen Stoffen kleine diskontinuierliche Vakua fein verteilt sind. Volumenänderungen seien nur in bestimmten Grenzen möglich, und die Luft sei nach der Gewaltanwendung bestrebt, sofort wieder ihre natürliche Ausdehnung einzunehmen. Auf dieser zwischen aristotelischer und atomistischer Auffassung vermittelnden Grundlage – die (wohl fälschlich) schon *Straton von Lampsakos* (* um 330 Lampsakos, † um 269 Athen), dem Nachfolger des → *Theophrastos* in der Leitung des Peripatos, zugeschrieben wird – werden dann eine Reihe von meist spielerischen pneumatischen Geräten beschrieben, die in Renaissance und Barock starken Anklang und Nachahmung fanden, noch bevor im 17. Jahrhundert das Problem der Elastizität der Luft erneut untersucht wurde (*R.* → *Boyle*, *O. von* → *Guericke*). In den nur in arabischer Übersetzung erhaltenen ›Mechanika‹ wird die Statik der Einfachen Maschinen (Hebel, Keil, Wellrad, Flaschenzug, Schraube) nach heute verlorenen Schriften des → *Archimedes* abgehandelt, deren Wirkweise aus einfachen Sätzen abgeleitet wird, was abgesehen von der Schraube zu richtigen Berechnungen der Über- und Untersetzungen führt, die dann in der Beschreibung von Hebezeugen und anderen Maschinen praktische Anwendung bei der Lösung der Aufgabe, eine gegebene Last mit einer gegebenen Kraft zu bewegen, erfährt. Auch die mathematischen Schriften (bes. die ›Metrika‹) geben neben einzelnen Beweisen, die in knapper Form nach → *Euklid*, *Archimedes* oder → *Apollonios* angeführt werden, hauptsächlich Regeln zur Berechnung von Flächen und Volumina, wie sie teilweise schon von Ägyptern und Babyloniern um 2000 v. Chr. empirisch gefunden worden waren und sich als approximative Verfahren auch bei den römischen Agrimensoren erhalten hatten. Überhaupt beruht H.s Bedeutung für die Geschichte der exakten Wissenschaften weniger auf eigenen Leistungen (diese liegen mehr auf technischem Gebiet, auf dem er auch experimentell arbeitete), als auf der handbuchartigen Zusammenfassung und Aufbereitung des ihm vorliegenden theoretischen Wissens. Von besonderem Interesse ist auch seine Fortentwicklung der ›Dioptra‹ zum geodätischen Höhen- und Winkelmeßgerät – mit dem sich die bereits von → *Hipparchos* vorgeschlagene Methode verwirklichen ließ, aus synchronen Beobachtungen von Mondfinsternissen geographische Längendifferenzen zu berechnen. [Krafft]

Werke: Opera quae supersunt omnia, griech./arab.-deutsch hrsg. von W. Schmidt u.a. (5 Bde in 6, Leipzig 1899–1914; Nachdruck: Stuttgart 1976); Belopoiika, griech.-deutsch hrsg. von H. Diels/ E. Schramm (Berlin 1918); Codex Constantinopolitanus, hrsg. mit engl. Übersetzung von E. M. Bruins (3 Bde, Leiden 1963). – *Lit.*: DSB VI, 310–315 (A. G. Drachmann/M. S. Mahoney); GWG II, 332–379 (F. Krafft); A. G. Drachmann: The Mechanical Technology of Greek and Roman Antiquity (Kopenhagen 1963); E. W. Marsden: Greek and Roman Artillery (2 Bde, Oxford 1969–1971; Nachdruck Bd 1: Ann Arbor 1998); F. Krafft: Kunst und Natur. Die H.ische Frage und die Technik in der Klassischen Antike. In: *Antike und Abendland* 19 (1973), 1–19; A. Schürmann: Griechische Mechanik und antike Gesellschaft (Stuttgart 1991).

Herschel, Sir (ab 1816) William (Friedrich Wilhelm), deutsch-englischer Astronom, * 15.11.1738 Hannover, † 25.8.1822 Slough [bei Windsor].

Als begabter Sohn eines Oboisten der Hannoverschen Garde schien H. ursprünglich ganz für ein Musikerleben bestimmt gewesen zu sein. Schon als Schüler spielte er im Hoforchester und trat nach dem Besuch der Garnisonsschule mit 14 Jahren ebenfalls als Oboist in die Regimentskapelle seines Vaters ein. 1856 kam dieses Regiment für ein halbes Jahr nach England in Garnison; H. erlernte die englische Sprache und knüpfte als Musiker einige Bekanntschaften an, die ihm dann ein Jahr später den neuen Start erleichterten. Als nämlich die Franzosen im Siebenjährigen Krieg Hannover besetzten, zog H. sich nach England zurück, um fern von allem Kriegslärm ein ruhiges Musikerleben führen zu können. Anfänglich schlug er sich mit seinem älteren Bruder mit Musikunterricht und Notenschreiben durch; der Bruder ging dann 1759 ans Hoforchester nach Hannover zurück, was *Wilhelm* verwehrt war, da er sich unerlaubt von der Garde entfernt hatte – die förmliche Entlassung konnte der Vater erst 1762 erwirken. Aber auch er erhielt bald eine Stellung mit dem Auftrag, die kleine Milizkapelle des Grafen von Darlington in Richmond zu organisieren. Die finanzielle Sicherung ließ ihm daneben die Muße zu eigenen Kompositionen und Konzertreisen, die ihm schnell einen guten Ruf als Musiker eintrugen. Er beschäftigte sich auch mit der Musiktheorie und wurde so »von einem Zweig der Mathematik zum anderen geführt«, auch zur Astronomie, die ihn jedoch vorerst nicht mehr als anderes fesselte: Anfang 1761 beginnt ein recht bewegtes Wanderleben als Musiker und Musiklehrer – von 1762 bis 1766 in der Stellung eines Konzertleiters von Leeds, dann als Organist in Halifax –, bis er Ende 1766 Organist an der exklusiven Octagon-Kirche in Bath wird. H. organisiert das Musikleben des mondänen Badeortes, macht Konzertreisen, baut einen Chor auf, gibt einer wachsenden Anzahl von Schülern Musikunterricht und wird allmählich zu einem wohlhabenden Mann, der nach und nach seine Geschwister aus den ärmlichen Verhältnissen in Hannover zu sich holen kann. Längere Zeit blieben der 1769 eingetroffene jüngere Bruder *Alexander H.*, ein begabter Cellist, der sich später als geschickte Hilfe beim Spiegelbau erweisen sollte, und die kleinere Schwester *Lucretia Karoline Herschel* (* 16.3.1750 Hannover, † 9.1.1848 ebenda), die *Wilhelm* 1772 selbst abholte, um sie zur Sängerin auszubilden, die dann jedoch ihre erfolgreiche künstlerische Laufbahn ihrem Bruder und seinen astronomischen Beobachtungen opferte, ihm eine unentbehrliche Hilfe wurde und selbst unter anderem seit 1782 acht Kometen und eine Reihe von Nebeln entdeckte, bevor sie als angesehene Astronomin nach dem Tode Wilhelms nach Hannover zurückging.

Bald nach der Rückkehr mit *Karoline* hatte *Wilhelm* nämlich begonnen, sich intensiv mit der praktischen Astronomie zu beschäftigen, ohne daß man wüßte, was ihn nun eigentlich dazu getrieben hatte. Im April 1773 jedenfalls kaufte er sich einen Quadranten, dann kleine Linsen für ein Teleskop. Nach eigener Aussage wollte er selbst sehen, worüber er in den Astronomiebüchern gelesen hatte. Wegen der damals noch auftretenden Verzerrungen und Farbfehler befriedigte ihn das Linsenfernrohr nicht. Er mietete ein kleines Spiegelteleskop, begann dann im Sommer 1773 aber selber mit dem Schleifen von Metallspiegeln, nachdem sich ihm Gelegenheit geboten hatte, eine kleine, dazu eingerichtete Werkstatt aufzukaufen. 1775 unternahm er bereits seine erste ›Durchmusterung‹ des Himmels, die alle Sterne bis zur 4. Größe umfaßte; doch diente sie ihm eigentlich nur zur Prüfung der neuen Spiegel. Deren Vervollkommnung, d.h. die Möglichkeit einer ungetrübten Betrachtung der Himmelsobjekte, war sein Ziel. So fehlte der Beobachtung zuerst auch alle Systematik, und zwar selbst dann noch, als ihm Mitte 1776 die Herstellung eines Spiegels mit 20 Fuß Brennweite und 12 Zoll Öffnung gelang. H. war jetzt nicht nur ein vielbeschäftigter Musiker, sondern auch eifriger Spiegelbauer und praktischer Astronom, der darüber hinaus vielseitige philosophische und naturwissenschaftliche Interessen hatte, wie die Arbeiten bezeugen, die er der Philosophischen Gesellschaft von Bath seit 1780 vorlegte. Einige dieser Arbeiten wurden auch vor der Royal Society in London verlesen und dann in deren ›Philosophical Transactions‹ veröffentlicht. Georg III. ernannte H. 1782 zum königlichen Astronomen mit einem festen Jahresgehalt von 200 £ und der alleinigen Auflage, der königlichen Familie gelegentlich Himmelsobjekte zu zeigen. *Karoline* erhielt als Gehilfin ebenfalls ein Jahresgehalt, und auch später erwies sich der König als sehr großzügig und finanzierte Herstellung und Unterhalt des vierzigfüßigen Reflektors. Die H.s konnten sich jetzt ganz der Astronomie widmen und siedelten nach Datchet, später in ein nahes Landhaus an der Themse und 1786 schließlich nach Slough, jeweils in die Nähe der Residenz in Windsor, über.

H. war kein ganz Unbekannter mehr, als ihm die erste große Entdeckung gelang: 1778 hatte er einen besonders guten siebenfüßigen Reflektor hergestellt, mit dem er Mitte 1779 eine zweite Himmelsdurchmusterung begann – dieses Mal mit der Absicht, alle Sterne bis zur 8. Größe zu beobachten und ihre Positionen mit den in Sternkarten angegebenen zu vergleichen, um Exemplare mit periodischen jährlichen Eigenbewegungen aufzufinden, die durch die Erdbewegung verursacht würden (Fixsternparallaxe).

Als dazu besonders geeignet sah er je zwei dicht nebeneinander stehende und unterschiedlich helle Sterne an, von denen der schwächere, allein in seinen Teleskopen isolierbare ihm als entsprechend weiter entfernt galt, so daß der größere im Vergleich zu ihm eine Parallaxe hätte aufweisen sollen. 1782 legte er der Royal Society einen ersten Katalog mit 269 solchen ›optischen‹ Doppelsternen vor. Er war nämlich kurz zuvor zum Mitglied gewählt worden; zwar nicht wegen des Nachweises einer Parallaxe – das gelang erst später *F. W.* → *Bessel* –, doch hatte er bei seiner systematischen Durchmusterung am 13.3.1781 einen relativ hellen, bis dahin unbekannten Stern entdeckt, den er für einen Kometen hielt, weil er merkliche Eigenbewegung und bei stärkerer Vergrößerung einen wachsenden Durchmesser zeigte. Über die Royal Society wurde diese Entdeckung schnell in ganz Europa bekannt. Überall wurden neue Ortsbestimmungen vorgenommen, welche das Objekt für einen Kometen bald als zu langsam auswiesen. Ende des Jahres gelang dann *P. S. de* → *Laplace* der Nachweis, daß es ein Planet sein müsse. Diese erste Entdeckung eines Planeten (des Uranus) seit den Babyloniern machte H. mit einem Schlage bekannt. Der König empfing ihn im Mai 1782 in Audienz und bat, ihm die Entdeckung auf seiner Privatsternwarte zu zeigen. H. erreichte dadurch neben der Ernennung zum Königlichen Astronomen zweierlei: Seine Teleskope wurden erstmals außerhalb von Bath bekannt, und die zünftigen Astronomen konnten sich von der Güte und dem bis dahin als phantastisch angezweifelten Vergrößerungsgrad (bis zu mehrtausendfach) überzeugen. Die Folge war eine starke Nachfrage, die H. mit der Fabrikation von mehr als 400 Spiegeln bis 1795 kaum befriedigen konnte. Der Erlös aus dem Verkauf hätte allein ausgereicht, den Musikerberuf aufgeben zu können.

Entdeckung folgte auf Entdeckung: 1783 entdeckt H. die Eigenbewegung des Sonnensystems, deren Zielpunkt (Apex) er 1805 dann schon sehr genau zu bestimmen vermochte – *F. W. A.* → *Argelander* nahm diese Idee später wieder auf. 1784 wird als erste Frucht einer dritten Himmelsdurchmusterung ein zweiter Doppelsternkatalog vorgelegt, und 1803 schließt er aus den Veränderungen, daß es sich in der Hauptsache nicht um optische, sondern um physische Doppelsterne handelt, um zwei verschieden große Sonnen, die um einen gemeinsamen Schwerpunkt kreisen – die Erforschung der Doppelsterne setzte später neben seinem Sohn *W.* → *Struve* fort. 1784 entdeckt H. auch die Natur der Polkappen des Mars, 1787 zwei Uranusmonde, 1789 mit dem neuen, später nur selten verwendeten 40-Fuß-Reflektor die beiden inneren Saturnmonde und 1798 einen weiteren Uranusmond. 1786 erscheint ein erster ›Katalog von 1000 neuen Nebeln und Sternhaufen‹, dem 1789 ein weiterer und 1802 ein solcher mit 500 folgt. Aber H. begnügt sich nicht mit der bloßen Registrierung und Vermessung, er ordnet sie nach ihrem Aussehen in acht Klassen und sieht in diesen Klassen schließlich Vertreter eines unterschiedlichen Alters und Entwicklungsstadiums der Sterne, die dadurch zu geschichtlichen Individuen werden – eine Idee, die erst in der zweiten Hälfte des 19. Jahrhunderts allmählich Einlaß in die zünftige Astronomie fand. Nicht anders erging es seinen erfolgreichen Versuchen, mittels sogenannter Sterneichungen (star-gages), einer Stellarstatistik, die ursprünglich von der gleichmäßigen Verteilung und Helligkeit der Sterne ausging, so daß die jeweils innerhalb eines Feldes sichtbare Sternmenge schon allein Auskunft über die erfaßten Räume geben könne, die Struktur unseres Milchstraßensystems (›Construction of the Heavens‹) zu ermitteln. 1784 erschien die erste Arbeit darüber, und die Methode wurde von H. immer mehr verfeinert; hierzu gehören auch die Arbeiten von 1796 bis 1799 über die scheinbare Helligkeit und Veränderlichkeit der Sterne sowie vier erste Helligkeitskataloge – die Anfänge einer astronomischen Photometrie.

H. hatte damit der Astronomie zwar eine Reihe von neuen Arbeitsgebieten erschlossen, doch fand er bei seinen Zeitgenossen und unmittelbaren Nachfolgern kein Verständnis, und auch die vielen H.schen Teleskope in aller Welt blieben ohne die Ideen ihres Konstrukteurs ohne Erfolg. Die Astronomie blieb vorerst reine Positionsastronomie, die erst nach der Erfindung der Spektralanalyse durch *R.* → *Bunsen* und *G. R.* → *Kirchhoff* in die Richtung einer Astrophysik ausgeweitet wurde. Auch auf diesem Wege war H. eine vielleicht nur ihm mögliche Entdeckung gelungen: In den Jahren 1800 und 1801 legte er der Royal Society vier Abhandlungen über »unsichtbare Wärmestrahlen« vor. Bei seinen Untersuchungen über die Helligkeit der Fixsterne und der Sonne hatte er bemerkt, daß das Sonnenlicht nach dem Passieren verschiedenfarbiger Gläser unterschiedlich warm erschien. Das mußte mit den Spektralfarben zusammenhängen; und so ging er mit einem Thermometer das Spektrum entlang und entdeckte, daß die Temperatur zum Rot hin zunahm und am stärksten sogar jenseits des Rot war. Das Sonnenlicht enthielt also auch unsichtbare, nur wärmende Strahlen im und jenseits des Rot (Infra- bzw. Ultrarot) – *J. W.* → *Ritter*, der ähnlich geniale Physiker, entdeckte dann bald nach dem Bekanntwerden das Pendant dazu im Ultravioletten.

Daß H. mit seinen Ideen der Zeit weit voraus war, zeigt besonders deutlich das Beispiel seines Sohnes *John Frederick William H.* (* 7.3. 1792 Slough, † 11.5.1871 Collingwood [Kent]; seit 1838 Baronet), eines zwar bedeutenden Astronomen seiner Zeit, der aber auch gleichsam auf halbem Wege stehenblieb, beim bloßen Registrieren, und damit genau die Aufgaben erfüllte, welche die Astronomie sich damals selbst stellte. *John H.*, der ursprünglich Geistlicher werden sollte, dann aber in Cambridge das Jurastudium aufnahm und sich bald der Mathematik und den Naturwissenschaften, besonders der Chemie, zuwandte, hatte schon als Student eine Reihe von akademischen Auszeichnungen erringen können, absolvierte 1813 das St. John's College als ›Senior Wrangler‹, errang den Smith-Preis und wurde als 21jähriger Mitglied der Royal Society, erhielt 1816 den Magistergrad, trieb danach aber meist private Studien in Slough, wo er sich unter Anleitung seines alternden Vaters immer mehr der Astronomie zuwandte. Sein Hauptinteresse galt zuerst den Doppelsternen, von denen er eine große Anzahl neuer entdeckte. Zur Berechnung ihrer Bahnen erdachte er eine einfache Methode und berechnete selbst mehrere. Seit 1823 unterwarf er die von seinem Vater entdeckten Nebelflecken und Sternhaufen einer neuen Beobachtung und veröffentlichte 1864 den großen ›General Catalogue of Nebulae and Clusters of Stars‹, der die Grundlage des noch heute verwendeten ›New General Catalogue‹ (NGC) von *John Louis Emile Dreyer* (* 13.2.1852 Kopenhagen, † 14.9.1926 Oxford) aus dem Jahre 1890 bildete. 1834 war er eigens nach dem Kap der Guten Hoffnung gefahren, um bis 1838 mit einem ebenfalls selbst gebauten zwanzigfüßigen Reflektor erstmals auch den Südhimmel genau zu durchmustern und seines Vaters Kataloge zu ergänzen. Die Ergebnisse erschienen 1847 in einer Zusammenfassung. Nach der Rückkehr wurde John geadelt, dann 1842 zum Lord-Rektor des Mareshal College gewählt und bekleidete von 1850 bis 1855 das Amt des Direktors der königlichen Münze. [Krafft]

Werke: The Scientific Papers of Sir W. H., hrsg. von J. L. E. Dreyer (2 Bde, London 1912); M. A. Hoskin: W. H. and the Construction of the Heavens (London 1963); Caroline H.'s Memoiren und Briefwechsel (1750–1848), hrsg. von Mrs John H. (Berlin 1877; zuerst engl., London 1876, ²1879); H. at the Cape. Diaries and Correspondence of Sir J. H. 1834–1838, hrsg. von D. S. Evans u.a. (Austin/London 1969). – *Bibl.*: Pogg. VII a Suppl., 278–282 [W. H.]; P. L. Kesaris (Hrsg.): Letters and Papers of Sir J. H. from the Archives of the Royal Society [Mikroform] (24 Mikrofilm-Rollen, Frederick, M.D. 1990); M. J.

Crowe u.a.: A Calendar of the Correspondence of Sir J. H., 1792–1871 (New York 1998). – *Lit.*: DSB VI, 322 f., 323–328, 328–336 (M. A. Hoskin); NDB VIII, 695–699 (J. Dick); GWG VI, 772–813 (F. Krafft); DBE IV, 646 f. (F. Krafft); C. A. Lubbock: The H. Chronicle: The Life Story of W. H. and His Sister Caroline H. (Cambridge 1933); J. B. Sidgwick: W. H. (London 1953); G. Buttmann: W. H., Leben und Werk (Stuttgart 1961); G. Buttmann: J. H., Lebensbild eines großen Naturforschers (Stuttgart 1965); Peter M. Millman: The H. Dynasty. In: *Journal of the Royal Astronomical Society of Canada* 74 (1980), 134–146, 203–215, 279–290; J. Hamel: F. W. H. (Leipzig 1988); H. Gärtner: Er durchbrach die Schranken des Himmels. Das Leben des F. W. H. (Leipzig 1996).

Hertwig, Wilhelm August *Oscar*, deutscher Anatom und Zoologe, * 21.4.1849 Friedberg [Hessen], † 25.10.1922 Berlin.

H. studierte Medizin und Zoologie 1868 bis 1871 in Jena, mit einer Unterbrechnung 1869 in Zürich, danach in Bonn, wo er auch 1872 zum Dr. med. promoviert wurde und bis 1874 als Assistent am Anatomischen Institut bei dem Histologen und Protozoenforscher *Max Johann Sigismund Schultze* (* 25.3.1825 Freiburg im Breisgau, † 16.1.1874 Bonn) wirkte, dem wesentlich der Übergang von der Zellentheorie *M.* → *Schleidens* und *T.* → *Schwanns* zur Protoplasmatheorie zu verdanken ist. Nach dem Militärdienst und einer Studienreise mit *E.* → *Haeckel* nach Korsika und Villafranca habilitierte er sich 1875 in Jena für Anatomie und Entwicklungsgeschichte und wurde hier 1878 außerordentlicher sowie 1881 ordentlicher Professor für Anatomie, bevor er 1888 als ordentlicher Professor für Vergleichende Anatomie an die Universität Berlin berufen und später bis zu seinem Tode Direktor des 1892 neugegründeten II. Anatomischen Instituts wurde, das ab 1897 Anatomisch-biologisches Institut hieß. – Sein Bruder *Karl Wilhelm Theodor Richard Hertwig* (* 23.9.1850 Friedberg [Hessen], † 3.10.1937 Schlederloh [bei München]) absolvierte den gleichen Studiengang, promovierte auch 1872 in Bonn zum Doktor der Medizin und war ebenfalls Assistent bei *M. Schultze*, ging dann allerdings sogleich nach Jena, wo er Schüler von *E. Haeckel* und *C. Gegenbaur* wurde, sich 1875 für Zoologie habilitierte und außerordentlicher Professor war, bevor er 1881 als ordentlicher Professor für Zoologie an die Universität Königsberg und 1883 an die Universität Bonn berufen wurde und schließlich 1885 einem Ruf nach München folgte, wo er bis 1925 als ordentlicher Professor für Zoologie und Direktor des Zoologischen Instituts wirkte.

Die frühen Arbeiten über Medusen (1878), Actinien (1879) und Radiolarien (1879) sind noch aus der Zusammenarbeit beider Brüder in der Zoologischen Station in Neapel entstanden; beide gemeinsam veröffentlichten auch noch ihre ›Studien zur Blättertheorie‹ (1879–1883) an Hohltieren und Pfeilwürmern und entwickelten hierin ihre Coelom-Theorie der Keimblätter (1881). Auch nach der Trennung ihrer beruflichen Wege blieb beider, z. T. immer noch gemeinsames, Arbeitsgebiet die Entwicklungsphysiologie; beide entwickelten auch spezielle experimentelle Methoden für ihre mikroskopischen Untersuchungen an Keimzellen und deren Teilung, die sie chemischen und mechanischen Reizen aussetzten (›Untersuchungen zur Morphologie und Physiologie der Zelle‹, 1884–1887); *Richard H.* untersuchte später auch die Einwirkung von Radiumstrahlen auf tierisches Keimmaterial.

Vor allem *Oscar H.* wurde aber mit seinen späteren Beiträgen zur Protozoologie, zur Geschlechtsbestimmung und Vererbung zu einem der Begründer der experimentellen Zoologie. Schon 1875 hatte er erstmals beobachtet, daß es beim Seeigelei zur Verschmelzung von weiblichen Ei- und männlichen Spermakernen als eigentlichem Befruchtungsvorgang kommt und die Keimzellenkerne während der Reifung erhalten bleiben (›Beiträge zur Kenntnis der Bildung, Befruchtung und Theilung des thierischen Eies‹, 1875), und hatte diese Beobachtungen später beim Paramecitum und anderen wirbellosen Tieren bestätigen können. In Anknüpfung an *C. von → Nägeli*s hypothetische Idioplasma-Theorie entwickelte er daraufhin 1884 seine ›Kern-Idioplasma-Theorie‹, in der die Kontinuität der Kernstrukturen als Träger der vererbbaren Eigenschaften nach der Befruchtung betont wird – und gab damit der modernen Genetik entscheidende Impulse –, während der Botaniker *Eduard Strasburger* (* 1.2.1844 Warscheu, † 18.5.1912 Bonn) gleichzeitig die äquivalente Vereinigung von Kern- und Zellplasmasubstanz der beiden Zellen akzentuierte, sich später aber O. H. annäherte, nachdem der belgische Embryologe *E. van Beneden* die Chromosomenteilung im befruchteten Keim beobachtet (1884) und nachgewiesen hatte, daß die Anzahl für jede Art charakteristisch und konstant ist (1887). – *Strasburger* hatte bereits 1875 parallel zu H.s Untersuchungen zur tierischen ›Befruchtung‹ in seinem klassischen Werk ›Zellbildung und Zellteilung‹ den Befruchtungsprozeß bei Konifereneizellen beschrieben. (Immerhin ist aber sein Lehrbuch der Botanik in Neuauflagen das verbreitetste geworden, während es O. H.s ›Lehrbuch der Zoologie‹ von 1891 bis 1931 ›nur‹ auf 15 Auflagen gebracht hat.) – Als besonders geeignet erwies sich in der Frühphase embryologischer Untersuchungen am Keim der Spulwurm (*Ascaris*). An ihm konnte *E. van Beneden* die Konstanz der Chromosomenzahl nachweisen und H. die Vorgänge der Reifeteilung (›Meiosis‹) und deren Gleichartigkeit bei Spermiogenese und Oogenese feststellen (1890) *Richard H.* regte an seinem Münchner Institut *T. → Boveri* zur Untersuchung der Befruchtungs- und Teilungsprozesse an *Ascaris*-Eiern an, der hierbei 1888 die Centrosomen entdeckte. – In kritischen Stellungnahmen wandte sich H. gegen *A. → Weismann*s Keimplasmatheorie, die ihm zu mechanistisch war, aber auch gegen das Biogenetische Grundgesetz *E. Haeckel*s und insbesondere gegen die Selektionstheorie *C. → Darwins*, weil sie auf dem Zufallsprinzip beruhe. [Krafft]

Bibl.: F. Keibel [Schriftenverzeichnis O. H.]. In: *Anatomischer Anzeiger* 56 (1923). – *Lit.*: GMikro I, 207–215 (G. Tembrock); DSB VI, 337–340 [O. H.] (R. Olby), 336 f. [R. H.] (J. Oppenheimer); K. von Frisch: R. von H. ([Gedächtnisrede] München 1938); R. Weißenberg: O. H. 1849–1922. Leben und Werk eines deutschen Biologen (Leipzig 1959; mit Bibl.); P. J. Weindling: Darwinism and Social Darwinism in Imperial Germany. The Contribution of the Cell Biologist O. H. (1849–1922) (Stuttgart/New York 1991).

Hertz, *Heinrich* Rudolf, deutscher Physiker, * 22.2.1857 Hamburg, † 1.1.1894 Bonn.

H. war der Sohn eines Hamburger Rechtsanwaltes und späteren Senators. Der vielseitig begabte Schüler – nur sein Gehör war absolut unmusikalisch – machte 1875 am Hamburger Johanneum das Abitur. Zunächst wandte er sich den Ingenieurwissenschaften zu, wechselte dann aber zur Physik über. Bei *H. von → Helmholtz* in Berlin promovierte er im vierten Semester mit der Arbeit ›Über Induktion in rotierenden Kugeln‹ mit magna cum laude. *Helmholtz* erkannte sofort die besondere Begabung des jungen H., machte ihn zu seinem Assistenten und erhoffte sich, daß H. eine von der Preußischen Akademie gestellte Preisaufgabe bearbeiten würde. Die spätere Lösung jener Aufgabe sollte der Start zu H.' wissenschaftlichem Aufstieg sein. Seinem Schüler und Freund, den der Tod so früh hinwegraffte, setzte *Helmholtz* im Vorwort zum hinterlassenen Werk ein bleibendes Denkmal. – H. habilitierte sich 1883 in Kiel und nahm 1885 einen Ruf der Technischen Hochschule Karlsruhe als ordentlicher Professor der Physik an. Hier machte er seine bahnbrechenden Entdeckungen über die Ausbreitung elektromagnetischer Wellen. 1889 ging H. als Nachfolger von *R. → Clausius* an die Universität Bonn.

In der zweiten Hälfte des 19. Jahrhunderts konkurrierten zwei Theorien der Elektrodynamik miteinander. Auf dem Festlande dominierte noch bis in die 1880er Jahre die Fernwirkungstheorie, die eine unmittelbare Einwirkung ruhender und bewegter elektrischer Ladungen aufeinander nach dem Vorbild *C. A. de → Coulombs* und *A. → Ampères* annahm und die von *W. → Weber* zu einer umfassenden Theorie ausgebaut worden war. Die Wechselwirkung sollte also ohne Zwischenmedium, aus der Ferne, und ohne zeitliche Verzögerung erfolgen. In England beschritten *M. → Faraday* und *J. C. → Maxwell* einen anderen Weg. Das Wesentliche elektrischer und magnetischer Vorgänge sahen sie in dem besonderen Zustand um die Leiter herum. Die Wirkungen sollten sich im Raume mit Lichtgeschwindigkeit fortpflanzen, in Gestalt von Feldern. Die Entscheidung zwischen den beiden rivalisierenden Theorien konnte erst gefällt werden, als es möglich war, sehr schnelle elektrische Schwingungen zu erzeugen. Die Maxwellsche Verschiebungstheorie wird dann erst nachweisbar, und bei den elektromagnetischen Wellen wird die Wellenlänge überschaubar. H. schuf sich einen derartigen elektrischen Oszillator, indem er den geschlossenen Schwingkreis aus Spule und Kondensator auseinanderbog, so daß die Platten des Kondensators weit voneinander entfernt waren. Die Spule ließ er gleichzeitig zu einem geraden Draht verkümmern und hatte so die hohen Schwingungsfrequenzen erreicht. Diese Anordnung, die einen Dipol darstellt, hatte auch die Eigenschaft, die Wellen besonders gut auszustrahlen. Als Indikator für die hochfrequenten Schwingungen benutzte H. im Empfänger die Fünkchen, die zwischen den Metallkugeln in der Mitte des Dipols überschlugen. 1887 konnte er die Antwort auf die Preisfrage der Berliner Akademie geben. Der Polarisationsstrom in einem Isolator war groß genug, um nachgewiesen werden zu können. In einer fast atemberaubenden Geschwindigkeit folgte nun Entdeckung auf Entdeckung (1887–1891). Die Existenz elektromagnetischer Wellen, wie sie *Maxwell* gefordert hatte, wurde nachgewiesen und ihre Wesensgleichheit mit den Lichtwellen gezeigt. H. bündelte die Wellen, deren Wellenlänge einige Meter betrug, mit einem Hohlspiegel, stimmte den Empfängerkreis ab, ließ die Wellen durch eine Metallwand zurückwerfen und sich an einem Asphaltprisma brechen, und ließ eine stehende Welle sich bilden. Als er den Empfänger-Dipol um 90° drehte, verschwand in ihm die Erregung. Die Welle erwies sich also als linear polarisiert. H. hat wohl kaum vorausgeahnt, wozu er mit diesen Versuchen den Anstoß gegeben hat: zu einem weltumspannenden Nachrichtenwesen und zu nie geahnten Möglichkeiten einer Kommunikation in Rundfunk und Fernsehen.

In seinen theoretischen Arbeiten war H. ebenso genial. Aus der Maxwellschen Theorie schälte er das Wesentliche heraus, nämlich die vier Grundgleichungen der Elektrodynamik. Die letzten Lebensjahre waren der Formulierung der Mechanik aus neuen Prinzipien heraus gewidmet. H. eliminierte darin den Kraftbegriff vollständig, vielleicht in der Hoffnung, die Grundlage für eine Äthermechanik geschaffen zu haben.

Während seiner experimentellen Untersuchung zur ›Ausbreitung der elektrischen Kraft‹ stieß H. auf den Photoeffekt. Die Entladungen an seinem Funkenmikrometer wurden durch ultraviolette Strahlen beeinflußt. Daß er diesen minimalen Effekt in seiner Apparatur bemerkte und wie er die Ursache isolierte, verdient heute noch Bewunderung. Die Deutung des Effektes, bei dem sich der quantenhafte Charakter der Elektrizität und überraschenderweise auch des Lichts offenbart, blieb anderen vorbehalten. In seinen Untersuchungen ›Über den Durchgang der Kathodenstrahlen durch dünne Metallplättchen‹ stieß H. das Tor zu einer Entwicklung auf, in der die alten Auffassungen über die Natur der Elektrizität wieder zu ihrem Recht kamen. *P. → Lenard*, Assistent von H. in Bonn, führte diese Untersuchungen fort und stieß dabei auf die Elektronen. [Wiederkehr]

Werke: Gesammelte Werke, hrsg. von P. Lenard (3 Bde, Leipzig 1894–1895); Erinnerungen, Briefe, Tagebücher, hrsg. von J. Hertz (Leipzig 1927; Neuausgabe deutsch/engl., hrsg. von M. Hertz / C. Susskind, Weinheim/San Francisco 1977; mit Bibl.). – *Bibl.*: Pogg. VII a Suppl., 283–286. – *Lit.*: DSB VI, 340–350 (R. McCormmach); GWG IX, 312–331 (F. Katscher); GPh II, 121–142 (M. G. Doncel); J. Kuczera: H. H., Entdecker der Radiowellen (Leipzig 1975, ²1977); J. G. O'Hara / W. Pricha: H. and the Maxwellians (London 1987); L. Ihlenberg u.a. (Hrsgg.): H. H. – Festschrift anläßlich der Erforschung der elektromagnetischen Wellen vor 100 Jahren (Berlin 1988, Nachdruck 1994); A. Fölsing: H. H. Eine Biographie (Hamburg 1997); D. Baird u.a. (Hrsgg.): H. H. Classical Physicist, Modern Philosopher (Dordrecht usw. 1998).

Hertzsprung, Ejnar, dänischer Astronom, * 8.10.1873 Frederiksborg, † 21.10.1967 Tølløse.

Ursprünglich wurde H. zum Chemiker ausgebildet. Sein Vater hatte zwar auch Astronomie studiert, doch die erfolgversprechende Laufbahn als Astronom zugunsten einer gesicherteren im dänischen Finanzministerium aufgegeben und seine Neigung für Mathematik und Astronomie auf den Sohn übertragen, ihn dann aber am Polytechnikum in Kopenhagen das aussichtsreicher erscheinende Fach Chemie studieren lassen. H. machte 1898 sein Staatsexamen und wirkte auch mehrere Jahre als Chemiker in Petersburg, ging 1901 nach Leipzig, um bei *W.* → *Ostwald* Photochemie zu studieren, und kehrte noch im selben Jahr nach Dänemark zurück. Hier begann er allerdings jetzt mit einem intensiven Studium der Astronomie und führte an der Universitäts- und Urania-Sternwarte in Kopenhagen photographische Himmelsbeobachtungen durch. Er trat in einen Briefwechsel über seine Beobachtungen mit *K.* → *Schwarzschild*, der seine außergewöhnliche Begabung für die Astrophysik bald erkannte, ihn 1909 nach Göttingen einlud und binnen weniger Monate eine außerordentliche Professur für ihn erwirkte. Als *Schwarzschild* noch im selben Jahr die Leitung des Astrophysikalischen Observatoriums in Potsdam angeboten wurde, nahm er nur unter der Bedingung an, daß H. als sein Observator mitgehen dürfe. Die Zusammenarbeit währte dann aber wegen des frühzeitigen Todes von *Schwarzschild* nur kurze Zeit. H. verließ nach dem Kriege Deutschland und übernahm 1919 die Stelle des Adjunktdirektors an der Universitätssternwarte von Leiden, zu deren Leiter er 1935 ernannt wurde. Während dieser Leidener Zeit hatte er sich öfters zu längerer Beobachtungstätigkeit an den großen Sternwarten in Nordamerika und Südafrika aufgehalten, wo er auch die Errichtung einer Beobachtungsstation der Leidener Sternwarte in Johannisburg überwachte. Nach der Entpflichtung im Jahr 1944 ließ er sich in der kleinen dänischen Stadt Tølløse nieder, ohne jedoch der astrophysikalischen Forschung je ganz entsagt zu haben. Der vielseitige Astronom – seine Forschungen umfassen Himmelsphotographie, Photometrie, Sternfarben, Wellenlängen des Sternlichtes, absolute Sterngrößen, Doppelsterne, Eigenbewegungen und Radialgeschwindigkeiten der Sterne, Sternparallaxen und die Entfernungsbestimmung der Kleinen Magellanschen Wolke – gehört zu den Astronomen, die die Astrophysik der ersten Hälfte unseres Jahrhunderts nachhaltig prägten.

Am Anfang hatte eine Entdeckung gestanden, die die Bestimmung der absoluten Sternhelligkeit aus der Feinstruktur des Spektrums ermöglichte. Dieses Verfahren leistete später unter der Bezeichnung spektroskopische Parallaxenbestimmung seine größten Dienste bei der Bestimmung der Entfernung von Sternen und dann auch Sternsystemen. In die Frühzeit der astronomischen Laufbahn von H. gehört auch die Unterscheidung von Riesen- und Zwergsternen; ihm war aufgefallen, daß die Sterne mit gleicher oder niedrigerer Temperatur als die Sonne in zwei Klassen zerfallen, deren absolute Helligkeit stark von einander abweicht. Er hatte das darauf basierende, später so genannte Hertzsprung-Russell-Diagramm, welches den Zusammenhang zwischen Leuchtkraft und Spektraltyp darstellt und zum bedeutendsten Zustandsdiagramm der Fixsterne geworden ist, bereits 1909 mit nach Göttingen gebracht – wenn es auch erst der nordamerikanische Astronom *H. N. Russell* 1913 auf dem Kongreß der Royal Astronomical Society in verbesserter Form herausgestellt hat. Später waren die astrophysikalischen Forschungen H.s besonders an Sternhaufen wie den Plejaden, dem Bewegungshaufen des Großen Bären und der Kleinen Magellanschen Wolke, einem Begleiter unserer Milchstraße, orientiert. Er bestimmte in den zwanziger Jahren allein für mehr als 10000 Veränderliche Sterne die Lichtkurven, nachdem er wie *H. → Shapley* die Wichtigkeit der Entdeckung von *H. S. Leavitt* und die Richtigkeit ihrer Vermutung erkannt und die Cepheiden zu Entfernungsbestimmungen verwendet hatte. Seit 1938 widmete er sich hauptsächlich den Doppelsternen, zu deren Erforschung er neue Verfahren ersann und ältere Methoden verfeinerte. [Krafft]

Werke: Zur Strahlung der Sterne. Drei Arbeiten, hrsg. von D. B. Herrmann (Leipzig 1976). – *Lit.*: DSB VI, 350–353 (K. A. Strand); D. B. Herrmann: E. H., Pionier der Sternforschung (Berlin usw. 1994).

Hevelius (latinisiert aus *Hewelcke*), Johannes, Danziger Ratsherr (ab 1651) und Astronom, Begründer der Mondtopographie, * 28.1.1611 Danzig, † 28.1.1687 ebenda.

H. besuchte von 1617 bis 1623 und 1627 bis 1630 das Akademische Gymnasium seiner Vaterstadt und widmete sich in den letzten Jahren besonders den mathematischen Wissenschaften, in die ihn auch in privatem Unterricht der bekannte Astronom *Peter Krüger* (* 20.10.1580 Königsberg, † 6.6.1639 Danzig) einführte. Anfangs gemeinsam mit ihm durchgeführte astronomische Beobachtungen und Berechnungen nahmen fortan seine freie Zeit während des Jurastudiums 1630/31 in Leiden ein, wo er aber wie *O. von → Guericke* die guten Möglichkeiten zum Studium der angewandten Mathematik (besonders der Optik und Mechanik) nutzte; anschließend unternahm er Reisen nach England (1631) und Frankreich, wo er *P. Gassendi* und *I. Boulliau* in Paris sowie *A. → Kircher* in Avignon aufsuchte, bevor er 1634 in die Heimat zurückberufen wurde, um in den väterlichen Brauereibetrieb einzutreten und sich speziell auf seinen Kaufmannsberuf vorzubereiten. Astronomische Studien werden in der Folgezeit ganz verdrängt, bis H. 1639 am Sterbebett seines Lehrers verspricht, Talent und Wissen nicht brachliegen zu lassen.

Er beginnt dann bald mit dem Schleifen von langbrennweitigen Linsen für mit der Zeit immer größer werdende Luftfernrohre, gibt große Meßgeräte (Quadranten, Sextanten usw.) in Auftrag, die er mit Teilungen versieht, welche Ablesungen weit unterhalb des Minutenbereiches erlauben, und läßt sich nach anfänglichen Provisorien 1651 über seinen Häusern eine große Plattform mit den für eine Sternwarte nötigen Einrichtungen bauen. Für die zur Messung von Sternörtern durch → *Wilhelm IV. von Hessen-Kassel* eingeführte Zeitmessung verwendete er in den 1640er Jahren neben seinen Räder- und Sonnenuhren mit Minutenanzeige ein Pendel, dessen Schwingungen gezählt werden mußten, bis er zur Vereinfachung des Verfahrens unabhängig von *C. → Huygens* eine Pendeluhr mit Sekundenanzeige konstruierte. H. erreichte so ohne Teleskop – Fernrohre dienten ihm nur zu topographischen Untersuchungen von Mond, Planeten und Sonne (Sonnenflecken) – Meßgenauigkeiten, die jene der Fernrohrmessungen seiner Zeit weit übertrafen, wovon sich der junge *E. → Halley* bei seinem Besuch 1679 – halbwegs im Auftrag der Royal Society of London, zu deren ›Fellow‹ H. 1664 gewählt worden war – überzeugen konnte. Kurze Zeit nach diesem Besuch zerstörte ein Feuer Hauswesen und Sternwarte mit dem gesamten Inventar. Umfangreiche Zuwendungen durch Freunde und Gönner – wie unter anderen die Könige von Polen und Frankreich, die ihm bereits vorher (seit 1663 bzw. 1678) in Ansehung seiner wissenschaftlichen Verdienste Jahrespensionen hatten zukommen lassen – verhalfen ihm schon 1681 zur Fertigstellung des Sternwartenneubaues mit allerdings kleineren Geräten. Die mit ihrer Hilfe zur Ergänzung der wenigen geretteten oder bereits in anderem Zusammenhang publizierten Daten ausgeführten Messungen von Fixsternörtern konnte er noch selbst 1685 im ›Annus Climactericus‹ veröffentlichen, während die katalog- und kartenartige Zusammenstellung samt Hilfstabellen dann postum von seiner zweiten Frau herausgegeben wurde (1687–1690). Seine bedeutendste wissenschaftliche Leistung bildet aber wohl die nach neunjährigen Beobachtungen entstandene ›Selenographie‹ (1647), gleichzeitig seine erste Veröffentlichung. Mit ihr begründete er die topographische Darstellung der Mondoberfläche, die er auf 60 Karten der einzelnen Mondphasen so exakt auf selbst gestochenen Kupfern zeichnete, daß erst *J. T.* → *Mayer* hundert Jahre später Verbesserungen anbringen konnte. Trotz der allgemeinen Bewunderung für dieses Kartenwerk setzte sich die von H. vorgeschlagene Nomenklatur mit geographischen Namen der Erde für nicht immer ähnlich geformte Gebilde auf dem Mond gegen die spätere von *G. B.* → *Riccioli* nicht durch. Daneben beschäftigte er sich viel mit Finsternissen und aus ihren Beobachtungen ableitbaren Daten, bestimmte beim Merkurdurchgang von 1661 erstmals annähernd seine Größe und entdeckte bei Beobachtungen der Kometen von 1664 und 1665 deren (scheinbar) parabolische Bahn. [Krafft]

Werke: Selenographia [1647]. Nachdruck mit einer Einleitung von H. Lambrecht (Leipzig 1967); Machina coelestis [1673/1685] Nachdruck mit einer Einleitung von H. Lambrecht (Leipzig 1969); La correspondance de Jean Picard avec J. H. (1671–1679), lat.-französ. hrsg. von G. Picolot. In: *Revue d'Histoire des Sciences et de leurs Applications* 31 (1978), 3–42. – *Bibl.*: Pogg. VII a Suppl., 288–290 (Sekundärliteratur). – *Lit.*: ADB XII, 341–343; NDB IX, 59–61 (F. Schmeidler); DSB VI, 360–364 (J. D. North); J. H. Westphal: Leben, Studien und Schriften des Astronomen J. H. (Königsberg 1820; Nachdruck München 1974; mit Bibl.); L. C. Béziat: La vie et les travaux de J. H. (Rom 1876); E. F. McPike: H., Flamsteed, and Halley (London 1937).

Hilbert, David, deutscher Mathematiker, * 23.1.1862 Königsberg, † 14.2.1943 Göttingen.

Wie H. einmal von sich sagte, hat er sich als Schüler nicht besonders mit Mathematik abgegeben, da er ja gewußt habe, daß er das später tun werde. Ob er damals auch schon ahnte, daß er einmal als einer der führenden Mathematiker seiner Zeit in hohem Ansehen stehen würde? Von kurzen Zwischenspielen in Heidelberg, Leipzig und Paris abgesehen, studierte H. an der Universität seiner Vaterstadt, die allerdings den unter *C. G. J.* → *Jacobi* und seiner Schule erworbenen Glanz inzwischen eingebüßt hatte. Während des Studiums entwickelte sich eine enge Freundschaft zwischen H. und dem nur um zwei Jahre jüngeren *H.* → *Minkowski*. Dieser hatte trotz seiner Jugend für bahnbrechende zahlentheoretische Untersuchungen bereits 1883 den großen Preis der Pariser Akademie erhalten, weshalb es H.s Vater, Amtsgerichtsrat in Königsberg, für unschicklich hielt, daß sein Sohn sich an einen so berühmten Mann anschloß! Dritter im Bunde wurde der junge außerordentliche Professor *Adolf Hurwitz* (* 26.3. 1859 Hildesheim, † 18.11.1919 Zürich) – auch er kaum 25 Jahre alt, mit besonderen Kenntnissen auf dem Gebiet der Funktionentheorie ausgestattet. Nicht in erster Linie aus Vorlesungen oder gründlichem Bücherstudium erlernte H. die Mathematik, sondern auf zahllosen Spaziergängen zu zweit und zu dritt, auf denen in munterem Gespräch »wohl alle Winkel mathematischen Wissens« durchstöbert wurden. Eine ungewöhnlich rasche und tiefe Auffassungsgabe befähigte ihn, sich auf diese Weise einen ausgezeichneten Überblick über das Gesamtgebiet der Mathematik zu verschaffen.

Nur scheinbar im Gegensatz dazu stand die Beschränkung der ersten Arbeiten H.s auf die Formen- und Invariantentheorie, die gegen Ende des 19. Jahrhunderts ein Zentrum der algebraischen Forschung bildete. Hier erzielte H., ab 1886 Privatdozent in Königsberg, mit Methoden, die wesentlich tiefer als die üblichen ansetzten, seinen ersten großen Erfolg. »Das ist keine Mathematik, das ist Theologie!« soll der ›König der Invarianten‹, der Mathematiker *Paul Albert Gordan* (* 29.4.1837 Breslau, † 21.12. 1912 Erlangen), dazu gesagt haben. H. aber wandte sich der Zahlentheorie zu. Auf seinen Spaziergängen mit *Hurwitz*, so erzählte er, »nahm einer den *Kronecker*schen Beweis für die eindeutige Zerlegung in Primideale vor, der andere den *Dedekind*schen, und beide fanden wir scheußlich«. Ein Vortrag über zwei neue, von ihm gefundene Beweise brachte H. 1893 den Auftrag der Deutschen Mathematiker-Vereinigung ein, ein Referat über den Stand der Zahlentheorie zu erstatten – der Anstoß für jenen umfassenden ›Zahlbericht‹, der 1897 erschien und äußerst anregend auf die weitere Forschung wirkte.

Inzwischen war H. von Königsberg nach Göttingen berufen worden, der zweiten und letzten Station seines Lebens. Abermals wechselte er das Forschungsgebiet, wie er es noch öfters tun sollte. Im Jahr 1899 erschien sein Aufsehen erregendes Buch über die ›Grundlagen der Geometrie‹, das heute in 11. Auflage vorliegt – eine Seltenheit in der höheren mathematischen Literatur! Im axiomatischen Aufbau das euklidische Ideal auf eine bis dahin unerreichte Stufe führend, indem systematisch die Widerspruchsfreiheit und Unabhängigkeit der einzelnen Axiome nachgewiesen wurde, leitete es einen neuen Abschnitt nicht nur in der Entwicklung der Geometrie, sondern der gesamten Mathematik ein. Davon legte später etwa das Werk der Mathematikergruppe *N.* → *Bourbaki* Zeugnis ab. Weitere Untersuchungen führten H. von der Variationsrechnung zur Theorie der Integralgleichungen, zur Beschäftigung mit den Grundlagen der mathematischen Physik, der Axiomatisierung der Arithmetik, zur Auseinandersetzung mit dem von *L. E. J.* → *Brouwer* und *H.* → *Weyl* vertretenen ›Intuitionismus‹, der sich gegen H.s ›Formalismus‹, bestimmte Züge seiner axiomatisierenden Methode, wandte. Auf allen diesen Gebieten lieferten H.s ebenso originelle wie tiefgreifende Arbeiten unerwartete Resultate und zeigten der Forschung neue Wege. Allerdings erschütterte *Kurt Gödel*s (* 28.4. 1906 Brünn, † 14.1.1978 Princeton) 1931 erbrachter Nachweis, daß die Widerspruchsfreiheit eines Systems nicht mit den in ihm formalisierten Mitteln bewiesen werden kann, das Ideal einer im Sinne des ›Formalismus‹ errichteten Mathematik. Die gemeinsamen Jahre mit *F.* → *Klein* und *Minkowski* in Göttingen gehören zu den Höhepunkten der Geschichte der Mathematik in Deutschland.

Werke: Gesammelte Abhandlungen (3 Bde, Berlin 1932–1935, ²1970). – *Lit.*: DSB VI, 388–395 (H. Freudenthal); GWG IX, 500–519 (R. Queneau); C. Reid: The Story of the Life of D.H. (Berlin usw. 1970). [Scriba]

Hipparchos aus Nikaia in Bithynien [Kleinasien], bedeutendster beobachtender Astronom der griechischen Antike, * um 190 v. Chr. Nikaia, † um 120.

Aus H.' Leben sind keine Einzelheiten bekannt, und seine Schriften sind bis auf einen kritischen Kommentar zu den ›Phainomena‹ (Himmelserscheinungen) des → *Eudoxos von Knidos* und des *Aratos* (* um 310 v. Chr. Soloi

[Kilikien], † um 245) verlorengegangen. Doch liegen seine von späteren Autoren erwähnten Beobachtungen zeitlich zwischen 161 und 127 v. Chr. und wurden vorwiegend auf Rhodos gemacht, so daß es wahrscheinlich ist, daß er – zumindest zeitweise – in Rhodos, nicht aber in Alexandria oder einer der anderen wissenschaftlichen Hochburgen des Hellenismus gewirkt und gelehrt hat.

H. lehnte aus uns unbekannten Gründen das von → *Aristarchos* vorgeschlagene heliozentrische Planetensystem ab, verbesserte aber das geozentrische durch die Einführung exzentrischer Kreisbahnen, die von Sonne und Mond-(epizykel) gleichförmig durchlaufen würden, so daß etwa die die verschiedenen Längen der Jahreszeiten verursachende Bewegung der Sonne nur scheinbar, nämlich von der nicht in ihrem Bahnzentrum ruhenden Erde aus ungleichförmig verlaufe; die vier Kardinalpunkte (Sonnenwenden und Äquinoktien), von der Erde aus 90° voneinander entfernt, unterteilten die Sonnenbahn nicht in vier gleiche Bögen (Quadranten). Für die Planeten lehnte H. die bloße Epizykelbewegung nach → *Apollonios von Perge* ab, ohne jedoch selbst eine Theorie für die Planetenbewegungen oder das gesamte Planetensystem aufstellen zu können, weil seiner Meinung nach dazu erst genauere Beobachtungen hätten angestellt werden müssen. Diesen und den Grundlagen dazu widmete er sein wissenschaftliches Lebensziel. So bestimmte er die Länge des tropischen Jahres annähernd richtig zu 365^d 5^h 55' 12" (statt 365^d 5^h 48' 46") und entdeckte bei dieser Gelegenheit die Präzession, das langsame Vorrücken des Frühlingspunktes auf der Ekliptik – für das siderische Jahr ergibt sich für ihn daraus eine Länge von 365^d 6^h 10' (statt 365^d 6^h 9' 9,35"), da sein Wert für die Präzession mit 36" jährlich gegenüber richtig ca. 50" zu klein war. Der Wert wurde erst von *T.* → *Brahe* verbessert, nachdem → *Thabit Ibn Kurra* hierzu die ›Trepidation‹ eingeführt hatte. H. errechnete nach verbesserten Methoden des *Aristarchos* die Entfernungen von Mond und Sonne zu 33,66 bzw. 1245 (statt 30,2 bzw. 11 739) Erddurchmessern und sah sich durch das erstmals beobachtete Aufleuchten eines langperiodischen Sternes im Skorpion (einer sog. Mira Ceti) veranlaßt, als sichere Beobachtungsgrundlage einen ersten Fixsternkatalog anzulegen, den → *Ptolemaios* später erweiterte, auf seine Epoche umrechnete und verbesserte (Umstellung auf das Ekliptiksystem). Er enthielt die nach Helligkeitsklassen unterteilten Sterne des nördlichen Himmels mit ihren Örtern im äquatorialen Koordinatensystem. Sicherlich bei dieser Gelegenheit und bei der Berechnung der für das antike Kalenderwesen wichtigen täglichen Aufgangszeiten der Tierkreiszeichen schuf sich H. als exakteres Hilfsmittel denn die babylonische Differenzenregel, der sich noch sein etwas älterer Kollege *Hypsikles von Alexandria* bediente, die auf neuartigen trigonometrischen Erkenntnissen beruhende Sehnenrechnung und berechnete gleichzeitig die ersten Sehnentafeln mit Werten für Bögen von 3° zu 3°. – Die Trigonometrie wurde insbesondere von *Menelaos von Alexandria* (2. Hälfte des 1. Jhs. n. Chr.) auf die Sphärik ausgedehnt und fortgeführt. – Für die Geographie stellte H. die Forderung auf, alle kartographisch wichtigen Daten astronomisch zu bestimmen, womit er sich gegen → *Eratosthenes* wandte. Auf ihn geht auch die Erfindung der stereographischen Projektion der Himmelssphäre und damit des planisphärischen ›Astrolabiums‹ zurück. [Krafft]

Werke und Fragmente: In Arati et Eudoxi Phaenomena commentaria, griechisch-deutsch hrsg. von K. Manitius (Leipzig 1894); H. Berger: Die geographischen Fragmente des H. (Leipzig 1869), D. R. Dicks: The Geographical Fragments of H. (London 1960). – *Lit.*: DSB XV, 207–224 (G. J. Toomer; mit Bibl.); GWG I, 798–819 (F. Minderer); O. Neugebauer: A History of Ancient Mathematical Astronomy (Berlin usw. 1975, Bd 1, S. 274–343); G. Grasshoff: The History of Ptolemy's Star Catalogue (New York usw. 1990).

Hittorf, Johann *Wilhelm*, deutscher Physiker und Chemiker, * 27.3.1824 Bonn, † 28.11.1914 Münster.

H. war der Sohn eines Kaufmannes; er studierte Mathematik und Physik bei *Julius Plücker* (* 16.7.1801 Elberfeld, † 22.5.1868 Bonn) in Bonn, promovierte 1846 mit einer Arbeit über Kegelschnitte und habilitierte sich 1847 mit einer chemischen Experimentaluntersuchung. An der Akademie in Münster begann H. seine Lehrtätigkeit als Privatdozent für Physik und Chemie. 1852 wurde er dort zum außerordentlichen und 1856 zum ordentlichen Professor ernannt. H. hatte wesentlichen Anteil am Ausbau der Akademie zur Volluniversität.

Im Anschluß an *M.* → *Faraday*s Arbeit über Kupfersulfid untersuchte H. (1851) das elektrische Leitvermögen von Silbersulfid sowie die metallische Modifikation des Selens und fand dabei Eigenschaften, die für die heutigen Halbleiter als typisch angesehen werden. Bei der Untersuchung der Elektrizitätsleitung in verdünnten Gasen entdeckte er 1869 die »Strahlen des Glimmens«, 1876 von *Eugen Goldstein* (* 5.9.1850 Gleiwitz, † 25.12.1930 Berlin) und seitdem ›Kathodenstrahlen‹ genannt. H. beschrieb schon fast alle wesentlichen Eigenschaften dieser Strahlen: geradlinige Ausbreitung von der Kathode aus, Erzeugung eines Schattens durch feste Körper, Fluoreszieren des Glases an der Auftreffstelle, die Ablenkung durch einen Magneten. *Plücker* hatte vorher schon die Einwirkung eines Magneten auf das negative Glimmlicht beobachtet. H. benutzte für seine Versuche die von *Heinrich Geißler* (* 26.5.1814 Igelshieb, † 24.1.1879 Bonn) konstruierte Quecksilberluftpumpe und den von *Heinrich Daniel Ruhmkorff* (* 15.1.1803 Hannover, † 20.12.1877 Paris) entwickelten Funkeninduktor. Das Verhalten der ›Strahlen des Glimmens‹ verglich er schon mit dem gewöhnlicher elektrischer Ströme. Dabei dachte er nicht an bewegte elektrische imponderable Substanzen, sondern an Vorgänge, die mit dem Licht vergleichbar sind. Mit Meßsonden, die er erstmals in die Röhren einführte, bestimmte er den Verlauf des Spannungsabfalls. Seine Forschungen auf diesem Gebiet fanden zunächst wenig Beachtung, bis *W.* → *Crookes* 1879 seine eindrucksvollen Kathodenstrahlenversuche mit meisterlich konstruierten Röhren vorführte.

Eine Pioniertat in der Elektrochemie sind H.s Untersuchungen zu den ›Überführungszahlen‹ (1853–1859). Er widerlegte die damals allgemein vertretene Ansicht, daß entgegengesetzt geladene Ionen eines Elektrolyts sich beim Ladungstransport mit entgegengesetzt gleicher Geschwindigkeit bewegen. Er zeigte, wie man mit Hilfe von Konzentrationsänderungen im Kathoden- und Anoden-Raum die Überführungszahlen und das Verhältnis der Ionengeschwindigkeiten finden kann. An H.s Arbeiten über die Wanderung der Ionen knüpften Jahrzehnte später die jungen physikalischen Chemiker um *W.* → *Ostwald* in ihrer Ionentheorie an. [Wiederkehr]

Lit.: NDB IX, 266–270 (H. Schimank); DSB VI, 438–440 (O. J. Drennan); G. C. Schmidt: W. H. (Münster 1924); H. Schimank: J. W. H. In: *Physikalische Blätter* 20 (1964), 571–577.

Hoff, Jacobus Hen(d)ricus [Henry] van't, niederländischer Physikochemiker, * 30.8.1852 Rotterdam, † 1.3.1911 Steglitz [bei Berlin].

Der Rotterdamer Arztsohn H. hatte es sich schon als Gymnasiast in den Kopf gesetzt, einmal Chemiker zu werden, obwohl die Aussichten für diesen Beruf damals noch recht gering waren. Auf Wunsch der Eltern absolvierte er zuerst ein Technologiestudium am Polytechnikum in Delft. Hier lernte er auch den ›Cours de philosophie positive‹ des Begründers des Positivismus, *Auguste Comte* (* 19.1.1798 Montpellier, † 5.9.1857 Paris), kennen, aber auch Lord Byrons Poesie. Nach *Comte* steht die Mathematik an der Spitze der Hierarchie der Wissenschaften. H. wandte sich deshalb immer mehr der Mathematik und Physik zu, als er an der Universität Leiden weiterstudierte. Um für die Chemie eine gute Grundlage zu erhalten, zog er 1873 nach Bonn und arbeitete in *A.* → *Kekulés* Laboratorium. Im selben Jahr machte er sein Doktorexamen in Chemie an der Universität in Utrecht. Dann ging er für kurze Zeit nach Paris zu *A. Wurtz* und lernte dort *Joseph Achille Le Bel* (* 21.1.1847 Péchelbronn [bei Soulty-sous-forêts], † 6.8.1930 Paris) kennen. Den beiden jungen Chemikern gingen wohl schon damals ähnliche Gedanken über den räumlichen Aufbau der Moleküle organischer Substanzen durch den Kopf. 1876 wurde H. Lektor an der Tierarzneischule zu Utrecht. Hier begann er auch sein erstes größeres Werk zu schreiben: ›Ansichten über die organische Chemie‹ (1878–1881). Von 1878 an lehrte er als Ordinarius für Chemie an der Universität Amsterdam. Chemiker aus vielen Ländern waren seine Schüler, und auch *S.* → *Arrhenius* kam nach Amsterdam, um mit dem Holländer gemeinsam an der Theorie verdünnter Lösungen und der elektrolytischen Dissoziation zu arbeiten. Um mehr Zeit für Forschungsarbeiten zu erhalten, folgte H. 1896 einem Ruf der Preußischen Akademie der Wissenschaften und hielt an der Berliner Universität Vorlesungen über theoretische und physikalische Chemie.

H. und *Le Bel* begründeten unabhängig voneinander die Vorstellungen über das asymmetrische Kohlenstoffatom. Den Begriff des asymmetrischen Moleküls hatte *L.* → *Pasteur* schon 1860 geprägt, als er bei der Untersuchung ihrer optischen Aktivität eine rechts- und linksdrehende Weinsäure fand. Zur Deutung benutzte er als Molekülmodell zwei spiegelsymmetrische Tetraeder. Nach H. gehen von dem asymmetrischen Kohlenstoffatom, das im Mittelpunkt eines regelmäßigen Tetraeders sitzt, Affinitätskräfte aus, die zu den Eckpunkten des Tetraeders gerichtet sind. Das zentrale Kohlenstoffatom heißt dann asymmetrisch, wenn die an den vier Ecken sitzenden Atome oder Atomgruppen alle voneinander verschieden sind. H. erklärte mit Hilfe der räumlichen Isomerie die Rechts- oder Links-Drehung der Polarisationsebene des Lichtes. Schon 1874 hatte er seine Ideen zur Stereoisomerie in einer kurzen Abhandlung dargelegt. Doch das Echo war bei den Chemikern zunächst spärlich. *Johannes Wislicenus* (* 24.6.1835 Klein-Eichstedt [bei Querfurt], † 5.12.1902 Leipzig) in Würzburg gehörte zu den wenigen, die den Wert dieser neuen Theorie erkannten und sich für sie einsetzten.

H. beschäftigte sich seit 1877 intensiv mit der Thermodynamik; er verfolgte dabei das Ziel, sie bei der Berechnung des chemischen Gleichgewichts nutzbringend anzuwenden. 1884 sprach er sein Prinzip vom beweglichen Gleichgewicht aus, in dem schon Grundgedanken des einige Jahre später formulierten allgemeineren Prinzips von *Henri Louis Le Chatelier* (* 8.10.1850 Paris, † 17.9.1936 Miribel [Isère]) enthalten sind. Aus dem Chemiker, der sich zu Beginn seiner Forscherlaufbahn mit der Stereoisomerie organischer Substanzen befaßt hatte, war ein Physikochemiker geworden. Zusammen mit *W. Ostwald* begründete er die ›Zeitschrift für Physikalische Chemie‹, deren erster Band 1887 erschien. – Aus der Vielzahl seiner theoretischen und experimentellen Arbeiten sei noch diejenige über ozeanische Salzablagerungen genannt. Die Kaliindustrie zog daraus beträchtlichen Nutzen. [Wiederkehr]

Werke: Ansichten über die organische Chemie (2 Bde, Braunschweig 1878–1881); Vorlesungen über theoretische und physikalische Chemie (3 Bde, Braunschweig 1898–1900); Studien zur chemischen Dynamik, deutsch übersetzt und hrsg. von L. Dunsch (Leipzig 1985); H.-G. Körber (Hrsg.): Aus dem wissenschaftlichen Briefwechsel Wilhelm Ostwalds. 2. Teil: Briefwechsel mit Svante Arrhenius und J. H. van't H. (Berlin 1969). – *Bibl.*: Pogg. VII a Suppl., 291–295 (Sekundärliteratur). – *Lit.*: GCh II, 391–407 (E. Cohen); DSB XIII, 575–581 (H. A. M. Snelders); E. Cohen: J. H. van't H. Sein Leben und Wirken (Leipzig 1912; mit Bibl.); O. B. Ramsay (Hrsg.): Van't H.-Le Bel Centennial (Washington, D.C. 1975).

Hofmann, August *Wilhelm* von (in Preußen geadelt 1888), * 8.4.1818 Gießen, † 5.5.1892 Berlin.

Die Geburtsstadt H.s war Gießen, die Stadt, die zu der Zeit, als er mit dem Universitätsstudium begann, Chemiestudenten und junge Chemiker wie ein Magnet anzog; denn hier lehrte *J. von → Liebig*, und in seinem Laboratorium wurde man methodisch in das Experimentalfach eingeführt. H. hatte sich zuerst der Jurisprudenz widmen wollen, geriet aber dann bald in den Bannkreis des großen Chemikers. Begeisterung für diese Wissenschaft hat ihn ein Leben lang beflügelt, und wie ein Funke sprang sie auf seine Assistenten und Studenten über. 1841 promovierte er bei *Liebig*. Als er sich in Bonn habilitierte, erregte er die Aufmerksamkeit des Prinzgemahls Albert, der sich persönlich für die Berufung H.s nach London einsetzte; zuvor machte der preußische Kultusminister H. zum Extraordinarius. In London übernahm H. die Leitung des neugegründeten College of Chemistry; die Chemie verlangte in England nach neuen Impulsen. Anfänglich mußte H. viele persönliche Opfer bringen, bis das College, das seit 1846 Royal College hieß, in die Hände der Regierung überging und H. die Stellung eines Staatsbeamten erhielt. Auf der Höhe seines Ruhms kehrte H. 1865 nach Deutschland zurück. In Berlin, wo er bis an sein Lebensende segensreich wirkte, gründete er zusammen mit *A. von → Baeyer*, *Ernst Schering* (* 31.5.1824 Prenzlau, † 27.12.1889 Berlin) und anderen die Deutsche Chemische Gesellschaft. Mehrmals war er ihr Präsident gewesen.

Es ist bemerkenswert, daß H. sich schon in seiner ersten selbständigen Arbeit mit dem Anilin beschäftigte, mit jenem Stoff, der später seinen Namen berühmt machen sollte. Bei seinen Untersuchungen der basischen Bestandteile des Steinkohlenteers stellte er fest, daß der Teer reichlich Benzol enthält. Für Farbstoffsynthesen war dies besonders wichtig. 1845 fand H. eine Methode, aus dem Benzol das Anilin (Phenylamin) herzustellen, indem er zuerst nitrierte (Nitrobenzol), dann mit Wasserstoff reduzierte. – Während seiner 20jährigen Tätigkeit in London wurde H. zum Anreger und Mittelpunkt neuer Bestrebungen. Auf seinen Arbeiten fußend, konnte in England früh eine Farbstoffindustrie erstehen. Zu seinen Schülern gehörten *W. → Crookes* und *William Henry Perkin* (* 12.3.1838 London, † 14.7.1907 Sudbury [bei Harrow]). 1856 hatte *Perkin* die technische Verwertbarkeit des künstlichen Farbstoffs Mauvein entdeckt. Mit dem Rosanilin als Grundkörper entwickelte H. Farbstoffe von überwältigender Schönheit, und die Weltausstellung in London 1862 war ein Triumph für den neuen Industriezweig.

Auch für die chemischen Theorien waren H.s Arbeiten bedeutungsvoll. Zuerst übernahm er eine Art Mittlerrolle zwischen den rivalisierenden Theorien von *J. J. → Berzelius* (dualistisch-elektrochemische Theorie) einerseits und von *J.-B. A. → Dumas* und *A. → Laurent* (Radikaltheorie) andererseits. Doch bald erkannte H., daß für die organische Chemie nur die Radikaltheorie weiterführen konnte, und er selbst entwickelte den Ammoniaktypus (Typenlehre von *C. → Gerhardt* und *Laurent*).

Auch nur einen groben Überblick über sein wissenschaftliches Werk zu geben, ist hier unmöglich. Es sei nur noch erwähnt, daß noch weitere ganze Klassen verschiedenartiger Farbstoffe, so z.B. die Safranine und Chinolinfarbstoffe, sein Laboratorium verließen. Der Vorsprung des Auslandes war bald eingeholt, und H.s Pionierarbeit hat wesentlich dazu beigetragen, daß Deutschlands Farbstoffindustrie Weltgeltung erlangte. [Wiederkehr]

Werke: Justus von Liebig und A. W. H. in ihren Briefen (1841–1873), hrsg. von W. H. Brock (Weinheim 1984). – *Lit.*: GCh II, 136–153 (B. Lepsius); NDB IX 446–450 (G. Ronge); DSB VI, 461–464 (W. H. Brock; mit Bibl.); J. Volhard/ E. Fischer: A. W. von H., ein Lebensbild (Berlin 1902); M. Müller: Aus dem Leben und Werk des Chemikers und Hochschullehrers A. W. von H.

(1818–1892) (Berlin 1981); C. Meinel / H. Scholz (Hrsgg.): Die Allianz von Wissenschaft und Industrie. A. W. H. (1818–1892) – Zeit, Werk, Wirkung (Weinheim 1992).

Hofmeister, Wilhelm, deutscher Botaniker, * 18.5.1824 Leipzig, † 12.1.1877 Lindenau [bei Leipzig].

Als Sohn eines bekannten Musikverlegers und Musikalienhändlers, der nebenbei auch Botanik betrieb, bereitete sich H. 1839 bis 1841 als Volontär in einer Hamburger Musikalienhandlung auf seinen Beruf als Kaufmann vor. In dieser Zeit beschäftigte er sich nebenbei auch mit Mathematik und Naturwissenschaften, mit der Botanik jedoch erst von 1843 an, angeregt durch *M. J.* → *Schleiden*s berühmtes Buch ›Grundzüge der wissenschaftlichen Botanik nebst einer Methodologischen Einleitung als Anleitung zum Studium der Pflanze‹ (1842). In den folgenden Jahren entstanden mehrere wissenschaftliche Arbeiten zu Fragen der Befruchtung und Entwicklung der Pflanzen, die die Universität Rostock veranlaßten, dem jungen Musikalienhändler den Ehrendoktor zu verleihen. Auch wurde H. zum Mitglied der Sächsischen Akademie der Wissenschaften gewählt. Er arbeitete neben seinem Beruf weiter als Botaniker und wurde 1863 – ohne Reifeprüfung und Studium und ohne Zustimmung der Fakultät – als ordentlicher Professor für Botanik an die Universität Heidelberg berufen. 1872 folgte er dem Ruf als Nachfolger von *Hugo von Mohl* (* 8.4.1805 Stuttgart, † 1.4. 1872 Tübingen) nach Tübingen.

H. beschäftigte sich zunächst mit den noch wenig bearbeiteten Fragen der Fortpflanzung und Frühentwicklung der Pflanze (Befruchtung, Embryobildung usw.). Nach einer Reihe von Einzelarbeiten erschien 1851 sein Hauptwerk ›Vergleichende Untersuchungen der Keimung, Entfaltung und Fruchtbildung höherer Kryptogamen und der Samenanlage der Coniferen‹, in dem H. die erste zutreffende Darstellung der Embryobildung bei den Farnen und Coniferen gab und seine Entdeckung des Generationswechsels bei der Fortpflanzung aller höheren Pflanzen mitteilte. Damit war eine grundsätzliche Erkenntnis über die Entwicklung der einzelnen Pflanze gewonnen, welche die Verwandtschaft der vier so verschiedenen Hauptgruppen deutlich machte. – Ebenfalls von großer Bedeutung ist H.s ›Lehre von der Pflanzenzelle‹ (1867), in der durch die kritische Zusammenfassung der Ergebnisse der ersten Phase der Anwendung der Zellenlehre auf die Pflanze die moderne Pflanzen-Zytologie eingeleitet wird. – Schließlich hat das dritte große Werk H.s, die ›Allgemeine Morphologie der Gewächse‹ (1868), auch der botanischen Gestaltlehre eine neue Grundlage gegeben und die moderne Entwicklungsphysiologie der Pflanzen vorbereitet.

Lit.: NDB IX, 468 f. (M. Müllerott); DSB VI, 464–468 (J. Proskauer); E. Pfitzer: W. H. In: Heidelberger Professoren aus dem 19. Jahrhundert (Bd 2, Heidelberg 1903, S. 265–358; mit Bibl.); K. von Goebel: W. H. Arbeit und Leben eines Botanikers des 19. Jahrhunderts (Leipzig 1924); K. von Goebel: W. H. (Tübingen 1924). [Querner]

Hooke, Robert, englischer Naturforscher und Techniker, * 18.7.1635 Freshwater [Isle of Wight], † 3.3.1703 London.

H. war der Sohn eines Pfarrers und von schwächlicher Gesundheit; doch sein technisches Talent zeigte sich schon früh. Er studierte in Oxford, lernte dort *R.* → *Boyle* kennen und wurde sein bezahlter Assistent und damit der erste hauptberufliche Naturforscher überhaupt. Er konstruierte zusammen mit *Boyle* nach der Beschreibung der Luftpumpe *O. von* → *Guericke*s durch *K. Schott* (1657) die erste in England benutzte Luftpumpe (Pneumatical Engine, 1660); typisch für diese war das Zahnrad mit Kurbel und das Zahngestänge. Neun Jahre später bauten beide noch eine zweite, verbesserte Pumpe. Auch H. gehörte dem Kreis um *Boyle*, *J.* → *Wallis* und *C. Wren* an, aus dem 1662 die Royal Society of London hervorging, die ihn dann zu ihrem ›Curator of experiments‹ und 1677(–1683) zu einem ihrer Sekretäre machte. H.s. Aufgabe war es, regelmäßig Experimente für anstehende Diskussionen vorzubereiten; und er begnügte sich dabei nicht mit der Wiederholung von Versuchen anderer, sondern entwickelte auch eigene Anordnungen und Ideen. Für H. hatte dies den Vorteil, mit zahlreichen aktuellen Fragen direkt in Berührung zu kommen, aber gleichzeitig den Nachteil der Zeitnot für eigene, Konzentration erfordernde Entwicklungen – zumal er nach dem großen Brand von London 1666 neben Sir *Christopher Wren* (* 20.10.1632 East Knoyle [Wiltshire], † 25.2.1723 Hampton Court) als Stadtplaner und Architekt verpflichtet wurde. 1665 war H. auch Professor der Geometrie am Gresham College in London geworden; die dort im Auftrage seines Gönners *John Cutler* gehaltene Vorlesungsreihe mechanisch-technologischen Inhalts gab er als ›Lectiones Cutlerianae‹ 1679 in einem Band heraus.

H. baute sich ein gutes zusammengesetztes Mikroskop. Sein Erstlingswerk, die ›Micrographia‹ (1665), enthält die damit angestellten Beobachtungen; es ist gleichzeitig H.s bedeutendstes Werk. Er beschrieb darin winzige Organismen, organische Strukturen, kleine Kristalle und anderes. Die vielen, alle Einzelheiten darstellenden Stiche bezeugen eine sehr gute Beobachtungsgabe und künstlerisches Talent. So beschrieb er erstmals die Metamorphosen von Insekten und gebrauchte für die Mikrostruktur des Korks (Zellwände) als erster das Wort ›Zelle‹. Bei den Kriställchen zeichnete er kleine Kreise (Kügelchen) ein, die als kleinste gleichartige Materieteilchen in regelmäßiger Anordnung die Kristallform ergeben sollen. In der ›Micrographia‹ legte H. auch seine Ansichten über die Natur des Lichts und der Farben zuerst dar. Auch *I.* → *Newton* beschäftigte sich in jenen Jahren mit der Optik und machte seine Entdeckungen über die spektrale Zerlegung des weißen Lichts; und Prioritätsstreitigkeiten auf diesem Gebiet waren der Anlaß zu einer ersten heftigen Kontroverse. H. hatte die Farberscheinungen an Seifenblasen, dünnen Schichten und Glimmerblättchen (durch Interferenz hervorgerufen) beschrieben und zu deuten gesucht, ebenfalls die von ihm zuerst beobachteten sog. Newtonschen Ringe. Zu ihrer Erklärung bediente sich H. einer Undulationstheorie; das Licht sollte sich in einem Medium ausbreiten ähnlich den Wellen auf einer Wasseroberfläche. Seine Vorstellungen von einer Periodizität waren hier allerdings noch recht verschwommen; auch den Begriff der Interferenz kannte er noch nicht, obwohl er von verschiedenen Strahlen sprach, die an den Grenzebenen einer dünnen Schicht reflektiert werden. H. glaubte auch, nur zwei Grundfarben, Rot und Blau, zulassen zu können. *Newton*s Theorie war in diesem Punkt jedoch unerschütterlich; *Newton* vertrat ursprünglich ein Korpuskel-Äther-Wellen-Modell und in der Auseinandersetzung mit H. sprach er den Gedanken aus, daß jede Spektralfarbe wohl dann ihre eigene Wellenlänge haben müßte, wobei er Rot die größte Wellenlänge zuordnete. – Als Folge dieser Kontroverse hat *Newton* nach dem Brief vom 11. Januar 1672 an *H. Oldenburg*, den Sekretär der Royal Society, zu Lebzeiten H.s über seine optischen Untersuchungen nichts mehr veröffentlicht.

Elf Jahre nach *J.* → *Gregory*s ›Optica promota‹ (1663) konnte H. nach dessen Angaben ein erstes Spiegelteleskop bauen, doch *Newton* war ihm mit einer anderen Konstruktion, die ihm die Mitgliedschaft in der Royal Society eintrug, wieder zuvorgekommen. Aber auch mit anderen Erfindern und Entdeckern stritt sich H., so mit *C.* → *Huygens* wegen der Idee, eine Spiralfeder als Unruhe in Uhren zu benutzen (1675 ließ H. als erster ein Schiffschronometer mit Uhrfeder anfertigen). Ähnlich war es beim Luftfernrohr, doch erwarb sich H. Verdienste mit technischen Verbesserungen des Fernrohrs für Winkelmessungen (Haare für das Mikrometer,

Kreisteilung). Vielleicht die schärfste Auseinandersetzung führte H. mit *Newton* um die Idee der allgemeinen Gravitation; denn schon vor ihm hatte H. neben *E.* → *Halley* und *Wren* über eine solche Attraktionskraft spekuliert und Vorarbeit zur Gravitationstheorie geleistet, ohne daß *Newton* seine Hinweise je erwähnt hätte.

H.s Stärke lag auf praktisch technischem Gebiet. Er war ein fähiger Architekt. Am bekanntesten ist das nach ihm benannte Gesetz aus der Elastizitätslehre (1679). Beim Bau von Instrumenten für meteorologische Zwecke war H. besonders einfallsreich. So schlug er vor, mit einem Eis-Wasser-Gemisch den Nullpunkt des Thermometers festzulegen. Er konstruierte das Radbarometer, und seine Wetterstation enthielt Geräte zur Beobachtung des Luftdrucks, der Temperatur, des Niederschlags, der Feuchtigkeit und der Windgeschwindigkeit. H. sah als einer der ersten das Wettergeschehen in seiner ganzen Komplexität. [Wiederkehr]

Werke: The Posthumous Works (London 1705; Nachdruck: New York/London 1969, London 1972); R. T. Gunther (Hrsg.): The Life and Work of R. H. (5 Bde, Oxford 1930–1935 [Early Science in Oxford, Bd 6–8, 10, 13]); H. W. Robinson/W. Adams (Hrsgg.): The Diary of R. H. (London 1968; mit Biographie). – *Bibl.*: G. L. Keynes: A Bibliography of Dr. R. H. (Oxford 1960). – *Lit.*: DSB IV, 481–488 (R. S. Westfall); M. 'Espinasse: R. H. (London 1956); E. F. Centore: R. H.'s Contributions to Mechanics: A Study in Seventeenth Century Natural Philosophy (Den Haag 1970); M. Hunter/S. Schaffer (Hrsgg.): R. H. New Studies (Woodbridge 1989); E. T. Drake: Restless Genius. R. H. and His Earthly Thoughts (Oxford 1996).

Hubble, *Edwin* Powell, nordamerikanischer Astronom, * 20.11.1889 Marshfield [Missouri], † 28.9.1953 San Marino [Calif.].

H. hatte in Chicago und Oxford studiert, war dann 1914 nach Chicago zurückgekehrt und hatte am Yerkes Observatory gearbeitet, war nach der Promotion 1917 in die US Army eingetreten und hatte den Ersten Weltkrieg in Frankreich mitgemacht, bevor er 1919 als Mitarbeiter des Carnegie-Institutes und der Mt. Wilson-Sternwarte in Pasadena (Calif.) aufgenommen wurde, wo er bis zu seinem Tode tätig war.

H. gehört zu den amerikanischen Astronomen, welche mit Hilfe von Riesenteleskopen unsere Kenntnisse von den Himmelskörpern außerhalb des Milchstraßensystems ungeheuer erweitert und der Astronomie ganz neue Dimensionen erschlossen haben – und er war wohl der größte unter ihnen. Er konnte sich schnell einen guten Namen als Astrophysiker erwerben. Bereits 1922 gelang ihm nämlich die Unterscheidung zwischen galaktischen Reflexionsnebeln und selbstleuchtenden Emissionsnebeln, womit er die Erforschung der interstellaren Gaswolken auf eine neue Basis stellte. 1923/24 entdeckte er auf Photographien des Andromedanebels, welche mit dem neuen 2,5-m-Spiegel des Observatoriums gemacht worden waren und erstmals die Randzonen des ›Nebels‹ in Einzelsterne auflösten, Veränderliche Sterne aus der bekannten Gruppe der Cepheiden, Novae und andere klassifizierbare Sterne, welche ihm nach der Methode *H.* → *Shapley*s eine Entfernungsbestimmung des Andromedanebels und nach und nach auch anderer Galaxien ermöglichte. Damit war erstmals der Nachweis gelungen, daß die sogenannten extragalaktischen ›Nebel‹ tatsächlich Objekte weit außerhalb unseres Milchstraßensystems sind – das nächste, der Andromedanebel, bereits 800000 Lichtjahre entfernt – und daß sie unserer Milchstraße vergleichbar sind: H. hatte auch Kugelsternhaufen im Bereich des Andromedanebels und den Magellanschen Wolken entsprechende Systeme als ihre Begleiter entdeckt. – Aufgrund von 1942 bis 1952 erneuerten Aufnahmen des Andromedanebels konnte der deutsch-amerikanische Astronom *Walter Baade* (* 24.3.1893 Schröttinghausen [bei Lübbecke, Westfalen], † 25.6.1960 Göttingen; 1931–1958 an den

Mt. Wilson and Mt. Palomar Observatories) zwei Populationen von Cepheiden unterscheiden, woraufhin die Entfernungen mehr als verdoppelt werden mußten (Andromedanebel über 2 Millionen Lichtjahre). – 1926 begründete H. die moderne Klassifikation der Galaxien, und sein System liegt noch den heutigen Verzeichnissen zugrunde.

Bereits fünf Jahre nach seiner ersten großen Entdeckung gelang H. 1929 die zweite, der sogenannte Hubble-Effekt, die noch weiterreichende Folgen für das Bild vom Kosmos und seinem Entstehen nach sich zog. H. hatte nach sorgfältigen Vergleichen feststellen können, daß zwischen den mittels seiner Methode bestimmbaren Entfernungen von Galaxien und der Verschiebung der Spektrallinien zum Rot ihres Spektrums hin eine Beziehung besteht, welche besagt, daß eine Galaxis um so entfernter ist, je größer die Rotverschiebung ist. Diese deutete er dann als Doppler-Effekt (*A. C. → Doppler*); und diese Deutung ist auch heute trotz gelegentlich geäußerter Zweifel noch die allein mögliche. Daraus ergibt sich, daß die Galaxien sich um so schneller von uns weg bewegen, je weiter sie entfernt sind; der Proportionalitätsfaktor, Hubble-Konstante (H) genannt, beträgt nach H. 550 (statt heute je nach Kalibrierungsmethode 50–95 [neuester Wert]) km/sec Geschwindigkeit pro 3 260 000 Lichtjahre (Megaparsec) Entfernung. Da alle entfernteren Galaxien Rotverschiebungen aufweisen, mußte daraus auf eine allgemeine Ausdehnung des Weltalls geschlossen werden, so daß von jedem beliebigen Bezugspunkt aus die entfernteren Galaxien sich schneller weg bewegen. Die logische Konsequenz, der H. selbst sich allerdings stets verschloß, ist kinematisch vorerst die Annahme, daß ursprünglich (oder periodisch) sämtliche Materie des Universums an einer Stelle zusammengeballt war (›Urknall‹). Das danach berechnete Alter der Welt von rund $13 \cdot 10^9$ Jahren stimmt überraschend gut mit den durch andere Methoden ermittelten Werten für das Alter unserer Milchstraße und der Erde überein. Doch fangen mit der Erkenntnis H.s erst die Probleme moderner Kosmologie an. H. selbst blieb den extragalaktischen Objekten treu, arbeitete seine Entdeckungen aus, entwickelte weitere, mehr statistische Methoden zur Entfernungsbestimmung sehr weit entfernter Galaxien (Leuchtkraftfunktion) und beschäftigte sich auch mit der Ermittlung der Rotationsrichtung von Spiralnebeln. [Krafft]

Werke: Papers, hrsg. von N. S. Hetherington (Tucson 1990). – *Lit.*: DSB VI, 528–533 (G. J. Whitrow); GWG XI, 152–221 (F. Krafft; mit Bibl.); R. W. Smith: The Expanding Universe: Astronomy's ›Great Debate‹ 1900–1931 (Cambridge 1982); A. S. Sharov/I. D. Novikov: E. H. Der Mann, der den Urknall entdeckte (Basel 1995; zuerst engl., Cambridge/New York 1993); G. E. Christianson: E. H., Mariner of the Nebulae (New York 1995/Bristol 1997).

Huggins, Sir (ab 1897) William, englischer Amateurastronom und Begründer der Sternspektroskopie, * 7.2.1824 London, † 12.5.1910 ebenda.

H. besuchte nur während der Jahre 1837 bis 1839 in London eine öffentliche Schule, wurde sonst aber von guten Privatlehrern unterrichtet. Er interessierte sich früh für naturwissenschaftliche Fragen, machte anfänglich mikroskopische Untersuchungen hauptsächlich zur Physiologie, trat 1852 der Royal Microscopical Society bei und scheint von hier aus die Anregung erhalten zu haben, sich auch einmal praktisch mit Vergrößerungen teleskopischer Art zu beschäftigen. 1854 trat er jedenfalls der Royal Astronomical Society bei – seit 1867 war er mit Ausnahme der Jahre 1876 bis 1878, als er ihr Präsident war, jeweils einer der Sekretäre dieser Gesellschaft – und begann schon im folgenden Jahr mit dem Bau einer kleinen Privatsternwarte an seinem Haus in Upper Tulse Hill, einem Vorort Londons. Seit 1856 beobachtete er hier, später gemeinsam mit seiner Frau.

Nach topographischen Untersuchungen von Jupiter und Saturn gelang ihm in den Jahren 1863 und 1864 der Durchbruch zu einem der international angesehensten Astronomen: Sogleich nach der Veröffentlichung der Kirchhoff-Bunsenschen Deutung (*G. R. → Kirchoff, R. → Bunsen*) der Fraunhoferschen Linien im Spektrum des Sonnenlichtes (*J. von → Fraunhofer*), wodurch ein Einblick in den chemischen Aufbau der Sonne(noberfläche) möglich wurde, faßte er den Plan, die Spektralanalyse auch auf das Licht von Fixsternen anzuwenden. Er bat seinen Nachbarn in Tulse Hill, den Chemieprofessor am King's College *William Allen Miller* (* 17.12.1817 Ipswich [Suffolk], † 30.9. 1870 Liverpool), ihm bei den Untersuchungen behilflich zu sein, konstruierte ein Sternspektroskop und konnte bereits 1863 zusammen mit *Miller* die erste Arbeit über den chemischen Aufbau einiger heller Sterne veröffentlichen. Er merkte dann bald, daß es noch an exakten Bestimmungsgrundlagen fehlte, und fertigte erst einmal einen Atlas mit den genauen Spektren einer großen Anzahl von chemischen Elementen an, der 1864 erschien. Jetzt konnte er feststellen: »Star differs from star in chemical constitution.« Noch im selben Jahr untersuchte er erstmals das Spektrum eines Nebels und konnte eindeutig nachweisen, daß es sich bei diesem Objekt um eine Gaswolke handelt und nicht um einen nur aus technischen Gründen noch nicht auflösbaren Sternhaufen. H. wurde daraufhin 1865 zum Mitglied der Royal Society gewählt (von 1900 bis 1905 war er ihr Präsident). Er untersuchte dann im Mai 1866 auch erstmals das Spektrum einer Nova, fand eine Reihe von breiten Wasserstofflinien und schloß daraus auf einen Ausbruch von Wasserstoffgas aus dem Innern, mit Temperaturen, die höher als an der Sternoberfläche liegen. Noch im selben Jahr wandte er die neue Methode auch auf Kometen an, fand, daß ihr Spektrum ein anderes als das der Nebel ist, und sah sie als glühende Kohlenstoffwolken an. Bereits in den Jahren 1862/1863 hatte H. versucht, die Sternspektren nach dem Vorgang *A. C. → Dopplers* auf eine Farbverschiebung hin zu untersuchen; 1868 erkannte er dann am Spektrum des Sirius, daß der Doppler-Effekt sich nicht in einer wahrnehmbaren Verfärbung des Lichtes, wie sein Entdecker angenommen hatte, sondern allein in einer Verschiebung der Fraunhoferschen Linien innerhalb des sichtbaren Spektrums zum Roten oder Violetten hin auswirkt, die Auskunft über eine Bewegung des Sternes auf den Beobachter auf der Erde zu oder von ihm fort gibt. Er hatte damit ein weiteres neues Verfahren zur Erforschung des Universums erschlossen und sich auch später intensiv mit der Bestimmung von Radialgeschwindigkeiten beschäftigt. Ein Versuch, das Spektrum des Sirius auch photographisch aufzunehmen, mißlang allerdings. Hierin kam ihm im Jahre 1872 ein anderer Liebhaberastronom, der Nordamerikaner *Henry Draper* (* 7.3.1837 Virginia, † 20.11.1882 New York), der seit 1860 Professor für Physiologie und analytische Chemie an der Universität von New York war, mit der Aufnahme des Wega-Spektrums zuvor. H. hatte erst 1875 ein dazu geeignetes Instrument, photographierte dann aber ab 1882 auch bereits Spektren von Nebeln. 1908 setzte er sich nach erfolgreicher Beobachtertätigkeit und der Veröffentlichung mehrerer Spektralkataloge zur Ruhe und vermachte das große Doppelteleskop, das ihm durch eine Stiftung 1870 von der Royal Society finanziert worden war, dem Cambridge University Observatory. Eine große Anzahl in- und ausländischer wissenschaftlicher Ehrungen hatte er inzwischen erhalten als der Mann, von dem die ersten und entscheidenden Impulse für die neue Astrophysik ausgegangen waren.

[Krafft]

Werke: The Scientific Papers, hrsg. von W. Huggings/M. L. Huggins (London 1909; Bd 2 von: Publications of Sir W. H.'s Observatory. London 1899–1909). – *Lit.*: DSB VI, 540–543 (H. Dingle); C. E. Mills/C. F. Brooke: A Sketch of the Life of Sir W. H. (London 1936).

Humboldt, Friedrich Wilhelm Heinrich *Alexander*, Freiherr von, deutscher Naturforscher, * 14.9.1769 Schloß Tegel [heute zu Berlin gehörig], † 6.5.1859 Berlin.

H.s Eltern waren wohlhabend, gehörten dem Hofadel an und ließen ihre Söhne Alexander und *Wilhelm von Humboldt* (* 22.6.1767 Potsdam, † 8.4.1835 Tegel), der sich später um die Universitätsreform in Preußen und Deutschland sehr verdient gemacht hat, von aufgeklärten fortschrittlichen Hauslehrern unterrichten. 1787 bis 1788 studierte H. dann auf Wunsch der Mutter in Frankfurt an der Oder Kameralwissenschaften und ließ sich anschließend in Berlin von verschiedenen Gelehrten in Technologie, Mathematik, Zeichnen und anderen Fächern unterrichten. Im April 1789 folgte er seinem Bruder an die Universität Göttingen und widmete sich dort sowohl sprachlichen wie naturwissenschaftlichen Studien. Seine bedeutendsten Lehrer waren der Naturforscher *J. F. → Blumenbach*, der Physiker *G. C. → Lichtenberg* und der klassische Philologe *Christian Gottlob Heyne* (* 25.9.1729 Chemnitz, † 14.7. 1812 Göttingen). 1790 unternahm H. eine erste Studienreise mit dem Natur- und Völkerkundler *Georg Forster* (* 26.11.1754 Nassenhuben [bei Danzig], † 12.1.1794 Paris) durch die Niederlande, England und Frankreich und ging dann nach Freiberg, um bei *A. G. → Werner* Geologie und Mineralogie zu studieren. Direkt nach dem Abschluß seines Studiums trat er 1792 in den preußischen Bergbaudienst, schied nach dem Tode seiner Mutter 1796 aber auf eigenen Wunsch wieder aus, um sich auf eine geplante große Forschungsreise vorzubereiten. 1798 brach er hierzu von Paris auf, erlangte schließlich 1799 in Spanien die Erlaubnis, eine Studienreise durch die Spanischen Kolonien zu unternehmen, hielt sich bis 1804 in Südamerika auf und kehrte nach einem kurzen Aufenthalt in den U.S.A. nach Europa zurück. Nach einem längeren Aufenthalt in Paris reiste er nach Italien und kehrte über die Schweiz nach Berlin zurück. 1807 ging er dann in diplomatischer Funktion erneut nach Paris, wo er sich bis 1827 aufhielt, da dort damals das Zentrum der Wissenschaft lag und sich deshalb nur dort ausreichende Möglichkeiten zur wissenschaftlichen Auswertung seiner Reiseergebnisse boten. 1827 kehrte er mit dem Vorsatz nach Berlin zurück, das dortige Niveau der Mathematik und Naturwissenschaften anzuheben. 1829 unternahm er auf Wunsch des Zaren eine neunmonatige Reise nach Sibirien, deren Ergebnisse in den Reisewerken ›Fragmente einer Geologie und Klimatologie Asiens‹ (2 Bde, 1831) und ›Zentral-Asien‹ (3 Bde, 1843) festgehalten wurden. Die Auswertung seiner großen Reise (›Voyage aux régions équinoxiales du Nouveau Continent‹, 30 Bde, 1809–1825) hatte ihn für mehr als drei Jahrzehnte in Anspruch genommen; obwohl es fragmentarisch geblieben ist, ist es dennoch das größte Reisewerk der Geschichte.

H. war der letzte Universalgelehrte und ein Popularisator der Naturwissenschaften in bestem Sinne. Sein Werk ›Kosmos‹ (5 Bde, 1845 bis 1862) beschreibt als ›Physikalische Kosmologie‹ die gesamte materielle Welt von den Galaxien bis zur Geographie einzelner Pflanzen einschließlich der Geschichte ihrer Erforschung; mit seinen 900 zitierten Quellen ist es auch eine Fundgrube für die Naturwissenschaftsgeschichte.

H. war einer der ersten, der die Bedeutung der Mathematik für die Naturbeschreibung und für die Anwendung der naturwissenschaftlichen Erkenntnisse in der Technik erkannte und propagierte. Dies zeigt sich auch in seinen eigenen Forschungen: Er verglich die Temperaturmessungen, entwarf eine Karte mit Linien gleicher Jahresmitteltemperatur (›Jahresisothermen‹) und begründete so die vergleichende Klimatologie. Er zeigte, daß die Isothermen nicht breitenparallel verlaufen, und untersuchte die Ursache ihrer Abweichungen. Durch die Benutzung des Spiegelsextanten zur Bestimmung der relativen Lichtstärke von Sternen der südlichen Hemisphäre leistete er einen originellen Beitrag zur Astronomie. H. führte extensive Versuche zum Galvanismus und zu chemischen Effekten auf Tiere und Pflanzen durch (›Versuch über die gereizte Muskel- und Nervenfaser‹, 2 Bde, 1797–1798; auch *J. W. → Ritter*).

H. war als Forschungsreisender ebenso bedeutend wie als Geograph und wurde damit zur idealen Verkörperung eines Geowissenschaftlers. Geographische Leitmotive bestimmten seine Reisebeobachtungen, und die Erfahrungen der Reisen machten seine Geographie wirklichkeitsnah. Er gliederte seine Geographie dreifach: 1. Physicogeographie (Naturbeschreibung), 2. Historia telluris (Erdgeschichte), 3. Geognosia (Erdkunde). In seinem Herbarium hatte er 5000 neue (gegenüber den 8000 bis damals bekannten) Spezies mitgebracht und so der botanischen Forschung neue Impulse geliefert. Er verglich den Einfluß der Umweltbedingungen auf die Pflanzen mit den Vegetationszonen und stellte eine Reihe von anschaulichen Grundtypen der Vegetation auf; damit hat er die Pflanzengeographie begründet. Die Geophysik bereicherte er durch Forschungen über die Verteilung des Erdmagnetismus und wurde so zum Initiator der modernen Polarforschung. Durch den Vergleich von Vulkanen gelangte er zu seiner Spaltentheorie, mit deren Hilfe ihm eine Erklärung der Anordnung der Vulkane und ihres Zusammenhanges mit der Gebirgsbildung gelang. Weiterhin hat er die Orographie, die Hochgebirgsforschung und die thematische Kartographie mitbegründet. H. beendete und vollendete zugleich eine große Epoche der modernen Naturforschung, sein Hauptwerk hatte großen Einfluß auf junge Naturforscher wie *C. → Darwin* und *E. → Haeckel*.

[Bäumer-Schleinkofer]

Werke: Gesammelte Werke (12 Bde, Stuttgart 1889); Voyage aux régions équinoxiales du Nouveau Continent (35 Bde, Paris 1805–1843; Nachdruck: Hildesheim 1970–1971); I. Jahn/F. G. Lange (Hrsgg.): Die Jugendbriefe A. von H.s 1787–1799 (Berlin 1973); A. von H. – Carl Friedrich Gauß. Briefwechsel, neu hrsg. von K.-R. Biermann (Berlin 1977); Briefwechsel zwischen A. von H. und Heinrich Christian Schumacher, hrsg. von K.-R. Biermann (Berlin 1979); Briefwechsel zwischen A. von H. und Peter Gustav Lejeune Dirichlet, hrsg. von K.-R. Biermann (Berlin 1982); U. Moheit (Hrsg.): Briefe aus Amerika (Berlin 1993); Briefwechsel zwischen A. von H. und Friedrich Wilhelm Bessel, hrsg. von H.-J. Felber (Berlin 1994). – *Bibl.*: Pogg. VII a Suppl., 295–301; H. Fiedler/U. Leitner: A. von H.s Schriften. Bibliographie der selbständig erschienenen Werke (Berlin 1997). – *Lit.*: H. Beck: A. von H. (2 Bde, Wiesbaden 1959–1961; mit Bibl.); A. Meyer-Abich: A. von H. in Selbstzeugnissen und Bilddokumenten (Reinbek bei Hamburg 1967); K.-B. Biermann: A. von H. – Chronologische Übersicht über wichtige Daten seines Lebens (Berlin 1979, [2]1983); K.-R. Biermann: A. von H. (Leipzig 1980); W.-H. Hein: A. von H. und die Pharmazie (Stuttgart 1988); Studia Fribergensia – Vorträge des A.-v.-H.-Kolloquiums in Freiberg (Berlin 1994); O. Krätz: A. von H. Wissenschaftler, Weltbürger, Revolutionär (München 1997).

Hutton, James, schottischer Geologe, * 3.6.1726 Edinburgh, † 26.3.1797 ebenda.

H. war der Sohn eines Kaufmanns. Er studierte Medizin in Edinburgh und Paris, übte aber den medizinischen Beruf nie aus, sondern bewirtschaftete ein ererbtes Landgut in Berwickshire. Daneben beschäftigte er sich vorzugsweise mit chemischen und geologischen Studien. Die Beteiligung an einem industriellen Unternehmen versetzte ihn in die Lage, sich 1768 ins Privatleben zurückzuziehen und ganz wissenschaftlicher Forschung zu widmen. Zahlreiche Reisen hatten ihn mit der Bodenbeschaffenheit von Schottland, England und Nordfrankreich vertraut gemacht und seine geologischen Ideen gefestigt. 1783 wurde H. Mitbegründer der Royal Society von Edinburgh.

Als H. mit seinen geologischen Forschungen begann, gab es noch keine Geologie, durch sein Lebenswerk wurde sie erst als besondere Wissenschaft etabliert. H. kam von der Mineralogie her und fragte nach Entstehen und Werdegang der Mineralien in der Erde. Dies führte ihn auf Fragen zu Prozessen in der Erdrinde, der Gesteinsbildung und der Verwitterung. Daneben verfaßte er noch umfangreiche Werke philosophischen Inhalts und einige Abhandlungen über Meteorologie und Landwirtschaft. Sein Hauptgedanke war die Erkenntnis, daß die noch heute in der Erdrinde stattfindenden Prozesse dieselben sind, die auch in ihrer vergangenen Geschichte gewirkt haben, womit er die seit *C.* → *Lyell* als ›Aktualitätsprinzip‹ bekannte Forderung ähnlich wie *I.* → *Kant* im wesentlichen vorweggenommen hat. Die aus einem festen Kern und einer Hülle aus Luft und Wasser bestehende Erde sei von jeher großen Veränderungen ausgesetzt gewesen. Unermeßlich lange Zeiträume seien erforderlich gewesen, um den jetzigen Zustand herbeizuführen. Aus dem Wasser entstandene Sedimentbildungen seien in der Tiefe durch die Hitze umgeschmolzen und durch den Druck des darüber lastenden Ozeans zu Gesteinen verfestigt worden. Diese verfestigten Gesteinsschichten seien durch die ausdehnende Kraft der Wärme teilweise emporgestiegen und hätten die jetzigen Festländer gebildet. Zur Verhinderung einer übermäßigen Erhebung der Kontinente durch die unterirdische Expansion seien die Vulkane geschaffen. Durch die Spalten und Brüche in der Erdkruste sei von Zeit zu Zeit innere Lava ausgetreten und zu Gesteinen wie Granit, Porphyr, Basalt, Wacke etc. erstarrt. Damit nimmt H. eine Mittelstellung zwischen dem Neptunismus (*A. G.* → *Werner*) und dem Vulkanismus (früher Hauptvertreter war der französische Geologe und Botaniker *Jean-Étienne Guettard* [* 22.9. 1715 Etampes, † 6.1.1786 Paris]) ein. Den größten Fortschritt der geologischen Forschungen H.'s bildete die Erkenntnis, daß der Prozeß der Sedimentierung ein zyklischer ist – ein heute allgemein anerkanntes Axiom. Die Landoberfläche werde durch Erosion allmählich abgetragen, das abgetragene Material zur See transportiert, um dort wieder als Sediment abgelagert zu werden, das dann durch die innere Hitze verfestigt und aufgefaltet wird, um neues Land zu bilden. H. erklärte die Verwitterung durch den Einfluß der Atmosphäre, wobei der Regen die Hauptrolle spielen sollte. Das brachte ihn zu einer Theorie der Wolkenbildung aufgrund des Temperaturwechsels. So wurde er auch zu einem Vorläufer der modernen Meteorologie.

Da H.s Darstellungsweise sehr schwer verständlich und auch der Titel seines Werkes ›Theory of Earth‹ (2 Bde, 1795) für damalige Zeit sehr ungeschickt gewählt war, wurde seine Theorie eigentlich erst durch die kommentierende Ausgabe seines Freundes, des Naturphilosophen und Mathematikers *John Playfair* (* 10.3.1748 Benvie [bei Dundee], † 20.7.1819 Edinburgh), populär gemacht, der mit seinen ›Illustrations of the Huttonion Theory of the Earth‹ (1822) zum ersten Mal eine klare Darstellung von H.s System lieferte.

[Bäumer-Schleinkofer]

Lit.: DSB VI, 577–588 (V. A. Eyles); J. Playfair: Biographical Account of the Late Dr. J. H. [1803] (Nachdruck: Edinburgh 1997); E. B. Bailey: J. H. – The Founder of Modern Geology (Amsterdam usw. 1967); D. R. Dean: J. H. and the History of Geology (Ithaca 1992); D. B. McIntyre: J. H., the Founder of Modern Geology (1997).

Huxley, Thomas Henry, englischer Zoologe, * 4.5.1825 Ealing [Middlesex], † 29.6.1895 Eastborne [Sussex].

H. studierte 1842 bis 1845 in London Medizin und nahm 1846 bis 1850 als Arzt der Royal Navy an der Fahrt des Vermessungsschiffes ›Rattlesnake‹ nach Australien teil. Nach der Rückkehr ließ er sich vom Dienst als Schiffsarzt beurlauben, um das mitgebrachte zoologische Material zu bearbeiten. 1854 wurde er als Nachfolger des britischen Zoologen und Paläontologen *Edward Forbes* (* 12.2.1815 Douglas [Isle of Man], † 18.11.1854 Edinburgh), eines Pioniers der Meeresbiologie, für das Fach Naturgeschichte an die staatliche Bergbauschule in London berufen. 1885 gab er diese Lehrtätigkeit auf, nachdem er 1872 bis 1881 Sekretär der Royal Society of London und 1883 bis 1885 deren Präsident gewesen war. Am politischen und öffentlichen Leben nahm er u.a. als Mitglied von Kommissionen für das Unterrichtswesen und der Kommission für das Fischereiwesen teil. Seine öffentlichen Vorträge über wissenschaftliche und weltanschauliche Fragen waren berühmt; er unterrichtete auch an der Royal Institution und am Royal College of Surgeons. 1872 führte er die praktischen Übungen im Laboratorium in den Zoologie-Unterricht an der Hochschule ein.

H. begann sein wissenschaftliches Werk mit Untersuchungen über die Entwicklung von Hydrozoen, die ihn dazu führten, die lange bekannten ›Keimblätter‹ der Wirbeltiere mit den beiden Zellschichten der Coelenteraten gleichzusetzen; erst damit waren die Wirbellosen konsequent in die vergleichende Entwicklungsgeschichte der Tiere einbezogen. Als Lehrer an der Bergbauschule mußte sich H. vorwiegend mit Wirbeltieren beschäftigen. Auch deren Embryologie untersuchte er mit neuen allgemeinen und speziellen Ergebnissen. Die Bearbeitung der Schädelentwicklung erbrachte ihm die Erkenntnis, daß nur der Vergleich der Strukturen von Embryonalstadien die Entscheidung über das Bestehen einer Homologie erlaubt. H. schloß damit an die Arbeiten von *K. E. von* → *Baer* und *Martin Heinrich Rathke* (* 25.8.1793 Danzig, † 15.9.1860 Königsberg) an. Er bewunderte vor allem *von Baer*s Werk und übertrug wichtige Teile von dessen theoretischen Schriften zur Verwandtschaft der Tiere – im Sinne der typologischen Morphologie – und zur vergleichenden Entwicklungsgeschichte ins Englische. Besonders erfolgreich und nachwirkend waren H.s Arbeiten auf dem Gebiet der Wirbeltier-Paläontologie. Er begann mit einer Untersuchung der Fische des Devon und korrigierte und ergänzte damit das Werk von *L.* → *Agassiz*. Er klärte die Homologie-Verhältnisse bei Sauriern, Reptilien und Vögeln und schuf den Begriff der ›Sauropsida‹. Als wichtigen Beleg für die kontinuierliche Entstehung eines rezenten Wirbeltier-Typs stellte H. eine vollständige Reihe der Pferdevorfahren aus fossilem Material von Zähnen und Extremitäten zusammen. Diese paläontologischen Arbeiten standen bereits unter dem Einfluß der Lehre *C.* → *Darwin*s. Als Verfechter der neuen Auffassung vom Ursprung der Arten ist H. besonders bekannt geworden. Er verfaßte die ersten zustimmenden Rezensionen über *Darwin*s Werk von 1859 und verteidigte die neue Lehre gegen prominente Kritiker, z.B. auf der englischen Naturforscher-Versammlung 1860 in Oxford gegen den Bischof Samuel Wilberforce. Auch der berühmteste der englischen Naturhistoriker der ersten Hälfte des 19. Jahrhunderts, *R.* → *Owen*, gehörte zu seinen Gegnern, besonders nach dem Erscheinen von H.s bekanntestem Werk: ›Evidence as to Man's Place in Nature‹ (1863), in dem er die Deszendenztheorie *Darwin*s speziell auf den Menschen anwendete – wie es im gleichen Jahre in Deutschland durch *E.* → *Haeckel* geschah. H. und *Haeckel* standen in freundschaftlichem Briefwechsel.

Werke: Collected Essays (9 Bde, London 1894–1908; Nachdruck Hildesheim 1970); The Scientific Memoirs, hrsg. von M. Forster/E. R. Lancaster (5 Bde, London 1898–1903); Reden und Aufsätze naturwissenschaftlichen, pädagogischen und philosophischen Inhalts (Berlin 1877). – *Bibl.*: W. R. Dawson: The H. Papers. A Descriptive Catalogue of the Correspondence, Manuscripts and Miscellaneous Papers of The Rt. Hon. T. H. H. (London 1946). – *Lit.*: DSB VI, 589–597 (W. C. Williams); GWG VIII, 450–463 (H. Querner); P. C. Mitchell: T. H. H. A Sketch of His Life and Work (London 1900); L. Huxley (Hrsg.): Life and

Letters of T. H. H. (3 Bde, London 1903; mit Bibl.); C. Bibby: T. H. H., Scientist Extraordinary. The Life and Scientific Work of T. H. H., 1825–1895 (New York 1972); M. A. di Gregorio: T. H. H.'s Place in Natural Science (New Haven/London 1984). [Querner]

Huygens, Christiaan, niederländischer Mathematiker, Physiker und Astronom, * 14.4.1629 Den Haag, † 8.7. (nicht 8. oder 18.6.) 1695 ebenda.

H.' Vater, Geheimschreiber im Dienste des Prinzen von Oranien, war ein hochgebildeter Mann und berühmter Dichter, der mit *R.* → *Descartes*, *M. Mersenne* und anderen Gelehrten befreundet war. Er ließ seinen Söhnen eine sorgfältige Erziehung zuteil werden. H. zeigte früh eine starke mathematische Begabung, studierte jedoch zunächst Rechtswissenschaft, ehe er sich endgültig für mathematisch-naturwissenschaftliche Studien entschied und in *Frans van Schooten dem Jüngeren* (* um 1615 Leiden, † 29.5.1660 ebenda) einen sehr befähigten Mathematiker zum Lehrer hatte. Beide kannten die cartesische Mathematik ebensogut wie die antiken Klassiker, unter denen sich H. besonders → *Archimedes* zum Vorbild nahm. Dessen Methoden lernte er wie kein zweiter zu seiner Zeit zu handhaben. Sowohl in der Mathematik wie in der Mechanik setzte er das Werk des antiken Meisters etwa ab 1650 fort, erwarb sich durch die Erfindung der Pendeluhr (1656) und die Entdeckung des Saturnringes (1655/56) rasch großes Ansehen und galt als führender Mathematiker, bis der Glanz *I.* → *Newtons* ihn zu überstrahlen begann. Lange Jahre wirkte H. als Zierde der 1666 gegründeten Akademie der Wissenschaften in Paris; erst 1681, nach einer schweren Erkrankung, kehrte er in sein Vaterland zurück, um als Privatmann seinen wissenschaftlichen Untersuchungen nachzugehen.

Mit seinen Werken nimmt H. eine Mittelstellung zwischen *G.* → *Galilei* und *Descartes* auf der einen, *Newton* und *G. W.* → *Leibniz* auf der anderen Seite ein. Seine ersten mathematischen Arbeiten widerlegten irrtümliche Ansichten seiner Vorgänger, so die Meinung *Galilei*s, eine an den Enden aufgehängte Kette nehme die Gestalt einer Parabel an. Angeregt durch den Briefwechsel zwischen *P. de* → *Fermat* und *B.* → *Pascal* entwarf H. eine vollständige Theorie des Würfelspiels, die *F. van Schooten d. J.* unter dem Titel ›De ludo aleae‹ 1657 veröffentlichte. Im Zusammenhang mit infinitesimalen Studien entstand u.a. eine allgemeine Evolutentheorie, in der Kurven untersucht werden, die durch Abwicklung anderer erzeugt werden. Wichtigstes Beispiel ist die Zykloide. Sie war Thema eines 1658 von *Pascal* verbreiteten mathematischen Preisausschreibens gewesen, woran sich eine der im 17. Jahrhundert nicht seltenen wissenschaftlichen Fehden anschloß, die bei allen Begleiterscheinungen persönlicher Art doch auch zur Weiterentwicklung der Wissenschaft beitrugen.

Eines der besonderen Kennzeichen H.schen Schaffens ist die enge Verbindung zwischen mathematischer Theorie und ihren Anwendungen in Physik, Astronomie und Technik. Die bedeutungsvollste seiner Erfindungen für alle drei Gebiete war die Konstruktion der Pendeluhr. Zwar gab es mechanische Räderuhren bereits seit einigen Jahrhunderten, doch ihr Gang war so unregelmäßig, daß sich zum Beispiel *Galilei* zur Kurzzeitmessung bei physikalischen Experimenten noch einer Wasseruhr bediente. Die Erfindung der Pendeluhr lag zweifellos um die Mitte des 17. Jahrhunderts in der Luft – auch *Galilei* hatte sich darüber Gedanken gemacht, und selbst in den Handschriften von → *Leonardo da Vinci* findet sich eine entsprechende Zeichnung. Doch H. war der einzige, der das Problem von den theoretischen wie den praktisch-technischen Aspekten her mit der ihm eigenen Gründlichkeit vollständig durcharbeitete und damit zum Vater der physikalischen Zeitmessung wurde. Sein Uhrmacher, *Samuel Coster*, baute nach seinen Angaben eine große Zahl von Uhren. Da die Schwingungsdauer des Pendels nur bei kleinen Schwingungen wirklich konstant ist, experimentierte H. auch mit Zykloidenpendeln; ihre Schwingungsdauer ist, wie er nachgewiesen hatte, unabhängig von der Größe des Ausschlags. Für die zur Positionsbestimmung auf See besonders wichtige Zeitmessung ersetzte er das Pendel durch eine Feder, die Unruhe, wie sie noch heute in Taschenuhren und Schiffschronometern verwendet wird. Die Ergebnisse der theoretischen Untersuchungen erschienen 1673 im ›Horologium oscillatorium‹, das einen bedeutenden Fortschritt in der Mechanik darstellte.

Das Ineinanderwirken von Theorie und Praxis liegt auch den astronomischen Entdeckungen von H. zugrunde. In Kenntnis des Snellschen Lichtbrechungsgesetzes (*W.* → *Snellius*, *R.* → *Descartes*), das *Galilei* und *J.* → *Kepler* noch nicht besaßen, konnte er den Strahlengang durch Linsensysteme und die dabei auftretenden Fehler berechnen, was ihm zu wirksamen Verbesserungen des Fernrohrs verhalf. Das führte zur Entdeckung eines Saturnmondes und zur Erkenntnis des freischwebenden Ringes dieses Planeten, d.h. der richtigen Deutung der bereits von *Galilei* als ›Henkel‹ beschriebenen Erscheinung am Saturn. Auch die Theorie des Mikroskops bearbeitete der holländische Forscher.

Seine physikalischen Vorstellungen waren anfangs stark durch *Descartes* geprägt. Es gelang ihm nur allmählich, sich aus den Fesseln von dessen metaphysischen Prinzipien zu befreien. Dazu trug die Untersuchung der Stoßgesetze nicht wenig bei; denn die von *Descartes* angegebenen Regeln erwiesen sich zum großen Teil als falsch. Dennoch blieb H.' Denken dem Cartesianismus stark verhaftet; insbesondere blieb das von *Descartes* entworfene Leitbild einer mechanistischen Erklärung aller Naturerscheinungen für ihn bestimmend. Neben den Studien zur Mechanik, die (modern gesprochen) das Prinzip der Erhaltung der Energie im Gravitationsfeld zu einem Eckpfeiler machten, verdient vor allem die H.sche Undulationstheorie in der Optik Erwähnung, weil sie das Licht auf mechanistischer Grundlage erklärt. Zwar wurde die Optik des 18. Jahrhunderts von der Korpuskulartheorie *Newton*s beherrscht, doch die Entdeckung der Wellennatur des Lichtes durch *A.-J.* → *Fresnel* ließ H.' Theorie wieder zu Ehren kommen. Das ›H.sche Prinzip‹ der Wellenausbreitung wird heute noch in jedem Lehrbuch der Optik behandelt – seinem Entdecker gab es die Möglichkeit, die Doppelbrechung in Kristallen zu erklären durch die Annahme, daß die Ausbreitungsgeschwindigkeit des Lichts in ihnen von der Richtung abhängig sei. Der Verbindung von Theorie und Experiment entsprang dabei die Entdeckung der Polarisation des Lichtes beim Durchgang durch einen Kalkspatkristall. [Scriba]

Werke: Œuvres complètes (22 Bde, Den Haag 1888–1950). – *Lit.*: DSB VI, 597–613 (H. J. M. Bos); GWG V, 996–1013 (G. Franke); GPh I, 185–193 (V. Schüller); A. E. Bell: C. H. and the Development of Science in the Seventeenth Century (London 1947, Nachdruck 1950); J. A. Vollgraff: C. H. [Biographie]. In: Œuvres complètes, Bd 22 (Den Haag 1950); H. J. M. Bos u.a.: Studies on C. H. (Lisse 1980); H. et la France (Paris 1982); J. G. Yoder: Unrolling Time. C. H. and the Mathematization of Nature (Cambridge 1988); G. Mormino: Penetralia motus. La fondazione relativistica della meccanica in C. H., con l'edizione del Codex Hugensiorum 7 A (Florenz 1993); C. Vilain: La mécanique de C. H. La relativité du mouvement au XVIIe siècle (Paris 1996).

J

Jacobi, Carl Gustav Jacob, deutscher Mathematiker, * 10.12.1804 Potsdam, † 18.2.1851 Berlin.

J. war der vielseitig begabte Sohn einer jüdischen Kaufmannsfamilie, der schon mit 21 Jahren als Privatdozent für Mathematik an der Universität Berlin wirkte. Ab 1826 lehrte er an der Universität Königsberg, wo man ihm bereits mit 26 Jahren die ordentliche Professur für Mathematik übertrug, die er bis 1843 innehatte. Infolge angegriffener Gesundheit (Diabetes) verlegte er danach seinen Wohnsitz wieder nach Berlin und hielt fortan in seiner Eigenschaft als Akademiemitglied an der dortigen Universität Vorlesungen.

Zusammen mit dem mathematischen Physiker und Mineralogen *F. E.* → *Neumann* richtete J. in Königsberg 1834 das berühmte mathematisch-physikalische Seminar ein – das erste seiner Art. Es ermöglichte ihm, viel stärker als das durch die bis dahin allein übliche Lehrveranstaltung der Vorlesung möglich gewesen war, die Bildung einer Schule junger Mathematiker. Sie übernahmen seine besondere Arbeitsrichtung und setzten sie später auch an anderen Universitäten Deutschlands fort. Im Zusammenhang mit der allgemeinen Universitätsreform, die in Preußen eng mit dem Namen *Wilhelm von Humboldt* verknüpft ist, aber auch nicht ohne Einfluß auf die übrigen deutschen Universitäten blieb, führte das zu einem raschen Aufschwung der mathematischen Wissenschaft. Begünstigend wirkte dabei die 1826 erfolgte Gründung des von dem Berliner Oberbaurat *August Leopold Crelle* (* 17.3.1780 Eichwerder [bei Wriezen/Oder], † 6.10.1855 Berlin) herausgegebenen ›Journals für die reine und angewandte Mathematik‹, um das sich bald eine Gruppe hochbegabter Mathematiker scharte – neben J. gehörten *N. H.* → *Abel*, *P. G.* → *Dirichlet*, *F. G. Eisenstein*, *August Ferdinand Möbius* (* 17.11.1790 Schulpforta [heute zu Bad Kosen gehörig], † 26.9.1868 Leipzig), *J. Plücker*, *J. Steiner* und andere dazu.

Zu *N. H. Abel* insbesondere ergab sich in den Jahren 1827/1828 eine denkwürdige Beziehung. Beide arbeiteten damals unter Anspannung aller ihrer Kräfte an einer Theorie der elliptischen Funktionen. Daraus entwickelte sich für kurze Zeit ein dramatischer Wettkampf, der dann durch *Abel*s frühen Tod jäh abgebrochen wurde. Viele Jahre hatte zuvor der französische Mathematiker *Adrien Marie Legendre* (* 18.9. 1752 Paris, † 10.1.1833 ebenda) mit dem Studium der elliptischen Integrale zugebracht, doch der entscheidende Zugang, die Einführung der Umkehrfunktionen, war ihm verschlossen geblieben. Erst Jahrzehnte später erfuhr die Welt, daß vor *Abel* und J. ein anderer die so schwer zu bezwingende Festung erobert hatte: *C. F.* → *Gauß* war, was erst seine hinterlassenen Manuskripte offenbarten, der Einbruch lange vor ihnen gelungen. Kurze Zeit nach *Abel*s Tod erschien J.s große Abhandlung über elliptische Funktionen, worin die Theorie zu einem ersten vorläufigen Abschluß gebracht wurde. Als Anwendung auf die Zahlentheorie ergab sich ein neuer Beweis des von *P. de* → *Fermat* vermuteten und zuerst von *J. L.* → *Lagrange* bewiesenen Satzes, daß sich jede natürliche Zahl als Summe von höchstens vier Quadratzahlen darstellen läßt.

J. war ein sehr vielseitiger Mathematiker, dem die Formeln und Resultate der verschiedensten mathematischen Forschungsgebiete ständig gegenwärtig waren. Er handhabte auch komplizierte Formeln und Rechnungen mit Leichtigkeit und Eleganz. Ursprünglich mehr der reinen Mathematik zugetan, war er in Königsberg durch den Astronomen *F. W.* → *Bessel* auch mit der angewandten Seite der Mathematik in nähere Berührung gekommen. Besonders erwähnenswert sind seine Beiträge zur Mechanik, wobei er Arbeiten sowohl britischer wie französischer Kollegen aufnahm und weiterführte. In den postum erschienenen ›Vorlesungen über Dynamik‹ entwickelte er u.a. Integrationsmethoden für die von *W. R.* → *Hamilton* aufgestellten kanonischen Differentialgleichungen für allgemeine Bewegungsvorgänge. So hat J. keinen geringen Anteil an dem steigenden Ansehen, das der deutschen Mathematik im 19. Jahrhundert zuteil wurde. [Scriba]

Werke: Gesammelte Werke, hrsg. von C. W. Borchardt u.a. (7 Bde und 1 Supplbd, Berlin 1881–1891; Nachdruck New York 1969); Briefwechsel zwischen Alexander von Humboldt und C. G. J. J., hrsg. von H. Pieper (Berlin 1987); Korrespondenz zwischen Legendre und J., hrsg. von H. Pieper (Leipzig 1998). – *Bibl.*: Pogg VII a Suppl., 302 f. (Sekundärliteratur). – *Lit.*: DSB VII, 50–55 (C. J. Scriba); L. Koenigsberger: C. G. J. J. Festschrift zur Feier der hundertsten Wiederkehr seines Geburtstages (Leipzig 1904); H. Pieper: C. G. J. J. In: H. G. W. Begehr u.a. (Hrsgg.): Mathematics in Berlin (Basel 1998, S. 41–48).

Jordanus Saxo (wohl fälschlich: *Jordanus Nemorarius*), deutscher Mathematiker, Physiker und Theologe, * um 1180, † 1237 auf der Überfahrt von Palästina.

Unter dem Namen *Jordanus* ist eine Reihe bedeutender Werke zur Artihmetik, Algebra, Geometrie und Mechanik in Handschriften seit der ersten Hälfte des 13. Jahrhunderts überliefert, von denen zwei in einer Chronik des Dominikanerordens aus dem Beginn des 14. Jahrhunderts erwähnt und dem zweiten Ordensgeneral *Jordanus Saxo* zugeschrieben werden. Ältere Bedenken gegen eine Gleichsetzung beider sind in jüngster Zeit ausgeräumt worden, so daß sich aus der Chronik und anderen Nachrichten ein ungefähres Lebensbild des J. gewinnen läßt. Der Beiname ›Nemorarius‹, der sich neben ›de Nemore‹ ausschließlich in späteren Handschriften der arithmetischen Bücher findet, scheint aus einer Verschreibung von ›Jordanus de numero‹ (oder: ›J. de numeris‹, d.h.: ›Jordanus' Werk über die Zahl[en]‹) in ›Jordanus de Nemore‹ nachträglich entstanden zu sein.

Am Aschermittwoch des Jahres 1220 trat J., aus dem Herzogtum Sachsen und der Diözese Mainz, also aus dem Raum zwischen Weser und Elbe stammend, in Paris dem Dominikanerorden bei. Er hatte zuvor an der Artistenfakultät, später auch an der theologischen Fakultät studiert und war ein glänzender Lehrer sowohl des ›Triviums‹ als auch des ›Quadriviums‹ gewesen. Nur so erklärt sich auch sein schneller Aufstieg innerhalb des jungen Ordens: Bereits zwei Monate nach seinem Eintritt wurde er als einer der vier Repräsentanten des Pariser Konvents auf die erste Generalversammlung in Bologna geschickt, danach wurde er ›lector‹ des Konvents in Paris. Ein Jahr später war er Leiter der wichtigsten Ordensprovinz Lombardei mit der Zentrale in Bologna; im folgenden Jahr (1222) wurde er als Nachfolger des Stifters *Dominicus* (1170–1221) zum Ordensgeneral gewählt. In dieser Eigenschaft widmete er sich intensiv auch Fragen des Universitätsunterrichtes – auf seine Anregung hin scheint die Universität von Toulouse 1229 gegründet worden zu sein, an der er auch mathematische Vorlesungen hielt – und bewog mit seiner Aufgeschlossenheit weltlichen und wissenschaftlichen Problemen gegenüber eine Reihe junger Studenten, dem Dominikanerorden beizutreten; unter ihnen ragte *Albert von Lauingen*, der spätere → *Albert der Große*, besonders hervor. Zahlreiche Reisen führte er als Ordensgeneral durch; auf der Rückfahrt von einer solchen Reise nach Palästina verunglückte er bei einem Schiffbruch.

Die meisten seiner Schriften, besonders die mathematischen und mechanischen, scheinen Vorlesungsmanuskripte oder -nachschriften zu sein. Jedenfalls ließen sich so am ungezwungensten manche Mehrfachfassungen und leichte Abweichungen erklären, und es entspräche durchaus seiner Tätigkeit und seinen Absichten. Er bearbeitete nicht nur ältere Übersetzungen aus dem Arabischen (Dreieckslehre nach

→ *Euklid*, ›Planisphaerium‹ des → *Ptolemaios*, Isoperimetrie des *Zenodoros* [griechischer Mathematiker vermutlich des 2. Jh.s v. Chr.] nach *Theon von Alexandria* und *Pappos*), sondern lieferte mit seinen Schriften auch wesentliche Beiträge auf der Grundlage der griechischen und arabischen (indischen) Mathematik und Mechanik. Während seine mechanischen Schriften (›De ponderibus‹ und ähnliche Titel) die Ansätze zu einer Dynamik in den ›Quaestiones mechanicae‹ des → *Aristoteles* zu einer Statik weiterführten, in die erstmals auch die schiefe Ebene einbezogen wurde (Druckausgaben 1553 und 1565), basieren die mathematischen Schriften hauptsächlich auf arabischen Vorarbeiten, die er zusammen mit anderen Zeitgenossen wie *Johannes de Sacrobosco* und → *Leonardo von Pisa* (genannt *Fibonacci*) systematisierte und in das christliche Abendland einführte. Besonders seine und des *Sacrobosco* Algorithmus-Schriften mit Regeln und Beispielen der Grundrechenarten lagen für lange Zeit dem Universitätsunterricht zugrunde. Nach arabischen Vorbildern führten sie hierin das indische dezimale Stellenwertsystem ein. Durch die Anwendung eines regulären Systems der bisher auf die Astronomie beschränkten Sexagesimalbrüche schufen *Fibonacci* und J. in seiner ›Demonstratio de minutiis‹ die Voraussetzungen für die spätere Einführung von Dezimalbrüchen in Europa, die gelegentlich hier auch bereits vor *S.* → *Stevin* aufgetreten waren. J. wies dabei besonders auf die Vorteile hin, welche die Brüche (statt der alten Proportionen) bei der Darstellung als Potenzen einer gegebenen Basis gewähren. Beide führten auch eine erste durchgehende Buchstabensymbolik in die Algebra ein, ohne jedoch schon eine einheitliche Bezeichnung zu gewinnen. Bekannte und unbekannte Größen, verschiedene Potenzen und anderes werden dabei noch nicht unterschieden, doch finden sich bei J. bereits Ansätze zu einer Symbolik der Rechenoperationen (a + b schreibt er: a.b), die dann erst langsam seit dem ausgehenden 15. Jahrhundert in der uns gewohnten Form an die Stelle verbaler Ausdrücke tritt. [Krafft]

Werke: Elementa super demonstratione ponderum, Liber de ponderibus, Liber de ratione ponderis, lat.-engl. hrsg. von E. A. Moody / M. Clagett: The Medieval Science of Weights (Madison 1960); R. B. Thomson: J. de N. and the Mathematics of Astrolabes: De plana sphaera (Toronto 1978); De numeris datis, lat.-engl. hrsg. von B. B. Hughes (Berkeley/London 1982); M. Clagett: Archimedes in the Middle Ages (Vol. V, Philadelphia 1984: Liber philotegni [latein.-engl.], Liber de triangulis [latein.]); De elementis arithmetice artis, hrsg. von H. L. L. Busard (2 Bde, Stuttgart 1991). – *Lit.*: DSB VII, 171–179 (E. Grant; mit Bibl.); M. Clagett: The Science of Mechanics in the Middle Ages (Madison 1959); O. Klein: Who was J. Nemorarius? In: *Nuclear Physics* 57 (1964), 345–350; R. B. Thomson: J. de N., Opera. In: *Mediaeval Studies* 38 (1976), 97–144.

Joule, *James* Prescott, englischer Physiker, * 24.12.1818 Salford, † 11.10.1889 Sale [bei London].

J. war der Sohn eines Brauereibesitzers in Salford. *J.* → *Dalton* führte ihn und seinen Bruder in die Naturwissenschaften ein. – Zunächst erregten die Magnetik und Elektrik J.s Aufmerksamkeit. Er fand die magnetische Sättigung des Eisens und entdeckte die Magnetostriktion, eine Längenänderung, die bei Eisen und Nickel durch Magnetisierung hervorgerufen wird (1847). Die heutige Ultraschalltechnik bedient sich dieses Effektes.

J. setzte sich zur Lebensaufgabe, die Äquivalenz von Wärme und mechanischer Arbeit experimentell nachzuweisen. Unabhängig von *J. R.* → *Mayer* kam er ebenfalls auf den Erhaltungssatz. Er ersann immer neue Versuchsanordnungen zur verfeinerten Bestimmung des Zahlenwertes und verfolgte quantitativ die Transformationen verschiedener Energiedarbietungsformen. Den Physikern erschien dieser Weg sicherer und verständlicher als der von *Mayer*. Als Industrieingenieur ging J. dabei von technisch-wirtschaftlichen Gesichtspunkten aus. Mit seinen Untersuchungen zur Wärmeerzeugung hatte er schon 1840 begonnen. Er stellte fest, daß die durch den elektrischen Strom erzeugte Wärme dem Widerstand proportional ist. Aus seinen theoretischen Überlegungen ergab sich die Proportionalität der Wärmemenge zum Quadrat der elektrischen Stromstärke, und er bestätigte dies dann auch experimentell (J.sches Gesetz). In seiner bahnbrechenden Abhandlung ›Über die erwärmenden Wirkungen der Magneto-Elektrizität und über den mechanischen Wert der Wärme‹ (1843) zeigte er zunächst, daß der durch Induktion erzeugte elektrische Strom nach dem gleichen Gesetz die Wärme hervorbringt wie der Strom aus Volta-Batterien. Die Induktion bot aber auch die Möglichkeit, die zur Drehung der Spule im Magnetfeld aufgewandte mechanische Energie zur Wärme in Beziehung zu setzen. J. benutzte dazu zwei Antriebsgewichte, die über Schnüre die Achse der Induktionsvorrichtung in Bewegung setzten und sich langsam senkten. Die geleistete mechanische Arbeit ist dann gleich dem Produkt von Gewicht und Höhenunterschied (von der geringen kinetischen Energie am Schluß kann abgesehen werden). In seiner Abhandlung von 1844 wies J. nach, daß die bei der Verdichtung der Luft entwickelte und die bei der Verdünnung verbrauchte Wärme nichts anderes sind als die hineingesteckte oder aufzuwendende mechanische Arbeit. Die Krönung seiner Untersuchungen bildete die Abhandlung ›Über das mechanische Äquivalent der Wärme‹ von 1850. Herabsinkende Bleigewichte setzen ein Rührwerk in Tätigkeit, und durch Reibung der Schaufelräder in der Flüssigkeit wird Wärme erzeugt. In seiner Versuchsreihe gebrauchte J. Wasser, Quecksilber und Walratöl. Mit einem anderen Apparat ließ er zwei gußeiserne Räder sich direkt aneinander reiben und gelangte innerhalb einer erträglichen Fehlerspanne zu der gleichen Umwandlungszahl.

Zuerst fand J. mit seinen Arbeiten bei seinen Fachgenossen wenig Anklang, bis *W.* → *Thomson* auf der Versammlung der British Association in Oxford 1847 die Bedeutung der Ideen und Arbeiten von J. öffentlich anerkannte. – Nach J. ist die Maßeinheit der Arbeit (1 Joule = 1 Newtonmeter = 1 Wattsekunde) benannt. – Bei Gasausdehnungsversuchen kam er zu der Ansicht, daß Wärme nicht ein Stoff, sondern Bewegung der Teilchen eines Körpers sei. J. war einer der Begründer der mechanischen Wärmetheorie. Zusammen mit *Thomson* definierte er die thermodynamische Temperatur. Bei ihren Gas-Drosselversuchen entdeckten 1854 die beiden Forscher den nach ihnen benannten Abkühlungseffekt realer Gase (J.-Thomson-Effekt), der für die Verflüssigung von Gasen nach dem Linde-Verfahren (*C. von* → *Linde*) grundlegende Bedeutung hat. [Wiederkehr]

Werke: The Scientific Papers (2 Bde, London 1884–1887). – *Lit.*: DSB VII, 180–182 (L. Rosenfeld); J. Forrester: The Work of J. P. J. In: *Studies in History and Philosophy of Science* 6 (1975), 273–313; D. Cardwell: Science and Technology. The Work of J. P. J. In: *Technology and Culture* 17 (1976), 674–687; H. J. Steffens: J. P. J. and the Concept of Energy (London usw. 1979).

Jungius (*Junge*), Joachim, deutscher Universalgelehrter und Naturforscher, * 22.10.1587 Lübeck, † 23.9.1657 Hamburg.

Aus einer Lübecker Lehrerfamilie stammend und am dortigen Gymnasium auf das Studium vorbereitet, studierte J. ab 1606 in Rostock und 1608/09 in Gießen, wo er 1609 Professor der Mathematik wurde. 1616 begann er in Rostock mit dem Studium der Medizin und ging 1618 nach Padua, wo er unter anderem bei *A.* → *Cesalpino* Botanik hörte und 1619 zum Dr. med. promoviert wurde. Ab 1619 als praktischer Arzt in Rostock, wurde er dort 1624 Professor der

Mathematik und Ende des Jahres in Helmstedt Professor der Medizin. Von dort floh er vor den Wirren des Dänisch-niedersächsischen Krieges, war als Arzt in Braunschweig und Wolfenbüttel tätig und wurde 1626 erneut Professor der Mathematik in Rostock, bevor er 1628 als Professor der Logik und ›Physica‹ und Rektor des Akademischen Gymnasiums und (bis 1640) Leiter des Johanneums nach Hamburg ging.

Hier konnte J. eine Empirie (Experiment) sowie logische und mathematische Durchdringung betonende naturwissenschaftliche Lehrtätigkeit in einer Breite und Tiefe entfalten, wie es ihm eine Universität nicht ermöglicht hätte; zudem waren die Akademischen Gymnasien insbesondere in Norddeutschland (Hamburg, Lübeck, Rostock usw.) durch ihre Beschränkung auf die Fächer der Artistenfakultät – einschließlich der Naturgeschichte – zur Vorbereitung auf das Universitätsstudium der höheren Fakultäten darin im Niveau vielen Universitäten überlegen. J. konnte in Hamburg jedenfalls Ziele verwirklichen, die er sich in Anlehnung an Bestrebungen des befreundeten Reformpädagogen *Wolfgang Ratke* (* 15.10.1571 Wilsten [Holstein], † 17.4.1635 Erfurt) auch für die 1622/23 von ihm in Rostock gegründete, nach seinem Weggang aber bald wieder eingegangene ›Societas Ereunetica‹ gesetzt hatte, »alle der ›ratio‹ und ›experientia‹ unterliegenden ›artes‹ und ›scientiae‹ von Sophistischem zu reinigen, auf sicher Bewiesenes zurückzuführen, durch richtige Unterweisung fortzupflanzen und durch glückliche Erfindung zu mehren«. So wirkte J. auch hauptsächlich als Lehrer – zu seinen Schülern zählte etwa *B.* → *Varenius* – und durch seine nur zum Teil gedruckten Disputationen, in denen er sich bemühte, den an den Universitäten gelehrten Aristotelismus der Barockscholastik durch a posteriori und induktiv (empirisch und experimentell) gewonnene Sätze zu überwinden, für die er auch eine Heuristik entwickelte (›methodus protonoetica‹, ergänzt durch die → *Aristoteles* noch unbekannte ›analysis heuretica‹). Zu Lebzeiten gedruckt wurden daneben nur die ›Geometria empirica‹ (Rostock 1627, Hamburg 1642 usw., auch deutsch als ›Reißkunst‹) und die ›Logica Hamburgensis‹ (1635, 1638, 1672, 1681; Kurzfassung: Hamburg 1641, 1657), in der erstmals auch Relationsurteile behandelt werden und insgesamt der instrumentelle Charakter der Logik betont wird, während anderes nur in Aufzeichnungen und Schülermitschriften vorlag. J. wollte es Schülern überlassen, seine Niederschriften zu einzelnen Werken zusammenzufassen, und setzte dazu in seinem Testament Stipendien aus. Entstanden sind auf diese Weise die ›Doxoscopiae physicae minores‹ (1662), die ›Harmonica‹ (1678), ›Isagoge phytoscopica‹ (1678), ›Mineralia‹ (1689), ›Phoronomica‹ (1689) und ›Historia vermium‹ (1691). Andere Aufzeichnungen sind beim Brand des Hauses seines Schülers *Johann Vagetius* (* 10.6.1633 Geverstorf [bei Bremen], † 12.6.1691 Hamburg), der Mitverwalter des Testaments war, 1691 vernichtet worden.

Durch diese Publikationsweise sind zwar viele Ideen J.' gerade im wissenschaftlich schnellebigen 17. Jahrhundert viel zu spät allgemein bekannt geworden, um bei der Überwindung aristotelischer Naturphilosophie wirksam werden zu können, doch wurden sie insbesondere für die Chemie und Botanik fruchtbar. Für die Chemie propagierte J. die Erhaltung des Gewichtes bei chemischen Umsetzungen und deutete im Anschluß an *D.* → *Sennert* die Materie atomar, so daß für ihn die Homogenität der Naturstoffe (Verbindungen) nur eine scheinbare war. Er lehnte jegliche Transmutation ab, nahm vielmehr den Elementbegriff *R.* → *Boyle*s vorweg und suchte entsprechend experimentell nach den letzten Zerlegungsprodukten, als die er deshalb nicht die vier aristotelischen ›Elemente‹ oder die drei ›Prinzipien‹ der ›Chemiker‹ (→ *Paracelsus*) ansah, sondern etwa Gold, Silber, Quecksilber, Schwefel, Kochsalz, Salpeter usw., welche analytischen Elemente auch allein die unveränderlichen Komponenten (Atome) der Naturstoffe (synthetica) bildeten und durch ihr Hinzutreten oder Abscheiden veränderten – so daß jede chemische Veränderung mittels der Waage feststellbar sei. Die chemische ›Kunst‹ galt J. daraufhin nicht mehr als gegen die Natur gerichtet, der Gegensatz von künstlichen und natürlichen Stoffen war erstmals aufgehoben. – Eine vergleichbare Wirkung hatten nur noch die 1678 von *J. Vagetius* als ›Isagoge phytoscopica‹ herausgegebenen botanischen Aufzeichnungen, die noch *J. W. von → Goethe* beeindruckten. Die darin erstmals formulierten morphologischen Begriffe wurden von dem britischen Botaniker *John Ray* (* 29.11.1628 Black Notley [Essex], † 17.1.1705 ebenda) ausgiebig benutzt und an *C. von → Linné* weiter vermittelt. In der Systematik betonte J. gegenüber *Cesalpino* die Blattmerkmale und lehnte die üblicherweise von → *Theophrastos* übernommene Einteilung in Bäume und Sträucher als arttrennend ab. Er erkannte auch die Sexualität wenigstens der samentragenden Pflanzen an. [Krafft]

Werke: Logica Hamburgensis, hrsg. von R. W. Meyer (Hamburg 1957); Logicae Hamburgensis Additamenta, hrsg. von W. Risse (Göttingen 1977); Praelectiones Physicae, hrsg. von C. Meinel (Göttingen 1982); Disputationes Hamburgenses, hrsg. von C. Müller-Glauser (Göttingen 1988); G. Hübner: Aus dem literarischen Nachlaß von J. J. Edition der Tragödie *Lucretia* und der Schul- und Universitätsreden (Göttingen 1995). – *Bibl.*: Pogg. VII a Suppl., 305–309 (Sekundärliteratur); C. Meinel: Der handschriftliche Nachlaß von J. J. in der Staats- und Universitätsbibliothek Hamburg (Stuttgart 1984). – *Lit.*: E. Wohlwill: J. J. (Hamburg 1888); H. Kangro: J. J.' Experimente und Gedanken zur Begründung der Chemie als Wissenschaft (Wiesbaden 1968; mit Bibl.); K. Meyer: Optische Lehre und Forschung im frühen 17. Jahrhundert, dargestellt vornehmlich an den Arbeiten des J. J. (Diss. Hamburg 1974); C. Meinel: In physicis futurum saeculum respicio: J. J. und die naturwissenschaftliche Revolution des 17. Jahrhunderts (Göttingen 1984).

K

Kamerlingh Onnes, Heike, niederländischer Physiker, * 21.9.1853 Groningen, † 21.2.1926 Leiden.

Mit dem Studium begann K. in seiner Heimatstadt Groningen. Für einige Semester ging er auch nach Heidelberg zu *R. → Kirchhoff* und *R. → Bunsen*. Schon als Student fiel er durch seine Begabung und sein Können auf. An holländischen Universitäten holte er sich zwei Medaillen, und bei *Kirchhoff* wurde ihm der Seminarpreis zugesprochen. 1882 trat er die Professur für Experimentalphysik an der ältesten niederländischen Universität, in Leiden, an. K. und sein befreundeter Kollege, der große Theoretiker *H. A. → Lorentz*, machten die Leidener Universität zu einem Weltzentrum physikalischer Forschung.

Ausgangspunkt der experimentellen und teils auch theoretischen Arbeiten von K. war die van-der-Waalssche Zustandsgleichung für reale Gase (*J. D. van der → Waals*). Besonders interessierten ihn die Korrektionsglieder, die dem Druck und dem Volumen hinzugefügt werden müssen, damit vor allem das Verhalten der Gase bei der Verflüssigung beschrieben werden kann. Die Größen und Beziehungen sollten sich über einen möglichst großen Temperaturbereich hin erstrecken und dabei auch den flüssigen Zustand erfassen. All diese Arbeiten verlangten immer tiefere, dem absoluten Nullpunkt näher gelegene Temperaturen: 1877 hatten in Genf *Raoul Pictet* (* 4.4.1846 Genf, † 27.7.1929 ebenda) und in Paris *Louis Cailletet* (* 21.9.1832 Chatillon, † 5.1.1913 Paris) gezeigt, daß sich Gase wie Kohlenmonoxid, Sauerstoff und Stickstoff, die man bis dahin als in ihrem Aggregatzustand unveränderlich hielt, doch verflüssigen und verfestigen ließen. Wegen ihrer tiefen kritischen Temperatur zeigten sich allerdings Wasserstoff und Helium am widerspenstigsten. Sir (ab 1904) *James Dewar* (* 20.9.1842 Kincardine-on-

Forth [Schottland], † 27.3.1923 London) gelang 1898 die Verflüssigung des Wasserstoffs; 1906 nahm K. eine wesentlich größere und effektivere Anlage in Betrieb, die drei bis vier Liter flüssigen Wasserstoff (Siedepunkt –253 °C) pro Stunde lieferte und mit der er Wasserstoff in festem Zustand (–259 °C) herstellen konnte. 1908 gelang es ihm dann, Helium unter normalem Druck zu verflüssigen (–269 °C). 14 Jahre lang hatte das Leidener Kältelaboratorium hierauf das Monopol; es wurde zu einem Forschungsinstitut von Weltrang. Optische, elektrische und magnetische Phänomene wurden bei tiefsten Temperaturen untersucht, ebenso Erscheinungen der Radioaktivität, Phosphoreszenz u.a., Theorien wurden nachgeprüft und ihr Gültigkeitswert festgestellt.

Um der *van-der-Waals*schen Zustandsgleichung eine Form zu geben, die sich den experimentellen Befunden möglichst genau anpaßt, schlug K. eine Reihenentwicklung vor. In seine Untersuchungen bezog er auch Gasgemische und Gemische von Gasen und Flüssigkeiten mit ein. In den *van-der-Waals*schen Korrektionsgliedern werden unter anderem die molekularen Anziehungskräfte deutlich. Jene Anziehungskräfte bedingen aber auch die Erscheinungen der Viskosität und Kapillarität. Sie wurden in K.' Arbeitsprogramm mitaufgenommen, ebenfalls auch andere Phänomene, die bei niedrigen Temperaturen etwas Besonderes versprachen. Man denke z.B. an die Temperaturabhängigkeit des Thermoeffekts oder an die elektrische Leitfähigkeit. 1911 machte K. die erstaunliche Entdeckung, daß bei einer ganz bestimmten, sehr tiefen Temperatur (Sprungtemperatur, bei Quecksilber etwa 4°K) Quecksilber für den elektrischen Strom praktisch widerstandslos wird. K. war auf die Supraleitung gestoßen. In der Nähe des absoluten Nullpunktes zeigten später noch viele andere Metalle, Legierungen und metallähnliche Verbindungen ein derartiges Verhalten.

Für die Darstellung von flüssigem Helium, die Entdeckung der Supraleitung und die Untersuchung der Stoffeigenschaften bei niedrigsten Temperaturen erhielt K. 1913 den Nobelpreis für Physik.

Lit.: DSB VII, 220–222 (J. van den Handel; mit Bibl.); In memoriam H. K. O. (Leiden 1926); W. H. Keesom: H. K. O. In: *Physica* 6 (1926), Nr. 3.

[Wiederkehr]

Kant, Immanuel, deutscher Philosoph und Naturforscher, * 22.4.1724 Königsberg, † 12.2.1804 ebenda.

Der wohl bedeutendste deutsche Philosoph, Sohn eines Königsberger Sattlermeisters, hatte das pietistische Friedrichs-Gymnasium seiner Geburtsstadt besucht und dort 1740 auch mit dem Studium der Theologie begonnen, dieses jedoch langsam mehr und mehr auf die Philosophie, Mathematik und Naturwissenschaften verlagert. Nach dem Abschluß des Studiums hatte er ab 1747 mehrere Hauslehrerstellen in Königsberg bekleidet, bevor er sich hier 1755 zum Privatdozenten der Philosophie habilitierte. Er las in den folgenden Jahren über Logik, Metaphysik, Physik und Mathematik. Eine ihm 1762 angebotene Professur für Poetik lehnte er ab. 1770 endlich wurde er ordentlicher Professor für Logik und Metaphysik in Königsberg, seiner Geburtsstadt, deren nähere Umgebung er auch während seines gesamten Lebens nie verlassen hat.

Mehr Philosoph als Naturwissenschaftler, hat K. auch in der Zeit vor der Professur, in der naturwissenschaftliche Schriften noch überwogen, nie Experiment und Mathematik in seine eigenen naturwissenschaftlichen Überlegungen mit einbezogen – hierin sich grundlegend unterscheidend von den anderen beiden bedeutenden Naturforscher-Philosophen der Neuzeit, *R. → Descartes* und *G. W. von → Leibniz*. Ihm ging es mehr um die Klärung allgemeiner naturphilosophischer Probleme, wie der Begriffe Raum, Zeit, Kraft, Materie, und um Wissenschafts- und Erkenntnistheorie. Ihnen speziell widmete er seine ›Methaphysischen Anfangsgründe der Naturwissenschaft‹ (1786), in denen er daneben die Neubegründung der Wissenschaft mit dem Ziel einer theoretischen Philosophie, hier für die naturwissenschaftlichen Disziplinen, erstrebte. Die rationale Naturlehre, die eigentliche Naturwissenschaft, müsse apodiktische Gewißheit besitzen und von apriorischen Prinzipien ausgehen. Jede wahre Naturwissenschaft müsse deshalb neben der experimentellen Erfahrung einen ›reinen‹ Teil, nämlich Metaphysik, in sich enthalten, andererseits aber Mathematik mit ihrer sicheren Deduktion und ihrer Konstruktion der Begriffe zur Grundlage haben. Unter beiden Gesichtspunkten und Forderungen könne man z.B. bei der Chemie nicht von einer strengen, d.h. exakten Wissenschaft sprechen. – Die Entwicklung der demnach nicht exakten Naturwissenschaften Biologie und Chemie ist seit dem ausgehenden 18. Jahrhundert deshalb mehr oder weniger geprägt von dem Bestreben, ebenfalls diesen beiden Forderungen zu genügen (*J. B.* → *Richter*, der Begründer der Stöchiometrie, war Schüler K.s). Insofern stellen die ›Anfangsgründe‹ entsprechend der in den ›exakten‹ Naturwissenschaften zu seiner Zeit bereits weitgehend vollzogenen, gegenüber → *Aristoteles* aber einseitigen Ausdeutung des Kausalbegriffes – in der Naturgeschichte denkt K. noch selbst weitgehend teleologisch – einen bedeutenden Anstoß für die Entwicklung der Naturwissenschaften der Folgezeit dar.

Die eigentlichen naturwissenschaftlichen Schriften K.s gehören vorwiegend den Jahren vor 1760 an. Besonders einflußreich waren davon: das Erstlingswerk ›Gedanken von der wahren Schätzung der lebendigen Kräfte‹ (1747), mit denen ein Schlichtungsversuch zwischen den Kraftbegriffen von *Leibniz* und *Descartes* unternommen wird; die ›Monadologia physica‹ (1756) mit einer rein dynamischen Materieauffassung hier im Gegensatz zu den ›Anfangsgründen‹ noch diskreter ›Teilchen‹ (Punktatome), die er unabhängig von einer entsprechenden des kroatischen Mathematikers und Physikers *Roger Joseph Boscovich* (*Bošcović* S.J., * 18.5.1711 Dubrovnik, † 13.2.1787 Mailand) entwickelte und die im 19. Jahrhundert bis hin zu *M.* → *Faraday* starken Einfluß ausübte; zwei Abhandlungen aus den Jahren 1769 und 1770, in denen er – statt des Begriffs vom ›absoluten Raum‹ *I.* → *Newton*s und *Leibniz'* Auffassung vom Raum als bloßem Inbegriff von Relationen zwischen den Dingen – Raum und Zeit als subjektive Formen darstellte, unter denen wir die Dinge anschauen; und vor allem die ›Allgemeine Naturgeschichte und Theorie des Himmels, oder Versuch von der Verfassung und dem mechanischen Ursprunge des ganzen Weltgebäudes, nach Newtonischen Grundsätzen abgehandelt‹ (1755). In dieser Schrift wird die neben *Descartes'* Wirbeltheorie erste, jetzt auf den physikalischen Prinzipien und Gesetzen *Newton*s basierende Kosmogonie der Neuzeit entwickelt, der Kosmos also als zeitlich entstanden und über Milliarden von Jahren sich entwickelnd aufgefaßt. Für die ihr zugrundeliegenden Analogien und Hypothesen war das astronomische Ausgangsmaterial noch äußerst dürftig gewesen – erst *J. H.* → *Lambert* konnte zum Beispiel in seinen ›Cosmologischen Briefen‹ von 1761 auf den gesicherten Nachweis von Eigenbewegungen von Fixsternen (*J. T.* → *Mayer*) aufbauen; doch werden ihre Grundideen in modifizierter Form noch heute anerkannt. Die Kosmogonie umfaßt das Entstehen nicht nur unseres Sonnensystems und der einzelnen Planeten aus einheitlicher, fast homogen verteilter Materie, sondern auch unseres Milchstraßensystems und anderer Fixsternsysteme, als welche K. richtig die wenigen zu seiner Zeit bekannten kleinen ›Nebel‹ (heute: Spiralnebel, Galaxien) gedeutet hatte. Die Theorie K.s ist allgemein bekannt unter dem Namen K.-Laplacesche Nebularhypothese, da *P. S. de* → *Laplace* später unabhängig von ihm zu ähnlichen Vorstellungen gekommen, seine Theorie aber eher allgemein bekannt geworden war. K.s Schrift ist in der Originalausgabe (vielleicht wegen eines Verlustes durch Feuer oder Konkurs des Verlages) nämlich weitgehend unbekannt geblieben, und der daraufhin von *Johann Friedrich Gensichen* besorgte ›Auszug‹ war nur als Anhang zu einer ersten deutschen Übersetzung von Abhandlungen *F. W. → Herschels* erschienen (Königsberg 1791), in denen für einige der von K. durch Analogieschlüsse gewonnenen Vorstellungen empirisch gesicherte Daten nachgeliefert werden. Wieder aufgenommen und weitergeführt wurden K.s kosmogonische Überlegungen erst nach der Erweiterung der Astronomie durch astro*physikalische* Beobachtungs- und Denkweisen, wobei auch der Begründer der ›Astrophysik‹, *J. F. K. → Zöllner*, K.s Kosmogonie der Vergessenheit wieder entriß und ihre Priorität gegenüber der Laplaceschen betonte. In seinen Überlegungen zu den gravitativen Einflüssen in Sternsystemen war K. auch bereits zu der Vorstellung von der Gezeitenreibung als die Rotationsgeschwindigkeit von Mond und Erde ändernde Komponente gekommen. [Krafft]

Werke: Gesammelte Schriften, hrsg. von der Königl. Preußischen Akademie der Wissenschaften (Abt. I: Werke. 9 Bde, Berlin 1902–1923, Nachdruck 1969–1972; Abt. II: Briefwechsel; Abt. III: Nachlaß; Abt. IV: Vorlesungsnachschriften [noch nicht abgeschlossen]); Werke in zehn Bänden, hrsg. von W. Weischedel (Darmstadt 1968 u.ö.); N. Hinske/W. Weischedel: K.-Seitenkonkordanz (Darmstadt 1970). – *Bibl.*: R. Malter/M. Ruffing: K.-Bibliographie 1945–1990 (Frankfurt am Main 1998). – *Lit.*: NDB XI, 110–125 (N. Hinske); DSB VII, 224–235 (J. W. Ellington); GWG VI, 658–675 (U. Sonnemann); KNph 203–219 (G. Wolters); K. Vorländer: I. K., der Mann und sein Werk (2 Bde, Leipzig 1924; ²Hamburg 1977); E. Adickes: K. als Naturforscher (2 Bde, Berlin 1924–1925); I. I. Polonoff: Force, Cosmos, Monads: K.'s Early Writings in Natural Philosophy (Bonn 1973); R. Enskat: K.s Theorie des geometrischen Gegenstandes (Berlin 1978); R. Löw: Philosophie des Lebendigen. Der Begriff des Organischen bei K., sein Grund und seine Aktualität (Frankfurt am Main 1980); W. Ritzel: I. K. Eine Biographie (Berlin/New York 1985); D. Waidhas: K.s System der Natur. Zur Geltung und Fundierung der *Metaphysischen Anfangsgründe der Naturwissenschaft* (Frankfurt am Main 1985); H.-J. Waschkies: Physik und Physikotheologie des jungen K. Die Vorgeschichte seiner Allgemeinen Naturgeschichte und Theorie des Himmels (Amsterdam 1987); M. Carrier: K.s Theorie der Materie und ihre Wirkung auf die zeitgenössische Chemie. In: *Kant-Studien* 81 (1990), 170–210; J. Tharaken: Metaphysische Anfangsgründe der Naturwissenschaft. Zur K.ischen Arbeit an der Theorie des Übergangs von der Metaphysik zur Physik (Stuttgart 1993); O. Höffe: I. K. (München ⁴1996). – N. Hinske: K.-Index (35 Bde, Stuttgart 1986 ff.).

Kapteyn, Jakobus Cornelius, niederländischer Astronom, Wegbereiter der Stellarstatistik, * 19.1.1851 Barneveld, † 18.6.1922 Amsterdam.

Von 1869 bis 1875 studierte K. in Utrecht Mathematik und Meteorologie, wurde nach der Promotion Observator an der Sternwarte in Leiden und 1878 Professor für Astronomie an dem neuerrichteten Lehrstuhl in Groningen. Sein Wunsch nach einer eigenen Sternwarte ist jedoch nie in Erfüllung gegangen. Nachdem das für die aufkommende neue Beobachtungsmethode dem Land bewilligte photographische Fernrohr Leiden zugesprochen worden war, zerschlugen sich diesbezügliche Pläne für Groningen endgültig. Für K. ergab sich so das Problem, wie ein Astronom ohne Sternwarte Astronom bleiben kann. Ihm standen anfangs nicht einmal eigene Institutsräume zur Verfügung; denn erst 1896 wurde das sogenannte Astronomische Laboratorium in einem ungenutzten kleinen Wohnhaus eröffnet und 1903 in das alte Mineralogische Laboratorium verlegt. Seit 1913 stand ihm dann endlich mit dem freigewordenen Gebäude des Physiologischen

Laboratoriums ausreichender Raum zur Verfügung. Beobachten konnte K., der, wie seine visuellen Parallaxenbestimmungen zeigen, ein ausgezeichneter Beobachter war, nur während der vorlesungsfreien Zeit in Leiden; später verbrachte er viele Sommer zum Beobachten in den USA, wo er von 1908 bis zum Ersten Weltkrieg ›Research Associate‹ der Mount Wilson-Sternwarte war. Nach der Emeritierung im September 1921 wurde ihm die gern ergriffene Gelegenheit gegeben, als stellvertretender Adjunktdirektor in die Sternwarte Leiden einzutreten.

K. machte aus der Not eine für die Wissenschaft mehr als den Verlust ausgleichende Tugend und widmete sich vorwiegend der theoretischen Astronomie, insbesondere der Erforschung des Aufbaues und der Bewegungen innerhalb unseres Milchstraßensystems. Die wesentlichen Anstöße zu dieser neuen Disziplin, der Stellarstatistik, gingen aus dem Groninger ›Laboratorium‹ hervor, und zwar nicht nur durch die Ausarbeitung einer Methodik und die Koordinierung der teils selbst angeregten Beobachtungstätigkeit und der theoretischen Auswertung, sondern auch durch eigene Forschungen an dem ihm überlassenen, teilweise nach eigenen Wünschen aufgenommenen Plattenmaterial und erste wegweisende Ergebnisse. Es war ja im wesentlichen die Himmelsphotographie, welche der von *W. → Herschel* erdachten Methode der Sterneichungen neue Impulse gab und ihr gleichzeitig trotz der geforderten Genauigkeit und Differenzierung nach Spektralklassen, Entfernungen usw. rasch die Bildung schon auf relativ breiter Basis stehender Theorien ermöglichte. Neben der Entdeckung, daß die Eigenbewegungen der – wie wir heute wissen: nächsten – Fixsterne nicht ungeordnet, sondern wesentlich in zwei einander entgegengesetzten ›Sternströmen‹ parallel zur Milchstraßenebene erfolgen, waren die Theorien K.s ebenso wie jene seines bedeutendsten Mitstreiters *H. von → Seeliger* auch bald überholt. Die angeblichen ›Sternströme‹ (1905) wurden durch Untersuchungen unter anderem von *K. → Schwarzschild*, *H. → Shapley*, *A. S. → Eddington* und dem schwedischen Astronomen und Direktor (ab 1927) der Stockholmer Sternwarte *Bertil Lindblad* (* 26.11.1895 Örebro, † 25.6.1965 Stockholm) als scheinbare Effekte infolge der Rotation unseres Milchstraßensystems, seines Aufbaus und der peripheren Lage unseres Sonnensystems erkannt und 1927 von dem niederländischen Astronomen und späteren (1945) Direktor der Leidener Sternwarte *Jan Hendrik Oort* (* 28.4.1900 Franeker, † 5.11.1992 Leiden) durch den Nachweis der differentiellen Rotation der Milchstraße bestätigt. K.s verschiedene Hypothesen über die Sternverteilung legen selbst schon Zeugnis ab für den mit dem Anwachsen des vermessenen Materials rasch erfolgenden Wandel der Vorstellungen; und daß sie später durch bessere ersetzt werden mußten, war dem Mitbegründer dieser neuen Wissenschaft durchaus bewußt. Geht doch auf ihn der Vorschlag zurück, sogenannte ›selected areas‹, 200 gleichmäßig über den ganzen Himmel verteilte, etwa 1° × 1° große Felder und zusätzlich 46 aus interessanten Gegenden der Milchstraße, nach den verschiedensten Gesichtspunkten statistisch zu erfassen, um ein besseres Bild der Milchstraße zu erhalten. Er selbst gab ihr die Gestalt einer flachen Linse, deren größte Ausdehnung von 16 300 Lichtjahren das Fünffache ihrer Dicke betrage und die von 1,2 Milliarden Sternen erfüllt sei. (Das bei seinem Tode nur zu einem geringen Teil durchgeführte Programm ist inzwischen lange abgeschlossen.) [Krafft]

Lit.: DSB VII, 235–240 (A. Blaauw); W. de Sitter: J. C. K. In: *Vierteljahresschrift der Astronomischen Gesellschaft* 58 (1923), 162–184 (mit Bibl.); H. Hertzsprung-Kapteyn: The Life and Works of J. C. K. (Dordrecht usw. 1993; zuerst holländ., Groningen 1928); E. R. Paul: The Milky Way Galaxy and Statistical Cosmology, 1890–1924 (Cambridge 1994). – H. van Worden u.a. (Hrsgg.): Oort and the Universe (Dordrecht 1980).

Kekulé von Stradonitz, Friedrich *August*, deutscher Chemiker, * 7.9.1829 Darmstadt, † 13.7.1896 Bonn.

In Gießen sollte K. Architektur studieren, aber die Vorträge *J. von → Liebigs* fesselten ihn so sehr, daß er sich der Chemie zuwandte. 1852 promovierte er, dann reiste er nach Paris und hörte dort *J.-B. A. → Dumas* und *C. → Gerhardt*. Die beiden französischen Chemiker vertraten gegenüber der alten Auffassung von *J. J. → Berzelius* eine neue chemische Theorie, die Typenlehre. Auch bei dem darauffolgenden Aufenthalt in England kam K. mit Wissenschaftlern in Berührung, die voller neuer Ideen steckten. Dabei ist besonders der *Liebig*-Schüler *Alexander William Williamson* (* 1.5.1824 Wandsworth [London], † 6.5.1904 High Pitfold), Professor der Chemie am University College in London, zu nennen, und der Kreis junger englischer und deutscher Chemiker um ihn, der sich mit Konstitutionsfragen intensiv beschäftigte. Im Jahre 1856 habilitierte sich K. bei *R. → Bunsen* in Heidelberg zum Privatdozenten für organische Chemie. 1858 wurde er nach Gent berufen und richtete dort ein Praktikum nach dem Gießener Vorbild ein. Neun Jahre später übernahm K. einen Lehrstuhl an der Universität in Bonn; sein Institut wurde bald zu einem Zentrum theoretischer und experimenteller Forschung in der organischen Chemie.

Als K. die Konstitution des Knallquecksilbers untersuchte, stieß er auf die Vierwertigkeit des Kohlenstoffs. Er sprach eigentlich von der ›Atomigkeit‹, den Begriff Wertigkeit oder Valenz prägte später *Carl Hermann Wichelhaus* (* 8.1.1842 Elberfeld, † 28.2.1927 Heidelberg). Jedem Atom oder jedem Rest kommt nach K. eine bestimmte chemische Affinität zu, die sich in der Anzahl der gebundenen Atome ausdrückt. K. fügte den damals bekannten Typen einen neuen Grundtypus, den des Methans, hinzu. Mit genialem Blick erkannte er auch, daß Kohlenstoffatome sich kettenförmig miteinander selbst verbinden können. Die Vielzahl organischer Stoffe wurde so erklärlich. K. schrieb seine Formeln nicht mit den heute gebräuchlichen Valenzstrichen. Diese stammen von *Archibald Scott Couper* (* 31.3.1831 Townhead Kirkintilloch [bei Glasgow], † 11.3.1892 ebenda), einem schottischen Chemiker, der sich zur selben Zeit wie K. mit dem Problem der Vierwertigkeit des Kohlenstoffatoms beschäftigte, vom Glück aber weniger als dieser begünstigt war. Von den Ideen der Typenlehre ausgehend bahnte sich K. den Weg zur Strukturchemie; mit dem Strukturgedanken ließ sich ein großer Teil der organischen Verbindungen systematisch erfassen. Nur eine ganze Gruppe organischer Stoffe, die aromatischen Verbindungen, wollten in dieses Schema nicht passen. Lange mußte K. wohl darüber nachgegrübelt haben, bis er in halbwachem Zustand wie schon früher eine Vision hatte: Die tanzenden Atome gruppierten sich diesmal nicht zu einer offenen Kette, sie schlossen sich zusammen wie eine Schlange, die sich in den Schwanz beißt. 1861 gelang ihm der große Wurf, mit dem neuen Grundtypus des Benzolrings die Aromaten strukturell zu erhellen, so z.B. das Naphthalin, das Anthracen und auch heterocyclische Verbindungen. K. wies nach, daß die sechs Wasserstoffatome an den sechs Kohlenstoffatomen im Benzolring gleichwertig sind. Durch eigene Arbeiten machte er die Azo- und Diazoverbindungen verständlich. In dem ›Lehrbuch der organischen Chemie‹ legte er in eindrucksvoller Weise den Wert seiner Ketten- und Ringformeln dar. Ganz konnte die Sechseckformel mit ihren sich abwechselnden Doppel- und Einfachbindungen allerdings nicht befriedigen. K. versuchte, diese Schwierigkeit durch seine Oszillationshypothese zu beheben. – K.s Lebensarbeit ermöglichte der chemischen Industrie die planmäßige Synthese von Farbstoffen und Heilmitteln.

[Wiederkehr]

Werke: R. Anschütz: A. K. (2 Bde, Berlin 1929; Bd 1: Leben und Wirken, Bd 2: Abhandlungen, Berichte, Kritiken, Artikel, Reden); Liebigs Experimentalvorlesung. Vorlesungsbuch und K.s

Mitschrift, hrsg. von O. P. Krätz/C. Priesner (Weinheim 1983). – *Bibl.*: Pogg VII a Suppl., 315–318. – *Lit.*: GCh II, 200–216 (R. Winderlich); NDB XI, 414–424 (G. Ronge; mit Bibl.); DSB VII, 279–283 (J. Gilles); K. Hafner: A. K., dem Baumeister der Chemie zum 150. Geburtstag (Darmstadt 1980); W. Göbel: F. A. K. (Leipzig 1984).

Kelvin of Largs, Lord → **Thomson**, William.

Kepler, Johannes, deutscher Astronom und Mathematiker, * 27.12.1571 Weil der Stadt, † 15.11.1630 Regensburg.

Johannes war der älteste von sieben Geschwistern, ein Siebenmonatskind von schwächlicher Konstitution, das in seiner Kindheit, wie später in der Jugend und im Mannesalter, häufig von Krankheiten befallen wurde, die es in seiner Entwicklung zurückwarfen. Die Blattern nahmen ihm fast das Augenlicht und machten ihn für sein Leben kurzsichtig. Ein angeborenes Augenleiden hatte zur Folge, daß K. alles Gesehene vervielfacht empfand. Von Natur aus war K. also wahrlich nicht dazu bestimmt, einmal einer der größten Astronomen überhaupt zu werden; und auch in seiner geistigen Entwicklung war er anfangs zurückgeblieben: Für die dreiklassige Lateinschule in Leonberg benötigte er fünf Jahre. Danach wurde er 1584 in die Klosterschule zu Adelberg aufgenommen. Sein allgemeiner Gesundheitszustand besserte sich aber erst, nachdem er 1586 in die höhere Stiftsschule in Maulbronn eingetreten war. Hier legte er 1588 das Bakkalaureatsexamen ab. Im folgenden Jahr erhielt er ein Stipendium zum Studium der Theologie am Tübinger Stift, wo er neben Theologie und Philosophie im Rahmen der Grundausbildung an der Artistenfakultät der Universität auch Mathematik und Astronomie studierte. Sein Lehrer in diesen Fächern war *Michael Mästlin* (* 30.9.1550 Göppingen, † 20.12.1631 Tübingen), der ihn privat auch in die neue Planetentheorie des *N.* → *Copernicus* einführte – öffentlich vertrat er diese Lehre nie. Seiner Empfehlung verdankte K. dann Anfang 1594 eine Berufung an die protestantische Landschaftsschule von Graz als Lehrer der Ethik und Mathematik. K. hatte zwar 1591 seine Magisterprüfung abgelegt, war jedoch noch ohne Abschluß des theologischen Studiums. Den ehrenvollen Ruf nach Graz scheint er hauptsächlich angenommen zu haben, um seine Lehrer nicht zu enttäuschen und sich selbst in der Mathematik weiterzubilden.

Zu den Aufgaben des Landschaftsmathematikers gehörte seinerzeit auch die Erstellung astrologischer Kalender. Mit den Vorhersagen in seinem ersten Prognostikon für das Jahr 1595 hatte er großes Glück; sowohl der schwere Winter als auch die Unruhen unter den Bauern Oberösterreichs und die Flucht vor den einfallenden Türken traten ein, was K.s Ansehen in Graz sehr förderlich war. Ablehnend stand man jedoch hier und in Tübingen seiner Benutzung der 1582 eingeführten ›katholischen‹ Kalenderreform Papst Gregors XIII. in den Prognostika gegenüber. Aber auch diese Einstellung nützte dem aufrichtigen Protestanten nichts, als im Zuge der Gegenreformation am 28.9.1598 alle protestantischen Geistlichen und Lehrer aus der Steiermark vertrieben wurden. K. floh nach Ungarn, erhielt aber nach einmonatigem Exil als einziger Erlaubnis zurückzukehren. Der Druck wurde hier jedoch immer unerträglicher, nach Tübingen an *Mästlin* gesandte Hilfegesuche blieben unbeantwortet; nach der Rückkehr von einem halbjährigen Aufenthalt in Prag, wohin *T.* → *Brahe* ihn eingeladen hatte, traf ihn im August 1600 die endgültige Ausweisung aus Graz, jetzt unter Verlust fast der gesamten Habe.

Brahe nahm den mittellosen Flüchtling und seine Familie in Prag auf und verschaffte ihm eine Stelle als Gehilfe. Beide verband die unbedingte Suche nach der ›Wahrheit‹, die der eine als Anhänger, der andere als Gegner des *Coper-*

nicus zu finden gedachte; beide waren jedoch auch von so verschiedenem Charakter, daß eine dauerhafte fruchtbare Zusammenarbeit nicht möglich gewesen wäre. Ein Glück für K. war es deshalb, daß *Brahe* bereits im folgenden Jahr starb und ihm von Rudolf II. auf Eingabe eines einflußreichen Freundes dessen Nachfolge als kaiserlicher Mathematiker angetragen wurde. Er erhielt zwar mit 500 Gulden, die zudem bald sehr unregelmäßig, dann gar nicht mehr gezahlt wurden, ein erheblich geringeres Jahresgehalt als *Brahe*, konnte hier aber wenigstens anfangs in größerer Ruhe seinen astronomischen Forschungen nachgehen, da ihn die Pflichten, das Erstellen von Prognostika und Horoskopen, nicht zu sehr in Anspruch nahmen. Verständnis fand er in Prag allerdings nicht, und die für seine Arbeiten nötigen Aufzeichnungen *Brahe*s erhielt er erst nach einem langwierigen Kampf mit den Erben zur Einsicht. Wegen der Wirren, die den Dreißigjährigen Krieg anzeigten, wurde das Gehalt bald immer seltener ausbezahlt. K. geriet von neuem in finanzielle Not und suchte nach einer anderen Stellung. Ein erneuter Versuch, in Tübingen eine Professur zu erhalten, scheiterte an dem Einspruch der dortigen protestantisehen Theologen, die K.s liberale Einstellung zur Abendmahlsfrage ins Feld führten. Erst nach dem Tode seiner ersten Frau erhielt er 1612 eine neue Stelle an der Landschaftsschule in Linz. Kaiser Matthias, der Nachfolger Rudolfs II., hatte zwar K. als kaiserlichen Mathematiker bestätigt, ihm jedoch erlaubt, eine zusätzliche Stelle außerhalb des Hofes anzunehmen. Doch auch hier in Linz litt K. unter der Verfolgung der ultraorthodoxen Protestanten. Wieder entbrannte der Streit an der Konkordienformel, die K. zu unterschreiben sich weigerte. Seine religiöse Einstellung kennzeichnet, daß er aus ehrlicher Überzeugung bei dieser Haltung auch blieb, nachdem er bereits kurz nach seiner Ankunft in Linz exkommuniziert worden war. Der Konflikt zwischen seiner Überzeugung und der Intoleranz der kirchlichen Stellen traf ihn schwer. 1619 wurde der Ausschluß vom Abendmahl endgültig von Württemberg aus legalisiert. Trotzdem konnte er sich nicht entschließen, Deutschland zu verlassen, als er 1617 einen Ruf als Professor der Astronomie nach Bologna erhielt. Es klingt fast wie Ironie, daß er gerade die in seiner Heimat herrschende geistige Freiheit als Begründung anführte – er hatte von dem Prozeß gegen *G.* → *Galilei* erfahren. – Weitere Sorgen brachte K. eine Anklage gegen seine Mutter wegen Hexerei. Drei Monate im Jahre 1617 und 13 der Jahre 1620 und 1621 verbrachte er in Württemberg, um die Anklage zu widerlegen; ein halbes Jahr nach der Entlassung aus dem Gefängnis starb sie im Jahre 1622. Während dieser Zeit hatten sich die Zustände in Linz verschlechtert. Nach der Eroberung durch Herzog Maximilian im Juli 1620 war die protestantische Macht gebrochen worden und das Leben für die Protestanten allmählich so unerträglich geworden wie zuvor in Graz. Als zu Beginn des Jahres 1626 seine ganze Bibliothek wegen ihres ›ketzerischen‹ Inhaltes beschlagnahmt wurde und im Herbst während einer Belagerung durch Bauern mit der Druckerei auch die fertigen Teile der ›Rudolphinischen Tafeln‹ vernichtet wurden, die auf Wunsch des Kaisers hier gedruckt werden sollten, verließ K. endgültig Linz und begann mit seiner Familie – er hatte 1613 wieder geheiratet – ein unstetes Wanderleben, das ihn erst für ein Jahr nach Ulm führte, wo die Tafeln jetzt gedruckt wurden, dann nach Frankfurt, Ulm und Linz sowie je zweimal nach Regensburg und Prag – meist um das vom Kaiser versprochene Gehalt vergebens einzubetteln.

Im Juli 1628 schließlich siedelte er nach Sagan über. Der Kaiser hatte sich wegen der Kriegslasten außerstande gesehen, den Verpflichtungen gegenüber K. nachzukommen, und hatte den Herzog von Friedland und Sagan, Albrecht von Wallenstein, einen seiner reichsten Untertanen, gebeten, den Hofastronomen zu entschädigen. Wallenstein nahm ihn als Astrologen gegen ein Jahresgehalt von 1000

Gulden in seine Dienste, blieb aber die rückfällige Zahlung ebenfalls schuldig. Als er 1630 K. schließlich eine Professur in Rostock anbot, machte dieser die Annahme von der Auszahlung abhängig – weil er den Ruf in das ungewohnte Norddeutschland nicht abzuschlagen wagte. Nachdem er dann mehr und mehr einsah, daß Wallenstein dem Wunsche des Kaisers auch nicht Folge leisten würde, trat er im Oktober eine Reise nach Regensburg an, um vor dem Reichstag vom Kaiser persönlich das rückständige Gehalt einzufordern. Hier starb er jedoch kurz nach seiner Ankunft an den Folgen der großen Anstrengungen dieser Reise.

Übersieht man die hauptsächlichen Etappen des durch äußere und innere Umstände rastlosen Lebens, so erscheinen die wissenschaftlichen Leistungen dieses größten aller Astronomen fast ins Übermenschliche zu wachsen; und von Gott her nahm er auch die Kraft, sein Leben und Werk zu meistern. Ihm und seinem Erkennen wollte er dienen: »Ich wollte Theologe werden«, schrieb er aus Graz an *Mästlin*, »Lange war ich in Unruhe. Jetzt aber sehet, wie Gott durch mein Bemühen auch durch die Astronomie gefeiert wurde«; und diese Haltung nahm er sein ganzes Leben über ein. Getragen von einem selbstverständlichen Glauben an die Ratio und die Ordnung der göttlichen Schöpfung als Kosmos und Ausdruck der Ratio Gottes, suchte er diese a priori gegebene Ordnung in der Welt, dem »körperlichen Abbild Gottes«. Alles ist für ihn verklammert durch die Dreiheit Gott, Welt, Mensch – Urbild, Abbild, Ebenbild. Die Vermittlung wird durch die Idee der Quantität hergestellt, die in Gott ihren Ursprung habe; die Mathematik ist wie bei → *Platon*, auf den sich K. auch ausdrücklich beruft, das erste Erkenntnismittel. Die Kugel als vollkommenste Quantität ergibt die äußere Gestalt des deshalb notwendig begrenzten Kosmos, sie entstand durch den gleichmäßigen Ausfluß von ihrem Zentrum aus und ist symbolisch Abbild der Heiligen Dreifaltigkeit: Gott-Vater bedeutet das Zentrum, Gott-Sohn die Oberfläche, der Zwischenraum den Heiligen Geist. Die Natur erkennen, Gottes Entfaltung, ist für K. nichts anderes, als die Gedanken Gottes nachzudenken, und d.h.: Geometrie zu treiben. In ihr liegen die Gründe und Ur-Sachen des Kosmos. Bereits in seinem Jugendwerk, dem ›Mysterium Cosmographicum‹, kam diese Grundidee zum Tragen, die auch sein weiteres Suchen bestimmte: Die neben der Kugel vollkommensten Körper, die fünf regulären Platonischen Polyeder, bestimmen ineinandergeschachtelt mit ihren Um- und Inkugeln die Abstände der Planeten (die überraschend genau mit den Werten im heliozentrischen System des *Copernicus* übereinstimmten), ihre Fünfzahl deren Anzahl im copernicanischen System. Die Richtigkeit dieser Theorie sei dadurch erwiesen. – Aber die Messungen entsprachen nicht genau genug den Berechnungen. Zwar reichte die Übereinstimmung, um K. in seiner Überzeugung zu bestärken, die Gründe des harmonischen Aufbaues der Welt entdeckt zu haben, sie blieb aber unbefriedigend, zumal sie auf Copernicanischen Werten basierte, von denen *Brahe* ihm schrieb, daß sie sehr ungenau wären. Das Versprechen *Brahe*s, ihm seine Werte zugänglich zu machen, bewog dann K. schließlich, nach Prag überzusiedeln. Er hatte volles Vertrauen zu den empirischen Daten, da die Welt der Geometrie entsprechen müsse. Dieses Vertrauen zu bestätigen, diente auch sein großes optisches Werk von 1604, die auf den Erkenntnissen *Ibn al* → *Haitham*s und *Witelo*s aufbauende ›Astonomiae pars optica‹, auf ihm basierte die sofortige Anerkennung der Entdeckungen *Galilei*s mit dem Fernrohr, ihm verdanken wir aber auch die Entdeckung der elliptischen Bahnform der Planeten gemäß den beiden ersten sogenannten Keplerschen Gesetzen (1605). Zu ihr konnte sich K. auf einem langen, mit mühsamen Rechnungen gepflasterten Weg nur deshalb vorringen, weil er, der selbst durch eine Ironie des Schicksals keine Beobachtungen anstellen konnte, volles Vertrauen in die Meßkunst *Brahe*s hatte und andere, an der bis dahin allgemein anerkannten Kreisförmigkeit aller Bewegungselemente orientierte Bahnformen eine Abweichung in der Tiefe von 8' ergeben hatten – eine Genauigkeit, die andere vollauf befriedigt hätte. Aber die in der ›Astronomia nova‹ 1609 veröffentlichten Ergebnisse – hier gestützt durch eine bald überholte, aus der Magnetlehre *W.* → *Gilberts* abgeleitete Himmelsphysik mit der Sonne als einpoligem Zentralmagneten und den schräg zur Bahnebene gestellten und deshalb von ihr einmal angezogenen und einmal abgestoßenen bipolaren Magnetplaneten, die von den Kraftstrahlen der rotierenden Sonne je nach Entfernung verschieden schnell herumgeführt werden – galten K. nur als notwendige Vorarbeit auf dem Weg zur Erkenntnis der eigentlichen Ordnung des Kosmos, der ›Weltharmonik‹. Das Werk mit diesem Titel, das gleichsam als Abfallprodukt auch das sogenannte dritte Keplersche Gesetz enthält, erschien 1619. Für die heutige Naturschau ganz ungewohnt, werden hierin harmonische, musikalische Verhältnisse zwischen den einzelnen Bahnelementen der Planeten aufgewiesen. Dem geistigen Ohr erklingen die himmlischen Harmonien, wie K. sich ausdrückt, die den Menschen Gott in seinen Werken erkennen lassen.

So verbindet sich eine Vielfalt alter und neuer Ideen und erkenntnistheoretischer Vorstellungen zu einem grandiosen Weltbild, gegen das auch in den Augen K.s seine anderen Leistungen verblassen, weil sie Ausdruck dieser Weltharmonik sind. Genannt seien neben bereits Erwähntem sein umfangreiches Lehrbuch der copernicanischen Astronomie auf den neuen Grundlagen, die ›Epitome astronomiae Copernicanae‹ (1618/21), die nach der neuen Theorie berechneten ›Rudolphinischen Tafeln‹ (1627), die für fast 100 Jahre Grundlage für die Berechnung der Planetenörter blieben, die ›Dioptrik‹ (1611) als Lehre der astronomischen Teleskopbeobachtung mit der Idee des sogenannten Keplerschen Fernrohres, die erstmals von *C.* → *Scheiner* verwirklicht wurde, sowie die Ansätze zu einer Integralrechnung, die sich bei der Behandlung des Flächensatzes (2. K.sches Gesetz) und bei der Berechnung von Rotations-Körpern in seiner ›Faßrechnung‹ (1616) ergaben. Gerade wegen ihrer Voraussetzungen (Weltharmonik, Magnetphysik und einige gesetzte, nicht empirisch gewonnene oder bestätigte Hypothesen) stießen die drei K.schen Gesetze allerdings auf große Skepsis. Sie fanden nur wenige Anhänger (*G. A.* → *Borelli*, *I. Boulliau*), bevor *I.* → *Newton* ihnen eine neue physikalische Deutung zu geben vermochte, die sie Bestandteil seiner Physik werden ließen. K.s Versuch einer Reform der Astrologie durch Beschränkung auf Aspekte, deren Winkel durch Bestandteile seiner ›Weltharmonik‹ als »kosmosbildend« vorgegeben waren, fand allerdings keine Nachahmung. [Krafft]

Werke: Gesammelte Werke, hrsg. von M. Caspar u.a. (Bd 1[–22], München 1937 ff.; die Ausgabe steht kurz vor dem Abschluß). – *Übersetzungen*: Weltgeheimnis (Augsburg 1923, München/Berlin 1936); Neue Astronomie (München/Berlin 1929); Weltharmonik (München/Berlin 1939; Nachdruck: Darmstadt 1967); Johannes Kepler in seinen Briefen (2 Bde, München/Berlin 1930); Traum vom Mond (Leipzig 1898). – *Bibl.*: M. Caspar: Bibliographia Kepleriana (München 1936; 2. Auflage bearbeitet von M. List, München 1968; Ergänzungsband von J. Hamel, München 1998). – *Lit.*: NDB XI, 494–508 (M. List); DSB VII, 289–312 (O. Gingerich); GWG V, 524–565 (W. Gerlach); Theologische Realenzyklopädie XVIII (Berlin/New York 1988), 97-109 (F. Krafft; mit Bibl.); KNph 137–157 (M. Carrier/J. Mittelstraß); DBE V, 506 f. (F. Krafft); GPh I, 157–169 (V. Bialas); M. Caspar: J. K. ([1948]; [4]Stuttgart 1995); A. Koyré: La révolution astronomique: Copernic, K., Borelli (Paris 1961); W. Gerlach / M. List: J. K., Dokumente zu Leben und Werk (München 1971, [2]1980); E. Preuß (Hrsg.): K.-Festschrift 1971 (Regensburg 1971); F. Krafft u.a. (Hrsgg.): Internationales K.-Symposium Weil der Stadt 1971 (Hildesheim 1973); J. Hoppe: J. K. (Leipzig 1974, [4]1982); A. Beer / P. Beer

(Hrsgg.): K. – Four Hundred Years: Proceedings of Conferences Held in Honour of J. K. (Oxford usw. 1975; darin M. List: Bibliographia Kepleriana 1967–1975, S. 957–1003); B. Sutter: J. K. und Graz (Graz 1975); J. Hübner: Die Theologie J. K.s zwischen Orthodoxie und Naturwissenschaft (Tübingen 1975); G. Doebel: J. K. Er veränderte das Weltbild (Graz 1983; Nachdruck 1996); B. Stephenson: K.'s Physical Astronomy (New York usw. 1987); J. W. Field: K.'s Geometrical Cosmology (London 1988); J. Kozhamthadam: The Discovery of K.'s Laws. The Interaction of Science, Philosophy, and Religion (Notre Dame, Ind. 1994); M. Lemcke: J. K. (Reinbek bei Hamburg 1995); C. Methuen: K.'s Tübingen, Stimulus to a Theological Mathematics (Aldershot 1998).

Kircher, Athanasius, deutscher Universalgelehrter und Naturforscher, * 2.5.1602 Geisa, † 30.10.1680 Rom.

K. kommt mit 10 Jahren auf das Jesuitenkollegium in Fulda und findet 1618 Aufnahme in den Orden. Probezeit und erste Studienjahre verbringt er in Paderborn, flieht dann 1622 vor den protestantischen Truppen nach Köln und wird 1623 als Lehrer nach Koblenz, ein Jahr darauf nach Heiligenstadt versetzt, wo er die Muße findet, fremde Sprachen zu erlernen und das bis dahin zurückgehaltene naturkundliche Wissen in Experimentalvorführungen hervortreten zu lassen. 1624 wird er daraufhin an die kurfürstliche Residenz in Aschaffenburg berufen, beginnt aber noch Ende desselben Jahres am Kollegium in Mainz mit dem seine Ausbildung abschließenden Studium der Theologie und empfängt 1628 die Priesterweihe. Nach seinem Probejahr tritt er 1629 die Professur für Mathematik in Würzburg an. Doch auch Süddeutschland erreichen bald die Schrecken des 30jährigen Krieges; K. flieht vor den schwedischen Truppen nach Lyon, von wo er als Professor für Mathematik und orientalische Sprachen nach Avignon berufen wird. Der Versuch Ferdinands II., den bereits weltweit bekannten Gelehrten 1633 an die Universität Wien zu ziehen, veranlaßt seine Gönner, eine Versetzung nach Rom durchzusetzen, wo er schon bald von den Lehrverpflichtungen entbunden wird und mehrere Gehilfen und Mitarbeiter für das von ihm errichtete naturkundliche Museum, chemische und physikalische Forschungs- und Experimentierlaboratorien – die ersten größeren ihrer Art –, zugebilligt bekommt.

Abgesehen von einigen größeren, zu naturkundlichen Forschungen genutzten oder gar eigens dazu unternommenen Reisen blieb K. bis an sein Lebensende in Rom – bald als eine Art Obertribunal, vor das aus aller Welt die naturwissenschaftlichen und technischen Neuigkeiten in einem für die Zeit beispiellos ausgedehnten Briefwechsel gebracht wurden. Anderes erfuhr er aus den in der römischen Ordenszentrale aus aller Welt einlaufenden Missionsberichten. All dies fand zusammen mit den eigenen Beobachtungen und Experimenten und den Ergebnissen eines fast lückenlosen Literaturstudiums seinen Niederschlag in umfangreichen handbuchartigen Darstellungen, von denen K. meist gleichzeitig mehrere in Arbeit hatte und die, wie die vielen Auflagen zeigen, ihrer Zeit, die noch keine wissenschaftlichen Zeitschriften als Informationsquelle besaß, als willkommener Ersatz dienten und Ergänzung in ähnlichen Darstellungen anderer Gebiete durch Ordensbrüder fanden, die seinem Beispiel folgten (*G. B. → Riccioli*, *K. Schott* und andere). Sein Streben, die Universalität von Forschung und Erkenntnis dabei durch methodische Systematisierung zu bewältigen, ist ebenso typisch für das Denken des Barock wie seine Vorstellung einer prästabilierten Harmonie (*G. W. → Leibniz*) und Regelhaftigkeit und deren Ausprägung in Zahlenverhältnissen. Die in der quantitativen Naturforschung erkennbare Einheitlichkeit der Schöpfungsstruktur erfordere eine Einheitlichkeit der Wissenschaftsstruktur, die K. in der ›mathesis universalis‹ sieht: Alle Wissenschaften seien auf ein Universalprinzip reduzierbar,

Analogie und Kombinatorik erlaubten alles weitere zu erschließen.

Seine Hauptwerke sind ›Magnes sive de arte magnetica‹ (1641, 1643, 1654), ›Ars magna lucis et umbrae‹ (1646, 1671 – hier die erste Beschreibung der laterna magica), die Akustik und Musiktheorie ›Musurgia universalis‹ (1650), ›Iter exstaticum coeleste‹ (1656, 1660, 1671) und ›Mundus subterraneus‹ (1665, 1668, 1678), außerdem viele nicht-naturwissenschaftliche Schriften, die sich auch mit Hieroglyphen und Archäologie beschäftigen. Neben der Information lag sein Hauptverdienst für die Geschichte der Naturwissenschaften ohne Zweifel in der Aufbereitung und kritischen Prüfung des bis dahin angesammelten Materials und in der Ausfeilung und Verbreitung experimenteller Techniken und dem Ersinnen neuer physikalischer Experimente, womit er sicherlich entscheidend dem Experiment nicht zuletzt in traditionell katholischen Kreisen zu seinem Siegeszug im 17. Jahrhundert verhalf. [Krafft]

Bibl.: G. Dünnhaupt: Bibliographisches Handbuch der Barockliteratur (Bd 2, Stuttgart 1981, S. 994–1016). – *Lit.*: NDB XI, 641–645 (F. Krafft); DSB VII, 374–378 (H. Kangro); C. Reilly: A. K. S.J., Master of a Hundred Arts, 1602–1680 (Wiesbaden/Rom 1974); J. Godwin: A. K. Ein Mann der Renaissance und die Suche nach verlorenem Wissen (Berlin 1994; zuerst engl., London 1979); Universale Bildung im Barock: Der Gelehrte A. K. Eine Ausstellung (Rastatt/Karlsruhe 1981); T. Leinkauf: Mundus combinatus. Studien zur Struktur der barocken Universalwissenschaft am Beispiel A. K.s SJ (1602–1680) (Berlin 1993).

Kirchhoff, Gustav *Robert*, deutscher Physiker, * 12.3.1824 Königsberg, † 17.10.1887 Berlin.

K., Sohn eines Königsberger Justizrates, studierte in seiner Vaterstadt Physik bei *F. → Neumann*. Der Einfluß dieses großen theoretischen Physikers ist im hohen mathematischen Niveau von K.s Arbeiten spürbar. Er wirkte in Breslau und Heidelberg, zuletzt als Professor der theoretischen Physik neben *H. von → Helmholtz* in Berlin.

Die Doktorarbeit behandelte Fragen aus der Elektrik, mit denen sich in begrenztem Umfang schon *G. S. → Ohm* beschäftigt hatte. Darin sind auch die beiden K.schen Gesetze enthalten. Das erste besagt, daß für einen Verzweigungspunkt einer Stromleitung die Summe der zufließenden elektrischen Ströme gleich der Summe der abfließenden ist, das zweite Gesetz betrachtet einen geschlossenen Stromkreis mit einem mehrmaschigen Leiternetz. In einer beliebigen Leitermasche ist die Summe der elektromotorischen Kräfte gleich der Summe der Spannungsabfälle. K. gab auch eine Theorie der oszillatorischen Entladung der Leidener Flasche. Das Ergebnis von *R. → Kohlrausch* und *W. → Weber* über das Verhältnis einer absolut elektrostatisch und elektromagnetisch gemessenen Elektrizitätsmenge wertete K. sofort aus und fand schon 1857, daß elektrische Wellen sich in einem Draht mit Lichtgeschwindigkeit fortpflanzen. In der Mechanik gelangen ihm neue mathematische Formulierungen, und in der Akustik konnte er z.T. die Chladnischen Klangfiguren (*E. F. F. → Chladni*) erklären. Eine Arbeit aus der Wärmelehre war für die spätere Thermodynamik der Lösungen wichtig.

Die bewundernswerteste Leistung vollbrachte K. 1859 gemeinsam mit *R. → Bunsen* in Heidelberg. Die beiden Forscher entdeckten die Spektralanalyse; K. bearbeitete die physikalische Seite dieses Problems. Er untersuchte das Emissions- und Absorptionsvermögen der Körper für Wärme- und Lichtstrahlen. Im K.schen Satz wird das Verhältnis von Emissions- und Absorptionsvermögen als unabhängig von allen Stoffeigenschaften ausgesprochen. Zum erstenmal definierte K. den ideal schwarzen Körper, der alle Wärme- und Lichtstrahlen verschluckt. In einem Schauversuch zeigte er die Umkehrung der Natriumlinie und führte die schwarzen Linien im Sonnenspektrum (Fraunhofersche Linien; *J. von → Fraunhofer*) z. T. auf den Einfluß der gasförmigen Sonnenhülle zurück. Die Spektralanalyse lieferte später den Schlüssel zum Atombau; zugleich gab sie der Astrophysik die Möglichkeit, Aussagen über die Materie von Fixsternen und Nebelflecken zu machen (*W. → Huggins*). [Wiederkehr]

Werke: Gesammelte Abhandlungen (Leipzig 1882; Nachtrag, hrsg. von L. Boltzmann. Leipzig 1891). – *Bibl.*: Pogg. VII a Suppl., 326–329. – *Lit.*: NDB XI, 649–653 (W. Gerlach; mit Bibl.); DSB VII, 379–383 (L. Rosenfeld); GPh I, 416–430 (K. Hentschel); K. Danzer: Robert W. Bunsen und G. R. K., die Begründer der Spektralanalyse (Leipzig 1972).

Klein, Christian *Felix*, deutscher Mathematiker, * 25.4.1849 Düsseldorf, † 22.6.1925 Göttingen.

Die große Wirkung, die K. ein halbes Jahrhundert lang auf die gesamte Mathematik ausübte, erklärt sich aus der Vielfalt seiner Begabungen, wie sie nur selten in einer Person vereinigt sind; denn K. war ein großer Forscher, ein begeisternder Lehrer und ein weitblickender Organisator. Schon mit 23 Jahren wurde er als ordentlicher Professor nach Erlangen berufen – in einem Alter also, wie er gern erzählte, in dem er bei der damaligen Reichstagswahl noch nicht wahlberechtigt war. Sein berühmtes ›Erlanger Programm‹, das er damals vorlegte, stellte den in der Algebra zuerst entwickelten Gruppenbegriff als dasjenige Prinzip heraus, mittels dessen sich die verschiedenen zu seiner Zeit bekannten Zweige der Geometrie einander zuordnen lassen. Den Anstoß dazu hatte er durch eine mehrmonatige Zusammenarbeit mit dem norwegischen Mathematiker *Sophus Lie* (* 17.12.1842 Nordfjordeide, † 18.2.1899 Kristiania [heute: Oslo]) im Winter 1869/70 in Paris bekommen. Gemeinsam entdeckten K. und *Lie* auch fundamentale Eigenschaften der Kummerschen Fläche (*E. E. → Kummer*) und die Gruppe der projektiven Transformationen der sog. W-Kurven. In Zusammenhang mit der Gruppentheorie stand auch der von K. vorgenommene Ausbau der Theorie der Gleichungen 5. Grades und der Theorie der elliptischen Funktionen. Auf grundlegende Arbeiten über die Modulfunktionen folgten dann 1881/82 in einem dramatischen Wettbewerb mit dem französischen Mathematiker *J. H. → Poincaré* Untersuchungen über die Theorie der automorphen Funktionen. Infolge der übergroßen Anstrengungen brach K.s Gesundheit zusammen; nur langsam erholte er sich, ohne nach seinen Worten die frühere Produktivität wieder zu erlangen.

Als akademischer Lehrer verstand es K. in ausgezeichneter Weise, die wesentlichen Gesichtspunkte und großen Linien einer Theorie herauszuarbeiten, wobei er bewußt das Ausfüllen der Details zurücktreten ließ. Ihm waren nicht die Formeln, sondern die durch sie dargestellten Sachverhalte wichtig; durch geometrische und physikalische Interpretation wußte er sie seinen Zuhörern und Lesern in plastischer Weise anschaulich zu machen. In diesem Sinne setzte er sich z.B. mit Nachdruck für *B. → Riemanns* Auffassung einer komplexen Funktion, repräsentiert durch eine sog. Riemannsche Fläche, ein. Ergänzt wurde diese Begabung K.s durch sein oft gerühmtes psychologisches Einfühlungsvermögen, das ihn befähigte, seine Schüler und Mitarbeiter so einzusetzen, daß ihre besonderen Fähigkeiten zur vollen Entfaltung kamen.

Seit K. 1886 eine Professur in Göttingen übernommen hatte, beanspruchten organisatorische Aufgaben einen großen Teil seiner Kräfte. Die Bestrebungen zur Reform des mathematisch-naturwissenschaftlichen Unterrichts an Schule und Hochschule gipfelten in der Bildung einer deutschen Unterrichtskommission im Jahre 1904 und der noch heute bestehenden Internationalen Mathematischen Unterrichtskommission, die zuerst 1908 unter K.s Vorsitz zusammentrat. Die ›Encyklopädie der Mathematischen Wissenschaften‹ und der mathematisch-naturwissenschaftliche Teil des großen Sammelwerks ›Kultur der Gegenwart‹ tragen den Stempel der großen Persönlichkeit Kleins. Stets trat er dafür ein, die Mathematik im Rahmen ihrer Anwendungen, die mathematischen und technischen Wissenschaften im Rahmen der Kultur zu sehen. Als Feind jeden Spezialistentums war sein Streben darauf gerichtet, der Mathematik und den Naturwissenschaften in Erziehung, Bildung und Kultur den ihnen ihrer tatsächlichen Bedeutung nach zukommenden Platz zu sichern. [Scriba]

Werke: Gesammelte mathematische Abhandlungen (3 Bde, Berlin 1921–1923). – *Bibl.*: Pogg. VII a Suppl., 331–333. – *Lit.*: DSB VII, 396–400 (W. Burau/B. Schoeneberg); GWG IX, 112–123 (A. Hermann); K.-H. Manegold: Universität, Technische Hochschule und Industrie. Ein Beitrag zur Emanzipation der Technik im 19. Jahrhundert unter besonderer Berücksichtigung der Bestrebungen F. K.s (Berlin 1970); R. Tobies/F. König: F. K. (Leipzig 1991).

Koch, Heinrich Hermann *Robert*, deutscher Arzt und Bakteriologe, * 11.12.1843 Klavitta [bei Clausthal], † 27.5.1910 Baden-Baden.

Der Sohn eines Oberharzer Bergamtsleiters studierte in Göttingen Mathematik und Naturwissenschaften, sodann Medizin bei *J.* → *Henle*, dem Begründer der modernen Histologie. Er ging danach 1866 als Assistenzarzt an das Allgemeine Krankenhaus St. Georg in Hamburg, von wo aus er 1868 in Göttingen promovierte. Nach seiner Tätigkeit als Militärarzt im deutsch-französischen Krieg 1870/71 ließ er sich als praktischer Arzt in mehreren Orten der preußischen Provinz Posen nieder, zuletzt 1872–1880 als Kreisphysikus in Wollstein [heute Wolsztyn] bei Posen. Während dieser Jahre suchte er bereits intensiv nach den Ursachen von Infektionskrankheiten und war 1876 für den Fall des Milzbrands erfolgreich; nach dem erstmaligen Nachweis eines Mikroorganismus als spezifischen Erregers konnte er diesen ›bacillus anthracis‹ auch rein züchten. Er führte dazu das ›K.sche Plattengußverfahren‹ zur Gewinnung von Reinkulturen und zur Lebenkeimzahlbestimmung ein, wagte eine Publikation der Ergebnisse (›Die Aetiologie der Milzbrand Krankheit, begründet auf Entwicklungsgeschichte des Bacillus anthracis‹, 1876) aber erst, nachdem er sie dem Mitbegründer der wissenschaftlichen, experimentellen Bakteriologie und damals führenden Bakteriologen, der die sterilisierten Nährböden zur Bakterienzüchtung eingeführt hatte, dem Breslauer Botaniker *Ferdinand Julius Cohn* (* 24.1.1828 Breslau, † 25.6.1898 Breslau), vorgelegt und mit ihm diskutiert hatte. Voll in das Bewußtsein der medizinischen Öffentlichkeit rückte K. jedoch durch seine kleine Schrift ›Untersuchungen über die Ätiologie der Wundinfektionskrankheiten‹ (1878), weil hierin nach den Methoden zur Bekämpfung, die vor allem von *L.* → *Pasteur*, dem Gynäkologen *Ignaz Philipp Semmelweis* (* 1.7.1818 Ofen [heute zu Budapest gehörig], † 13.8.1865 Döbling [heute zu Wien gehörig]) und dem Chirurgen *Joseph* Baron *Lister* (* 5.4.1827 Upton [Essex], † 10.2.1912 Walmer [Kent]) entwickelt worden waren, die Frage nach mikrobischen Erregern methodisch geklärt wurde. Er wurde daraufhin 1880 als Leiter des bakteriologischen Laboratoriums an das Kaiserliche Gesundheitsamt in Berlin gerufen und gleichzeitig zum Professor ernannt. 1885 wurde er Direktor des neueröffneten Hygieneinstituts und 1891 des für ihn eingerichteten Instituts für Infektionskrankheiten in Berlin, das später nach ihm benannt wurde – hier entstanden auch die grundlegenden Arbeiten zur Blutserumtherapie von seinen Mitarbeitern *E. von Behring* und *Shibasaburo Kitasato* (* 20.12.1852 Kumamoto [Japan], † 13.6.1931 Nakanodo), der nach seiner Rückkehr 1892 nach Berliner Vorbild in Tokio ein Institut für Infektionskrankheiten gründete, das 1899 dem staatlichen Gesundheitsamt angegliedert wurde, und zur Immunisierung von *P.* → *Ehrlich.* 1904 wurde K. Mitglied der Preußischen Akademie der Wissenschaften; im folgenden Jahr wurde ihm »für seine Untersuchungen und Entdeckungen auf dem Gebiet der Tuberkulose« der Nobelpreis für Physiologie oder Medizin verliehen.

K. ist der Begründer der modernen, experimentellen Bakteriologie und entwickelte für diese wichtige Untersuchungsmethoden (Färben und Reinkulturen von Bakterien, er verwendete 1882 erstmals Agar-Agar zur Herstellung von Nährböden). Nach der Klärung der Ätiologie des Milzbrandes entdeckte er schon 1882 den Tuberkelbazillus (Mycobacterium tuberculosis, auch ›K.sches Bakterium‹) – die Hoffnungen, die dem von ihm aus Tuberkelbazillenkulturen gewonnenen Filtrat ›Tuberkulin‹, 1896 verbessert zum ›Neuen Tuberkulin‹, als anfänglich scheinbar erfolgreichem Heilmittel entgegengebracht wurden, haben sich später jedoch nicht bestätigt, es erwies sich allerdings als vorzügliches Diagnostikum und Testmittel, das noch heute angewendet wird – und als Ergebnis der unter seiner Leitung nach Ägypten (1883) und Indien (1884) entsandten Cholera-Kommission den Choleraerreger (1884). Zum Studium der Malaria, Pest, Schlafkrankheit und anderer Tropenkrankheiten sowie zur Entwicklung von Mitteln zu ihrer Bekämpfung unternahm er weite Forschungsreisen, unter anderem nach Italien und Australien sowie mehrmals nach Süd- und Ost-Afrika und Ostindien. Die Ergebnisse erbrachten Arbeiten über die Pest (1897), die Malaria (1898/99) und die Schlafkrankheit (1906/07). Weitere Untersuchungen galten nicht nur den Erregern anderer Krankheiten (Wundinfektionen, Amöbenruhr, Lepra, Naganaseuche, Rinderpest, amerikanisches Rückfallfieber usw.) und der Immunisierung gegen solche Krankheiten, soweit der Erreger noch unbekannt war, sondern auch der Prophylaxe von Infektionskrankheiten durch Desinfektion und entsprechende Hygiene – sowie Sozialhygiene: K. setzte sich aktiv für Verhütung und Bekämpfung von Infektionskrankheiten im öffentlichen Gesundheitswesen ein und war maßgeblich an der Erstellung von Medizinalverordnungen und -gesetzen (wie dem Reichsimpfgesetz) beteiligt. [Krafft]

Werke: Gesammelte Werke, hrsg. von J. Schwalbe (2 Bde in 3, Leipzig 1912); R. K., Bakteriologe, Tuberkuloseforscher, Hygieniker. Ausgewählte Texte hrsg. von P. Steinbrück/A. Thom (Leipzig 1982). – *Bibl.*: Pogg. VII a Suppl., 333–341 (Sekundärliteratur); R. Münch/M. Mücke: Der Nachlaß von R. K. In: *Berichte zur Wissenschaftsgeschichte* 19 (1996), 255–257. – *Lit.*: GMikro II, 177–200 (A. Berg); DSB VII, 420–435 (C. E. Dolman); GWG VIII, 762–785 (C. Probst); KMed II, 247–271 (B. Elkeles); B. Heymann: R. K. (Teil 1: 1843–1882. Leipzig 1932. Teil 2: Nach Fragmenten von B. Heymann hrsg. von G. Henneberg. Berlin 1997); B. Möllers: R. K. Persönlichkeit und Lebenswerk (Hannover 1950; mit Bibl.); R. Bochalli: R. K. Der Schöpfer der modernen Bakteriologie (Stuttgart 1954, ²1982); J. Kathe: R. K. und sein Werk (Berlin 1961); C./P. Barlow: R. K. (London und Genf 1971); W. Genschorek: R. K. Leben, Zeit, Werk (Leipzig 1975, ⁶1985); T. Brock: R. K. A Life in Medicine and Bacteriology (Berlin usw. 1988).

Koelreuter, Joseph Gottlieb, deutscher Botaniker, * 27.4.1733 Sulz am Neckar, † 12.11.1806 Karlsruhe.

K. studierte ab 1748 Medizin und Botanik an den Universitäten Straßburg und Tübingen; hier wurde er 1755 auch zum Doktor der Medizin promoviert. 1756 ging er als Adjunkt an die Akademie der Wissenschaften in St. Petersburg, wo er 1759 mit Experimenten zur Befruchtung bei Pflanzen begann. Er kehrte 1761 nach Deutschland zurück und wurde 1763 Direktor der markgräflichen botanischen Gärten und Professor der Naturgeschichte in Karlsruhe. Schwierigkeiten mit dem Gartenpersonal führten 1786 zu seiner Entlassung. K. hatte jedoch schon vorher in seinem eigenen Garten die Befruchtungs- und Kreuzungsversuche von St. Petersburg weitergeführt.

K. führte erstmals planmäßig Befruchtungs- und Bastardierungsversuche durch. An Versuchen mit Arten der Gattungen Nicotiana, Dianthus, Hyoscyamus, Verbascum, Hibiscus, Datura und Mirabilis (ab 1759) gelang ihm der Nachweis, daß die Hybriden tatsächlich aus der Verschmelzung väterlicher und mütterlicher Keime hervorgehen. Er bestätigte damit nicht nur die Ergebnisse seines Landsmannes *R. J.* → *Camerarius* bezüglich der Sexualität der Pflanzen, sondern er wurde auch ein Vorläufer *G. J.* → *Mendel*s. Im Zusammenhang mit den experimentellen Untersuchungen, die er in den ›Vorläufigen Nachrichten von einigen das Geschlecht der Pflanzen betreffenden Versuchen und Beobachtungen‹ (nebst Fortsetzungen) von 1761 bis 1766 veröffentlichte, erkannte und bewies K. die unterschiedlichen Formen der Pollenübertragung von den Antheren auf die Narben (Autogamie, Windbestäubung, Insektenbestäubung). – Die blütenökologischen Studien hat *Christian Konrad Sprengel* (* 1750 Brandenburg, † 7.4.1816 Berlin) in seiner Schrift ›Das entdeckte Geheimnis der Natur im Bau und in der Befruchtung der Blumen‹ (1793) fortgeführt. *Sprengel* war Schullehrer und Rektor in Berlin und Spandau, wurde jedoch wegen seines schwierigen Charakters vorzeitig aus dem Dienst entlassen und lebte von einer kümmerlichen Pension. Die so gewonnene Zeit kam allerdings seinen botanischen Studien zugute. Sein Werk geriet rasch in Vergessenheit und wurde erst von *C.* → *Darwin* wieder gewürdigt.

Werke: Vorläufige Nachricht von einigen das Geschlecht der Pflanzen betreffenden Versuchen und Beobachtungen (1761–1766), hrsg. von W. Pfeffer (Leipzig 1893). – *Lit.*: DSB VII, 440–442 (R. Olby); J. Behrens: J. G. K., ein Karlsruher Botaniker des achtzehnten Jahrhunderts. In: *Verhandlungen des Naturwissenschaftl. Vereins in Karlsruhe* 11 (1895), 268–320; H. F. Roberts: Plant Hybridization before Mendel (New York 1929; Nachdruck 1965); P. H. Graepel: C. F. von Gärtner (Diss. Marburg 1978); E. Mayr: J. G. K.'s Contributions to Biology. In: *Osiris*, N.S. 2 (1986), 135–176. [Geus/Krafft]

Kohlrausch, *Friedrich* Wilhelm Georg, deutscher Physiker, * 14.10.1840 Rinteln [an der Weser], † 17.1.1910 Marburg.

K. war das dritte Kind *R.* → *Kohlrausch*s, der damals noch auf dem Gymnasium in Rinteln lehrte. Die ersten und die letzten Semester seines Studiums verbrachte er in Göttingen unter der Obhut seines väterlichen Freundes *W.* → *Weber*; denn als Siebzehnjähriger hatte er seinen Vater verloren. 1863 promovierte er dort mit einer Arbeit über die elastische Nachwirkung. Diese von *Weber* entdeckte Erscheinung wies er auch in Metalldrähten nach und deutete sie wie sein Lehrer atomistisch. *Emil Warburg* verknüpfte später (1878) K.s Betrachtungen mit der mechanischen Wärmetheorie.

Bei *Wilhelm Beetz* (* 27.3.1822 Berlin, † 22.1.1886 München) in Erlangen verbrachte K. die mittleren Semester seiner Studienzeit. Er lernte dort, wie man einen Versuch effektvoll vorführt. *Beetz* betraute seinen Schüler mit einer Arbeit zu den Hittorfschen Überführungszahlen der Ionen (*J. W.* → *Hittorf*). K. wurde damit in eine Bahn gelenkt, auf der er die schönsten Früchte ernten sollte. Nach einer kurzen Lehrtätigkeit beim Physikalischen Verein in Frankfurt am Main kehrte er nach Göttingen zurück, um sich zu habilitieren. 1867 wurde er außerordentlicher Professor. 1870 berief man ihn an das Polytechnikum (die spätere Technische Hochschule) in Zürich. Doch schon ein Jahr später kehrte er als Ordinarius an der Technischen Hochschule in Darmstadt nach Deutschland zurück, 1875 holte man ihn nach Würzburg. Als Nachfolger *A. Kundt*s übernahm er 1888 zum zweitenmal die mühsame Aufgabe, ein Institut aufzubauen. Nach *H. von* →

Helmholtz' Tod 1894 erschien es beinahe selbstverständlich, daß K. die Präsidentenstelle der Physikalisch-Technischen Reichsanstalt in Berlin-Charlottenburg übernahm. In zehn arbeitsreichen Jahren machte er die Reichsanstalt zu einer Einrichtung, die bei anderen Kulturnationen hohe Anerkennung fand. Vorzeitig trat er 1905 von seinem Amt zurück; die letzten Lebensjahre wollte er der stillen Forschungsarbeit widmen. Aber er sollte seinen 70. Geburtstag nicht mehr erleben.

K.s Würzburger Jahre (1875–1888) waren großenteils der präzisen experimentellen Festlegung absoluter elektrischer Maße gewidmet. Durch *W. Weber* war er in die Feinheiten absoluter magnetischer und elektrischer Messungen eingeführt worden. Viele seiner späteren Arbeiten befaßten sich mit der Verbesserung von Magnetometer, Tangentenbussole, Elektrodynamometer und anderen Strommeßgeräten. Er begann mit der Erbauung eines magnetischen Observatoriums, das ihm dabei gute Dienste leisten sollte. Darin steht K. ganz in der Gauß-Weberschen Tradition (*C. F.* → *Gauß*). 1885 bestimmte er gemeinsam mit seinem Bruder *Wilhelm Kohlrausch* (* 14.5.1855 Marburg, † 16.4.1936 Hannover) das elektrochemische Äquivalent des Silbers. Die Form, die er seinem Silbervoltameter gab, hat sich bis heute erhalten. 1888 führte er die sogenannte Ohmbestimmung (*G. S.* → *Ohm*) durch. Um die Thermoelektrizität und den Peltiereffekt zu erklären, entwarf er seine ›Mitführungstheorie‹. Danach fließt mit dem Wärmestrom durch die Berührstellen der beiden Metalle, in denen die Thermospannung erzeugt wird, ein Strom elektrischer Ladungsträger (Elektronen). Als er über die Ansichten *W. Weber*s vom Aufbau der Materie aus zwei Sorten elektrischer Elementarbausteine berichtete (1878), machte er die erstaunliche Bemerkung, daß elektrische Hochspannungsapparaturen wohl die meiste Aussicht auf Erfolg bei der Umwandlung der chemischen Elemente hätten.

Am bedeutendsten sind K.s Leitfähigkeitsmessungen an Elektrolyten. Mit Wechselströmen höherer Frequenz gelang es ihm, die lästige Polarisation an den Elektroden auszuschalten. Um eine noch empfindlichere Stromanzeige zu erhalten, ersetzte er das Dynamometer durch das elektromagnetische Telefon. Er fand, daß die Zahl i, die bei den in Wasser gelösten Elektrolyten den osmotischen Druck bestimmt, bei starker Verdünnung kleinen ganzen Zahlen zustrebt (vollständige Dissoziation). Das ›molekulare‹ Leitvermögen setzt sich aus den für die Ionenarten charakteristischen Wanderungsgeschwindigkeiten zusammen. Es ist das von K. zum ersten Mal formulierte Gesetz der unabhängigen Wanderung der Ionen. – Viele Ausländer, besonders Amerikaner, kamen nach Würzburg, um K.s neue Meßmethode kennenzulernen. *W.* → *Ostwald*, *J. H. van't* → *Hoff* und *W.* → *Nernst* knüpften in ihren Theorien über Ionen und Dissoziation an seine Arbeit an.

Werke: Gesammelte Abhandlungen (2 Bde, Leipzig 1910–1911; mit Biographie von A. Heydweiller). – *Lit.*: DSB VII, 449 f. (O. J. Drennan).
[Wiederkehr]

Kohlrausch, *Rudolf* Hermann Arndt, deutscher Physiker, * 6.11.1809 Göttingen, † 8.3.1858 Erlangen.

K.s Vater war ein bekannter Pädagoge und zuletzt leitender Beamter im hannoverschen Schulwesen. Zunächst studierte K. in Bonn und Göttingen Zoologie, entschied sich dann aber für Mathematik und Physik. 1832 promovierte er in Göttingen. Als Lehrer war K. zuerst an der Ritterakademie in Lüneburg tätig, dann unterrichtete er von 1835 bis 1849 am Gymnasium von Rinteln. Durch seine wissenschaftlichen Arbeiten erwarb er sich in jenen Jahren schon einen guten Ruf. Man holte ihn nach Kassel an die Polytechnische Schule; er sollte dort Direktor werden. K. weigerte sich jedoch, aus der Hand des neu ernannten kurhessischen Ministers Hassenpflug sein Amt zu erhalten. (Der hessische Kurfürst hatte frühzeitig die Vorboten der Reaktion erkannt und den im Volke verhaßten Staatsmann, genannt ›Hessenfluch‹, zurückgeholt.) K. wurde nach Marburg an das Gymnasium zurückversetzt. Die Nähe der Universität wirkte sich günstig aus; 1854 ernannte man ihn zum außerordentlichen Professor. 1857 erhielt er einen Ruf an die Universität Erlangen. Hier hätte er endlich unbeengt arbeiten und forschen können; doch der Tod ereilte ihn schon im darauffolgenden Jahr.

Das Lieblingsarbeitsgebiet K.s war die Elektrostatik. Er brachte es darin zu unbestrittener Meisterschaft. Das Dellmannsche Elektroskop (*Johann Friedrich Georg Dellmann*, * 20.5. 1805 Kettwig, † 1870 Bad Kreuznach) baute er mit großem handwerklichen Geschick zu einem Elektrometer um. Es war das erste Gerät, das nach der Coulombschen Drehwaage (*C. A. de → Coulomb*) wieder einen Fortschritt darstellte. In Verbindung mit einem Luftkondensator maß K. die Urspannungen galvanischer Elemente und verfolgte die Spannungsabfälle in der geschlossenen galvanischen Kette. Das Ohmsche Gesetz (*G. S. → Ohm*) war zu jener Zeit wohl allgemein anerkannt, vielen Physikern erschien jedoch die Ohmsche Theorie des ›Gefälles‹ nur als ein Aperçu. K. zeigte, daß die elektroskopische Elektrizität, die statische Spannung, genau in der von *Ohm* angegebenen Weise mit der ›reduzierten Länge‹ (Widerstandsmaß) zusammenhängt. Ebenso wies er die angezweifelten Potentialsprünge an Berührflächen nach. Im Gegensatz zu *A. → Volta* zeigte er, daß an der Berührfläche Metall-Elektrolyt das Potential (Spannung) um ein Beträchtliches springt. In Anlehnung an *Johan Carl Wilcke*s (* 6.9.1732 Wismar, † 18.4.1796 Stockholm) Arbeiten verbesserte er den Kondensator und gab dem Plattenkondensator die heute noch gebräuchliche Form.

K. verteidigte die Hypothese der materiellen, aber unwägbaren elektrischen Fluida, weil sie alle ihm bekannten Tatsachen in einen möglichst einfachen Zusammenhang brachte. Die Elektrolyse ist für ihn mit einem Transport materieller elektrischer Fluida verbunden. Von der Wanderung der Ionen hatte er jedoch noch nicht die richtige Vorstellung. In seiner Marburger Zeit beschäftigte er sich viel mit dem Weberschen Gesetz, das eine Aussage machte über die Kräfte, die materiell gedachte elektrische Teilchen aufeinander ausüben. Das Webersche Gesetz und die Existenz elektrischer Teilchen wurde in jenen Jahren besonders von englischen Physikern in Frage gestellt. K. schlug mehrere Experimente vor, die in diesem wesentlichen Punkt eine Klärung bringen sollten. *W. → Weber* war damit einverstanden, an solchen Experimenten mitzuwirken. Doch vieles ließ sich damals technisch einfach noch nicht realisieren. Das Vorhaben wurde in die bescheidenere Aufgabe umgewandelt, die magnetische Wirkung einer statisch gemessenen Elektrizitätsmenge mittels einer Tangentenbussole zu bestimmen. Das Ergebnis jener meisterlichen gemeinsamen Arbeit war fundamental: Die statisch absolut gemessene Elektrizitätsmenge dividiert durch die elektromagnetisch absolut gemessene Elektrizitätsmenge ergibt die Lichtgeschwindigkeit (1856). Das K.-Webersche Resultat war eine wichtige empirische Stütze für *J. C. → Maxwell*s neue Elektrodynamik und elektromagnetische Lichttheorie.

Vorarbeiten zu jener folgenreichen Entdekkung bildeten K.s Untersuchungen über den elektrischen ›Rückstand‹ in einem Dielektrikum. ›Verborgene Ladung‹ kann als ›disponible Ladung‹ wieder hervortreten. K. hatte eigens dazu das Sinus-Elektrometer konstruiert. Seine Deutung des Rückstands basiert auf der Annahme von molekularen elektrischen Dipolen im Dielektrikum. Seine Theorie lehnte sich an die der Magnetisierung an, er führte das elektrische Moment ein. [Wiederkehr]

Bibl.: Pogg. I, 1299. – *Lit.*: DSB VII, 450 (O. J. Drennan); W. Weber / R. K.: Über die Einführung absoluter elektrischer Maße, kommentiert von K.

H. Wiederkehr (Frankfurt am Main 1968; mit Biographie); E.-A. Schlott: R. H. A. K. und die Entwicklung der elektrischen Maßsysteme (Berlin/Offenbach 1988).

Kölliker, Rudolf *Albert* von (ab 1869), schweizerischer Anatom und Zoologe, * 6.7.1817 Zürich, † 2.11.1905 Würzburg.

K. begann 1836 sein Studium in Zürich, wo er unter anderem Naturphilosophie bei *L.* → *Oken* hörte. 1839 ging er nach Bonn, 1840 nach Berlin und wurde hier Schüler von *J. P.* → *Müller*, *J.* → *Henle* und *Robert Remak* (* 30.7. 1815 Posen, † 29.8.1865 Kissingen). 1841 wurde K. in Zürich zum Dr. phil. promoviert, der medizinische Doktor wurde ihm 1842 von der Universität Heidelberg verliehen. K. war zunächst Assistent, dann Prosektor bei *Henle* in Zürich. 1843 habilitierte er sich dort und wurde 1844 zum außerordentlichen Professor für Physiologie und Vergleichende Anatomie ernannt. 1847 erhielt er einen Ruf auf das Ordinariat für diese beiden Fächer an der Universität Würzburg. Von 1849 an übernahm er auch das Fach Anatomie, gab aber 1864 die Physiologie ab. 1897 trat K. in den Ruhestand, arbeitete aber wissenschaftlich weiter.

K.s Hauptarbeitsgebiet waren die Histologie und Embryologie. Beide verband er mit der neuen Zellentheorie von *M. J.* → *Schleiden* und *T* → *Schwann*. Bereits in seiner Dissertation von 1841 bewies er die Natur der Spermatozoen, die bis dahin im allgemeinen als Parasiten aufgefaßt worden waren, als Abkömmlinge eines bestimmten Körpergewebes und erkannte ihre Zellnatur. Im Laufe der 1850er Jahre erkannte er auch, daß es sich beim tierischen Ei um eine einzelne Zelle handelt, deren ›Segmentation‹ eine Folge von Teilungen darstellt, die schließlich zu den Zellen aller Organe des Körpers führt. Der klassische erste Ansatz zu dieser wichtigen Erkenntnis wird bereits 1844 in K.s ›Entwickelungsgeschichte der Cephalopoden‹ vorgelegt; sie zieht auch eine Ablehnung der Zellbildungstheorie von *Schwann* nach sich, der eine freie Zellbildung innerhalb eines Zytoblasten annahm. K. untersuchte die Entwicklung der einzelnen Organe und speziell des Schädels der Wirbeltiere. Die Einzeluntersuchungen wurden zusammengefaßt zu seiner ›Entwickelungsgeschichte des Menschen und der höheren Thiere‹ (1861) und zum ›Grundriß der Entwickelungsgeschichte des Menschen und der höheren Thiere‹ (1880). Auch auf dem Gebiet der Histologie führte K. zunächst zahlreiche Spezialuntersuchungen durch, von denen vor allem die des Nervengewebes und der glatten Muskulatur von Bedeutung sind. 1850/54 erschien der zweite Band der ›Mikroskopischen Anatomie oder Gewebelehre des Menschen‹. Der erste Band, der den Allgemeinen Teil behandeln sollte, aber nicht erschien, wurde ersetzt durch das ›Handbuch der Gewebelehre des Menschen‹, das besondere Anerkennung fand und sechs Auflagen erfuhr. Es ist das Verdienst K.s, der von seinem Lehrer *Henle* begründeten Histologie durch die Erkenntnis der zelligen Natur der Gewebe eine moderne Basis geschaffen zu haben.

K. interessierte sich auch für die Phänomene des Artenwandels und der Vererbung. Er akzeptierte *C.* → *Darwins* Selektionstheorie, deutete sie aber teleologisch. Die Entstehung neuer Arten beruht nach seiner Meinung auf großen Mutationsschritten, wie sie *H. de* → *Vries* in der ersten Mutationstheorie postulierte. [Querner]

Autobiographie: Erinnerungen aus meinem Leben (Leipzig 1899). – *Lit.*: GMikro II, 201–213 (R. Lerner); NDB XII, 322 f. (E. Kahle), DSB VII, 437–440 (E. Hintzsche); E. Ehlers: A. von K. zum Gedächtnis. In: *Zeitschrift für wissenschaftliche Zoologie* 84 (1906), I–XXVI (mit Bibl.); G. R. Cameron: R. A. v. K. (1817–1905). In: *Annals of Science* 11 (1955), 166–172; H. Zuppinger: A. K. (1817–1905) und die mikroskopische Anatomie (Zürich 1974); L. Belloni: L'epistolario di A. K. a Camillo Gogli al Museo per la Sforia della Università di Pavia (Mailand 1975).

Kopernikus, Nikolaus → **Copernicus**, Nicolaus

Krämer, Gerhard → **Mercator,** Gerardus

Kummer, *Ernst* Eduard, deutscher Mathematiker, * 29.1.1810 Sorau [heute Zary, Polen], † 14.5.1893 Berlin.

Der Sohn eines Arztes nahm 1828 an der Universität Halle das Studium der evangelischen Theologie auf, wandte sich aber bald – ursprünglich als Vorbereitung auf ein Philosophiestudium – der Mathematik zu. Eine Untersuchung über trigonometrische Funktionen trug ihm 1831 einen Preis und noch im gleichen Jahr den Doktortitel ein. Ein Jahrzehnt lang unterrichtete er am Gymnasium in Liegnitz Mathematik und Physik; zwei seiner Schüler, *L. Kronecker* und *Ferdinand Joachimsthal* (* 9.3.1818 Goldberg [heute: Złotoryja, Polen], † 5.4.1861 Breslau), traten später als Universitätsprofessoren für Mathematik hervor. K. selbst erhielt aufgrund weiterer Veröffentlichungen über Funktionentheorie, unter anderem einer eingehenden Untersuchung der schon von *C. F.* → *Gauß* studierten hypergeometrischen Reihe, 1842 ein Ordinariat für Mathematik an der Universität Breslau. Zwei Jahre zuvor hatte er sich mit Ottilie Mendelssohn, einer Kusine der Frau des Mathematikers *P. G.* → *Dirichlet*, verheiratet. Nach deren Tod (1848) ging er eine zweite Ehe mit Bertha Cauer ein.

K.s Forschungen in Breslau bezogen sich auf die Zahlentheorie. Als Hilfsmittel für angestrebte Beweise der von *P. de* → *Fermat* ausgesprochenen Vermutung, daß $x^n + y^n = z^n$ für $n \geq 3$ in natürlichen Zahlen x, y, z nicht lösbar ist, sowie des allgemeinen Reziprozitätsgesetzes entwickelte K. die Theorie der idealen Zahlen (›Idealtheorie‹). Er wurde dafür, ohne sich darum beworben zu haben, 1857 mit dem Großen Preis der Mathematischen Wissenschaften der Pariser Akademie ausgezeichnet. *Kronecker*, *Richard Dedekind* (* 6.10.1831 Braunschweig, † 12.2.1916 ebenda) und andere bauten diese Theorie weiter aus.

K. wurde 1856 Nachfolger von *Dirichlet* an der Berliner Universität. Zusammen mit *K. T. W.* → *Weierstraß* gründete er 1861 das erste rein mathematische Seminar – vorausgegangen war die Gründung des mathematisch-physikalischen Seminars durch *C. G. J.* → *Jacobi* und *F. E.* → *Neumann* in Königsberg. Ergänzt durch *Kronecker*, der – finanziell unabhängig – als Akademiemitglied in der Hauptstadt wirkte, führten K. und *Weierstraß* die Mathematik in Berlin zu hoher Blüte. Aus der großen Zahl ihrer Schüler gingen viele Universitätsprofessoren hervor.

Als dritten Arbeitsschwerpunkt wählte K. in Berlin die Geometrie, und zwar – wiederum im Anschluß an *Gauß* – die Flächentheorie. Beim Studium allgemeiner Strahlensysteme, wie sie schon *W. R.* → *Hamilton* untersucht hatte, gelang ihm 1864 die Entdeckung der (heute nach ihm benannten) Fläche 4. Ordnung mit 16 isolierten Knotenpunkten und 16 singulären Tangentenebenen. Diese mit algebraischen Hilfsmitteln erzielte Entdeckung ist, ebenso wie seine bahnbrechenden zahlentheoretischen Arbeiten, charakteristisch für die von K. und noch wesentlich stärker von *Kronecker* vertretene Tendenz der Arithmetisierung der Mathematik. Letztere führte infolge persönlicher Empfindsamkeiten schließlich zum Bruch zwischen *Kronecker*, der 1883 K.s Nachfolger auf dem Lehrstuhl der Universität wurde, und *Weierstraß* als dem führenden Vertreter der Analysis; die unterschiedliche Auffassung trübte endlich auch das langjährige freundschaftliche Verhältnis zwischen K. und *Weierstraß*. [Scriba]

Werke: Collected Papers, hrsg. von A. Weil (2 Bde, Berlin usw. 1975; mit Bibl. und Nachrufen von E. Lampe und K. Hensel). – *Bibl.*: Pogg. VII a

Suppl., 343 f. – *Lit.*: DSB VII, 521–524 (K.-R. Biermann); NDB XIII, 282 f. (C. J. Scriba); K. Hensel (Hrsg.): Festschrift zur Feier des 100. Geburtstages E. K.s (Leipzig/Berlin 1910); K.-R. Biermann: Die Mathematik und ihre Dozenten an der Berliner Universität 1810–1920 (Berlin 1973); E. M. Edwards: K. und Kronecker. In: H. G. W. Begehr u.a. (Hrsgg.): Mathematics in Berlin (Basel 1998, S. 61–69).

L

Lagrange, *Joseph* Louis de, italienisch-französischer Mathematiker, * 25.1.1736 Turin, † 10.4.1813 Paris.

Über L. sagte *P. S. de → Laplace* in seiner Grabrede, er habe wie *I. → Newton* »jene höchste Kunst in glücklichstem Maße besessen, die allgemeinen Prinzipien zu entdecken, welche das eigentliche Wesen der Wissenschaft ausmachen«. In der Tat ist L. den Mathematikern noch heute durch seine allgemeinen Prinzipien bekannt, die er vor allem in der Variationsrechnung und der analytischen Mechanik einführte, womit er diese Zweige der Mathematik in besonders eleganter und allgemeiner Form zur Darstellung brachte.

L. entstammte einer durch unglückliche Spekulationen des Vaters verarmten Familie französisch-italienischer Abstammung. Er wurde schon mit 19 Jahren Professor der Mathematik an der königlichen Artillerieschule in Turin. Hier versammelte er einen Kreis fähiger Studenten um sich, aus dem sich bald die Turiner Akademie der Wissenschaften entwickelte. In ihren Abhandlungen erschienen seit 1759 zahlreiche Arbeiten von L., der sich um jene Zeit vor allem mit der Variationsrechnung beschäftigte. Damals schrieb *L. → Euler* an den jungen Kollegen: »Ihre Lösung des isoperimetrischen Problems läßt nichts zu wünschen übrig, und ich freue mich, daß dieser Gegenstand, mit dem ich mich seit den ersten Anfängen beschäftigt habe, durch Sie zu einem so hohen Grad der Vollendung gebracht ist.«

Als *Euler* 1766 nach Petersburg ging, wurde L. auf Empfehlung von *J. L. d' → Alembert* von Friedrich dem Großen als dessen Nachfolger an die Berliner Akademie gezogen. Durch sein vornehmes, zurückhaltendes Wesen, seinen Fleiß und seine überragenden Fähigkeiten gewann er die Achtung auch derjenigen Kollegen, die sich dem Ausländer gegenüber zunächst sehr kühl verhalten hatten. In den durchschnittlich jeden Monat von L. vorgelegten Abhandlungen untersuchte er wiederholt die Theorie der partiellen Differentialgleichungen, außerdem mehrfache Integrale, krummlinige Koordinaten, die numerische und algebraische Auflösung von Gleichungen, das arithmetisch-geometrische Mittel, unbestimmte Gleichungen und viele andere Themen. Auch der Behandlung astronomischer Probleme widmete er viel Zeit und gewann dabei manchen Preis der Pariser Akademie. In Untersuchungen über die Auflösbarkeit algebraischer Gleichungen brachte er, fast gleichzeitig mit *Alexandre-Théophile Vandermonde* (* 28.2.1735 Paris, † 1.1.1796 ebenda), den gruppentheoretischen Gesichtspunkt zum Ausdruck.

Nach Friedrich des Großen Tod im August 1786 folgte L. einer Einladung Ludwigs XVI., als Mitglied der französischen Akademie seinen Wohnsitz in Paris zu nehmen. Er hatte sich jedoch in Berlin so überanstrengt, daß er lange Zeit, erschöpft und unter schweren Depressionen leidend, an der Mathematik keinen Gefallen mehr finden konnte. Er verkehrte mit dem berühmten Chemiker *A. L. → Lavoisier* und gab sich religionswissenschaftlichen und metaphysischen Studien hin. Als sein fundamentales Werk, die ›Mécanique analytique‹, durch *A. M. Legrendes* Mithilfe schließlich 1788 erschien, ließ er es ungeöffnet liegen. Erst die Revolution bewirkte eine Veränderung. *Lavoisiers* Leben endete 1794 unter der Guillotine. L., der sich sehr zurückgehalten hatte und mit tiefstem Abscheu die empörenden Grausamkeiten miterlebte, wurde als Ausländer geschont und später zur Mitarbeit in den Komitees für Erfindungen und für das Münzwesen aufgefordert. Hier wirkte er führend bei der Aufstellung des metrischen Maß- und Gewichtssystems mit. Im Jahre 1795 berief man ihn als Professor an die École Normale, 1797 an die berühmte École Polytechnique. Aus seiner Lehrtätigkeit gingen mehrere Bücher über Infinitesimalrechnung und analytische Funktionen hervor. Sein Versuch, durch formelles Vorgehen die Schwierigkeiten des Grenzwertbegriffes zu umgehen, befriedigte nicht.

Doch regte er *A.-L.* → *Cauchy* und andere an, eine auf den Konvergenzbegriff gestützte Grundlegung der Analysis zu geben. Bei aller Größe seiner Leistung war er doch kein universeller Mathematiker, sondern eher einer der ersten Spezialisten: Er dachte nicht geometrisch, sondern in Formeln und rühmte sich, in der ›Mechanik‹ nicht eine einzige Figur gebracht zu haben. Aber seit der Gedächtnisrede von *Laplace* werden die Entwicklungen abstrakter Theorien, die L. gegeben hat, wegen ihrer seltenen Eleganz gerühmt. [Scriba]

Werke: Œuvres complètes, hrsg. von M.-A. Serret / G. Darbout (14 Bde, Paris 1867–1892; Nachdruck: 10 Bde, Hildesheim 1973); Mathematische Werke, hrsg. von A. L. Crelle (3 Bde, Berlin 1823–1824; mit Bibl.); Correspondance de Leonhard Euler avec A. C. Clairaut, J. d'Alembert et J. L. L., hrsg. von A. P. Juskevic und R. Taton (Basel 1980). – *Lit.*: DSB VII, 559–573 (J. Itard); GPh I, 229–242 (H.-H. von Borzeszkowski / R. Wahsner); F. Burzio: L. (Turin 1942); I. A. Tiulina: J. L. L. [russisch] (Moskau 1977); La »Mécanique analytique« de L. et son héritage (Turin 1990); D. Galletto: L. e la mécanique analytique (Mailand 1991).

Lamarck, *Jean Baptiste* Pierre Antoine de Monet, Chevalier de, französischer Naturforscher, * 1.8.1744 Bazentin [Picardie], † 18.12.1829 Paris.

Für einen Wissenschaftler höchst ungewöhnlich ist L.s Lebenslauf. Jüngster Sohn einer verarmten Adelsfamilie, besuchte er die Jesuitenschule in Amiens, wurde nach dem Tod des Vaters mit 17 Jahren Soldat und im Siebenjährigen Krieg Leutnant. Die beim Militär begonnenen botanischen Studien setzte er nach Kriegsende fort, studierte in Paris vier Semester Medizin und verdiente seinen Lebensunterhalt als kaufmännischer Angestellter. Durch seine ›Flore françoise‹ (1779) wurde *G.-L. L.* → *Buffon*, Leiter der Königlichen Gärten in Paris, auf L. aufmerksam und verschaffte ihm eine Stellung am Naturhistorischen Museum. Nach der Revolution erhielt L. 1793 einen neugeschaffenen Lehrstuhl für Zoologie der Wirbellosen – ein Fach also, das er nicht studiert hatte. Sein Leben war von Armut und persönlicher Tragik (mehrere Ehen, 1818 vollständig erblindet) gezeichnet.

L. sah die Natur als Ganzes und interessierte sich für deren Prozesse und Beziehungen. Er veröffentlichte Arbeiten zur Botanik, Zoologie, Chemie und Meteorologie. Seine Bedeutung liegt einzelwissenschaftlich vor allem in der Klassifikation der Wirbellosen und biologiegeschichtlich in seiner Entwicklungstheorie. Im Einklang mit Fortschrittsvorstellungen zeitgenössischer, vor allem französischer Philosophen, wonach auch die Arten des Tier- und Pflanzenreiches in einem entwicklungsgeschichtlichen Zusammenhang stehen, und der schon aus der Antike überlieferten Auffassung, daß sich alle Lebewesen nach ihrer Vollkommenheit ordnen lassen, stellte L. ein lineares System der Arten auf. Dieses interpretierte er nicht statisch als bloßes Klassifikationssystem, sondern dynamisch als eine naturgeschichtliche Entwicklungsfolge, wobei eine natürliche Tendenz vom Einfachsten zum immer Komplexeren bestehe und Variationen nach folgender

Hypothese (›Lamarckismus‹) entstünden: Umwelteinflüsse verändern über Reaktionen der Lebewesen (veränderte Verhaltensgewohnheiten) gewisse Organe (Kräftigung durch Gebrauch, Verkümmerung durch Nicht-Gebrauch). Diese Veränderungen werden vom Phänotyp auf den Genotyp übertragen (Vererbung erworbener Eigenschaften).

Einige seiner Ideen wurden Ende des 19. Jahrhunderts im Neo-Lamarckismus (insbesondere gegen *C. → Darwin*) verwendet und neuerlich vorübergehend in der Sowjetunion wiederbelebt (*I. W. → Mitschurin*). Der Lamarckismus konnte experimentell nicht bestätigt werden und wurde durch die Molekulargenetik widerlegt, ist aber ein wichtiger Vorläufer der Evolutionstheorie *Darwins*.

[Koch/Meyer-Abich]

Werke: Zoologische Philosophie, übersetzt von A. Lang (3 Bde, Leipzig 1990–1991); Inédits de L. d'après les manuscrits conservés à la bibliothèque centrale du Muséum national d'histoire naturelle de Paris, hrsg. von M. Vachon u.a. (Paris 1972). – *Lit.*: DSB VII, 584–594 (L. L. Burlingame); M. Landrieu: L., le fondateur du transformisme. Sa vie, son œuvre (Paris 1909; mit Bibl.); F. Kühner: L. – Die Lehre vom Leben. Seine Persönlichkeit und das Wesentliche aus seinen Schriften (Jena 1913); F. Alverdes: Das Lebenswerk L.s (Berlin 1929); R. W. Burkhardt: The Spirit of System. L. and Evolutionary Biology (Cambridge, Mass. 1977, 1995); J.-J. Barloy: L. contre Darwin. L'évolution des êtres vivants (Paris 1980); L. Szyfman: J.-B. L. et son époque (Paris 1982); W. Lefèvre: Die Entstehung der biologischen Evolutionstheorie (Frankfurt am Main usw. 1984), Y. Delange: L., sa vie, son œuvre (Le Paradou 1984).

Lambert, Johann Heinrich, elsässischer Mathematiker, Naturforscher und Philosoph, * 26.8.1728 Mülhausen [Elsaß], † 25.9.1777 Berlin.

L. war Sohn eines Schneiders und bildete sich in unermüdlichem Selbststudium zu einem universalen Gelehrten, der nach seiner späteren Berufung an die Königliche Akademie der Wissenschaften in Berlin im Jahr 1765 als einziger das Recht hatte, in allen vier Klassen zu lesen. Nach schwerer Jugendzeit wurde er von einsichtigen Lehrern und Gönnern gefördert und erhielt schließlich 1748 die Stelle eines Hauslehrers beim Grafen Peter von Salis in Chur, der ehemals schweizerischer Gesandter am englischen Hof gewesen war. Acht Jahre lang übte L. diese Tätigkeit aus; zugleich legte er den Grund für viele wissenschaftliche Untersuchungen, die später erscheinen sollten. Dann ging er mit zweien seiner Zöglinge für zwei Jahre auf eine große Bildungsreise durch Westeuropa, auf der unter anderem die Universitäten Göttingen, Utrecht und Paris aufgesucht wurden. Weitere Jahre unruhigen Wanderlebens endeten erst, als Friedrich der Große den 36jährigen in seine Akademie aufnahm. Bei der Vorstellung soll sich folgendes Gespräch zugetragen haben. König: »Guten Abend, mein Herr! Machen Sie mir das Vergnügen mir zu sagen, welche Wissenschaften Sie besonders erlernt haben.« Lambert: »Alle.« K.: »Sie sind also auch ein geschickter Mathematiker?« L.: »Ja.« K.: »Und welcher Professor hat Sie in der Mathematik unterrichtet?« L.: »Ich selbst.« K.: »Sie sind demnach ein zweiter [*B.* →] *Pascal?«* L.: »Ja, Ihre Majestät.« Obgleich Friedrich darauf hin äußerte, man habe ihm den größten Dummkopf für seine Akademie vorgeschlagen, versöhnten ihn L.s rege Tätigkeit und umfassendes Wissen bald. L.s stolzes Bewußtsein und sein Pochen auf Unabhängigkeit, das seiner geistigen Haltung entsprach, ließen ihn auch im Kreis der erlauchten Akademiemitglieder, zu denen bis zum Sommer 1766 der große Schweizer Mathematiker *L. → Euler* gehörte, einen ausgezeichneten Platz einnehmen.

Die Hauptverdienste L.s liegen auf den Gebieten Mathematik, Physik, Astronomie und Philosophie. Als Mathematiker förderte er unter anderem die Lehre von der Perspektive und von den Kartenprojektionen; auch beschäftigte er sich mit nichteuklidischen Geometrien. In der Physik wird er als Begründer der Photometrie angesehen; der Astronomie gehören Berechnungen von Kometenbahnen und die ›Cosmologischen Briefe‹ an, worin er den Aufbau des Weltalls zu erklären versuchte. Als Philosoph gilt er als der bedeutendste Vertreter des deutschen Rationalismus vor *I. → Kant*, mit dem er in Briefwechsel stand und der seine ›Kritik der reinen Vernunft‹ L. widmen wollte – nur dessen früher Tod machte die Absicht zunichte. In seinem philosophischen Hauptwerk ›Neues Organon‹ strebte L. nach einer sicheren Methode nach dem Vorbild der Mathematik und nach einer Klärung des Verhältnisses von a priori vorhandenem und a posteriori erworbenem Wissen. L., der noch nicht 50jährig verstarb, hatte keinen Schülerkreis, korrespondierte aber mit vielen Gelehrten seiner Zeit. *Johann III → Bernoulli* gab 1781–1784 aus dem Nachlaß den ›Deutschen gelehrten Briefwechsel‹ in fünf Bänden heraus. [Scriba]

Werke: Opera mathematica, hrsg. von A. Speiser (2 Bde [mehr nicht erschienen], Zürich 1946–1948); Gesammelte philosophische Werke, hrsg. von H. W. Arndt (Bd 1[–10]. Hildesheim 1965 ff.); Texte zur Systematologie und zur Theorie der wissenschaftlichen Erkenntnis, hrsg. von G. Siegwart (Hamburg 1988). – *Bibl.*: Pogg. VII a Suppl., 347–350; M. Steck: Bibliographia Lambertiana (Hildesheim 1970); M. Steck: Der handschriftliche Nachlaß von J. H. L. (1728–1777). Standorts-Katalog [Universitätsbibliothek Basel] (Basel 1977). – *Lit.*: DSB VII, 595–600 (C. J. Scriba); F. Löwenhaupt (Hrsg.): J. H. L. – Leistung und Leben (Mülhausen 1943); R. Jaquel: Le savant et philosophe mulhousien J.-H. L. (1728–1777) (Paris 1977); Colloque international et interdisciplinaire J.-H. L., Mulhouse 26–30 septembre 1977 (Paris 1979); G. Jakisch: J. H. L.s »Cosmologische Briefe« mit Beiträgen zur Frühgeschichte der Kosmologie (Berlin 1979); G. Wolters: Basis und Deduktion. Studien zur Entstehung und Bedeutung der Theorie der axiomatischen Methode bei J. H. L. (Berlin 1980); G. L. Schiewer: Cognitio symbolica. L.s semiotische Wissenschaft und ihre Diskussion bei Herder, Jean Paul und Novalis (Tübingen 1996).

Laplace, Pierre Simon, Marquis de (ab 1817), französischer Mathematiker und Physiker, * 28.3.1749 Beaumont-en-Auge, † 5.3.1827 Paris.

L. war der Sohn armer Landleute in der Normandie. *J. L. d' → Alembert* erkannte sein mathematisches Genie und förderte ihn. Der Examinator beim königlichen Artilleriekorps wechselte bald zur École Normale über und wurde 1794 dort Professor der Mathematik. Bereits 1785 hatte man ihn zum ordentlichen Mitglied der Pariser Akademie gewählt. L., der vom dritten Stand herkam, mußte in seinem Leben vier politische Systeme überstehen. Unter Napoleon Bonaparte war er kurzzeitig Innenminister. Durch rechtzeitigen Kurswechsel gelang es ihm, seine in der Wissenschaft einflußreiche Stellung zu behalten. Einige Zeitgenossen warfen ihm deshalb politischen Opportunismus vor.

Der geniale Mathematiker, der virtuos die Infinitesimalrechnung und die Reihenentwicklung beherrschte, war in der Himmelsmechanik Vollender einer Epoche, zu der ein *L. → Euler*, *J.-L. → Lagrange* und *d'Alembert* gehören. In seinem ›Traité de mécanique céleste‹ verarbeitete L. alle wichtigen Beiträge und Ergebnisse seit *I. → Newton*. Doch zuvor führte er einem weniger fachkompetenten größeren Kreis mit seinem Werk ›Exposition du système du monde‹ (1796) das astronomische Weltbild seiner Zeit vor Augen. Hier wurde all das in Worte gefaßt, was in der ›Mécanique céleste‹, deren erster Band 1799 erschien, mathematisch entwickelt und dargestellt wurde. Im Anhang der ›Exposition‹ findet sich die berühmt gewordene Nebularhypothese über die Entstehung unseres

Sonnensystems. Inspiriert wurde L. durch *F. W. → Herschels* Entdeckung zahlreicher Nebelflecke in verschiedenen Entwicklungsstadien. Schon vierzig Jahre zuvor hatte *I. → Kant* ähnliche Gedanken geäußert, von denen L. aber wahrscheinlich keine Kenntnis erlangt hatte. In den fünf Bänden seiner ›Mécanique céleste‹ – der letzte Band erschien erst 1825 – bearbeitet L. das Problem, die Position jedes Planeten zu einem beliebigen Zeitpunkt angeben zu können, einschließlich der gegenseitigen Störungen der Weltkörper. Damals befürchtete man, daß wegen der von den Astronomen festgestellte Akzeleration der Mondbewegung eine Weltkatastrophe bevorstünde. L. wies rechnerisch nach, daß dies periodische Störungen sind. Auch von den Großplaneten Jupiter und Saturn, deren Umlaufsgeschwindigkeiten sich merklich veränderten, drohe keine Gefahr, weil die Bahnhalbmesser unveränderlich seien. Die Stabilität des Sonnensystems sei also gewährleistet. – Auf mathematischem Gebiet begründete L. nach Vorarbeiten von *Euler* zusammen mit *C. F. → Gauß* und *Siméon Denis Poisson* (* 21.6.1781 Pithiviers [Loiret], † 25.4.1840 Paris) die Potentialtheorie; die Bezeichnungen ›L.-Operator‹ und ›L.-Transformation‹ erinnern an ihn.

L. leitete die longitudinalen Schwingungsvorgänge an Stäben theoretisch her. Eine Theorie der Wasserwellen gab er ebenfalls. Aber hier fehlte die Verbindung zum Experiment. Mit der Young-Fresnelschen Undulationstheorie des Lichts (*T. → Young, A.-J. → Fresnel*), die transversale Wellen forderte, konnte er sich bis zu seinem Tode nicht befreunden. Zusammen mit *J.-B. → Biot* versuchte er, mit Hilfe der Emissionstheorie die Vorgänge der Doppelbrechung und Polarisation zu erklären.

Gemeinsam mit *A. L. → Lavoisier* gab L. 1784 in einer großen Arbeit einen Abriß des damaligen Standes der Wärmelehre. Die Wärmestofftheorie und die Theorie, die in der Bewegung der stofflichen Moleküle das Wesen der Wärme sah, wurden einander gegenübergestellt, ohne einer der beiden Ansichten den Vorzug zu geben. Dennoch neigte L. gelegentlich, besonders bei molekularen Betrachtungen, der Fluidumstheorie zu, indem er den Wärmestoff als abstoßendes Prinzip zwischen den kleinsten Körperteilchen benutzte. *Lavoisier* und L. machten die ersten exakten Untersuchungen zur Ausdehnung fester Körper. Die beiden Forscher bestimmten in einem eigens hierfür konstruierten Eiskalorimeter die spezifischen Wärmen verschiedener Stoffe. L. verbesserte auch *Newtons* Formel für die Geschwindigkeit des Schalls, indem er den Quotienten aus der spezifischen Wärme bei gleichem Druck und bei gleichem Volumen berücksichtigte (1816). Ihm gelang es auch zum ersten Mal (1806), die Kapillaritätserscheinungen, zu denen das Hochsteigen benetzender Flüssigkeiten in Haarröhrchen gehört, mathematisch zu erfassen. In seiner Kapillaritätstheorie unterschied er zwei Arten von Molekularkräften: die Kohäsionskraft, die zwischen den Teilchen einer Flüssigkeit wirkt, und die Adhäsionskraft, die zwischen Teilchen der Flüssigkeit und der Rohrwand besteht. Hat die eine Kraft, z.B. die Kohäsion, die Oberhand, erfolgt Nichtbenetzung und Depression der Flüssigkeitsoberfläche, im anderen Falle Benetzung und Hochsteigen der Flüssigkeit in einer engen Röhre. Mit dem Prinzip vom konstanten Randwinkel konnte L. auch die Form liegender Tropfen erklären. Über die Ausdehnung der Wirkungssphäre der Molekularkräfte stritt man sich noch lange. Die Theorie von L. erschien so nicht ganz gesichert.

Einen wichtigen Platz in dem Gesamtwerk von L. nehmen auch seine Arbeiten über die Wahrscheinlichkeitsrechnung ein. Die ersten zwei Abhandlungen dazu veröffentlichte er bereits 1774. Seine ›Théorie analytique des propabilités‹ erschien 1812, der ›Essai philosophique sur les propabilités‹ 1814. Überzeugend konnte er darlegen, daß der Wahrscheinlichkeitsbegriff einer mathematischen Behandlung zugänglich ist, indem er ihn in der Fehlerrechnung, bei Sterblichkeitstabellen, bevölkerungsstatistischen Problemen und in der Spieltheorie anwandte. [Wiederkehr]

Werke: Œuvres completes, hrsg. von P. Puiseux/ J. Hoüel (14 Bde, Paris 1878–1912). – *Bibl.*: R. Hahn: The New Calendar of the Correspondence of P. S. L. (Berkeley [1982], 1994). – *Lit.*: DSB XV, 273–403 (I. Grattan-Guiness; mit vollständiger Bibl.); GWG VI, 944–955 (F. Becker); GPh I, 275–288 (K. H. Wiederkehr); R. Fox: The Rise and Fall of Laplacian Physics. In: *Historical Studies in the Physical Sciences* 4 (1973), 89–136: H. Guerlac: Chemistry as a Branch of Physics: L.'s Collaboration with Lavoisier. *Ebenda* 7 (1976), 193–276; O. B. Sheynin: P. S. L.'s Work on Probability. In: *Archive for History of Exact Sciences* 16 (1977), 137–187; C. C. Gillispie: P.-S. L., 1749–1827. A Life in Exact Science (Princeton 1997).

Laue, *Max* Felix Theodor von, deutscher Physiker, * 9.10.1879 Pfaffendorf [bei Koblenz], † 24.4.1960 Berlin.

Der junge L. verbrachte seine Schulzeit teils in Berlin, teils in Posen und Straßburg. Sein Vater war Beamter des preußischen Staates und vor einer Versetzung nie sicher. In Straßburg hatte L. das Glück, von einem ausgezeichneten Lehrer in Mathematik und Physik unterrichtet zu werden. Sein Studium absolvierte er auch wieder an mehreren Universitäten. Die Vorlesungen des Kristallphysikers *Woldemar Voigt* (* 2.9.1850 Leipzig, † 13.12.1919 Göttingen) in Göttingen beeindruckten ihn besonders. In Berlin promovierte er bei *M. → Planck* und war auch einige Zeit dessen Assistent. 1906 habilitierte er sich mit einer Arbeit, in der der Begriff der Entropie erfolgreich auf Interferenzprobleme angewandt wurde.

Ab 1909 arbeitete L. am Münchner Institut für theoretische Physik bei *A. → Sommerfeld* als Privatdozent; unmittelbar nach der Auffindung der Röntgenstrahlinterferenzen berief ihn 1912 die Universität Zürich als außerordentlichen Professor für theoretische Physik. Nach dem Ausbruch des Ersten Weltkrieges kehrte L. 1914 nach Deutschland zurück und wirkte an der Universität Frankfurt. 1919 tauschte er seine Stelle mit *M. → Born*, um wieder in die Nähe von *Planck, A. → Einstein* und anderen befreundeten Berliner Physikern zu kommen; 1920 ernannte man ihn zum Mitglied der Preußischen Akademie. Noch während des Krieges 1917 war das Kaiser-Wilhelm-Institut für Physik gegründet worden, das allerdings vorerst ohne Gebäude und Labors blieb, mit *Einstein* und L. als Direktoren. Bis Ende des Zweiten Weltkrieges leitete L. selbständig eine Abteilung dieses Instituts. Als 72jähriger übernahm er dann das Max-Planck-Institut für Chemie und Elektrochemie in Berlin-Dahlem, das auf seinen Vorschlag hin nach seinem einstigen Direktor den Namen ›Fritz-Haber-Institut‹ erhielt. An maßgeblicher Stelle baute L. nach dem Kriege die deutsche Wissenschaft wieder mit auf; er besaß dabei das volle Vertrauen der Besatzungsmächte. In Norddeutschland wurde durch ihn die ›Physikalische Gesellschaft‹ wieder ins Leben gerufen. – Schon 1929 fuhr L. ein ›Automobil‹, nie hatte er einen Unfall gehabt – bis er am 7.4.1960 verunglückte und wenige Tage später in einem Berliner Krankenhaus seinen Verletzungen erlag.

Planck regte L. zu eigenen Untersuchungen auf dem Gebiet der Relativitätstheorie an. 1911 gab L. ein kleines Buch über die spezielle Relativitätstheorie heraus unter dem Titel ›Das Relativitätsprinzip‹; es wurde mehrmals aufgelegt und zweimal völlig umgearbeitet. Hinzu kam dann 1950 ›Die allgemeine Relativitätstheorie und Einsteins Lehre von der Schwerkraft‹. – Als er zu *Sommerfeld* nach München kam, geriet L. in eine völlig neue Atmosphäre. *W. C. → Röntgen* war dort Experimentalphysiker und *Paul von Groth* (* 23.6.1843 Magdeburg, † 2.12.1927 München), der Begründer der ›Zeitschrift für Kristallographie‹ Mineraloge. *Groth* stand ganz in der Tradition seines Vorgängers *Leonhard Sohncke* (* 22.2.1842

Halle an der Saale, † 2.11.1897 München), der ein eifriger Verfechter der Gitterstrukturtheorie der Kristalle war und die 14 Bravaisschen Raumgittertypen (1849) mit seinen 65 regelmäßigen Punktsystemen (1879) zu erweitern versucht hatte. Der Göttinger Mathematiker *Arthur Schoenflies* (* 17.4.1853 Landsberg an der Warthe, † 27.5.1928 Frankfurt am Main) und der Bergwerksdirektor im Ural *Jewgraf Stepanowitsch Fjodorow* (*Fedorov*; * 10.12.1853 Orenburg, † 28.5.1919 Pedrograd [heute St. Petersburg]), hatten um 1890 die Gitterstrukturtheorie mathematisch mit ihren 230 Raumgruppen wohl schon abgeschlossen, aber es fehlte noch der experimentelle Beweis dafür, daß die Kristalle überhaupt Gitterstruktur besitzen; und viele Kristallographen und Physiker standen der Theorie als einer noch unbewiesenen Hypothese zurückhaltend und sogar skeptisch gegenüber. – Über die Natur der Röntgenstrahlen waren sich die Physiker ebenfalls noch nicht einig, obwohl sich die Waagschale zur Wellenauffassung hinneigte. Der deutsche Geophysiker *Emil Wiechert* (* 26.12.1861 Tilsit, † 19.3.1928 Göttingen), Sir (ab 1889) *George Gabriel Stokes* (* 13.8.1819 Skreen [Irland], † 1.2.1903 Cambridge) und *J. J. Thomson* hatten bereits 1896 die Röntgenstrahlen als elektromagnetischen Impuls betrachtet. *Sommerfeld* schätzte die Impulsbreite (die einer halben Wellenlänge entspricht) zu 10^{-9} cm ab. Aber es gab auch Physiker, wie etwa *W. H.* → *Bragg*, die für einen Korpuskularcharakter eintraten. Den lichtelektrischen Effekt und den Dualismus von Welle und Korpuskel hatte man damals noch nicht ganz durchschaut. – Anstoß zu L.s schönster Entdeckung war ein Gespräch mit *Paul Peter Ewald* (* 23.1.1888 Berlin, † 22.2.1985 Ithaca, N.Y.), der ihn um Rat fragte, als er bei seiner Doktorarbeit, die ihm *Sommerfeld* gegeben hatte, an einen kritischen Punkt gelangt war. Bei dem Stichwort ›Kristallgitter‹ fragte L. sofort nach den Abständen der als Resonatoren fungierenden Gitterpunkte; und dabei kam ihm die Idee des Beugungsversuchs. *Walther Friedrich* (* 25.12.1883 Salbke [bei Magdeburg], † 16.10.1968 Berlin), der kurz vorher mit einer Arbeit über Röntgenstrahlen promoviert hatte und Assistent bei *Sommerfeld* war, und *Paul Knipping* (* 21.5.1883 Neuwied, † 26.10.1935 bei einem Motorradunfall) erboten sich, Versuche hierfür anzustellen. Als sie einen Kupfervitriolkristall durchstrahlten, zeigte sich ein erster Erfolg, und der darauf benutzte regelmäßigere Zinkblende-Kristall wies in eindrucksvoller Weise die Abhängigkeit des Beugungsmusters, das auf einer Fotoplatte festgehalten wurde, von den Kristallachsen nach. L. gab in der Abhandlung, die *Sommerfeld* der Bayerischen Akademie am 8. Juni 1912 vorlegte, eine Theorie zu den Punkten (Helligkeitsmaxima) im Photogramm, und in einer zweiten Abhandlung legte er seine Theorie über die Beugung an dem Raumgitter eines Kristalls ausführlicher dar; er erweiterte dazu die gerade zuvor neu bearbeitete Beugungstheorie von *Friedrich Magnus Schwerd* (* 8.3.1792 Osthofen, † 22.4.1871 Speyer) ins Dreidimensionale. Die punktförmigen Interferenz- oder Beugungsmaxima stellen sich darin als Schnittpunkte dreier Kegelsysteme dar. Nur einige wenige enge Spektralbereiche aus dem kontinuierlichen Spektrum der Röntgenstrahlen, die L. angeben konnte, erfüllen zugleich alle drei Bedingungen. Für das Gitter der Zinkblende nahm er ein kubisch einfach primitives an. In den Eckpunkten des Würfels dachte er sich die ZnS-Moleküle gesetzt und konnte so mit Hilfe des Molekulargewichtes, der Dichte und der Avogadro-Konstanten die Kantenlänge des Elementarwürfels angeben. L., *Friedrich* und *Knipping* hatten mit dem Experiment die Wellennatur der Röntgenstrahlen endgültig nachgewiesen und die Gitterstruktur der Kristalle bestätigt. 1914 erhielt L. für diese bahnbrechende Arbeit den Nobelpreis. *W. H.* → *Bragg* und sein Sohn *W. L. Bragg* ergänzten L.s Werke experimentell und theoretisch. Auch L. beschäftigte sich weiterhin eingehend mit der Kristallstrukturanalyse; seine Monographie ›Röntgenstrahl-Interferenzen‹, deren letzte Auflage 1960 erschien, gibt davon Zeugnis. Der dynamischen Raumgittertheorie, die auf *Ewald* (1917) zurückgeht, gab L. eine Maxwellsche Form (1931), und er machte sie so für die Wellenmechanik passender. Er entwickelte eine phänomenologische Theorie der Supraleitung und schrieb die zusammenfassende Darstellung ›Materiewellen und ihre Interferenzen‹.

[Wiederkehr]

Werke: Gesammelte Schriften und Vorträge (3 Bde, Braunschweig 1961; darin S. V–XXXIV Autobiographie); Aufsätze und Vorträge (Braunschweig ²1962); Lise Meitner – M. von L. Briefwechsel 1939–1948, hrsg. von J. Lemmerich (Berlin 1998). – *Lit.*: DSB VIII, 50–53 (A. Hermann); GPh II, 160–177 (J. Teichmann); G. E. R. Schulze: Beiträge zur Entwicklung der Metallphysik (Berlin 1977, S. 9–35); F. Herneck: M. von L. (Leipzig 1979); G. Hildebrandt: M. von L., der »Ritter ohne Furcht und Tadel«. In: W. Treue/ G. Hildebrandt (Hrsgg.): Berlinische Lebensbilder (Bd 1, Berlin 1987, S. 223–244).

Laurent, Auguste, französischer Chemiker, * 14.11.1807 St.-Maurice [Dép. Haute-Marne], † 15.4.1853 Paris.

Der Sohn eines französischen Bauern besuchte die École des Mines. 1831 erhielt er eine Stelle als Repetitor an der École Centrale des Arts et Métiers. *J.-B. A.* → *Dumas* war dort Professor, und L. arbeitete für kurze Zeit in dessen Laboratorium. 1838–1845 wirkte er an der Universität Bordeaux als Professor. Dann kehrte er nach Paris zurück und war von 1848 an bis zu seinem Tode an der französischen Münze tätig. Trotz der Fürsprache *J.-B.* → *Biot*s erhielt er nicht die nötige Stimmenzahl, um in die Akademie aufgenommen zu werden.

Wie *C.* → *Gerhardt* stellte sich auch L. gegen die dualistische elektrochemische Theorie des großen *J. J.* → *Berzelius* und neigte der Substitutionstheorie *Dumas*' zu. L. ging aber weiter; der Begriff Radikal erhielt bei ihm eine andere Bedeutung. Er leitete seine Grundradikale von Kohlenwasserstoffen ab. Später gebrauchte er dafür die treffendere Bezeichnung ›Kerne‹ (›noyaux‹). Als er zeigen konnte, daß in Verbindungen das (nach *Berzelius*) elektronegative Chlor imstande ist, den elektropositiven Wasserstoff zu ersetzen – L. behauptete sogar, daß die Chloratome den Platz der substituierten Wasserstoffatome einnähmen –, war der dualistischen Theorie der Todesstoß gegeben. L. stellte sich dabei das Molekül als ein charakteristisches geometrisches Gebilde vor und lehnte sich damit an die von *R.-J.* → *Haüy* 1783 geschaffene Kerntheorie über den Kristallbau an. Nach L. sind die Kerne der Kohlenwasserstoffe Säulen, in deren Ecken die Kohlenstoffatome sitzen. Die Kanten sollen durch Wasserstoffatome eingenommen werden. L.s Ideen wirkten nicht nur in der organischen Chemie revolutionierend, sie griffen auch auf die anorganische Chemie über. In dem acht Jahre jüngeren *Gerhardt* fand er einen tatkräftigen Mitstreiter. L. untersuchte das Phenol und das Naphthalin mit seinen Derivaten; 1836 entdeckte er das Anthracen. Die Alkohole und Äther leitete er vom Typus des Wassers ab. 1848 fand er die lösliche Modifikation der Wolframsäure. Indem er auf den Molekülbegriff *A.* → *Avogadro*s zurückging, erkannte er die Doppelatomigkeit der Moleküle des Wasserstoffs, Sauerstoffs, Chlors und anderer Gase.

[Wiederkehr]

Bibl.: J. Jacques: Essai bibliographique sur l'œuvre et la correspondance d'A. L. In: *Archives d'Institut grandducal de Luxembourg*, Section des sciences naturelles, physiques et mathématiques 22 (1955), 11–35. – *Lit.*: GCh II, 92–114 (M. Bloch); DSB VIII, 54–61 (S. C. Kapoor); J. H. Brooke: Chlorine Substitution and the Future of Organic Chemistry: Methodological Issues in the L.-Berzelius Correspondence. In: *Studies in History and Philosophy of Science* 4 (1973), 47–94; J. H. Brooke: L., Gerhardt, and the Philosophy of Chemistry. In: *Historical Studies in the Physical Sciences* 6 (1975), 405–430.

Lavoisier, Antoine Laurent de, französischer Chemiker, * 26.8.1743 Paris, † 8.5.1794 ebenda.

L. war der Sohn eines wohlhabenden Advokaten in Paris. Mit elf Jahren kam er auf das berühmte Collège Mazarin; als Siebzehnjähriger besuchte er die Universität, um dem Vater zuliebe Jurisprudenz zu studieren. 1764 schloß er sein Studium mit der Doktorprüfung ab, doch wurde er nie als Rechtsanwalt tätig. Die Vermögensverhältnisse seiner Familie erlaubten es ihm, seinen naturwissenschaftlichen Interessen nachzugehen, und er wandte sich ganz der Physik und Chemie zu. Zu seinen Lehrern gehörten der Chemiker *Guillaume François Rouelle* (* 1703 Mathieu [bei Caen], † 3.8.1770 Passy [bei Paris]) und der Mineraloge *J.-E. Guettard*. 1766 wurde ihm eine Goldmedaille verliehen anläßlich eines Preisausschreibens zur Verbesserung der städtischen Straßenbeleuchtung. Mit 25 Jahren wurde L. als Adjoint in die Pariser Akademie der Wissenschaften gewählt, 1779 ernannte man ihn zum ordentlichen Mitglied. Im Jahre 1768 trat er in die Ferme ein, den gehaßten, aber sehr einträglichen Stand der Zoll- und Steuereinnehmer – ein in seiner finanziellen Lage schwer verständlich erscheinender Schritt. Drei Jahre später heiratete er die Tochter seines Vorgesetzten in der Ferme. Seine junge Frau wurde ihm bald eine unentbehrliche Mitarbeiterin in seinem kostspielig ausgestatteten Laboratorium. Wegen seiner früheren Tätigkeit in der Ferme wurde L., für ihn völlig überraschend, Ende 1793 unter Robespierre verhaftet und 1794 auf der Guillotine hingerichtet.

Im letzten Drittel des 18. Jahrhunderts waren Zweifel an der damals herrschenden Phlogistontheorie in der Chemie aufgekommen. Jene Verbrennungstheorie hatte *G. E.* → *Stahl* zu Beginn des 18. Jahrhunderts voll ausgebildet. Alle brennbaren Stoffe und ebenso die Metalle sollten Phlogiston, ein ›brennbares Wesen‹, enthalten. Die Metalle waren danach eine Verbindung von Metallkalk und Phlogiston. Bei dem hüttenmännischen Reduktionsprozeß sollte von der phlogistonreichen Kohle dieses ›brennliche Prinzip‹ auf den Metallkalk übergehen. In der zweiten Hälfte des 18. Jahrhunderts war die pneumatische Chemie, die Chemie der Gase, aufgekommen. *J.* → *Black* hatte die ›fixe‹ Luft, unser heutiges Kohlendioxyd, nachgewiesen. Die gewöhnliche Luft war als Gemisch zweier Gase erkannt worden. *C. W.* → *Scheele* und *J.* → *Priestley* entdeckten den Sauerstoff, die ›Feuerluft‹. Aber L. blieb es vorbehalten, die neuen Errungenschaften auszuwerten und der Chemie eine neue Grundlage zu geben. Eines seiner wichtigsten Hilfsmittel bei den Versuchen, die er teils wiederholte und teils selbst ersann, war die Waage, die er methodisch als Präzisionsinstrument einsetzte. Erstmals bezog er bei seinen Gewichtsbetrachtungen die Gase, die bei den chemischen Reaktionen entwickelt oder gebunden werden, mit ein. So untersuchte er die Bildung der Phosphoroxide und die sich daraus bildenden Säuren. Die Gewichtszunahme bei der Verkalkung der Metalle erschien in seiner Oxidationstheorie einleuchtend, ebenso die Bildung von Wasser aus der ›brennbaren‹ Luft, dem Wasserstoff, und dem ›principe oxygène‹, dem Sauerstoff. In L.s Tafel der chemischen Elemente finden wir gleich zu Anfang aber auch noch die ›unwägbaren Stoffe‹ Licht und Wärme genannt. Nach L. wird bei der Oxidation eines Metalls dem Sauerstoffgas der wägbare Sauerstoff entrissen, der unwägbare Anteil im Sauerstoffgas, die Wärme, wird dabei frei. L.s Ideen reiften langsam in langen Jahren einer geistigen Auseinandersetzung. Er blieb bei einer Kritik an der alten Phlogistontheorie nicht stehen, sondern setzte die neue, quantitativ begründete Theorie der Oxidation an ihre Stelle. In seinem brennenden Ehrgeiz verschwieg er manchmal, absichtlich oder unabsichtlich, die Verdienste anderer. Maßgeblich war L. auch an der Einführung der neuen Nomenklatur der Chemie beteiligt. Die neuen Erkenntnisse fanden in systematischen Bezeichnungen ihren Niederschlag. L. glaubte, in dem

Sauerstoff das säuremachende Prinzip gefunden zu haben – worin er sich irrte. Die Namen und Begriffe haben sich dennoch bis heute erhalten. [Wiederkehr]

Werke: Œuvres, hrsg. von J. B. Dumas/E. Grimaux (6 Bde, Paris 1862–1893; Nachdruck: New York 1965); Correspondance, hrsg. unter der Leitung von R. Fric [ab Bd 3/1986: M. Goupil] (Bd 1[–8], Paris 1955 ff. [Bd 6: 1789–1791. 1997]); Physikalisch-Chemische Schriften, übers. und hrsg. von C. E. Weigel/H. F. Link (5 Bde, Greifswald 1783–1794); M. Beretta: A New Course in Chemistry: L.'s First Chemical Paper (Florenz 1994). – *Bibl.*: D. I. Duveen/H. S. Klickstein: A Bibliography of the Works of A. L. L., 1743–1794 (London 1954; Supplement: London 1965). – *Lit.*: GCh I, 304–333 (M. Speter); DSB VIII, 66–91 (H. Guerlac); GWG VI, 814–827 (G. Kerstein); M. Speter: L. und seine Vorläufer (Stuttgart 1910); H. Guerlac: L. – The Crucial Year: The Background and Origin of His First Experiments on Combustion in 1772 (Ithaca, N.Y. 1961); F. Szabadváry: A. L. L. Der Forscher und seine Zeit 1743–1794 (Stuttgart 1973); F. Szabadváry: A.-L. L. (Leipzig 1986); P. Laupheimer: Phlogiston oder Sauerstoff. Die Pharmazeutische Chemie in Deutschland zur Zeit des Übergangs von der Phlogiston- zur Oxidationstheorie (Stuttgart 1992); A. Donovan: A. L. Science, Administration and Revolution (Oxford 1993; Neudruck: Cambridge 1996); F. L. Holmes: A. L. The Next Crucial Year, or: the Sources of His Quantitative Method in Chemistry (Princeton 1998). – M. Beretta: Bibliotheca Lavoisieriana. The Catalogue of the Library of A. L. L. (Florenz 1995).

Leeuwenhoek, Antoni van, niederländischer Naturforscher, * 24.10.1632 Delft, † 27.8.1723 ebenda.

L. verbrachte die Schulzeit, da der Vater bereits 1638 verstorben war, in Warmond bei Leiden, kam 1648 zu einem Amsterdamer Tuchkaufmann in die Lehre, kehrte nach Delft zurück, betrieb hier ein eigenes Geschäft und übernahm 1660 die Stelle eines Bediensteten beim Ältestenrat der Stadt Delft.

Fast vierzigjährig begann sich L. um 1671 damit zu beschäftigen, Linsen zu schleifen und einfache Mikroskope zu bauen. Die Vorstellung, daß Leben und Bewegung identisch seien, brachte ihn zu der Überzeugung, daß die vielen winzigen Objekte, die er unter dem Mikroskop gesehen hatte, Tiere sein müßten. In einem ersten Brief vom 9. Oktober 1676 teilte er seine Aufsehen erregenden Beobachtungen der Royal Society in London mit, die nicht zuletzt aufgrund der regen Korrespondenz ihres Sekretärs *H. Oldenburg* eine Art ›Umschlagplatz‹ für aktuelle naturwissenschaftliche Erkenntnisse geworden war, die auf ihren regelmäßigen Sitzungen vorgetragen und vorgeführt und in Form der brieflichen Mitteilungen in ihren ›Transactions‹ veröffentlicht wurden. Die Beschreibung zahlreicher Bakterien, Einzeller und Rädertierchen folgte in weiteren dreißig Briefen. Bei der Untersuchung der Samenflüssigkeit von Fischen, Amphibien, Säugetieren und des Menschen entdeckte er die Spermatozoen; L. nannte sie ›animalcula‹ und hielt sie für vollständige Keime, die im leblosen Ei heranwachsen und ernährt werden. In der Absicht, ähnlich wie *M. → Malpighi* die Leitungssysteme tierischer und pflanzlicher Körper miteinander zu vergleichen, entdeckte er nicht nur die Blutkörperchen und ihren Transport durch die Schwanzkapillaren lebender Aale, sondern auch die Tüpfelung der Gefäße im Sekundärholz. Schließlich konnte er im Gegensatz zur Urzeugungslehre nachweisen, daß Flöhe und Blattläuse keineswegs aus Schmutz oder organischen Abfällen entstehen. Die erste vollständige Ausgabe seiner zuvor nur teilweise und unvollständig veröffentlichten Briefe erschien 1685–1718 (4 Bde) in Delft. Eine Übersetzung ins Lateinische folgte 1722 (4 Bde). [Geus]

Werke: Opera omnia (4 Bde, Leiden 1715–1722; Nachdruck: Hildesheim 1971–1972); Alle de brieven – The Collected Letters (holländ.-engl., Bd 1 ff., Amsterdam/Lisse 1939 ff. [XIII: 1700–1701. 1994]). – *Lit.*: DSB VIII, 126–130 (J. Heniger); C. Dobell: A. van L. and His Little Animals (London/Amsterdam 1932; Nachdruck: New York 1958); A. Schierbeck: A. van L. Zijn leven en zijn werken (2 Bde, Lochem 1950–1951): L. C. Palm/H. A. M. Snelders (Hrsgg.): A. van L. 1632–1723: Studies on the Life and Work of the Delft Scientist (Amsterdam 1982); B. J. Ford: The L. Legacy (Bristol/London 1991).

Leibniz, Gottfried Wilhelm von, deutscher Universalgelehrter, Naturforscher und Philosoph, * 21.6.[a.St.]/1.7.[n.St.] 1646 Leipzig, † 14.11.1716 Hannover.

Der universale Denker der Barockzeit war der Sohn eines Leipziger Rechtsanwaltes und Universitätsprofessors. Die Bibliothek des Vaters bot schon dem Kind gern genutzte Möglichkeiten zu Ausflügen in die Welt des Geistes. Mit 15 Jahren bezog der Junge die Universität Leipzig, erwarb dort mit einer philosophischen Dissertation über das Prinzip der Individualität den Grad eines Baccalaureus, darauf 1666 mit einer juristischen in Altdorf den Doktorhut. 1668 trat er als juristischer und diplomatischer Berater in den Dienst des kurmainzischen Ministers Johann Christian von Boineburg und wurde 1672 in diplomatischer Mission nach Paris geschickt. Hier, im Zentrum der geistigen Welt Frankreichs, traf L. mit vielen hervorragenden Gelehrten zusammen, hier fand er den kongenialen Umgang, den sein immer aufnahmebereiter Geist später so sehr entbehren mußte. Unter den wissenschaftlichen Studien, denen er in Paris nachging, ragen die mathematischen, unter der Anleitung von *C. → Huygens* vollzogenen heraus; denn sie führten den damaligen Anfänger und Amateur auf diesem Gebiet zu einer seiner bleibenden Schöpfungen: zum Infinitesimalkalkül. Unabhängig von *I. → Newton*, mit dem es später zu einem heftigen Streit um die Priorität kam, hatte er zum Teil die gleichen Methoden wie jener gefunden und dazu eine besonders geeignete Symbolik für das Differenzieren und Integrieren ersonnen. Es waren die Brüder *Jakob* und *Johann → Bernoulli*, die – mit L. in Briefwechsel stehend – dessen Calculus unter den Mathematikern bekannt machten.

L.' Algebraisierung von mathematischen Prozessen, zu deren Behandlung zuvor nur jeweils dem Einzelfall angepaßte Methoden zur Verfügung standen, muß im Zusammenhang mit dem allgemeinen Bestreben des Philosophen gesehen werden, eine ›characteristica universalis‹ zu erfinden, d.h. eine schematisierte, die logischen Gesetze abbildende Begriffsschrift, die es erlaubt, die Prozesse des Denkens zu formalisieren. Aus dem gleichen Bestreben ging auch die von ihm konstruierte Rechenmaschine für alle vier Grundrechenarten hervor, worin das Zehnerübertragungsproblem durch die Erfindung der Staffelwalze glücklich gelöst wurde. Schließlich gewann die von L. erfundene Dyadik, das aus zwei Ziffern (0 und 1) bestehende binäre Zahlensystem, in den modernen elektronischen Computern eine damals ungeahnte Anwendung. Für ihren Schöpfer war die Dyadik zugleich voll tiefer Symbolik, basiert sie doch auf den Zeichen für das Sein (oder Gott) und für das Nichts, so daß sie als Versinnbildlichung der ›creatio ex nihilo‹, der Erschaffung der Welt durch Gott aus dem Nichts, gedeutet werden könne.

Nach vierjährigem Parisaufenthalt trat L. Ende 1676 als Hofrat und Bibliothekar der Hofbibliothek in Hannover in den Dienst des Herzogs Johann Friedrich von Braunschweig-Lüneburg-Calenberg. Unter dessen Bruder und Nachfolger, dem späteren Kurfürsten Ernst August, wurde er auch zum Geschichtsschreiber des welfischen Herrscherhauses bestellt und unternahm im Zusammenhang mit den dazu erforderlichen Nachforschungen große Reisen, darunter eine fast dreijährige nach Böhmen, Österreich und Italien. Während aber das Verhältnis zu Ernst August und stärker noch dasjenige zu dessen Sohn und Nachfolger Georg Ludwig kühl blieb, verband L. mit der Gemahlin Ernst Augusts, der geistreichen Kurfürstin Sophie, und mit deren Tochter, der brandenburgischen Kurfürstin und preußischen Königin Sophie Charlotte, eine enge Freundschaft. Der Philosoph gehörte zu den Hauptpartnern des Musenhofes von Sophie im hannoverischen Gartenschloß Herrenhausen, und die von ihm angeregte Gründung der Berliner Akademie der Wissenschaften im Jahr 1700 kam wesentlich durch das Eintreten von Sophie Charlotte zustande; der Inaugurator wurde zu ihrem ersten Präsidenten bestellt. Diese ›Societät der Wissenschaften‹ in Berlin sollte nur ein Glied darstellen im großen, von L. geplanten Netz europäischer Akademien, zu denen auch Wien und Petersburg gehörten und die bereits bestehenden Vorbilder in Paris und London. So umfassend diese Pläne waren, so waren doch auch die Akademien nur Teil jenes dichten Gewebes wissenschaftlicher, politischer und kirchlicher Beziehungen, das der große Denker über Europa spannen wollte. Die wissenschaftliche Zusammenarbeit der Akademien sollte durch ein politisches Kräftegleichgewicht zu höchster Wirkung kommen, und dieses wiederum sollte überhöht werden durch eine Wiedervereinigung der getrennten christlichen Kirchen.

Welche Fülle von Untersuchungen und Denkschriften, von Abhandlungen und Briefen – er korrespondierte mit über tausend Briefpartnern! – L. dazu anfertigte, kann hier nicht angedeutet werden. Erwähnt sei nur noch einiges aus seiner naturwissenschaftlichen und technischen Betätigung. Die – nie vollendete – Welfengeschichte begann mit einer naturhistorischen Studie, die es sich zum Ziel gesetzt hatte, die braunschweigisch-lüneburgischen Lande nicht nur in ihrem heutigen Aussehen, sondern in ihrem Werden zu beschreiben. Weit ausholend und gestützt auf viele eigene Beobachtungen, entwarf der Verfasser eine Theorie der Entstehung von Land und Meer, von Gebirgen, Mineralen und Metallen, welche den heutigen geologischen Zustand der Erde zu erklären versucht als das Resultat der Prozesse in einem riesigen Laboratorium, in dem die Kräfte des Wassers und des Feuers in ähnlicher Weise wirksam werden, wie es der Chemiker bei seinen Experimenten beobachten kann. Diese Ansicht ergänzt den mosaischen Schöpfungsbericht, indem sie die Entstehung der Erde nicht als einen übernatürlichen Schöpfungsakt ansieht, sondern als eine in langen Zeiträumen vollzogene Entwicklung. Prinzipiell nach den noch heute gültigen Gesetzen ablaufend, muß sie deshalb mit Hilfe von Analogieschlüssen rational erklärbar sein, wenngleich man nur den heutigen Endzustand beobachten kann. Mit dieser Auffassung war L. einer der ersten, die geschichtliches Denken in die Naturwissenschaften einführten – einige Jahre später vollzog sich der gleiche Wechsel der Einstellung, beginnend mit *I.* → *Kant*s ›Allgemeiner Naturgeschichte und Theorie des Himmels‹ (1755), auch in der Astronomie.

Die folgenreichste der physikalischen Arbeiten von L. war wohl seine Kritik am Maß der Kraft der cartesischen Physik. Ein Jahr, bevor *Newton*s ›Principia‹ erschienen, griff er die Anhänger von *R.* → *Descartes* an, weil sie – in Übereinstimmung mit dem mittelalterlichen Begriff des Impetus – das Produkt aus Masse und Geschwindigkeit, mv, als Maß der ›Kraft‹ ansahen, welche ein bewegter Körper beim Aufprall auf einen anderen ausübt. L. argumentierte unter Verwendung des galileischen Fallgesetzes, die ›lebendige Kraft‹ sei durch mv^2 gegeben. Sollte nach *Descartes* die gesamte vis motus, Σmv, bei mechanischen Prozessen unverändert bleiben, so postulierte L. die Konstanz der Summe aller lebendigen Kräfte, Σmv^2. Das war der Ausgangspunkt für eine Jahrzehnte währende Auseinandersetzung zwischen den Cartesianern und den Leibnizianern, die schließlich durch eine Bemerkung *J. L. d'* → *Alembert*s beendet wurde: Die von L. vorgeschlagene Größe ist ein Maß für die Strecke, welche ein sich geradlinig bewegender Körper unter dem Einfluß einer die Bewegung hemmenden Kraft noch zurücklegen kann; die von *Descartes* genannte Größe ist ein Maß für die Zeit, bis er zur Ruhe kommt.

Das große technische Verständnis von L. kam – von der Konstruktion der Rechenmaschine abgesehen – besonders zur Geltung, als er sich um die Ertragsverbesserung der Silberbergwerke im Harz bemühte. Auf vielen Reisen dorthin studierte er die bergmännischen Verfahren und sann vor allem auf Abhilfe bei dem schwierigen Entwässerungsproblem der Gruben; denn in trockenen Jahreszeiten fehlte es an Wasserkraft, um die Pumpen in Gang zu halten. Jahrelang verfolgte der Hofrat mit zäher Energie sein Projekt, die Pumpen bei Bedarf durch Windmühlen anzutreiben. Um trotz wechselnder Windstärken einen gleichmäßigen Gang zu erzielen, erfand er eine veränderliche Übersetzung mittels eines konischen Kettenkorbes. Doch die technischen Schwierigkeiten erwiesen sich als unüberwindlich; der Plan mußte schließlich aufgegeben werden.

Obgleich L. von Gelehrten und Fürsten vieler Länder hoch geschätzt und anerkannt war – er wurde gegen Ende seines Lebens zum Reichshofrat in Wien und zum russischen Geheimen Justizrat ernannt –, ließ ihn sein letzter Landesherr, Georg Ludwig, fallen. Als dieser 1714 den englischen Thron (als Georg I.) bestieg und der Hof nach London ging, mußte der große alte Philosoph in Hannover zurückbleiben, um die Kärrnerarbeit an der Welfengeschichte fortzusetzen. [Scriba]

Werke: Sämtliche Schriften und Briefe (6 Reihen, Berlin 1923 ff.; Briefwechsel Reihe I, Bde 1, 5 und 6, Reihe II, Bd 1: Nachdruck Berlin/Hildesheim 1970–1972); Die mathematischen Schriften, hrsg. von C. I. Gerhardt (7 Bde, Berlin/Halle 1849–1863; Nachdruck: Hildesheim 1962); Die philosophischen Schriften, hrsg. von C. I. Gerhardt (7 Bde, Berlin 1875–1890; Nachdruck: Hildesheim 1978, 1996); Nachgelassene Schriften physikalischen, mechanischen und technischen Inhalts, hrsg. von E. Gerland (Leipzig 1906; Nachdruck: Hildesheim 1995); Briefwechsel zwischen L. und Christian Wolff, hrsg. von C. I. Gerhardt (Halle 1860; Nachdruck: Hildesheim 1971). – *Bibl.*: Pogg. VII a Suppl., 353–361; K. Müller/A. Heinekamp: L.-Bibliographie. Die Literatur über L. bis 1980 (Frankfurt am Main [¹1967], ²1983). – *Lit.*: DSB VIII, 149–168 (F. Kreiling/J. Mittelstraß/J. E. Alton/J. E. Hofmann); GWG VI, 218–235 (E. H. Fischer); KNph 187–202 (H. Breger); GPh I, 212–228 (K. Mainzer); Konrad Moll: Der junge L. (3 Bde, Stuttgart 1978 ff.); E. J. Aiton: L. A Biography (Bristol/Boston 1985); K. Okruhlik/J. R. Brown (Hrsgg.): The Natural Philosophy of L. (Dordrecht usw. 1985); H. Hecht (Hrsg.): G. W. L. im philosophischen Diskurs über Geometrie und Erfahrung (Berlin 1991); R. Finster/G. van den Heuvel: G. W. L., mit Selbstzeugnissen und Bilddokumenten (Reinbek bei Hamburg ³1997); S. Lorenz: De mundo optimo. Studien zu L.' Theodizee und ihre Rezeption in Deutschland (1710–1791) (Stuttgart 1997).

Lejeune Dirichlet, Gustav Peter → **Dirichlet**, Gustav Peter

Lenard, *Philipp* Eduard Anton, deutscher Physiker, * 7.6.1862 Preßburg, † 20.5.1947 Messelhausen [Baden].

Der Kaufmannssohn begeisterte sich als Gymnasiast für die Naturwissenschaften. Mit seinem Physiklehrer *V. Klatt* fühlte er sich zeitlebens nicht nur menschlich-freundschaftlich verbunden, beide arbeiteten auch jahrzehntelang über Phosphore – die heute in der Fernsehtechnik eine wichtige Anwendung gefunden haben. L. begann sein Studium 1880 in Budapest; 1886 promovierte er bei *G. Quincke* in Heidelberg. Hier beobachtete er, daß der elektrische Widerstand einer Wismutspirale sich durch die Einwirkung eines Magnetfeldes verändert. L. begann auch bereits, sich mit den

Kathodenstrahlen zu beschäftigen, die ihn später berühmt machen sollten.

Als Assistent von *H.* → *Hertz* in Bonn sah er als einer der ersten, wie Kathodenstrahlen dünne Metallblättchen durchdringen können. *Hertz* forderte ihn auf, diese Arbeiten weiterzuführen. Einige Wochen später hatte L. die Kathodenstrahlröhre mit dem ›L.-Fenster‹ geschaffen, einer Aluminiumfolie, die er an dem einen offenen Ende der Röhre aufklebte. So konnte er in evakuierten Räumen die Kathodenstrahlen untersuchen und ihre Eigenschaften exakt studieren. Gleichzeitig mit *Jean Perrin* (* 30.9.1870 Lille, † 17.4.1942 New York), *Wilhelm Wien* und Sir (ab 1908) *Joseph John Thomson* (* 18.12.1856 Cheetham Hill [bei Manchester], † 30.8.1940 Cambridge) stellte er fest, daß die Strahlen negative elektrische Ladung transportieren. Bei der Messung des wichtigen Quotienten aus Ladung und Masse jener Teilchen kam ihm allerdings *J. J. Thomson* zuvor. – Als *C.* → *Röntgen* L. um einige Ratschläge beim Bau von Entladungsröhren bat, erhielt er sofort Auskunft. Kurze Zeit später machte *Röntgen* seine sensationelle Entdeckung einer neuen Strahlenart bekannt. L. war tief enttäuscht, daß *Röntgen* die ihm zugeschickte L.-Röhre nicht ausdrücklich erwähnte. Er sprach später in seinen Vorlesungen statt von Röntgenstrahlen immer nur von Hochfrequenzstrahlen. – Unter dem Einfluß von *Hertz* hatte L. ursprünglich die Ansicht vertreten, daß die Kathodenstrahlen wahrscheinlich von ähnlicher Natur seien wie die Lichtwellen. Allmählich erkannte er aber, daß diese Strahlen aus elektrisch geladenen kleinen Teilchen bestehen und daß diese Elementarteilchen (Elektronen) in den Atomen und Molekülen als wesentliche Bausteine enthalten sein müssen. Derartige Vorstellungen hatte schon früher *W.* → *Weber* vertreten, wie L. auch ausdrücklich vermerkte. Die Versuche zur Absorption der Kathodenstrahlen führten ihn zu einem besonderen Atommodell hin: zur Dynamide. Die Materie, so sagte er, besteht zum überwiegenden Teil aus ›Löchern‹. Nur Kraftzentren von sehr geringer Ausdehnung, die Dynamiden, könnten die auf Materie geschossenen Elektronen beeinflussen. L. verglich eine einfache Dynamide mit einem Doppelstern. Das leichte negative elektrische Elementarteilchen umkreist den schwereren ›positiven Quant‹ (1903). *E.* → *Rutherford* konzentrierte in seinem Atommodell (1913) alle positiven Quanten eines Atoms im Kern.

L.s Experimente zur lichtelektrischen Wirkung (Photozelle) wurden für die moderne Quantenphysik grundlegend. Den Photoeffekt, 1887 von *Hertz* entdeckt, hatte *Wilhelm Hallwachs* (* 9.7.1859 Darmstadt, † 20.6.1922 Dresden) schon 1888 in der richtigen Weise gedeutet, indem er annahm, daß bei Bestrahlung der empfindlichen Metallschicht elektrische Teilchen aus dem Metall heraustreten. L. konnte nun nachweisen, daß bei Bestrahlung mit Licht in der Photozelle tatsächlich langsame Kathodenstrahlen erzeugt werden. Der begnadete Experimentator fand heraus, daß mit steigender Lichtintensität wohl die Menge der befreiten Elektronen wächst, nicht aber deren Geschwindigkeit. Diese ändert sich nur mit der Wellenlänge des einfallenden Lichts (1899 bis 1902). Aber erst *A.* → *Einstein* deutete diese Vorgänge verblüffend einfach mit seiner Lichtquantenhypothese (1905). Für seine Arbeiten über die Kathodenstrahlen erhielt L. 1905 den Nobelpreis für Physik.

L. war einer der bedeutendsten Experimentalphysiker um die Jahrhundertwende, aber auch eine der problematischsten Persönlichkeiten in Deutschland. Er faszinierte seine Hörer in seinen Experimentalvorlesungen und wirkte fast wie ›ein Priester der Physik‹. Obwohl *W. Kossel* und *Carl Ramsauer* (* 6.2.1879 Osternburg [bei Oldenburg], † 24.12.1955 Berlin) zu seinen Schülern gehörten, kam er als ›Doktorvater‹ nicht recht zum Zuge, weil er durch seine autoritäre Art die Selbständigkeit der Doktoranden erstickte. Nach zehnjähriger Tätigkeit als Professor der Physik in Kiel kehrte L. 1907 als Ordinarius nach Heidelberg zurück. Bereits

1896 hatte er dort für kurze Zeit als außerordentlicher Professor gewirkt. Am Heidelberger Institut kursierte manche zum Teil erheiternde Anekdote. Negative Erlebnisse während eines England-Aufenthalts hatten in dem leicht verletzbaren Menschen eine Abneigung gegen alles ›Englische‹ hervorgerufen, und mit zunehmendem Alter wuchs seine Ablehnung allen Theoretischen in der Physik ins Pathologische. *Einstein*s Relativitätstheorie lehnte er als Blendwerk und »jüdisches Rechengetue« ab. Seine ›völkischen‹ Tendenzen und seine schon in den frühen 1920er Jahren scharf geäußerte und mit Theoriefeindlichkeit gekoppelte antisemitische Einstellung trieben ihn in das Fahrwasser Hitlers. Neben *Johannes Stark* (* 15.4.1874 Schickenhof [Oberpfalz], † 21.6.1957 Traunstein [Oberbayern]) war L. *der* Vertreter der ›deutschen (arischen) Physik‹. Trotz dieser Mängel dürfen die bleibenden Verdienste dieser teils tragischen Persönlichkeit nicht vergessen werden. [Wiederkehr]

Werke: Wissenschaftliche Abhandlungen aus den Jahren 1886–1932, hrsg. von L. Wesch (3 Bde, Leipzig 1942–1944). – *Lit.*: DSB VIII, 180–183 (A. Hermann; mit Bibl.); C. Schmidt-Schönbeck: 300 Jahre Physik und Astronomie an der Kieler Universität (Diss. Kiel 1965, S. 109–121); B. R. Wheaton: P. L. and the Photoelectric Effect, 1889–1911. In: *Historical Studies in Physical Sciences* 9 (1978), 299–322; A. D. Beyerchen: Wissenschaftler unter Hitler. Physiker im Dritten Reich (Köln 1980/Frankfurt am Main 1982; zuerst engl., New Haven 1977); A. Kleinert: L., Stark und die Kaiser-Wilhelm-Gesellschaft. In: *Physikalische Blätter* 36 (1980), 35–43; K. Krasny: Der Physiker Professor Dr. P. L. und seine Beiträge zur Entwicklung der Radiologie (Diss. Aachen 1985).

Leonardo da Vinci, italienischer Maler, Bildhauer, Ingenieur und Naturforscher, * 15.4.1452 Vinci [bei Florenz], † 2.5.1519 Château de Cloux [heute Clos-Lucé, bei Amboise].

L. war unehelicher Sohn eines in Florenz tätigen Notars, der mit ihm wahrscheinlich 1466 von Vinci in die Stadt übersiedelte, wo L. nach einer Lehre bei dem Bildhauer und Maler Verrocchio 1472 in die Malerzunft aufgenommen wurde. Von 1482 bis zur Eroberung der Stadt durch die Franzosen 1499 war er am Hofe des Herzogs Ludwig von Mailand, danach wieder bis 1506 in Florenz und dann auf Einladung des französischen Statthalters erneut in Mailand tätig, ging 1513 in Erwartung päpstlicher Aufträge nach Rom und 1516 schließlich auf Einladung des jungen Königs Franz I. nach Frankreich.

L. sah sich zwar selbst vorzugsweie als Maler – wobei der Bestand an gesicherten Gemälden allerdings relativ gering ist, wenn diese auch zu den eindrucksvollsten Beispielen für die Harmonie von Sinn- und Formgebung in der italienischen Hochrenaissance gehören. Er ist jedoch ein herausragender, aber auch typischer Vertreter der Renaissance-Künstler, die alle Bereiche ›künstlicher‹ (kunstvoller) Gestaltung beherrschten, insbesondere aber auch Baumeister sowie Kriegs- und Zivilingenieur in einer Person waren – ausgebildet nach dem Ideal, wie es das Werk ›De architectura‹ des römischen Ingenieurs *Vitruvius Pollio* (1. Jahrhundert v. Chr.), das zu den ersten gedruckten Büchern überhaupt zählte (Rom 1487) und in der frühen Neuzeit zahlreiche, auch kommentierte und illustrierte Ausgaben (teils in Übersetzungen) erfuhr, auch für diese Zeit repräsentierte. Ihnen sind aufgrund der Praxisorientierung, die sie von den an → *Aristoteles* und → *Galenos* orientierten Akademikern der Zeit unterschied, eine Reihe von Erkenntnissen und Einsichten zu verdanken, die den Übergang von der antikmittelalterlichen zur neuzeitlichen Naturbetrachtung einleiteten – insbesondere auf den Gebieten der Anatomie und der physikalischen Wissenschaften. Die Praxisnähe brachte es mit sich, daß dabei Empirie und ›Pröbeln‹ (als Ansatz zu gezielten Experimenten) eine große Rolle spielten, wie schon bei den antiken Mechanikern – und so auch bei L.; in seinen zahlreichen (als Linkshänder zur Geheimhaltung größtenteils spiegelschriftlich ausgeführten) Aufzeichnungen und Notizen zu Skizzen sind dagegen eigene Reflexionen schwer von Zitaten und Exzerpten aus anderen Schriften zu trennen. Seine großartigen botanischen, zoologischen, hydrologischen und besonders anatomischen Skizzen (Skelett- und Muskelstudien, Zeugungs- und Gebärorgane, Fötuslagen – teilweise noch galenische Vorstellungen wiedergebend) zeugen jedoch von dem Vorurteilsfreiheit wenigstens anstrebenden neuen Naturalismus der Renaissance. Zu seinen anatomischen und biologischen Studien sezierte L. immerhin eigenhändig Leichen. Besonders ausgeprägt war seine Beobachtungsgabe. So untersuchte er durch die Skizzierung gleichsam von ›Momentaufnahmen‹ den Vogelflug, in der Absicht, ihn für den Menschen technisch nutzbar zu machen. Er machte optische (dabei erkannte er die Umkehr des Bildes im Säugetierauge) und mechanische Experimente, studierte Fossilien und machte als Festungsbauinspezient Cesare Borgias kartographische Aufnahmen von Städten und Landschaften der Toskana, die Marksteine der modernen Kartographie darstellen. Zahlreich sind auch seine bautechnischen Skizzen und Entwürfe aus allen Schaffensperioden, die jedoch selten tatsächlich ausgeführt wurden – ähnlich wie seine umfassenden Planungen großer technischer Vorhaben (Kanalisierung des Arno bei Florenz, um die regelmäßigen Überschwemmungen zu verhindern und die Schiffbarkeit zu verbessern, Adda-Kanal zwischen Mailand und Comer-See, Brücke über das Goldene Horn und anderes).

Bedeutendes leistete L. auch auf dem Gebiet der angewandten Mechanik, der Hydrologie und Technik; er nahm viele technische Errungenschaften späterer Zeiten dabei gedanklich vorweg und stellte sie in Skizzen dar (U-Boot, Taucherglocke, Hubschrauber, Segelflugzeug, Fallschirm, Spinnmaschine, Mühlen, Hebezeuge usw.). Insbesondere das 1967 in der Madrider Nationalbibliothek wieder aufgefundene ›Musterbuch der Maschinenlehre‹ kann als frühes Beispiel einer anschaulich-didaktischen Maschinenkunde gelten. Auch hierin blieb jedoch – ähnlich wie bei → *Heron von Alexandria* – alles noch mehr Idee als Erfindung, so daß L. wenig direkten Einfluß auf die Geschichte der Technik und Mechanik ausüben konnte, besonders auch deshalb, weil er seinen Plan, die naturkundlichen und experimentellen Aufzeichnungen zu einem den gesamten Kosmos umfassenden Werk zusammenzustellen, nicht mehr ausführen konnte. Am weitesten vorangetrieben war die gemeinsam mit dem Paduaner Anatomen *Marcantonio della Torre* (* 1481 Verona, † 1511 Riva) ausgeführte große ›Anatomie‹; die meisten seiner Traktate sind jedoch erst später bekannt geworden. In ihnen erhielten zwar Text und Illustration gleiches Gewicht, doch haben insbesondere die nach bestimmten Prinzipien der graphischen Darstellung ausgeführten Demonstrationszeichnungen die Folgezeit beeinflußt und L. zum Begründer neuzeitlicher naturwissenschaftlich-technischer Illustrierung gemacht. [Krafft]

Werke: Treatise on Painting (Codex Urbinas Latinus 1270). Faksimile, hrsg. von A. McMahon/L. H. Heydenreich (Princeton, N.J. 1956); Das Buch von der Malerei, hrsg. von H. Ludwig (Wien 1882); The Literary Works, hrsg. von J. P. Richter (2 Bde, London 1883, Oxford ²1939, ³London 1972; Commentary von C. Pedretti. 2 Bde, London/Berkeley 1977); Del moto e misura dell' aqua libri nove, hrsg. von F. Carusi/A. Favaro (Bologna 1923); Gli scritti sul volo, hrsg. von R. Giacomelli (Rom 1936); La meccanica, hrsg. von A. Uccelli (Mailand 1941); Il trattato dell' anatomia, hrsg. von A. Pazzini (3 Bde, Rom 1962); Tagebücher und Aufzeichnungen, hrsg. von T Lücke (Leipzig 1940, München 1952); Codices Madrid. Deutsche Übersetzung hrsg. von F. Klemm/L. von Mackensen (5 Bde, Frankfurt am

Main 1974); Corpus of the Anatomical Studies at Windsor Castle, hrsg. von K. D. Keele / C. Pedretti (3 Bde, London/New York 1978–1980; deutsche Ausgabe, Gütersloh 1978–1981). – *Lit.*: P. Duhem: Études sur L. de V. (3 Bde, Paris 1906–1913); I. B. Hart: The Mechanical Investigations of L. da V. (London 1925, ²Berkeley/Los Angeles 1963); A. Bazardi: La botanica nel pensiero di L. (Mailand 1953); S. Braunfels-Esche: L. da V. – Das anatomische Werk (Basel 1954 und Stuttgart 1961); K. Clark: L. da V. in Selbstzeugnissen und Bilddokumenten (Reinbek bei Hamburg 1969; zuerst engl., Cambridge 1939 u.ö.); L. H. Heydenreich u.a.: L., der Erfinder (Stuttgart/Zürich 1981); C. Zammattio u.a.: L., der Forscher (Stuttgart/Zürich 1981); M. Kemp: L. da V. The Marvellous Works of Nature and Man (Cambridge, Mass. 1981).

Leonardo von Pisa, genannt *Fibonacci*, italienischer Mathematiker, * um 1170 Pisa, † nach 1240 ebenda.

L., der erste große Mathematiker im christlichen Abendland, war der Sohn von Guilielmo Bonacci, einem Sekretär der Republik Pisa. Als dieser um 1192 Leiter der pisanischen Handelsniederlassung in Bugia (heute Bougie) in Algerien wurde, lernte L. dort das Rechnen mit den neuen indischen Ziffern kennen und erweiterte seine Kenntnisse auf Geschäftsreisen nach Ägypten, Syrien, Byzanz, Sizilien und in die Provence. Um 1200 nach Pisa zurückgekehrt, legte L. in mehreren Werken sein für die damalige Zeit außergewöhnliches mathematisches Wissen nieder – er beschrieb nicht nur die für das praktische Rechnen in allen Zweigen des Handels wichtigen Verfahren, sondern auch algebraische, geometrische und zahlentheoretische Probleme und Methoden. L. erwarb sich solches Ansehen, daß der gelehrte Staufenkaiser Friedrich II. ihn anläßlich eines Besuchs in Pisa (um 1225) zur Audienz bat. Seine Vaterstadt gewährte ihm ab 1240 einen Ehrensold für geleistete Dienste.

Unter den erhaltenen Werken ist das wichtigste der ›Liber abbaci‹ von 1202; die 1228 überarbeitete Fassung ist in zwölf (teilweise allerdings unvollständigen) Handschriften des 13. bis 15. Jahrhunderts überliefert. In den ersten sieben Kapiteln wird das praktische Rechnen sowohl in den traditionellen römischen wie den damals im Westen neuen indisch-arabischen Zahlen gelehrt. Es folgen angewandte kaufmännische Rechnungen und, sehr ausführlich behandelt, Unterhaltungs- und Rätselaufgaben. Hier findet sich das berühmte Kaninchenproblem: Ein neugeborenes Kaninchenpaar benötigt einen Monat zur Geschlechtsreife und bringt vom zweiten Monat an monatlich ein weiteres Paar zur Welt, das sich in gleicher Weise vermehrt (Todesfälle werden nicht berücksichtigt). Die Aufgabe führt auf die Folge der Fibonacci-Zahlen 1, 1, 2, 3, 5, 8, 13, ..., k_n,... mit $k_n = k_{n-1} + k_{n-2}$, die eng mit dem ›Goldenen Schnitt‹, der stetigen Teilung einer Strekke a in zwei Abschnitte b und a–b (so daß a:b = b:[a–b]), zusammenhängt und viele merkwürdige Eigenschaften besitzt. In den Schlußkapiteln 14 und 15 erweist sich L. als Meister algebraischer Methoden und aufs beste vertraut mit den ›Elementen‹ → *Euklid*s. Im Buch über die Quadrate (›Liber quadratorum‹, 1225) werden zahlentheoretische Probleme, teilweise verwandt mit denen des → *Diophantos*, in für lange Zeit einzigartiger Weise behandelt.

In der Geschichte der Mathematik nimmt L. eine Schlüsselrolle ein: Vertraut mit der arabischen Mathematik seiner Zeit, mit der Geometrie *Euklid*s, mit byzantinischen Quellen und mit Überlieferungen selbst aus China und Indien (deren Wege im einzelnen noch im Dunkeln liegen), vermittelte er den Rechenmeistern der Renaissance im Abendland einen essentiellen Kern von Problemen und Methoden, wie es etwa der Franziskaner *Luca Pacioli* (* um 1445 Sansepolcra, † 1517 ebenda) in seiner einflußreichen, enzyklopädischen ›Summa de Arithmetica, Geometria, Proportioni e Proportionalita‹ von 1494 bezeugt. Auf dem Gebiet der höheren Zahlentheorie allerdings fand sich kein fähiger Nachfolger. Als das 17. Jahrhundert hier wieder an *Diophantos* anknüpfte (*P. de* → *Fermat*), blieb L. vergessen. Erst in der 2. Hälfte des 19. Jahrhunderts wurde mit der von B. Boncompagni besorgten Werkausgabe ›Scritti di Leonardo Pisano‹ (2 Bde, Rom 1857–1862) die Grundlage für eine allumfassende Würdigung seiner Leistungen geschaffen. [Scriba]

Werke: Scritti, hrsg. von B. Boncompagni (2 Bde, Rom 1857–1862 [I: Liber abbaci. II: Practica geometriae ed Opuscoli]); The Book of Squares. An Annotated Translation by L. E. Sigler (Boston 1987). – *Lit.*: DSB IV, 604–613 (K. Vogel); H. Lüneburg: L. P. Liber Abbaci oder Lesevergnügen eines Mathematikers (Mannheim usw. 1992).

Leukippos → **Demokritos** und **Leukippos**

Libavius (*Libau*), Andreas, deutscher Mediziner und Gelehrter, * um 1555 Halle, † 25.7.1616 Coburg.

L.s Vater, ein Leinenweber, war aus dem Harz nach Halle gekommen und ließ seinen Sohn in Jena die Fächer der Artistenfakultät und Medizin studieren. L. war danach ab 1581 als Lehrer in Ilmenau und ab 1586 als Rektor in Coburg tätig, unterrichtete ab 1588 an der Universität Jena Geschichte und Poesie und ging 1591 als ›Stadtphysikus‹ nach Rothenburg ob der Tauber, wo er 1592 auch Schulinspektor wurde. 1607 schließlich wurde er zum Direktor des neugegründeten Gymnasiums in Coburg berufen, welches Amt er bis zu seinem Tode ausübte.

L. war ein durch den Renaissance-Humanismus geprägter vielseitig gebildeter und hoch angesehener Gelehrter mit dem starken Bedürfnis, seine Bildung zu vervollkommnen und weiterzuvermitteln. Seine um 1590 einsetzende und selbst für diese Zeit ungewöhnlich umfangreiche schriftstellerische Tätigkeit behandelt in etwa fünfzig teilweise voluminösen Werken die ›humaniora‹, theologische und philologische Themen sowie insbesondere naturwissenschaftliche und medizinische Bereiche, nach seiner eigenen Klassifikation und Anordnung: Logik (meist auf der Linie von *P. Ramus* und gegen die Scholastiker gerichtet, jedoch mit der Absicht zu vermitteln), Theologie (hierin gelegentlich unter dem durch Vertauschung der Buchstaben des Namens entstandenen Pseudonym Basilius de Varna), Physica, Philologie, Medizin, Chemie, Pharmazie und Poesie – sowie den Kometen von 1604. Es ging ihm zwar um eine gegen → *Galenos* gerichtete chemotherapeutische Ausrichtung der Medizin, wenn er sich auch mit Entschiedenheit gegen die Auswüchse und die Geheimniskrämerei der Paracelsisten und deren einseitige Ausrichtung auf → *Paracelsus* richtete: »Chymia non est inventum Paracelsi.« »Misera foret Chymia, si ex Paracelso esset instituenda« (»Die Chemie ist keine Erfindung des *Paracelsus*.« »Schlimm wäre es um die Chemie bestellt, wenn sie aus *Paracelsus* unterrichtet werden müßte!«). Die ›Alchemia‹ selber sei nämlich mehr als Iatrochemie; und so diente sein für die Geschichte der Naturwissenschaften bedeutendstes und einflußreichstes Werk, die ›Alchemia‹ (1597, ²1606), – neben ähnlich betitelten Sammelschriften – dem Versuch, bis dahin so unterschiedliche Disziplinen wie Alchemie, Pharmazie, (chemische) Technik, Metallurgie und ›theoretische Chemie‹ (d.h. Elementen- und Mischungslehre im Anschluß an → *Aristoteles* und seine Kommentatoren und die Lehre von den ›minima naturalia‹) durch systematische Zusammenfassung der damals noch »allerorts verstreuten Einzelangaben« (singularia) auf einen einheitlichen Nenner zu bringen und didaktisch aufzubereiten. Schrittweise aufbauend – Vorbild stellt das ›Organon‹ des *Aristoteles* dar –, wird dabei stark die praktische Seite betont (Instrumentarium, Laboreinrichtung, Labortechniken, chemische Verfahren und Präparate,

Rezepturen und Anwendungen), und werden die ›simplicia‹ (einfachen Stoffe) wie die ›composita‹ vorwiegend operationalistisch definiert. Das Werk bildet so die erste systematische Darstellung der (praktischen) Chemie und ist das erste Lehrbuch der Chemie überhaupt, ergänzt durch zwei noch umfangreichere Kommentarwerke, die zusätzliches Material, die Quellen und Auseinandersetzungen mit den verschiedenen Deutungsrichtungen der traditionellen Alchemie und Prinzipienlehre enthalten und dadurch das Lehrbuch zu einem Handbuch erweitern, das die Chemie bis hin zu *R. → Boyle* stark beeinflußte. [Krafft]

Werke: F. Rex u.a.: Die Alchemie des A. L. [mit deutscher Übersetzung] (Weinheim 1964; mit Bibl., Partingtons ergänzend); B. Meitzner: Die Gerätschaft der chymischen Kunst. Der Traktat ›De sceuastica artis‹ des A. L. von 1606. Übersetzung, Kommentierung, Wiederabdruck (Stuttgart 1995). – *Bibl.*: Pogg. VII a Suppl., 364 f. – *Lit.*: ADB XVIII, 530–532 (A. Ladenburg); GCh I, 107–124 (E. Darmstaedter); DSB VIII, 309–312 (W. Hubiki); J. R. Partington: A History of Chemistry (Bd 2, London 1961, S. 244–267); O. Hannaway: The Chemist and the Word: The Didactic Origins of Chemistry (Baltimore 1975).

Lichtenberg, Georg Christoph, deutscher Physiker, Philosoph und Schriftsteller, * 1.7.1742 Oberramstadt [bei Darmstadt], † 24.2.1799 Göttingen.

L. war das 17. Kind eines hessischen Pfarrers. Nach seinem Schulabschluß in Darmstadt studierte er in Göttingen mit einem Stipendium seines Landesherrn Mathematik und Naturwissenschaften; aber auch der Philosophie und den literarischen Wissenschaften war er zugetan. 1767 wurde er zweiter Professor der Mathematik in Gießen, arbeitete aber weiter an der Göttinger Sternwarte; 1770 ernannte ihn die Universität Göttingen zum außerordentlichen und fünf Jahre später zum ordentlichen Professor der Philosophie, 1780 wurde er dort Professor für Experimentalphysik. In den ersten Jahren lag sein Schwerpunkt auf den mathematischen Vorlesungen, später auf der Experimentalphysik. Seine Hörer fesselte er bei den Vorlesungen, die der Sitte jener Zeit entsprechend in der Wohnung des Professors stattfanden, durch eindrucksvolle Experimente. Er regte in vielfältiger Weise an und erzog seine Studenten zu vorurteilsloser und kritischer Forschung. L. war klein und bucklig, aber sein sprühender Witz faszinierte seine Umgebung. In seinem literarischen Werk kommt der Zwiespalt zwischen genialem Geist und mißgestaltetem schwächlichem Körper zum Ausdruck.

Der Physikprofessor stellte sich aus eigenen Mitteln einen Riesen-Elektrophor her, eine Elektrizitätsquelle, die im Prinzip der Franklinschen Tafel (*B. → Franklin*) ähnelt. Der elektrisierte Harzkuchen des Elektrophors influenzierte elektrische Ladungen in dem aufgelegten und wieder abgenommenen Metalldeckel. L. entdeckte beim Experimentieren mit dem Elektrophor die nach ihm benannten Staubfiguren (L.sche Figuren). Elektrische Ladung wird durch diese Figuren auf einem Isolator mittels Harz- oder Schwefelpulver sichtbar gemacht. Je nach Vorzeichen der Ladung ist die Figur strahlig oder kreisrund. L. war Anhänger der dualistischen Theorie der Elektrizität von *Robert Symmer* (* 1707 [?] Galloway [Schottland], † 19.6.1763 London) und anderen, die zwei Arten von elektrischer Materie annahm, schlug aber die neutrale Bezeichnung + und – im Sinne der Franklinschen und unitarischen Theorie vor. Die Fachwelt folgte L.s Vorschlag.

Der glänzende Schriftsteller gab ein damals beliebtes Lehrbuch, die ›Anfangsgründe der Naturlehre‹ seines Göttinger Vorgängers *Johann Christian Polykarp Erxleben* (* 22.6.1744 Quedlinburg, † 19.8.1777 Göttingen) mit vielen wichtigen eigenen Anmerkungen 1784, 1787, 1791 und 1794 neu heraus. Seine Briefe, der Göttinger Taschenkalender und die vielen populär-wissenschaftlichen Aufsätze machten ihn nicht minder berühmt. Die Aphorismen des geistreichen Satirikers sind meisterlich.

[Wiederkehr]

Werke: Vermischte Schriften, hrsg. von L. C. Lichtenberg/F. Knés (9 Bde, Göttingen 1800–1806; Bd 6 ff.: Physikalische und mathematische Schriften); Schriften und Briefe, hrsg. von W. Promies (4 Bde, München 1967–1972); Briefe, hrsg. von A. Leitzmann/C. Schüddekopf (4 Bde, Leipzig 1901–1904; Nachdruck: Hildesheim 1966); Briefwechsel, hrsg. von U. Joost/A. Schöne (4 Bde, München 1983–1992). – *Bibl.*: R. Jung: L. Bibliographie (Heidelberg 1972). – *Lit.*: DSB VIII, 320–323 (O. M. Bilaniuk); P. Hahn: G. C. L. und die exakten Wissenschaften (Göttingen 1927); W. Promies: G. C. L. in Selbstzeugnissen und Bilddokumenten (Reinbek bei Hamburg 1964, [4]1992); F. H. Mautner: L., Geschichte seines Geistes (Berlin 1968); D. Goetz: G. C. L. (Leipzig 1980); R. Baasner: G. C. L. [Forschungsbericht] (Darmstadt 1992); G. Sautermeister: G. C. L. (München 1993).

Liebig, Johann Justus, Freiherr von (ab 1845), deutscher Chemiker, * 12.5.1803 Darmstadt, † 18.4.1873 München.

Im väterlichen Geschäft in Darmstadt, einer Drogen- und Materialienhandlung, kam L. als Knabe schon früh mit der Chemie in Berührung. Lacke, Firnisse und Farben wurden dort in einem kleinen Labor hergestellt. In seinem Eifer zum Experimentieren vernachlässigte er seine schulischen Pflichten; ohne Abschluß verließ er das Gymnasium, um bei einem Apotheker in Heppenheim in die Lehre zu gehen, und erhielt dann die Erlaubnis, an der Universität in Bonn Chemie zu studieren. Sein Lehrer *Carl Wilhelm Gottlob Kastner* (* 1783, † 1857), ein Chemiker der damals in Deutschland vorherrschenden romantisch-naturphilosophischen Schule, hielt viel von ihm. L. gehörte zu den unruhigen Studenten, die demonstrierten und manchmal auch randalierten. In Erlangen, wohin er seinem Lehrer gefolgt war, kam er mit der Obrigkeit in Konflikt und mußte fliehen. Dennoch setzte *Kastner* seine Promotion mit einem Thema über Pflanzen- und Mineralchemie in absentia durch. Gerade auf diesem Gebiet sollte L. später ein Umdenken herbeiführen. Der hessische Großherzog gewährte ihm durch Vermittlung *Kastner*s ein Stipendium für eine Ausbildung in Paris. Hier kam L. in eine ganz andere wissenschaftliche Atmosphäre; hier galt nur exaktes naturwissenschaftliches Denken, kein metaphysisches Spekulieren. Er arbeitete in den Laboratorien *L. J. Thenard*s und *Louis Nicolas Vauquelin*s (* 16.5.1763 Saint-André-d'Hébertot [Calvados], † 14.11.1829 ebenda) und analysierte gemeinsam mit *J. L.* → *Gay-Lussac* die knallsauren Salze. – Schon in Bonn hatte L. als erster das Knallquecksilber hergestellt und eine Vorliebe für diese Stoffgruppe gezeigt. *F.* → *Wöhler* hatte ein Jahr zuvor mit dem Silbercyanat einen Stoff gefunden, der dieselbe prozentuale Zusammensetzung besitzt wie eines dieser knallsauren Salze (Silberfulminat). Die Anordnung der Atome war in beiden Verbindungen eine andere, und *J. J.* → *Berzelius* prägte dafür den Begriff der Isomerie. – Auf Empfehlung *A. von* → *Humboldt*s hin wurde L. als Einundzwanzigjähriger außerordentlicher Professor an der Universität Gießen; ein Jahr später war er Ordinarius. Hier richtete L. das erste chemische Ausbildungslaboratorium ein und organisierte den chemischen Unterricht nach neuartigen Gesichtspunkten. Eine ganze Generation von Chemikern wurde hier herangebildet, berühmte Forscher wie *A.* → *Kekulé*, *C.* → *Gerhardt* und *Edward Frankland* (* 18.1.1825 Churchtown [bei Lancester], † 9.8.1899 auf einer Reise in Norwegen) stammen aus dieser Schule. Der König von Bayern berief 1852 L. nach München, 1860 wurde er Präsident der Bayerischen Akademie der Wissenschaften. Kaum ein Chemiker wurde zu Lebzeiten so gefeiert wie er.

1831 gelang L. die Vervollkommnung der organisch-chemischen Elementaranalyse. Mit der bekannten Apparatur konnten bis dahin äußerst schwierige und langandauernde Untersuchungen einfacher und schneller durchgeführt werden. Auf diese neue Analysenmethode stützte sich L.s größte Tat: die Entwicklung einer Düngetheorie. In seiner Agrikulturchemie untersuchte er, welche unorganischen Stoffe für das Wachstum der Pflanzen von Bedeutung sind. L. unterschied zwischen ›mineralischen‹ und ›atmosphärischen‹ Pflanzennährstoffen und stellte fest, daß die Nährstoffe, die so wichtige Elemente wie Kohlenstoff, Wasserstoff und Stickstoff enthalten, nicht an den Boden gebunden sind, sondern großenteils der Atmosphäre entnommen werden. Dann sprach er das Gesetz des Minimums aus, das besagt, daß der Bodenertrag durch den am wenigsten im Boden enthaltenen notwendigen unorganischen Pflanzennährstoff bedingt wird. Anfangs unterliefen L. hier allerdings auch einige Fehler und sein patentierter Kunstdünger, den eine englische Firma herstellte, brachte kaum eine Ertragssteigerung.

Für die Theorie der organischen Chemie waren L.s Arbeiten über das ›Radikal der Benzoësäure‹ (1832), die er gemeinsam mit seinem Freund *Wöhler* durchführte, von großer Bedeutung. Sie zeigten, daß bei einer ganzen Reihe von Verbindungen, die durch chemische Reaktionen auseinander hervorgingen, ein Grundbestandteil, das Benzoylradikal, immer erhalten blieb. Von *J.-B. A.* → *Dumas* und *Gay-Lussac* unterstützt, führte L. die Radikaltheorie ein. Sie löste die elektrochemisch-dualistische Theorie von *Berzelius* ab, mußte aber selbst nach etwa zwei Jahrzehnten wieder der Typentheorie von *Gerhardt* weichen.

Nicht nur der chemische Unterricht, auch die chemische Fachliteratur in Deutschland bekam in den Händen L.s ein hohes Niveau. Er redigierte die ›Annalen der Chemie‹, wählte die Artikel aus und versah sie mit kritischen Anmerkungen; und er versuchte, mit Hilfe dieser Zeitschrift seine Theorie der organischen Verbindungen durchzusetzen. Oft nahm L. die Rolle eines Schiedsrichters wahr, und manchmal traf er auch eine krasse Fehlentscheidung – sein Artikel über *A.* → *Laurent*s Kerntheorie der organischen Verbindungen in den ›Annalen der Pharmacie‹ von 1838 möge dafür ein Beispiel sein. Auch durch populärwissenschaftliche Aufsätze und Vorträge warb L. für seine Wissenschaft; seine Fortschrittsgläubigkeit können wir allerdings heute nicht mehr ganz teilen.

[Wiederkehr]

Werke: Reden und Abhandlungen, hrsg. von M. Carriere/G. von Liebig (Leipzig/Heidelberg 1874); L.s Experimentalvorlesung. Vorlesungsbuch und Kekulés Mitschrift, hrsg. und kommentiert von O. P. Krätz/C. Priesner (Weinheim 1983); Briefwechsel zwischen L. und Wöhler, hrsg. von A. W. von Hofmann/E. Wöhler (2 Bde, Braunschweig 1888); Berzelius-L.: Ihre Briefe von 1831 bis 1845, hrsg. von J. Carriere (München/Leipzig 1893); J. von L. und Christian Friedrich Schönbein: Briefwechsel 1853–1868, hrsg. von G. W. A. Kahlbaum/E. Thon (Leipzig 1900; Nachdruck: Leipzig 1970); J. von L. und Friedrich Mohr in ihren Briefen von 1834–1870, hrsg. von G. W. A. Kahlbaum (Leipzig 1904; Nachdruck: Leipzig 1970); J. von L. und August Wilhelm Hofmann in ihren Briefen (1841–1873), hrsg. von W. H. Brock (Weinheim 1985); J. von L. und der Pharmazeut Friedrich Julius Otto in ihren Briefen 1838–1840 und 1856–1867, hrsg. von E. Heuser (Mannheim 1989); J. von L. und Hermann Kolbe in ihren Briefen, hrsg. von A. J. Roske/E. Heuser (Mannheim 1994). – *Bibl.*: C. Paoloni: J. von L. Ein Bibliographie sämtlicher Veröffentlichungen (Heidelberg 1968; mit Biographie); Pogg. VII a Suppl., 375–386 (Sekundärliteratur). – *Lit.*: GCh II, 1-30 (R. Winderlich); DSB VIII, 329–350 (F. L. Holmes); GWG VII, 692–707 (O. Krätz); J. Volhard: J. von L. (2 Bde, Leipzig 1909); H. von Dechend (Hrsg.): J. von L. in eigenen Zeugnissen und solchen seiner Zeitgenossen (Weinheim 1953, ²1963); I. Strube: J. von L. (Leipzig 1973, ²1975); W. Brock: J. von

L. The Chemical Gatekeeper (Cambridge 1996); W. Strube: J. L., eine Biographie (Beucha 1998).

Linde, Carl von (geadelt 1897), deutscher Ingenieur, Physiker und Unternehmer * 11.6.1842 Berndorf [Oberfranken], † 16.11.1934 München.

Bei der Gründung der Polytechnischen Schule (der späteren Technischen Hochschule) in München erhielt L. 1868 die Stelle eines außerordentlichen Professors, 1872 ernannte man ihn zum ordentlichen Professor für Maschinenlehre, 1878 gab er zunächst seine Lehrtätigkeit auf. An der Spitze seines Industrieunternehmens (Gesellschaft für Linde's Eismaschinen AG, gegründet 1879) bewies der Wissenschaftler und Techniker seine kaufmännische und organisatorische Begabung. Das Unternehmen hatte bald Weltgeltung. Nach zwölfjähriger Pause nahm L. seine Lehrtätigkeit an der Technischen Hochschule in München 1891 wieder auf. Ihm ist daneben die Einrichtung eines Lehrstuhls für technische Physik an den Technischen Hochschulen zu verdanken. L. gehörte außerdem der Physikalisch-Technischen Reichsanstalt an und war Mitglied der Bayerischen Akademie der Wissenschaften. Seine Mitarbeiter schätzten an ihm besonders, daß er selbst als Großindustrieller der schlichte und gerade Mensch geblieben war.

L.s Arbeiten haben besonders der Kältetechnik einen starken Aufschwung gegeben. Aufgrund seiner wärmetechnischen Forschungen konnte er Eis- und Kühlmaschinen mit hohem Wirkungsgrad konstruieren (erste Kompressionsmaschine 1876). Er ging dazu über, die Kompressions-Kältemaschinen mit Ammoniak zu betreiben. 1875 führte er an Stelle des Druck-Volumen-Diagramms das Temperatur-Entropie-Diagramm ein, das für den heutigen Kälteingenieur unentbehrlich geworden ist. – 1895 schuf L. sein berühmtes Luftverflüssigungsverfahren; der Weg zu den Temperaturen bis in die Nähe des absoluten Nullpunktes (–273 °C) war damit beschritten. Die Theorie der Kohlensäure-Kompressionsmaschinen hatte ihm deutlich gemacht, daß der Joule-Thomson-Effekt (1854) sich als Grundlage für ein neuartiges Verfahren zur Verflüssigung der Gase eignet. *J. P.* → *Joule* und *W.* → *Thomson* hatten bei ihrem Drosselversuch (Entspannung eines Gases ohne Abgabe nutzbarer Arbeit) festgestellt, daß entgegen der Theorie eines *idealen* Gases bei dem *realen* Gas meist eine kleine Abkühlung erfolgt. Bei dem idealen Gas werden nämlich die van-der-Waalsschen Kräfte (*J. D. van der* → *Waals*) zwischen den Gasmolekülen nicht berücksichtigt. Es sei aber bemerkt, daß die van-der-Waalsschen Korrektionsglieder nur eine Näherung darstellen und den Joule-Thomson-Effekt quantitativ nicht voll befriedigend erklären können. Um die Temperatur der sich im Drosselventil entspannenden Luft vorher zu senken, benutzte L. das Gegenstromverfahren bzw. eine Vorkühlung durch eine Kältemaschine. So gelang es, die Kondensationstemperatur der Luft (–193°C bei 1 Atm Druck) zu erreichen. Auf seinen theoretischen Erkenntnissen fußend, verwendete L. den Hochdruckkreislauf. Bei hohen Drucken arbeitete die Anlage viel wirtschaftlicher. Durch fraktionierte Verdampfung der flüssigen Luft konnte L. den Sauerstoff und Stickstoff voneinander trennen; und bald lernte man auch, die Edelgase aus der Luft abzuscheiden. [Wiederkehr]

Bibl.: Pogg. VII a Suppl., 394 f. – *Lit.*: DSB VIII, 365 f. (F. Klemm); G. Büscher: Festes Wasser, flüssige Luft. C. von L.s Kampf um Kältegrade (Wiesbaden 1942); R. Plank (Hrsg.): Handbuch der Kältetechnik, Bd 1: Geschichte der Kälteerzeugung und Kälteanwendung (Berlin/Göttingen/Heidelberg 1954); C. L.: Aus meinem Leben und von meiner Arbeit [1916]. Erweitert um 36 Bildtafeln und um einen Anhang ›Ausgewählte Briefe C. L.s zwischen 1861 und 1910‹ (München 1979; ohne Anhang: Düsseldorf 1984).

Linné (*Linnaeus*), Carl von, schwedischer Arzt und Naturforscher, * 23.5.1707 Råshult [Småland], † 10.1.1778 Uppsala.

Nach dreijährigem Privatunterricht im elterlichen Pfarrhaus kam L. in die Schule nach Växlö, 1727 an die Universität nach Lund und ein Jahr später nach Uppsala. Bereits damals entwickelte er, angeregt durch die Lektüre von *Sebastian Vaillant*s (* 25.5.1669 Vigny, † 26.5. 1722 Paris) Werk über den Bau der Blüten (Paris 1717), erste Vorstellungen von einem Sexualsystem der Pflanzen. Er veröffentlichte sie in der Abhandlung ›De nuptiis et sexu plantarum‹ (Uppsala 1730) und wurde daraufhin mit dem Abhalten botanischer Vorlesungen beauftragt. Dem Rat seines Lehrers *Olof Rudbeck* (* 15.3. 1660 Uppsala, † 21.3.1740 ebenda) folgend, unternahm er 1732 eine sechsmonatige Forschungsreise durch Lappland, deren Ergebnisse in der ›Flora Lapponica‹ (Amsterdam 1737) publiziert wurden. Weil es während des 18. Jahrhunderts üblich war, daß schwedische Studenten ihr Studium im Ausland, bevorzugt in Holland, beenden, ging L. über Amsterdam nach Harderwijk. Mit einer Disputation ›De nova hypothesi febrium intermittentium‹ wurde er am 24. Juni 1735 zum Dr. med. promoviert. Im selben Jahr erschien die erste, nur sieben Folioseiten umfassende Ausgabe des berühmten ›Systema naturae‹ (Leiden 1735) mit seinem System der Pflanzen, das auf Verteilung, Zahl und Verwachsung der Staub- und Fruchtblätter beruht. (Bis 1768 erlebte es insgesamt zwölf Auflagen.) Der Botaniker *Johannes Burman* (* 26.4.1706 Amsterdam, † 20.1.1779 ebenda), der durch *H.* → *Boërhaave* davon in Kenntnis gesetzt worden war, lud L. nach Amsterdam ein. Kurz hintereinander entstanden hier die ›Fundamenta botanica‹ und die ›Bibliotheca botanica‹ (beides Amsterdam 1736). Bevor L. nach Schweden zurückkehrte, besuchte er *Johann Jakob Dillenius* (* 1684 Darmstadt, † 2.4.1747 Oxford) in Oxford und beendete die Arbeiten zur ›Critica botanica‹, zu den ›Genera plantarum‹ (beides Leiden 1737) und den ›Classes plantarum‹ (Leiden 1738). In Stockholm ließ sich L. zunächst als praktizierender Arzt nieder, bis er 1741 als Professor für Botanik, Materia medica, Diätetik und Naturgeschichte an die Universität Uppsala berufen wurde, wo er ein naturhistorisches Museum aufbaute und eine ungewöhnlich fruchtbare Lehrtätigkeit entfaltete. Innerhalb weniger Jahre wurde Uppsala zum Zentrum der wissenschaftlichen Botanik, und kaum ein anderer Naturforscher hatte so viele Schüler wie er.

Obwohl die systematischen Entwürfe L.s die Konstanz der Arten voraussetzen, wollte er dennoch nicht ausschließen, daß Arten innerhalb einer Gattung »ihren Anfang von einer Pflanze nehmen, die einfach aus Hybridisation hervorgegangen ist«. Als wichtigste Verbesserung der systematischen Praxis führte er in den ›Species plantarum‹ (Stockholm 1753) die binäre Nomenklatur ein, d.h. die konsequente Bezeichnung mit Gattungs- und Artnamen, wobei er schon in der ›Philosophia botanica‹ (Stockholm 1751) ausführte, daß die zur Formulierung unmißverständlicher Diagnosen herangezogenen Merkmale durch allgemein verbindliche Begriffe definiert werden müssen. L., der sein Sexualsystem als vorläufiges Klassifikationsinstrument betrachtete und dessen künstlichen Charakter keineswegs in Abrede stellte, bemühte sich selbst zeitlebens um den rechten »methodus naturalis«, mit dem allein natürliche Systeme aufzustellen seien; Ansätze dazu finden sich seit 1738 bei ihm. [Geus]

Bibl.: J. M. Hulth: Bibliographia Linneana (Uppsala 1907); B. H. Soulsby: A Catalogue of the Works of L. (London ²1933) – *Lit.*: GWG VI, 482–495 (H. Goerke); A. Afzelius: L.s eigenhändige Anzeichnungen über sich selbst (Berlin 1826; zuerst schwed., Stockholm 1823); K. Hagberg: Carolus Linnaeus (Stockholm 1939; deutsch, Hamburg 1946); H. Goerke: C. von L. 1707–1778, Arzt – Naturforscher – Systematiker (Stuttgart [1966], ²1989); W. Blunth: The Complete Naturalist. A Life of Linnaeus (London 1971); J. L.

Larson: Reason and Experience. The Representation of Natural Order in the Work of C. von L. (Berkeley usw. 1971); F. A. Stafleu: Linnaeus and the Linneans (Utrecht 1971); I. Jahn / K. Senglaub: C. von L. (Leipzig 1978); C. von L. Beiträge über Zeitgeist, Werk und Wirkungsgeschichte (Göttingen 1980); T. Frängsmyr (Hrsg.): Linnaeus. The Man and His Work (Berkeley usw. 1983, ²1994); J. Weinstock (Hrsg.): Contemporary Perspectives on Linnaeus (Lanham usw. 1985); W. Blunt: L., le prince des botanistes (Paris 1986).

Lockyer, Sir (ab 1897) Joseph *Norman*, englischer Astronom und einer der Pioniere der Astrophysik, * 17.5.1836 Rugby [Warwickshire], † 16.8.1920 Salcombe Regis [Devonshire].

L. war seit 1857 Angestellter des britischen Kriegsministeriums und beschäftigte sich erst zu Beginn der 1860er Jahre in seinen Mußestunden mit astronomischen Beobachtungen. 1862 erschien eine Arbeit über seine Untersuchungen zur Marstopographie, im selben Jahr wurde er Mitglied der Royal Astronomical Society und begann dann bald mit spektroskopischen Beobachtungen der Sonne und – im Anschluß an *W.* → *Huggins* – der Sterne, seit 1866 auch der Sonnenflecken, und entwickelte später ein Verfahren, mittels dessen man die Protuberanzen der Sonne auch dann spektroskopisch beobachten kann, wenn keine totale Sonnenfinsternis herrscht. 1870 wurde L. aufgrund seiner wissenschaftlichen Leistungen Sekretär der Royal 'Commission on Scientific Instruction and the Advancement of Science' und 1871 Assistant Commissioner und hatte in dieser Eigenschaft die englischen Sonnenfinsternisexpeditionen von 1870, 1872 und 1882 nach Sizilien, Indien und Afrika zu leiten – bis 1905 folgten fünf weitere solche Expeditionen, deren Leitung in seinen Händen lag. 1881 wurde er zum Professor für Astronomie am Royal College of Science ernannt und 1885 zum Direktor des Sonnenobservatoriums in South Kensington, welche Stellung er bis 1913 innehatte; später gründete er noch das Hill-Observatorium in Sidmouth. Seit 1869 Mitglied der Royal Society, war er 1892/93 ihr Vizepräsident.

L., der sich durch seine spektroskopischen Untersuchungen der Sonne, auf die er 1869 auch erstmals zur Bestimmung der Rotation den Dopplereffekt (*A. C.* → *Doppler*) anwandte, und seine Arbeiten zur Spektralanalyse und Entwicklung und Entstehung der Fixsterne als Astrophysiker einen Namen machte, wurde größeren Kreisen bekannt, nachdem ihm die richtige Deutung einer auffallenden gelben Spektrallinie gelang, die 1868 in Indien während einer Sonnenfinsternis im Spektrum einer Protuberanz entdeckt worden war: Er nannte das neue Element, das er hierin vertreten sah und das auf der Erde noch unbekannt war, nach dem griechischen Wort für Sonne (*helios*) 'Helium' – der Nachweis dieses Edelgases in der irdischen Lufthülle gelang erst 1895 *W. Ramsay*.

[Krafft]

Lit.: DSB VIII, 440–443 (H. Dingle); T. M. Lockyer / W. L. Lockyer: The Life and Work of Sir N. L. (London 1928); A. J. Meadows: Science and Controversy: A Biography of Sir N. L. (London 1972).

Lomonossow, Michail Wassiljewitsch, russischer Universalgelehrter, * 8.11.1711 Dennisowka [heute Lomonossow; bei Cholmogory nahe Archangelsk], † 15.4.1765 St. Petersburg.

Gegen den Willen seines Vaters, eines Eismeerfischers, ging L. nach Moskau, wo er 1731 in die Slawische Griechisch-Lateinische Akademie aufgenommen wurde; ab 1736 konnte er durch ein Stipendium von Zar Peter I. in St. Petersburg an der Russischen Akademie der Wissenschaften und kurz darauf in Deutschland Mathematik, Mechanik, Physik, Logik und Metaphysik bei *Christian Wolff* (* 24.1.1679

Breslau, † 9.5.1754 Halle), dessen teleologische Denkweise ihn stark beeinflußte, in Marburg und ab 1739 Chemie, Bergbau und Hüttenwesen in Freiberg studieren. Nach seiner Rückkehr wurde er 1741 in St. Petersburg Adjunkt der physikalischen Klasse der Akademie der Wissenschaften, 1745 bis 1763 war er dort der erste russische Professor der Chemie; 1757 wurde er Mitglied der Akademischen Kanzlei und 1758 Leiter des Geologischen Departments, nachdem er maßgeblich an der Gründung der später nach ihm benannten Moskauer Universität beteiligt gewesen war. 1764, kurz vor seinem Tode, wurde er zum Kaiserlichen Staatsrat ernannt.

L. ist der einzige enzyklopädisch breit gebildete Forscher, den es in Rußland je gab; er hat auf verschiedenen Gebieten der Wissenschaft neue Wege eingeschlagen (Physik, Chemie, Astronomie, Mechanik, Geologie, Geographie, Philosophie, Linguistik). Seinen Zeitgenossen war er vor allem als Dichter, Grammatiker und Historiker bekannt – er gilt nicht nur als Gründer der russischen Wissenschaftssprache, sondern auch als Schöpfer der russischen Dichtersprache. Seine naturwissenschaftlichen Arbeiten blieben lange fast unbeachtet, weil sie nur handschriftlich vorlagen. L. war der erste, der wissenschaftlich fundiert den Versuch unternahm, die natürliche Entstehung der Minerale und Gebirge und die Veränderung des Klimas zu erklären. Besonders müssen hier seine Beobachtungen des Venusdurchganges am 26.5.1761 hervorgehoben werden, bei denen er die Atmosphäre dieses Planeten entdeckte. Außerdem lieferte er wichtige Hinweise auf den gasförmigen Zustand der Sonne. L. entwickelte ein erstes Nachtfernglas und zur gleichen Zeit wie *B.* → *Franklin* den Blitzableiter.

L.s Hauptarbeitsgebiet lag in der Chemie. Angeregt von *C. Wolff*, *L.* → *Euler* und *D.* → *Bernoulli* bemühte er sich intensiv um die Ausbildung einer wissenschaftlichen Chemie auf physikalischer und mathematischer Grundlage nach dem Vorbild der mathematisch behandelten Mechanik. Seine Definition von Element und Verbindung, ferner seine Auffassung unsichtbarer Partikel als physikalisch reale Körper stellen L. in die Reihe der Atomisten. Flüssigkeiten deutete er als Ansammlungen von Partikeln, die sich gegeneinander progressiv bewegen können. Theorien, die Phänomene mit Hilfe ›imponderabler Flüssigkeiten‹ (Licht, Wärme usw.) zu erklären versuchten, lehnte er ab. Die Wärme sah er daher nicht als Wirkung eines ›Wärmestoffes‹ an, sondern als Bewegung kleinster Teilchen in makroskopischen Körpern, die sich in festen Körpern als Rotationsbewegung äußere, so daß er auf einer moderneren Grundlage, als sie *A. L.* → *Lavoisier* vertrat, seine wichtigen Beiträge zur Überwindung der Phlogistontheorie leisten konnte. Das Licht interpretierte er dagegen als Schwingungsbewegungen eines materiell gedachten Äthers. Auch postulierte er einen absoluten Nullpunkt der Temperatur, der jedoch nicht erreichbar sei. 1748 äußerte L. erstmals in einem Brief seine Vorstellungen von der Erhaltung der Materie und der Bewegung. Solche theoretischen Überlegungen waren für ihn stets untrennbar mit der Praxis verbunden; dadurch hat er viel dazu beigetragen, die Methode der chemischen Forschung zu präzisieren.

[Bäumer-Schleinkofer/Krafft]

Werke: Sowjetische Akademie-Ausgabe (10 Bde, Moskau/Leningrad 1950–1959); Ausgewählte Schriften, hrsg. von W. Hoepp (2 Bde, Berlin 1961). – *Lit.*: DSB VIII, 467–472 (B. M. Kedrov); B. N. Menshutkin: Russia's L. (Princeton 1952); A. A. Morosow: M. W. L. (Berlin 1954; zuerst russ.); L. Langevin: L., sa vie, son œuvre (Paris 1967); W. Schütz: W. M. L. (Leipzig 1970, ²1976); G. E. Pavlova/A. L. Fedorov: M. V. L. His Life and Work (Moskau 1984; zuerst russ., Moskau 1980); F. Richter: M. W. L. (1711–1765) – Der Einfluß Christian Wolffs auf die russische Aufklärung. In: M. Büttner/F. Richter (Hrsgg.): Forschungen zur Physikotheologie im Aufbruch I (Münster 1995, S. 225–251).

Lorentz, Hendrik Antoon, niederländischer Physiker, * 18.7.1853 Arnheim, † 4.2.1928 Haarlem.

Nach der Schulzeit in Arnheim besuchte L. die Universität Leiden und studierte Mathematik und Physik. Schon nach anderthalb Jahren machte er das wissenschaftliche Examen und ließ sich das Thema für eine Doktorarbeit geben; mit 21 Jahren erwarb er den Doktorgrad. 1877 berief ihn die Universität Leiden auf einen eigens dafür geschaffenen Lehrstuhl für theoretische Physik, und dieser Universität blieb er auch als akademischer Lehrer ein Leben lang treu. Mehrfach machte er Auslandsreisen und stellte in Vortragsreihen schwierige Gebiete allgemeinverständlich dar. L. beherrschte die wichtigsten Umgangssprachen souverän, so daß er dank seiner wissenschaftlichen Autorität und seines harmonischen Wesens auch bei internationalen Tagungen der ideale Präsident war. Er hatte es sich zur Aufgabe gemacht, die Gelehrten der zerstrittenen Nationen miteinander zu versöhnen, ein entscheidender Erfolg blieb ihm jedoch versagt. Nach seiner Emeritierung wirkte er an verantwortlicher Stelle bei den Plänen zur Trockenlegung der Zuidersee mit. – Auf das niederländische Universitäts- und Erziehungswesen übte er starken Einfluß aus. Seit 1912 war er auch Kurator des Naturwissenschaftlichen Kabinetts der Teyler-Stiftung in Leiden.

Als L. Anfang der 1870er Jahre seine Dissertation über physikalische Optik schrieb, gab es in der Elektrik und in der Optik grundverschiedene, sich bekämpfende Auffassungen und Richtungen: *A. J.* → *Fresnel*, *A.-L.* → *Cauchy* und *F.* → *Neumann* hatten bei ihren Arbeiten zur Wellenoptik den hochelastischen Äther angenommen. In diesem wären aber auch longitudinale Wellen möglich; man beobachtete jedoch immer nur transversale. *J. C.* → *Maxwell* hatte bereits seine elektromagnetische Lichttheorie entwickelt, aber viele wichtige Fragen und Probleme noch offen gelassen. Der Sieg seiner Elektrodynamik war zu diesem Zeitpunkt noch nicht ausgemacht; denn auf dem Festland besaß immer noch eine Elektrodynamik, wie sie *W.* → *Weber* und *F. Neumann* Mitte des 19. Jahrhunderts entwickelt hatten, die Oberhand. In der Dissertation von 1875 wandte nun L. die Maxwellsche Theorie auf die optische Reflexion und Brechung an und zeigte, daß sich die Fresnelschen Amplitudenverhältnisse auch hieraus ergeben, mit dem Vorteil, daß keine longitudinalen Wellen auftreten konnten. Er bemerkte aber auch einige Schwächen der Maxwellschen Theorie, und er nahm sich vor, sie mit der älteren, noch rivalisierenden Richtung zu kombinieren. Mit diesem Ziel vor Augen entwickelte er dann seine Dispersionstheorie; 1895 erschien die bahnbrechende Arbeit ›Versuch einer Theorie der elektrischen und optischen Erscheinungen in bewegten Körpern‹.

Die Gleichungen von *Maxwell* und *H.* → *Hertz* versagten in der Optik, sie konnten z.B. die vielfältigen Unterschiede der Stoffe bei der Dispersion nicht erklären. L. griff in seinen bahnbrechenden Arbeiten auf die alten Vorstellungen von der substantiellen Natur der Elektrizität zurück (*W.* → *Weber*). Die Atome und Moleküle sollen Träger elektrischer Ladungen sein. Das mannigfaltige Verhalten der Stoffe soll durch die individuellen Eigenschaften wie Masse, Zahl und Anordnung der Ladungsträger und deren Bewegungen erklärt werden; alle Atome und Moleküle sollen aber auch gleichartige, elektrisch negativ geladene Teilchen, die Elektronen, enthalten. (In seinen Arbeiten sprach L. erst von ›geladenen Partikeln‹, dann von ›Ionen‹ und schließlich von ›Elektronen‹.) – In den 1890er Jahren hatte man erkannt, daß die Kathodenstrahlen aus derartigen schnell bewegten Ladungsträgern (Elektronen) bestehen. L. nahm einen alles durchdringenden ruhenden Äther an, in dem die Elektronen und die anderen Ladungsträger eingebettet seien. Für den Äther ließ er die Maxwell-Hertzschen Gleichungen bestehen. Das elektromagnetische Feld und die Elektronen stehen zueinander in Wechselbeziehung. Das Elektron bzw. jede elektrische Ladung ist im elektrischen und magnetischen Feld einem nach L. benannten Kraftgesetz unterworfen. Das Programm der L.schen Elektronentheorie ging sogar so weit, daß es alle Kraftwirkungen, mit Ausnahme der Gravitationskraft, auf die universale ›L.-Kraft‹ zurückführen wollte. Seine Theorie hatte die Aufspaltung einer Spektrallinie in mehrere Nebenlinien für den Fall vorausgesagt, daß sich das schwingende Atom bzw. Elektron in einem Magnetfeld befände. Es war eine Sensation, als *P.* → *Zeeman* 1896 diese Aufspaltung experimentell nachweisen konnte. Der zugrundegelegte Quotient aus Ladung und Masse des Elektrons stimmte mit dem auf anderem Wege gefundenen Wert genügend überein. L. und *Zeemann* erhielten 1902 dafür den Nobelpreis.

Die Hypothese des ruhenden Äthers forderte, daß die Ausbreitungsgeschwindigkeit elektromagnetischer Wellen, einschließlich der Lichtwellen, von dem Bewegungszustand der Meßanordnung abhängig sei – ähnlich wie es bei akustischen Wellen (Bewegung der Apparate in ruhender Luft) der Fall ist. *Albert Abraham Michelson* (* 19.12.1852 Strelno [früher Provinz Posen], † 9.5.1931 Pasadena [Cal.]) nahm 1881 die mit einer Geschwindigkeit von 30 000 m/s sich bewegende Erde für ein derartiges Experiment zu Hilfe. Er konnte jedoch keinerlei Unterschiede in der Geschwindigkeit des Lichts trotz verschiedener Laufrichtung finden: Alle Bezugssysteme, die sich mit einer konstanten Geschwindigkeit zueinander bewegen, sind für elektrische und optische Vorgänge gleichwertig. Für die Maxwellschen Gleichungen der Elektrodynamik heißt dies, daß sie gegen eine solche Bewegung invariant sind. Um die Widersprüche zu klären, griff L. zu einer Hypothese von *George Francis Fitzgerald* (* 3.8.1851 Dublin, † 22.2.1901 ebenda): Bei der Bewegung durch den Äther soll eine lineare Kontraktion stattfinden. Mit Hilfe eines Faktors α, der an geeigneten Stellen bei den Feldgrößen angebracht wird, konnte L. den Maxwellschen Feldgleichungen die geforderten Eigenschaften verleihen (Lorentz-Transformation; u ist dabei die relative Bewegungsgeschwindigkeit, c die Lichtgeschwindigkeit):

$$\alpha = \frac{1}{\sqrt{1 - \frac{u^2}{c^2}}}$$

A. → *Einstein* und *H.* → *Minkowski* übertrugen derartige Gedanken auf die Mechanik und lösten die Probleme allgemeiner in ihrer Speziellen Relativitätstheorie. Wenn L. auch die Erfolge der Relativitätstheorie anerkannte, so hielt er dennoch an der klassischen Vorstellung von dem ruhenden Weltäther fest.

Aus der fast unübersehbaren Zahl von Arbeiten seien nur noch die über die Äthermodelle und das Rayleighsche Strahlungsgesetz (*Baron* → *Rayleigh*) erwähnt. Zu der modernen Quantentheorie fand L. keine innere Beziehung. [Wiederkehr]

Werke: Collected Papers, hrsg. von P. Zeeman/ A. D. Fokker (9 Bde, Den Haag 1934–1939); On the Theory of the Reflection of Light, [engl.] hrsg. von N. J. Nersessian/H. F. Cohen (Amsterdam 1997). – *Bibl.*: J. M. Muller: Inventaris van het archief van H. A. L. (1853–1928): 1866–1930 (Den Haag 1982). – *Lit.*: DSB VIII, 487–500 (R. McCormmach; mit Bibl.); GPh II, 83–103 (K. von Meÿenn); M. Planck: H. A. L. In: *Die Naturwissenschaften* 16 (1928), 549–555 und 580; G. L. de Haas-Lorentz (Hrsg.): H. A. L., Impressions of His Life and Work (Amsterdam 1957); T. Hirosige: Origins of L.' Theory of Electrons and the Concept of the Electromagnetic Field. In: *Historical Studies in the Physical Sciences* 1 (1969), 151–209; T. Hirosige: The Ether Problem, the Mechanistic World View, and the Origins of the Theory of Relativity. *Ebenda* 7 (1976), 3–82.

Lyell, Sir (ab 1864) Charles, englischer Geologe, * 14.11.1797 Kinnordy [Forshire], † 22.2.1875 London.

Schon in seiner Jugend betätigte sich L. leidenschaftlich als Amateurentomologe. 1816 bis 1819 studierte er am Exeter College in Oxford, erhielt dort eine klassische Ausbildung und studierte Jura und Mineralogie. 1818 unternahm er mit seiner Familie eine erste Studienreise nach Frankreich, der Schweiz und Oberitalien; 1819 erwarb er sich den akademischen Grad eines Bachelors of Arts und wurde Mitglied der Geologischen Gesellschaft (1834–1836 Präsident) und der Linné-Gesellschaft in London und 1826 Mitglied der Royal Society. 1836 wurde er auf den Lehrstuhl für Geologie am King's College in London berufen. L. wurde 1864 geadelt und ist in der Westminsterabtei in London beigesetzt.

L. war der bedeutendste Geologe seiner Zeit. Was sein jüngerer Zeitgenosse *Darwin* für die Biologie darstellte, das war er für die Geologie. Bereits ab 1820 hat er zahlreiche Reisen zu geologischen Studien durchgeführt, die ihn zuerst unter anderem nach Italien (1820), zur Insel Wight und nach Frankreich (1823) führten, wo er *G.* → *Cuvier* kennenlernte, 1824 durch England und Schottland, zwischen 1828 und 1840 nach Zentralfrankreich, in die Auvergne, nach Unteritalien, Sizilien, in die Pyrenäen, nach Nordost-Spanien, nach Mitteleuropa, in die Eifel, ins Rheintal und nach Süddeutschland, in die Schweiz, nach Dänemark und Norwegen, in die Normandie und in die Touraine. 1841 bis 1842 reiste er erstmals nach Nordamerika, das er 1845/1846, 1853 und 1854 noch dreimal bereiste. In den folgenden Jahren bis zu seinem Tode unternahm er wieder Reisen innerhalb Europas.

L.s Hauptwerk ›Principles of Geology‹ (3 Bde, 1830–1833) spiegelt alle Fortschritte wider, welche die Geologie in dieser für sie so fruchtbaren Epoche machen konnte. Am Anfang des Werkes fordert er die Trennung von Geologie und Kosmologie und weigert sich, zu den Fragen nach Alter und Entstehung der Welt Stellung zu nehmen. Er begründete für die Geologie ganz universal das nach ihm benannte ›Aktualitätsprinzip‹, das bereits von seinem Landsmann *J.* → *Hutton* und besonders von dem deutschen Geologen *Karl Ernst Adolf von Hoff* (* 1.11.1771 Gotha, † 24.5.1837 ebenda) – ohne jeweils beachtet zu werden – formuliert worden war; es besagt, daß in der vergangenen Geschichte der Erde keine anderen Kräfte die geologischen Wandlungen bestimmt haben als solche, die auch heute noch die Umgestaltungen der Erdrinde bewirken. Mit diesem Prinzip, das sich rasch gegen die Katastrophentheorie *Cuvier*s durchsetzte, verwies L. die Geologen konsequent auf das Studium der gegenwärtig wirkenden Kräfte, entzog aller Spekulation den Boden und legte den Grund zu einer streng empirisch vorgehenden Geologie. Die größte Schwierigkeit bereitete ihm dabei die Erklärung der klaren Erkenntnis, daß während der vergangenen geologischen Epochen ein wärmeres Klima herrschte. Er untersuchte daraufhin die Faktoren, die das Klima in den verschiedenen Teilen der Welt bestimmen, und konnte zeigen, daß nicht nur das lokale Klima, sondern auch die Bedingungen des weltweiten Klimas von der Verteilung von Land und Meer abhängen.

L.s Lehre wurde auch zu einer der Grundlagen der Evolutionstheorie. Er selbst ging zunächst davon aus, daß die Arten unveränderlich und ewig seien. Doch erkannte er, daß einige Tier- und Pflanzenarten restlos ausgestorben sind. Er führte dies auf ungünstig gewordene Umweltverhältnisse zurück und lieferte damit einen Beitrag zur Aufhellung der Organismengeschichte. Auch neue Arten sollten im Laufe der Zeit entstehen können, doch wären die Ursache hierfür und die Art und Weise der Entstehung unbekannt. Die von *J. B.* → *Lamarck* entwickelte Evolutionstheorie lehnte L. jedenfalls ab. Obwohl ihn mit *Darwin* eine enge Freundschaft verband und seine eigene aktualistische Theorie erst die Voraussetzungen für eine selektive Evolutionstheorie lieferte, stand er *Darwin*s Theorie der Entstehung der Arten lange Zeit skeptisch gegenüber und akzeptierte sie nur als Hypothese. Dennoch war er der entscheidende Mann, der *Darwin* zur Publikation seiner Theorie ermutigte. L.s Alterswerk ›Das Alter des Menschengeschlechtes‹ (1863) wurde dann bis zu einem gewissen Grad selbst ein Beitrag zur Evolutionstheorie.

[Bäumer-Schleinkofer]

Lit.: DSB XII, 563–576 (L. G. Wilson); K. M. Lyell (Hrsg.): Life, Letters and Journals of Sir C. L. (London 1881); E. B. Bailey: C. L. (New York 1963); R. Hooykaas: Uniformity in Geology, Biology and Theology (Leiden 1963); L. G. Wilson: Sir C. L.'s Scientific Journals on the Species Question (New Haven/London 1970); L. G. Wilson: C. L. The Years to 1841: The Revolution in Geology (New Haven/London 1972; mit Bibl.); G. Zirnstein: C. L. (Leipzig 1980); L. G. Wilson: L. in America. Transatlantic Geology, 1841–1853 (Baltimore 1998).

M

Mach, Ernst, österreichischer Physiker und Philosoph, * 18.2.1838 Chirlitz [bei Turas, Mähren], † 19.2.1916 Vaterstetten [bei München].

M. war der Sohn eines Landwirts und vormaligen Gymnasiallehrers und bekam von seinem Vater Unterricht bis zu seinem 10. Lebensjahr. Die Kenntnisse in den Naturwissenschaften erwarb er sich großenteils im Selbststudium. Er erlernte das Schreinerhandwerk, besuchte dann doch noch das Gymnasium und studierte Mathematik und Physik an der Universität Wien. Ein Jahr nach seiner Promotion habilitierte sich M. und erhielt drei Jahre später (1864) ein Ordinariat für Mathematik an der Universität in Graz; 1867 wurde er als ordentlicher Professor für Experimentalphysik nach Prag, 1895 auf einen Lehrstuhl für Philosophie nach Wien berufen.

M. bewies 1861 experimentell die Richtigkeit der Theorie *A. C.* → *Doppler*s in der Akustik und 1878 an Flüssigkeitswellen. Beim optischen Doppler-Effekt machte er darauf aufmerksam, daß die Spektrallinien einer bewegten Lichtquelle verschoben sein müßten. M.'s Ideen fanden Anwendung in der Astrophysik (Messung der Rotverschiebung zur Bestimmung der Fluchtgeschwindigkeit kosmischer Objekte; *W.* → *Huggins*). Durch Verbesserung der stroboskopischen Verfahren und Entwicklung einer besonderen Technik der Kurzzeitphotographie gelangen ihm Aufnahmen fliegender Projektile, die zur Analyse der Grundlagen der Überschall-Flugtechnik wesentlich beitrugen. Das Verhältnis der Bewegungsgeschwindigkeit eines Objekts zur Schallgeschwindigkeit wurde nach ihm benannt.

M. trat ferner mit Arbeiten zur Sinnesphysiologie (Analyse der Bewegungsempfindungen) und zur Geschichte der Naturwissenschaften hervor; er ist Verfasser einer Anzahl von Lehrbüchern der Physik für Gymnasien und Hochschulen. Über die Untersuchung der Wege, die die naturwissenschaftliche Forschung einst gegangen ist, kam M. zur Untersuchung wissenschafts- und erkenntnistheoretischer Fragen. Mit seiner Methodenlehre versuchte er, über die Beschreibung der Eigentümlichkeiten von Elementen- und Relationenmannigfaltigkeiten das Prinzip der logischen Ökonomie allgemein fruchtbar zu machen. *M.* → *Planck*, der in seiner Kieler Zeit Anhänger der Philosophie M.s gewesen war, übte harte Kritik (1910) an dem M.schen denkökonomischen Prinzip – im Gegensatz zu *A.* → *Einstein*, der dies für ungerechtfertigt hielt. – M.s Kritik an *I.* → *Newton* war nach dem Zeugnis *Einstein*s dessen erste und entscheidende Anregung zur Konzeption der Relativitätstheorie. M. verhielt sich äußerst skeptisch gegenüber der Vorstellung vom atomaren Aufbau der Materie. [Wiederkehr]

Bibl.: J. Thiele: E. M. – Bibliographie. In: *Centaurus* 8 (1963), 189–237; Pogg. VII a Suppl., 404–408 (Sekundärliteratur). – *Lit.*: DSB VIII, 595–607 (E. N. Hiebert); GWG VIII, 646–673 (F. Vester); GPh II, 24–36 (D. Hoffmann); K. D. Heller: E. M., Wegbereiter der modernen Physik (Berlin usw. 1964); R. S. Cohen / R. J. Seeger (Hrsgg.): E. M., Physicist and Philosopher (Dordrecht usw. 1970); J. Bradley: M.'s Philosophie der Naturwissenschaft (Stuttgart 1974; zuerst engl., London/New York 1971); J. T. Blackmore: E. M.: His Life, Work, and Influence (Berkeley 1972); J. Thiele (Hrsg.): Wissenschaftliche Kommunikation. Die Korrespondenz E. M.s (Kastellaun 1978); R. Haller / F. Stadler (Hrsgg.): E. M. Werk und Wirkung (Wien 1988; mit Bibl.); D. Hoffmann (Hrsg.): E. M. Studien und Dokumente zu Leben und Werk (Berlin 1991); J. T. Blackmore (Hrsg.): E. M. – A Deeper Look. Documents and New Perspectives (Dordrecht 1992).

Malpighi, Marcello, italienischer Arzt, Anatom und Physiologe, * 10.3.1628 Crevalcore [bei Bologna], † 29.11.1694 Rom.

M. studierte Philosophie und Medizin in Bologna, promovierte dort 1653, wurde 1656 als Professor für theoretische Medizin nach Pisa berufen, kehrte drei Jahre später an die Universität in Bologna zurück, lehrte zwischendurch von 1662 bis 1669 in Messina und wurde 1691 Leibarzt des Papstes Innozenz XII. in Rom.

M. gehört wie *A. van → Leeuwenhoek* zu den methodischen Begründern der vergleichend-mikroskopischen Anatomie. Im Gegensatz zu dem Laien *Leeuwenhoek* konnte er als einer der bedeutendsten Mediziner seiner Zeit die mikroskopischen Untersuchungsobjekte planvoller auswählen und in den Zusammenhang der damaligen, galenistischen Medizin und Anatomie stellen. Er untersuchte zunächst den Feinbau der Wirbeltierlunge, erkannte die halbkugelförmigen, durch Poren miteinander verbundenen Alveolen, entdeckte die Kapillargefäße und lieferte damit den Beweis für die Existenz einer bereits von *W. → Harvey* postulierten Verbindung zwischen arteriellen und venösen Gefäßen. Die Ergebnisse dieser Arbeiten veröffentlichte er 1661 in zwei berühmten Briefen, ›De pulmonibus‹, an seinen Freund und Förderer *G. A. → Borelli*. Weiterhin beschrieb er die Glomeruli der Nierenrinde, das Stratum germinativum der Oberhaut, die Milzfollikel, den Sekretionsmechanismus verschiedener Drüsen, die Geschmackspapillen der Zunge und die bis heute als ›M.sche Gefäße‹ bezeichneten Exkretionsorgane landbewohnender Arthropoden. Weitere Termini, die an anatomisch-mikroskopische Entdeckungen von ihm erinnern, sind die ›M.schen Körperchen‹ der Milz und das ›Rete Malpighii‹ der Haut. Seine embryologischen Studien zur Entwicklung des Hühnchens im Ei dehnte er am Beispiel der Seidenraupe auch auf die Ontogenese der wirbellosen Tiere aus.

Im Dezember 1667 wurde M. von der Londoner Royal Society zum Mitglied ernannt. Die meisten seiner in Briefform abgefaßten Schriften sind deswegen in deren ›Transactions‹ veröffentlicht worden, und sie brachte auch die zweibändige, von 1675 bis 1679 erschienene ›Anatome plantarum‹ heraus, deren erste Abhandlung in London eintraf, als *Nehemiah Grew* (* September 1641 Mancetter [Warwickshire), † 25.3.1712 London), der 1677 zusammen mit *R. → Hooke* Sekretär der Royal Society wurde, dieser das abgeschlossene Manuskript seines pflanzenanatomischen Lehrbuches vorgelegt hatte (›The Anatomy of Plants‹, London 1682, Neudruck 1965 mit einer Einleitung von C. Zirkle), das erste Untersuchungen über den Feinbau der Wurzeln, Beschreibungen von Holzgefäßen und Jahresringen und den definierten Begriff ›Parenchym‹ als organspezifisches Gewebe enthält. Beide gelten deshalb gleichermaßen als Begründer der Pflanzenanatomie; und es trübte auch nicht ihre kollegiale Freundschaft, daß *Grew* feststellen mußte, daß M. ihm in einer Reihe von Entdeckungen zuvorgekommen war. Im Hauptteil seines Werkes erläuterte M. den Unterschied zwischen längsverlaufenden Faserbündeln und querverlaufenden Markstrahlen, die kreisförmige Anordnung der Spiralröhren und das durch Jahresringe sichtbar werdende, sekundäre Dickenwachstum. Blätter, Blüten und Fruchtentwicklung wurden ebenso ausführlich dargestellt wie Embryonalanlagen und Keimungsprozesse. Zudem erkannte M. eine Reihe von Insekten bzw. deren Larven als Verursacher spezifischer Gallenbildungen. [Geus]

Werke: Opera omnia (2 Bde, London 1686; Nachdruck: 1 Bd, Hildesheim 1975); Opere scelte, hrsg. von L. Belloni (Turin 1967); H. B. Adelmann: M. M. and the Evolution of Embryology (5 Bde, Ithaca, N.Y./London 1966; mit Abdruck einzelner Werke); Die Anatomie der Pflanzen, bearbeitet von M. Möbius (2 Hefte, Leipzig 1901); The Correspondence, hrsg. von H. B. Adelmann (5 Bde, Ithaca, N.Y./London 1975; Supplement in: *Journal of the History of Medicine and Allied Sciences* 33/1978, 53–73). – *Bibl*: C. Frati: Bibliographia Malpighiana ([1897] Nachdruck: London 1960). – *Lit.*: DSB V, 534–536 [N. Grew] (C. R. Metcalfe) und IX, 62–66 [M. M.] (L. Belloni); A. Arber: Nehemia Grew and M. M. In: *Proceedings of the Linnean Society of London* (1941), 218–238; G. Minelli: All'origine della biologia moderna. La vita di un testimone e protagonista: M. M. nell'Università di Bologna (Mailand 1987); R. A. Bernabeo (Hrsg.): M. M., scienziato universale (Bologna 1995); D. B. Meli (Hrsg.): M. M., Anatomist and Physician (Florenz 1997).

Mariotte, Edme, französischer Experimentalphysiker, Meteorologe und Botaniker, * um 1620 [Geburtsort unbekannt], † 12.5.1684 Paris.

M. trat schon früh in den Priesterstand ein und war Prior eines Klosters bei Dijon. Als 1666 die Académie des Sciences gegründet wurde, berief man ihn als Physiker nach Paris.

Die Stoßgesetze, die *J.* → *Wallis* und *C.* → *Huygens* aus wenigen Erfahrungssätzen hergeleitet hatten, bestätigte M. experimentell mit seiner Stoßmaschine. Sie bestand im wesentlichen aus zwei an Fäden aufgehängten Kugeln. Sein Werk ›Traité de la percussion ou choc des corps‹ (1673) war die erste Gesamtdarstellung zum elastischen und unelastischen Stoß und galt damals als Standardwerk; er unterließ allerdings darin, *Huygens* zu zitieren. – M. opponierte gegen die Farbenlehre seines berühmten Zeitgenossen *I.* → *Newton*, allerdings zu Unrecht. Bei seinen optischen Untersuchungen entdeckte er den blinden Fleck des Auges (1666), die Eintrittsstelle des Sehnervs im Augapfel. Richtig erklärte er auch das Zustandekommen der größeren Höfe um Sonne und Mond durch das Vorhandensein von Eisnadeln in der Atmosphäre (›Traité de la nature des couleurs‹, 1681). *E.* → *Torricelli*s Gesetze über die Ausflußgeschwindigkeit von Flüssigkeiten konnte M. bestätigen. Bei den mathematischen Überlegungen berücksichtigte er die Reibung in der Flüssigkeitsströmung. Intensiv beschäftigte er sich auch mit dem Wasserkreislauf auf der Erde. Das Boyle-M.sche Gesetz (*R.* → *Boyle*) – früher trug es sogar nur M.s Namen – wurde nicht von dem Franzosen entdeckt. Dieses Gesetz sagt aus, daß das Volumen einer abgeschlossenen Gasmenge dem darauflastenden Druck umgekehrt proportional ist. Die Temperatur wird dabei stillschweigend als unverändert angenommen. *Boyle* gab die Versuche zu dem Gesetz schon 1660 an, sein Schüler *Richard Townley* las die Beziehung aus *Boyle*s Zahlenwerten heraus, und *Boyle* selbst zeigte danach, daß das Gesetz auch für Drucke unterhalb des Atmosphärendrucks gilt. M.s Verdienst bestand aber darin, daß er den Zusammenhang zwischen Druck und Volumen sofort auf die Druckabnahme in der Erdatmosphäre mit der Höhe anwandte (›Discours de la nature de l'air‹, 1676). Ohne Differentialrechnung konnte er eine brauchbare Näherungsformel zur Höhenbestimmung eines Ortes mit Hilfe des Barometers angeben. [Wiederkehr]

Werke: Œuvres (2 Bde, Leiden 1717, ²Den Haag 1740). – *Lit.*: DSB IX, 114–122 (M. S. Mahoney; mit Bibl.); M., savant et philosophe. Analyse d'une renommée (Paris 1986).

Marius, Simon → **Mayr,** Simon

Maupertuis, *Pierre* Louis Moreau de, französischer Mathematiker und Naturwissenschaftler, * 28.9.1698 St. Malo, † 27.7.1759 Basel.

Nach einer Offiziersausbildung in der französischen Armee wandte sich M. privaten Studien vorwiegend der Mathematik zu. 1728 lernte er bei einem Aufenthalt in London *I.* → *Newton*s Gravitationstheorie kennen und wurde neben *Voltaire* (eigentlich *François-Marie Arouet*, * 21.11.1694 Paris, † 30.5.1778 ebenda) zu einem der eifrigsten Kämpfer für die Newtonsche Mechanik und gegen die auf dem Kontinent noch vorherrschende Wirbeltheorie *R.* → *Descartes*'. 1731 wurde er als besoldetes Mitglied in die Académie des Sciences in Paris gewählt und in dieser Eigenschaft 1736 mit der Leitung der berühmten Gradmessung in Lappland betraut. 1740 wurde M. auf Vorschlag *Voltaire*s von Friedrich dem Großen zur Reorganisation der Preußischen Akademie nach Berlin berufen. M. geriet jedoch nach Ausbruch des Schlesischen Krieges in österreichische Gefangenschaft und kehrte nach Paris zurück. Erst 1746 wurde er endgültig zum Präsidenten der Preußischen Akademie ernannt. Während seiner Präsidentschaft gelang es, bedeutende Wissenschaftler nach Berlin zu ziehen, unter ihnen den herausragenden Mathematiker *L.* → *Euler*, und damit die Preußische Akademie für einige Jahre zu einer bedeutenden Stätte der Wissenschaft zu machen. Nachdem er bereits 1753/1754 wegen schwerer Auseinandersetzungen in der Akademie Erholung in St. Malo gesucht hatte, kehrte er als schwerkranker Mann 1756 nach Frankreich zurück. Beunruhigt durch den Ausbruch des Siebenjährigen Krieges verließ M. jedoch Frankreich erneut und begab sich in die Obhut seines alten Freundes *Johann II* → *Bernoulli* nach Basel, wo er 1759 einem Brustleiden erlag.

Die bedeutendste wissenschaftliche Leistung von M. ist zweifellos die Gradmessung in Lappland. Es ging hier letztlich darum, eine Vorhersage *Newton*s und *C.* → *Huygens*' (der physikalisch zum Teil an *Descartes* orientiert war, mathematisch aber ähnlich wie *Newton* vorging) zu überprüfen, nach der die Erde an den Polen abgeplattet ist. Eine Abplattung an den Polen hätte bedeutet, daß die längs eines Meridians gemessene Bogenlänge, die zu einem astronomisch gemessenen (Breiten-)Grad gehört, in Polnähe größer ausfällt als in Mitteleuropa oder gar in Äquatornähe. Nun hatten allerdings erste, noch rein geodätisch motivierte Gradmessungen vor allem in Frankreich (*G. D.* → *Cassini*) darauf hingedeutet, daß die Erde die Form eines an den Polen verlängerten Ellipsoids hat. Man hatte deshalb 1735 eine Expedition zur Gradmessung am Äquator unter Leitung von *C. M. de la Condamine*, *P. Bouguer* und anderen nach Peru, dem heutigen Ecuador, entsandt. Eine weitere Gradmessung wurde dann noch vor der Rückkehr der Südamerika-Expedition von M. zusammen mit *A.-C.* → *Clairaut*, *A.* → *Celsius*, der sie angeregt hatte, und anderen 1736/1737 in Lappland durchgeführt. Die trigonometrischen Messungen der (von M. außerordentlich farbig geschilderten) Lappland-Expedition erbrachten tatsächlich eine deutliche Verlängerung der Bogenlänge eines Grades und somit den ersten Beweis für die Abplattung der Erde an den Polen. Die eigentliche Größe der Abplattung konnte dann durch Vergleich mit den ab 1744/1745 zur Verfügung stehenden Daten der Gradmessung in Peru ermittelt werden.

Nachdem M. 1744 das Prinzip der kürzesten Laufzeit des Lichts in *P. de* → *Fermat*s Ableitung des Brechungsgesetzes kritisiert hatte, formulierte er 1747 ein eigenes universelles Prinzip der kleinsten Aktion. Demnach sollen alle Vorgänge in der anorganischen und organischen Natur so ablaufen, daß die Wirkung, gegeben durch das Produkt aus Masse, Geschwindigkeit und Weg, ein Minimum ist. Abgesehen davon, daß dieses Extremalprinzip erst in der Mechanik von *J. L. → Lagrange* und *W. R. → Hamilton* und in der Anwendung auf die Elektrodynamik etwa bei *H. von → Helmholtz* präzisiert und zu einem wichtigen Strukturelement der theoretischen Physik gemacht wurde, waren auch die unmittelbaren Folgen für M. wenig erfreulich. M. wurde durch die Kritik *Samuel König*s (* 1712 Büdingen [Oberhessen], † 22.7.[21.8. (?)] 1757 Zuilestein [Holland]) und durch dessen Hinweis auf einen Leibniz-Brief, der das Wirkungsprinzip bereits enthalten habe, in einen schweren Prioritätsstreit verwickelt, der zwar zugunsten von M. entschieden wurde, der die Akademie aber nahezu gespalten und vor allem *Voltaire* gegen M. aufgebracht hatte. Die Angriffe auf das von ihm selbst so hoch eingeschätzte Minimalprinzip und der beißende Spott *Voltaire*s führten trotz der Vermittlung Friedrichs des Großen zu der zunehmenden Entfremdung von der Berliner Akademie und zu der raschen Verschlechterung seines Gesundheitszustandes.

Bedeutend ist M. heute allerdings nicht nur als Mathematiker und Physiker, sondern durch seine der Zeit oft weit vorauseilenden Beiträge zur Biologie, insbesondere durch seine Vorwegnahme wichtiger Aspekte der Gesetze *G. → Mendel*s, der Evolutionstheorie *C. → Darwins* und der Mutationstheorie von *H. de → Vries*. So stellte sich M. vor, daß bei der Vererbung Teilchen des Vaters und der Mutter (durchaus im Sinne eines chemischen Vorganges) eine Verbindung eingingen, wobei jeweils der väterliche oder der mütterliche Anteil überwiegen könne. Durch zufällige Veränderung solcher Teilchen könnten nach M. sogar neue Arten entstehen, vorausgesetzt, diese wären lebensfähig und würden geographisch isoliert. [Kaiser]

Werke: Œuvres. Nouvelle édition, corrigée et augmentée (4 Bde, Lyon 1756); Vénus physique, suivi de la Lettre sur le progrès des sciences. Précédé d'un essai de P. Tort: L'ordre du corps (Paris 1980). – *Lit.*: DSB IX, 186–189 (B. Glass); B. Glass: M., Pioneer of Genetics and Evolution. In: B. Glass u.a. (Hrsgg.): Forerunners of Darwin, 1745–1859 (Baltimore 1959); E. Callot: M., le savant et le philosophe. Présentation et extraits (Paris 1964); J. Nordmann: L'expédition de M. et Celsius en Laponie. In: *Cahiers d'Histoire Mondiale* 10 (1966), 74–97; Actes de la Journée M., Créreil, 1er décembre, 1973 (Paris 1975); G. Tonelli: Pensée philosophique de M. Son milieu et ses sources (Hildesheim 1987); D. Beeson: M., an Intellectual Biography (Oxford 1992).

Maxwell, James Clerk, schottischer Physiker, * 13.6.1831 Edinburgh, † 5.11.1879 Cambridge.

M. war der Sohn eines schottischen Gutsbesitzers und Advokaten; er studierte in Edinburgh und Cambridge. 1856 bis 1860 war er Professor für Physik am Marischall College in Aberdeen und wirkte dann fünf Jahre am King's College in London. Aus gesundheitlichen Gründen legte er sein Amt nieder, zog sich auf das ererbte Gut zurück und widmete sich ganz der Ausarbeitung seines berühmten Lehrbuchs ›Treatise on Electricity and Magnetism‹. Dem Ruf nach Cambridge auf den neu geschaffenen Lehrstuhl für Experimentalphysik, wo gleichzeitig auch ein modernes physikalisches Institut, das ›Cavendish Laboratory‹ neu eingerichtet wurde, konnte M. allerdings 1871 nicht widerstehen. Er starb früh im Alter von 48 Jahren; die von ihm geprägte Forschungsstätte erlangte Weltgeltung, und viele entscheidende Impulse für die moderne Naturwissenschaft gingen von ihr aus.

Zum ersten Mal machte M. die wissenschaftliche Welt auf sich aufmerksam mit einer Arbeit über die Stabilität des Saturnrings. 1857 erhielt er dafür den Adams-Preis. Seine Forschungen konzentrieren sich auf drei Gebiete, die physiologische Farbenlehre, die kinetische Gastheorie und die Elektrodynamik: Er baute die Dreifarbenlehre von *T.* → *Young* weiter aus; auch *H. von* → *Helmholtz* knüpfte hier an. Die heutige Farbphotographie und das Farbfernsehen machen sich z. T. die physiologischen Prinzipien von M. und *Helmholtz* zunutze. – Mit seiner Arbeit ›Illustration of the Dynamical Theory of Gases‹ (1860) schloß er unmittelbar an *R.* → *Clausius'* zweite Abhandlung zur kinetischen Gastheorie (1858) an; er entwickelte darin das nach ihm benannte Geschwindigkeitsverteilungsgesetz, das die Wahrscheinlichkeit angibt, mit der ein einzelnes Molekül eine bestimmte Geschwindigkeit hat. Die Kurve verläuft unsymmetrisch, analog der Kurve der Beobachtungsfehler in der Theorie der ›Methode der kleinsten Quadrate‹, und anscheinend war M. durch dieses Fehlergesetz von *C. F.* → *Gauß* auch angeregt worden. Weil M. zunächst skeptisch gegenüber jeder Atomistik eingestellt war, faßte er seine Abhandlung als »Übung in Mechanik« auf. Aber die Folgerungen aus seinem Ansatz, wie z.B. die Unabhängigkeit der inneren Reibung eines Gases von Druck und Dichte und ihre Proportionalität zur absoluten Temperatur, bestätigten sich. Mit Hilfe des inneren Reibungskoeffizienten berechnete M. zum ersten Mal die absolute Größe der mittleren freien Weglänge. *L.* → *Boltzmann* erweiterte später das Geschwindigkeitsverteilungsgesetz durch Berücksichtigung äußerer Kraftfelder. Auf M.s gaskinetischen Untersuchungen fußt auch die statistische Mechanik.

M.s glänzendste Tat war die Schaffung einer Elektrodynamik auf der Grundlage einer Nahewirkungstheorie, gekoppelt mit der damals gewagt erscheinenden Forderung, daß auch die Lichtwellen elektromagnetischen Charakter besitzen. Als Studierender hatte sich M. schon vorgenommen, *M.* → *Faradays* Feldvorstellungen in ein exaktes mathematisches Gewand zu kleiden. Viele Physiker hielten *Faradays* Kraftlinien für vage und konfus, weil sie dem herkömmlichen Newtonschen Kraftbegriff (*I.* → *Newton*), oberflächlich gesehen, widersprachen. Aber weil diese Ideen *Faraday* von Entdeckung zu Entdeckung geführt hatten, müßte in ihnen ein physikalisches Prinzip stecken. 1845 hatte *W.* → *Thomson* damit begonnen, *Faradays* Feldvorstellungen zu mathematisieren und den Begriff der Polarisation des Dielektrikums zu analysieren; weil ihn aber andere, z. T. auch technische Probleme zu sehr in Anspruch nahmen, überließ er bereitwillig M. das Weiterverfolgen dieser Ideen. 1855 trug dieser erstmals vor der Cambridge Philosophical Society über ›Faraday's Lines of Force‹ vor; er stellte sich die magnetischen und elektrischen Phänomene als Vorgänge im ›Äther‹ vor. Als er seine vier Grundgleichungen der Elektrodynamik aufstellte, die ähnliches leisten wie die Newtonschen Axiome für die Mechanik, sah er sich gezwungen, einer der vier Gleichungen noch ein Glied hinzuzufügen, nämlich das für den ›Verschiebungsstrom‹, der z.B. in einem Kondensator den Leitungsstrom ersetzt und ebenfalls von kreisförmigen magnetischen Feldlinien umgeben ist – und dies ist hinsichtlich des physikalischen Inhalts der Gleichungen das eigentlich Maxwellsche. Aus den vier Gleichungen ergibt sich über die Wellendifferentialgleichung die Existenz transversaler Wellen, die sich mit Lichtgeschwindigkeit ausbreiten. Hieraus folgerte M., daß die Lichtwellen elektromagnetischer Natur sind. In den Ergebnissen zweier Experimente sah er seine Theorie bzw. Hypothese gerechtfertigt: 1845 war *Faraday* in seiner Arbeit ›On the Magnetization of Light and the Illumination of Magnetic Lines of Force‹ der Nachweis der Drehung der Polarisationsebene des Lichtes durch ein Magnetfeld gelungen; und 1856 hatten *W.* → *Weber* und *R.* → *Kohlrausch* das Verhältnis der absoluten elektromagnetisch und elektrostatisch gemessenen Elektrizitätsmengeneinheit bestimmt; die Dimension war die einer Geschwindigkeit. *G. R.* → *Kirchhoff* und M. erkannten die zahlenmäßige Übereinstimmung mit der von *H. Fizeau* gemessenen Lichtgeschwindigkeit. Hier tauchte zum ersten Mal in der Elektrizitätslehre die Lichtgeschwindigkeit auf. In dem von M. angegebenen Ausdruck für die Fortpflanzungsgeschwindigkeit elektromagnetischer Wellen spielt aber gerade dieses Verhältnis absoluter Maßeinheiten die entscheidende Rolle. – *Oliver Heaviside* (* 18.5.1850 London, † 3.2.1925 Homefield) und *H.* → *Hertz* gaben den Maxwellschen Gleichungen die heutige Gestalt; für den materiefreien Raum (und praktisch auch für die Luft) nehmen die Gleichungen eine fast symmetrische Gestalt an. In Deutschland förderte *Helmholtz* besonders die Faraday-M.sche Feldtheorie. Sein Schüler *Hertz* verhalf ihr mit dem Nachweis der Existenz elektromagnetischer Wellen (1888) endgültig zum Siege über die Fernwirkungstheorie, die durch *A.* → *Ampère*, *W. Weber* und *F.* → *Neumann* geschaffen worden war. Die physikalische Existenz elektrischer Fluida (Kathodenstrahlen, Elektronen) konnte aber zur Überraschung vieler Physiker Ende des 19. Jahrhunderts doch nachgewiesen werden. Für die elektrischen und magnetischen Vorgänge in der Materie mußte die M.-Hertzsche Elektrodynamik durch die Elektronentheorie von *H. A.* → *Lorentz* ergänzt werden, in der alte Gedanken der Ampère-Weberschen Elektrodynamik wieder aufgegriffen wurden. Die durch M. geschaffene Feldtheorie wurde auch auf die Mechanik und andere Gebiete der Physik ausgedehnt; zur vollständigen Beschreibung atomarer Prozesse muß man jedoch die Quantenelektrodynamik heranziehen.

M. war an der Zusammenstellung der ›elektromagnetischen‹ und ›elektrostatischen‹ Größenarten in einem Dreiersystem maßgeblich beteiligt; sie ist in dem Bericht der British Association über das 33. Treffen in Newcastle 1863 (London 1864) niedergelegt und benutzt bei den Verknüpfungsrelationen die Lichtgeschwindigkeit. Auf der Tagung der British Association im September 1870 schlug M. schon vor, die Basiseinheiten für Länge, Zeit und Masse des metrischen Systems durch atomare Eigenschaften und Größen (Molekülstandards) zu ersetzen bzw. genau festzulegen.
[Wiederkehr]

Werke: The Scientific Papers, hrsg. von W. D. Niven (2 Bde, Cambridge 1890; Nachdruck: New York 1952); The Scientific Letters and Papers, hrsg. von P. M. Harman (3 Bde, Cambridge 1990 ff.). – *Lit.*: DSB IX, 198–230 (C. W. F. Everitt; mit Bibl.); GWG VIII, 554–563 (A. Hermann); GPh II, 7–23 (K. H. Wiederkehr); L. Campbell / W. Garnett: The Life of J. C. M. (London ^{2}1884; Nachdruck: New York 1969); R. L. Smith-Rose: J. C. M. (London 1948); R. A. R. Tricker: Faraday und M. (Braunschweig 1974; zuerst engl. 1966); I. Tolstoy: J. C. M., a Biography (Edinburgh 1981); M. S. Berger (Hrsg.): J. C. M., the Sesquicentennial Symposium. New Vistas in Mathematics, Science, and Technology (Amsterdam 1984); D. M. Siegel: Innovation in M.'s Electromagnetic Theory (Cambridge 1991); B. J. Hunt: The Maxwellians (Ithaca/London 1991); E. Garber (Hrsg.): M. on Heat and Statistical Mechanics. On »avoiding all personal enquiries« of Molecules (Bethlehem 1995).

Mayer, Johann *Tobias*, deutscher Mathematiker und Astronom, * 17.2.1723 Marbach, † 26.2.1762 Göttingen.

M. war der Sohn eines geschickten Wagners in Marbach, der bald nach seiner Geburt als Brunnenmeister in die Reichsstadt Eßlingen berufen worden war. Den Elementarunterricht in Schreiben und Rechnen und einen guten Zeichenunterricht erhielt M. durch seinen Vater; auf eine Schule kam er erst spät, da dem Vater die Mittel dazu fehlten. Er hatte dann allerdings das wenn auch kurze Glück, daß der Bürgermeister Eßlingens sich nach dem frühen Tod der Eltern des begabten Jungen annahm, um ihn zu einem tüchtigen Maler ausbilden zu lassen. Aber auch dieser Gönner starb bald, und Tobias mußte sich den Lebensunterhalt durch Privatunterricht in Mathematik selbst verdienen. Er ging nach Augsburg, um sich hier zeichnerisch weiterzubilden, studierte daneben mathematische Werke, verfaßte in Verwertung seiner eigenen Praxis zwei Elementarlehrbücher für Mathematik und trat auch schon als Kartograph hervor, was ihm schließlich eine Anstellung beim Kartenverlag von Homann in Nürnberg eintrug. Hier stellte er selbst insgesamt 10 Karten von Gebieten Süddeutschlands und der Schweiz her, die zu den besten seiner Zeit gehörten, und machte gelegentlich Beobachtungen an der alten Sternwarte von Nürnberg, bis ihn 1751 der Ruf auf den Lehrstuhl für Mathematik und Ökonomie in Göttingen erreichte. 1754 wurde er auch Leiter der neu errichteten Sternwarte.

Er widmete sich jetzt neben Optik und Erdmagnetismus vorwiegend der Astronomie, in der ihn als Kartographen besonders das Problem der geographischen Längenbestimmung interessierte. Diesem Ziel dienten auch seine exakten Beobachtungen sowie die Schaffung der instrumentellen Voraussetzungen dafür und die Verbesserung der Beobachtungstechnik: Er stellte eine Refraktionstheorie auf und entwickelte Methoden zur Aufdeckung und Berechnung von Instrumentenfehlern, dadurch erstmals mit einer Forderung *T.* → *Brahe*s Ernst machend. Sein Multiplikationsprinzip zur Vermeidung von Beobachtungsfehlern bei Winkelmessungen blieb noch lange in Gebrauch und wurde erst durch die Methode von *C. F.* → *Gauß* ersetzt. Am Himmel galt sein Augenmerk deshalb dem Mond und seinen Bewegungen sowie den Fixsternen im Bereich des Tierkreises, vor denen die Mondbewegung erfolgt. Die von Entbehrungen gekennzeichnete kurze Schaffenszeit ließ ihn allerdings nur weniges von dem, was er sich vorgenommen hatte, vollenden; das meiste blieb Manuskript oder bestand aus ungeordneten Aufzeichnungen, wovon jedoch das Wichtigste postum erscheinen konnte. So gab die britische Admiralität seine ›Mondtheorie‹ 1767 und seine neuen Mond- und Sonnentafeln 1770 heraus – sie stellten eine Verbesserung seiner ersten Mondtafeln von 1752/53 dar, welche M.s Ruf als Astronom begründet hatten –, 1775 gab *G. C.* → *Lichtenberg* weitere ›Opera inedita‹ heraus, unter anderen eine nach exakten mikrometrischen Messungen hergestellte kleine Mondkarte, welche die beste seit *J.* → *Hevelius* und für fast hundert Jahre war – ein erster Mondglobus ging nicht mehr in Produktion –, sowie den Katalog der Zodiakalsterne. Dessen zu seiner Zeit unerreichte Genauigkeit veranlaßte noch 1894 *A.* → *Auwers*, eine reduzierte Neuausgabe zu veranstalten; für seine Güte zeugt auch der Umstand, daß er als vermeintlichen Fixstern den 1781 von *F. W.* → *Herschel* entdeckten Planeten Uranus enthält, was später ermöglichte, dessen Bahn genauer zu berechnen. Die bedeutendste Leistung M.s – auch sie beruht auf den exakten Messungen – ist aber wohl der Nachweis der Eigenbewegung mehrerer Fixsterne (1760), womit er die 1718 von *E.* → *Halley* geäußerte Vermutung allgemein bestätigte und dadurch *J. H.* → *Lambert* empirisches Material für eine Kosmologie lieferte, welches *I.* → *Kant* 1755 noch nicht vorgelegen hatte. Der Versuch, hieraus auch eine Eigenbewegung unserer Sonne abzuleiten, gelang dann allerdings erst *F. W. Herschel* und *F. W. A.* → *Argelander*. M. hatte außerdem das Fehlen einer Atmosphäre auf dem Mond nachgewiesen und gehörte damit zu den ersten Forschern, welche die seit *G.* → *Galilei*s Mondbeobachtungen allgemein angenommene Existenz von Mondbewohnern aus physikalischen Gründen ablehnten. [Krafft]

Werke: Opera inedita [Göttingen 1775], engl. Übersetzung von E. G. Forbes (London 1971); [Auto-]Biografie Tobias Mayer, hrsg. von A. Hüttermann (Marbach 1998); The Euler-M. Correspondence (1751–1755): A New Perspective on Eighteenth-Century Advances in Lunar Theory, hrsg. von E. G. Forbes (London 1971); T. M. – Leonhard Euler. Briefwechsel 1751–1755, hrsg. von E. Roth (Marbach 1993); The Unpublished Writings, hrsg. von E. G. Forbes (3 Bde, Göttingen 1972). – *Bibl.*: Pogg. VII a Suppl., S. 418–420. – *Lit.*: ADB XXI, 116–118 (S. Günther); DSB IX, 232–235 (E. G. Forbes); E. G. Forbes: T. M. (1723–1762). Pioneer der Naturwissenschaften der deutschen Aufklärungszeit (Marbach 1993; zuerst engl., Göttingen 1980); E. Roth: Über den »Mathematischen Atlas« von T. M. (Marbach ²1992); E. Roth: T. M.s Mondkarten und Mondkugel (Marbach 1993).

Mayer, Julius *Robert*, deutscher Arzt, * 25.11.1814 Heilbronn, † 20.3.1878 ebenda.

M. war der dritte Sohn eines Apothekers in der Neckarstadt Heilbronn. Chemisch-physikalische Experimente zogen den Schüler des Seminars in Schöntal mit einer fast magischen Kraft an. Nach der Reifeprüfung in Stuttgart ging er an die Landesuniversität Tübingen, um Mediziner zu werden. Weil er sich in einer damals verbotenen Studentenverbindung (Corps Guestphalia) betätigte, verwies man ihn für ein Jahr von der Universität. Jedoch vor Ablauf dieses Jahres wurde M. vom württembergischen König begnadigt. 1838 promovierte er und legte seine medizinische Hauptprüfung ab. Dann trat er als Schiffsarzt in holländische Dienste. Auf einem Dreimaster machte er eine Reise nach dem Malaiischen Archipel und beobachtete bei Aderlässen, daß das Venenblut der Europäer in den Tropen eine ähnlich helle Farbe hat wie das Arterienblut.

Physiologische Überlegungen, die er hierzu anstellte, waren einer der Antriebe, die ihn zum Prinzip der Erhaltung der Energie führten. Daneben war ihm bekannt, daß sich ein Perpetuum mobile nicht konstruieren läßt, und während seines Studiums war er mit der dynamischen und romantisch-naturphilosophischen Naturauffassung in Berührung gekommen, die durchgängige Prinzipien und Systematisierung verlangte. Das Energieprinzip wurde zu einem der Fundamente der gesamten Naturwissenschaft. Die wärmeerzeugenden Vorgänge im Blut sah M. damals allerdings einfacher, als sie heute für uns sind.

Der Arzt aus Heilbronn war überzeugt, daß die ›Kräfte‹ (wir sagen heute Energie oder Arbeit dazu) ebenso unzerstörbar sind wie die stoffliche Substanz. *A. L.* → *Lavoisier* und andere hatten Ende des 18. Jahrhunderts bewiesen, daß bei chemischen Umsetzungen die gesamte Masse der Stoffe erhalten bleibt. (Heute kommt die Einsteinsche Äquivalenzbeziehung zwischen Masse und Energie hinzu; *A.* → *Einstein*.) Ähnlich sollen bei physikalisch-chemischen Vorgängen die abstrakten Objekte »Fallkraft [= potentielle Energie], Bewegung [= kinetische Energie], Wärme, Licht, Elektrizität und chemische Differenz« sich nur nach festen zahlenmäßigen Beziehungen ineinander umwandeln. Die ›Kraft‹ in ihrer Gesamtheit betrachtet, soll dabei erhalten bleiben. M. lehnte eine Stofftheorie der Wärme, so wie sie *Lavoisier* und andere vertreten hatten, ab. Auch die anderen ›Imponderabilien‹ erschienen ihm nur als eine besondere Form dieser ›Kraft‹. Von seiner Java-Reise 1841 zurückgekehrt, machte sich M. sofort daran, den genialen Einfall wissenschaftlich auszugestalten. Den ersten Entwurf stellte er noch im selben Jahr fertig und schickte ihn an *J. C.* → *Poggendorff*, den Herausgeber der ›Annalen der Physik und Chemie‹. Abgesehen von dem Begriff ›Kraft‹, den M. in seiner besonderen Weise gebrauchte und der im Widerspruch zu dem von *I.* → *Newton* fast geheiligten Begriff ›Kraft gleich Masse mal Beschleunigung‹ stand, waren M.s Formulierungen einem Physiker zu vage und ungenau. *Poggendorff* antwortete nicht einmal auf die Einsendung des Manuskriptes. Von dem Heidelberger Physiker *Philipp Gustav von Jolly* (* 26.9.1809 Mannheim, † 24.12.1884 München) ermuntert und unterstützt von einem befreundeten Mathematiker, brachte M. 1842 abermals seine Gedanken zu Papier – und dieses Mal präziser. *Johann Gottlieb Christian Nörremberg* (* 11.8.1787 Pustenbach [bei Gummersbach], † 20.7.1862 Stuttgart) hatte ihm den wertvollen Hinweis gegeben, daß er ein Experiment angeben müsse, das die Umwandlung von Bewegung demonstriert. M. erzeugte Wärme durch Schütteln von Wasser, aber zahlenmäßig waren diese Versuche nicht erfaßbar. Nach langem Suchen fand er endlich ein geeignetes, von französischen Physikern schon durchgeführtes Experiment zur Wärmeausdehnung eines Gases bei konstantem Volumen und konstantem Druck und konnte hieraus einen für damalige Verhältnisse annehmbaren Wert des mechanischen Wärmeäquivalents berechnen und angeben.

Der Aufsatz fand *J. von → Liebig*s Beifall und wurde in die ›Annalen der Chemie und Pharmazie‹ 1842 aufgenommen. Der Titel der Arbeit, die später M.s Prioritätsansprüche sicherte, lautete: ›Bemerkungen über die Kräfte der unbelebten Natur‹. In seinem Büchlein ›Die organische Bewegung in ihrem Zusammenhang mit dem Stoffwechsel‹ (Heilbronn 1845) gab M. sein Gedankenexperiment, das aus dem Unterschied der spezifischen Wärmen eines idealen Gases das mechanische Wärmeäquivalent lieferte, genauer an. Vielen Physikern blieben M.s Gedanken lange Zeit unbekannt. *J. P. → Joule* kam vom Experimentellen her 1843 zu demselben Ergebnis, und *H. von → Helmholtz* formulierte das Energieprinzip 1847 in seiner Arbeit ›Über die Erhaltung der Kraft‹ vom theoretisch-physikalischen Standpunkt aus. Den Ausdruck ›Energie‹ hatte schon *Johann → Bernoulli* ein Jahrhundert vorher benutzt, *W. J. Rankine* schlug ihn 1852 als Bezeichnung für die ›Kräfte‹ im Sinne M.s vor.

Über ein Jahrzehnt hatte die wissenschaftliche Welt M.s Verdienste nicht anerkannt. Manche versuchten sogar, ihn zu verleumden. Auch innerhalb der Familie blieb M. von harten Schicksalsschlägen nicht verschont. 1850 brach er physisch und psychisch zusammen. Der manisch-depressiv Veranlagte mußte sich für einige Zeit in eine Nervenheilanstalt begeben. Für M.s Entdeckerrechte trat besonders der große irische Physiker *John Tyndall* (* 21.8.1820 Leighlin Bridge [bei Carlow], † 4.12.1893 London) ein. Auf *Christian Friedrich Schönbeins* (* 18.10.1799 Metzingen [Württemberg], † 29.8.1868 Baden-Baden) Betreiben hin ernannte ihn die Naturforschende Gesellschaft zu Basel zu ihrem korrespondierenden Mitglied. Der Bann war gebrochen. Dem Heilbronner Arzt wurden Anerkennung und Ehrungen zuteil. In vielen Aufsätzen und Schriften versuchte M. den Energieerhaltungssatz zu erhärten.

[Wiederkehr]

Werke: Die Mechanik der Wärme in gesammelten Schriften, hrsg. von J. J. Weyrauch (Stuttgart 1867, ³1893); Die Mechanik der Wärme. Sämtliche Schriften, hrsg. von H. P. Münzenmayer (Heilbronn 1978); Kleinere Schriften und Briefe, nebst Mitteilungen aus seinem Leben hrsg. von J. J. Weyrauch (Stuttgart 1893). – *Bibl.*: G. Eisert: R.-M.-Bibliographie (Heilbronn 1978); Pogg. VII a Suppl., 420–429. – *Lit.*: DSB IX, 235–240 (R. S. Turner); GWG VIII, 130–143 (A. Hermann); B. Hell: J. R. M. und das Gesetz von der Erhaltung der Energie (Stuttgart 1925); W. Schütz: R. M. (Leipzig 1969, ²1972); R. B. Lindsay: J. R. M., Prophet of Energy (Oxford/New York 1973); K. L. Caneva: R. M. and the Conservation of Energy (Princeton 1993).

Mayr (*Marius*), Simon, deutscher Astronom, * 10.1.1573 Gunzenhausen, † 26./27.12.1624 Ansbach.

M. hatte das Glück gehabt, durch seine schöne Stimme die Aufmerksamkeit seines Landesfürsten, des Markgrafen Georg Friedrich von Ansbach-Brandenburg, auf sich zu lenken. Dieser hatte nämlich 1581 in Heilbronn eine Fürstenschule zur kostenfreien Unterrichtung begabter Landeskinder eingerichtet, in die M. 1586 aufgenommen wurde. Bald danach mußte er allerdings in der fürstlichen Kapelle mitwirken und kam erst 1589 wieder an die Schule zurück. Gegen Ende der Schulzeit bemühte er sich vergeblich darum, ein Stipendium zu erhalten, um in Königsberg ein ordentliches Studium aufnehmen zu können. Wohl als Entschädigung für die Enttäuschung wurden ihm dann 1601 Mittel für eine Reise nach Prag zur Verfügung gestellt, wo *T.* → *Brahe* sich bereit erklärt hatte, ihn zu beschäftigen. M. war zwar ein halbes Jahr unterwegs, traf aber mit *Brahe* selbst, der erkrankt war, nicht zusammen, nur mit seinen Gehilfen, konnte jedoch seine Instrumente zum Beobachten benutzen. Ende desselben Jahres reiste M. mit einem neuen Stipendium nach Padua, um dort Medizin zu studieren. Seit dieser Zeit erschienen seine jährlichen Schreibkalender und Prognostika – Wetterbeobachtungen und -vorhersagen für den Raum Ansbach –, und er unterrichtete in Padua auch einzelne Studenten in Astronomie. Nach seiner Rückkehr im Jahre 1605 wurde dann eigens für ihn die Stelle eines Hofastronomen in Ansbach geschaffen, die jedoch mit einem so geringen Gehalt (150 Taler jährlich) verbunden war, daß M. weiterhin Kalender verfassen mußte, um die größte Armut abzuwenden.

Aus der Fülle seiner Beobachtungen von Kometen, neuen Sternen und anderen Himmelsobjekten ist nur weniges erhalten, soweit es Eingang in diese Kalender und Prognostika fand: Seit August 1611 beobachtete er regelmäßig die von ihm als Schlacken gedeuteten Sonnenflecken, deren Bahnschiefe zur Ekliptikebene er feststellte und deren Tätigkeitszyklus er zumindest geahnt zu haben scheint; im Winter 1611/12 entdeckte er unabhängig von *G.* → *Galilei* die Phasen der Venus, schloß aus den Helligkeitsänderungen auf solche des Merkur und entdeckte am 15.12.1612 den zwar in einem arabischen Sternkatalog von 964 verzeichneten, im Abendland aber noch unbekannten Andromedanebel. Alle diese Beobachtungen machte er mit dem belgischen Fernrohr eines Ansbacher Gönners, das ihm seit 1609 zur Verfügung stand. Mit ihm gelang auch unabhängig von *Galilei* die Entdeckung der Jupitermonde, was ihm später zu Unrecht den Vorwurf geistigen Diebstahls einbrachte. Neuere Untersuchungen haben aber gezeigt, daß M. die Bahnbewegungen der vier damals bekannten Jupitertrabanten, die er erstmals berechnete und in seinem Werk ›Mundus Jovialis anno MDCIX detectus‹ 1614 veröffentlichte, aus eigenen *und* galileischen Beobachtungen ableitete und daß seine eigenen zum Teil weitaus besser waren. Leider verleideten die bald nach Erscheinen des Werkes einsetzenden Anschuldigungen seitens *Galilei*s und seiner Anhänger ihm die weitere Beschäftigung mit der Astronomie – 1618 stellte er seine Beobachtungen ganz ein –, zumal ihm auch keinerlei Unterstützung zuteil wurde. So machen denn die in seinen Kalendern enthaltenen Notizen nur wahrscheinlich, daß er bei entsprechender Förderung zu einem weitaus bedeutenderen Astronomen hätte werden können, als ihm mit seinen beschränkten Mitteln bereits gelang. [Krafft]

Werke: Mundus Iovialis – Die Welt des Jupiter [1614], lat.-deutsch hrsg. von J. Schlör (Gunzenhausen 1988). – *Bibl.*: Pogg. VII a Suppl., 415. – *Lit.*: ADB XXI, 141–146 (S. Günther); DSB IX, 247 f. (E. Rosen); J. Klug: S. M. aus Gunzenhausen und Galileo Galilei. In: *Abhandlungen der Bayer. Akademie der Wissenschaften*, Math.-phys. Klasse 22 (1906), 385–526; E. Zinner: Zur Ehrenrettung des S. M. In: *Vierteljahrsschrift der Astronomischen Gesellschaft* 77 (1942), 1–53 (mit Bibl.).

Meckel, Johann Friedrich (d.J.), deutscher Anatom, * 13.10.1781 Halle, † 31.10.1833 Halle.

M. war Sohn und Enkel bekannter Anatomen. Er studierte 1798 bis 1801 in Halle und war dort Schüler von *Johann Christian Reil* (* 20.2.1759 Rhaude [Ostfriesland], † 22.11. 1811 Halle). 1801 ging er zu *J. F.* → *Blumen-*

bach nach Göttingen und nach seiner Promotion 1802 in Halle nach Würzburg, wo er die Naturphilosophie *F. W. J. von Schellings* kennenlernte. 1805/06 befand sich M. auf Reisen in Frankreich und Italien. In Paris wurde er mit *A. von → Humboldt* und *G. → Cuvier* bekannt. Er hatte die Möglichkeit, längere Zeit bei *Cuvier* in der großen Sammlung des ›Musée d'Histoire Naturelle‹ zu arbeiten, lernte hier die Vergleichende Anatomie der Tiere gründlich kennen und wurde veranlaßt, *Cuviers* ›Leçons d'anatomie comparée‹ ins Deutsche zu übersetzen (1809/1810). M. war bereits vor seiner Reise in Halle zum Professor extraordinarius ernannt worden, 1806 wurde jedoch die Universität von Napoleon aufgelöst. Nach der Wiedereröffnung 1808 wurde M. zum ordentlichen Professor für Anatomie, pathologische Anatomie, Chirurgie und Geburtshilfe ernannt.

M. trat zunächst mit seinen ›Beyträgen zur Vergleichenden Anatomie‹ (2 Bde, Leipzig 1808–1812) hervor, darin der ›Entwurf einer Darstellung der zwischen den Embryozuständen der höheren Thiere und den permanenten der niederen stattfindenden Parallele‹ (1811). Die hier postulierte ›Parallelität‹ zwischen der Entwicklung des Einzeltieres und den Vollkommenheitsgraden im Tierreich war bereits 1793 in einer berühmten Rede ›Ueber die Verhältniße der organischen Kräfte unter einander‹ von dem damaligen Professor an der Hohen Karlsschule in Stuttgart, *Carl Friedrich von Kielmeyer* (* 22.10.1765 Bebenhausen [Württemberg], † 24.9.1844 Stuttgart), formuliert worden. M. bemühte sich, dieses Entwicklungsgesetz durch Befunde an den Embryonen von Vögeln und Säugetieren zu belegen. Dabei entstand bei vielen Zeitgenossen die Vorstellung einer zunächst ideell, dann mehr und mehr konkret aufgefaßten Entwicklung des Tierreichs von unvollkommenen zu höher entwickelten Formen. *K. E. von → Baer* trat 1828 dieser – wie er meint falschen – Auffassung entgegen, da sie einem typologischen Verständnis des Tierreichs widersprach.

Mehrere Arbeiten M.s befassen sich mit teratologischen Erscheinungen. Er deutete die Mißbildungen als Folge von Störungen der Wirksamkeit der ›Lebenskraft‹ im Embryo. Die Teratologie spielte damals insofern eine große Rolle, als sie zur Überwindung der lange herrschenden Präformationslehre beitrug und einer epigenetischen Auffassung von der Embryonalentwicklung den Weg bahnte. In diesem Zusammenhang ist M.s Übertragung der vorher wenig bekannten Arbeit von *C. F. → Wolff* ›Über die Bildung des Darmcanals im bebrüteten Hühnchen‹ (1768–1769) ins Deutsche zu sehen. – Auf dem Gebiet der Vergleichenden Anatomie veröffentlichte M. zunächst eine Reihe einzelner Beiträge über spezielle Untersuchungen, z.B. zur Osteologie, und den theoretischen Aufsatz ›Über die Analogie der thierischen Form‹ (Beyträge II, 2). In dem breit angelegten Gesamtwerk ›System der vergleichenden Anatomie‹ (4 Bde, Halle 1831–1833) tritt der Einfluß der Schellingschen Naturphilosophie deutlich hervor. – Auf die Anatomie, Embryologie und Naturgeschichte seiner Zeit übte M. auch durch das von ihm herausgegebene ›Deutsche Archiv für Physiologie‹ (1815–1823) und das ›Archiv für Anatomie und Physiologie‹ (1826–1832) Einfluß aus. [Querner]

Lit.: DSB IX, 252 f. (G. B. Risse); R. Beneke: Johann Friedrich Meckel der Jüngere (Halle 1934; mit Bibl.); O. E. Clark: The Contributions of J. F. M., the Younger, to the Science of Teratology. In: *Journal of the History of Medicine and Allied Sciences* 24 (1969), 310–322.

Meitner, Lise, österreichisch-deutsche Physikerin, * 7.11.1878 Wien, † 27.10.1968 Cambridge [England].

M. war das dritte von acht Kindern eines Wiener Rechtsanwaltes. Zwar waren beide Elternteile jüdischer Abstammung, doch wurden die Kinder protestantisch getauft und erzogen. Obgleich sie schon als Kind Interesse an Naturstudien hatte, legte sie auf Wunsch der Eltern nach dem Schulabschluß erst einmal ihr Lehrerexamen in Französisch ab, bevor sie sich dann im privaten Unterricht mit zwei anderen jungen Frauen auf die externe Maturaprüfung mit Hochschulreife vorbereitete, die sie 1901 ablegte. Sie absolvierte sodann ihr Probejahr an einer höheren Mädchenschule, studierte aber gleichzeitig in Wien Philosophie, Mathematik und Physik (bei *L. → Boltzmann*). Sie promovierte dann als zweite Physikerin in Österreich überhaupt mit einer Arbeit über ›Wärmeleitung in inhomogenen Körpern‹ und arbeitete experimentell weiter bei *Stefan Meyer* (* 27.4.1872 Wien, † 29.12.1949 Bad Ischl [Ober-Österreich]), der nach dem Freitod *L. Boltzmann*s interimistisch das Institut leitete und sich dem jungen Gebiet der Radioaktivität zugewendet hatte – M. führte hier Absorptionsmessungen von α- und β-Strahlen durch und wurde so in die neue Physik eingeführt, die sie in Berlin weiterzuführen gedachte, nachdem sie *M. → Planck* kennengelernt hatte, den man als Nachfolger *Boltzmann*s nach Wien hatte holen wollen und zu einem Vortrag geladen hatte. 1907 ging M. nach Berlin; sie verkehrte hier im Hause *Planck*s, war auch mit dessen Töchtern befreundet und wurde später (1912) sogar seine Vorlesungsassistentin, wollte jedoch auch experimentell weiterarbeiten und wandte sich mit der Bitte um einen Laborplatz an den Berliner Experimentalphysiker *H. Rubens*, der sie an den jungen *O. → Hahn* weitervermittelte, der bei ihm nach einem Physiker mit radioaktiven Erfahrungen zur Unterstützung seiner radiochemischen Untersuchungen gefragt hatte. Da die experimentelle Arbeitsstätte *Hahns* im von außen zugänglichen Souterrain des Chemischen Instituts untergebracht war, konnte *E. → Fischer* eine Zusammenarbeit zulassen, obgleich Frauen damals weder in Preußen zum Studium noch in den Labors des Chemischen Instituts zugelassen waren. Die besondere Situation war der Ausgangspunkt für eine intensive wissenschaftliche Zusammenarbeit und lebenslange Freundschaft mit *Hahn*. Sie konnte 1912 auch mit ihm an das neuerrichtete Kaiser-Wilhelm-Institut für Chemie gehen, an dem ihm mit Unterstützung *E. Fischer*s eine eigene radiochemische Abteilung eingerichtet worden war, so daß beide ihre radioaktiven Arbeiten nach den in der ›Holzwerkstatt‹ gewonnenen Erfahrungen in nicht kontaminierten und auch in Zukunft aufgrund der angewandten Sorgfalt vor allem M.s weitgehend strahlungsfrei gebliebenen Räumen fortsetzen konnten; 1913 wurde sie auch Mitglied der Kaiser-Wilhelm-Gesellschaft und damit erstmals bezahlte Wissenschaftlerin. 1917 wurden ihr, als die männlichen Leiter des Instituts im Felde waren und eine Beschlagnahme für kriegswichtige Arbeiten drohte, wiederum durch Vermittlung *Fischer*s Mittel der I.G. Farbenindustrie für die Einrichtung einer eigenen physikalischen Abteilung zur Verfügung gestellt, die sie bis zu ihrer durch die Rassengesetze der Nationalsozialisten nach dem ›Anschluß‹ Österreichs erzwungene Flucht nach Schweden Mitte Juli 1938 leitete – bereits 1933 war ihr die Lehrbefugnis entzogen worden, auch war ihr die bis dahin rege Vortragstätigkeit und der Besuch von Veranstaltungen in der Universität verboten worden (1919 war sie zum Titularprofessor ernannt worden und hatte sich 1922 an der Berliner Universität für Physik habilitiert). Durch Vermittlung *P. → Debye*s war ihr am im Aufbau befindlichen Nobel-Institut für Physik in Stockholm eine bescheidene Anstellung vermittelt worden; 1947 erhielt sie vom schwedischen Reichstag eine Forschungsprofessur an der Königlichen Technischen Hochschule in Stockholm. 1950 siedelte sie nach England in die Nähe von nach Cambridge emigrierten Verwandten über, zu denen auch ihr Physiker-Neffe *Otto Robert Frisch* (* 1.10.1904 Wien, † 21.9.1979 Cambridge [England]) zählte, der nach einer Zwischenstation bei *N. → Bohr* in Kopenhagen bis zur deutschen Besetzung hierher emigriert war.

Was für M. nur ein kurzer weiterbildender Aufenthalt hatte werden sollen, lenkte ihr Leben in völlig andere Bahnen. Sie bildete fortan den gleichberechtigten physikalischen Part in dem Forscherpaar Hahn-M., das bald einen ähnlichen Ruf genoß wie die Ehepaare *M.* und *Pierre* → *Curie* (*A.* → *Einstein* bezeichnete sie als »unsere Madame Curie«) und *I.* und *F.* [*Joliot-*]*Curie*. In der ersten Phase der engen Zusammenarbeit bis in die frühen 1920er Jahre, die vor allem zur Entdeckung und Untersuchung radioaktiver Substanzen (Isotope) führte, lassen sich kaum die Anteile beider trennen; zumindest gelang M. 1917/18 der Nachweis der lange gesuchten Muttersubstanz der Zerfallsreihe des Aktiniums nach längeren Vorarbeiten, die sie zuletzt allein durchzuführen hatte, als *Hahn* im Felde war, und auch die 1918 erschienene betreffende Arbeit war von ihr verfaßt. Auch der Nachweis des Thorium D (Blei 238) ist ihr zuzuschreiben. Ihr spezielles Arbeitsgebiet war in den 1920er Jahren allerdings die Kernphysik und hier im Anschluß an ihre Wiener Arbeiten bei *S. Meyer*, der immerhin die magnetische Abweichung der Betastrahlung entdeckt und selbst intensiv an Nachweismethoden für die radioaktive Strahlung gearbeitet hatte, vor allem die Betastrahlung. Sie wies nach, daß die mono-energetische Beta-Strahlung nicht aus dem Kern stammt, sondern von Kern-Gamma-Strahlung in der Hülle angeregt wird, und zwar nach dem Zerfall, also in der Hülle des Tochterkerns. Sie entwickelte geeignete elektroskopische Nachweismethoden für Betastrahlung, auf die sich das Team bei der späteren Bestimmung der durch Neutronenbeschuß angeregten Zerfallsreihen schwerer Atomkerne deshalb auch konzentrierte, nachdem *Hahn* 1934 von ihr dazu hatte überredet werden können, in einer neuerlichen Gemeinschaftsarbeit die von *E.* → *Fermi* vermeintlich erzeugten Transurane näher zu untersuchen, zu welchen Arbeiten beide dann zusätzlich *F. Straßmann* heranziehen konnten. Auch bei diesen radiochemischen Untersuchungen der Folgeprodukte von durch Neutronenbeschuß vermeintlich zu Alphazerfall und folgendem Betazerfall hin zu ›Transuranen‹ angeregten schweren Kernen (Uran und Thorium), für die sie in Analogie zur von *Hahn* am Uran Z entdeckten Kernisomerie mehrere isomere Zerfallsreihen annahmen, sind beider Anteile kaum zu trennen. Sie konnte mit Unterstützung *F. Straßmanns* dann auch noch das Ergebnis einer Arbeit von *I.* → *Curie* und einem Mitarbeiter widerlegen, mußte aber Berlin verlassen, bevor eine neuerliche Arbeit aus Paris *Hahn* und *Straßmann* zu einer näheren Prüfung des von ihnen vermeintlich aufgefundenen Körpers veranlaßten, was sie zwischen Oktober und Mitte Dezember – unter ständigem brieflichen und im November auch persönlichen Kontakt in Kopenhagen mit M. – zum Nachweis von Barium (statt des postulierten Radiums) in dem Folgeprodukt und damit zur Entdeckung der Kernspaltung des Urans führte. Gemeinsam mit ihrem Neffen *O. R. Frisch*, mit dem sie die Tage zwischen Weihnachten und Neujahr bei einer Freundin in Kungälv verbrachte, gelang dann M. sofort nach brieflicher Mitteilung der Auffindung des Bariums auf der Basis energetischer Betrachtungen und des Tröpfchenmodells des Atomkerns die theoretisch seitdem anerkannte Deutung der Befunde als Kernspaltung (wofür sie in Analogie zur Zellspaltung den englischen Begriff ›fission‹ prägten) und errechneten das Edelgas Krypton als zweites Bruchstück neben dem radiochemisch nachgewiesenen Barium, das daraufhin von den beiden in Berlin zurückgebliebenen Team-Mitgliedern auch in den Folgeprodukten nachgewiesen werden konnte. – Zwar erhielt *Hahn* allein für diese Entdekkung den Nobelpreis (1944), doch wurde das in gewissem Sinne korrigiert durch die Zuerkennung des fachlich am höchsten angesehenen Enrico-Fermi-Preises des US-Präsidenten und der amerikanischen Atomenergie-Kommission »für besonders verdienstvolle Beiträge zur Entwicklung, Nutzung oder Kontrolle der Atomenergie« des Jahres 1966 an alle drei ›Entdecker‹ (M., *Hahn* und *Straßmann*) zur Anerkennung »ihrer Beiträge zur Kernphysik [bzw.

-chemie] und ihre umfangreichen experimentellen Untersuchungen, die in der Entdeckung der Kernspaltung gipfelten« – dieser Preis war damit nicht nur erstmals an einen Nicht-Amerikaner und gleichzeitig an mehrere, sondern auch erstmals an eine Frau verliehen worden, die schon zuvor vielerlei internationale Ehrungen erfahren hatte. [Krafft]

Werke: S. Ernst: L. M. an Otto Hahn. Briefe aus den Jahren 1912 bis 1924 (Stuttgart 1992); L. M. – Max von Laue. Briefwechsel 1938–1948, hrsg. von J. Lemmerich (Berlin 1998). – *Lit.*: F. Krafft: Im Schatten der Sensation (Weinheim 1981); C. Kern: Lise, Atomphysikerin. Die Lebensgeschichte der L. M. (Weinheim/Basel 1986); P. Rife: L. M., ein Leben für die Wissenschaft (Düsseldorf 1990); R. Sime: L. M., a Life in Physics (Berkeley usw. 1996).

Mendel, Johann *Gregor*, österreichischer Augustinermönch und Vererbungsforscher, * 22.7.1822 Heinzendorf [Schlesien], † 6.1.1884 Brünn.

Als Sohn eines Kleinbauern besuchte M. die Hochschule in Olmütz unter großen wirtschaftlichen und damit zusammenhängenden gesundheitlichen Schwierigkeiten; 1843 wurde er Novize des Augustinerklosters in Brünn und 1847 ordiniert. Unter Entbindung von seinen Ordensverpflichtungen unterrichtete er an den Gymnasien in Znaim ab 1849 und in Brünn ab 1854 erfolgreich, obwohl er zweimal die Lehrerprüfung nicht bestanden hatte. 1851 bis 1853 wurde er auf Empfehlung eines Prüfers nach Wien zum Studium von Physik, Chemie, Mathematik und Biologie geschickt, die er sich bislang autodidaktisch angeeignet hatte. Wichtige Anregungen empfing er dabei in Pflanzenzucht und Kombinatorik. 1868 wurde er zum Abt des Klosters gewählt, dem er mittlerweile wieder aktiv angehörte.

Im Experimentiergarten des Klosters, wo bereits Veränderungen, Vererbung und Entwicklung von Pflanzen untersucht wurden, führte M. ab 1854 seine berühmten Kreuzungsversuche an Varietäten derselben Pflanzenart (Gartenerbsen, später u.a. auch Bohnen) durch und beobachtete die Vererbung weniger einfacher Merkmale (wie Größe und Blütenfarbe). Mit einem immensen Aufwand (28 000 Pflanzen, 355 künstliche Befruchtungen in acht Jahren) nach wesentlichen Vorversuchen zur Auswahl reiner Linien und einer sorgfältigen Versuchsplanung sowie aufgrund von experimentell prüfbaren einfachen quantitativen Hypothesen (durch die Physik inspiriert) für ein sehr komplexes Problem und aufgrund der neuen statistischen Behandlung eines großen Versuchsgutes erschloß er erstmals die drei Vererbungsgesetze (›Mendelsche Regeln‹) der Uniformität, Segregation und Neukombination der Erbfaktoren. M.s ›Versuche über Pflanzenhybriden‹, die er 1866 in der Zeitschrift des Naturforschenden Vereins Brünn publizierte, aber auch weitere Arbeiten blieben trotz ausreichender Verbreitung ohne Wirkung. Sie wurden erst 1900 von *C. E. → Correns*, *H. de → Vries* und *E. Tschermak* wiederentdeckt, die zu ähnlichen Ergebnissen gekommen waren – wie unabhängig von ihnen durch Forschungen an Mäusen auch der deutsche Zoologe *Johann Wilhelm Haacke* (* 23.8.1855 Clenze [Kreis Lüchow], † 6.12.1912 Lüneburg). – Obwohl ein verkanntes Genie, legte M. die Grundlage der modernen Vererbungslehre und zusammen mit *C. → Darwin*, dessen natürlicher Selektion der Mendelismus oft fälschlich entgegengesetzt wurde, die der modernen Abstammungstheorie.

[Koch/Meyer-Abich]

Werke: J. Křiženeckӳ: G. J. M. 1822–1884. Texte und Quellen zu seinem Leben und Wirken (Leipzig 1965). – *Bibl.*: M. Jakubíček/J. Kubíček: Bibliographia Mendeliana (Brünn 1969); M. Jakubíček: Supplementum 1965–1969 (Brünn 1970). – *Lit.*: DSB IX, 277–283 (V. Kruta/V. Orel); GWG VIII, 384–403 (H. Wendt); H. Iltis: G. J. M. Leben, Werk und Wirkung (Berlin 1924); J.

Krumbiegel: G. M. und das Schicksal seiner Entdeckung (Stuttgart ²1967); V. Orel / A. Matalova (Hrsgg.): G. M. and the Foundation of Genetics (Brünn 1983); R. Löther: Wegbereiter der Genetik: G. J. M. und August Weismann (Frankfurt am Main usw. 1990); Franz Weiling: J. G. M. Der Mensch und Forscher (München 1994); V. Orel: G. M., the First Geneticist (Oxford 1996).

Mendelejew, Dmitri Iwanowitsch, russischer Chemiker, * 8.2.1834 Tobolsk [Sibirien], † 2.2.1907 St. Petersburg.

Die Familie M.s war in Tobolsk ein Anziehungspunkt für Intellektuelle und wissenschaftlich Interessierte. Seinen Vater, Direktor des dortigen Gymnasiums, verlor M. schon im jugendlichen Alter. Die Mutter, eine gebildete und tatkräftige Frau, widmete den letzten Teil ihres Lebens ganz der Erziehung und dem Fortkommen des jüngsten ihrer vierzehn Kinder. Auf der Schule war M. ein schlechter ›Lateiner‹. Mit Mühe bestand er die Maturitätsprüfung. Mutter und Sohn zogen dann gen Westen, bis nach St. Petersburg, wo M. am Pädagogischen Institut ein Zuhause fand. Mit seiner Gesundheit war es jedoch nicht gut bestellt, und man schickte ihn auf die Krim. Die Ärzte hatten ihn schon aufgegeben, doch er erholte sich bald, nahm eine Stelle als Lehrer an einem Lyzeum in Odessa an und setzte seine chemischen Studien fort. Voller Arbeitseifer kehrte er nach St. Petersburg zurück, machte seinen Chemie-Magister und wurde Privatdozent für Chemie. Auf Staatskosten durfte er 1859/1860 im Laboratorium *R. → Bunsens* in Heidelberg arbeiten. Seine Doktordissertation handelte über die Verbindungen des Alkohols mit Wasser (1864/65). Er entwarf darin eine Hydrat-Theorie und verfocht die Ansicht, daß zwischen Gelöstem und Lösungsmittel eine Art lockere chemische Bindung bestehe. Seine theoretischen Ansichten fußten auf der in Frankreich neu aufgekommenen Typenlehre von *C. → Gerhardt* und *A. → Laurent*. 1864 bis 1866 war M. Professor für Chemie am Petersburger technologischen Institut; 1867 ernannte man ihn zum Ordinarius an der Universität von St. Petersburg. Er begeisterte Jahrzehnte lang seine Studenten und Hörer für sein Fach und zog eine ganze Generation russischer Chemiker heran.

M.s Vorliebe galt dem Grenzgebiet zwischen Physik und Chemie. In Heidelberg befaßte er sich besonders mit der Erwärmung von Flüssigkeiten über den Siedepunkt hinaus und stieß schon auf die Temperatur, die 1869 *Thomas Andrews* (* 19.12.1813 Belfast, † 26.11.1885 ebenda) als die kritische bezeichnete. In dem 1861 geschriebenen Lehrbuch für organische Chemie stellte er das Prinzip auf, daß die chemischen Reaktionen ursächlich mit den physikalischen Eigenschaften der Atome verknüpft sind. Jene Eigenschaften stehen in Wechselbeziehung zueinander, das Gewicht der Moleküle soll dabei eine maßgebende Rolle spielen. Auch für die anorganische Chemie mußte M. dann ein Lehrbuch für seine Zuhörer verfassen. Sinngemäß übertrug er jene Prinzipien auf die elementaren Stoffe. Mit dem Atomgewicht als Ordnungsprinzip gelangte er 1869 zum periodischen oder natürlichen System der Elemente. Zu gleicher Zeit hatte auch der deutsche Chemieprofessor *L. → Meyer* diesen für die Weiterentwicklung der Chemie so fruchtbaren Gedanken. Ansätze zu einer systematischen Ordnung der chemischen Elemente waren Jahrzehnte vorher schon gemacht worden. Zu Beginn des Jahrhunderts konnte man jedoch noch nicht entscheiden, ob die Anzahl der elementaren Stoffe begrenzt sei oder nicht. Viele Wissenschaftler hatten wohl die unausgesprochene Meinung, daß die Elemente Einzelwesen seien, die nicht miteinander in Zusammenhang stünden. *Johann Wolfgang Döbereiner* (* 15.12. 1780 Bug [bei Hof], † 24.3.1849 Jena) hatte schon 1817 auf die Triaden aufmerksam gemacht (z.B. Ca, Sr, Ba). Man ging auch mit mehr oder weniger Erfolg den Eigenschaften homologer Reihen mit arithmetischen Mitteln zu Leibe. *Alexandre Émile Beguyer de Chan-*

courtois (* 1819, † Nov. 1886 Paris) unternahm es 1862 erstmalig, die damals bekannten Elemente in seiner ›tellurischen Helix‹ räumlich anzuordnen. Auch *John Alexander Reina Newlands* (* 1838 Southwark [London], † 29.7. 1898 London) muß genannt werden: Um 1865 schlug er vor, die Elemente nach steigendem Atomgewicht durchzunumerieren. M.s Gedankengänge überragten alles Vorhergegangene an Kühnheit und Scharfblick. Seine Schlußfolgerungen waren zwingend. Er erfaßte auch die Bedeutung der Lücken in seinem System: Sie wurden zu Platzhaltern noch unentdeckter Elemente. Aufgrund der Lage dieser Eka-Elemente machte M. Voraussagen über ihre Eigenschaften. Sie wurden einige Jahre später durch die Entdeckungen des Scandiums, Galliums und Germaniums auf das glänzendste bestätigt. Das Periodensystem macht die Mannigfaltigkeit der Stoffe verständlich, und das Kräftespiel zwischen den Elementarbausteinen der Materie wird durchschaubar. Es wurde sogar ein Leitfaden für die natürliche und künstliche Umwandlung der Atomkerne.

M. beschäftigte sich auch viel mit technologischen Problemen. Er untersuchte das Erdöl von Baku (Naphtha), entwarf Fabrikanlagen und erschloß die Bodenschätze des Donezbeckens. [Wiederkehr]

Werke: Sochinenija [Gesamtwerk] (25 Bde, Moskau 1936–1952); Lothar Meyer – D. M.: Das natürliche System der chemischen Elemente. Abhandlungen, hrsg. von K. Seubert (Leipzig 1895, Frankfurt am Main ³1996). – *Lit.*: GCh II, 229–287 (P. Walden); DSB IX, 286–295 (B. M. Kedrow; mit Bibl., auch der Übersetzungen), D. Q. Posin: M. (New York 1948); N. A. Figurowski: Der große russische Gelehrte und Patriot D. I. M. [russisch] (Moskau 1959); J. W. van Spronsen: The Periodic System of Chemical Elements: A History of the First Hundred Years (Amsterdam usw. 1969); K. Danzer: D. I. M. und Lothar Meyer. Die Schöpfer des Periodensystems der chemischen Elemente (Leipzig 1971, ²1974); Don C. Rawson: The Process of Discovery: M. and the Periodic Law. In: *Annals of Science* 31 (1974), 181–204.

Mercator, Ger(h)ardus (eigentlich: *Gerhard Kremer*), flämischer Kartograph und Kosmograph, * 5.3.1512 Rupelmonde [Flandern], † 2.12.1594 Duisburg.

M. studierte in Löwen Theologie, Philosophie und bei *Rainer Gemma Frisius* (eigentlich: *Rainer van den Steen*; * 8.12.1508 Dockum [Friesland], † 25.5.1555 Löwen) Mathematik und Geographie. Ab 1537 war er als selbständiger Kartograph tätig. Wegen der Verfolgung der Protestanten durch die Spanier folgte er 1552 dem Ruf des Herzogs von Cleve an die neugegründete Universität in Duisburg, wo ihm der Lehrstuhl für ›Cosmographia‹ übertragen wurde, und wurde 1554 gleichzeitig ›Cosmograph‹ des Herzogs. Unter ›Kosmographie‹ wurde seinerzeit eine praktisch und deskriptiv ausgerichtete, auf der Physik des → *Aristoteles*, der Astronomie des → *Ptolemaios* und dem Schöpfungsbericht der Bibel basierende, deshalb in der Regel anthropozentrische Kosmos- und Erdbeschreibung unter Einbeziehung der ihm von Gott ursprünglich angewiesenen, dann aber (und diese Erweiterung nimmt erst M. vor, der deshalb bereits 1569 als Teil der geplanten biblischen ›Cosmographia‹ seine ›Chronologia‹ drucken ließ) durch den Sündenfall von ihm selbst veränderten Stellung des Menschen in der Schöpfung verstanden – im Sinne einer christlich orientierten Gesamtnaturwissenschaft, deren Unterricht deshalb auch die ›mathematica‹ und die ›physica‹ einbezog. M. gehörte aber auch der Renaissance an, so daß er sich auch die Wiedergewinnung hierzu erforderlicher antiker Kenntnisse zur Aufgabe machte: 1578 erschien seine Bearbeitung der ›Geographia‹ des → *Ptolemaios*.

M.s Lehrtätigkeit in Duisburg und seine Veröffentlichungen sind stark beeinflußt von den Ideen des Humanisten, Anhängers Martin Luthers und protestantischen Reformators des Hochschulunterrichts *Philipp Melanchthon* (eigentlich *Schwartherd*[*t*]; * 16.2.1497 Bretten, † 19.4.1560 Wittenberg), dessen naturwissenschaftliche Lehrbücher ›De astronomia et geographia‹ (Wittenberg 1536) und ›Initia doctrinae physicae‹ (Wittenberg 1549) durch die Veranschaulichung und Erklärung von Gottes Providentia auf der Basis aristotelisch-neoscholastischer ›Physica‹ (→*Aristoteles*) zu Gott hinführen sollte, und von der voluminösen ›Cosmographey oder Beschreibung aller Länder‹ (Basel 1544 und weitere 45 Auflagen, davon 27 in deutscher Sprache) des ab 1529 als Professor in Basel wirkenden reformatorischen Theologen und Kosmographen *Sebastian Münster* (* 20.1.1488 Ingelheim [am Rhein], † 26.5. 1552 Basel), der gegenüber dem ›Cosmographicus liber‹ (1524) von *Peter* → *Apian* bereits über eine Verknüpfung von Astronomie und Geographie hinaus den biblischen Schöpfungsbericht einbezogen hatte (allerdings nur ab dem dritten Tag mit der Scheidung von Wasser und Land, während in den ›cosmographicae meditationes‹ von M. dem ersten Schöpfungstag so viel Raum gewidmet werden sollte wie den restlichen fünf Tagen). M. vereint mit all den Genannten das protestantische Ethos einer theologischen Rechtfertigung naturwissenschaftlicher Forschung und Unterweisung zum Zwecke einer von der Schöpfung und den darin verwirklichten Absichten Gottes ausgehenden Hinführung zu Gott; und er wird dadurch zu einem Vorläufer physikotheologischen Denkens der Aufklärungszeit. Wie *P. Melanchthon* und *S. Münster* hat auch M. scheinbar rein theologische Schriften verfaßt, während vielmehr auch ihre ›naturwissenschaftlichen‹ Werke theologische Zwecke befolgten.

Vermutlich hatte M. sich aber bereits seit seinem Studium in Löwen über den Konflikt zwischen aristotelischer Ewigkeitslehre und mosaischem Schöpfungsbericht aufgerufen gefühlt, zwischen beiden Vorstellungwelten im Sinne protestantischer Theologie zu vermitteln, wozu die ›Cosmographia‹ als vollständige Weltbeschreibung von der Schöpfungs- zur Menschheitsgeschichte damals als das geeignetste Instrument erschien. Diese ist deshalb auch der Grundtenor seines Schaffens von der ›Terrae sanctae descriptio‹ (mit Palästinakarte, Löwen 1537) über die ›Chronologia‹ (Köln 1569) bis zum großen, dreiteiligen Atlaswerk mit insgesamt 107 Karten (›Atlas sive cosmographicae meditationes de fabrica mundi et fabricati figura‹, Duisburg 1585, 1589; der dritte Teil wurde 1595 von seinem Sohn *Rumold M.* herausgegeben), in dem erstmals die Bezeichnung ›Atlas‹ verwendet wird, die über die inhaltlich reduzierten späteren Auflagen zum Begriff für ein thematisch geordnetes Kartenwerk wurde. 1604 gingen die Druckplatten des ›Atlas‹ in den Besitz des Amsterdamer Kartendruckers *Jodocus Hondius* (* 1563, † 1612) über, der – fortgeführt von seinem Sohn *Henricus Hondius* – zusammen mit diesem insgesamt 41 Auflagen veranstaltete, davon allein 27 einer deutschen Fassung. Bezeichnend für die veränderte Denkrichtung zur Zeit der Wissenschaftlichen Revolution des 17. Jahrhunderts ist es dann, daß diese von *Henricus Hondius* bearbeitete, erstmals 1633 erschienene deutsche Ausgabe, der ›Atlas, Das ist Abbildung der gantzen Welt mit allen darin begriffenen Ländern vnd Provintzen‹, die gesamten ›cosmographicae meditationes‹, zu deren Zweck und Illustrierung letztlich der kartographische Teil gedacht war, nicht mehr enthält. Einerseits waren die ›meditationes‹ 1607 auf den römisch-katholischen ›Index der verbotenen Bücher‹ gesetzt worden (1640 und 1667 erfolgte eine spanische Indizierung), andererseits hatte die protestantische ›Cosmographia‹ ihren Zweck auch erfüllt und hatte sich darüber hinaus inhaltlich durch das neue, von *N.* → *Copernicus* und *G.* → *Galilei* geprägte Weltbild überlebt, das nur nach dem ›Wie‹ dieser Welt fragt und die Suche nach dem ›Warum‹ der Schöpfung Gottes ausspart, wie es noch einmal von *J.* → *Kepler* zum Programm erhoben und in der Aufklärung von der Physikotheologie wieder aufgegriffen wurde. Aber viele aus diesem Denken heraus errungene neue Erkenntnisse konnten für sich in neuem Zusammenhang oder als Mittel zu anderen Zwecken fortleben – wie die von M. noch in Gemeinschaft mit *Gemma Frisius* in Löwen gefertigten Erd- und Himmelsgloben, wie sein Kupferstich-Erdglobus von 1541 (der bereits 32-strahlige Windrosen mit Loxodromen als Navigationshilfen enthält), seine Karten (Europas und europäischer Länder neben dem Weltatlas) und wissenschaftlichen Instrumente. M. war ja vor allem auch ein ausgezeichneter Mathematiker. Aus späterer Sicht stellt so die berühmte, für Seeleute bestimmte, winkeltreue Weltkarte ›Nova et aucta orbis terrae descriptio ad usum navigantium‹ (Kupferstich in 24 Blättern, Duisburg 1569) in der eigens entwickelten ›M.-Projektion‹ seine Hauptleistung dar. Nach Vorarbeiten am Globus von 1541 wird hierin im Maßstab 1 : 20,6 Millionen am Äquator die Kugel der Erde in einer konformen (winkeltreuen), normalachsigen Zylinderabbildung mit rechtwinklig aufeinander stehenden Längen- und Breitenkreisen in die Kartenebene projiziert – in M.s Worten in der Legende der Karte: »Wir haben die Breitengrade nach den Polen zu allmählich in demselben Verhältnis vergrößert, wie die Parallelkreise in ihrem Verhältnis zum Äquator zunehmen ...« Damit war nämlich erstmals das eine der beiden für die großen Entdeckungsreisen wichtige navigatorische Problem, die winkeltreue Projektion der Erdoberfläche, gelöst, in der eine ›Kursgleiche‹ (Loxodrome) als die Linie, die auf der Kugel sämtliche Längenkreise (Meridiane) unter demselben Winkel schneidet, als Gerade eingetragen werden kann – so daß diese Projektion noch heute die wichtigste für navigatorische Zwekke bildet. Unabhängig von M. hatte sich auch der portugiesische Mathematik-Professor in Coimbra *Pedro Nunes* (spanisch *Pedro Nuñez*, lateinisch *Petrus Nonius*; * 1492 Alcácer do Sal, † 11.8.1578 Coimbra) mit der Linie gleichen Kurses, die sich spiralig um die Erdkugel zu den Polen windet, beschäftigt, nachdem erstmals der Nürnberger Kartograph und Kompaßbauer *Erhard Etzlaub* (* um 1460, † 1532) auf einem Kompaßdeckel die Alte Welt mit polwärts wachsendem Breitenmaßstab abgebildet hatte; doch die mathematische Fundierung des Kartenentwurfs in M.-Projektion gelang über Ansätze zu einer Differentialgleichung der Loxodrome erst später (1666) M.s damals in England wirkendem Namensvetter *Nicolaus Mercator* (* um 1619 Eutin [damals zu Dänemark], † 14.1.[?] 1687 Paris).

Das andere navigatorische Problem bestand in der Ermittlung der geographischen Länge (nur daraufhin konnte *C.* → *Columbus* sich ja am Ende seiner Fahrten in ›Indien‹ wähnen), für dessen Lösung *Gemma Frisius* 1530 die Konstruktion auf See genau gehender Uhren vorgeschlagen hatte, was jedoch erst dem englischen Uhrmacher *John Harrison* (* 24.3.1693 Gut Nostell Priory [Yorkshire], † 24.3.1776 Barrow) aufgrund zahlreicher Neuerungen mit seinen Schiffschronometern ab 1735 gelingen sollte, nachdem 1714 das britische Parlament einen hohen Preis für brauchbare Methoden zur Ermittlung der geographischen Länge ausgeschrieben hatte (›Longitude Act‹). Allerdings war *Harrison* erst nach langem Ringen 1773 ein Teil des Preises zuerkannt worden, weil die hauptsächlich mit Astronomen besetzte Kommission der astronomischen Lösung mittels Mondpositionen, wie es bereits *A. Vespucci* an der amerikanischen Ostküste getan hatte, so daß er *Columbus* hatte korrigieren können, und wie es 1514 *J. Werner* generell vorgeschlagen hatte (im Falle einer Mondfinsternis schon von → *Heron von Alexandria* praktisch durchgeführt), erste Priorität einräumte, woraufhin *T.* → *Mayers* Witwe für dessen Mondtafeln ein Teil des Preises gewährt wurde. [Krafft]

Bibl.: Pogg. VII a Suppl., 431–434. – *Lit.*: DSB IX, 309 f. (G. Kish); GWG V, 82–97 (E. Bernleithner); A. Averdunk / J. Müller-Reinhard: G. M. und die Geographen unter seinen Nachkommen.

In: *Petermanns Geographische Mitteilungen*, Erg.Heft 182 (1914), 125–144; G. M. – 1512–1594. Zum 450. Geburtstag (Duisburger Forschungen 6, 1962); M. Büttner u.a. (Hrsgg.): Duisburger M.-Studien (2 Bde, Bochum 1993–1994); M. Büttner: Neue Wege der M.-Forschung (Bochum ²1995). – H. Hobden / M. Hobden: John Harrison and the Problem of Longitude (Lincoln 1988).

Meyer, Julius *Lothar*, deutscher Chemiker, * 19.8.1830 Varel [Oldenburg], † 11.4.1895 Tübingen.

M. war der Sohn eines Amtsarztes und das vierte von sieben Kindern. Die älteren Geschwister starben jedoch recht früh, und auch M. kränkelte in seiner Jugend und wurde von starken Kopfschmerzen geplagt. Der Vater nahm ihn deshalb einige Zeit aus der Schule und ließ ihn bei einem Gärtner an der frischen Luft arbeiten. Gekräftigt trat M. in das Gymnasium in Oldenburg ein und machte 1851 das Abitur. M. liebte die aufkommenden Naturwissenschaften ebenso wie die alten Sprachen. An der Universität Zürich studierte er Medizin und hörte dort bei dem Physiologen *C. F. W. Ludwig*. Dann zog er zu dem berühmten *R. → Bunsen* nach Heidelberg, wo er *A. → Kekulé*, *Friedrich Konrad Beilstein* (* 5./17. [a./n. St.] 2.1838 St. Petersburg, † 5./18.10.1906 ebenda) und andere später bekannt gewordene Chemiker kennenlernte. Ab Herbst 1856 vervollkommnete er in Königsberg, einem anderen damaligen naturwissenschaftlichen Forschungs- und Ausbildungszentrum, seine Kenntnisse in Physik bei *F. → Neumann*, bei dem damals auch sein jüngerer Bruder *Oskar Emil Meyer* (* 15.10. 1834 Varel, † 21.4.1909 Breslau, zuletzt dort Professor für Physik) studierte. Mit der Arbeit ›Über die Gase des Blutes‹, in der man die Bunsensche Schule erkennt, promovierte M. 1857 in der medizinischen Fakultät in Würzburg und erwarb 1858 mit der Abhandlung ›De sanguine oxydo-carbonico infecto‹ in Breslau auch den philosophischen Doktorgrad. Mit den Vorarbeiten zu dieser physiologischen Untersuchung über die Einwirkung des Kohlenmonoxids auf das Blut hatte er schon in Königsberg begonnen. 1859 habilitierte er sich auch in Breslau mit der Schrift ›Über die chemischen Lehren von Berthollet und Berzelius‹ für Physik und Chemie. Für M. war ebenso wie für *D. I. → Mendelejew* der internationale Chemikerkongreß zu Karlsruhe im September 1860 bedeutungsvoll. *S. → Cannizzaro* hielt dort seinen eindrucksvollen Vortrag zur Vereinheitlichung der Atomgewichte, der mit dem damaligen Chaos der Äquivalent-, Atom- und Molekular-Gewichte aufräumte und der chemischen Atomistik zu einem neuen Start verhalf. Mit seinem Büchlein ›Die modernen Theorien der Chemie und ihre Bedeutung für die chemische Statik‹ (1864) versuchte M., Klarheit in die widerstreitenden Meinungen zu bringen, aber auch ausgleichend zu wirken, indem er einerseits an *C.-L. → Berthollet* anschloß und andrerseits die Notwendigkeit der atomistischen Hypothese darlegte. Das Büchlein wurde später mehrfach neu aufgelegt und erweitert und wuchs zu einem umfangreichen Lehrbuch an; es gilt als M.s wichtigstes Werk. Vom Herbst 1866 an war M. als Dozent für Naturwissenschaften an der Forstakademie in Eberswalde tätig. 1868 folgte er einem Ruf als Professor der Chemie an das Polytechnikum (später: Technische Hochschule) zu Karlsruhe; 1876 wurde er an die Universität Tübingen berufen.

Bei seinem Fortgang aus Eberswalde übergab M. seinem Nachfolger ein Manuskript, aus dem hervorgeht, daß er schon vor Bekanntwerden der Arbeit *Mendelejew*s unabhängig an den Gedanken weitergearbeitet hat, die sich in dem Büchlein von 1864 finden und die dann zu dem Entwurf des Periodensystems führten. M. versuchte Chemie und Physik wieder einander näher zu bringen und das umfangreiche empirische Material, das die Chemiker zusammengetragen hatten, ohne übertriebene Angst vor

Hypothesen nach bestimmten Gesichtspunkten neu zu ordnen. Ein bereits 1864 ausgesprochener Gedanke erscheint heute besonders bemerkenswert: Aus den Differenzen der Atomgewichte glaubte er entnehmen zu können, daß die Atome vielleicht selbst wieder aus Unterbausteinen als Teilchen einer Urmaterie zusammengesetzt sind. Hier steht M. ganz im Gegensatz zu seinem Rivalen *Mendelejew*, der Individualität und Einzigartigkeit der chemischen Atome forderte. Als 1869 in der Zeitschrift für Chemie die kurze Mitteilung über die grundlegende Arbeit *Mendelejews* über das Periodensystem erschien, veröffentlichte M. dann sofort in ›Liebigs Annalen‹ 1870 seinen Artikel ›Die Natur der chemischen Elemente als Funktion ihrer Atomgewichte‹, in dem er auch auf *Mendelejew* hinwies. Beiden Forschern gebührt das Verdienst, unabhängig voneinander und von der gleichen Idee ausgehend das Periodensystem der chemischen Elemente aufgestellt zu haben. Es leitete eine neue Etappe in den Naturwissenschaften ein.

Von seinem umfangreichen Wirken auf praktischem und theoretischem Gebiet kann nur einiges genannt werden: Auf M. gehen viele Geräte der Laboratoriumstechnik zurück, wie ein Thermoregulator und das Trockenschränkchen aus Aluminium. Die Methode, Jodwasserstoff aus Jod, rotem Phosphor und Wasser darzustellen, stammt von ihm. In der organischen Chemie befaßte er sich viel mit den Paraffinen und den Halogenaustausch- und -substitutionsreaktionen, ebenfalls mit der Nitrierung von Phenyl- und Benzylverbindungen. M. griff auch in das vieldiskutierte Problem der Konstitutionsformel des Benzols ein und schlug eine sogenannte zentrische Formel vor (die überschüssigen Bindungen im Benzolring sind dabei nach dem Zentrum gerichtet). Weitere Arbeitsgebiete waren Katalyse, Gasanalyse und Thermochemie mit Affinitätslehre. M.s Sorge galt aber auch der Weiterentwicklung des Schulwesens und der Hochschule. [Wiederkehr]

Werke: L. M. – D. Mendelejeff: Das natürliche System der chemischen Elemente. Abhandlungen, hrsg. von K. Seubert (Leipzig 1895, Frankfurt am Main ³1996). – *Bibl.*: Pogg. VII a Suppl., 444 f. – *Lit.*: ADB LV, 830–833 (Bredig); GCh II, 229–287 (P. Walden); DSB IX, 347–353 (O. T Benefey); K. Seubert: L. M. In: *Berichte der deutschen chemischen Gesellschaft* 28 (1896), 1109–1146 (mit Bibl.); J. W. van Spronsen: The Periodic System of Chemical Elements: A History of the First Hundred Years (Amsterdam usw. 1969); K. Danzer: Dmitri I. Mendelejew und L. M., die Schöpfer des Periodensystems der chemischen Elemente (Leipzig 1971, ²1974); G. Schwanike: Aus dem Leben des Chemikers J. L. M. und über seine epochemachenden Arbeiten auf dem Gebiet der Chemie im 19. Jahrhundert (Varel 1995).

Minkowski, Hermann, deutscher Mathematiker, * 22.6.1864 Alexotas [bei Kowno], † 12.1.1909 Göttingen.

Mit kaum 16 Jahren bezog M. die Universität Königsberg als Student der Mathematik. Später wurde er hier Professor, dann in Zürich und ab 1902 in Göttingen. – Ostern 1881 stellte die Pariser Akademie als mathematische Preisaufgabe das Problem, die Anzahl der Zerlegungen einer ganzen Zahl in eine Summe von fünf Quadraten zu bestimmen. Zwei Jahre später wurde der Preis dem 19jährigen M. zugesprochen, zusammen mit dem kurz zuvor verstorbenen irischen Mathematiker *Henry John Stephen Smith* (* 2.11.1826 Dublin, † 9.2.1883 Oxford). Die glänzende Lösung der Preisaufgabe gelang M., indem er die allgemeine Theorie der quadratischen Formen entwickelte. Denn was *C. F. → Gauß* in der Theorie der binären quadratischen Formen (d.h. der Ausdrücke der Gestalt $ax^2+bxy+cy^2$ mit ganzzahligen Koeffizienten a, b, c) begonnen und *P. G. → Dirichlet* fortgesetzt hatte, wurde von M. auf quadratische Formen in beliebig vielen Variablen ausgedehnt. Bei seinen späteren umfangreichen Untersuchungen zur Zahlentheorie zog M. in beispielloser Weise anschauliche geometrische Vorstellungen heran, die es ihm erlaubten, tiefliegende Fragen zu bewältigen. So wurde durch ihn die Geometrie in engen Zusammenhang mit der Zahlentheorie gebracht, nachdem bereits seit *L.* → *Euler* die Analysis in immer stärkerem Maß zur Lösung zahlentheoretischer Probleme Anwendung gefunden hatte und sich seit *J. L.* → *Lagrange*, *N. H.* → *Abel* und *Gauß* auch die Beziehungen zur Algebra herauszuschälen begonnen hatten. Seinem unvollendet gebliebenen Werk gab M. den bezeichnenden Titel ›Geometrie der Zahlen‹. Sein enger Freund *D.* → *Hilbert* schrieb darüber begeistert: »Und in der Tat, welche Fülle der verschiedenartigsten und tiefliegendsten arithmetischen Wahrheiten werden in diesem Hauptwerk M.s durch das geometrische Band gehalten und verknüpft!«

Weiten Kreisen bekannt wurde M. durch den kaum vier Monate vor seinem frühen Tode auf der 80. Versammlung Deutscher Naturforscher und Ärzte in Köln gehaltenen Vortrag über ›Raum und Zeit‹, den er mit den Worten einleitete: »Die Anschauungen über Raum und Zeit, die ich Ihnen hier entwickeln möchte, sind auf experimentell-physikalischem Boden erwachsen. Darin liegt ihre Stärke. Ihre Tendenz ist eine radikale. Von Stund an sollen Raum für sich und Zeit für sich völlig zu Schatten herabsinken, und nur noch eine Art Union der beiden soll Selbständigkeit bewahren.« *A.* → *Einstein* hatte 1905 die Elektrodynamik bewegter Körper behandelt und dabei die kurz zuvor von *H. A.* → *Lorentz* aufgestellten Transformationsgleichungen herangezogen, wodurch die Vorstellung einer einheitlichen, in allen physikalischen Systemen gültigen Zeit über Bord geworfen wurde (Spezielle Relativitätstheorie). M., der übrigens einer von *Einsteins* Lehrern war, erkannte, daß man Raum und Zeit in den physikalischen Formeln zu einem neuen Oberbegriff verschmelzen müsse, der die Raumkoordinaten x, y, z und die Zeitkoordinate t zusammenfaßt zu einem vierdimensionalen Kontinuum. Darin lassen sich die Gesetze der Mechanik und der Elektrodynamik in besonders einfacher und symmetrischer Form darstellen. Als Invariante bei Lorentz-Transformationen erhält man den Ausdruck $x^2 + y^2 + z^2 - c^2t^2$ (c = Lichtgeschwindigkeit), der die Beschaffenheit dieser ›M.-Welt‹ charakterisiert. Sie umfaßt als Spezialfall die Klassische Physik.

[Scriba]

Werke: Gesammelte Abhandlungen, hrsg. von D. Hilbert (2 Bde, Leipzig/Berlin 1911; Nachdruck: 1967); Briefe an David Hilbert, hrsg. von L. Rüdenberg/H. Zassenhaus (Berlin usw. 1973); Ausgewählte Arbeiten zur Zahlentheorie und zur Geometrie. Mit D. Hilberts Gedächtnisrede, hrsg. von E. Krätzel/B. Weisbach (Leipzig 1989). – *Bibl.*: Pogg. VII a Suppl., 449. – *Lit.*: DSB IX, 411–414 (J. Dieudonné); H. Goenner u.a.: The Expanding Worlds of General Relativity (Basel usw. 1998).

Mitscherlich, Eilhard, deutscher Chemiker, * 7.1.1794 Neuende [Oldenburg], † 28.8.1863 Berlin.

Der Vater M.s war Pastor in dem kleinen oldenburgischen Ort Neuende. Wegen der günstigeren Schulverhältnisse kam M. nach Jever zu dem Konrektor Schlosser in Pension, und dieser weckte in dem Jungen das Interesse für geistesgeschichtliche Fächer. An der Heidelberger Universität studierte er zunächst orientalische Sprachen. Danach ging er nach Göttingen, um sich hier der Medizin und der Chemie zuzuwenden. Als frisch Promovierter zog M. nach Berlin und arbeitete dort in einem chemischen Laboratorium. Auf Kosten des preußischen Staates durfte M. zwei Jahre lang bei dem großen *J. J.* → *Berzelius* in Schweden seine chemischen Kenntnisse vervollkommnen. 1822 wurde er in Berlin außerordentlicher Professor, drei Jahre später Ordinarius.

In Berlin wurde der erst vierundzwanzigjährige M. fast wie mit einem Schlag ein berühmter Mann: Er entdeckte 1818 die Isomorphie. Als er ähnlich aussehende Kaliumphosphat- und -arsenat-Kristalle herstellte, kam ihm der Gedanke, daß zwischen Form und Zusammensetzung der Kristalle eine innere Beziehung bestehen müsse. Durch den Mineralogen *Gustav Rose* (* 18.3.1798 Berlin, † 15.7.1873 ebenda) ließ er sich in die Kristallographie einführen und konnte so seine Ideen präzisieren und verallgemeinern. Unter bestimmten Voraussetzungen (ungefähr gleiches Atomvolumen) können in analogen Verbindungen, die in der gleichen Form kristallisieren, Bestandteile ausgetauscht werden.

Viele Arbeiten M.s liegen im Grenzgebiet von Chemie, Mineralogie und Kristallographie. 1821 konnte er die Dimorphie am Kalkspat und Aragonit klarstellen, 1823 fand er die ungleichmäßige Wärmeausdehnung nichtregulärer Kristalle, 1858 untersuchte er die Wärmeentwicklung bei Kristallverformungen. Die Geologie hat M. besonders auf Reisen um vieles bereichert. In der anorganischen Chemie erweiterte er die Kenntnis von den Modifikationen des Schwefels und entdeckte 1827 die Selensäure. Sein Phosphornachweis, eine Leuchterscheinung bei der Wasserdampfdestillation, wurde den analytisch arbeitenden Chemikern unentbehrlich. Das Verhalten des Mangans und seine Übergänge zu verschiedenen Oxidationsstufen konnte M. aufklären. – Die bewundernswerte Vielseitigkeit dieses Chemikers brachte auch der organischen Chemie wichtige Fortschritte. Intensiv beschäftigte M. sich mit der Katalyse und der Gärung. Bei der Untersuchung der Zuckerarten benutzte er als erster die Fehlingsche Lösung. Seine erfolgreichen Arbeiten über Benzol und Benzolderivate stellen eine erste Grundlage für die spätere Anilinfarbenindustrie dar.

Sein Sohn *Alexander Mitscherlich* (* 28.5. 1836 Berlin, † 31.5.1918 Oberstdorf) entwikkelte als Professor der Chemie an der Forstakademie in Hann.-Münden ein Verfahren (M.-Verfahren), das aus dem Rohstoff Holz den ›Sulfitzellstoff‹ liefert. 1874 stellte er das erste Papier daraus her. [Wiederkehr]

Werke: Gesammelte Schriften. Lebensbild, Briefwechsel und Abhandlungen, hrsg. von A. Mitscherlich (Berlin 1896). – *Bibl.*: Pogg. II, 160–162. – *Lit.*: GCh I, 450–457 (G. Bugge); DSB IX, 423–426 (F. Szabadváry); H.-W. Schütt: Die Entdeckung des Isomorphismus (Hildesheim 1984); H.-W. Schütt: E. M., Baumeister am Fundament der Chemie (München 1992).

Mitschurin, Iwan Wladimirowitsch, sowjetrussischer Pflanzenzüchter und Biologe, * 27.10.1855 Dolgoje [Gebiet Rjasan, heute Mitschurowka], † 7.6.1935 Koslow [heute Mitschurinsk].

M., Sohn eines Kleinbauern, war zunächst in den verschiedensten Berufen vom Bahnwärter bis zum Uhrmacher tätig und begann 1875 in einem Obstgarten bei Koslow mit der Züchtung neuer Obstsorten. Erst nachdem um die Jahrhundertwende ein amerikanischer Botaniker auf ihn aufmerksam geworden war und das amerikanische Landwirtschaftsministerium 1913 seine Pflanzen kaufen wollte, wurde er durch die Sowjetregierung stark gefördert (1934 Genetisches Zentrallaboratorium I.W.M.). M. erhielt unter anderem den Leninorden und galt lange als der ›Vater der Sowjetbiologie‹.

M. züchtete erfolgreich mehrere hundert neue Obst- und Gemüsesorten. Damit konnte die Obstbaumgrenze in der UdSSR erheblich nach Norden verschoben werden. Er entwickelte neuartige vegetative (Pfropfung, Mentormethode) und generative (Verwendung von Pollengemischen u.a.) Züchtungsmethoden, um z.B. die genetischen Barrieren bei der Kreuzung geographisch entfernter Formen zu überwinden. Er deutete seine Beobachtungen mit der Hypothese *J. B. de M.* → *Lamarck*s, daß Umwelteinflüsse den Genotyp verändern könnten (Vererbung erworbener Eigenschaften). Mit dieser nicht haltbaren, aber zur Sowjetideologie erhobenen These bestimmte der sowjetrussische Agrarbiologe *Trofim Denissowitsch Lyssenko* (* 29.9.1898 Karlowka [bei Poltawa], † 20.11. 1976 Moskau) zur Zeit Stalins als Leiter des Moskauer Instituts für Genetik der Akademie der Wissenschaften der UdSSR (1940–1965) maßgeblich die sowjetische biologische Forschung und deren praktische Umsetzung, was aufgrund der von ihm allgemein eingeführten Vernalisation zahlreiche (verheimlichte) Mißernten nach sich zog. [Koch/Meyer-Abich]

Werke: Ausgewählte Werke (Moskau 1949); Ausgewählte Schriften, hrsg. von W. Höppner (Berlin [DDR] 1951, ²1953). – *Lit.*: M. Schmidt: M.s Leben und Werk (Berlin [DDR] ²1949); E. Sankewitsch: Die Arbeitsmethoden der M.schen Pflanzenzüchtung (Stuttgart 1950). – J. Huxley: Soviet Genetics and World Science: Lyssenko and the Meaning of Heredity (London 1949); J.-P. Regelmann: Die Geschichte des Lyssenkoismus (Frankfurt am Main 1980).

Moseley, Henry Gwyn Jeffreys, britischer Physiker, * 23.11.1887 Weymouth [Dorsetshire], † (gefallen) 10.8.1915 Gelibolu [Halbinsel Gallipoli, Türkei].

M. entstammte einer Familie, die bereits bedeutende Naturwissenschaftler hervorgebracht hatte; so waren beide Großväter Fellows der Royal Society. M. erhielt ein Stipendium für Eton, wo er bereits früh mit Experimentalphysik, insbesondere Röntgenexperimenten, in Berührung kam. 1906 trat er aus familiären Gründen in das Trinity College in Oxford ein, lehrte dort ehrenamtlich Physik, fand aber weniger als in Eton Gelegenheit zu selbständiger experimenteller Arbeit. 1910 erhielt er einen Lehrauftrag für Physik an der Universität Manchester und war vorwiegend mit den von *E. → Rutherford* angeregten Versuchen zum β-Zerfall von Radium B und Radium C beschäftigt. Ab 1912 konnte er sich jedoch dank eines von einem Industriellen gestifteten Stipendiums ganz seiner eigenen Forschung widmen.

In den Mittelpunkt traten nun sehr rasch zunächst gemeinsam mit *Charles Galton Darwin* (* 19.12.1887 Cambridge, † 31.12.1962 ebenda) konzipierte Experimente zur Streuung von Röntgenstrahlen. Wegen des Desinteresses von *Rutherford* wurden diese allerdings bei *W. L. Bragg* in Leeds ausgeführt. M. und *C. G. Darwin* wandelten die von *M. von → Laue* und *W. H. → Bragg* ausgeführten Röntgenstrahlinterferenz-Versuche zunächst so ab, daß sie die Streustrahlen mit einer empfindlichen Ionisationskammer untersuchten und somit die Winkelverteilung der Intensität messen konnten. Die allerdings doch noch von den *Bragg*s entdeckten scharfen Intensitätsmaxima der sogenannten charakteristischen Röntgenspektren der Elemente wurden dann von M. eingehend untersucht. Dabei versuchte er offenbar eine Theorie zu überprüfen, die vor allem auch von dem niederländischen Physiker *Jan Abram van den Broek* (* 6.3.1885 Middelharnis [Niederlande], † 21.4.1959 Ann Arbor [Mich., USA]) entwickelt worden war, wonach die chemischen und optischen Eigenschaften der Elemente, insbesondere die Mindestenergie der Kathodenstrahlen, die etwa bestimmte Frequenzen der K-Spektren erzeugen, nicht vom Atomgewicht, sondern von der Ordnungszahl des Elementes abhängig sind. M. versuchte deshalb dort anzusetzen, wo, wie im Fall von Co und Ni, im Periodensystem Elemente abweichend von der Folge wachsender Atomgewichte angeordnet sind. Die im Herbst 1913 durchgeführten Interferenzmessungen ergaben, daß die Frequenz einer bestimmten Linie des charakteristischen Röntgenspektrums im wesentlichen vom Quadrat der Ordnungszahl des Elementes abhängt (M.sches Gesetz). Nachdem diese Beziehung an einer Reihe von gut bekannten Elementen zwischen Ca und Zn bestätigt worden war, konnte M. umgekehrt die Ordnungszahlen der seltenen Erden und verwandter Elemente und deren Anordnung im Periodensystem röntgenspektroskopisch bestimmen und klären. Aufgrund dessen entdeckten dann *Dirk Coster* (* 5.10.1889 Amsterdam, † 12.2.1950 Groningen) und *Georg von Hevesy* (* 1.8.1885 Budapest, † 5.7.1966 Freiburg) 1923 das Hafnium, *Walter Noddack* (* 17.8.1893 Berlin, † 7.12.1960 Bamberg) und *Ida Tacke* (verheiratete *Noddack*, * 25.2.1896 Lackhausen [bei Wesel], † 24.9.1978 Bad Neuenahr) 1925 das Rhenium.

Die Messungen, die M. seit der Jahreswende 1913/1914 unter Verzicht auf das Stipendium in Manchester in Oxford ausgeführt hatte, versuchte er im übrigen so zu erklären, daß die tieferliegenden Elektronen der schweren Elemente ebenfalls den Bohrschen Postulaten (für ein Elektron im Wasserstoffatom) folgen. Allerdings war weder er noch *N.* → *Bohr* in der Lage, eine quantitative Beschreibung der Röntgenemission im Rahmen der Bohrschen Atomtheorie zu geben. Diese Situation änderte sich im Grunde auch dann nicht, als es *W. Kossel* im Herbst 1916 gelang, ein akzeptiertes qualitatives Modell zu entwickeln. [Kaiser]

Lit.: DSB IX, 542–545 (J. L. Heilbron); B. Jaffe: M. and the Numbering of the Elements (Garden City, N.Y. 1971); J. L. Heilbron: H. G. J. M.: The Life and Letters of an English Physicist, 1887–1915 (Berkeley 1974).

Müller, Fritz, deutsch-brasilianischer Biologe, * 31.3.1822 Windischholzhausen [bei Erfurt], † 21.5.1897 Blumenau [Brasilien].

M. studierte ab 1841 in Berlin und Greifswald zunächst mit dem Ziel, Lehrer für die naturgeschichtlichen Fächer zu werden, war auch nach seiner Promotion kurz am Gymnasium in Erfurt tätig, ging aber noch 1845 wieder nach Greifswald, um Medizin zu studieren. Er wurde allerdings 1849 nicht zum Staatsexamen zugelassen, weil er sich 1848 der politischen Opposition angeschlossen hatte, und übernahm zunächst eine Hauslehrerstelle, verließ dann aber 1852 Deutschland und ging als Farmer in die deutsche Ansiedlung Blumenau in der Provinz Sta. Catarina in Brasilien. 1856 bis 1867 war er als Mathematiklehrer in Desterro tätig, danach bis 1876 als Verwaltungsbeamter in Blumenau, schließlich als Forschungsreisender (›Naturalista viajante‹) im Auftrage des National-Museums von Rio de Janeiro.

M. ist durch Untersuchungen auf dem Gebiet der Ökologie über die Biologie und Anatomie von Kletterpflanzen, über Blütenbiologie, Befruchtung und Selbststerilität bei Pflanzen und über den Besuch von Blüten durch Tiere, z.B. durch seine Entdeckung von ›Ameisenpflanzen‹, bekannt geworden. Ferner entdeckte und beschrieb er zahlreiche bislang unbekannte Phänomene der Insekten-Biologie, so unter anderem die Duftapparate männlicher Schmetterlinge. Von besonderer Bedeutung sind auch seine Untersuchungen (ab 1878) zur ›Mimikry‹, ein Begriff, der 1862 durch den englischen Entomologen *H. W. Bates* eingeführt worden war. Noch bekannter wurde M.s kleine Schrift ›Für Darwin‹, in der er bereits 1864 aus entwicklungsgeschichtlichen Untersuchungen an niederen Krebsen das später von *E.* → *Haeckel* formulierte ›Biogenetische Grundgesetz‹ ableitete. Müller stand mit *C.* → *Darwin* und *Haeckel* in regem Briefwechsel.

[Querner]

Werke: Werke, Briefe und Leben, hrsg. von A. Möller (3 Bde in 4 und Atlas, Jena 1915–1921). – *Lit.*: DSB IX, 559–561 (H. L. McKinney); F. Ludwig: Über das Leben und die botanische Tätigkeit Dr. F. M.'s. In: *Botanisches Centralblatt* 71 (1897), 291–302, 347–363 und 401–408; M. W. de Castro: O sabio e a floresta. A extraordinaria aventura do alemao F. M. no tropico brasileiro (Rio de Janeiro 1992).

Müller, Johannes → **Regiomontanus**

Müller, *Johannes* Peter, deutscher Mediziner und Physiologe, * 14.7.1801 Koblenz, † 28.4.1858 Berlin.

M. studierte in Bonn und Berlin Medizin, wurde 1826 Professor in Bonn und 1833 in Berlin (nachdem er sich, höchst ungewöhnlich, dem preußischen Kultusminister selbst dafür empfohlen hatte), wo er unter anderem auch Rektor war. Perioden intensiver Produktivität bei großem Ehrgeiz wechselten mit solchen schwerer Depressionen mit Arbeitsunfähigkeit, denen der preußische Kultusminister großes Verständnis entgegenbrachte.

M. ist durch seine zahlreichen Entdeckungen in Anatomie, Physiologie, Histologie, Embryologie und Zoologie und durch viele bedeutende Schüler – *T → Schwann, R. → Virchow, E. → Haeckel, H. von → Helmholtz* und andere – einer der bedeutendsten Mediziner seiner Zeit geworden. Sein ›Handbuch der (romantischen) Physiologie‹ (2 Bde, 1833–1840) ist ein Meilenstein in der Geschichte der europäischen Medizin. Es trug wesentlich zur Abkehr von der (romantischen) Naturphilosophie *F. W. J. von Schelling*s und *L. → Oken*s hin zur modernen naturwissenschaftlich-experimentellen Medizin bei und begründete vor allem in Deutschland eine fruchtbare Beziehung zwischen Physiologie und klinischer Praxis. Neben dem etablierten Wissen enthält es viele Entdeckungen M.s (wie Zusammensetzung und Koagulation des Blutes, Natur der Lymphe, Untersuchungen zur menschlichen Stimme, Sekretionsprozeß, Elemente des Nervensystems) und war ein mächtiger Stimulus der physiologischen Forschung. Obwohl M. in dem Werk den Vitalismus des 18. Jahrhunderts verließ und dieses eine der Quellen der mechanistisch-physikalischen Auffassung des Lebensprozesses geworden ist, wie sie in der zweiten Hälfte des 19. Jahrhunderts vorherrschte, ist M.s Grundtendenz eher vitalistisch. In einer ›holistischen‹ Theorie der organischen Natur sieht er eine Lebenskraft als Ursache und oberstes Organisationsprinzip der Lebensvorgänge. Später setzte M. das physiologische Experiment – dessen Ergebnisse wesentlich vom Organismus bestimmt werden – von der physikalisch-chemischen Methode ab. Sein Forschungsideal einer ›denkenden Erfahrung‹ aus Empirie und philosophischer Durchdringung wendet sich sowohl gegen eine spekulative Interpretation biologischer Prozesse als auch gegen eine theoretische Bevorzugung des physiologischen Experiments. In seinen späteren Jahren bevorzugte er Vergleich und systematische Beschreibung (wie *G. → Cuvier*) bei vitalistischen Grundauffassungen.

Zu seinen Einzelleistungen gehören das ›Gesetz der spezifischen Energie der Sinnesorgane‹ (1826: jedes Sinnesorgan reagiert auf beliebige Reize – ob mechanisch, chemisch oder elektrisch – stets nur in einer bestimmten, für das Sinnesorgan charakteristischen Weise); die experimentelle Bestätigung des Bell-Magendie-Gesetzes (1831); Forschungen zur Reflexlehre, zu Feinbau und Entwicklung der Drüsen (1830) sowie zur Entwicklungsgeschichte des Urogenitalsystems (1830) und nach 1840 sehr anerkannte Untersuchungen zur vergleichenden Anatomie und Zoologie, vor allem der niederen Wirbeltiere (Klassifikation von Amphibien und Reptilien; Untersuchungen an Singvögeln und Meerestieren – insbesondere Haien, Seesternen, Lanzettfischchen, Seeigeln – mit Exkursionen zur Nord- und Ostsee); Erforschung des Planktons (Müller-Netz).

[Koch/Meyer-Abich]

Lit.: GMikro II, 247–268 (A. Berg); DSB IX, 567–574 (J. Steudel); KMed II, 119–134 (B. Lohff); W. Haberling: J. M. Das Leben des rheinischen Naturforschers (Leipzig 1924); U. Ebbecke: J. M., der große rheinische Physiologe (Hannover 1951); G. Koller: Das Leben des Biologen J. M., 1801–1858 (Stuttgart 1958; mit Bibl.); L. J. Rather u.a.: Johannes Müller and the Nineteenth-Century Origins of Tumor Cell Theory (Canton, Ma. 1986); B. Wahrig-Schmidt/M. Hagner (Hrsgg.): J. M. und die Philosophie (Berlin 1992).

N

Nägeli, *Carl* Wilhelm von (ab 1875), schweizerischer Botaniker, * 26.3.1817 Kilchberg [bei Zürich], † 10.5.1891 München.

N. begann 1836 in Zürich mit dem Studium der Medizin, hörte hier bei *L.* → *Oken* Vorlesungen über Zoologie und Naturphilosophie und ging 1839 nach Genf, um bei *A. P. de* → *Candolle* Botanik zu studieren. Nach seiner Promotion mit einer Arbeit über ›Die Cirsien der Schweiz‹ verbrachte N. den Sommer 1840 in Berlin, um sich mit der Philosophie von *Georg Wilhelm Hegel* (* 27.8.1770 Stuttgart, † 14.11.1831 Berlin) zu beschäftigen, die ihn jedoch enttäuschte. Vom Herbst 1840 bis März 1842 lebte er in Jena und arbeitete bei *M. J.* → *Schleiden*. 1845 bis 1852 wirkte er wieder in Zürich, wo er sich habilitierte und 1849 zum außerordentlichen Professor ernannt wurde. 1852 wurde er an die Universität Freiburg berufen, 1855 kehrte er als Professor für Allgemeine Botanik am neu begründeten Polytechnikum nach Zürich zurück. Bereits 1857 folgte er schließlich einem Ruf an die Universität München und wurde zugleich Leiter des Botanischen Gartens und Kurator der botanischen Sammlungen der Bayerischen Akademie der Wissenschaften, zu deren Mitglied er 1859 gewählt wurde; 1889 ließ er sich emeritieren.

Die wissenschaftliche Arbeit N.s stand zunächst ganz unter dem Einfluß von *Schleiden*, der damals gerade seine ›Grundzüge der wissenschaftlichen Botanik‹ verfaßte. Dementsprechend wandte sich auch N. in Jena mikroskopischen Untersuchungen über den Aufbau der Pflanze und über die Teilung von Zellen zu. Er gründete zusammen mit *Schleiden* die ›Zeitschrift für wissenschaftliche Botanik‹ und eröffnete diese mit dem programmatischen Aufsatz ›Über die gegenwärtige Aufgabe der Naturgeschichte, insbesondere der Botanik‹. Auf dem Gebiet der Pflanzen-Zytologie hat er eine Reihe wichtiger Entdeckungen gemacht; sie betreffen das Teilungsmuster der Scheitelzellen und damit das Wachstum des Sprosses, das Wachstum der Wurzel, den Bau einzelliger Algen, die Teilung der Pollenkörner sowie den Aufbau der Zellwand und den der Stärkekörner. Dazu stellte er zwei Theorien auf: Die Intussuszeptionstheorie, die eine Zwischenlagerung von Teilchen postulierte – während *H. von Mohl* die Theorie der Auflagerung (Apposition) vertrat –; sie setzte sich durch und stellte sich erst nach Jahrzehnten als unrichtig heraus. Dagegen fand die Micellartheorie, die besagte, daß ›organisierte Substanzen‹ (Zellwände, Stärkekörner), aus »kristallinischen, doppelbrechenden Molekülverbänden bestehen, die [...] in bestimmter regelmäßiger Anordnung nebeneinander liegen«, lange Zeit keine Anerkennung; erst durch röntgenographische Untersuchung nach der Debye-Scherrer-Methode erwies sie sich als zutreffend.

N. beschäftigte sich auch intensiv mit der Artenfrage und führte Bastardierungsversuche durch. Dazu wählte er unglücklicherweise die Arten des Habichtskrautes (Hieracium), die sich dazu nicht eignen. Über Vererbungsfragen stand er mit *G.* → *Mendel* in brieflichem Kontakt und erhielt von diesem auch die Schrift ›Versuche über Pflanzen-Hybriden‹, deren Bedeutung er jedoch nicht erkannte. *C.* → *Darwins* Werk über den Ursprung der Arten nahm er mit großem Interesse zur Kenntnis, lehnte aber den wesentlichen Teil der Theorie *Darwins*, die Selektionstheorie, als »Zufallstheorie« ab. N. entwarf eine eigene Abstammungslehre, die von einer ›Vervollkommnungskraft‹ ausgeht. Die Arten werden als streng umgrenzt angesehen; sie wandelten sich nicht kontinuierlich um, sondern änderten sich in großen Schritten, vergleichbar den später von *H. de* → *Vries* angenommenen Mutationen. In dem Werk ›Mechanisch-physiologische Theorie der Abstammungslehre‹ (1884) machte N. den wichtigen Unterschied zwischen Trophoplasma und Idioplasma; nur das letztere ist für die Übertragung von Eigenschaften von einer Generation auf die andere von Bedeutung. [Querner]

Lit.: GMikro I, 291–297 (H. Heine); DSB IX, 600–602 (R. Olby); NDB XVIII, 702–704 (B. Hoppe); S. Schwenderer: C. W. von N. In: *Bericht der deutschen botanischen Gesellschaft* 9 (1891), Abt. 1, 26–42 (mit Bibl.); C. Cramer: Leben und Wirken von C. W. v. N. (Zürich 1896; mit Bibl.); J. S. Wilkie: N.'s Work on the Fine Structure of Living Matter. In: *Annals of Science* 16 (1960), 11–40, 171–207, 209–239; 17 (1961), 11–40.

Nansen, Fridtjof, norwegischer Polarforscher und Ozeanograph, * 10.10.1861 Store-Fröen [bei Oslo], † 13.5.1930 Oslo.

Während seines Zoologie-Studiums (ab 1880), das er in Kristiania (dem heutigen Oslo) begann und ebendort 1888 mit der Promotion abschloß, war N. (ab 1882) Konservator am Museum in Bergen und arbeitete 1886 am meereskundlichen Institut in Neapel. Nach Abschluß des Studiums fuhr er mit fünf Kameraden als erster ›Auf Schneeschuhen durch Grönland‹ (1888), um eine Vermutung des schwedischen Polarforschers *Adolf Erik von* (ab 1880) *Nordenskiöld* (* 18.11.1832 Helsingfors, † 12.8.1901 auf Dalbyö) zu prüfen; statt der »grünen« Vegetationsinseln fand N. jedoch durchgehendes Inlandeis: Grönland war als zweiter Kältepol erkannt. 1893 brach er erneut auf: Um die von ihm vermuteten Driftströmungen im nördlichen Polarmeer nachzuweisen, ließ er sich mit der eigens zu diesem Zwekke gebauten ›Fram‹ einfrieren, in der Absicht, sich mit dem Eis in die Nähe des Nordpols driften zu lassen. Bei 85°55' N verließ N. das Schiff, sah sich aber bei 86°14' N aufgrund der schwierigen Wegverhältnisse gezwungen umzukehren. N. hatte nie unter allen Umständen den Pol erreichen wollen; wichtiger erschienen ihm immer die wissenschaftlichen Aufgaben der Meeresforschung, wie auch das eindrucksvolle Expeditionswerk ›Scientific Results of the North Polar Expedition 1893–1896‹ (1900 bis 1906) dokumentiert. Das wichtigste Ergebnis war die Entdeckung, daß das Polarmeer nicht, wie damals angenommen, eine Flachsee, sondern eine Tiefsee ist. Aus den Ergebnissen mehrjähriger Messungen der Tiefentemperaturen schloß N., daß sich Golfstromwasser aus dem Europäischen Nordmeer ins Polarmeer ausbreitet und über kaltes Tiefseewasser schiebt, daß das Polarmeer also ein Teil des nordatlantischen Ozeans ist. Ebenso wichtig war die Erkenntnis, daß der durch Wind unter Mitwirkung der inneren Reibung im Wasser erzeugte Driftstrom auf der Nordhalbkugel infolge der Erdrotation eine Rechtsablenkung erfährt.

Entsprechend dieser Interessenverlagerung von der Zoologie zur Meeresforschung wurde N. 1897 ohne Vorlesungsverpflichtung an die Universität in Kristiania berufen, las dort ab 1900 über Ozeanographie und erhielt 1908 eine ordentliche Professur. Neben seinen meereskundlichen Forschungen widmete er sich auch der Völkerkunde (›Eskimoleben‹, 1891; ›Sibirien, ein Zukunftsland‹, 1914) und der Geschichte. Auf dem Hintergrund dieser literarischen Tätigkeit wird sein politischer und humanitärer Einsatz besonders verständlich; ab 1920 gehörte N. als erster norwegischer Delegierter dem Völkerbund an. Er hat die vorzeitige Heimkehr von 50 000 Kriegsgefangenen aus Rußland erreicht; als 1921 durch mehrjährige Dürre an der Wolga 30 Millionen Menschen vom Hungertod bedroht waren, hat er zu ihrer Rettung die ›Nansenmission‹ gegründet; 1922 verschaffte er Hunderttausenden von staatenlosen Flüchtlingen durch den in 52 Staaten gültigen ›Nansenpaß‹ eine neue Heimat und erhielt verdientermaßen den Friedens-Nobelpreis.

[Bäumer-Schleinkofer]

Lit.: DSB XV, 430–432 (L. S. Multhauf); GWG IX, 476–487 (J. Büdel); J. Sörensen: F. N. Saga (Hamburg 1939); L. Nockher: F. N., Polarforscher und Helfer der Menschheit (Stuttgart 1955); L.

Nansen-Høyer: Mein Vater F. N. (Wiesbaden 1957); W. Bauer: F. N. Humanität als Abenteuer (Frankfurt am Main 1981); D. Brennecke: F. N., mit Selbstzeugnissen und Bilddokumenten (Reinbek bei Hamburg 1990); R. Huntford: N., the Explorer as Hero (London 1997).

Nernst, *Walther* Hermann, deutscher Physiker, * 25.6.1864 Briesen [Westpreußen], † 18.11.1941 Gut Ober-Zibelle [bei Muskau, Oberlausitz].

Als Sohn eines Landrichters wuchs N. im ländlich-bäuerlichen Kulmerland auf. Er studierte Physik und Chemie in Zürich, Berlin, Graz und zuletzt in Würzburg bei *F.* → *Kohlrausch.* In seiner Doktorarbeit (1887) behandelte er einen von ihm und *Albert von Ettingshausen* (* 30.3.1850 Wien, † 9.6.1932 Graz) entdeckten thermomagnetischen Effekt (Ettingshausen-N.-Effekt). Zusammen mit dem befreundeten *S.* → *Arrhenius* gehörte N. bald zu der kleinen, aber aktiven Gruppe von Forschern um *W.* → *Ostwald* und wurde von dessen energetischer Betrachtungsweise der Naturvorgänge beeindruckt. Aber im Gegensatz zu *Ostwald* schätzte N., beeinflußt von *L.* → *Boltzmann* in Graz, auch die atomistische Anschauung und Deutung der Phänomene. Er konnte mit Hilfe seines Begriffs der Lösungstension 1889 klären, wie die elektromotorische Kraft in einem galvanischen Element zustande kommt und wie sich aus der chemischen Umsetzung die elektrische Energie berechnet. Daneben gelang es N., eine ionentheoretische Deutung der von *H. von* → *Helmholtz* aufgestellten thermodynamischen Theorie der Konzentrationsketten zu geben. Bald stand die chemische Thermodynamik im Mittelpunkt seines Schaffens. Obwohl die beiden Hauptsätze der Wärmelehre schon lange bekannt waren, bereitete die Berechnung eines chemischen Gleichgewichts große Schwierigkeiten; die Konstanten mußten experimentell bestimmt werden. In Berlin – N. war gerade von Göttingen in die Hauptstadt gekommen und hatte das Institut für Physikalische Chemie der Universität übernommen – sah er 1905 die Lösung des Problems: Für tiefe Temperaturen liefen die Kurven der Wärmetönung und der chemischen Affinität zusammen, der Weg zur Berechnung der Gleichgewichtskonstanten war frei. Das nach N. benannte Wärmetheorem krönt das Lebenswerk dieses Forschers; es wird auch als dritter Hauptsatz der Wärmelehre bezeichnet. In Analogie zu den beiden ersten Hauptsätzen formulierte N. das Theorem – für das er 1920 den Nobelpreis für Chemie erhielt – folgendermaßen: Es ist unmöglich, eine Vorrichtung zu ersinnen, durch die ein Körper völlig der Wärme beraubt, d.h. bis zum Nullpunkt abgekühlt werden kann. Von *M.* → *Planck* wurde der dritte Hauptsatz 1911 mit Hilfe des Entropiebegriffs erweitert.

Die Arbeiten, die N.s Schüler im Institut zur weiteren experimentellen Bestätigung des Wärmetheorems durchführten, gingen zügig voran. Im Frühjahr 1910 zeigte sich, daß die Temperaturkurven der spezifischen Wärmen einfacher Stoffe anscheinend eine Charakteristik befolgen – nämlich einen Abfall bei sehr tiefen Temperaturen –, die von *A.* → *Einstein* drei Jahre zuvor theoretisch vorausgesagt worden war. Mit seinen Meßergebnissen in der Tasche reiste N. zu *Einstein* nach Zürich, Theorie und experimentelle Resultate stimmten gut überein. Der dritte Hauptsatz der Wärmelehre stellte sich als notwendige Konsequenz des Quantenkonzepts schwingender Molekel und ihres Energieaustausches dar. Die Quantentheorie hatte somit neben der Hohlraumstrahlung eine zweite starke Stütze erhalten. *M. Planck* und *A.* → *Sommerfeld* wurden hinzugezogen, und N. organisierte den ersten Solvay-Kongreß in Brüssel (1911), der wesentlich der Quantentheorie zum Durchbruch verhalf.

N.s vielseitige Interessen ließen ihn auch auf ganz anderen Gebieten der Forschung und Technik Früchte ernten. Er konstruierte den elektrischen Freiluftbrenner mit dem nach ihm benannten N.-Stift (1898), einen selektiv strahlenden Glühkörper, der rund ein Jahrzehnt in der Beleuchtungstechnik eine Rolle spielte. Auch ein klangschönes Elektroinstrument, der Neo-Bechsteinflügel (1931), stammt von ihm. N. war für industrielle Entwicklungen aufgeschlossen, und entgegen der damaligen akademischen Tradition scheute er sich nicht, Patente zu nehmen und finanziellen Gewinn daraus zu ziehen. Sein Charakter wies genießerische Züge auf, zuweilen war er auch egozentrisch und ironisch und mancher, der N.s Freundschaft suchte, zog sich zurück. Von 1922 an war er Präsident der Physikalisch-Technischen Reichsanstalt und ab 1924 Inhaber des Lehrstuhls für Physik der Universität Berlin, bis er sich als Neunundsechzigjähriger in den Ruhestand zurückzog. [Wiederkehr]

Werke: Wilhelm Ostwald und W. N. in ihren Briefen sowie in denen einiger Zeitgenossen, hrsg. von R. Zott (Berlin 1996). – *Lit.*: DSB XV, 432–453 (E. N. Hiebert; mit Bibl.); GWG IX, 600–613 (L. Suhling); GPh II, 178–195 (E. N. Hiebert); M. Bodenstein: W. N. In: *Berichte der Deutschen Chemischen Gesellschaft* 75 (1942), 79–104; K. Mendelssohn: W. N. und seine Zeit (Weinheim 1976; zuerst engl., London 1973); H.-G. Bartel: W. N. (Leipzig 1989).

Neumann, *Franz* Ernst, deutscher Mathematiker, Physiker und Kristallograph, * 11.9.1798 Joachimsthal [Uckermark], † 23.5.1895 Königsberg.

N.s Vater war Landwirt und Verwalter. Der Knabe wuchs im großelterlichen Hause auf und, solange der Großvater lebte, auf der Försterei in der Schmelze. Das Lieblingsfach des Gymnasiasten war die Mathematik. Wie die meisten seiner Alterskameraden wurde er als Schüler von einem fast ekstatischen patriotischen Gefühl erfaßt. Während der Befreiungskriege gegen Napoleon meldete er sich als freiwilliger Jäger im Kolberger Regiment. In der Schlacht bei Ligny (1815) riß ihm eine französische Kugel den Oberkiefer weg. Von den Ärzten schon aufgegeben, genas er jedoch. Er mußte dann noch einige Zeit das Gymnasium besuchen, um das Reifezeugnis zu erlangen. In Jena studierte er danach zunächst Theologie und hörte auch bei *L.* → *Oken* Naturphilosophie, bezog dann aber die Universität Berlin. Unter dem Einfluß des bekannten Mineralogen *C. S. Weiß* wandte sich N. endgültig der Mathematik und den Naturwissenschaften zu. Die Studienjahre waren für ihn eine Zeit bitterster Entbehrungen. Sein Vater hatte in der Kriegszeit fast sein gesamtes Vermögen verloren. *Weiß* erkannte jedoch die besondere Begabung N.s und verhalf ihm zu einem Stipendium des Preußischen Staates. Zur Habilitation wurde N. nach Königsberg geschickt; und er hat dort sein weiteres Leben lang gewirkt.

Durch *F. W.* → *Bessel* war zu jener Zeit schon die Provinz-Universität zu einem Mittelpunkt astronomischer Forschung geworden, und N.s Vorlesungen in der Kristallographie und theoretischen Physik machten Königsberg zu einem Anziehungspunkt für die Studierenden der exakten Naturwissenschaften und der Mathematik über Preußens Grenzen hinaus. Das mathematisch-physikalische Seminar unter Leitung von N. und dem Mathematiker *C. G. J.* → *Jacobi* war für lange Zeit das erste seiner Art in ganz Deutschland. N. begründete darin eine Schule der theoretischen Physik, aus der viele bekannte Naturwissenschaftler hervorgingen. Zu ihnen gehören *G. R.* → *Kirchhoff*, sein Sohn *Carl Gottfried Neumann* (* 7.5.1832 Königsberg, † 27.3.1925 Leipzig), *Friedrich Ernst Dorn* (* 27.7.1848 Guttstadt [Ostpreußen], † 13.6.1916 Halle), *L. Sohncke*, *W. Voigt*, *Roland von Eötvös* (* 27.7.1848 Budapest, † 8.4.1919 ebenda) und viele andere.

N.s erste wissenschaftliche Arbeiten sind der Kristallographie gewidmet. Durch die Zonenlehre von *Weiß* kam er auf eine wichtige graphische Kristalldarstellung, nämlich auf die Projektionsmethode. Mit Hilfe ihrer Normalen (der Senkrechten auf den Ebenen) werden die Kristallflächen und ihre Lagen zueinander durch Punkte auf einer Kugel bzw. auf einer Ebene charakterisiert (1823). N. begründete darin auch exakt das mehr als zwei Jahrzehnte zuvor von *R.-J.* → *Haüy* aufgrund von Strukturvorstellungen erkannte Rationalitätsgesetz. Es besagt, daß die Achsenabschnitte einer ebenen Kristallfläche rationale, meist recht einfache Vielfache der Achsenabschnitte einer anderen Fläche desselben Kristalls oder eines Kristalls derselben Art sind. N. bestimmte theoretisch und experimentell die spezifischen Wärmen von Mineralien und benutzte dabei als einer der ersten die Regel von *Pierre Louis Dulong* (* 12.2.1785 Rouen, † 19.7.1838 Paris) und *Alexis Thérèse Petit* (* 2.10.1791 Vesoul, † 21.6.1820 Paris) über die Atomwärme. Ebenso ermittelte er die Wärmeleitfähigkeit, indem er sich anfangs an *J. B. J.* → *Fourier*s berühmtes Werk über die Wärme anlehnte. – Meisterhaft gingen bei N.s Arbeiten Theorie, Experiment und Fehlerdiskussion Hand in Hand. Der Kristallphysik gab er viele und oft entscheidende Impulse.

T. → *Young* und *A.-J.* → *Fresnel* hatten in den 1810er Jahren die Theorie des Lichts in gänzlich neue Bahnen gelenkt. Sie hatten erkannt, daß das Licht sich mit transversalen Wellen ausbreitet. *Fresnel* studierte schon die Doppelbrechung an Kristallen, und *A. L.* → *Cauchy* beschäftigte sich mit diesen Problemen von der mathematischen Seite her. N. leitete die Gesetze der Doppelbrechung ebenso wie *Cauchy*, aber viel einfacher, her (1832). Er behandelte den Äther, in dem sich die Lichtwellen fortpflanzen sollten, wie ein elastisches Medium, das allerdings mit besonderen Eigenschaften ausgestattet sei. N.s Ergebnis stand im Gegensatz zu dem *Fresnel*s. Die Schwingungen des Lichts (eigentlich der Ätherteilchen) sollen innerhalb der Polarisationsebene stattfinden (1835 und 1837), nach *Fresnel* aber senkrecht dazu. Bedenklich war auch, daß nach der Lichtäthertheorie neben transversalen Wellen sich unter gewissen Umständen auch longitudinale Wellen ergeben sollten, die aber niemals beobachtet wurden. Nach *J. C.* → *Maxwell*s elektromagnetischer Lichttheorie wurde der Streit zwischen beiden gegenstandslos. Die Lichtausbreitung geschieht sowohl durch den elektrischen als auch durch den magnetischen Feldvektor, und die beiden Vektoren stehen senkrecht aufeinander. – Einige Arbeiten N.s handeln über Metallreflexion und elliptisch polarisiertes Licht (1834 und 1835), andere über thermische, optische und kristallographische Achsen des Kristallsystems des Gipses (1833) und über die Elastizitätsgesetze der Kristalle (1834). Auch die schwierige Dispersionstheorie bearbeitete N., und er suchte nach dem gesetzmäßigen Zusammenhang zwischen den Schwingungen und Einflüssen der Ätherteilchen und den Teilchen der Körper. Zwei seiner bedeutendsten theoretischen Arbeiten gehören der Elektrizitätslehre an und handeln über die Induktion (1845 und 1847). Zusammen mit *W.* → *Weber*s Arbeit über ein allgemeines Grundgesetz der elektrischen Wirkung (1846) bildeten die Arbeiten N.s die Grundlage der vormaxwellschen Elektrodynamik. N.s Theorie ging ebenso wie die Webersche wohl von *A.* → *Ampère*s Kraftgesetz zwischen zwei stromdurchflossenen Leiterstückchen aus. Dieses Gesetz nahm nur Fernwirkung an; es erwies sich später als unzureichend. Die Überlegungen N.s befolgten jedoch das Gesetz von der Erhaltung der Energie und behielten deshalb großenteils ihre Gültigkeit. N. stellte darin zwei Elementargesetze für die induzierten Ströme und ein Potentialgesetz auf.

Viele Ergebnisse seiner theoretischen und experimentellen Forschungen teilte N. nur in seinen Vorlesungen und im Seminar mündlich mit. Seine Schüler haben später aus ihren Manuskripten noch vieles mit dem Hinweis auf ihn als Urheber veröffentlicht. Besonders *C. G. Neumann*, selbst ein hervorragender Mathematiker und theoretischer Physiker, hat das Werk seines Vaters ergänzt. Als erster versuchte er, die magnetische Drehung der Polarisationsebene des Lichts durch die Wirkung von Molekularströmen zu erklären (1858 und 1863). Auf seine mathematischen Arbeiten gehen das logarithmische Potential und z. T. das Vektorpotential zurück. [Wiederkehr]

Werke: Vorlesungen über mathematische Physik, hrsg. von C. Neumann (7 Bde, Leipzig 1881–1894); Gesammelte Werke, hrsg. von seinen Schülern (3 Bde, Leipzig 1906–1928). – *Bibl.*: Pogg. VII a Suppl., 455–457. – *Lit.*: DSB X, 26–29 (J. G. Burke; mit Bibl.); GPh I, 384–395 (K. M. Olesko); L. Neumann: F. N. Erinnerungsblätter von seiner Tochter (Tübingen 1904); A. Wangerin: F. N. und sein Wirken als Forscher und Lehrer (Braunschweig 1907); A. Trunschke: F. N. und die Königsberger Schule der theoretischen Physik (Diss. Leipzig 1990); K. M. Olesko: Physics as a Calling. Discipline and Practice in the Königsberg Seminar for Physics (Ithaca, N.Y. 1991).

Newton, Sir (ab 1705) Isaac, englischer Physiker und Mathematiker, * 25.12.1642 [a. St.]/ 4.1.1643 [n. St.] Woolsthorpe [Lincolnshire], † 20./31.3.1726/1727 Kensington [heute zu London gehörig].

N.s Lebensdaten spiegeln, wenn man sie genau angibt, die Verwirrung im Kalenderwesen wider, die durch das Nebeneinanderbestehen des julianischen und des gregorianischen Kalenders seit 1582 in Europa herrschte. England rechnete noch bis 1752 julianisch, so daß nach damaliger Zahlung der große Physiker und Mathematiker am Weihnachtstag 1642, nach heutiger Rechnung aber am 4. Januar 1643 geboren wurde. Da, julianisch gerechnet, das Jahr in England erst an dem auf den 1. Januar folgenden 25. März begann, weichen auch die Angaben über N.s Todesjahr voneinander ab, je nachdem, ob man sie im alten (julianischen) oder im neuen (gregorianischen) Stil angibt.

N., dessen Vater (ein Farmer) schon vor der Geburt seines Sohnes verstorben war, soll sich in seiner Jugend durch die Anfertigung von Modellen und mechanischen Apparaten hervorgetan haben, doch ist darüber nichts Sicheres bekannt. Er bezog im Sommer 1661 die Universität Cambridge. 1669 erhielt er die Professur für Mathematik daselbst; 1696 wurde er an die königliche Münzanstalt in London gerufen, der er ab 1699 vorstand. Im Jahre 1703 wählte ihn die Royal Society of London zu ihrem Präsidenten. Verehrt als der größte englische Naturforscher aller Zeiten, wurde N. nach seinem Abscheiden im 85. Lebensjahr in der Westminster-Abtei beigesetzt.

Die in ihm schlummernde Begabung kam 1664 zum Ausbruch, als er, angeregt durch *R. → Descartes* und *J. → Wallis*, bei seinen mathematischen Untersuchungen zur Infinitesimalmathematik und Reihenlehre vorstieß. Daraus entwickelte er dann die Fluxionsrechnung. In ihr werden veränderliche Größen als fließende, als sich bewegende, vorgestellt; dem mathematischen Gehalt nach stimmt sie mit dem Leibnizschen Infinitesimalkalkül (*G. W. → Leibniz*) überein. Fast gleichzeitig und begünstigt durch einen monatelangen, durch die Pestgefahr bedingten Aufenthalt auf der elterlichen Farm entdeckte N. die Zusammensetzung des weißen Lichtes aus den Spektralfarben, d.h. aus Strahlen verschiedener Brechbarkeit. N.s Entdeckung warf erneut die Frage nach der Natur des Lichtes auf. Er selbst vertrat in der erst 1704 veröffentlichten Abhandlung ›Opticks‹ eine mit Vibrationsvorstellungen verbundene Korpuskulartheorie im Gegensatz zu der von *C. → Huygens* verfochtenen Undulationstheorie. Im Jahr 1668 konstruierte N., um Farbfehler zu vermeiden, ein Spiegelteleskop; es war dem von *J. → Gregory* nicht lange zuvor bekanntgemachten Spiegelteleskop in der Konstruktion überlegen und das erste Instrument dieser Art, das angefertigt wurde, und zwar von N.s eigener Hand. Auch die Keime des Hauptwerkes, der fundamentalen ›Philosophiae naturalis principia mathematica‹ (1687, ²1713, ³1726), entstanden während der ersten Schaffensperiode in N.s Leben. Es ist das älteste umfassende

Lehrbuch der theoretischen Physik und ihrer Anwendung auf die Himmelskörper. Die ›Principia‹ stellen die mathematisch exakte und vollständige Durchführung eines einfachen, aber damals neuen Gedankens dar: N. leitete mathematisch ab, daß die Wirkung der Schwerkraft, deren Bedeutung für den freien Fall auf der Erdoberfläche *G.* → *Galilei*s Untersuchungen bald erkennen ließen, weit über die irdische Welt hinausgeht, indem er zeigte, daß die Bahnen des Mondes und der Planeten allein durch das Trägheitsprinzip und den Einfluß der Gravitation (und nicht durch die von *Descartes* postulierten Wirbel) bestimmt sind. Damit war zum ersten Mal bewiesen worden, daß auch die himmlischen Körper den auf der Erde geltenden Gesetzen unterworfen sind, sie also nicht wesentlich verschieden sind von der Erde, wie man seit der Antike angenommen hatte. Die Vertauschung der Positionen von Erde und Sonne in unserem Planetensystem durch *N.* → *Copernicus* hatte den Gedanken der Gleichartigkeit von irdischer und himmlischer Materie zwar bereits nahegelegt, *Galilei*s Fernrohrbeobachtungen hatten ihn gestützt, doch erst N.s Ableitung der Keplerschen Gesetze (*J.* → *Kepler*) aus dem allgemeinen Gravitationsgesetz lieferte den unanfechtbaren Beweis. Das von N. geschaffene dynamische System ist auch durch die Relativitätstheorie nicht umgestoßen, sondern lediglich modifiziert und ergänzt worden. Deren Schöpfer *A.* → *Einstein* charakterisierte N. einmal mit den Worten: »In einer Person vereinigte er den Experimentator, den Theoretiker, den Mechaniker und – nicht zuletzt – den Meister der Darstellung. Er steht vor uns: stark, sicher, und einsam; seine Schöpferfreude und seine präzise Genauigkeit zeigen sich in jedem Wort, in jeder Zahl.« [Scriba]

Werke: Opera quae exstant omnia, hrsg. von S. Horsley (5 Bde, London 1779–1785; Nachdruck: Stuttgart-Bad Cannstatt 1964); Philosophiae naturalis principia mathematica. The Third Edition (1726) with Variant Readings, hrsg. von A. Koyré u.a. (2 Bde, Cambridge 1972); Unpublished Scientific Papers, hrsg. von A. R. Hall / M. Boas Hall (Cambridge 1964); Mathematical Papers, hrsg. von D. T. Whiteside (8 Bde, Cambridge 1967–1981); The Optical Papers, hrsg. von A. Shapiro (Bd 1, Cambridge 1984); The Correspondence, hrsg. von H. W. Turnbull u.a. (7 Bde, Cambridge 1959–1978). – *Bibl.*: P. / R. Wallis: N. and Newtoniana 1672–1975. A Bibliography (Folkestone 1977). – *Lit.*: DSB X, 42–103 (I. B. Cohen / A. P. Juskevic; mit Bibl.); GWG VI, 130–157 (K. Figala); KNph 171–186 (W. Kutschmann); GPh I, 194–211 (I. Schneider); F. Wagner: I. N. im Zwielicht zwischen Mythos und Forschung (Freiburg/München 1976); I. Bernard Cohen: The N.ian Revolution (Cambridge 1980); R. Westfall: Never at Rest. A Biography of I. N. (Cambridge 1980); I. Schneider: I. N. (München 1988); A. Rupert Hall: I. N., Adventurer in Thought (Oxford 1992, Cambridge 1996); B. J. T. Dobs: The Janus Faces of Genius. The Role of Alchemy in N.'s Thought (Cambridge 1993); R. Westfall: I. N., eine Biographie (Heidelberg usw. 1996; ursprüngl. engl., Cambridge 1993); A. Rupert Hall: All Was Light: An Introduction to N.'s *Opticks* (Oxford 1993).

Nicolaus von Oresme → **Oresme**, Nicole

Nikolaus von Kues (lateinisch *Nicolaus Cusanus*, eigentlich *N. Cryfftz* oder *Krebs*), deutscher Theologe und Philosoph, * 1401 Kues [an der Mosel], † 11.8.1464 Todi [Umbrien, Italien].

Sohn eines wohlhabenden Moselschiffers und Winzers, studierte N. an der Artistenfakultät in Heidelberg, dann 1417 bis 1423 in Padua, wo er unter anderen den späteren Papst Pius II. zum Freund gewann, Theologie und Kirchenrecht, aber auch griechische Mathematik und Naturwissenschaft, und nach der Promotion ab 1425 in Köln Theologie und Philosophie. Wie in Padua, übte auch hier der Humanismus starken Einfluß auf ihn aus; und N. trug auch selber durch die Wiederentdeckung mehrerer antiker Schriften, darunter der ›Historia naturalis‹ des → *Plinius*, zur Wiederbelebung klassisch-antiken Denkens und Wissens bei. Wegen der Absicht, in die Kirchenpolitik zu gehen, lehnte er zwei Rufe an die neue Universität in Löwen ab und wurde Sekretär des Erzbischofs von Trier, der ihn 1432 als Advokaten auf das Baseler Konzil schickte. Hier legte N. 1433 sein berühmtes kirchen- und staatspolitisches Werk ›De concordantia catholica‹ (›Von der allumfassenden Eintracht‹) vor, das ihn zu einem der Konzilväter machte, aber auch neben anderen Gutachten eine Schrift zur Kalenderreform, die wegen dringenderer Probleme allerdings noch nicht verfolgt werden konnte (und erst 1582 durch ein Dekret Papst Gregor XIII. erlassen wurde). Als es 1437 zur Spaltung des Konzils kam, ging N. mit der Minderheit nach Italien; er gehörte dann der päpstlichen Gesandtschaft an, die den griechischen Kaiser und die Häupter der griechischen Kirche zum Unionskonzil nach Ferrara geleitete, wurde im Anschluß daran aber nach Deutschland entsandt, um das Restkonzil in Basel wieder für den Papst zu gewinnen – was 1448 durch den Abschluß des Wiener Konkordats auch gelang. N. wurde daraufhin zum Kardinal ernannt und erhielt 1450 das Fürstbistum Brixen, trat aber noch Ende des Jahres in päpstlichem Auftrag eine 15-monatige Legationsreise durch Deutschland an, die vor allem der Friedensvermittlung und der Reform des Ordens- und Weltklerus dienen sollte. Im eigenen Bistum trafen seine Reformbestrebungen allerdings aufgrund von Kompetenzstreitigkeiten mit Herzog Siegmund, der gleichzeitig Vogt der Kirche von Brixen war, auf harten Widerstand. N. mußte Ende 1458 sein Bistum verlassen, wurde jedoch vom gerade erwählten Papst Pius II. zum Legaten und Generalvikar für die weltliche Verwaltung Roms, Latiens und Umbriens bestellt und konnte in dieser Eigenschaft Wesentliches zur Erhaltung und Befriedung des Kirchenstaates beitragen. Er starb auf einer Reise nach Ancona, wo der Kreuzzug gegen die Türken beginnen sollte, und wurde in seiner Titelkirche S. Pietro in Vincoli in Rom beigesetzt.

N. ist nicht nur als Kirchenpolitiker hervorgetreten, er gehört auch zu den größten Philosophen und Theologen des Abendlandes und hat mit seinen Vorstellungen und Ideen, die alle von dem Streben nach Einheit und Eintracht beseelt waren, Entscheidendes zur geistigen Vorbereitung der Neuzeit – auch auf dem Gebiet rationaler Naturbetrachtung – geleistet. Naturerkenntnis war für ihn noch Teil von und Weg zur Gotteserkenntnis, und für beide spielen wie bei → *Platon* und im Neuplatonismus mathematische Denk- und Darstellungsweisen eine wesentliche Rolle, um das Unendliche und Absolute erfassen und symbolhaft umschreiben zu können. Da das Unendliche in keinem Verhältnis zum Endlichen steht, liege es nämlich jenseits eines Vergleichs, sei es für uns nicht erkennbar; denn Erkennen ist für N. ein Vergleichen von (noch oder prinzipiell) Unsicherem mit Sicherem, indem diese in ein Verhältnis zueinander gesetzt werden. Das Unendliche als ›Ort‹ der ›coincidentia oppositorum‹ kann deshalb aber auch ebensowenig wie das Absolute in der materiellen Welt der Schöpfung enthalten sein. In Gott fallen dagegen alle Gegensätze – wie die von Gerade und Kreis, von Kreismittelpunkt und -umfang im Unendlichen – zusammen, wenn er auch als das Absolute noch über dieser ›coincidentia oppositorum‹ stehe.

Durch die Verknüpfung dieser Grundgedanken kommt N. 1440 in einem seiner Hauptwerke, dem Dialog ›De docta ignorantia‹ (›Die gelehrte Unwissenheit‹) – eine um 1442 entstandene Schrift ›De figura mundi‹ ist nicht erhalten – zu Konsequenzen auch kosmologischer Art, die zur Auflösung des aristotelisch-ptolemaiischen (→ *Aristoteles*, → *Ptolemaios*) und zur Wegbereitung des copernicanischen Weltbildes (*N.* → *Copernicus*) beitrugen, ohne bereits heliozentrische Ideen vertreten zu müssen: In unvergleichlicher Ferne zum Unendlichen und Absoluten (Gott) ist die endliche Schöpfung Gottes weder absolut kugelförmig begrenzt (Fixsternsphäre) noch mit einer absolut ruhenden Erde in der Mitte versehen. Die Erde muß sich außerhalb der Weltmitte bewegen. Diese fehlende Mittelstellung, die jedoch noch keine Bewegung um eine (ebenfalls *nicht* ruhen könnende) Sonne beinhaltet, hatte dann zur Folge, daß die Erde den anderen Himmelskörpern gleichen muß. Alle gelten folglich als aus den gleichen vier Elementen (Erde, Wasser, Luft, Feuer) schalenförmig aufgebaut (bei den entfernteren schauen wir von außen auf die abgrenzende, leuchtende Feuersphäre; beim Mond befinden wir uns innerhalb seiner Luftsphäre, so daß er uns nicht selbstleuchtend erscheinen kann). Damit die Weltkörper sich dann als separate erhalten können (weil alle ›Erden‹ zur Mitte streben würden), muß N. ihnen ein jeweils spezifisches Schwerezentrum für spezifische Materie zuweisen, so daß irdische Erde (Wasser, Luft, Feuer) sich zum Erdkörper, mondische sich zum Mond, sonnenzugehörige sich zur Sonne usw. vereinen kann. – Eine entsprechende Schweretheorie mußte auch *Copernicus* entwickeln, und in der einen oder anderen Form mußten sie nach den Entdeckungen *G. → Galilei*s, die die ›Erdartigkeit‹ des Mondes und der (inneren) Planeten erwiesen, selbst Geozentriker übernehmen, solange nicht ein Trägheitsprinzip (*I. → Newton*) andere Erhaltungsformen für bewegte ›schwere‹ Körper außerhalb des Weltzentrums denkbar werden ließ.

Eine weitere Konsequenz ist dann auch, daß – ganz im Sinne *Platon*s – absolute Genauigkeit beim Messen nicht erreicht werden kann. Aber gerade deshalb widmete N. sich in der Schrift ›De staticis experimentis‹ (›Über Erfahrungen beim Wägern‹) den bis dahin vorliegenden (vorwiegend aus der arabischen Tradition stammenden) quantitativen Messungen im materiellen Bereich – wie z.B. hydrostatischen Bestimmungen spezifischer Gewichte – und schlug er zahlreiche neue Experimente zur Messung und Meßbarmachung vor, um mittels der Waage unterschiedliche physikalische Eigenschaften näherungsweise bestimmen zu können. Durch den damit verbundenen Nachweis der Bedeutung quantitativer Messungen für ein Naturverständnis über das rationale Erfassen von Eigenschaften der Körper und durch die damit verknüpfte Vorstellung, daß um die sogenannten primären (wesensbestimmenden) Eigenschaften allein Gott als ihr Schöpfer wisse und der Mensch sich mit dem Erfassen der – im Sinne des *Aristoteles* – sekundären (beiläufigen) Eigenschaften, zu denen auch die Quantitäten zählen, zu begnügen habe, gehört N. dann neben den Pariser Nominalisten (*N. → Oresme*) zu den Wegbereitern neuzeitlicher, d.h. quantitativ-experimenteller Naturforschung. Daß er sich in mehreren Schriften auch mit Mathematik, speziell mit den logischen und ontologischen Grundlagen der Mathematik, beschäftigt hat, versteht sich aus dem Gesagten fast von selbst. [Krafft]

Werke: Opera omnia, hrsg. von der Heidelberger Akademie der Wissenschaften (Bd 1 ff., Leipzig 1932 ff., dann Hamburg 1949 ff.; noch unvollständig); Schriften in deutscher Übersetzung [auch latein.-deutsch], hrsg. von der Heidelberger Akademie (Bd 1 ff., Leipzig 1936 ff.; dann Hamburg 1949 ff.). – *Lit.*: E. Meuthen: N. von Kues 1401–1464. Skizze einer Biographie (Münster 1964, [4]1979); A. Lübke: N. von Kues, Kirchenfürst zwischen Mittelalter und Neuzeit (München 1968); E. Meffert: N. von Kues. Sein Lebensgang, seine Lehre vom Geist (Stuttgart 1982); F. Nagel: N. Cusanus und die Entstehung der exakten Wissenschaften (Münster 1984); K. Flasch: N. von Kues. Geschichte einer Entwicklung (Frankfurt am Main 1998).

O

Ockham, Wilhelm von → **Wilhelm von Ockham**

Ohm, *Georg* Simon, deutscher Physiker, * 16.3.1789 Erlangen, † 6.7.1854 München.

O. war der älteste Sohn eines Erlanger Schlossermeisters, der sich in seiner Freizeit mit Philosophie befaßte und seine Söhne in die Mathematik einführen konnte. An seiner Heimatuniversität studierte O. drei Semester, brach dann das Studium ab und übernahm in der Schweiz eine Lehrerstelle (1806). Fünf Jahre später kehrte er nach Erlangen zurück und konnte trotz der wenigen Studiensemester 1811 promovieren und sich für Mathematik habilitieren. Nachdem er in Erlangen einige Semester als Privatdozent gewirkt hatte, erhielt er eine Stelle an der Realstudienanstalt in Bamberg; 1817 zog er als Oberlehrer nach Köln. Dort war O. neun Jahre als Lehrer und Forscher erfolgreich tätig, siedelte dann nach Berlin über und hielt Vorlesungen an der Kriegsschule. 1833 holte ihn der König von Bayern als Professor für Physik an das neugegründete Polytechnikum in Nürnberg; sechs Jahre später wurde O. Direktor dieser Schule, die heute seinen Namen trägt. In den letzten Jahren seines Lebens ging sein Jugendtraum in Erfüllung; er wurde Ordinarius für Physik an der Universität München.

In Köln begann er mit seinen Forschungen zur Elektrizitätslehre und suchte nach dem Zusammenhang zwischen Spannung, Strom und Widerstand; und dies waren Begriffe, die er z. T. erst präzisieren mußte. Eine Formel, 1825 von ihm publiziert, die die Logarithmenfunktion enthielt, war noch nicht richtig. Mit dem Differentialausdruck dieser Funktion konnte er jedoch 1826 und 1827 zu dem mathematisch höchst einfach erscheinenden Gesetz durchdringen, das nach ihm benannt ist und eine neue Epoche in der (damals galvanischen) Elektrizitätslehre einleitete. Auch die Widerstandseinheit (Ω) ist nach ihm benannt. O. unterschied schon zwischen äußerem und innerem Widerstand eines Leiterkreises. Entscheidend für den Erfolg seiner Arbeit war seine Konstruktion eines Torsionsamperemeters, dessen Nadel bei Messungen immer in eine senkrechte Lage zum magnetischen Meridian gebracht wurde. O. hatte auf *J. C.* → *Poggendorffs* Rat gehört und anstelle der ›wogenden‹ galvanischen Elemente ein Thermoelement aus Kupfer und Wismut mit hinreichend gleichbleibender Spannung gesetzt. Er verfolgte an einem dünnen Eisendraht mit einem Elektroskop den Spannungsabfall; auch das Stromverzweigungsgesetz war ihm schon bekannt. – Der Widerhall auf O.s große Entdeckung war merkwürdigerweise recht gering. Nur *G. T.* → *Fechner* wies auf die fundamentale Bedeutung des Gesetzes hin. Enttäuscht zog sich O. von seiner rein wissenschaftlichen Tätigkeit zurück. Erst als die Royal Society in London ihm 1841 die Copley-Medaille verlieh – eine Auszeichnung, die mit dem heutigen Nobelpreis zu vergleichen ist –, wurde die wissenschaftliche Welt auf ihn aufmerksam. Inzwischen hatte sich O. abermals der Forschung zugewandt, dieses Mal akustischen Problemen. Den reinen Ton definierte er als reine Sinusschwingung und führte zur Charakterisierung der Klangfarbe die Fourier-Analyse (*J. B. J.* → *Fourier*) in die Akustik ein. Zuletzt beschäftigte er sich mit der Kristalloptik.

[Wiederkehr]

Werke: Gesammelte Abhandlungen, hrsg. von E. Lommel (Leipzig 1892); L. Hartmann: Aus G. S. O.s handschriftlichem Nachlaß (München 1927). – *Bibl.*: Pogg. VII a Suppl., 465–468. – *Lit.*: DSB X, 186–194 (K. L. Caneva); GPh I, 263–274 (J. Teichmann); H. von Fürchtbauer: G. S. O., ein Forscher wächst aus seiner Väter Art (Berlin 1938, ²1947); E. G. Deuerlein: G. S. O. Leben und Wirken des großen Physikers (Erlangen 1939, ²1954); E. Lommel: G. S. O.'s wissenschaftliche Leistung (München 1989); P. May: G. S. O. – Leben und Wirkung [Ausstellung] (Erlangen 1989).

Oken (eigentlich: *Ockenfuß*), Lorenz, deutscher Naturforscher und Naturphilosoph, * 1.8.1779 Bohlsbach [heute zu Offenburg], † 11.8.1851 Zürich.

Der Sohn eines Schwarzwaldbauern studierte in Freiburg, Würzburg und Göttingen Medizin – hier promovierte er 1804 auch zum Dr. med. und habilitierte sich 1805. Nach einer Tätigkeit als Privatdozent wurde er 1807 außerordentlicher Professor der Medizin und 1812 (bis 1819) ordentlicher Professor für Naturgeschichte in Jena, das er wegen seiner liberalen politischen Aktivitäten (1817 Teilnahme am Wartburgfest) verlassen mußte. 1828 bis 1832 war er Professor in München (wo es wieder politische Kontroversen gab) und ab 1833 in Zürich, wo er auch Rektor wurde.

O. ist der führende Vertreter der romantischen Naturphilosophie und stand wie *J. W. von → Goethe* und andere zeitgenössische Naturforscher (*J. P. → Müller*, *C. G. → Carus*, *A. von → Humboldt*, *K. E. von → Baer*) unter dem Einfluß der Naturphilosophie von *F. W. J. von Schelling*. Seine konzeptuellen Leistungen dienten der systematischen Darlegung der gegliederten Entwicklungsmomente des Organischen. Als konstituierendes Element aller Lebewesen sah er ›infusoriale Schleimbläschen‹ (›Urtiere‹) an (die Keimzelle für die spätere Zell-Lehre von *T → Schwann*). Nur diese seien erschaffen, alle anderen Organismen (auch der Mensch) seien daraus aufgebaut und hätten sich daraus entwickelt. Wie seine Zeitgenossen *G. → Cuvier* und *E. → Geoffroy Saint-Hilaire* suchte O. die Baupläne der Lebewesen zu entdecken. Nach seiner ›Schädelknochentheorie‹ (1807; unabhängig von *Goethe*, dem sie gewöhnlich zugeschrieben wird und mit dem ein heftiger Prioritätsstreit entbrannte) bestehen die Schädel der Säugetiere aus vier zusammengewachsenen Wirbelsegmenten. Das spekulativ-romantische Element kommt wieder deutlicher zum Ausdruck in seinem Versuch, ein auf mathematischen Zahlenverhältnissen basierendes System der Organismen zu schaffen.

O. gab die eigene enzyklopädische Zeitschrift ›Isis‹ (1817–1843) mit biologischen, naturhistorischen und naturphilosophisch-spekulativen Arbeiten heraus. Einen bleibenden Beitrag leistete er 1821 mit dem Vorschlag, alljährlich Versammlungen deutscher Naturforscher und Ärzte abzuhalten, und als Initiator und Mitbegründer der dazu vorgesehenen ›Gesellschaft Deutscher Naturforscher und Ärzte‹ (1822). – O.s Bedeutung wurde unterschiedlich beurteilt. Zu seiner Zeit mit den berühmten Zeitgenossen in einem Atemzug genannt, wurde er mit dem Aufkommen der experimentellen Naturwissenschaft fast gänzlich vergessen, ab 1930 aber im Zuge des Studiums der romantischen Biologie wieder stärker beachtet und später für ideologische Zwecke ausgebeutet (sowohl von den Nationalsozialisten als auch von dem Marxisten Ernst Bloch).

[Koch/Krafft/Meyer-Abich]

Werke: Gesammelte Schriften, hrsg. von J. Schuster (Berlin 1939). – *Bibl.*: Pogg. VII a Suppl., 468–471. – *Lit.*: DSB X, 194–197 (S. Lindroth); J. Schuster: O., der Mann und sein Werk (Berlin 1922); M. Pfannenstiel / R. Zaunick (Hrsgg.): Aus dem Leben und Werk von L. O. (Leipzig 1938–1941); P. von Hasselt: L. O. in Basel (Bern 1946); H. Bräuning-Oktavio: O. und Goethe im Lichte neuer Quellen (Weimar 1959); E. Kuhn-Schnyder: L. O. (1779–1851). Erster Rektor der Universität Zürich (Zürich 1980); S. Mischer: Der verschlungene Zug der Seele. Natur, Organismus und Entwicklung bei Schelling, Steffens und O. (Würzburg 1997).

Olbers, Heinrich *Wilhelm* Matthias, deutscher Arzt und Astronom, * 11.10.1758 Arbergen, † 2.3.1840 Bremen.

O. beschäftigte sich schon während seiner Bremer Schulzeit als Autodidakt mit Mathematik und Astronomie, studierte von 1777 bis zur Promotion 1780 in Göttingen Medizin (und Mathematik) und ließ sich nach einem Jahr Krankenhausausbildung in Wien 1781 als vielbesuchter und hochangesehener praktischer Arzt in Bremen nieder. Neben dieser Tätigkeit beschäftigte er sich zeit seines Lebens des Nachts und, nachdem er 1820 aus Gesundheitsgründen die Praxis hatte aufgeben müssen, fast ausschließlich mit astronomischen Studien – zur Erholung von der anstrengenden Tagesarbeit, wie er zu sagen pflegte.

Bescheiden bezeichnete er als sein größtes Verdienst um die Astronomie, in *F. W. → Bessel* ein Genie entdeckt und gefördert zu haben, doch haben und hatten ihn bereits seine eigenen Beobachtungen, Berechnungen und Entdeckungen zu dem anerkannten und häufig konsultierten Astronomen gemacht, bei dem die geistigen Fäden zumindest der deutschen Astronomie seiner Zeit zusammenliefen, wie die umfangreichen Briefwechsel bezeugen.

Schon während seiner Göttinger Studienjahre muß er, wie eine 1782 veröffentlichte Arbeit über den Kometen von 1779 zeigt, im Besitz jener einfachen Methoden gewesen sein, aus nur drei Beobachtungen die Bahn eines Kometen mit ausreichender Sicherheit berechnen zu können, die er dann später ausarbeitete und *F. X. von Zach* zur Begutachtung überreichte, der sie 1797, durch Kometentafeln ergänzt, ohne sein Wissen drucken ließ. Diese ›Abhandlung über die leichteste und bequemste Methode, die Bahn eines Kometen zu berechnen‹, die 1820 ins Englische übersetzt und 1847 von *J. F. → Encke* neu herausgegeben wurde, begründete O.' internationalen Ruf als Astronom. Die Methode wurde noch das ganze 19. Jahrhundert über mit Erfolg praktiziert. Obwohl O. alle Gebiete der Astronomie seiner Zeit beherrschte, widmete er fortan sein Hauptinteresse der Kometenkunde. Am 1. Januar 1802 fand er als erster den genau ein Jahr zuvor von *G. → Piazzi* entdeckten, jedoch noch nicht sicher als solchen erkannten Planetoiden Ceres im Vertrauen auf *C. F. → Gauß'* Methode an dem von ihm vorherberechneten Ort wieder und entdeckte selbst am 28.3.1802 einen zweiten kleinen Planeten, die Pallas. Nachdem *Karl Ludwig Harding* (* 29.9.1765 Lauenburg, † 31.8.1834 Göttingen), der seit 1800 als Vorgänger *Bessel*s Inspekteur an *J. H. Schröter*s Privatsternwarte in dem benachbarten Lilienthal war, bevor er 1805 als Professor der Astronomie nach Göttingen berufen wurde, beim Zusammentragen von Sternörtern 1804 mehr zufällig mit der Juno den dritten Planetoiden entdeckt hatte, erkannte O., daß alle drei in einer bestimmten Himmelsgegend einander sehr nahe kommen, so daß in dieser Gegend am ehesten die Hoffnung bestünde, weitere kleine Planeten zu finden, da sie vermutlich alle den gleichen Ursprung, einen zerplatzten größeren Planeten, hätten. Am 29.3.1807 entdeckte er dann dort auch die Vesta, die allerdings trotz eifrigen Suchens für fast 40 Jahre der letzte neue Planet sein sollte. – 1820 warf O. die als ›O.sches Paradoxon‹ berühmt gewordene Frage auf, warum bei der unermeßlichen Anzahl von Sternen der Nachthimmel dunkel ist.

Werke: W. O., Sein Leben und seine Werke, hrsg. von C. Schilling (Bd I: Abhandlungen, Bd II, 1–2: Briefwechsel Gauß-Olbers. Berlin 1894–1909; mit Biogr.) [weiteres → Bessel, F. W.]. – *Bibl.*: Pogg. VII a Suppl., 471–473. – *Lit.*: DSB X, 197–199 (L. S. Multhauf); W. O. Focke: W. O., sein Lebenslauf und seine Lebensarbeit (Bremen 1913); W. Stein (Hrsg.): Von Bremer Astronomen und Sternfreunden (Bremen 1958; mit Bibl.); S. L. Jaki: The Paradox of O.' Paradox (New York 1969); S. L. Jaki: O. Studies. With Three Unpublished Manuscripts by O. (Tucson 1991); D. Wattenberg: W. O. im Briefwechsel mit Astronomen seiner Zeit (Stuttgart 1994). [Krafft]

Oresme, Nicole (*Nikolaus von Oresme*), französischer Theologe und Naturforscher, * um 1320/25 in der Diözese Bayeux [Normandie], † 11.7.1382 Lisieux.

O. scheint einer wenig bemittelten Familie zu entstammen; denn er trat 1348 als Theologiestudent in das Kollegium von Navarra der Universität von Paris ein, das Studenten vorbehalten war, welche die Kosten für ein Studium nicht aufbringen konnten. 1356 muß er den Doktor der Theologie erworben haben, da ein solcher Voraussetzung für das Amt des Großmeisters am Kollegium war, das er seit diesem Jahr bis etwa 1362 bekleidete. Ungewiß ist nämlich, ob er dieses Amt oder zumindest seine Lehrtätigkeit in Paris auch während der folgenden Übertragung von kirchlichen Ämtern nach dem Erzdiakonat von Bayeux (1361) weiter ausübte: 23.11.1362 Kanon in Rouen, 10.2.1363 Kanon in Paris, 16.3.1364 Dekan in Rouen. Am 3.8.1377 wurde er zum Bischof von Lisieux gewählt, scheint aber nach der Weihe am 26.1.1378 nicht vor Herbst 1380 dorthin übergesiedelt zu sein.

Der bedeutendste Vertreter der naturphilosophischen Richtung des Nominalismus ockhamistischer Prägung (→ *Wilhelm von Ockham*) in Paris war zweifellos O., dessen große Wirkung teilweise auch darauf zurückzuführen ist, daß er seine wichtigsten Schriften nicht nur in der damaligen Gelehrtensprache des Lateinischen abfaßte, sondern sie als erster auch in seine Landessprache übertrug. Durch die Prägung einer großen Anzahl neuer Ausdrücke legte er den Grundstein für den wissenschaftlichen Wortschatz des Französischen. – In verstärktem Maße ersetzte O. die Frage der Naturphilosophie des → *Platon* und → *Aristoteles* nach dem Wesen und der Natur der Dinge und Vorgänge durch jene nach dem ›Wie‹ eines Vorganges, da ihm als Anhänger der Philosophie des *Wilhelm von Ockham* das Allgemeine als nicht real galt. Hierzu entwickelte er unter dem Einfluß platonischer Ideen eine geometrisch-graphische Methode zur Fixierung aller Arten von Veränderungen in Abhängigkeit von der Zeit. In seiner mehrteiligen Abhandlung ›De difformitate qualitatum‹, auch ›De latitudinibus formarum‹ (›Breite der Formen‹, Eigenschaften) genannt, stellte er diese erste graphische Darstellungsweise von Bewegungen und Veränderungen dar, eine Art Koordinatensystem mit der Zeit als ›Länge‹ und dem jeweiligen Grad oder der Intensität einer Eigenschaft oder Bewegung (Wärme, Geschwindigkeit, aber auch Frömmigkeit und ähnliches) als ›Breite‹. Er weitet also den Anwendungsbereich einer aus der Astronomie und Geographie seit der Antike gebräuchlichen punktuellen Bestimmungsmethode auf Prozesse qualitativer, quantitativer und kinematischer Veränderungen aus und führt damit den späteren Begriff der Funktion ein, der heute wieder eine ähnlich breite Anwendung über Mathematik und Physik hinaus wie bei O. erfahren hat. Nur ein Fall unter anderen war für O. die Anwendung dieser Vorform der analytischen Geometrie *R.* → *Descartes*' auch auf die gleichförmig ungleichförmige, d.h. die gleichförmig beschleunigte, die Fallbewegung, wodurch er zum Wegbereiter der Entdeckung des Fallgesetzes durch *G.* → *Galilei* wurde, indem er aufzeigte, daß das die Bewegung graphisch wiedergebende Dreieck in ein gleichgroßes Rechteck verwandelt werden kann, das die mittlere Geschwindigkeit über denselben Zeitraum bestimmt. Für die Entwicklung der abendländischen Mathematik ist darüber hinaus seine Einführung der gebrochenen Exponenten von großer Bedeutung gewesen, während seine Leistungen für die Physik daneben im wesentlichen in der Übernahme und Ausweitung der Impetustheorie des *Johannes Buridanus* besteht. Ohne direkte Einwirkung auf das spätere Weltbild scheinen dagegen seine auf Ansätzen bei *Buridanus* basierenden äußerst scharfsinnigen Bemerkungen zu den physikalischen und astronomischen Konsequenzen einer möglichen anderen Welt mit rotierender Erde und ruhender Fixsternsphäre gewesen zu sein. Die These, für unsere Welt seit dem ausgehenden fünften vorchristlichen Jahrhundert (*Hiketas*, *Ekphantos*, → *Aristarchos*) immer wieder einmal diskutiert – auch → *Ptolemaios* setzte sich ausführlich mit ihren physikalischen Konsequenzen auseinander –, ist keine Vorwegnahme der Theorie des *N.* → *Copernicus*, da sie nur spekulativ erörtert wird, wenn auch scharfsinniger als durch *Copernicus* selbst, so doch noch ohne Konsequenzen für das Bild der realen Welt, die im wesentlichen die des *Aristoteles* blieb. Veranlaßt wurden solche Überlegungen durch die 1277 vom Bischof von Paris ausgesprochenen Verbote einzelner Lehrsätze der aristotelischen Philosophie, welche die Allmacht Gottes eingeschränkt hätten – wie: daß Gott nur eine Welt hätte erschaffen können, daß Gott die Welt nicht geradlinig bewegen könne usw. [Krafft]

Werke: De proportionibus proportionum and Ad pauca respicientes, hrsg. von E. Grant (Madison/London 1966); Le Livre du ciel et du monde, hrsg. und englische Übersetzung von A. D. Menut / A. J. Denomy (Madison/London 1968; mit Bibl. älterer Ausgaben); Nicole Oresme and the Medieval Geometry of Qualities and Motions: A Treatise of the Uniformity and Difformity of Intensities, lat.-engl. hrsg. von M. Clagett (Madison/London 1968; mit Bibl.); N. O. and the Kinematics of Circular Motion: »Tractatus de commensurabilitate vel incommensurabilitate motuum celi«, lat.-engl. hrsg. von E. Grant (Madison 1971); Quaestiones super de generatione et corruptione, hrsg. von S. Caroti (München 1996); S. Kirchner: N. O.s Kommentar zur Physik des Aristoteles. Kommentar mit Edition der Quaestionen zu Buch 3 und 4 der aristotelischen Physik sowie von vier Quaestionen zu Buch 5 (Stuttgart 1997). – *Lit.*: DSB X, 223–230 (M. Clagett; mit Bibl.); M. Curtze: Die mathematischen Schriften der N. O. (Berlin 1870); L. Thorndike: History of Magic and Experimental Science (8 Bde, New York 1923–1958; Bd 3, S. 398–471); F. Fellmann: Scholastik und kosmologische Reform (Münster 1971, ²1988); P. Souffrin (Hrsg.): N. O., tradition et innovation chez un intellectuel du XIVᵉ siècle (Paris 1988).

Ørsted, Hans Christian, dänischer Physiker, * 14.8.1777 Rudkøbing [Langeland], † 9.3.1851 Kopenhagen.

Ø. entstammte einer armen Apothekerfamilie, die ihm selbst dann, wenn sein Geburtsort nicht fast ohne jede Bildungsstätte gewesen wäre, nicht den Besuch einer höheren Schule hätte ermöglichen können. So waren er und sein jüngerer Bruder, der spätere Minister und Ministerpräsident Dänemarks, mit ihrem unbändigen Lerneifer auf sich selbst angewiesen, verstanden es aber, sich durch Selbststudium und gegenseitige Unterrichtung die für ein Abitur nötigen Kenntnisse anzueignen. 1794 legten sie in Kopenhagen ihr Examen ab, und Hans Christian studierte dann Medizin, weil dies zu seiner Zeit noch die einzige Möglichkeit eines naturwissenschaftlichen Studiums war; schon mit zwölf Jahren hatte er nämlich in der väterlichen Apotheke aushelfen müssen und sich allmählich gute chemische Kenntnisse angeeignet. Es war die Zeit, als *Henrik Steffens* (* 2.5. 1773 Stavanger [Norwegen], † 13.2.1845 Berlin), aus Deutschland zurückkehrend, in Kopenhagen seine geistreichen Vorlesungen über die neue, die Romantische Philosophie und Poesie hielt und auch den jungen Ø. nicht unbeeinflußt ließ. 1797 erhielt dieser die goldene Universitätsmedaille für seine Preisschrift ›Über die Grenzen der poetischen und der prosaischen Sprache‹ (später trug er wesentlich zur Schöpfung einer dänischen naturwissenschaftlichen Sprache bei), und auch mit seiner Dissertation von 1799, welche ›Die Architektonik der Naturmetaphysik‹ behandelte, vermochte er seine naturphilosophischen Interessen – ursprünglich mehr kantischer (*I.* → *Kant*), später vorwiegend romantischer Prägung –, die allerdings auf einem äußerst soliden Fundament physikalischer und chemischer Kenntnisse standen, nicht zu verleugnen. Inzwischen hatte er auch sein pharmazeutisches Examen abgelegt und übernahm 1800 die Verwaltung einer Apotheke. Daneben hielt er Vorlesungen über Chemie und Naturphilosophie. 1801 trat er eine ausgedehnte Studienreise an, die ihn zunächst nach Deutschland führte, wo er längere Zeit in dem Jenaer Romantikerkreis um die Brüder Schlegel, den Naturphilosophen *Friedrich Wilhelm Joseph von* (ab 1806) *Schelling* (* 27.1.1775 Leonberg, † 20.8.1854 Ragaz) und den Physiker *J. W.* → *Ritter*, der den nachhaltigsten Einfluß in ihm hinterließ, verkehrte, später nach Holland und Frankreich. 1803 nach Kopenhagen zurückgekehrt, wurde ihm zwar nicht der vakante Lehrstuhl für Physik übertragen (er galt in erster Linie als Naturphilosoph), doch erhielt er ein fixes Gehalt für eine Experimentalvorlesung, bis er 1806 zum außerordentlichen und 1807 zum ordentlichen Professor für Physik ernannt wurde.

Ø. erwies sich als begeisterter und ausgezeichneter Lehrer, und seine täglich bis zu fünf Stunden umfassenden öffentlichen und privaten Vorlesungen wurden in den folgenden mehr als vierzig Jahren wohl von allen dänischen Studenten und jedem interessierten Kopenhagener Bürger einmal gehört. So verwundert es auch nicht, daß die Entdeckung der Wirkung eines von elektrischem Strom durchflossenen Drahtes auf eine Magnetnadel, welche ihn zum Begründer der dann im wesentlichen von *A. M.* → *Ampère* ausgebauten Lehre des Elektromagnetismus machte, ihm 1820 während einer Vorlesung gelang. Ganz zufällig erfolgte dies allerdings nicht; denn der Gedanke an die Einheitlichkeit der Naturkräfte hatte ihn besonders nach seinem ersten Deutschlandbesuch stets beschäftigt, und ein während seiner zweiten Reise nach Deutschland und Frankreich 1812/13 erst deutsch, dann französisch erschienenes Buch hatte – aufbauend auf der Elektrochemie *J. W. Ritter*s – bereits im französischen Titel von der »Identität elektrischer und chemischer Kräfte« gesprochen. Seit den Untersuchungen *W.* → *Gilbert*s war zwar immer wieder einmal die Meinung vertreten worden, daß Elektrizität und Magnetismus durch dieselbe ›Kraft‹ verursacht würden, doch hatte sich das ausgehende 18. Jahrhundert trotz der gelegentlichen Wahrnehmung, daß ein Blitz Eisen magnetisierte und die Pole einer Magnetnadel umkehrte, gerade zu der gegenteiligen Meinung durchgerungen, und die romantischen Ideen von der Einheit der Naturkräfte fanden unter den Physikern als bloße Spekulationen im allgemeinen keine Anerkennung. Ø. dagegen sah die neu entdeckte, ›strömende‹, sogenannte galvanische Elektrizität als eine ›verborgene‹ Form der statischen Reibungselektrizität an und den Magnetismus als eine noch verborgenere Form, die ein von einem starken Strom durchdrungener Körper an sich genau wie Licht und Wärme um sich herum ausstrahlen müsse. Deshalb wurde ihm auch der Zusammenhang sofort bewußt, als er während eines Versuches einen dünnen Draht, der in einem Bogen die entgegengesetzten Pole zweier Voltascher Säulen verband (*A.* → *Volta*), zum Glühen brachte und dieser leuchtende und Wärme ausstrahlende Draht eine in der Nähe befindliche Magnetnadel leicht ausschlagen ließ. Später bestätigten mit stärkeren Elementen ausgeführte Versuche den zufällig gewonnenen Eindruck. Ø. teilte daraufhin auf vier Seiten eines Rundbriefes allen bedeutenden Physikern und Institutionen seine Entdeckung mit. Die Folge war eine allmähliche weltweite Anerkennung, die ihm eine Häufung von Ehrungen aller Art einbrachte, und eine Flut von Veröffentlichungen über diese neuartige Erscheinung, die an fast allen Instituten sogleich untersucht wurde. Ø. selbst trat später auf rein physikalischem Gebiet noch mit der Erfindung des Piëzometers hervor, mit dem ihm die erste eindeutige Messung der Kompressibilität von Flüssigkeiten gelang.

Im wesentlichen setzte er jedoch weiterhin seine Kräfte für die Popularisierung der Ergebnisse der exakten Wissenschaften und ihrer philosophischen Durchdringung sowie für die Verbesserung des öffentlichen Unterrichts ein.

Nach einer dritten ausgedehnten Informationsreise durch Deutschland, Frankreich und England (1822/23) gründete er die dänische ›Gesellschaft zur Verbreitung der Naturlehre‹, regte nach dem Besuch bei *C. F.* → *Gauß* 1834 den Bau eines magnetischen Observatoriums in Kopenhagen an und erreichte dort auch die Gründung einer Polytechnischen Schule, deren Direktion ihm zusätzlich übertragen wurde.

[Krafft]

Werke: Gesammelte Schriften, hrsg. von K. L. Kannegießer (6 Bde, Leipzig 1850); Naturvidenskabelige skrifter, mit zwei Essays zu seinem Leben und Werk von K. Meyer (3 Bde, Kopenhagen 1920); Selected Scientific Writings, engl. hrsg. von K. Jelved u.a. mit Introduction von A. D. Wilson (Princeton 1997); Correspondance avec divers savants, hrsg. von M. C. Harding (2 Bde, Kopenhagen 1920). – *Lit.*: DSB X, 182–186 (L. P. Williams); GPh I, 319–335 (A. D. Wilson); B. Dibner: Oe. and the Discovery of Electromagnetism (New York ²1962).

Ostwald, Friedrich *Wilhelm*, baltischer Chemiker und Physiker, * 2.9.1853 Riga, † 4.4.1932 Leipzig.

O. war ein echt ›Rigisch Kind‹, wie sich einer seiner akademischen Lehrer einmal ausdrückte. Der Vater war Böttchermeister, Ältester der Gilde St. Johannis und Stadtverordneter. Wilhelm besuchte das Realgymnasium seiner Vaterstadt und erlernte dort neben der Reichssprache Russisch auch Französisch, Englisch und besonders Deutsch. Der Gymnasiast und erst recht der spätere Student fiel seinen Kameraden durch die Vielseitigkeit seiner Interessen auf, darunter, neben den Naturwissenschaften, Photographie und Musik. Dazu kam eine ausgesprochen individualistische Lebenseinstellung. Seine Umgebung konnte er faszinieren, aber auch zum Widerspruch herausfordern. Auf der alten Universität Dorpat ließ er sich 1872 als Student der Chemie einschreiben. Die Arbeiten des jungen Chemikers befaßten sich vornehmlich mit dem Massenwirkungsgesetz. 1878 erwarb er den Doktorgrad. Seine Erstlingsarbeiten wurden in lobender Weise von *Matthew Moncrieff Pattison Muir* (* 1.11.1848 Glasgow, † 2.9.1931 Epsom) besprochen, und der wissenschaftliche Durchbruch war ihm auf Anhieb gelungen. 1881 folgte O. einem Ruf an das Polytechnikum in Riga. Hier konnte er sein ganzes Organisationstalent entfalten. Waren die Studenten bis dahin mehr oder weniger schulmäßig ausgebildet worden, erlernten sie nun auch die wissenschaftliche Arbeitsmethode und erhielten die Möglichkeit zu selbständiger Forschung. Nach der Tätigkeit in Riga folgte die Leipziger Periode (1887–1906); sie war die bedeutendste und schaffensreichste in O.s Leben. Das II. Chemische Laboratorium wurde zum Hauptquartier der ›Ionier‹ – die Ionen, elektrische Bruchstücke der Moleküle, die sich bei der Dissoziation bilden, hatten jener Gruppe von Wissenschaftlern den Spitznamen gegeben. *W.* → *Nernst*, *P.* → *Walden* und andere stärkten dann noch die ›Truppe‹. Heute ist die Physikalische Chemie an allen Universitäten und Technischen Hochschulen vertreten. Seinen Lebensabend verbrachte O., seit 1906 frei von allen Amtsgeschäften, auf seinem Landhaus ›Energie‹ in Großbothen bei Leipzig. Das Haus beherbergt heute das Wilhelm-Ostwald-Archiv.

In dem Grenzgebiet zwischen Physik und Chemie, das sich O. als Arbeitsfeld ausgesucht hatte, erhielt er einen genialen Mitstreiter in *S.* → *Arrhenius*. 1886 kam der Schwede für einige Zeit nach Riga, um im Laboratorium des Polytechnikums zu arbeiten. Zu jener Zeit wandte sich O. elektrochemischen Arbeiten zu. Er stieß auf ein eigentümliches Verdünnungsgesetz, das für organische Säuren (schwache Elektrolyte) gültig ist. Parallel dazu liefen *Arrhenius*' Untersuchungen zur Theorie der elektrolytischen Dissoziation (1887) und die Messungen von *F.* → *Kohlrausch*. Das O.sche Verdünnungsgesetz ergab sich aus der Anwendung des Massenwirkungsgesetzes auf die elektrolytische Dissoziation. Den beiden Forschern gesellte sich bald ein dritter, ebenso berühmter Wissenschaftler hinzu: *J. H. van't → Hoff* aus Holland. Zusammen mit dem weitblickenden Verleger Engelmann gründete O. die ›Zeitschrift für Physikalische Chemie‹ (1. Heft Februar 1887). Die richtungweisenden Arbeiten des neuen Forschungsgebietes sind darin veröffentlicht. In grundlegenden Lehrbüchern brachte O. den Studierenden die neuen Ansichten nahe; er übersetzte auch drei Abhandlungen des Amerikaners *J. W. → Gibbs*; sie erschienen 1892 unter dem Titel ›Thermodynamische Studien‹. Verhältnismäßig spät beschäftigte sich O. mit dem Problem der Katalyse. 1890 erschien seine Abhandlung ›Autokatalyse‹. Für seine Forschungen auf diesem Gebiet, das für die chemische Industrie lebenswichtig ist, erhielt er 1909 den Nobelpreis für Chemie.

O.s Empfänglichkeit für neue Ideen ließ ihn bei der Physikalischen Chemie nicht stehenbleiben. Sein rastloser Geist schweifte in die Naturphilosophie (Herausgeber der ›Annalen der Naturphilosophie‹), in die Geschichte der Chemie (›Ostwalds Klassiker der exakten Wissenschaften‹, ›Elektrochemie‹ u.a.), der er viele wertvolle Impulse gab – ja sogar bis in die weltanschaulich-religiöse Sphäre. Energetische Vorstellungen aus der Thermodynamik versuchte er auch auf nicht naturwissenschaftliche Bereiche zu übertragen. Eine Zeit lang hielt er sogar die Atome für eine überflüssige Hypothese und wollte Materie und Substanz unter dem einzigen zulässigen Grundbegriff der Energie betrachten. Das Äquivalenzprinzip *A. → Einsteins* hat ihn in einigen Punkten bestätigt. – Seine letzte Liebe gehörte der Farbenlehre. Vom Weber-Fechnerschen Gesetz (*E. H. Weber, G. T. → Fechner*) ausgehend suchte er nach Gesetzmäßigkeiten in den empfundenen Farbabstufungen und Harmonien. Er strebte Farbnormen an, entwarf ›Farborgeln‹ und einen Farbatlas mit Hunderten von Farbtönungen.

[Wiederkehr]

Werke: Abhandlungen und Vorträge allgemeinen Inhaltes (Leipzig 1904); F. Herneck (Hrsg.): W. O., Wissenschaft contra Gottesglauben. Aus den atheistischen Schriften des großen Chemikers (Leipzig/Jena 1960); Gedanken zur Biosphäre. Sechs Essays, hrsg. von H. Berg (Leipzig 1978); H. G. Körber (Hrsg.): Aus dem wissenschaftlichen Briefwechsel (2 Bde, Berlin 1961–1969); W. O. und Paul Walden in ihren Briefen, hrsg. von R. Zott (Berlin 1994); W. O. und Walther Nernst in ihren Briefen sowie in denen einiger Zeitgenossen, hrsg. von R. Zott (Berlin 1996); Fritz Haber in seiner Korrespondenz mit W. O. sowie in Briefen an Svante Arrhenius, hrsg. von R. Zott (Berlin 1997); Arthur Rudolf Hantzsch im Briefwechsel mit W. O., hrsg. von J. Stocklöv (Berlin 1998). – *Bibl.*: Pogg. VII a Suppl., 476–482. – *Lit.*: DSB XV, 455–469 (E. N. Hiebert/H.-G. Körber; mit Bibl.); P. Walden: W. O. (Leipzig 1904); W. O.: Lebenslinien [Antobiographie] (3 Bde, Berlin 1925–1927); G. Ostwald: W. O. – mein Vater (Stuttgart/Berlin 1953); N. I. Rodnyj/J. I. Solowjew: W. O. (Leipzig 1977; zuerst russ., Moskau 1969; mit Bibl.); J.-P. Domschke/P. Lewandrowski: W. O. – Chemiker, Wissenschaftstheoretiker, Organisator (Leipzig 1982).

Owen, Richard, englischer Anatom, Paläontologe und Geologe, * 20.7.1804 Lancaster, † 18.12.1892 Richmond.

O. studierte zunächst in Edinburgh Naturgeschichte und Medizin, wechselte 1825 an das St. Bartholomew's Hospital in London, wurde 1826 Mitglied des Royal College of Surgeons und ließ sich im Herbst desselben Jahres als praktizierender Arzt in London nieder. Durch Vermittlung seines Lehrers *John Abernethy* (1764–1831) wurde er Mitarbeiter der Hunterian Collection, und 1836 übertrug man ihm das Amt des Hunterian Professors am Royal College of Surgeons. Nachdem er 1849 auch die Leitung des Hunterian Museums übernommen hatte, wurde er 1856 als Superintendent der naturhistorischen Sammlungen an das Britische Museum berufen. In dieser Eigenschaft setzte er sich sehr für die Errichtung des ab 1871 erbauten Natural History Museums ein, dem er noch bis 1884 vorstand.

O. gilt als einer der bedeutendsten vergleichenden Anatomen Englands im 19. Jahrhundert. Sein Hauptwerk, die ›Comparative Anatomy and Physiology of Vertebrates‹, die von 1866 bis 1868 in drei Bänden erschien und sich größtenteils auf eigene Untersuchungen stützt, zeigt ebenso den Einfluß der idealistischen Morphologie auf sein Denken wie die wissenschaftstheoretisch wichtige Abhandlung ›On the Archetype and Homologies of the Vertebrate Skeleton‹ (London 1848), in der O. die begriffliche Trennung von Analogie und Homologie definiert. Das bei ihm noch typologisch geprägte Verständnis dieser Begriffe erfuhr durch *E. → Haeckel* und *T. H. → Huxley* einen phylogenetisch begründeten Bedeutungswandel. Trotz seiner Freundschaft mit *C. → Darwin* blieb O. zeitlebens ein Gegner der Selektionstheorie. Von seinen Arbeiten zur speziellen Zoologie der Wirbellosen sind insbesondere die Cephalopodenstudien, die Untersuchungen an Limulus und die Beschreibung der Trichina spiralis erwähnenswert. [Geus]

Werke: The Hunterian Lectures on Comparative Anatomy, May-Hune, 1837, hrsg. von P. R. Sloan (Chicago/London 1992). – *Lit.*: DSB XIV, 1894 f. (W. H. Flower); R. S. Owen: The Life of Sir R. O. (2 Bde, London 1894, ³1903, Nachdruck: New York 1994; mit einem Essay von T. H. Huxley: O.'s Position in the History of Anatomical Science); J. W. Gruber/J. C. Thackray: R. O. Commemoration. Three Studies (London 1992); N. A. Rupke: R. O., Victorian Naturalist (New Haven 1994).

P

Paracelsus, Theophrastus (eigentlich: [*Aureolus*] *Theophrastus Bombast von Hohenheim*; der Name *Philippus* taucht zu Lebzeiten des P. nicht auf), schweizer Arzt und Naturforscher, * Ende 1493/Anfang 1494 Einsiedeln [Kanton Schwyz], † 24.9.1541 Salzburg.

P. erwarb sich in Villach unter Anleitung seines Vaters erste Kenntnisse über einheimische Mineralien und Pflanzen sowie als Laborant in den nahegelegenen Mineralbergwerken praktische Kenntnisse in der Chemie. 1509 ging er nach Wien, wo er 1511 ein Medizinstudium begann, das er ab 1513 in Ferrara fortsetzte. Nach seiner Promotion (1515) wanderte P. einige Jahre durch Westeuropa und große Teile Osteuropas, um medizinische und naturkundliche Erfahrungen bei Ärzten, Alchemisten, Hüttenarbeitern und dem gemeinen Volk zu sammeln. 1524 eröffnete er erstmals eine private Praxis in Salzburg, wechselte 1526 nach Straßburg und wurde 1527 Stadtarzt in Basel und Lehrer an der dortigen Universität. 1528 hielt sich P. in Kolmar auf, 1529 in Nürnberg; ab 1530 zog er als Wanderarzt und Laienprediger durchs Land, kehrte 1538 nach Villach zurück und ließ sich 1540 erneut als Arzt in Salzburg nieder, wo er ein Jahr später starb.

P. war ein hervorragender Arzt und Chemiker. Er bekämpfte mit beißendem Spott das tradierte syllogistische System der humoralpathologischen Medizin und wollte nur durch Beobachtung gewonnene Erfahrung (›experientia‹) als Wissen (›scientia‹) anerkennen. Der Mensch wird von ihm als Mikrokosmos aufgefaßt, der dem Makrokosmos entspricht, so daß mit jedem Teil des Kosmos ein bestimmtes Element im Menschen korrespondiert – und erkannt werden kann. Aufgabe des Naturforschers sei es daher, der Natur ihre inneren Mechanismen »abzulauschen«. In P.s gesamtem Werk lassen sich Einflüsse des Neuplatonismus und der

Gnosis nachweisen; er stellte ein vielschichtiges philosophisches Gedankengebäude auf, das eine Synthese von Medizin, Alchemie, Chemie, Religion, Mystik, Mantik und Kosmologie darstellt. Gegenüber beiden Konfessionen, vor allem aber deren Kirchenvertretern nahm er eine sehr kritische Haltung ein, forderte religiöse Toleranz, die für ihn durch den Versuch einer Synthese von Kosmosophie, Astromantik, Eschatologie und Apokalyptik geprägt war, und erstrebte – ähnlich wie *J. → Kepler* – eine natürliche Theologie, die nur Gott(es Wort) und der Natur verantwortlich sei, eine »catholische Kirche des Geistes, des Gewissens und der Prophezei«. In diesem Sinne wurde er ab 1600 von seinen Anhängern postum sogar als Stifter einer neuen Religion gefeiert, der ›Theophrastia sancta‹ als Religion der beiden ›Lichter‹ (lumina), des »Lichtes der Gnaden und Lichtes der Natur«, auf welche p.schen Erkenntnisquellen sich dann auch die Anhänger seiner ›Chymiatria‹ berufen sollten (anstelle der für die Natürliche Theologie und die Protagonisten der modernen Naturwissenschaft wie *G. → Galilei* sich weitgehend ausschließenden, wenn auch nicht widersprüchlichen Erkenntnisquellen des ›liber scripturae‹ [Buch der Bibel/ Offenbarung] und des ›liber naturae‹ [Buch der Natur]).

P. sah sich selbst in erster Linie als Reformator der Medizin, die nach seiner Meinung auf vier Säulen steht: 1. Philosophie im Sinne einer umfassenden Naturkunde, 2. Astronomie als Zeitkunde vom Werden und Zerfall, 3. Alchemie als Kunde vom Stoffprozeß, als Vorstufe zur chemischen Pharmazie, 4. Physica aufgefaßt als Heilkunst, d.h. als Tugend des Arztes, sich dieser Stoffe im rechten Augenblick zu bedienen. Nach P. gibt es drei Grundprinzipien, aus denen alles stofflich zusammengesetzt ist: 1. Salz, Prinzip des Festen (Masse), 2. Sulphur, Prinzip des Brennbaren (Organisation), 3. Merkur, Prinzip des Flüssigen (Aktivität). Auch die vier traditionellen Elemente Feuer, Wasser, Luft und Erde sollen aus diesen drei Prinzipien zusammengesetzt sein. Im gesunden Körper steuert der ›Archeus‹, eine Art dynamisches Lebensprinzip, das harmonische Gleichgewicht der Prinzipien und Elemente; wird das Verhältnis gestört, ist es die Aufgabe des Arztes, es durch eine richtige Diät oder durch chymiatrische Medikamente (Arcana) wiederherzustellen. P. war seiner Zeit weit voraus; indem er Krankheiten auf lokale anatomische Veränderungen zurückzuführen versuchte, schuf er die Keimzelle der modernen Pathologie. Davon ausgehend, daß in der Natur gegen jegliche Krankheit »ihr rechter Feind« existiere, suchte er diese Mittel in den natürlichen Stoffen und Pflanzen aufzufinden und durch die ›Alchymia‹ zu reinigen und zu veredeln, d.h. auf chemischem Wege die wirksamen Bestandteile von Unnützem und Unreinem zu trennen: höchstes Ziel der ›Alchymia‹ sei deshalb die Gewinnung solcher ›Arcana‹. Der Chemie hat P. daraufhin durch systematische Untersuchungen, durch Einführung neuer Arbeitsmethoden und durch die Integration von Metallurgie und Pharmazie neue Impulse gegeben. Besonders bemerkenswert ist die von ihm entwickelte Methode, Alkohol durch Gefrieren zu konzentrieren. Er stellte viele neue Metallverbindungen her und hat die Anzahl der medizinisch verwendeten Chemikalien erheblich vergrößert, wenn diese auch erst allmählich in die Arzneibücher eingingen.

Er hat nicht nur das traditionelle System der Medizin zerstört, sondern es durch eine neue Theorie ersetzt und der modernen Medizin durch die Begründung der Iatrochemie (Chymiatrie), einer ersten pharmazeutischen Chemie als medizinischer Chemie – natürlich noch auf der Grundlage seiner drei Prinzipien –, den Weg bereitet. Seine meist in eine Polemik gegen die traditionell orientierte zeitgenössische Medizin und Pharmazie verpackten Ideen waren allerdings bei seinen noch humoralpathologisch denkenden medizinischen Zeitgenossen höchst umstritten und konnten die Pharmazie (und Medizin) eigentlich erst nachhaltig beeinflussen, als seine ›chymiatrischen‹ Erkenntnisse seit Beginn des 17. Jahrhunderts gelöst vom naturphilosophisch-mystischen Begründungszusammenhang bei ihm selbst als experimentell-naturwissenschaftliches, reproduzierbares Wissen zusammengefaßt wurden. Besonderes Verdienst erwarben sich darin die Paracelsisten *Georg Hartmann* (* 14.1.1568 Amberg [Oberpfalz], † 7.12.1631 Kassel), der den ersten Lehrstuhl für Chymiatrie (mit chemischem Laboratorium) überhaupt innehatte, den der dem Paracelsismus gegenüber sehr aufgeschlossene Landgraf Moritz von Hessen-Kassel 1609 (bis 1627) in Marburg eingerichtet hatte, und *Oswald Croll* (* um 1560 Wetter [bei Marburg], † November/Dezember [vor dem 21.12.] 1608 Prag) mit seinem mehrfach aufgelegten Werk ›Basilica Chymica, continens philosophicam propria laborum experientia confirmatam descriptionem et usum remediorum chymicorum selectissimorum *e Lumine Gratiae et Naturae* desumptorum [im deutschen Titel: *so auß dem Liecht der Gnaden vnd Natur genommen*]‹ (1609). [Bäumer-Schleinkofer/Krafft]

Werke: Sämtliche Werke. 1. Abt.: Medizinische, naturwissenschaftliche und medizinische Schriften, hrsg. von K. Sudhoff (14 Bde, München 1922–1933, Nachdruck: Hildesheim 1996; dazu Registerband, bearbeitet von M. Müller. Einsiedeln 1960), 2. Abt.: Theologische und religionsphilosophische Schriften, hrsg. von K. Goldammer u.a. (Stuttgart 1955 ff.; Register zu den Bänden IV–VII. Stuttgart 1995). – *Bibl.*: Pogg. VII a Suppl., 488–499; K.-W. Weimann: P.-Bibliographie 1932–1960 (Wiesbaden 1963); J. Paulus: P.-Bibliographie 1961–1986 (Heidelberg 1997). – *Lit.*: GCh I, 85–98 (F. Strunz); GWG IV, 930–945 (H. Schipperges); KMed I, 95–112 (H. Schipperges); KNph 99–116 (H. Schipperges); W.-E. Peuckert: T. P. (³Stuttgart 1944; Nachdruck: Hildesheim 1991); W. Pagel: P., an Introduction to Philosophical Medicine in the Era of the Renaissance (Basel usw. 1958, ²1982); J. Hemleben: P., Revolutionär, Arzt und Christ (Stuttgart 1973); I. Kästner: T. B. von H., genannt P. (Leipzig 1985, ²1989); P. Dilg/H. Rudolph (Hrsgg.): Resultate und Desiderate der P.-Forschung (Stuttgart 1993); V. Zimmermann (Hrsg.): P. Das Werk – die Rezeption (Stuttgart 1995); U. Benzenhöfer: P. (Reinbek bei Hamburg 1997).

Parmenides, griechischer Philosoph, * um 515 v. Chr. Elea, † um 445 ebenda.

Xenophanes (* 570 v. Chr. Kolophon, † um 470 Elea), der nach der Eroberung der kleinasiatischen Griechenstädte durch den Perserkönig Kyros II. um das Jahr 545 seine Heimat verlassen hatte, danach als Rhapsode durch die Welt zog und unter anderem nach Malta, Sizilien und Ägypten gekommen war, hatte sich um 480 mit etwa 92 Jahren schließlich im unteritalienischen Elea nahe Paestum, einem griechischen Zentrum, niedergelassen. Die vielfältigen Eindrücke seiner Reisen hatten ihn, der ursprünglich noch unter dem direkten Einfluß der milesischen Naturphilosophen → *Anaximandros* und → *Anaximenes* gestanden hatte, in ständiger Konfrontation mit den vorgetragenen Auffassungen eines Homeros und *Hesiodos* zu einem neuen Gottes- und Weltverständnis vordringen lassen, das besonders starken Einfluß auf P. ausübte. Ob dieser um 480 bereits eine Schule in Elea gegründet hatte, oder ob die Gründung auf *Xenophanes* zurückgeht, ist ungewiß. Ihre große Bedeutung und Ausstrahlungskraft erhielt sie jedenfalls erst unter P. und seinem etwa zwanzig Jahre jüngeren Landsmann und Schüler *Zenon von Elea* (* um 490 v. Chr. Elea, † um 430). Wie sein Lehrer und später → *Empedokles* stellte P. seine Lehren vom Sein und der Natur in der Form eines Lehrgedichtes dar, das um 470 entstand und offensichtlich schnelle Verbreitung fand. Jedenfalls war P. im damals unter Perikles aufblühenden Athen bereits wohlbekannt, als er es in Begleitung *Zenon*s um das Jahr 450 besuchte. Stärkeres Aufsehen als der alternde Lehrer erregte dabei jedoch der Schüler *Zenon*, der mit seinen schnell berühmt gewordenen Paradoxien die eleatische Lehre brillant verteidigte und ihr zum eigentlichen Durchbruch verhalf, weil die logisch ungeschulten Zeitgenossen ihnen hilflos gegenüberstanden.

Der Einfluß dieser eleatischen Philosophie auf das griechische und damit abendländische Denken ist unabschätzbar, und auch für Entstehen und Entwicklung von Naturwissenschaft und Mathematik ist sie von großer Bedeutung gewesen – nicht aufgrund neuartiger Vorstellungen von der wahrnehmbaren Natur, die vielmehr eklektisch den ionischen Naturphilosophen entnommen wurden, sondern dadurch, daß sie diese veränderliche Welt als den Bereich des bloßen Scheins auffaßte – die Veränderlichkeit war ja gerade von seinen Vorgängern als entscheidendes Merkmal materiellen Seins betont worden – und ihm den des Denkens und unveränderlichen Seins gegenüberstellte, über den allein wahre Aussagen gemacht werden können. *Heraklit* (*Herakleitos*, * um 550 v. Chr. Ephesos, † um 480) hatte jene Veränderlichkeit besonders betont. Die Komprimierung seiner Vorstellungen in dem Satz »Alles ist im Fluß (πάντα ῥεῖ)« wurde zwar erst später vorgenommen, doch weisen auch eigene Äußerungen in diese Richtung: »In dieselben Flüsse steigen wir und steigen wir nicht; wir sind, und wir sind sind.«

Gerade gegen diese Relativität des ›ich bin‹ und ›ich bin nicht‹ wendet P. sich mit Nachdruck: Nichts ›ist‹, das gleichzeitig ist und nicht ist; denn wenn es *nicht* ist, dann *ist* es nicht. Solche Lösungen der Kopula ›ist‹ aus dem Satzverband, die ihr (ohne Prädikativum) den Sinn einer Aussage selbst schon beimessen, führten zum Seinsbegriff des P., zu einer strengen Scheidung von Sein und Nichtsein. Das Sein oder besser das Seiende ist für ihn etwas, das der gewohnten sinnlichen Erfahrbarkeit entrückt ist; es ist nichtgegenwärtig, anderswo als das der sinnlichen Erfahrung Zugängliche, aber raumerfüllend, also körperlich. Als Nicht-Gegenwärtiges ist es nur mit der Fähigkeit zu erfassen, die Fernes vergegenwärtigt, mit der Vorstellungskraft, dem Denken. Da Gleiches Gleiches erkennt, sind erkennendes Subjekt und erkanntes Objekt, sind Denken und Sein identisch. Das Sein ist Raumerfüllen, das Seiende ein Raumerfüllendes. Die Funktion des Raumerfüllens ist für alles Seiende gleich; es gibt also nur das Eine, das einheitliche, unterschiedslose Sein, das keiner Veränderung (Bewegung), keinem Entstehen und Vergehen ausgesetzt sein kann. Das Nicht-Seiende wäre auch das Nicht-Ausgefüllte, die Körperlosigkeit und das Leere. Da das Sein sowohl das Volle, das Ausgefüllte, als auch das Reale bedeutet, kann das Leere nicht sein. Das Sein dagegen ist das alles ausfüllende Reale, als eine körperliche (alles umfassende sphärische) Einheit gedacht; und allein diese Gemeinschaft alles Seienden ist denkbar, also erkennbar, nur von ihm lassen sich allgemein gültige und überhaupt Aussagen machen. Einzeldinge, Individuen, können nicht gedacht werden. Ihre sinnlich wahrnehmbare Vielheit, ihre Gesondertheit rührt von der Trennung durch das Unausgefüllte, die Leere, her. Ist diese nicht real, so ist demnach auch die Vielheit der Einzeldinge und ihre Bewegung und Veränderung nichtseiend. Ihre Erfahrbarkeit ist bloßer Trug und Schein; über sie ist nur ein Meinen möglich, kein Denken oder Wissen.

Es ist dann das Verdienst *Zenon*s gewesen, mit seinen Paradoxien gerade das Nichtsein von Raum (Leere), Vielheit, Bewegung und Veränderung in diesem Sinne durch indirekte Beweisführung aufgezeigt zu haben: Sie sind nicht widerspruchsfrei zu denken. So wird Achill nie die Schildkröte einholen, hat sie einmal einen Vorsprung erhalten. Erst → *Aristoteles* sollte mit seinem Begriff des Kontinuum, das nur potentiell überall teilbar, nicht wirklich geteilt ist, ein Mittel schaffen, diese Paradoxien zu überwinden. Doch mußte fortan eine Erkenntnis von der Veränderung auf das Wissen von dem Bleibenden, Unveränderlichen, an dem die Veränderung erfolgt, beschränkt bleiben. Das einheitliche Sein mußte von den Naturphilosophen des 5. Jahrhunderts (*Empedokles*, → *Demokritos*, → *Anaxagoras*), anders wie bei → *Platon* und *Aristoteles*, vervielfältigt und in kleine Partikel zersplittert werden, denen jetzt die Eigenschaften des parmenideischen Seins zuerkannt wurden: ungeworden, unvergänglich, unveränderlich, (jetzt: wegen seiner Winzigkeit) allein denkbar. Schließlich ist auch die axiomatisch-deduktive Begründung der Mathematik als Reaktion auf die eleatische Ontologie und aus dieser entstanden. In ihren Paradoxien geleugnete Sätze (wie: »Das Ganze ist größer als der Teil.«) wurden einfach als Axiome für den bestimmten Bereich der Mathematik gesetzt, ihre Einwände dadurch ausgeschlossen, so daß innerhalb dieses Bereiches widerspruchsfreies Denken (Ableiten) möglich wurde. Auch die indirekte Beweisführung und die strenge Unterscheidung von Einheit und Zahl (Menge von Einheiten) sind Eigenarten griechischer Mathematik (→ *Euklid*), die auf eleatischen Einfluß zurückzuführen sind. [Krafft]

Fragmente: VS Nr. 28; P., griech.-deutsch hrsg. von H. G. Zekl (Hamburg 1972); Die Fragmente, griech.-deutsch hrsg. von E. Heitsch (München [3]1995). – *Lit.*: K. Reinhardt: P. und die Geschichte der griechischen Philosophie (Bonn 1916); L. Tarán: P. A Text with Translation, Commentary, and Critical Essays (Princeton 1965); U. Hölscher: P. Vom Wesen des Seienden (Frankfurt am Main 1969); F. Krafft: Die Begründung einer Wissenschaft von der Natur durch die Griechen (Freiburg i. Br. 1971); K. Held: Heraklit, P. und der Anfang von Philosophie und Wissenschaft (Berlin/New York 1980); H. P. Engelhard: Die Sicherung der Erkenntnis bei P. (Stuttgart-Bad Canstatt 1996); P. Curd: The Legacy of P. Eleatic Monism and Later Presocratic Thought (Princeton 1998).

Pascal, Blaise, französischer Mathematiker, Physiker und Religionsphilosoph, * 19.6.1623 Clermont-Ferrand, † 19.8.1662 Paris.

P., den man als »das größte religiöse Genie des modernen Frankreich« bezeichnet hat, ist nicht nur als Religionsphilosoph von hoher Bedeutung, sondern nimmt auch in der Geschichte der Mathematik und Physik einen gesicherten Platz ein.

Er verlor seine Mutter mit drei Jahren. Das frühreife Kind wurde vom Vater unterrichtet, der 1631 mit ihm nach Paris zog. Durch fortwährendes angestrengtes Studium hatte P. seine Gesundheit untergraben; er zog sich 1654 in das Kloster Port-Royal zurück, nachdem er bereits seit 1646 mit den Jansenisten in Berührung gekommen war. Hier widmete er sich, von einigen mathematischen Arbeiten abgesehen, religiösen Meditationen und theologischen Studien, darunter der Vorbereitung einer Schrift zur Verteidigung des Christentums, deren Bruchstücke acht Jahre nach seinem Tode unter dem Titel ›Pensées sur la religion‹ (›Gedanken über die Religion‹) erstmals veröffentlicht wurden.

P. vertiefte sich schon in jungen Jahren in die ›Elemente‹ → *Euklid*s. Er schrieb 16jährig eine kleine Abhandlung über die Kegelschnitte auf projektiver Grundlage, deren wichtigsten Sätze als Flugblatt gedruckt, doch erst später (z.B. durch *G. W.* → *Leibniz*) richtig gewürdigt wurden. Die Anregung dazu stammte aus einer von den übrigen Zeitgenossen nicht beachteten Schrift über projektive Abbildungen des französischen Ingenieurs und Mathematikers *Girard Desargues* (* 21.2.1591 Lyon, † Oktober 1661 ebenda). Heute spielt der P.sche Satz (»Im Sehnensechseck eines Kegelschnittes liegen die drei Schnittpunkte von je zwei einander gegenüberliegenden Sehnen auf einer Geraden«) eine zentrale Rolle im Aufbau der Geometrie. Ein später verfaßtes umfangreiches Werk über die Kegelschnittlehre ging unglücklicherweise verloren; wir besitzen darüber nur einen von *Leibniz* 1676 angefertigten Bericht. In P.s Untersuchungen über Potenzsummen und das arithmetische Dreieck wird die Bedeutung des Beweisverfahrens der vollständigen Induktion hervorgehoben. Über wahrscheinlichkeitstheoretische

Fragen korrespondierte P. mit *P. de → Fermat* und *C. → Huygens*. An ein mathematisches Preisausschreiben P.s über die Zykloide schloß sich eine heftige Auseinandersetzung zwischen den Beteiligten über die Güte ihrer Beiträge an. P. verwendete systematisch das ›charakteristische Dreieck‹ mit den Seiten dx, dy, ds am Kreis, was später *Leibniz* einen entscheidenden Fingerzeig für die Erfindung des Calculus gab. Versuche, eine brauchbare Rechenmaschine zu konstruieren, lieferten 1642 ein erstes Modell; ein verbessertes ging 1652 an die Königin Christine von Schweden. Heute sind noch sieben Exemplare in Museen und Sammlungen nachweisbar.

Vom Jahre 1646 an beschäftigte sich P. auch mit hydrostatischen Untersuchungen. Er wiederholte die barometrischen Versuche *E. → Torricellis* und erweiterte sie in mannigfacher Weise, um eindeutig nachzuweisen, daß allein das Gewicht der Luft die Quecksilbersäule in der Höhe von ca. 76 cm halte. So beobachtete er an einem System zweier Torricellischer Röhren, deren eine die tragende Luft der anderen wegnehmen konnte, wie die Säule der letzteren dabei absank, bei Zulassen der Luft aber wieder anstieg. Durch seinen Schwager Périer ließ er 1648 die Höhe des Quecksilberstandes auf dem Puy de Dôme messen, da er (richtig) vermutete, der Luftdruck werde mit zunehmender Höhe geringer. Damit war erstmals unzweifelhaft festgestellt, daß in der Lufthülle der Erde ein von unten nach oben abnehmender Druck herrscht. P. berichtete über seine Versuche in verschiedenen kleinen Aufsätzen und in Briefen, die seine glänzende Darstellungsgabe erkennen lassen. Eine umfangreichere Abhandlung über das Vakuum ist nur in Bruchstücken erhalten. Zwei Aufsätze über das Gleichgewicht der Flüssigkeiten und über die Schwere der Luft bilden Bestandteile eines nicht zustande gekommenen Werkes über Mechanik. [Scriba]

Werke: Œuvres, hrsg. von L. Brunschwig u.a. (14 Bde, Paris 1904–1914); Œuvres complètes, hrsg. von J. Mesnard (Bd 1 ff., Paris 1964 ff.). – *Bibl.*: A. Maire: L'œuvre scientifique de B. P. Bibliographie critique (Paris 1912, [2]1925). – *Lit.*: DSB IX, 330–342 (R. Taton); GWG V, 930–953 (H. Rheinfelder); P. Sergescu: P. et la science de son temps (Paris 1950); A. Beguin: B. P. mit Selbstzeugnissen und Bilddokumenten (Reinbek bei Hamburg 1959, [12]1992); R. Taton: L'œuvre scientifique de P. (Paris 1964); H. Loeffel: B. P. (Basel 1987); H. M. Davidson: P. and the Art of the Mind (Cambridge 1993); D. Adamson: B. P. – Mathematician, Physicist, and Thinker about God (Basingstoke 1995); E. Zwierlein: B. P. zur Einführung (Hamburg 1996).

Pasteur, Louis, französischer Chemiker und Biologe, * 27.12.1822 Dôle, † 28.9.1895 Villeneuve-L'Etang [bei Paris].

P., Sohn eines Gerbers, studierte in Paris bei *J.-B. A. → Dumas*, war Professor in Dijon, Straßburg, Lilie und Paris und ab 1888 Direktor des für ihn geschaffenen ›Institut Pasteur‹. Er war sehr ehrgeizig, beharrlich, arbeitsbesessen, von großem experimentellen Geschick, ungeheuer selbstbewußt, ernst, starrsinnig, systematisch, ordnungsliebend und sauberkeitsbesessen, ein vortrefflicher Leiter und Organisator, autoritär, stark polemisch mit vielen Prioritätsstreitigkeiten, konservativ und patriotisch bis zum Chauvinismus. Er gewann viele Preise (finanziell fast gänzlich zugunsten seiner Arbeit verwendet) und hohe Ehrungen.

1847 bis 1857 beschäftigte P. sich mit Kristallographie, insbesondere mit Asymmetrie (und deren Beziehung zum Leben); 1848 entdeckte er die optische Isomerie an Tartraten und schuf damit Voraussetzungen der Stereochemie. Bei der Untersuchung von Problemen im Brauereiwesen entdeckte er, daß Gärung durch Mikroorganismen verursacht wird (er unterschied alkoholische und Milchsäuregärung) und daß diese durch Erhitzen abgetötet werden (Pasteurisieren). Im Zusammenhang damit erkannte er, daß diese Organismen nicht durch Urzeugung im Ablauf chemischer Prozesse gebildet werden, sondern diesen vorausgehen. Die weiterhin akzeptierte Analogie zwischen Gärung und Krankheit führte P. weiter zur Annahme von Mikroorganismen als Krankheitserregern, was weitreichende Folgen für die Medizin hatte. Er erkannte bei der Untersuchung der Fleckenkrankheit der Seidenraupen (Epidemie 1867) Mikroben als Ursache, klärte den Übertragungsmechanismus und trug zu Therapie und Prophylaxe bei. Ab 1881 entwickelte er nach einer Idee des englischen Arztes *Edward Jenner* (* 17.5.1749 Berkeley [Gloucestershire], † 24.1.1823 ebenda) spezifische Impfstoffe gegen Rindermilzbrand, Geflügelcholera und Schweinerotlauf. Ein erstmals 1885 erprobter Impfstoff gegen Tollwut erwies sich als ungeheuer erfolgreich (bis zu P.s Tod wurden bereits 20000 Menschen behandelt). – P. erhielt mehrere wirtschaftlich erfolgreiche Patente für seine Impfstoffe, für Weinessig, die Haltbarmachung von Wein und ein Bakterienfilter. Obwohl er sich vor allem an praktischen Problemen orientierte, enthalten seine theoretischen und methodischen Ergebnisse der mikrobiologischen Forschung das enorme medizinische und wirtschaftliche Potential der modernen experimentellen Biochemie.

[Koch/Meyer-Abich]

Werke: Œuvres complètes, hrsg. von R. Vallery-Radot (7 Bde, Paris 1922–1939); Correspondance 1840–1895, hrsg. von V.-R. Pasteur (Paris 1940); Correspondence of P. and Thuillier Concerning Anthrax and Swine Fever Vaccinations, engl. hrsg. von R. M. Frank (Alabama 1968). – *Lit.*: GCh II, 154–172 (R. Koch); GMikro II, 289–297 (R. Dujarri de la Rivière); DSB X, 350–416 (G. L. Geison); GWG VIII, 422–433 (H. M. Koelbing); R. Vallery-Radot: L. P., sein Leben und Werk (Freudenstadt 1948; zuerst französ., Parris 1900 u.ö.); J. Nicolle: L. P. (Berlin 1959); R. Dubs: P. und die moderne Wissenschaft (München 1960); H. Cuny: L. P. et le mystère de la vie (ausgewählte Texte, Paris 1963); H. Pilz: L. P. (Leipzig 1975, [2]1976); F. Balibar: P., cahiers d'un savant (Paris 1995); G. L. Geison: The Private Science of L. P. (Princeton, N.J. 1995); G. Kirmse: L. P., ein Wohltäter der Menschheit. Sein Leben (Bad Kreuznach 1995).

Pauli, *Wolfgang* Ernst, österreichischer Physiker, * 25.4.1900 Wien, † 15.12.1958 Zürich.

P.s Vater, *Wolfgang Pauli* senior (* 11.9.1869 Prag, † 4.11.1955 Zürich), war Professor der Kolloidchemie in Wien; er hatte insbesondere die elektrochemischen Eigenschaften der Kolloide untersucht. Wolfgang P. junior beherrschte schon auf dem Gymnasium die höhere Mathematik und galt als Wunderkind. Er studierte bei *A. → Sommerfeld* in München und erhielt als Zwanzigjähriger den Auftrag, den Artikel über Relativitätstheorie für die ›Enzyklopädie der mathematischen Wissenschaften‹ zu schreiben. Die meisterliche Darstellung erregte in der Fachwelt Aufsehen. Von der Relativitätstheorie her kommt P.s Vorliebe für die Invarianten in der Physik, die für ihn die letzten Wahrheiten darstellen. Nach der Promotion wurde er 1921 Assistent bei *M. → Born* in Göttingen und 1922 bei *Wilhelm Lenz* (* 8.2.1888 Frankfurt am Main, † 30.4.1957 Hamburg), einem Sommerfeld-Schüler, in Hamburg – unterbrochen durch einen einjährigen Aufenthalt auf Einladung *N. → Bohr*s in Kopenhagen; in der »Atmosphäre des Kopenhagener Geistes« fühlte sich P. besonders angeregt. Ab 1923 wirkte er in Hamburg als Privatdozent; 1926 wurde er außerordentlicher Professor. Mit *A. → Einstein*, *M. → Planck* und *Bohr* gehörte P. zu den bedeutendsten und angesehensten Physikern in der ersten Hälfte unseres Jahrhunderts. 1928 wurde er als theoretischer Physiker an die Eidgenössische Technische Hochschule in Zürich berufen. In den Jahren 1940 bis 1946 hielt er sich in den Vereinigten Staaten von Amerika auf, kehrte aber dann wieder nach Zürich zurück.

In der Hamburger Zeit entdeckte er das berühmte, nach ihm benannte Ausschließungsprinzip, auch P.-Verbot genannt. Es besagt, daß ein Elektron in der Atomhülle sich immer von einem anderen Hüllenelektron in seinem Quantenzustand unterscheidet (charakterisiert durch die vier Quantenzahlen). P. mußte zu diesem Zeitpunkt noch einen unbekannten Freiheitsgrad für die Elektronen annehmen (1924). Ein Jahr später entwickelten die beiden Niederländer *Samuel Abraham Goudsmit* (* 11.7.1902 Den Haag, † 4.12.1978 Reno [Nevada, USA]) und *George Eugene Uhlenbeck* (* 6.12.1900 Batavia [Java], † 31.10.1988 Boulder [Colo., USA]) die Vorstellung vom Elektronenspin; aber sie mußte sich erst bewähren, ehe P. ihn als vierten Quantenzustand akzeptierte. Das Prinzip ist nicht aus der Quantenmechanik ableitbar, sondern tritt als etwas Selbständiges hinzu. Mit dem P.-Prinzip konnte man den Aufbau des Periodensystems der Elemente verstehen. Auch andere Mehrteilchensysteme sind diesem fundamentalen Prinzip unterworfen, sie müssen nur den Spin ½ haben. P. erhielt für seine Entdeckung 1945 den Nobelpreis für Physik. – Seine Neutrinohypothese stellte er 1931 auf. Energetische Überlegungen zum radioaktiven Zerfall verlangten die Existenz dieses neuen Elementarteilchens, das keine elektrische Ladung und keine merkliche Masse besitzt. 25 Jahre später wurde das in der Nebelkammer unsichtbar bleibende Teilchen durch seinen Rückstoß nachgewiesen. Zuletzt beschäftigte sich P. mit den Mesonen und Antiteilchen. 1946 erschien von ihm das Werk ›Meson Theory of Nuclear Forces‹. Wenige Monate vor seinem Tode wurde P. die Max-Planck-Medaille verliehen für seine grundsätzlichen früheren Arbeiten zur Quantentheorie (z.B. Handbuchartikel zur Quantenmechanik) und für seine neueren Arbeiten über die Symmetrieeigenschaften der Elementarteilchen in der Quantenfeldtheorie.

P. gehörte zu den wenigen, die noch die gesamte Physik beherrschten. Menschlich war er verständnisvoll und weich; in wissenschaftlichen Diskussionen aber übte er schonungslose Kritik, weil er Aufrichtigkeit bis ins letzte forderte. Deshalb wurde er gern als Diskussionspartner in offenen Fragen der Physik gewählt, wovon auch eine umfangreiche Korrespondenz zeugt. In seinen Facharbeiten ist der philosophische Hintergrund kaum zu erkennen; dennoch hatte P. ein tiefes philosophisches Interesse. [Wiederkehr]

Werke: Collected Scientific Papers, hrsg. von R. Kronig / V. F. Weisskopf (2 Bde, New York 1964); Aufsätze und Vorträge über Physik und Erkenntnistheorie (Braunschweig 1961, ²1984; mit Einleitung von K. von Meÿenn); Writings on Physics and Philosophy, hrsg. von C. P. Enz / K. von Meÿenn (Berlin usw. 1994); Wissenschaftlicher Briefwechsel mit Bohr, Einstein, Heisenberg u.a., hrsg. von K. von Meÿenn u.a. (Berlin usw. 1979 ff.; Bd 1: 1919–1929. 1979, mit Bibl.; Bd 2: 1930–1939. 1985; Bd 3: 1940–1949. 1993; Bd 4,1: 1950–1952. 1996; Bd 4,2: 1953–1954. 1999); W. P. und C. G. Jung. Ein Briefwechsel, hrsg. von C. A. Meier (Berlin usw. 1992). – *Lit.*: DSB X, 422–425 (M. Fierz); GPh II, 316–336 (K. von Meÿenn); S. Richter: W. P. Die Jahre 1918–1930. Skizzen zu einer wissenschaftlichen Biographie (Aarau 1979); C. P. Enz / K. von Meÿenn (Hrsgg.): W. P. Das Gewissen der Physik (Braunschweig 1988); K. V. Laurikainen: Beyond the Atom. The Philosophical Thought of W. P. (Berlin usw. 1988); A. Atmanspacher u.a. (Hrsgg.): Der P.-Jung-Dialog und seine Bedeutung für die moderne Wissenschaft (Berlin usw. 1995).

Pawlow, Iwan Petrowitsch, russisch-sowjetischer Physiologe, * 14.9.1849 Rjasan, † 27.2.1936 Leningrad [heute St. Petersburg].

Als Sohn eines Priesters besuchte P. 1860 bis 1869 eine geistliche Lehranstalt und das geistliche Seminar seiner Vaterstadt, begann darauf im Sommer 1870 sein Studium in St. Petersburg, anfangs der Rechtswissenschaften, wechselte jedoch schon nach kurzer Zeit zur physikalisch-mathematischen Fakultät über

(1871 legte er bei *D. I. → Mendelejew* sein Chemie-Examen ab). Das Studium des Buches ›Die Reflexe des Gehirns‹ von *Iwan Michailowitsch Setschenow* (* 1829, † 1905) und des Werkes ›Die Physiologie des täglichen Lebens‹ von *G. H. Lewes* (* 1817, † 1878), in dem das Problem der Verdauung, der Umwandlung körperfremder in körpereigene Stoffe, als Desiderat der Forschung deutlich gemacht wurde, ließen ihn nicht nur diesen Schritt vollziehen, sondern bestimmten letztlich auch seine spätere Forschungsrichtung. 1875 errang er den Grad eines Kandidaten der Naturwissenschaften und setzte seine Ausbildung an der Medizinisch-chirurgischen Akademie fort, wo er auch experimentell arbeiten konnte, Laborant und Laborleiter wurde und seine bereits während des Studiums begonnenen Untersuchungen der Bauchspeicheldrüse und der nervalen Steuerung der Herztätigkeit fortsetzen konnte. 1883 wurde er mit einer Dissertation zum Thema ›Zentrifugale Herznerven‹ zum Doktor der Medizin promoviert und rundete 1884–1886 seine wissenschaftliche Ausbildung bei *Rudolf Peter Heinrich Heidenhain* (* 29.1.1834 Marienwerder [Ostpreußen], † 13.10.1897 Breslau), einem Schüler von *E. → Du Bois-Reymond*, in Breslau und vor allem bei *Carl Friedrich Wilhelm Ludwig* (* 29.12. 1816 Witzenhausen [Hessen], † 23.4.1895 Leipzig) ab, der in Leipzig eine zweite große Physiologen-Schule begründet hatte. 1890 wurde P. in St. Petersburg außerordentlicher Professor für Pharmakologie und 1897 ordentlicher Professor für Physiologie an der Militärärztlichen Akademie. – 1904 erhielt er den Nobelpreis für Medizin für seine Untersuchungen zur Verdauung. – P. wurde wegen seines Patriotismus und seiner materialistischen Grundeinstellung nach anfänglichem Argwohn von der Sowjetregierung sehr hoch geschätzt, so daß ihm für seine Forschungen fast unbeschränkte Mittel zur Verfügung gestellt wurden. 1921 erließ der Rat der Volkskommissare ein Sonderdekret zur Sicherung günstiger Arbeitsbedingungen für seine Forschungen. In den Jahren 1922–1926 wurde in dem Dorf Koltuscho (später nach P. Pawlowo genannt) ein spezielles Forschungsinstitut für P. errichtet; er besaß hier zeitweise bis zu 300 Mitarbeiter. In der Folgezeit gründete und organisierte er mehrere weitere wissenschaftliche Einrichtungen an vielen Orten der Sowjetunion, die – wenn auch nicht immer unter seiner Leitung – so doch in seinem Geiste wirkten. Durch die ideologische Rückenstärkung haben P.s Ideen und materialistischen Deutungen der experimentellen Befunde die Medizin und Psychologie vor allem in der Sowjetunion und in den Ländern ihres Machteinflusses einschließlich der DDR nachhaltig beeinflußt.

Als Hauptproblem der experimentellen physiologischen Forschung sah P. die Untersuchung von wechselseitigen Einflüssen im Organismus und in Beziehung zur Umwelt unter normalen Lebensbedingungen, also am gesunden, voll funktionstüchtigen Tier (anstelle der bis dahin üblichen Vivisektion), an. Seine bahnbrechenden experimentellen Untersuchungen galten in einer ersten Phase vornehmlich der Physiologie der Blutzirkulation und Herztätigkeit, sodann ab 1879 der Verdauung, hier speziell der nervalen Steuerung der inneren Drüsensekretionen und der reflektorischen Speichel- und Magensekretion, sowie ab 1902 der höheren Nerventätigkeit und dem Verhalten. Aufgrund der Untersuchungen zur Drüsen- und Magensekretion gelang ihm die Unterscheidung zwischen ›unbedingten‹ und ›bedingten‹ Reflexen (im Anschluß an *I. Setschenows* Theorie von den ›angeborenen‹ und ›erworbenen‹ Reflexen); letztere treten bei allen höheren Lebewesen einschließlich des Menschen auf, indem eine zeitweilige Kombination eines zunächst indifferenten Reizes mit einem natürlichen Reflex antrainiert wird. So sondert etwa ein Hund (sein hauptsächliches Versuchstier) Speichel beim Hören eines Glockentons ab, wenn dieser vorher genügend oft gleichzeitig mit der Verabreichung von Futter erklang. Für diesen Zusammenhang entwickelte P. theoretische Vorstellungen über die zugehörigen Prozesse der Großhirnrinde; der Nachweis der Drüsentätigkeiten erfolgte über künstlich angelegte, außen in eine Auffangeinrichtung endende Fisteln (etwa zur Speicheldrüse und zum Magen) – 1879 gelang ihm erstmals die Anlage einer ständigen Fistel; im Falle einer Magenfistel diente ihm diese auch dazu, das Sekret nach dem Experiment dem Darmtrakt wieder zuzuführen und eine den Abfluß ausgleichende Ernährung vorzunehmen, so daß die Tiere Eingriff und (mehrfach wiederholtes) Experiment längere Zeit überlebten. Diese Technik war auch Voraussetzung für seine Versuche zur Scheinfütterung, bei der die Nahrung über eine Speiseröhrenfistel nach außen abgeführt wird, bevor sie den Magen erreicht, der dennoch bei der Nahrungsaufnahme Magensaft erzeugt (der auf diese Weise unvermischt gewonnen und auf seine Bestandteile hin untersucht werden konnte). P. konnte auch experimentell die Erzeugung und Löschung von Neurosen bei Tieren zeigen. Daneben entwickelte er eine Theorie von Verhaltenstypen und unterschied beim Menschen zwischen erstem und zweitem Signalsystem. Er legte Grundlagen der reflexiologisch orientierten Psychologie, insbesondere des frühen Behaviorismus, war aber kein Mechanist, der das komplexe Verhalten im Sinne einer cartesischen Maschine (*R. → Descartes*) auf eine Summe individueller bedingter Reflexe hätte reduzieren wollen. Vielmehr basierten alle seine theoretischen Überlegungen auf dem Vorhandensein und dem Eingreifen von Neuronen im Zentralnervensystem; die nervale Auslösung der Sekretionstätigkeit meinte er durch die operative Unterbrechung der als spezifisch angesehenen Nerven demonstrieren zu können. – Sein Lehrstuhlnachfolger *K. M. Bykow* erforschte auf dem Hintergrund P.scher Theorie und der Klarheit von dessen Grundexperiment an der Speicheldrüse vor allem die gegenseitige Beziehung zwischen den Organen und den höheren Nervenzentren unter physiologischen Bedingungen und ging im Sinne des Neolamarckismus (*J. B. de → Lamarck*) davon aus, daß die Hirnrinde in der Lage sei, zu allen Organen zeitlich begrenzte Verbindungen herzustellen und so eine Anpassung an wechselnde Umwelt- und Inweltreize zu ermöglichen. [Krafft]

Werke: Sämtliche Werke, hrsg. von L. Pickenhain (7 Bde in 9, Berlin [DDR] 1953–1954; in Bd 6 Autobiographie); Gesammelte Werke über die Physiologie und Pathologie der höheren Nerventätigkeit, hrsg. von L. Pickenhain (Würzburg 1998; mit einem Beitrag ›Das Schicksal der P.schen Lehre in der UdSSR‹). – *Bibl.*: G. Krause/W. Dube: Die Lehre I. P. P.s. Bibliographie deutschsprachiger Veröffentlichungen (Berlin [DDR] 1955). – *Lit.*: DSB X, 431–436 (N. A. Grigorian); GWG IX, 124–135 (H. Drischel); KMed II, 284–298 (L. Pickenhain); H. Müller[-Dietz]: Die Lehre I. P. P.s und ihre Anwendung in der Medizin der Sowjetunion (Berlin 1953); A. Mette: I. P. P., sein Werk und sein Leben (Berlin [DDR] 1959); E. A. Asratjan: I. P. P. (Leipzig 1978; zuerst russ., Moskau 1974); J. A. Gray: I. P. (New York 1979).

Peurbach (*Purbach, Peuerbach*), Georg, österreichischer Astronom und Mathematiker, * 30.5.1423 Peurbach, † 8.4.1461 [nicht 1462] Wien.

P. studierte in Wien, wo an der Artistenfakultät der 1365 gegründeten Universität die mathematischen Wissenschaften besonders gepflegt wurden, und stand hier dem derzeitigen Kanzler *Johannes von Gmunden* (eigentlich *J. Krafft*; * vor 1385 Gmunden [Oberösterreich], † 23.2.1442 Wien), der ihn zur Mathematik und Astronomie hinführte, besonders nahe. Bereits 1440 wurde er Magister, gab aber nach dem Tode seines Lehrers Studium und Lehrtätigkeit auf und begab sich auf eine Studienreise nach Italien und Rom, wo er sich sieben Jahre aufhielt und mit einer Reihe bedeutender Wissenschaftler, unter ihnen → *Nikolaus von Kues*, persönlichen Kontakt pflegte. Hier widmete er sich allerdings nicht nur der Mathematik und Astronomie, sondern im Zuge des neu aufblühenden Humanismus auch den römischen Klassikern – später hielt er in Wien auch Vorlesungen über sie und erwarb sich damit großes Verdienst um die Einführung des Studiums antiker Klassiker an den deutschen Universitäten. Bezüglich der Astronomie vermochte er erst in Rom den hohen Stand einzuschätzen, den ihm sein Lehrer vermittelt hatte, aber auch den niedrigen Stand der vorwiegend an der ›Sphaera‹ des in der 1. Hälfte des 13. Jahrhunderts in Paris wirkenden englischen Lehrers *Johannes de Sacrobosco* orientierten zeitgenössischen Astronomie, verglichen mit den antiken Werken, insbesondere dem ›Almagestum‹ des → *Ptolemaios* und seinen Kommentatoren, die in Übersetzungen aus dem Arabischen vorlagen. Die Kenntnisse dieser Werke wiederzugewinnen, war sein vorläufiges Hauptziel, dem er sich schon in Italien widmete. Als hochangesehener Wissenschaftler verließ P. um 1450 Rom und nahm den verwaisten Lehrstuhl seines Lehrers in Wien ein. 1454 wurde er zum Hofastronomen des Königs Ladislaus von Ungarn ernannt, blieb aber in Wien. Hier besuchte ihn auf einer Dienstreise Kardinal *Johannes Bessarion* (* 1395, † 1472), das Haupt der griechischen Humanisten in Italien mit großen Interessen für Mathematik und Astronomie und ein eifriger Sammler griechischer Handschriften, der P. in Rom kennengelernt hatte, und überredete ihn, zum Studium der unverfälschten griechischen Originale mit nach Rom zu kommen. P. nahm das willkommene Angebot an und traf mit seinem Schüler → *Regiomontanus* alle Vorbereitungen. Der plötzliche Tod vereitelte jedoch diesen Plan und zwang seinen Schüler, die Reise allein anzutreten.

War P. so über seine Vorarbeiten zwar nicht hinausgekommen, so gebührt ihm doch das Verdienst, nach der Anregung durch seinen Lehrer *Johannes von Gmunden* und mit der Fortsetzung durch seinen Schüler und dessen späteren Gönner und Schüler *Bernhard Walther* (* 1430 Nürnberg, † Mai 1504 ebenda) die Astronomie im Abendland erneuert und die Voraussetzungen für ihre weitere Entwicklung geschaffen zu haben. Er begann als Mitarbeiter an der Revision der ›Alfonsischen Tafeln‹, eines von *Alfons X., dem Weisen* († 1284), in Auftrag gegebenen astronomischen Tabellenwerks auf der Grundlage der Theorien des *Ptolemaios*, dessen Werte sich als ungenau ergeben hatten. Die alte ptolemaiische Sehnenrechnung erwies sich dabei als unhandlich. Auf der Suche nach einem besseren Instrument übernahm P. aus der arabischen Trigonometrie den Sinusbegriff und legte diesen statt der Sehnen seinen Rechnungen und Beobachtungen zugrunde. Er schuf sich dazu ein als ›Quadratum geometricum‹ noch lange in Gebrauch befindliches Beobachtungs- und Ableseinstrument mit einer Seiteneinteilung von 1 bis 1200 und errechnete mit dessen Hilfe eine Sinustafel, von 10' zu 10' fortschreitend – *Regiomontanus* erweiterte sie später –, auf der Basis eines Radius von 60 000 Einheiten. Auch andere astronomische Beobachtungsgeräte verbesserte und baute er neben Sonnenuhren. Die astronomischen Schriften selbst konnte er jedoch nicht vollenden. Eine Kurzfassung des verbesserten ›Almagestum‹ wurde von seinem Schüler auf der Grundlage des griechischen Originals zu Ende geführt und 1496 in Venedig veröffentlicht (›Epitome in Ptolemaei almagestum‹). Sie erfuhr schnell mehrere Auflagen und kommentierte Ausgaben und löste die ›Sphaera‹ des *Johannes de Sacrobosco* als Lehrbuch an den Universitäten ab. Ähnliches widerfuhr seinem zweiten, ebenfalls die nachptolemaiischen Beobachtungsergebnisse berücksichtigenden Hauptwerk, den ›Theoricae novae planetarum‹, um 1472 von *Regiomontanus* in Nürnberg herausgegeben und dann bis 1653 vielfach neu aufgelegt. Angeregt durch entsprechende Schriften des *Ptolemaios* und *Ibn al-* → *Haitham* bildet sie mit Berechnungen und Diagrammen eines Systems von festen Äthersphären das physikalische Gegenstück zur ›Epitome‹ und beeinflußte die kosmologischen und astrophysikalischen Vorstellungen der Folgezeit entscheidend, bis *T.* → *Brahe* die ihnen zugrundeliegende Festigkeit und Undurchdringlichkeit der Äthersphären durch Beobachtungen widerlegen konnte. [Krafft]

Werke: Theoricae novae planetarum, engl. hrsg. von E. J. Aiton. In: *Osiris* N.S. 3 (1987), 5–43; A. Lhotsky / K. Ferrari d'Occhieppo: Zwei Gutachten G.s von P. über Kometen (1456 und 1457) (Graz/Köln 1960). – *Bibl.*: E. Zinner: Geschichte und Bibliographie der astronomischen Literatur in Deutschland zur Zeit der Renaissance (Leipzig 1941); Pogg. VII a Suppl., 510. – *Lit.*: DSB XV, 473–479 (C. D. Hellman / N. M. Swerdlow); G. H. Schubert: P. und Regiomontanus (Erlangen 1928); H. Wallner: G. von P. Ein Beitrag zum Wiener Frühhumanismus (Diss. Wien 1949); J. L. Jervis: Cometary Theory in Fifteenth-Century Europe (Dordrecht usw. 1985; mit Texteditionen) – weiteres siehe unter Regiomontanus. – G. Hamann/H. Grössing (Hrsgg.): Der Weg der Naturwissenschaften von Johannes von Gmunden zu Johannes Kepler (Wien 1988).

Piazzi, Giuseppe, italienischer Astronom, * 16.7.1746 Ponte [Ventlin], † 22.7.1826 Neapel.

P. trat in den Theatinerorden in Como ein und studierte in Mailand, Turin und Rom. Danach wurde er als Lehrer der Philosophie und Mathematik in Genua, La Valetta (Malta), Ravenna und Cremona eingesetzt, 1779 als Professor der Dogmatik in Rom, bevor ihm 1780 die Professur für Höhere Mathematik und später auch Astronomie in Palermo übertragen wurde. Es war ihm nämlich gelungen, den Vizekönig für seine Pläne zur Errichtung einer Sternwarte zu gewinnen. Mit dessen Unterstützung konnte sie im Frühjahr 1791 in Palermo eröffnet werden. Um die geeignetsten Instrumente erhalten zu können, war P. vorher mit den besten Instrumentenbauern in Kontakt getreten und hatte sich zu diesem Zweck zwei Jahre in London sowie ein Jahr in Paris aufgehalten, gleichzeitig Erfahrungen für die Beobachtungstechnik sammelnd und persönliche Kontakte mit den bekannten Astronomen seiner Zeit aufnehmend. 1817 wurde er als Generaldirektor der Sternwarte des Königreiches beider Sizilien nach Neapel berufen. In seinen letzten Lebensjahren beschäftigte er sich vorwiegend mit Fragen des öffentlichen Unterrichts.

Sein Hauptaugenmerk galt einer möglichst vollständigen und exakten Katalogisierung der Fixsternörter. Mit den Beobachtungen dazu begann er 1792 an seiner Sternwarte; 1803 erschien ein erstes Verzeichnis von 6 784, 1814 ein zweites von 7 646 Sternen. Auch ein großer Teil der arabischen oder arabisch klingenden Sternnamen geht auf ihn zurück. – Bleibenden Ruhm erwarb sich P. mit der Entdeckung des ersten Kleinen Planeten: In der Neujahrsnacht zum 19. Jahrhundert, am 1.1.1801, sah er bei Fixsternbeobachtungen zufällig ein Objekt 8. Größe, das rasch seinen Ort veränderte und das er für einen Kometen hielt, dessen Bahn er einige Wochen verfolgen konnte. Der Versuch, aus den Beobachtungen seine parabolische Bahn zu bestimmen, scheiterte jedoch; eine Ellipse, wie sie den Planeten zukommt, schien ihnen besser zu genügen, doch reichten die Beobachtungen vorerst nicht aus, und das Objekt ging während der bald einsetzenden schlechten Witterung verloren. Erst ein Jahr nach der Entdeckung gelang es *F. X. von Zach* und *H. W. M.* → *Olbers*, den dann Ceres genannten Planetoiden unweit dem von *C. F.* → *Gauß* nach einer von ihm entwickelten neuen Methode errechneten Ort wieder aufzufinden. Zur allgemeinen Überraschung zeigte sich, daß seine mittlere Entfernung von der Sonne fast genau der erwarteten entsprach. Schon *J.* → *Kepler* war nämlich die Lücke zwischen Mars und Jupiter aufgefallen, und der Würzburger Professor für Mathematik und Physik *Johann Daniel Titius* (* 2.1.1729 Konitz [Westpreußen],

† 16.12.1796 Wittenberg) hatte 1766 aus der schon von *C. Wolff* erwähnten Progression der Planetenabstände eine Regel abgeleitet, welche der Direktor der Berliner Sternwarte *Johann Elert Bode* (* 19.1.1747 Hamburg, † 23.11. 1826 Berlin) bekanntgemacht und bestätigt hatte und die angenähert auch für den 1781 von *F. W.* → *Herschel* entdeckten transsaturnischen Planeten Uranus gegolten hatte, aber ebenfalls zwischen Mars und Jupiter eine Lücke aufwies. *Von Zach* hatte dann 1800 eine Gesellschaft ins Leben gerufen mit der Aufgabe, nach diesem fehlenden Planeten zu suchen und zu dem Zwecke genaue Karten der Tierkreiszone anzufertigen. Diese Mühe erübrigte sich aber durch P.s zufällige Entdeckung, die zudem *G. W. F. Hegels* philosophische Spekulation widerlegte, mit der er gerade nachgewiesen zu haben meinte, daß es in unserem Sonnensystem nur sieben Planeten geben könne, die Suche der Astronomen also überflüssig sei. [Krafft]

Lit.: DSB X, 591–593 (G. Abetti); R. Wolf: Biographien zur Kulturgeschichte der Schweiz (Bd 4, Zürich 1862, S. 275–292); F. Angelitti: Per il centenario della morte dell'astronomo G. P. In: *Memorie della Società astronomica italiana* 3 (1925), 369–395.

Pickering, Edward Charles, nordamerikanischer Astrophysiker, * 19.7.1846 Boston, † 3.2.1919 Cambridge [Mass., USA].

P. studierte an der zur Harvard University gehörenden Lawrence Scientific School, machte 1865 dort seinen Bachelor of science und wurde sofort als Mathematiklehrer eingesetzt. 1876 wurde er Assistent Instructor für Physik am Massachusetts Institute of Technology in Boston, wo er die experimentelle Arbeitsmethode in den Physikunterricht einführte, die dann zur allgemeinen Einrichtung an amerikanischen Hochschulen wurde. Sein Können als Mathematiker und vor allem als Physiker veranlaßte dann den Präsidenten der Harvard University 1877, P. zum Direktor des Harvard-Observatoriums zu ernennen; denn er hatte erkannt, daß die Astronomie immer stärker zur *Astrophysik* wurde (*J. K. F.* → *Zöllner*). P. leitete die Sternwarte fast 42 Jahre lang und machte sie zu einer der bedeutendsten in der ganzen Welt.

P. selbst bezeichnete sich als »a collector of astronomical facts«, trifft seine Tätigkeit damit aber nur, wenn man darunter ein systematisches Erfassen versteht. Sein Hauptinteresse galt der Messung der Leuchtkraft der Sterne einschließlich ihrer Klassifikation, und so wurden fast nur vier Arbeitsgebiete von ihm und seinen Mitarbeitern im Observatorium verfolgt: Photometrie, wofür er neue instrumentelle Verfahren ersann, die Ausarbeitung einer Skala photographischer Größenklassen, die Klassifikation der Veränderlichen – er hatte nach dem Vorgang *H. C.* → *Vogels* 1889 den ersten echten spektroskopischen Doppelstern entdeckt – und das System einer Klassifikation der Sternspektren, woran er ab 1885 arbeitete. Nach photographischen Aufnahmen erarbeitete er ein verfeinertes System der Klassifizierung nach Spektrallinienkriterien, das sich ursprünglich zwar an die Secchi-Vogelschen Typen hielt (*A.* → *Secchi*), dann diese aber besonders nach der Neuordnung durch seine Mitarbeiterin *Annie Jump Cannon* (* 11.12.1863 Dover [Del.], † 13.4.1941 Cambridge [Mass.]) verdrängte, welche die Bezeichnungen P.s mit lateinischen Großbuchstaben zwar beließ, die Gruppen aber streng nach absteigender Temperatur anordnete, für deren Abschätzung neue Kriterien bei *Vogel* und *Secchi* gefunden worden waren. Diese sogenannte Harvard-Klassifikation steht neben den Arbeiten *K.* → *Schwarzschilds* am Beginn des zweiten Abschnittes der Astrophysik; der ›Henry Draper Memorial Catalogue‹ mit 225 300 nach diesen Spektraltypen geordneten Sternen – fast alle bis zu 9,5. Größe und einige tausend schwächere – erschien allerdings erst 1924. Unter P.s Leitung entstand auch die ›Revised Harvard Photometry‹. Das in beiden Werken enthaltene gewaltige Beobachtungsmaterial an visuellen und photographischen Sternhelligkeiten und -spektren bildet noch bis heute die Grundlage für die Stellarstatistik und das Studium der Veränderlichen Sterne. [Krafft]

Lit.: DSB X, 599–601 (H. Plotkin); J. H. Metcalf: E. C. P. In: *Vierteljahrsschrift der Astronomischen Gesellschaft* 54 (1919), 274–278; S. I. Bailey: Biographical Memoir of E. C. P. In: *Biographical Memoirs of the National Academy of Sciences* 15 (1934), 169–178 (mit Bibl.); B. Z. Jones/L. G. Boyd: The Harvard College Observatory: The First Four Directorships, 1839–1919 (Cambridge, Mass. 1971).

Planck, *Max* Karl Ernst Ludwig, deutscher theoretischer Physiker, * 23.4.1858 Kiel, † 4.10.1947 Göttingen.

P., Sohn eines Rechtsprofessors, studierte 1875 bis 1879 in München und Berlin Mathematik und Physik (obwohl man ihm abgeraten hatte, da in der Physik nicht mehr viel Neues zu entdecken sei), wurde 1885 Professor für theoretische Physik in München und 1889 Nachfolger von *G. R.* → *Kirchhoff* in Berlin und war 1930 bis 1937 und 1945/46 Präsident der Kaiser-Wilhelm-Gesellschaft zur Förderung der Wissenschaften (der nachmaligen Max-Planck-Gesellschaft). P. war ein religiöser Mensch und dem alten Bildungsideal verpflichtet, z.B. ein ausgezeichneter Klavierspieler. Seine ethische Gesinnung und unbeirrbare Haltung zeichneten ihn besonders aus. 1933 versuchte er ohne Erfolg, von Hitler eine Änderung der Behandlung jüdischer Gelehrter zu erreichen. 1918 erhielt er den Nobelpreis für Physik.

P. ist einer der bedeutendsten Physiker des 19./20. Jahrhunderts. Er suchte generell eine Verallgemeinerung und Systematisierung der Physik. Nach Arbeiten zur Thermodynamik (z.B. eine neue Begründung des zweiten Hauptsatzes der Thermodynamik in seiner Dissertation von 1879) versuchte er ab 1895 eine Verbindung dieser mit der Maxwellschen Elektrodynamik (*J. C.* → *Maxwell*) in seinen Arbeiten zur Wärmestrahlung. So leitete er 1899 das Wiensche Strahlungsgesetz (*W. Wien*) eines schwarzen Strahlers ab. Nachdem *Ferdinand Kurlbaum* (* 4.10.1857 Burg [bei Magdeburg], † 29.7.1927 Berlin), *Heinrich Rubens* (* 30.3.1865 Wiesbaden, † 17.7.1922 Berlin), *Otto Lummer* (* 17.7.1860 Gera, † 5.7.1925 Berlin) und *Ernst Pringsheim* (* 11.7.1859 Breslau, † 28.6.1917 ebenda) experimentell Abweichungen davon festgestellt hatten, stellte P. in einer genialen, theoretisch begründeten Interpretation zwischen Wienschem und Rayleigh-Jeansschem Strahlungsgesetz (→ *Rayleigh*, *J. H. Jeans*) das exakte P.sche Strahlungsgesetz auf (Vortrag vor der Deutschen Physikalischen Gesellschaft am 14.12.1900 in Berlin). Bei der Begründung ging er von der Boltzmannschen Entropie (*L.* → *Boltzmann*) aus und behandelte die Wärmestrahlung in einem Hohlraum als ein System linearer Oszillatoren mit der entscheidenden neuen Quantenhypothese, daß die Energieänderungen nicht stetig sind, sondern nur diskrete Werte proportional zu ihrer Frequenz annehmen können, mit einer neuen Naturkonstanten, dem ›P.schen Wirkungsquantum‹ h. Die damit begonnene Revolution der klassischen Physik wurde erst durch die Ausarbeitung der Quantentheorie durch *A.* → *Einstein* (1905), *N.* → *Bohr* (1918), *W.* → *Heisenberg* (1925) und *E.* → *Schrödinger* (1926) voll erkannt. P. selbst trug dazu nicht mehr entscheidend bei. Vergeblich versuchte er eine klassische Eingliederung des Wirkungsquantums. Zwar erkannte er die Quantentheorie in ihrer fundamentalen Abweichung von der klassischen Physik an, aber die philosophischen Implikationen der ›Kopenhagener Deutung‹ widerstrebten seiner Vorstellung von einer physikalischen Realität, die nicht zuletzt auf seiner religiösen Überzeugung beruhte. P. glaubte an absolute Werte in Wissenschaft (wie Einfachheit) und Religion (wie Ehrfurcht), nach denen zu streben unsere Lebensaufgabe sei. In zahlreichen Abhandlungen über Kausalität, Willensfreiheit und das Verhältnis von (protestantischer) ›Religion und Naturwissenschaft‹ (1937) bemühte er sich um ein Verständnis der Physik im Ganzen, um die ›Einheit des physikalischen Weltbildes‹ (Vortrag Leiden 1908).

[Koch/Meyer-Abich]

Werke: Physikalische Abhandlungen und Vorträge (3 Bde, Braunschweig 1958). – *Bibl.*: H. Lowood: M. P. A Bibliography of His Nontechnical Writings (Berkeley 1977); D. Ullmann: Quelleninventar M. P. (Berlin 1996); P. Hauke: P.-Bibliographie (München 1997). – *Lit.*: DSB XI, 7–17 (H. Kangro); GWG IX, 380–405 (W. Gerlach); GPh II, 143–159 (A. Hermann); A. Hermann: M. P. in Selbstzeugnissen und Bilddokumenten (Reinbek bei Hamburg 1973, [6]1995); J. L. Heilbron: The Dilemmas of an Upright Man: M. P. as a Spokesman for German Science (Berkeley usw. 1986); J. L. Heilbron: M. P., ein Leben für die Wissenschaft 1858–1947 (Stuttgart 1988); C. Liesenfeld: Philosophische Weltbilder des 20. Jahrhunderts. Eine interdisziplinäre Studie zu M. P. und Werner Heisenberg (Würzburg 1992).

Platon, griechischer Philosoph, * 427 v. Chr. Athen, † 348/347 ebenda.

P., neben → *Aristoteles* der bedeutendste antike Philosoph mit vergleichbarer Wirkung, stammte aus einer alten, reichen und auch politisch sehr einflußreichen Familie Athens. Ursprünglich selbst für eine politische Betätigung bestimmt, pflegte er etwa seit 407 Umgang mit *Sokrates* (* 470 Athen, † 399 ebenda), dessen bedeutendster Schüler er wurde. P. erlebte den Prozeß gegen ihn mit, verließ aber nach der Hinrichtung des verehrten Lehrers für einige Zeit seine Heimatstadt und begab sich nach Megara zu dem befreundeten ehemaligen Mitschüler *Eukleides von Megara*. Später machte er von Athen aus Reisen nach Ägypten und Kyrene und um 388/87 nach Unteritalien und Sizilien, wo er mit den dortigen Pythagoreern (→ *Archytas*, → *Pythagoras*) sowie mit Dionysios I. von Syrakus zusammentraf und dessen Schwager Dion zum Schüler gewann. Im Jahre 367 trat Dionysios II. die Herrschaft in Syrakus an und wurde von Dion bewegt, P. als philosophischen Berater bei der Reform des Staates einzuladen. Meinungsverschiedenheiten führten jedoch 365 zur Verbannung Dions und zu P.s Rückreise nach Athen. Zwischen diesen beiden Reisen nach Sizilien hatte P. in Athen eine Schule gegründet, für die er ein eigenes Grundstück in der Nähe der Kultstätte des Heros Akademos zur Verfügung gestellt hatte, weshalb sie ›Akademie‹ genannt wurde. Im Jahre 361 folgte er dann einer zweiten Einladung Dionysios' II., kehrte aber, aus einer Festsetzung nach Fürsprache durch *Archytas* freigelassen, bald nach Athen zurück. Der Bruch des Tyrannen mit Dion war unversöhnlich, und P. fand mit seinen politischen Ideen wenig Anklang.

Aus dem Lehrbetrieb des indirekten Vorbildes aller später nach ihr benannten Akademien ist wenig bekannt. Lehrvorträge und Diskussionen scheinen die Lehren erläutert und erprobt zu haben, die den Hintergrund und Inhalt der Schriften bildeten. Als Schule hatte die Akademie jedenfalls großen Erfolg; ihr gehörten nicht nur bedeutende Philosophen und Mathematiker – teils auch als Lehrer – an (→ *Eudoxos von Knidos*, *Theaitetos*, *Aristoteles*, → *Theophrastos* und andere), sondern auch viele Politiker. – Ob P. bereits vor Gründung der Schule mit seiner schriftstellerischen Tätigkeit begann, ist ungewiß. Seine Schriften sind meist in Dialogform mit *Sokrates* als Gesprächsführer abgefaßt und dieser Form auch inhaltlich angepaßt; sie sollen zur philosophischen Problematik und Lebensführung hinleiten und sind primär an außenstehende Leser gerichtet, tragen die Lehren also nicht systematisch und erschöpfend vor. Die eigentlichen Lehrvorträge sind dagegen – ganz im Gegensatz zu den Schriften des *Aristoteles* – nicht erhalten, ihr Inhalt ist nur aus mehr oder weniger verfärbten Berichten der Schüler und kritischen Stellungnahmen, besonders des *Aristoteles*, bekannt. Ungewiß ist deshalb, wieweit solche Lehren, die P. besonders in der Altersvorlesung ›Über das Gute‹ vortrug, von der außenstehende Zuhörer sehr enttäuscht waren, weil sie entgegen ihrer Auffasung vom Guten fast nur Mathematik enthielt, bereits zur Zeit der Abfassung früherer Dialoge erarbeitet waren, so daß sie in ihnen anklingen können.

Es scheint allerdings von Anfang an P.s Gedanke gewesen zu sein, daß die relativen und partikulären Werte zu einem absoluten Wert im Verhältnis der Nachahmung und ›Teilhabe‹ stünden: Das einzelne Gute ist durch die Teilhabe am Guten an sich gut. Diese Beziehung als Lösung der spezifisch sokratischen Frage wird dann zu einer universalen erweitert. Die gesamte Welt der partikulären Werte wird zum materiellen und daher notwendig unvollkommenen Abbild einer eigenständigen Welt urbildhafter, ewiger an sich seiender Werte und Dinge, der ›Ideen‹ (Formen, Gestalten), die es ihrerseits, hierarchisch geordnet und dichotomisch aus der höchsten Idee des Einen und Guten mittels des polaren Prinzips der ›unbegrenzten Zweiheit‹ abgeleitet, für alle Arten und Formen der materiellen Dinge gibt, deren Ähnlichkeit auf der Teilhabe an der jeweiligen Idee beruht. Erkennbar (denkbar) sind nur diese Ideen, welche die eigentliche ›Natur‹ der teilhabenden Dinge ausmachen, die ihrerseits wegen ihrer Stofflichkeit als vergänglich und veränderlich nicht wißbar sind. Hierin macht sich der starke Einfluß der eleatischen Ontotogie des → *Parmenides* bemerkbar, aber auch jener pythagoreischen Denkens (→ *Pythagoras*); denn die Mathematik als Aussagen über unveränderliche Sätze und abstrakte Sachverhalte eines nach P. von der Materie gelösten Denkbereiches dient ihm erkenntnismäßig als Mittlerin zwischen reinen Ideen und sinnlich wahrnehmbarer Welt. Die mathematischen Wissenschaften Arithmetik, Geometrie, Harmonik und Astronomie, später von *Boethius* zum ›Quadrivium‹ zusammengefaßt, führen deshalb in dieser Reihenfolge propädeutisch zur Ideenlehre, der eigentlichen Philosophie und ›Physik‹, hin. Die Ideen selbst verhalten sich zur Mathematik wie die Sinnendinge zu ihren Schattenbildern und Abbildungen auf Wasserflächen; die Ideenlehre ist damit eine abstrakte analoge Anwendung mathematischer Sätze und Strukturen. Die Ontologie ist abbildhafte Mathematik, betrifft aber nur einen ideellen Bereich; die Sinnenwelt steht außen vor und gibt ihrerseits höchstens – im Bereich der göttlichen Gestirne – ein Abbild dieser abgebildeten Mathematik.

Als Beispiel einer solchen abbildhaften Darstellung wird in dem Dialog ›Timaios‹ P.s mathematische Naturwissenschaft eines alles umfassenden ideellen Bereiches geboten, die aus höchsten Prinzipien deduziert und gelegentlich auch sinnliche Wahrnehmungen ableitet, ohne diese allerdings jemals rückwirkend als Prüfstein der primären Ableitung und der Prämissen zu benutzen. Nicht die Phänomene bestimmen den Erkenntnisverlauf, sondern die (mathematischen) Prämissen. – Hieran hauptsächlich sollte *Aristoteles* Anstoß nehmen. – So sollen z.B. die ›Elemente‹, deren Vierzahl mathematisch abgeleitet wird, aus vier der regulären Polyeder bestehen, deren Anzahl (fünf) gerade von seinem Schüler *Theaitetos* (* um 415/413 v. Chr. Athen, † 369 ebenda) nachgewiesen worden war. Deren Seitenflächen sollten wiederum aus vier gleichschenkligen (= Quadrat: Würfel/Erde) bzw. sechs ungleichschenkligen (= gleichseitiges Dreieck: Ikosaeder/Wasser, Oktaeder/Luft, Tetraeder/Feuer) rechtwinkligen Dreiecken zusammengesetzt sein, die sich auch je nach äußeren Verhältnissen neu zusammenfügen und so den Kreislauf der Elemente darstellen könnten (z.B. 1 Ikosaeder/Wasser = 20 Δ = 2 Oktaeder/Luft + 1 Tetraeder/Feuer), aus dem die ›Erde‹ allerdings der anderen Grundflächen wegen ausgeschlossen bleiben mußte. P. war deshalb gezwungen, den festen Aggregatzustand der Metalle, bis dahin und später als feste ›Erde‹ aufgefaßt, als einen besonders kompakten ›Wasser‹-Zustand zu deuten: Metalle seien ›schmelzbare Wasser‹. Die einzelnen Eigenschaften der vorwiegend in Mischungen auftretenden ›Elemente‹ werden dann wie bei → *Demokritos* als Wirkungen der Form dargestellt.

Die den ganzen, als lebendige Gottheit gedachten Kosmos umfassende mathematische Naturwissenschaft des ›Timaios‹ hat zwar – sieht man von einigen älteren Akademikern ab – als solche, aufgrund der Kritik des *Aristoteles* und ihrer augenfälligen Schwächen, keinen direkten Einfluß ausgeübt, doch lag die ihr zugrundeliegende Erkenntnistheorie bis in die Gegenwart in einem ständigen gesunden Wettstreit mit der aristotelischen, empirischen Auffassung und hat sich als besonders fördernd für die neuzeitliche (*J. → Kepler, R. → Descartes*) und moderne Naturwissenschaft (*W. → Heisenberg* und andere) erwiesen. [Krafft]

Werke: Werke in acht Bänden, [griech – deutsch] hrsg. von G. Eigler (Darmstadt ²1990). – L. Brandwood: A Word Index to P. (Leeds 1976). – *Bibl.*: E. M. Manesse: Bücher über P. (2 Bde, Tübingen 1957–1961). – *Lit.*: DSB XI, 22–31 (D. J. Allan); KNph 29–44 (E. Martens); C. Ritter: P.s Stellung zu den Aufgaben der Naturwissenschaft (Heidelberg 1919); F. M. Cornford: P.'s Cosmology: The Timaeus of P., Translated with a Running Commentary (London 1937 u.ö.); W. Burkert: Weisheit und Wissenschaft. Studien zu Pythagoras, Philolaos und P. (Nürnberg 1962); K. Gaiser: P.s ungeschriebene Lehre (Stuttgart ²1968, ³1998); O. Wichmann: P. Ideelle Gesamtdarstellung und Studienwerk (Darmstadt 1966); F. Krafft: Die Begründung einer Wissenschaft von der Natur durch die Griechen (Freiburg 1971); K. Gloy: Studien zur P.ischen Naturphilosophie in P.s Timaios (Würzburg 1986); P. Pritchard: P.'s Philosophy of Mathematics (Sankt Augustin 1995). – H. Dörrie/M. Baltes: Der Platonismus in der Antike (8 Bde, Stuttgart 1987 ff.); K. Gaiser: Philodems Academica. Die Berichte über P. und die Alte Akademie (Stuttgart 1988).

Plinius (*Gajus Plinius Secundus* der Ältere), römischer Fachschriftsteller, * 23 n. Chr. Novum Comum [Como], † 23.8.79 Stabiae [am Vesuv].

Schon als junger Mann kam P. nach Rom, das in der frühen Kaiserzeit besonders auch geistige Metropole des wachsenden Reiches war. Auch die Kaiser Vespasianus und Titus, zu denen P. später enge Beziehungen unterhielt, waren Poesie und Wissenschaft gegenüber aufgeschlossen. In solcher Umgebung arbeitete P. sich, rastlos tätig, zum Feldherrn und hohen Beamten empor, den Vespasianus häufig als Berater zu den Regierungsgeschäften heranzog. In jüngeren Jahren war er als Befehlshaber der Reiterei längere Zeit in Germanien gewesen, hatte hier seine (wie die anderen historischen und sonstigen Werke von ihm) verlorengegangene ›Geschichte der von den Römern in Germanien geführten Kriege‹ geschrieben, kam im Jahre 52 nach Rom zurück, wo er auch als Anwalt tätig war, ging 67 als Prokurator nach Spanien und war zuletzt Kommandant des römischen Flottenstützpunktes am Vorgebirge Musenum. Von hier aus brach er mit der gesamten Flotte am 22. August 79 auf, um den von dem unerwarteten und heftigen Ausbruch des nahen Vesuv bedrohten Anwohnern von See aus Hilfe zu leisten. Beim Abmarsch aus dem allmählich von Aschen- und Lavaregen eingedeckten und von Schwefeldämpfen erfüllten Ort Stabiae brach er dann zusammen und mußte tot zurückgelassen werden. Ihn jedoch ein Opfer seines Forscherdranges zu nennen, wie es oft geschieht, hieße sein Leben und Sterben verfälschen. Wir wissen von seinem Neffen und Adoptivsohn *Plinius dem Jüngeren*, daß er in erster Linie treuer römischer Beamter war, der auch hier nur seine Pflicht erfüllte, der andererseits zwar auf all seinen amtlichen Reisen einen Schreiber bei sich hatte, dem er seine Eindrücke diktieren konnte, so daß manches Detail seiner 36 Bücher umfassenden Enzyklopädie auf Autopsie beruht, seine Pflichten aber sehr ernst nahm und empirische Naturforschung nicht als Selbstzweck betrieben hätte. Auch ist der Inhalt der ›Naturalis historia‹, des für mehr als anderthalb Jahrtausende maßgebenden Handbuches der allgemeinen Naturkunde, weitgehend ihm vorliegenden schriftlichen Quellen entnommen. Er selbst nennt 146 lateinische und 327 fremde, zumeist griechische Quellen namentlich, wenn er eine große Zahl auch nur über Sekundärquellen kennengelernt haben wird, so daß die in der zwischen 77 und 78 verfaßten Widmung an Titus genannte und noch genügend hohe Zahl von 100 seine Haupt- und Primärquellen umfassen wird.

P. wollte in erster Linie ja auch ein Handbuch über die Kenntnisse seiner Zeit von allen Bereichen der Natur schreiben; und dies ist ihm, soweit wir es noch beurteilen können, in hohem Maße gelungen. Bedenkt man noch, daß dieses Handbuch von *einem* Manne geschrieben wurde, dem außerdem nur wenige freie Stunden meist in der Nacht für seine Studien zur Verfügung standen, so verdient das Werk unsere höchste Bewunderung; und es hat fast den Anschein, als ob nur ein ähnlich universaler Naturwissenschaftler seinen Wert richtig zu beurteilen vermag. *G.* → *Buffon* etwa schreibt in seiner ›Naturgeschichte‹: Des P. »Naturgeschichte umfaßt nicht nur die Tiere, die Pflanzen und die Mineralien, sondern auch die Erd- und Himmelskunde, die Medizin, die Entwicklung der Schiffahrt, des Handels und der Künste, kurz alle Wissenschaften. Erstaunlich ist, wie bewandert P. sich auf diesen Gebieten zeigt. Erhabenheit des Gedankens und Schönheit des Ausdrucks vereinen sich bei ihm mit tiefer Gelehrsamkeit. Sein Werk ist zwar eine Zusammenfassung dessen, was vor ihm geschrieben war, doch ist diese Zusammenfassung an manchen Stellen so systematisch und stellt die Dinge oft in einem solch neuen Licht dar, daß sie gegenüber manchem Werk eigener Arbeit, das von denselben Dingen handelt, den Vorzug verdiente.« Von der Wertschätzung, die ihm die Spätantike und das gesamte Mittelalter entgegenbrachten, zeugen denn auch die über 200 noch erhaltenen Handschriften und das frühe Datum der ersten gedruckten Gesamtausgabe (Venedig 1469). Daneben gab es einen ergänzten Auszug der für die Arzneikunde wichtigen Angaben, die ›Medicina Plinii‹ aus dem 4. Jahrhundert, von der wiederum mindestens drei Bearbeitungen seit dem 6./7. Jahrhundert als ›Physica Plinii‹ existieren, sowie zahlreiche Werke, welche sich die ›Naturalis historia‹ zum mehr oder weniger sklavisch nachgeahmten Vorbild nahmen, sie aber vor *Buffon* auch von einer Gesamtkonzeption her – bei P. stand in typisch römischer Haltung die Nutzbarkeit und Nützlichkeit für den Menschen als Selektions- und Gliederungskriterium stark im Vordergrund – nie erreichten. [Krafft]

Werke: Naturalis historia, hrsg. nach L. Jan von C. Mayhoff (5 Bde, Leipzig 1892–1909; Nachdruck: Stuttgart 1967–1970 u.ö.; Bd VI: Indices, hrsg. von L. Jan. Leipzig [1865] 1898; Nachdruck: Stuttgart 1987; Bd VI a: Indices – Additamenta, hrsg. von Semi. Leipzig 1980); Naturalis historia – Naturkunde. Latein.-deutsch hrsg. von R. König u.a. (31 Bde, München usw. 1973–1996); P. Rosumek/D. Najock: Concordantia in C. Plinii Secundi Naturalem Historiam (6 Bde, Hildesheim 1996); Physica Plinii Bambergensis, hrsg. von A. Önnefors (Hildsheim 1973). – *Bibl.*: H. le Bonniec: Bibliographie sur l'histoire naturelle de Pline l'Ancien (Paris 1946); K. Sallmann: P. der Ältere 1938–1970. In: *Lustrum* 18/1975, 5–299 und 345–352. – *Lit.*: DSB XI, 38–40 (D. E. Eichholz); GWG II, 310–331 (E. H. Warmington); F. Dannemann: P. und seine Naturgeschichte in ihrer Bedeutung für die Gegenwart (Jena 1921); W. Kroll u.a.: P. (5). In: Paulys Realencyclopädie der classischen Altertumswissenschaft, Neue Bearbeitung, Reihe 1. Bd 21, 1 (Stuttgart 1951), Sp. 271–439; R. König/G. Winkler: P. der Ältere. Leben und Werk eines antiken Naturforschers (München 1979); R. French/F. Greenaway (Hrsgg.): Science in Early Roman Empire. Pliny the Elder, His Sources and Influence (Totowa, N.J. 1986); M. Beagon: Roman Nature. The Thought of Pliny the Elder (Oxford 1992); A. Borst: Das Buch der Naturgeschichte. P. und seine Leser im Zeitalter des Pergaments (Heidelberg 1994).

Poggendorff, Johann Christian, deutscher Physiker, * 29.12.1796 Hamburg, † 24.1.1877 Berlin.

P. war der Sohn eines Zuckerfabrikbesitzers. Während der Besetzung Hamburgs durch die Franzosen verlor die Familie fast ihr gesamtes Vermögen, und P. ging als Lehrling in eine Apotheke. Später entschloß er sich, trotz seiner schwierigen finanziellen Lage in Berlin Naturwissenschaften zu studieren. Hier fiel er *Paul Erman* (* 29.2.1764 Berlin, † 11.10.1851 ebenda) durch seinen Fleiß und sein Talent schon in den ersten Semestern auf. Nach dem Tode *Ludwig Wilhelm Gilbert*s (* 12.8.1769 Berlin, † 24.3.1824 Leipzig) übernahm P. die Redaktion der ›Annalen der Physik und Chemie‹. Als die Fachliteratur immer umfangreicher wurde, überließ er insbesondere Arbeiten aus der organischen Chemie anderen Fachzeitschriften. Er gab 160 Bände heraus; dazu kommen noch Ergänzungsbände und Beiblätter. Mit Bedacht wählte P. die Abhandlungen aus, er bevorzugte solche mit experimentellem Inhalt. Von der Richtigkeit der Ergebnisse überzeugte er sich oftmals selbst, kritisierte in Fußnoten und wies auf Verbesserungsmöglichkeiten hin. So machte er *G. S.* → *Ohm* auf die Thermoelemente aufmerksam, die leicht eine konstante Spannung liefern, reagierte aber auch überhaupt nicht auf die Einsendung des ersten Manuskripts von *R.* → *Mayer*. – Um seiner Lebensaufgabe, der Herausgabe der Annalen, voll gerecht zu werden, schlug P. Berufungen aus. 1830 erhielt er als Privatgelehrter den Titel ›Königlicher Professor‹; 1834 wurde er ordentlicher Professor an der Universität Berlin. Fünf Jahre später wählte man ihn in die Preußische Akademie der Wissenschaften. – P. war konziliant und hilfsbereit und wollte jedem nach Möglichkeit gerecht werden. In seiner langjährigen, wissenschaftsfördernden Tätigkeit hatte er sich viele Freunde im In- und Ausland erworben.

Als junger Student erfand P. (1820) gleichzeitig mit dem mehr romantisch-spekulativ eingestellten Physiker *Johann Salomo Christoph Schweigger* (* 8.4.1779 Erlangen, † 6.9.1857 Halle) den ›Multiplikator‹, eine Spule, die durch ihre vielen Windungen auch bei schwachen hindurchfließenden elektrischen Strömen eine Magnetnadel ablenkt. Seinem Multiplikator fügte er 1826 die Spiegelablesung hinzu. *C. F.* → *Gauß* übernahm sie dann bei seinen Magnetometern und steigerte damit die Meßgenauigkeit erheblich. Viele Gebiete der Physik und Chemie bereicherte P. selbst durch eigene, hauptsächlich experimentelle Arbeiten. Seine Lieblingsgebiete blieben die Magnetik und Elektrik. Die Polarisation, die in den galvanischen Elementen und elektrochemischen Zersetzungszellen auftritt, behandelte er mustergültig (1844). Mit Hilfe eines neuartigen Meßverfahrens (Kompensationsmethode) konnte er die elektromotorische Kraft auch bei einem nicht konstant bleibenden Element bestimmen. Er verbesserte die Saxtonsche Induktionsmaschine, gab eine neue Form des Silbervoltameters an und führte schon 1869 mit Influenzmaschinen elektrische Kraftübertragungen durch.

Ehe P. eine wissenschaftliche Abhandlung herausgab, orientierte er sich gründlich über die Vorgeschichte des Problems. So wurde er immer mehr zu einem Fachmann in der Geschichte der Naturwissenschaft. An der Universität hielt er Vorlesungen über die Geschichte der Physik. 1853 erschienen von ihm die ›Lebenslinien zur Geschichte der exakten Wissenschaften‹. Sie waren die Vorarbeiten zu einem noch größeren Werk, dem ›Biographisch-literarischen Handwörterbuch‹ (2 Bde, 1863 erschienen). Einige Tausend naturwissenschaftlicher Schriftsteller aller Zeiten und Völker sind darin aufgeführt mit Angaben zu ihrem Leben und Schaffen. Das einzigartige Werk wurde später von anderen fortgesetzt und ist bis heute auf eine stattliche Anzahl von Bänden angewachsen.

Bibl.: Pogg. VII a Suppl., 514–516. – *Lit.*: DSB XI, 49–51 (F. Klemm; mit Bibl.); W. Barentin: J. C. P. In: *Annalen der Physik und Chemie* 160 (1877), V–XXIV. [Wiederkehr]

Poincaré, Jules *Henri*, französischer Mathematiker, * 29.4.1854 Nancy, † 17.7.1912 Paris.

P., ein Vetter des französischen Präsidenten (1913–1920) Raymond P., von vielen als der führende Mathematiker des ausgehenden 19. Jahrhunderts angesehen, vereinte in seiner mathematischen Begabung ungewöhnlichen Einfallsreichtum mit einem ausgezeichneten Gedächtnis, große Produktivität mit überraschender Vielseitigkeit. Ursprünglich als Ingenieur ausgebildet, erwarb er 1879 den Doktorgrad mit einer Arbeit über Eigenschaften von Funktionen, die durch partielle Differentialgleichungen definiert werden. Der als Gutachter wirkende Mathematiker *Jean Gaston Darboux* (* 13.8. 1842 Nîmes, † 23.2.1917 Paris) urteilte, in P.s Dissertation fänden sich so viele neue Ideen, daß sie Stoff für mehrere Doktorarbeiten enthalte. Doch zugleich charakterisierte er dessen Arbeitsweise mit den Worten: »P. stützte sich auf seine Intuition. Wenn er ans Ziel gelangt war, blickte er nie mehr zurück. Ihm genügte es, die Hürden durchbrochen zu haben; die Mühe, einen gangbaren Weg zu finden, überließ er anderen.«

Fast 500 Abhandlungen und mehr als 30 Bücher schrieb P., der ab 1879 Professor in Caen war und ab 1881 in Paris wirkte, zunächst als Répétiteur an der École Polytechnique, dann als Professor an der Sorbonne. Viele seiner Bücher gingen auf Vorlesungen zurück, die er vor allem über Anwendungen der Mathematik in der Physik und Astronomie hielt. Diesen Gebieten gehört auch ein großer Teil seiner bahnbrechenden Forschungen an. In der theoretischen Astronomie erzielte er durch die Verwendung der umfassenden analytischen Methoden, die das 19. Jahrhundert hervorgebracht hatte, sehr beachtliche Fortschritte. In seiner dreibändigen Monographie ›Les méthodes nouvelles de la mécanique céleste‹ (›Die neuen Methoden der Himmelsmechanik‹, 1892–1899) legte er sie nieder. Seine ebenfalls dreibändigen ›Vorlesungen über Himmelsmechanik‹ (1905–1910) berücksichtigen dagegen stärker die praktischen Bedürfnisse des Astronomen. Das fundamentale Problem der Himmelsmechanik ist das n-Körper-Problem, d.h. die Vorausberechnung der Bahnen von n verschiedenen Himmelskörpern unter Einfluß der gegenseitigen Anziehung – *I.* → *Newton* hatte es ja nur für zwei Körper gelöst, für n = 3 ist es jedoch bereits so kompliziert, daß auch P. keine vollkommene Lösung gelang (selbst heute ist das Dreikörperproblem, das zum Beispiel durch die Bewegungen von Sonne, Erde und Mond gegeben ist, erst unvollständig bewältigt) – in diesen Zusammenhang fallen auch seine Untersuchungen zum Gezeitenproblem (1910). Dennoch erzielte P. so große Fortschritte, daß ihm dafür der König von Schweden einen Preis zuerkannte. Besonders wichtige Beiträge lieferte er auch zur Theorie der Gleichgewichtsfiguren rotierender Flüssigkeitsmassen, welche für die Kosmologie von großer Bedeutung sind. Von seinen vielen mathematischen Arbeiten – die unter anderem auch der Zahlentheorie und Algebra angehören – sei hier lediglich die Begründung der Theorie der automorphen Funktionen genannt, die im Wettlauf mit *F.* → *Klein* entstand. Es handelt sich dabei um eine Verallgemeinerung der elliptischen Funktionen, die seit Beginn des 19. Jahrhunderts erforscht worden waren, insbesondere durch *A. M. Legendre*, *N. H.* → *Abel* und *C. G. J.* → *Jacobi*.

Weiteren Kreisen wurde P. als Verfasser allgemeiner Werke über Grundfragen der Naturwissenschaften bekannt, mit Titeln wie ›Wissenschaft und Hypothese‹, ›Der Wert der Wissenschaft‹ und ›Wissenschaft und Methode‹. Sie waren in glänzendem Stil abgefaßt und wurden in viele Sprachen übersetzt. Auch für das Zustandekommen mathematischer Schöpfungsvorgänge interessierte sich P. sehr und berichtete über seine eigenen Erfahrungen. Oft kam ihm der erleuchtende Gedanke blitzartig, anscheinend ohne unmittelbar vorhergehendes Nachdenken über den Gegenstand. Erforderlich war aber eine längere Zeit der intensiven – und zunächst scheinbar fruchtlosen – Beschäftigung mit dem Problem, ehe sich der entscheidende Einfall einstellte. P. wurde 1887 Mitglied der Académie des sciences und 1909 der Académie française. [Scriba]

Werke: Œuvres (11 Bde, Paris 1916–1954). – *Bibl.*: H. Lebon: H. P. Bibliographie analytique des écrits (Paris 1912). – *Lit.*: DSB XI, 51–61 (J. Dieudonné); E. Lébon: H. P. (Paris ²1912); E. T. Bell: Die großen Mathematiker von Zeno bis P. (Düsseldorf/Wien 1967, S. 491–517); J.-L. Greffe/G. Heinzmann/K. Lorenz (Hrsgg.): H. P. Science et philosophie – Science and Philosophy – Wissenschaft und Philosophie. Congrès international, Nancy, France, 1994 (Paris und Weinheim 1996).

Poseidonios, griechischer Philosoph und Naturforscher, * um 135 v. Chr. Apameia [Syrien], † 51 auf einer Reise nach Rom.

In seiner Jugendzeit erlebte P. den Zerfall des Seleukidenreiches und begab sich als vermutlich vermögender Mann nach Rhodos, wo er bald in den Magistrat aufgenommen wurde. Hier scheint er auch mit dem Stoiker *Panaitios* (* um 185/180 v. Chr. Rhodos, † um 110 Athen) zusammengekommen zu sein, der in Athen die um das Jahr 313 v. Chr. durch *Zenon von Kittion* (* 335 v. Chr. Kittion [auf Zypern], † 262 Athen) gegründete Schule der Stoa leitete. P. wurde zu seinem bedeutendsten Schüler, blieb allerdings nicht in Athen, sondern gründete in Rhodos eine eigene Schule, nachdem er von einer ausgedehnten Forschungsreise zurückgekommen war, die er zu Beginn des 1. Jahrhunderts nach einer amtlichen Mission in Rom unternommen hatte und die ihn nach Sizilien, Italien, Südgallien und Spanien bis Gades geführt hatte, wo er die Gezeiten während eines ganzen Mondumlaufes beobachtete; die Rückreise erfolgte längs der afrikanischen Küste. Weitere spätere Reisen, auch in östliche Teile der Oikumene, sind wahrscheinlich, mehrere in amtlichem Auftrag nach Rom belegt. Auf einer solchen Reise nach Rom ist er auch im Jahre 51 gestorben.

Aus seinen vielfältigen Beziehungen zu Rom, auf philosophisch-wissenschaftlicher Ebene durch seinen Lehrer *Panaitios* vorbereitet, ergab es sich, daß ihn von dort nicht nur viele Schüler, Politiker und Philosophen in Rhodos aufsuchten (Pompeius, *Cicero*, Hortensius und andere), sondern daß auch die von seinem Lehrer und ihm durchgeführte Erneuerung der stoischen Lehre im Geiste der ionischen Naturphilosophie und platonisch-aristotelischen Denkens gerade in Rom auf fruchtbaren Boden fiel, während bei den Griechen selber die einsetzende → *Aristoteles*-Renaissance und der Neuplatonismus die stoische Philosophie und Naturauffassung bald wieder verdrängten – wenn auch die fachwissenschaftlichen Erkenntnisse und Beobachtungen gerade des P. zu einem großen Teil anerkannt blieben. Es hatte zur Folge, daß auch die naturwissenschaftlichen Schriften des P. und der Stoa überhaupt bis auf das kosmologisch-astronomische Lehrbuch eines *Kleomedes* aus dem ausgehenden 1. vorchristlichen Jahrhundert nur aus Fragmenten bei späteren Autoren bekannt sind, während stark stoisch beeinflußte erhaltene Werk von römischen Philosophen und naturwissenschaftlichen Kompilatoren stammen (*Epiktetos*, *Marcus Aurelius Antonius* und andere, besonders wichtig *Lucius Annaeus Seneca* [* 4. v. Chr. Corduba, † April 65 n. Chr. nahe Rom]).

In seinen naturwissenschaftlichen Schriften, die umfangreiches, durch Autopsie gewonnenes meteorologisches, geologisches und geographisch-ethnographisches Beobachtungsmaterial enthalten, ging P. von der vorsokratisch-platonischen und zum Teil frühstoischen These aus, daß der Kosmos als in sich abgeschlossener, lebendiger Organismus zu verstehen sei, und verfolgte sie bis in letzte Konsequenzen: Die Sonne ist das Herz des Kosmos – später als Idee wieder von *N.* → *Copernicus* aufgenommen – und der Mond die Leber, die Flüsse sind die Adern des Kosmosleibes usw.; meteorologische Vorgänge werden als wechselseitiges Ernähren und Verbrauchen gedeutet. Alles ist mit allem organisch durch ›Sympathie‹ (bzw. Antipathie) verbunden. Sonne, Mond und Sterne wirken so bis ins kleinste im Luftraum, auf und in der Erde: Pflanzen-, Tier- und Rassengeographie werden sonnenbezogen aitiologisch begründet, der Mond als Ursache für die Gezeiten erkannt, aber auch Astrologie und Mantik erhalten ihre Berechtigung. Die menschliche Vernunft wird, statt sie von oben zur Herrscherin über die unvernünftige Natur zu setzen, zum Ziel (Telos) ihrer von unten aufsteigenden Selbstvollendung gemacht. Die All-Lebendigkeit wird aufgefaßt als ein System ›physischer Kräfte‹ (›dynameis‹ an Stelle des ›logos‹ der älteren Stoa); als ›vis vitalis‹ in den Elementen, manifestieren sie sich in einer vielfältig abgestuften Steigerung der Natur vom scheinbar Toten, den Steinen, über die Pflanzen, Tiere und Menschen bis zum Allerlebendigsten, Allerbeseeltesten, den Gestirnen – hierher kommt durch den Einfluß des → *Galenos* die spätere Idee der ›scala naturae‹. Eine Konsequenz dieses makrokosmisch-mikrokosmischen organologischen Weltbildes ist ein periodisches Werden und Vergehen der sich differenzierenden Welten und der jeweils wieder einigenden ›Ekpyroseis‹, der Auflösungen im Weltenbrand – wie das gesamte Geschehen im Kosmos bestimmt und überwacht von der ›Vorsehung‹. Hieraus wiederum ergibt sich, daß keine strenge Trennung von Ethik, allgemeiner Philosophie und Fachwissenschaft getroffen wird. – Gerade wegen des tief religiös verwurzelten Universalismus hat die poseidonische Prägung der stoischen Naturauffassung dann wieder im Abendland des 16. und 17. Jahrhunderts stark gewirkt, nachdem der von → *Albert dem Großen* und *Thomas von Aquino* begründete einheitliche Aristotelismus allmählich einzele Einbrüche hatte erleiden müssen. [Krafft]

Fragmente: Die Fragmente, hrsg. von W. Theiler (2 Bde, Berlin/New York 1982); The Fragments, hrsg. von L. Edelstein/I. G. Kidd (Cambridge 1972). – *Lit.*: DSB XI, 103–106 (E. H. Warmington); M. Pohlenz: Die Stoa (2 Bde, Göttingen 1948–1953, [4]1970–1972); M. Polenz: Stoa und Stoiker: Die Gründer, Panaitos, P. [Texte] (Zürich 1950); K. Reinhardt: P. von Apameia, der Rhodier genannt (Stuttgart 1954); M. Laffranque: P. d'Apamée (Paris 1964); K. Schmidt: Kosmologische Aspekte im Geschichtswerk des P. (Göttingen 1980).

Priestley, Joseph, englischer Naturforscher und Theologe, * 13.3.1733 Fieldshead [bei Leeds], † 6.2.1804 Northumberland [Pennsylvania].

Als Knabe fiel P., der Sohn eines Tuchmachers, schon früh durch seine ungewöhnliche Begabung für Sprachen auf. Er studierte an der Akademie zu Daventry Theologie, hörte aber nebenbei naturwissenschaftliche Vorlesungen. Seine erste Veröffentlichung war eine englische Grammatik, die noch lange nach dem Tod des Verfassers in Gebrauch war. An mehreren Dissenter-Gemeinden bekleidete er jeweils für ein paar Jahre das Amt des Predigers. Durch sein unduldsames Wesen und seinen religiösen Fanatismus machte er sich zumeist nach einiger Zeit unbeliebt. Die naturwissenschaftlichen Schriften stellen nur einen Bruchteil seiner Veröffentlichungen dar, die großenteils theologischen, philosophischen, psychologischen und politischen Inhalts sind. In der Psychologie wendete er *David Hartleys* (* 30.8.1705 Armley [Yorkshire], † 28.8.1757 Bath) Assoziationslehre ins Materialistische. Die Staatslehre von

John Locke verschärfte er radikal (1768) und fand so den Übergang zu den geistigen Urhebern der Französischen Revolution. Der freigeistige Prediger, der mit den französischen Fortschrittlern sympathisierte, erregte 1791 den wilden Zorn eines Volkshaufens, der dem revolutionären Pfarrer das Dach über dem Kopf anzündete. Nur mit Mühe konnte P. sein nacktes Leben retten. 1794 wanderte er mit seiner Familie nach Amerika aus und beschloß als Farmer in Northumberland sein wildbewegtes Leben.

Einer Anregung *B.* → *Franklin*s folgend, schrieb P. eine Geschichte der Elektrizitätslehre (1767), die allgemeine Anerkennung fand (1774 wurde dieses Werk ins Deutsche übertragen und erweitert). Man wählte ihn daraufhin in die Royal Society. P. vermutete schon, daß das Kraftgesetz zwischen elektrischen Ladungen dem Gravitationsgesetz ähnlich sei (*C. A. de* → *Coulomb*). Er beschrieb ›elektrische Figuren‹, die sich beim wiederholten Überschlagen eines Funkens auf einer Messingplatte bilden, und deutete sie richtig. Beim Schmelzen von dünnen Drähten durch elektrische Ladungen erkannte er einen Zusammenhang zur Länge und zum Querschnitt des Drahtes. In seiner Geschichte der Elektrizität machte P. darauf aufmerksam, daß Reibungselektrisiermaschinen aus Hartgummischeiben, die gewöhnlich negative Elektrizität liefern, auch zur Erzeugung positiver Elektrizität herangezogen werden können, wenn man das Reibzeug isoliert und den Konduktor erdet. P. war überzeugt, daß die elektrische Flüssigkeit Phlogiston enthalte oder sogar selbst das Phlogiston sei. Er schrieb auch eine Geschichte der Optik (1772, deutsch 1775), die aber weniger Anklang fand.

Mit der Chemie kam P. verhältnismäßig spät in Berührung. Unvergänglichen Ruhm erwarb er sich jedoch gerade in der pneumatischen Chemie; denn auf seinen und *C. W.* → *Scheele*s Arbeiten fußend, konnte *A. L.* → *Lavoisier* die Tür zu der heutigen Chemie aufstoßen. Als Sperrflüssigkeit in seinen Gasauffanggeräten benutzte P. Quecksilber und konnte so auch wasserlösliche Gase untersuchen. Gärungsvorgänge in einer nahe seiner Wohnung in Warrington gelegenen Brauerei erregten sein Interesse. Mit dem Kohlendioxid (das er ›fixe Luft‹ nannte) stellte er als erster künstliches Mineralwasser her. P. machte die wichtige Beobachtung, daß die ›verdorbene‹ oder ›fixe Luft‹ (›fix‹, weil sie mit Kalkwasser gebunden wird) durch grüne Pflanzen bei Tageslicht wieder die Fähigkeit gewinnt, Atmung und Verbrennung zu unterhalten (Assimilation). Seine bedeutendste Tat war die Entdeckung des Sauerstoffes 1774 (etwa gleichzeitig mit *Scheele*). Er gewann das Gas, indem er Licht mit einer Brennlinse bündelte und damit rotes Quecksilberoxid erhitzte. In dem frei gewordenen Gas brannte eine Kerze heller und flammte ein glimmender Span wieder auf. P. stand noch auf der Basis der Phlogistontheorie (*G. E.* → *Stahl*) und sprach von ›dephlogistierter‹ Luft. Er zeigte auch, daß helle Stickoxide der Luft dieses Gas entreißen und sich dabei braun färben. Während eines Aufenthaltes mit Lord Shelburne in Paris erzählte er in einer Gesellschaft *Lavoisier* von seiner Entdeckung. Neben dem Sauerstoff fand P. noch sechs neue Gase: das Stickoxydul (durch Einwirkung feuchter Eisenfeile auf Stickoxide) 1773, die ›salzsaure‹ Luft, heute Chlorwasserstoff genannt (durch Umsetzung von Vitriolöl mit Kochsalz) 1774, Ammoniak (aus Salmiak und Kalk) 1774, Schwefeldioxid 1775, Fluorsilicium und Kohlenmonoxid 1799.

Während seines chemischen Arbeitens mit Gasen hatte P. die Überzeugung gewonnen, daß die vielen ›Luftarten‹ keine Umwandlungen der gewöhnlichen Luft seien, sondern davon grundsätzlich zu unterscheiden sind. [Wiederkehr]

Werke: The Scientific Writings (10 Bde, London 1969; Hildesheim 1987 ff.); Scientific Correspondence, hrsg. von H. C. Bolton (Philadelphia 1892); R. E. Schofield (Hrsg.): A Scientific Autobiography of J. P. – Selected Scientific Correspondence (Cambridge, Mass./London

1966; mit Bibl.). – *Lit.*: GCh I, 263–273 (G. Lockemann); DSB XI, 139–147 (R. E. Schofield); F. W. Gibbs: J. P., Adventurer in Science and Champion of Truth (Edinburgh/London 1965); K. S. Davis: The Cautionary Scientists: P., Lavoisier, and the Founding of Modern Chemistry (New York 1966); J. G. McEvoy / J. E. McGuire: God and Nature. P.'s Way of Rational Dissent. In: *Historical Studies in the Physical Sciences* 6 (1975), 325–404; J. Graham: Revolutionary in Exile. The Emigration of J. P. to America 1794–1804 (Philadelphia 1994); R. E. Schofield: The Enlightenment of J. P. A Study of His Life and Work from 1733 to 1773 (University Park, Pa. 1997).

Proust, Joseph Louis, französischer Chemiker, * 26.9.1754 Angers, † 5.7.1826 ebenda.

P. war Sohn eines Apothekers und studierte Pharmazie und bei *Hilaire Martin Rouelle* (* Februar 1718 Mathieu [bei Caen], † 7.4.1779 Paris) am Jardin du Roi Chemie; 1776 erhielt er die Stelle des Chef-Apothekers am Salpêtrière-Hospital in Paris. Als Professor der Chemie ging P. 1778 nach Vergara in Spanien, kehrte aber schon zwei Jahre später nach Frankreich zurück, um am Musée in Paris zu lehren. 1785 zog er erneut nach Spanien; auf Veranlassung der Regierung unter Karl III. (aus dem Hause Bourbon) hatte man ihn mit einem attraktiven Angebot nach Madrid geholt. Einige Jahre später wirkte P. auch an der Königlichen Artillerie-Schule in Segovia und führte geologische und mineralogische Untersuchungen für die Regierung durch. In Madrid richtete man ihm ein neues, glänzend ausgestattetes chemisches Laboratorium ein. In diesen Jahren begann P. mit seinen für die ganze Chemie so bedeutenden Arbeiten zum Gesetz der konstanten Proportionen. Nach der Seeschlacht bei Trafalgar 1805, in der die vereinigte französisch-spanische Flotte vernichtet wurde, folgte der Aufstand der Kronprinzenpartei gegen die an Napoleon orientierte spanische Regierung. Französische Truppen drangen in Spanien ein, um das Land in Besitz zu nehmen, und bei der Besetzung Madrids wurde P.s Laboratorium mit seinen kostbaren Sammlungen fast gänzlich zerstört. Mit seiner Frau, die er in Segovia geheiratet hatte, ging er dann nach Craon (Frankreich) zurück. 1820 übernahm er die Apotheke seines Bruders in Angers. 1816 wählte man ihn in das Institut de France, 1819 ernannte man ihn zum Ritter der Ehrenlegion, und 1820 gewährte ihm der wieder auf den französischen Thron gekommene Bourbone Louis XVIII. eine Pension.

P.s Erfolge und bahnbrechende Arbeiten fußten auf seinem Können in der qualitativen und quantitativen chemischen Analyse. Auf ihn geht der Gebrauch von Schwefelwasserstoff als Fällungsmittel zurück. Er berichtigte die damaligen, recht ungenauen Angaben über den Metall- und Sauerstoffgehalt bzw. die Zusammensetzung vieler Erze und Verbindungen. Dabei entdeckte er das Gesetz der konstanten Proportionen. Die erste Formulierung findet man in einer Arbeit über Eisenoxide (›Recherches sur le bleu de Prusse‹, 1794). Diesbezügliche Untersuchungen an anderen Stoffen erstreckten sich über einundeinhalbes Jahrzehnt. Bei vielen Metallen fand P. zwei Arten von Oxiden, ein sauerstoffärmeres (Minimum) und ein sauerstoffreicheres (Maximum); er zeigte, daß der Übergang nicht kontinuierlich ist, wie viele zeitgenössische Chemiker glaubten, sondern diskontinuierlich, stufenförmig. P.s größter Gegner war sein berühmter Landsmann *C.-L.* → *Berthollet*, der mit Arbeiten über die chemische Verwandtschaft hervorgetreten war und den Begriff der chemischen Bindung weiter als P. faßte; so wurden z.B. bei ihm die Legierungen miteinbezogen. Atomistische Vorstellungen lehnte *Berthollet* ab. Der Streit zwischen P. und ihm zog sich über Jahre hin. Beide beharrten im wesentlichen auf ihrem Standpunkt. P. konnte *Berthollet* nicht verdeutlichen, was er unter seiner ›wahren‹ chemischen Verbindung verstand. Der endgültige Durchbruch kam für P.

mit der Atomtheorie *J.* → *Daltons* (1803, 1807). Weil P. den Anteil des Sauerstoffs immer auf das Gewicht der ganzen Verbindung bezog, war er nicht auf das Gesetz der multiplen Proportionen geführt worden.

Auch in der organischen Chemie und in der Technologie der Lebensmittelchemie hinterließ P. seine Spuren. 1799 konnte er den Traubenzucker isolieren. Napoleon Bonaparte, der 1806 die Kontinentalsperre verhängte, ersuchte ihn, Traubenzucker in Fabriken herzustellen, um den fehlenden Rohrzucker aus Westindien zu ersetzen. P. lehnte jedoch ab, indem er seinen Gesundheitszustand vorschob. [Wiederkehr]

Lit.: GCh I, 350–355 (E. Färber); DSB XI, 166–171 (S. Mauskopf; mit Bibl.); M. Godard-Faultrier: Notice biographique sur le chimiste J. L. P. (Angers 1852); J. Rodriques Mourelo: L'œuvre de P. en Espagne. In: *Revue scientifique* 54 (1916), 257–266; S. C. Kapoor: Berthollet, P. and Propositions. In: *Chymia* 10 (1965), 53–110; L. Silvan: Los estudios cientificos en Vergara a fines del siglo XVIII: El quimico L. J. P., 1754–1826 (San Sebastian 1992).

Ptolemaios, Klaudios, letzter großer (griechischer) Astronom und Naturwissenschaftler der Antike, * um 100 n. Chr. Ptolemais [Oberägypten], † um 160.

Während des zweiten Drittels des zweiten nachchristlichen Jahrhunderts wirkte P. in Alexandria, der Hochburg griechischer Wissenschaft und Forschung im Hellenismus – er nennt Beobachtungen, die er in den Jahren 127 bis 147 (151?) in Alexandria gemacht hat. Aus seinem Leben sind zwar keine Einzelheiten überliefert, um so größer ist aber der Einfluß seiner Werke auf die Zeit seit der Spätantike bis zum ausgehenden 16. Jahrhundert gewesen; und den größten darunter hatten ohne Zweifel die 13 Bücher des sogenannten ›Almagest‹, die ›Syntaxis mathematike‹ (›Mathematische Zusammenstellung‹), auch ›megale syntaxis‹ (Große Zusammenstellung) und vermutlich ›megiste techne‹ (Größte – mathematische – Kunst) genannt – das griechische Wort ›megiste‹ wurde um 800 von den Muslimen als Fremdwort übernommen und mit dem arabischen Artikel versehen; aus diesem ›al-Midschisti‹ wurde dann im lateinischen Mittelalter ›almagestum‹, unter welchem Namen die ›Syntaxis‹ seitdem bekannt ist. Das Werk ist entgegen dem Originaltitel mehr als eine Zusammenstellung der vorliegenden astronomischen Kenntnisse gewesen; denn P. entwickelt hierin auf der Grundlage eigener und älterer Beobachtungen besonders des → *Hipparchos* zumindest für die Planeten ein erstes Bewegungsmodell, und in seinen übrigen Teilen ist der ›Almagest‹ als das erste systematische Handbuch der mathematischen Astronomie anzusprechen, dessen Aufbau und teilweise auch Inhalt noch maßgeblich für *N.* → *Copernicus* und seine Zeit waren.

Die ersten beiden Bücher enthalten die zu den Berechnungen benötigten geometrischen Sätze nebst Beweisen (Sehnentafeln, Koordinaten, Trigonometrie) und eine allgemeine Einführung in das geozentrische Weltbild auf der Grundlage wesentlich aristotelischer Physik (→ *Aristoteles*). Das dritte Buch ist der Bewegung der Sonne und den Jahrespunkten gewidmet, wobei P. im Anschluß an die beiden alexandrinischen Mathematiker des ersten bzw. zweiten nachchristlichen Jahrhunderts, *Adrastos von Aphrodisias* und *Theon von Smyrna*, die kinematische Gleichwertigkeit der Epizykeltheorie des → *Apollonios* und der Exzentertheorie des *Hipparchos* für die Erklärung der Sonnenbahn betont, sich aber wegen der größeren Einfachheit für die letztere entscheidet (die Sonnentheorie des *Hipparchos* wird unverändert übernommen). Für den Mond, dessen verwickelte Bewegungen die Bücher 4 und 5 behandeln, muß die Epizykeltheorie ihrer größeren Anpassungsfähigkeit wegen herangezogen und zur Berücksichtigung der von P. entdeckten Evektion gegenüber *Hipparchos* durch einen beweglichen Exzenter erweitert werden. Für die damals bekannten fünf Planeten Saturn, Jupiter, Mars, Venus und Merkur reichte nicht einmal die Kombination beider Bewegungsmodelle (Epizykel auf exzentrischem Deferentenkreis) aus, um die von der Erde aus ungleichförmig erscheinenden Bewegungen als aus sich überlagernden gleichförmigen Kreisbewegungen resultierend darzustellen. P. mußte vielmehr einen sogenannten Ausgleichskreis einführen, um die im Anschluß an die aristotelische Physik, programmatisch aber vermutlich erst von den Stoikern geforderte Gleich- und Kreisförmigkeit aller Bewegungskomponenten zu erhalten: Der Epizykelmittelpunkt bewegt sich auf einem zur Erde exzentrischen Kreis, jedoch nicht mit gleichförmiger Lineargeschwindigkeit, sondern mit gleicher Winkelgeschwindigkeit bezogen auf den Ausgleichspunkt außerhalb des Deferenten- und Weltzentrums (Erde). – Dieser ›Verstoß‹ gegen die Forderungen war es übrigens, der *Copernicus* nach eigener Auskunft später veranlaßte, eine Verbesserung der ihm vorliegenden Theorien, die alle den Ausgleichspunkt enthielten, vorzunehmen. – Das sechste Buch handelt über Ursachen und Berechnungen von Sonnen- und Mondfinsternissen, die Bücher 7 und 8 schließlich von den Fixsternen, von denen die auch *Copernicus* noch allein bekannten 1025 in einem Katalog, nach Sternbildern geordnet, mit ihren ekliptikalen Örtern einzeln verzeichnet sind – etwa 200 mehr als im Katalog des *Hipparchos*. Dieses Verzeichnis wurde bis hin zu *T.* → *Brahe* – nur wegen der Präzession jeweils auf die neue Zeit reduziert – unverändert übernommen, und neue systematische Fixsternbeobachtungen beginnen eigentlich erst im ausgehenden 17. Jahrhundert in Greenwich; *E.* → *Halley* vermutete dann 1718 erstmals, daß Abweichungen neuerer Messungen von denen des P. (bzw. *Hipparchos*) auf Eigenbewegungen der nur so genannten Fixsterne beruhen. – Das ptolemaiische System dagegen, das im ›Almagest‹ für jeden Planeten gesondert mathematisch entwickelt wird, fand zwar in der Form ebenso lange Anerkennung, nur hatte sich ergeben, daß die Perioden der sich der mittleren Bewegung überlagernden anomalistischen (Kreis-)Bewegungen einer Revision unterzogen werden mußten, damit die danach berechneten Tafeln zu Werten führten, die den beobachteten Örtern der Planeten (besser) entsprachen: Die Theorien für die einzelnen Planeten wurden modifiziert, das System nicht; und die auf → *Eudoxos von Knidos* zurückgehende Art, ungleichförmige Bewegungen auf gleichförmige Kreisbewegungen zurückzuführen, hat sich gar so lange gehalten, bis das System *J.* → *Kepler*s sich seit dem ausgehenden 17. Jahrhundert allmählich durchsetzte – *Copernicus* und *Brahe* faßten nur einzelne bei allen Planeten auftretende Bewegungselemente zusammen und ließen sie von der Erdbewegung bzw. der Mitführung durch die Sonne verursacht sein, wodurch sie die mathematischen Theorien der einzelnen Planeten allerdings schon mehr zu einem System zusammenfaßten.

Ein solches physikalisches System neben der mathematischen Theorie hatte auch P. in seiner Schrift ›Hypotheses planetarum‹, die vollständig nur in arabischer Übersetzung erhalten ist, aufzustellen versucht, indem er im Anschluß an *Theon von Smyrna* nach aristotelischem Muster die imaginären Kreise des ›Almagest‹ zu massiven Äthersphären ergänzte, zu Kugelschalen mit teils nichtkonzentrischen Begrenzungsflächen, und die Epizykel als Vollkugeln durch eine freigelassene Röhre in diesen Sphären rollen ließ. Durch das konzentrische Aneinanderreihen der Sphärensysteme aller Planeten (einschließlich Sonne und Mond), deren zum Durchmesser relative Dicke sich aus dem Größenverhältnis von Epizykel und Deferent ergab, gewann P. so die Möglichkeit, auch absolute Entfernungen zu berechnen, da jene in dem Falle des Mondes aufgrund von Parallaxenbestimmungen und für die Sonne daraufhin aus den Finsternissen bekannt war. Die die Welt abschließende Fixsternkugel sollte sich unmittelbar an die äußere Begrenzung der Saturnsphäre anschließen. Als ihren Durchmesser und somit als Durchmesser der gesamten Welt erhielt er so knapp 20 000 Erddurchmesser, einen Wert, der mit geringfügigen Modifizierungen bei den Anhängern eines geozentrischen Weltbildes ebenfalls bis ins 17. Jahrhundert hinein anerkannt war – *Brahe* erhielt nach derselben Methode für sein geo-heliozentrisches System einen Wert von 14 000 – und von ihnen gerade *gegen* Copernicus angeführt wurde, in dessen System eine große Lücke zwischen der Saturn- und der unermeßlich weit entfernten Fixsternsphäre klaffte. Für manche bildete der ptolemaiische Wert allerdings im Anschluß an den islamischen Astronomen des 9. Jahrhunderts *al-Farghani* (*Abul Abbas Ahmed Ibn Muhammad Ibn Kathir al-Farghani*, d.h. aus Fergana/Transoxanien, im lateinischen Mittelalter *Alfraganus* genannt) nur den inneren Durchmesser der Fixsternsphäre, deren äußerer von ihnen doppelt so groß angesetzt wurde, so daß sich für die Fixsterne verschiedene Entfernungen von der Erde ergaben und sie nur scheinbar verschiedene Helligkeit hätten. Auch die Präzession, deren Wert von 1° in 100 Jahren bei P. im Anschluß an *Hipparchos* zu klein ist, findet sich erst seit → *Thabit Ibn Kurra* und seiner Zeit in diesem physikalischen System berücksichtigt, das starken Einfluß auf das gesamte Mittelalter ausübte (*Ibn al → Haitham, Johannes de Sacrobosco, G. → Peurbach*).

Von ähnlich großem Einfluß wie der ›Almagest‹ waren der ›Tetrabiblos‹ (Viererbuch), das astrologische Handbuch des P., seine astronomisch-geographischen Tafeln und seine ›Geographie‹, die nach dem Vorbild des *Hipparchos* und dessen Nachfolger (→ *Eratosthenes*) im wesentlichen nur die mathematische Geographie umfaßt und eine Sammlung von nach Landschaften und ›Klimata‹ zwischen zwei Parallelkreisen geordneten Orten mit ihrer geographischen Breite und Länge darstellt, die noch zu Beginn der Neuzeit die Grundlage für alle Weltkarten bildete. Die ›Harmonik‹ des P. ist ebenfalls ein Handbuch über die ihm vorliegenden mathematischen Musiktheorien seit den älteren Pythagoreern (→ *Archytas* und andere) – sie übte starken Einfluß auf *J. Kepler*s Vorstellungen von der ›Weltharmonik‹ aus –, während seine ›Optik‹ zwar die Reflexion im Anschluß an → *Euklid* und → *Heron von Alexandria*, die Brechung der Lichtstrahlen beim Eintritt in ein anderes Medium (Luft – Wasser, Luft – Glas, Wasser – Glas) aber wieder vollkommen selbständig behandelt. Einfalls- und Brechungswinkel maß er erstmals mittels einer graduierten Scheibe und kam für Einfallswinkel zwischen 10° und 80° zu recht annehmbaren Ergebnissen, wenn er auch noch weit von der Entdeckung des Brechungsgesetzes durch *W.* → *Snellius* entfernt war. – Neben seinem Fixsternkalender und Untersuchungen zur Schwere der Körper sind noch seine philosophischen Arbeiten, besonders zur Erkenntnistheorie, zu erwähnen. [Krafft]

Werke: Opera quae exstant omnia, hrsg. von J. L. Heiberg / F. Boll / Æ. Boer (3 Bde in 5 Bden, Leipzig 1908–1952 [unvollständig]; Bd III,1: [4]1998, Bd III,2: [2]1961); Geographia, hrsg. von C. F. A. Nobbe (3 Bde, Leipzig 1843–1845; Nachdruck: Hildesheim 1966); L'optique dans la version latine, hrsg. von A. Lejeune (Löwen 1956); Die Harmonielehre, hrsg. von I. Düring (Göteborg 1930; Nachdruck: Hildesheim 1982); B. R. Goldstern: The Arabic Version of Ptolemy's Planetary Hypotheses [mit engl. Übersetzung] (Philadelphia 1967); Handbuch der Astronomie, deutsch von K. Manitius (2 Bde, Leipzig 1912–1913; Nachdruck mit Berichtigungen von O. Neugebauer, Leipzig 1963). – *Lit.*: DSB XI, 186–206 (G. J. Toomer; mit Bibl.); GWG II, 418–467 (F. Krafft); K. Ziegler u.a.: K. P. In: Paulys Realencyclopädie der classischen Altertumswissenschaft. Neue Bearbeitung, Bd 23,2 (Stuttgart 1959), Sp. 1788–1859 (mit Bibl.); E. Polascheck: P. als Geograph. Ebendort, Supplbd 10 (Stuttgart 1965), Sp. 680–833 (mit Bibl.); I. Düring: P. und Porphyrios über die Musik (Göteborg 1934; Nachdruck: Hildesheim 1987); A. Lejeune: Euclide et Ptolemée.

Deux stades de l'optique grecque (Löwen 1948); W. J. Tucker: Ptolemaic Astrology (Sidcup 1962); P. Kunitzsch: Der Almagest. Die *Syntaxis Mathematica* des C. P. in arab.-latein. Überlieferung (Wiesbaden 1973); O. Pedersen: A Survey of the Almagest (Odense 1974); O. Neugebauer: A History of Ancient Mathematical Astronomy (3 Bde, Berlin usw. 1975); P. Kunitzsch: Der Sternkatalog des *Almagest*. Die arabisch-mittelalterliche Tradition (3 Bde, Wiesbaden 1986–1991 [I: Die arabischen Übersetzungen. II: Die lateinische Übersetzung Gerhards von Cremona. III: Gesamtkonkordanz der Sternkoordinaten); G. Graßhoff: The History of Ptolemy's Star Catalogue (New York usw. 1990); G. Aujac: Claude Ptolémée, astronome, astrologue, géographe. Connaissance et représentation du monde habité (Paris 1993).

Pythagoras, griechischer Weiser, * um 570/560 v. Chr. Samos, † um 480 Metapont.

Schon zu Lebzeiten von Legenden umwoben, soll P. in seiner Jugend noch → *Thales* und → *Anaximandros* in Milet gehört und weite Reisen bis nach Ägypten und Babylon unternommen haben. Er wanderte dann etwa in der Zeit um 530/525 aus seiner samischen Heimat in die Magna Graeca nach Unteritalien aus – angeblich, um nicht unter dem Tyrannen Polykrates leben zu müssen – und gründete in Kroton eine religiös-philosophische Gemeinschaft, eine Art Orden mit strengen Regeln, der bald auch in anderen Städten Unteritaliens eigene Zentren hatte – die größten in Metapont und Tarent – und zeitweilig auch bedeutenden politischen Einfluß besaß. Um 490 hat anscheinend unter der Führung eines vom Orden abgewiesenen reichen und angesehenen Bürgers von Kroton eine erste stärkere Gegenbewegung gegen die Pythagoreer und ihre politische Einflußnahme eingesetzt, die P. selbst veranlaßte, nach Metapont überzusiedeln. Der Orden konnte jedoch bald seinen Einfluß zurückgewinnen und bildete aufgrund seiner hierarchischen Ordnung sogar eine der Hauptstützen der Aristokratie gegen die neuen demokratischen Bestrebungen, bis um die Mitte des 5. Jahrhunderts eine starke antiaristokratische und antipythagoreische Strömung aufkam, in deren Folge die Versammlungshäuser der Pythagoreer in den meisten unteritalienischen Städten niedergebrannt wurden und viele Ordensmitglieder ins griechische Mutterland oder nach Tarent flohen. Es gab jedoch unter der Führung des wohl neben → *Archytas* bedeutendsten Pythagoreers, *Hippasos von Metapont* (Mitte des 5. Jh.s v. Chr.), auch eine ansehnliche Gruppe, welche für eine liberalere und demokratische Politik eintrat und sich jetzt umgekehrt auch gegen die in Syrakus allmählich aufkommende Tyrannis auflehnte – bekannt ist das spätere Eintreten des *Archytas* für → *Platon*, nachdem dessen dritte Sizilianische Reise gescheitert war. Als sich der Machtbereich des Tyrannen von Syrakus weiter ausdehnte, war es zu einem zweiten Exodos von Pythagoreern nach Tarent und ins Mutterland gekommen, wo sie als Wanderprediger und Bettlerphilosophen auftraten. Gegen Ende des Jahrhunderts erlischt der Orden; es lassen sich für lange Zeit keine ›Pythagoreer‹ nachweisen, bis im ersten vorchristlichen Jahrhundert in Rom und im griechischen Osten wieder einzelne Anhänger der pythagoreischen Lehren auftauchen, sich für ein ›pythagoreisches Leben‹ einsetzen und das Wissen des P. wiederzugewinnen suchen, ohne daß es allerdings noch zu dauerhaften Schulgründungen gekommen wäre.

Es ist eine besonders unter den Mittelmeervölkern anzutreffende historische Reaktion, daß Völker sich in geistigen und politischen Krisenzeiten ihrer (teilweise erst zu diesem Zweck geschaffenen) hervorragenden Gestalten als Sammelpunkte alles dessen bedienen, worin sich die Gegenwart in ihrem Bestand durch das Neue bedroht fühlt. Die Legende stellt dann die Geschichte des eigenen Volkes oder das eigene Denken und Wissen wenigstens als sehr viel älter und prunkvoller dar denn das der Neuerer oder Unterdrücker. (Man denke an den Sesostris der Ägypter, an Moses, Achilleus und Alexander den Großen, an Ninus und Semiramis usw.) Auch die wenig umrissene Gestalt des P. diente seit dem ersten vorchristlichen Jahrhundert als ein solcher Sammelpunkt für all die fremden religiös-mystischen und magischen Einflüsse aus dem Osten, die, mit den philosophischen Richtungen der Zeit verflochten, als Lehren des P. und seiner unmittelbaren Jünger proklamiert und damit als Leistungen des eigenen Volkes und der selbst vertretenen Geisteshaltung hingestellt wurden. Da *Platon* zudem als treuer Schüler des P. galt, wurden seine philosophischen Anschauungen in besonders starkem Maße für die ›Rekonstruktion‹ pythagoreischer Lehren herangezogen, so daß es nicht wundert, daß sie häufig nichts anderes als mystisch eingekleideter Neuplatonismus sind. Es spricht auch mehr für das Selbstverständnis der hellenistischen Griechen, daß sie – und hier ist besonders der Neupythagoreer *Iamblichos* (* um 250 n. Chr. Chalkis [Südsyrien], † um 330), ein Schüler des Neuplatonikers *Porphyrios*, mit seiner ›Enzyklopädie der pythagoreischen Lehren‹ zu nennen, aus der die Einleitung ›Pythagoreisches Leben‹ und die Bücher ›Allgemeines mathematisches Wissen‹, ›Arithmetische Einführung‹ und ›Zahlentheologie‹ (!) erhalten sind – in diesem Zusammenhang stets auch die mathematischen Wissenschaften als ihre (des P.) eigenste Leistung hinstellten, als das mathematisch-naturwissenschaftliche Wissen des P. selbst und sogar der meisten der älteren Pythagoreer. Ihnen wird nämlich das gesamte Wissen der Gegenwart an Mathematik und angewandter Mathematik (Harmonik, Astronomie) zugesprochen, was möglich war, weil P. selbst seine Lehren nie schriftlich fixiert hatte; und so ist es aufgrund dieser Überlieferungslage häufig zu Verfälschungen des Bildes vom historischen P. gekommen, während neuere Forschungen gezeigt haben, daß P. nie ein Mathematiker oder Naturwissenschaftler im Sinne des 4. Jahrhunderts oder auch nur der Milesier gewesen ist. Der ›Satz des P.‹ und die pythagoreischen Zahlentripel zum Beispiel wurden einerseits schon von den alten Babyloniern angewendet, während andererseits für einen mathematischen Beweis seiner Richtigkeit erst seit der Mitte des 5. Jahrhunderts die Grundlagen geschaffen wurden. Des P. Lehre vollzog sich in der Form von kurzen Sinnsprüchen und Regeln, sogenannten ›Akusmata‹ (Symbola), und sie wurde auch in dieser Form – ursprünglich nur mündlich – weitergegeben. Die in ihnen zum Ausdruck kommende ›Weisheit‹ (Seelenwanderungslehre, Regeln – meist Taburegeln – zur Lebensführung, Schamanen- und Priestertum) war noch lange keine Wissenschaft. P. war nach den alten Berichten der weiseste aller Menschen. Für eine Zeit, die Wissenschaft noch nicht kannte, waren Zauberer und Schamanen die ›Weisen‹ gewesen; und in einen solchen Umkreis gehörten, wie die ältesten Zeugnisse in Spott oder Bewunderung erkennen lassen, auch noch P. und seine ›Akusmata‹. Doch schon bald konnte diese Art von Weisheit nicht mehr akzeptiert werden. Sollte P. Vorbild bleiben, so mußte sich sein Bild wandeln. War er ›weise‹ gewesen, dann jetzt ›weise‹ im Sinne der neuen Zeit, also kein Zauberer, sondern ein Wissenschaftler. Und so wurden aus seinen mystischen Andeutungen und Umschreibungen im nachhinein wissenschaftliche Erkenntnisse.

Trotzdem gab es eine Gruppe unter seinen Schülern, welche die Regeln des Meisters buchstäblich ausgelegt und befolgt wissen wollte, die ›Akusmatiker‹, während eine andere unter der Führung des *Hippasos* meinte, mehr im Sinne des Meisters zu handeln, wenn man seine Lehre durch eigenes, zeitgemäßes Denken fortzubilden suche. Dieses waren die ›Mathematiker‹, was im ausgehenden 5. Jahrhundert aber noch so viel wie ›Wissenschaftler‹ (›mathema‹ bedeutet ›das Lehrbare‹) überhaupt hieß und noch nicht den engeren Bereich der Mathematik (als das durch die Axiomatisierung ›Lehrbare‹ par excellence) meinte, wie dann etwa seit *Platon*. Daß es zu dieser Bedeutungsverengung kommen konnte, liegt allerdings auch daran, daß diese Pythagoreer sich vorwiegend mit Erscheinungen beschäftigten, die sich in Zahlen- und Streckenverhältnissen, d.h. ›mathematisch‹, ausdrücken lassen (Arithmetik, Geometrie, Harmonik, Astronomie, die späteren mathematischen Disziplinen der Antike, das ›Quadrivium‹ der mittelalterlichen Universitäten gemäß *Boethius*). Bekannt ist die Entdeckung der ganzzahligen Verhältnisse am Monochord beim Abgreifen ›harmonischer‹ Intervalle – sie wird auf P. selbst oder auf *Hippasos* zurückgeführt –, die *Archytas* zu einer mathematischen Theorie ausbaute und auch am Himmel wiederzuerkennen meinte. Es ist aber ein allgemeines Bestreben des Rationalismus im 6. und 5. Jahrhundert gewesen, sich die Dinge und flüchtigen Erscheinungen mittels Zahlen und geometrischer Figuren fixierbar und damit erfaßbar zu machen, das zwar einerseits nicht auf Pythagoreer beschränkt blieb – man denke an die älteren Milesier *Anaximandros* und *Hekataios* und viele Zeitgenossen der frühen Pythagoreer, welche allerdings die weitaus stärkere Gruppe bildeten –, aber andererseits außer zu der genannten Entdeckung, der später mathematisch verwerteten Lehre von den figurierten Zahlen und der Ausbildung einer ersten Proportionenlehre, die *Hippasos* vermutlich am regulären Fünfeck und seinen Diagonalen die Entdeckung der Inkommensurabilität zweier Strecken (Irrationalität) ermöglichte, auch zu maßlosen oder doch unfruchtbaren Spekulationen führte. Man denke an die mit bestimmten abstrakten Begriffen oder ihren göttlichen Personifizierungen identisch gedachten Zahlen, an *Eurytos von Kroton* (Wende des 5. zum 4. Jh.), der den Gattungen Mensch, Pferd usw. je eine Zahl zuwies, oder an die 183 längs einer Dreieckslinie und an den drei Ecken angeordneten Welten des *Petron von Himera* (1. Hälfte des 5. Jh.s v. Chr.). All dies war Sinngebung des pythagoreischen Satzes: »Alles ist Zahl«, und all dieses ist in gleichem Maße zu bedenken, wenn man wegen einzelner äußerst wertvoller Erkenntnisse die ganze Denkart verherrlicht, die erst in der platonischen Umdeutung wieder sinnvoll wurde, und die Zügel bedauert, die ihr *Platon* und *Aristoteles* durch die Ausbildung einer strengen Logik, ohne welche antike und damit neuzeitliche Naturwissenschaft nicht hätten entstehen können, nur vermeintlich bremsend anlegten. So beruhen auch die manchem modern anmutenden kosmologischen Ansichten der beiden Pythagoreer des 5. Jahrhunderts aus Syrakus, *Hiketas* und *Ekphantos*, wonach nicht der Fixsternhimmel (und die Planeten?) sich drehen, sondern allein die deshalb runde Erde, ebenso auf bloßen Spekulationen wie jene des *Philolaos von Kroton* (Wende zum 4. Jh. v. Chr.), der wahrscheinlich überhaupt das erste ›pythagoreische‹ Buch schrieb, sich darin aber durchaus auch auf nicht-pythagoreische Naturphilosophen stützte. Seiner Meinung nach gebührt nicht der dunklen und kalten Erde, sondern dem Feuer als reinster und höchster Wesenheit der Platz in der Mitte der Welt. Die Erde kreise deshalb um dieses Feuer, danach folgten die Kreisbahnen von Mond, Sonne und Planeten und der Fixsternhimmel, die alle nur vom Zentralfeuer erleuchtet würden. Nun müßte aber die den Pythagoreern so heilige Zehnzahl (›Dekas‹) im Kosmos irgendwie vertreten bzw. dieser nach der heiligen Dekas geordnet sein; und so erschloß *Philolaos* einen zehnten Weltkörper, die ›Gegenerde‹, die auf einer eigenen Bahn wie die Erde das Zentralfeuer umkreist, ihr aber jeweils gegenübersteht, so daß sie von ihr aus nie gesehen werden könne. – Etwas überspitzt kann man deshalb mit einem jüngeren Pythagorasforscher sagen: »Erst durch die Wissenschaft des *Archytas* – dessen Schüler ja → *Eudoxos von Knidos* war – und in der philosophischen Neuinterpretation *Platon*s hat der Pythagoreismus die Form gefunden, in der er seine eigentliche Wirkung entfalten konnte« (Burkert). Und diese Wirkung ist allerdings von nicht zu unterschätzender Bedeutung für die Entwicklung der Naturwissenschaften gewesen, deren Disziplinen immer einmal wieder eine ›pythagoreisch-platonische‹ Periode durchgemacht haben. Einen nicht wieder erreichten Höhepunkt solcher Denkweise sollten dann später die Überlegungen *J.* → *Kepler*s darstellen. [Krafft]

Fragmente: VS Nr. 14 (P.), 44 (Philolaos), 58 (Pythagoreische Schule); Pitagorici: Testimonianze e frammenti, hrsg., (italien.) übersetzt und kommentiert von M. Timpanaro-Cardini (3 Bde, Florenz 1958–1964); Pythagorea. The Pythagorean Texts of the Hellenistic Period, hrsg. von H. Thesleff (Åbo 1965). – *Bibl.*: L. E. Navia: P. An Annotated Bibliography (New York 1990). – *Lit.*: DSB XI, 219–225 (K. von Fritz); GWG I, 332–353 (H. Freudenthal); Paulys Realencyclopädie der classischen Altertumswissenschaft. Neue Bearbeitung, Supplbd 10 (Stuttgart 1965), Sp. 843–864 (B. L. van der Waerden); W. Burkert: Weisheit und Wissenschaft. Studien zu P., Philolaos und Platon (Nürnberg 1962); C. J. de Vogel: P. and Early Pythagoreanism (Assen 1966); P. Gorman: P., a Life (London 1979); B. L. van der Waerden: Die Pythagoreer. Religiöse Bruderschaft und Schule der Wissenschaft (Zürich/München 1979); A. Städele: Die Briefe des P. und der Pythagoreer (Meisenheim am Glan 1980).

R

Raman, Sir (ab 1928) Chandrasekhara Venkata, indischer Physiker und Physiologe, * 7.11.1888 Trichinopoly [jetzt Tiruchirapalli, Madras], † 21.11.1970 Bangalore [Mysore].

C. V. Raman, so kürzte R. seinen Namen für die Wissenschaft ab, war der Sohn eines Mathematik- und Physik-Professors. Er begann sein Physikstudium mit 14 Jahren an der Universität Madras und schloß nach fünf Jahren, als Bester mit einer Goldmedaille ausgezeichnet, mit dem Master of Arts ab. Als Physiker fand R. damals in Indien noch kein Unterkommen; deswegen trat er in die Finanzverwaltung von Kalkutta ein und war dort zehn Jahre tätig. Mit 18 Jahren hatte er seine erste wissenschaftliche Abhandlung über ein Thema aus der Optik veröffentlicht; 1917 erhielt er dann einen Ruf auf den neugegründeten Physiklehrstuhl der Hindu-Universität in Kalkutta. In den Jahren 1933 bis 1937 war R. Präsident des Indischen Instituts für Wissenschaften in Bangalore und leitete die Physikalische Abteilung bis 1948. Danach übernahm er das neugegründete und nach ihm benannte Forschungsinstitut und wirkte dort bis zu seinem Tode.

Zuerst widmete sich R. eingehend der Akustik, beeinflußt durch *H. von* → *Helmholtz* und → *Rayleigh*, und wurde beauftragt, den Artikel ›Musikinstrumente und ihre Klänge‹ für das Handbuch der Physik (1927) zu schreiben. Durch R. entwickelte sich Kalkutta zu einem naturwissenschaftlichen Zentrum in Indien. Bei einer Reise nach Europa beeindruckte ihn 1921 die wundervolle blaue Opaleszenz des Mittelmeeres, und dieses Erlebnis sollte ihn zu seiner schönsten und nach ihm benannten Entdeckung, dem Raman-Effekt (oft auch Smekal-Raman-Effekt genannt), anregen. Er vermutete, daß bei der Erzeugung des tiefen Blaus eine Streuung des Sonnenlichts durch die Wassermoleküle mit im Spiele sei. Sogleich angestellte Versuche lieferten hierfür auch Hinweise. Es vergingen jedoch noch einige Jahre, bis die einwandfreie Beobachtung einer frequenzverschobenen Streustrahlung gelang; die Flüssigkeit war hierbei Benzol und die Lichtquelle eine Quecksilberdampflampe. Die erste Nachricht darüber steht in einem Brief vom Februar 1928 an die englische Zeitschrift ›Nature‹. Fünf Jahre zuvor hatte der österreichische Physiker *Gustav Adolf Smekal* (* 12.9.1895 Wien, † 7.3.1959 Graz) schon die Existenz einer derartigen Streustrahlung gefordert; R. hatte davon jedoch keine Kenntnis gehabt. In Frankreich suchten etwa zur gleichen Zeit wie R., wenn auch erfolglos, *Yves André Rocard* (* 22.5.1903 Vannes, Morbihan [Bretagne], † 16.3.1992 Paris) und *Jean*

Cabannes (* 12.8.1885 Marseille, † 31.10.1959 Les Lecques [nahe Saint-Cyr-sur-Mer]) nach diesem Phänomen bei Gasen; 1923 hatte *A. H. Compton* einen ähnlichen Effekt bei der Streuung von Röntgenstrahlen in Atomen entdeckt. Ein Vierteljahr nach R.s Entdeckung berichteten die Moskauer Akademiker *Grigori Samuilowitsch Landsberg* (* 10./22.1.1890 [a./n. St.] Vologda, † 2.2.1957 Moskau) und *Leonid Isaakowitsch Mandelstam* (* 22.4./4.5.1879 [a./n. St.] Mogilew [am Dnjepr], † 27.11.1944 Moskau), daß sie bei Versuchen an kristallinem Quarz und Kalkspat ebenfalls frequenzverschobene Spektrallinien beobachtet hätten.

Die R.-Streuung läßt sich exakt nur mittels der Quantentheorie behandeln, wenn auch die klassische Theorie mittels Summen- und Differenzfrequenzen eine qualitative Deutung liefert. Ein primäres Lichtquant wird von einem Molekül absorbiert; dann folgt ein innermolekularer Vorgang, der entweder Energien verbraucht oder hinzufügt. Die primäre Linie wird daraufhin beiderseits von nahezu äquidistanten Linien eingerahmt. In seinen ersten Veröffentlichungen erkannte R. bereits den Zusammenhang mit der Infrarotspektroskopie, die Unabhängigkeit der Frequenzverschiebungen und anderes. Der Smekal-R.-Effekt eignet sich zur Analyse von Substanzen und zur Erforschung der Molekülstruktur. Im Gegensatz zur Rayleighstreuung ist hier das Streulicht inkohärent und auch nicht richtungsabhängig wie beim Compton-Effekt. Mit der Anwendung des von ihm gefundenen Effektes in der Chemie beschäftigte sich R. kaum; mehr wandte er sich der Lichtstreuung an Kristallen zu. Als *M.* → *Born* in den 1930er Jahren emigrierte und im Herbst 1935 für einige Zeit Gastprofessor in Bangalore war, entspann sich zwischen beiden ein wissenschaftlicher Streit über die Theorie der Gitterschwingungen in Kristallen. In gewissen Bereichen stimmen ihre Vorstellungen überein; letztlich setzte sich aber *Borns* Theorie durch. In seinen letzten Jahren veröffentlichte R. Arbeiten über die Physiologie des Sehvorganges und der Farbempfindungen.

R. erhielt für seine die Quantentheorie befruchtende Entdeckung 1930 als erster Asiate den Nobelpreis für Physik; der englische König George VI. adelte ihn schon 1928.

[Wiederkehr]

Werke: Scientific Papers (6 Bde, Oxford 1989). – *Lit.*: DSB XI, 264–267 (J. Mehra; mit Bibl.); J. Brandmüller / R. Claus: R. und seine Theorie der Gitterschwingungen. In: *Physikalische Blätter* 27 (1971), 295–301; A. Jayraman: C. V. R. (New Delhi usw. 1989); S. Guptan Nair: C. V. R. Pillai (New Delhi 1992).

Ratzel, Friedrich, deutscher Geograph und Ethnologe, * 30.8.1844 Karlsruhe, † 9.8.1904 Ammerland.

Nach einer Apothekerlehre erwarb sich R. auf dem zweiten Bildungsweg die Hochschulreife und studierte ab 1866 in Karlsruhe und Heidelberg Geologie, Paläontologie und besonders Zoologie: 1868 promovierte er mit einer vergleichend-anatomischen Arbeit über Oligochaeten. Ab 1869 war er als Reiseberichterstatter für die ›Kölnische Zeitung‹ tätig, bereiste viele Länder und ging 1873 für zwei Jahre in die Vereinigten Staaten, nach Kuba und Mexiko – was eine Interessenverlagerung von der Zoologie auf die Geographie zur Folge hatte. 1875 habilitierte er sich an der Technischen Hochschule in München mit einer Arbeit über die chinesische Auswanderung für dieses Fach, wurde 1876 außerordentlicher und 1880 ordentlicher Professor. 1886 ging er als Nachfolger *F. von* → *Richthofens* nach Leipzig, wo er bis zu seinem Tode wirkte.

R.s erste größere Veröffentlichung war eine ›Populäre Schöpfungsgeschichte‹ (1869), die noch ganz unter dem Einfluß *C.* → *Darwins* und *E.* → *Haeckels* steht. Später schloß er sich der Migrationstheorie des Zoologen und Forschungsreisenden *Moritz Wagner* (* 3.10.1813

Bayreuth, † 31.5.1887 München) an, einer modifizierten Form der Lehre *Darwins*, nach der die Entstehung neuer Arten als durch Wanderungen und die damit verbundene Isolierung einer Gruppe von Individuen einer Art in neuen Biotopen bedingt angesehen wird, und übertrug diese Theorie auf den Menschen: Der Mensch schaffe eine neue ›geschichtliche Situation‹, indem er seinen geographischen Lebensraum verläßt und durch Wanderungen neue Räume erschließt. Diese Lehre wird zur Grundlage für R.s ›Anthropogeographie‹. Er hat stets die Gleichrangigkeit der biologischen neben der historischen Komponente in der Geographie hervorgehoben und damit die Anthropogeographie in Richtung auf eine allgemeine Biogeographie hin erweitert; besonders sein letztes großes Werk, ›Die Erde und das Leben‹ (2 Bde, 1901–1902), bietet eine große Synthese dieser beiden Komponenten. Auch für die Entwicklung der Ethnologie hat R. durch seinen Ansatz der Migrationstheorie entscheidende Impulse geliefert. Darüber hinaus wurde durch seine ›Politische Geographie‹ (1897) diese Disziplin, die vorher zwischen Geschichte, Erdkunde, Nationalökonomie und Soziologie hin- und herschwankte, als fest determinierte Teilwissenschaft der Geographie etabliert. Insgesamt hat R. die Grundlagen geschaffen, auf denen sich die Geographie von einer Nur-Hilfswissenschaft zu einer im Kreise der anderen anerkannten Wissenschaft erheben konnte.

[Bäumer-Schleinkofer]

Bibl: Pogg. VII a Suppl., 522–524. – *Lit.*: DSB XI, 308–310 (R. P. Beckinsale); J. Steinmetzler: Die Anthropogeographie F. R.s und ihre ideengeschichtlichen Wurzeln (Bonn 1956); G. Buttmann: F. R. Leben und Werk eines deutschen Geographen, 1844–1904 (Stuttgart 1977); H. Beck: Große Geographen (Berlin 1982, S. 164–179); G. H. Müller: F. R. (1844–1904) – Naturwissenschaftler, Geograph, Gelehrter. Neue Studien zu Leben und Werk und sein Konzept der »Allgemeinen Biogeographie« (Stuttgart 1996).

Rayleigh, Third Baron (zuvor: *John William Strutt*), englischer Physiker, * 12.11.1842 Langford Grove [nahe Maldon, Essex], † 30.6.1919 Terling Place [Witham, Essex].

Nach dem Tode seines Vaters 1873 erbte *J. W. Strutt* den Titel Third Baron R., in der Literatur als Lord R. bekannt. Er gehört zu den Forschern, die die klassische Physik abgeschlossen haben und an der Grenzlinie zur modernen stehen. Wie nur wenige konnte er in fast allen Gebieten der Physik bedeutende experimentelle und theoretische Arbeiten liefern. R. studierte am Trinity College in Cambridge und war hier Schüler des Physikers *G. G. Stokes*; er schnitt 1865 als Bester seines Examensjahrgangs ab. 1871 heiratete er Evelyn Balfour, eine Schwester des englischen Staatsmannes A. J. Balfour. Um ein rheumatisches Leiden auszukurieren, machte R. auf einem Hausboot eine Nilfahrt und verfaßte dabei den ersten Band seines berühmten Werkes ›The Theory of Sound‹ (1877/1878). *H. von → Helmholtz* lobte dieses Standardwerk der Akustik, das seine eigenen Arbeiten teilweise fortführte. – Schon vorher hatte R. mit seiner souveränen Behandlung der Theorie von Schwingungen und Wellen unter Benutzung des elastischen Äthermodells in der Optik großartige Erfolge erringen können. Im Anschluß an *J. Tyndalls* Experimente fand er sein bekanntes Streuungsgesetz (R.sche Streuung), wonach die Streuungskonstante der vierten Potenz der Wellenlänge umgekehrt proportional ist. Damit ließ sich auch das Himmelsblau erklären (1871). – Bereits Ende der 1860er Jahre begann R., sich in der Nähe seines Wohnhauses in Terence Place ein eigenes Laboratorium einzurichten. Hier führte er die meisten seiner fast legendären Experimente durch. Recht früh versuchte er, optische Gitter auf photographischem Wege herzustellen, und fand 1874 für das Auflösungsvermögen $\lambda/d \cdot \lambda = N \cdot m$ (N Anzahl der Gitteröffnungen, m Ordnungszahl). Die Arbeit im eigenen Labor wurde kurze Zeit unterbrochen, als man R. nach dem Tode *J. C. → Maxwells*

1879 als Cavendish-Professor nach Cambridge berief. Nach der Versammlung der British Association for the Advancement of Science 1884 in Montreal, die er als Präsident leitete, machte R. eine Reise durch Kanada und die U.S.A. und gab dann seine Lehrtätigkeit in Cambridge auf. Von 1887 bis 1905 trat er die Nachfolge *Tyndalls* an der Royal Institution in London an, wobei aber seine Anwesenheit immer nur für kürzere Zeit erforderlich war. Schon 1873 wählte man ihn in die Royal Society, von 1885 bis 1896 war er ihr Sekretär und von 1905 bis 1908 ihr Präsident.

In Cambridge führte R. die von *Maxwell* eingeleitete Festlegung elektrischer Maßeinheiten fort; die Gründung des National Physical Laboratory in Teddington (1900) ist hauptsächlich seiner Initiative zu verdanken. Experimentell und theoretisch befaßte sich R. mit Elektrodynamik, Thermodynamik, Kapillarität, optischer und elektromagnetischer Strahlung und Atommodellen. In seinem Lieblingsgebiet, der Akustik, betrachtete er 1899 (›On the Cooling of Air by Radiation and Conduction and on the Propagation of Sound‹) Phänomene des Ultraschalls und der Molekularakustik. Eine seiner Glanzleistungen war die Entdeckung und Isolierung des Edelgases Argon: Bei Präzisionsmessungen relativer Gasdichten hatte er eine kleine Differenz zwischen dem aus der Luft gewonnenen und chemisch hergestelltem Stickstoff bemerkt. Die Untersuchungen führte er gemeinsam mit dem Chemiker *W. Ramsay* in den Jahren 1892 bis 1895 durch. R. erhielt dafür 1904 den Nobelpreis für Physik, *Ramsay* den für Chemie.

Obwohl er erkannte, daß die damalige klassische Physik an ihre Grenzen gestoßen war, konnte R. sich für die Relativitäts- und Quantentheorie nicht erwärmen. Bei der Diskussion des Strahlungsgesetzes von *M.* → *Planck*, in dem neben der Boltzmann-Konstanten (*L.* → *Boltzmann*) auch das Wirkungsquantum enthalten war, spielte das R.sche Strahlungsgesetz (1900), das ein erster Entwurf war, und die spätere R.-Jeanssche Strahlungsformel (*J. H. Jeans*) eine wichtige Rolle. In beiden steht statt des λ^{-5} im Wienschen und Planckschen Gesetz nur λ^{-4}, und R. wies schon 1900 darauf hin, daß das Strahlungsgesetz *W. Wiens* für hohe Temperaturen und größere Wellenlängen einem Grenzwert zustrebe, was bekannten experimentellen Ergebnissen widersprach. Vor der Aufstellung des Gesetzes, das den Bruch mit der Klassischen Physik herbeiführen sollte, wies *H. Rubens Planck* darauf hin, daß das R.sche Gesetz seinen Messungen im langwelligen Bereich mehr entspreche. Schon bald darauf erkannte man, daß R.s Formel sich für längere Wellen als Näherung aus dem Planckschen Ausdruck ergibt. Bis zum Durchbruch der neuen Strahlungstheorie mußte allerdings noch ein Jahrzehnt vergehen. [Wiederkehr]

Werke: Scientific Papers (6 Bde, Cambridge 1899–1920; Nachdruck: 3 Bde, New York 1964). – *Lit.*: DSB XIII, 100–107 (R. B. Lindsay); Robert John Rayleigh Fourth Baron Rayleigh: Life of J. W. S. Third Baron R. (London 1924; [2]Madison 1968); R. B. Lindsay: Lord R., the Man and His Work (Oxford etc. 1970); H. Kangro: Vorgeschichte des Planckschen Strahlungsgesetzes (Wiesbaden 1970).

Regiomontanus (latinisiert aus: ›der Königsberger‹; eigentlich: *Johannes Müller*), * 6.6.1436 Königsberg [Franken], → 6.7.1476 Rom (nach der Biographie von *Gassendi* aus dem Jahr 1651, 8.7. nach *G. J. Rhaeticus*).

R. gehörte der bekannten Wiener Mathematiker- und Astronomenschule an, die in der Renaissance wesentlich zur Erneuerung der mathematischen Wissenschaften beigetragen hat. Das frühreife Kind wurde schon im Alter von zwölf Jahren zum Studium nach Leipzig geschickt und zog 1450 weiter an die Universität Wien. Dort war sein Lehrer der geschätzte Astronom *Georg* → *Peurbach*. R. wurde bald dessen engster Mitarbeiter und übernahm nach dessen Tod (1461) die Vollendung der begonnenen Übersetzung und Kommentierung des ›Almagest‹ von → *Ptolemaios*, jenes großen astronomischen Handbuches aus der Spätantike, das noch immer maßgeblich war. Im Druck erschien diese ›Epitome‹ allerdings erst sehr verspätet postum 1496. Durch den gebildeten Kardinal *Johannes Bessarion* wurde R. ein mehrjähriger Italienaufenthalt ermöglicht; in dieser Zeit erlernte er bei dem berühmten Philologen *Georg von Trapezunt* die griechische Sprache und stellte umfangreiche Nachforschungen nach klassischen mathematischen und astronomischen Handschriften an. Mit großem Eifer studierte er alle mathematischen Werke, deren er habhaft werden konnte, so z.B. jene von → *Archimedes*, → *Apollonios von Perge* und → *Diophantos*. Besonders interessierte er sich für die Trigonometrie als einer für den Astronomen unentbehrlichen Hilfswissenschaft. Es gelang ihm, sich dazu auch arabische Quellen in lateinischer Übersetzung zugänglich zu machen. In einem nicht ganz abgeschlossenen Manuskript ›De triangulis omnimodis‹ (›Über Dreiecke aller Art‹) faßte er die Lehre von den ebenen und sphärischen Dreiecken zusammen. Dieses erste selbständige Lehrbuch der Trigonometrie im Abendland war auch im Jahre 1533, als es schließlich gedruckt wurde, noch keineswegs überholt.

Aus Italien zurückgekehrt, wurde R. 1467 vom Förderer der Kunst und Wissenschaft der Renaissance in Ungarn, dem jungen König Matthias Corvinus, an den Hof in Buda gezogen. Vier Jahre später ließ er sich in Nürnberg nieder, um in dieser aufgeschlossenen und durch ihre hohe handwerkliche Tradition bekannten Stadt mit Unterstützung des Patriziers *Bernhard Walther* eine Sternwarte, eine mechanische Werkstatt und eine Druckerei zu errichten. Mit selbst entworfenen Instrumenten sammelte er genaue Beobachtungsdaten, die ihm zu einer Neuberechnung der Jahreslänge und der Planetenbewegungen dienen sollten. Die Druckerei war nicht nur für die Herstellung von Kalendern, Ephemeriden und trigonometrischen Tafeln eingerichtet, sondern sollte nach einem großangelegten Plan R.' auch alle ihm bekannten mathematischen Klassiker des Altertums herausbringen, so wie es um 1472 mit *Peurbachs* Planetentheorie geschah. Auch seine eigenen Schriften mathematischen, astronomischen und physikalischen Inhalts wollte R. hier drucken lassen. Doch noch bevor diese Projekte zur Durchführung kamen, wurde er 1475 vom Papst Sixtus IV. als Fachmann in Fragen der Kalenderreform nach Rom gerufen. Hier erlag er unerwartet Anfang Juli 1476, eben vierzigjährig, einer Epidemie.

B. Walther kaufte den Nachlaß R.' auf und setzte auch die astronomischen Beobachtungen fort, aber die umfassenden Vorhaben seines überragenden Lehrers blieben unausgeführt. Die von dem großen Astronomen teils erfundenen, teils verbesserten Instrumente wurden für die geographischen Entdeckungen der Portugiesen und Spanier von Bedeutung; seine ›Ephemeriden‹ für die Jahre 1475 bis 1506 begleiteten als die besten der damaligen Zeit *C.* → *Columbus*, *V. da Gama* und *A. Vespucci* auf ihren Forschungsreisen über die Weltmeere.

[Scriba]

Werke: Opera collectanea, hrsg. von F. Schmeidler (Osnabrück 1972); Der deutsche Kalender, hrsg. von E. Zinner (Leipzig 1937); A. Gerl: Trigonometrisch-astronomisches Rechnen kurz vor Copernicus: Der Briefwechsel Regiomontanus – Bianchini (Stuttgart 1989). – *Bibl.*: Pogg. VII a Suppl., 529–531. – *Lit.*: DSB XI, 348–352 (E. Rosen); E. Zinner: Leben und Wirken des J. M. von Königsberg, genannt R. (München 1938, Osnabrück ²1968; engl. mit ergänzenden Beiträgen, Amsterdam usw. 1990); G. Hamann (Hrsg.): R.-Studien (Wien 1980); J. L. Jervis: Cometary Theory in Fifteenth-Century Europe (Dordrecht usw. 1985; mit Texteditionen) R. Mett: R., Wegbereiter des neuen Weltbildes (Leipzig und Zürich 1996).

Riccioli, Giambattista, italienischer Mathematiker, Astronom und Physiker, * 17.4.1598 Ferrara, † 25.6.1671 Bologna.

R. trat am 6.10.1614 in den Jesuitenorden ein und wurde nach dem obligatorischen Studiengang, zu dem auch eine Lehrtätigkeit gehört, die er in Rhetorik ausübte, nacheinander Professor der Philosophie und Theologie am Ordenskollegium in Parma, wo er auch Studienleiter war, und der Astronomie in Bologna.

Obwohl er als Jesuit an die Entscheidungen der Erlasse von 1616 und 1633 gebunden war, welche das Copernicanische System als Irrlehre verdammten (*G.* → *Galilei*), war R. allen naturwissenschaftlichen Neuerungen gegenüber sehr aufgeschlossen und gehörte wie *A.* → *Kircher* zu den großen jesuitischen Naturforschern des 17. Jahrhunderts, welche die experimentelle Methode förderten und selbst praktisch anwandten, sowie das experimentelle Ergebnis vor jede Spekulation stellten, ohne dabei jedoch sogleich alles traditionelle Gut zu verwerfen. Er versuchte, die alte und die neue Astronomie zu vereinen, anerkannte die rechnerischen Vorzüge des Copernicanischen Systems und enthielt sich jeder Polemik gegenüber *N.* → *Copernicus* und dessen Anhängern, deren Argumente er kritisch prüfte, vertrat aber selbst das Planetensystem *T.* → *Brahe*s. Er wandelte dieses allerdings aus Anlaß einer Vorlesung in Parma dahingehend ab, daß er sowohl die beiden äußeren Planeten Jupiter und Saturn mit ihren Trabanten wie auch die Sonne mit Mars, Venus und Merkur (quasi als ihre Trabanten) und den Mond um die im Zentrum der Fixsternsphäre ruhende Erde als Bahnmittelpunkt kreisen ließ. Die Venus-, Mars- und Merkurphasen waren so erklärt, ohne der Erde die beiden Bewegungen zuteilen zu müssen, womit der kirchlichen Forderung Genüge getan war. Doch verfehlt es den Kern des Problems, wenn man behauptet, allein dies sei der Grund für seine Ablehnung der Erdrotation gewesen, die er insgeheim anerkannt habe. Überhaupt muß man sich bei der Beurteilung der Gegner und Anhänger einer Erdrotation und damit des heliozentrischen Systems davor hüten, ihre Argumente allzusehr an der Physik *I.* → *Newton*s, die wir anerkennen, zu messen. Auch diese Physik, die zudem jünger ist, setzte sich erst allmählich durch und erhielt bezüglich der jährlichen Erdbahn und damit der Erdrotation erst durch die Entdeckung der Aberration des Lichtes durch *J.* → *Bradley* 1728 eine empirische Bestätigung. R. dagegen schloß aus den im Vergleich zur Wucht des Aufpralls unverhältnismäßig geringen Unterschieden des Weges je eines verschieden lange frei gefallenen Körpers auf eine notwendig ruhende Erde: Er hatte nicht die bloßen Fallwege verglichen, sondern die aus dem Fallweg und dem ›vermeintlichen‹ Rotationsweg resultierenden – und vermißte auch einen Unterschied in der Wucht des Aufpralls bei gleichem senkrechten Fall unter verschiedener geographischer Breite. Mit anderen Worten: Er kannte das Trägheitsgesetz noch nicht. Heute können wir den Denkfehler aufzeigen, vor *Newton* waren jedoch die Gegenargumente nur von gleichartigem Gewicht. Und gerade auf die Bestimmung der Fallzeiten und -wege hatte R. lange Jahre die größte Mühe angewandt; er hat zusammen mit seinen Ordensbrüdern hierin das geleistet, was man so gern *Galilei* selbst zuschreibt, nämlich die experimentelle Bestätigung dessen Gesetzes für den freien Fall. Noch in Parma hatte er dazu 1629 erste Versuche über den Isochronismus von Pendelschwingungen angestellt, um ein genügend kurzes und dennoch exaktes Zeitmaß zur Bestimmung von Fallzeiten zu erhalten. 1634 wiederholte er diese Versuche in Ferrara und machte hier zugleich Fallversuche am allerdings nur 100 Fuß hohen Turm der Jesuitenkirche. Aus den Ergebnissen schloß er, daß die Fallstrecken sich in aufeinander folgenden gleichen Zeiten wie 1:3:9:27 usw. verhielten. Als er 1640 von seinen Oberen die Erlaubnis erhalten hatte, *Galilei*s ›Dialog‹, der ja auf dem Index der verbotenen Bücher stand, zu lesen, erfuhr er von dem Galileischen Gesetz, wonach die Fallstrecken sich wie die ungeraden Zahlen verhalten, und begann mit großem Aufwand eine empirische Prüfung beider Ergebnisse. Die höchsten Türme Bolognas mit maximal 280 Fuß Nutzhöhe wurden dazu verwendet, zur Zeitmessung wurden Pendel geeicht – zuerst an einer Auslaufuhr, dann (noch lange vor *J.* → *Hevelius* und *C.* → *Huygens*) astronomisch, indem er die Schwingungen zwischen zwei Meridiandurchgängen eines Sternes und der Sonne durchzählen ließ. Nebenprodukte waren gute Werte für das siderische und tropische Jahr, also die Präzession, wie R. überhaupt für die astronomischen Konstanten aufgrund seines Beobachtungstalentes und der von seinen Ordensbrüdern gebotenen Hilfe zu den führenden Astronomen des 17. Jahrhunderts gehörte. Das Ergebnis der Fallversuche war eine Bestätigung der Zahlenreihe *Galilei*s, während weitere Versuche von 1642 bis 1645 die galileische Annahme zu widerlegen schienen, daß alle Gegenstände im Vakuum gleich schnell fallen, weil sie es im Medium Luft eben nicht tun. Hierin zeigen sich eindeutig die Grenzen im Denken R.s, der die Erfahrung überbetonte.

Seine größte und bleibendste Leistung war wohl aber das voluminöse, 1651 erstmals erschienene ›Almagestum novum‹, ein mit unvorstellbarem Fleiß kritisch zusammengestelltes Kompendium des gesamten astronomischen Wissens aller Zeiten, das erste astronomische Handbuch, das zumindest für die historische Forschung noch heute von unschätzbarem Wert ist. Es enthält unter anderem die fast mit jener des *Hevelius* vergleichbare Mondkarte seines Ordensbruders *Francesco Maria Grimaldi* (* 2.4.1618 Bologna, † 28.12.1663 ebenda), welche ihre Bedeutung dadurch erhielt, daß die Folgezeit ihre Benennungen, die nach großen Naturforschern und -philosophen erfolgt waren, übernahm und nur gelegentlich auf einen der von *Hevelius* vorgeschlagenen Namen zurückgriff. *Grimaldi*, Professor der Mathematik in Bologna, hatte R. auch bei seinen Fallversuchen unterstützt, war jedoch hauptsächlich mit optischen Problemen beschäftigt gewesen und auf aristotelisch-scholastischer Grundlage mit der Theorie des Lichtes, wobei er erstmals allerdings noch nicht als solche gedeutete Beugungserscheinungen des Lichtes beobachtet und beschrieben hatte. [Krafft]

Lit.: DSB XI, 411 f. (L. Campedelli); J. Schreiber: G. R. In: *Stimmen aus Maria-Laach* 54 (1898), 252–272; P. Galluzzi: Galileo contro Copernico. Il dibattito sulla prova Galileiana di G. B. R. contro il moto della terra alla luce di nuovi documenti. In: *Annali dell'Istituto et Museo di Storia della Scienza di Firenze* 2 (1977), 87–148; E. Grant: The Defence of the Earth's Centrality and Immobility: Scholastic Reaction to Copernicanism in the Seventeenth Century (Philadelphia 1984).

Richter, *Jeremias* Benjamin, deutscher Chemiker, * 10.3.1762 Hirschberg [Schlesien], † 4.5.1807 Berlin.

Als Sohn eines schlesischen Kaufmanns erlernte R. bei seinem Onkel, dem damaligen Stadtbaumeister in Breslau, das Baufach und kam dadurch mit der angewandten Mathematik in Berührung. Mit 16 Jahren trat er in das Ingenieurkorps ein. Mit seinen soldatischen Fähigkeiten war es wohl nicht weit her; denn bei den Beförderungen wurde er mehrmals übergangen, und nach sieben Jahren trat er aus dem Militärdienst aus. Die Chemie, der er sich im Selbststudium widmete, hatte ihn ganz gefangen genommen, und er setzte all seine Kraft für seine Arbeit in dieser Wissenschaft ein.

In Königsberg hörte R. Vorlesungen, unter anderem auch bei *I.* → *Kant*; 1789 erwarb er den Doktorgrad mit einer lateinischen Dissertation über den Nutzen der Mathematik in der Chemie, der *Kant* gerade wegen fehlender Mathematisierung den Charakter einer exakten Wissenschaft noch abgesprochen hatte. Die angespannten finanziellen Verhältnisse, in denen R. lebte, hinderten ihn, akademischer Lehrer zu werden. Durch Gutachten, mit Übersetzungen französischer Nachschlagewerke der Chemie und als Sekretär im Oberbergamt zu Breslau verdiente er sich sein täglich Brot. Während der Nachtzeit führte er, in einem äußerst behelfsmäßig eingerichteten Laboratorium, seine wissenschaftlichen Untersuchungen durch. Mit 45 Jahren waren R.s Kräfte erschöpft, er starb wahrscheinlich an einer Lungentuberkulose.

Von 1791 an veröffentlichte R. eine Reihe von Schriften mit dem Titel ›Über die neueren Gegenstände der Chymie‹. In einem Gesamtwerk ordnete er dann die Schriften methodisch. 1792 erschien davon der erste Teil als ›Stöchyometrie oder Maßkunst chymischer Elemente‹. Indem R. von der Äquivalenz von Säuren und Basen ausging, gelangte er zu seinen stöchiometrischen Beziehungen. Bei der Umsetzung zweier Salze müssen nur drei Verhältnisse der Komponenten bekannt sein; das vierte Verhältnis läßt sich aus den anderen errechnen. Bereits ein Jahrzehnt vor *J.* → *Dalton*s Atomtheorie entdeckte R. das Gesetz von den festen Verhältnissen der Stoffe in chemischen Verbindungen.

Leider wurde sein Werk wenig beachtet; die meist negativen Rezensionen seiner Schriften minderten den Absatz. Zu jener Zeit waren die Chemiker für die abstrakte mathematische Betrachtungsweise noch nicht empfänglich, und R. besaß leider auch nicht die Gabe, den schwierigen Stoff lebendig und anschaulich darzustellen. So ist ihm z.B. die einfache Deutung des Verbindungsgesetzes mit Hilfe der Atomtheorie entgangen. *Dalton* konnte hier unvergänglichen Ruhm ernten. Vielleicht machte sich bei R. aber auch der Einfluß *Kant*s bemerkbar. *Kant* gehörte zu den ›Dynamikern‹, die ein Vakuum, wie es die Atomisten forderten, ablehnten. *Dalton* kannte sehr wahrscheinlich die Schriften R.s durch den Franzosen *C.-L.* → *Berthollet*. R.s Gesetz der chemischen Verbindungsgewichte ist dagegen eine experimentelle Tatsache und unabhängig von jeder Theorie. – Trotz der ablehnenden Haltung der damaligen Wissenschaftler war R. sich seiner Sache sicher. In seinem kurzen Leben leistete er Erstaunliches nicht nur auf abstrakt-theoretischem Gebiet, sondern auch in der präparativen Chemie. Zuletzt mag es ihm ein Trost gewesen sein, doch noch ein Echo in der wissenschaftlichen Welt gefunden zu haben; er wurde zum auswärtigen Mitglied mehrerer gelehrter Gesellschaften ernannt. Seine Verdienste um die Chemie wurden jedoch erst durch die Studien des schweizerisch-russischen Chemikers *Germain Henri Hess* (*German Iwanowitsch Gess*, * 7.8.1802 Genf, † 30.11.1850 St. Petersburg) anerkannt.

[Wiederkehr]

Bibl.: Pogg. VII a Suppl., 544. – *Lit.*: GCh I, 369–377 (W. Ostwald); DSB XI, 434–438 (A. A. M. Snelders; mit Bibl.); G. Lockemann: J. B. R. in seiner Bedeutung für Naturwissenschaft und Technik. In: *Technikgeschichte* 30 (1941), 107–115.

Richthofen, Ferdinand Freiherr von, deutscher Forschungsreisender und Geograph, * 5.5.1833 Karlsruhe, † 6.10.1905 Berlin.

R. studierte Geologie in Breslau (1850 bis 1852) und Berlin, wo er 1856 promovierte. 1856 bis 1860 führte er im Auftrag der k. k. Geologischen Reichsanstalt in Wien geologische Messungen in den Südtiroler Alpen und den Karpaten durch. 1860 kehrte er nach Berlin zurück, wurde als Legationssekretär Mitglied der offiziellen preußischen Handelsgesellschaft für Thailand, Japan und China und bereiste Hongkong, Kanton, Japan (5 Monate), Formosa, die Philippinen, Celebes, Java und Thailand. Vor der Rückkehr trennte R. sich von der Gesandtschaft und bereiste 1869–1872 privat Hinter- und Ostindien sowie Kalifornien, China und Japan. 1875 wurde er Professor für Geographie an der Universität in Berlin (gleichzeitig aber bis 1879 beurlaubt, um sein Werk über China [3 Bde, 1877–1885, mit Atlas] fertigstellen zu können); mit einer Unterbrechung von 1883 bis

1886 in Leipzig wirkte er hier bis zu seinem Tode.

Neben der großen Menge an Faktenwissen über China trug R. mit seinem China-Werk viel zur Methodenbildung der Geographie bei: Gegenstand der Geographie sei in erster Linie die Erdoberfläche. Wie bei *C.* → *Ritter* wird der Mensch, der immer im Vordergrund der Betrachtung zu stehen habe, in kausaler Wechselwirkung zur Erdoberfläche gesehen. Wie *A. von* → *Humboldt* vereinigt R. Empirie und historisches Bewußtsein und wird zum Schöpfer einer modernen Länderkunde, indem er durch die Geologisierung der Geographie die Geomorphologie begründet. Sein ›Führer für Forschungsreisende‹ (1886) war viele Jahre das wichtigste deutsche Lehrbuch der Geomorphologie. R. war unbestreitbar der führende Geograph seiner Zeit. Seine wichtigste geologische Entdeckung war die Erkenntnis, daß die Lößformationen in China und folglich auch in anderen Gegenden den Winden ihre Bildung verdanken. [Bäumer-Schleinkofer]

Bibl.: Pogg. VII a Suppl., 545–547. – *Lit.*: DSB XI, 438–440 (R. P. Beckinsale); A. Penck: R.s Bedeutung für die Geographie. In: *Berliner geographische Arbeiten* (1933), 1–17; H. Beck: Große Geographen (Berlin 1982, S. 149–163).

Riemann, Georg Friedrich *Bernhard*, deutscher Mathematiker, * 17.9.1826 Breselenz [bei Dannenberg/Elbe], † 20.7.1866 Selasca [am Lago Maggiore].

R. war einer der bedeutendsten Mathematiker nicht nur seiner Zeit; sein Einfluß auf die Entwicklung der Mathematik ist bis in die Gegenwart hinein bestimmend, obgleich ihm nur eine kurze Zeit der Wirksamkeit vergönnt war. Schon als Student der Mathematik habe der Pastorensohn »wie ein Kanarienvogel gesungen«, erzählte der Göttinger Professor *Moritz Abraham Stern* (* 28.6.1807 Frankfurt am Main, † 30.1.1894 Zürich). Das deutet auf ein freundschaftliches Verhältnis zwischen ihm und seinem später so berühmten Schüler hin; denn R. litt selbst als Dozent noch sehr unter seiner Schüchternheit, die einer frühzeitigen Entfaltung seiner seltenen Begabung im Wege stand. Neben den einführenden Vorlesungen bei *Stern* besuchte R. auch ein Kolleg bei dem 70jährigen *C. F.* → *Gauß*. Doch kam es nicht zu einer näheren Beziehung zwischen dem ›Princeps mathematicorum‹ und dem stillen Studenten, der sich später auf vielen Gebieten als der Fortsetzer Gaußscher Gedanken erweisen sollte. R. wechselte nach zwei Semestern die Universität und ging 1847 nach Berlin, das unter *C. G. J.* → *Jacobi*, *P. G.* → *Dirichlet* und *Jacob Steiner* (* 18.3.1796 Utzendorf, † 1.4.1863 Bern) zur Hochburg mathematischer Studien in Deutschland geworden war. Durch sie und den jungen Privatdozenten *Ferdinand Gotthold Eisenstein* (* 16.4.1823 Berlin, † 11.10.1852 ebenda) wurde R. mit den Tagesproblemen der mathematischen Forschung vertraut. Nach Göttingen zurückgekehrt, trat er 1850 in das neugegründete mathematisch-physikalische Seminar ein, wurde durch den genialen *W.* → *Weber* in die Probleme der Physik eingeführt und betrieb außerdem intensive naturphilosophische Studien. Daneben entstand seine bedeutende Dissertation über die Grundlagen der komplexen Funktionentheorie. Nach zweieinhalb Jahren folgte 1854 die Habilitationsschrift ›Über die Darstellbarkeit einer Funktion durch eine trigonometrische Reihe‹. Sein Habilitationsvortrag, Ideen von *Gauß* auf dem Gebiet der Differentialgeometrie aufgreifend und weiterführend, gehört zu den klassischen Stücken der Mathematik. Unter Vermeidung aller Formeln behandelte R. darin die ›Hypothesen, welche der Geometrie zugrunde liegen‹ (veröffentlicht 1867), auf so tiefsinnige und grundsätzliche Weise, daß sich der sonst mit Lob so karge *Gauß* erregt und voller Bewunderung darüber zu *W. Weber* äußerte. Kerngedanke war die Definition der Krümmung eines Raumes allein aufgrund interner Eigenschaften, ohne Bezugnahme auf eine Einbettung. Hatte R. »über die Hypothesen ...« gesprochen, so stellte dem 1868 *H. von → Helmholtz* einen Aufsatz ›Über die Thatsachen, die der Geometrie zum Grunde liegen‹ gegenüber – ›Tatsache‹ ist für *Helmholtz* die Forderung der Existenz frei beweglicher fester Körper im Raum, woraus zwangsläufig Räume konstanter Krümmung im Sinne R.s folgen.

Im Jahre 1859 wurde R. als Nachfolger des plötzlich verstorbenen *Dirichlet* auf den Gaußschen Lehrstuhl berufen. Es entstanden große Arbeiten über die Abelschen Funktionen (*N. H. → Abel*), die hypergeometrische Reihe, die Primzahlverteilung (in Verbindung mit der Riemannschen Zeta-Funktion) und Beiträge zur angewandten Mathematik und theoretischen Physik. Doch schon 1862 kam die Lungenkrankheit zum Ausbruch, die den großen Mathematiker zwang, auf mehreren Reisen nach dem Süden Besserung zu suchen – vergeblich; denn im Juli 1866 ereilte ihn der Tod in Selasca. [Scriba]

Werke: Gesammelte Mathematische Werke. Wissenschaftlicher Nachlaß und Nachträge, hrsg. [nach H. Weber/R. Dedekind] von R. Narasimhan (Berlin usw. 1990; zuerst Leipzig ²1892, mit Biogr. von R. Dedekind; Nachdruck: New York 1953; Nachträge, hrsg. von M. Noether/W. Wirtinger, Leipzig 1902). – *Bibl.*: Pogg. VII a Suppl., 547 f. – *Lit.*: DSB XI, 447–456 (H. Freudenthal); GWG VIII, 472–495 (K. Strubeker); G. Laugwitz: B. R. 1826–1866. Wendepunkte in der Auffassung der Mathematik (Basel usw. 1995; engl.: B. R. 1826–1866. Turning Points in the Conception of Mathematics. Basel usw. 1998).

Ries, Adam, deutscher Rechenmeister, * 1492 Staffelstein [Franken], † 30.3.1559 Annaberg [Erzgebirge].

Ab 1518 erteilte R. Rechenunterricht in Erfurt, wo er im selben Jahr sein erstes Rechenbuch herausgab, das sich noch ganz auf das ›Rechnen auf der Linien‹ beschränkte. Im Jahr 1523 siedelte er nach Annaberg über, einer aufstrebenden Stadt, die als Zentrum der Silbergewinnung zu Reichtum gelangte und ein reges kulturelles Leben entwickelte. Hier verbrachte er als angesehener Bürger, Rechenmeister und herzoglicher Gegenschreiber, 1539 mit dem Titel ›Churfürstlich Sächsischer Hofarithmeticus‹ ausgezeichnet, sein weiteres Leben.

R., der ›Rechenmeister des deutschen Volkes‹, ist noch heute nicht vergessen, wie der bekannte Ausspruch »nach Adam Ries(e)« beweist. Seine ›Rechenung auff der Linihen und Federn‹ erschien zuerst 1522 und erlebte bis zur Mitte des 17. Jahrhunderts über hundert Auflagen. »Auf den Linien« meint dabei das Rechnen auf dem Rechenbrett, das durch Linien in Spalten (für die verschiedenen Münzsorten oder Maßeinheiten) und Zeilen unterteilt war. »Die erst vnd vnderste [Linie] bedeut eins / die ander ob jhr zehen / die dritt hundert / die vierdt tausent [...] vnnd ein jeglichs spacium gilt halb soviel / als die nechst Linien darüber.« Demnach hatte ein Rechenstein die Bedeutung von 1, 10, 100 usw., wenn er auf der ersten, zweiten, dritten ... Linie der gleichen Spalte saß, und halb soviel (5, 50 ...) in den Zwischenräumen. Später hieß der Titel des Büchleins dann ›Rechenbuch auff Linien vnd Ziphren in allerley Handthierung, Geschäfften vnnd Kauffmanschafft‹. Mit der Feder (oder Kreide) betrieb man also, im Gegensatz zum Rechnen auf dem Rechenbrett, das Ziffernrechnen unter Verwendung der indisch-arabischen Zahlzeichen, die zuerst im 12. Jahrhundert von oberitalienischen Kaufleuten übernommen worden waren. Die ersten gedruckten Rechenbücher kamen gegen Ende des 15. Jahrhunderts heraus, nur wenige Jahrzehnte vor demjenigen von Ries. Durch sein Lehrbuch und durch seinen Unterricht trug der Rechenmeister nicht wenig dazu bei, das neue, der römischen Zahlschreibweise überlegene System in Deutschland heimisch zu machen. Doch die verbreitete Bezeichnung dafür, ›welsche Practica‹ (italienische Praxis), lehnte er ab:

»Man hat es auch vor vil hundert jahren in deutschen landen gewist, wen man 1 kandel oder mas wein umb 16 pf kaufft, das ein nössel oder kendtlein vmb das halbe gelt sol bezalt werden.« Andere Bücher von R., wie ein Münzrechenbuch und eine ›Coss‹, d.h. ein Lehrbuch der Algebra, blieben ungedruckt. 1550 erschien sein großes Rechenbuch, die ›Practica‹, die den Inhalt der früheren Werke zusammenfaßte und, mit vielen praktischen Beispielen und manchen Rechenvorteilen ausgestattet, ein umfassendes Lehrbuch darstellte. [Scriba]

Werke: Coß, hrsg. von W. Kauzner (Stuttgart 1992); Rechenbuch [²1522], hrsg. von S. Deschauer (München 1992); Das zweite Rechenbuch. Eine moderne Textfassung, hrsg. von S. Deschauer (Braunschweig 1992; mit Biogr.). – *Bibl.*: Pogg. VII a Suppl., 548 f. – *Lit.*: DSB XI, 456–458 (K. Vogel); F. Deubner: ... nach A. R. Leben und Wirken des großen Rechenmeisters (Leipzig/Jena 1959, ²1992; mit Bibl.); K. Vogel: A. R., der deutsche Rechenmeister (München 1959); H. Wußing: A. R. (Leipzig 1989, ²1992); R. Gebhardt: Einblicke in die Coss von A. R. [mit Textauswahl] (Stuttgart 1994).

Ritter, Carl, deutscher Geograph, * 7.8.1779 Quedlinburg, † 28.9.1859 Berlin.

1795 lernte R. den Frankfurter Bankier Johann Jakob Bethmann-Hollweg kennen, der ihm nach dem Besuch der Erziehungsanstalt Schnepfenthal ein Studium der Kameralwissenschaft in Halle finanzierte und ihn im Anschluß daran 1798 bis 1819 als Hauslehrer anstellte. Nach kurzer Tätigkeit als Gymnasialprofessor in Frankfurt (1819) wurde R. dann 1820 als außerordentlicher Professor für Geographie an die Berliner Universität berufen, gleichzeitig als Lehrer an die Allgemeine Kriegsschule, wo er 1826 neben seiner Tätigkeit an der Universität Studiendirektor der Kadettenanstalt wurde. R. erhielt 1825 den ersten rein geographischen Lehrstuhl an einer deutschen Universität und las insgesamt vier Jahrzehnte über Geographie.

R.s Werk ist beeinflußt durch mehrere Begegnungen mit dem Erzieher und Sozialreformer *Johann Heinrich Pestalozzi* (* 12.1.1746 Zürich, † 17.2.1827 Brugg), von dem er den Zentralbegriff der ›Anschauung‹ übernahm, indem er die »Bildung des Menschen zur richtigen Anschauung des Weltganzen« zur Grundlage seiner Forschung machte. Geschichte und physikalische Geographie werden daraufhin von ihm verknüpft; gegen eine »Erdkunde der Staaten« setzt er das Konzept einer »reinen Geographie«, die nur die »natürlichen Abtheilungen der Erdoberfläche« gelten läßt – das geschieht bereits in R.s frühem Werk ›Europa‹ (1804–1807), und sein Hauptwerk trägt den bezeichnenden Titel ›Die Erdkunde im Verhältnis zur Natur und zur Geschichte des Menschen oder allgemeine vergleichende Geographie als sichere Grundlage des Studiums und Unterrichts in physikalischen und historischen Wissenschaften‹ (2 Bde, 1817–1818; ²1822–1859 in 19 Bänden). R. nennt seine Erdkunde ›allgemein‹, weil sie »jeden Theil der Erde und jede ihrer Formen, [...] sey sie der Schauplatz eines Culturvolkes oder einer Wüste, ihrem Wesen nach mit gleicher Aufmerksamkeit zu erforschen bemüht ist«, und ›vergleichend‹, weil sie, wie die vergleichende Anatomie, die einzelnen Teile mit dem jeweiligen Ganzen vergleiche. Gegen das bloße Anhäufen von Kompendienwissen in der Geographie setzt er seinen physiko-theologischen Ansatz – hierin beeinflußt durch seinen Lehrer, den Philanthropen und Gründer der Erziehungsanstalt Schnepfenthal *Christian Gotthilf Salzmann* (* 1.6.1744 Sömmerda, † 31.10.1811 Schnepfenthal): In allem sei das Wirken Gottes zu erkennen, der die Erde als »Erziehungshaus« des Menschen geschaffen habe. Aus dem theologisch fundierten Geodeterminismus ergibt sich für R. ein stets dynamisches Bild der Entwicklung des Menschen durch das Einwirken der Erde und der Erde durch das Einwirken des Menschen.

Das geographische Faktenmaterial gewann R. auf Reisen innerhalb von Europa und durch die Auswertung aller ihm zugänglichen Quellen. Wegen der Lehrverpflichtungen ist sein geographisches Hauptwerk allerdings fragmentarisch geblieben. Daß neben der Behandlung der Erdteile darin Abhandlungen über Meteorologie, Hydrographie, Klimatologie und Vulkanologie (Teil 2) sowie über die »Haupt-Formen« aus Mineral-, Pflanzen- und Tierreich (Teil 3) geplant waren, zeigt die enge geistige Verwandtschaft mit *A. von → Humboldt*. Beide Forscher, die sich während ihrer gemeinsamen Jahre in Berlin durch ständigen freundschaftlichen Gedankenaustausch gegenseitig anregten und förderten, haben entscheidend auf die weitere Entwicklung der Erdwissenschaften eingewirkt. [Bäumer-Schleinkofer]

Bibl.: A. Plott: Bibliographie der Schriften C. R.s. In: *Die Erde* 94 (1963), 13–26; Pogg. VII a Suppl., 550–553 (Sekundärliteratur); P. Bernhardt: Schrifttum über C. Ritter (Gotha 1983). – *Lit.*: DBE VIII, 326–327 (M. Büttner); G. Kramer: C. R. (2 Bde, Halle 1864–1870, ²1875); H. Beck: C. R. – Genius der Geographie (Berlin 1979); M. Büttner (Hrsg.): C. R. (Paderborn usw. 1980); K. Lenz (Hrsg.): C. R. – Geltung und Deutung. Beiträge des Symposiums anläßlich des 200. Geburtstages von C. R. (Berlin 1981); C. R., Werk und Wirkungen (Gotha 1983); A. Schach: C. R. (1779–1859). Naturphilosophie und Geographie (Münster 1996).

Ritter, Johann Wilhelm, deutscher Physiker, Begründer der Elektrochemie, * 16.12.1776 Samitz [Schlesien], † 23.1.1810 München.

Nach dem Besuch der Lateinschule wurde R. im 14. Lebensjahr nach Liegnitz in die Apothekerlehre geschickt. Unter Vernachlässigung der ihm übertragenen Aufgaben studierte er hier Lehrbücher der Chemie und erwarb sich Erfahrungen im selbständigen Experimentieren. Schließlich gelang es ihm, eine kleine Erbschaft seines Vaters einzutreiben, von der er dann mehrere Jahre seinen Lebensunterhalt bestritt. 1796 siedelte er nach Jena über und ließ sich an der Universität einschreiben, ohne jedoch ein systematisches Studium zu betreiben. Nach anfänglichen chemischen Untersuchungen zog ihn bald der neu entdeckte ›Galvanismus‹ in seinen Bann, dem fortan sein Hauptinteresse galt.

Angeregt von dem im Frühjahr 1797 in Jena weilenden *A. von → Humboldt* verfaßte R. auszugsweise im zweiten Band erschienene Anmerkungen zu dessen ›Versuchen über die gereizte Muskel- und Nervenfaser‹. Er hielt dann im Oktober vor der Naturforschenden Gesellschaft in Jena einen Vortrag ›Über den Galvanismus‹, der aufgrund der »Entdeckung eines in der ganzen lebendigen und todten Natur sehr tätigen Princips«, als das er die galvanische Elektrizität ansah, starke Beachtung fand, dann zwar vom Herausgeber des ›Archivs für Physiologie‹ als zu spekulativ nicht aufgenommen wurde, aber durch einige Versuche erweitert Ostern 1798 als Buch erschien, dessen Thesen im Frühjahr 1799, erneut vor der Naturforschenden Gesellschaft, zum ›Beweis, daß der Galvanismus auch in der anorg[an]ischen Natur zugegen sey‹ erweitert wurden. Zur selben Zeit entstanden schließlich seine ›Beiträge zur näheren Kenntniß des Galvanismus‹. Damit war – aus späterer Sicht – die Elektrochemie schrittweise begründet worden. R. hatte gezeigt, daß die von *A. → Volta* aufgestellte Spannungsreihe der Metalle identisch ist mit der Oxidationsreihe, d.h. mit dem Grad ihrer Verwandtschaft mit dem Sauerstoff, hatte die galvanische Kette aus bloßen anorganischen Körpern aufgebaut und bemerkt, daß Oxidation und Reduktion an den Metallplatten nur erfolgen, solange die Kette geschlossen bleibt. All diese Entdeckungen und deren Deutungen aufgrund der naturphilosophischen Vorstellung von der Einheitlichkeit der Naturkräfte und ihrer Polarität wurden von den Physikern, die sich der Kontakttheorie *Volta*s anschlossen, wenig beachtet, weil sie neben der empirischen Basis weitgehend auf naturphilosophischen Spekulationen beruhten, die allein der verwandte Geist *H. C.* → *Ørsted* verstehen sollte. Ihnen verdankte R. durch *Novalis* auch die Einführung in den Romantikerkreis um die Brüder Schlegel in Jena, der ihn als exakten Physiker bei sich aufnahm, andererseits aber das schon recht starke spekulative Element in R.s Denken und seine Labilität einseitig förderten.

Die Arbeiten R.s wurden auch überstrahlt durch die Erfindung der *Volta*schen Säule, welche den Galvanismus auf eine ganz neue experimentelle Grundlage stellte. R. verstand sie sofort als chemisch-elektrischen Effekt und sagte mit Recht, daß er sich diese Erfindung hatte entgehen lassen. Mit verstärktem Eifer machte er sich an die Untersuchungen, entdeckte, wenn auch nicht mehr als erster, die Wasserzersetzung, fing aber zuerst Wasser- und Sauerstoff getrennt auf, ließ das Knallgasgemisch durch einen elektrischen Funken verpuffen und sah als erster die Metallfällung. Weiterhin bewies er die Gleichartigkeit aller Wirkungen der Volta-Elektrizität und der Reibungselektrizität, stellte ein erstes Spannungsgesetz auf, kam zu einer Theorie der elektrolytischen Zersetzung, erfand 1802 die Trockensäule und wenig später die Ladungssäule, eine Vorform des Akkumulators. Mit einer Schrift über die letzte Erfindung bewarb sich R. dann 1803 durch Vermittlung *Ørsted*s, der sich 1802 lange in Jena aufgehalten hatte und von den Ideen R.s stark beeinflußt war, um den von Napoleon gestifteten galvanischen Preis. Auch hier blieb ihm jedoch durch die spekulative Überdeckung der nüchternen Erkenntnisse ein Erfolg versagt; hatte er doch gleichzeitig die mit Hilfe der Ladungssäule erfolgte »noch größere Entdekkung« der elektrischen Erdpole verkündet, deren Nachweis den von der Kommission Beauftragten *J.-B.* → *Biot*, *C. A. de* → *Coulomb* und *Ørsted* natürlich nicht gelang. Das durch Vermittlung des letzteren kaum erworbene große Ansehen war verspielt, der wissenschaftliche Ruf im Ausland schwer geschädigt. Der Tod seines Gönners, des dem Romantikerkreis nahestehenden Herzogs Ernst von Gotha, der ihn 1802 mehrere Monate als Experimentator beschäftigt und später durch schnell verpraßte Geldzuwendungen unterstützt hatte, ließ R. finanziell einen absoluten Tiefpunkt erreichen, von dem er sich nie erholen sollte: Die Schulden führten zur Pfändung eines beträchtlichen Teiles seines wegen widriger Umstände sowieso nur sporadisch ausgezahlten Gehaltes, nachdem er 1805 endlich durch die Aufnahme als Physiker in die Bayerische Akademie eine feste Anstellung erhalten hatte.

Hier in München wandte er sich bald unter dem Einfluß des mystischen Philosophen *Franz Xaver von Baader* (* 27.3.1765 München, † 23.5.1841 ebenda) der empirisch unzugänglichen ›unterirdischen Elektrometrie‹, der Wünschelrutengängerei, und den darin zum Ausdruck gebrachten okkultistischen Fragen eines allgemeinen Weltzusammenhanges zu, die ihm schließlich die Physiker, aber auch seine engsten Freunde gänzlich entfremdeten, so daß er bei seinem raschen Tode eigentlich nur in spiritistischen Kreisen bekannt war, während von seinen vielen Entdeckungen nur jene der ultravioletten Strahlung in Erinnerung blieb. Doch war ihm auch diese dank seiner naturphilosophischen Spekulation geglückt. *F. W.* → *Herschel* hatte 1800/01 seine Entdeckung der »unsichtbaren Wärmestrahlung« jenseits des roten Spektrums bekanntgemacht, die R. aufgrund des durchgängigen Naturprinzips der Polarität sogleich auf Strahlen auch jenseits des violetten Spektrums schließen ließ. Überwog jenseits des roten die Wärme, so mußte es hier eine andere Form der einheitlichen Naturkräfte sein. Eine chemische Wirkung des violetten Lichtes war ihm aus Versuchen *C. W.* → *Scheeles* bekannt, nämlich die Schwarzfärbung von Silberverbindungen. Ein Versuch mit Hornsilber wies sogleich eine Strahlung solcher Wirkung auch jenseits des sichtbaren Violett und eine solche mit entgegengesetzter (›polarer‹) chemischer Wirkung jenseits des sichtbaren Rot nach; die Einheitlichkeit der Naturkräfte schien eine neue Bestätigung gefunden zu haben. [Krafft]

Werke: Physisch-chemische Abhandlungen in chronologischer Ordnung (3 Bde, Leipzig 1806); Briefe eines romantischen Physikers, hrsg. von F. Klemm / A. Hermann (München 1966); Der Physiker des Romantikerkreises J. W. R. in seinen Briefen an den Verleger Carl Friedrich Ernst Frommann, hrsg. von K. Richter (Weimar 1988); Fragmente aus dem Nachlaß eines jungen Physikers, hrsg. von K. Poppe (2 Bde, Stuttgart 1968). – *Lit.*: DSB XI, 473–475 (R. J. McRae); GPh I, 319–335 (A. D. Wilson); A. Hermann: Die Begründung der Elektrochemie und Entdeckung der ultravioletten Strahlen von J. W. R. (Frankfurt am Main 1968); W. D. Wetzels: J. W. R., Physiker im Wirkungsfeld der deutschen Romantik (Berlin/ New York 1973); M. Schlüter: Goethes und R.s überzeitlicher Beitrag zur naturwissenschaftlichen Grundlagendiskussion (Frankfurt am Main 1991).

Rømer (*Römer*), *Ole* Christensen, dänischer Astronom, * 25.9.1644 Aarhuus [heute: Århus], † 19.9.1710 Kopenhagen.

R. studierte ab 1662 in Kopenhagen, vornehmlich Mathematik, und lebte hier im Hause des Mediziners und bedeutenden Naturforschers *Erasmus Bartholin* (* 13.8.1625 Roskilde, † 4.11.1698 Kopenhagen), der ihn gelegentlich zu wissenschaftlichen Arbeiten heranzog und ihn unter anderem mit der Durchsicht der in Dänemark verbliebenen Manuskripte *T. → Brahes* beauftragte, um sie für eine Ausgabe systematisch zu ordnen.

Durch diese Tätigkeit wurde er mit dem Abbe *Jean Picard* (* 21.7.1620 La Flèche [Anjou], † 12.7.1682 Paris) bekannt, der 1671 im Auftrage der Pariser Akademie die geographische Länge der Uraniborg auf Hveen bestimmen sollte unter Anwendung und zur Erprobung einer neuen, von *G. D. → Cassini* angeregten Methode, nämlich der gleichzeitigen Beobachtung einer Verfinsterung des Innersten Jupitermondes und der Messung der Differenz der Ortszeiten. R. begleitete ihn auf die Sundinsel und scheint *Picard* von seinen mathematischen Fähigkeiten so überzeugt zu haben, daß dieser ihn 1672 mit nach Paris nahm und sich für seine Aufnahme als Astronom in die Académie des Sciences einsetzte. Wenig später wurde er auch Mathematiklehrer des Dauphin. Nach der Aufhebung des Ediktes von Nantes war R. 1681 wie alle Lutheraner und mit ihm *C. → Huygens* gezwungen, aus der Akademie auszutreten und Frankreich zu verlassen. Er wurde Professor für Mathematik und Direktor der Sternwarte in seiner Heimat Kopenhagen, später auch Bürgermeister der Stadt und Staatsrat.

An der Akademiesternwarte beobachtete R. zusammen mit *Cassini* weiterhin die Bewegungen der Jupitertrabanten, berechnete ihre Bahnen und versuchte den Zeitpunkt des Beginns und Endes ihrer Verfinsterungen durch den Jupiterschatten zu bestimmen. Allmählich erkannte er einen eigenartigen jährlichen Rhythmus in den als solche schon von *Cassini* erkannten Verspätungen dieser Erscheinungen und stellte fest, daß diese mit der Stellung der Erde zum Jupiter, also mit der Ab- und Zunahme der Entfernung zwischen beiden Gestirnen, zusammenhängt. R. schloß daraus, daß die Verzögerungen nicht auf Bewegungsanomalien der Trabanten beruhen könnten, sondern nur darauf, daß das Licht eine endliche Fortpflanzungsgeschwindigkeit hat, so daß es von den Jupitermonden zur Erde je nach Entfernung verschieden lange Zeit benötigt. Die Verzögerungen sind deshalb nur scheinbar, und R. errechnete die (zu geringe) Geschwindigkeit von 42 000 Meilen pro Sekunde für die Fortpflanzungsgeschwindigkeit des Lichtes. Von einer Endlichkeit der Ausbreitungsgeschwindigkeit des Lichtes war zwar schon vorher gelegentlich auf rein spekulativer Basis gesprochen worden, doch verlangte sowohl die aristotelische wie die zu dieser Zeit besonders in Frankreich herrschende kartesische Physik (→ *Ari-*

stoteles, *R.* → *Descartes*) eine instantane Ausbreitung. Es wundert deshalb nicht, daß trotz des genauen Eintretens einer von R. 1676 vor der Akademie angekündigten Verzögerung der Verfinsterung des innersten Jupitermondes die strengen Kartesianer wie *Cassini* die Deutung R.s ablehnten. Doch bauten sowohl *Huygens* als auch *I.* → *Newton* ihre Licht- und Farbentheorien auf dieser Entdeckung auf, und sie fand deshalb bereits vor ihrer Bestätigung durch *J.* → *Bradleys* Nachweis der Aberration des Lichtes allgemeine Anerkennung. – R. stellte in Kopenhagen erstmals in umfassendem Maße das Fernrohr in den Dienst astronomischer Messungen: Der Meridiankreis ist seine Erfindung. Doch sind die Beobachtungen nicht abgeschlossen worden, und die Aufzeichnungen wurden beim großen Brand von Kopenhagen 1728 vernichtet, bis auf einige erst 1913 wiedergefundene Notizen, aus denen übrigens auch hervorgeht, daß die erste Konstruktion vergleichbarer Thermometer durch *G. D. Fahrenheit* auf eine Anregung R.s zurückgeht. [Krafft]

Lit.: DSB XI, 525–527 (Z. Kopal); Dansk biografisk leksikon XX (1951), 329–400 (K. Meyer); M. Pihl: O. R.s videnskabelige liv (Kopenhagen 1944); A. V. Nielsen: O. R. En skildring af hans liv og gerning (Aarhus 1944; mit Bibl.); I. B. Cohen: R. and the First Determination of the Velocity of Light (New York 1944); R. Krähling: Die astronomische Methode nach O. R. anno 1676 zur Berechnung der endlichen Ausbreitungsgeschwindigkeit des Lichtes (Diss. rer. nat. TU München 1978); R. Taton u.a.: R. et la vitesse de la lumière (Paris 1978); O. B. Henriksen: O. R. [dän.] (Århus 1994).

Röntgen, Wilhelm *Conrad*, deutscher Physiker, * 27.3.1845 Lennep [heute Remscheid eingemeindet], † 10.2.1923 München.

Da der Vater R.s als Tuchkaufmann in Apeldoorn (Holland) seinen Wohnsitz hatte, besuchte der Knabe das niederländische Gymnasium in Utrecht, ohne jedoch die Reifeprüfung abzulegen. Weil er einen Freund, der einem Lehrer einen Streich gespielt hatte, nicht verraten wollte, wies man ihn von der Schule. Damit er die Utrechter Universität besuchen konnte, holte er die alten Sprachen nach. Am Eidgenössischen Polytechnikum in Zürich erwarb er 1868 das Diplom eines Maschinenbauingenieurs und promovierte 1869 an der dortigen Universität. In Zürich lernte er den Physiker *August Kundt* (* 18.11.1839 Schwerin, † 21.5.1894 Israelsdorf [bei Lübeck]) kennen und ging als dessen Assistent mit nach Würzburg. Sein Plan, sich zu habilitieren, stieß zunächst auf bürokratische Widerstände: Die holländischen Zeugnisse sollten nicht ausreichen. Mit *Kundt* zog R. nach Straßburg, dort war man liberaler. 1874 wurde er Privatdozent am neu errichteten Physikalischen Institut. Schon im darauffolgenden Jahr berief man R. an die Württembergische Landwirtschaftliche Akademie in Hohenheim, doch bald (1876) kehrte er wieder nach Straßburg als zweiter Physiker neben *Kundt* zurück. 1879 erhielt er einen Ruf an die Universität Gießen. In weniger als einem Jahrzehnt war R.s wissenschaftliches Ansehen schon so groß, daß man ihn als Nachfolger *F.* → *Kohlrauschs* nach Würzburg holte. Seit 1900 wirkte er in München. – R. erhielt 1901 den ersten Nobelpreis für Physik.

Typisch für R.s Arbeitsweise war, daß er unvoreingenommen möglichst alle Experimente, die zu einem Problemkreis gehörten, wiederholte, sich über die Fehlerquellen genaue Rechenschaft ablegte und der Theorie bis in ihre letzten Konsequenzen nachging. Den Versuch, bei dem nach *Nicholas Clément*[*-Desormes*] (* 1778/79 Dijon, † 21.11.1841 Paris) und *Charles Bernard Desormes* (* 3.6.1777 Dijon, † 30.8.1862 Verberie [Oise]) das Verhältnis der spezifischen Wärmen der Gase bestimmt wird, verbesserte R. durch die Beseitigung eines systematischen Fehlers erheblich (1873). Mit *Kundt* zusammen zeigte er, daß auch in ein Magnetfeld gebrachte Gase die Polarisationsebene des Lichts drehen (1878). Als ein Muster raffinierter Meßtechnik galt der Nachweis des sogenannten ›R.stromes‹ (1885). R. versetzte ein Dielektrikum, das er zwischen die Platten eines Kondensators brachte und das durch das elektrische Feld polarisiert wurde, in Umdrehung. Die bewegten elektrischen Ladungen erzeugten durch ihren unterschiedlichen Abstand von einer Magnetnadel ungleiche magnetische Wirkungen. Für die Elektronentheorie von *H. A. → Lorentz* war dieses Ergebnis besonders wichtig. Schon früh hatte das physikalische Verhalten der Kristalle R.s Interesse geweckt. Er verbesserte die Sénarmontsche Methode zur Untersuchung der Wärmeleitung in Kristallen, indem er die Wachsschicht durch eine Hauchschicht ersetzte (1874). Die Kreis- oder Ellipsenfläche des verdunsteten Wassers fixierte er mit Lycopodiumpulver. In mehreren Arbeiten untersuchte er die elektrische Leitfähigkeit von Kristallen, ihr optisches Verhalten (Doppelbrechung) im elektrischen Feld und die Erscheinungen der Pyro- und Pïezoelektrizität. Nachdem er die X-Strahlen gefunden hatte, unterzog er die Veränderungen, die sich bei den Kristallen durch diese Strahlen ergeben (Verfärbung, Änderung der elektrischen Leitfähigkeit) einer Analyse. Die letzten Arbeiten, die er gemeinsam mit seinem Schüler *Abraham Fjodorowitsch Ioffe* (*Joffé*; * 30.10.1880 Romny [Ukraine], † 14.10.1960 Leningrad [heute St. Petersburg]) ausführte, weisen in das moderne Gebiet der Festkörperphysik.

In Würzburg hatte sich R. vorgenommen, die Elektrizitätsentladung in Röhren zu studieren. *P. → Lenard* war zu jener Zeit in Deutschland der Spezialist auf dem Gebiet der Kathodenstrahlen. Bereitwillig teilte er ihm seine Erfahrungen mit. Beim Durchprobieren der Versuche machte R. eine folgenschwere Beobachtung: Eine Hittorfsche Röhre (*J. W. → Hittorf*), die mit schwarzem Kartonpapier umgeben war, erzeugte noch auf dem meterweit entfernten Fluoreszenzschirm ein Leuchten (8. November 1895). Bald hatte R. erkannt, daß die Kathodenstrahlen (in der Röhre beschleunigte Elektronen) den Schirm nicht treffen konnten. Eine neue Art von Strahlen war entdeckt. Die Strahlen gingen von der Glaswand aus, und zwar von jener Stelle, die von den Kathodenstrahlen getroffen wurde. In den folgenden Wochen schloß sich R. fast völlig von der Umwelt ab, um sich ganz auf die Untersuchung jener neuen Strahlen konzentrieren zu können. Wenige Tage vor Ende des Jahres 1895 war das Werk getan. Die Physikalisch-Medizinische Gesellschaft zu Würzburg verschickte zu Neujahr einen Sonderdruck mit R.s vorläufiger Mitteilung ›Über eine neue Art von Strahlen‹. Zwei weitere Arbeiten folgten im März 1896 und im Juli 1897. Den drei wissenschaftlichen Abhandlungen R.s über die Strahlen, die nach einem Vorschlag des bekannten Anatomen *A. von → Kölliker* in Deutschland ›R.strahlen‹ genannt wurden, konnte wesentlich Neues erst zehn Jahre später durch *Charles Glover Barkla* (* 7.6.1877 Widnes [Lancashire], † 23.10.1944 Edinburgh) hinzugefügt werden. R. stellte schon in der ersten Abhandlung die Durchlässigkeit aller Stoffe (graduell verschieden) für diese Strahlen fest. Er machte die erste photographische Aufnahme einer Hand und ihrer Knochen. Bei der Durchstrahlung seines Jagdgewehrs bemerkte er bereits einen Materialfehler im Gewehrlauf. Die X-Strahlen sind in der Lage, elektrisch aufgeladene Körper zu entladen und haben eine ionisierende Wirkung. R. unterschied ›harte‹ und ›weiche‹ Strahlung. Die Härte kann mit Hilfe der Spannung am Induktionsapparat und dem Verdünnungsgrad der Luft in der Röhre reguliert werden. Die damaligen Röhren besaßen noch kein ›Vakuum‹ im heutigen Sinne, sie waren ›Ionenröhren‹. R stellte fest, daß sich die Strahlen weder durch einen Magneten ablenken ließen wie die Kathodenstrahlen, noch durch eine Linse aus Glas, Hartgummi oder Metall gebündelt werden konnten. Zunächst konnten nur Hypothesen über die Natur der R.strahlen angestellt werden. Waren es longitudinale elektromagnetische Wellen, wie R.

meinte, oder sehr kurzwellige (hochfrequente) transversale Wellen ähnlich dem Licht, wie *Eduard Ketteler* (* 18.4.1836 Bocholt [Westfalen], † 8.12.1900 Münster) sogleich vermutete? Somit wäre auch verständlich, daß sich trotz eifrigen Suchens schon durch R. Beugungs- und Interferenzerscheinungen nach den herkömmlichen optischen Methoden nicht feststellen ließen. R. hatte sogar schon Kristalle und Kristallpulver durchstrahlt. Hätte er nur Blenden benutzt, um ein schmales R.strahlbündel zu erhalten, wären entsprechende Interferenzfiguren aufgetreten. Anderen Forschern in München, die z. T. seine Schüler und Freunde waren, blieb es vorbehalten, die Unbekannte 'X' aufzulösen und die Natur der X-Strahlen zu enträtseln: Nach einem Vorschlag *M. von → Laue*s wiesen *W. Friedrich* und *P. Knipping* 1912 die Beugung am Kristallgitter nach. Die R.strahlen waren damit als kurzwellige elektromagnetische Strahlung erkannt.

R.s hatte es abgelehnt, seine Erfindung patentrechtlich schützen zu lassen, um die technische Vervollkommnung nicht zu behindern. Die Entdeckung erwies sich sogleich vor jeglicher theoretischen Erklärung durch den Einsatz in der Medizin als Segenstat für die leidende Menschheit. Aber auch die Industrie gebrauchte schon bald die R.strahlen zur Materialüberprüfung. In der Kristallographie sind sie vielleicht das wichtigste Hilfsmittel zur Durchforschung der Kristallstruktur. [Wiederkehr]

Werke: Über eine neue Art von Strahlen. Mit einem biograph. Essay von W. Gerlach hrsg. von F. Krafft (München 1972). – *Bibl.*: Pogg. VII a Suppl., 556–561. – *Lit.*: DSB XI, 529–531 (G. L'E. Turner); GWG IX, 34–65 (W. Gerlach); KMed II, 272–283 (H.-S. Stender); O. Glasser: W. C. R. und die Geschichte der R.strahlen (Berlin usw. 1931; ²1959, Nachdruck: Berlin 1995; mit Bibl.); W. Beier: W. C. R. (Leipzig 1965, ²1970); E. Streller u.a.: W. C. R., 1845–1923 (München 1973); H. Leicht: W. C. R. Biographie (München 1994); U. Nennig: W. C. R. Leben und Werk (Frankfurt am Main 1994); A. Schedel/G. Keil: Der Blick in den Menschen: W. C. R. und seine Zeit (München usw. 1995). – F. H. W. Heuck/E. Machenrauch (Hrsgg.): Forschung mit R.strahlen. Bilanz eines Jahrhunderts (1895–1995) (Berlin usw. 1995).

Roux, Wilhelm, deutscher Anatom, * 9.6.1850 Jena, † 15.9.1924 Halle.

R. begann das Studium 1870, zunächst in der Philosophischen Fakultät, in Jena. Er besuchte unter anderem die Vorlesungen von *E. → Haeckel* und dessen Lehrer *Carl Gegenbaur* (* 21.8.1826 Würzburg, † 14.6.1903 Heidelberg), der damals gerade die zweite Auflage seiner ›Grundzüge der vergleichenden Anatomie‹ (1870) publiziert hatte, in der er sich ganz auf die Seite *C. → Darwin*s stellte, für dessen Abstammungslehre sie umfangreiches bestätigendes empirisches Material beitragen konnte (die erste Auflage von 1859 hatte noch auf der Typenlehre der idealistischen Morphologie basiert). Um *R. → Virchow* zu hören, ging R. zwei Semester nach Berlin, ein weiteres verbrachte er in Straßburg. In Jena beendete er sein Studium mit einer Dissertation bei dem Anatomen *Gustav Schwalbe* (* 1.8.1844 Quedlinburg, † 23.4.1916 Straßburg). Während dieser Zeit nahm er auch an einem Seminar über die Philosophie *I. → Kant*s bei *Rudolf Eucken* teil, das für sein Bemühen um eine ›kausale Anatomie‹ von Bedeutung werden sollte. R. war dann zunächst Assistent am Hygienischen Institut in Leipzig, wo er mit chemisch-analytischen Arbeiten beschäftigt war, ab 1879 am Anatomischen Institut in Breslau, wo er sich 1880 mit einer Arbeit ›Über die Leistungsfähigkeit der Principien der Descendenzlehre zur Erklärung der Zweckmäßigkeiten des thierischen Organismus‹ habilitierte. 1888 wurde dem 1886 zum außerordentlichen Professor ernannten R. ein eigenes kleines ›Institut für Entwicklungsgeschichte und Entwicklungsmechanik‹ eingerichtet. 1889 erhielt er einen

Ruf als ordentlicher Professor für Anatomie nach Innsbruck und ging in der gleichen Position 1895 an die Universität Halle, an der er bis 1921 wirkte.

1881 erschien als erste größere Arbeit von R. ›Der Kampf der Teile im Organismus: Ein Beitrag zur Vervollständigung der mechanischen Zweckmäßigkeitslehre‹. Die Schrift war ganz unter dem Einfluß der Lehre *C. Darwins* konzipiert, wie sie in Jena von *Haeckel* und *Gegenbaur* gelehrt wurde. Die Vererbung erworbener Eigenschaften wurde dabei als Grundlage der Anpassungen, die R. im Vorgang der Embryonalentwicklung behandelte, angenommen. Später verließ R. diesen Standpunkt und brachte 1895 eine Neufassung heraus: ›Der züchtende Kampf der Teile oder die Teilauslese im Organismus: Ein Beitrag zur Vervollständigung der Lehre von der mechanischen Entstehung des sogenannten Zweckmäßigen‹. Die Frage nach Art und Ursache der Anpassung der Organe und Gewebe im Organismus beschäftigte ihn weiterhin in den in den 1880er Jahren erschienenen ›Beiträgen zur Morphologie der funktionellen Anpassung‹. Diese Arbeiten über Bindegewebe, Skelettmuskel und Gelenk sind nicht nur für die Anatomie (des Menschen), sondern auch für die Orthopädie von Bedeutung. Die Problematik wurde 1912 nochmals in dem Aufsatz ›Anpassungslehre, Histomechanik und Histochemie‹ aufgegriffen.

Berühmt geworden ist R. durch die von ihm begründete ›Entwicklungsmechanik‹, wobei der von ihm 1884 eingeführte Begriff zunächst zu Mißverständnissen führte; heute wird das damals neue Forschungsgebiet als ›Entwicklungsphysiologie‹ oder als ›experimentelle Morphologie‹ bezeichnet. R. führte die Methode des Experimentes in die Morphologie ein, die er als den einzigen Weg zum kausalen Verständnis des Entwicklungsgeschehens ansah. Seine umfangreichen theoretischen Schriften wurden zunächst wenig beachtet, führten dann aber zu heftigen Polemiken. Gegen ihn wandten sich sowohl Darwinisten, vor allem *Haeckel*, als auch Embryologen, allen voran *O.* → *Hertwig*, und Vitalisten wie *Johannes Reinke* (* 3.2.1849 Ziethen [bei Ratzeburg], † 25.2.1931 Preetz [Holstein]). R. führte Experimente an frühen Embryonalstadien von Fröschen durch. Dabei untersuchte er z.B. den Zeitpunkt der Bestimmung der Körperachsen und den Einfluß der Schwerkraft. Von großer Bedeutung für die Auseinandersetzung zwischen mechanistischer und vitalistischer Auffassung um 1900 waren auch seine Anstichversuche, mit denen er durch Ausschaltung einer der beiden ersten Furchungszellen Halbembryonen erzielen konnte. Er schloß daraus auf eine Selbstdifferenzierung der Teile des Eies, auf eine ›Mosaikarbeit‹; Regulation zum Ganzkeim sah er als Ausnahme an. R. beharrte im wesentlichen auch auf seiner Generalisierung der Schlußfolgerungen aus den Experimenten, als *H.* → *Driesch* bei Seeigelembryonen eine weitgehende Regulationsfähigkeit festgestellt hatte. R.' betont mechanistische Vorstellungen von der Embryonalentwicklung stellten eine Bestätigung der Keimplasmatheorie von *A.* → *Weismann* dar und hatten damit Einfluß auf die Genetik, zu der R. bereits 1883 einen theoretischen Beitrag geleistet hatte, indem er die gleichmäßige Aufteilung des Chromosomenmaterials als das Wesentliche der Mitose postulierte.

1894 gründete R. sein ›Archiv für Entwicklungsmechanik‹, das noch heute als eine der führenden Zeitschriften auf dem Gebiet der Entwicklungsphysiologie fortgeführt wird. R. begründete dieses neben der Genetik (und später in Verbindung mit ihr) wichtigste Arbeitsgebiet der Biologie des 20. Jahrhunderts, obwohl er selbst noch weitgehend der Gelehrtengeneration angehörte, in der Theorienbildung und Weltanschauung das wissenschaftliche Denken mehr bestimmten als das Experiment.

[Querner]

Werke: Gesammelte Abhandlungen über Entwicklungsmechanik der Organismen (2 Bde, Leipzig 1895). – *Lit.*: W. R.: [Autobiographie und

Schriftenverzeichnis] in: L. R. Grote (Hrsg.): Die Medizin der Gegenwart in Selbstdarstellungen (Bd 1, Leipzig 1923 [[2]1928], S. 141–206); DSB XI, 570–575 (F. B. Churchill); É. Lagrange: Monsieur R. (Brüssel 1955); F. B. Churchill: W. R. and a Programm for Embryology (Cambridge 1968); R. Mocek: W. R. – Hans Driesch. Zur Geschichte der Entwicklungsphysiologie der Tiere (Jena 1974; mit Bibl.); K. Sander: Landmarks in Developmental Biology 1883–1924. Historical Essays from R.'s Archives (Berlin usw. 1997).

Rutherford, Ernest, Lord of Nelson (ab 1931), englischer Physiker, * 30.8.1871 Nelson [Neuseeland], † 19.10.1937 Cambridge.

R. studierte auf Neuseeland Physik und Mathematik und arbeitete 1895 bis 1898 bei *J. J. Thomson* am Cavendish-Laboratorium in Cambridge. Er war Professor ab 1898 in Montreal, wo *Frederick Soddy* (* 2.9.1877 Eastbourne, † 22.9.1956 Brighton), der 1913 die Isotopie chemischer Elemente erkannte, und *O. → Hahn* zu seinen Mitarbeitern gehörten, ab 1907 in Manchester und ab 1919 als Nachfolger von *J. J. Thomson* in Cambridge. 1908 erhielt er den Nobelpreis für Chemie. Seit 1925 war er Präsident der Royal Society. – R. war einer der genialsten Experimentalphysiker dieses Jahrhunderts. Von außerordentlicher persönlicher Ausstrahlung, wurde er zum Lehrer vieler bedeutender Forscher.

1894 untersuchte R. die Übertragung von Radiowellen. Nach der Entdeckung der Radioaktivität 1896 durch *A. H. → Becquerel* wurde R. bald zum führenden Forscher auf diesem Gebiet und zum ersten Kernphysiker überhaupt. 1897 unterschied er die Alpha- und Betastrahlung des Urans aufgrund unterschiedlichen Ionisierungs- und Durchdringungsvermögens und wies 1903 nach, daß Alphateilchen positiv geladen sind und in elektrischen und magnetischen Feldern abgelenkt werden. 1908 bewiesen seine Mitarbeiter *Hans Geiger* (* 30.9.1882 Neustadt [Pfalz], † 24.9.1945 Potsdam) und *Thomas Royds* (* 11.4.1884 Oldham, † 11.5. 1955 Southport), daß Alphateilchen Heliumionen sind. 1902 erkannte R. gemeinsam mit *Soddy* die Radioaktivität als spontane Elementumwandlung und stellte das Zerfallgesetz auf – in herausforderndem Gegensatz zur zeitgenössischen Auffassung von der Unteilbarkeit der Atome. Um die Streuung von Alphateilchen an Metallfolien, die seine Mitarbeiter *Geiger* und Sir (ab 1935) *Ernest Marsden* (* 19.2.1889 Rishton [Lancashire], † 15.12.1970 Days Bay [Wellington]) nachgewiesen hatten, zu erklären, entwickelte R. 1911 das R.sche Atommodell (Elektronen umkreisen einen positiv geladenen Atomkern) und damit die R.sche Streuformel. Mit seinem Atommodell knüpfte er an das 1904 aufgestellte ›Saturnring-Modell‹ von *Hantaro Nagaoka* (* 18.8.1865 Omura [bei Nagasaki], † 11.12.1950 Tokyo) an. Die erste Theorie der Stabilität des Wasserstoffatoms gab 1913 *N. → Bohr*, der 1912 bei R. gearbeitet hatte, durch die Einführung sogenannter Quantenbedingungen unter Anwendung der Planckschen Quantenhypothese (*M. → Planck*). 1911 gelang R. die erste künstliche Elementumwandlung. Durch Beschuß mit Alphateilchen verwandelte sich Stickstoff in ein Sauerstoffisotop unter Freiwerden von Protonen. 1932 entdeckte *J. Chadwick* im Cavendish-Laboratorium das Neutron, dessen Existenz R. schon 1920 vermutet hatte. – R. hoffte bereits 1916, daß die Menschheit die ungeheuren Energien des Atoms nicht in Freiheit zu setzen vermöge, bevor sie einen allgemeinen Frieden gefunden hätte.

[Koch/Meyer-Abich]

Werke: The Collected Papers, hrsg. von J. Chadwick (3 Bde, London 1961–1965); Rutherford and Boltwood. Letters on Radioactivity, hrsg. von L. Badash (New Haven/London 1969). – *Bibl.*: L. Badash: R. Correspondence Catalog (New York 1974); H. Lowood: E. R.: A Bibliography of His Non-Technical Writings (Berkeley 1979). – *Lit.*: DSB XII, 25–36 (L. Badash); GWG IX, 814–825 (U. Hoyer); GPh II, 104–120 (B. Weiss); I. B. N.

Evans: Man of Power. The Life Story of Baron R. of Nelson (London 1939); J. B. Birks (Hrsg.): R. at Manchester (Cambridge, Mass. 1962); E. N. da Costa Andrade: R. und das Atom (München 1965; zuerst engl., London/Garden City 1964, Nachdruck: London 1978); M. Oliphant: R., Recollections of the Cambridge Days (Amsterdam 1972); T. E. Allibone: R., Father of Nuclear Energy (Manchester 1973); D. Wilson: R., Simple Genius (1983).

S

Sachs, Julius von (ab 1877), deutscher Botaniker, * 2.10.1832 Breslau, † 29.5.1897 Würzburg.

S. stammte aus einfachen Verhältnissen und mußte, weil er die Eltern (1848/49) früh verlor, den Besuch des Gymnasiums vorzeitig abbrechen. Er fand jedoch Aufnahme im Hause des tschechischen Physiologen *Jan Evangelista von Purkyně* (* 17.12.1787 Libochowice, † 28.7. 1869 Prag), mit dessen Söhnen er durch den gemeinsamen Unterricht freundschaftlich verbunden war. Nach der Berufung an die Universität in Prag beschäftigte *Purkyně* S. als wissenschaftlichen Zeichner und Präparator. S. blieb sechs Jahre bei ihm, holte das Abitur nach, studierte Philosophie und Naturwissenschaften, wurde 1856 promoviert und habilitierte sich ein Jahr später im Fach Pflanzenphysiologie. Danach kam er als Assistent an die Land- und Forstwissenschaftliche Akademie Tharandt, erhielt 1861 einen Ruf als Professor für Botanik, Zoologie und Mineralogie an die Landwirtschaftliche Hochschule in Bonn-Poppelsdorf, wurde 1866 Nachfolger von *Anton de Bary* (* 26.1.1831 Frankfurt am Main, † 19.1.1888 Straßburg) in Freiburg im Breisgau und 1868 Ordinarius für Botanik in Würzburg. Ehrenvolle Berufungen nach Jena (1869), Heidelberg (1872), Wien (1873), Berlin (1877) und München (1891) lehnte er ab.

S. entfaltete bereits in Bonn und Freiburg im Breisgau, besonders aber in Würzburg eine ungewöhnlich erfolgreiche Lehrtätigkeit. Bedeutende Botaniker – wie *Karl Goebel* (* 8.3.1855 Billigheim, † 9.10.1932 München), *Wilhelm Pfeffer* (* 9.3.1845 Grebenstein, † 31.1.1920 Leipzig), *Karl Prantl* (* 10.9.1849 München, † 24.2.1893 Breslau) und *H. de → Vries* – gehörten zu seinen Schülern. Die von S. verfaßten Lehrbücher, so das ›Handbuch der Experimentalphysiologie der Pflanzen‹ (1865), das ›Lehrbuch der Botanik‹ (1868) und die ›Vorlesungen über Pflanzenphysiologie‹ (1882), eine Neubearbeitung der Experimentalphysiologie, sind wegen der didaktischen Qualität ihrer Texte bis in die Gegenwart Vorbilder der botanischen Lehrbuchliteratur geblieben.

S. gilt als der Begründer der experimentellen Pflanzenphysiologie. Er entwickelte Arbeitsmethoden wie die Hydrokultur – die noch heute zur Überprüfung der Aufnahme von Nährsalzen eingesetzt wird –, identifizierte die Wurzelhaare als Organe der Nahrungs- und Wasseraufnahme und erkannte mit Hilfe von Tuschemarkierungen die große Periode des Wachstums an Sproß und Wurzel. Weiterhin untersuchte er die Physiologie der Keimungsprozesse mehrerer Pflanzenarten und konnte dabei nachweisen, daß im Rizinussamen, der weder Zucker noch Stärke enthält, Fett in Stärke umgewandelt wird. Er entwickelte auch eine ganze Reihe von Instrumenten für reizphysiologische Experimente und schuf auf dieser Basis die Grundlagen der Tropismenlehre. In Fortsetzung der Vorarbeiten des niederländischen Arztes und Naturforschers *Jan Ingenhousz* (* 8.12.1730 Breda, † 7.9.1799 Bowood [Wiltshire]) und des schweizerischen Botanikers *Nicolas Théodore de Saussure* (* 4.10.1767 Genf, † 18.4.1845 ebenda) klärte S. den Reaktionsverlauf der Photosynthese, indem es ihm gelang, die Chloroplastenstärke als das erste nachweisbare Assimilationsprodukt zu ermitteln. S. verfügte auch über künstlerische Fähigkeiten und ist als Illustrator eigener Werke nicht unbedeutend; er veröffentlichte 1875 auch eine mustergültige ›Geschichte der Botanik vom 16. Jahrhundert bis 1860‹. [Geus]

Werke: Gesammelte Abhandlungen über Pflanzenphysiologie (2 Bde, Leipzig 1892–1893). – *Lit.*: DSB XII, 58–60 (M. Bopp); K. Goebel: J. S. In: *Flora* 84 (1897), 101–130; E. G. Pringsheim: J. S., der Begründer der neueren Pflanzenphysiologie, 1832–1897 (Jena 1932; mit Bibl.); H. Gimmler (Hrsg.): J. S. und die Pflanzenphysiologie heute (Würzburg 1984).

Scheele, *Carl* Wilhelm, deutsch-schwedischer Apotheker und Chemiker, * 9.12.1742 Stralsund [damals zu Schweden gehörig], † 21.5.1786 Köping [Schweden].

S. war in Schweden an verschiedenen Orten als Pharmazeut tätig; zuletzt besaß er eine Apotheke in Köping. Schon als junger Mann experimentierte er leidenschaftlich gern mit den ihm zugänglichen Chemikalien nach Vorschriften, die er in z. T. veralteten Lehrbüchern vorfand. Wie die meisten seiner Zeitgenossen, so war auch er Anhänger der Phlogistontheorie (*G. E. → Stahl*), und erstaunlicherweise führte diese bald überholte Theorie ihn von Entdeckung zu Entdeckung. (*A. L. → Lavoisier*s neue Theorie begann erst nach S.s Tod sich die Welt zu erobern.) S. machte die meisten seiner Entdeckungen mit dürftigsten Mitteln. In ungeheizten, primitiven Räumen, in denen er experimentierte, zog er sich ein Gichtleiden zu. Der von der Welt anerkannte Forscher, der es vom Laboranten bis zum gefeierten Mitglied der Schwedischen Akademie gebracht hatte, verstarb schon im Alter von 44 Jahren.

S.s bedeutendste Schrift hat den Titel ›Chemische Abhandlung von der Luft und dem Feuer‹ (1777). In dieser Arbeit wurde die Zusammensetzung der Luft untersucht und die Entdeckung der ›Feuerluft‹, des Sauerstoffs, beschrieben. S. ersann immer wieder neue Versuche und Apparaturen, um seine Ansicht darzulegen und zu bestätigen. Pflanzen und Tiere ließ er in seinen Gasgemischen atmen; und auch an sich selbst führte er Versuche durch. Neben dem Sauerstoff kannte S. auch noch andere Gase, z.B. die ›verdorbene Luft‹ (Stickstoff) und die ›brennbare Luft‹ (Wasserstoff). Die Gase fing er in Tierblasen auf. – Quantitative Betrachtungen konnte man in der Chemie erfolgreich erst dann anstellen, als man infolge dieser Entdeckungen die gasförmigen Produkte miteinbezog. – Da der Verleger in unverantwortlicher Weise den Druck des Werkes hinauszögerte, kam *J. → Priestley* mit seiner Veröffentlichung über den Sauerstoff S. zuvor.

Eine andere bedeutende Untersuchung S.s war die über den Braunstein (1774). Als er auf dieses Mineral Salzsäure einwirken ließ, erhielt er Chlorgas. Er bezeichnete es als ›dephlogistierte Salzsäure‹. Von der Vielzahl seiner Entdeckungen können nur noch einige erwähnt werden: S. erkannte, daß in den Pflanzensäften viele Arten organischer Säuren vorhanden sein können. Er isolierte die Weinsäure, Zitronen-, Apfel- und Gallussäure. Aus tierischer Substanz gewann er die Harn- und Milchsäure. Er zeigte, wie aus dem Blutlaugensalz die giftige Blausäure (›Berlinerblausäure‹) entweicht, und entdeckte auch den Arsenwasserstoff. Es nimmt wunder, daß S. sich bei derartigen Experimenten nicht vergiftete. Daß Metalle in verschiedenen Oxidationsstufen auftreten können, war ihm bekannt, allerdings drückte er dies in der Sprache der Phlogistontheorie aus. Aus Öl und anderen Fetten holte er das Glycerin (›Ölsüß‹) heraus. [Wiederkehr]

Werke: Opuscula chemica et physica, Latine vertit G. H. Schaefer, hrsg. von E. B. G. Hebenstein (2 Bde, 1788–1789); Sämtliche physische und chemische Werke, hrsg. von S. F. Hermbstädt (2 Bde, 1793, ²1891; Nachdruck: Wiesbaden 1971, Vaduz 1993); Nachgelassene Briefe und Aufzeichnungen, hrsg. von A. E. Nordenskiöld (Stockholm

1892; mit Bibl.; Nachdruck: Walluf 1973); Handschriften 1756–1777. Ausdeutung von C. W. Oseen (Stockholm 1942). – *Bibl.*: Pogg. VII a Suppl., 573–577. – *Lit.*: GCh I, 274–290 (G. Lockemann); DSB XII, 143–150 (U. Bocklund); O. Zekert: C. W. S., Apotheker, Chemiker, Entdecker (Stuttgart 1963); U. Boklund (Hrsg.): C. W. S., His Work and Life (Stockholm 1968); H. Cassebaum: C. W. S. (Leipzig 1982); T. Frängsmyr: C. W. S. [schwed.] (Stockholm 1987); C. Friedrich: C. W. S. (1742–1786), Apotheker und Forscher – ein großer Sohn der Stadt (Stralsund 1992).

Scheiner, Christoph, deutscher Astronom und Optiker, * 25.7.1575 Wald [bei Mindelheim, Bayern], † 18.7.1650 Neiße [Schlesien; heute: Nysa, Polen].

S. war 1595 zu Landsberg in den Jesuitenorden, dessen Lateinschule in Augsburg er vorher besucht hatte, eingetreten, hatte nach den Probejahren in Ingolstadt von 1597 bis 1600 Philosophie studiert und war Lehrer der ›humaniora‹ am Kollegium in Dillingen, bevor er von 1605 bis 1609 das obligatorische Theologiestudium wieder in Ingolstadt absolvierte (1609 Priesterweihe). Er war dann nach kurzer Tätigkeit als Professor für Mathematik und hebräische Sprache in Freiburg im Breisgau von 1610 bis 1617 Professor für die gleichen Fächer in Ingolstadt, fungierte in der Folgezeit als Berater und Beichtvater am erzherzoglichen Hof in Innsbruck (1616–1620), an den Höfen des Erzherzogs Leopold in Freiburg im Breisgau (1620/21) und des Erzherzogs Karl und Fürstbischofs von Breslau und Brixen in Wien und seit 1621 in Neiße, wo er Vorstand des dort 1623 eröffneten Jesuitenkollegiums wurde. Seit 1624 finden wir ihn jedoch überwiegend an der Sternwarte der Gregoriana in Rom, von wo er 1633 nach Wien ging, um erst 1639 endgültig nach Neiße zurückzukehren, ohne allerdings das Rektorat auszuüben.

S. hatte sogleich nach Bekanntwerden der Erfindung ein Fernrohr nachgebaut und auch als erster 1613 oder 1617 die Keplersche Idee (*J.* → *Kepler*) eines astronomischen Fernrohres mit zwei Konvexlinsen verwirklicht. Zur Beobachtung der Sonnenscheibe benutzte er darüber hinaus erstmals farbige Blendgläser, nachdem er gemeinsam mit seinem Schweizer Schüler *Johann Baptist Cysat* (* 1588 Luzern, † 3.3.1657 ebenda) im März 1611 unabhängig von *S.* → *Mayr* (Marius), *Johann Fabricius* (* 8.1.1587 Resterhafe [bei Aurich, Ostfriesland], † 1615 Marienhafe), *Thomas Harriot* (* 1560 Oxford, † 25.7.1621 Isleworth [London]) und *G.* → *Galilei* dunkle Flecken auf der von starkem Nebel verschleierten Sonnenscheibe gesehen hatte und erst einige Monate später eine ähnlich günstige Beobachtungslage durch starken Nebel geschaffen war. – Später projizierte er dann das vergrößerte Sonnenbild auf eine weiße Tafel hinter dem Okular. – Seine anfänglichen Zweifel, ob die Flecken Oberflächengebilde der Sonne seien oder von kleinen sonnennahen Planeten verursacht würden – eine Theorie, die später etwa *O. von* → *Guericke* wieder aufnahm –, wurde nach intensiven Beobachtungen schon bald im Sinne der ersten Deutung entschieden. S., dem die Veröffentlichung seiner Beobachtungen und Deutungen, welche die in der von der katholischen Kirche anerkannten aristotelischen Physik geforderte Unveränderlichkeit himmlischer Objekte im Falle der Sonne antasteten, von der Zensur seines Ordens verwehrt wurde, berichtete darüber jedoch in mehreren Briefen an den befreundeten Statthalter von Augsburg Markus Welser, der sie sogleich und ohne Wissen S.s unter einem Pseudonym als ›Tres epistolae de maculis solaribus‹ veröffentlichen ließ. Nachdem *Galilei* ein Exemplar erhalten hatte, begann bald eine jener häßlichen Prioritätsstreitigkeiten des 17. Jahrhunderts, in die *Galilei* verwickelt war und die sich im nachhinein nicht eindeutig entscheiden lassen. S. tat das einzig Richtige in dieser Lage: Er beschäftigte sich weiterhin mit einer erst 250 Jahre später – beginnend wieder in Rom (*A.* → *Secchi*) – von neuem erstrebten Gründlichkeit mit den Oberflächenerscheinungen der Sonne und kam dabei zu Entdeckungen, die ihm niemand streitig zu machen vermochte, die aber auch erst seit etwa 150 Jahren, zum großen Teil nach ihrer Neuentdeckung, physikalische Deutungen erfahren konnten. Er berechnete aus den exakt beobachteten Wanderungen der Flecken die Rotationsdauer und -achse der Sonne, entdeckte die Fackeln, die Granulation und anderes. Von 1626 bis 1630 dauerte allein die kostspielige Drucklegung des mit vielen Kupfertafeln versehenen Werkes ›Rosa Ursina‹, in dem die Beobachtungsergebnisse mitgeteilt werden. Bei aller Aufgeschlossenheit blieb S. allerdings Anhänger eines geozentrischen Weltbildes und bekämpfte aus diesem Grunde *Galilei* in einer 1651 postum erschienenen Schrift. Bedeutendes hat er jedoch auch auf dem Gebiete der physiologischen Optik geleistet: Er wies die Netzhaut als eigentlichen Sitz des Sehvorganges nach, erklärte die Anpassungsfähigkeit des Auges und die Bedeutung der Pupille und wußte ohne Kenntnis des etwa gleichzeitig von *W. → Snellius* entdeckten Brechungsgesetzes die Brechungsindices für die wichtigsten Medien des Auges richtig anzugeben. Das 1619 erschienene Werk ›Oculus, hoc est: fundamentum opticum‹ enthält auch die dazugehörigen Grundversuche. Erwähnung verdient noch seine Erfindung des Storchschnabels (Pantographen) von 1602, dessen Gebrauch eine Druckschrift von 1631 erläutert. [Krafft]

Werke: Sol ellipticus, [deutsch] hrsg. von F. Daxecker/L. Subaric (Innsbruck 1998); F. Daxecker: Briefe des Naturwissenschaftlers C. S. SJ an Erzherzog Leopold V. von Österreich-Tirol (Innsbruck 1995). – *Bibl.*: Pogg. VII a Suppl., 578 f. – *Lit.*: DSB XII, 151 f. (W. R. Shea); BLM I, 77–79 [Cysat] (F. Krafft), und 371 f. [S.] (A. Kraus); A. von Braunmühl: C. S. als Mathematiker, Physiker und Astronom (Bamberg 1891); W. R. Shea: Galileo, S., and the Interpretation of Sunspots. In: *Isis* 61 (1970), 498–519; F. Daxecker: C. S. Mathematiker, Physiker, Astronom und Jesuit (Innsbruck 1992); F. Daxecker: Das Hauptwerk des Astronomen P. C. S. SJ »Rosa Ursina sive Sol«. Eine Zusammenfassung (Innsbruck 1996).

Schiaparelli, Giovanni Virginio, italienischer Astronom, * 14.3.1835 Savigliano [Piemont], † 4.7.1910 Mailand.

S. besuchte von 1841 bis 1850 das Gymnasium seiner Heimatstadt und studierte anschließend in Turin Mathematik, wo er 1854 auch promovierte. Danach erwarb er sich seinen Lebensunterhalt mit Privatunterricht in Mathematik, bevor er im November 1856 Lehrer für Elementarmathematik an einem Turiner Gymnasium wurde. Doch schon im Februar des folgenden Jahres begab er sich nach Berlin, um Naturwissenschaften und speziell Astronomie bei *J. F. → Encke* zu studieren. Im April 1859 wurde er durch dessen Vermittlung Gehilfe von *O. → Struve* und Observator an der Sternwarte von Pulkowa, kehrte aber bereits im nächsten Jahr nach Italien zurück, einem Ruf nach Mailand folgend, wo er zweiter Astronom und 1862 Direktor der Brera-Sternwarte wurde. Diese Stellung hatte er bis zu seiner Entpflichtung (1900) inne. Daneben lehrte er an der höheren technischen Lehranstalt in Mailand von 1863 bis 1868 Geodäsie und von 1871 bis 1875 sphärische Astronomie, welches Fach er neben Himmelsmechanik im folgenden Jahr auch an der Universität von Pavia vertrat. 1889 wurde S. Senator des Königreiches Italien.

Schon seine erste Entdeckung von 1861 – die des Planetoiden Hesperia – wies ihn als ausgezeichneten Beobachter aus. Er beschäftigte sich neben Doppelsternbeobachtungen vorwiegend mit den inneren Planeten, wurde aber allgemein bekannt zuerst durch seine Entdeckung, daß bestimmte Sternschnuppenschwärme (Perseiden, Leoniden) mit Auflösungsprodukten von Kometen (I 1866, III 1862) identisch sind. Er hatte darüber sogleich *A. → Secchi* in Rom berichtet, und dieser publizierte die Briefe in seinem ›Meteorologischen Bulletin‹ von 1866 und 1867, noch bevor S.s ›Entwurf einer astronomischen Theorie der Sternschnuppen‹ (1867, deutsch 1871) erschienen war. Seine Annahme, daß neben dem Mond auch Venus und Merkur eine gebundene Rotationszeit besitzen, trifft nicht zu, und auch die von ihm 1877 entdeckten und zeitweilig als Bauwerke intelligenter Wesen gedeuteten ›Marskanäle‹ (diesen Ausdruck prägte *Secchi*), feine, geradlinig verlaufende dunkle Linien zwischen verschiedenflächigen Details der Marsoberfläche, scheinen auf optischer Täuschung zu beruhen, da sie in photographischen Aufnahmen von der Erde und von Marssonden aus fehlen und auch mit wachsendem Auflösungsvermögen der Fernrohre immer undeutlicher werden. Allerdings wurde S. durch diese ›Entdeckung‹ und ihre Deutung der in breiten Kreisen bekannteste Astronom seiner Zeit und begründete durch seine umfassenden Untersuchungen die Marstopographie. Wir verdanken ihm daneben eine Reihe ausgezeichneter historischer Arbeiten über die antike Astronomie. [Krafft]

Werke: Le opere (11 Bde, Mailand 1929–1943); Scritti sulla storia della astronomia antica, hrsg. von L. Gabba (3 Bde, Bologna 1925–1927). – *Lit.*: DSB XII, 159–162 (G. Abetti); T. Oliaro u.a.: G. B. S. e i suoi tempi (Turin 1974).

Schleiden, *Matthias* Jacob, deutscher Botaniker, * 5.4.1804 Hamburg, † 23.6.1881 Frankfurt am Main.

S. studierte zunächst 1824 bis 1827 Jura in Heidelberg und ließ sich dann als Anwalt in Hamburg nieder. Nach einer schweren seelischen Krise begann er 1832 in Göttingen Naturwissenschaft zu studieren, vor allem Botanik. 1835 ging er nach Berlin, wo er den englischen Botaniker *Robert Brown* (* 21.12.1773 Montrose, † 10.6.1858 London) kennenlernte, der 1831 den pflanzlichen Zellkern entdeckt hatte. Ohne sein Studium formal abzuschließen, ging S. zu eigenen wissenschaftlichen Arbeiten über. Zeitweilig lebte er in Wernigerode am Harz und hielt dort auch Vorträge über Pflanzenphysiologie. 1840 wurde er in Jena zum außerordentlichen Professor in der Philosophischen Fakultät ernannt; im Zusammenhang mit der Einrichtung eines ›Physiologischen Instituts‹ (1845), zusammen mit dem Mineralogen *Ernst Erhard Schmid* (* 22.5.1815 Hildburghausen, † 16.2.1885 Jena), wurde S. 1846 in die Medizinische Fakultät versetzt. Nach dem Tode des Professors für Naturgeschichte *Friedrich Sigismund Voigt* (* 1.10.1781 Gotha, † 10.12.1850 Jena) erhielt er zusätzlich die Leitung des Botanischen Gartens, dem er sich in den letzten Jahren in Jena vor allem widmete. 1863 gab er sein Lehramt in Jena auf, ging nach Dresden und folgte noch im selben Jahr einem Ruf an die Universität Dorpat. Bereits 1864 kehrte er nach Dresden zurück; ab 1869 lebte er unstet in Frankfurt, Darmstadt, Wiesbaden und wieder in Frankfurt.

S. begründete seinen Ruf mit Arbeiten zur Entwicklungsgeschichte der Pflanzen in den Jahren 1837–1839. Er untersuchte den zelligen Aufbau, die Embryobildung bei den Blütenpflanzen, die Blütenbildung und den Befruchtungsvorgang. 1838 postulierte er in seinem klassischen Aufsatz ›Beiträge zur Phytogenesis‹ die Theorie der Zelle als Ur-Organismus. Dabei wird die Zelle als weitgehend selbständig aufgefaßt, die Pflanze als ein »Aggregat von völlig individualisierten, in sich abgeschlossenen Einzelwesen, den Zellen«. S. berichtete darüber schon vor Erscheinen seines Aufsatzes *T.* → *Schwann*, der sich S.s Auffassung über die Bedeutung der Zellen anschloß und 1839 seine ›Mikroskopischen Untersuchungen über die Übereinstimmung in der Struktur und dem Wachstum der Thiere und Pflanzen‹ veröffentlichte; damit war die allgemeine Zellentheorie begründet.

S. und *Schwann* verbanden mit dieser Theorie auch eine bestimmte Auffassung über die Entstehung neuer Zellen, die den Tatsachen nicht entsprach und zu einer lebhaften Kritik führte. Der erste, der diese Zellbildungstheorie korrigierte, war *C.* → *Nägeli*, der 1840/42 bei S. in Jena arbeitete. S. gab zusammen mit *Nägeli* ab 1844 die ›Zeitschrift für wissenschaftliche Botanik‹ heraus, die zunächst ganz der Zellentheorie und der Entwicklungsgeschichte der Pflanzen gewidmet war. Damals lag bereits S.s Hauptwerk ›Grundzüge der wissenschaftlichen Botanik‹, in den späteren Auflagen mit dem zusätzlichen Titel ›Die Botanik als inductive Wissenschaft behandelt‹, vor, das gekennzeichnet ist durch eine breite methodologische Einführung sowie durch eine scharfe Kritik an der zeitgenössischen Botanik.

Auf seinem zweiten Lehrgebiet, dem der Anthropologie, ist S. wenig hervorgetreten; er gehört aber durch die Schrift ›Das Alter des Menschengeschlechts, die Entstehung der Arten und die Stellung des Menschen in der Natur‹ neben *T. H.* → *Huxley* und *E.* → *Haeckel* zu denjenigen, die *C.* → *Darwins* Deszendenzlehre konkret auf den Menschen bezogen. – S.s Bedeutung muß auch in der Verbreitung naturwissenschaftlichen Denkens durch seine populären und kulturhistorischen Werke gesehen werden: ›Die Pflanze und ihr Leben‹ (1848), ›Das Meer‹ (1867), ›Die Rose‹ (1873) und ›Das Salz‹ (1875). Seine kritische Art führte zu heftigen Auseinandersetzungen mit *J. von* → *Liebig*, *G. T.* → *Fechner* und dem Mikroskopiker *Giovanni Battista Amici* (* 23.3.1786 Modena, † 10.4. 1863 Florenz). Als Abwehr einer Kritik von *Christian Gottfried Daniel Nees von Esenbeck* (* 14.2.1776 Veste Reichenberg [Odenwald], † 16.3.1858 Breslau), dem XI. Präsidenten der Leopoldina und einem der bekanntesten naturphilosophisch orientierten Botaniker, veröffentlichte S. einen scharfen Angriff gegen die Naturphilosophie: ›Schelling's und Hegel's Verhältniss zur Naturwissenschaft‹ (1844).

[Querner]

Werke: Studien. Populäre Vorträge (Leipzig 1855); Wissenschaftsphilosophische Schriften, hrsg. von U. Charpa (Köln 1989). – *Bibl.*: T. Glasmacher: Fries – Apelt – S. Verzeichnis der Primär- und Sekundärliteratur 1798–1988 (Köln 1989). – *Lit.*: GMikro I, 299–312 (W. E. Ankel); DSB XII, 173–176 (M. Klein); M. Möbius: M. J. S. zu seinem 100. Geburtstag (Leipzig 1904); B. Ottow: Der Begründer der Zellenlehre M. J. S. und seine Lehrtätigkeit an der Universität Dorpat 1863–1864 (Leipzig 1922); I. Jahn: Geschichte der Botanik in Jena (Diss. Jena 1963, Teil II); V. A. Kanavrov: S.s Kritik der Schellingschen und Hegelschen Naturphilosophie (Berlin 1995).

Schrödinger, Erwin, österreichischer Physiker, * 12.8.1887 Wien, † 4.1.1961 ebenda.

S. erhielt eine breite klassische Bildung, studierte ab 1906 in Wien Mathematik und Physik, unter anderem bei *Friedrich Hasenöhrl* (* 30.11.1874 Wien, gefallen 7.10.1915 Folgaria), habilitierte sich 1914, war Artillerieoffizier in Italien, wurde 1920 Privatdozent in Jena und 1920 außerordentlicher Professor in Stuttgart, 1921 ordentlicher Professor in Breslau und 1921 in Zürich sowie 1927 Nachfolger *M.* → *Plancks* in Berlin. Als überzeugter Liberaler emigrierte er 1933 wegen der Judenverfolgungen. Er war zunächst in Rom, wurde 1933 Fellow des Magdalen College in Oxford und ging 1936 an die Universität Graz, mußte 1938 aber wegen der Besetzung Österreichs erneut emigrieren, ging nach Belgien und wurde 1940 Senior Professor am neugegründeten Institute for Advanced Studies in Dublin – und 1956 Professor emeritus in Wien. 1933 erhielt S. zusammen mit *P. A. M.* → *Dirac* den Nobelpreis für Physik.

Nach Arbeiten über statistische Mechanik, Strahlungstheorie, Farbensehen und anderes schuf S. 1926 – mit 39 Jahren für einen theoretischen Physiker bemerkenswert alt – die Wellenmechanik als die eine Form der nichtrelativistischen Quantentheorie und zeigte bald die Gleichwertigkeit mit der Matrizenmechanik *W.* → *Heisenbergs*. Anknüpfend an *L.-V. de* →

Broglies Materiewellen und den Welle-Teilchen-Dualismus fand er zunächst die relativistische Klein-Gordon-Gleichung – die wegen des S. damals unbekannten Spins versagte – und dann die fundamentale S.-Gleichung, die die Materie durch eine Wellengleichung beschreibt. S. zeigte unter anderem, daß die damit errechneten Eigenschwingungen des Wasserstoffsystems mit den beobachteten stationären Zuständen übereinstimmen. Statt der von S. intendierten realistischen Deutung der Materiewellen setzte sich die Wahrscheinlichkeitsdeutung *M.* → *Borns* durch, wonach die S.-Funktion, die Lösung der deterministischen S.-Gleichung, nur eine Wahrscheinlichkeitsaussage über die jeweiligen physikalischen Ereignisse bedeutet. S. war von seinen philosophischen Positionen her damit und insbesondere mit der ›Kopenhagener Deutung‹ von *N.* → *Bohr* und *Heisenberg* zutiefst unzufrieden (wie auch *A.* → *Einstein*) und hoffte auf eine Rückkehr zu einer realistisch-deterministischen Physik.

Später bearbeitete S. auch Probleme der relativistischen Quantentheorie (z.B. die Zitterbewegung des Elektrons) und der Gravitationstheorie, vor allem aber philosophische Fragen, von solchen des organischen Lebens und Bewußtseins bis zur Auseinandersetzung mit der Philosophie der Griechen, die noch ohne die – seiner Ansicht nach verhängnisvolle – heutige Trennung von Naturwissenschaft und Philosophie bzw. Religion lebten. Insgesamt hielt S. die Welt für verstehbar, aber nur in einer die Physik transzendierenden Weltsicht. In einer auch für seine Physikergeneration ganz außerordentlichen Weise war S. in Philosophie und Literatur gleichermaßen wie in der Physik zu Hause. [Koch/Meyer-Abich]

Werke: Gesammelte Abhandlungen (4 Bde, Braunschweig 1984); Die Wellenmechanik (Stuttgart 1963; mit Bibl. von E. E. Koch und Biogr. von A. Hermann). – *Lit.*: DSB XII, 217–223 (A. Hermann); GPh II, 285–300 (H. Rechenberg); W. T. Scott: E. S.: An Introduction to His Writings (Amherst, Mass. 1967); D. Hoffmann: E. S. (Leipzig 1984); C. W. Kilmister (Hrsg.): S., Centenary Celebration of a Polymath (Cambridge 1987); J. Mehra u.a.: The Historical Development of Quantum Theory. Bd 5: E. S. and the Rise of Wave Mechanics (Berlin usw. 1987); W. Moore: S. – Life and Thought (Cambridge 1992).

Schwann, *Theodor* Ambrose Hubert, deutscher Anatom und Physiologe, * 7.12.1810 Neuß [am Rhein], † 11.1.1882 Köln.

S. studierte ab 1829 in Bonn, ab 1831 in Würzburg und ab 1833 in Berlin Medizin, wo er auch 1834 bei *J. P.* → *Müller* promovierte und dann bis 1839 Assistent an dessen Anatomisch-Zootomischen Museum war. 1839 wurde er Professor für Anatomie und Physiologie in Löwen (Louvain) und 1848 in Lüttich (Liège), wo ihm 1858 die ordentliche Professur für Physiologie, Allgemeine Anatomie und Embryologie übertragen wurde, die ab 1872 geteilt wurde, so daß ihm die Physiologie verblieb (bis 1879).

S. war der erste Schüler *J. P. Müllers*, der eine vitalistische zugunsten einer chemisch-physikalischen Erklärung des Lebens aufgegeben hatte, und begann in dessen Institut mit ernährungsphysiologischen Untersuchungen, bei denen ihm 1836 die Entdeckung des Pepsins im Magensaft und dessen Darstellung gelangen; später galten seine Forschungen auf diesem Gebiet der Wirkung der Galle, wozu er 1844 erstmals eine Fistel anlegte. Für die Stoffwechselvorgänge prägte er den Begriff ›Metabolismus‹. Weiterhin untersuchte er Muskelfunktion und Nervenleitung (Entdeckung der S.schen Scheide der Nerven). Er sprach sich gegen die Urzeugung aus und wies nach, daß Fäulnis- und Gärungsprozesse vielmehr durch ›Keime‹ verursacht werden.

Den größten Einfluß übte S. mit seiner allgemeinen Zelltheorie aus: Nachdem *R.* → *Hooke* Zellhüllen des Korks unter dem Mikroskop gesehen, *L.* → *Oken* von ›infusorialen Schleimbläschen‹ gesprochen, der schottische Botaniker *R. Brown* 1831 den Zellkern entdeckt und S.s Berliner Studienfreund *M. J.* → *Schleiden* 1838 eine Zelltheorie für Pflanzen aufgestellt hatte, konnte S. diese nach mikroskopisch-anatomischen Beobachtungen an Froschlarven und einer kritischen Sichtung der vorliegenden Beobachtungen an tierischen Zellen verallgemeinern zu einer gemeinsamen Grundlage für sämtliche biologischen Strukturen und Vorgänge (›Mikroskopische Untersuchungen über die Uebereinstimmung in der Struktur und dem Wachstum der Thiere und Pflanzen‹, 1839). Danach ist die Zellenbildung das gemeinsame Entwicklungsprinzip für die verschiedensten Elementarteile sämtlicher pflanzlichen und tierischen Organismen, und üben die Zellen im Lebensprozeß eine Doppelfunktion aus als in sich abgeschlossene Funktionseinheiten und als unter einander in Austausch stehende integrale Bestandteile aller Organe. Diese allgemeine Zelltheorie wurde später von *R.* → *Virchow*, einem weiteren *Müller*-Schüler, auch noch auf die pathologischen Zustände der Organismen erweitert zur Zellularpathologie. [Krafft]

Bibl.: Pogg. VII a Suppl., 613–616. – *Lit.*: GMikro I, 313–321 (G. C. Hirsch); DSB XII, 240–245 (M. Florkin; mit Bibl.); R. Watermann: T. S., Leben und Werk (Düsseldorf 1960); G. Causey: The Cell of S. (Edinburgh/London 1960); M. Florkin: Naissance et déviation de la théorie cellulaire dans l'œuvre de T. S. (Paris 1960); M. Florkin: Lettres de T. S. (Lüttich 1961); L. J. Rather u.a.: Johannes Müller and the Nineteenth-Century Origins of Tumor Cell Theory (Canton, Ma. 1986).

Schwarzschild, Karl, deutscher Astrophysiker, * 9.10.1873 Frankfurt am Main, † 11.5.1916 Potsdam,

Bereits als Gymnasiast hatte S. zwei kleinere Arbeiten in den ›Astronomischen Nachrichten‹, der angesehensten deutschen Fachzeitschrift, veröffentlicht, bevor er nach dem Abitur 1890 in Straßburg mit dem Astronomiestudium begann. Nach zwei Jahren setzte er dieses in München fort, wo er 1896 dann bei *H. von* → *Seeliger* mit einer Arbeit promovierte, die die mathematisch schwierigen Untersuchungen *J. H.* → *Poincarés* über Gleichgewichtsfiguren den Astronomen näherbrachte. Im folgenden Jahr ging S. als Observator nach Wien. Zwei Jahre später kehrte er nach München zurück, um sich zu habilitieren; er blieb aber nicht lange Privatdozent, wurde vielmehr im Herbst 1901 als außerordentlicher Professor und Direktor der Sternwarte nach Göttingen berufen und im folgenden Jahr zum ordentlichen Professor ernannt. 1909 folgte S. einem Ruf als Direktor des Astrophysikalischen Observatoriums in Potsdam, wurde 1912 Mitglied der Preußischen Akademie der Wissenschaften, mußte jedoch mit Ausbruch des Ersten Weltkrieges seine kurze, aber fruchtbare wissenschaftliche Tätigkeit unterbrechen, ohne sie je wieder aufnehmen zu können; denn er starb bald an einer schweren Krankheit, die er sich während seines Fronteinsatzes im Osten zugezogen hatte.

Durch seine Arbeiten zur photographischen Photometrie, d.h. zur Bestimmung der Sternhelligkeit mit Hilfe photographischer Aufnahmen, schuf S. für mehrere Jahrzehnte die Grundlage für die praktische Astrophysik. Er brachte den Grad der Schwärzung auf einer Platte, die auffallende Intensität und die Belichtungszeit durch das sogenannte S.sche Schwärzungsgesetz in quantitative Beziehung zueinander. In die Göttinger Zeit fallen seine grundlegenden Arbeiten zur Stellarstatistik und über die Physik der Sonnenatmosphäre, bahnbrechend für die Deutung der Sonnen- und Sternspektren – er führte den Begriff des Strahlungsgleichgewichts in die Astrophysik ein: In der Sternatmosphäre sendet jedes Volumenelement ebensoviel Strahlung aus wie es empfängt; die Sternenergie entsteht im Inneren und wird unter Temperaturverlust nach außen transportiert. S. entwickelte die rationellste mathematische Methode zur Erfassung von Eigenbewegungen der Fixsterne und ihrer statistischen Gesetzmäßigkeiten. Er hatte wohl wie kein zweiter früh erkannt, »daß weder die Astronomie noch die Astrophysik sich genügend vielseitig fortentwickeln kann, wenn man nicht ihre Beziehungen zur allgemeinen Physik und Chemie derart pflegt und fördert, daß sie mit jenen zu einem einzigartigen Ganzen zusammenwächst, dessen Teile sich gegenseitig ergänzen und stützen«, wie *M.* → *Planck* 1913 in Erwiderung auf S.s Antrittsrede vor der Preußischen Akademie sagte, in die er erst nach Überwindung großer Widerstände seitens der traditionellen Astronomie (durch *A.* → *Auwers*) gewählt worden war. Seit Anbeginn seiner wissenschaftlichen Tätigkeit ließ er sein Wirken von dieser Erkenntnis geleitet sein, und die Früchte sind ihm trotz der kurzen Schaffenszeit, die ihm nur vergönnt war, in einer Fülle erwachsen, daß er mit Recht als einer der Schöpfer der modernen Astrophysik anzusprechen ist. Große Verdienste erwarb er sich auch um die relativistische Gravitationstheorie und durch die Berechnungen mehrlinsiger Objektive um die theoretische Optik. [Krafft]

Werke: Gesammelte Werke/Collected Works, hrsg. von H.-H. Voigt (3 Bde, Berlin usw. 1992). – *Bibl.*: Pogg. VII a Suppl., 616. – *Lit.*: DSB XII, 247–253 (S. H. Dieke); O. Blumenthal: K. S. In: *Jahresbericht der Deutschen Mathematikervereinigung* 26 (1918), 56–75; S. Oppenheimer: K. S. Zur 50. Wiederkehr seines Geburtstages. In: *Vierteljahrsschrift der Astronomischen Gesellschaft* 58 (1923), 191–209; E. R. Paul: The Milky Way Galaxy and Statistical Cosmology (Cambridge 1994).

Secchi, Pietro *Angelo*, italienischer Astrophysiker, * 29.6.1818 Reggio nell'Emilia, † 26.2.1878 Rom.

S. besuchte das von Jesuiten geleitete Gymnasium in Reggio, trat 1833 in den Jesuitenorden ein und setzte nach der Probezeit seine Studien der ›humaniora‹ am Collegium Romanum (der Gregoriana) in Rom fort. Hier widmete er sich in wachsendem Maße der Mathematik und Physik und wurde als Lehrer dieser Fächer eingesetzt, bevor die Ordenssatzung ihn 1844 zum Theologiestudium an der Gregoriana zwang. 1847 wurde er zum Priester geweiht, mußte jedoch 1848 auf dem Höhepunkt des Aufstandes gegen die päpstliche Regierung aus Rom fliehen und begab sich nach Stonyhurst, einem Kollegium in England, wo ihn der Ruf auf den Lehrstuhl für Mathematik an der Jesuitenuniversität von Georgetown bei Washington erreichte. Hier legte er sein theologisches Examen ab, kehrte aber schon Ende 1849, nachdem der Jesuitenhaß in Europa sich etwas gelegt hatte, nach Stonyhurst zurück. 1850 wurde er auf Wunsch seines Lehrers dessen Nachfolger als Professor für Astronomie und Direktor der Sternwarte der Gregoriana, wo er bis an sein Lebensende wirkte.

Die unzureichenden Einrichtungen der alten Sternwarte machten exakte astronomische Beobachtungen unmöglich, und so sah sich der als Astronom noch vollkommen unbekannte S. gezwungen, sich vorwiegend der Physik und Topographie der Mitglieder unseres Sonnensystems zu widmen – seine erste Entdeckung war der innere Saturnring –, die auch später, als es ihm mit großzügiger Unterstützung Pius' IX. und anderer Ordensbrüder gelungen war, 1852/53 alte Pläne eines Neubaus der Sternwarte zu verwirklichen und geeignete Instrumente anzuschaffen, neben den Nebeln und Doppelsternen sein Hauptarbeitsgebiet blieben. Er widmete sich besonders der Physik der Sonne, deren gasförmigen Zustand er 1864 erkannte und zu deren Erforschung er auch erstmals 1853 die Photographie verwendete. Seit 1852 beschäftigte er sich daneben mit den Spektren irdischer Körper und hatte bereits aus dem Vergleich mit den Farben (Temperatur) besonders der Doppelsterne, auf die 1843 *A. C.* → *Doppler* die Aufmerksamkeit gelenkt hatte, Schlüsse auf die Sternmaterie gezogen, als *R.* → *Bunsen* und *G. R.* → *Kirchhoff* mit ihrer Spektralanalyse ganz neue Grundlagen schufen, deren sich S. sofort bediente. Die Verbesserung des Fraunhoferschen Spektroskops (*J. von* → *Fraunhofer*) zum S.schen Heliospektroskop gab ihm bald die Möglichkeit, das Licht selbst von Sternen 9. Größe aufzulösen und deren Spektrum zu untersuchen. Seine Beobachtungen führten ihn zu einer ersten Klassifizierung der Fixsterne in vier Spektralklassen, die gleichzeitig eine absteigende Temperaturskala darstellen. Diese erwiesen sich später zwar als unzureichend, doch zeigten sie den richtigen Weg und machten ihren Schöpfer zu einem der Begründer der Astrophysik. Die Möglichkeit einer Aussage über die Gleichheit der Stellarmaterie ließen in ihm den Gedanken von der Einheitlichkeit der Welt weiter reifen, dem er in seinem berühmten naturphilosophischen Werk über ›Die Einheit der physikalischen Kraft‹ (vier Auflagen ab 1864 und mehrere Übersetzungen), weit über *M.* → *Faraday* hinausgehend, die Einheitlichkeit aller physikalischen Kräfte einschließlich der Schwerkraft entnahm, was sich jedoch bisher als übereilt erwies. Große Leistungen vollbrachte S. auch in der Meteorologie; hier erforschte er besonders die Zusammenhänge zwischen Erdmagnetismus und Wettererscheinungen, wozu er 1858 wieder mit Unterstützung Pius' IX. das erste magnetische Observatorium in Italien erbaute. Ferner richtete er für die Schiffahrt einen meteorologischen Warndienst auf telegraphischer Basis ein.

[Krafft]

Lit.: DSB XII, 266–270 (G. Abetti); J. Pohle: P. A. S. Ein Lebens- und Kulturbild aus dem neunzehnten Jahrhundert (Köln 1883, ²1904; mit Bibl.).

Seebeck, *Thomas* Johann, estländisch-deutscher Physiker, * 9.4.1770 Reval [Estland; heute: Tallin], † 10.12.1831 Berlin.

S. stammte aus einer angesehenen Kaufmannsfamilie in Reval. Er studierte in Göttingen Medizin, fühlte sich jedoch durch die Vorlesungen von *J. F.* → *Blumenbach* und *G. C.* → *Lichtenberg* immer mehr zu den Naturwissenschaften hingezogen. Nach der Promotion (1802) zog er für einige Jahre als Privatgelehrter nach Jena und trat mit den romantischen Naturphilosophen *L.* → *Oken* und *F. W. J. von Schelling* in Verbindung. Auch mit *J. W. von* → *Goethe* war S. befreundet und beriet den Dichter bei der Abfassung der ›Farbenlehre‹. Als Gast in Weimar führte er öfters physikalische Experimente, z.B. über den Galvanismus, am großherzoglichen Hof vor. 1810 siedelte S. nach Bayreuth über. 1812 wurde er zum korrespondierenden Mitglied der Preußischen Akademie der Wissenschaften zu Berlin gewählt, 1818 zum ordentlichen Mitglied, was ihn veranlaßte, seinen Wohnsitz von Bayreuth nach Berlin zu verlegen.

S. beschäftigte sich eingehend mit den zu jener Zeit gerade entdeckten farbenprächtigen Erscheinungen, die von polarisiertem Licht beim Durchgang durch Kristalle und andere Körper hervorgerufen werden. Er bemerkte, daß linear polarisiertes Licht bei schnell abgekühlten Gläsern ebenfalls eigenartige farbige Figuren erzeugt, und nannte sie ›entoptische‹ Figuren (1813). Sie haben nichts mit den entoptischen Wahrnehmungen im Auge zu tun und sind auf Spannungsdoppelbrechung zurückzuführen. Unabhängig von *J.-B.* → *Biot* fand S., daß der dunkle Turmalin fast vollständig den ordentlichen Strahl absorbiert und nur den polarisierten außerordentlichen Strahl hindurchläßt; und er entdeckte auch die Drehung der Polarisationsebene des Lichtes durch einige Flüssigkeiten (1818). Unglücklicherweise hatte neben *Biot* auch *David Brewster* (* 11.12.1781 Jedburgh [Schottland], † 10.2.1868 Allerby [Schottland]) einige optische Entdeckungen S.s vorweggenommen. Dennoch erhielt S. den Preis der französischen Akademie im Jahr 1816. – Aus den optischen Arbeiten ist noch die Feststellung erwähnenswert, daß die violetten Strahlen des Spektrums die explosionsartige Reaktion zwischen Chlor- und Wasserstoffgas schneller hervorrufen als die anderen Strahlen. *Goethe* nahm in seiner ›Farbenlehre‹ (II, 1810) einen Beitrag S.s auf, in dem Versuche mit feuchtem Silberchlorid angegeben werden, bei denen das Silberchlorid annähernd die Farbe des beleuchtenden Lichts annimmt. Wir haben hier eine Vorstufe zu der direkten Farbphotographie.

Am folgenreichsten war die Entdeckung der Thermoelektrizität (1821). Im Gegensatz zu *A.* → *Ampère*, der die magnetischen Phänomene auf die elektrischen zurückführte, sah S. in den magnetischen Erscheinungen das Ursprüngliche. Bei seiner Entdeckung sprach er deshalb nicht von Thermoelektrizität, sondern von Thermomagnetismus. (Ähnlich wie *M.* → *Faraday* entwickelte S. auch Feldvorstellungen. Die kreisförmige Wirkung eines stromdurchflossenen Leiters erklärte er mit einer ›magnetisch-polarisierten Atmosphäre‹ um den Leiter.) S. hatte eine Wismut- und Kupferscheibe unmittelbar aufeinandergelegt und mit der Hand die Drahtenden der Ablenkspule eines Nadelgalvanometers angedrückt. Die Nadel zeigte einen Ausschlag. Bald erkannte er, daß die Einwirkung der Wärme auf die beiden verschiedenen Metalle (Thermoelement) die Ursache des Effektes ist. Durch die unterschiedliche Erwärmung der Berühr- oder Lötstellen verschiedener Metalle entstehen elektrische Spannungen in der Größenordnung von Millivolt. Die Spannung ist von der Art der Metalle abhängig; S. ordnete diese 1823 in einer thermoelektrischen Spannungsreihe und konstruierte Thermoelemente. Durch Berührung verschiedener Metalle und Metalloxide im Erdinnern und durch vulkanische Erhitzung soll nach S. auch der Erdmagnetismus entstehen. Das Thermoelement leistete *G. S.* → *Ohm* bei seinen Untersuchungen über den Zusammenhang von Spannung und Stromstärke gute Dienste; denn es liefert eine konstante Spannung, wenn nur an jeder Lötstelle die Temperatur gleich bleibt (konstante Temperaturdifferenz).

S.s Sohn *Ludwig Friedrich Wilhelm August S.* (* 27.12.1805 Jena, † 19.3.1849 Dresden) machte wichtige systematische Untersuchungen zur Farbenblindheit; er vertrat die richtige Ansicht, daß vom Ohr die Obertöne nicht besonders wahrgenommen werden, daß aber der Grundton durch sie seine besondere Klangfarbe erhält. [Wiederkehr]

Bibl.: Pogg. VII a Suppl., 618. – *Lit.*: DSB XII, 281 f. (E. Frankel); H. Streit: Die wissenschaftlichen Forschungen und Entdeckungen des älteren S. auf dem Gebiete der Electricität und des Magnetismus (Schlawe 1902).

Seeliger, Hugo von, österreichischer Astronom, * 23.9.1849 Biała, † 2.12.1924 München.

S. entstammte einer wohlhabenden und angesehenen Familie im damals österreichisch-schlesischen, heute polnischen und mit Bielitz vereinigten Biała am Fuße der Karpaten. Er besuchte das Gymnasium in Teschen und studierte nach dem 1867 abgelegten Abitur in Heidelberg und Leipzig. Obwohl er von 1871 bis 1873 Assistent von *Carl Christian Bruhns* (* 22.11.1830 Plön [Schleswig-Holstein], † 25.7.1881 Leipzig) in Leipzig war und bei ihm auch 1872 mit einer astronomischen Arbeit promovierte, sah er sich selbst als Schüler von *C. Neumann* an; und er war und blieb auch ein ausgesprochener Theoretiker, obgleich er in den Jahren von 1873 bis 1878, als er unter *F. W. A.* → *Argelander* in Bonn Observator war, auch der praktischen Astronomie seinen Zoll entrichtete, indem er tatkräftig an dem Zonenunternehmen der Astronomischen Gesellschaft mitwirkte. Ihm war sogar 1874 die Leitung der Venusexpedition des Deutschen Reiches nach den Aucklandinseln übertragen worden. Er habilitierte sich dann 1877 mit einer Arbeit über die ›Theorie des Heliometers‹ in Bonn, ließ sich aber bald danach, da er ja von Haus aus finanziell unabhängig von einer festen Anstellung war, als Privatgelehrter in Leipzig nieder und konnte hier auf eine Berufung warten. Eine solche erfolgte zuerst an die Sternwarte Gotha, deren Direktor er im Jahre 1881/82 war, bevor ihm dann als Konservator (1886 Direktor) die Leitung der Sternwarte von München-Bogenhausen und der astronomische Lehrstuhl an der Universität übertragen wurden. Inzwischen zu einem anerkannten Astrophysiker geworden, blieb er München sein Leben über treu und schlug 1883 einen Ruf nach Prag ebenso ab wie später einen solchen nach Straßburg (1886), Kiel (1896) und Wien (1908) und widerstand 1908 sogar dem Angebot, als Leiter eines reinen Forschungsinstitutes an das Astrophysikalische Observatorium nach Potsdam zu gehen, so daß hier der Weg frei für seinen Schüler *K.* → *Schwarzschild* wurde. 1919 übernahm er dann trotz eines Herzleidens noch die ehrenvolle Bürde des Präsidenten der Bayerischen Akademie der Wissenschaften. Seine Stellung unter den deutschen Astronomen seiner Zeit kennzeichnet treffend das Vierteljahrhundert, das er von 1896 bis 1921 Vorsitzender der Astronomischen Gesellschaft war.

Vier Arbeitsgebiete waren es, die S. hauptsächlich beschäftigten. Schon während seiner Leipziger Studienzeit bei *J. K. F.* → *Zöllner* liegen die Anregungen und Anfänge zu seinen photometrischen Untersuchungen, die zwar im wesentlichen auf das Planetensystem beschränkt blieben – er konnte so die schon von *G. D.* → *Cassini* vermutete Staubstruktur der Saturnringe nachweisen –, aber auch seiner Theorie der Nova-Entstehung zugrundeliegen, wonach ein in eine interstellare Staubwolke eindringender Stern wie eine Sternschnuppe beim Bremsvorgang seine Bewegungsenergie in Wärme umsetzen, stark erglühen und den umgebenden Nebel mit aufhellen soll. Die Theorie wurde von ihm zwar weiter ausgebaut und den Phänomenen angepaßt, hat sich aber bald nach seinem Tode als verfehlt erwiesen. Weiterhin widmete er sich der Erforschung des Zodiakallichtes, das er richtig erklärte, und der Himmelsmechanik von Mehrfachsystemen, worin er besonders am Vierfachsystem ζ im Sternbild Krebs sein mathematisches Geschick unter Beweis stellen konnte. Dagegen müssen seine Versuche, nach dem Beispiel der Sterneichungen von *F. W.* → *Herschel* unter Berücksichtigung anderer physikalischer Größen Aussagen über den geometrischen Aufbau des Sternsystems (unserer Milchstraße) zu machen, ebenso wie die gleichen Bestrebungen *J. C.* → *Kapteyn*s als gescheitert angesehen werden; denn erst 1918 war durch die Entdeckung der Perioden-Leuchtkraft-Beziehung für die Cepheiden und ihre Anwendung zur photometrischen Entfernungsbestimmung durch *H.* → *Shapley* eine absolute Entfernungsbestimmung möglich. S. hatte die Form einer abgeflachten Linse mit Radien von 16 000 bzw. 10 000 Lichtjahren für die Milchstraße errechnet und den Ort der Sonne nahe dem Zentrum angesetzt. Es gelang ihm zwar, die Endlichkeit dieses Systems gegen entgegengesetzte Auffassungen zu behaupten, doch ging die Entwicklung noch zu seinen Lebzeiten über seine Ergebnisse hinweg (*H. Shapley* 1918, *E. P.* → *Hubble* 1924).

[Krafft]

Lit.: DSB XII, 282 f. (F. Schmeidler); H. Kienle: H. von S. In: *Vierteljahrsschrift der Astronomischen Gesellschaft* 60 (1925), 2–23 (mit Bibl.); A. Wilkins: H. von S.s wissenschaftliches Werk (München 1927); E. R. Paul: S., Kapteyn, and the Rise of Statistical Astronomy (PhD Thesis Indiana Univ. 1976); F. Litten: Astronomie in Bayern 1914–1945 (Stuttgart 1992); E. R. Paul: The Milky Way Galaxy and Statistical Cosmology, 1890–1924 (Cambridge 1994).

Sennert, Daniel, deutscher Mediziner und Naturforscher, * 25.11.1572 Breslau, † 21.7.1637 Wittenberg.

S. studierte ab 1593 in Wittenberg Philosophie, erwarb hier 1597 den Magistergrad, wandte sich dann jedoch Medizin und Naturwissenschaft zu, studierte in Leipzig, Jena und Frankfurt an der Oder Medizin, hielt sich 1601 in Berlin zur Erlernung der ärztlichen Praxis auf und promovierte im selben Jahr in Wittenberg zum Doktor der Medizin. Seit 1602 war er dort Professor der Medizin. – Als Arzt genoß S. weit über Wittenberg hinaus großes Ansehen. Er wurde 1628 zum Leibarzt des Kurfürsten Johann Georg von Sachsen ernannt, konnte jedoch trotzdem in Wittenberg bleiben, das er auch während des mehrmaligen Auftretens der Pest nicht verließ. Es wundert deshalb nicht, daß schließlich selbst er 1637 in Ausübung seiner ärztlichen Pflichten ein Opfer dieser Seuche wurde.

Auch mit seinen medizinischen und naturwissenschaftlichen Schriften hat S. eine große Wirkung auf Medizin und Chemie des 17. Jahrhunderts ausgeübt. Das drückt sich bereits darin aus, daß allein die Gesamtausgabe seiner Werke im Zeitraum von 40 Jahren neun Auflagen erlebte, zuzüglich der vielen Ausgaben seiner einzelnen Schriften. Sein bedeutendstes Werk sind zweifellos die ›Hypomnemata physica‹ von 1636, in denen S. zusammenfassend zu einer Reihe naturwissenschaftlicher Fragen Stellung nimmt. Seine Abkehr vom unbedingten Aristotelismus und der Versuch, die Verträglichkeit der Lehren des → *Paracelsus* mit den Anschauungen des → *Galenos* und → *Aristoteles* nachzuweisen, findet sich jedoch schon in dem Titel des Werkes von 1619 angedeutet (›De chymicorum cum Aristotelicis et Galenicis consensu ac dissensu‹), dessen direkte Wirkung auf die Zeitgenossen größer war. S. setzte sich dabei im Anschluß an *Paracelsus* stark für die Einführung der Chemie in die Medizin ein und ist mit seinen Anschauungen als neben *Gassendi* bedeutendster Wegbereiter der modernen Atomistik anzusprechen. Sollte *Pierre Gassend(i)* (* 22.1.1592 Champtercier [bei Digne], † 24.10.1655 Paris) wenig später direkten Anschluß an die Lehren des → *Epikuros* suchen und die bis dahin verpönte antike Atomlehre dadurch mit christlichen Lehren in Einklang bringen, daß er die Begriffe Unendlich und Ewig ausschloß (es gebe nur eine begrenzte Anzahl von Gestalten jeweils unermeßlich, aber endlich vieler Atome, die von Gott geschaffen wurden und einmal wieder vernichtet werden; das ›Gewicht‹ bewirke keine gleichmäßige Bewegung nach unten, sondern sei als innerer Bewegungsantrieb für jede Bewegungsrichtung verantwortlich; die Zufälligkeit wird durch Gottes Ratschluß ersetzt), so geht S. von einer Lehre der ›minima naturalia‹ aus, wie sie sich in Ansätzen bereits bei *Aristoteles* und dessen spätantiken Kommentatoren findet, dann aber besonders von → *Avicenna* vertreten worden war. S. nimmt an, daß die qualitativ verschiedenen Atome der Elemente in dem ›mixtum‹ (der Verbindung) jeweils ihre spezifische Seinsart beibehalten, daß sie in den Partikeln der natürlichen Stoffe gleichsam »eingewickelt, gebunden und sozusagen gefangengenommen sind durch das Vorhandensein einer würdigeren Form«. Dieses mehr geistige Formprinzip hält das ›mixtum‹ zusammen, während *Gassendi* wie → *Demokritos* und *Epikuros* die Kohäsion noch auf mechanische Wirkung von Häkchen, Ösen und dergleichen zurückführen mußte und *Aristoteles* selbst die ›minima naturalia‹ als homogene Korpuskeln aufgefaßt und auf den organischen Bereich beschränkt hatte. Die zugrundeliegende Idee der Lehre S.s hat dann starken Einfluß auf *J.* → *Jungius* und *R.* → *Boyle* ausgeübt. Er denkt sich wie diese die winzigen Atome von Anfang an zu Klümpchen, sogenannten ›primären Konkretionen‹ zusammengefügt (entsprechend den ›Elementen‹ bei *Boyle*), welche die Natur (Gott) nur selten wieder in ihre Bestandteile zerlege. [Krafft]

Werke: Opera omnia (3 Bde, Paris 1641; 4 Bde, Lyon 1654–1656). – *Bibl.*: Pogg. VII a Suppl., 625 f. – *Lit.*: DSB XII, 310–313 (H. Kangro); K. Lasswitz: Geschichte der Atomistik vom Mittelalter bis Newton (Bd 1, Leipzig [2]1926; Nachdruck: Darmstadt 1963, S. 436–454 und passim); R.

Ramsauer: Die Atomistik des D. S. als Ansatz zu einer deutschartig-schauenden Naturforschung und Theorie der Materie im 17. Jahrhundert (Braunschweig 1935); F. Krafft: Geschichte der (spekulativen) Atomistik bis John Dalton (Marburg 1991/92).

Shapley, Harlow, nordamerikanischer Astrophysiker, * 2.11.1885 Nashville [Missouri], † 20.10.1972 Boulder [Colorado].

S. studierte in Columbia, wo er 1911 die Master-Prüfung ablegte, bevor er nach Princeton ging und hier 1913 mit einer astronomischen Arbeit promovierte. 1914 erhielt er eine Stellung am Mt. Wilson Observatory in Pasadena (California) und 1921 die Paine-Professur der Harvard University. Er wurde gleichzeitig Direktor des Harvard College Observatory in Cambridge (Mass.); diese Stellung hatte er bis 1952 inne, 1956 wurde er emeritiert. Aufgrund seiner für die Erforschung der Veränderlichen und der Sternhaufen wegweisenden Arbeiten war er von 1925 bis 1932 Präsident der Kommission für Veränderliche Sterne, dann anschließend bis 1946 Präsident der Kommission für Nebel der ›Internationalen Astronomischen Union‹ – um nur zwei seiner vielen nationalen und internationalen Ehrenstellungen zu nennen. S. war nicht nur in der Forschung ein Pionier der Astrophysik, sondern setzte sich auch für die Verbreitung der neuen Kenntnisse ein und hielt mehrere Gastvorlesungen an amerikanischen und europäischen Universitäten.

Bereits im Jahre 1912 entwickelte S. zusammen mit dem gerade berufenen neuen Direktor der Sternwarte und Astronomieprofessor von Princeton, *Henry Norris Russell* (* 25.10.1877 Oyster Bay [N.Y.], † 19.2.1957 Princeton), die Methodik zur Bestimmung der Elemente sogenannter Bedeckungsveränderlicher unter den Fixsternen mittels Messung der Lichtveränderung während der Bedeckung des leuchtenden Hauptsterns durch den (die) dunklen Begleiter zu höchster Vollkommenheit. Dank dieser Methode, die über dreißig Jahre im wesentlichen unverändert in Gebrauch blieb, gehören solche Sterne zu den heute am besten erforschten. Ebenso wie sein Lehrer *Russell*, der bis 1947 Direktor der Princeton-Sternwarte blieb, wirkte auch S. weiterhin durch Arbeiten über die Zustandsgrößen der Fixsterne und deren Entwicklung bahnbrechend für die moderne Astrophysik. Er zeigte, daß die sogenannten Cepheiden, eine nach dem Stern δ im Sternbild Cepheus benannte, durch ihre Leuchtkraft auffallende Gruppe von veränderlichen Sternen, keine Bedeckungsveränderlichen, sondern periodisch Veränderliche sind, deren sonstigen physikalischen Zustandsgrößen mit der periodischen Leuchtkraftschwankung zusammenhängen, wie die Astronomin am Harvard Observatory *Henriette Swan Leavitt* (* 3.3.1856 Lancaster [Mass.], † 12.12.1921 Cambridge [Mass.]) im Jahre 1912 an mehreren Cepheiden unterschiedlicher Periode in der Kleinen Magellanschen Wolke, die also alle praktisch gleichweit entfernt sind, für die Beziehung zwischen scheinbarer Helligkeit und Periode entdeckt hatte. S. sah dann sogleich die praktische Verwertbarkeit dieser Korrelationen; denn die Perioden-Leuchtkraft-Beziehung ermöglicht, aus der ohne weiteres beobachtbaren Periode der Helligkeitsschwankungen die wirkliche Leuchtkraft des betreffenden Sternes abzulesen, so daß ein Vergleich mit der scheinbaren Helligkeit zur Bestimmung seiner Entfernung dienen kann. Es gibt daneben eine Gruppe ähnlicher Veränderlicher mit nur kürzeren Perioden von weniger als Tagesdauer (RR Lyrae-Sterne), die sich vornehmlich in Kugelhaufen befinden und wegen ihrer großen Helligkeit in deren Randzonen gut isoliert werden konnten. Mittels solcher Haufenveränderlicher gelang es S. 1918, wieder auf photometrischem Wege, die räumliche Verteilung von 69 Kugelhaufen zu bestimmen, und er erkannte erstmals ihre fast kugelförmige Anordnung um das Zentrum des Milchstraßensystems, später als ›Halo‹ der Milchstraße bezeichnet. Daraus ergab sich dann auch die Stellung unserer Sonne mehr zum Rand dieses Systems hin. Während die statistischen Untersuchungen *J. C.* → *Kapteyns* eine Ausdehnung der linsenförmigen Galaxis zu etwas mehr als 15 000 Lichtjahren ergeben hatten, erhielt der Durchmesser jetzt eine Länge von um 300 000 Lichtjahren; das Zentrum sei etwa 60 000 Lichtjahre entfernt. *Kapteyn* hatte die Sonne noch in zentraler Lage angesiedelt. Damit war der Rahmen für die folgenden Untersuchungen über die Struktur der Milchstraße abgesteckt, wozu S. auch Aufnahmen heranziehen konnte, die er an der Harvard Süd-Station in Südafrika hatte machen lassen. In der Debatte um die kosmische Stellung der sogenannten Spiralnebel bezog S. 1920 Partei für die Seite, die sie als zu dem von unserem Milchstraßensystem gebildeten Universum zugehörig ansahen, während die andere Seite insbesondere von *Heber Doust Curtis* (* 27.6. 1872 Muskegon [Michigan], † 9.1.1942 Ann Arbor [Michigan]) am Lick Observatory vertreten wurde, der Beobachtungen von Novae in Spiralnebeln durch *George Willis Ritchey* (* 31.12.1864 Tupper's Plain [Ohio], † 4.11. 1945 Azusa [Calif.]) 1917 am Mt. Wilson Observatory für eine Mehrwelteninsel-Theorie heranzog, zumal *Adriaan van Maanen* (* 31.3. 1884 Sneek [Holland], † 26.1.1945 Pasadena [Calif.]) ebendort relativ große Rotationsgeschwindigkeiten von Spiralnebeln nachgewiesen zu haben schien. Man zweifelte dann die von S. herangezogene Ausdehnung des Milchstraßensystems an. Erst 1924 gelang erstmals *E. P.* → *Hubble* mit dem großen Spiegel des Mt. Wilson Observatory, die äußeren Teile des Andromedanebels und anderer Galaxien teilweise in Einzelsterne aufzulösen und ihre Entfernungen nach den von S. entwickelten und allmählich verbesserten Methoden zu bestimmen – damit die von S. bestimmten Entfernungen und Ausdehnungen der Milchstraße in der Größenordnung bestätigend, gleichzeitig aber auch den Welteninselcharakter der anderen Spiralnebel. [Krafft]

Lit.: DSB XII, 345–352 (O. Gingerich); P. van der Kamp u.a.: Articles Honoring H. S. on His Eightieth Birthday (Astronomical Society of the Pacific 1965); H. S.: Through Rugged Ways to the Stars (Autobiographie, New York 1968); R. Berendzen u.a.: Man Discovers the Galaxis (New York 1976); R. W. Smith: The Expanding Universe: Astronomy's ›Great Debate‹ 1900–1931 (Cambridge 1982).

Snellius (*Snell van Royen*), Willebrord, niederländischer Mathematiker und Physiker, * 1591 (?) Leiden, † 30.10.1626 ebenda.

Die Angaben über das Geburtsjahr des S. schwanken; neben 1591 wird gelegentlich 1580 genannt, um seinen Aufenthalt in Paris zur Aufnahme des Jurastudiums im Jahre 1603 verständlich zu machen. Aber auch im anderen, wahrscheinlicheren Fall wäre Willebrord aufgrund der intensiven häuslichen Unterweisung durch seinen Vater im Lateinischen, Griechischen und in den mathematischen Wissenschaften genügend vorbereitet gewesen. Der Vater, *Rudolf Snell* (* 1546 Oudewater, † 1613 Leiden), hatte auch bereits mit 15 Jahren in Keulen sein Studium begonnen, hatte es dann in Jena, Wittenberg, Heidelberg und Marburg fortgesetzt, hier und drei Jahre in Köln Lateinisch, Griechisch, Hebräisch und die Fächer der Artistenfakultät gelehrt und danach in Pisa und Florenz Medizin studiert, bevor er an der kurz zuvor gegründeten Universität von Leiden 1578 ›lector‹ und 1601 Professor für Mathematik und Hebräisch geworden war. Die häusliche Ausbildung des Sohnes wird also entsprechend vielseitig gewesen sein, wenn auch die mathematisch-naturwissenschaftlichen Interessen Willebrords schnell die Oberhand gewonnen haben werden. Nach dem Tode des Vaters übernahm er dessen mathematischen Lehrstuhl, erst als außerordentlicher, seit 1615 als ordentlicher Professor. Gegen das Jahr 1591 als Geburtsjahr spricht dann auch nicht, daß S. bereits die lateinische Übersetzung der Schriften des *S.* →

Stevin übernahm, die 1608 als ›Hypomnemata‹ erschienen (hier wird der Begriff ›Atmosphäre‹ geprägt).

Bei seinem Aufenthalt in Paris hatte S. den Jakobstab und seine Verwendung kennengelernt; in Leiden führte er mit seiner Hilfe dann die erste Gradmessung auf der Grundlage des Triangularverfahrens über einer gut vermessenen Basis aus, an der alle späteren anknüpften. Er bestimmte hierzu die Polhöhen von Alkmaar und Bergen op Zoom in der Nähe Leidens und erhielt als Abstand auf dem Parallelkreis 1°11,5'. Das Ergebnis von 55 079 Toisen (1 Toise = 1,949 m) für den Grad, das er in seiner Schrift ›Eratosthenes Batavus, sive de terrae ambitu‹ 1617 veröffentlichte, war aus einer Überprüfung entstanden, als sich einige Jahre später durch eine Überschwemmung der Gegend um Leiden und anschließende Eisbildung günstigere Gelegenheiten geboten hatten. – Schon der Bezug auf die erste Gradmessung durch → *Eratosthenes* im Titel deutet an, daß S. sich in seinen Forschungen stets an den griechischen Klassikern orientierte, wenn er sich durch den vom Vater vermittelten Einfluß des *Pierre de la Ramée* (*Petrus Ramus*, * 1515 Cuth [Vermandois], † 24.8.1572 Paris) auch gegen die Wissenschaftslehre des → *Aristoteles* wendete und Experiment und Beobachtung in den Vordergrund rückte. Ein Ergebnis dieser Orientierung und der experimentellen Heuristik und Prüfung war zum Beispiel die Entdeckung des Brechungsgesetzes, die ihm vermutlich im Winter 1620/21 gelang, als er über Optik las und dazu die Werke von → *Ptolemaios*, *Ibn al* → *Haitham*, *Witelo* und *G. Porta* heranzog. Die älteren vergeblichen Versuche, eine Gesetzmäßigkeit in den Brechungswinkeln ablesen zu können, hatte er dadurch überwunden, daß er nicht wie bis dahin den Winkel zwischen einfallendem und gebrochenem Strahl zu bestimmen suchte, sondern diese auf die Senkrechte zur Brechungsebene bezog. Er hatte das Gesetz allerdings noch als ein Verhältnis der Kosekanten formuliert; die heute gebräuchliche Sinusbeziehung stammt erst von *R.* → *Descartes* (um 1627, publiziert 1637), der unabhängig von S. das Gesetz abgeleitet zu haben scheint. (Innere Gründe sprechen gegen die ältere Vermutung, er habe bei einem Hollandaufenthalt von S.' optischem Gesetz erfahren.) S. selbst konnte weder dieses noch andere Einzelergebnisse – neben einer gegenüber → *Nikolaus von Kues* verbesserten Näherung der Kreisrektifikation – mehr im nötigen Zusammenhang veröffentlichen, jedoch konnte noch *C.* → *Huygens* unter anderem das Manuskript des wohl noch im Entstehen begriffenen Werkes zur Optik einsehen, von dem heute nur ein ausführliches Exposé erhalten ist, und wies 1656 auf die Priorität des S. hin. [Krafft]

Lit.: Nieuw Nederlandsch biographisch woordenboek VII/1927, 1155–1163 (C. de Waard); DSB XII, 499–502 (D. J. Struik); J. A. Vollgraff (Hrsg.): Risneri optica cum annotationibus Willebrordi Snellii, Pars prima (Gent 1918); N. D. Haasbroek: Gemma Frisius, Tycho Brahe and S., and Their Triangulations (Delft 1968); V. Bialas: Praxis geometrica. Zur Geschichte der Geodäsie am Beginn der Neuzeit (München 1970, S. 18–26).

Sommerfeld, Arnold, deutscher Physiker, * 5.12.1868 Königsberg [Preußen], † 26.4.1951 München.

S. war der Sohn eines praktischen Arztes in Königsberg. Zusammen mit den Brüdern *Max Wien* (* 25.12.1866 Königsberg, † 24.2.1938 Jena) und *Willy Wien* (* 13.1.1864 Gaffken, † 30.8.1928 München) und *H.* → *Minkowski* besuchte er das altstädtische Gymnasium. An der Universität seiner Heimatstadt studierte er Mathematik und Physik, hörte dort auch bei *D.* → *Hilbert* und ersann zusammen mit dem sieben Jahre älteren *Emil Wiechert*, der am Neumannschen Institut für theoretische Physik tätig war, den harmonischen Analysator. Seine Doktorarbeit in Mathematik (1891) schrieb er in wenigen Wochen nieder. Dann ging er nach

Göttingen (1893) und gelangte in den Bannkreis von *F.* → *Klein*. Von dem großen Mathematiker, der den Gauß-Lehrstuhl innehatte, erlernte S. die Kunst der meisterhaften Darstellung, die später seine wissenschaftlichen Arbeiten auszeichnete, aber auch die Vortragskunst und Menschenbehandlung. Im Jahre 1896 habilitierte er sich bei *Klein*. Einem Ruf als Ordinarius für Mathematik an der Bergakademie zu Clausthal folgte S. 1897; drei Jahre später hatte er den Lehrstuhl für technische Mechanik an der Hochschule zu Aachen inne. Auf Vorschlag des großen holländischen Physikers *H. A.* → *Lorentz* holte man ihn 1906 als Professor für theoretische Physik nach München. Seine menschliche Wärme ließ S. meist schnell Kontakt zur Umgebung finden. Er begründete eine Schule von Physikern, zu der Sterne erster Größe wie *W.* → *Heisenberg*, *W.* → *Pauli* und *P.* → *Debye* gehören.

Zusammen mit *Klein* gab S. ein vierbändiges Werk über die Theorie des Kreisels (1895–1910) heraus. Beide zeigten darin, wie die Mathematik in stärkerem Maße als bis dahin zur Lösung technischer Probleme herangezogen werden konnte. S. steckte sich wie sein Lehrer das Ziel, den Ingenieurwissenschaften eine bessere und breitere mathematische Grundlage zu schaffen. Seine Habilitationsschrift hatte ein Thema aus der theoretischen Optik und stach durch ihre mathematische Brillanz hervor: S. hatte neuartige Integrationsmethoden in der komplexen Zahlenebene entwickelt. Mit Hilfe Riemannscher mehrblättriger Flächen (*B.* → *Riemann*) gelang es ihm auch zum erstenmal, ein Beugungsproblem, nämlich die Beugung an der Kante, mathematisch exakt zu lösen.

S. hatte in seinen theoretischen Arbeiten zur Erregung und Ausbreitung elektromagnetischer Wellen und Röntgenstrahlen aufgrund der *Lorentz*schen Vorstellungen in seinen früheren Arbeiten ein starres bewegtes Elektron angenommen und auch Überlichtgeschwindigkeiten zugelassen. Es mußte für ihn wohl eine Enttäuschung gewesen sein, als die aufkommende Relativitätstheorie diese beiden Annahmen für unhaltbar erklärte. (S.s Berechnungen über Teilchen, die sich mit Überlichtgeschwindigkeit ausbreiten, fanden dennoch – zur großen Überraschung der meisten Physiker – in neuester Zeit Verwendung in der Cerenkov-Strahlung.) Um so erstaunlicher ist es, wie schnell S. *A.* → *Einsteins* Theorie (1905) aufnahm. Schon zwei Jahre später findet sich die Spezielle Relativitätstheorie in seinem Vorlesungsprogramm. Seine Theorie der Röntgenbremsstrahlung mit der relativistischen ›Voreilung‹ des Intensitätsmaximums war eine der ersten Anwendungen. Auf der Versammlung deutscher Naturforscher und Ärzte in Salzburg lernte er *Einstein* persönlich kennen. Schnell fanden die beiden Kontakt zueinander und schlossen eine Freundschaft, die auch die schweren Jahre der Diffamierung und Vertreibung überdauerte. S. trug maßgebend dazu bei, daß die Spezielle Relativitätstheorie schnell Anerkennung fand. Die ungewohnten Vierer-Vektoren der Welttensoren brachte er den Physikern in einer dreidimensionalen Schreibweise nahe.

Auch bei der Entwicklung der Quantentheorie übte S. einen nachhaltigen Einfluß aus. Obwohl er, wie auch in der Relativitätstheorie, im Prinzipiellen nichts Neues brachte, gestaltete er dieses neuartige Gebiet durch seine geniale mathematische Fähigkeit richtungweisend mit aus. Wie *M.* → *Planck* stand S. der revolutionären *Einstein*schen Auffassung, die auf der Photonenhypothese basierte, anfangs zurückhaltend gegenüber. Aber als er von den neuesten Ergebnissen der Versuche *W.* → *Nernsts* (1910) hörte, die mit der *Einstein*schen Quantentheorie der spezifischen Wärme (1907) gut übereinstimmten, schlug er sich auf die Seite der progressiven Quantentheoretiker. Auf dem Solvay-Kongreß 1911 in Brüssel, wo sich die führenden Physiker der Welt trafen, trug er seinen Quantenansatz vor und machte dessen Fruchtbarkeit an mehreren physikalischen Phänomenen deutlich. Seiner Ansicht nach sollte man nicht aus dem Atom oder Molekül die Größe des Planckschen Wirkungsquantums herzuleiten versuchen, sondern umgekehrt soll das Atom und Molekül durch die Größe *h* festgelegt sein. *N. → Bohr* gelang dann 1913 der Durchbruch zu einer ›Quantentheorie‹ des Atoms. Er konnte die Linien des Wasserstoffspektrums, die *Johann Jakob Balmer* (* 1.5.1825 Lausen [Baselland], † 12.3.1898 Basel) schon 1884 in einer Formel empirisch erfaßt hatte, erklären und die Rydberg-Konstante (*Janne Rydberg*; * 8.11.1854 Halmstad, † 28.12.1919 Lund) auf universelle Naturkonstanten zurückführen. S. erkannte sofort die Bedeutung des *Bohr*schen Ansatzes und erweiterte dessen Atommodell in seinem berühmten Werk ›Atombau und Spektrallinien‹. Die Grundgedanken dazu hatte er in den Vorlesungen 1914/15 und seiner Arbeit von 1916 entwickelt. *Bohr* hatte nur Kreisbahnen des Elektrons um den positiv geladenen Atomkern angenommen. S. bezog nun auch Ellipsen mit ein und definierte eine neue Quantenzahl (Nebenquantenzahl). Die kleinen Niveau-Unterschiede, die mit der Aufspaltung einer Spektrallinie in mehrere eng benachbarte Linien verknüpft sind (Feinstruktur – nicht zu verwechseln mit der Hyperfeinstruktur), wurden so verständlich. S. gab eine Feinstrukturkonstante dafür an. Andere Effekte, nämlich die Aufspaltung der Spektrallinien im elektrischen und magnetischen Feld, ließen sich ebenfalls deuten (*J. Stark; P. → Zeeman*). Zusammen mit *Walther Kossel* (* 4.1.1888 Berlin, † 22.5.1956 Tübingen) fand S. den spektroskopischen Verschiebungssatz. Für eine ganze Generation von Spektroskopikern war S.s ›Atombau und Spektrallinien‹ die Bibel. Aber Mitte der zwanziger Jahre wurde deutlich, daß mit Hilfe des S.-Bohrschen Atommodells nicht die Übereinstimmung mit den empirischen Fakten erreicht werden konnte. Abermals paßte sich der große mathematische Physiker in einem Ergänzungsband (1930 erschienen) der Wellenmechanik *E. → Schrödinger*s an und vermittelte mit seiner mathematischen Durchdringung wertvolle Einsichten.

Besonders erwähnt sei noch, daß S. vor der Entdeckung der Röntgeninterferenzen am Kristallgitter durch *M. von → Laue* eine erste Abschätzung der Wellenlänge der Röntgenstrahlen gegeben hatte. Und S.s wellenmechanische Arbeiten über die Metallelektronen besitzen klassischen Charakter. [Wiederkehr]

Werke: Gesammelte Schriften, hrsg. von F. Sauter (4 Bde, Braunschweig 1968; mit Bibl.); Albert Einstein und A. S., Briefwechsel, hrsg. von A. Hermann (Basel 1968). – *Lit.*: DSB XII, 525–532 (P. Forman/A. Hermann); GWG IX, 703–715 (A. Hermann); GPh II, 196–209 (M. Eckert); U. Benz: A. S., Lehrer und Forscher an der Schwelle zum Atomzeitalter, 1868–1951 (Stuttgart 1975); M. Eckert u.a.: Geheimrat S. – Theoretischer Physiker. Eine Dokumentation aus seinem Nachlaß (München 1984); M. Eckert: Die Atomphysiker. Eine Geschichte der theoretischen Physik am Beispiel der S.schule (Wiesbaden 1993).

Spemann, Hans, deutscher Zoologe, * 27.6.1869 Stuttgart, † 12.9.1941 Freiburg im Breisgau.

S. machte zunächst 1888/89 eine Lehrzeit als Buchhändler im väterlichen Geschäft, danach in Hamburg durch. 1891 begann er das Studium der Medizin in Heidelberg und setzte es 1892/93 in München fort. Hier wandte er sich unter dem Einfluß von *A. Pauly* der Biologie zu und ging zum Abschluß des Studiums nach Würzburg, um bei *T. → Boveri* zu promovieren. 1898 habilitierte er sich für das Fach Zoologie, 1908 wurde er nach Rostock berufen, war 1914 bis 1919 Direktor des Kaiser-Wilhelm-Instituts für Biologie in Berlin-Dahlem und folgte 1919 einem Ruf als Nachfolger des bedeutenden Protozoenforschers *Franz Doflein* (* 5.4.1873 Paris, † 24.8.1924 Obernigk [bei Breslau]) nach Freiburg. – Außerhalb der Universität hat S. als Vorsitzender der Stiftung der deutschen Landerziehungsheime und in der Volkshochschulbewegung in Freiburg gewirkt.

– 1935 erhielt er den Nobelpreis für Medizin in Anerkennung seiner bedeutenden Arbeiten zur Entwicklungsphysiologie.

S. gehörte zu den jungen Wissenschaftlern, die in den 1890er Jahren mit der neuen und damals heftig umstrittenen Methode des Experiments, das erst jüngst von *W.* → *Roux* in die Morphologie eingeführt worden war, das Phänomen der tierischen Gestalt zu bearbeiten begannen. Vorwiegend dienten Meerestiere wie Seeigel als Untersuchungsobjekte. S. wählte frühzeitig den Molchkeim und entwickelte eine hervorragende mikrochirurgische Operationstechnik. Seine Arbeiten führten zur Entdeckung eines Aktionssystems oder Organisatorfeldes mit einem ›Organisator‹, der sich als unspezifisch erwies, und eines streng artspezifischen Reaktionssystems, das auf die Einwirkung des Organisators reagiert. Damit hatte S. einen grundsätzlichen Kausalzusammenhang erfaßt, der wesentliche Erkenntnisse über die Differenzierungsmöglichkeiten (Potenzen) der Zellbezirke im frühen Keim brachte. Experimente über die Bildung des Auges zeigten, daß das Prinzip des zweiteiligen Induktionssystems auch für spätere Phasen der Embryonalentwicklung Geltung hat. S.s und seiner Schule Arbeiten stellten bis zum Einsetzen der Molekularbiologie den wichtigsten Zweig der experimentellen Biologie dar. [Querner]

Lit.: DSB XII, 567–569 (C. H. Waddington); H. S.: Forschung und Leben [Autobiogr.], hrsg. von F. W. Spemann (Stuttgart 1943); O. Mangold: H. S. als Mensch und Wissenschaftler. In: *W. Roux' Archiv für mechanische Entwicklung der Organismen* 141 (1942), 385–423 (mit Bibl.); O. Mangold: H. S., ein Meister der Entwicklungsphysiologie. Sein Leben und sein Werk (Stuttgart 1953, ²1982); V. Hamburger: The Heritage of Experimental Embryology. H. S. and the Organizer (New York usw. 1988); P. E. Fäßler: H. S. 1869–1941. Experimentelle Forschung im Spannungsfeld von Empirie und Theorie (Berlin usw. 1997).

Stahl, Georg Ernst, deutscher Arzt und Chemiker, * 21.10.1659 Ansbach, † 14.5.1734 Berlin.

Schon als Jugendlicher entwickelte S. ein großes Interesse für Chemie. In Jena studierte er Medizin, besonders bei *Georg Wolfgang Wedel* (* 13.11.1645 Golzen [Niederlausitz], † 7.9.1721 Jena), der ein Vertreter der Iatrochemie war, und promovierte dort 1684. Anschließend widmete er sich wissenschaftlicher Arbeit und hielt an der Universität Vorlesungen in Chemie. 1687 wurde er Leibarzt des Herzogs Johann Ernst von Sachsen-Weimar. 1693 gründete Friedrich III., Kurfürst von Brandenburg (ab 1701 *Friedrich I.*, König von Preußen), die Universität Halle. Er beauftragte *Friedrich Hoffmann* (* 19.2.1660 Halle, † 12.11.1742 ebenda) mit der Bildung einer medizinischen Fakultät, und auf dessen Veranlassung wurde sein Studienfreund S. als zweiter Professor der Medizin an die neue Universität berufen. 1716 wurde S. als Leibarzt an den Hof Friedrich Wilhelms I. nach Berlin gerufen und behielt diese Stellung bis zu seinem Tode.

S. gehört zu den Persönlichkeiten des Barock, die ideenreich und systembildend sowohl auf naturwissenschaftlichem als auch auf medizinischem Gebiet tätig waren; gleichzeitig war er ein sehr fruchtbarer Schriftsteller. Seine Hauptarbeitsgebiete waren die Chemie und die Medizin. Von seinen medizinischen Ansichten hatte vor allem die in seinem medizinischen Hauptwerk ›Theoria medica vera‹ (1707) entwickelte animistische Theorie großen Einfluß: S. meinte, daß man Lebensvorgänge nicht rein mechanisch oder chemisch erklären könne; statt dessen nahm er ein formbildendes Kraftzentrum an, dessen Wirkung auf die Erhaltung und Wiederherstellung des Ganzen gerichtet sei, und faßte es unter dem Begriff ›Anima‹. Diese ›Seele‹ sei das Zentrum für das funktionelle Ineinandergreifen vitaler und psychologischer Vorgänge. Schon S.s frühes Werk ›Disputatio de passionibus animi‹ (1684) zeigt, daß ihn von Anfang an das Problem der psychophysischen

Wechselwirkung beschäftigt hat. Er hat mit seinen Forschungen die Grundlage für eine medizinische Psychologie gelegt.

Die Chemie definierte S. treffend als die Wissenschaft, »welche zusammengesetzte Stoffe zerlegt und einfache verbindet«. Er lieferte neue Beiträge zur Verwandtschaftsreihe der Metalle; durch Ausfrieren des Wassers gelang ihm die Konzentrierung von Essig. Sein wichtigster Beitrag zur Entwicklung der Chemie war die sogenannte Phlogistontheorie, die er 1697 in der ›Zymotechnia‹, dem dritten Band seines chemischen Hauptwerkes ›Fundamenta Chimiae‹, erstmals veröffentlichte. Nach dieser Theorie enthalten alle brennbaren Stoffe ›Phlogiston‹, ein ›Prinzip‹, auf dem ihre Brennbarkeit beruht und das beim Verbrennungsvorgang entweicht. Manche Stoffe, wie Schwefel, sind besonders leicht brennbar, weil sie besonders viel Phlogiston enthalten. Das Phlogiston ist eine unzerstörbare, materielle Substanz, allerdings nicht in heutigem Sinne, da S. das Phlogiston nicht für sinnlich wahrnehmbar hielt, vor allem für gewichtslos (imponderabel). S. knüpfte mit seiner Theorie teilweise an Vorstellungen des Iatrochemikers *Johann Joachim Becher* (* 6.5.1635 Speyer, † 1682 [?] London [?]) an, der als materielle Prinzipien drei ›Erden‹ unterschied, wovon die ›terra pinguis‹ in allen brennbaren Körpern enthalten sein sollte. Durch S.s Phlogistontheorie konnten erstmals viele verschiedene chemische Vorgänge – wie die Verbrennung organischer Substanzen oder des Schwefels und das Verkalken (Oxidation) von Metallen – mit einer einheitlichen Theorie erklärt werden. Diese Theorie erwies sich daher als viel fruchtbarer denn viele ›richtige‹ Theorien und gab den Anstoß zu zahlreichen experimentellen Arbeiten. Obwohl schon in der zweiten Hälfte des 18. Jahrhunderts bekannt war, daß die Metalle bei der ›Verkalkung‹ an Gewicht zunehmen, sah man darin keinen ernsten Widerspruch zur Phlogistontheorie. Entweder wurden die Gewichtsverhältnisse bei chemischen Umsetzungen als nicht wesentlich angesehen oder man entwickelte Hilfshypothesen – etwa die Annahme eines ›negativen Gewichtes‹ des Phlogiston im Sinne des alten ›Elements‹ Feuer im Anschluß an →*Aristoteles*, wie es z.B. der Hallenser Professor der Physik und Chemie (ab 1788) *Friedrich Albrecht Carl Gren* (* 29.4.1760 Bernburg, † 26.11.1798 Halle) in seinen für die Entstehung der pharmazeutischen Chemie wichtigen Lehrbüchern tat. Erst als man die Bedeutung des Gewichtes bei chemischen Reaktionen voll erkannte und die neu entdeckten gasförmigen Reaktionsprodukte berücksichtigte, waren die Voraussetzungen dafür gegeben, daß *A. L. de* → *Lavoisier* im Rahmen seiner neuen, antiphlogistischen Chemie mit der Oxidationstheorie die Phlogistontheorie ersetzen konnte. [Bäumer-Schleinkofer]

Bibl.: Pogg. VII a Suppl., 650–654. – *Lit.*: GCh I, 192–203 (R. Koch); DSB XII, 599–606 (L. S. King); KMed I, 191–201 (A. Bauer); H. Metzger: Newton, S., Boerhaave et la doctrine chimique (Paris 1930); B. J. Gottlieb: Bedeutung und Auswirkungen des Hallischen Professors G. E. S. auf den Vitalismus des XVIII. Jahrhunderts (Halle 1943); J. R. Partington: History of Chemistry (Bd 2, London 1961, S. 637–690); E. Ströker: Theoriewandel in der Wissenschaftsgeschichte. Chemie im 18. Jahrhundert (Frankfurt am Main 1982); I. Strube: G. E. S. (Leipzig 1984); W. Kaiser/A. Völker (Hrsgg.): G. E. S. Hallesches Symposium (Halle 1985).

Staudinger, Hermann, deutscher Chemiker, * 23.3.1881 Worms, † 8.9.1965 Freiburg im Breisgau.

S. hatte ursprünglich Botaniker werden wollen, dann jedoch auf Anraten des Vaters, eines Professors für Philosophie und Soziologie, als Einstieg zuerst 1899–1903 in Halle, Darmstadt und München Chemie studiert, der er nach der Promotion in München jedoch treu blieb; als achtzigjähriger schrieb er rückblickend, daß er immer noch mit diesen »chemischen Vorarbeiten für mein Studium der Botanik« befaßt sei. Er ging dann als Assistent zu *Friedrich Karl Johannes Thiele* (* 13.5.1865 Ratibor, † 17.4. 1918 Straßburg) nach Straßburg, wo er die Ketene und ihre große Reaktionsfähigkeit entdeckte und darüber auch seine Habilitationsschrift verfaßte (1907), bevor er 1907 Professor für organische Chemie in Karlsruhe wurde. Im selben Jahr, in dem er seine Ergebnisse über die Ketene veröffentlichte (1912), wurde er Professor an der ETH Zürich. Ab 1926 war er Professor in Freiburg im Breisgau, wo er 1930 auch die Leitung des für ihn eingerichteten Forschungsinstituts für Makromolekulare Chemie übernahm.

S. ist der theoretische Begründer der makromolekularen Chemie. Nach Arbeiten über die Ketene und Ketone, Oxaldichlorid, Autooxidation, aliphatische Diazoverbindungen und Naturstoffe (synthetisches Kaffee- und Pfeffer-Aroma, Insektenstoffe) wandte er sich ab 1920 im Anschluß an Vorarbeiten von *A.* → *Kekulé* und *J. H. van't* → *Hoff* ganz dem Studium und der Anwendung makromolekularer Stoffe zu, wie sie als Kunststoffe durchaus bereits in der Technik angewendet wurden. Sein erstes größeres Werk hierzu trägt den Titel ›Die hochmolekularen organischen Verbindungen, Kautschuk und Cellulose‹ (1922, ^{5}1947). Die darin aufgestellten Thesen über den makromolekularen Bau der natürlichen und synthetischen Polymere konnte er in einem 25jährigen harten und oft auch auf die Personen übertragenen Kampf gegen die ältere Theorie durchsetzen. Danach bestanden Substanzen wie Kautschuk und Cellulose aus kleinen, niedermolekularen Einheiten, sog. Micellen, die durch ›Micellarkräfte‹ oder durch ›Molekularaddition‹ zusammengehalten würden, was durch Röntgendiagramme scheinbar bestätigt worden war. Die erforderlichen Molekularmassen über 5000 hielt man für unmöglich. S. ging demgegenüber als Arbeitshypothese davon aus, daß zur Erklärung der Struktur solcher Stoffe allein die *Kekulé*sche Strukturtheorie ausreiche. Durch Hydrieren von Kautschuk zu kolloidal löslichem Hydrokautschuk konnte er 1921 zeigen, daß dabei Moleküle aus bis zu mehreren Millionen Atomen entstehen. Er prägte hierfür 1922 den Begriff Makromolekül. Die äußerst kritische Aufnahme durch die Kolloidchemiker zwang ihn letztlich, seine gesamte Arbeitskraft auf die experimentelle und theoretische Bestätigung seiner Theorie und der Widerlegung der Micellartheorie zu konzentrieren. Schon bald fand er im Polyoxymethylen, einem Polymer des Formaldehyds, eine Modellsubstanz für den fließenden Übergang von der nieder- zur makromolekularen Struktur und konnte den Zusammenhang zwischen Viskosität und Kettenlänge der Moleküle aufzeigen, womit er auf der Naturforscherversamnmlung in Düsseldorf (1926) großes Aufsehen erregte, seine Gegner aber immer noch nicht überzeugen konnte. Inzwischen griff aber die bis dahin empirisch vorgehende junge Kunststoffindustrie die Gedanken und experimentellen Ergebnisse S.s auf, die schließlich mit den Vollsysnthesefasern ihre volle Bestätigung erfuhren. Wie nur wenige Wissenschaftler erlebte er den durchschlagenden Erfolg seiner Arbeit in der stürmischen Entwicklung der Kunststoffchemie seit den dreißiger Jahren. Wegen der kriegstechnischen Verwendung wurden ihre Ergebnisse dann längere Zeit weitgehend geheim gehalten, so daß das Zeitalter der Kunststoffe nach dem Zweiten Weltkrieg erst richtig einsetzen konnte. 1947 gründete S. die Zeitschrift ›Die makromolekulare Chemie‹, 1953 erhielt er den Nobelpreis für Chemie »für seine Entdeckungen auf dem Gebiet der makromolekularen Chemie«.

1947 rief S. in seinem Buch ›Vom Aufstand der technischen Sklaven‹ zur Schaffung eines dauerhaften Friedens auf – das mag noch als eine Modeerscheinung nach dem Erleben der ›technisierten‹ Massenvernichtungswaffen des vorangegangenen Krieges eingestuft werden; doch hatte S. bereits im Ersten Weltkrieg auf die gesellschaftliche Verantwortung der Naturforscher hingewiesen und als einziger Naturwissenschaftler zumindest im deutschsprachigen Raum (wenn auch vom Boden der neutralen Schweiz aus) die Verwendung chemischer Kampfstoffe geächtet, wie sie mit hohem Patriotismus von *F.* → *Haber* und anderen (wie auch einem *O.* → *Hahn*) nicht nur propagiert, sondern auch erprobt und entwickelt wurden. [Krafft]

Werke: Das wissenschaftliche Werk. Gesammelte Arbeiten nach Sachgebieten geordnet, hrsg. von M. Staudinger u.a. (7 Bde in 20, Basel usw. 1969–1976). – *Bibl.*: C. Priesner: Der wissenschaftliche Nachlaß von H. S. (1881–1965) im Deutschen Museum. Katalog (München 1982). – *Lit.*: DSB XIII, 1–4 (R. Olby); GWG XI, 222–241 (C. Krüll); H. S.: Arbeitserinnerungen (Heidelberg 1961; mit Bibl.; engl. New York 1970); C. Priesner: H. S., H. Mark und K. H. Meyer – Thesen zur Struktur der Makromoleküle (Weinheim 1980).

Stensen, Niels (latinisiert *Nicolaus Stenonis* [*Steno*]), dänischer Naturforscher, * 1./11.1.1638 [a./n. St.] Kopenhagen, † 25.11./5.12.1686 [a./n. St.] Schwerin.

S. studierte ab 1656 in Kopenhagen Medizin und reiste 1660 zur Fortbildung nach Amsterdam, wo ihm die Entdeckung des Ganges zwischen Ohrspeicheldrüse und Mundhöhle gelang, bevor er noch im selben Jahr nach Leiden, der damaligen Hochburg der Anatomie, übersiedelte und sich besonders der Erforschung der Drüsen und Muskeln widmete. Es gelangen ihm mehrere aufsehenerregende Entdeckungen, woraufhin die Universität Leiden ihn in absentia zum Doktor der Medizin promovierte; denn der Tod seines Stiefvaters hatte ihn in die Heimat gerufen. Nachdem jedoch Mitte des Jahres 1664 auch seine Mutter starb und Kopenhagen ihm den erhofften Lehrstuhl für Anatomie versagte, zog es ihn wieder in die Fremde. Wir finden ihn bald in Paris, wo der bereits hochangesehene Anatom in dem Kreis der Naturforscher verkehrte, aus dem sich dann die Académie des Sciences bilden sollte. Ende 1665 zog S. über Südfrankreich nach Italien, wo er im Mai 1666 in Rom mit *M.* → *Malpighi* zusammentraf, dann in Florenz eine Stelle als Anatom erhielt und in die Accademia del Cimento aufgenommen wurde. Hier scheint besonders *G. A.* → *Borelli* mit seiner Anwendung der Physik zur Erklärung biologischer Vorgänge Einfluß auf ihn ausgeübt zu haben. Umfassende geologische Untersuchungen und Sammlungen führten ihn von Florenz aus 1667/68 durch Italien, dann 1669/70 über Österreich und Deutschland nach Holland, von wo er ans Sterbelager seines Gönners, des Großherzogs Ferdinand II., nach Florenz zurückeilte. Mitte 1672 lockte ihn eine königliche Pension nach Kopenhagen, wo er wieder als Anatom, wenn auch nicht an der Universität, wirkte, um zwei Jahre später als Erzieher des Kronprinzen zurück nach Florenz zu gehen. Hier empfing er, der 1667 vom lutherischen Glauben konvertiert war, bald die Priesterweihe und widmete sich fortan nur der Verteidigung und Verbreitung des katholischen Glaubens. Alle Versuche, ihn für die Naturforschung zurückzugewinnen, schlugen fehl: 1677 wird er zum Apostolischen Vikar von Hannover und Titularbischof von Titiopolis ernannt und 1679 zum Weihbischof von Münster gewählt. Er ließ sich dann nach der Hintertreibung seiner Wiederwahl 1681 bis 1685 bei einem Freund in Hamburg nieder – seit 1684 als Apostolischer Vikar des Nordens – und verbrachte sein letztes Lebensjahr als Missionar am Hofe von Schwerin.

In Paris trug S. eines seiner bedeutendsten Werke, den ›Discours sur l'anatomie du cerveau‹, vor, eine kritische Auseinandersetzung mit den zeitgenössischen Deutungen des Gehirns (*R.* → *Descartes* und andere) und ein prophetisches Programm der anatomischen Hirnforschung, das sich erst um 1900 gegen große Widerstände sollte in die Tat umsetzen lassen. – In Florenz beschäftigte er sich vorwiegend mit vergleichender Anatomie und Embryologie (er entdeckte den Dottergang und die richtige Funktion von Eierstock und Eileiter bei Säugetieren, nachdem *G.* → *Fabrici* sie beim Huhn erkannt hatte). S. wurde dann jedoch durch die Sektion eines ihm Ende 1666 überlassenen riesigen Haifischkopfes zu der Erkenntnis geführt, daß die in gewissen Gegenden in großen Mengen gefundenen sogenannten Zungensteine keine ›Spiele der Natur‹, sondern fossile Haifischzähne sind. Dies ließ in ihm die Vorstellung reifen, daß auch andere Fossilien organischen Ursprungs seien, die durch Meeresströmungen an ihre Fundstellen gespült wurden, daß jetzt trokkene Gebiete ehemals Meere gewesen seien und daß man aus den verschiedenen angeschwemmten Erdschichten die geologische Geschichte des betreffenden Gebietes ablesen könne. 1668 faßte er, vor seiner Abreise aus Italien, in Eile seine Ergebnisse im ›Vorläufer einer Dissertation über feste Körper, die von Natur aus in andere feste Körper eingeschlossen sind‹ zusammen. Trotz ihres vorläufigen und mehr programmatischen Inhalts – die Dissertation selbst hat S. nie vollendet – begründete diese Schrift die Paläontologie und die Geologie: S. erkannte in ihr die Rolle des Wassers für die Bildung der umschließenden festen Körper (Sedimente, Berge) und untersuchte von den ›eingeschlossenen‹ Körpern besonders die Petrefakte, Muscheln und Kristalle, deren Wachstum er erstmals als ein von dem organischer Körper grundverschiedenes erkannte. Auch hier sieht er die Wichtigkeit des herantragenden Wassers und entdeckt das später formulierte Gesetz der Winkelkonstanz der Kristalle, welches ihm auch in der Kristallographie einen großen Namen eintrug. [Krafft]

Werke: Opera philosophica, hrsg. von V. Maar (2 Bde, Kopenhagen 1910); Opera theologica, hrsg. von K. Larsen/G. Scherz (2 Bde, Kopenhagen 1941–1947); Lecture on the Anatomy of the Brain, französ./engl./deutsch hrsg. von G. Scherz (Kopenhagen 1965); Geological Papers, engl. hrsg. von G. Scherz (Odense 1969); Epistolae et epistolae ad eum datae, hrsg. von G. Scherz (2 Bde, Kopenhagen/Freiburg 1952); De solido intra solidum naturaliter contento dissertationis prodromus. Faksimile-Ausgabe mit deutscher Übersetzung von K. Mieleitner und Einleitung von E. Fabian: N. S., Versuch einer Annäherung (2 Bde, Berlin 1988). – *Lit.*: DSB XIII, 30–35 (G. Scherz); G. Scherz: Pionier der Wissenschaft. N. S. in seinen Schriften (Kopenhagen 1963); G. Scherz: N. S., Forscher und Denker im Barock (Stuttgart 1964); G. Scherz (Hrsg.): Dissertations on S. as Geologist (Odense 1971); M. Bierbaum/A. Faller: N. S., Anatom, Geologe und Bischof, 1638–1686 (Münster 1979); J. Poulsen/E. Snorrason: Nicolaus Steno 1638–1686. A Reconsideration by Danish Scientists (Gentofte 1986); J. Lederer: Le bienheureux N. S. ou l'intégration de la science et de la foi. I: Carrière scientifique. In: *Revue des Questions Scientifiques* 165 (1994), 11–36.

Stevin, Simon, niederländischer Ingenieur und Naturforscher, * 1548 Brügge, † zwischen dem 20.2.und 8.4.1620 Den Haag.

S.s Jugendzeit liegt im Dunkeln. Berichte über ausgedehnte Reisen nach Preußen, Polen, Schweden und Norwegen in den Jahren 1571 bis 1581 sind nicht nachprüfbar, sieht man davon ab, daß S. in einer nachgelassenen Schrift den Hafenbau in Danzig behandelte; er könnte sich also dort aufgehalten haben. Nach vorübergehender Tätigkeit als Kassierer und Buchhalter bezog er 1583, also erst mit 35 Jahren, die Universität Leiden. Er war ein vielseitiger Mann, der sich durch technischen Erfindungsgeist ebenso auszeichnete wie durch ein gründliches wissenschaftliches Eindringen in mathematische, astronomische, physikalische und navigatorische Probleme. Er vereinigte so in seiner Person zwei sehr verschieden orientierte Einstellungen des Menschen der Natur gegenüber, aus deren Zusammenwirken erst die moderne Naturwissenschaft entstehen konnte: die theoretische und die praktische. Diese Kombination von Theorie und Praxis ist kennzeichnend für sein umfangreiches Lebenswerk. Dessen Bedeutung wurde allerdings erst in den letzten Jahrzehnten in ganzem Umfang erkannt, nachdem man sich S.s lange Zeit hindurch nur als Erzieher des Prinzen Moritz von Oranien, Grafen von Nassau, und als Konstrukteur von durch Segel angetriebenen Wagen erinnert hatte. Ab 1604 war er Generalquartiermeister des Heeres der nördlichen Provinzen der Niederlande.

Bei Studiumbeginn hatte S. bereits einige Werke verfaßt, von denen die ›Zinstafeln‹ ein Jahr zuvor erschienen waren. Von seinen weiteren mathematischen Schriften seien genannt die ›Problemata geometrica‹, ›De Thiende‹ (Dezimalbruchrechnung), ›L'Arithmetique‹ und ›Wisconstighe Ghedachtenissen‹ (Mathematische Abhandlungen). ›De Thiende‹ war das erste im Abendland erschienene Lehrbuch der Dezimalbruchrechnung – und zeigte in der Forderung nach einer dezimalen Einteilung der Maße (die erst mehr als 200 Jahre später verwirklicht wurde) wieder jene für S. so typische Verbindung wissenschaftlichen Interesses und praktischer Nutzbarmachung. Seine physikalischen Arbeiten beschäftigen sich fast ausschließlich mit der Statik (›Weeghconst‹ = Wägekunst) und Hydrostatik (›Waterwicht‹); in beiden knüpfte er an die klassischen Werke von → *Archimedes* an. In der ›Weeghconst‹ findet sich der bekannte Beweis des Gesetzes der schiefen Ebene mittels einer aus Kugeln gebildeten geschlossenen Kette, die, über ein vertikales ungleichseitiges Dreieck gelegt, im Gleichgewicht verharrt.

Zur Astronomie schrieb S. kein selbständiges Buch, doch behandelte er im Abschnitt ›Van den Hemelloop‹ (Über den Himmelslauf) der ›Wisconstighe Ghedachtenissen‹ neben dem Ptolemaiischen System (→ *Ptolemaios*) bereits das Copernicanische (*N.* → *Copernicus*), das damals noch sehr umstritten war, und erklärte, seiner Ansicht nach gebe die heliozentrische Theorie die wahre Struktur unserer Welt wieder. In besonderen Schriften untersuchte er Fragen der Navigation und der Kunst des ›Havenvinding‹. Mit der Schiffahrt, dem Hafenbau und dem Wasserwesen im allgemeinen hingen die meisten technischen Erfindungen S.s zusammen, über die oft nur spärliche Nachrichten erhalten sind. Wichtigste Vorhaben waren dabei die Konstruktion von Kanälen und Schleusen, durch Wind- und Wasserkraft betriebene Entwässerungsanlagen und schließlich die berühmten Segelwagen, die Prinz Moritz bei besonderen Anlässen zu Fahrten durch das Watt benutzte. In einem Werk über den Festungsbau nahm der geniale Niederländer Ideen des 18. Jahrhunderts vorweg.

S. schrieb, wie schon aus den Titeln seiner Werke hervorgeht, nicht nur in lateinischer und französischer, sondern auch in seiner Muttersprache; einige Bücher erschienen zugleich in mehr als einer dieser Sprachen. Er betonte besonders die Vorteile der niederdeutschen Sprache (»duytsche Tael«) für wissenschaftliche Abhandlungen und hat durch die Schöpfung einer großen Zahl von Fachausdrücken nicht wenig zur Entwicklung der holländischen Sprache beigetragen. Damit reiht er sich ein in ähnliche Bestrebungen des 16. und 17. Jahrhunderts, die von Italien ausgehend auch Frankreich, Deutschland und später England erfaßten. [Scriba]

Werke: The Principal Works (5 Bde in 6, Amsterdam 1955–1966). – *Lit.*: DSB XIII, 47–51 (M. G. J. Minnaert); E. J. Dijksterhuis: S. S., Science in the Netherlands around 1600 (Den Haag 1970); D. J. Struik: The Land of S. and Huygens. A Sketch of Science and Technology in the Dutch Republic During the Golden Century (Dordrecht usw. 1981); R. Grabow: S. S. (Leipzig 1985).

Strabon von Amaseia, griechischer Geograph, * 64/63 v. Chr. Amaseia [Pontos], † nach 26 n. Chr. Rom.

S. entstammte einer vornehmen Familie in Amaseia, die mütterlicherseits mit den pontischen Königen verwandt war. Er studierte in Nysa (Karien) und Rom aristotelische und stoische Philosophie und Wissenschaft und unternahm später häufig ausgedehnte Vergnügungs- und Studienreisen, die ihn unter anderem in den Jahren 31 und 7 v. Chr. nach Rom, 29 v. Chr. nach Korinth, 25/24 nach Ägypten bis an die Grenze Äthiopiens, ans Rote Meer und nach Syene, weiterhin nach Armenien und Syrien führten. – Von seinen beiden umfangreichen Werken sind die 47 Bücher ›Geschichte‹, eine Fortsetzung des Werkes von *Polybios* (* um 200 v. Chr. Megalopolis, † um 120), verloren, während die 17 Bücher ›Geographika‹, die aus dem letzten Jahrzehnt seines Lebens stammen, erhalten sind und uns einen guten Einblick in den Stand der geographischen Kenntnisse des älteren Hellenismus vermitteln.

S. war ein Vertreter der älteren, beschreibenden Richtung der Geographie, die von *Polybios* gegen die reine Kartographie eines → *Eratosthenes* wieder eingeführt worden war, legte also besonderen Wert auf die Länderbeschreibung mit ihren historischen und ethnographischen Aspekten. Die Bücher 3–10 behandeln Europa, 11–16 Asien und Buch 17 Ägypten und Libyen, also Afrika; Britannia (England) und Germania können dank der Berichterstattung über die Feldzüge Cäsars erstmals ausführlich behandelt werden; für andere Länder stützt S. sich neben eigenen Beobachtungen hauptsächlich auf literarische Berichte nicht ausschließlich in wissenschaftlichen Darstellungen, die er kritisch auswählt. Die ersten beiden Bücher geben eine knappe Einführung in die mathematische Geographie und Kartographie, die allerdings nicht seine Stärke waren und nur der Vollständigkeit halber mit aufgenommen wurden. Als Weltkarte wird trotz mancher Kritik die des *Eratosthenes* genommen. Diese Kritik war aufgrund der während der inzwischen vergangenen mehr als 200 Jahre gewonnenen neuen Kenntnisse durchaus berechtigt, doch hatte S. sie im wesentlichen ebenfalls älteren Werken entnommen, ohne sich imstande zu sehen, daraus Folgerungen für eine neue Erdkarte zu ziehen. [Krafft]

Werke: Geographica, hrsg. von A Meineke (3 Bde, Leipzig ²1866–1877, Nachdruck: Graz 1969); Géographie, griech.-französ. hrsg. von F. Lasserre (Bd 1 ff. [8: livre XI. 1996], Paris 1969 ff.); Geographica, griech.-deutsch hrsg. von W. Aly u.a. (Bd 1 ff. [I: libri 1–2; II: libri 3–6], Bonn 1957 ff.); Erdbeschreibung, deutsch von C. G. Groskur (4 Bde, Berlin und Stettin 1831–1834; Nachdruck: Hildesheim 1988). – *Lit.*: DSB XIII, 83–86 (E. H. Warmington; mit Bibl.); W. Aly: S. von A. Untersuchungen über Text, Aufbau und Quellen der Geographica (Bonn 1957); G. Aujac: S. et la science de son temps (Paris 1966); A. Diller: The Textual Tradition of S.'s Geography (Amsterdam 1975); I. Weiss: Die Italienbücher des S. von Amaseia (Frankfurt am Main 1991); D. Musti: Strabone e la Magna Grecia (Padua 1994).

Strutt, John William → **Rayleigh**, Third Baron

Struve, Friedrich Georg *Wilhelm* von (ab 1862), deutscher Astronom und Geodät, * 15.4.1793 Altona, † 23.11.1864 St. Petersburg.

S. studierte von 1808 bis 1811 in Dorpat [heute Tartu], wo sein ältester Bruder Gymnasiallehrer war, Philologie und später Astronomie, war in Dorpat als Lehrer tätig und übernahm nach seiner Promotion 1813 die frei gewordene Stelle eines Observators an der Sternwarte Dorpat, deren Direktion ihm 1817 übertragen wurde. Als Zar Nikolaus 1830 den Plan der Petersburger Akademie aufgriff, eine eigene Sternwarte zu errichten, wurde S., seit 1819 Professor für Astronomie in Dorpat, in die Gründungskommission berufen und 1834, nachdem er 1832 Mitglied der Akademie geworden war, zum Direktor der neuen Sternwarte ernannt. Im April 1839 konnte er das bestausgerüstete und für damalige Verhältnisse riesige russische Zentralinstitut in Pulkowa bei Petersburg beziehen, das gleichzeitig der Koordinierung der russischen Astronomie und Geodäsie dienen sollte. Diese Aufgabe, die Verwaltung des großen Instituts und die Ausbildung des Offiziersnachwuchses ließen ihm allerdings jetzt nur wenig Zeit für eigene Beobachtungen, die er meist von ihm geschulten tüchtigen Gehilfen überlassen mußte. 1862 ließ er sich aus Gesundheitsgründen in den Ruhestand versetzen und wurde aus diesem Anlaß zum wirklichen Staatsrat ernannt und geadelt. Die Leitung der Sternwarte übernahm bis 1869 sein Sohn *Otto Wilhelm von Struve* (* 7.5.1819 Dorpat, † 16.4.1905 Karlsruhe), der seit 1837 sein Gehilfe in Dorpat, seit 1839 in Pulkowa und später dort zweiter Direktor gewesen war.

S.s Haupttätigkeit lag im Bereich der neuen Stellarastronomie, und hier widmete er sich neben der Verbesserung der Fundamentalkataloge und der von *F. W.* → *Bessel* erstmals genauer bestimmten Konstanten von Präzession, Nutation und Aberration besonders der Beobachtung und Erfassung von Doppel- und Mehrfachsternen. Seit 1824 mit einem neuen Fraunhoferschen Refraktor (*J. von* → *Fraunhofer*) ausgeführte systematische Durchmusterungen ließen ihn eine sehr große Zahl bis dahin unbekannter solcher Sterne entdecken. Ihre jeweils nach mehrmaliger Beobachtung exakt bestimmten und später von ihm auf die Epoche 1830 reduzierten Örter bildeten fortan die Grundlage für alle Doppelsternuntersuchungen. Seine Bemühungen um die Bestimmung von Fixsternparallaxen hatten dagegen vor *Bessel*s Nachweis nur einen Scheinerfolg. Große Verdienste erwarb S. sich durch die mit äußerster Sorgfalt nach eingehender Planung und Vorbereitung von ihm selbst oder unter seiner und seines Sohnes Leitung durchgeführten großen Gradmessungen: 1816–1819 jene von Livland, 1822–1852 mit Unterbrechungen die große russisch-skandinavische, die einen Meridianbogen von 25°20' umfaßte. 1836/37 wurde unter seiner Leitung der Höhenunterschied zwischen Kaspischem und Schwarzem Meer bestimmt, 1843/44 der Längenunterschied zwischen Pulkowa und Altona sowie Altona und Greenwich. S. suchte mit diesen Triangulationen möglichst Anschluß an bereits ausgeführte Gradmessungen zu finden, die er alle schließlich durch Vermessung eines Parallelkreises über ganz Europa verbinden wollte. Doch auf der Rückfahrt von der ausgedehnten Reise, die der diplomatischen Vorbereitung dieses Unternehmens diente, befiel ihn 1858 eine Krankheit, von der er sich nie wieder ganz erholen konnte. Zur Ausführung gelangte die Messung erst nach seinem Tode unter der Leitung von *J. J. Baeyer* und seinem Sohn, der sich auch im Bereich der Stellarastronomie neben dem Studium der Bewegung des Sonnensystems besonders den schon vom Vater geförderten Gebieten widmete. *O. W. von Struve* war dann in den Jahren 1867 bis 1878 Vorsitzender der Astronomischen Gesellschaft.

Auch in den folgenden Generationen findet sich unter den Nachkommen *Wilhelm* S.s neben anderen Gelehrten und Naturforschern stets mindestens *ein* ausgezeichneter Astronom, unter denen besonders der Urenkel *Otto von Struve* (* 12.8.1897 Charkow, † 6.4.1963 Berkeley) zu nennen ist, dessen Vater Direktor der Sternwarte von Charkow war. Er hatte noch von 1915 bis 1919 in Charkow studiert, bevor er 1921 in die USA einwanderte (1927 wurde er US-Bürger) und sein Studium als Assistent am Yerkes-Observatorium der Universität von Chicago in Williams Bay (Wis.) fortsetzte. Hier promovierte er auch 1923, wurde 1924 Instructor, 1927 Assistant Professor, 1930 Associated Professor, 1931 Assistant Director und war von 1932 bis 1947 schließlich Direktor und ordentlicher Professor für Astronomie an dieser Sternwarte und gleichzeitig Direktor des McDonald-Observatoriums der Universität von Texas. In der Zwischenzeit Ehrendirektor beider Sternwarten, war er von 1950 bis 1960 Direktor des Leuschner-Observatoriums in Berkeley und seit 1959 des neugegründeten National Radio Observatory in Green Bank (Va.). Er hat über Radialgeschwindigkeiten von Fixsternen und Sternsystemen, über Sternrotationen und Sternentwicklung, über die physikalischen und kinematischen Verhältnisse in komplizierten spektroskopischen Doppelsternsystemen, über interstellare Materie und schließlich auch über astronomische Radioquellen gearbeitet. [Krafft]

Lit.: DSB XIII, 108–120 (Z. K. Sokolovskaya); O. v. Struve: W. S. (Karlsruhe 1895); Z. K. Novokshanova: Vasily Yakovlevich S. [russisch] (Moskau 1964; mit Bibl.); A. H. Batten: The S.s of Pulkovo – a Family of Astronomers. In: *Journal of the Royal Astronomical Society of Canada* 71 (1977), 345–372. – G. H. Herbig (Hrsg.): Spectroscopic Astrophysics: An Assessment of the Contributions of O. S. (Los Angeles/Berkeley 1970); A. H. Batten: Resolute and Undertaking Characters. The Lives of W. and O. S. (Dordrecht usw. 1988).

Swammerdam, Jan, niederländischer Naturforscher, * 12.2.1637 Amsterdam, † 15.2.1680 ebenda.

S. war der Sohn eines begüterten Apothekers, studierte 1661 an der Universität in Leiden, befreundete sich dort mit *N. → Stensen* und dem niederländischen Anatomen *Reinier de Graaf* (* 30.7.1641 Schoonhoven, † 17.8. 1673 Delft), dem Entdecker des nach ihm benannten Ovarialfollikels, und *Frederik Ruysch* (* 28.3.1638 s'Gravenhage, † 22.2.1731 Amsterdam), ging 1664 nach Paris, in die damalige Hochburg des Cartesianismus, kehrte ein Jahr später zurück nach Leiden und Amsterdam und wurde 1667 mit dem ›Tractatus Physico-anatomico-medicus de Respiratione usuque Pulmonum‹ zum Dr. med. promoviert. Von den Folgen einer mehrjährigen Malaria geschwächt und unter schwierigen wirtschaftlichen Bedingungen setzte S. im Hause des Vaters, der erwartet hatte, daß er als Arzt praktizieren würde und ihn deswegen finanziell nicht länger unterstützen wollte, seine Forschungsarbeiten fort. In den Jahren von 1674 bis 1677 geriet S. unter den Einfluß von Antoinette Bourignon (1616 bis 1680), einer stark körperbehinderten religiösen Schwärmerin, die sich mit ihren Anhängern auf der Insel Nordstrand niedergelassen hatte. Die 1675 veröffentlichte Abhandlung zur Naturgeschichte der Eintagsfliegen zeigt recht deutlich, wie S. während dieser Zeit wissenschaftliche Beschreibungen mit mystisch-theologischen Betrachtungen verknüpfte.

Im Mittelpunkt der Arbeiten S.s stand die mikroskopische Anatomie der wirbellosen Tiere, insbesondere der Insekten. So erkannte er, daß die Königin das einzige Weibchen des Bienenvolkes ist, untersuchte die Entwicklung des Seidenspinners und stellte im Gegensatz zur Lehre von der Urzeugung, wie sie selbst ein *W. → Harvey* für niedere Tiere noch allgemein einräumte, fest, daß die Metamorphose der Insekten nichts anderes ist als Entfaltung und Wachstum bereits vorhandener Anlagen. Auf der Grundlage entwicklungsgeschichtlicher Befunde schlug er ein erstes natürliches System der Insekten vor und beabsichtigte, am Beispiel der Froschentwicklung die Gleichartigkeit der Fortpflanzungsverhältnisse bei allen Tiergruppen aufzuzeigen. Im Zusammenhang mit diesen Fragen stehen auch seine Studien zum Bau der weiblichen Geschlechtsorgane des Menschen. Abgesehen von der ›Historia generalis ofte Algemeene Verhandeling der Bloedeloose Dierkens‹ von 1669, die inhaltlich bis in das 18. Jahrhundert unübertroffen blieb, konnte die Mehrzahl der Schriften S.s, als ›Bybel der Naturae‹ (1737; deutsche Übersetzung 1752) zusammengefaßt und von *H. → Boerhaave* herausgegeben, erst postum erscheinen. [Geus]

Werke: The Letters of J. S. to Melchisedec Thévenot, mit engl. Übersetzung und Biogr. hrsg. von G. A. Lindeboom (Amsterdam 1975). – *Lit.*:

DSB XIII, 168–175 (M. P. Winsor); O. Pöhlmann: Die unentdeckte Welt. Der Weg des Arztes und Forschers J. S. (Nürnberg ²1957); A. Schierbeck: J. S., 1637–1680. His Life and His Works (Amsterdam 1967; mit Bibl.; zuerst holländ., Lochem 1946); M. Fournier: The Book of Nature. J. S.'s Microscopical Investigations. In: *Tractrix* 2 (1990), 1–24; E. G. Ruestow: The Microscope in the Dutch Republic. The Shaping of Discovery (Cambridge 1996).

T

Thabit Ibn Kurra, Abul Hasan, syrischer Arzt, Mathematiker und Philosoph, * 826/836 Harran [Mesopotamien, heute Türkei], † 18.2.901 Bagdad.

T. stammte aus einer angesehenen Familie, die schon vor ihm eine Reihe von Gelehrten hervorgebracht hatte. Er soll ursprünglich Geldwechsler gewesen sein; jedenfalls ermöglichte ihm ererbter Wohlstand, sich während eines längeren Aufenthaltes in Bagdad eine gründliche philosophische und mathematisch-naturwissenschaftliche Bildung anzueignen. T. gehörte der alten, Christentum und Islam trotzenden Sekte der Harranier, die sich auch Sabier nannten, an, einer kleinen Gruppe mit stark gnostisch und neuplatonisch beeinflußtem Glaubensbekenntnis. Überhaupt war die Bevölkerung von Harran, dem alten Hellenopolis, griechischem Denken und griechischer Kultur gegenüber noch immer sehr aufgeschlossen; und so wundert es nicht, daß T. neben seiner syrischen Heimatsprache und dem Arabischen, der neuen Sprache der Wissenschaft und Bildung im Osten, auch die griechische Sprache beherrschte. Freie philosophische Anschauungen brachten ihn bald nach der Rückkehr von dem Studienaufenthalt in Bagdad in Konflikt mit seiner Heimatgemeinde, die ihn vor ein geistliches Gericht stellte und zum Widerruf seiner philosophischen ›Ketzereien‹ zwang. T. zog sich daraufhin vor weiteren Belästigungen in ein Dorf bei Dara zurück. Hier soll *Muhammad Ibn Musa*, der bedeutendste der sogenannten *Drei Brüder*, Söhnen des *Musa Ibn Schakir*, die in Bagdad eine Übersetzerschule unterhielten und selbst bedeutende Mathematiker und Naturkundige waren, auf einer Rückreise von Byzanz mit ihm zusammengetroffen sein. Beeindruckt von dem mathematischen Talent und der Sprachkenntnis und -gewandtheit, nahm *Ibn Musa* ihn mit nach Bagdad, wo er auf seine Empfehlung hin vom Kalifen unter die Hofastronomen aufgenommen, jedoch auch weiterhin von den *Drei Brüdern* finanziell unterstützt wurde. Hier in Bagdad hat T. dann den größten Teil seines Lebens verbracht. Das hohe Ansehen, das er als Wissenschaftler genoß, äußerte sich auch in der Duldung seiner Glaubensgenossen in Bagdad und anderen Städten; allerdings scheinen die Schriften, die T. in syrischer Sprache über die religiösen Lehren und Riten seiner Sekte in Bagdad und wohl auch schon in Harran verfaßt hatte, verlorengegangen zu sein.

Das Hauptverdienst T.s für die Geschichte der Wissenschaften liegt in seiner Übersetzertätigkeit. Er machte durch seine Übertragungen die griechischen Werke von → *Apollonios*, → *Archimedes*, → *Euklid*, *Eutokios* (Archimedeskommentare), → *Galenos*, → *Ptolemaios* (›Geographie‹) und *Theodosios* (›Sphärik‹; 2. Hälfte des 2. Jh.s v. Chr. aus Bithynien) für die arabische Welt fruchtbar. Abgesehen von einigen lateinischen Kompendien, lernte das europäische Mittelalter seit dem ausgehenden 12. Jahrhundert erst aus lateinischen Übersetzungen dieser und anderer arabischer Übertragungen die Ergebnisse der griechischen Wissenschaften direkt kennen. T. trat aber auch mit eigenen medizinischen, mathematischen und astronomischen Werken hervor, wobei seine Theorie der sogenannten Trepidation wohl am längsten wirksam blieb. Aus einem Vergleich eigener Beobachtungen der Jahreslänge mit älteren des → *Hipparchos* und *Ptolemaios* und zeitgenössischen schloß er aufgrund des falschen Wertes der Präzession von *Hipparchos* und *Ptolemaios*, der einen anderen Ort des Frühlingspunktes ergab als den von T. beobachteten, auf sein Hin- und Herschwanken statt eines gleichförmigen Fortschreitens. Zur physikalischen Erklärung dieser Bewegung des Fixsternhimmels, wie die Präzession und Trepidation geozentrisch nur gedeutet werden können, führte er eine zusätzliche neunte Sphäre ein, aus der später der sogenannte Zweite Beweger bzw. das Zweite Bewegte (secundum mobile), ein wichtiger Bestandteil der scholastischen Himmelsphysik, wurde. Die Trepidation fand später als vermeintlich zusätzliche Erscheinung neben der Präzession Aufnahme in die kosmologischen Theorien des Mittelalters, die beiden eine eigene Sphäre zuwiesen; und diese Auffassung, die noch in der periodisch schwankenden Präzessionsbewegung (jetzt der Erde) bei *N.* → *Copernicus* nachwirkt, wird erst im ausgehenden 16. Jahrhundert durch *T.* → *Brahe* endgültig überwunden. [Krafft]

Werke: The Astronomical Works, latein./arab.-engl. hrsg. von F. Carmody (Berkeley 1961); Œuvres d'astronomie, arab.-französ. hrsg. von R. Morelon (Paris 1987); Le livre de la balance de T. Ibn Qurra, hrsg. von K. Jaouiche (Leiden 1976). – *Lit.*: DSB XIII, 288–295 (B. A. Rosenfeld / A. T. Grigorian; mit Bibl.); E. Wiedemann: Über T., sein Leben und Wirken. In: *Sitzungsberichte der Physikalisch-medizinischen Sozietät in Erlangen* 52 (1922), 189–219.

Thales von Milet, griechischer Naturphilosoph, * um 650 v. Chr. Milet, † um 560.

Seit dem fünften vorchristlichen Jahrhundert gilt T. als einer der Sieben Weisen, und im Anschluß an falsch interpretierte Angaben bei → *Aristoteles* gilt er als Archeget griechischer Naturphilosophie. Sein Leben und Wirken wurde bald von Legenden umrankt, und da auch seine nicht einmal sicher bezeugte(n) Schrift(en) schon → *Platon* und *Aristoteles* nicht mehr vorlag(en), ist eine zuverlässige Rekonstruktion seiner Ansichten schwierig. Eine Ägyptenreise als unternehmender Kaufmann ist allerdings ebenso glaubhaft bezeugt wie sein politischer Weitblick. Er gibt für das die Griechen seitdem stets faszinierende Schauspiel der Nilschwelle im Sommer, wenn andere Flüsse im Mittelmeerraum austrocknen, einen ersten rationalistischen Erklärungsversuch, indem er sie als durch jahreszeitliche Nordwinde, die Etesien, bedingten Wasserstau deutet, und berichtet von einem einfachen Verfahren, die Höhe der Pyramiden aus ihrer Schattenlänge abzulesen. Für das Jahr 585 hatte er mit Hilfe von babylonischen, empirisch gewonnenen Finsternisperioden die Sonnenfinsternis vom 28. Mai vorausgesagt. Die Zuweisung einiger einfacher mathematischer Sätze (unter anderen ›Satz des T.‹) bleibt umstritten; auf keinen Fall kann T. sie über eine Anwendung hinaus auch bewiesen haben, wie die Quellen aus Zeiten, in denen es möglich war (→ *Parmenides*, → *Pythagoras*), wie selbstverständlich annehmen.

Sein unbestrittenes Verdienst ist es jedoch, den Weg für eine rationale Erklärung von Naturerscheinungen gewiesen zu haben, indem er den zeitlichen Zusammenhang gleichzeitig auftretender verschiedenartiger Phänomene als natürlichen Kausalzusammenhang deutete, wie im Falle von Etesien und Nilschwelle. Jene alte Vorstellung von der auf dem Meere schwimmenden Erdscheibe erhält in diesem Sinne bei ihm neue Relevanz: Sie wird mit einem Schiff verglichen, das bei Sturm schwankt und leck schlägt, was einem Erdbeben und dabei neu entspringenden Quellen entspreche, und beim Entladen allmählich weiter aus dem Wasser taucht – T. sagte, sie »entstehe« aus dem Wasser. Wohl erst von neuen und anderen Fragestellungen her und nach nicht bedachten Begriffswandlungen wurde diese Vorstellung zu jener vom Urstoff Wasser umgedeutet, aus welchem nach T. der elementare Stoff Erde und damit alle elementaren Stoffe durch Umwandlung entstanden sein sollen. T. erklärte mit dem Emportauchen der Erde sicherlich bestimmte geologische Phänomene, die → *Anaximandros* dann umgekehrt mit einem Substanzverlust der Meere deutete. Trotz seines Rationalismus nahm T. noch an, alles sei voller Götter, und in diesen Vorstellungskreis wird auch seine Annahme gestellt, Magneteisenstein besitze eine Seele, weil er Eisen in Bewegung setze.

[Krafft]

Fragmente: VS Nr. 11. – *Lit.*: DSB XII, 295–298 (J. Longrigg); O. Gigon: Der Ursprung der griechischen Philosophie (Basel [2]1967); F. Krafft: Die Begründung einer Wissenschaft von der Natur durch die Griechen (Freiburg i. Br. 1971).

Theophrastos, griechischer Philosoph und Naturforscher, * 371 v. Chr. Eresos [Insel Lesbos], † 287 Athen.

In den Jahren 345 bis 343 hatte T. auf Lesbos zusammen mit → *Aristoteles*, seinem ehemaligen Mitschüler an der Akademie → *Platon*s, naturkundliche Forschungen angestellt und reiches, besonders biologisches Beobachtungsmaterial gesammelt. Bald nach der Gründung des Lykeion durch *Aristoteles* scheint er dann nach Athen übergesiedelt zu sein, um hier als Lehrer und Forscher tätig zu werden. Nach dem Tode seines Lehrers übernahm er im Jahre 322 die Leitung der Schule und blieb bis zu seinem Tode Schulhaupt des ›Peripatos‹; sein Nachfolger wurde *Straton von Lampsakos*.

T. ging in seinen Schriften, die nur zu einem Teil erhalten sind, im wesentlichen von den Lehren des *Aristoteles* aus, dessen Werk er stofflich ergänzte, dessen Fragen er weiter verfolgte und deren Schwierigkeiten er herausarbeitete. Behutsames Abwägen möglicher Hypothesen und ein weitgehender Verzicht auf dogmatische Entscheidung sind für ihn kennzeichnend gewesen. Neben Schriften zur Logik, Metaphysik, Physik und Wissenschaftsgeschichte (von → *Thales* bis *Platon*) verfaßte er hauptsächlich solche, die naturwissenschaftliche Themen behandeln, welche *Aristoteles* noch nicht systematisch erfaßt hatte und zu denen die Alexanderzüge umfangreiches neues Beobachtungsmaterial geliefert hatten, das T. erstmals berücksichtigen konnte. In noch stärkerem Maße als bei *Aristoteles* kam es dabei zu ersten monographischen Behandlungen einzelner Bereiche: Die in Fragmenten oder vollständig erhaltenen Schriften haben Titel wie ›Meteorologie‹, ›Über Winde‹, ›Über Steine‹, ›Über Metalle‹, ›Über das Feuer‹, ›Über die Gewässer‹. Daneben verfaßte er eine Reihe von physiologischen und zoologischen Schriften sowie die beiden klassischen botanischen Werke ›Historia plantarum‹ (9 Bücher) und ›Causae plantarum‹ (6 Bücher). Diese Schriften zur Botanik haben besonders in der Neuzeit einen großen Einfluß ausgeübt, weil sie auch eine echte Lücke im Lehrgebäude des *Aristoteles* in der bezeichneten Weise ausfüllen und ähnlich wie dessen zoologische Werke eine Fülle von mehr oder weniger systematisch zusammengefaßten Einzelbeobachtungen und meist die Morphologie betreffenden allgemeinen Erkenntnissen enthalten. Stärker als bei *Aristoteles* werden hierbei auch Umwelteinflüsse und Züchtung im Bereich der Pflanzenwelt berücksichtigt. [Krafft]

Werke: Opera quae supersunt omnia, griech.-latein. hrsg. von F. Wimmer (Paris 1866; [ohne Übersetzung: 3 Bde, Leipzig 1854–1862]; Nachdruck: Frankfurt am Main 1964); De lapidibus, griech.-engl. hrsg. von D. E. Eichholz (Oxford 1965); De igne, griech.-engl. hrsg. von V. Coutant (Assen 1971); De ventis, griech.-engl. hrsg. von V. Coutant / V. L. Eichenlaub (Notre Dame, Ind. 1975); Naturgeschichte der Gewächse, übersetzt von K. Sprengel (2 Bde, Altona 1822; Nachdruck: Hildesheim 1971); Die logischen Fragmente, hrsg. von A. Graeser (Berlin 1972). – *Lit.*: Paulys Realencyclopädie der klassischen Altertumswissenschaft. Neue Bearbeitung, Supplbd 7 (Stuttgart 1950), Sp. 1353–1562 (O. Regenbogen); DSB

XIII, 328–334 (J. B. McDiarmid); KNph 61–73 (E. Rudolph); G. Senn: Die Entwicklung der biologischen Forschungsmethode in der Antike und ihre grundsätzliche Förderung durch T. von Eresos (Aarau/Leipzig 1933); G. Senn: Die Pflanzenkunde des T. von Eresos (Basel 1956); P. Steinmetz: Die Physik des T. (Bad Homburg 1964); L. Repici: La logica di Teofrasto (Bologna 1977); H. Flashar (Hrsg.): Ältere Akademie, Aristoteles, Peripatos (Basel/Stuttgart 1983, S. 474–522; mit Bibl.); K. Gaiser: T. in Assos (Heidelberg 1985); G. Wöhrle: T.s Methode in seinen botanischen Schriften (Amsterdam 1985); W. W. Fortenbaugh u.a. (Hrsgg.): T. of Eresus – Sources for His Life, Writings, Thought and Influence (Leiden 1992; dazu Commentary, Bd 5: R. W. Sharples: Sources on Biology. 1994).

Thomson, William, *Lord Kelvin of Largs* (ab 1892), englischer Physiker und Techniker schottischer Abstammung, * 26.6.1824 Belfast, † 17.12.1907 Netherhall.

T. belegte schon als zwölfjähriger Knabe an der Universität Glasgow Vorlesungen; sein Vater war dort als Lehrer der Mathematik tätig. Nach einem Mathematik- und Physik-Studium in Glasgow und Cambridge wurde T. mit 22 Jahren als Professor der theoretischen Physik nach Glasgow berufen. Hier blieb er bis zu seiner Emeritierung.

Der ideenreiche Wissenschaftler förderte fast alle Gebiete der Physik, darunter die Geophysik, Hydrodynamik, Thermodynamik, die Elektrodynamik und Elektrotechnik, die Elastizitätstheorie und den Kristallmagnetismus. T. war aber auch Ingenieur mit einer fast unerschöpflichen Erfindungsgabe. Der Einfluß und die Faszination, die er auf seine Zeitgenossen ausübte, sind zu einem guten Teil darin begründet, daß es ihm gelang, die Technik und die Industrie mit der naturwissenschaftlichen Forschung zu koordinieren. So wurden in seinem Universitätslaboratorium zu Glasgow z.B. durch elektrische Widerstandsmessungen die Maße der Leitungsdrähte festgelegt, die er bei der ersten Überseekabellegung benutzte. 1866 wurde er für seine Verdienste bei dieser technischen Großtat von der Königin geadelt. Auf T.s Initiative hin wurde das Komitee der British Association für elektrische Maßeinheiten gebildet und die von *W.* → *Weber* entwickelten Einheiten und Meßmethoden (1861) übernommen. Sie sind die Grundlagen unserer heutigen elektrischen Maßeinheiten. T. besaß viele Patente für die Unterwassertelegraphie und Navigation; so erfand er das Quadrantelektrometer und verbesserte den Schiffskompaß. Bei seinen Untersuchungen in der Elektrik verglich er die Vorgänge mit denen der Wärmeverteilung und Wärmeleitung nach *J. B. J.* → *Fourier*s ›Theorie analytique de la chaleur‹ (1822) und gab auch eine Deutung elektrostatischer und elektrodynamischer Phänomene im Sinne der Feldvorstellungen *M.* → *Faraday*s. In seiner Arbeit über ›Kurzfristige elektrische Ströme‹ bei der Entladung einer Leidener Flasche (1853) – wir bezeichnen sie als Schwingungsvorgänge – fand er die bekannte, nach ihm benannte Schwingungsformel. Die Möglichkeit, elektromagnetische Wellen zu erzeugen, nahm T. nicht wahr und überließ es anderen Forschern wie *J. C.* → *Maxwell*, *Berend Wilhelm Feddersen* (* 26.3. 1832 Schleswig, † 1.7.1918 Leipzig) und *H.* → *Hertz*, hier die Früchte zu ernten.

T.s größte wissenschaftliche Leistung (zusammen mit *R.* → *Clausius*) bestand in der Aufstellung und Interpretation des zweiten Hauptsatzes der Wärmelehre. Beide knüpften an *S.* → *Carnot*s Abhandlung ›Réflexions sur la puissance motrice du feu et sur les machines propres à développer cette puissance‹ von 1824 an, in der das maximale Leistungsvermögen einer idealen Wärmekraftmaschine bestimmt wird. Nach *Carnot* verändert sich während des Vorgangs der mechanischen Arbeitsleistung die Wärmemenge nicht, jedoch sinkt die Temperatur. Der Wärmestoff soll, gleichsam wie das Wasser am Mühlrad, eine Höhendifferenz durchfallen. T. lernte die *Carnot*sche und die sich daran anschließende Abhandlung von *B. P. E. Clapeyron* (1834) kennen, als er 1848 bei *H. V. Regnault* in Paris arbeitete. Es gelang ihm zunächst nicht, den richtigen vom falschen Teil in den *Carnot*schen Überlegungen zu trennen; denn diese standen in Widerspruch zum ersten Hauptsatz der Wärmelehre. *Clausius* dagegen konnte in seiner ersten Arbeit ›Über die bewegende Kraft der Wärme‹ (1850) die *Carnot-Clapeyron*schen Ansichten durch wenige Änderungen mit dem Energieprinzip vereinen. 1852 folgte dann eine Abhandlung T.s, die nun ihrerseits einen Schritt weiter geht. Er spricht darin von der Dissipation oder Zerstreuung der Energie und dem Wärmetod der Welt. In der sich 1854 daran anschließenden Arbeit erkennt *Clausius* die Bedeutung des Quotienten Q/T, gibt dem zweiten Hauptsatz eine mathematische Form und prägt 1865 den Begriff ›Entropie‹. – In seiner Schrift ›Thermoelektrische Ströme‹ (1854) kam T. auf den schon früher bearbeiteten Gedanken zurück, eine absolute Temperaturskala anzugeben in dem Sinne, daß eine spezifische Stoffkonstante, wie z.B. der Ausdehnungskoeffizient von Quecksilber oder eines realen Gases, hier nicht eingeht. Denn nur ein Gasthermometer, das mit verdünntem Wasserstoffgas gefüllt ist, kommt den Eigenschaften eines idealen Gases genügend nahe. Zur Festlegung seiner absoluten thermodynamischen Skala benutzte T. den *Carnot*schen Kreisprozeß. Das Verhältnis zweier absoluter Temperaturen kann aus dem Quotienten zweier Wärmemengen, also auf energetischem Wege, bestimmt werden. – Die absolute Temperatur T wird in °K (Kelvin) gemessen.

T. war mit *J. P. → Joule* (und auch mit *H. von → Helmholtz*) freundschaftlich verbunden; bei Drosselversuchen fanden beide Forscher den nach ihnen benannten Effekt (Joule-T.-Effekt), der aussagt, daß bei den realen Gasen eine kleine Temperaturdifferenz vor und hinter der Drosselstelle besteht. Dieser Effekt hat für die technische Gasverflüssigung große Bedeutung erlangt. Zur mechanischen Erklärung der elektromagnetischen Vorgänge im Äther entwickelte T. mehrere Modelle, z.B. das des quasirigiden Äthers. Von *Helmholtz* angeregt, schuf er 1867 das Wirbelatommodell. Es zeigte eine Möglichkeit an, die Materie allein durch Bewegung eines kontinuierlichen Mediums zu individualisieren. [Wiederkehr]

Werke: Collected Mathematical and Physical Papers (6 Bde, Cambridge 1892–1911); Popular Lectures and Addresses (London 1889, 3 Bde ²1891–1894; Bd 1 auch deutsch, Berlin 1891); Lord Kelvin's Baltimore Lectures and Modern Theoretical Physics, hrsg. von R. Kargon/P. Achinstein (Cambridge, Mass. 1987). – *Bibl.*: D. B. Wilson: Catalogue of the Manuscript Collections of Sir Gabriel Stokes and W. T., Baron Kelvin of Largs, in the Cambridge University Library (Cambridge 1976); Kelvin Pepers: Index to the Manuscript Collection of W. T., Baron Kelvin, in the Glasgow University Library (Glasgow 1977). – *Lit.*: DSB XIII, 374–388 (J. Z. Buchwald; mit Bibl.); GPh I, 431–443 (X. Roqué); S. P. Thompson: The Life of W. T., Baron Kelvin of Largs (2 Bde, London 1910; mit Bibl.); J. D. Burchfield: Lord Kelvin and the Age of the Earth (New York 1975, Chicago ²1990); D. B. Wilson: Kelvin and Stokes. A Comparative Study in Victorian Physics (Bristol 1987); C. W. Smith/M. N. Wise: Energy and Empire. A Biographical Study of Lord Kelvin (Cambridge 1989); P. Tunbridge: Lord Kelvin, His Influence on Electrical Measurement and Units (London 1992).

Torricelli, Evangelista, italienischer Physiker und Mathematiker, * 15.10.1608 vermutlich Faenza, † 25.10.1647 Florenz.

T. genoß den ausgezeichneten Unterricht eines Mitarbeiters *G. → Galilei*s, des seinerzeit sehr bekannten gelehrten Benediktiners und Mathematikprofessors am Collegio Romano *Benedetto Castelli*. Schon 1632 begann T., mit *Galilei* selbst in briefliche Verbindung zu treten. Eine erste, ungedruckt gebliebene Abhandlung aus dem Jahr 1641 über die Bewegung knüpfte unmittelbar an dessen ›Discorsi‹ an. Der 78jährige, erblindete *Galilei* ließ noch im gleichen Jahr T. als seinen Gehilfen nach Florenz kommen. Doch schon drei Monate später schloß der große Meister für immer die Augen. Nun berief Großherzog Ferdinand II. T. als Mathematikprofessor an die Universität Florenz. Auch hier bewährte sich T. und erfüllte alle in ihn gesetzten Erwartungen auf das schönste, bis ihn nach fünfjähriger Tätigkeit ein tödliches Fieber hinwegraffte.

Im Jahr 1644 erschien zu Florenz T.s Hauptwerk ›Opera geometrica‹. Darin behandelte der Verfasser infinitesimalmathematische Aufgaben mit großem Geschick durch Vereinigung archimedischer mit cavalierischen Methoden (→ *Archimedes*; *Francesco Bonaventura Cavalieri* [* 1598 (?) Mailand, † 3.12.1647 Bologna]). Zur Bestimmung von Kurventangenten arbeitete er mit der mechanischen Tangentenregel, die darauf beruht, daß man sich die Kurve durch die (ebene) Bewegung eines Punktes erzeugt denkt, die in ihre Komponenten zerlegt wird. Darin waren seine Vorstellungen denen des französischen Mathematikers *Giles Persone de Roberval* (* 8.8.1602 Roberval [bei Beauvais], † 27.10.1675 Paris) verwandt, doch dessen später gegen den Italiener vorgebrachten Anschuldigungen, T. habe ein Plagiat begangen, waren ungerechtfertigt.

Die ›Opera geometrica‹ enthalten u.a. eine wichtige hydrodynamische Untersuchung T.s über den Ausfluß von Wasser aus Gefäßöffnungen unter dem Einfluß der Schwerkraft. Hier wird das T.sche Gesetz formuliert, wonach die Ausflußgeschwindigkeit proportional zur Quadratwurzel aus der Flüssigkeitshöhe über der Ausflußöffnung ist. Also verhält sich das ausströmende Wasser ebenso wie ein geworfener fester Körper nach *Galilei*s Fallgesetz, und ein durch eine seitliche Öffnung austretender Wasserstrahl nimmt eine parabolische Gestalt an.

Die berühmten barometrischen Versuche T.s und *Vincenzo Viviani*s (* 5.4.1622 Florenz, † 22.9.1703 ebenda) wurden angeregt durch die bekannte Tatsache, daß eine Saugpumpe Wasser nur bis etwa 10 m hochziehen kann. *Galilei* selbst hatte noch Versuche mit schweren Flüssigkeiten angeregt. T. und seine Mitarbeiter fanden bei Experimenten mit einer einseitig geschlossenen, anfangs ganz mit Quecksilber gefüllten Röhre, deren offenes Ende in ein ebenfalls mit Quecksilber gefülltes Gefäß eingetaucht wurde, daß die Quecksilbersäule sich unabhängig von der Neigung der Röhre auf etwa 760 mm einstellt. Also konnte nicht, wie zuvor angenommen wurde, der ›horror vacui‹, die Furcht der Natur vor dem Vakuum, der Grund für das Verharren des Quecksilbers sein; denn warum sollte dieser ›horror‹ nur bis zu einer bestimmten Höhe wirken können? Die richtige Schlußfolgerung, der äußere Luftdruck müsse dafür verantwortlich sein, wurde bald darauf von *B.* → *Pascal* in weiteren Experimenten erhärtet. An der Existenz eines Vakuums (über der Quecksilbersäule) konnte nun nicht länger gezweifelt werden. Besonders eindrucksvoll zeigten dann die Magdeburger Versuche *O. von* → *Guericke*s, welche Kräfte durch die Erzeugung eines luftleeren Raumes innerhalb der unter Atmosphärendruck stehenden Umgebung zur Wirkung kommen können.

[Scriba]

Werke: Opere, hrsg. von G. Luria/G. Vassura (4 Bde in 5, Faenza 1919–1944); Opere scelte, hrsg. von L. Belloni (Turin 1975). – *Lit.*: DSB XIII, 433–440 (M. Gliozzi); B. Caldonazzo u.a.: E. T. (Florenz 1951); Convegno di studi Torricelliani in occasione del 350 anniversario della nascita di E. T. (Faenza 1958); F. de Gandt (Hrsg.): L'œuvre de T. Science galiléenne et nouvelle géometrie (Paris 1989).

Tschebyschow, *Pafnutij* Lwowitsch, russischer Mathematiker, * 16. (nicht 14.) 5.1821 [n.St.] Okatovo [Gouvernement Kaluga], † 8.12.1894 [n. St.] St. Petersburg.

Tsch. wuchs im Kreis einer großen Geschwisterschar auf dem elterlichen Landgut in Okatovo am Oka in der mittelrussischen Platte auf, bis die Familie 1832 wegen der besseren Ausbildungsmöglichkeiten in das 150 km nordöstlich gelegene Moskau zog. Durch Privatunterricht gut vorbereitet, nahm der Sechzehnjährige das Studium der Mathematik und Physik auf und wurde 1841 für eine Arbeit, in der er das Newton-Raphsonsche Verfahren zur näherungsweisen Bestimmung einer Gleichungswurzel verallgemeinerte, mit einer Silbermedaille ausgezeichnet. Nachdem er bereits erste Arbeiten im ›Journal des mathématiques pures et appliquees‹ und in *A. L. Crelle*s ›Journal für die reine und angewandte Mathematik‹ veröffentlicht hatte, erwarb er mit einer Untersuchung über die elementare Theorie der Wahrscheinlichkeitsrechnung 1846 den Magistergrad. Bereits in diesen frühen Publikationen zeigte sich eine Besonderheit im Schaffen Tsch.s, das Bestreben, mit einfachsten Mitteln möglichst präzise numerische Berechnungen und Abschätzungen durchzuführen.

Da sich in Moskau keine geeignete Stellung anbot, ging Tsch. 1847 an die Universität St. Petersburg, habilitierte sich mit einer Dissertation über die Theorie der Integration mittels Logarithmen und wirkte dort von 1850 bis 1882 als Professor. Ab 1856 außerordentliches und ab 1859 ordentliches Mitglied der Petersburger Akademie der Wissenschaften, entwickelte er über drei Jahrzehnte lang an der Universität eine vielseitige und außerordentlich fruchtbare Lehrtätigkeit. Gestützt auf das Wirken seiner älteren Kollegen *Michail Wasiljewitsch Ostrogradski* (* 24.9.1801 Paschenaia [Poltava], † 1.1.1862 Poltava) und *Wiktor Jakowlewitsch Bunjakowski* (* 16.12.1804 Bar [Gouvernement Podolskaja], † 12.12.1889 St. Petersburg), begründete Tsch. die Petersburger mathematische Schule, aus der eine ganze Reihe bedeutender Mathematiker hervorging. *Ostrogradski* hatte mehrere Jahre in Paris studiert. Auch Tsch., der viele Reisen und Kongreßbesuche in europäische Länder unternahm, hatte gute Kontakte zu französischen und anderen ausländischen Mathematikern. So ergaben sich besonders enge Beziehungen der Petersburger Schule zur französischen Mathematik mit ihrer ausgeprägten Verbindung zwischen Problemstellungen aus der reinen und der angewandten Mathematik.

Bald nach seiner Ankunft in St. Petersburg wurde Tsch. von *Bunjakowski* zur Mitarbeit an der Herausgabe der zahlentheoretischen Arbeiten *L.* → *Euler*s herangezogen, die 1849 in zwei Bänden als ›L. Euleri Commentationes arithmeticae collectae‹, mit systematischem Kommentar der beiden Herausgeber versehen, erschienen. In eigenen Forschungen zur Zahlentheorie knüpfte Tsch. teilweise an *Euler*, teilweise an *A. M. Legendre* an. Er gab verbesserte Abschätzungen für die Anzahl der Primzahlen unterhalb einer gegebenen Zahl, lieferte einen Beweis für die 1845 von *Joseph Bertrand* (* 11.3.1822 Paris, † 5.4.1900 ebenda) ausgesprochene Vermutung, daß zwischen den Zahlen n und 2n–2 (für n>3) stets eine Primzahl liegt, beschäftigte sich mit der Verteilung von Primzahlen in arithmetischen Folgen und mit der Theorie der quadratischen Formen. Viele dieser Untersuchungen wurden in Rußland und anderswo aufgegriffen und weitergeführt.

Fragestellungen, wie sie von *N. H.* → *Abel* und *Ostrogradski* betrachtet worden waren, nahm Tsch. auf, als er sich dem schwierigen Integrationsproblem algebraischer und insbesondere elliptischer Funktionen zuwandte und 1861 für einen gewissen Spezialfall ein wirksames Verfahren angeben konnte. Wesentliche Beiträge lieferte Tsch. zur Theorie der Gelenkmechanismen und der damit zusammenhängenden Approximationstheorie von Funktionen, wodurch er zum Begründer der ›konstruktiven Funktionentheorie‹ wurde. Im Maschinenzeitalter war die Umwandlung gradliniger in kreisförmige Bewegungen und umgekehrt zu einem wichtigen technischen Problem geworden – schon *J. Watt* hatte zur Geradführung des Kolbens an der Dampfmaschine das nach ihm benannte Parallelogramm erfunden. Tsch. legte die Grundlage für eine allgemeine Theorie der Approximation durch Polynome, stieß dabei unter anderem auf die nach ihm benannten Polynome und gab einen für die Praxis brauchbaren, aus vier Teilen bestehenden Geradführungsmechanismus an. – Zusammen mit *Bunjakowski* steht Tsch. auch am Beginn der bis in die Gegenwart aktiven russischen Schule der Wahrscheinlichkeitstheorie. Er trug nicht nur zur Klärung grundlegender Begriffe bei, sondern verallgemeinerte auch so wichtige Sätze wie das zuerst von *Jakob I → Bernoulli* formulierte Gesetz der großen Zahlen und den zentralen Grenzwertsatz von *Abraham de Moivre* (* 26.5. 1667 Vitry-le-François, † 27.11.1757 London) und *P. S. de → Laplace*. Die von ihm eingeleiteten Untersuchungen wurden später von seinen Schülern weitergeführt.

Durch Tsch.s Wirksamkeit gewann die Mathematik in Rußland wieder jene Breite und Vielseitigkeit, die sie unter *L. Euler* im 18. Jahrhundert schon einmal besessen hatte. Zugleich knüpfte der Petersburger Mathematiker, bevor er sich 1882 ganz auf die wissenschaftliche Arbeit an der Akademie zurückzog, auf vielen Reisen enge Beziehungen zur Mathematik im westlichen Ausland, die auch die von ihm begründete Schule hervorragender Mathematiker nicht wieder abreißen ließ. Tsch. selbst empfing für seine Leistungen zahlreiche Auszeichnungen aus dem In- und Ausland. So wurde er zum ersten ausländischen Mitglied der Académie des Sciences in Paris gewählt (1874), war Mitglied der Akademien in Berlin und Bologna, der Royal Society in London sowie der Schwedischen Akademie der Wissenschaften.

[Scriba]

Werke: Œuvre, hrsg. von A. A. Markoff / N. Sonin (2 Bde, St. Petersburg 1899–1907; Nachdruck: New York 1962); Polnoe sobranie sočinenij, hrsg. von S. N. Bernschtein u.a. (5 Bde, Moskau/Leningrad 1944–1951). – *Lit.*: DSB III, 222–232 (A. P. Juskevic); A. Wassilieff / N. Delaunay: P. L. T. und seine wissenschaftlichen Leistungen (Leipzig 1900; zuerst französ. 1898).

U

Uexküll, *Jakob* Johann, Freiherr von, deutscher Biologe baltischer Herkunft, * 8.9.1864 Gut Keblas [Estland], † 25.7.1944 Capri.

Der aus einem baltischen Adelsgeschlecht stammende U. studierte 1884 bis 1890 in Dorpat Zoologie und führte dann physiologische Untersuchungen (besonders an Meerestieren) 1890 bis 1900 in Heidelberg als freier Wissenschaftler bei dem Physiologen *Wilhelm Kühne* (* 28.3. 1837 Hamburg, † 10.6.1900 Heidelberg) und 1892 bis 1902 während der Wintermonate an der Zoologischen Station in Neapel durch. Der Privatgelehrte U. hat nie eine akademische Prüfung abgelegt, dennoch erhielt er aufgrund seiner Arbeiten zur Physiologie und Verhaltensforschung drei Ehrendoktortitel (1907 Dr. med. – Heidelberg; 1934 Dr. phil. – Kiel; 1936 Dr. rer. nat. – Utrecht); 1925 wurde er Honorarprofessor an der Universität Hamburg und leitete bis 1940 das von ihm gegründete ›Institut für Umweltforschung‹.

Seine muskel- und nervenphysiologischen Untersuchungen an Fröschen, Fischen und Wirbeltieren führten U. zur Aufstellung eines Funktionskreises, in dem die Reaktionen eines Tieres auf seine Umgebung zusammengefaßt werden: Das Tier nimmt aus der es umgebenden ›Merkwelt‹ vermittels seiner Rezeptoren Reize auf; es kann nur einen bestimmten Teil seiner Umgebung erfassen, den U. als ›Umwelt‹ bezeichnet. Die aufgenommenen Reize werden in Nervenerregungen umgewandelt und in der »Innenwelt des Subjektes« dem ›Merkorgan‹, d.h. dem zuständigen Teil des Gehirnes, zugeleitet. Dort werden die Impulse zu einem anderen Teil des Gehirnes, dem ›Wirkorgan‹, weitergeleitet, das die Reaktion einleitet. Wenn die Reize zu den ›Effektoren‹ (z.B. den Extremitäten) gelangen und diese am ›Wirkmal-Träger‹ (z.B. einem Beutetier) angreifen, ist der Funktionskreis geschlossen. Ziel der Umweltforschung ist seit U. die Erfassung der Umwelt in Bau-Leistungs-Korrelationen, die zur Aufstellung von Verhaltenstypen mit subjektspezifischen Prinzipien führt. Die Diskussion dieser Methode innerhalb der vergleichenden Verhaltensforschung ist bis heute nicht abgeschlossen. [Bäumer-Schleinkofer]

Werke: A Stroll through the Worlds of Animals and Men, hrsg. von T. von Uexküll (Berlin usw. 1992). – *Bibl.*: F. Brock: Verzeichnis der Schriften J. J. v. U.s und der aus dem Institut für Umweltforschung in Hamburg hervorgegangenen Arbeiten. In: *Sudhoffs Archiv* 27 (1934), 204–212. – *Lit.*: DSB XV, 503–505 (T. von Uexküll); GWG XI, 732–745 (J. Illies); G. von Uexküll: J. von U., seine Welt und seine Umwelt. Eine Biographie (Hamburg 1964); J. Schmidt: Die Umweltlehre J. von Ue.s in ihrer Bedeutung für die Entwicklung der vergleichenden Verhaltensforschung (Diss. Marburg 1980); C. Helbach: Die Umweltlehre J. von U. (Diss. Aachen 1989).

V

Varenius, Bernhard, Begründer der neuzeitlichen Geographie, * Ende 1621, wahrscheinlicher Anfang 1622 Hitzacker [an der Elbe], † 1650/55 Leiden.

Der Vater V.' war Hofprediger des Herzogs von Braunschweig-Lüneburg in Hitzacker, in welcher Eigenschaft er auch bei der Verlegung der Residenz später mit seiner Familie nach Uelzen übersiedelte. V. besuchte an beiden Orten die Schule und studierte dann vermutlich kurz in Helmstedt, bevor er sich als 18jähriger am 1.4.1640 am Akademischen Gymnasium von Hamburg einschreiben ließ. Der Unterricht war hier unter der Leitung von *J.* → *Jungius* besonders in Logik, Mathematik und in den naturwissenschaftlichen Fächern von beträchtlich höherem Niveau, als es die meisten zeitgenössischen Universitäten bieten konnten. Trotzdem zieht V. Mitte 1643 zusammen mit seinem älteren Bruder, der später Theologieprofessor in Rostock wurde, nach Königsberg, um Medizin zu studieren. Der schlechte Unterricht bewog ihn nach vier Semestern, an eine der holländischen Hochschulen zu wechseln; er ging erst nach Amsterdam und setzte dann sein Medizinstudium in Leiden fort. Bald war er jedoch gezwungen, sich nach einem Broterwerb umzusehen, da seine Familie in den heimatlichen Wirren des Dreißigjährigen Krieges Hab und Gut verloren hatte. Er nahm eine Hofmeisterstelle in Amsterdam an, kündigte diese jedoch nach zwei Jahren Ende 1647, um sich mit einer Schrift über mathematische Kurven um die vakante Mathematikprofessur am Akademischen Gymnasium von Amsterdam zu bewerben. Sein Gesuch blieb allerdings ohne Erfolg; und da seine Ersparnisse schnell aufgebraucht waren, er aber eine selbständige Stellung anstrebte, nahm er sein Medizinstudium wieder auf und promovierte bereits nach einem Jahr am 22.6. 1649. Als praktischer Arzt war er jedoch nie tätig gewesen, vielmehr begann jetzt eine kurze, aber reichhaltige schriftstellerische Tätigkeit. Vermutlich 1650 starb V. aufgrund maßloser Überarbeitung – jedenfalls erwähnt ihn *Jungius* 1655 als tot.

1649 erschienen innerhalb einer von Elzevier in Amsterdam herausgegebenen, auf guten Verkauf abgestellten historisch-geographischen Reihe von V.' Hand eine Japankunde und ein Werk über die Religionen Japans, 1650 schließlich seine ›Geographia generalis‹. Die Widmung datiert vom 1.8.1650; und dieses ist das letzte bekannte Datum aus V.' Leben. Bereits angekündigte Werke sind nicht mehr erschienen. Unter diesen geplanten Büchern befand sich unter anderem auch eine ›Geographia specialis‹, dem im Eingangskapitel der ›Allgemeinen Geographie‹ mitgeteilten Programm nach eine vergleichende Länderkunde und systematische Regionalanalyse, wie sie erst sehr viel später ausgeführt wurden. Im Verein mit diesem Programm macht ihn die fertiggestellte ›Geographia generalis‹ zum Begründer der wissenschaftlichen Geographie der Neuzeit. Mit seiner streng systematischen Scheidung von allgemeiner und spezieller Erdkunde geht er nämlich weit über die Leistungen, ja Absichten seiner Zeitgenossen hinaus; und das Wunderbare daran ist, daß ihm dies ebenso wie der geniale Entwurf eines mathematisch-physikalischen Gesamtbildes der Erde von bis dahin unerreichter Geschlossenheit nach höchstens einjähriger Arbeit gelang – selbst wenn man bedenkt, daß sein systematisches und naturwissenschaftliches Denken die *Jungius*-Schulung verrät und daß Amsterdam der Sammelplatz der neuesten Nachrichten aus Übersee war. Die ›Geographia generalis‹ wurde bald zu einem für lange Zeit maßgeblichen Handbuch und erfuhr, was für ein epochemachendes naturwissenschaftliches Werk ohne Beispiel ist, innerhalb der nächsten hundert Jahre neben sieben Gesamtausgaben (darunter eine erstmals 1672 erschienene Bearbeitung von *I.* → *Newton*) und zehn Ausgaben einer französischen Bearbeitung teils mehrfach aufgelegte Übersetzungen ins Russische, Englische, Holländische und Französische.

[Krafft]

Bibl.: G. Lange: Das Werk des V. Eine kritische Gesamtbibliographie. In: *Erdkunde* 15 (1961), 1–18. – *Lit.*: DSB XIII, 583 f. (V. L. Bullough); S. Günther: V. (Leipzig 1905; Nachdruck: Amsterdam 1970); R. Kastrop: Ideen über die Geographie und Ansatzpunkte für die moderne Geographie bei V. (Diss. rer. nat. Saarbrücken 1972); M. Büttner: Die Geographia generalis vor V. (Wiesbaden 1973).

Vesalius, Andreas (latinisiert aus *André Vésale*), niederländischer Anatom, * Neujahrsnacht 1514/15 Brüssel, † 15.[?] 10.1564 Insel Zakynthos [Griechenland].

V. stammte aus einer über mehrere Generationen bekannten Arztfamilie; sein Vater war Leibapotheker Karls V. Diese Tradition und Aufgeschlossenheit waren es wohl, die ihn schon mit 14 Jahren die Schriften → *Albert*s *des Großen* studieren und ohne Anleitung kleine Tiere sezieren ließen, während die Schule, welche er vom 7. bis zum 17. oder 18. Lebensjahr in Löwen besuchte, sich, wie es in dieser Zeit üblich war, jeden mathematischen und naturwissenschaftlichen Stoffes enthielt. 1533 begann V. mit dem Medizinstudium in Paris, sezierte auch hier selbständig Tiere und suchte auf dem Friedhof und Richtplatz Knochen zum Selbststudium des menschlichen Skelettes. Das so erworbene Wissen machte ihn schnell bekannt: Als 21jähriger Student durfte er erstmals die öffentliche Sektion einer Leiche leiten und beschränkte sich dabei nicht wie die Professoren auf das bloße Dozieren – welches jene zudem ohne Berücksichtigung des anatomischen Befundes aus den Schriften des → *Galenos* taten –, sondern sezierte und demonstrierte auch selbst, während jene diese unter ihrer Würde stehende Tätigkeit stets ungebildeten Barbieren überlassen hatten. Diese Bestrebungen zur Reform des anatomischen Unterrichtes setzte V. 1536 in Löwen fort; er ging dann 1538 nach Venedig und bald darauf nach Padua, wo er mit Glanz zum Doktor der Medizin promovierte und bereits am Tage nach der Promotion mit dem Unterricht der Chirurgie beauftragt wurde, welcher auch die Anatomie beinhaltete. 1544 wurde er zum Leibarzt Karls V. ernannt und widmete sich seitdem ausschließlich und mit großem Erfolg der praktischen Medizin. Er hatte den Kaiser auf seinen Reisen und Feldzügen zu begleiten und wurde nach dessen Abdankung 1556, inzwischen zum Pfalzgrafen ernannt, auch Leibarzt seines Nachfolgers Philipp II., dem er 1559 nach Madrid folgte. Auf einer

Reise nach Jerusalem, deren Motiv unbekannt ist, starb er an einem nicht bekannten Ort auf der Insel Zakynthos.

Die wenigen Jahre seiner theoretischen Tätigkeit in Padua von 1538 bis 1544 hatten ihm jedoch im Gegensatz zu einigen gleichgesinnten zeitgenössischen Kollegen ausgereicht, die neuzeitliche Anatomie zu begründen. Die Sektion diente ihnen nämlich nicht mehr zur bloßen Demonstration des im Text von *Galenos* – oft anders – Gesagten, sondern der Erforschung des menschlichen Körpers. Auch V. konnte natürlich nicht alle Irrtümer des *Galenos* sofort als solche erkennen, wie besonders deutlich die Unterschiede zwischen einigen 1538 zu Unterrichtszwecken gedruckten Schautafeln und seinem 1543 erschienenen, der Anatomie neue Wege weisenden großen Werk ›De humani corporis fabrica‹ zeigen. Doch erlaubten ihm die Beobachtungen an eigenhändig sezierten Körpern von Menschen und Tieren und das gleichzeitige, durch die Mitarbeit an einer kritischen Gesamtausgabe bedingte gründliche Studium der Schriften des *Galenos* nicht nur, auf dessen Irrtümer hinzuweisen, sondern auch zu erklären, wie der von ihm hochgeschätzte antike Arzt zu seinen falschen Ansichten gekommen war: Er hatte Hunde und Affen seziert und deren Anatomie aus einer anderen Einstellung zum Faktum heraus unbekümmert auf den Menschen übertragen. Daß viele Mediziner selbst danach noch auf der Richtigkeit der Angaben dieser jahrhundertealten medizinischen Autorität beharrten und Abweichungen im anatomischen Befund als singulär oder auf einer Veränderung des menschlichen Körpers seit *Galenos* beruhend wegdisputierten, läßt die Leistungen V.' und seine neue Auffassung und Wertung des empirisch Wahrgenommenen, die auch in der Neuartigkeit der naturgetreuen bildlichen Darstellung gegenüber dem älteren reinen Funktionsschema zum Ausdruck kommt, vor dem Hintergrund der Medizin seiner Zeit in nur noch hellerem Licht erscheinen.

[Krafft]

Werke: Opera omnia anatomica et chirurgica (2 Bde, Leiden 1725). – *Bibl.*: H. Cushing: A Bio-bibliography of A. V. (New York 1943, New York/London ²1962); C. D. O'Malley: A Review of Vesalian Literature. In: *History of Science* 4 (1965), 1–14. – *Lit.*: DSB XIV, 3–12 (C. D. O'Malley); GWG V, 98–111 (G. Rath); KMed I, 113–129 (M. Putscher); G. Spina: A. V., vita e opere (Rom 1957); C. D. O'Malley: A. V. of Brussels, 1514–1564 (Berkeley/Los Angeles 1965); G. A. Lindeboom: A. V. and His *opus magnum.* A Biographical Sketch and an Introduction to the *Fabrica* (Nieuwendijk 1975; mit Faksimile der ›Fabrica‹ von 1543); J. B. de C. M. Saunders/C. D. O'Malley: The Anatomical Drawings of A. V. with Annotations and Translations. A Discussion of the Plates and Their Background, Authorship, and Influence, and a Biographical Sketch of V. (New York 1982); R. Huard/M. J. Imbault-Huard: A. V. Iconographie anatomique (Fabrica, Epitome, Tabulae sex) (Paris 1983); M. Reinecke: Vergleich der anatomisch-physiologischen Schriften Galens mit der Fabrica Vesals (Münster 1996).

Virchow, Ludwig *Rudolf* Carl, deutscher Pathologe, Anthropologe und Politiker, * 13.10.1821 Schivelbein [Pommern], † 5.9.1902 Berlin.

V. studierte in Berlin, wo er Schüler von *J. P. → Müller* und *Johann Lukas Schönlein* (* 30.11.1793 Bamberg, † 23.1.1864 ebenda) war, Medizin und war an der dortigen Charité Assistent und Prosektor, bevor er 1849 als ordentlicher Professor für pathologische Anatomie an die Universität Würzburg sowie 1856 an die Universität Berlin berufen wurde und hier an der Charité das fortan von ihm geleitete Pathologische Institut gründete. V. war in seinem Denken liberal, antiklerikal und aufklärerisch und engagierte sich stark sozial-kulturell; er verstand die Medizin daraufhin auch als eine soziale Wissenschaft und hatte 1848 wegen eines kritischen Berichts über die sozialen Ursachen der oberschlesischen Typhusepidemie (›Hungertyphus‹) sein Amt an der Charité verloren. In Berlin hat er sich später stets auch intensiv politisch betätigt; er wurde 1862 in den Preußischen Landtag sowie 1880 für die Fortschrittspartei (die er 1861 mitbegründet hatte) in den Reichstag gewählt, wo er sich zwar nicht ausschließlich, aber schwergewichtig Fragen der öffentlichen Gesundheitspflege widmete, und war hier ein erbitterter Gegner Bismarcks. Während der Auseinandersetzungen um den Einfluß der (katholischen) Kirche prägte er den Ausdruck ›Kulturkampf‹. 1884 trat er der Freisinnigen Partei bei.

V. hat wesentlichen Anteil am Übergang von der in Deutschland stark naturphilosophisch orientierten zur naturwissenschaftlichen Medizin (›Die naturwissenschaftliche Methode und die Standpunkte in der Therapie‹, 1849); von da her versteht sich auch seine Übertragung der aktuellsten biologischen Theorie *T.* → *Schwanns* auf pathologische Zustände, die aber wiederum auch durch sein politisches und soziales Staatsverständnis geprägt war: Er faßte den Körper als einen ›Zellstaat‹ auf, in dem sämtliche Krankheiten ihre Ursachen im Geschehen auf Zellebene hätten; denn (1855): »omnis cellula e cellula«, »jede Zelle entsteht aus einer Zelle«. Krankheit ist geschwächtes Leben, Abbruch am Gesamtleben des ›Zellstaates‹, so daß eine krankhafte Einwirkung nie alle lebenden Teile zugleich trifft, sondern an einer Stelle beginnt: »Jede Störung hat einen lokalen Anfang, einen anatomischen Sitz«, wie er in den einleitenden Seiten des von ihm herausgegebenen ›Handbuchs der speziellen Pathologie und Therapie‹ (1854 ff.) betont. Mit dieser in dem Buch ›Die Cellularpathologie in ihrer Begründung auf physiologische und pathologische Gewebelehre‹ 1858 zusammengefaßten Zellularpathologie V.s wurde die seit → *Galenos* herrschende Humoralpathologie endgültig überwunden; seine auf dieser Basis entstandenen Arbeiten über Entzündungen, Tumoren und Metastasen, über Embolie und Thrombose – diese Begriffe wurden von ihm geprägt und die drei Faktoren der Entstehung von Thrombosen werden noch heute als V.-Trias bezeichnet – bildeten Meilensteine der Medizin. Die einseitige Ursachenlehre machte ihn allerdings auch blind für die Vorstellung einer parasitären Verursachung von Krankheiten, so daß er der Bakteriologie *R.* → *Koch*s äußerst skeptisch gegenüberstand. Schon früh schuf er sich als Forum für seine Art medizinischer Forschung das Periodikum ›Archiv der pathologischen Anatomie, Physiologie und klinischen Medizin‹ (1847), die später ›V.s Archiv‹ genannt wurde, und für die sozialmedizinischen Aspekte die Zeitschrift ›Die medizinische Reform‹. Später kamen Arbeiten zur Anthropologie, zur Ethnographie und Archäologie hinzu. [Krafft]

Werke: Gesammelte Werke aus dem Gebiet der öffentlichen Medizin und der Seuchenlehre (2 Bde, Berlin 1879); Sämtliche Werke, hrsg. und bearbeitet von C. Andree (71 Bde in IV Abteilungen, Bern usw. 1992 ff.); Die Korrespondenz zwischen Heinrich Schliemann und R. V., 1876–1890, hrsg. von J. Herrmann (Berlin 1990); Anton Dohrn und R. V. Briefwechsel 1864–1902, hrsg. von C. Groeben (Berlin 1992); R. V. und Emil du Bois-Reymond, Briefe 1864–1894, hrsg. von K. Wenig (Marburg 1995). – *Bibl.*: J. Schwalbe (Hrsg.): V.-Bibliographie 1843–1901 (Berlin 1901); Pogg. VII a Suppl., 720–731. – *Lit.*: GMikro II, 423–433 (E. Rosner); DSB XIV, 39–44 (G. B. Risse); GWG VIII, 368–383 (W. Leibbrand); KMed II, 203–215 (G. Mann); E. H. Ackerknecht: R. V., Arzt, Politiker, Anthropologe (Stuttgart 1957; zuerst engl., Madison 1953); G. Hiltner: R. V., ein weltgeschichtlicher Brennpunkt im Werdegang von Naturwissenschaft und Medizin (Stuttgart 1970); K. Winter: R. V. (Leipzig 1976, ²1977); C. Andree: R. V. – Theodor Billroth (Kiel 1979); R. G. Mazzolini: Politisch-biologische Analogien im Frühwerk R. V.s (Marburg 1988); M. Vasold: R. V., der große Arzt und Politiker (Stuttgart 1988); H. David u.a.: R. V. und die Medizin des 20. Jahrhunderts (München

1993); H. Schipperges: R. V. (Reinbek bei Hamburg 1994).

Vogel, Hermann Carl, deutscher Astrophysiker, * 3.4.1842 Leipzig, † 13.8.1907 Potsdam.

Bis 1860 besuchte V. die unter der Leitung seines Vaters stehende Bürger- und Realschule in Leipzig und begann dann mit dem Studium am Polytechnikum in Dresden. Nachdem seine Eltern gestorben waren und er sich seinen Lebensunterhalt selbst verdienen mußte, nahm 1863 eine ältere Schwester ihn in Leipzig auf, wo er sein Studium der Mathematik, Physik und Astronomie fortsetzen konnte und 1865 zweiter Assistent an der Sternwarte wurde. Er widmete sich hier speziell der Positionsbestimmung von Nebeln und Sternhaufen, worüber er auch 1870 in Jena promovierte. Noch im selben Jahr ging V. auf Empfehlung seines Leipziger Lehrers *C. C. Bruhn*s nach Bothkamp bei Kiel und übernahm die Leitung der dort errichteten Privatsternwarte des Kammerherrn von Bülow. Er hatte das Glück, das Instrumentarium hier nach eigenen Wünschen ergänzen zu dürfen, und richtete die Sternwarte speziell zur Durchführung spektroskopischer Untersuchungen, wie sie gerade damals langsam aufkamen, ein. Durch V.s Bothkamper-Arbeiten wurde nicht nur die kleine Sternwarte schnell weltweit bekannt, sondern auch ihr Leiter selbst, so daß er 1874 am geeignetsten erschien, als Observator am neuen Astrophysikalischen Observatorium zu wirken, dessen Errichtung bei Potsdam beschlossen worden war. V. erhielt gleichzeitig den Auftrag, an der Planung der instrumentellen Ausrüstung mitzuwirken, und unternahm zur Ergänzung der selbst gewonnenen Erfahrungen eine Informationsreise zu den englischen Sternwarten, die ihn unter anderem mit *G. B. → Airy* und *W. → Huggins* zusammenführte. Während der ersten Baujahre wohnte V. noch in Berlin, richtete sich an der dortigen Sternwarte ein kleines Laboratorium ein und konnte auch den Refraktor benutzen. Er untersuchte hier hauptsächlich die Sonnenatmosphäre und die Ursachen für die Helligkeitsverteilung auf der Sonnenscheibe. 1877 siedelte er nach Potsdam über und begann jetzt, sich intensiv mit Fixsternspektralanalysen zu beschäftigen, für die er die instrumentellen Voraussetzungen laufend vervollkommnen und ergänzen konnte, so daß das Potsdamer Observatorium in Europa stets führend blieb. Die Leitung des Observatoriums, die ihm 1882 übertragen wurde, und die Sorge für den instrumentellen Ausbau ließen ihm dann nicht mehr die Zeit zu umfassenden eigenen Beobachtungen. 1892 wurde V. zum Mitglied der Preußischen Akademie gewählt, nachdem schon mehrere ausländische Akademien ihn aufgenommen hatten.

In Bothkamp führte V. visuelle Beobachtungen der Spektren von Sonne, Planeten, Kometen, Nebeln, Fixsternen und Nordlichtern durch und versuchte auch bereits im Anschluß an *Huggins*, nach dem Dopplerschen Prinzip (*A. C. → Doppler*) Radialgeschwindigkeiten einiger der hellsten Fixsterne spektroskopisch zu ermitteln – hierin sollte ihm mit der Konstruktion des ersten Sternspektrographen auf photographischer Basis, der die gesamte junge Astrophysik auf neue Grundlagen stellte, 1888 der entscheidende Durchbruch gelingen. Und das genaue Messen von Radialgeschwindigkeiten der Sterne mittels eigens entwickelter Methodik blieb dann auch eines seiner und seiner Potsdamer Mitarbeiter Hauptarbeitsgebiete. Daneben unternahm er eine erste Durchmusterung von über 4000 Sternen der Zone zwischen −1° und +20° Deklination, teilte sie in Spektraltypen ein, die eine Modifikation jener *A. → Secchi*s darstellten und später durch die Harvardklassifikation ersetzt wurden (*E. C. → Pickering*), setzte dieses Unternehmen aber nicht fort, als sich der erhoffte Zusammenhang zwischen Sternfarbe und -spektrum nicht ergab. – Die wohl folgenreichste Entdeckung gelang ihm mit Hilfe des neuen Spektrographen, nämlich der Nachweis, daß der veränderliche Stern Algol ein sogenannter Bedeckungsveränderlicher Stern ist. Genaue Messungen an den Spektralaufnahmen, die er in den Jahren 1888 bis 1891 zusammen mit *Julius Scheiner* (* 25.11.1858 Köln, † 20.12.1913 Potsdam) durchführte, der 1887 nach Potsdam gekommen war und 1894 auch Professor in Berlin wurde, hatten die Vermutung einer mit dem Lichtwechsel periodisch zusammenhängenden Spektrallinienverschiebung bestätigen können, womit erstmals der Nachweis eines visuell nicht auflösbaren Doppelsterns geglückt war und das Studium der Veränderlichen in ein neues Stadium trat.

[Krafft]

Bibl.: Pogg. VII a Suppl., 732. – *Lit.*: DSB XIV, 54–57 (D. B. Herrmann); G. Müller: H. C. V. In: *Vierteljahrsschrift der Astronomischen Gesellschaft* 42 (1907), 323–339.

Vogt, Carl, deutsch-schweizerischer Naturhistoriker, * 5.7.1817 Gießen, † 5.5.1895 Genf.

V. wollte zunächst Chemiker werden und begann daher 1833 sein Studium in Gießen als Schüler bei *J. von → Liebig*. 1835 ging er jedoch nach Bern und wandte sich dort dem Studium der Medizin zu, angeregt durch den Unterricht des bekannten Anatomen und Physiologen *Gabriel Gustav Valentin* (* 8.7.1810 Breslau, † 24.5.1883 Bern). Nach der Promotion 1839 schloß er sich dem Arbeitskreis um *L. → Agassiz* in Neuchâtel an. Wesentliche Teile von dessen Werk ›Histoire naturelle des poissons d'eau douce‹ stammen von V., der in diesen Jahren unter anderem auch seine ›Untersuchungen über die Entwickelung der Geburtshelferkröte‹ verfaßte. 1844 bis 1846 lebte er in Paris und schrieb dort seine ›Physiologischen Briefe für Gebildete aller Stände‹ sowie sein ›Lehrbuch der Geologie und Petrefaktenkunde‹ (2 Bde, 1846/47), das zum Teil auf den von ihm an der École des Mines gehörten Vorlesungen des französischen Geologen *Léonze Elie de Beaumont* (* 25.9.1798 Canon [Dép. Calvados], † 21.9.1874 ebenda) beruht. Danach ging er nach Italien, wo er sich auch mit der Tierwelt des Mittelmeeres beschäftigte. 1847 konnte er sich in Gießen für das Fach Zoologie habilitieren. Als einer der führenden Männer der Revolution von 1848 – V. war in die Reichsregentschaft gewählt worden – mußte er Deutschland verlassen und lebte zunächst erneut in Bern, dann in Nizza, wieder mit zoologischen Untersuchungen beschäftigt. 1852 wurde V. als Professor für Geologie nach Genf berufen und erhielt dort später auch die Professur für Zoologie. Auch in der Schweiz war V. politisch tätig; er wurde Mitglied des Großen Rates und 1878 zum eidgenössischen Ständerat gewählt.

V. ist bekannt geworden durch eine Reihe populärwissenschaftlicher Werke, vor allem aber als aggressiver Verfechter einer materialistischen Weltanschauung, wie sie außer von ihm auch von dem deutschen Arzt *Ludwig Büchner* (* 28.3.1824 Darmstadt, † 28.3.1899 ebenda) und dem niederländischen Physiologen *Jacob Moleschott* (* 9.8.1822 Hertogenbosch [Holland], † 20.5.1893 Rom) vertreten wurde. Als auf der Naturforscher-Versammlung 1854 in Göttingen der konservativ eingestellte Nachfolger *J. F. → Blumenbach*s, *Rudolph Wagner* (* 30.7.1805 Bayreuth, † 13.5.1864 Göttingen), vor den Folgen des Materialismus warnte, griff ihn V. mit der polemischen Schrift ›Köhlerglaube und Wissenschaft‹ an. Auf der Versammlung in Innsbruck 1869 machte er sich öffentlich über das Abendmahl lustig, so daß die Kirche Sühnegottesdienste anberaumte. V. übernahm in sein materialistisches Konzept auch die Lehre *C. → Darwin*s, die er allerdings fast ausschließlich aus anthropologischer Sicht benutzte: 1863 erschienen seine ›Vorlesungen über den Menschen, seine Stellung in der Schöpfung und in der Geschichte der Erde‹ und 1867 die Schrift ›Über Mikrokephalen oder Affenmenschen‹. V. hatte sich offenbar schon lange *vor* dem Erscheinen des *Darwin*schen Werkes für die Frage nach der Herkunft der heutigen Arten der Organismen interessiert; denn er übersetzte 1849 das

Werk eines damals unbekannten schottischen Autors (*Robert Chambers*, * 10.7.1802 Peebles [Schottland], † 17.3.1871 St. Andrews [Schottland]) ›Vestiges of the Natural History of Creation‹ (London 1844) unter dem Titel ›Natürliche Geschichte der Schöpfung des Weltalls, der Erde und der auf ihr befindlichen Organismen, begründet auf die durch die Wissenschaft errungenen Thatsachen‹. Trotz aller Mängel hat das anonyme Werk in England und durch die V.sche Übersetzung auch in Deutschland das Interesse für die *Darwin*sche Lehre vorbereitet. [Querner]

Werke: V./Moleschott/Büchner: Schriften zum Kleinbürgerlichen Materialismus in Deutschland. Hrsg. und eingeleitet von D. Wittich (2 Bde, Berlin 1971); Aus meinem Leben. Erinnerungen und Rückblicke [1817–1840] [zuerst Stuttgart 1896], hrsg. von E.-M. Felschow (Gießen 1997). – *Bibl.*: Pogg. VII a Suppl., 735 f. – *Lit.*: ADB XL, 81–189 (E. Krause); DSB XIV, 57 f. (P. E. Pilet); O. Taschenberg: Das Leben und die Schriften K. V.s. In: *Leopoldina* 56 (1920), 10–12, 18–24, 40, 51–54, 57–62, 73 f. (mit Bibl.); F. Gregory: Scientific Materialism in Nineteenth-Century Germany (Dordrecht usw. 1977).

Volta, Alessandro (ab 1810 Conte del Regno d'Italia), italienischer Physiker, * 18.2.1745 Como, † 5.3.1827 ebenda.

V. war von 1774 bis 1779 Professor der Physik am städtischen Gymnasium in Como, dann lehrte er an der Universität Pavia und wurde dort 1815 Direktor der philosophischen Fakultät.

Als *A. L.* → *Galvani* 1791 die Untersuchungen über eine sogenannte tierische Elektrizität bekanntgegeben hatte, zweifelte kaum jemand an der Richtigkeit dieser Hypothese. Sein Landsmann V. nahm sich vor, das neue Phänomen quantitativ zu analysieren. Als Physiker hatte er schon einen guten Ruf. Die Ausdehnung von trockener Luft und überhitztem Wasserdampf war von ihm bestimmt worden. Er hatte die ›Sumpfluft‹ (Sumpfgas) entdeckt und das darin enthaltene Methan mit Hilfe des von ihm geschaffenen Funkeneudiometers analysiert. Der Elektrophor – eine elektrische Spannungsquelle, die auf der Reibungselektrizität basiert – und der Kondensator sind seine Erfindungen. An Stelle des Froschschenkels in *Galvani*s Versuch gebrauchte V. als nackten Muskel seine Zunge und lernte so die saure und basische Geschmacksempfindung an den Polen kennen. Die Stärke der Geschmacksempfindung ließ Rückschlüsse auf die Menge des bewegten elektrischen ›Fluidums‹ zu. V. beseitigte alles Organische in der Versuchsanordnung. Schon 1792 war ihm klar, daß die beiden verschiedenen Metalle das Wesentliche sind, 1793 konnte er erstmals eine Spannungsreihe der Metalle aufstellen; später ergänzte er sie, indem er noch Graphit und einige Halbleiter einordnete. Die trockenen elektrischen Leiter nannte er Leiter erster Klasse, die feuchten Leiter solche zweiter Klasse. Systematisch suchte er in dem Leiterkreis, der aus mindestens zwei verschiedenen Metallen und einem flüssigen Leiter (Salzlösung, Säure oder Lauge) bestand, nach den Stellen, in denen das elektrische Fluidum erregt und angetrieben werden sollte. Als es ihm gelang, mit Hilfe seines Kondensators nachzuweisen, daß bei bloßer Berührung zweier verschiedener Metalle Elektrizität entsteht (V.scher Fundamentalversuch), glaubte er, das Geheimnis gelüftet zu haben. Die Potentialsprünge zwischen Metall und Flüssigkeit hielt er irrtümlicherweise für gering. Um 1800 beschrieb V. die nach ihm benannte Spannungssäule (aufeinandergeschichtete Metallplattenpaare, dazwischen mit einer Salzlösung getränkte Filzstreifen) und die ›Tassenkrone‹ (aus zwei Metallen zusammengefügte Bögen, die in je zwei Gefäße mit einer leitenden Flüssigkeit eintauchen). Es waren die ersten Gleichstrombatterien, die durch Hintereinanderschaltung vieler galvanischer Elemente schon eine Spannung von 100 Volt und mehr aufwiesen. Diese neuartigen Elektrizitätsquellen, die starke kontinuierliche Ströme lieferten, erregten ungeheures Aufsehen und leiteten eine neue Epoche in der Elektrizitätslehre ein. V.s Kontakthypothese fand bis in die Mitte des 19. Jahrhunderts ihre Anhänger. Mit dem aufkommenden Energieprinzip war sie jedoch unvereinbar und mußte von der chemischen Theorie der galvanischen Elemente abgelöst bzw. ergänzt werden.

Um in Gedankenaustausch mit bedeutenden Wissenschaftlern zu treten, bereiste V. zuerst die Schweiz, Frankreich und dann andere europäische Länder und besuchte dabei auch *G. C. → Lichtenberg*. Die höchste Ehrung wurde ihm durch das Französische National-Institut zuteil, als sich 1801 auch der erste Konsul den Experimentalvortrag mitanhörte. Napoleon Bonaparte war von den Darbietungen und der Persönlichkeit V.s so beeindruckt, daß er ihm durch das Institut eine goldene Gedenkmünze überreichen ließ und ihn später zum Grafen und Senator des lombardischen Königreichs ernannte.

[Wiederkehr]

Werke: Le opere – Edizione nazionale (7 Bde, Mailand 1918–1929; Nachdruck: New York 1967); Epistolario – Edizione nazionale, hrsg. von G. Polvani (5 Bde, Bologna 1949–1955); Aggiunte alle opere e all'epistolario – Edizione nazionale (Bologna 1966). – *Bibl.*: F. Scolari: A. V., Guide bibliografiche (Rom 1927). – *Lit.*: DSB XIV, 69–82 (J. L. Heilbron; mit Bibl.); GWG VI, 874–889 (S. Koch); GPh I, 263–274 (J. Teichmann); M. Gliozzi: L'elettrologia fino al V. (2 Bde, Neapel 1937); G. Polvani: A. V. (Pisa 1942); Como ad A. V. nel II centenario della nascita (1745–1945) (Como 1945); B. Dibner: Galvani – V. (Norwalk, Conn. 1952); B. Dibner: A. V. and the Electric Battery (New York 1964).

Vries, Hugo de, niederländischer Botaniker und Genetiker, * 16.2.1848 Haarlem, † 21.5.1935 Lunteren.

De V. begann das Studium der Botanik 1866 in Leiden, ging nach der Promotion 1870 nach Heidelberg zu *W. → Hofmeister* und 1871 zu *J. → Sachs* nach Würzburg, dessen ›Lehrbuch der Botanik‹ er in Leiden kennen gelernt hatte. Auch nachdem er in Amsterdam eine Stelle als Lehrer für Naturgeschichte erhalten hatte, verbrachte er seine freie Zeit bei *Sachs*, der für ihn 1875 ein Stipendium des preußischen Landwirtschaftsministeriums erwirkte, so daß er die folgenden zwei Jahre ganz in Würzburg verbringen konnte. 1877 wurde er Privatdozent für Physiologie der Kulturpflanzen in Halle. 1878 folgte er einem Ruf an die neugegründete Universität Amsterdam als außerordentlicher Professor für Pflanzenphysiologie; 1881 wurde er ordentlicher Professor, 1918 trat er in den Ruhestand, arbeitete aber bis zu seinem Tode weiter auf dem Gebiet der Genetik.

Zunächst beschäftigte sich de V. mit pflanzenphysiologischen Fragen. Die Untersuchungen führten zu wichtigen Erkenntnissen über die physiko-chemischen Verhältnisse im Zell-Plasma. Der Vorgang der ›Plasmolyse‹ wurde von ihm beschrieben und benannt. Die dazu erfolgte Bestimmung des ›isotonischen Koeffizienten‹ stellte eine Voraussetzung für *J. H. van't → Hoffs* Theorie der verdünnten Lösungen dar. Mitte der 1880er Jahre ging de V. zu Arbeiten über Artbildung, Variabilität und Vererbung über. 1889 veröffentlichte er eine eigene Theorie der Vererbung, die der ›Intracellulären Pangenesis‹. Bastardierungsversuche, die er zur Prüfung durchführte, brachten ihm 1896 Erkenntnisse über Gesetzmäßigkeiten der Vererbung einzelner Merkmale. Als er Anfang 1900 *G. → Mendels* wenig bekannt gewordene Abhandlung ›Versuche über Pflanzenhybriden‹ kennenlernte, sandte er am 14. März seinen kurzen Aufsatz ›Das Spaltungsgesetz der Bastarde‹ an die ›Berichte der Deutschen Botanischen Gesellschaft‹ (am 25.4.1900 erschienen). Für *C. E. → Correns* und *E. Tschermak* gab dies den Anlaß zur Veröffentlichung ihrer eigenen mehrjährigen Züchtungsergebnisse an Pflanzen.

1901 bis 1903 erschien de V.' bekanntestes Werk, ›Die Mutationstheorie, Versuche und

Beobachtungen über die Entstehung von Arten im Pflanzenreich‹, in dem alle bis damals bekannten Tatsachen über sprunghafte Variabilität zusammengefaßt und viele eigene Beobachtungen hinzugefügt sind. Nach der Vorstellung von de V. sind die Arten weitgehend konstant. Nur zu bestimmten Perioden neigen sie zu sprunghaften Veränderungen, die den Komplex der ›Pangene‹ betreffen und zu neuen Formen führen. Ausgangspunkt seiner Theorie waren Untersuchungen an Oenothera Lamarckiana, die de V. 1886 bei Hilversum gefunden hatte und die sich durch auffallend häufige Mutationen auszeichnet. Es zeigte sich jedoch später, daß hier ein zytogenetischer Sonderfall vorliegt, auf den sich eine Mutationstheorie nicht stützen kann. Trotzdem hatten de V.' Theorie und seine Oenothera-Arbeiten sowie die Aufklärung ihrer Chromosomenverhältnisse durch *Otto Renner* (* 25.4.1883 Neu-Ulm, † 8.7.1960 München) und andere für die Genetik und Zytogenetik entscheidende Bedeutung.

[Querner]

Werke: Opera e periodicis collata (7 Bde, Utrecht 1918–1927). – *Lit.*: DSB XIV, 95–105 (P. W. van der Pas; mit Bibl.); E. Schiemann: H. de V. zum hundertsten Geburtstag (Berlin-Dahlem 1948); P. H. W. A. M. de Veer: Leven en werk van H. de V. (Groningen 1969); M. J. Kottler: H. de V. and the Rediscovery of Mendel's Laws. In: *Annals of Science* 36 (1979), 517–538; *acta botanica neerlandica* 47(4)/1998.

W

Waals, Johannes Diderik van der, niederländischer Physiker, * 23.11.1837 Leiden, † 8.3.1923 Amsterdam.

Van der W. war zuerst als Lehrer in der Primar-Stufe tätig, bildete sich wissenschaftlich weiter, wurde 1864 Oberrealschullehrer in Deventer und 1866 Direktor der Höheren Bürgerschule in Den Haag. Mit einer Aufsehen erregenden und von *J. C.* → *Maxwell* gelobten Arbeit ›Over de continuiteit van den gasen vloeistoftoestand‹ erwarb er an der Universität Leiden 1873 den Doktorgrad. Als 1877 das Athenaeum Illustre in Amsterdam zu einer Universität umgewandelt wurde, berief man van der W. als Professor der Physik auf den neugegründeten Lehrstuhl.

Van der W. war mehr Theoretiker als Experimentator; in seiner Doktorarbeit konnte er die Versuchsergebnisse, die *T. Andrews* bei der Kompression und Verflüssigung der Kohlensäure gefunden hatte, aus einer neuen, später nach ihm benannten Zustandsgleichung herleiten. *Andrews* hatte 1863 die kritischen Größen für Druck, Volumen und Temperatur eingeführt. Nur oberhalb der kritischen Temperatur sind die Isothermen Hyperbeln und folgen der Gleichung für ideale Gase. Will man ein Gas verflüssigen, muß man unter die kritische Temperatur gehen. Die Kurven für ein reales Gas sind dann nach van der W. dritten Grades. In der Van-der-W.schen Zustandsgleichung werden Druck und Volumen mit Zusatzgliedern versehen, um das Verhalten des realen Gases zu erfassen. Vom (spezifischen) Volumen muß das Eigenvolumen der Gasmolekel abgezogen werden, und beim Druck wird der sogenannte Binnendruck, durch die Anziehungskräfte der Moleküle verursacht, hinzugefügt. Der Teil der Kurve dritten Grades mit dem Maximum und Minimum wird im Normalfall nicht durchlaufen, weil die Verflüssigung bereits beginnt. Die Kurve wird zu einer waagerecht verlaufenden Geraden, deren Lage aber durch die Kurve und ihre Extrempunkte bestimmt ist. Das Zusatzglied beim Druck ist a/V^2, also dem Volumenquadrat umgekehrt proportional; das Zusatzglied b beim Volumen ist das Vierfache des kugelförmig gedachten Gasmolekels. Die Größen a und b können Kompressionsversuchen entnommen und mit ihnen die kritischen Daten und damit der kritische Punkt (Wendepunkt auf der Isothermen) errechnet werden; es sind individuelle Konstanten eines Gases. Die Van-der-W.sche Gleichung geht in eine allgemeinere über, wenn man mit van der W. die ›reduzierten Zustandsgrößen‹ einführt (Theorem der übereinstimmenden Zustände). Die Van-der-W.-Kräfte werden heute zum Teil als elektrostatische Kräfte zwischen induzierten Dipolen gedeutet. Van der W.' Arbeiten trugen wesentlich mit dazu bei, daß *James Dewar* (* 20.9.1842 Kincardine-on-Forth [Schottland], † 27.3.1923 London) 1898 den Wasserstoff und sein Schüler *H.* → *Kamerlingh Onnes* 1908 das Helium verflüssigen konnte. – Auch auf dem Gebiet der Beschreibung des Verhaltens von Gemischen erwarb sich van der W. bleibende Verdienste. Nach dem Vorbild von *R.* → *Clausius* und *L.* → *Boltzmann* bearbeitete er es wieder unter thermodynamischen und molekulartheoretischen Gesichtspunkten und lehnte sich dabei auch an Arbeiten von *J. W.* → *Gibbs* an. Zu diesem Komplex gehören auch van der W.' Untersuchungen zur Kapillarität. Im Gegensatz zu *Gibbs* nahm er dabei eine kontinuierliche Dichteänderung an der Oberfläche, d.h. im Grenzgebiet von Flüssigkeit und Dampf, an.

Van der W. wurde 1908 emeritiert; 1910 ehrte man den Forscher und sein Lebenswerk mit der Verleihung des Nobelpreises. Sein Sohn mit gleichen Vornamen trat in seine Fußstapfen.

[Wiederkehr]

Lit.: DSB XIV, 109–111 (J. A. Prins); J. J. Laar: J. D. van der W. Ein Lebensbildnis (Leipzig 1900); P. Zeeman: J. D. van der W. zu seinem 80. Geburtstag. In: *Die Naturwissenschaften* 5 (1917), 701–703; A. Ya. Kipnis u.a.: Van der W. and Molecular Science (Oxford 1996).

Walden, Paul, livländisch-deutscher Chemiker, * 26.7.1863 Schloß Rosenbeck [bei Wenden, Livland], † 22.1.1957 Gammertingen [bei Sigmaringen].

In Riga besuchte W. die Oberrealschule; danach ging er auf die Technische Hochschule (das sogenannte Polytechnikum), an der *W.* → *Ostwald* lehrte. Bei ihm machte er 1887 auch sein ›Gesellenstück‹ und fand dabei die Ostwald-W.sche Regel. Sie brachte die Äquivalenzleitfähigkeit und die Wertigkeit des Säurerestes miteinander in Verbindung. Um seine Kenntnisse in Physik und Chemie zu vervollkommnen, studierte W. einige Semester in München und Leipzig und promovierte 1891 bei *Ostwald*, der an der sächsischen Universität einen Lehrstuhl erhalten hatte. Danach wurde W. 1894 als ordentlicher Professor der Chemie an die Technische Hochschule in Riga berufen, 1902 bis 1906 hatte er dort das Amt des Direktors inne. Bald darauf holte man ihn nach St. Petersburg und machte ihn zum Direktor des chemischen Laboratoriums der Kaiserlichen Akademie der Wissenschaften. Als Lettland nach der russischen Revolution und dem Friedensschluß eine selbständige Republik geworden war und man in der Hauptstadt Riga eine eigene Universität gründete, machte man W. zum ersten Rektor. Aber politische Unruhen störten zu sehr die wissenschaftliche Tätigkeit, weshalb W. nach Deutschland zog. Die Universität Rostock bot ihm 1919 sofort eine Professur für Chemie an. Nach seiner Emeritierung (1934) war W. weiterhin in bewundernswerter Weise wissenschaftlich tätig und wandte sich fast ganz der Geschichte der Chemie zu – auf welchem Gebiet sich seine deutsch-nationale, mit dem Nationalsozialismus sympathisierende Denkweise auch am ehesten niederschlagen konnte. Um so mehr mußte ihn der abermalige Verlust seiner ganzen Habe, einschließlich seiner wertvollen Bibliothek, im Zweiten Weltkrieg treffen (1942). Auch seine unersetzlichen Aufzeichnungen wurden bei dem Luftangriff ein Raub der Flammen. Der Achtzigjährige ertrug diese Schicksalsschläge mit Gleichmut. In Tübingen fand er nach Kriegsende als Honorarprofessor eine neue Wirkungsstätte. Dank seiner souveränen Beherrschung weiter Gebiete der Naturwissenschaften konnte er die Probleme in seiner fesselnden Art von hoher Warte aus betrachten und dennoch allgemein verständlich bleiben. Wenige Tage vor seinem 90. Geburtstag hielt er seine letzte Vorlesung.

W. gehört zu den Großen in der klassischen Epoche der physikalischen Chemie; aber auch in der organischen Chemie leistete er Bedeutendes. W. war einer der Pioniere der organischen physikalischen Chemie. – Sein Name wurde 1896 in der ganzen Welt durch eine Entdeckung an optisch aktiven Substanzen bekannt. Ersetzt man an dem asymmetrischen Kohlenstoffatom Liganden durch andere Atome oder Atomgruppen, so kann sich der Drehsinn polarisierten Lichts, das durch diese Stoffe hindurchgeschickt wird, umkehren. *E. → Fischer* bezeichnete deshalb dieses Phänomen als ›W.sche Umkehrung‹. Das Enzym, das diese merkwürdige Erscheinung auslöst, erhielt den Namen ›Waldenase‹. Bei seinen weiteren Untersuchungen über die elektrolytische Leitfähigkeit der Salze gebrauchte W. auch nichtwäßrige Lösungsmittel wie flüssiges Schwefeldioxid oder konzentrierte Salpetersäure. Dabei schuf er den Begriff der ›Auto-Ionisation‹, der besonders für Nitrierungsvorgänge wichtig geworden ist. Es gelang ihm, die elektrische Leitfähigkeit und die Zähigkeit (Viskosität) wäßriger und nichtwäßriger Elektrolyte in einen einfachen Zusammenhang zu bringen (W.sche Regel).

[Wiederkehr]

Werke: Wege und Herbergen. Mein Leben [Autobiographie], hrsg. von G. Kerstein (Wiesbaden 1974); Regine Zott: Wilhelm Ostwald und P. W. in ihren Briefen (Berlin 1994). – *Lit.*: DSB XIV, 124 f. (J. Stradinš); W. Hückel: P. W. (1863–1957). In: *Chemische Berichte* 91 (1958), XIX–LXV (mit Bibl.).

Wallace, Alfred Russel, englischer Zoologe, * 8.1.1823 Usk [Monmouthshire], † 7.11.1913 Broadstone [Dorset].

W. war zunächst Geometer, interessierte sich aber schon früh für naturgeschichtliche Fragen; er las unter anderem die Werke von *A. von → Humboldt*, *C. → Lyell*, den Reisebericht von *C. → Darwin* und die 1844 anonym erschienene Schrift von *R. Chambers* ›Vestiges of the Natural History of Creation‹. 1848 ging er mit einem Freund, dem Entomologen *Henry Walter Bates* (* 8.2.1825 Leicester, † 16.2.1892 London), nach Südamerika und sammelte naturhistorische Materialien im Amazonasgebiet, deren größter Teil allerdings auf der Rückfahrt 1852 beim Brand des Schiffes verlorenging. 1854 suchte er erneut die Tropen auf, diesmal den Malaiischen Archipel. 1862 kehrte er nach England zurück und lebte dort unabhängig. In späteren Jahren widmete er sich neben seinen theoretisch-wissenschaftlichen Arbeiten auch der Propagierung sozialistischer Lehren, der Frauenemanzipation und dem Kampf gegen den Impfzwang.

W. ging bereits 1852 mit der Überzeugung nach Südamerika, daß die Arten durch Evolution entstehen und sich verändern. Biogeographische Phänomene bestätigten ihm diese Annahme. Schon bald nach seiner Ankunft auf den Malaiischen Inseln verfaßte er seinen ersten wichtigen Aufsatz zur Artenfrage: ›On the Law Which Has Regulated the Introduction of New Species‹. Im Widerspruch zu einer Ablehnung jeder ›organischen Progression‹ durch *E. Forbes* stellt W. das Gesetz der echten Verwandtschaft der lebenden und fossilen Arten auf. Erkenntnisse aus seinen eigenen biogeographischen Untersuchungen sowie paläontologische Argumente und das ›natürliche System‹ als Ausdruck einer Verwandtschaft dienen ihm als Belege. *Darwin* und seine Freunde waren sehr beeindruckt davon, daß W. die These einer allgemeinen Deszendenz so klar formuliert und belegt hatte. *Darwin* begann daraufhin, sein Material für eine umfangreiche Publikation zusammenzustellen; da erhielt er im Juni 1858 von W. dessen Aufsatz ›On the Tendency of Varieties to Depart Indefinitely from the Original Type‹, in dem das Prinzip der Selektion als wichtigster Mechanismus der Evolution dargestellt wird. *Darwin* wurde dadurch veranlaßt, die Darstellung seiner eigenen Deszendenz- und Selektionstheorie in einer kurzen Fassung zusammen mit W.s Manuskript der Linnean Society in London vorzulegen. W. hat übrigens die Priorität *Darwin*s nie bestritten, beide verband nach W.s Rückkehr eine enge Freundschaft. Sie blieb auch bestehen, als W. unter dem Einfluß spiritualistischer Ideen den Menschen aus dem Konzept der Evolution und Selektion herausnahm und die Meinung vertrat, daß menschlicher Geist nicht durch diese Prinzipien erklärt werden könne, für die Entstehung des Menschen vielmehr das Wirken einer Höheren Intelligenz, eines Schöpfers, angenommen werden müsse.

Durch seine Felduntersuchungen in der Malaiischen Inselwelt, die Auffindung zweier unterschiedlicher Faunen in diesem Gebiet, getrennt durch einen schmalen, aber tiefen Meeresgraben – heute als ›W.sche Linie‹ bezeichnet –, und durch sein Werk ›The Geographical Distribution of Animals‹ (1876) wurde W. zum wichtigsten Begründer der Tiergeographie. Das von *Bates* in Südamerika entdeckte Phänomen der ›Mimikry‹ wurde von W. unter deszendenztheoretischen Aspekten untersucht, wobei er den Begriff wesentlich erweiterte. In die Tierpsychologie des 19. Jahrhunderts griff W. insofern ein, als er die Instinkttheorie ablehnte und alle Kunstfertigkeiten der Vögel, z.B. beim Nestbau, als zur Gewohnheit gewordene Verstandesleistungen ansah. [Querner]

Werke. A. R. W. An Anthology of His Shorter Writings, hrsg. von C. H. Smith (Oxford 1991); Der Malayische Archipel, hrsg. von P. Simons (Frankfurt am Main 1983); Letters and Reminiscences, hrsg. von J. Marchant (New York 1916; mit Bibl.); My Life. A Record of Events and Opinions (2 Bde, London/New York 1905, ²1908). – *Lit.*: DSB XIV, 133–140 (H. L. McKinney); W. George: Biologist Philosopher. A Study of the Life and Writings of A. R. W. (London usw. 1964); B. G. Beddall: W. and Bates in the Tropics. An Introduction to the Theory of Natural Selection (London 1969); H. L. McKinney: W. and Natural Selection (New Haven/London 1972); M. Fichman: A. R. W. (Boston 1981); H. Clements: A. R. W., Biologist and Social Reformer (London 1983); J. L. Brooks: Just Before the Origin. A. W.'s Theory of Evolution (Irvington, N.Y. 1983).

Wallis, John, englischer Mathematiker, * 23.11.1616 [a. St.] Ashford [Kent], † 28.10.1703 [a. St.] Oxford.

Einer Pfarrersfamilie entstammend, wurde der junge W. nach einem ausgedehnten und vielseitigen Studium in Cambridge zuerst Theologe. Als Vikar in London assistierte er bei der während des Bürgerkrieges dort tagenden Theologenversammlung, nahm aber zugleich an den regelmäßigen Zusammenkünften einer kleinen Gruppe naturwissenschaftlich interessierter Bürger teil, aus der später die ›Royal Society for Improving Natural Knowledge‹ hervorging. Sein durch Zufall entdecktes Geschick, verschlüsselte Briefe zu entziffern, machte einflußreiche Kreise auf ihn aufmerksam. Die überraschende Berufung auf die Savile-Professur für Mathematik an der Universität Oxford im Jahr 1649 – sein Vorgänger war wegen seiner königstreuen Gesinnung von der parlamentarischen Partei aus dem Amt entfernt worden – dürfte im Zusammenhang mit dieser Fähigkeit zu sehen sein. Auch nach der Wiederherstellung der Monarchie hat W. weiterhin für die Regierung politische Geheimkorrespondenz entziffert und darin eine damals unübertroffene Meisterschaft erreicht. W. hält den selten erreichten Rekord, über ein halbes Jahrhundert lang denselben Lehrstuhl innegehabt zu haben, von 1649 bis zu seinem Tod im Alter von fast 87 Jahren. Durch seine Lehre, vor allem aber durch seine Bücher hat er viel dazu beigetragen, der Mathematik in England internationales Ansehen zu verschaffen in einer Zeit, als der Schwerpunkt der Forschung noch in den Niederlanden und in Frankreich lag und der Stern *I.* → *Newtons* noch nicht aufgegangen war.

Obgleich in der Mathematik weitgehend Autodidakt, arbeitete sich W. in kurzer Zeit in die Literatur und die Probleme der damaligen Mathematik ein. Er erzielte wenige Jahre nach seiner Berufung einen ersten großen Erfolg mit der Ableitung des heute noch nach ihm benannten unendlichen Produkts $\pi/4 = 2/3 \cdot 4/3 \cdot 4/5 \cdot 6/5 \cdot 6/7 \ldots$ Damit hatte er dem klassischen Problem der Kreisquadratur eine neue Seite abgewonnen. Kritik an seiner Methode – das Resultat selbst erwies sich als unantastbar – führte zu einem mathematischen Wettstreit, dessen prominentester Teilnehmer *P. de* → *Fermat* war. Dieser stellte Aufgaben aus seinem Lieblingsgebiet, der Zahlentheorie, deren tiefe Bedeutung W. nicht erkannte, wenn ihm auch einige Teilerfolge gelangen, die er prahlerisch als vollständige Lösungen bekanntgab.

W. war nicht der Mann, der sich auf einmal errungenen Lorbeeren ausruhte. Er arbeitete unermüdlich und veröffentlichte zahlreiche Bücher und Streitschriften – neben vielen über Mathematik solche über Mechanik, die Wirkung der Gravitation, die Entstehung von Ebbe und Flut, über die englische Sprache und ihre Grammatik, über die Logik und über theologische Streitfragen. Er kümmerte sich um die Herausgabe der Werke verstorbener Kollegen und edierte antike mathematische und astronomische Schriftsteller aus den Handschriften. Als in den Jahren 1693 bis 1699 seine gesammelten Werke von der Oxford University Press erneut herausgegeben wurden, füllten sie drei dikke Foliobände. Doch inzwischen war die Entwicklung der Mathematik weitergegangen über W. hinaus – in Cambridge hatte *Newton* die Reihenlehre ausgebaut, indem er einen von W. bei der Herleitung seines unendlichen Produktes vorgebrachten Gedanken bis in die letzten Konsequenzen verfolgte. Im ausbrechenden Zwist zwischen *Newton* und *G. W.* → *Leibniz* um die Priorität der Erfindung der Infinitesimalrechnung stand W., ein glühender Patriot, hinter *Newton* und mahnte ihn wiederholt, mit der Veröffentlichung seiner Ergebnisse nicht so lange zu warten, bis ihm die Ausländer zuvorkämen. [Scriba]

Werke: Opera mathematica (3 Bde, Oxford 1693–1699; Nachdruck: Hildesheim 1972). – *Lit.*: DSB XIV, 146–155 (C. J. Scriba); J. F. Scott: The Mathematical Work of J. W. (London 1938; Nachdruck: New York 1981); C. J. Scriba: Studien zur Mathematik des J. W. (Wiesbaden 1966).

Warburg, *Otto* Heinrich, deutscher Biochemiker, * 8.10.1883 Freiburg im Breisgau, † 1.8.1970 (West-)Berlin.

W., Sohn des (jüdischen) mit *A.* → *Einstein* befreundeten Physikers und späteren Präsidenten der Physikalisch-Technischen Reichsanstalt in Berlin *Emil Gabriel Warburg* (* 9.3.1846 Altona [jetzt zu Hamburg gehörig], † 18.7.1931 Gut Grunau [bei Bayreuth]), studierte in Freiburg (1901) und ab 1903 in Berlin bei *E.* → *Fischer* Chemie und bei *W.* → *Nernst* Physik sowie ab 1905 zusätzlich Medizin, promovierte 1906 in Chemie über Polypeptide, setzte sein Medizinstudium 1906 in München und 1907 in Heidelberg fort, wo er auch 1911 mit einer Arbeit über Oxidationsvorgänge zum Doktor der Medizin promovierte und sich 1912 für Physiologie habilitierte. 1914 ging er als Mitglied der Kaiser-Wilhelm-Gesellschat und Leiter der Abteilung Physiologie an das Kaiser-Wilhelm-Institut für Biologie nach Berlin und wurde hier 1916 Titularprofessor sowie 1921 außerordentlicher Professor (er trat 1923 wieder aus dem Lehrkörper der Universität aus). Nach zwei Vortragsreisen durch die USA bot ihm die Rockefeller-Stiftung eine Förderung seiner Forschungen an; aus deren Mitteln wurde ihm dann 1930 ein eigenes Kaiser-Wilhelm-Institut für Zellphysiologie in Berlin-Dahlem errichtet (Fertigstellung 1931), dessen Leitung ihm 1930 auch übertragen wurde. Wegen seines freiwilligen

Einsatzes im Ersten Weltkrieg wurde der ›Halbjude‹ W. 1933 nicht seines Amtes enthoben (Mitte 1941 hatte noch einmal die Gefahr bestanden). Das Institut wurde jedoch 1943 auf Schloß Liebenberg in der Uckermark ausgelagert; und das Gebäude war nach dem Kriege bis 1948 Verwaltungssitz der amerikanischen Besatzungsmacht in Berlin. Es wurde erst danach zurückgegeben, so daß das Institut 1950 neu eröffnet und 1953 wieder in die jetzige Max-Planck-Gesellschaft als Institut für Zellphysiologie eingegliedert werden konnte.

W.s Arbeitsgebiet waren die Lebensvorgänge, soweit sie sich mittels Chemie und Physik erfassen lassen; er wurde mit seinem sehr großen Lebenswerk so einer der Pioniere der Biochemie. Größten Wert auf das Experiment legend, führte er neue physikalische und chemische Methoden in die Biochemie ein (z.B. spektrophotometrische Methoden zur Identifikation, Analyse und Isolierung von Zellkonstituenten und Fermenten). Schon ab 1908 hat er sich mit den Grundproblemen der biologischen Energieübertragung beschäftigt; ab 1920 untersuchte er die Kohlenstoffassimilation und Photosynthese in den Pflanzen (sowie später deren Quantenmechanismen), sodann auch die Chemie der Zellatmung. 1913 fand er, daß der Prozeß der Energieübertragung in den Mitochondrien abläuft und an eine eisenhaltige Verbindung gebunden ist. 1924 identifizierte er einige an der Zellatmung beteiligte, sauerstoffübertragende Fermente und trug zur Erkenntnis ihrer chemischen Konstitution und ihres Mechanismus bei. Hiervon ausgehend stellte er 1926 in seinen Untersuchungen ›Über den Stoffwechsel der Tumoren‹ erstmals fest, daß Krebszellen schwächer als gesunde atmen und ihren Energiebedarf im wesentlichen durch Gärung decken (als 1953 gezeigt wurde, daß eine Atmungsschädigung von Zellen zu Krebs führen kann, sah W. darin die fundamentale Krebsursache). 1928/29 identifizierte er die Atmungs-Fermente als einen Metall-Porphyrin-Komplex (›W.sches Atmungsferment‹). 1931 erhielt er »für die Entdeckung der Natur und der Funktion des Atmungsferments« den Nobelpreis für Physiologie und Medizin. Ein neues Arbeitsfeld W.s war ab 1930 das Problem der biologischen Wasserstoffaktivierung, deren Zustandekommen er auf einige von ihm identifizierte Enzyme zurückführen konnte. [Krafft]

Lit.: DSB XIV, 172–177 (D. Burk; mit Bibl.); H. Krebs: O. W., Zellphysiologe – Biochemiker – Mediziner, 1883–1970 (Stuttgart 1979; engl. Oxford 1981); E. Höxtermann/U. Sucker: O. W. (Leipzig 1989); P. Werner: Ein Genie irrt seltener… O. H. W. Ein Lebensbild in Dokumenten (Berlin 1991); P. Werner: O. W.s Beitrag zur Atmungstheorie (Marburg 1996).

Weber, *Wilhelm* Eduard, deutscher Physiker, * 24.10.1804 Wittenberg, † 23.6.1891 Göttingen.

Drei Söhne des Wittenberger Theologie-Professors Michael Weber, *Ernst Heinrich* (* 24.6. 1795 Wittenberg, † 26.1.1878 Leipzig), Wilhelm und *Eduard Friedrich* (* 10.3.1806 Wittenberg, † 18.5.1871 Leipzig), wandten sich den Naturwissenschaften und der Medizin zu und wurden bekannte Forscher. *Ernst Heinrich W.*, der älteste, erkannte frühzeitig die mathematische Begabung seines jüngeren Bruders *Wilhelm* und förderte sie. Die beiden Brüder verfaßten gemeinsam ein klassisches Werk über die Wellenlehre (1825). Auf der Naturforschertagung in Berlin lernte Wilhelm W. 1828 *A. von* → *Humboldt* und *C. F.* → *Gauß* kennen. Beide setzten in den jungen Gelehrten große Hoffnungen. Auf Betreiben von *Gauß* wurde W. nach Göttingen als Ordinarius für Physik berufen, und zwischen dem jungen Physiker und dem berühmten Mathematiker entwickelte sich bald eine innige Freundschaft. Gemeinsam riefen sie den Göttinger Magnetischen Verein ins Leben, eine der ersten internationalen wissenschaftlichen Unternehmungen. Die Methoden und Instrumente, die *Gauß* und W. gemeinsam in der

Magnetik und letzten Endes auch in der Elektrik entwickelten, waren die Grundlage für Präzisionsmessungen und die absoluten Maßsysteme (Dreier-Systeme). Die so hoffnungsvoll begonnene Arbeit wurde durch die Entlassung W.s (1837) – er war einer der ›Göttinger Sieben‹ – jäh unterbrochen. Erst ab 1844 wirkte er wieder als akademischer Lehrer in Leipzig, kehrte aber 1849 nach Göttingen zurück.

Auf dem *Gauß*schen Gedanken fußend, schuf W. das absolute elektrostatische und elektromagnetische Maßsystem. Zusammen mit *R. → Kohlrausch* fand er 1856 das Verhältnis von elektrostatisch und elektromagnetisch gemessener Elektrizitätsmenge, das gleich der Lichtgeschwindigkeit ist. Für *J. C. → Maxwell* war dieses experimentelle Ergebnis eine wichtige Stütze für seine elektromagnetische Lichttheorie. W. gab 1846 sein Grundgesetz der elektrischen Wirkung an, das fast alle damals in der Elektrik bekannten Tatsachen erfaßte. Es war ein Fernwirkungsgesetz, dem Newtonschen Gravitationsgesetz (*I. → Newton*) nachgebildet, das dennoch etwas ganz Neues enthielt: die Abhängigkeit der Kraft von der relativen Geschwindigkeit und Beschleunigung zweier elektrischer Teilchen. W.s Elektrodynamik war drei Jahrzehnte auf dem Festland vorherrschend. Sie wurde eigentlich erst durch die Maxwellsche Theorie (Nahewirkung) verdrängt, als *H. → Hertz* 1887 die elektromagnetischen Wellen nachwies. W.s Auffassung von der substantiellen Existenz von Elektrizitätsmengen wurde von der Elektronentheorie um die Jahrhundertwende übernommen. Durch eine Modifikation der Ampèreschen Theorie (*A. → Ampère*) der Molekularströme in Verbindung mit einer atomistischen Grundauffassung konnte W. den Ferro- und Diamagnetismus in einheitlicher Weise deuten. [Wiederkehr]

Werke: Werke (6 Bde, Berlin 1892–1894); W. Weber/R. Kohlrausch: Über die Einführung absoluter elektrischer Maße. Kommentiert von K. H. Wiederkehr (Frankfurt am Main 1968). – *Bibl.*: Pogg. VII a Suppl., 751–753. – *Lit.*: DSB XIV, 203–209 (A. E. Woodruff); GPh I, 357–370 (K. H. Wiederkehr); K. H. Wiederkehr: W. E. W., Erforscher der Wellenbewegung und der Elektrizität (1804–1891) (Stuttgart 1967); K./K. Werner: W. W. (Leipzig 1976); W. Pricha: Von Ampère zu Maxwell. W. W.s Briefe an August von Steinheil und die Elektrodynamik seiner Zeit (Diss. Bremen 1983); W. Eisenberg (Hrsg.): Die Gebrüder W. – Wegbereiter interdisziplinärer Forschung (Halle an der Saale 1992); A. K. Assis: W.s Electrodynamics (Dordrecht usw. 1994).

Wegener, *Alfred* Lothar, deutscher Polarforscher, Geophysiker und Meteorologe, * 1.11.1880 Berlin, † November 1930 auf dem grönländischen Inlandeis.

W. studierte ab 1899 in Heidelberg, Innsbruck und Berlin Astronomie und Meteorologie, war 1905/1906 Technischer Assistent am Aëronautischen Observatorium in Lindenberg und schloß sich dann als Meteorologe der ›Danmark‹-Expedition zur Erforschung der Nord-Ost-Küste Grönlands (1906–1908) an. 1909 habilitierte er sich in Marburg; 1917 wurde er dort außerplanmäßiger Professor für Meteorologie und Praktische Astronomie. Zwischenzeitlich hatte er 1912/1913 eine Durchquerung Grönlands unternommen und während des Ersten Weltkrieges Militärdienst geleistet. 1919 wurde er als Nachfolger seines Schwiegervaters, des Meteorologen und Klimatologen *Wladimir Köppen* (* 25.9.1846 St. Petersburg, † 22.6. 1940 Graz), Abteilungsvorsteher bei der Deutschen Seewarte in Hamburg und gleichzeitig außerordentlicher Professor an der neugegründeten dortigen Universität. 1924 ging er als Professor für Meteorologie und Geophysik nach Graz.

Innerhalb seines Hauptarbeitsgebietes, der Meteorologie, widmete W. sich besonders der Aërologie, also der Physik der hohen Atmosphäre. Er war dabei kein ›theoretischer‹ Meteorologe, sondern behandelte ausschließlich beobachtbare Objekte. Noch bis 1927 war er mit der meteorologischen Auswertung seiner ersten Grönlanddurchquerung beschäftigt. Auch seine danach geplante Grönland-Expedition sollte der Erforschung des grönländischen Inlandeises und der meteorologischen Verhältnisse dienen. Hierzu brach er nach einer Vorexpedition (1929) am 1. April 1930 auf und fand im November desselben Jahres auf dem grönländischen Inlandeis den Tod.

Ab 1910 hatte W. sich auch der Geophysik zugewendet; und seine erstmals 1912 geäußerte Hypothese eines Auseinanderdriftens der Kontinente, der Kontinentalverschiebung, wurde so heftig diskutiert, daß seine meteorologischen Leistungen darüber fast in Vergessenheit gerieten. Er hatte darin aus verschiedensten Gebieten Argumente für ein Auseinanderbrechen des ursprünglich zusammenhängenden Kontinentalblocks (Pangäa) und ein Auseinanderdriften der Teile zusammengefaßt, ohne jedoch neben einer ›Polflucht‹ die Kräfte, die eine solche Driftbewegung der Kontinente auslösen, schon nennen zu können; 1929 wies er allerdings erstmals auf die Möglichkeit von Konvektionsströmungen im magmatischen Untergrund als bewegende Kraft hin. Vor allem in Deutschland wurde diese Theorie lange bekämpft und abgelehnt; in Japan und Amerika dagegen wurde sie viel diskutiert und hat viele Anregungen zur Entstehung der modernen Theorie der Plattentektonik (›Seafloor-spreading‹) geliefert, der sie den Weg bereitete. Die ›New York Times‹ schrieb denn auch 1970 treffend: »Es scheint fast, als habe A. W. für die Geologie dasselbe geleistet wie Copernicus für die Astronomie, indem er eine unübersehbare Menge scheinbar unvereinbarer Tatsachen einem gemeinsamen Verhaltensmuster unterordnete.« W. selbst legte die Theorie schon seinen Vorstellungen über die vorzeitlichen Klimaverhältnisse und die Ursachen der großen Klimaschwankungen zugrunde; zusammen mit *Köppen* veröffentlichte er hierzu 1924 das Werk ›Die Klimate der geologischen Vorzeit‹.

[Bäumer-Schleinkofer]

Werke: Die Entstehung der Kontinente und Ozeane (Braunschweig 1915; Nachdruck der 1. und 4. Auflage, hrsg. von A. Vogel. Braunschweig 1980); Vertraulicher Bericht über die Grönland-Expedition 1929, hrsg. von H. W. Flügel (Graz 1980); Tagebücher, Briefe, Erinnerungen, hrsg. von E. Wegener (Wiesbaden 1960), hrsg. H. G. Körber (Leipzig 1980). – *Lit.*: DSB XIV, 214–217 (K. E. Bullen); GWG XI, 460–467 (J. Büdel); H. Benndorf: A. W. In: *Beiträge zur Geophysik* 31 (1931), 337–377 (mit Bibl.); E. Wegener: A. W. (Wiesbaden 1960); A. A. Anderson: Die Drift der Kontinente. A. W.s Theorie im Licht neuer Forschungen (Wiesbaden 1974; zuerst engl., New York 1971); H. G. Körber: A. W. (Leipzig 1980, ²1982); M. Schwarzbach: A. W. und die Drift der Kontinente (Stuttgart 1980); U. Wutzke: Durch die weiße Wüste. Leben und Leistungen des Grönlandforschers und Entdeckers der Kontinentaldrift Alfred Wegener (Gotha 1997). – E. Wegener-Köppen: Wladimir Köppen (Stuttgart 1955).

Weierstraß, *Karl* Theodor Wilhelm, deutscher Mathematiker, * 31.10.1815 Ostenfelde [Kreis Münster/Westfalen], † 19.2.1897 Berlin.

Nur einer hatte frühzeitig die hohe mathematische Begabung von W. erkannt – der Mathematikprofessor *Christof Gudermann* (* 28.3.1798 Winneburg [bei Hildesheim], † 25.9.1852 Münster) an der Akademie in Münster, bei dem der junge W. nach einem mißglückten Studium der Kameralistik 1840 das Staatsexamen in Mathematik ablegte. Doch ausgerechnet die Passage in *Gudermanns* Gutachten, der Kandidat sei mit seiner Hausarbeit »ebenbürtig mit in die Reihe der ruhmgekrönten Erfinder« getreten, so daß ihm die Möglichkeit des Wirkens an einer Universität zu wünschen sei, wurde vom Schulrat bei der Formulierung des Zeugnisses unterdrückt; erst 1853 erfuhr W., als im abgelegenen ostpreußischen Städtchen Braunsberg tätiger Oberlehrer, davon.

Als im Jahr 1854 in Band 47 des angesehenen ›Journals für die reine und angewandte

Mathematik‹ eine Arbeit von W. zur Theorie der Abelschen Funktionen (*N. H.* → *Abel*) erschien, erregte sie in der mathematischen Welt gewaltiges Aufsehen. Wurde doch hier der Weg gewiesen zur Lösung eines Problems, an dem sich viele hervorragende Mathematiker vergeblich versucht hatten: des Umkehrproblems der hyperelliptischen Integrale, deren Untersuchung einen der Schwerpunkte damaliger mathematischer Forschung darstellte. Hätte dieser Erfolg allein schon genügt, der Arbeit die Anerkennung der Fachgenossen zu sichern, so war das allgemeine Erstaunen um so größer, als die Untersuchung von einem gänzlich unbekannten Lehrer verfaßt worden war. Auf Glückwunschschreiben angesehener Mathematiker des In- und Auslandes folgte noch im selben Jahr die Verleihung der Ehrendoktorwürde der Universität Königsberg an den fast vierzigjährigen Verfasser. Mehr als ein Dutzend Jahre lang hatte er ohne jeden Kontakt mit Fachkollegen, ohne Zugang zu einer mathematischen Fachbibliothek und mit einer umfassenden Lehrverpflichtung belastet, jede freie Minute seinen Forschungen geopfert, deren Resultate er erst bekanntmachte, als das Ganze sich einer Abrundung zuneigte.

Im Jahre 1856 konnte er eine Lehrtätigkeit in Berlin, dem Zentrum der damaligen mathematischen Forschung in Deutschland, übernehmen und erhielt schließlich 1864 eine neugeschaffene ordentliche Professur. Obwohl seine Gesundheit sehr angegriffen war, hatten seine tiefschürfenden und durch ihre Klarheit bestechenden Vorlesungen ungeheuren Erfolg. Durch einen großen Schülerkreis, der dem in fortschreitendem Alter an den Rollstuhl gefesselten Lehrer in Liebe und Verehrung anhing, wurde das Lebenswerk von W., die strenge Grundlegung der Analysis und der Ausbau der Theorie der höheren Funktionen, den Mathematikern in aller Welt bekannt und vertraut gemacht. Auf W. gehen unter anderem die Unterscheidung zwischen gewöhnlicher und gleichförmiger Konvergenz einer Potenzreihe, ihre analytische Fortsetzung und die Entdeckung einer in einem Intervall stetigen, aber nirgends differenzierbaren Funktion zurück. (Das von *B.* → *Bolzano* konstruierte Beispiel war damals noch nicht bekannt.) Im Gegensatz zu *B.* → *Riemann*, der den geometrischen Standpunkt betonte, entwickelte W. in seinen Vorlesungen die komplexe Funktionentheorie auf analytischer Grundlage. Die in den folgenden Jahrzehnten einsetzende Verschmelzung beider Richtungen unter Einbeziehung topologischer Gesichtspunkte wird repräsentiert durch *H.* → *Weyl*. [Scriba]

Werke: Mathematische Werke (7 Bde, Berlin 1894–1927; Nachdruck: Hildesheim 1967); Rudolf Lipschitz – Briefwechsel mit Cantor, Dedekind, Helmholtz, Kronecker, W. u.a., hrsg. von W. Scharlau (Braunschweig 1986); Briefwechsel zwischen K. W. und Sofja Kowalewskaja, hrsg. von R. Bölling (Berlin 1993). – *Bibl.*: Pogg. VII a Suppl., 754–757. – *Lit.*: DSB XIV, 219–224 (K.-R. Biermann); H. Behnke (Hrsg.): Festschrift zur Gedächtnisfeier auf K. W. 1815–1965 (Köln 1966); K.-R. Biermann: K. W. – ausgewählte Aspekte seiner Biographie. In: *Journal für die reine und angewandte Mathematik* 223 (1966), 191–220; K.-R. Biermann: Die Mathematik und ihre Dozenten an der Berliner Universität 1810–1920 (Berlin 1973).

Weismann, August, deutscher Arzt und Zoologe, * 17.1.1834 Frankfurt am Main, † 5.11.1914 Freiburg im Breisgau.

W. studierte 1852 bis 1856 in Göttingen Medizin mit dem Ziel, später vor allem auf dem Gebiet der Chemie zu arbeiten. Dementsprechend wechselte er nach kurzer Tätigkeit als Assistenzarzt am Rostocker Krankenhaus über zum Chemischen Institut. Bereits im Frühjahr 1858 ließ er den Plan, Chemiker zu werden, fallen, ging für einige Monate nach Wien und ließ sich dann als praktischer Arzt in Frankfurt am Main nieder. Da seine Praxis klein war, konnte er den größten Teil seiner Zeit für histologische Arbeiten verwenden. Der Wunsch, sich noch mehr auch der Zoologie und der Vergleichenden Anatomie widmen zu können, veranlaßte ihn, die Stelle eines Leibarztes beim österreichischen Erzherzog Stephan anzunehmen, der auf Schloß Schaumburg an der Lahn lebte. Vorher besuchte er Paris, lernte dort *I. Geoffroy Saint-Hilaire* kennen, hörte Vorlesungen bei dessen Vater *É. → Geoffroy Saint-Hilaire* und dem Vergleichenden Anatom und Nachfolger *G. → Cuviers Henri Milne-Edwards* (* 23.10. 1800 Brügge [Flandern], † 29.7.1885 Paris) und arbeitete im ›Musée d'histoire naturelle‹. Die zoologischen Studien setzte er noch einige Wochen in Gießen bei *Rudolf Leuckart* (* 7.10. 1822 Helmstedt, † 6.2.1898 Leipzig) fort. 1863 habilitierte er sich in Freiburg im Breisgau für das Fach Zoologie und Vergleichende Anatomie. 1867 wurde er zum außerordentlichen Professor und Leiter des Zoologischen Instituts ernannt, 1873 zum ordentlichen Professor. 1869 bis 1871 verbrachte W. in Italien; wegen einer Augenerkrankung hatte er sich beurlauben lassen müssen. Die Behinderung trat später wieder auf und zwang ihn dazu, die empirischen Untersuchungen, vor allem solche am Mikroskop, aufzugeben und sich statt dessen theoretischen Arbeiten zuzuwenden.

W. hatte sich mit einer Arbeit über die Metamorphose der Insekten habilitiert und die Frühentwicklung der Dipteren untersucht. Später beschäftigte er sich mit den Wirbellosen des Süßwassers, besonders des Bodensees. Dabei stieß er auf die bis dahin nicht untersuchten Fortpflanzungsverhältnisse der Cladoceren (Wasserflöhe) und klärte ihre Heterogonie und den zugrundeliegenden Befruchtungsmechanismus auf. Arbeiten über die Geschlechtszellen der Hydrozoen schlossen sich an. W.s eigentliche Bedeutung liegt jedoch in den theoretischen Arbeiten zur Vererbung und Deszendenztheorie. Früh kam er zu dem Schluß, daß erworbene Eigenschaften nicht vererbt werden (gegen *J. B. de → Lamarck*). Zwar hatten auch andere in den 1870er Jahren diese These vertreten, vor allem Sir *Francis Galton* (* 16.2.1822 Birmingham, † 17.1.1911 Haslemere [Surrey]), ein Vetter *C. → Darwins* und Begründer der Eugenik; aber die Theorie von der ›Kontinuität des Keimplasmas‹ ist mit dem Namen W. verknüpft. Er verband diese These mit Überlegungen über die ›Erbanlagen‹ – ein Begriff, der von ihm 1883 eingeführt wurde. Die Anlagen sind danach im Keimplasma enthalten, das sich ausschließlich in den Keimzellen befindet; nur sie tragen das volle Erbmaterial. Nur eine Änderung im Keimplasma könne vererbt werden. Als Träger der Erbanlagen sah W. – angeregt durch die Überlegungen von *W. → Roux* – die Kernschleifen (Chromosomen) an. Neue Eigenschaften könnten nur durch ›Germinalselektion‹, d.h. durch einen Kampf zwischen den Determinanten, entstehen. Damit hatte W. der *Darwin*schen Selektionslehre eine konsequente theoretische Auslegung gegeben, deren Bedeutung erst nach 1900 mit der Entfaltung der Genetik und Zytogenetik erkannt werden konnte. W.s ›Neodarwinismus‹ entstand in denselben Jahren, in denen auch ein ›Neolamarckismus‹ aufkam.

W. wurde von ganz unterschiedlichen Positionen angegriffen, von *E. → Haeckel*, weil seine Vorstellungen metaphysisch und teleologisch seien und zur Irrlehre der Präformation zurückführten, von *O. → Hertwig*, weil sie mechanistisch seien; mit dem englischen Theoretiker der Biologie *Herbert Spencer* (* 27.4.1820 Derby, † 8.12.1903 Brighton) entspann sich eine Auseinandersetzung über die Frage: »Ohnmacht oder Allmacht der Naturzüchtung«. [Querner]

Werke: Der Briefwechsel zwischen Ernst Haeckel und A. W., hrsg. von G. Uschmann/B. Hassenstein. In: M. Gersch (Hrsg.): Kleine Festgabe aus Anlaß der hundertsten Wiederkehr der Gründung des Zoologischen Instituts der Friedrich-Schiller-Universität Jena im Jahre 1865 durch Ernst Haeckel (Jena 1965, S. 6–68). – *Lit.*: DSB XIV, 232–239 (G. Robinson); E. Gaupp: A. W., sein Leben und sein Werk (Jena 1917; mit Bibl.); K.

Sander (Hrsg.): A. W. (1734–1914) und die theoretische Biologie des neunzehnten Jahrhunderts. Urkunden, Berichte und Analysen. In: *Freiburger Universitätsblätter* 24 (1985), 20–203; R. Löther: Wegbereiter der Genetik: Gregor J. Mendel und A. W. (Frankfurt am Main usw. 1990).

Werner, Abrahahm Gottlob, deutscher Mineraloge und Geologe, * 25.9.1749 Wehrau [bei Bunzlau, Oberlausitz; jetzt Osiecznica, Polen], † 30.6.1817 Dresden.

W. entstammte einer Familie, die bereits über 300 Jahre im Berg- und Hüttenwesen tätig gewesen war; der Vater war Oberaufseher von Eisenhammerwerken in Wehrau und Lorenzdorf und weckte früh W.s Interesse für die Mineralien, die damals noch allgemein ›Fossilien‹ hießen. Er begann als ›Hüttenschreiber‹ im väterlichen Betrieb und studierte ab 1769 an der Bergakademie in Freiberg. Zu dem für den beabsichtigten Eintritt in den höheren montanistischen Staatsdienst erforderlichen juristischen Studium ging er 1771 nach Leipzig, wo er aber nach zwei Jahren andere, besonders naturwissenschaftliche Fächer studierte und Mitglied einer akademischen Sozietät war, die naturwissenschaftliche Vorträge veranstaltete. Ihr gehörte auch *Johann Samuel Traugott Gehler* (* 1.11. 1751 Görlitz, † 16.10.1795 Leipzig) an, der spätere Verfasser des berühmten ›Physikalischen Wörterbuches‹. Dessen Bruder, der Mediziner *Johann Karl Gehler* (* 17.5.1732 Görlitz, † 6.5.1796 Leipzig), hatte in Leipzig die ersten Mineralogievorlesungen gehalten, die W. anregten, in Ermangelung eines ordentlichen Lehrbuches dessen Dissertation ›De characteribus fossilium externis‹ von 1757 in einer kommentierten Übersetzung herauszugeben. Ein älterer Freund riet ihm jedoch, statt der dazu erforderlichen Ergänzungen aus seiner profunden Kenntnis der Minerale heraus ein neues Buch zu schreiben. In weniger als einem Jahr stellte W. es fertig: ›Von den äußerlichen Kennzeichen der Fossilien‹. Es erschien 1774 in Leipzig und machte den Verfasser sogleich weltweit bekannt. Bereits im Februar 1775 berief ihn die Bergakademie als Inspektor der Sammlungen und Lehrer der Mineralogie nach Freiberg, welches Amt er bis zu seinem Tode ausübte. – Ab 1780 hielt W. auch Vorlesungen zur ›Geognosie‹, die nicht nur ihn, sondern auch die Bergakademie zu einer international hochangesehenen Institution machten. Zahlreiche Schüler kamen, teilweise bereits als ausgebildete Wissenschaftler und Staatsdiener, von überall her nach Freiberg und verbreiteten W.s Lehren in alle Teile der alten und neuen Welt. Zu ihnen zählten *A. von → Humboldt*, *L. von → Buch* und der Schotte *Robert Jameson* (* 11.7.1774 Leith, † 19.4.1854 Edinburgh), dessen ›Elements of Geognosy‹ von 1808 praktisch eine Wiedergabe der Vorlesungen W.s darstellen.

W. ist als Begründer der wissenschaftlichen Mineralogie und gemeinsam mit *J. → Hutton* der Geologie anzusprechen. Allerdings wirkte er mehr durch das gesprochene Wort als durch schriftliche Äußerungen, gegen die er eine regelrechte Abneigung entwickelt hatte. Seine ›Geognosie‹ etwa wurde außerhalb Freibergs nur durch mündliche Berichte oder durch Darstellungen von Schülern bekannt, die auf W.s Vorlesungen beruhten: Die während seiner Unterrichtstätigkeit vorgenommenen Ergänzungen und Änderungen zum mineralogischen Werk von 1774 wurden nur von Schülern aufgrund der gehörten Vorlesungen in zwei französische (1790 und 1795) und eine englische (1805) Übersetzung eingearbeitet. Auch sein Mineralsystem wurde »mit seiner Erlaubnis« von Schülern veröffentlicht (1789, 1816 das System von 1812 und das »letzte« 1817), wenn auch vieles dazu in seine mit umfangreichen Anmerkungen versehene Übersetzung des ›Versuchs einer Mineralogie‹ des schwedischen Mineralogen *Axel Fredrik Freiherr von Cronstedt* (* 23.12.1702 Turinge, † 19.8.1765 Säter) eingegangen war.

Seine naturgeschichtlich orientierte Mineralogie bestach durch die klaren Beschreibungen und Klassifizierungen nach dem äußeren Erscheinungsbild, so daß sie sich wegen der großen diagnostischen Erfolge noch über seinen Tod hinaus gegen den (1784 noch verfrühten) Versuch einer chemisch orientierten Klassifikation der Minerale durch den irischen Chemiker und Geologen *Richard Kirwan* (* 1733 Choughballymore [Galway], † 1.6.1812 Dublin) behaupten konnte – und dadurch überhaupt erst lehrbar geworden war. Für W. war die Mineralogie auch mehr Bestandteil der von ihm begründeten, umfassenderen ›Geognosie‹, die »uns den festen Erdkörper überhaupt kennen lehrt und uns mit den verschiedenen Lagerstätten der Fossilien, aus denen er besteht, und mit der Erzeugung und dem Verhalten derselben gegen einander bekannt macht«. Im Anschluß an diluviale Theorien, ohne jedoch die Katastrophe einer Sintflut heranziehen zu müssen, ging W. davon aus, daß alle Minerale und Gesteine – abgesehen von unmittelbar vulkanischen, als sekundär angesehenen Produkten – sich aus wäßrigen Lösungen in dem ursprünglich die gesamte Erdoberfläche bedeckenden Urmeer zuerst auskristallisiert und später als Sediment abgesetzt haben. (Man nennt solche Theorien ›neptunistisch‹, während die extrem entgegengesetzte Vorstellung, daß alle Gesteine und Minerale und die Bildung der Erdformationen vulkanischen Ursprungs seien, als ›Vulkanismus‹ bezeichnet wird.) Mit seiner petrographischen Schichtenfolge (von unten): Urgebirge (Granit, Gneis, Schiefer, Porphyr usw.), Flötzgebirge (Kohlen, Kreide, Gips usw.), Vulkanische Gebirgsarten (echt: Lava, Asche, Tuff; pseudovulkanisch: Schlacken) und Aufgeschwemmte Gebirge (Kies, Sand, Lehm usw.), gibt W. so zwar die Grundzüge der Stratigraphie Deutschlands richtig wieder, aber natürlich noch nicht deren Genese. Überhaupt sind W.s Erkenntnisse stark durch Empirie geprägt, die allerdings, wie in der Frühphase der Geowissenschaften üblich, gelegentlich von dem engen Erfahrungsraum her vorschnell verallgemeinert wurde. (Neben fast jährlichen Badereisen nach Karlsbad ist W. nur 1802 einmal nach Paris gereist.) Das gilt besonders auch für seine Vorstellung von der Bildung des Basalts, den er fälschlich aus nasser Lösung als Sedimentgestein über Sand und Lehm entstehen ließ (wo er ihn an einer Stelle am Scheibenberg vorfand); während die Vulkanisten und unter ihnen sogar sein Schüler *Johann Carl Wilhelm Voigt* (* 20.2. 1752 Allstedt, † 1.1.1821 Ilmenau) wie später auch *A. von Humboldt* und *L. von Buch* gerade seine vulkanische Entstehung zur Stütze ihrer Theorien anführten. W. sah dagegen Vulkanismus als sekundär und oberflächennah an und führte ihn auf brennende und schwelende Kohlenflötze zurück. Die Vulkanisten hatten allerdings auch ihrerseits jeweils von einem zu engen Erfahrungsbereich her verallgemeinert, wie von den tätigen italienischen Vulkanen (*Antonio Lazzaro Moro* [* 16.3.1687 San Vito del Friuli, † 12.4.1764 ebendort]) oder den erloschenen der Auvergne (*J.-E. Guettard*); und auch die Katastrophentheorie *G.* → *Cuvier*s war allein durch die rasche Schichtenfolge im Pariser Becken angeregt worden. Größere Erfahrungsbreite hat die Theorien dann als nur für Teilbereiche gültig erwiesen und langsam einander angenähert. Doch hat sich der Streit um die Basaltgenese dank des weltweiten Einflusses seiner Schüler erst nach W.s Tod gelegt – und wurde gegen ihn entschieden. [Krafft]

Werke: On the External Characters of Minerals, [nach dem handschriftlich ergänzten Exemplar] übersetzt von A. V. Carozzi (Urbana, Ill. 1962); Robert Jameson, The Wernerian Theory of the Neptunian Origin of Rocks. A Facsimile Reprint of Elements of Geognosy [1808], Introduction by J. M. Sweet (New York 1976). – *Bibl.*: Pogg. VII a Suppl., 763–768 (Sekundärliteratur). – *Lit.*: DSB XIV, 256–264 (A. Ospovat; mit Bibl.); H. Bingel: A. G. W. und seine Theorie der Gebirgsbildung (Marburg 1934); A. G. W. – Gedenkschrift aus Anlaß der Wiederkehr seines Todestages nach 150 Jahren am 30. Juni 1967 (Leipzig 1967; mit Bibl.); M. Guntau: A. G. W. (Leipzig 1984);

F. Krafft: Alexander von Humboldts ›Mineralogische Beobachtungen über einige Basalte am Rhein‹ und die Neptunismus-Vulkanismus-Kontroverse um die Basalt-Genese. In: Studia Fribergensia (Berlin 1994, S. 117–150).

Werner, Alfred, elsässischer Chemiker, * 12.12.1866 Mühlhausen, † 15.11.1919 Zürich.

Während seines Militärdienstes in Karlsruhe (das Elsaß hatte 1871 von Frankreich an das Deutsche Reich abgetreten werden müssen) hörte W. an der dortigen Technischen Hochschule Vorlesungen über organische Chemie; ab 1886 studierte er dann am Eidgenössischen Polytechnikum in Zürich Chemie, ging nach der Promotion mit einer Arbeit ›Über die räumliche Anordnung der Atome in stickstoffhaltigen Molekülen‹ (1890) zu *M. → Berthelot* nach Paris und habilitierte sich schließlich 1892 in Zürich, wo er 1893 außerordentlicher und 1895 ordentlicher Professor für Chemie an der Universität wurde. Er blieb trotz mehrerer ehrenvoller Rufe – unter anderem nach Wien und Würzburg – in Zürich und hielt hier neben den organischen Veranstaltungen ab 1902 auch die Hauptvorlesung in anorganischer Chemie. Ein schweres Leiden, das 1915 auftrat, seine Schüler veranlaßte, eine Petition gegen seine weitere Lehrtätigkeit einzubringen, und schließlich kurz nach seiner offiziellen Emeritierung zum Tode führte, zwang W. auf dem Höhepunkt seines wissenschaftlichen Lebens, die Forschungs- und Lehrtätigkeit aufzugeben.

1913 hatte W. den Nobelpreis für Chemie erhalten für »seine Arbeiten über die Bindungsverhältnisse der Atome im Molekül, wodurch er ältere Forschungsgebiete geklärt und neue erschlossen hat …«. Es war ihm bereits in seiner Dissertation gelungen gewesen, die durch *J. H. van't → Hoff* begründete Stereochemie der Kohlenstoffverbindungen auf anorganische Verbindungen zu übertragen, und im theoretischen Teil seiner Habilitationsschrift (›Beiträge zur Theorie der Affinität und Valenz‹, 1892) hatte er eine neue Definition der Wertigkeit (Valenz) der Atome gegeben, die er im Gegensatz zu *A. von → Kekulé* nicht als räumlich fixierte Größe ansah, sondern als eine Energiegröße, die vom Zentrum des betreffenden Atoms aus wirkt. In Weiterführung dieser Arbeiten beschäftigte er sich ab 1892 mit der Erscheinung, daß bei den anorganischen Verbindungen Atome vorkommen, die nach Absättigung der ›normalen‹ Wertigkeit weitere Atome oder Atomgruppen binden können, und entwickelte die Anschauung, daß alle diese Atomgruppen (›Liganden‹) direkt mit dem Zentralatom – meist einem Metallatom – verbunden sind. Die Anzahl der Liganden nannte er ›Koordinationszahl‹; sie beträgt (aus Symmetriegründen) bevorzugt sechs oder vier. Weitere Untersuchungen erlaubten dann auch Aussagen über die räumliche Anordnung der sogenannten Koordinationsverbindungen: Bei sechs Liganden befinden sich diese an den Ecken eines Oktaeders um das Zentralatom als Mittelpunkt, bei vier an denen eines Tetraeders oder Quadrats. Hieraus ließ sich eine neue Systematik und Nomenklatur der anorganischen, sogenannten Komplexverbindungen entwickeln und die Klärung von Isomerie-Erscheinungen im anorganischen Bereich einleiten; die Stereochemie der Metallverbindungen war begründet.

W. hat selbst berichtet, daß ihm die Idee vom Bau der Komplexverbindungen 1892 blitzartig gekommen sei, doch bedurfte es eines Lebens intensivsten experimentellen Arbeitens, um schließlich die Komplexchemie begründen und damit vor dem Aufkommen der Röntgenstrukturanalyse (*W. H. → Bragg*), die diese Ergebnisse bestätigte, den Aufbau fester Stoffe klären zu können. Sein ›Lehrbuch der Stereochemie‹ (1904) und die ›Neueren Anschauungen auf dem Gebiet der anorganischen Chemie‹, die 1905 zuerst erschienen und fünf Auflagen erlebten, halfen zusammen mit zahlreichen kleineren Arbeiten, die anfänglichen Widerstände gegen W.s Vorstellungen abzubauen, wodurch

eine Reihe von chemischen und physikalischen Arbeiten angeregt und die seinerzeit gegenüber der organischen Chemie vernachlässigte anorganische Chemie wieder aufgewertet wurde.
[Krafft]

Werke: The Selected Papers, hrsg. von G. B. Kauffman (New York 1968). – *Lit.*: DSB XIV, 264–272 (G. B. Kauffman); P. Karrer: A. W. In: *Helvetica Chimica Acta* 3 (1920), 196–224 (mit Bibl.); G. B. Kauffman: A. W., Founder of Coordination Chemistry (Berlin usw. 1966); G. B. Kauffman: Inorganic Coordination Compounds (London 1981).

Weyl, Claus Hugo *Hermann*, deutscher Mathematiker, * 9.11.1885 Elmshorn [bei Hamburg], † 9.12.1955 Zürich.

W. wurde 1913 Professor an der Technischen Hochschule in Zürich und 1930 an der Universität Göttingen; die letztere verließ er aus Protest gegen die Entlassung jüdischer Kollegen im Jahr 1933 und emigrierte in die Vereinigten Staaten von Amerika, wo er bis 1952 am berühmten Institute for Advanced Study in Princeton tätig war und mit *A.* → *Einstein* zur Gruppe der ersten sechs Direktoren gehörte.

Er wurde in einem Nachruf mit den Mathematikern *H.* → *Poincaré* und *D.* → *Hilbert* in eine Reihe gesetzt, da er wie sie (und kaum jemand nach ihm) das gesamte weite Gebiet der Mathematik zu überschauen, zu erweitern und zu vertiefen vermochte, seine Beiträge sowohl wesentliche Anwendungsgebiete der Mathematik in der modernen Physik wie die mathematische Grundlagenforschung entscheidend förderten und er auch die philosophischen Probleme der Mathematik und der mathematischen Physik systematisch untersuchte. W. arbeitete zunächst auf dem Gebiet der mathematischen Analysis, insbesondere im Anschluß an *Hilbert* in der Spektraltheorie und harmonischen Analysis. In seinem 1913 erschienenen Buch ›Die Idee der Riemannschen Fläche‹ verschmolz er die anschaulichen, auf physikalischen Vorstellungen basierenden Konzeptionen, die *B.* → *Riemann* in die Funktionentheorie eingeführt und *F.* → *Klein* weiter ausgebildet hatte, mit den jüngsten topologischen Untersuchungen zu einer einheitlichen ›Idee‹. Das Buch war bereits in dem für W. charakteristischen Stil geschrieben: kein trockenes Lehrbuch, sondern ein mathematischer Essay, der seine Argumente aus dem Kern des Problems bezog, nicht aus Rechnungen und Formeln. Auf W. trifft das Wort *N.* → *Bohr*s zu, wonach Mathematik »nicht als ein auf der Ansammlung von Erfahrung beruhender Erkenntniszweig, sondern vielmehr als eine Verfeinerung der Umgangssprache« anzusehen ist.

Aus der Beschäftigung mit der Physik und der Zusammenarbeit mit *Einstein* in Zürich ging W.s fundamentales, mehrfach aufgelegtes Werk ›Raum, Zeit, Materie‹ hervor. Im Vorwort zur ersten, 1918 erschienenen Auflage schrieb der Verfasser: »Mit der *Einstein*schen Relativitätstheorie hat das menschliche Denken über den Kosmos eine neue Stufe erklommen. Es ist, als wäre plötzlich eine Wand zusammengebrochen, die uns von der Wahrheit trennte. [...] Zugleich wollte ich an diesem großen Thema ein Beispiel geben für die gegenseitige Durchdringung philosophischen, mathematischen und physikalischen Denkens, die mir sehr am Herzen liegt.« Ein Jahrzehnt später erschien W.s ›Gruppentheorie und Quantenmechanik‹, woraus »die Physiker Gruppentheorie und die Mathematiker Quantenmechanik lernten« – wieder ist der Verfasser der große Vermittler zwischen den beiden Wissenschaften. Ist für ihn doch Mathematik viel mehr als bloßes Formelspiel. *L. E. J.* → *Brouwer*s Intuitionismus nahestehend, war W. tief überzeugt von der Sinnhaftigkeit der Mathematik, von ihrer ordnenden Kraft, von ihrer immanenten Schönheit. ›Symmetrie‹ ist der Titel seines letzten Buches, mit der doppelten Zielsetzung, »einerseits die große Mannigfaltigkeit der Anwendungen des Symmetrieprinzips in der Kunst, in der anorganischen und der organischen Natur aufzuzeigen, andererseits Schritt für Schritt die philosophisch-mathematische Bedeutung des Symmetriebegriffs zu klären«. W. selbst nannte das Buch, das seine in Princeton gehaltene Abschiedsvorlesung wiedergibt, seinen Schwanengesang. [Scriba]

Werke: Gesammelte Abhandlungen, hrsg. von K. Chandrasekharan (4 Bde, Berlin usw. 1968). – *Lit.*: DSB XIV, 281–285 (J. Dieudonné); GWG XI, 86–97 (K. Jacobs); R. König: (Nachruf). In: *Jahrbuch der Bayer. Akademie der Wissenschaften* 1956, S. 236–248; W. Deppert: Exact Sciences and Their Philosophical Foundations. Vorträge des Internationalen H.-W.-Kongresses (Frankfurt am Main 1988); G. Frei: H. W. und die Mathematik an der ETH Zürich, 1913–1930 (Basel 1992).

Wiener, Norbert, nordamerikanischer Mathematiker, Begründer der Kybernetik, * 26.11.1894 Columbia [Missouri], † 18.3.1964 Stockholm.

W. war ein frühreifes, aber sehr labiles und unter der dominierenden Persönlichkeit seines Vaters erst spät zur Selbständigkeit gelangendes Wunderkind. Der Vater, der einer jüdischen Familie entstammte, war in jungen Jahren aus Rußland nach Amerika eingewandert und hatte sich, obgleich er niemals eine Universitätsausbildung genossen hatte, vom Fabrikarbeiter zum Professor für slawische Sprachen an der Harvard University emporgearbeitet – er sprach über 40 verschiedene Sprachen! Der Sohn, ebenfalls sehr sprachbegabt, besuchte schon mit elf Jahren ein College, studierte Mathematik, Naturwissenschaften und Philosophie, schrieb achtzehnjährig eine Doktorarbeit über mathematische Logik, setzte seine Studien unter *Bertrand Arthur William Russell* (* 18.5.1872 Trelleck [Moumouthshire], † 2.2.1970 Plas Penrhyn [bei Penrhyndendraeth, Wales]) in Cambridge und *D. → Hilbert* und *Edmund Landau* (* 14.2.1877 Berlin, † 19.2.1938 ebenda) in Göttingen fort – und zeigte doch noch immer kein besonderes Interesse an oder besonders auffällige Leistungen auf seinem späteren Fachgebiet. Seine Kurzsichtigkeit und manuelle Unbeholfenheit ließen es nicht zu, daß er seinem Lieblingswunsch, Biologe zu werden, nachgeben konnte. Einige Semester lang unterrichtete er Philosophie, offenbar mit mäßigem Erfolg; kaum besser erging es ihm in Anfängervorlesungen als Dozent für Mathematik während des Ersten Weltkriegs. Schließlich gab ein Wechsel in das damals wenig bekannte Massachusetts Institute of Technology den Ausschlag. W. fand im Mathematischen Institut interessierte, sein exzentrisches Benehmen tolerierende Kollegen, denen er seine mathematischen Ideen vortragen konnte. Er drang tiefer in die neuere Literatur ein und nahm ihm gestellte, vorwiegend physikalisch-technische Probleme auf. Zeit seines Lebens unternahm W. viele Reisen zu Studien- und Vertragszwecken nach Europa, China, Indien und Mexiko.

W. erzielte mit der Behandlung der Brownschen Bewegung auf maßtheoretischer Grundlage einen ersten Erfolg in der Wahrscheinlichkeitstheorie, der sich als sehr fruchtbar für die weitere Forschung erwies. Er selbst schritt weiter zur verallgemeinerten harmonischen Analysis, mit der er dem von den Ingenieuren seit Jahrzehnten angewandten Heaviside-Kalkül eine exakte logische Grundlage gab. Im Verlauf dieser Forschungen stieß er auf das statistische Element in der Theorie kontinuierlicher Spektren und in der Kommunikationstheorie; seine Arbeiten in dieser Richtung brachten ihm weitere Anerkennung. Die Zusammenarbeit mit dem mexikanischen Physiologen *Arturo Rosenblueth* (* 2.10.1900 Ciudad Guerrero, Chihuahua [Mexico], † 20.9.1970 Mexico City) wurde zu einer der Quellen, aus denen seine wohl populärste Schöpfung, die ›Kybernetik‹, hervorging. Eine andere Quelle war das ihm im Zweiten Weltkrieg gestellte Problem, mathematisch zu untersuchen, wie eine Flugabwehrkanone am zweckmäßigsten zu steuern sei. Die Vorstellungen über Kontroll-, Regelungs- und Steuerungsmechanismen, die W. entwickelte, erwiesen sich für die Ingenieurwissenschaften, die Physiologie und auch für soziologische und verwandte Fragestellungen von höchster Bedeutung, und zwar überall da, wo der Ablauf eines Mechanismus oder eines Geschehens durch ständige automatische Nachregulierung in Gang gehalten wird. Unter dem von W. geprägten Namen ›Kybernetik‹ hat diese Betrachtungsweise im Zeitalter der Automation größte Bedeutung erlangt. [Scriba]

Werke: Selected Papers (Cambridge, Mass. 1964); Collected Works with Commentaries, hrsg. von P. Masani (4 Bde, Cambridge, Mass. 1976–1985). – *Lit.*: DSB XIV, 344–347 (H. Freudenthal); GWG XI, 136–151 (H. W. Franke); N. W.: Mathematik – mein Leben (Düsseldorf/Wien 1962 u.ö.); H. J. Ilgands: N. W. (Leipzig 1980, ²1984); S. J. Heims: John von Neumann and N. W. From Mathematics to the Technology of Life and Death (Cambridge, Mass. 1980 u.ö.); P. R. Masani: N. W., 1894–1964 [engl.] (Basel 1990).

Wilhelm IV., Landgraf von Hessen-Kassel, Begründer der modernen astronomischen Meßkunst, * 14.6.1532 Kassel, † 25.8.1592 ebenda.

Nach 1552 begann W. mit astronomischen Studien anhand der Werke von *Peter → Apian*, *G. → Peurbach* und *→ Regiomontanus*, nachdem sein Vater aus der Gefangenschaft nach dem Schmalkaldischen Krieg zurückgekehrt war. Seit 1547 hatte W. dessen Regierungsgeschäfte übernehmen müssen. Jetzt widmete er sich bis zu seinem eigentlichen Regierungsantritt 1567 vorwiegend der Astronomie. Angesehene Mathematiker wurden als Lehrer nach Kassel gerufen, und das erste wissenschaftliche Anliegen des jungen Fürsten scheint eine Verbesserung der mechanischen Berechnungen von Planetenörtern gewesen zu sein. Nach Metallscheiben und Armillarsphären, deren Kreise noch von Hand bewegt werden mußten, entstehen bald mit Hilfe geschickter Mechaniker von einem Federwerk angetriebene große Automatenuhren, deren älteste von 1561 erhalten ist. Bei der Berechnung der Bahnelemente nach dem Ptolemaiischen System hatte er wie viele vor ihm festgestellt, daß die unabdingbare Voraussetzung für genaue Ortsbestimmungen, ein exakter Fixsternkatalog, durch den ptolemaiischen nicht gegeben war, dessen Örter aufgrund von Überlieferungsfehlern oder von Eigenbewegungen der Fixsterne (!) nicht mehr mit den wahrgenommenen übereinstimmten – an mangelhafte Meßdaten des *→ Ptolemaios* dachte er bezeichnenderweise nicht. Ohne sich in den Streit um die Richtigkeit des Copernicanischen oder Ptolemaiischen (und später auch des Braheschen) Systems einzulassen, ging W. daraufhin unbeirrt den für eine Weiterentwicklung der Astronomie als notwendig angesehenen Weg. Auf Anbauten seines Schlosses entstand etwa 1560 eine Sternwarte, die erste europäische überhaupt; zur gleichen Zeit bemühte er sich um die Konstruktion und den Bau von Meßgeräten, die fest, aber in verschiedenen Richtungen justierbar aufgestellt wurden und deren größere Genauigkeit er außerdem nicht wie später *T. → Brahe* durch Vergrößerung des Radius der Meßkreise, sondern durch feinere Ausführung in Metall statt Holz erreichen wollte und erreichte. Für die Beobachtungen scheint er vor seinem Regierungsantritt stets einige Gehilfen zur Verfügung gehabt zu haben, während danach kaum W. selbst beobachtete, bis es 1575 zu dem denkwürdigen Besuch *Brahe*s in Kassel kam, der dazu führte, daß dieser in Dänemark die nötige Untersützung fand und daß W. sich wieder mehr der Astronomie widmete und mit *Brahe*s Hilfe geeignete Gehilfen nach Kassel ziehen konnte, die selbst schon ausgezeichnete Astronomen waren, wie unter anderen der Instrumentenbauer *Eberhard Baldewein* (2. Hälfte des 16. Jh.s) ab 1568 und *Christoph Rothmann* (2. Hälfte des 16. Jh.s, aus Bernburg) ab 1577. Bis zu seinem Tode blieb er – oft über seine Gehilfen – mit *Brahe* in regem, für beide

Seiten fruchtbarem Gedankenaustausch über fachliche Fragen. – 1568 gründete W. in Kassel einen Botanischen Garten, der durch den französischen Arzt und Botaniker *Carolus Clusius* (*Charles de l'E[s]cluse* [*Lécluse*]; * 18.2.1526 Arras [Artois], † 4.4.1609 Leiden) betreut wurde, der 1573 als Vorsteher des Botanischen Gartens an den Kaiserhof in Wien ging und ab 1593 Professor in Leiden war.

Ungewiß ist, wann W. auf die Idee kam, zur Bestimmung der Rektaszension nicht eine Winkel-, sondern eine Zeitmessung vorzunehmen, d.h. nach einem Vorschlag *B. Walther*s die Zeitdifferenz des Meridiandurchganges zweier Sterne zu bestimmen. Jedenfalls bedurfte diese später die Beobachtungstechnik revolutionierende Methode genauerer Uhren, als es die üblichen Räderuhren waren. W. berief daraufhin 1579 den Schweizer Uhrmacher und Mathematiker *Jo(b)st Bürgi* (* 28.2.1552 Lichtenstein, † 31.1. 1632 Kassel) als Mechaniker nach Kassel. Neben Präzisionsmeßgeräten konstruierte und baute *Bürgi* in den 1580er Jahren tatsächlich die ersten Federuhren mit der damals unglaublichen Ganggenauigkeit von ± 30 Sekunden pro Tag, womit die Voraussetzungen für die Anwendung der neuen Methode ausreichend erfüllt schienen. Wegen der grundsätzlich ablehnenden Haltung *Brahe*s, der allerdings diese Methode für seinen großen Mauerquadranten ebenfalls nutzte, sollte jedoch erst *J.* → *Flamsteed* wieder generell nach dieser Methode messen. Der geplante Katalog ist auch nie fertig geworden; die wenigen bereits reduzierten Beobachtungen von W. (58) und *Rothmann* (121) wurden 1618 von *W.* → *Snellius* veröffentlicht. *Bürgi*, der nach dem Tode W.s von dessen Sohn Moritz, der ebenfalls ein Föderer der Naturwissenschaften (vorwiegend der Alchemie und paracelsischen Chemie) war, übernommen wurde, doch gelegentlich an den Hof von Prag ging und hier seit 1604 neben *J.* → *Kepler* wirkte, bevor er kurz vor seinem Tode nach Kassel zurückging, hatte die Genauigkeit durch zwei im Kreuzschlag gekoppelte Foliots als Regelelement erreicht – das Pendel wurde dazu erst in den 1650er Jahren von *C.* → *Huygens* und *J.* → *Hevelius* eingeführt. Weitere große Leistungen dieses genialen Praktikers der Mathematik waren die Berechnung von Logarithmentafeln und die Erfindung des Dezimalbruchrechnens (unabhängig von dem schottischen Mathematiker *John Napier* [*Neper*], *Laird of Merchiston* [* 1550 Merchiston Castle (bei Edinburgh), † 4.4.1617 ebenda] bzw. *S.* → *Stevin*), die Konstruktion eines rein mechanischen Triangulationsinstruments und anderes. [Krafft]

Bibl.: Pogg. VII a Suppl., 772 f. – *Lit.*: DSB XIV, 358 f. (D. B. Herrmann); GWG V, 296–345 [Brahe] (F. Krafft); B. Sticker: Landgraf W. IV. und die Anfänge der modernen astronomischen Meßkunst. In: *Sudhoffs Archiv* 40 (1956), 15–25; L. von Mackensen: Die erste Sternwarte Europas mit ihren Instrumenten und Uhren. 400 Jahre Jost Bürgi in Kassel (München 1979, [2]1982); J. Hamel: Die astronomischen Forschungen in Kassel unter W. IV. (Thun/Frankfurt am Main 1998). – E. Voellmy: Jost Bürgi und die Logarithmen (Basel 1984).

Wilhelm von Ockham, englischer Theologe und Philosoph, * um 1295 Ockham [Surrey], † 10.4.1349 München.

Seine wissenschaftliche Ausbildung erhielt der englische Franziskaner W. um 1312 bis 1318 in Oxford, wo seit *R.* → *Grosseteste* Mathematik und Naturwissenschaften in starkem Maße in den Unterricht einbezogen worden waren. Danach hielt er hier theologische Vorlesungen und wurde frühestens 1320 ›baccalaureus formatus‹. Als solcher erhielt er 1324 eine Ladung vor die Kurie in Avignon, um sich gegen die Anschuldigung, ketzerische Lehren zu vertreten, zu verteidigen. Ende Mai 1328 gelang es W., aus der Untersuchungshaft zu entfliehen. Er begab sich mit zwei anderen Ordensbrüdern nach Pisa zu Kaiser Ludwig dem Bayern, dessen Schutz sich schon vorher andere Franziskaner unterstellt hatten. Ihre Exkommunikation (6.6.1328) verschärfte und erweiterte dann zwar die Auseinandersetzung, blieb aber ohne direkte Folgen: 1330 begleiteten sie den Kaiser nach München, wo W. im Franziskanerkloster Unterkunft fand. Von hier aus führte er seinen Kampf gegen den Papst und für seine Lehre, was 1339 an der Universität Paris, wo sie neben Oxford besonders Fuß gefaßt hatte, zu einem generellen Verbot Ockhamistischer Lehrmeinungen führte. Nach dem Tod des Kaisers, spätestens seit 1348, bemühte W. sich dann um eine Versöhnung mit dem Papst, deren Zustandekommen aber durch seinen plötzlichen Tod verhindert wurde.

Das bedeutendste Ereignis für Philosophie und Naturphilosophie des 14. Jahrhunderts war zweifellos der Nominalismus mit seinen Konsequenzen. Als Reaktion gegen den an → *Aristoteles* orientieren Realismus → *Alberts des Großen* und *Thomas' von Aquino* (Thomismus), einer gemäßigten Form des Averroismus (→ *Averroës*), dessen streng deterministische Lehren 1277 in Frankreich und England verboten worden waren, war von W. der von jenen überwundene frühere Nominalismus erneuert worden: Danach wird nur das Einzelne als real anerkannt, das Allgemeine erscheint als bloßer Begriff des denkenden Geistes, als bloßer Name (lateinisch: *nomen*). Die alleinige Realität des Einzelnen läßt ein Erkennen intuitiv werden. Gott sei allerdings nicht intuitiv erkennbar, sondern durch einen Begriff, dessen Elemente von den Dingen abstrahiert wurden, aus dem aber nicht sein Dasein folge. Der Beweis könne nur a posteriori erbracht werden, und das nicht einmal zwingend. Die üblichen Gottesbeweise a priori werden bekämpft durch das Bezweifeln ihrer aristotelischen Voraussetzungen. – Diese Auffassung hatte nicht nur beträchtliche theologische Konsequenzen, die zu seiner Verfolgung und der Verbannung seiner Lehren führten – theologische Sätze und Dogmen werden als bloße Glaubensartikel deklariert (!) –, sondern auch naturphilosophische, indem der das Einzelne erfassenden Wahrnehmung größeres Gewicht zugeschrieben wird, die mit dem Universalienproblem im Sinne → *Platon*s und *Aristoteles*' zusammenhängende Frage nach dem ›Wesen‹, dem Allgemeinen in oder über dem Einzelnen, zurücktritt gegenüber jener nach dem bloßen ›Wie‹ des Geschehens und die apriorischen Grundprinzipien des *Aristoteles* ehrlich in Frage gestellt werden: Die Ursachenkette kann unendlich sein, Gott braucht nicht die erste Ursache zu sein; nicht jede Bewegung bedarf eines Bewegers; Gottes Einheit und Unendlichkeit ist nicht nachweisbar; eine Mehrheit von Welten verschiedener Urheber ist denkbar usw. Diese nominalistische Skepsis, welche die aristotelischen Grundsätze als im echten Sinne fragwürdig bloßlegte, eröffnete der Naturerkenntnis ganz neue Wege, die vorerst allerdings rein spekulativ als Diskussion verschiedener Möglichkeiten beschritten wurden, die dann teilweise im 16. und 17. Jahrhundert, als real erkannt oder gesetzt, zur Überwindung des Weltbildes von *Aristoteles* führten. Ansätze in dieser Richtung bei W. waren besonders an der Universität Paris weiter gebildet worden. Stieß hier jedoch die theologische Ausrichtung des Ockhamismus auf harte Kritik seitens der Kurie, so blieben die vorwiegend naturphilosophisch orientierten Anhänger unbehelligt. Unter ihnen ragt neben *Nicole* → *Oresme* besonders *Johannes Buridanus* (* um 1300 Béthune [Artois], † nach 1358 Paris) hervor, auf den im wesentlichen die Überwindung der Dynamik des *Aristoteles* nach spätantiken (*Philoponos*) und arabischen Vorarbeiten durch die Impetustheorie zurückgeht, die er auch auf kosmische Bewegungen anwendete: Die durch Gottes Anstoß den Sphären ›eingeprägte Kraft‹ (*vis impressa*, *impetus*) halte die Kreisbewegung aufrecht, die Intelligenzen des *Aristoteles* seien als Beweger überflüssig. [Krafft]

Werke: Philosophical Writings [Auswahl], hrsg. von P. Boehner (Edinburgh 1957). – *Bibl.*: J. P. Beckmann: Ockham-Bibliographie 1900–1990

(Hamburg 1992). – *Lit.*: DSB X, 171–175 (E. A. Moody); GWG III, 858–869 (W. Kluxen); S. Moser: Grundbegriffe der Naturphilosophie bei W. von O. (Innsbruck 1932); L. Baudry: Guillaume d'Occam. I: L'homme et les œuvres (Paris 1950; mit Bibl.); D. Webering: Theory of Demonstration According to William Ockham (Saint-Bonaventure, N.Y. 1953); A. Dempf: Die Naturphilosophie O.s als Vorbereitung des Kopernikanismus (München 1974); A. Goddù: The Physics of William of O. (Leiden 1984); K. H. Tachau: Vision and Certitude in the Age of Ockham. Optics, Epistemology and the Foundations of Semantics 1250–1345 (Leiden 1988); R. O. Pasnau: Theories of Cognition in the Later Middle Ages (Cambridge 1997). – L. Baudry: Lexique philosophique de Guillaume d'Ockham (Paris 1958).

Willstätter, *Richard* Martin, deutscher Chemiker, * 13.8.1872 Karlsruhe, † 3.8.1942 Muralto [bei Locarno].

W. entstammte einer jüdischen Kaufmannsfamilie im Badenser Raum und studierte nach dem Schulbesuch in Karlsruhe und Nürnberg 1890 bis 1894 in München Chemie, war bis zu seiner Habilitation 1896 Privatassistent bei *A. von → Baeyer*, dann Privatdozent und ab 1901 außerordentlicher Professor und Vorstand der organischen Abteilung am Baeyerschen Institut. 1905 folgte er einem Ruf auf den Lehrstuhl für Chemie an der Eidgenössischen Technischen Hochschule in Zürich, 1912 wurde er an das neugegründete Kaiser-Wilhelm-Institut für Chemie in Berlin-Dahlem berufen, und 1916 übernahm er als Nachfolger *A. von Baeyer*s den Lehrstuhl für allgemeine Chemie an der Universität München. Als es 1924/25 wegen einer möglichen Berufung des schweizerisch-norwegischen Geochemikers *Victor Moritz Goldschmidt* (* 27.1.1888 Zürich, † 20.3.1947 Oslo), der dann 1929–1935 in Göttingen wirkte, zu antisemitischen Diffamierungen innerhalb des Fakultätsrates kam, trat W. vorzeitig von seinem Amt zurück und lebte als »freiresignierter« Professor und Privatforscher in München (wo ihm sein Nachfolger *H. Wieland* ein Labor zur Verfügung stellte, bis er wegen der Rassengesetze dieses nicht mehr betreten durfte). Als seit der Reichskristallnacht (9./10.11.1938) die antisemitische Eskalation immer weniger auf »Verdienste um das Vaterland« Rücksicht nahm – W. war während des Ersten Weltkrieges wie etwa auch *O. → Hahn* und *F. → Haber*, mit dem er befreundet war, an der speziellen kriegstechnischen Erforschung von Giftgasen und Schutzmaßnahmen beteiligt und hatte die Dreischichteinlage der Gasmasken des Deutschen Heeres nicht ohne eigene gesundheitliche Schädigung entwickelt – und lebensbedrohend wurde, emigrierte W. unter Zurücklassung all seines Hab und Gutes 1939 gerade noch rechtzeitig in die Schweiz, wo er am Lago Maggiore seinen Lebensabend verbrachte.

W. gehörte wie *E. → Fischer* zu den Chemikern, die sich der systematischen Untersuchung biochemisch wichtiger Naturstoffe widmeten und damit die Biochemie begründeten. Bereits seine Doktorarbeit behandelte ein Spaltprodukt des Kokains. Danach entwickelte er in teilweise heftiger Auseinandersetzung mit *Albert Ladenburg* (* 2.7.1842 Mannheim, † 15.8.1911 Breslau) die richtige Strukturformel des Tropins (Tropanols) und bestätigte sie durch eine vielstufige Synthese, der sich die Darstellung von Tropanalkaloiden (Kokain, Atropin, 1918 auch Ekgonin) anschloß, wobei er die noch heute vielseitig angewendete, von *A. W. von → Hofmann* entdeckte Reaktion der ›erschöpfenden Methylierung‹ in die Analyse und Synthese stickstoffhaltiger Ringsysteme einführte. Weiterhin bearbeitete W. damals die Synthese des Zyklooktatetraens und die Chinonfarbstoffe. Diese Arbeiten wurden in der Züricher Zeit, die den Höhepunkt seines chemischen Lebenswerkes darstellt, fortgesetzt, doch widmete er sich dort speziell dem Chlorophyll und den Anthozyanen. Er konnte mit seinen Schülern nachweisen, daß ersteres in allen grünen Pflanzenteilen einheitlich ist und aus zwei Komponenten, dem Chlorophyll a und b, besteht und daß seine Moleküle ähnlich denen des Blutfarbstoffes Hämin aufgebaut sind, jedoch anstelle des zentralen Eisenatoms ein komplex gebundenes Magnesiumatom im Zentrum enthält (*A. → Werner*). Hiermit waren die wichtigsten Vorarbeiten zur endgültigen Klärung der Konstitution des Chlorophylls in den 1930er Jahren durch den Biochemiker *Hans Fischer* (* 27.7.1881 Höchst [bei Frankfurt am Main], † 31.3.1945 München), der ab 1921 ebenfalls in München wirkte, geleistet. – Die Konstitution der Anthozyane, der Pigmente, welche die Färbungen der Blüten und Früchte bewirken, bildete dann einen Schwerpunkt der kurzen Berliner Tätigkeit. Er zeigte, daß sie Glykoside mit ähnlichen Farbstoffkomponenten sind, und klärte die Struktur dieser Komponenten auf. Für diese »Untersuchungen der Farbstoffe im Pflanzenreich, vor allem des Chlorophylls« erhielt W. 1915 auch den Nobelpreis für Chemie. Ein weiteres Arbeitsgebiet stellte die Photosynthese dar, während er sich in der Zeit seines Münchner Ordinariats besonders den Enzymen widmete, auf die ihn die Untersuchung des Assimilierungsvorganges im Chlorophyll geführt hatte. Er war überzeugt, daß Enzyme Substanzen in chemischem Sinne darstellen – was seinerzeit noch keineswegs geklärt war –, hielt sie jedoch fälschlich für chemisch aktive Gruppen von niedrigem Molekulargewicht, die sich nur an einen kolloiden Träger anhängen, und war deshalb trotz seiner unbestrittenen Verdienste um die Chemie der Enzyme äußerst skeptisch gegenüber der ersten Abtrennung eines Enzyms durch den nordamerikanischen Biochemiker *James Batcheller Sumner* (* 19.11.1887 Canton [Mass.], † 12.8.1955 Buffalo [N.Y.]). W. gehörte aber immerhin zu den wenigen ersten Anhängern der von *H. → Staudinger* entdeckten makromolekularen Struktur bestimmter Stoffe. [Krafft]

Werke: Aus meinem Leben, hrsg. von A. Stoll (Weinheim 1948, ²1958 u.ö.). – *Lit.*: DSB XIV, 411 f. (J. S. Fruton); R. Kühn: R. W., 1872–1942. In: *Die Naturwissenschaften* 36 (1949), 1–15; R. Robinson: R. A. W. In: *Orbituary Notices of Fellows of the Royal Society* 8 (1953), 609–634; I. Strube: R. W. (1872–1942) zu seinem 100. Geburtstag. In: *NTM – Schriftenreihe für Geschichte der Naturwissenschaften, Technik und Medizin* 10 (1973), Heft 2, 87–101; Fritz Haber: Briefe an R. W. 1910–1934, hrsg. von P. Werner / A. Irmscher (Berlin 1995).

Wilson, *Charles* Thomson Rees, schottischer Physiker, * 14.2.1869 nahe Glencorse [bei Edinburgh, Schottland], † 15.11.1959 Carlops [nahe Edinburgh].

W. war das jüngste von insgesamt acht Kindern eines schottischen Schaffarmers. Nach dem Tode des Vaters siedelte die Familie 1873 nach Manchester über, wo W. mit Unterstützung seines Halbbruders William aus des Vaters erster Ehe auch studieren konnte. Im Alter von 15 Jahren bezog er als Medizinstudent das Owens College, erwarb hier 1887 den Bachelor of Science und ging dann 1889 als Stipendiat an das Sidney Sussex College in Cambridge, um Physik und Chemie zu studieren. Nach dem Tode seines Halbbruders (1892) unterrichtete er kurze Zeit an einer Schule in Bradford, ging dann aber zur Fortsetzung seiner experimentellen Studien am Cavendish Laboratory wieder nach Cambridge, anfangs als Demonstrator für Medizinstudenten, 1896 bis 1899 als Maxwell-Stipendiat, dann für ein Jahr im Meteorologischen Dienst, bevor er 1900 Fellow und Lecturer am Sidney Sussex College wurde – im selben Jahr wurde er auch zum Mitglied der Royal Society gewählt – und 1925 bis 1934 Jacksonian Professor für ›Natural Philosophy‹ (Theoretische Physik) war.

W. berichtete später, daß ihn die Beobachtungen von grandiosen Lichterscheinungen in Wolken und Nebeln auf dem Gipfel des höchsten Berges in Schottland, des Ben Nevis, auf dem er sich im Herbst 1894 einige Wochen aufhielt, dazu angeregt hatten, solche Erscheinungen im Laboratorium selber zu erzeugen – er hat sich daraufhin sein ganzes Leben lang mit künstlicher Wolken- und Nebelbildung und Luftelektrizität beschäftigt: 1895 konstruierte er einen ersten Apparat, mit dem er die Bedingungen untersuchen konnte, unter denen Wasserdampf (mit Wasserdampf gesättigte Luft) bei plötzlichem Druckabfall, den er durch Volumenänderung mittels Anschluß eines evakuierten Gefäßes erreichte, in staubfreier Luft kondensiert – wie es in der Mitte des 17. Jahrhunderts bereits *O. von* → Guericke bei Vakuumversuchen beobachtet hatte. W. fand 5 : 4 als das für die Niederschlagsbildung von Tröpfchen kritische Verhältnis der Volumina. 1896, unmittelbar nach der Entdeckung der Röntgen-Strahlen (*W. C.* → *Röntgen*), setzte er seine ›Expansionskammer‹ auch dieser Strahlung aus und stellte fest, daß jetzt beim selben Volumenverhältnis schlagartig ein dichter Nebel entsteht. Daraus schloß er, daß die Kondensationskerne in diesem Falle statt Staubteilchen die entstandenen Ionen sein müßten, denen *J. J. Thomson* und *E.* → *Rutherford* gerade die Leitfähigkeit eines Röntgen-Strahlung ausgesetzten Gases zugeschrieben hatten. Überhaupt war der enge Kontakt zu und unter den Physikern am Cavendish Laboratory, an dem damals unter *Thomsons* Leitung auch *Rutherford* arbeitete, für die Entwicklung der später so genannten W.-Kammer (Nebelkammer) und ihre Anwendung äußerst förderlich gewesen. 1899 faßte W. seine ersten experimentellen Ergebnisse zusammen: »Der Einfang der *negativen* Ionen beginnt bei [einem Volumenverhältnis von] V_2/V_1=1.25, und *alle* scheinen bei V_2/V_1=1.28 eingefangen zu sein; denn die Dichte des negativ geladenen Nebels nimmt nicht mehr zu. *Positive* Ionen beginnen bei V_2/V_1=1.31 sichtbar zu werden; die Nebel sind konstant und den negativ geladenen gleich von 1.35 an aufwärts.« – W. setzte diese Versuche dann erst ab 1910 fort; zwischenzeitlich beschäftigte er sich, wieder fast ausschließlich experimentell-messend, mit atmosphärischer Elektrizität. Ging es ihm doch um die Frage, die er sich 1900 stellte, »ob die Erzeugung von Ionen in staubfreier Luft auf eine Strahlenquelle außerhalb unserer Atmosphäre zurückzuführen ist, vielleicht auf eine Art Röntgen- oder Kathodenstrahlung, doch von sehr viel größerer Durchschlagskraft«. Es war aber erst der österreichisch[-amerikanisch]e Physiker *Victor Franz* [englisch: *Francis*] *Hess* (* 24.6.1883 Waldstein [Steiermark], † 17.12. 1964 Mount Vernon [New York]; 1938 emigriert), der diese geniale Hypothese 1911 bestätigen konnte, indem er mittels durch Ballons in große Höhen transportierten Elektroskopen nach anfänglichem Abfall eine mit der Höhe zunehmende Leitfähigkeit der Luft feststellte. Die postulierte Höhenstrahlung wurde von dem amerikanischen Physiker *Robert Andrews Millikan* (* 22.3.1868 Morrison [Illinois], † 19.12.1953 San Marino [California]) dann ›kosmische Strahlung‹ genannt.

W. selber hatte seine Nebelkammer 1910 so weit verbessert, daß durch spezielle Beleuchtung photographische Aufnahmen möglich wurden und durch Anlegen eines elektrischen Feldes Staubfreiheit der gesättigten Luft gewährleistet war, so daß nur Ionen als Kondensationskerne auftraten. Im folgenden Jahr konnte er daraufhin die Ionisationsspur eines Alpha-Teilchens, zwei Jahre später auch die schwächere eines Beta-Teilchens aufzeigen. Die ›W.-Kammer‹ wurde damit zu dem wichtigsten instrumentellen Hilfsmittel des jungen Forschungsgebietes der Radioaktivität, mit dem die Höhenstrahlung untersucht, theoretisch abgeleitete Effekte bestätigt (*L.* → *Meitner* benutzte sie hierzu als eine der ersten) und neue Teilchen entdeckt werden konnten. W. selbst zum Beispiel wies 1923 das beim Compton-Effekt auftretende Rückstoßelektron nach – und erhielt daraufhin 1927 gemeinsam mit *Arthur Holly Compton* (* 10.9.1892 Wooster [Ohio], † 15.3. 1962 Berkeley [Calif.]) je zur Hälfte den Nobelpreis für Physik »für seine Entdeckung der Methode, durch Dampfkondensierung die

Bahnen elektrisch geladener Partikel sichtbar zu machen«. *C. A. Anderson* entdeckte 1932 das von *P. A. M.* → *Dirac* theoretisch abgeleitete Positron, und *Patrick Maynard Stuart Blackett* (* 18.11.1897 London, ab 1969 Baron of Chelsea, † 13.7.1974 ebendort), damals ebenfalls am Cavendish Laboratory, konnte 1925 in Serienaufnahmen von Alphateilchen-Spuren erstmals den Verlauf der von *Rutherford* 1919 entdeckten künstlichen radioaktiven Umwandlung von Stickstoff zu Sauerstoff aufzeigen. Die überragende Bedeutung eines solchen Nachweisinstruments für die Radio- und Kernphysik wird unterstrichen durch die Tatsache, daß *Blackett* 1948 »für die Weiterentwicklung der Anwendung der W.-Kammer und seine damit gemachten Entdeckungen« und der amerikanische Physiker *Donald Arthur Glaser* (* 21.9. 1926 Cleveland [Ohio]) 1960 für die Weiterentwicklung zur ›Blasenkammer‹ (1952) ebenfalls einen Physik-Nobelpreis erhielten.

[Krafft]

Lit.: DSB XIV, 420–423 (G. L'E. Turner); P. M. S. Blackett: C. T. R. W., 1869–1959. In: *Biographical Memoirs of Fellows of the Royal Society* 6 (1960), 269–295 (mit Bibl.); R. S. Stuewer: The Compton Effect, Turning Point in Physics (New York 1975).

Windaus, *Adolf* Otto Reinhold, deutscher Chemiker, * 25.12.1876 Berlin, † 9.6.1959 Göttingen.

Beeindruckt durch die Erfolge der bakteriologischen Arbeiten von *R.* → *Koch* und *L.* → *Pasteur* wollte W., statt den von den Eltern gewünschten kaufmännischen Beruf zu ergreifen, Mediziner werden und begann 1895 in Berlin mit dem Studium der Medizin. Er wurde dann zwar durch die Vorlesungen *E.* → *Fischer*s mehr und mehr zur (physiologischen) Chemie hingeführt, leistete später jedoch gerade von der Chemie her wesentliche Beiträge für die Medizin. Die Chemie hatte allerdings schon ab 1897 den Schwerpunkt seiner Studien in Freiburg im Breisgau gebildet, wo er 1899 auch promoviert wurde, nach dem Militärdienst ab 1901 an seiner Habilitationsschrift ›Über Cholesterin‹ arbeitete und 1903 Privatdozent wurde. 1913 wurde er Professor für angewandte medizinische Chemie in Innsbruck; 1915 bis zu seiner Emeritierung 1944 war er Professor für Chemie und Direktor des Allgemeinen Chemischen Instituts an der Universität Göttingen.

Nachdem der Begründer der Biochemie, der Engländer *Frederick Gowland Hopkins* (* 20.6. 1861 Eastbourne [Sussex], † 16.5.1947 Cambridge), bei Ernährungsversuchen mit Ratten die Lebensnotwendigkeit chemisch definierbarer Substanzen, die in geringen Mengen in den Nahrungsmitteln vorhanden sein müßten, vermutet hatte, die *Casimir Funk* (* 23.2.1884 Warschau, † 20.11.1967 New York), seinerzeit am Lister Institute in London, im Falle eines Reiskleienextrakts 1912 als Amine identifiziert und deshalb ›vitamine‹ genannt hatte, und ab 1913 mehrere solcher Stoffe mit verschiedenen Eigenschaften unterschieden werden konnten und mit den Buchstaben A, B, C usw. bezeichnet wurden, galten die Forschungen in aller Welt der Konstitution und synthetischen Darstellung dieser Vitamine. Einen wesentlichen Beitrag hierzu lieferte W., dessen Leistungen 1928 mit dem Nobelpreis für Chemie »für seine Verdienste um die Erforschung der Sterine und ihres Zusammenhangs mit den Vitaminen« ausgezeichnet wurden.

Seine chemischen Untersuchungen lagen alle auf dem Gebiet der Steroide (von W. noch ›Sterine‹ genannt), zu deren Konstitution er zusammen mit dem Münchner Chemiker *Heinrich Otto Wieland* (* 4.6.1877 Pforzheim, † 5.8.1957 München), der 1928 gleichzeitig den Nobelpreis für Chemie des Jahres 1927 »für seine Erforschungen über die Zusammensetzung der Gallensäuren und verwandter Substanzen« erhielt, grundlegende Arbeiten lieferte. Bereits 1919 war W. der Nachweis der chemischen Verwandtschaft zwischen den Gallensäuren und dem Cholesterin gelungen, für das er ein grundlegendes Strukturmodell vorschlagen konnte, das dann auch die Grundlage für seine bahnbrechenden chemischen Vitaminforschungen bildete. Er konnte die auf den Sterinen aufbauende Konstitution des Vitamins D aufklären und in jahrelanger Arbeit – zum Teil photochemische – Verfahren entwickeln, dieses Vitamin stufenweise zu synthetisieren und in größeren Mengen kristallin künstlich herzustellen, sowie wesentliches zur Aufklärung der Vitamin-D-Reihe beitragen. Weltweit Anwendung findet das Vitamin-D-haltige Präparat Vigantol, das die Kinder- und Mangelkrankheit Rachitis zumindest in Europa praktisch beseitigte. Bei der Untersuchung des 1926 erstmals isolierten Vitamins B (B_1) entdeckte W. einen geringen Schwefelanteil, der den Weg zu weiteren B-Vitaminen öffnete. – Unter den Schülern W.s ragt *Adolf Friedrich Johann Butenandt* (* 24.3.1903 Bremerhaven, † 18.1.1995 München) hervor, der sich besondere Verdienste um die Erforschung und Herstellung der von der Konstitution her verwandten Sexualhormone erworben hat und hierfür 1939 den (halben) Nobelpreis für Chemie erhalten sollte; allerdings war ihm wie zuvor *G.* → *Domagk* und später *O.* → *Hahn* von den nationalsozialistischen Machthabern des Dritten Reiches die Annahme verboten worden, so daß die Überreichung erst 1949 nachgeholt werden konnte. [Krafft]

Lit.: DSB XIV, 443–446 [W.] (H. M. Leicester) und 334 f. [Wieland] (D. P. Jones); GWG XI, 336–381 (B. Hoppe); H. H. Inhoffen: A. W. zum Gedächtnis. In: *Die Naturwissenschaften* 47 (1960), 97–99. – Mehrere Artikel zum Werk H. Wielands in: *Die Naturwissenschaften* 30 (1942), 333–373. – P. Karlson: Adolf Butenandt. Biochemiker, Hormonforscher, Wissenschaftspolitiker (Stuttgart 1990).

Wöhler, Friedrich, deutscher Chemiker, * 31.7.1800 Eschersheim [heute Frankfurt am Main eingemeindet], † 23.9.1882 Göttingen.

Der Vater W.s hatte Tierarzneikunde und Landwirtschaft studiert und war zuletzt Gutsbesitzer und Stallmeister beim Kurfürsten von Mainz. Die Eltern schenkten Friedrich eine sonnige Jugend. Aus der Waschküche machte der Knabe ein provisorisches Laboratorium und gab sich ganz seinem Steckenpferd, der Analyse von Mineralen und der Umwandlung von Stoffen, hin. Als Famulus des Privatgelehrten Dr. *J. J. C. Buch* (1778–1851) in Frankfurt sammelte W. schon früh große Erfahrung auf chemisch-mineralogischem Gebiet. Unter der Obhut seines Mentors isolierte er als Gymnasiast das gerade von *J. J.* → *Berzelius* entdeckte Selen aus einem böhmischen Mineral. Das Ergebnis veröffentlichte er 1821 in ›Gilberts Annalen‹. Um Medizin zu studieren, ging W. nach Marburg. Er fand jedoch dort wenig Verständnis für seine selbständigen Arbeiten und wechselte bald zu *L. Gmelin* nach Heidelberg über. Jener bekannte Chemiker hatte selbst schon auf dem Gebiet der Cyanverbindungen gearbeitet, welches Gebiet zu durchforschen W. sich damals vorgenommen hatte. Den vielversprechenden jungen Chemiker empfahl *Gmelin* dem Großen in der damaligen Chemie, *Berzelius* in Stockholm. Bei ihm absolvierte W. seinen Meisterkurs. Die beiden in ihrem Wesen sich ähnelnden Männer schlossen trotz des Altersunterschiedes eine Freundschaft fürs Leben. Der jüngere übernahm die Art und Erfahrung, im Laboratorium zu arbeiten, und beide Forscher fühlten sich noch im gesamten Gebiet der Chemie heimisch. Dann kam für W. die Berliner Zeit (1825–1831). Man hatte ihm eine Stelle an der Gewerbeschule angeboten. Wichtig für ihn war, daß er ein eigenes Laboratorium erhielt. 1832 bis 1835 wirkte er an der Gewerbeschule in Kassel, 1836 wurde er nach Göttingen als Ordinarius für Chemie und Pharmazie berufen. Hier war er fast ein halbes Jahrhundert tätig und begründete eine bedeutende Schule von Chemikern. Tragisch für ihn war, daß es ihm nicht gelang, in dem zuletzt zu Gehässigkeiten ausartenden Streit zwischen *Berzelius* und *J. von* → *Liebig* zu vermitteln. Der bescheidene, rechtschaffene und besonnene Mann hielt dennoch beiden die Freundestreue. Bis ins hohe Alter bewahrte er sich seine geistige Spannkraft und die Freude an seiner Laboratoriumsarbeit.

Durch Oxidation der Blausäure (Cyanwasserstoff) konnte W. bereits bei *L. Gmelin* Cyansäure gewinnen. Jene Substanz sollte ihn später in eine Kontroverse mit *Liebig* verwikkeln. Durch Umwandlung des Cyans stellte W. schon 1822 eine im Pflanzenreich vorkommende Verbindung, die Oxalsäure, her. Mit einer physiologischen Arbeit über eingenommene und mit dem Harn ausgeschiedene Substanzen errang er in Heidelberg einen Preis. In Berlin gelangen ihm zwei große Würfe: Er konnte das Metall Aluminium rein darstellen, indem er Aluminiumchlorid mit Kalium reduzierte (1827). Damit war eine der Voraussetzungen für eine spätere Leichtmetallindustrie geschaffen. Wenige Monate später (1828) stellte er einen tierischen Stoff, den Harnstoff, synthetisch her. Er gewann ihn aus Ammoniumcyanat. Diese Synthese hatte weitreichende Folgen für die gesamte Naturwissenschaft. Wohl hatte man bis dahin die komplizierten Verbindungen, die den Lebewesen eigen sind, analysieren können, und man hatte auch Analogien zwischen Organischem und Anorganischem festgestellt; aber eine Synthese derartiger Stoffe war nicht gelungen, und man hielt sie auch für grundsätzlich unmöglich. Man glaubte nämlich, daß eine besondere Lebenskraft, eine ›vis vitalis‹, dazu notwendig sei. Dieses Dogma wurde nun durch W.s Tat gebrochen. Dem Forscher zollte man überall höchste Anerkennung. Zu jener Zeit knüpften *Liebig* und W. freundschaftliche Beziehungen miteinander an. Es waren zwei ganz gegensätzliche Naturen; aber vielleicht gerade deshalb kam dieses Doppelgestirn, das weithin leuchtete, zustande. An der Cyan- und Knallsäure wäre ihre Freundschaft allerdings beinahe zerbrochen. *Liebig* hatte in Paris bei *J. L.* → *Gay-Lussac* seine Knallsäure analysiert und die gleiche Zusammensetzung gefunden wie W. bei seiner Cyansäure. Wer hatte nun recht? *Berzelius* sagte: Beide! Die Lagerung der Atome innerhalb des Moleküls der beiden Verbindungen sei nur verschieden. Jene Erscheinung bezeichnete man später als Isomerie. Um ihr ungetrübtes freundschaftliches Verhältnis unter Beweis zu stellen, fertigten *Liebig* und W. eine gemeinsame Abhandlung über das Mineral Honigstein an. Viele Gemeinschaftsarbeiten folgten noch. Die wichtigste darunter ist die über Benzoesäure (1832). Eine Atomgruppe – das Radikal Benzoyl – blieb bei allen Umwandlungen unveränderlich. Es war die Geburtsstunde der Radikaltheorie, die für die nächsten Jahre sich als recht brauchbar erwies. Sie leitete von der dualistischen elektrochemischen Theorie *Berzelius*' zu der Typenlehre von *C.* → *Gerhardt* und *A.* → *Laurent* über.

Aus den hier nicht aufzählbaren zahlreichen Arbeiten seien nur noch die über das Silicium, die Siliciumwasserstoffe und über die Reduktion der Phosphate zu elementarem Phosphor genannt. W. übersetzte die ›Jahresberichte‹ und das große Lehrbuch seines verehrten Lehrers *Berzelius* ins Deutsche. [Wiederkehr]

Werke: Aus Justus Liebig's und F. W.s Briefwechsel in den Jahren 1829–1873, hrsg. von W. Lewicki (Braunschweig 1888; Nachdruck: Göttingen 1982); Briefwechsel zwischen J. Berzelius und F. W., hrsg. von O. Wallach (2 Bde, Wiesbaden 1901). – *Bibl.*: Pogg. VII a Suppl., 779–783. – *Lit.*: GCh II, 31–52 (R. Winderlich); DSB XIV, 474–479 (R. Keen; mit Bibl.); H. von Meyer: F. W., ein Jugendbildnis in Briefen (Leipzig 1900); J. Valentin: F. W. (Stuttgart 1949).

Wolf, Maximilian, deutscher Astronom, * 21.6.1863 Heidelberg, † 3.10.1932 ebenda.

W., der Bahnbrecher der Himmelsphotographie und einer der größten beobachtenden

Astronomen, studierte nach dem Besuch des Gymnasiums von 1882 bis zur Promotion 1888 in Heidelberg Mathematik und Physik, unterbrochen nur 1884/85 von einem Semester Astronomie in Straßburg, weil das Fach in Heidelberg nicht vertreten war. Nach dem Abschluß des Studiums ging er für ein Jahr nach Stockholm, um bei dem finnischen Spezialisten für Kleine Planeten *Johan August Hugo Gyldén* (* 29.5.1841 Helsingfors, † 9.11.1896 Stockholm) seine bis dahin meist autodidaktisch angeeigneten Kenntnisse in theoretischer Astronomie zu vervollkommnen, und habilitierte sich kurz nach der Rückkehr 1890 in Heidelberg. 1893 erhielt er nach einer Eingabe einen besoldeten Lehrauftrag für Astronomie, mathematische und physische Geographie und wurde außerordentlicher Professor (1896 auch etatmäßig). Im Sommer desselben Jahres unternahm er mit Unterstützung seines Landesfürsten eine Informationsreise durch die USA, deren instrumentelle Beobachtungsmöglichkeiten schon damals die des schlafenden Europa unbemerkt weit übertroffen hatten. Während seiner Abwesenheit war sein späterer Freund *Edward Emerson Barnard* (* 16.12.1857 Nashville [Tenn.], † 6.2.1923 Williams Bay [Wisconsin]) nach Heidelberg gekommen, hatte hier die bescheidene Einrichtung der Privatsternwarte gesehen, die für amerikanische Vorstellungen in keinem Verhältnis zu den großen Leistungen W.s stand, dem aufgrund seiner Arbeiten bereits mehrere Ehrungen wissenschaftlicher Gesellschaften zuerkannt worden waren, und war beim Bürgermeister vorstellig geworden, um sich für den Bau einer Sternwarte einzusetzen. Diese Fürsprache und die Unterstützung des Landesfürsten bewirkten 1894 den Beschluß der Verlegung der Landessternwarte, die bis dahin in Karlsruhe unter der Leitung von *Karl Wilhelm Friedrich Johannes Valentiner* (* 22.2.1845 Eckernförde, † 1.4.1931 Berlebeck [bei Detmold]) stand, auf den Königsstuhl bei Heidelberg. Die W. zugetane Förderin der Wissenschaften Miß Bruce hatte auf Bitten 10 000 $ für den Ausbau zur Verfügung gestellt. Das astronomische Institut für *Valentiner* war 1896, W.s astrophysikalisches ein Jahr später fertiggestellt. Anfangs war er noch auf seine kleinen, eigenen Geräte angewiesen, weil erst 1900, rechtzeitig zum Astronomenkongreß, der auf Einladung W.s in Heidelberg tagte, der große, neuartige Doppelrefraktor aufgestellt werden konnte. Kurz darauf setzte ihn eine Stiftung in die Lage, ein weiteres großes Gerät anschaffen zu können. Konstruktion und Herstellung dieses Refraktors mit 27-cm-Spiegel und seine Einrichtung für Spektralaufnahmen, die besonders lange Belichtungszeiten und deshalb eine sehr sorgfältige Nachführung des Teleskops erforderten, zog sich allerdings bis 1906 hin. Heidelberg war damit zu einer der am modernsten eingerichteten Sternwarten zumindest in Europa geworden, und W., der nach Ablehnung eines Rufes nach Göttingen zum Ordinarius ernannt wurde, blieb ihr zeit seines Lebens treu; 1919 wurde ihm die Gesamtleitung übertragen.

Die schon während der Schulzeit auf der Dachterrasse des elterlichen Hauses in der Märzgasse mit eigenem Fernrohr angestellten Beobachtungen wurden nach dem Abitur intensiviert; ein weiteres Fernrohr mit 3,5-zölliger Öffnung wurde vom Vater erworben, 1885 folgte ein 6-Zöller mit parallaktischer Montierung, so daß das Objektiv mittels eines Uhrwerkes den Sternen folgen konnte (wichtig für lange Belichtungszeiten), wofür auf der Dachterrasse ein Rundturm mit Drehkuppel errichtet wurde. Im September 1884 hatte W. einen ersten, nach ihm benannten, periodischen Kometen entdeckt, später wandte er sich der noch in den Anfängen steckenden Himmelsphotographie zu – die ersten erfolgreichen Aufnahmen datieren vom September 1887 – und erkannte schnell, daß eine ökonomische Auswertung nur bei großem Gesichtsfeld möglich ist, weshalb er seit 1888 sogenannte Porträt-Objektive mit kurzen Brennweiten benutzte, mit denen außerdem für dieselben Objekte sehr viel kürzere Belichtungszeiten von damals einzelnen Stunden ausreichten. Mit dieser Idee war ihm zwar am Harvard-Observatorium *E. C.* → *Pickering* zuvorgekommen, und auch *E. E. Barnard* hatte dasselbe Verfahren angewendet, doch schuf W. sich bald ein eigenes Arbeitsgebiet. Lange Belichtungszeiten müßten, wenn das Objektiv wie üblich den feststehenden Sternen folgt, relativ rasch bewegte Objekte nicht punkt-, sondern strichförmig erscheinen lassen: 1891 findet er so zwei Kleine Planeten, die ersten photographisch entdeckten, denen er allein mit seinen Mitarbeitern im Laufe der Zeit über 200 hinzufügen sollte. Weitere Gebiete, für welche die neue Beobachtungstechnik besonders geeignet war und denen W. sich von Anfang an widmete, bildeten die Kometenkunde, die Photometrie, besonders aber die Erforschung der meist erst durch lange Belichtungszeit sichtbar werdenden Nebel innerhalb der Milchstraße, wo sie in Verbindung mit sogenannten Sternleeren stehen. W. wies später durch Spektraluntersuchungen nach, daß es sich tatsächlich um Gaswolken handelt, die das Licht hinter ihnen befindlicher Sterne absorbieren und von benachbarten Sternen schwach beleuchtet werden.

Neue Forschungen bildeten auf dem Königsstuhl Spektraluntersuchungen von Nebeln und anderen interessanten Objekten, besonders Veränderlichen, zu deren photographischer Aufnahme W. bereits 1896 aufgerufen hatte, um Material für das Studium ihres Lichtwechsels zu erhalten. Er selbst vergrößerte die Zahl der bekannten Veränderlichen beträchtlich mittels eines vereinfachten Verfahrens zum Auswerten von Vergleichsaufnahmen, das auch das Auffinden von Kleinen Planeten, Kometen, Neuen Sternen, Doppelsternen und anderen Eigenbewegungen von Fixsternen entschieden erleichterte und nicht zuletzt durch die Untersuchung W.s selbst diesen Forschungsgebieten großen Aufschwung verlieh. Seit 1892 scheint W. sich mit dem photometrischen Vergleich von Aufnahmen beschäftigt zu haben, doch erst die Zusammenarbeit mit *Carl Wulfrich* seit 1900 führte zur Konstruktion des sogenannten Stereokomparators, eines aus zwei Mikroskopen bestehenden Gerätes, durch das zwei zeitlich auseinanderliegende Aufnahmen derselben Himmelsgegend gleichzeitig stereoskopisch betrachtet werden, so daß schon leichte Veränderungen der Helligkeit oder des Ortes eines Objektes sofort ins Auge springen und langwierige Ausmessungen überflüssig werden. W. hat so der Astronomie neue Arbeitsmethoden erschlossen und die Kenntnisse über den Aufbau unseres Milchstraßensystems und die Physik der Sterne und Nebel selbst beträchtlich vermehrt. Seine Pionierarbeit wurde dann an den riesigen Spiegelteleskopen Amerikas fortgesetzt. Noch lange von unschätzbarem Wert für den Beobachter am Fernrohr waren die zusammen mit dem Wiener Astronomen *Johann Palisa* (* 6.12.1848 Troppau, † 2.5.1925 Wien) von 1908 bis 1931 herausgegebenen 210 sogenannten Wolf-Palisa-Karten, die einen unvollendeten photographischen Himmelsatlas darstellen. [Krafft]

Lit.: DSB XIV, 481 f. (H.-C. Freiesleben); H.-C. Freiesleben: M. W., der Bahnbrecher der Himmelsphotographie (Stuttgart 1962; mit Bibl.).

Wolff, Caspar Friedrich, deutscher Anatom, * 18.1.1734 Berlin, † 22.2.1794 St. Petersburg.

Als Sohn eines Schneiders besuchte W. 1753/54 das Collegium medico-chirurgicum in Berlin; von 1755 an studierte er in Halle Medizin und schloß sein Studium 1759 mit der berühmten Dissertation ›Theoria Generationis‹ (Halle 1759, ²1774) ab. W. war zunächst als Militärarzt in der Preußischen Armee tätig und bemühte sich dann um die Erlaubnis, in Berlin an der Medizin-Schule Vorlesungen halten zu dürfen. Dies wurde jedoch abgelehnt. W. hielt dann privat Vorlesungen über Anatomie, Physiologie und Medizin und nahm 1766 die Aufforderung, als Anatom an die St. Petersburger Akademie der Wissenschaften zu gehen, an. Er trug dort eine große Sammlung menschlicher Mißbildungen zusammen.

In seiner ›Theoria Generationis‹, die 1764 in Neubearbeitung auch in deutscher Übersetzung erschien, wandte er sich gegen die herrschende Lehre von der Präformation aller Keime, die von der Mitte des 17. Jahrhunderts an die Embryologie beherrschte und zur Zeit W.s von zwei bedeutenden Autoritäten vertreten wurde, von *A. von → Haller* und *C. → Bonnet*. W. stellte dagegen eine eigene Theorie der epigenetischen Entwicklung auf und gab damit der Embryologie einen neuen Anstoß, der jedoch erst später, vor allem durch *J. F. → Blumenbach*s Schrift ›Über den Bildungstrieb‹ wirksam wurde. W.s Theorie der Epigenese setzte eine besondere Lebenskraft im Keim voraus, die er ›vis essentialis‹ nannte. Seine Theorie basierte damit auf einer vitalistischen Grundeinstellung, die durch *G. E. → Stahl* zu Beginn des 18. Jahrhunderts in die Medizin eingeführt worden war, ohne jedoch auf die Morphologie zu wirken. W. wandte seine Theorie der Epigenese auch auf die Entwicklung der Pflanze an und kam dabei zu Anschauungen über die Bedeutung von Stengel und Blatt, die denen von *J. W. von → Goethe* nahe stehen. – In dem Archiv der Petersburger Akademie der Wissenschaften befindet sich ein umfangreicher handschriftlicher Nachlaß W.s, aus dem sich ergibt, daß W. eine Theorie des Transformismus im phylogenetischen Sinne und eine interessante Vererbungstheorie aufgestellt hatte, die jedoch bis in jüngste Zeit unbekannt geblieben waren. [Querner]

Werke: Theorie von der Generation in zwei Abhandlungen erklärt und bewiesen [Berlin 1764]/ Theoria Generationis [Halle 1759]. Mit einer Einleitung von R. Herrlinger (Hildesheim 1966). – *Lit.*: DSB XV, 524–526 (A. E. Gaissinovitch); G. Uschmann: C. F. W., ein Pionier der modernen Embryologie (Leipzig/Jena 1955; mit Bibl.); B. E. Rajkov: C. F. W. In: *Zoologische Jahrbücher für Systematik* 91 (1964), 555–626 (mit Bibl.); S. A. Roe: C. F. W.'s Theory of Epigenesis. In: *Journal of the History of Biology* 12 (1979), 1–43; S. A. Roe: Matter, Life, and Generation. Eighteenth-Century Embryology and the Haller-W. Debate (Cambridge 1981).

Y

Young, Thomas, englischer Physiker, Physiologie, Ägyptologe und Philosoph, * 13.6.1773 Milverton [Somersetshire], † 10.5.1829 London.

Y. entstammt einer mittelständischen Quäkerfamilie und fiel schon früh als Wunderkind auf. Er ging nur wenige Jahre zur Schule und erwarb sich seine universalen Kenntnisse großenteils im Selbststudium. Er erlernte etwa neun Fremdsprachen, beherrschte die Mathematik und die Naturwissenschaften, spielte mehrere Musikinstrumente, schrieb Abhandlungen über Malerei, war manuell sehr geschickt und liebte den Reitsport. Auf Wunsch seines Großonkels wurde er Arzt und studierte in London, Edinburgh und Göttingen. Daneben besuchte er auch naturwissenschaftliche, historische und kunstgeschichtliche Vorlesungen. 1796 promovierte er zum Dr. med. in Göttingen. In London eröffnete er 1800 eine Arztpraxis und war von 1811 an als Internist am St. George's Hospital tätig. Sein Hauptinteresse galt jedoch der Physiologie und der Physik. 1801 wurde er ›Professor of Natural Philosophy‹ an der Royal Institution und hielt Vorlesungen, die er 1807 veröffentlichte. Von 1804 an war Y. Foreign Secretary der Royal Society und seit 1818 Sekretär des Board of Longitude und Superintendent des ›Nautical Almanac‹.

Bereits 1793 gelang Y. der erste große Wurf mit seiner Arbeit über die Akkomodation des Auges (›Observations on Vision‹). Dann ging er zur physikalischen Optik über mit seiner berühmtesten Schrift ›On the Theory of Light and

Colours‹ (1801). Y. wagte es, an der Richtigkeit der Emissionstheorie *I.* → *Newton*s zu zweifeln, nach der das Licht aus kleinen Körperchen (Lichtmolekülen) besteht, und meinte, daß das Licht als eine im Äther sich fortpflanzende Wellenbewegung aufzufassen sei – ähnlich wie der Schall und die Töne in der Luft. Er lehnte sich dabei an *R.* → *Hooke*, *C.* → *Huygens* und *L.* → *Euler* an, die vorher schon diese Auffassung vertreten hatten, und erbrachte dafür Nachweise, indem er mit der von ihm erfundenen Wellenwanne an Wasserwellen veranschaulichte, wie sich verschiedene Wellenzüge verstärken und auslöschen (interferieren) können. Mit dem Interferenzprinzip gelang es ihm auch, die Newtonschen Ringe zu erklären, und er maß erstmals Wellenlängen des Lichtes. Er wußte, wie die Farben an dünnen Blättchen (z.B. an einer Seifenblase) und die farbigen Streifen an einer beugenden Kante zustande kommen. Den berühmten Versuch zur Interferenz am Doppelspalt beschrieb er 1807. In England wurden die Arbeiten Y.s sehr ungünstig beurteilt; der englische Staatsmann *Henry Brougham* (* 19.9. 1778 Edinburgh, † 7.5.1868 Cannes), der selbst einige Jahre vorher eine optische Arbeit ganz im *Newton*schen Sinne veröffentlicht hatte, schrieb eine vernichtende Kritik; und auf dem Festland verhielt man sich zunächst zurückhaltend. Als dann 1808 von *É. L. Malus* die Polarisation entdeckt wurde, stand auch die Undulationstheorie von *Huygens* und Y. diesen Erscheinungen hilflos gegenüber; denn es war beinahe selbstverständlich, daß man in einer »so feinen Flüssigkeit«, wie sie der Lichtäther sein sollte, wie in allen anderen Flüssigkeiten auch nur longitudinale Wellen für möglich hielt. Aber bald fand Y. wertvolle Unterstützung in Frankreich durch *F.* → *Arago* und *A.-J.* → *Fresnel*. Bei den anfangs unabhängig von ihm angestellten Interferenzversuchen bemerkten *Fresnel* und *Arago* zu ihrer Überraschung, daß der polarisierte ordentliche und außerordentliche Strahl nicht miteinander interferierten. In einem Brief vom 12. Januar 1817 an *Arago* machte Y. den gewagten Vorschlag, dem Licht transversalen Wellencharakter zuzuerkennen. Mit dieser unmöglich erscheinenden Hypothese konnten dann alle Interferenzphänomene erklärt werden.

In der schon genannten Arbeit zur physiologischen Optik (1801) machte Y. sich Gedanken zur Farbempfindung, und er äußerte die Vermutung, daß in der Netzhaut nur drei Arten farbempfindlicher Elemente vorhanden seien, die auf die Hauptfarben Rot, Gelb und Blau ansprächen. *J. C.* → *Maxwell* und *H. von* → *Helmholtz* haben diese Idee wieder aufgegriffen und ihre Dreifarbentheorie daraus entwikkelt, wobei die Grundfarben allerdings Rot, Grün und Blau sind. Im heutigen Farbfernsehen findet diese Theorie ihre Anwendung. – Fast in Vergessenheit geraten ist Y.s Beitrag zur Entzifferung der Hieroglyphen, weil *Jean-François Champollion* (* 23.12.1790 Figéac, † 4.3.1832 Paris) für sich allein diesen Ruhm in Anspruch nahm (1822), obwohl er die wichtigen Vorarbeiten kannte, die Y. mit einer fast mathematisch zu nennenden Methode bei der Entzifferung der 1799 während des ägyptischen Feldzugs Napoleons bei Rosetta gefundenen dreisprachigen Steintafel geleistet hatte.

[Wiederkehr]

Werke: Miscellaneous Works, hrsg. von G. Peacock (3 Bde, London 1855). – *Lit.*: DSB XIV, 562–572 (E. W. Morse; mit Bibl.); GPh I, 303–318 (K. H. Wiederkehr); A. Wood/F. Oldham: T. Y., Natural Philosopher, 1773–1829 (Cambridge 1954); J. Worral: T. Y. and the ›Refutation‹ of Newtonian Optics. In: C. Howson (Hrsg.): Method and Appraisal in the Physical Sciences (Cambridge 1976, S. 107–179); H. J. Steffens: The Development of Newtonian Optics in England (New York 1977); W. I. Roditschew/U. I. Frankfurt (Hrsgg.): Die Schöpfer der physikalischen Optik (Berlin 1977, S. 162–222); N. Kipnis: History of the Principle of Interference of Light (Basel usw. 1991); D. L. Kline: T. Y., Forgotten Genius. An Annotated Narrative Biography (Concinnati 1993).

Z

Zeeman, Pieter, niederländischer Physiker, * 25.5.1865 Zonnemaire, † 9.10.1943 Amsterdam.

Z. besuchte das Gymnasium in Delft und begann 1885 mit seinem Studium an der Universität Leiden. Seine Lehrer waren dort *H. → Kamerlingh Onnes* und *H. A. → Lorentz*; kurze Zeit war Z. auch bei *F. → Kohlrausch* in Straßburg. Von 1897 bis 1935 wirkte er an der Universität von Amsterdam, 1900 wurde er Professor der Physik und 1908 Leiter des Physikalischen Instituts (Nachfolger von *J. D. van der → Waals*).

Als Assistent von *Lorentz* beschäftigte sich Z. zunächst mit dem magnetooptischen Kerr-Effekt (nicht zu verwechseln mit dem elektrooptischen, der in der Kerrzelle verwendet wird). 1876 hatte der schottische Physiker *John Kerr* (* 17.12.1824 Ardrossan, † 18.8.1907 Glasgow) bemerkt, daß Licht bei Reflexion an einem magnetisierten Eisenspiegel in seinem Polarisationszustand verändert wird. *M. → Faraday* hatte als erster 1845 die Einwirkung eines Magnetfeldes auf Licht (Drehung der Polarisationsebene) nachgewiesen, und damit auch die Verwandtschaft von Licht und elektromagnetischen Erscheinungen. Die ›Magnetisierung‹ einer Spektrallinie wollte *Faraday* nicht gelingen. Z. kam nun der Gedanke, das Magnetfeld schon auf die Lichtquelle, also bei der Emission von Spektrallinien, einwirken zu lassen. 1896 untersuchte er so die Natriumdoppellinie und stellte eine Verbreiterung fest sowie an den Rändern eine eigentümliche Polarisation. Der Umstand, daß Z. und *Lorentz*, der Schöpfer der Elektronentheorie, während der Entwicklung weiterer Experimente in direktem Kontakt standen, wirkte sich besonders günstig aus. *Lorentz* entwarf eine Theorie für die Aufspaltung einer Spektrallinie; Z. verbesserte seine Apparatur hinsichtlich der Stärke der Magnete und des Auflösungsvermögens seines Spektroskopes, und er fand auch eine geeignete feine Linie, die blaugrüne im Spektrum des Kadmiums. Z. konnte *Lorentz'* Voraussagen der Aufspaltung in ein Triplett oder Dublett bestätigen und ebenfalls die Polarisationszustände der einzelnen Komponenten. Ein Jahr zuvor hatte *Lorentz* gerade sein epochemachendes Werk ›Versuch einer Theorie der elektrischen und optischen Erscheinungen in bewegten Körpern‹ (1895) veröffentlicht; im Äther behielt er die Maxwellschen Gleichungen bei, in der Materie ließ er aber, im Gegensatz zu *Faraday*, *J. C. → Maxwell* und *H. → Hertz*, substantielle Elektrizität, bewegte elektrische Ladungen, zu, die er erst ›Ionen‹ und später nach dem Vorbild des britischen Physikers *George Johnstone Stoney* (* 15.2.1826 Oakley Park [King's County, Ireland], † 5.7.1911 London) ›Elektronen‹ nannte. *Lorentz* griff hierbei auf Vorstellungen der vormaxwellschen Elektrodynamik zurück, wie sie *A. M. → Ampère* und *W. E. → Weber* geprägt hatten. Bei *W. E. Weber* und *J. K. F. → Zöllner* findet man auch schon angedeutet, daß bewegte elektrische Ladungen Bausteine eines Atoms und der Materie und daß ihre individuelle Gruppierung Ursache der Spektrallinien sein könnten. Nach *Lorentz* wirkt auf bewegte Ladungen eine besondere Kraft (Lorentz-Kraft) in einem Magnetfeld, die eine kreisende Bewegung der Elektronen schneller oder langsamer machen kann, und hierin liege die Ursache für die Aufspaltung der Linien. Die Versuche Z.s gaben Gewißheit über die Beteiligung bewegter elektrischer Elementarladungen bei der Emission der Linien, und auch über das Vorzeichen dieser Ladungen konnte entschieden werden. Der Wert der ›spezifischen‹ Ladung e/m (Ladung durch Masse) stimmte mit dem der Kathodenstrahlen (frei sich fortbewegender Elektronen) gut überein.

Bei der magnetischen Aufspaltung von Spektrallinien gab es aber auch Abweichungen, die mit *Lorentz'* Theorie (zum normalen Z.-Effekt) nicht erfaßt werden konnten, so die Aufspaltung in ein Quartett oder Sextett. Bei den D-Linien des Natriums hatte man es eigentlich schon mit diesem ›anomalen‹ Z.-Effekt zu tun. *Thomas Preston* (* 23.5.1860 Kilmore [Armagh, Ireland], † 7.3.1900 Dublin) und *Carl Runge* (* 30.8.1856 Bremen, † 3.1.1927 Göttingen) konnten auch dazu 1899 bzw. 1902 Regeln angeben, und *Friedrich Paschen* (* 22.1.1865 Schwerin, † 25.2.1947 Potsdam) entdeckte zusammen mit *Ernst Back* (* 21.10.1881 Freiburg im Breisgau, † 20.7.1959 München) 1912 den Z.-Effekt im starken Magnetfeld. *A.* → *Sommerfeld* und *Alfred Landé* (* 13.12.1888 Elberfeld, † 30.10. 1975 Columbus [Ohio], wo er ab 1931 Professor für Physik war) versuchten hier eine Systematik mit Hilfe der neu aufgekommenen Quantentheorie hineinzubringen. Auch die Larmor-Präzession und der Elektronspin (1924) wurden herangezogen, und so eine Klärung herbeigeführt. – Für ihre Arbeiten, die das Wissen um den Aufbau der Elektronenhülle so bereicherten und die Quantentheorie später stark vorantrieben, erhielten Z. und *H. A. Lorentz* 1902 gemeinsam den Nobelpreis für Physik.

Als Meister des Experiments zeigte sich Z. auch bei seinen Messungen des Fresnelschen Mitführungskoeffizienten bei festen Körpern. Die Ergebnisse führten zu einer Bestätigung der *Lorentz*-Transformation und der speziellen Relativitätstheorie von *A.* → *Einstein*. Mit einer höchst empfindlichen Drehwaage wies Z. die Proportionalität von träger und schwerer Masse nach. Bei der Ausmessung der Hyperfeinstruktur von Linien (von Kernmomenten verursacht) kehrte Z. zuletzt noch einmal in das Gebiet der Spektroskopie zurück.

[Wiederkehr]

Lit.: DSB XIV, 597–599 (J. B. Spencer); A. Sommerfeld/E. Back: Fünfundzwanzig Jahre Z.effekt. In: *Die Naturwissenschaften* 9 (1921), 911–916 (mit Bibl.); F. Paschen: P. Z. zum siebenzigsten Geburtstage. In: *Die Naturwissenschaften* 25 (1935), 329–330; Paul Forman: Alfred Landé and the Anomalous Z. Effect, 1919–1921. In: *Historical Studies in the Physical Sciences* 2 (1970), 153–260.

Zöllner, Johann Karl *Friedrich*, deutscher Astrophysiker, * 8.11.1834 Berlin, † 25.4.1882 Leipzig.

Z. studierte Physik und andere Naturwissenschaften in Berlin und Basel, wo er 1859 zum Dr. phil. promovierte. Auf dem Gelände der ehemaligen väterlichen Baumwolldruckerei richtete er sich ein kleines Privatobservatorium ein und führte dort ausgedehnte photometrische Beobachtungen an astronomischen Objekten aus. Ab 1862 setzte er als ›Hilfsarbeiter‹ an der Sternwarte in Leipzig diese astrophysikalischen Untersuchungen fort und habilitierte sich 1865 an der Universität Leipzig. 1866 wurde er dort zum außerordentlichen Professor und 1872 zum ordentlichen Professor der ›physikalischen Astronomie‹ ernannt.

Bereits während der Studienzeit in Berlin zeichnete sich Z.s späteres Hauptarbeitsgebiet ab, die Photometrie. Er konstruierte hier ein visuelles Photometer, das die Intensität einer auszumessenden Lichtquelle mit einer gegebenen Lichtquelle verglich, wobei der Abgleich durch Polarisation und nachfolgende graduelle Auslöschung des Lichtes der bekannten Quelle erfolgte. Die zunächst nur apparativen und auf das Labor beschränkten photometrischen Untersuchungen dehnte Z. aufgrund einer Preisfrage der Wiener Akademie auf astronomische Beobachtungen aus. Mit seinen Messungen an Mond, Sonne und Planeten leitete er die Etablierung einer klar von der Positionsastronomie abgegrenzten und quantitativ arbeitenden Astrophysik ein, insbesondere auch durch die (zunächst recht grobe, Einzelfarben betreffende) Erfassung der spektralen Verteilung der Intensität der astronomischen Lichtquellen. Später versuchte Z. im Anschluß an *W.* → *Huggins* mit seinem ›Reversionsspektroskop‹ durch visuellen Vergleich vollständiger irdischer und astronomischer Spektren, ein bereits – mehr implizit – von *C.* → *Doppler* und in präzisierter Form von *H. Fizeau* und *E.* → *Mach* angeregtes Meßverfahren für die Radialgeschwindigkeit von Gestirnen in die Astrophysik einzuführen. Sein Schüler *H. C.* → *Vogel* konnte dann anhand der zu beobachtenden entgegengesetzten Verschiebung der Fraunhoferschen Linien des Sonnenspektrums an den äquatorialen Rändern die Rotationsgeschwindigkeit der Sonne berechnen. Für einzelne helle Fixsterne konnte Z. erst 1887/88 gemeinsam mit *J.* → *Scheiner* durch die photographische Auswertung der Spektren zu befriedigenden Resultaten kommen. Die astrophysikalischen Arbeiten Z.s zeigen im übrigen bereits eine beachtliche Breite. So versuchte er Zusammenhänge zwischen den Spektren des Nordlichts und den Spektren irdischer Substanzen zu finden. Außerdem gab er eine Deutung des Schweifs der Kometen im Sinne einer Abstoßung der Kometenatmosphäre durch die Sonne. Auch Sonnenflecken und die Sonnenprotuberanzen gehörten zu den Gegenständen seiner Forschung.

Neben astrophysikalischen Fragen befaßte sich Z. mit den Prinzipien der Mechanik, vor allem mit dem Energieprinzip. In den 1870er Jahren beteiligte er sich in gegen *H. von* → *Helmholtz* und *R.* → *Clausius* gerichteten Abhandlungen an den Diskussionen über die Gültigkeit des von ihm favorisierten elektrodynamischen Grundgesetzes von *W. E.* → *Weber*. Auch hier spielte das Energieprinzip (und seine mögliche Verletzung) eine wichtige Rolle.

Spätere spiritistische Betätigungen, tendenziöse wissenschaftshistorische und erkenntnistheoretische Betrachtungen sowie scharfe Kritik am deutschen Hochschulwesen, insbesondere am Stil wissenschaftlicher Publikationen und an einer vermeintlichen jüdischen Unterwanderung, mündeten in umfangreiche und überaus polemische Schriften. Dies führte offenbar zu Gerüchten über eine beginnende geistige Erkrankung und zur Aufnahme von disziplinarrechtlichen Voruntersuchungen und sogar zu einer formellen Strafanzeige beim Sächsischen Ministerium der Justiz. Jedenfalls blieb das Lebenswerk eines der Pioniere der Astrophysik noch lange von den persönlichen Verwicklungen des streitbaren Charakters überschattet. [Kaiser]

Werke: Wissenschaftliche Abhandlungen (4 Bde, Leipzig 1878–1894). – *Bibl.*: Pogg. VII a Suppl., 795; J. Hamel: Bibliographie der Schriften von K. F. Z. (Berlin-Treptow 1982). – *Lit.*: ADB XLV, 426–428 (R. Knott); DSB XIV, 627–630 (D. B. Herrmann); D. B. Herrmann: K. F. Z. (Leipzig 1982); C. Meinel: K. F. Zöllner und die Wissenschaftskultur der Goethezeit (Berlin 1991).

Zeittabelle

Die Tabelle erfaßt alle Naturwissenschaftler, die unter einem eigenen Stichwort mit einer selbständigen Biographie vertreten sind. Die Anordnung erfolgte chronologisch nach Geburtsjahren. Über alle erwähnten Personen gibt das alphabetische Register am Ende des Bandes Auskunft.

~650–~560	Thales von Milet
~610–~546	Anaximandros von Milet
~580–~520	Anaximenes von Milet
570/60–~480	Pythagoras
~515–~445	Parmenides
500/499–428/27	Anaxagoras
~485–~425	Empedokles von Akragas
~480–~420	Leukippos von Milet
~460–~370	Demokritos
~430–~345	Archytas von Tarent
427–348/47	Platon
~408–~355	Eudoxos von Knidos
384–322	Aristoteles
371–287	Theophrastos
341–270	Epikuros
um 300	Euklid (Eukleides)
~320–~250	Aristarchos von Samos
~290–~205	Eratosthenes von Kyrene
~285–212	Archimedes
~240–~170	Apollonios von Perge
~190 –~120	Hipparchos
~135–51	Poseidonios
64/63 v. Chr.– 26 n. Chr.	Strabon
1. Jh. n. Chr.	Heron von Alexandria
1. Jh. n. Chr.	Dioskurides
23–79	Plinius
~100–~160	Ptolemaios
129/30–199	Galenos
3. Jh. n. Chr.	Diophantos
826/36–901	Thabit Ibn Kurra
vor 858–929	al-Battani
~965–nach 1039	Ibn al-Haitham
973–nach 1050	al-Biruni
980–1037	Avicenna
1126–1198	Averroës
~1168–1253	Robert Grosseteste
~1170– nach 1240	Leonardo von Pisa
~1180 –1237	Jordanus Saxo
~1193–1280	Albert der Große
~1219–~1292	Roger Bacon
~1295–1349	Wilhelm von Ockham
~1320–1382	Nicole Oresme
1401–1464	Nikolaus von Kues
1423–1461	G. Peurbach
1436–1476	Regiomontanus
1451–1506	C. Columbus
1452–1519	Leonardo da Vinci
1473–1543	N. Copernicus
1480–1537	V. Biringuccio
~1488–1534	O. Brunfels
1492–1559	A. Ries
1493–1541	Paracelsus
1494–1555	G. Agricola
1495–1552	Peter Apian
1498–1554	H. Bock
1501–1566	L. Fuchs
1512–1594	G. Mercator
1514/15–1564	A. Vesalius
1516–1565	C. Gesner
1519–1603	A. Cesalpino
1522–1605	U. Aldrovandi
1532–1592	Wilhelm IV. von Hessen-K.
~1533–1619	G. Fabrici
1544–1603	W. Gilbert
1546–1601	T. Brahe
1548–1620	S. Stevin
~1555–1616	A. Libavius
1561–1626	F. Bacon
1564–1642	G. Galilei
1571–1630	J. Kepler
1572–1637	D. Sennert
1573–1624	S. Mayr

1575–1650	C. Scheiner
1578–1657	W. Harvey
1579–1644	J. B. van Helmont
1587–1657	J. Jungius
1591–1626	W. Snellius
1596–1650	R. Descartes
1598–1671	G. B. Riccioli
1601–1665	P. de Fermat
1602–1680	A. Kircher
1602–1686	O. von Guericke
1608–1647	E. Torricelli
1608–1679	G. A. Borelli
1611–1687	J. Hevelius
1616–1703	J. Wallis
~1620–1684	E. Mariotte
1621/22–~1650	B. Varenius
1623–1662	B. Pascal
1625–1712	G. D. Cassini
1627–1691	R. Boyle
1628–1694	M. Malpighi
1629–1695	C. Huygens
1632–1723	A. van Leeuwenhoek
1635–1703	R. Hooke
1637–1680	J. Swammerdam
1638–1675	J. Gregory
1638–1686	N. Stensen
1643–1727	I. Newton
1644–1710	O. Rømer
1646–1716	G. W. Leibniz
1646–1719	J. Flamsteed
1654–1705	Jakob Bernoulli
1656–1743	E. Halley
1659–1734	G. E. Stahl
1665–1721	R. Camerarius
1667–1748	Johann Bernoulli
1668–1738	H. Boerhaave
1693–1762	J. Bradley
1698–1759	P. L. de Maupertuis
1701–1744	A. Celsius
1706–1790	B. Franklin
1707–1778	C. von Linné
1707–1783	L. Euler
1707–1788	G.-L. L. de Buffon
1708–1777	A. von Haller
1711–1765	M. W. Lomonossow
1713–1765	A.-C. Clairaut
1717–1783	J. L. d'Alembert
1720–1793	Ch. Bonnet
1723–1762	T. Mayer
1724–1804	I. Kant
1726–1797	J. Hutton
1728–1777	J. H. Lambert
1728–1799	J. Black
1731–1810	H. Cavendish
1733–1804	J. Priestley
1733–1806	J. G. Koelreuter
1734–1794	C. F. Wolff
1736–1806	C. A. de Coulomb
1736–1813	J. L. Lagrange
1737–1798	L. Galvani
1738–1822	W. Herschel
1742–1786	C. W. Scheele
1742–1799	G. C. Lichtenberg
1743–1794	A. L. Lavoisier
1743–1822	R.-J. Haüy
1744–1829	J. B. A. de Lamarck
1745–1827	A. Volta
1746–1826	G. Piazzi
1748–1822	C.-L. Berthollet
1749–1817	A. G. Werner
1749–1827	S. de Laplace
1749–1832	J. W. von Goethe
1752–1840	J. F. Blumenbach
1754–1826	J. L. Proust
1756–1827	E. F. F. Chladni
1758–1840	W. Olbers
1762–1807	J. B. Richter
1766–1844	J. Dalton
1768–1830	J. Fourier
1769–1859	A. von Humboldt
1769–1832	G. Cuvier
1770–1831	T. Seebeck
1772–1844	E. Geoffroy St. Hilaire
1773–1829	T. Young
1774–1853	L. von Buch
1774–1862	J.-B. Biot
1775–1836	A. Ampère
1776–1810	J. W. Ritter
1776–1856	A. Avogadro
1777–1851	H. C. Ørsted

1777–1855	C. F. Gauß
1778–1829	H. Davy
1778–1841	A. P. de Candolle
1778–1850	J. L. Gay-Lussac
1779–1848	J. J. Berzelius
1779–1851	L. Oken
1779–1859	C. Ritter
1781–1833	J. F. Meckel
1781–1848	B. Bolzano
1784–1846	F. W. Bessel
1786–1853	F. Arago
1787–1826	J. von Fraunhofer
1788–1827	A.-J. Fresnel
1789–1854	S. Ohm
1789–1857	A.-L. Cauchy
1789–1869	C. G. Carus
1791–1865	F. Encke
1791–1867	M. Faraday
1792–1876	K. E. von Baer
1793–1864	W. von Struve
1794–1863	E. Mitscherlich
1796–1832	S. Carnot
1796–1877	J. C. Poggendorff
1797–1875	C. Lyell
1798–1895	F. Neumann
1799–1875	F. W. A. Argelander
1800–1882	F. Wöhler
1800–1884	J.-B. A. Dumas
1801–1858	J. P. Müller
1801–1887	G. T. Fechner
1801–1892	G. B. Airy
1802–1829	N. H. Abel
1803–1853	C. Doppler
1803–1873	J. von Liebig
1804–1851	C. G. J. Jacobi
1804–1881	M. Schleiden
1804–1891	W. Weber
1804–1892	R. Owen
1805–1859	G. P. Lejeune Dirichlet
1805–1865	W. R. Hamilton
1807–1853	A. Laurent
1807–1873	L. Agassiz
1809–1858	R. Kohlrausch
1809–1882	C. Darwin
1809–1885	J. Henle
1810–1882	T. Schwann
1810–1893	E. E. Kummer
1811–1899	R. Bunsen
1813–1878	C. Bernard
1814–1878	R. Mayer
1815–1897	K. Weierstraß
1816–1856	C. Gerhardt
1817–1891	C. von Nägeli
1817–1895	C. Vogt
1817–1905	A. von Kölliker
1818–1878	A. Secchi
1818–1889	J. P. Joule
1818–1892	A. W. von Hofmann
1818–1896	E. Du Bois-Reymond
1821–1894	H. von Helmholtz
1821–1894	P. L. Tschebyschow
1821–1895	A. Cayley
1821–1902	R. Virchow
1822–1884	G. Mendel
1822–1888	R. Clausius
1822–1895	L. Pasteur
1822–1897	F. Müller
1823–1913	A. R. Wallace
1824–1877	W. Hofmeister
1824–1887	R. Kirchhoff
1824–1907	W. Thomson (Lord Kelvin)
1824–1910	W. Huggins
1824–1914	W. Hittorf
1825–1895	T. H. Huxley
1826–1866	B. Riemann
1826–1910	S. Cannizzaro
1827–1907	M. Berthelot
1829–1896	A. Kekulé von Stradonitz
1830–1895	L. Meyer
1831–1879	J. C. Maxwell
1832–1897	J. Sachs
1832–1919	W. Crookes
1833–1905	F. von Richthofen
1834–1882	J. K. F. Zöllner
1834–1907	D. I. Mendelejew
1834–1914	A. Weismann
1834–1919	E. Haeckel
1835–1910	G. V. Schiaparelli
1835–1917	A. von Baeyer
1836–1920	J. N. Lockyer

1837–1923	J. D. van der Waals
1838–1915	A. von Auwers
1838–1916	E. Mach
1839–1903	J. W. Gibbs
1840–1905	E. Abbe
1840–1910	F. Kohlrausch
1842–1907	H. C. Vogel
1842–1919	Rayleigh, Third Baron
1842–1934	C. von Linde
1843–1910	R. Koch
1844–1904	F. Ratzel
1844–1906	L. Boltzmann
1845–1918	G. Cantor
1845–1923	C. Röntgen
1846–1913	S. C. Chandler
1846–1919	E. C. Pickering
1847–1931	T. A. Edison
1848–1935	H. de Vries
1849–1922	O. Hertwig
1849–1924	H. von Seeliger
1849–1925	F. Klein
1849–1936	I. P. Pawlow
1850–1918	F. Braun
1850–1924	W. Roux
1851–1922	J. C. Kapteyn
1852–1908	H. Becquerel
1852–1911	J. H. van't Hoff
1852–1919	E. Fischer
1853–1926	H. Kamerlingh Onnes
1853–1928	H. A. Lorentz
1853–1932	W. Ostwald
1854–1912	H. Poincaré
1854–1915	P. Ehrlich
1855–1935	I. W. Mitschurin
1857–1894	H. Hertz
1858–1947	M. Planck
1859–1927	S. Arrhenius
1861–1930	F. Nansen
1862–1915	T. Boveri
1862–1942	W. H. Bragg
1862–1943	D. Hilbert
1862–1947	P. Lenard
1863–1932	M. Wolf
1863–1957	P. Walden
1864–1909	H. Minkowski
1864–1933	C. E. Correns
1864–1941	W. Nernst
1864–1944	J. von Uexküll
1865–1943	P. Zeeman
1866–1919	A. Werner
1867–1934	M. Curie
1867–1941	H. Driesch
1868–1934	F. Haber
1868–1938	G. E. Hale
1868–1951	A. Sommerfeld
1869–1941	H. Spemann
1869–1959	C. Wilson
1871–1937	E. Rutherford
1872–1928	R. Amundsen
1872–1942	R. Willstätter
1873–1916	K. Schwarzschild
1873–1967	E. Hertzsprung
1876–1959	A. Windaus
1878–1968	L. Meitner
1879–1955	A. Einstein
1879–1960	M. von Laue
1879–1968	O. Hahn
1880–1930	A. Wegener
1881–1955	A. Fleming
1881–1965	H. Staudinger
1881–1966	L. E. J. Brouwer
1882–1944	A. S. Eddington
1882–1970	M. Born
1883–1970	O. Warburg
1884–1966	P. Debey
1885–1955	H. Weyl
1885–1962	N. Bohr
1885–1972	H. Shapley
1887–1915	H. Moseley
1887–1961	E. Schrödinger
1888–1970	C. V. Raman
1889–1953	E. P. Hubble
1892–1987	L.-V. de Broglie
1894–1964	N. Wiener
1895–1964	G. Domagk
1900–1958	W. Pauli
1901–1954	E. Fermi
1901–1976	W. Heisenberg
1902–1984	P. Dirac
[1934 ff.]	N. Bourbaki (Pseudonym)

Synoptische Übersicht

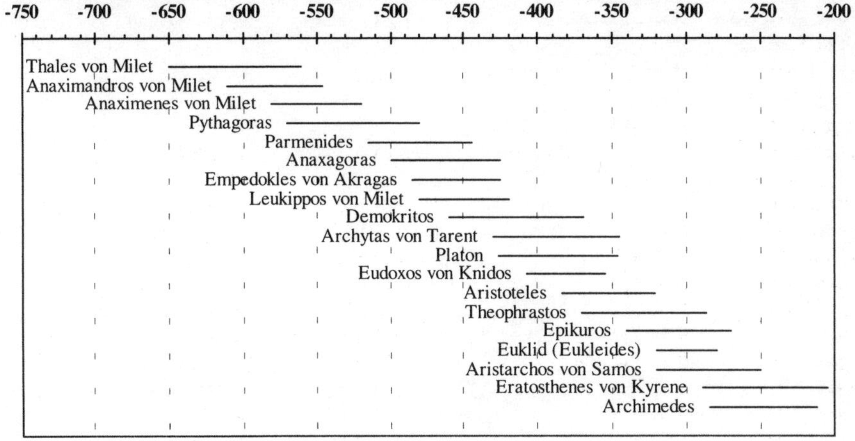

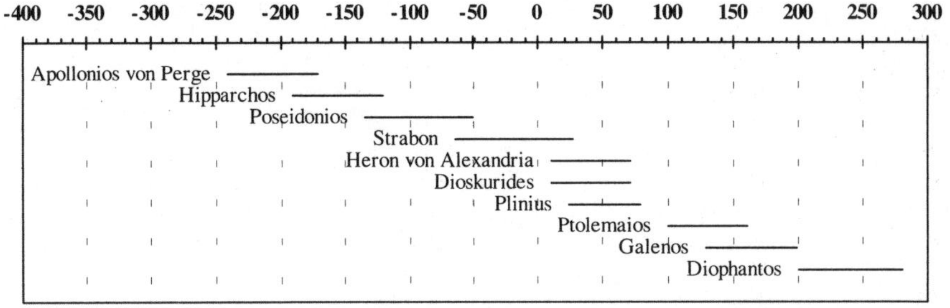

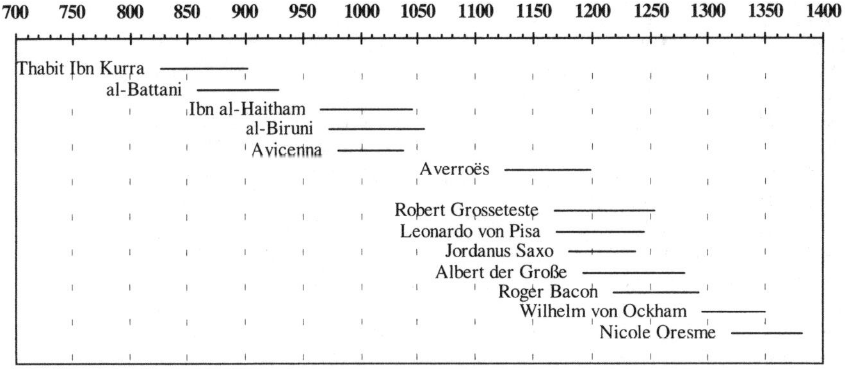

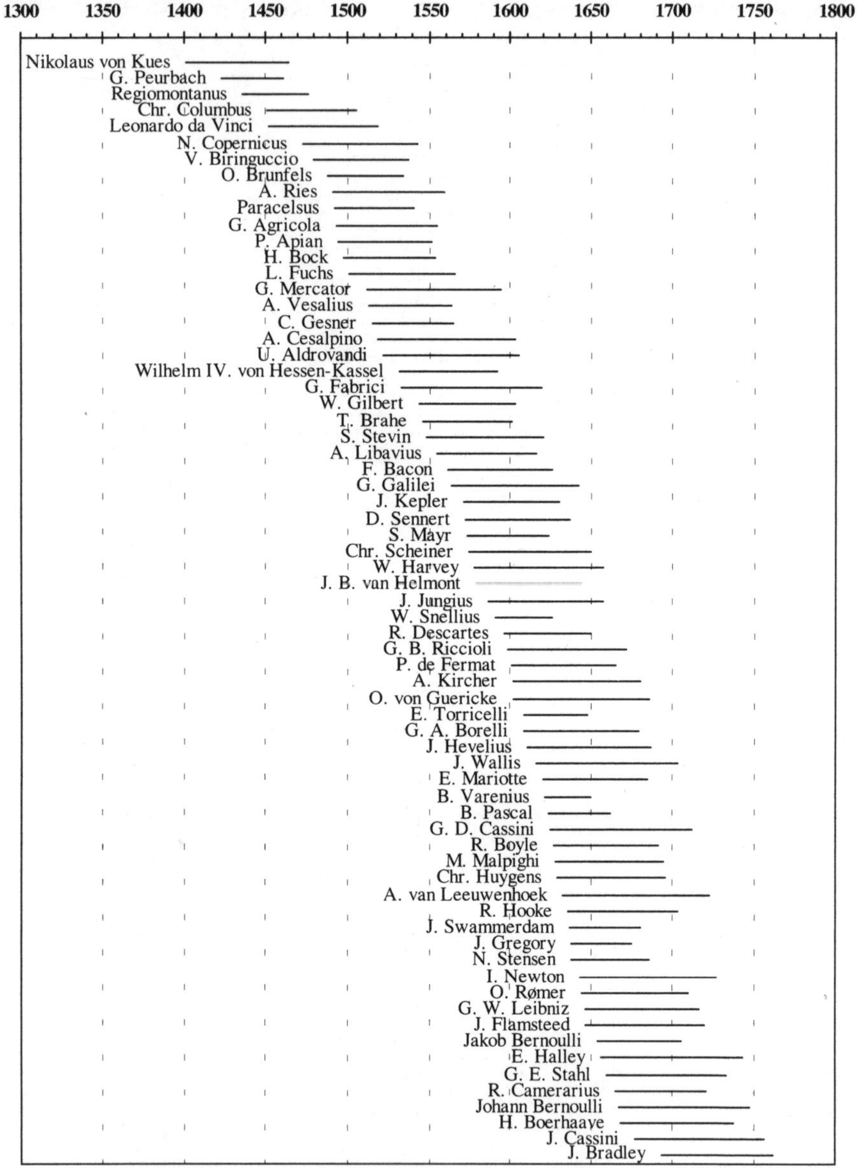
1300
1350
1400
1450
1500
1550
1600
1650
1700
1750
1800
Nikolaus von Kues
G. Peurbach
Regiomontanus
Chr. Columbus
Leonardo da Vinci
N. Copernicus
V. Biringuccio
O. Brunfels
A. Ries
Paracelsus
G. Agricola
P. Apian
H. Bock
L. Fuchs
G. Mercator
A. Vesalius
C. Gesner
A. Cesalpino
U. Aldrovandi
Wilhelm IV. von Hessen-Kassel
G. Fabrici
W. Gilbert
T. Brahe
S. Stevin
A. Libavius
F. Bacon
G. Galilei
J. Kepler
D. Sennert
S. Mayr
Chr. Scheiner
W. Harvey
J. B. van Helmont
J. Jungius
W. Snellius
R. Descartes
G. B. Riccioli
P. de Fermat
A. Kircher
O. von Guericke
E. Torricelli
G. A. Borelli
J. Hevelius
J. Wallis
E. Mariotte
B. Varenius
B. Pascal
G. D. Cassini
R. Boyle
M. Malpighi
Chr. Huygens
A. van Leeuwenhoek
R. Hooke
J. Swammerdam
J. Gregory
N. Stensen
I. Newton
O. Rømer
G. W. Leibniz
J. Flamsteed
Jakob Bernoulli
E. Halley
G. E. Stahl
R. Camerarius
Johann Bernoulli
H. Boerhaave
J. Cassini
J. Bradley

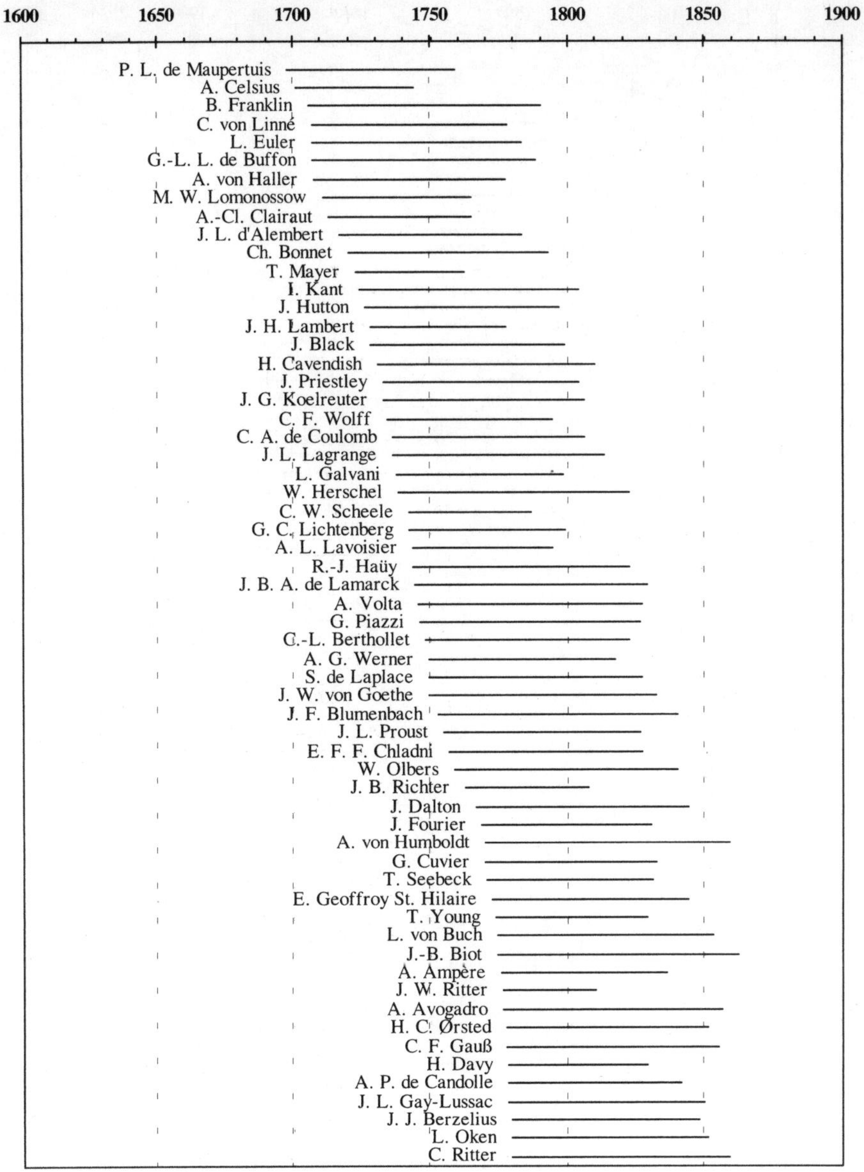
1600
1650
1700
1750
1800
1850
1900
P. L. de Maupertuis
A. Celsius
B. Franklin
C. von Linné
L. Euler
G.-L. L. de Buffon
A. von Haller
M. W. Lomonossow
A.-Cl. Clairaut
J. L. d'Alembert
Ch. Bonnet
T. Mayer
I. Kant
J. Hutton
J. H. Lambert
J. Black
H. Cavendish
J. Priestley
J. G. Koelreuter
C. F. Wolff
C. A. de Coulomb
J. L. Lagrange
L. Galvani
W. Herschel
C. W. Scheele
G. C. Lichtenberg
A. L. Lavoisier
R.-J. Haüy
J. B. A. de Lamarck
A. Volta
G. Piazzi
C.-L. Berthollet
A. G. Werner
S. de Laplace
J. W. von Goethe
J. F. Blumenbach
J. L. Proust
E. F. F. Chladni
W. Olbers
J. B. Richter
J. Dalton
J. Fourier
A. von Humboldt
G. Cuvier
T. Seebeck
E. Geoffroy St. Hilaire
T. Young
L. von Buch
J.-B. Biot
A. Ampère
J. W. Ritter
A. Avogadro
H. C. Ørsted
C. F. Gauß
H. Davy
A. P. de Candolle
J. L. Gay-Lussac
J. J. Berzelius
L. Oken
C. Ritter

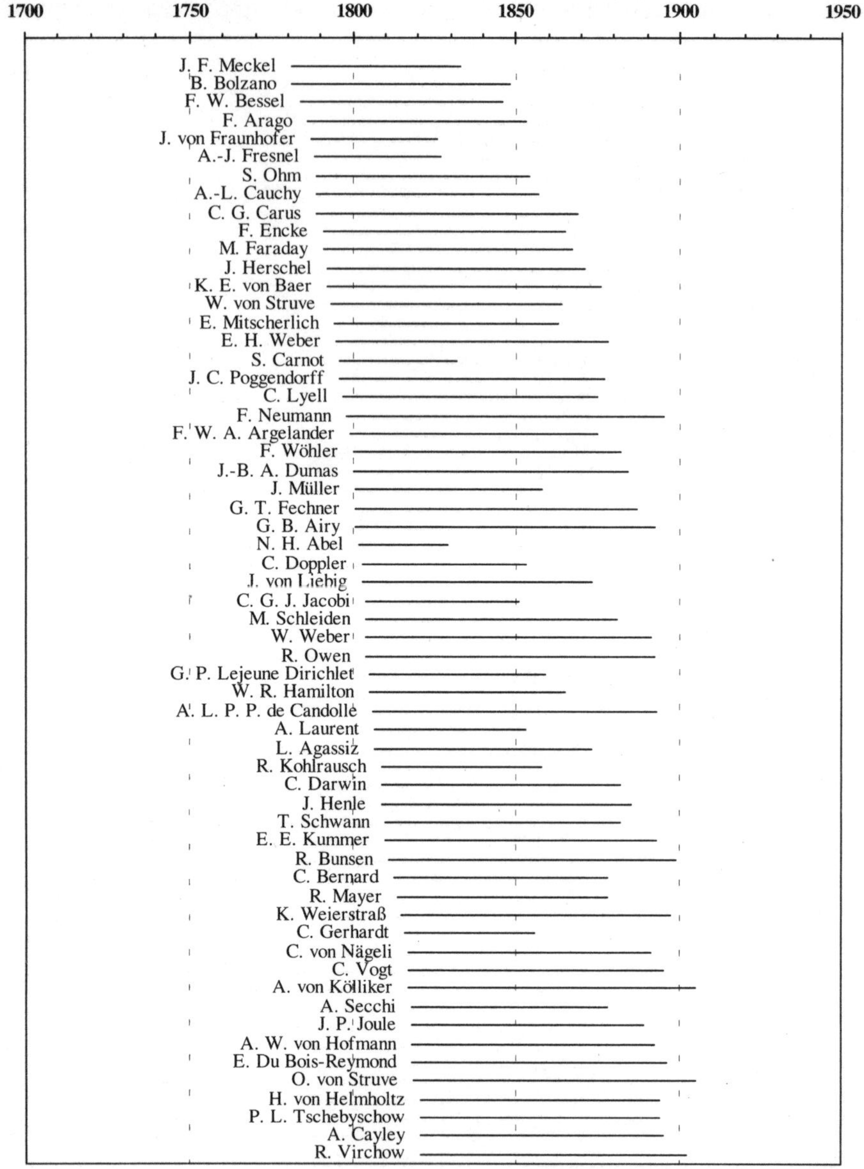
1700
1750
1800
1850
1900
1950
J. F. Meckel
B. Bolzano
F. W. Bessel
F. Arago
J. von Fraunhofer
A.-J. Fresnel
S. Ohm
A.-L. Cauchy
C. G. Carus
F. Encke
M. Faraday
J. Herschel
K. E. von Baer
W. von Struve
E. Mitscherlich
E. H. Weber
S. Carnot
J. C. Poggendorff
C. Lyell
F. Neumann
F. W. A. Argelander
F. Wöhler
J.-B. A. Dumas
J. Müller
G. T. Fechner
G. B. Airy
N. H. Abel
C. Doppler
J. von Liebig
C. G. J. Jacobi
M. Schleiden
W. Weber
R. Owen
G. P. Lejeune Dirichlet
W. R. Hamilton
A. L. P. P. de Candolle
A. Laurent
L. Agassiz
R. Kohlrausch
C. Darwin
J. Henle
T. Schwann
E. E. Kummer
R. Bunsen
C. Bernard
R. Mayer
K. Weierstraß
C. Gerhardt
C. von Nägeli
C. Vogt
A. von Kölliker
A. Secchi
J. P. Joule
A. W. von Hofmann
E. Du Bois-Reymond
O. von Struve
H. von Helmholtz
P. L. Tschebyschow
A. Cayley
R. Virchow

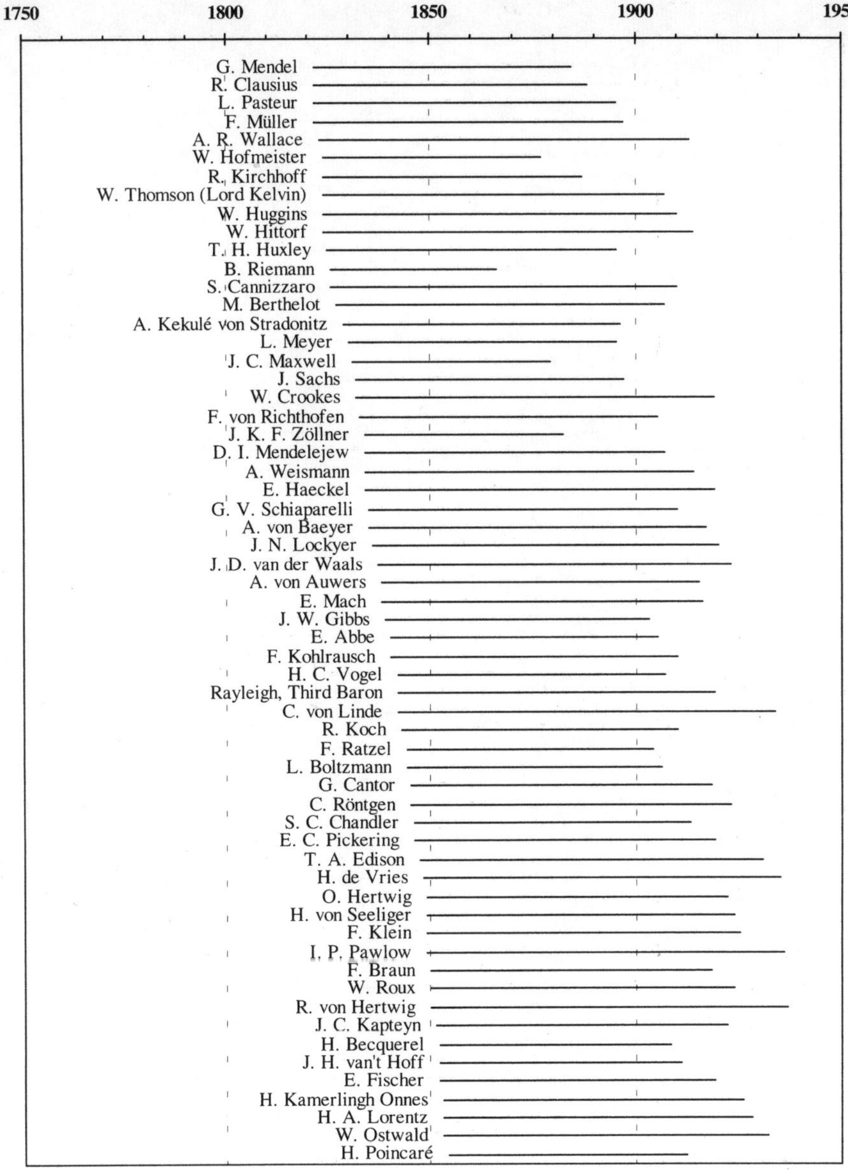
1750
1800
1850
1900
1950
G. Mendel
R. Clausius
L. Pasteur
F. Müller
A. R. Wallace
W. Hofmeister
R. Kirchhoff
W. Thomson (Lord Kelvin)
W. Huggins
W. Hittorf
T. H. Huxley
B. Riemann
S. Cannizzaro
M. Berthelot
A. Kekulé von Stradonitz
L. Meyer
J. C. Maxwell
J. Sachs
W. Crookes
F. von Richthofen
J. K. F. Zöllner
D. I. Mendelejew
A. Weismann
E. Haeckel
G. V. Schiaparelli
A. von Baeyer
J. N. Lockyer
J. D. van der Waals
A. von Auwers
E. Mach
J. W. Gibbs
E. Abbe
F. Kohlrausch
H. C. Vogel
Rayleigh, Third Baron
C. von Linde
R. Koch
F. Ratzel
L. Boltzmann
G. Cantor
C. Röntgen
S. C. Chandler
E. C. Pickering
T. A. Edison
H. de Vries
O. Hertwig
H. von Seeliger
F. Klein
I. P. Pawlow
F. Braun
W. Roux
R. von Hertwig
J. C. Kapteyn
H. Becquerel
J. H. van't Hoff
E. Fischer
H. Kamerlingh Onnes
H. A. Lorentz
W. Ostwald
H. Poincaré

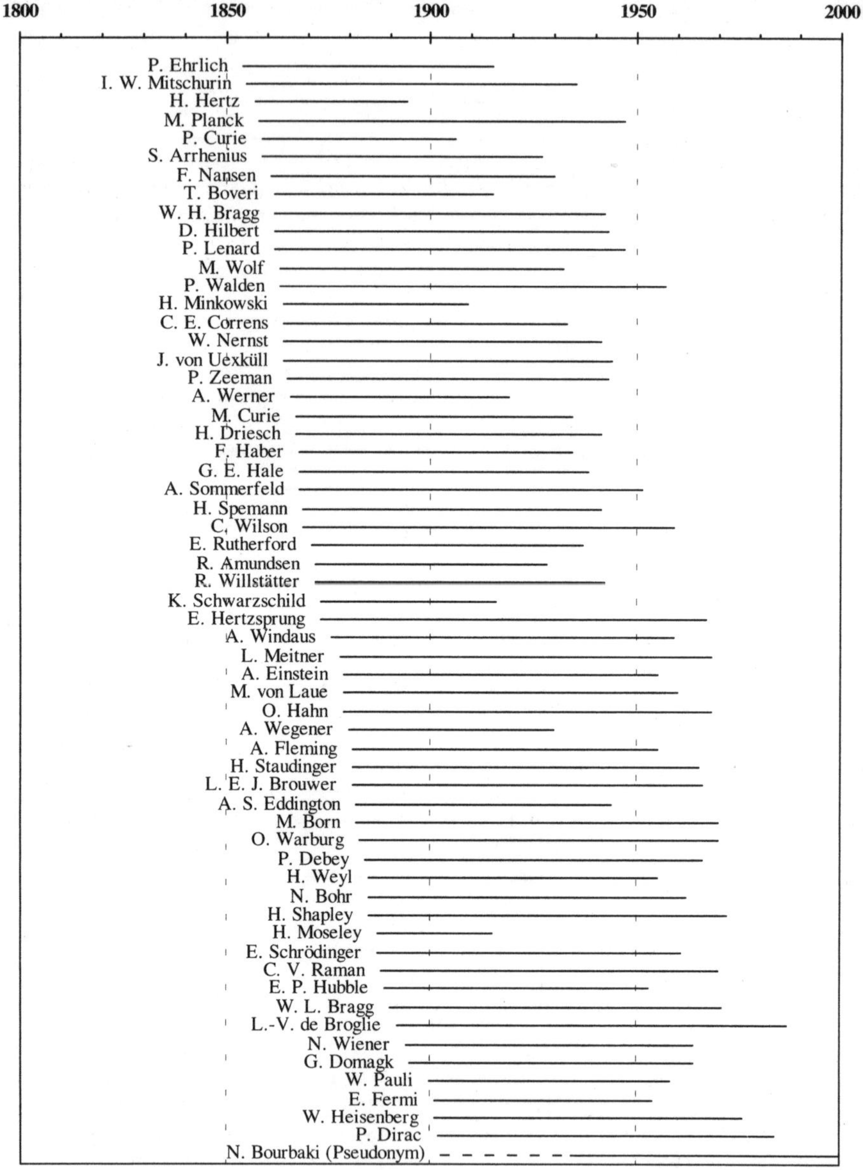
1800
1850
1900
1950
2000
P. Ehrlich
I. W. Mitschurin
H. Hertz
M. Planck
P. Curie
S. Arrhenius
F. Nansen
T. Boveri
W. H. Bragg
D. Hilbert
P. Lenard
M. Wolf
P. Walden
H. Minkowski
C. E. Correns
W. Nernst
J. von Uexküll
P. Zeeman
A. Werner
M. Curie
H. Driesch
F. Haber
G. E. Hale
A. Sommerfeld
H. Spemann
C. Wilson
E. Rutherford
R. Amundsen
R. Willstätter
K. Schwarzschild
E. Hertzsprung
A. Windaus
L. Meitner
A. Einstein
M. von Laue
O. Hahn
A. Wegener
A. Fleming
H. Staudinger
L. E. J. Brouwer
A. S. Eddington
M. Born
O. Warburg
P. Debey
H. Weyl
N. Bohr
H. Shapley
H. Moseley
E. Schrödinger
C. V. Raman
E. P. Hubble
W. L. Bragg
L.-V. de Broglie
N. Wiener
G. Domagk
W. Pauli
E. Fermi
W. Heisenberg
P. Dirac
N. Bourbaki (Pseudonym)

Personenregister

(Mit halbfett gedruckten Seitenzahlen wird auf die alphabetisch geordneten Artikel verwiesen, durch kursiv gedruckte auf solche Stellen, an denen nähere biographische Angaben über nicht mit einem eigenen Artikel bedachte Personen zu finden sind. In diesem Register sind Rufnamen stets kursiv gedruckt, wenn eine Person daneben andere Vornamen trägt.)